DESCOBRINDO A ESTATÍSTICA USANDO O SPSS

```
F453d    Field, Andy.
            Descobrindo a estatística usando o SPSS / Andy Field ;
         tradução: Lori Viali – 5. ed. – Porto Alegre : Penso, 2020.
         xxxiv, 1069 p. : il. ; 25 cm.

         ISBN 978-85-8429-200-4

         1. Estatística - Informática. I. Título.

                                                    CDU 311:004
```

Catalogação na publicação: Karin Lorien Menoncin – CRB 10/2147

ANDY FIELD

DESCOBRINDO A ESTATÍSTICA USANDO O SPSS

5ª edição

Tradução técnica:
Lori Viali
Professor titular da Escola Politécnica da Pontifícia Universidade Católica do Rio Grande do Sul (PUCRS).
Professor titular aposentado do Instituto de Matemática e Estatística da
Universidade Federal do Rio Grande do Sul (UFRGS)

Porto Alegre
2020

Obra originalmente publicada sob o título *Discovering Statistics Using IBM SPSS Statistics*, 5th Edition
ISBN 9781526419521

Copyright © 2017, Sage Publications Limited, London United Kingdom and New Delhi.
Translation is published by arrangement with the proprietor Sage Publications Limited. All Rights Reserved.

Gerente editorial: *Letícia Bispo de Lima*

Colaboraram nesta edição:

Coordenadora editorial: *Cláudia Bittencourt*

Editora: *Tiele Patricia Machado*

Capa: *Paola Manica | Brand&Book*

Preparação de original: *Pietra Cassol Rigatti*

Leitura final: *Caroline Castilhos Melo, Sandra da Câmara Godoy*

Projeto gráfico e editoração: *Matriz Visual*

Reservados todos os direitos de publicação ao GRUPO A EDUCAÇÃO S.A.
(Penso é um selo editorial do GRUPO A EDUCAÇÃO S.A.)
Rua Ernesto Alves, 150 – Bairro Floresta
90220-190 – Porto Alegre – RS
Fone: (51) 3027-7000

SAC 0800 703-3444 – www.grupoa.com.br

É proibida a duplicação ou reprodução deste volume, no todo ou em parte, sob quaisquer formas ou por quaisquer meios (eletrônico, mecânico, gravação, fotocópia, distribuição na Web e outros), sem permissão expressa da Editora.

IMPRESSO NO BRASIL
PRINTED IN BRAZIL

EM POUCAS PALAVRAS...

Andy Field é professor de psicopatologia infantil na Universidade de Sussex, Reino Unido. Historicamente, ele pesquisa o desenvolvimento emocional infantil, mas, cada vez mais, vem passando seu tempo em uma caverna escura iluminada por vagalumes escutando *heavy metal* e *rock* dos anos 70 e analisando planilhas com números. Sua empolgação incontrolável em ensinar estatística para psicólogos resultou em prêmios de docência pela Universidade de Sussex (2001, 2015, 2016) e pela British Psychological Society (2006), além de uma prestigiada National Teaching Fellowship (2010). Apesar de ter outras conquistas acadêmicas, ele acha muito entediante tentar se lembrar de todas. Nenhuma delas é importante, de qualquer forma, já que se algum dia você ouvir falar dele (o que é improvável) será como "o cara que escreveu o livro de estatística". No seu tempo livre, ele toca bateria em um volume alto demais em uma banda de *heavy metal*, o que considera terapêutico. Ironicamente, apesar de ser conhecido como alguém que adora gatos, ele não adotou mais nenhum felino desde que seu gato, o Fuzzy, morreu em 2016. Em vez disso, ele preenche esse vazio emocional com uma esposa, dois filhos e um cachorro chamado Ramsey.

CONSUMIDORES GATISFEITOS

Como nas outras edições, este livro é dedicado ao meu irmão, Paul, e ao meu gato, Fuzzy (agora no mundo espiritual dos gatos), porque um deles foi uma fonte constante de inspiração intelectual e o outro me acordava de manhã sentando em mim e lambendo meu rosto até que eu lhe desse ração: as manhãs se tornaram consideravelmente mais prazerosas quando meu irmão superou sua obsessão por ração no café da manhã. ☺

OBRIGADO!

Colegas: Este livro (nas versões SPSS, SAS e R) não teria acontecido se não fosse pela fé incondicional de Dan Wright em um então pós-graduado para a tarefa de escrever a 1ª edição sobre o SPSS. Várias outras pessoas contribuíram para as edições anteriores a esta. Eu não tenho espaço para listar todas, mas agradeço especialmente a Dan (novamente), David Hitchin, Laura Murray, Gareth Williams, Lynne Slocombe, Kate Lester, Maria de Ridder, Thom Baguley, Michael Spezio e a minha esposa, Zoë, que fizeram inestimáveis comentários durante a vida deste livro. Agradecimentos especiais para Jeremy Miles. Parte da sua "ajuda" envolveu apontar as – e eu cito – "besteiras" que escrevi. Contudo, trabalhar com ele nas versões SAS e R deste livro me influenciou muito. Ele também tem sido uma ótima pessoa para se conviver nos últimos anos (exceto quanto está reclamando de mim...). Nesta edição, destaco as valiosas contribuições de J. W. Jacobs, Ann--Will Kruijt, Johannes Petzold e E.-J. Wagenmakers.

Agradeço às seguintes pessoas pela permissão de uso dos seus dados – é uma honra para mim incluir suas pesquisas fascinantes no meu livro: Rebecca Ang, Philippe Bernard, Hakan Çetinkaya, Tomas Chamorro-Premuzic, Graham Davey, Mike Domjan, Gordon Gallup, Nicolas Guéguen, Sarah Johns, Eric Lacourse, Nate Lambert, Sarah Marzillier, Karlijn Massar, Geoffrey Miller, Peter Muris, Laura Nichols, Nick Perham, Achim Schüetzwohl, Mirjam Tuk e Lara Zibarras.

Agradeço a todos que dedicaram algum tempo para escrever boas avaliações sobre este livro nos vários *sites* da Amazon (entre outros) em todo o mundo; o sucesso deste livro deveu-se em grande parte a essas pessoas serem tão positivas e construtivas em seus comentários. Obrigado também a todos que participam tão entusiasticamente nas minhas páginas no Facebook e no Twitter: frequentemente acabo em um fosso sombrio de falta de motivação quando estou escrevendo, mas sentir as vibrações positivas dos leitores sempre me coloca de volta nos trilhos (especialmente com fotos de gatos, cachorros, papagaios e lagartos com meus livros ☺). Continuo espantado e surpreendido pelas coisas boas que as pessoas dizem sobre o livro (e desproporcionalmente magoado pelas coisas menos positivas).

Nem todas as contribuições são tão tangíveis como as citadas. Muito cedo na minha carreira, Graham Hole me fez perceber que ensinar métodos de pesquisa não precisava ser chato. Minha abordagem de ensino tem sido roubar suas boas ideias, e ele é uma pessoa tão boa que nem pediu de volta! Ele é uma pessoa rara, divertida e agradável.

Software: Este livro não existiria sem o generoso apoio da IBM (International Business Machines Corporation) que me permitiu fazer o teste beta com o *software* IBM® SPSS® Statistics ("SPSS"), mantendo-me atualizado com o *software* enquanto escrevia esta edição, e que generosamente permitiu a inclusão das "capturas de tela" e imagens do SPSS. Eu escrevi esta edição em um MacOS, mas utilizei o Windows para as capturas de tela. Mac e MacOS são marcas comerciais da Apple Inc., registradas nos Estados Unidos e em outros países; Windows é uma marca registrada da Microsoft Corporation nos Estados Unidos e em outros países. Eu não recebo qualquer incentivo para dizer isso (talvez devesse, fica a dica...), mas os seguintes pacotes são inestimáveis para mim quando escrevo: Camtasia (que eu uso para produzir vídeos) e Snagit (que eu uso para capturar telas) da TechSmith (www.techsmith.com) para Mac; o OmniGraffle da Omnigroup (www.omnigroup.com), que eu utilizo para criar a maioria dos diagramas e fluxogramas (é incrível); e o R (em particular, o pacote *ggplot2* de Hadley Wickham) e o R Studio, que eu uso para visualizações de dados.

Editores: Minha editora, a SAGE, é uma das únicas que, mesmo sendo uma grande empresa de sucesso, ainda mantém o toque familiar. Para esta edição, eu fiquei particularmente grato por eles confiarem em mim o suficiente para me deixarem em paz para continuar com as coisas porque meu prazo era insano. Agora que emergi do meu sótão, tenho quase certeza de que ficarei grato a Jai Seaman e Sarah Turpie pelo que têm feito e farão para apoiar o livro. Um agradecimento muito tardio a Richard Leigh, que revisou meus livros ao longo de muitos anos e nunca é agradecido porque seu trabalho começa depois que escrevo os agradecimentos! Meu editor de produção, sempre sofredor, Ian Antcliff, merece menção especial, não apenas pelo trabalho fantástico que faz, mas também por ser a personificação da calma quando a pressão nos sufoca. Também sou grato a Karen e Ziyad, que não trabalham diretamente nos meus livros, mas são partes importantes do meu fantástico relacionamento com a SAGE.

James Iles redesenhou os personagens deste livro e fez a arte dos quadros didáticos. Trabalhei com James em outro livro, no qual havia muito mais imagens (*An adventure in statistics*), e foi uma experiência incrível. Estou muito feliz que essa experiência não o tenha impedido de trabalhar comigo novamente. É uma honra ter sua arte em outro dos meus livros.

Música: Sempre escrevo ouvindo música. Para esta edição, eu gostei predominantemente de ouvir (meus vizinhos nem tanto): AC/DC, A Forest of Stars, Alice Cooper, Alter of Plagues, Anathema, Animals as Leaders, Anthrax, Billy Cobham, Blackfield, Deafheaven, Deathspell Omega, Deep Purple, Enslaved, Faith No More, Genesis (época do Peter Gabriel), Ghost, Ghost Bath, Glenn Hughes, Gojira, Gorguts, Ice Earth, Ihsahn, The Infernal Sea, Iron Maiden, Judas Priest, Katatonia, Kiss, Marillion, Meshuggah, Metallica, MGLA, Motörhead, Primal Rock Rebellion, Opeth, Oranssi Pazuzu, Rebirth of Nefast, Royal Thunder, Satyricon, Skuggsja, Status Quo (R.I.P. Rick ☹), Steven Wilson, Thin Lizzy, Wolves in the Throne Room.

Família e amigos: Essa tarefa absurda de escrever livros requer muitas horas solitárias de digitação. Sem alguns amigos maravilhosos para me arrastar para fora do meu quarto mal iluminado de vez em quando, eu seria quase um vegetal (mais do que já sou). Por muitas edições, minha eterna gratidão vai para Graham Davey, Ben Dyson, Kate Lester, Mark Franklin e suas adoráveis famílias por me lembrarem de que há algo mais na vida do que trabalho. Faço o gesto da mão chifrada para meus irmãos metaleiros, Rob Mepham, Nick Paddy e Ben Anderson, por me deixarem ensurdecê-los com minha bateria. Agradeço aos meus pais e Paul e Julie por serem minha família. Um agradecimento especial aos meus sobrinhos, Oscar e Melody: espero ensinar-lhes muitas coisas que vão incomodar seus pais.

Para alguém que passa a vida escrevendo, fico surpreso com a minha incapacidade de encontrar palavras para expressar o quão maravilhosa minha esposa, Zoë, é. Ela tem um estoque inesgotável de paciência, amor, apoio e otimismo (mesmo com um marido rabugento, privado de sono, debilitado e inseguro). Nunca esqueço, nem por um nanossegundo, como tenho sorte. Por último, desde a última edição, eu contribui minimamente para a criação de dois seres humanos: Zach e Arlo. Agradeço-lhes por me mostrarem o quanto o trabalho é totalmente inútil e por me fazerem sentir permanentemente que meu coração cresceu até quase explodir por tentar conter meu amor por vocês.

COMO USAR ESTE LIVRO

Quando a editora me pediu para escrever uma seção sobre "como usar este livro", fiquei tentado a escrever "Compre um creme antirrugas (do qual você precisará para evitar os efeitos do envelhecimento enquanto lê), encontre uma cadeira confortável, sente, abra o livro, comece a ler e só pare quando chegar à última página". Entretanto, acho que eles gostariam de algo mais útil. ☺

Que conhecimento prévio eu preciso ter?

Em resumo, pressuponho que você não sabe nada sobre estatística, mas que tem algum conhecimento básico sobre computadores (eu não vou ensinar como ligá-los, por exemplo) e matemática (embora eu tenha incluído uma revisão rápida de alguns conceitos básicos).

Os capítulos ficam mais difíceis à medida que avanço na leitura?

Sim, mais ou menos: os Capítulos 1 a 10 estão no nível de um primeiro ano de graduação, os Capítulos 9 a 16 são de segundo ano, e os Capítulos 17 a 21 discutem tópicos mais técnicos (essa classificação, é claro, não necessariamente reflete o currículo de todos os países). No entanto, meu objetivo é contar uma história estatística em vez de me preocupar com o nível de dificuldade de um tópico. Muitos livros ensinam diferentes testes isoladamente e nunca dão uma noção das semelhanças entre eles; acredito que isso cria um mistério desnecessário. A maioria dos testes neste livro é a mesma coisa expressa de maneiras ligeiramente diferentes. Eu quero que o livro conte essa história, que, a meu ver, consiste em sete partes:

- Parte 1 (fazendo pesquisa e introduzindo os modelos lineares): Capítulos 1 a 4.
- Parte 2 (explorando os dados): Capítulos 5 a 7.
- Parte 3 (modelos lineares com previsores contínuos): Capítulos 8 a 9.
- Parte 4 (modelos lineares com previsores contínuos ou categóricos): Capítulos 10 a 16.
- Parte 5 (modelos lineares com múltiplos resultados): Capítulos 17 e 18.
- Parte 6 (modelos lineares com resultados categóricos): Capítulos 19 e 20.
- Parte 7 (modelos com estruturas de dados hierárquicos): Capítulo 21.

Essa estrutura pode auxiliá-lo a ver um método na minha loucura. Caso contrário, para ajudá-lo no seu caminho, codifiquei cada seção com um ícone. Esses ícones são projetados para dar uma ideia da dificuldade de cada uma delas. Eles não necessariamente significam que você deva pular seções, mas irão informar se determinado trecho é acessível ao seu nível ou se exigirá algo a mais. Esses códigos são baseados em um maravilhoso sistema de classificação utilizando a letra 'I'.

‖‖‖‖ **Introdutórios**, que espero que qualquer um possa entender. São tópicos para pessoas que estão iniciando a graduação.

‖‖‖‖ **Intermediários**, qualquer um com um pouco de experiência em estatística será capaz de entender. Essas seções são voltadas para pessoas que talvez estejam no segundo ano do curso, mas alguns tópicos podem ser desafiadores.

‖‖‖‖ **Indo às profundezas**. Esses tópicos são difíceis. Eu esperaria que alunos de graduação do último ano e estudantes no início da pós-graduação pudessem lidar com essas seções.

‖‖‖‖ **Incinerando o cérebro**. Esses tópicos são os mais difíceis. Espero que essas seções sejam um desafio para alunos da graduação, mas os pós-graduados com uma história razoável em métodos de pesquisa não devem considerá-los um grande problema.

Por que encontro personagens estranhos em todo lugar?

Alex Astuta: Alex Astuta tem esse nome porque é megaesperta. Ela gosta de ensinar as pessoas, e seu *hobby* é questioná-las para que depois possa explicar as respostas. Alex aparece ao final de cada capítulo para fazer-lhe algumas perguntas. Suas respostas estão no *site* do livro.

Ana Apressada: Ana acha que a estatística é uma maneira chata de perder tempo. Ela só quer ser aprovada e esquecer que já teve que saber algo sobre distribuições normais. Ela aparece para apresentar um resumo dos principais tópicos que você precisa saber. Se, como Ana, você está estudando na última hora para uma prova, ela vai lhe fornecer as informações essenciais para poupá-lo de vasculhar centenas de páginas do meu papo-furado.

Caio Calouro: Caio é um cara muito legal e tem uma grande paixão por Gina Gênia. Ele a viu no *campus* da universidade carregando seus jarros com cérebros (veja a seguir). Sempre que a vê, ele sente um nó no estômago e se imagina colocando um anel no dedo dela em uma praia do Havaí, enquanto seus amigos e familiares observam com lágrimas nos olhos. Gina nem sequer o nota; isso o deixa muito triste. Seus amigos disseram que a única maneira de ela se casar com ele seria Caio se tornar um gênio da estatística (e mudar seu sobrenome). Portanto, ele está em uma missão para aprender estatística. Essa é a sua última esperança de impressionar Gina, casar e viver feliz para sempre. No momento ele não sabe nada, mas está prestes a embarcar em uma jornada que o levará de um zero à esquerda a um gênio estatístico em apenas 1.104 páginas. Ao longo dessa jornada, Caio aparece e faz perguntas e, ao final de cada capítulo, exibe seu conhecimento recém-adquirido para Gina na esperança de que ela aceite ter um encontro com ele.

Confúsio: O grande filósofo Confúcio tinha um irmão menos conhecido chamado Confúsio. Com inveja do irmão por causa de sua grande sabedoria e modéstia, Confúsio jurou que traria confusão ao mundo. Para alcançar esse objetivo, ele construiu a Máquina da Confusão. Confúsio insere termos estatísticos nela, e de lá saem nomes diferentes para o mesmo conceito. Quando você vir Confúsio, ele estará alertando-o para termos que têm significados iguais.

Gato Corretor: Esse gato vive no éter e aparece para provocar o Vira-Lata Equivocado, corrigindo seus enganos. Ele também aparece quando eu quero fazer um trocadilho ruim relacionado a gatos. Ele existe em homenagem ao meu gato laranja que, após 20 anos como estrela deste livro, infelizmente faleceu, mesmo tendo prometido não fazê-lo. Nunca confie em um gato.

Gina Gênia: Gina é a pessoa mais inteligente do universo. Ela adquiriu um vasto conhecimento estatístico, mas ninguém sabe como. Ela é um enigma, um dado atípico, um mistério. Caio tem uma grande paixão por ela. Gina aparece neste livro para informá-lo sobre coisas avançadas que tangenciam um pouco o texto principal. Caio conseguirá conquistá-la? Você terá que ler para descobrir.

João Jaleco: João é um jovem cientista iniciante que é fascinado por pesquisas reais. Ele diz: "Andy, assim como todo mundo, eu gosto de exemplos sobre como usar uma enguia para curar constipação, mas todos os seus dados são inventados. Precisamos de alguns exemplos reais, cara!" João rodou o mundo, um soldado solitário em uma busca ingrata por dados reais. Quando ele aparecer, você saberá que tem dados reais, de uma pesquisa real, para analisar.

Lanterna de Oditi: Oditi acredita que o segredo da vida está oculto nos números e que somente pela análise desses números em grande escala os segredos serão revelados. Sem tempo para inserir, analisar e interpretar todos os dados do mundo, ele fundou o culto de verdades numéricas ocultas. Tendo como base o princípio de que se você der máquinas de escrever a 1 milhão de macacos, um deles irá recriar Shakespeare, os membros do culto sentam em seus computadores processando números na esperança de que um deles descubra o significado oculto da vida. Para ajudar o seu culto, Oditi montou um vórtice visual chamado "Lanterna de Oditi". Quando Oditi aparece, é para implorar que você olhe para a lanterna, o que basicamente significa que há um tutorial em vídeo (em inglês) para orientá-lo.

Oliver Twist: Já pedindo desculpas a Charles Dickens, Oliver, o mais famoso moleque desabrigado de Londres, pede: "Por favor, senhor, quero um pouco mais". Este personagem sempre quer mais informações estatísticas. Quem não iria querer? Não vamos decepcionar um jovem garoto, sujo e um pouco malcheiroso que come mingau. Quando Oliver aparece, está dizendo que há informações adicionais no *site* do livro. (Levei muito tempo para escrever, então, alguém, por favor, leia de verdade.)

Servo Pessoal de "Statística" de Satanás[1]: Satanás é um indivíduo ocupado – além de torturar todas as almas perdidas no inferno, ele ainda precisa manter o fogo aceso, sem nem mencionar organizar carnificinas suficientes na Terra para manter inspiradas as bandas norueguesas de *black metal*. Assim como para muitos de nós, sobra pouco tempo para ele analisar os dados, e isso o deixa muito triste. Por isso, tem seu próprio escravo pessoal que, assim como alguns de nós, fica o dia inteiro vestido com uma máscara e calças justas de couro preto na frente do SPSS, analisando os dados de Satanás. Consequentemente, ele sabe umas coisinhas sobre o programa e, quando Satanás está ocupado sacrificando uma cabra, ele aparece com dicas sobre o SPSS.

Vira-Lata Equivocado: Desde a última edição, adotei um cachorro chamado Ramsey. Eu precisava de uma maneira de colocá-lo no livro, então aqui está ele como o Vira-Lata Equivocado. Ele aprende estatística seguindo o seu dono até as aulas. Às vezes, entende as coisas errado. Porém, nessas horas, algo ainda mais estranho acontece: um gato se materializa do nada e o corrige.

---

[1] N. de E. Do original *Satan's Personal Statistics Slave*. Para manter a brincadeira com a sigla SPSS, tivemos que excluir a primeira letra de "estatística".

Que recursos *online* você ganha com o livro?

Eu adicionei uma abundância de materiais adicionais naquele negócio de *interweb* mundial. Para entrar no meu mundo de delícias, acesse **edge.sagepub.com/field5e**. O *site* contém recursos (em inglês) tanto para estudantes quanto para professores, com conteúdo adicional de alguns dos personagens do livro:

- **Arquivos de dados (*data sets*):** Você precisará dos arquivos de dados para trabalhar com os exemplos do livro, e eles estão disponíveis no *site*.
- **Recursos para outras disciplinas:** Eu sou psicólogo e, embora tenha a tendência de basear meus exemplos no estranho e no maravilhoso, eu tenho o péssimo hábito de recorrer à psicologia quando não tenho ideias melhores. Meus editores recrutaram alguns não psicólogos para fornecer arquivos de dados e um banco de questões de múltipla escolha para aqueles que estudam ou ensinam em áreas como: administração e negócios, educação, ciências do esporte e ciências da saúde. Você não tem ideia de como estou feliz por não ter que criar esses arquivos.
- **YouTube:** Encontrar o personagem Oditi no livro significa que um vídeo acompanha o capítulo. Eles estão hospedados no meu canal no YouTube (*www.youtube.com/user/ProfAndyField*), que eu chamei divertidamente de μ-Tube (sacou?).
- **Questões de múltipla escolha para autoavaliação (*multiple-choice questions*):** Organizadas por grau de dificuldade, ou pelo que você precisa estudar, elas permitem que você verifique se o tempo perdido lendo este livro valeu a pena a ponto de você poder irritar seus amigos com sua confiança nas provas. Mas se tirar notas ruins, por favor, não me processe.
- *Flashcards* **com o glossário:** Como se um glossário impresso não fosse suficiente, meus editores insistiram que você precisaria também de um eletrônico. Divirta-se navegando por termos e definições abordados no livro: é melhor do que realmente aprender alguma coisa.
- **A panela de mingau de Oliver Twist:** Oliver chamará sua atenção para as mais ou menos 300 páginas de informações adicionais que colocamos *online* para que (1) o planeta sofra um pouco menos e (2) você não morra se o livro cair da prateleira na sua cabeça.
- **Soluções do João Jaleco:** Respostas completas para as questões do João Jaleco.
- **Respostas da Alex Astuta:** Cada capítulo termina com um conjunto de tarefas para testar seu conhecimento sobre o conteúdo recém-visto. Os capítulos estão repletos de questões para autoavaliação. O *site* do livro contém respostas detalhadas. Será que algum dia eu vou parar de escrever?
- **Links:** Há *links* obrigatórios para outros *sites* úteis.
- **Organismos cibernéticos de conhecimento:** Usei nanotecnologia para criar organismos cibernéticos carregados de conhecimento que viajam pela sua banda larga, wi-fi ou 4G e se projetam através da entrada USB em seu computador, *tablet*, iPad ou telefone e voam pelo espaço até seu cérebro. Eles reorganizam seus neurônios para que você entenda estatística. Não acredita? Você nunca saberá com certeza a menos que visite os recursos *online*...

Boa leitura, e não se distraia com as redes sociais.

PREFÁCIO

Karma Police, arrest this man, he talks in maths, he buzzes like a fridge, he's like a detuned radio[1]
Radiohead, "Karma Police", *OK Computer* (1997)

Introdução

Muitos estudantes (e pesquisadores) das ciências sociais e comportamentais desprezam a estatística. A maioria tem como conhecimento de base conceitos não matemáticos, o que dificulta muito a compreensão de equações estatísticas complexas. Contudo, os malvados guerreiros de Satanás forçam nosso cérebro não matemático a executar a complexa tarefa de se tornar especialista em estatística. O resultado final, como se poderia esperar, pode ser bastante confuso. A única arma que temos é o computador, o que nos permite contornar nossa considerável incapacidade de entender matemática. Programas computacionais como o SPSS da IBM, o SAS, o R, o JASP e outros fornecem uma oportunidade de ensinar estatística em um nível conceitual sem ficarmos mergulhados em equações. O computador para um guerreiro de Satanás é como erva-de-gato para um felino: faz com que ele esfregue a cabeça no chão, ronrone e babe incessantemente. A única desvantagem do computador é que é fácil que você passe vergonha se não entender o que está fazendo. Utilizar o computador sem nenhum conhecimento estatístico pode ser uma coisa bastante perigosa. Daí este livro.

Meu primeiro objetivo é encontrar um equilíbrio entre teoria e prática: eu quero utilizar o computador como um recurso para ensinar conceitos estatísticos na esperança de que você obtenha uma melhor compreensão tanto da teoria quanto da prática. Se você quiser aprender a teoria e gostar de equações, então certamente existem livros mais técnicos. Contudo, se quiser um livro de estatística que também discuta estimulação retal digital, então você gastou seu dinheiro sabiamente.

Muitos livros passam a impressão de que há uma maneira "certa" e uma "errada" de lidar com a estatística. A análise de dados é mais subjetiva do que pode parecer. Portanto, embora eu restrinja minhas recomendações aos limites impostos pela destruição sem sentido das florestas tropicais, espero fornecer uma base teórica que lhe permita tomar suas próprias decisões sobre a melhor maneira de realizar sua análise.

Um segundo objetivo (ridiculamente ambicioso) é fazer deste o único livro de estatística que você precisará comprar (mais ou menos). É um livro que espero que se torne seu amigo a partir do primeiro ano da faculdade até o final de sua carreira. O início deste livro é destinado a estudantes do primeiro ano da graduação (Capítulos 1 a 10), e depois passamos para o segundo ano de graduação (Capítulos 6, 9 e 11 a 16), antes de um clímax dramático que deve encantar os estudantes de pós-graduação (Capítulos 17 a 21). Todos devem aproveitar algo de cada capítulo, e, para ajudá-lo a avaliar a dificuldade do material, eu sinalizei o nível de cada seção dentro de cada capítulo (falo mais sobre isso na seção "Como usar este livro").

Meu objetivo final e mais importante é tornar o processo de aprendizagem divertido. Eu tenho uma história complicada com a matemática. Este é um fragmento do meu boletim escolar aos 11 anos de idade:[2]

---

[1] N. de E. Em tradução livre "Polícia do carma, prenda este homem, ele fala em linguagem matemática, zune como uma geladeira, é como um rádio fora de sintonia".

[2] N. de E. Na figura, se lê: "O seu trabalho mostra falta de disciplina, tanto em pensamento quanto em apresentação. Espero que amadureça no próximo ano".

O "27=" no boletim é para indicar que eu estava, junto com outro aluno, na posição 27 em uma turma de 29 alunos. Isso é praticamente o penúltimo lugar da turma. O 43 é a porcentagem da minha nota na prova. Oh, céus. Quatro anos mais tarde (aos 15 anos), este foi o meu boletim:[3]

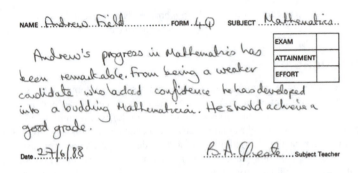

O responsável por essa mudança surpreendente foi um bom professor: meu irmão, Paul. Eu devo a minha vida acadêmica à habilidade de Paul de me ensinar coisas de uma forma interessante – algo que os meus professores de matemática não conseguiram. Paul é um ótimo professor porque ele se preocupa em despertar o melhor nas pessoas e foi capaz de tornar as coisas interessantes e relevantes para mim. Todo mundo deveria ter um irmão assim para ensinar coisas quando estiver com vontade de jogar os livros de matemática na parede do quarto, e eu tentarei ser esse irmão para vocês.

Acredito convictamente que as pessoas apreciam o toque humano e assim injetei muito da minha própria personalidade e senso de humor (ou a falta dele) nos livros *Descobrindo a estatística usando...* Muitos dos meus exemplos neste livro, embora inspirados em algumas das loucuras que existem no mundo real, são projetados para refletir tópicos que estão presentes na mente do estudante comum (i.e., sexo, drogas, *rock-and-roll*, celebridades, pessoas fazendo loucuras). Há também alguns exemplos que estão aqui simplesmente porque me fizeram rir. Assim, os exemplos são divertidos (alguns os chamaram "obscenos", mas eu prefiro "divertidos") e, no fim, para o bem ou para o mal, acho que você terá uma mínima ideia do que se passa na minha cabeça diariamente. Peço desculpas àqueles que acham que os exemplos são grosseiros e de mau gosto, ou que acham que não estou levando a ciência a sério, mas, por favor, o que não é engraçado sobre um sujeito colocar uma enguia no ânus?

Nunca acho que alcanço meus objetivos, mas as edições anteriores foram, certamente, populares. Aprecio o raro luxo de ter estranhos enviando-me *e-mails* para me dizer como sou maravilhoso. (Tenho que admitir que recebo também *e-mails* me acusando de todo tipo de coisas desagradáveis, mas eu geralmente os supero depois de alguns meses.) A cada nova edição, temo que as alterações que fiz irão arruinar todo o trabalho anterior. Vamos ver o que você terá aqui e o que há de diferente nesta edição.

O que você ganha pelo seu dinheiro?

Este livro o levará em uma viagem (tentei ao máximo fazê-la agradável) não apenas pela estatística, mas também por assuntos estranhos e maravilhosos do mundo e do meu cérebro. Ele está cheio de exemplos estúpidos, piadas ruins e obscenidades. Obscenidades à parte, fui forçado, relutantemente, a incluir algum conteúdo acadêmico. Ele contém tudo o que sei sobre estatística (de fato, mais do que sei...). Além disso, apresenta as seguintes características:

---

[3] N. de E. "O progresso do Andrew na matemática foi surpreendente. De um aluno fraco que não confiava em si mesmo, ele se tornou um matemático em formação. Ele deve alcançar uma boa nota."

- **Tudo o que você precisa saber**: Quero que este livro tenha uma boa relação custo-benefício, assim ele vai ajudá-lo a sair da completa ignorância (o Capítulo 1 trata dos aspectos básicos do processo de pesquisa) até o patamar de um especialista em modelagem linear multinível (Capítulo 21). É claro que nenhum livro irá conter tudo, mas, acho que este tem um bom conteúdo. Ele é ótimo para exercitar os músculos também.
- **Personagens estranhos**: Você irá notar que o livro está repleto de "personagens", inclusive eu mesmo. Você poderá descobrir mais sobre a função didática deles na seção "Por que encontro personagens estranhos em todo lugar?".
- **Conjuntos de dados:** Existem cerca de 132 arquivos de dados no *site* do livro. Isso não é incomum para um livro de estatística, mas meus conjuntos de dados contêm mais sêmen (não literalmente) do que qualquer outro livro. Deixarei você mesmo julgar se isso é uma coisa boa.
- **Minha história de vida:** Cada capítulo termina com uma cronologia da minha história. Isso ajuda a aprender estatística? Provavelmente não, mas pode ser um pequeno alívio entre os capítulos.
- **Dicas do SPSS:** Às vezes, o SPSS faz coisas confusas. Em cada capítulo, há quadros com dicas, pistas e armadilhas relacionadas ao SPSS.
- **Teste seus conhecimentos:** Considerando o quanto os alunos detestam provas, achei que a melhor maneira de cometer suicídio comercial era distribuir testes ao longo de cada capítulo. Eles variam desde questões simples para testar o que você acabou de aprender até questões que voltam a uma técnica que você aprendeu em capítulos anteriores e que deve aplicar a uma nova situação. Todas essas questões têm respostas para acompanhar o seu progresso.
- **Recursos *online***: O *site* associado contém uma insana quantidade de materiais adicionais, que ninguém lê, mas que estão descritos na seção sobre recursos *online* para que você saiba o que está perdendo.
- **Estimulação digital:** Não, não é o mesmo tipo de estimulação digital mencionado anteriormente, mas estimulação cerebral. Muitos dos recursos do *site* poderão ser acessados em *tablets* e *smartphones* para que, quando você estiver entediado no cinema, possa ler sobre o fascinante mundo da heterocedasticidade.
- **Relatando a sua análise:** Cada capítulo apresenta um guia para relatar a sua análise. O relato de uma análise varia um pouco de uma disciplina para outra, mas minhas orientações devem apontar a direção certa.
- **Glossário:** Escrever o glossário foi tão doloroso que cheguei a colocar um aspirador de pó no ouvido para sugar meu próprio cérebro. Você poderá encontrá-lo no fundo do aspirador de pó da minha casa.
- **Dados reais:** Os estudantes apreciam ter dados reais para utilizar. O problema é que pesquisas reais podem ser um tédio. Eu vasculhei o mundo dos exemplos de pesquisa sobre tópicos realmente fascinantes (na minha opinião). Então, persegui os autores das pesquisas até que eles me dessem os dados. Cada capítulo tem um exemplo real de pesquisa.

O que tem aqui que não tinha na edição anterior?

Suponho que você tenha gasto seu suado dinheirinho na edição anterior, é razoável que queira uma boa razão para gastar mais da sua grana nesta edição. Em alguns aspectos, é difícil quantificar todas as mudanças em uma lista: sou um escritor melhor do que há cinco anos, então existe muita coisa reescrita, porque acho que posso melhorar o que foi feito anteriormente. Passei 6 meses apenas nas atualizações, então é suficiente dizer que muita coisa mudou; mas qualquer coisa que você possa ter gostado sobre a edição anterior provavelmente não mudou:

- **Adequação ao SPSS da IBM**: Esta edição foi escrita utilizando a versão 25 do SPSS Statistics da IBM. A IBM lança novas versões do SPSS mais frequentemente do que eu escrevo novas edições deste livro, assim, dependendo de quando você tenha comprado o livro, ele pode não refletir a última versão. Isso não deve preocupá-lo, porque os procedimentos cobertos aqui não serão provavelmente afetados (ver a seção 4.12).

- **Novo! Capítulo**: Nos últimos 4 anos, o movimento ciência aberta ganhou muito impulso. O Capítulo 3 é novo e discute questões relevantes desse movimento, como *p-hacking*, *HARKing*, graus de liberdade do pesquisador e pré-registro da pesquisa. Ele traz, ainda, uma introdução à estatística bayesiana.
- **Novo! Bayes:** Os tempos estatísticos estão mudando, e é mais comum agora encontrar métodos bayesianos na pesquisa em ciências sociais. O SPSS não faz estimativas bayesianas de fato, mas você pode implementar fatores de Bayes. Vários capítulos incluem agora seções sobre como obter e interpretar fatores de Bayes. O Capítulo 3 explica o que é um fator de Bayes.
- **Novo! Métodos robustos:** Os tempos estatísticos estão mudando... oh, espere aí, acabei de dizer isso. Embora o SPSS faça *bootstrap* (se você tiver a versão Premium), há um monte de estatísticas baseadas em dados "podados" que estão disponíveis em R. Eu incluí várias seções sobre testes robustos e sintaxe para fazê-los (utilizando o R).
- **Novo! Ficção sem sentido:** Tendo começado a gostar de escrever um livro de estatística na forma de uma narrativa fictícia (*An adventure in statistics*), eu me privei do tédio ao apresentar a história de Caio e Gina (que acompanha os resumos esquemáticos ao final de cada capítulo). Claro que isso é totalmente inútil, mas talvez alguém goste de ler um trecho sem estatística.
- **Novo! Equívocos:** Desde a última edição, meu gato de 20 anos morreu; assim, precisei dar a ele um papel mais espiritual. Ele se tornou o Gato Corretor e precisava de um contraponto, então criei o Vira-Lata Equivocado, que se equivoca bastante quando o assunto é estatística. O Vira-Lata (baseado no meu próprio cachorro) faz as coisas do modo errado, e o gato aparece do éter para corrigi-lo. Tudo isso é uma maneira excessivamente elaborada de destacar alguns equívocos comuns.
- **Mais ou menos novo! O tema do modelo linear:** Nas últimas duas edições, organizei o conteúdo dos modelos lineares de forma a destacar os pontos comuns entre os modelos tradicionalmente rotulados como regressão, ANOVA, ANCOVA, testes-*t*, etc. Sempre cuidei para não alienar os professores que estão acostumados com os nomes históricos, mas novamente dei uma importância maior ao tema do modelo linear geral.
- **Mais ou menos novo! Personagens:** Gostei tanto de trabalhar com James Iles no livro *An adventure in statistics* que me reuni com ele para criar novas versões dos personagens do livro (e outros recursos, como as molduras deles). Eles ficaram incríveis.

Cada capítulo foi revisado ou reescrito completamente, eu refiz todas as figuras e obviamente atualizei as telas e as saídas do SPSS. Aqui está um resumo das alterações mais substanciais em cada capítulo:

- **Capítulo 1 (pesquisando):** Alterei a maneira como discuto hipóteses. Mudei o exemplo sobre suicídio para um sobre memes.
- **Capítulo 2 (teoria estatística):** Reestruturei este capítulo em torno do acrônimo SPINE[4] (coluna espinal, em português), então você perceberá que os subtítulos consequentemente mudaram. O conteúdo está todo lá, apenas foi reescrito e reorganizado em uma nova narrativa. Expandi a descrição do significado do TSHN (teste da significância da hipótese nula, ou teste de hipóteses).
- **Capítulo 3 (pensamentos atuais na estatística):** Esse capítulo é completamente novo. Ele abrange parte da crítica ao TSHN que costumava estar no Capítulo 2, mas faz uma discussão sobre a ciência aberta, *p-hacking*, *HARKing*, graus de liberdade do pesquisador, pré-registro e, por último, estatística bayesiana (principalmente fatores de Bayes).
- **Capítulo 4 (SPSS Statistics da IBM):** Obviamente, reflete as mudanças no SPSS desde a edição anterior. Há uma nova seção sobre as extensões do SPSS que cobre o processo de instalação da ferramenta PROCESS, do *plugin Essentials for R* e do pacote *WRS2* (para testes robustos).
- **Capítulo 5 (gráficos):** Sem mudanças substanciais, apenas ajustei alguns exemplos.

---

[4] Agradeço à colega Jennifer Mankin por me desviar da sigla que imediatamente surgiu na minha mente infantil.

- **Capítulo 6 (pressupostos):** O conteúdo é mais ou menos o mesmo. Afastei-me ainda mais dos testes de normalidade e de homogeneidade (embora eu ainda os mantenha) porque agora ofereço algumas alternativas robustas para os testes comuns.
- **Capítulo 7 (modelos não paramétricos):** Não houve uma mudança substancial no conteúdo.
- **Capítulo 8 (correlação):** A seção sobre correlação parcial foi completamente reescrita.
- **Capítulo 9 (o modelo linear):** Reestruturei um pouco esse capítulo e escrevi novas seções sobre regressão robusta e bayesiana.
- **Capítulo 10 (testes-*t*):** Fiz uma revisão da teoria para ajustá-la melhor ao tema dos modelos lineares. Escrevi novas seções sobre testes robustos e bayesianos para duas médias.
- **Capítulo 11 (mediação e moderação):** Não foi substancialmente alterado.
- **Capítulos 12-13 (MLG 1-2):** Mudei o exemplo principal para um sobre terapia com filhotes de cachorro. Achei que o exemplo do Viagra estava um pouco velho e precisava de uma desculpa para colocar algumas fotos do meu cachorro no livro. Essa foi a solução perfeita. Escrevi novas seções sobre variantes robustas e bayesianas (somente no Capítulo 12) desses modelos.
- **Capítulo 14 (MLG 3):** Ajustei o exemplo – ainda é sobre o efeito dos "óculos de cerveja", mas eu o relacionei com algumas pesquisas reais, de modo que as descobertas agora refletem a ciência real que foi feita. Adicionei seções sobre variantes robustas e bayesianas de modelos de delineamentos fatoriais.
- **Capítulos 15-16 (MLG 4-5):** Acrescentei um pouco de teoria ao Capítulo 14 para aproximá-lo do modelo linear (e o conteúdo do Capítulo 21). Apresento agora uma orientação mais específica, ignorando o teste de Mauchly e aplicando rotineiramente uma correção ao valor-F (embora eu duvide que, se você gostava do teste de Mauchly, a alteração seja suficientemente dramática para incomodá-lo). Acrescentei seções sobre variantes robustas de modelos de delineamentos de medidas repetidas. Acrescentei algumas coisas sobre tabelas dinâmicas. Ajustei um pouco o exemplo do Capítulo 16 para que ele não compare homens e mulheres, mas sim uma pesquisa real sobre estratégias de namoro.
- Quanto aos **Capítulos 17 (MANOVA)**; **18 (análise de fatores)**; **19 (dados categóricos)**; **20 (regressão logística)** e **21 (modelos multiníveis)**, não existem maiores modificações, com exceção de uma melhoria no Capítulo 19.

SÍMBOLOS UTILIZADOS NESTE LIVRO

Operadores matemáticos

$\sum$ Esse símbolo (denominado sigma) significa "somar tudo". Assim, se você vir algo como $\sum x_i$, isso quer dizer "some todos os valores que coletou".

$\prod$ Esse símbolo significa "multiplicar tudo". Assim se aparecer algo como $\prod x_i$, isso quer dizer "multiplique todos os valores que coletou".

$\sqrt{x}$ Isso quer dizer "tire a raiz quadrada de x".

Símbolos gregos

α Alfa, é a probabilidade de se cometer um Erro do tipo I

β Beta, é a probabilidade de se cometer um Erro do tipo II

β_i Beta, coeficiente padronizado da regressão

ε Épsilon, normalmente significa "erro", mas é também utilizado para representar a esfericidade

η^2 Eta ao quadrado, uma medida do tamanho de efeito

μ Mu, a média de uma população de valores

ρ Rô, o coeficiente de correlação populacional

σ Sigma, o desvio-padrão em uma população de dados

σ^2 Sigma ao quadrado, a variância em uma população de dados

$\sigma_{\bar{x}}$ Outra variação de sigma, que representa o erro-padrão da média

τ Tau de Kendall, coeficiente de correlação não paramétrico

ϕ Fi, uma medida de associação entre duas variáveis categóricas, mas também utilizado para representar o parâmetro de dispersão na regressão logística

χ^2 Qui-quadrado, uma estatística de teste que quantifica a associação entre duas variáveis categóricas

χ^2_F Outro uso da letra qui, mas desta vez como a estatística de teste da ANOVA de Friedman, um teste não paramétrico para a diferença entre duas médias

ω^2 Ômega ao quadrado, medida do tamanho do efeito. Esse símbolo também significa "expelir o conteúdo do intestino diretamente em suas calças"; você vai entender o porquê no devido tempo

Símbolos latinos

b_i	O coeficiente de regressão (não padronizado). Costumo usá-lo para qualquer coeficiente em um modelo linear
DP, s	O desvio-padrão de uma amostra
e_i	O erro associado com a i-ésima pessoa
F	Estatística F
gl	Graus de liberdade
H	Estatística de teste de Kruskal-Wallis
k	O número de níveis de variável (i.e., o número de condições de tratamento), ou o número de previsores em um modelo de regressão
ln	Logaritmo natural
MQ	O erro médio ao quadrado (média dos quadrados): a variabilidade média nos dados
N, n, n_i	O tamanho da amostra. N normalmente representa o tamanho de uma amostra qualquer enquanto n representa o tamanho de uma amostra específica
P	Probabilidade (o valor de uma probabilidade, o valor-p ou a significância de um teste são normalmente representados por p)
r	O coeficiente de correlação de Pearson
r_b, r_{pb}	Coeficiente de correlação bisserial e coeficiente de correlação ponto-bisserial, respectivamente
r_s	Coeficiente de correlação por postos de Spearman
R	O coeficiente de correlação múltipla
R^2	O coeficiente de determinação (i.e., a proporção dos dados explicados pelo modelo)
s^2	A variância de uma amostra
SQ	A soma dos quadrados ou seu nome completo: a soma dos erros ao quadrado
SQ_A	A soma dos quadrados para a variável A
SQ_M	A soma dos quadrados do modelo (i.e., a variabilidade explicada pelo modelo ajustado aos dados)
SQ_R	A soma dos quadrados do resíduo (i.e., a variabilidade que o modelo não pode explicar, o erro no modelo)
SQ_T	A soma total dos quadrados (i.e., a total variabilidade dos dados)
t	A estatística do testículo-t de Student. Sim, fiz isso deliberadamente para ver se você estava prestando atenção
T	A estatística de teste de postos pareado com sinais de Wilcoxon
U	A estatística de teste de Mann-Whitney
W_s	A estatística do teste de wostos de Pilcoxon. Sacou a troca? Tanto faz, ninguém lê esta página mesmo
$\overline{X}$ ou $\overline{x}$	A média de uma amostra
z	Um dado expresso em unidades de desvio-padrão

UMA REVISÃO DA MATEMÁTICA

Existem bons *sites* que podem ajudar se qualquer um dos símbolos matemáticos confundi-lo. As páginas studymaths.co.uk, www.gcflearnfree.org/math e www.mathsisfun.com parecem úteis, mas há muitas outras, então use uma página de busca para encontrar algo que funcione para você. Alguns recursos estão disponíveis no *site* do livro; você pode dar uma olhada lá se ficar sem inspiração. Vou rapidamente relembrar três coisas importantes:

Dois negativos fazem um positivo: embora na vida dois erros não façam um acerto, na matemática eles fazem! Quando multiplicamos um número negativo com outro negativo, o resultado é um número positivo. Por exemplo, $-2 \times -4 = 8$.

Um número negativo multiplicado por um positivo produz um negativo: se você multiplica um número positivo por um negativo, o resultado é outro número negativo. Por exemplo, $2 \times -4 = -8$ ou $-2 \times 6 = -12$.

CODMAS e PEMDAS: esses dois acrônimos são formas diferentes de lembrar a ordem em que as operações matemáticas devem ser executadas. COMDAS significa Colchetes, Ordem, Divisão, Multiplicação, Adição e Subtração, enquanto PEMDAS significa Parênteses, Expoentes, Multiplicação, Divisão, Adição e Subtração. Ter dois acrônimos para utilizar pode ser confuso (especialmente porque a multiplicação e a divisão são duas operações opostas), mas ambos significam a mesma coisa.

- Colchetes/Parênteses: quando resolver uma expressão ou equação, você deve lidar primeiro com o que estiver dentro de colchetes/parênteses.
- Ordem/Expoentes: tendo resolvido os parênteses, a próxima etapa são os termos de ordem/expoentes. Isso se refere a expoentes tais como elevar ao quadrado. Quatro ao quadrado, ou 4^2, é quatro elevado à ordem dois, daí a palavra ordem em CODMAS. O termo expoente é mais comum (assim, utilize o termo PEMDAS como o seu acrônimo se achar que ele é mais fácil).
- Divisão e Multiplicação: as próximas operações a serem avaliadas são divisões ou multiplicações. A ordem em que elas devem ser executadas é da esquerda para a direita em qualquer expressão/equação. Esse é o motivo por que os acrônimos CODMAS e PEMDAS as listam em ordem oposta, porque elas podem ser consideradas ao mesmo tempo (assim COMDAS e PEDMAS funcionam também como acrônimos).
- Adição e Subtração: finalmente deve-se resolver adições ou subtrações. Novamente, vá da esquerda para a direita, executando qualquer adição ou subtração na ordem em que elas aparecerem. (Assim, CODMSA pode funcionar também como um acrônimo, mas é difícil de pronunciar.)

Vamos ver um exemplo de CODMAS/PEMDAS em ação: qual seria o resultado de $1 + 3 \times 5^2$? A resposta é 76 (não 100 como alguns de vocês podem ter pensado). Não existem colchetes ou parênteses, assim a primeira coisa a ser feita é a ordem/expoente: 5^2 que é 25, assim a expressão se torna $1 + 3 \times 25$. Olhando da esquerda para a direita não existe divisão, assim executamos a multiplicação: $3 \times 25 = 75$. Novamente verificando da esquerda para a direita procuramos por termos de adição e subtração, não existem subtrações, assim a primeira coisa que surge é a adição: $1 + 75$, que fornece 76, e a expressão está resolvida. Se tivéssemos escrito a expressão $(1 + 3) \times 5^2$, então a resposta seria 100, pois teríamos que lidar primeiro com os parênteses: $(1 + 3) = 4$ e assim a expressão ficaria 4×5^2. Resolvendo primeiro a ordem/expoente ($5^2 = 25$) teríamos como resultado $4 \times 25 = 100$.

Até mais!

A 1ª edição deste livro foi resultado de 2 anos (algumas semanas a mais ou a menos para escrever a minha tese de doutorado) tentando escrever um livro de estatística que eu gostaria de ler. A cada nova edição, tento não apenas fazer mudanças superficiais, mas também reescrever e melhorar tudo (um dos problemas em ficar velho é que você olha para o seu trabalho anterior e acha que pode fazer ainda melhor). Esta 5ª edição é o ápice de aproximadamente 7 anos de trabalho em tempo integral (além do meu trabalho normal). Este livro consumiu, aproximadamente, os últimos 20 anos da minha vida, e a cada vez que recebo um *e-mail* gentil de alguém que o achou útil, lembro-me que ele é a coisa mais valiosa que fiz em minha vida acadêmica. Desde sempre, este é um trabalho gratificante. Ainda não está perfeito, e eu gosto de ter *feedback* (positivo ou negativo) das pessoas que mais importam: meus leitores.

Andy

  www.facebook.com/profandyfield

  @ProfAndyField

  www.youtube.com/user/ProfAndyField

  www.discoveringstatistics.com/category/blog/

SUMÁRIO

1	Por que meu cruel professor está me forçando a aprender estatística?	1
2	A espinha da estatística	47
3	A fênix da estatística	95
4	O ambiente do IBM SPSS Statistics	135
5	Explorando dados com gráficos	177
6	O monstro do viés	225
7	Modelos não paramétricos	281
8	Correlação	333
9	Modelo linear (regressão)	369
10	Comparando duas médias	437
11	Moderação, mediação e previsores multicategóricos	481
12	MLG 1: Comparando várias médias independentes	519
13	MLG 2: Comparando médias ajustadas por outros previsores (análise de covariância)	573
14	MLG 3: Delineamentos fatoriais	607
15	MLG 4: Delineamentos de medidas repetidas	649
16	MLG 5: Delineamentos mistos	703
17	Análise multivariada da variância (MANOVA)	735
18	Análise de fatores exploratória	777
19	Resultados categóricos: qui-quadrado e análise log-linear	835
20	Resultados categóricos: regressão logística	877
21	Modelos lineares multiníveis	935
	Epílogo	994
	Apêndice	995
	Glossário	1007
	Referências	1043
	Índice	1057

SUMÁRIO DETALHADO

1 Por que meu cruel professor está me forçando a aprender estatística? — 1

- 1.1 O que aprenderei neste capítulo? — 2
- 1.2 Por que diabos estou lendo este livro? — 3
- 1.3 O processo de pesquisa — 3
- 1.4 Observação inicial: encontrando algo que precisa de explicação — 4
- 1.5 Gerando e testando teorias e hipóteses — 5
- 1.6 Coletando dados: medição — 9
- 1.7 Coletando dados: delineamento de pesquisa — 16
- 1.8 Analisando dados — 22
- 1.9 Relatando dados — 40
- 1.10 Caio tenta conquistar Gina — 44
- 1.11 E agora? — 44
- 1.12 Termos-chave — 44
- Tarefas da Alex Astuta — 45

2 A espinha da estatística — 47

- 2.1 O que aprenderei neste capítulo? — 48
- 2.2 O que é a espinha da estatística? — 49
- 2.3 Modelos estatísticos — 49
- 2.4 Populações e amostras — 53
- 2.5 P (Parâmetros) — 54
- 2.6 E (Estimar parâmetros) — 60
- 2.7 S (Erro-padrão) — 61
- 2.8 I (Intervalo de confiança) — 64
- 2.9 N (Teste da significância da hipótese nula) — 72
- 2.10 Relatando testes de significância — 90
- 2.11 Caio tenta conquistar Gina — 92
- 2.12 E agora? — 92
- 2.13 Termos-chave — 92
- Tarefas da Alex Astuta — 93

3 A fênix da estatística — 95

- 3.1 O que aprenderei neste capítulo? — 96
- 3.2 Problemas com a testagem de hipóteses — 97
- 3.3 A TH como parte dos grandes problemas da ciência — 104
- 3.4 Uma fênix que surge da BRASA — 110
- 3.5 A sensatez e como usá-la — 111
- 3.6 Pré-registro da pesquisa e a ciência aberta — 112
- 3.7 O tamanho do efeito — 113
- 3.8 Abordagens bayesianas — 122

	3.9	Relatando o tamanho do efeito e os fatores de Bayes	131
	3.10	Caio tenta conquistar Gina	132
	3.11	E agora?	133
	3.12	Termos-chave	133
		Tarefas da Alex Astuta	134

4 O ambiente do IBM SPSS Statistics — 135

4.1	O que aprenderei neste capítulo?	136
4.2	Versões do IBM SPSS Statistics	137
4.3	Windows, Mac OS e Linux	137
4.4	Iniciando	138
4.5	Editor de dados	139
4.6	Inserindo dados no SPSS	145
4.7	Importando dados	157
4.8	O visualizador do SPSS	158
4.9	Exportando a saída do SPSS	162
4.10	Editor de sintaxe	162
4.11	Salvando arquivos	164
4.12	Abrindo arquivos	165
4.13	Extensões para o SPSS	165
4.14	Caio tenta conquistar Gina	170
4.15	E agora?	171
4.16	Termos-chave	171
	Tarefas da Alex Astuta	172

5 Explorando dados com gráficos — 177

5.1	O que aprenderei neste capítulo?	178
5.2	A arte de apresentar dados	179
5.3	Criador de Gráficos do SPSS	181
5.4	Histogramas	184
5.5	Diagramas de caixa e bigodes	191
5.6	Representando médias: diagramas de barras e de barras de erro	194
5.7	Diagramas de linha	206
5.8	Representando relacionamentos: diagrama de dispersão	207
5.9	Editando gráficos	218
5.10	Caio tenta conquistar Gina	218
5.11	E agora?	221
5.12	Termos-chave	222
	Tarefas da Alex Astuta	223

6 O monstro do viés — 225

6.1	O que aprenderei neste capítulo?	226
6.2	O que é viés?	227
6.3	Valores atípicos (*outliers*)	227

6.4	Visão geral dos pressupostos	229
6.5	Aditividade e linearidade	230
6.6	Uma ou outra coisa distribuída normalmente	230
6.7	Homoscedasticidade/homogeneidade das variâncias	237
6.8	Independência	239
6.9	Identificando valores atípicos	239
6.10	Identificando a normalidade	244
6.11	Verificando a linearidade e a heteroscedasticidade/heterogeneidade das variâncias	257
6.12	Reduzindo o viés	262
6.13	Caio tenta conquistar Gina	276
6.14	E agora?	278
6.15	Termos-chave	278
	Tarefas da Alex Astuta	279

7 Modelos não paramétricos 281

7.1	O que aprenderei neste capítulo?	282
7.2	Quando utilizar um teste não paramétrico	283
7.3	Procedimento geral de um teste não paramétrico utilizando o SPSS	284
7.4	Comparando duas condições independentes: o teste da soma dos postos de Wilcoxon e o teste de Mann-Whitney	286
7.5	Comparando duas condições relacionadas: o teste dos postos com sinais de Wilcoxon	297
7.6	Diferenças entre vários grupos independentes: o teste de Kruskal-Wallis	306
7.7	Diferenças entre vários grupos relacionados: a ANOVA de Friedman	321
7.8	Caio tenta conquistar Gina	328
7.9	E agora?	330
7.10	Termos-chave	331
	Tarefas da Alex Astuta	331

8 Correlação 333

8.1	O que aprenderei neste capítulo?	334
8.2	Modelando relacionamentos	335
8.3	Inserindo dados para a análise de correlação	342
8.4	Correlação bivariada	344
8.5	Correlação parcial e semiparcial	355
8.6	Comparando correlações	361
8.7	Calculando o tamanho de efeito	363
8.8	Como relatar coeficientes de correlação	363
8.9	Caio tenta conquistar Gina	364
8.10	E agora?	366
8.11	Termos-chave	367
	Tarefas da Alex Astuta	367

9 Modelo linear (regressão) 369

9.1 O que aprenderei neste capítulo? 370
9.2 Introdução ao modelo linear (regressão) 371
9.3 Viés nos modelos lineares? 380
9.4 Generalizando o modelo 385
9.5 Tamanho da amostra e modelo linear 389
9.6 Ajustando modelos lineares: procedimento geral 391
9.7 Utilizando o SPSS para ajustar um modelo linear com um previsor 392
9.8 Interpretando um modelo linear com um previsor 393
9.9 Modelo linear com dois ou mais previsores (regressão múltipla) 397
9.10 Usando o SPSS para ajustar um modelo linear com vários previsores 402
9.11 Interpretando um modelo linear com vários previsores 408
9.12 Regressão robusta 425
9.13 Regressão bayesiana 429
9.14 Relatando modelos lineares 431
9.15 Caio tenta conquistar Gina 432
9.16 E agora? 434
9.17 Termos-chave 434
Tarefas da Alex Astuta 435

10 Comparando duas médias 437

10.1 O que aprenderei neste capítulo? 438
10.2 Observando as diferenças 439
10.3 Malfeito feito 439
10.4 Previsores categóricos no modelo linear 443
10.5 Teste-*t* 445
10.6 Pressupostos do teste-*t* 453
10.7 Comparando duas médias: procedimento geral 453
10.8 Comparando duas médias independentes utilizando o SPSS 453
10.9 Comparando duas médias relacionadas utilizando o SPSS 463
10.10 Relatando comparações entre duas médias 476
10.11 Medidas repetidas ou entre grupos? 477
10.12 Caio tenta conquistar Gina 477
10.13 E agora? 478
10.14 Termos-chave 479
Tarefas da Alex Astuta 479

11 Moderação, mediação e previsores multicategóricos 481

11.1 O que aprenderei neste capítulo? 482
11.2 A ferramenta *PROCESS* 483
11.3 Moderação: interações no modelo linear 483
11.4 Mediação 497
11.5 Previsores categóricos na regressão 508

11.6	Caio tenta conquistar Gina	516
11.7	E agora?	516
11.8	Termos-chave	517
	Tarefas da Alex Astuta	518

12 MLG 1: Comparando várias médias independentes — 519

12.1	O que aprenderei neste capítulo?	520
12.2	Utilizando um modelo linear para comparar várias médias	521
12.3	Pressupostos na comparação de médias	534
12.4	Contrastes planejados (codificação de contrastes)	537
12.5	Procedimentos *post hoc*	549
12.6	Comparando várias médias utilizando o SPSS	551
12.7	Saída de uma ANOVA independente de um fator	556
12.8	Comparações robustas de várias médias	564
12.9	Comparações bayesianas de várias médias	566
12.10	Calculando o tamanho do efeito	567
12.11	Relatando os resultados de uma ANOVA independente de um fator	568
12.12	Caio tenta conquistar Gina	568
12.13	E agora?	570
12.14	Termos-chave	570
	Tarefas da Alex Astuta	570

13 MLG 2: Comparando médias ajustadas por outros previsores (análise de covariância) — 573

13.1	O que aprenderei neste capítulo?	574
13.2	O que é ANCOVA?	575
13.3	ANCOVA e o modelo linear geral	576
13.4	Pressupostos e problemas na ANCOVA	580
13.5	Realizando uma ANCOVA com o SPSS	584
13.6	Interpretando a ANCOVA	591
13.7	Testando o pressuposto de homogeneidade das inclinações da regressão	598
13.8	ANCOVA robusta	600
13.9	Análise bayesiana com covariáveis	601
13.10	Calculando o tamanho de efeito	602
13.11	Relatando resultados	603
13.12	Caio tenta conquistar Gina	603
13.13	E agora?	604
13.14	Termos-chave	605
	Tarefas da Alex Astuta	605

14 MLG 3: Delineamentos fatoriais — 607

14.1	O que aprenderei neste capítulo?	608
14.2	Delineamentos fatoriais	609
14.3	Delineamentos fatoriais independentes e o modelo linear	609
14.4	Pressupostos do modelo nos delineamentos fatoriais	620

14.5	Delineamentos fatoriais utilizando o SPSS	620
14.6	Saída de delineamentos fatoriais	627
14.7	Interpretando os diagramas de interação	635
14.8	Modelos robustos de delineamentos fatoriais	638
14.9	Modelos bayesianos de delineamentos fatoriais	641
14.10	Calculando os tamanhos de efeito	643
14.11	Relatando os resultados dos delineamentos fatoriais	645
14.12	Caio tenta conquistar Gina	646
14.13	E agora?	647
14.14	Termos-chave	647
	Tarefas da Alex Astuta	647

15 MLG 4: Delineamentos de medidas repetidas — 649

15.1	O que aprenderei neste capítulo?	650
15.2	Introdução aos delineamentos de medidas repetidas	651
15.3	Um exemplo nojento	652
15.4	Medidas repetidas e o modelo linear	652
15.5	A ANOVA nos delineamentos de medidas repetidas	654
15.6	A estatística F nos delineamentos de medidas repetidas	658
15.7	Pressupostos dos delineamentos de medidas repetidas	663
15.8	Delineamentos de medidas repetidas de um fator usando o SPSS	664
15.9	Saídas dos delineamentos de medidas repetidas de um fator	668
15.10	Testes robustos para os delineamentos de medidas repetidas de um fator	676
15.11	Tamanho do efeito de delineamentos de medidas repetidas	678
15.12	Relatando os delineamentos de medidas repetidas de um fator	679
15.13	Um exemplo alcoólico: delineamentos fatoriais de medidas repetidas	680
15.14	Delineamentos fatoriais de medidas repetidas usando o SPSS	681
15.15	Interpretando delineamentos fatoriais de medidas repetidas	687
15.16	Tamanhos de efeito em delineamentos fatoriais de medidas repetidas	698
15.17	Relatando os resultados de delineamentos fatoriais de medidas repetidas	698
15.18	Caio tenta conquistar Gina	700
15.19	E agora?	701
15.20	Termos-chave	701
	Tarefas da Alex Astuta	701

16 MLG 5: Delineamentos mistos — 703

16.1	O que aprenderei neste capítulo?	704
16.2	Delineamentos mistos	705
16.3	Pressupostos dos delineamentos mistos	705
16.4	Um exemplo de um encontro rápido	706
16.5	Delineamentos mistos utilizando o SPSS	708
16.6	Saídas dos delineamentos fatoriais mistos	713
16.7	Calculando os tamanhos de efeito	727

16.8	Relatando os resultados dos delineamentos mistos	729
16.9	Caio tenta conquistar Gina	732
16.10	E agora?	733
16.11	Termos-chave	733
	Tarefas da Alex Astuta	733

17 Análise multivariada da variância (MANOVA) — 735

17.1	O que aprenderei neste capítulo?	736
17.2	Introduzindo a MANOVA	737
17.3	Introduzindo matrizes	739
17.4	A teoria por trás da MANOVA	741
17.5	Questões práticas na realização da MANOVA	753
17.6	A MANOVA utilizando o SPSS	755
17.7	Interpretando a MANOVA	757
17.8	Relatando os resultados da MANOVA	762
17.9	Detalhando a MANOVA com a análise discriminante	765
17.10	Interpretando a análise discriminante	767
17.11	Relatando os resultados da análise discriminante	771
17.12	A interpretação final	771
17.13	Caio tenta conquistar Gina	772
17.14	E agora?	773
17.15	Termos-chave	775
	Tarefas da Alex Astuta	775

18 Análise de fatores exploratória — 777

18.1	O que aprenderei neste capítulo?	778
18.2	Quando usar a análise de fatores	779
18.3	Fatores e componentes	780
18.4	Descobrindo fatores	787
18.5	Um exemplo ansioso	795
18.6	Análise de fatores utilizando o SPSS	800
18.7	Interpretando a análise de fatores	806
18.8	Como relatar a análise de fatores	819
18.9	Análise de confiabilidade	822
18.10	Análise de confiabilidade utilizando o SPSS	825
18.11	Interpretando a análise de confiabilidade	827
18.12	Como relatar a análise de confiabilidade	830
18.13	Caio tenta conquistar Gina	830
18.14	E agora?	832
18.15	Termos-chave	832
	Tarefas da Alex Astuta	833

19 Resultados categóricos: qui-quadrado e análise log-linear — 835

19.1	O que aprenderei neste capítulo?	836
19.2	Analisando dados categóricos	837

	19.3	Associações entre duas variáveis categóricas	837
	19.4	Associação entre diversas variáveis categóricas: análise log-linear	846
	19.5	Pressupostos na análise de dados categóricos	849
	19.6	Procedimento geral para analisar resultados categóricos	850
	19.7	Executando o qui-quadrado utilizando o SPSS	850
	19.8	Interpretando o teste do qui-quadrado	854
	19.9	Análise log-linear utilizando o SPSS	864
	19.10	Interpretando a análise log-linear	866
	19.11	Relatando os resultados da análise log-linear	872
	19.12	Caio tenta conquistar Gina	872
	19.13	E agora?	874
	19.14	Termos-chave	875
		Tarefas da Alex Astuta	875
20	**Resultados categóricos: regressão logística**		**877**
	20.1	O que aprenderei neste capítulo?	878
	20.2	O que é a regressão logística?	879
	20.3	A teoria da regressão logística	879
	20.4	Fontes de viés e problemas comuns	886
	20.5	Regressão logística binária	891
	20.6	Interpretando a regressão logística	900
	20.7	Relatando a regressão logística	911
	20.8	Testando pressupostos: outro exemplo	911
	20.9	Prevendo várias categorias: regressão logística multinomial	916
	20.10	Relatando a regressão logística multinomial	930
	20.11	Caio tenta conquistar Gina	930
	20.12	E agora?	932
	20.13	Termos-chave	932
		Tarefas da Alex Astuta	933
21	**Modelos lineares multiníveis**		**935**
	21.1	O que aprenderei neste capítulo?	936
	21.2	Dados hierárquicos	937
	21.3	Teoria dos modelos lineares multiníveis	941
	21.4	O modelo multinível	944
	21.5	Algumas questões práticas	948
	21.6	Modelagem multinível usando o SPSS	951
	21.7	Modelos de crescimento	972
	21.8	Como relatar um modelo multinível	987
	21.9	Uma mensagem do polvo do desespero inevitável	988
	21.10	Caio tenta conquistar Gina	988
	21.11	E agora?	988
	21.12	Termos-chave	990
		Tarefas da Alex Astuta	990

Epílogo	991
Apêndice	995
Glossário	1007
Referências	1043
Índice	1057

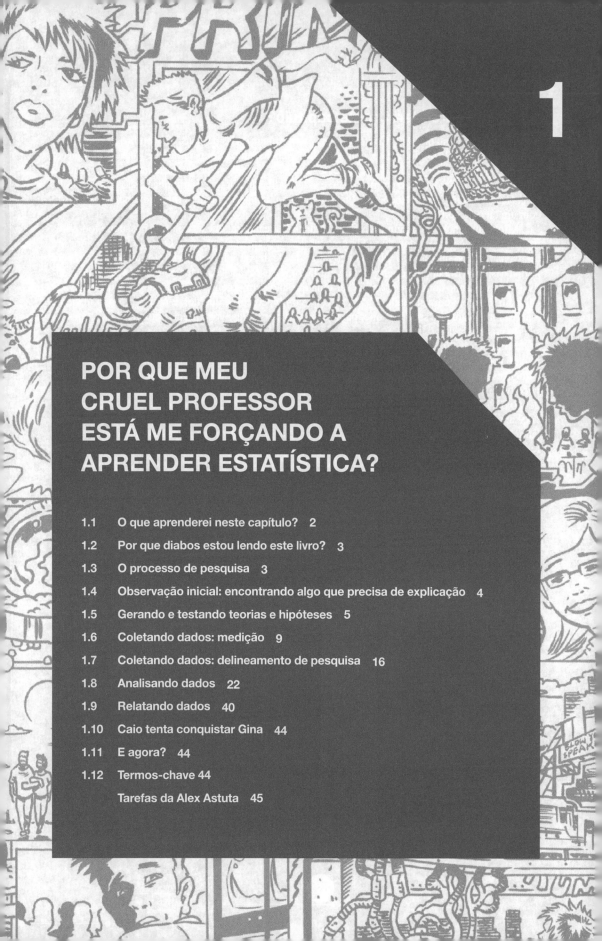

1

POR QUE MEU CRUEL PROFESSOR ESTÁ ME FORÇANDO A APRENDER ESTATÍSTICA?

1.1 O que aprenderei neste capítulo? 2
1.2 Por que diabos estou lendo este livro? 3
1.3 O processo de pesquisa 3
1.4 Observação inicial: encontrando algo que precisa de explicação 4
1.5 Gerando e testando teorias e hipóteses 5
1.6 Coletando dados: medição 9
1.7 Coletando dados: delineamento de pesquisa 16
1.8 Analisando dados 22
1.9 Relatando dados 40
1.10 Caio tenta conquistar Gina 44
1.11 E agora? 44
1.12 Termos-chave 44
     Tarefas da Alex Astuta 45

1.1 O que aprenderei neste capítulo?

Nasci em 21 de junho de 1973. Como acontece com a maioria das pessoas, não lembro de nada sobre os primeiros anos da minha vida e, como muitas crianças, eu passei pela fase de quase enlouquecer meu pai perguntando "por quê?" a cada 5 segundos. A cada nova pergunta, a palavra "pai" ficava mais comprida e aguda: "Pai, por que o céu é azul?", "Paaai, por que as minhocas não têm pernas?", "Paaaaaaai, de onde vêm os bebês?". Finalmente, meu pai não aguentou mais e bateu no meu rosto com um taco de golfe.[1]

Minha avalanche de perguntas refletia a curiosidade natural que as crianças possuem: todos nós iniciamos a viagem ao longo da vida como pequenos cientistas curiosos. Quando tinha 3 anos, eu estava na festa do meu amigo Obe (pouco antes de ele deixar a Inglaterra e retornar à Nigéria, para minha tristeza). Era um dia quente e um ventilador refrescava a sala. Meu cérebro de pequeno cientista estava lidando com o que parecia ser uma questão bem urgente: "O que acontece quando você coloca o dedo em um ventilador?". A resposta, como percebi, é que dói, e muito.[2] Com a idade de 3 anos, intuitivamente sabemos que, para responder perguntas, você precisa coletar dados, mesmo se isso nos causa dor.

Minha curiosidade sobre o mundo nunca foi embora, e é por isso que eu sou um cientista. O fato de você estar lendo este livro quer dizer que o perguntador de 3 anos de idade em você está vivo e quer respostas a perguntas novas e intrigantes da mesma forma. Para responder a essas questões, você precisa da "ciência", e a ciência tem um **peixe-piloto** chamado "estatística" que se esconde debaixo da sua barriga comendo ectoparasitas. Esse é o motivo de o seu professor cruel querer que você aprenda estatística. A estatística se assemelha um pouco a colocar o dedo nas pás de um ventilador ligado: algumas vezes é bem doloroso, mas ela, de fato, fornece respostas para questões interessantes. Eu tentarei convencê-lo, neste capítulo, de que a estatística é uma parte importante da pesquisa. Vamos fornecer uma visão geral de todo o processo de pesquisa, partindo do motivo para realizar uma pesquisa, passando por como as teorias são geradas e por que precisamos de dados para testar essas teorias. Se isso tudo não o convencer a seguir lendo, então talvez descobrir se Coca-Cola mata espermatozoides vai. Ou talvez não.

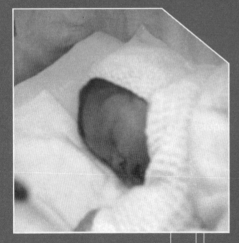

[1] Ele estava treinando golfe no jardim quando eu inesperadamente apareci por trás no momento exato em que ele estava girando o taco para bater na bola. É raro um pai gostar de ver seu filho chorando. Mas, nesse dia, meu pai ficou muito feliz, porque o meu choro era uma evidência concreta de que ele não tinha me matado, o que ele achou que poderia ter acontecido. Se ele tivesse me acertado com a ponta do taco em vez do cabo provavelmente teria conseguido. Felizmente (para mim, não para você, leitor), eu sobrevivi, embora alguns digam que esse acidente explica por que meu cérebro funciona desse jeito.

[2] Nos anos de 1970, os ventiladores não tinham uma tela protetora ao redor das pás para prevenir que pequenos idiotas de 3 anos de idade colocassem os dedos onde não deviam.

Figura 1.1 Quando eu crescer, por favor, não me deixe ser professor de estatística.

1.2 Por que diabos estou lendo este livro? ||||

Você provavelmente deve estar se perguntando por que comprou este livro. Talvez tenha gostado das figuras, talvez quisesse praticar halterofilismo (*é* um livro pesado), ou talvez precisasse alcançar algo em um lugar alto (*é* um livro grosso). Talvez, se você pudesse escolher entre gastar o seu suado dinheiro em um livro de estatística ou em algo mais divertido (um bom romance, um ingresso de cinema, etc.), você escolheria a segunda opção. Então, por que comprou o livro (ou baixou um pdf ilegal de alguém que tem tanto tempo de sobra que escaneou 1.000 páginas por diversão)? É provável que o tenha comprado porque está fazendo uma disciplina de estatística, ou está fazendo alguma pesquisa e precisa saber como analisar dados. Talvez você não tenha se dado conta quando iniciou a disciplina ou a pesquisa que teria que saber estatística, mas agora está inesperadamente chafurdando com água até o pescoço no esgoto vitoriano que é a análise de dados. A culpa disso tudo é da sua mente curiosa. Você pode ter se perguntado coisas como por que as pessoas se comportam da forma como se comportam (psicologia) ou por que comportamentos diferem entre culturas (antropologia), como maximizar o lucro nos negócios (economia), como os dinossauros foram extintos (paleontologia), se comer tomate nos protege contra o câncer (medicina, biologia), se é possível construir um computador quântico (física, química), se o planeta está mais quente do que anteriormente e em quais regiões (geografia, estudos ambientais)... Independentemente do assunto que está estudando ou pesquisando, a razão pela qual o está fazendo é que provavelmente está interessado em obter respostas. Cientistas são pessoas curiosas, e provavelmente você é também. Contudo, talvez você não tenha percebido que, para responder tais questões interessantes, são necessários dados e explicações para esses dados.

A resposta para "por que diabos está lendo este livro?" é simples: para responder perguntas interessantes precisa-se de dados. Uma das razões para o seu cruel professor de estatística te forçar a ler sobre números é porque eles são um tipo de dados e são vitais no processo de pesquisa. É claro, existem outros tipos de dados além de números que podem ser utilizados para testar e gerar teorias. Quando utilizamos dados numéricos, a pesquisa envolve **métodos quantitativos**, mas você pode também gerar e testar teorias analisando textos (como conversação, artigos de revistas e transmissões de mídia). Nesse caso, a pesquisa envolve **métodos qualitativos**, o que é um tópico para outro livro não escrito por mim. As pessoas podem ter opiniões bastante passionais sobre qual dos métodos é o *melhor*, o que é um pouco bobo, pois eles são complementares, abordagens não concorrentes, e existem assuntos muito mais importantes no mundo com que se preocupar. Tendo dito isso, todas as pesquisas qualitativas são bobagem.[3]

1.3 O processo de pesquisa ||||

Como responder a uma pergunta interessante? O processo de pesquisa está resumido de forma geral na Figura 1.2. Ele inicia com uma observação que você quer entender melhor; essa observação pode ser uma anedota (você notou que o seu gato fica olhando para a TV quando pássaros aparecem, mas não quando águas-vivas aparecem)[4] ou pode ser baseada em alguns dados (você conseguiu que vários donos de gatos fizessem registros dos hábitos televisivos dos bichanos e notou que muitos deles assistem a pássaros). A partir da sua observação inicial, você consulta teorias relevantes e gera explicações (hipóteses) sobre aquela observação, a partir das quais se pode fazer previsões. Para testar suas previsões, é preciso dados. Primeiro, você coleta alguns dados relevantes (e para fazer isso é preciso identificar coisas que possam ser mensuradas) e então os analisa. A análise dos dados pode

---

[3] Isso é uma piada. Como é o caso de muitas das minhas piadas, há pessoas que não irão achá-las nem remotamente engraçadas. O debate é acirrado entre pesquisadores qualitativos e quantitativos; assim, essa piada pode fazer com que eu seja caçado, trancado em uma sala e forçado a fazer análise do discurso por uma horda de pesquisadores qualitativos raivosos.

[4] Quando mais novo, o meu gato, de fato, ficava vidrado na TV quando pássaros apareciam na tela.

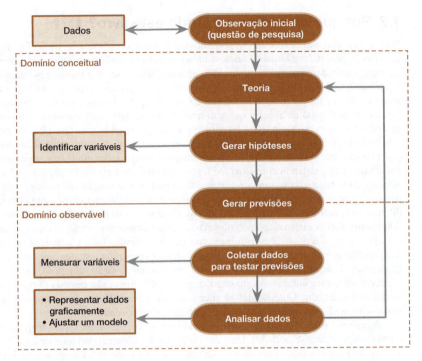

Figura 1.2 Processo de pesquisa.

corroborar a sua hipótese ou gerar uma nova, que, por sua vez, pode levá-lo a revisar a sua teoria. Como tal, os processos de coletar e analisar dados e gerar teorias estão intrinsicamente conectados: as teorias levam à coleta/análise de dados, e a coleta/análise de dados influencia as teorias. Este capítulo explica o processo de pesquisa detalhadamente.

1.4 Observação inicial: encontrando algo que precisa de explicação ▮▮▮▮

O primeiro passo na Figura 1.2 foi encontrar uma pergunta que precisasse de resposta. Eu gasto mais tempo do que deveria vendo *reality shows* na TV. Por muitos anos, eu jurei que não ficaria mais grudado na TV assistindo aos *realities* e, ano após ano, acabo preso à TV esperando pela eliminação do próximo participante (eu sou psicólogo, então na verdade isso é só pesquisa). Eu me perguntava por que existiam tantas brigas nesses *shows* e por que tantos competidores tinham personalidades tão desagradáveis (minha aposta é no transtorno da personalidade narcisista[5]). Muitos empreendimentos científicos começam dessa forma: não assistindo a *reality shows*, mas observando algo no mundo e imaginando por que motivo isso ocorre.

Tendo feito uma observação casual sobre o mundo (os participantes de *realities*, em geral, têm personalidades extremas e brigam muito), eu preciso coletar alguns dados para ver se essa observação é verdadeira (e não uma observação tendenciosa). Para fazer isso, é preciso definir uma ou mais **variáveis** para mensurar a quantidade da coisa que eu estou tentando avaliar. Nesse

---

[5]Esse transtorno é caracterizado por (entre outras coisas) um grandioso senso de autoimportância, arrogância, falta de empatia pelos outros, inveja dos outros e a crença de que os outros o invejam, fantasias excessivas de brilho ou beleza, necessidade excessiva de admiração e exploração dos outros.

exemplo, há uma variável: a personalidade dos participantes. Eu posso medir essa variável fornecendo a eles um dos muitos bem estabelecidos questionários que avaliam características de personalidade. Digamos que eu tenha feito isso e verificado que 75% dos participantes apresentam transtorno da personalidade narcisista. Esses dados dão suporte à minha observação: um grande número de participantes de *reality shows* apresenta personalidade extrema.

1.5 Gerando e testando teorias e hipóteses ▮▮▮▮

A próxima coisa lógica a se fazer é explicar esses dados (Figura 1.2). O primeiro passo é olhar para as teorias relevantes. Uma **teoria** é uma explicação ou conjunto de princípios que é bem embasada por testes repetidos e que explica um fenômeno. Podemos iniciar buscando teorias do transtorno da personalidade narcisista, das quais existem atualmente muito poucas. Uma teoria sobre transtornos da personalidade em geral conecta o problema ao apego inicial (colocando de forma simples, a ligação formada entre a criança e seu cuidador). Em geral, uma criança pode formar um apego seguro (uma coisa boa) ou inseguro (não muito boa) com seu cuidador, e a teoria diz que um apego inseguro explica os transtornos da personalidade posteriores (Levy, Johnson, Clouthier, Scala e Temes, 2015). Essa é uma teoria por que ela é um conjunto de princípios (problemas iniciais em formar vínculos interpessoais) que explica um fenômeno geral (transtornos caracterizados por relações interpessoais disfuncionais). Além disso, existem muitas evidências para dar suporte à ideia. Essa teoria também nos diz que pessoas com personalidades narcisistas tendem a se envolver em conflitos com outros apesar de ansiarem por atenção, o que talvez explique as dificuldades em estabelecerem vínculos íntimos.

Dada essa teoria, podemos gerar **hipóteses** sobre nossas observações anteriores (ver Gina Gênia 1.1). Uma hipótese é uma tentativa de explicação para um fenômeno razoavelmente limitado ou para um conjunto de observações. Não é um palpite, mas uma tentativa fundamentada, isto é, orientada por uma teoria, de explicar o que foi observado. Tanto teorias quanto hipóteses procuram explicar o mundo, mas teorias abordam um conjunto amplo de fenômenos com um pequeno conjunto de princípios bem estabelecidos, enquanto uma hipótese normalmente procura explicar um fenômeno limitado, e ainda não foi testada. Teorias e hipóteses existem apenas em um domínio conceitual e não podem ser observadas diretamente.

Continuando o exemplo da teoria do apego e dos transtornos da personalidade, podemos vir a decidir que essa teoria implica que pessoas com transtornos da personalidade procuram a atenção que aparecer em um programa de TV fornece porque elas não têm relacionamentos interpessoais íntimos. A partir disso, podemos gerar a hipótese de que pessoas com transtorno da personalidade narcisista usam os *reality shows* para satisfazer sua necessidade de chamar a atenção. Essa é uma declaração conceitual que explica a nossa observação original (que as taxas de transtornos da personalidade narcisista são altas nesses programas de TV).

Para testar essa hipótese, precisamos nos deslocar do domínio conceitual para o observável. Em outras palavras, precisamos operacionalizar nossa hipótese de forma a permitir a coleta e a análise de dados relacionados com a hipótese (Figura 1.2). Fazemos isso utilizando previsões. Previsões surgem a partir das hipóteses (Vira-Lata Equivocado 1.1) e transformam algo inobservável em algo observável. Se nossa hipótese é de que pessoas com transtorno da personalidade narcisista utilizam os *reality shows* para satisfazer sua necessidade de atenção, então uma previsão que podemos fazer com base nessa hipótese é que pessoas com esse transtorno têm uma probabilidade maior de se candidatar aos *reality shows* do que pessoas sem esse transtorno. Ao fazer essa previsão, movimentamo-nos do domínio conceitual para o observável, onde podemos coletar evidências.

Nesse exemplo, a nossa previsão é que pessoas com transtorno da personalidade narcisista são mais propensas a se candidatarem para aparecer em *reality shows* do que aquelas que não apresentam esse transtorno. Podemos mensurar essa previsão pedindo a uma equipe de psicólogos clínicos que entreviste os candidatos a um *reality show* e que verifique se eles têm ou não o transtorno. A taxa populacional de pessoas com esse transtorno está em torno de 1%, assim seria possível verificar se essa taxa é maior nos candidatos aos *reality shows* do que na população em geral. Se ela for maior, então a nossa previsão está correta: uma taxa desproporcional de pessoas com

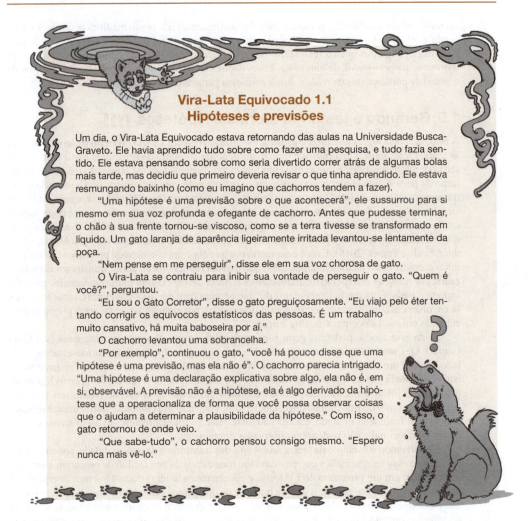

**Vira-Lata Equivocado 1.1
Hipóteses e previsões**

Um dia, o Vira-Lata Equivocado estava retornando das aulas na Universidade Busca-Graveto. Ele havia aprendido tudo sobre como fazer uma pesquisa, e tudo fazia sentido. Ele estava pensando sobre como seria divertido correr atrás de algumas bolas mais tarde, mas decidiu que primeiro deveria revisar o que tinha aprendido. Ele estava resmungando baixinho (como eu imagino que cachorros tendem a fazer).

"Uma hipótese é uma previsão sobre o que acontecerá", ele sussurrou para si mesmo em sua voz profunda e ofegante de cachorro. Antes que pudesse terminar, o chão à sua frente tornou-se viscoso, como se a terra tivesse se transformado em líquido. Um gato laranja de aparência ligeiramente irritada levantou-se lentamente da poça.

"Nem pense em me perseguir", disse ele em sua voz chorosa de gato.

O Vira-Lata se contraiu para inibir sua vontade de perseguir o gato. "Quem é você?", perguntou.

"Eu sou o Gato Corretor", disse o gato preguiçosamente. "Eu viajo pelo éter tentando corrigir os equívocos estatísticos das pessoas. É um trabalho muito cansativo, há muita baboseira por aí."

O cachorro levantou uma sobrancelha.

"Por exemplo", continuou o gato, "você há pouco disse que uma hipótese é uma previsão, mas ela não é". O cachorro parecia intrigado. "Uma hipótese é uma declaração explicativa sobre algo, ela não é, em si, observável. A previsão não é a hipótese, ela é algo derivado da hipótese que a operacionaliza de forma que você possa observar coisas que o ajudam a determinar a plausibilidade da hipótese." Com isso, o gato retornou de onde veio.

"Que sabe-tudo", o cachorro pensou consigo mesmo. "Espero nunca mais vê-lo."

transtorno da personalidade narcisista se candidata aos *realities*. Nossa previsão, por sua vez, diz algo sobre a hipótese da qual deriva.

Esse assunto é complicado, assim vejamos outro exemplo. Imagine que, baseando-se em uma teoria diferente, geramos uma hipótese diferente. Eu mencionei anteriormente que pessoas com transtorno da personalidade narcisista tendem a entrar em conflitos; então, uma hipótese diferente é a de que produtores de *reality shows* selecionam pessoas com o problema porque acreditam que o conflito produz bom conteúdo. Como anteriormente, para testar essa hipótese, precisamos trazê-la para o domínio observável, gerando uma previsão a partir dela. A previsão seria que (supondo que não exista um viés de pessoas com o transtorno da personalidade narcisista querendo entrar no programa) um número desproporcional de pessoas com o problema seria selecionado pelos produtores para participar do programa.

Imagine que coletamos os dados da Tabela 1.1, que mostram quantas pessoas que se candidatam a um *reality show* têm ou não transtorno da personalidade narcisista. No total, 7.662 pessoas apareceram para a audição. Nossa primeira previsão (derivada da primeira hipótese) foi de que a porcentagem de pessoas com o problema será maior entre os candidatos do que na população em geral. Podemos ver, pela tabela, que das 7.662 pessoas no teste, 854 foram diagnosticadas com o

Gina Gênia 1.1
Quando uma previsão não é uma previsão? ||||

Uma boa teoria deve permitir que façamos afirmações sobre o estado do mundo. Afirmações sobre o mundo são coisas boas: elas nos permitem entender nosso mundo e tomar decisões que afetarão nosso futuro. Um exemplo atual é o aquecimento global. Se formos capazes de fazer uma afirmação definitiva de que o aquecimento global está acontecendo e de que ele é causado por certas práticas na sociedade, isso nos permitirá mudar essas práticas e, esperançosamente, evitar a catástrofe. Contudo, nem todas as afirmações podem ser testadas utilizando a ciência. Afirmações científicas são aquelas que podem ser verificadas com base em evidências empíricas, enquanto as não científicas não podem ser testadas. Assim, afirmações como "o *show* do Led Zeppelin de 2007 em Londres foi o melhor de todos os tempos"[6], "o chocolate Lindt é o melhor alimento que existe" e "este é o pior livro de estatística do mundo" são todas não científicas pois elas não podem ser provadas ou refutadas. "Assistir *Segura a Onda* faz você se sentir feliz", "Fazer sexo aumenta os níveis do neurotransmissor dopamina" e "Velociraptors comiam carne" são todas afirmações que podem ser testadas empiricamente (contanto que você possa quantificar e mensurar as variáveis envolvidas). Afirmações não científicas podem, algumas vezes, ser alteradas para se tornarem científicas. Assim, "Beatles foram a banda mais influente de todos os tempos" é uma afirmação não científica, porque é provavelmente impossível quantificar "influência" de alguma forma prática, mas, alterando a afirmação para "Beatles foram a banda que mais vendeu discos em todos os tempos", ela se torna testável, isto é, podemos coletar dados sobre as vendas de álbuns em todo o mundo e verificar se os Beatles, de fato, venderam mais discos do que qualquer outra banda. Karl Popper, o famoso filósofo da ciência, acreditava que declarações não científicas eram absurdas e não tinham lugar na ciência. Boas teorias e hipóteses devem, portanto, produzir previsões que são afirmações científicas.

[6] De fato, foi muito bom.

Tabela 1.1 Número de pessoas em uma audição para TV divididas de acordo com a presença ou não de transtorno da personalidade narcisista e de acordo com terem sido selecionadas ou não para o programa

	Sem o transtorno	Com o transtorno	Total
Selecionadas	3	9	12
Rejeitadas	6.805	845	7.650
Total	6.808	854	7.662

transtorno, isto é, aproximadamente 11% (854/7.662 × 100), o que é muito maior do que o 1% existente na população em geral. Dessa forma, a primeira previsão está correta, o que, por sua vez, dá suporte à primeira hipótese. A segunda previsão é que os produtores do *reality show* tendem a escolher pessoas com transtorno da personalidade narcisista. Se olharmos para os 12 candidatos que foram selecionados, 9 deles têm o transtorno (75%!). Se os produtores não fossem tendenciosos ao escolher os candidatos, seria esperado que somente 11% deles tivessem o transtorno (a mesma taxa que encontramos entre os candidatos que compareceram à audição). Os dados estão alinhados com a segunda previsão, que dá suporte à nossa segunda hipótese. Dessa forma, a minha observação inicial de que os candidatos têm transtorno da personalidade foi verificada pelos dados, e então, utilizando uma teoria, eu criei uma hipótese específica que foi operacionalizada ao gerar previsões que puderam ser testadas utilizando dados. Dados são *muito* importantes.

Eu estaria agora sentado presunçosamente em meu escritório com um sorriso de satisfação no rosto porque minhas hipóteses foram bem corroboradas pelos dados. Talvez eu me demitisse enquanto estivesse no auge e me aposentasse. É mais provável, contudo, que, após ter resolvido um grande mistério, minha mente entusiasmada se voltasse para outro. Eu me trancaria em um quarto para ver mais *reality shows*. Eu poderia me perguntar por que os participantes com transtorno da personalidade narcisista, apesar de suas falhas óbvias de caráter, entram em uma situação que os coloca sob intenso escrutínio público.[7] Dias depois, a porta se abriria, e um odor rançoso subiria como o vapor que sai do metrô de Nova York. Em meio a essa nuvem verde, meu rosto barbudo emergiria, meus olhos apertados evitando os feixes de luz que atravessam minhas pupilas. Tropeçando para a frente, eu abriria a minha boca para calar meus rivais científicos com a minha última e mais profunda hipótese: "participantes com transtorno da personalidade narcisista acreditam que vencerão", e então cairia no chão. A previsão a partir dessa hipótese é que, se eu perguntar aos concorrentes se eles acham que irão vencer, as pessoas com o transtorno da personalidade narcisista dirão "sim".

Vamos imaginar que eu testei minha hipótese medindo as expectativas de sucesso dos participantes do programa, perguntando a eles "você acha que irá vencer?". Digamos que 7 dos 9 candidatos com o transtorno disseram que achavam que sim, o que confirmaria a minha hipótese. Nessa situação, eu poderia começar a tentar juntar as minhas hipóteses e formar uma teoria sobre participantes de *reality shows* televisivos. Ela giraria em torno da ideia de que pessoas com transtorno da personalidade narcisista participam desse tipo de programa porque ele satisfaz sua necessidade de aprovação e de que elas têm expectativas não realistas sobre seu próprio sucesso porque não percebem o quão desagradáveis suas personalidades são para as outras pessoas. Em paralelo, os produtores tendem a selecionar participantes com esse transtorno porque eles tendem a gerar conflitos interpessoais.

Uma pequena parte da minha teoria não foi testada, que é a parte sobre os participantes com personalidade narcisista não se darem conta de como os outros percebem a sua personalidade. Eu poderia operacionalizar essa hipótese com uma previsão de que, se eu perguntar a esses participantes se suas personalidades são diferentes das dos demais, eles diriam que "não". Como antes, eu coletaria mais dados perguntando aos participantes com o transtorno se eles acreditam que suas personalidades são diferentes do comum. Imagine que 9 deles digam que acham que suas personalidades *sejam* diferentes de outras. Esses dados contradizem a minha hipótese. Isso é conhecido como **falseabilidade** (ou refutabilidade), que é o ato de refutar uma hipótese ou teoria.

É improvável que sejamos as únicas pessoas interessadas em saber por que indivíduos que vão aos *reality shows* têm personalidades extremas. Imagine que outros pesquisadores tenham descoberto que: (1) pessoas com transtorno da personalidade narcisista pensam que são mais interessantes do que os outros; (2) elas acham que merecem sucesso mais do que os outros; e (3) elas pensam que os outros gostam delas porque possuem personalidades "especiais".

---

[7] Uma das coisas que aprecio em *reality shows* na Inglaterra é que os ganhadores são, muitas vezes, excelentes pessoas, e as pessoas desagradáveis tendem a ser eliminadas rapidamente, o que me faz acreditar que a humanidade favorece os bons.

Essas pesquisas adicionais são ainda mais danosas para a minha teoria: se os participantes não percebem que têm personalidade diferente do geral, então não esperaríamos que eles achassem que são mais interessantes do que os demais e certamente não esperaríamos que eles pensassem que os outros *gostariam* de suas personalidades extravagantes. Em geral, isso significa que essa parte da minha teoria é ruim: ela não consegue explicar os dados; previsões feitas com a minha teoria não seriam corroboradas por dados subsequentes, e ela não conseguiria explicar outros achados de pesquisa. Nessa situação, eu começaria a me sentir intelectualmente inadequado, e as pessoas me encontrariam em posição fetal debaixo da mesa em uma torrente de lágrimas, chorando e lamentando a minha carreira fracassada (ou seja, nenhuma mudança).

A essa altura, um cientista rival, Dr. Calsas Manxadas, aparece em cena e adapta a minha teoria para sugerir que o problema não é que os participantes de *reality shows* não percebem que têm transtorno da personalidade (ou pelo menos uma personalidade peculiar), mas sim que eles acreditam erroneamente que essa personalidade especial é percebida de forma positiva pelos outros. Uma previsão desse modelo é que, se solicitarmos a um participante com o transtorno que avalie o que as outras pessoas pensam dele, ele irá superestimar as percepções positivas. Você adivinhou, Calsas Manxadas coletou ainda mais dados. Ele pediu a cada participante que preenchesse um questionário avaliando as personalidades dos demais participantes e as deles próprios, mas respondendo de acordo com a perspectiva de cada um dos seus colegas de programa. (Assim, para cada candidato existe uma medida do que ele pensa dos demais e também uma medida do que ele acredita que os demais pensam dele). Calsas descobriu que os participantes com transtorno da personalidade superestimam as opiniões dos outros participantes; e, contrariamente, os sem o transtorno tinham uma impressão relativamente precisa do que os demais pensavam deles. Esses dados, irritantes para mim, dão um suporte maior à teoria do Dr. Calsas Manxadas do que à minha: participantes com transtornos da personalidade percebem que têm personalidade incomum, mas acreditam que essas características são justamente aquelas que agradam os outros. A teoria do Dr. Calsas Manxadas é bastante boa: ela explica as observações iniciais e agrega um leque de achados de pesquisa. O resultado final de todo esse processo (e da minha carreira) é que devemos ser capazes de fazer afirmações gerais sobre o estado do mundo. Nesse caso, podemos declarar que "participantes de *reality shows* televisivos que apresentam transtornos da personalidade superestimam o quanto as outras pessoas apreciam suas características de personalidade".

Teste seus conhecimentos
Com base no que você leu nesta seção, quais características uma teoria científica deve ter?

1.6 Coletando dados: medição ▮▮▮▮

Ao examinar o processo de geração de teorias e de hipóteses, vimos a importância dos dados para a testagem de hipóteses ou para decidir entre teorias concorrentes. Esta seção detalha a coleta de dados. Primeiramente, vamos nos deter na medição.

1.6.1 Variáveis independentes e dependentes ▮▮▮▮

Para testar hipóteses, devemos mensurar variáveis. Variáveis são entidades que podem mudar (ou variar); elas podem variar entre diferentes pessoas (p. ex., QI, comportamento), situações (p. ex., desempregado) ou até mesmo pontos no tempo (p. ex., humor, lucro, número de células cancerosas). Muitas hipóteses podem ser expressas em termos de duas variáveis: uma é a causa que propomos, e a outra, um resultado que propomos. Por exemplo, se tomarmos a afirmação científica "A Coca-Cola é

> **Dicas da Ana Apressada**
> **Variáveis**
>
> Quando estiver realizando uma pesquisa ou lendo sobre uma, você provavelmente encontrará estes termos:
>
> - *Variável independente*: uma variável que se acredita ser a causa de um efeito. Esse termo é normalmente utilizado em pesquisas experimentais para descrever uma variável que o pesquisador manipula.
> - *Variável dependente*: uma variável que é afetada por mudanças em uma variável independente. Você pode pensar nessa variável como um resultado.
> - *Variável previsora*: uma variável que se acredita prever uma variável de resultado. Esse termo é basicamente outra maneira de caracterizar "variável independente". (Embora algumas pessoas não gostem que eu diga isso, acho que a vida seria mais simples se falássemos apenas em variáveis previsoras e de resultado.)
> - *Variável de resultado*: uma variável que se altera em função das alterações em uma variável previsora. Para tornar a vida mais simples, esse termo pode ser entendido como sinônimo de "variável dependente".

um espermicida eficaz"[8], então a causa proposta é "Coca-Cola" e o efeito proposto é "a morte dos espermatozoides". Tanto a causa quanto o resultado são variáveis: na causa, pode-se variar o tipo de bebida e, no resultado, se essas bebidas irão matar diferentes quantidades de espermatozoides. O essencial para testar afirmações científicas é mensurar as duas variáveis.

Uma variável que se acredita ser a causa é conhecida como **variável independente** (porque o seu valor não depende de outras variáveis). Uma variável que se acredita ser um efeito é denominada **variável dependente**, porque o valor dessa variável depende da variável independente. Esses termos estão ligados intimamente aos métodos experimentais nos quais a causa é manipulada pelo experimentador ou pesquisador (como veremos na seção 1.7.2). Contudo, os pesquisadores nem sempre conseguem manipular variáveis (p. ex., se você quiser verificar se o hábito de fumar causa câncer de pulmão, não deve trancar um grupo de pessoas em uma sala e forçá-las a fumar). Em vez disso, algumas vezes são utilizados métodos correlacionais (seção 1.7), nos quais não faz sentido falar sobre variáveis dependentes e independentes porque todas as variáveis são essencialmente dependentes. Prefiro utilizar os termos **variável previsora** e **variável de resultado** em vez de variável independente e dependente. Esse não é um capricho pessoal, pois na pesquisa experimental, a causa (variável independente) é um previsor, e o efeito (variável dependente) é um resultado, e,

---

[8] De fato, há uma lenda urbana antiga de que lavar-se com o conteúdo de uma garrafa de Coca-Cola após uma relação sexual é um contraceptivo eficaz. Inacreditavelmente, essa hipótese foi testada, e a Coca-Cola de fato afeta a motilidade dos espermatozoides, e alguns tipos de cola são mais eficazes do que outros – a Coca Diet é aparentemente a melhor (Umpierre, Hill e Anderson, 1985). Se você decidir tentar esse método, vale a pena mencionar que, a despeito dos efeitos na motilidade dos espermatozoides, lavar-se com Coca-Cola não tem efeito na prevenção de uma gravidez.

na pesquisa correlacional, podemos falar de uma ou mais variáveis (previsoras) prevendo (estatisticamente, ao menos) uma ou mais variáveis de resultado.

1.6.2 Níveis de medição ▌▌▌▌▌

Variáveis podem assumir diferentes formas e níveis de sofisticação. A relação entre o que está sendo mensurado e os números que representam o que está sendo mensurado é conhecida como **nível de medição**. De modo geral, as variáveis podem ser categóricas ou contínuas, e podem ter diferentes níveis de medição.

Uma **variável categórica** é constituída de categorias. Uma variável categórica com que você deve estar familiarizado é a sua espécie (p. ex., humano, gato doméstico, morcego frugívoro, etc.). Você ou é um humano ou um gato ou um morcego, você não pode ser um pouco de gato e um pouco de morcego, e não existe nenhum homem-morcego (a despeito de muitas fantasias em relação ao Batman) e nenhuma mulher-gato (nem mesmo aquela em um traje preto brilhante). Uma variável categórica é uma que nomeia entidades distintas. Na sua forma mais simples, ela nomeia apenas dois tipos distintos de coisas, como machos e fêmeas; nesse caso, tem-se uma **variável binária**. Outros exemplos de variáveis binárias são estar vivo ou morto, grávida ou não, responder "sim" ou "não" a uma pergunta. Em todos esses casos, há apenas duas categorias, e uma entidade pode ser colocada em apenas uma dessas duas categorias. Quando duas coisas que são equivalentes de alguma forma recebem o mesmo nome (ou número), mas existem mais do que duas possibilidades, a variável é denominada **variável nominal**.

Deve ser óbvio que, se uma variável se constitui de nomes, é inútil realizar operações aritméticas com ela (se você multiplicar um humano por um gato, não terá um chapéu). Contudo, algumas vezes números são utilizados para representar categorias. Por exemplo, os números utilizados pelos jogadores de uma equipe esportiva. No rúgbi, os números nas camisas representam posições específicas no campo; assim, o número 10 é sempre usado pelo abertura (*fly-half*)[9] e o número 2 é sempre o talonador (*hooker*) (o jogador de péssima aparência na frente do *scrum**). Esses números nos dizem apenas a posição em que o jogador atua. Poderíamos, da mesma forma, ter camisas com FH e H em vez de 10 e 2. Um jogador 10 não é necessariamente melhor do que um de número 2 (muitos treinadores não querem o seu abertura parado na frente do *scrum*!). É igualmente inútil tentar fazer cálculos com escalas nominais em que as categorias podem ser representadas por números: o número 10 bate pênalti e, se o treinador verificar que ele está lesionado, ele não irá solicitar que o número 4 ponha o número 6 nas costas e então bata o pênalti. A única forma de utilizar dados nominais é considerar as frequências. Por exemplo, podemos verificar a quantidade de pontos marcados pelo número 10 em comparação com a quantidade dos marcados pelo número 4.

Até agora, as variáveis categóricas que consideramos não tinham uma ordem específica (p. ex., diferentes marcas de Coca-Cola com as quais você está tentando matar espermatozoides), mas elas podiam ter (p. ex., concentrações crescentes de Coca-Cola com as quais você está tentando matar espermatozoides). Quando as categorias estão ordenadas, a variável é denominada **variável ordinal**. Dados ordinais nos informam não apenas que coisas ocorreram mas também em que ordem elas ocorreram. Contudo, esses dados não nos dizem nada sobre as diferenças entre os valores da variável. Em programas de TV como *X Factor*, *American Idol* e *The Voice*, cantores cheios de esperança competem para ganhar um contrato com uma gravadora. Esses são programas muito populares que podem (em uma visão bem pessimista) refletir o fato de a sociedade ocidental valorizar mais a "sorte" do que o trabalho e o esforço pessoal.[10] Imagine que as três vencedoras de uma temporada do *X Factor* fossem Billie, Freema e Elizabeth. Os nomes das vencedoras não for-

---

[9]Diferentemente, por exemplo, do futebol americano, em que o lançador (*quarterback*) pode usar qualquer número entre 1 e 19.

*N. de T.T. O *scrum* no rúgbi ocorre no reinício de uma jogada quando os jogadores dos dois times se juntam com a cabeça abaixada e se empurram com o objetivo de conquistar a posse da bola. O termo também pode ser utilizado para a cobrança de uma penalidade ou de uma lateral, e deriva da palavra inglesa *scrimmage* (escaramuça) (https://passport.worldrugby.org/?page=beginners&p=12).

[10]Não estou, de modo algum, frustrado por ter passado anos aprendendo instrumentos musicais e tentando criar músicas originais apenas para ser vencido em fama e fortuna por um jovem de 15 anos que meio que canta bem.

necem nenhuma informação sobre como elas foram na competição; contudo, as rotular de acordo com o desempenho sim: primeiro, segundo e terceiro lugar. Essas categorias estão ordenadas. Ao utilizar categorias ordenadas, sabemos que a mulher que venceu é melhor do que as que ficaram em segundo e terceiro lugar. Mas ainda não sabemos nada sobre as diferenças entre as categorias. Não sabemos, por exemplo, quão melhor a vencedora foi em comparação às demais: a Billie pode ter tido uma vitória fácil, obtendo mais votos do que Freema e Elizabeth juntas, ou ela pode ter tido uma vitória difícil, vencendo por apenas 1 voto. Dados ordinais nos informam mais do que os nominais (eles nos dizem a ordem em que as coisas acontecem), mas eles ainda não nos informam as diferenças entre os pontos da escala.

O próximo nível de medição nos afasta das variáveis categóricas e nos leva às variáveis contínuas. Uma **variável contínua** fornece um escore para cada pessoa e pode assumir qualquer valor na escala de medida que estamos utilizando. O primeiro tipo de variável contínua que podemos encontrar é a **variável intervalar**. Dados intervalares são consideravelmente mais úteis que dados ordinais e a maioria dos testes estatísticos deste livro são baseados pelo menos em dados nesse nível de medida. Para os dados serem intervalares, intervalos iguais na escala devem representar diferenças iguais na propriedade sendo medida. Por exemplo, em www.ratemyprofessors.com, os estudantes são encorajados a avaliar seus professores em várias dimensões (algumas respostas de professores rejeitando avaliações negativas são legais de se ler). Cada dimensão (gentileza, clareza, etc.) é avaliada em uma escala de 5 pontos. Para que essa escala seja intervalar, é preciso que a diferença entre gentileza avaliada em 1 e em 2 seja equivalente à diferença avaliada entre 4 e 5. Da mesma forma, a diferença em gentileza entre 1 e 3 deve ser idêntica a uma diferença entre 3 e 5. Variáveis como essas que parecem intervalos (e são tratadas como intervalos) são geralmente ordinais – ver Gina Gênia 1.2.

Variáveis de razão oferecem mais informações que os dados intervalares porque exigem, além das propriedades de uma escala de intervalo, que as razões ao longo da escala sejam significativas. Para que isso ocorra, a escala deve ter um ponto zero absoluto. Na escala de avaliação docente anterior, isso significa que um professor avaliado com o valor 4 seria duas vezes

Gina Gênia 1.2
Dados autorrelatados ▮▮▮▮

Muitos dados de autorrelato são ordinais. Imagine que dois juízes do *X Factor* foram solicitados a avaliar a audição da Billie em uma escala de 10 pontos. Podemos estar confiantes de que um juiz que tenha dado uma nota 10 ache a Billie mais talentosa do que um que atribuiu nota 2, mas podemos ter certeza de que o primeiro juiz acha a Billie 5 vezes mais talentosa do que o segundo? E se os dois juízes atribuíssem a mesma nota 8, poderíamos estar seguros de que eles acham a candidata igualmente talentosa? Provavelmente não: as notas dependem de avaliações subjetivas sobre o que eles entendem por talento (a qualidade de cantar? o carisma? a coreografia?). Por essas razões, em qualquer situação em que solicitamos que as pessoas façam avaliações subjetivas (p. ex., suas preferências de compra, sua confiança sobre uma resposta, o quanto elas entenderam das instruções do médico), provavelmente devemos considerar esses dados como ordinais, embora muitos cientistas não o façam.

mais prestativo do que um avaliado com uma nota 2, que, por sua vez, seria duas vezes mais prestativo do que um avaliado com a nota 1. O tempo que se leva para responder a algo é um bom exemplo de uma variável de razão. Quando mensuramos o tempo de reação, não apenas é verdadeiro que uma diferença entre 300 e 350 ms (50 ms) é a mesma que uma diferença que entre 210 e 260 ms ou entre 422 e 472 ms, mas é também verdade que distâncias ao longo da escala são divisíveis: um tempo de reação de 200 ms é duas vezes mais lento do que um de 100 ms e é metade de um de 400 ms. O tempo possui ainda um zero absoluto: 0 ms significa completa ausência de tempo.

Variáveis contínuas podem ser, bem, contínuas (obviamente), mas também discretas. Tal diferenciação é um pouco complicada (ver Gina Gênia 1.3). Uma variável verdadeiramente contínua pode ser mensurada em qualquer nível de precisão, enquanto uma **variável discreta** pode assumir apenas certos valores (normalmente números inteiros) na escala. O que isso significa de fato? Bem, o nosso exemplo da avaliação de professores em uma escala de 5 pontos é um exemplo de variável discreta. O intervalo da escala é de 1 a 5, mas você pode utilizar apenas valores inteiros (1, 2, 3, 4 ou 5); você não pode atribuir valores como 4,32 ou 2,18. Embora exista um contínuo sob a escala (i.e., uma avaliação de 3,24 faria sentido), os valores reais que a variável assume são limitados. Uma variável contínua seria algo similar à idade, que pode ser medida a um nível infinito de precisão (você pode ter 34 anos, 7 meses, 21 dias, 10 horas, 55 minutos, 10 segundos, 100 milissegundos, 63 microssegundos, 1 nanossegundo de idade).

Gina Gênia 1.3
Variáveis discretas e contínuas

A distinção entre variáveis discretas e contínuas pode ser confusa. Por um lado, valores de variáveis contínuas podem ser mensurados em termos discretos; por exemplo, quando avaliamos a idade, raramente utilizamos nanossegundos, mas sim anos (ou eventualmente anos e meses). Fazendo isso, estamos transformando uma variável contínua em uma discreta (os únicos valores aceitáveis são anos). Além disso, frequentemente tratamos variáveis discretas como se fossem contínuas. Por exemplo, o número de namorados(as) que você teve é uma variável discreta (será, a não ser nos casos muito, muito estranhos, um número inteiro). Contudo, você poderá encontrar em uma revista a frase "o número de namorados de uma mulher nos seus 20 anos aumentou de 4,6 para 8,9". Esse dado pressupõe que a variável é contínua, e, é claro, essa média não faz sentido na vida real: ninguém na amostra teve, de fato, 8,9 namorados.*

*N. de T.T. Nessa parte do texto, o autor acaba misturando variáveis e escalas, e isso causa as dificuldades e confusões às quais ele se refere. Melhor seria se os dois casos fossem tratados separadamente. Uma variável não deixa de ser contínua por ter sido avaliada em uma escala discreta (apenas em valores inteiros). Da mesma forma, uma variável discreta não se torna contínua devido ao fato de sua média ser apresentada como um valor não inteiro. A média de uma variável não pertence necessariamente ao conjunto de dados dessa variável.

1.6.3 Erro de medição ||||

Uma coisa é mensurar variáveis, mas outra coisa é fazer isso com precisão. Idealmente, desejamos que a medida seja calibrada de maneira que os valores tenham o mesmo significado ao longo do tempo e em todas as situações. O peso é um exemplo: esperamos ter o mesmo peso não importa quem nos avalie ou onde formos avaliados (supondo que seja na Terra e não em uma câmara antigravidade). Algumas vezes, os valores de uma variável podem ser mensurados diretamente (lucro, peso, altura), mas, em outros casos, seremos forçados a utilizar meios indiretos, como autorrelato, questionários e tarefas computadorizadas (além de outros).

Já faz muito tempo desde que falei de sêmen, então vamos voltar para o exemplo da Coca-Cola como espermicida. Imagine que pegamos um pouco de Coca-Cola e um pouco d'água e adicionamos a dois tubos de ensaio com sêmen. Após vários minutos, mensuramos a motilidade (o movimento) dos espermatozoides nas duas amostras e não descobrimos diferenças. Alguns anos se passaram – como se poderia esperar, já que Coca-Cola e sêmen raramente estão no topo da lista de prioridades científicas dos pesquisadores – até que outro cientista, Dr. Kuanta Demora, replicasse o estudo. O Dr. Kuanta verificou que a motilidade dos espermatozoides foi menor na

Dicas da Ana Apressada
Níveis de medição

As variáveis podem ser divididas em categóricas e contínuas, e, dentro desses dois tipos, existem diferentes níveis de medição:

- Categóricas (entidades que são avaliadas em categorias distintas):
  - Variável binária*: apresenta apenas duas categoriais (p. ex., vivo ou morto).
  - Variável nominal: apresenta mais de duas categorias (p. ex., se alguém é onívoro, vegetariano, vegano ou frugívoro).
  - Variável ordinal: é uma variável nominal cujas categorias podem ser ordenadas (p. ex., se uma pessoa reprova, passa, ou passa com mérito?/distinção na prova).
- Contínuas (entidades que apresentam valores distintos):
  - Variável intervalar: intervalos iguais representam diferenças iguais na propriedade sendo mensurada (p. ex., a diferença entre 6 e 8 é equivalente à diferença entre 13 e 15).
  - Variável de razão: similar a uma variável intervalar, mas as razões dos escores na escala são relevantes (p. ex., um escore de 16 em uma escala de ansiedade significa que uma pessoa é, na realidade, duas vezes mais ansiosa do que uma que teve um escore de 8). Para isso ser verdadeiro, a escala deve conter um ponto zero absoluto.

---

*N. de T.T. Na verdade, uma variável binária não precisa ser tratada como um novo tipo de variável, mas pode ser entendida como um caso específico de variável nominal.

amostra de Coca-Cola. A nossa falha e o sucesso do Dr. Kuanta podem ser explicadas por dois problemas relacionados à medição: (1) o Dr. Kuanta pode ter utilizado mais Coca-Cola no tubo de ensaio (os espermatozoides precisam de uma quantidade crítica do líquido para serem afetados); (2) o Dr. Kuanta avaliou o resultado (motilidade) de uma forma diferente da que usamos.

O parágrafo anterior explica por que químicos e físicos gastam tantas horas desenvolvendo unidades de medida padronizadas. Se você tivesse relatado que utilizou 100 mL de Coca-Cola e 5 mL de sêmen, então o Dr. Kuanta poderia verificar se utilizou as mesmas quantidades – porque mililitros é uma unidade de medida padrão –, e saberíamos que o Dr. Kuanta utilizou a mesma quantidade de Coca-Cola que utilizamos. Medidas diretas, como o mililitro, fornecem um padrão objetivo: sabe-se que 100 mL de um líquido é o dobro de um valor de 50 mL.

A segunda razão para a diferença nos resultados entre os estudos pode ter sido na forma como a baixa motilidade dos espermatozoides foi avaliada. Talvez, no nosso estudo original, tenhamos mensurado a motilidade utilizando a espectrofotometria de absorção, enquanto o Dr. Kuanta utilizou a técnica da dispersão de luz *laser*.[11] Talvez a medida dele seja mais sensível que a nossa.

Com frequência, haverá uma discrepância entre os números que utilizamos para representar o objeto que estamos mensurando e o valor real da coisa que estamos medindo (i.e., o valor que obteríamos se pudéssemos mensurá-la diretamente). Essa discrepância é conhecida como **erro de medição**. Por exemplo, imagine que você sabe verdadeiramente que seu peso é 83 kg. Um dia, você sobe na balança do banheiro, e ela mostra 80 kg. Existe uma diferença de 3 kg entre seu peso real e aquele apresentado pelo seu equipamento de medida (a balança): esse é um erro de medição de 3 kg. Embora as balanças de banheiro, quando adequadamente calibradas, produzam somente pequenos erros de medida (apesar de não querermos acreditar quando elas informam que ganhamos 3 kg), medidas de autorrelatos produzirão grandes erros de medida porque outros fatores, além daquele que você está tentando medir, influenciarão a forma como as pessoas respondem às nossas medidas. Por exemplo, se você estivesse respondendo a um questionário que lhe perguntasse se você furtou algo em uma loja, você admitiria ou ficaria tentado a ocultar o fato?

1.6.4 Validade e confiabilidade ▌▌▌▌

Uma forma de assegurar que o erro de medição seja mínimo é determinar propriedades da medida que nos darão confiança que o trabalho está sendo feito adequadamente. A primeira propriedade é a **validade**, que indica se o instrumento mede o que ele está destinado a medir. A segunda é a **confiabilidade**, que nos mostra se um instrumento tem um desempenho consistente ao ser aplicado em diferentes situações.

A validade se refere a se um instrumento mede aquilo que supostamente foi projetado para medir (p. ex., a escala de avaliação da prestatividade de professores mede, de fato, a prestatividade?); um equipamento para mensurar a *motilidade* dos espermatozoides que, na verdade, avalia sua *contagem* não é válido. Coisas como tempo de reação e medidas fisiológicas são válidas no sentido de que o tempo de reação mede, de fato, o tempo necessário para reagir e a condutividade da pele mede a condutividade da sua pele. Contudo, se estivermos utilizando essas coisas para inferir outras (p. ex., utilizar a condutividade da pele para medir a ansiedade), então elas somente serão válidas se não houver outros fatores além dos que estamos interessados que possam influenciá-las.

A **validade de critério** indica se é possível determinar se um instrumento mede aquilo que ele diz que mede por comparação com critérios objetivos. Em um mundo ideal, isso é feito relacionando-se escores da sua medida com observações do mundo real. Por exemplo, podemos ter uma medida objetiva da prestatividade de professores e comparar essas observações com as notas atribuídas pelos alunos em www.ratemyprofessor.com. Quando os dados são registrados simultaneamente, utilizando o novo instrumento e também os critérios já existentes, avalia-se a **validade concomitante**; quando os dados do novo instrumento são utilizados para prever observações em um momento posterior, avalia-se a **validade preditiva**.

---
[11] No processo de escrita deste capítulo, aprendi mais sobre motilidade de espermatozoides do que é saudável para uma pessoa saber.

A avaliação da validade de critério (seja de forma concomitante ou preditiva) é muitas vezes impraticável porque pode não haver critérios objetivos que possam ser medidos facilmente. Além disso, ao medir atitudes, você pode estar interessado em como a pessoa percebe a realidade e não na realidade em si (você pode não estar interessado em saber se a pessoa *é* psicopata, mas se ela *pensa que é* psicopata). Com medidas e questionários de autorrelato, também podemos avaliar o grau no qual itens individuais representam o construto sendo mensurado e cobrir toda a gama do construto (**validade de conteúdo**).

A validade é uma condição necessária de uma medida, mas não suficiente. Uma segunda consideração é a confiabilidade, que é a capacidade da medida de produzir o mesmo resultado sob as mesmas condições. Para ser válido, o instrumento deve primeiro ser confiável. A maneira mais simples de avaliar a confiabilidade é testar o mesmo grupo de pessoas duas vezes: um instrumento confiável produzirá resultados similares nos dois pontos do tempo (**confiabilidade teste-reteste**). Algumas vezes, contudo, precisamos medir algo que varia ao longo do tempo (p. ex., humor, níveis de açúcar no sangue e produtividade). Métodos estatísticos também podem ser utilizados para determinar a confiabilidade (descobriremos isso no Capítulo 18).

Teste seus conhecimentos
Qual é a diferença entre confiabilidade e validade?

1.7 Coletando dados: delineamento de pesquisa

Analisamos a questão de *o que* medir e descobrimos que, para responder a perguntas científicas, nós medimos variáveis (que podem ser conjuntos de números ou palavras). Também vimos que, para obter respostas precisas, precisamos de medidas precisas. Passamos agora para o delineamento da pesquisa: *como* os dados são coletados. Se simplificarmos bastante as coisas, existem duas maneiras de testar uma hipótese: observando o que ocorre naturalmente ou manipulando algum aspecto do ambiente e observando os efeitos na variável de interesse. Em **pesquisas correlacionais** ou **transversais**, observamos o que acontece naturalmente no mundo sem interferir diretamente nele, enquanto que na **pesquisa experimental** manipulamos uma variável para ver o seu efeito em outra.

1.7.1 Métodos de pesquisa correlacional

Na pesquisa correlacional, observamos eventos naturais; podemos fazer isso tirando uma foto de várias variáveis em único ponto no tempo ou medindo variáveis repetidamente em diferentes pontos no tempo (o que se conhece por **pesquisa longitudinal**). Por exemplo, podemos querer medir os níveis de poluição em um riacho e as quantidades dos tipos de peixes que ali vivem; variáveis de estilo de vida (tabagismo, exercícios, ingestão de alimentos) e de doenças (câncer, diabetes); a satisfação no trabalho sob a administração de diferentes gestores; ou o desempenho escolar de crianças em regiões com demografias diferentes. A pesquisa correlacional fornece uma visão bastante natural da questão que estamos pesquisando porque não estamos influenciando o que ocorre e, assim, as medidas das variáveis não devem sofrer vieses devido à presença do pesquisador (esse é um aspecto importante da **validade ecológica**).

Correndo o risco de parecer que estou absolutamente obcecado em utilizar a Coca-Cola como um contraceptivo (eu não estou, mas admito que fiquei muito intrigado quando descobri que, nas décadas de 1950 e 1960, as pessoas realmente tentaram isso), vou retomar o exemplo.

Se quisermos responder à questão "A Coca-Cola é um contraceptivo eficaz?", poderíamos utilizar questionários sobre práticas sexuais (tempo de atividade sexual, uso de contraceptivos, uso de refrigerantes como contraceptivos, gravidez, etc.). Examinando essas variáveis, podemos ver quais se correlacionam com a gravidez e, em particular, se as pessoas que utilizaram a Coca-Cola como contraceptivo engravidaram em maior número se comparadas àquelas que utilizaram outros métodos, e em menor número se comparadas àquelas que não utilizaram nenhum tipo de proteção. Essa é a única maneira de responder a uma questão como essa porque não podemos manipular nenhuma dessas duas variáveis com facilidade. Mesmo se pudéssemos, seria totalmente antiético insistir para que algumas pessoas usem Coca-Cola como contraceptivo (ou, na verdade, fazer qualquer coisa que influencie uma pessoa a gerar uma criança que ela não pretendia). Contudo, existe um preço a pagar, que se relaciona à causalidade: a pesquisa correlacional não nos diz nada sobre o relacionamento causal entre as variáveis.

1.7.2 Métodos de pesquisa experimental ▮▮▮▮

Muitas perguntas científicas pressupõem uma conexão causal entre variáveis; já vimos que variáveis dependentes e independentes são nomeadas de forma que uma conexão causal esteja implícita (a variável dependente *depende* da variável independente). Algumas vezes, a conexão causal é bastante óbvia na pergunta de pesquisa, "A baixa autoestima causa ansiedade nos encontros românticos?". Às vezes, a implicação causal pode ser mais sutil; por exemplo, em "A ansiedade em encontros românticos é inteiramente mental?", a implicação é que a perspectiva mental da pessoa a faz ficar ansiosa durante encontros românticos. Mesmo quando a relação de causa e efeito não é explicitamente declarada, muitas perguntas de pesquisa podem ser divididas em uma causa proposta (neste caso, perspectiva mental) e um resultado proposto (ansiedade em encontros românticos). Tanto a causa como o resultado são variáveis: na causa, algumas pessoas terão uma perspectiva negativa de si mesmas (então, isso é algo que varia); e, no resultado, algumas pessoas ficarão mais ansiosas nos encontros do que outras (novamente, isso é algo que varia). A chave para responder à pergunta de pesquisa é descobrir como a causa e o resultado propostos se relacionam; as pessoas que têm baixa autoestima são as mesmas que ficam mais ansiosas em encontros?

David Hume, um filósofo influente, definiu causa como "Um objeto precedente e contíguo a outro, e em que todos os objetos que se assemelham ao primeiro são colocados em relações de precedência e contiguidade similares àqueles objetos que se assemelham ao último" (1739-40/1965).[12] Essa definição implica que (1) a causa deve preceder o efeito e (2) a causalidade equivale a altos graus de correlação entre eventos contíguos. No exemplo sobre o encontro, para inferir que a baixa autoestima causa ansiedade nos encontros românticos, seria suficiente constatar que a baixa autoestima e a ansiedade coocorrem e que a baixa autoestima existia antes da ansiedade no encontro.

Na pesquisa correlacional, as variáveis são frequentemente medidas simultaneamente. O primeiro problema ao se fazer isso é que não obtemos informações sobre a contiguidade entre as diferentes variáveis: podemos verificar a partir de um questionário que pessoas com baixa autoestima também apresentam ansiedade em encontros amorosos, mas não sabemos se foi a baixa autoestima ou a ansiedade que ocorreu primeiro. A pesquisa longitudinal lida com esse problema até certo ponto, mas ainda há um problema com a ideia de Hume de que a causalidade pode ser inferida a partir de evidências corroboradoras: ela não faz distinção entre o que se pode chamar de conjunção "acidental" e conjunção causal. Por exemplo, pode ser que tanto a baixa autoestima quanto a ansiedade nos encontros românticos sejam causadas por uma terceira variável (p. ex., péssimas habilidades de interação social). Portanto, a baixa autoestima e a ansiedade nos encontros românticos sempre coocorrem (atendendo à definição de causa de Hume), mas apenas porque ambas são causadas pelas péssimas habilidades de interação social.

---

[12] Como você pode imaginar, o ponto de vista dele é bem mais complicado do que essa definição isolada, mas não vamos ser sugados por esse buraco negro.

Esse exemplo ilustra uma limitação importante da pesquisa correlacional: o *tertium quid* ("uma terceira pessoa ou coisa de caráter indeterminado"). Por exemplo, uma correlação foi verificada entre ter próteses de silicone e suicídio (Koot, Peeters, Granath, Grobbee e Nyren, 2003). Contudo, é improvável que as próteses levem uma pessoa a cometer suicídio – provavelmente, há um fator externo (ou mais de um) que cause ambos; por exemplo, uma baixa autoestima pode levar alguém a colocar silicone e também a tentar suicídio. Esses fatores externos são às vezes denominados **variáveis de confusão** ou apenas **confundidores**.

As deficiências na definição de Hume levaram John Stuart Mill (1865) a sugerir que, além de uma correlação entre eventos, todas as demais explicações da relação causa-efeito devem ser descartadas. Para descartar as variáveis de confusão, Mill propôs que um efeito deve estar presente quando uma causa está presente e que quando a causa está ausente, o efeito deve também estar ausente. Em outras palavras, a única maneira de inferir causalidade é comparando-se duas situações controladas: uma na qual a causa está presente e outra na qual a causa está ausente. Isso é o que os *métodos experimentais* tentam fazer: fornecer uma comparação entre situações (geralmente chamadas *tratamentos* ou *condições*) na qual a causa proposta está presente ou ausente.

Vamos considerar um caso simples: podemos querer verificar o efeito do estilo de *feedback* no aprendizado de estatística. Para tanto, eu poderia atribuir aleatoriamente[13] alguns alunos a três diferentes grupos, para os quais eu mudaria o meu estilo de *feedback* durante as aulas:

- **Grupo 1 (*feedback* positivo)**: durante a aula, eu parabenizaria todos os alunos desse grupo pelo esforço e sucesso. Mesmo quando eles errassem, eu daria apoio dizendo coisas como "essa é quase a resposta correta, você está indo muito bem" e, em seguida, lhes daria um bom pedaço de chocolate.
- **Grupo 2 (*feedback* negativo)**: os alunos desse grupo sofreriam abuso verbal implacável nas aulas, sem exceções, mesmo quando respondessem corretamente. Eu diminuiria as suas contribuições, seria condescendente e desconsideraria tudo o que eles dizem. Diria aos alunos que eles são burros, inúteis e que não deveriam estar fazendo o curso. Em outras palavras, esse grupo teria aulas em um estilo normal universitário.☺
- **Grupo 3 (nenhum *feedback*)**: os alunos não são elogiados nem punidos, mas, em vez disso, não forneço qualquer *feedback*.

O que eu manipulei foi o estilo de *feedback* (positivo, negativo ou nenhum). Como vimos, essa variável é conhecida como variável independente e, nessa situação, apresenta três níveis, porque está sendo manipulada de três maneiras (i.e., o estilo de *feedback* foi dividido em três tipos: positivo, negativo e nenhum). O resultado no qual estou interessado é a habilidade estatística, e posso mensurar essa variável aplicando uma prova na última aula. Como vimos, essa variável de resultado é a variável dependente, porque supomos que as notas (resultados) irão depender do tipo de *feedback* utilizado (variável independente). A característica crítica aqui é a inclusão do grupo "nenhum *feedback*" porque é nesse grupo que a causa (*feedback*) está ausente e podemos comparar o resultado desse grupo com os dos dois grupos em que a causa está presente. Se as notas da prova forem diferentes em cada um dos grupos com *feedback* (causa presente) em comparação com o grupo para o qual não foi dado *feedback* (causa ausente), então essa diferença poderá ser atribuída ao tipo de *feedback* utilizado. Em outras palavras, o estilo de *feedback* utilizado ocasionou uma diferença nas notas em estatística (Gina Gênia 1.4).

1.7.3 Dois métodos de coleta de dados ▌▌▌▌

Quando utilizamos um experimento para coletar dados, há duas maneiras de manipular a variável independente. A primeira é testar entidades diferentes. Esse método foi o que descrevemos anteriormente, no qual diferentes grupos de entidades participam de cada condição experimental (**delineamento entre grupos, entre participantes** ou **independente**). A segunda maneira é manipular a variável independente utilizando as mesmas entidades. No exemplo do *feedback*, isso significa

---

[13] Essa atribuição aleatória (randômica) dos alunos é importante, mas vamos ver isso mais tarde.

Gina Gênia 1.4
Causalidade e estatística

As pessoas algumas vezes se confundem e acham que certos procedimentos estatísticos permitem inferências causais e outros não. Na verdade, nos experimentos manipulamos as variáveis causais sistematicamente para ver seus efeitos em um resultado (o efeito). Na pesquisa correlacional, observamos a coocorrência de variáveis; não manipulamos primeiro a variável causal e, então, medimos o efeito; portanto, não podemos comparar o efeito de quando a variável causal está presente com quando ela não está. Em resumo, não podemos dizer qual variável causa mudanças na outra, podemos apenas dizer que as variáveis coocorrem de uma certa forma. A razão pela qual algumas pessoas acham que certos testes estatísticos permitem a inferência causal é que, historicamente, certos testes (p. ex., o teste-t, a ANOVA, etc.) foram utilizados na pesquisa experimental, enquanto outros (p. ex., regressão, correlação) foram utilizados para analisar a pesquisa correlacional (Cronbach, 1957). Como você descobrirá, esses procedimentos são, na verdade, matematicamente idênticos.

dar ao grupo de estudantes um *feedback* positivo por algumas semanas, testar suas habilidades estatísticas e então dar ao mesmo grupo um *feedback* negativo por algumas semanas, testá-los novamente e, finalmente, não dar *feedback* nenhum e testá-los uma terceira vez (**delineamento intraparticipantes** ou **de medidas repetidas**). Como você verá, o método de coleta dos dados determina o tipo de teste que será utilizado para analisá-los.

1.7.4 Dois tipos de variação

Imagine que quiséssemos verificar se é possível treinar chimpanzés para que administrem a economia de um país. Em uma fase de treinamento, eles são colocados em frente a um computador próprio para chimpanzés e apertam botões que alteram vários parâmetros econômicos; uma vez que os parâmetros sejam alterados, uma figura aparece na tela indicando o crescimento econômico resultante da mudança feita nos parâmetros. Bem, os chimpanzés (a princípio) não sabem ler, então esse *feedback* é inútil. A segunda fase do treinamento é a mesma, exceto que, se o crescimento econômico for bom, os chimpanzés ganham uma banana (se for ruim, não ganham) – esse *feedback* é relevante para um chimpanzé. Esse é um delineamento de medidas repetidas com duas condições: o mesmo chimpanzé participa na condição 1 *e* na condição 2.

Vamos voltar um pouco e pensar no que aconteceria se *não* tivéssemos introduzido uma manipulação experimental (i.e., se não houvesse bananas na segunda fase do treinamento, de modo que a condição 1 e a 2 fossem idênticas). Se não existe manipulação experimental, então se esperaria que os chimpanzés tivessem o mesmo comportamento nas duas condições. Isso é esperado porque fatores externos, como idade, sexo, QI e motivação, serão os mesmos para as duas condições (o sexo biológico, a idade, etc., de um chimpanzé não mudará da condição 1 para a 2). Se a medida do desempenho (i.e., o teste de quão bem eles administram a economia) é confiável, e a variável ou característica que estamos medindo (neste caso, a capacidade de administrar a economia) permanece estável ao longo do tempo, então o desempenho de um participante na condição 1 deve estar altamente relacionado ao seu desempenho na condição 2. Assim, um chimpanzé que apresentar um escore alto na primeira condição também deverá fazê-lo na segunda condição e vice-versa. No entanto, os desempenhos não serão *idênticos*, haverá pequenas diferenças ocasionadas por fatores desconhecidos. Essa variação no desempenho é conhecida como **variação não sistemática**.

Se introduzirmos a manipulação experimental (i.e., fornecer bananas como *feedback* em uma das sessões de treinamento), estaremos fazendo alguma coisa diferente com os participantes da condição 1 em comparação aos da condição 2. Desse modo, a *única* diferença entre as condições 1 e 2 será a manipulação realizada pelo pesquisador (neste caso, o chimpanzé ganha uma banana como recompensa em uma condição, mas não na outra).[14] Portanto, qualquer diferença entre as médias das duas condições se deve provavelmente à manipulação experimental. Assim, se os chimpanzés tiverem um desempenho melhor em uma fase de treinamento do que na outra, isso *deve* ser causado pelo fato de que bananas foram utilizadas como recompensa em uma fase do treinamento, mas não na outra. Diferenças no desempenho criadas por uma manipulação experimental específica são conhecidas como **variação sistemática**.

Agora vamos pensar no que acontece quando utilizamos participantes diferentes – um delineamento independente. Nessa situação, ainda temos duas condições, mas os participantes em cada uma das condições são diferentes. Voltando ao nosso exemplo, um primeiro grupo de chimpanzés recebe treinamento sem *feedback*, enquanto o segundo grupo com chimpanzés diferentes recebe um *feedback* por meio das bananas.[15] Vamos supor, novamente, que não fizemos uma manipulação experimental. Se não fizermos nada aos dois grupos, ainda encontraremos alguma variação no comportamento entre eles, pois eles contêm animais diferentes que apresentam variações nas suas capacidades, motivações, propensão a se distrair da tarefa para atirar as próprias fezes por todo lado, entre outros fatores. Em resumo, os fatores que foram mantidos constantes no delineamento de medidas repetidas estão livres para variar no delineamento independente. Assim, a variação não sistemática entre participantes será maior do que na situação intraparticipantes. Como antes, se introduzirmos uma manipulação (ou seja, bananas), veremos variações adicionais criadas por essa manipulação. Desse modo, tanto no delineamento de medidas repetidas quanto no independente, existirão sempre duas fontes de variação:

- **Variação sistemática**: deve-se à manipulação feita pelo pesquisador em uma condição, mas não em outra.
- **Variação não sistemática**: é resultado de fatores aleatórios que existem entre as condições experimentais (como diferenças naturais na habilidade, a hora do dia, etc.).

Testes estatísticos são baseados frequentemente na ideia de estimar quanta variação ocorre no desempenho e comparar quanto dessa variação é sistemática com quanto não é.

Em um delineamento de medidas repetidas, diferenças entre duas condições podem ser causadas somente por duas coisas: (1) a manipulação executada nos participantes, ou (2) qualquer outro fator que possa afetar o desempenho de um participante de uma execução do teste para outra. Este último fator é provavelmente mínimo comparado com a influência exercida pela manipulação experimental. Em um delineamento independente, as diferenças entre as duas condições podem também ser causadas por uma de duas coisas: (1) a manipulação executada nos participantes, ou (2) diferenças entre as características dos participantes alocadas a cada um dos grupos. O último fator, nesse caso, provavelmente pode criar uma variação aleatória considerável tanto entre condições quanto dentro delas. Quando analisamos o efeito da manipulação experimental, é sempre contra um plano de fundo de "ruídos" criados por diferenças aleatórias e não controláveis entre as condições. Em um delineamento de medidas repetidas, esse "ruído" é mínimo, e, portanto, é mais provável que o

---

[14] Na verdade, essa não é a única diferença, pois, na condição 2, eles já terão alguma experiência em administrar a economia, adquirida na condição 1; contudo, veremos logo que esses efeitos de prática são facilmente erradicados.

[15] Obviamente, quero dizer que eles recebem bananas como recompensa pela resposta correta, e não que as bananas desenvolvem a capacidade de fala e gritam "parabéns!".

efeito experimental apareça. Isso quer dizer que, se as demais condições forem equivalentes, os delineamentos de medidas repetidas são mais sensíveis para detectar efeitos dos que os independentes.

1.7.5 Randomização ▌▐▐▐

Tanto nos delineamentos de medidas repetidas quanto nos independentes, é importante tentar minimizar as variações não sistemáticas. Fazendo isso, obteremos medidas mais sensíveis da manipulação experimental. Geralmente, os cientistas utilizam a **randomização** (**aleatorização**) das entidades às condições de tratamento para atingir esse objetivo. Muitos testes estatísticos funcionam identificando as fontes de variação sistemática e não sistemática e comparando-as. Essa comparação nos permite ver se o experimento gerou consideravelmente mais variação do que teríamos se tivéssemos testado os participantes sem a manipulação experimental. A randomização é importante porque ela elimina a maioria das outras fontes de variação sistemática, o que permite ter certeza de que qualquer variação sistêmica entre as condições experimentais se deve à manipulação da variável independente. Podemos utilizar a radomização de duas formas diferentes, conforme o delineamento seja independente ou de medidas repetidas.

Vamos nos deter primeiramente no delineamento de medidas repetidas. Mencionei anteriormente (em uma nota de rodapé) que, quando as mesmas entidades participam em mais de uma condição experimental, elas são inexperientes durante a primeira condição experimental, mas chegam à segunda com uma experiência prévia do que se espera delas. No mínimo, elas estarão familiarizadas com a medida dependente (p. ex., a tarefa que vão realizar). As duas fontes de variação sistemática mais importantes nesse tipo de delineamento são:

- **Efeitos de prática**: os participantes podem ter um desempenho diferente na segunda condição devido à familiaridade com a situação experimental ou com os intrumentos sendo utilizados.
- **Efeitos de tédio**: os participantes podem ter um desempenho diferente na segunda condição porque estão cansados ou entediados por já terem completado a primeira condição.

Embora esses efeitos sejam impossíveis de eliminar completamente, podemos garantir que eles não produzam variações sistemáticas entre as condições pelo **contrabalanceamento** da ordem em que uma pessoa participa da condições.

Podemos utilizar a randomização para determinar em que ordem as condições serão completadas; ou seja, definimos de forma aleatória se um participante vai completar a condição 1 antes da 2 ou o vice-versa. Voltemos ao exemplo do método de ensino e imaginemos que existam apenas duas condições: *feedback* negativo e nenhum *feedback*. Se os mesmos participantes fossem utilizados nas duas condições, então talvez descobríssemos que a habilidade estatística seria maior após uma aula com *feedback* negativo. No entanto, se cada estudante experimentasse o *feedback* negativo após as aulas sem *feedback*, eles entrariam na condição de *feedback* negativo tendo um melhor conhecimento de estatística do que quando iniciaram a condição sem *feedback*. Assim, a melhoria aparente após o *feedback* negativo não seria devido à manipulação experimental (i.e., não é porque o *feedback* negativo funciona), mas porque os estudantes participaram de mais aulas de estatística ao final do experimento com *feedback* negativo do que no final do experimento sem *feedback*. Podemos utilizar a randomização para assegurar que o número de aulas de estatística não introduza um viés sistemático, atribuindo aleatoriamente os alunos às aulas com *feedback* negativo primeiro ou às sem *feedback* primeiro.

Se voltarmos nossa atenção aos delineamentos independentes, um argumento semelhante pode ser utilizado. Sabemos que os participantes diferem entre as várias condições experimentais em muitos aspectos (o QI, a atenção, etc.). Embora saibamos que essas variáveis de confusão contribuem para a variação entre as condições, precisamos ter certeza que essas variáveis contribuem *apenas* para a variação não sistemática e *não* à variação sistemática. Um bom exemplo é o efeito do álcool no comportamento. Você poderia dar a um grupo de pessoas cinco *pints* de cerveja, mantendo um segundo grupo sóbrio, e depois contar quantas vezes você conseguiria persuadi-los a imitar um peixe. O efeito do álcool varia porque as pessoas diferem na tolerância: as pessoas abstêmias podem ficar embriagadas com uma pequena quantidade, enquanto alcoólatras precisam consumir grandes quantidades antes de serem afetados pelo álcool. Se você alocou um grupo de indivíduos que bebem frequentemente à condição com álcool e abstêmios à condição sem álcool, talvez descubra que o álcool não aumenta o número de imitações de peixe. Contudo, esse resultado poderia ser explicado porque (1) o álcool não faz as pessoas se comportarem de forma ridícula ou (2) os beberrões não foram afetados pelas doses de álcool. Não é possível separar essas explicações porque os grupos variaram não apenas em relação à dose de álcool, mas também em relação à tolerância ao álcool (a variação sistemática criada pela experiência passada com o álcool não pode ser separada do efeito da manipulação experimental). A melhor maneira de reduzir essa possibilidade é alocar os participantes aleatoriamente às condições: assim, minimiza-se o risco de os grupos se mostrarem diferentes em virtude de outras variáveis que não sejam as que foram manipuladas.

Teste seus conhecimentos
Por que a randomização é importante?

1.8 Analisando dados ▐▐▐▐

A etapa final do processo de pesquisa é a análise dos dados coletados. Quando os dados são quantitativos, isso envolve tanto representar os dados graficamente (ver Capítulo 5) para descobrir a tendência geral dos dados quanto ajustar modelos estatísticos aos dados (todos os demais capítulos). Como o restante do livro é dedicado a esse processo, iniciaremos vendo algumas maneiras básicas de analisar e resumir os dados obtidos.

1.8.1 Distribuição de frequências ▐▐▐▐

Depois de coletar alguns dados, algo muito útil a fazer é obter um gráfico de quantas vezes cada escore ocorre. Isso é conhecido como **distribuição de frequências** ou **histograma**, que é simplesmente um gráfico com os valores observados no eixo horizontal, com colunas mostrando quantas vezes cada valor ocorreu no conjunto de dados. A distribuição de frequências pode ser útil para avaliar as propriedades de um conjunto de valores. Veremos como criar esse tipo de diagrama no Capítulo 5.

A distribuição de frequências ocorre em muitos formatos e tamanhos diferentes. É muito importante, portanto, ter algumas descrições gerais para os tipos mais comuns de distribuições. Em um mundo ideal, nossos dados estariam distribuídos simetricamente em volta do centro de todos os escores. Assim, se traçássemos uma linha vertical no centro da distribuição, ela seria parecida em ambos os lados. Essa distribuição é conhecida como **distribuição normal** e é caracterizada por uma curva que lembra um sino, com a qual você já deve estar familiarizado. Essa forma sugere que a maioria dos escores está em torno do centro da distribuição (assim, as colunas mais altas do histograma estão em torno do valor central). Além disso, à medida que nos distanciamos do centro, as colunas ficam menores, sugerindo que, à medida que os escores começam a se desviar do centro, sua frequência diminui (as colunas são bem curtas). Muitas coisas que ocorrem naturalmente têm essa forma de distribuição. Por exemplo, a maioria dos homens no Reino Unido tem cerca de 175 cm de altura;[16] alguns são um pouco mais altos ou mais baixos, mas a maioria está agrupada em torno desse valor. Haverá pouquíssimos homens que sejam realmente

---

[16] Eu tenho exatamente 180 cm de altura. No meu país de origem, isso me coloca presunçosamente acima da média. No entanto, sempre que visito a Holanda, onde a altura média dos homens é de 185 cm (respeitáveis 10 cm acima da do Reino Unido), eu me sinto um anão.

altos (i.e., acima de 205 cm) ou realmente baixos (i.e., com menos de 145 cm). Um exemplo de distribuição normal é mostrado na Figura 1.3.

Uma distribuição pode desviar do normal de duas maneiras principais: (1) falta de simetria (denominado **assimetria**) e (2) achatamento (denominado **curtose**). Distribuições assimétricas não são parelhas; em vez disso, os escores mais frequentes (a parte mais alta do gráfico) estão concentrados em um dos lados da escala. Assim, o padrão típico de uma distribuição assimétrica apresenta os escores mais frequentes agrupados em um dos lados da escala, com os escores menos frequentes criando uma cauda no outro lado. Uma distribuição assimétrica pode ser *positivamente assimétrica* (a maioria dos escores está concentrada à esquerda da escala, e os escores da cauda apontam na direção dos escores maiores e positivos) ou *negativamente assimétrica* (a maioria dos escores está concentrada à direita da escala, e os escores da cauda apontam na direção dos escores menores e negativos). A Figura 1.4 mostra exemplos dessas distribuições.

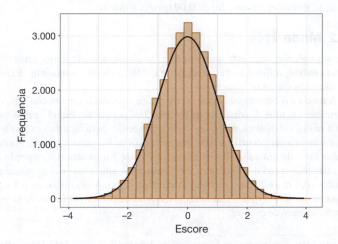

Figura 1.3 Distribuição "normal" (a curva sobreposta mostra o formato ideal).

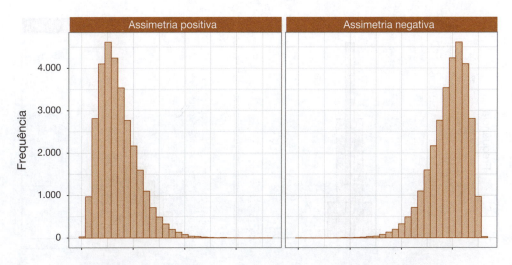

Figura 1.4 Distribuições positivamente (à esquerda) e negativamente (à direita) assimétricas.

As distribuições também variam em relação à curtose. A curtose – apesar de o nome soar como um tipo de doença exótica – refere-se ao grau em que os escores estão concentrados nas extremidades da distribuição (conhecidas como *caudas*). Essa característica tende a se apresentar no quão aguda (pontiaguda) é a distribuição (ainda assim, existem outros fatores que podem afetar a agudeza da distribuição – ver Gina Gênia 1.5). Uma distribuição com uma *curtose positiva* tem muitos escores nas caudas (é denominada distribuição de caudas pesadas) e é pontiaguda. Ela é conhecida como distribuição **leptocúrtica**. Em contrapartida, uma distribuição com curtose negativa é relativamente fina nas caudas (tem cauda leve) e tende a ser mais achatada do que uma distribuição normal. Essa distribuição é chamada de **platicúrtica**. Idealmente, queremos que nossos dados sejam distribuídos normalmente (i.e., não muito assimétricos e não muitos ou poucos valores nos extremos). Para aprender mais sobre a curtose, leia DeCarlo (1997).

Em uma distribuição normal, os valores da assimetria e da curtose são 0 (i.e., as caudas da distribuição são como deveriam ser).[17] Se uma distribuição tiver valores de assimetria ou curtose acima ou abaixo de 0, isso indica um desvio da normalidade: a Figura 1.5 mostra valores de curtose de +2,6 (painel à esquerda) e –0,09 (painel à direita).

1.8.2 Moda ▍▍▍▍

Podemos calcular onde está o centro de uma distribuição de frequências (conhecido como **tendência central**) utilizando três medidas: a média, a moda e a mediana. Existem outros métodos, mas esses três são os mais comuns.

A **moda** é o escore que ocorre com a maior frequência em um conjunto de dados. Isso é fácil de perceber em uma distribuição de frequências, porque ela estará na coluna mais alta. Para calcular a moda, coloque os dados em ordem crescente (para facilitar a vida) e conte quantas vezes cada um dos escores ocorre: aquele que mais ocorrer é o valor da moda. Porém, essa medida pode assumir mais de um valor. Por exemplo, a Figura 1.6 mostra um exemplo de uma distribuição com duas modas (há duas colunas que são as mais altas), que é denominada **bimodal** (conjunto de dados com mais de duas modas são **multimodais**). Além disso, se as frequências de determinados escores forem muito similares, então a moda pode estar sendo influenciada por apenas um pequeno número de escores.

---

[17] Algumas vezes, a curtose ausente é avaliada como 3 em vez de 0, mas o SPSS utiliza o 0 para representar nenhum excesso de curtose.

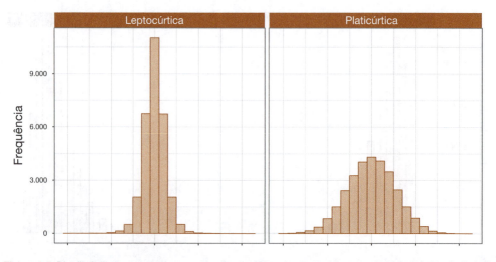

Figura 1.5 Distribuições com curtoses positiva (leptocúrtica, à esquerda) e negativa (platicúrtica, à direita).

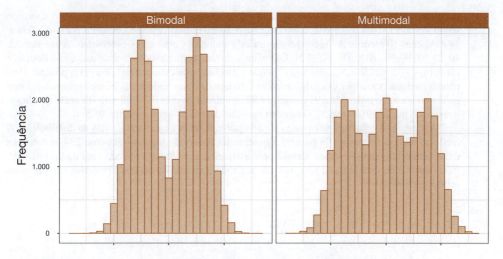

Figura 1.6 Exemplo de distribuições bimodal (à esquerda) e multimodal (à direita).

1.8.3 Mediana

Outra maneira de quantificar o centro de uma distribuição é olhar para o escore do meio quando os escores são classificados em ordem de grandeza. Esse valor é denominado **mediana**. Imagine que observamos o número de amigos de 11 usuários do Facebook. A Figura 1.7 mostra o número de amigos para cada um dos 11 usuários: 57, 40, 103, 234, 93, 53, 116, 98, 108, 121, 22.

Para calcular a mediana, primeiro arranjamos esses escores em ordem crescente: 22, 40, 53, 57, 93, 98, 103, 108, 116, 121, 234.

Depois, encontramos a posição do meio contando o número de escores que coletamos (n), somando 1 a esse escore e então dividindo por 2. Com 11 escores, obtemos: $(n + 1)/2 = (11 + 1)/2 = 12/2 = 6$. Então, identificamos o escore que está na posição que acabamos de calcular. Assim, nesse exemplo, devemos encontrar o sexto escore na sequência ordenada (ver Figura 1.7).

Esse processo funciona muito bem quando temos um número ímpar de valores (como nesse exemplo), mas quando tivermos um número par de escores não irá existir um escore no meio. Vamos

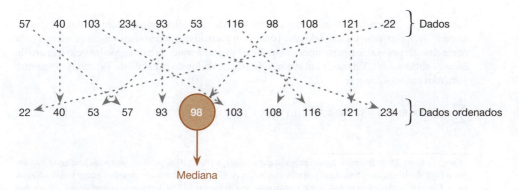

Figura 1.7 A mediana é o escore do meio quando os dados estão ordenados.

imaginar que decidimos abandonar o maior escore porque ele é muito grande (quase o dobro do segundo maior). (Para começo de conversa, essa pessoa é muito popular e a odiamos por isso.) Temos agora apenas 10 escores. A Figura 1.8 mostra essa situação. Como antes, ordenamos os escores: 22, 40, 53, 57, 93, 98, 103, 108, 116, 121. Calculamos, então, a posição do escore do meio, mas desta vez ela é: $(n + 1)/2 = 11/2 = 5,5$, que significa que a mediana está entre a quinta e a sexta posição. Para obter a mediana, somamos esses dois escores e dividimos o resultado por 2. Nesse exemplo, o quinto escore do conjunto ordenado é 93 e o sexto é 98. Somamos os dois (92 + 98 = 191) e então dividimos o resultado por 2 (191/2 = 95,5). O número mediano de amigos será, portanto, 95,5.

A mediana é relativamente pouco afetada por valores extremos nas caudas da distribuição. A mediana mudou apenas de 98 para 95,5 quando foi removido o escore extremo 234. A mediana é também relativamente pouco afetada pela assimetria e pode ser utilizada com dados ordinais, intervalares e de razão (ela só não pode ser utilizada com dados nominais, pois eles não possuem ordem numérica).

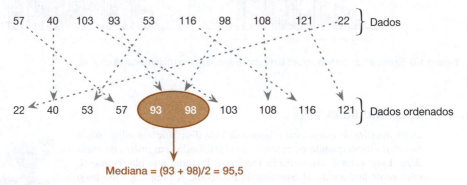

Figura 1.8 Quando o número de dados é par, a mediana é a média dos dois escores centrais do conjunto ordenado.

1.8.4 Média ▍▍▍▍

A **média** é a medida de tendência central que você provavelmente já conhece, pois é o escore médio, e a mídia adora um escore médio.[18] Para calcular a média, adicionamos todos os escores e então dividimos a soma pelo número total de escores que foram somados. Podemos escrever isso na forma de equação como:

$$\overline{X} = \frac{\sum_{i=1}^{n} x_i}{n} \qquad (1.1)$$

Essa equação parece complicada, mas a parte superior significa simplesmente "somar todos os escores" (o x_i significa "o escore de uma pessoa em particular"; poderíamos substituir a letra i pelo nome de cada pessoa), e a parte inferior significa "dividir a soma da parte superior pelo número de escores obtidos (n)". Vamos calcular a média para os dados do exemplo do Facebook. Primeiro, somamos todos os escores:

$$\sum_{i=1}^{n} x_i = 22 + 40 + 53 + 57 + 93 + 98 + 103 + 108 + 116 + 121 + 234 = 1.045 \qquad (1.2)$$

---

[18]Escrevi isso em 15 de fevereiro, e, para provar o que eu disse, o *site* da BBC publicou uma manchete nessa data em que o PayPal estima que os britânicos gastarão uma média de £71,25 por pessoa em presentes para o Dia dos Namorados. Contudo, a uSwitch.com disse que o gasto médio será de apenas £22,69. Lembre-se sempre de que a mídia está cheia de mentiras e contradições.

Dividimos, então, o resultado pelo número de escores (neste caso, 11) como na Equação 1.3:

$$\overline{X} = \frac{\sum_{i=1}^{n} x_i}{n} = \frac{1.045}{11} = 95 \qquad (1.3)$$

A média é de 95 amigos, um escore não observado em nosso conjunto de dados. Nesse sentido, a média é um modelo estatístico – aprenderemos mais sobre isso no próximo capítulo.

Teste seus conhecimentos

Calcule a média do exemplo do Facebook excluindo o escore 234.

Se você calcular a média sem a pessoa mais popular (i.e., excluindo o valor 234), a média cai para 81,1 amigos. Essa redução ilustra uma desvantagem da média: ela pode ser influenciada por escores extremos. Nesse exemplo, a pessoa com 234 amigos no Facebook aumentou a média em 14 amigos; compare essa diferença com a da mediana. Lembre-se de que a mediana mudou muito pouco – de 98 para 95,5 – quando foi excluído o escore de 234, o que mostra como a mediana é geralmente menos afetada por valores extremos do que a média. Aproveitando que estamos falando das características negativas da média, ela também é afetada por distribuições assimétricas e pode ser utilizada somente com dados intervalares ou de razão.

Se a média é tão inútil, então por que ela é tão utilizada? Um motivo muito importante é que ela utiliza todos os escores (a moda e a mediana ignoram a maioria dos dados de um conjunto). Além disso, a média tende a ser estável em diferentes amostras (veremos mais sobre isso depois).

1.8.5 A dispersão em uma distribuição

Também pode ser interessante quantificar a dispersão, ou espalhamento, dos escores. A maneira mais fácil de obter a dispersão é subtrair o menor valor do maior. Isso é conhecido como **amplitude** dos valores. Para os dados do Facebook, se os valores forem ordenados, obtemos: 22, 40, 53, 57, 93, 98, 103, 108, 116, 121, 234. O maior valor é 234, e o menor é 22; portanto, a amplitude é 234 – 22 = 212. No entanto, como utiliza apenas o maior e o menor escores, a amplitude é drasticamente afetada por qualquer mudança nesses valores.

Teste seus conhecimentos

Determine a amplitude para os escores anteriores excluindo o escore 234.

Se você fez o último teste, pôde ver que sem o valor extremo a amplitude cai de 212 para 99, menos da metade do valor anterior.

Uma maneira de contornar esse problema é calcular a amplitude excluindo os valores extremos da distribuição. Uma convenção é cortar os 25% superiores e inferiores dos escores e calcular a amplitude a partir dos 50% centrais – conhecido como **intervalo interquartis**. Vamos fazer isso com os dados do Facebook. Primeiro, precisamos calcular o que chamamos de **quartis**. Quartis são os três valores que dividem os dados ordenados em quatro partes iguais. Primeiro, calculamos

Dicas da Ana Apressada
Tendência central

- A média é a soma de todos os escores divididos pelo número de escores. O valor da média pode ser fortemente influenciado por escores extremos.
- A mediana é o escore do meio quando os dados são colocados em ordem. Ela não é tão influenciada por escores extremos quanto a média.
- A moda é o escore que ocorre mais frequentemente.

a mediana – também chamada **segundo quartil** – que divide os dados em duas partes iguais. Já sabemos que a mediana para esses dados é 98. O **quartil inferior** é a mediana da metade inferior dos dados, e o **quartil superior** é a mediana da metade superior dos dados. Como regra prática, a mediana não é incluída nas duas metades quando elas são divididas (isso é conveniente se você tiver um número ímpar de valores), mas você pode incluí-la (em que metade você a colocará é outra história). A Figura 1.9 mostra como calcularíamos esses valores para os dados do Facebook. Assim como no cálculo da mediana, se cada metade dos dados tivesse um número par de escores, então os quartis superior e inferior seriam a média de dois escores do conjunto de dados (dessa forma, o quartil superior e o quartil inferior não precisam ser valores que pertencem aos dados). Uma vez que calculamos os valores dos quartis, podemos calcular o intervalo interquartis, que é a diferença entre o quartil superior e o quartil inferior. Para os dados do Facebook, esse valor seria de 116 – 53 = 63. A vantagem do intervalo interquartis é que ele não é afetado por valores extremos nas caudas da distribuição. No entanto, o problema é que você perde muitos dados (metade deles, na verdade).

Vale a pena destacar aqui que os quartis são casos especiais de medidas chamadas **quantis**. Quantis são valores que dividem um conjunto de dados em partes iguais. Os quartis são quantis que dividem os dados em quatro partes iguais, mas há outros quantis, como **percentis** (valores que dividem os dados em 100 partes iguais), **decis** (valores que dividem os dados em 10 partes iguais) e assim por diante.

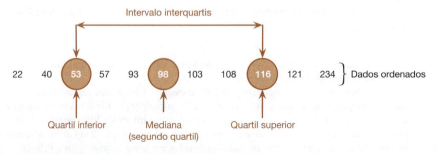

Figura 1.9 Cálculo dos quartis e do intervalo interquartis.

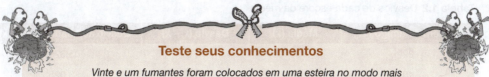

Teste seus conhecimentos

Vinte e um fumantes foram colocados em uma esteira no modo mais rápido. O tempo em segundos até eles ficarem exaustos foi medido.
18, 16, 18, 24, 23, 22, 22, 23, 26, 29, 32, 34, 34, 36, 36, 43, 42, 49, 46, 46, 57
Calcule a moda, a mediana, a média, a amplitude, o quartil superior, o quartil inferior e o intervalo interquartis.

Se quisermos utilizar todos os dados em vez da metade, podemos calcular a dispersão dos escores olhando o quão longe cada escore está do centro da distribuição. Se utilizarmos a média como centro da distribuição, então podemos calcular a diferença entre cada escore e a média que é conhecida como **desvio** (Equação 1.4)

$$\text{desvio} = x_i - \bar{x} \qquad (1.4)$$

Se quisermos saber o desvio total, podemos somar os desvios de cada escore. Na forma de uma equação, teríamos:

$$\text{desvio total} = \sum_{i=1}^{n}(x_i - \bar{x}) \qquad (1.5)$$

O símbolo sigma ($\sum$) significa "some tudo o que vem depois" e, neste caso, "o que vem depois" são os desvios. Assim, essa equação simplesmente significa "some todos os desvios".

Vamos fazer isso com os dados do Facebook. A Tabela 1.2 mostra o número de amigos de cada pessoa, a média e a diferença entre os dois. Observe que, como a média está no centro da distribuição,* alguns desvios são positivos (escores acima da média) e alguns são negativos (escores abaixo da média). Consequentemente, quando adicionamos os desvios, a soma é zero. Portanto, o resultado obtido para a "dispersão total" é zero. Essa conclusão é tão tola quanto uma larva achar que pode tomar um café com a rainha da Inglaterra se usar um chapéu-coco e fingir ser humana. Todo mundo sabe que a rainha bebe apenas chá.

Para superar esse problema, poderíamos ignorar os valores negativos quando somamos os desvios. Não haveria nada de errado em fazer isso, mas as pessoas tendem a elevar os desvios ao quadrado, o que exerce um efeito semelhante (um número negativo multiplicado por outro negativo se torna positivo). A coluna final da Tabela 1.2 mostra os quadrados desses desvios. Podemos adicionar esses desvios ao quadrado para obter a **soma dos erros ao quadrado, SQ** (geralmente denominada apenas *soma dos quadrados*); a menos que todos os valores sejam iguais, o valor resultante será maior que 0, indicando que há alguma diferença da média. Representando por uma equação, escreveríamos a Equação 1.6, em que o símbolo sigma significa "some tudo o que vem depois" e o que vem depois são os desvios ao quadrado (ou *erros ao quadrado*, como são mais bem conhecidos):

$$\text{SQ (soma dos erros ao quadrado)} = \sum_{i=1}^{n}(x_i - \bar{x})^2 \qquad (1.6)$$

Podemos utilizar a soma dos quadrados como um indicador da dispersão total ou do desvio total dos valores em relação à média. O problema em utilizar o total é que essa soma dependerá do número de escores que tivermos. A soma dos quadrados para os dados do Facebook é de 32.246, mas se adicionarmos outros 11 valores, esse valor aumentará (dobrando de tamanho, aproxima-

---

*N. de T.T. A média é uma medida de tendência central; contudo, ela nem sempre está no centro dos dados. O fato de a soma dos desvios em torno dela ser 0 é uma consequência de ela ser o ponto de equilíbrio do conjunto.

Tabela 1.2 Desvios de cada escore da média

Número de amigos (x_i)	Média ($\bar{x}$)	Desvio ($x_i - \bar{x}$)	Desvio ao quadrado ($x_i - \bar{x}$)^2
22	95	−73	5.329
40	95	−55	3.025
53	95	−42	1.764
57	95	−38	1.444
93	95	−2	4
98	95	3	9
103	95	8	64
108	95	13	169
116	95	21	441
121	95	26	676
234	95	139	19.321

$$\sum_{i=1}^{n} x_i - \bar{x} = 0 \qquad \sum_{i=1}^{n} (x_i - \bar{x})^2 = 32.246$$

damente, se o resto for mantido igual). A dispersão total não é útil, então, porque não podemos compará-la com amostras que diferem de tamanho. Portanto, pode ser mais simples não utilizar a dispersão *total*, mas sim a dispersão *média*, que também é conhecida como **variância**. Vimos que uma média é a soma de todos os escores dividido pelo número deles; portanto, a variância é simplesmente a soma dos quadrados dividida pelo número de observações (N). Na verdade, normalmente dividimos a SQ pelo número de observações menos 1, como na Equação 1.7 (o motivo para isso é explicado no próximo capítulo e em Gina Gênia 2.2):

$$\text{variância}\left(s^2\right) = \frac{SQ}{N-1} = \frac{\sum_{i=1}^{n}(x_i - \bar{x})^2}{N-1} = \frac{32.246}{10} = 3.224,6 \tag{1.7}$$

Como vimos, a variância é erro médio obtido pelas diferenças entre cada escore e a sua média. Existe um problema em utilizar a variância como uma medida: ela fornece uma medida em unidades quadradas (porque elevamos cada desvio ao quadrado). No nosso exemplo, teríamos que dizer que a dispersão média dos dados foi de 3.224,6 amigos ao quadrado. Não faz sentido falar sobre amigos ao quadrado, por isso, normalmente, utilizamos a raiz quadrada da variância (o que garante que a medida da variação média esteja nas mesmas unidades que a medida original). Esse resultado é denominado **desvio-padrão** e é a raiz quadrada da variância (Equação 1.8).

$$s = \sqrt{\frac{\sum_{i=1}^{n}(x_i - \bar{x})^2}{N-1}} \tag{1.8}$$
$$= \sqrt{3.224,6}$$
$$= 56,79$$

A soma dos quadrados, a variância e o desvio-padrão são medidas de dispersão dos dados em torno da média. Um pequeno desvio-padrão (comparado ao valor da média em si) indica que os dados estão próximos da média. Um grande desvio-padrão (comparado à média) indica que os dados estão distantes da média. Um desvio-padrão igual a 0 significaria que todos os valores são iguais. A Figura 1.10 mostra as classificações gerais (em uma escala de 5 pontos) de dois professores após cada um ter dado cinco aulas. Os dois professores tiveram nota média de 2,6 para as cinco aulas. Contudo, o primeiro professor teve um desvio-padrão de 0,55 (relativamente pequeno se comparado com a média). Deve ficar claro, no gráfico à esquerda, que as notas desse professor estão consistentemente próximas da média. Houve uma pequena flutuação, mas geralmente suas aulas não variaram em popularidade. Dito de outra forma, as notas não estão muito espalhadas em torno da média. O segundo professor, contudo, teve um desvio-padrão de 1,82 (relativamente alto se comparado com a média). As notas do segundo professor estão mais espalhadas em torno da média do que a primeira: para algumas aulas, ele recebeu notas muito altas e, para outras, suas classificações foram terríveis.

1.8.6 Utilizando uma distribuição de frequências para ir além dos dados ▎▎▎▎

Outra maneira de interpretar uma distribuição de frequências não é em relação a quantas vezes cada valor realmente ocorre, mas à probabilidade de que um valor ocorra. O termo "probabilidade" faz o cérebro da maioria das pessoas superaquecer (inclusive o meu), então parece sensato usar um exemplo gelado: o de derramar baldes de gelo sobre nossas cabeças. Os *memes* na internet tendem a ter a forma de uma distribuição normal, que já apresentamos. Um bom exemplo disso é o desafio do balde de gelo de 2014. Você pode conferir a história completa na Wikipédia. Tudo começou (discutivelmente) com o jogador de golfe Chris Kennedy virando um balde de água gelada na cabeça como uma campanha em prol de pessoas com esclerose lateral amiotrófica (ELA, também conhecida como doença de Lou Gehrig).[19] A ideia é que você seja desafiado e, em 24 horas, poste um vídeo seu virando um balde de água gelada na cabeça; nesse vídeo, você desafia pelo menos outras três pessoas a fazerem o mesmo. Se você não conseguir completar o desafio, a sua obrigação será doar para a caridade (nesse caso, para o tratamento da ELA). Na realidade, muitas pessoas completaram o desafio *e também* fizeram doações.

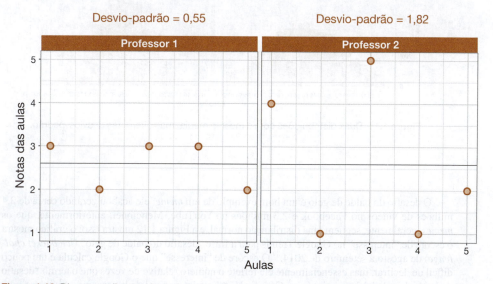

Figura 1.10 Diagramas ilustrando dados com a mesma média, mas diferentes desvios-padrão.

---

[19] Chris Kennedy não inventou o desafio, mas acredita-se que ele foi o primeiro a relacioná-lo com a ELA. Existem relatos de pessoas fazendo coisas com água gelada para arrecadar para a caridade, mas o meu foco está no desafio da ELA porque foi esse que se espalhou como um *meme*.

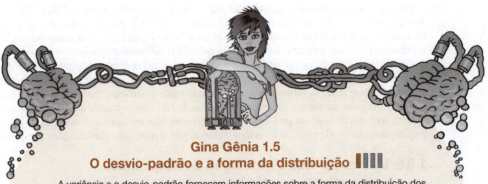

Gina Gênia 1.5
O desvio-padrão e a forma da distribuição

A variância e o desvio-padrão fornecem informações sobre a forma da distribuição dos escores. Se a média representa bem os dados, então a maioria dos escores estará agrupada próximo dela, e o desvio-padrão resultante será pequeno se comparado com a média. Quando a média não representa bem os dados, os escores estarão mais afastados dela, e o desvio-padrão será maior. A Figura 1.11 mostra duas distribuições que têm a mesma média (50), mas diferentes desvios-padrão. Uma tem um grande desvio-padrão se comparado com a média ($DP = 25$), e isso resulta em uma distribuição mais plana e que é mais espalhada, enquanto a outra tem um desvio-padrão menor em relação à média ($DP = 15$), resultando em uma distribuição mais pontiaguda com valores mais frequentes próximos da média e menos frequentes mais afastados da média. A mensagem é que, à medida que o desvio-padrão aumenta, a distribuição também aumenta. Isso pode fazer as distribuições parecerem platicúrticas ou leptocúrticas quando, na verdade, elas não são.

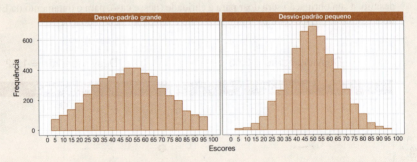

Figura 1.11 Duas distribuições com a mesma média, mas diferentes desvios-padrão.

O desafio do balde de gelo é um bom exemplo de um *meme*: ele acabou gerando cerca de 2,4 milhões de vídeos no Facebook e 2,3 milhões no YouTube. Mencionei, anteriormente, que os *memes*, geralmente, seguem uma distribuição normal, e a Figura 1.12 mostra isso: o gráfico mostra o escore de "interesse" no Google Trends para a frase "desafio do balde de gelo" (*ice bucket challenge*) de agosto a setembro de 2014.[20] O escore de "interesse" que o Google calcula é um pouco difícil de decifrar, mas essencialmente ele reflete o número relativo de vezes que o termo "desafio do balde de gelo" foi pesquisado no Google. Não é o número total de buscas, mas o número relativo. De certa forma, mostra a tendência da popularidade das buscas. Compare a curva do Google

---

[20] Você pode gerar o gráfico das buscas acessando o Google Trends, inserindo o termo de busca "*ice bucket challenge*" e restringindo as datas apresentadas para agosto de 2014 a setembro de 2014.

Pesquisa Real do João Jaleco 1.1
A sexta-feira 13 dá azar? ▌▌▌▌

Scanlon, T. J., et al. (1993). *British Medical Journal, 307*, 1584–1586.

Muitas pessoas são supersticiosas, e uma superstição comum é a de que a sexta-feira 13 dá azar. A maioria das pessoas não pensa que literalmente alguém usando uma máscara de hóquei irá matá-las, mas algumas pessoas são cautelosas. Scanlon e colaboradores em um estudo irônico (Scanlon, Luben, Scanlon e Singleton, 1993) analisaram estatísticas de acidentes em hospitais da região sudoeste do Tâmisa, no Reino Unido. Eles calcularam estatísticas tanto das sextas-feiras 13 quanto da sexta-feira anterior (dia 6) em diferentes meses dos anos de 1989 a 1992. Eles analisaram tanto internações de emergência por acidentes e intoxicações quanto acidentes de trânsito.

Data	Acidentes e envenenamentos Sexta-feira 6	Acidentes e envenenamentos Sexta-feira 13	Acidentes de trânsito Sexta-feira 6	Acidentes de trânsito Sexta-feira 13
Outubro de 1989	4	7	9	13
Julho de 1990	6	6	6	12
Setembro de 1991	1	5	11	14
Dezembro de 1991	9	5	11	10
Março de 1992	9	7	3	4
Novembro de 1992	1	6	5	12

Calcule a média, a mediana, o desvio-padrão e o intervalo interquartis para cada tipo de acidente e em cada data. As respostas estão no *site* do livro.

com uma distribuição normal perfeita da Figura 1.3 – elas parecem semelhantes, não é? Após um tempo (cerca de 2 ou 3 semanas após o primeiro vídeo), ele se tornou viral, e a popularidade aumentou rapidamente, atingindo o pico em torno do dia 21 de agosto (cerca de 36 dias após Chris Kennedy ter dado o pontapé inicial). Após esse pico, a popularidade diminuiu rapidamente, à medida que o *meme* tornou-se entediante.

O histograma principal da Figura 1.12 mostra o mesmo padrão, mas reflete algo um pouco mais tangível do que "escores de interesse". Ele mostra o número de vídeos postados no YouTube relacionados ao desafio do balde de gelo em cada dia após o desafio inicial feito por

Dicas da Ana Apressada
Dispersão

- O desvio (ou erro) é a distância entre cada escore de um conjunto de dados e a média.
- A soma dos erros ao quadrado é a quantidade total de erro na média. Os erros/desvios são elevados ao quadrado antes de serem somados.
- A variância é a distância média entre os escores a média. Ela é a soma dos desvios ao quadrado dividido pelo número de escores. É uma medida de dispersão.
- O desvio-padrão é a *raiz quadrada da variância*. A variância é um quadrado e, portanto, sua unidade não é a mesma da variável, que é o que acontece com o desvio-padrão. Grandes desvios-padrão sugerem dados amplamente espalhados em torno da média, enquanto pequenos desvios-padrão sugerem dados mais concentrados em torno da média.
- A amplitude é a diferença entre os extremos do conjunto (o maior e o menor escores).
- O intervalo interquartis é a diferença entre o quartil superior e o quartil inferior e abrange 50% dos valores do conjunto.

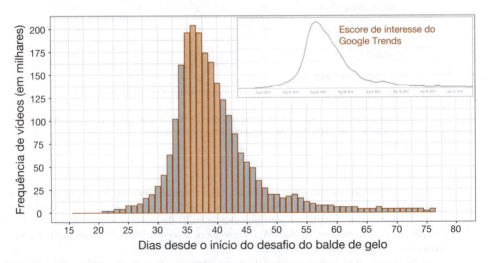

Figura 1.12 Distribuição de frequências mostrando o número de vídeos do desafio do balde de gelo no YouTube a partir do dia do primeiro vídeo (o gráfico no detalhe mostra os dados reais do Google Trends no qual esse exemplo foi baseado).

Chris Kennedy. No total, foram 2.323 mil (2,32 milhões) no período considerado. De certo modo, ele mostra quantas pessoas, aproximadamente, realizaram o desafio por dia.[21] Você pode ver que praticamente nada aconteceu nos 20 dias iniciais, relativamente poucas pessoas aceitaram o desafio. Cerca de 30 dias após o desafio inicial, as coisas esquentaram (bem, esfriaram, na verdade), já que o número de vídeos aumentou rapidamente de 29.000 no dia 30 para 196.000 no dia 35. No dia 36, o desafio atingiu seu pico com 204.000 vídeos postados. Após, iniciou o declínio, à medida que o *meme* se tornou "*old news*". Por volta do dia 50, apenas as pessoas que como eu, e professores de estatística em geral, ficam 50 dias sem olhar o Facebook, de repente descobriram o *meme* e quiseram entrar em ação para provar que somos tão legais quanto a galera. Mas já era muito tarde: pessoas ao final da curva não são descoladas, e os criadores de tendências que postaram vídeos no dia 25 nos acham chatos e nos olham com desdém. Mas, tudo bem, porque podemos criar histogramas maneiríssimos como o da Figura 1.12; tome essa, escória *hipster*!

Estou divagando. Podemos pensar em distribuições de frequências em termos de probabilidade. Para entender isso, imagine se alguém perguntasse: "qual a probabilidade de uma pessoa postar um vídeo sobre o desafio do balde de gelo depois de 60 dias?". O que você responderia? Lembre-se de que a altura das colunas do histograma reflete a quantidade de vídeos postados; portanto, se você analisar a distribuição de frequências antes de responder à pergunta, tenderá a responder "pouco provável" porque as colunas são bem baixas após 60 dias (i.e., relativamente poucos vídeos foram postados). E se alguém lhe perguntasse "qual a probabilidade de um vídeo ser postado 35 dias após o início do desafio?". Observando o histograma, você poderia dizer que "é bastante provável" porque a maioria das colunas altas estão no dia 35 (muitos vídeos foram postados). E se seu amigo curioso continuasse perguntando: "qual a probabilidade de alguém postar um vídeo entre 35 e 40 dias após o início do desafio?". As colunas que representam esses dias estão sombreadas em laranja na Figura 1.12. Nesse caso, a pergunta seria, mais corretamente, qual o tamanho da área sombreada em laranja na Figura 1.12 comparada com o tamanho total das demais colunas. Podemos determinar o tamanho dessa região somando os valores das colunas (196 + 204 + 196 + 174 + 164 + 141 = 1.075); assim, a área sombreada representa um total de 1.075 mil vídeos. O tamanho total das colunas é o total de vídeos postados, que é de 2.323 mil. Se a área sombreada representa 1.075 mil vídeos e o total é 2.323 mil, então, comparando a área sombreada com o total, obtemos: 1.075/2.323 = 0,46, ou seja, 46%. Portanto, nossa resposta poderá ser "é bem provável que alguém tenha postado um vídeo entre os dias 35 e 40, porque 46% de todos os vídeos foram postados nesses 6 dias". Um detalhe a ser destacado é que o tamanho das colunas está diretamente relacionado à probabilidade da ocorrência de um evento.

Espero que esses exemplos ilustrem que é possível utilizar as frequências de diferentes escores e as áreas de uma distribuição de frequências para estimar a probabilidade de ocorrência de diferentes escores. A probabilidade de ocorrência de um evento pode variar de 0 (evento impossível de acontecer) a 1 (o evento com certeza vai acontecer). Por exemplo, quando me dirijo aos meus editores, digo a eles que existe uma probabilidade igual a 1 de eu terminar a revisão deste livro até julho. Contudo, quando falo com qualquer outra pessoa, posso ser mais realista e dizer que existe uma probabilidade de 0,10 de eu terminar a revisão a tempo (ou, em outras palavras, existe uma probabilidade de 10% ou uma chance de 1 para 9 de eu revisar o livro a tempo). Na realidade, a probabilidade de eu cumprir o prazo é 0 (nem uma mísera chance). Se probabilidades não fazem sentido para você, então você não está sozinho; apenas ignore a vírgula decimal e pense nelas como porcentagem (i.e., uma probabilidade de 0,10 de que algo aconteça significa que esse algo tem apenas 10% de chance de acontecer) ou leia o capítulo sobre probabilidade no meu outro excelente livro (Field, 2016).

---

[21]Muito, muito aproximadamente, na verdade. Transformei os dados de interesse do Google em número de vídeos postados no YouTube utilizando o fato de saber que 2,32 milhões de vídeos foram postados durante esse período e fazendo a suposição (razoável) de que o comportamento no YouTube seguiria o mesmo padrão, ao longo do tempo, que os dados de interesse do Google em relação ao desafio.

Falamos vagamente sobre como uma distribuição de frequências pode ser utilizada para fornecer uma ideia da probabilidade da ocorrência de escores. Contudo, podemos ser precisos. Para qualquer distribuição de escores, podemos, pelo menos teoricamente, calcular a probabilidade de obter escores de certos tamanhos (i.e., acima, abaixo ou entre valores específicos); fazer isso seria tedioso e complexo, mas poderíamos. Para poupar nossa sanidade, os estatísticos definiram várias distribuições para os conjuntos de dados mais comuns. Para cada uma, eles determinaram um modelo com uma representação analítica (fórmula) denominada **função de densidade de probabilidade (fdp)**, que permite representar o comportamento dos dados. Poderíamos representar graficamente essa função plotando o valor da variável (x) contra a probabilidade de ele ocorrer (y).[22] A curva resultante é conhecida como **distribuição de probabilidade**. Uma distribuição normal (seção 1.8.1) teria um formato semelhante ao da Figura 1.13, que lembra um sino, como já foi visto na Figura 1.3.

Uma distribuição de probabilidade é semelhante a um histograma, exceto pelo fato de que as protuberâncias e as saliências foram suavizadas, de modo que o resultado visto é uma curva suave e sutil. No entanto, como em uma distribuição de frequências, a área sob a curva informa a probabilidade de valores ocorrerem. Assim como foi feito com o exemplo do desafio do balde de gelo, poderíamos utilizar a área sob a curva entre dois valores para determinar a probabilidade de um escore pertencer a um determinado intervalo. Por exemplo, a região sombreada na Figura 1.13 corresponde à probabilidade de um escore ser igual a z ou maior. A distribuição normal não é a única distribuição que foi precisamente especificada por pessoas com grandes cérebros. Há muitas outras distribuições específicas que possuem formas típicas e que tiveram uma função de densidade de probabilidade determinada. Encontraremos algumas dessas outras distribuições ao longo

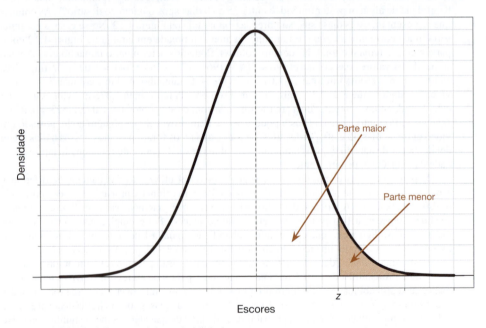

Figura 1.13 Distribuição normal de probabilidade.

---

[22]Na verdade, normalmente representamos graficamente o que chamamos *densidade*, que tem uma relação bem próxima com a probabilidade.

do livro – por exemplo, a distribuição *t*, a distribuição qui-quadrado (χ^2) e a distribuição *F*. Por enquanto, o importante é lembrar que todas essas distribuições apresentam algo em comum: todas são definidas por uma equação que nos permite calcular precisamente a probabilidade de se obter um determinado valor.*

Como vimos, as distribuições normais podem ter diferentes médias e desvios-padrão. Isso não é um problema para a função de densidade de probabilidade – ela ainda nos dará a probabilidade de certo valor ocorrer – mas é um problema para nós porque função de densidade de probabilidade já é difícil de pronunciar, quanto mais de usar para computar probabilidades. Assim, para evitar um colapso cerebral, costumamos usar uma distribuição normal com média igual a 0 e desvio-padrão igual a 1. Isso nos dá a vantagem de poder fingir que a função de densidade de probabilidade não existe e usar, em vez disso, probabilidades tabuladas (como no Apêndice). O problema óbvio é que nem todos os dados que utilizamos terão média 0 e desvio-padrão igual a 1. Por exemplo, para os dados do desafio do balde de gelo, a média é 39,68 e o desvio-padrão é 7,74. Contudo, qualquer conjunto de dados pode ser convertido em um conjunto-padrão que apresenta média 0 e desvio-padrão 1. Para fazer isso, inicialmente subtraímos a média do conjunto ($\bar{X}$) de cada escore (*X*) e, para que os dados tenham desvio-padrão igual a 1, dividimos a diferença obtida pelo valor do desvio-padrão (*DP*). Os escores resultantes (padronizados) serão representados pela letra *z* e são conhecidos como **escores-z**. A equação para a conversão que acabamos de realizar é representada por:

$$z = \frac{X - \bar{X}}{DP} \tag{1.9}$$

A tabela dos valores das probabilidades da distribuição normal padrão é encontrada no Apêndice. Por que essa tabela é importante? Bem, se olharmos para os dados no exemplo do desafio do balde de gelo, podemos responder à seguinte pergunta: "qual é a probabilidade de alguém ter postado um vídeo no dia 60 ou após esse dia?". Primeiro, convertemos o valor 60 em um escore-*z*. A média dos dados era 39,68 e o desvio-padrão, 7,74, então o valor 60 convertido em um escore-*z* é igual a 2,63 (Equação 1.10):

$$z = \frac{60 - 39,68}{7,74} = 2,63 \tag{1.10}$$

Agora, podemos utilizar o escore-*z*, em vez do escore original 60, para responder à nossa questão.

A Figura 1.14 mostra os valores tabelados da distribuição normal padrão da tabela do Apêndice deste livro (em versão reduzida). Essa tabela fornece uma lista de escores-*z* e da densidade (*y*) para cada valor de *z*, mas, mais importante, ela separa a distribuição no valor de *z* e informa o tamanho das duas áreas sob a curva que essa divisão cria (à direita e à esquerda). Por exemplo, quando *z* é 0, estamos no centro da distribuição (média), de modo que ele divide a área sob a curva exatamente na metade. Consequentemente, as duas áreas têm o mesmo tamanho (0,5 ou 50%). No entanto, qualquer valor de *z* que não seja 0 criará áreas de tamanhos diferentes, e a tabela informará o tamanho das duas porções (abaixo e acima do escore-*z*). Por exemplo, se olharmos para o escore-*z* de 2,63, descobrimos que a porção menor (i.e., a área acima desse valor, ou a área em destaque na Figura 1.14) é igual a 0,0043, ou apenas 0,43%. Expliquei anteriormente que essas áreas são probabilidades; portanto, neste caso, poderíamos dizer que há uma probabilidade de apenas 0,43% de um vídeo ter sido postado 60 dias ou mais após o início do desafio. Olhando para a parte maior (a área abaixo de 2,63), obtemos o valor de 0,9957, ou, em outras palavras, há uma probabilidade de 99,57% de um vídeo com baldes de gelo ter sido postado no YouTube em até 60 dias a partir do início do desafio. Observe que essas duas probabilidades somam 1 (ou 100%), de modo que a área sob a curva total é 1.

A.1 Tabela da distribuição normal padrão

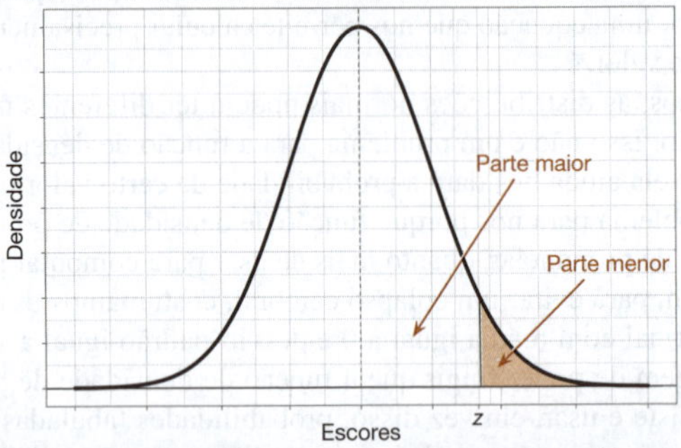

z	Parte maior	Parte menor	y		z	Parte maior	Parte menor	y
0,00	0,50000	0,50000	0,3989		0,12	0,54776	0,45224	0,3961
0,01	0,50399	0,49601	0,3989		0,13	0,55172	0,44828	0,3956
0,02	0,50798	0,49202	0,3989		0,14	0,55567	0,44433	0,3951
0,03	0,51197	0,48803	0,3988		0,15	0,55962	0,44038	0,3945
0,04	0,51595	0,48405	0,3986		0,16	0,56356	0,43644	0,3939
1,56	0,94062	0,05938	0,1182		1,86	0,96856	0,03144	0,0707
1,57	0,94179	0,05821	0,1163		1,87	0,96926	0,03074	0,0694
1,58	0,94295	0,05705	0,1145		1,88	0,96995	0,03005	0,0681
1,59	0,94408	0,05592	0,1127		1,89	0,97062	0,02938	0,0669
1,60	0,94520	0,05480	0,1109		1,90	0,97128	0,02872	0,0656
1,61	0,94630	0,05370	0,1092		1,91	0,97193	0,02807	0,0644
1,62	0,94738	0,05262	0,1074		1,92	0,97257	0,02743	0,0632
1,63	0,94845	0,05155	0,1057		1,93	0,97320	0,02680	0,0620
1,64	0,94950	0,05050	0,1040		1,94	0,97381	0,02619	0,0608
1,65	0,95053	0,04947	0,1023		1,95	0,97441	0,02559	0,0596
1,66	0,95154	0,04846	0,1006		1,96	0,97500	0,02500	0,0584
1,67	0,95254	0,04746	0,0989		1,97	0,97558	0,02442	0,0573
1,68	0,95352	0,04648	0,0973		1,98	0,97615	0,02385	0,0562
2,27	0,98840	0,01160	0,0303		2,57	0,99492	0,00508	0,0147
2,28	0,98870	0,01130	0,0297		2,58	0,99506	0,00494	0,0143
2,29	0,98899	0,01101	0,0290		2,59	0,99520	0,00480	0,0139
2,30	0,98928	0,01072	0,0283		2,60	0,99534	0,00466	0,0136
2,31	0,98956	0,01044	0,0277		2,61	0,99547	0,00453	0,0132
2,32	0,98983	0,01017	0,0270		2,62	0,99560	0,00440	0,0129
2,33	0,99010	0,00990	0,0264		2,63	0,99573	0,00427	0,0126

Figura 1.14 Utilizando valores tabelados da distribuição normal padrão.

Outra coisa útil que podemos fazer (você descobrirá o quão útil isso é no seu devido tempo) é determinar os limites dentro dos quais uma determinada porcentagem de escores ocorrerem. Com o exemplo do balde de gelo, determinamos a probabilidade de um vídeo ter sido postado entre 35 e 40 dias após o desafio ter sido iniciado. Podemos, contudo, fazer uma pergunta semelhante: "qual é o intervalo de dias entre os quais 95% dos vídeos em torno da média foram postados?". Para responder a essa questão, utilizaremos a tabela de forma oposta. Sabemos que a probabilidade (área) total sob a curva é igual a 1 (ou 100%); assim, para descobrir os limites dentro dos quais temos 95% dos valores, perguntamos: "qual é o valor de z que exclui 5% de todos os escores?". A resposta não é tão simples assim, porque se quisermos os 95% dos valores em torno da *média*, precisamos excluir escores das extremidades da distribuição. Considerando que a distribuição é simétrica, se quisermos cortar 5% de todos os escores, então o percentual que devemos cortar de cada lado é de 5%/2 = 2,5% (ou 0,025). Se cortarmos 2,5% dos escores em cada lado, teremos cortado, no total, 5% dos escores, restando-nos os 95% do meio (ou 0,95 como proporção) – ver Figura 1.15. Para descobrir qual valor de z deixa uma área à direita (superior) de 2,5%, olhamos a coluna "parte menor" até encontrarmos o valor 0,025 e identificamos o valor de z na lateral da tabela. Esse valor é igual a 1,96 (ver Figura 1.14), e, como a distribuição é simétrica em torno de 0, o valor que corta a cauda à esquerda, deixando abaixo uma probabilidade de 2,5%, é o mesmo, só que com o sinal contrário, ou seja, –1,96. Portanto, conclui-se que os 95% dos escores-z que estão simetricamente distribuídos em torno do 0 (média) estão situados no intervalo de –1,96 a 1,96. Se quisermos saber os limites entre os quais estão situados 99% dos valores em torno da média, poderíamos fazer o mesmo, só que agora cortando 1% dos valores das caudas da distribuição, ou seja, 0,005 ou 0,5% de cada lado. Procuramos 0,005 na *parte menor* da tabela, e o valor mais próximo que encontramos é igual a 0,00494 que equivale ao escore-z de 2,58 (ver Figura 1.14). Isso nos diz que 99% dos escores de uma distribuição normal padrão (escores-z) estão situados no intervalo que vai de –2,58 a 2,58. Da mesma forma, você pode verificar que 99,9% dos escores de uma normal padrão estão situados entre –3,29 e 3,29. Convém lembrar estes três valores (1,96, 2,58 e 3,29), pois eles aparecerão com certa frequência ao longo do texto.

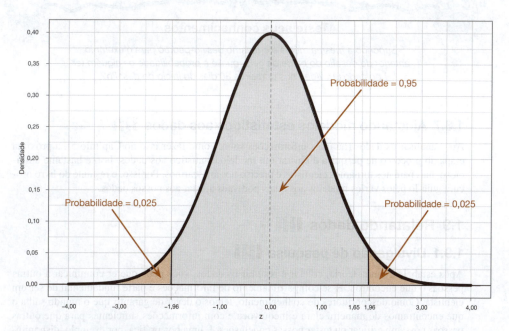

Figura 1.15 Função de densidade de probabilidade da distribuição normal.

Dicas da Ana Apressada
Distribuições e escores-z

- Uma distribuição de frequências pode ser tanto uma tabela quanto um gráfico que mostra cada possível escore em escala de medida junto com o número de vezes que esse escore ocorreu nos dados.
- Algumas vezes, escores são expressos em uma forma padronizada conhecida como escore-z.
- Para transformar um escore em um escore padronizado (escore-z), deve-se subtrair a média dos dados do escore em questão e dividir o resultado pelo desvio-padrão do conjunto de dados.
- O sinal do escore-z nos informa se o escore original estava acima ou abaixo da média; os escores-z informam o quão longe estamos da média dos dados em unidades de desvio-padrão.

Teste seus conhecimentos

Supondo a mesma média e o mesmo desvio-padrão para o exemplo anterior do desafio do balde de gelo, qual é a probabilidade de alguém ter postado um vídeo nos primeiros 30 dias do início do desafio?

1.8.7 Ajustando modelos estatísticos aos dados ▌▌▌▌

Após analisar os dados (há mais informações sobre como fazer isso no Capítulo 5), a próxima etapa do processo de pesquisa é ajustar um modelo estatístico aos dados. Isso é bastante ambicioso, mas para nos tornamos cientistas é preciso nos arriscarmos. Por isso, o restante do livro procura guiá-lo pelos vários modelos aos quais podemos ajustar aos nossos dados.

1.9 Relatando dados ▌▌▌▌

1.9.1 Divulgação de pesquisa ▌▌▌▌

Após estabelecer uma teoria, coletar e resumir os dados, você pode querer comunicar a outras pessoas o que encontrou. Esse compartilhamento de informações é parte fundamental de ser um cientista. Como descobridores de conhecimento, temos o dever de garantir que o mundo saiba o que encontramos de maneira clara e inequívoca e com informações suficientes para que outras pessoas possam verificar ou testar nossas conclusões. É uma boa prática, por exemplo, disponibilizar seus dados para outras pessoas e divulgar os recursos utilizados. Iniciativas como a *Open*

Science Framework (https://osf.io)* facilitam isso. Por mais tentador que seja encobrir aspectos desagradáveis de nossos resultados, a ciência trata de verdade, clareza e disposição para debater seu trabalho.

Os cientistas relatam ao mundo as descobertas apresentando-as em conferências e em artigos publicados em **periódicos**. Um periódico é uma coleção de artigos escritos por cientistas sobre um campo específico de conhecimento. É como uma revista, mas mais entediante. Esses artigos podem descrever novas pesquisas, revisar pesquisas existentes ou apresentar uma nova teoria. Assim como você tem revistas como a *Modern Drummer*, que é sobre bateria, a *Vogue*, que é sobre moda (ou Madonna, nunca me lembro qual), existem revistas como o *Journal of Anxiety Disorders*, que publica artigos sobre transtornos de ansiedade, e o *British Medical Journal,* que publica artigos sobre medicina (não especificamente medicina britânica, vale mencionar). Como cientista, você envia seu trabalho para um desses periódicos, e eles vão considerar a possibilidade de publicá-lo. Nem tudo que um cientista escreve será publicado. Normalmente seu artigo será enviado a um "editor", que é um cientista renomado que trabalha naquela área de pesquisa e que concorda, em troca de receberem suas almas de volta, em tomar decisões sobre a publicação ou não de artigos. Esse editor enviará seu artigo para outros especialistas da mesma área de pesquisa e solicitará que esses especialistas forneçam um parecer sobre a qualidade do seu trabalho. Isso é denominado revisão às cegas, pois o especialista não sabe de quem é o artigo, e o autor não saberá quem avaliou o seu artigo. O papel desses revisores (especialistas) é fornecer uma opinião imparcial e construtiva dos pontos fortes e fracos do seu artigo e da pesquisa descrita nele. Após a conclusão dessas revisões, o editor as lê e decide pela conveniência ou não de publicar o artigo (de fato, quase sempre o artigo será enviado de volta ao autor para que ele faça revisões antes da aceitação final).

O processo de revisão é uma maneira excelente de obter um *feedback* útil sobre o que você fez e, muitas vezes, aponta coisas que você não levou em consideração. Por outro lado, nem sempre você ouvirá coisas boas sobre o seu trabalho. No início da minha carreira, achei esse processo bem difícil: muitas vezes você trabalhou por meses em um artigo e é natural que você queira que ele seja bem avaliado. Quando você recebe um *feedback* negativo, e isso acontece até mesmo com os cientistas mais respeitados –, pode ser fácil pensar que você não é bom o suficiente. Nesses casos, convém lembrar que, se você não é muito afetado por críticas, provavelmente não é humano; todos os cientistas que conheço tiveram momentos em que duvidaram de si mesmos.

1.9.2 Como relatar os dados ▌▎▎▎

Uma parte importante da publicação de uma pesquisa é o modo de apresentar e relatar os dados. Você normalmente fará isso por meio de uma combinação de gráficos (ver Capítulo 5) e descrições. Ao longo deste livro, darei orientações sobre como apresentar dados e relatar resultados. Porém, cada área tem suas regras. Em minha área científica (psicologia), normalmente seguimos as diretrizes de publicação da APA (American Psychological Association, 2010), mas mesmo dentro da psicologia diferentes periódicos têm suas próprias regras idiossincráticas sobre como relatar dados. Portanto, meu conselho é amplamente baseado nas diretrizes da APA, com um pouco da minha opinião pessoal quando não houver uma "regra" específica da APA. No entanto, ao relatar dados para tarefas ou para publicação, é sempre aconselhável verificar as diretrizes específicas do seu orientador ou do periódico.

Apesar do fato de algumas pessoas quererem que você acredite que caso se desvie de qualquer uma das "regras", mesmo da maneira mais sutil, você libertará os quatro cavaleiros do apocalipse para destruir a humanidade, as "regras" não substituem o senso comum. Embora algumas pessoas tratem o guia de estilo da APA como algo sagrado, seu trabalho não é estabelecer leis intragáveis, mas oferecer um guia para que todos sejam coerentes com o que fazem. Ela não lhe diz o que fazer em todas as situações, mas oferece princípios orientadores sensatos que você pode extrapolar para a maioria das situações que encontrar.

---

*N. de T.T. No Brasil, temos a Open Science Brasil (http://opensciencebr.com).

1.9.3 Alguns princípios orientadores iniciais ||||

Ao relatar os dados, sua primeira decisão é se vai utilizar textos, gráficos ou tabelas. Se você quiser ser sucinto, então não deve apresentar os mesmos valores de várias maneiras diferentes: se tem um gráfico mostrando alguns resultados, não deve fazer uma tabela com os mesmos resultados. É uma perda de tempo e de espaço. A APA fornece as seguintes recomendações:

- Escolha um modo de apresentação que otimize o entendimento dos dados.
- Se for apresentar 3 números ou menos, então insira-os em uma frase.
- Se for apresentar entre 4 e 20 números, considere o uso de uma tabela.
- Se precisar apresentar mais de 20 valores, então um gráfico será mais útil que uma tabela.

Dessas recomendações, acho que a primeira é a mais importante: posso pensar em inúmeras situações em que eu gostaria de utilizar um gráfico em vez de uma tabela para apresentar entre 4 e 20 valores, porque um gráfico mostrará o padrão dos dados com mais clareza. Da mesma forma, posso pensar em alguns gráficos de mais de 20 valores que são uma absoluta bagunça. Isso nos traz novamente à minha opinião de que regras não substituem o senso comum, de que o mais importante é apresentar os dados de forma que facilite o entendimento do leitor. Veremos como representar graficamente os dados no Capítulo 5, e veremos a tabulação dos dados em vários capítulos quando discutirmos a melhor maneira de relatar resultados de análises específicas.

Outra questão é sobre o número de casas decimais a ser utilizado para representar números (valores). A APA utiliza o princípio (que acho sensato) de que menos é mais. Isso significa arredondar o máximo possível, levando em conta a precisão das medidas obtidas. Esse princípio envolve novamente a facilidade de entendimento por parte do leitor. Por exemplo, às vezes uma pessoa não responde a alguém, e a outra pessoa pergunta: "o que houve, o gato comeu sua língua?". Na verdade, meu gato tinha uma grande coleção de línguas humanas cuidadosamente preservadas em uma caixa embaixo da escada. Periodicamente, ele pegava uma delas, colocava-a na boca e passeava pelo bairro assustando as pessoas com sua língua grande. Se eu medisse a diferença entre sua língua real e a falsa, poderia relatar a diferença como 0,0425 metro, 4,25 centímetros ou 42,5 milímetros. Esse exemplo ilustra três situações: (1) a necessidade de diferentes valores de casas decimais (4, 2 e 1, respectivamente) para transmitir a mesma informação em cada caso; (2) 4,25 cm é provavelmente mais fácil de ser entendido do que 0,0425 m, pois utiliza menos casas decimais; e (3) meu gato era estranho. A primeira situação mostra que nem sempre se deve utilizar, digamos, duas casas decimais; usa-se o necessário conforme a situação. A segunda situação implica que, se a medida é muito pequena, então vale a pena considerar o uso de diferentes unidades de medida para tornar o número mais palatável.

Finalmente, cada conjunto de normas incluirá conselhos sobre como relatar análises estatísticas específicas. Por exemplo, ao descrever dados com uma medida de tendência central, a APA sugere o uso do *M* (a letra *M* maiúscula em itálico) para representar a média, mas o símbolo matemático ($\bar{X}$) também pode ser utilizado. Contudo, você deve manter a consistência: se utilizar *M* para representar a média, deve fazer isso em todo o relato (artigo). Existe ainda um princípio sensato de que, se for relatado um resumo dos dados como a média, deve-se também relatar uma medida apropriada de dispersão dos valores. Dessa forma, os leitores saberão não apenas o centro dos dados, mas também sua dispersão. Portanto, sempre que relatarmos a média, geralmente relatamos também o desvio-padrão. O desvio-padrão é geralmente indicado por *DP*, mas é comum colocá-lo entre parênteses, desde que você indique no texto que está fazendo isso. Aqui estão alguns exemplos deste capítulo:

- Andy tem 2 amigos no Facebook. Em geral, uma amostra de outros usuários ($N = 11$) foi consideravelmente maior, $M = 95$, $DP = 56,79$.
- O número médio de dias que alguém levou para postar um vídeo do desafio do balde gelo foi $\bar{X} = 39,68$, $DP = 7,74$.
- Ao ler este capítulo, descobrimos que (*DP* entre parênteses), em média, as pessoas têm 95 (56,79) amigos no Facebook e, em média, levaram 39,68 (7,74) dias para postar um vídeo no qual jogavam um balde de água gelada sobre si mesmos.

Capítulo 1 • Por que meu cruel professor está me forçando a aprender estatística?

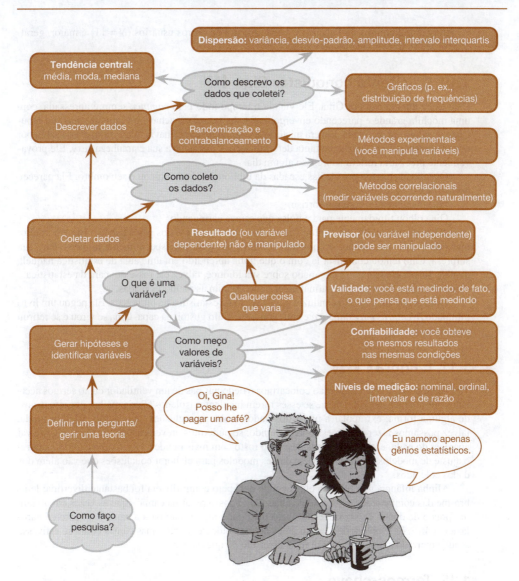

Figura 1.16 O que Caio aprendeu neste capítulo.

Note que, no primeiro exemplo, utilizei N para representar o tamanho da amostra. Essa é uma abreviação comum: a letra maiúscula N representa toda a amostra e a letra minúscula n representa uma subamostra (p. ex., o número de casos dentro de um grupo específico).

De forma semelhante, quando relatamos medianas, existe uma notação específica (a APA sugere Mdn), e devemos relatar a amplitude e o intervalo interquartis da mesma forma – a APA não tem uma abreviação para esses termos, mas IIQ é utilizado normalmente para o intervalo interquartis. Além disso, podemos relatar:

- Andy tem 2 amigos no Facebook. Uma amostra de outros usuários ($N = 11$) é maior, geralmente, $Mdn = 98$, $IIQ = 63$.

- Andy tem 2 amigos no Facebook. Uma amostra de outros usuários ($N = 11$) é maior, geralmente, $Mdn = 98$, $amplitude = 212$.

1.10 Caio tenta conquistar Gina ▌▌▌▌

Caio tinha uma queda por Gina. Ele via ela o tempo todo pelo *campus*, sempre apressada, com uma mochila grande e parecendo envergonhada. As pessoas a achavam esquisita, mas sua reputação de gênio era merecida. Ela era misteriosa e ninguém nunca havia falado com ela ou sabia por que ela corria pelo *campus* com tanta determinação. Caio achava sua estranheza *sexy*. Ele provavelmente precisaria refletir sobre isso algum dia.

Quando ela passou por ele nas escadas da biblioteca, Caio cutucou o seu ombro. Ela pareceu horrorizada.

"E aí?", disse ele, com um sorriso.

Gina olhou timidamente para a bolsa que estava carregando.

"Que tal um café?", perguntou Caio. Gina olhou para ele dos pés à cabeça. Ele era bonito, mas poderia ser um idiota... e Gina não confiava nas pessoas, especialmente homens. Para sua surpresa, Caio tentou conquistá-la com o que tinha aprendido em uma aula de estatística naquela manhã. Talvez ela tivesse se enganado sobre sua idiotice, talvez ele fosse um cara da estatística... o que o tornaria mais atraente, afinal esses caras contam as melhores piadas.

Gina pegou sua mão e o conduziu para a seção de estatística na biblioteca. Ela pegou um livro intitulado *Aventuras em estatística* e entregou a ele. Caio gostou da capa. Gina se virou e se retirou enigmaticamente.

1.11 E agora? ▌▌▌▌

Tudo bem descobrir se vai doer ao colocarmos o dedo nas pás de um ventilador ou ao sermos acertados por um taco de golfe, mas e se esses forem incidentes isolados? Seria melhor conseguirmos, de alguma forma, extrapolar a partir dos dados e obter conclusões mais gerais. Melhor ainda, talvez possamos fazer previsões sobre o mundo: se pudermos prever quando um taco de golfe vai aparecer do nada, então poderemos desviar o rosto com mais rapidez. O próximo capítulo analisa o ajuste de modelos aos dados e o uso desses modelos para elaborar conclusões que vão além dos dados coletados.

Minha infância não foi toda ela cheia de dor; pelo contrário, ela foi bastante divertida: lembro-me das competições noturnas "de quão longe posso pular na cama" (que às vezes envolviam um pouco de dor) e de ser carregado pelo meu pai e meu irmão para a cama enquanto cantarolavam a *Marche Funèbre* de Chopin antes de me colocarem entre duas camas como se estivesse sendo enterrado em uma cova. Foi mais divertido do que parece.

1.12 Termos-chave

Aleatorização	Curtose	Desvio
Amplitude	Decil	Desvio-padrão
Assimetria	Delineamento de medidas repetidas	Distribuição de frequências
Assimetria negativa		Distribuição de probabilidade
Assimetria positiva	Delineamento entre grupos	Distribuição normal
Bimodal	Delineamento entre participantes	Efeito de prática
Confiabilidade		Efeito de tédio
Confiabilidade teste-reteste	Delineamento intraparticipantes	Erro de medição
Contrabalanceamento	Delineamento independente	Escore-z

Falseabilidade
Função de densidade de probabilidade (fdp)
Hipótese
Histograma
Intervalo interquartis
Leptocúrtica
Média
Mediana
Método qualitativo
Método quantitativo
Moda
Multimodal
Nível de medição
Percentil
Periódico
Pesquisa correlacional
Pesquisa experimental
Pesquisa longitudinal
Pesquisa transversal
Platicúrtica
Quantil
Quartil
Quartil inferior
Quartil superior
Randomização
Refutabilidade
Segundo quartil
Soma dos erros ao quadrado
Tendência central
Teoria
Tertium quid
Validade
Validade concomitante
Validade de conteúdo
Validade de critério
Validade ecológica
Validade preditiva
Variação não sistemática
Variação sistemática
Variância
Variável
Variável binária
Variável categórica
Variável contínua
Variável de confusão
Variável de razão
Variável dependente
Variável discreta
Variável independente
Variável intervalar
Variável nominal
Variável ordinal
Variável previsora
Variável de resultado

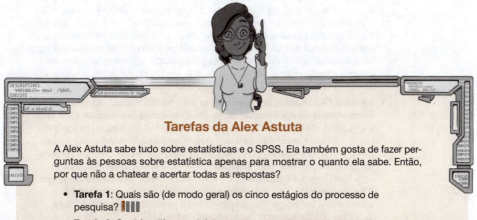

Tarefas da Alex Astuta

A Alex Astuta sabe tudo sobre estatísticas e o SPSS. Ela também gosta de fazer perguntas às pessoas sobre estatística apenas para mostrar o quanto ela sabe. Então, por que não a chatear e acertar todas as respostas?

- **Tarefa 1**: Quais são (de modo geral) os cinco estágios do processo de pesquisa? ❙❙❙❙
- **Tarefa 2**: Qual é a diferença básica entre a pesquisa experimental e a correlacional? ❙❙❙❙
- **Tarefa 3**: Qual é o nível de medição das seguintes variáveis? ❙❙❙❙
  - O número de *downloads* de música de diferentes bandas no iTunes.
  - Os nomes de bandas cujas músicas foram baixadas.
  - Suas posições no gráfico de *downloads*.
  - O dinheiro arrecadado pelas bandas com o *download* das músicas.
  - O peso das drogas compradas pelas bandas com os *royalties*.
  - O tipo de drogas compradas pelas bandas com seus *royalties*.

- Os números de telefones que as bandas obtiveram por causa da fama.
- O sexo das pessoas que ofereceram o número de telefone para as bandas.
- Os instrumentos tocados pelos membros da banda.
- O tempo que eles gastaram aprendendo a tocar seus instrumentos.
- **Tarefa 4:** Digamos que eu possua 857 CDs. Meu amigo desenvolveu um programa de computador que utiliza uma câmera para escanear as prateleiras da minha casa onde eu guardo os meus CDs e avaliar quantos eu tenho. Seu programa diz que eu tenho 863 CDs. Defina o que é erro de medição. Qual é o erro de medição no aparelho de contar CDs do meu amigo? ▌▌▌▌
- **Tarefa 5:** Esboce a forma de uma distribuição normal, de uma com assimetria positiva e de outra com assimetria negativa. ▌▌▌▌
- **Tarefa 6**: Em 2011, eu me casei e fomos para a Disney, na Flórida, para a lua de mel. Compramos chapéus de noivo e noiva do Mickey Mouse e os usamos para circular pelos parques. A equipe da Disney é muito simpática e ao ver nossos chapéus nos parabenizou. Contamos quantas vezes as pessoas nos deram os parabéns ao longo dos 7 dias de lua de mel que passamos nos parques: 5, 13, 7, 14, 11, 9, 17. Determine a média, a mediana, a soma dos quadrados, a variância e o desvio-padrão desses dados. ▌▌▌▌
- **Tarefa 7:** Neste capítulo, apresentamos um exemplo do tempo necessário para um grupo de fumantes ficarem exaustos em uma esteira na velocidade mais rápida (18, 16, 18, 24, 23, 22, 22, 23, 26, 29, 32, 34, 34, 36, 36, 43, 42, 49, 46, 46, 57). Calcule a soma dos quadrados, a variância e o desvio-padrão desses dados. ▌▌▌▌
- **Tarefa 8:** Cientistas esportivos às vezes falam de uma "zona vermelha", que é o período durante o qual os jogadores de uma equipe estão mais propensos a ter lesões em virtude da fadiga. Quando um jogador atinge a zona vermelha, é uma boa ideia deixá-lo descansar por um jogo ou dois. Em um importante clube de futebol de Londres, para o qual eu torço, eles avaliaram quantos jogos consecutivos os 11 jogadores do time principal conseguiam jogar antes de atingir a zona vermelha: 10, 16, 8, 9, 6, 8, 9, 11, 12, 19, 5. Calcule a média, o desvio-padrão, a mediana, a amplitude e o intervalo interquartis. ▌▌▌▌
- **Tarefa 9**: Celebridades parecem sempre estar se divorciando. As durações (aproximadas) de alguns casamentos de celebridades, em dias, são: 240 (J-Lo e Cris Judd), 144 (Charlie Sheen e Donna Peele), 143 (Pamela Anderson e Kid Rock), 72 (Kim Kardashian, se é que podemos chamá-la de celebridade), 30 (Drew Barrymore e Jeremy Thomas), 26 (W. Axl Rose e Erin Everly), 2 (Britney Spears e Jason Alexander), 150 (Drew Barrymore novamente, mas dessa vez com Tom Green), 14 (Eddie Murphy e Tracy Edmonds), 150 (Renée Zellweger e Kenny Chesney), 1.657 (Jennifer Aniston e Brad Pitt). Calcule a média, a mediana, o desvio-padrão, a amplitude e o intervalo interquartis para as durações dos casamentos dessas celebridades. ▌▌▌▌
- **Tarefa 10**: Repita a Tarefa 9, mas excluindo, agora, o casamento de Jennifer Anniston e Brad Pitt. Como isso afeta a média, a mediana, a amplitude, o intervalo interquartis e o desvio-padrão? O que as diferenças de valores entre as Tarefas 9 e 10 nos dizem sobre a influência de pontuações incomuns nessas medidas? ▌▌▌▌

Respostas e recursos adicionais (em inglês) estão disponíveis no *site* do livro em
https://edge.sagepub.com/field5e.

A ESPINHA DA ESTATÍSTICA

2.1 O que aprenderei neste capítulo? 48
2.2 O que é a espinha da estatística? 49
2.3 Modelos estatísticos 49
2.4 Populações e amostras 53
2.5 P (Parâmetros) 54
2.6 E (Estimar parâmetros) 60
2.7 S (Erro-padrão) 61
2.8 I (Intervalo de confiança) 64
2.9 N (Teste da significância da hipótese nula) 72
2.10 Relatando testes de significância 90
2.11 Caio tenta conquistar Gina 92
2.12 E agora? 92
2.13 Termos-chave 92
Tarefas da Alex Astuta 93

2.1 O que aprenderei neste capítulo?

Embora eu tivesse aprendido muito sobre tacos de golfe surgindo do nada e atingindo-me no rosto, eu ainda sentia que havia muito mais coisas no mundo que eu não entendia. Por exemplo, eu poderia aprender a prever a presença desses tacos de golfe que pareciam inexplicavelmente atraídos pela minha cabeça aparentemente magnética? A sobrevivência de uma criança depende de ela ser capaz de prever com confiança o que irá acontecer em certas situações; consequentemente, ela desenvolve um modelo de mundo com base nos dados que tem (experiência prévia) e ela testa, então, esse modelo coletando novos dados/experiências. Dependendo de quão bem as novas experiências se ajustam ao modelo original, uma criança pode revisar seu modelo de mundo.

De acordo com meus pais (convenientemente, eu não me recordo desses eventos), enquanto eu estava na creche, um modelo de mundo que eu estava animado para testar era "se eu colocar meu pênis para fora, será muito engraçado". Para a minha decepção, esse modelo tornou-se um previsor muito fraco de resultados positivos. Felizmente, eu logo revisei esse modelo de mundo para "se eu colocar meu pênis para fora, meus professores, minha mãe e meu pai ficarão muito aborrecidos". Esse modelo revisado pode não ter sido tão divertido quanto o outro, mas certamente teve uma melhor "aderência" aos dados observados. Ajustar modelos que refletem com precisão os dados observados é importante para estabelecer se a hipótese (e a teoria da qual ela deriva) é verdadeira.

Você ficará aliviado em saber que este capítulo não é sobre meu pênis, mas sobre o ajuste de modelos estatísticos. Nós cambaleamos para longe do abismo dos métodos de pesquisa para acidentalmente tropeçarmos e cairmos no fogo do inferno da estatística. Começaremos a ver como podemos usar as propriedades dos dados para ir além das nossas observações e fazer inferências sobre o mundo em geral. Este capítulo e o próximo estabelecem as bases para o resto do livro.

Figura 2.1 Rostinho inocente... Mas o que as mãos estão fazendo?

2.2 O que é a espinha da estatística?

Para muitos estudantes, estatística consiste em uma quantidade desconcertante de testes diversos, cada um com o seu conjunto próprio de equações. O foco está geralmente na "diferença". Parece que você precisa aprender muitas coisas diferentes. O que eu espero fazer neste capítulo é focar sua mente em alguns conceitos principais que muitos modelos estatísticos têm em comum. Fazendo isso, eu quero definir o tom para enfatizar as *similaridades* entre modelos estatísticos em vez das diferenças. Se o seu objetivo é usar a estatística como uma ferramenta em vez de se enterrar nas teorias, acho que essa abordagem vai tornar o seu trabalho muito mais fácil. Neste capítulo, irei primeiramente argumentar que a maioria dos modelos estatísticos é uma variação da ideia simples de usar uma ou mais variáveis previsoras para prever valores de uma variável de resultado. A forma matemática do modelo muda, mas geralmente ele se resume a uma representação das relações entre um resultado e um ou mais previsores. Se você entender isso, então temos cinco conceitos-chave para nos debruçarmos. Ao entender esses conceitos, você já terá feito muito progresso no entendimento de qualquer modelo estatístico que quiser ajustar. Eles são a ESPINHA (*SPINE*)* da estatística, que é um acrônimo perspicaz para:

- Erro-padrão (*Standard error*)
- Parâmetros (*Parameters*)
- Estimativa por intervalo (*Intervalos de confiança*)
- Teste da significância da hipótese nula (*Null hypothesis significance testing*)
- Estimativa (*Estimation*)

Vou abordar cada um desses tópicos, mas não nessa ordem, porque PESIN não funciona tão bem como um acrônimo.[1]

2.3 Modelos estatísticos ▌▌▌▌

Vimos no capítulo anterior que os cientistas estão interessados em descobrir algo sobre um fenômeno que presumimos existir (um fenômeno do "mundo real"). Esse fenômeno do mundo real pode ser qualquer coisa desde o comportamento das taxas de juros na economia até o comportamento dos estudantes na festa do final de semestre. Independentemente do fenômeno, coletamos dados do mundo real para testar previsões das nossas hipóteses sobre esse fenômeno. Testar essas hipóteses implica a construção de modelos estatísticos do fenômeno de interesse.

Vamos começar com uma analogia. Imagine que uma engenheira deseja construir uma ponte sobre um rio. Essa engenheira seria muito insensata se ela construísse uma ponte antiga porque ela poderia cair. Em vez disso, ela coleta dados do mundo real: ela observa as pontes existentes e vê de quais materiais elas foram construídas, sua estrutura, tamanho e assim por diante (ela pode até coletar dados para saber se essas pontes ainda estão em pé). Ela usa essas informações para construir uma ideia de como sua ponte será (isso é um "modelo"). É caro e inviável que ela construa uma versão em tamanho real da sua ponte, assim ela constrói uma versão reduzida. O modelo pode ser diferente da realidade de várias maneiras – para começar, ele será menor –,
mas a engenheira tentará construir um modelo que melhor se ajuste à situação de interesse de acordo com os dados disponíveis. Uma vez construído o modelo, ele pode ser usado para prever coisas sobre o mundo real: por exemplo, a engenheira poderá testar se a ponte pode suportar ventos fortes colocando-a num túnel de vento. É importante que esse modelo represente com precisão o mundo real, caso contrário, quaisquer conclusões que ela extrapolar para a ponte do mundo real não farão sentido.

---

*N. de T.T. Aqui, o autor definiu um acrônimo com a primeira letra de algumas seções do capítulo, formando a palavra SPINE (espinha ou coluna). Contudo, em português, essa associação é apenas parcial, pois, apesar de haver algumas letras em comum, as duas palavras são diferentes, já que os termos traduzidos nem sempre correspondem ao original.
[1]Há outro acrônimo mais divertido, que se encaixa bem com o episódio do início do capítulo, mas decidi não utilizá-lo porque, em uma sessão mediúnica com Freud, ele me advertiu que isso poderia levar à inveja do pesin.

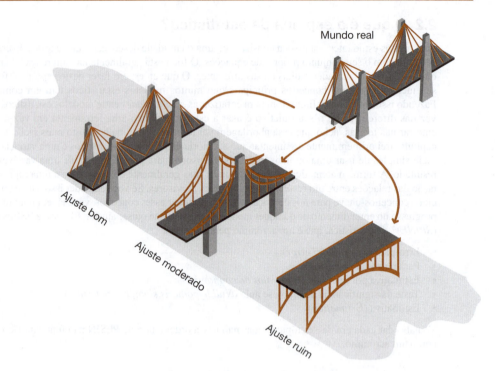

Figura 2.2 Ajustando modelos aos dados do mundo real (ver o texto para detalhes).

Os cientistas fazem o mesmo: eles constroem modelos (estatísticos) de processos do mundo real para prever como esses processos operam sob certas condições (ver Gina Gênia 2.1). Diferentemente dos engenheiros, nós não temos acesso à situação do mundo real e, assim, nós podemos somente *inferir* coisas sobre processos psicológicos, sociais, biológicos ou econômicos a partir dos modelos que construímos. Entretanto, assim como para a engenheira, nossos modelos precisam ser tão precisos quanto possível para que as previsões que fazemos sobre o mundo real sejam também precisas; o modelo estatístico deve representar os dados coletados (os *dados observados*) tão acuradamente quanto possível. O grau no qual um modelo estatístico representa os dados coletados é conhecido como a **aderência** (ou **ajuste**) do modelo.

A Figura 2.2 mostra três modelos que nossa engenheira construiu para representar sua ponte do mundo real. O primeiro é uma representação excelente da situação real e é considerado um bom ajuste. Se a engenheira usa esse modelo para fazer previsões sobre o mundo real porque ele representa fielmente a realidade, então ela pode estar confiante de que suas previsões serão precisas. Se o modelo cair sob vento forte, então existe uma boa chance de que a ponte real irá cair também. O segundo modelo tem algumas similaridades com o mundo real: o modelo inclui algumas características estruturais básicas, mas existem grandes diferenças também (p. ex., a ausência de uma das torres de suporte). Podemos considerar esse modelo como um *ajuste moderado* (i.e., há algumas similaridades com a realidade, mas também algumas diferenças importantes). Se nossa engenheira usar esse modelo para fazer previsões sobre o mundo real, então suas previsões podem ser imprecisas ou até mesmo catastróficas. Por exemplo, talvez o modelo preveja que a ponte irá cair sob o vento forte, assim, após a construção da ponte real, ela será bloqueada a cada vez que ocorrerem ventos fortes, criando um engarrafamento de 100 quilômetros, com todo mundo detido na neve, deliciando-se com migalhas de sanduíches velhos que encontram sob os bancos dos seus carros. Tudo isso acaba sendo desnecessário, porque a ponte real, na verdade, era segura – a previsão do modelo estava errada porque ele não era uma boa representação da realidade. Nós podemos con-

Gina Gênia 2.1
Tipos de modelos estatísticos

Cientistas (especialmente os comportamentais e sociais) tendem a usar **modelos lineares**, que são modelos baseados em uma linha reta. À medida que você ler artigos de pesquisa científica, verá que eles estão repletos de "análises de variância (ANOVA)" e "regressão", que são sistemas estatísticos idênticos baseados no modelo linear (Cohen, 1968). Na verdade, a maioria dos capítulos deste livro explica esse "modelo linear geral".

Imagine que estamos interessados em como as pessoas avaliam atos desonestos.[2] Os participantes avaliam os atos desonestos a partir de vídeos de pessoas confessando esses atos. Imagine que temos 100 pessoas e mostramos a elas um ato desonesto aleatório descrito pelo infrator. Elas, então, avaliam a honestidade do ato (de 0 = comportamento aviltante a 10 = não é nada demais) e o quanto gostaram da pessoa (0 = nem um pouco, 10 = muito).

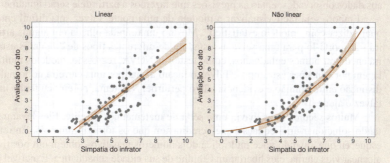

Figura 2.3 Diagramas de dispersão dos mesmos dados com um modelo linear ajustado (à esquerda) e um modelo não linear ajustado (à direita).

Podemos representar esses dados hipotéticos em um diagrama de dispersão no qual cada ponto representa a avaliação individual em ambas as variáveis (ver seção 5.8). A Figura 2.3 mostra duas versões dos mesmos dados. Podemos ajustar modelos diferentes aos mesmos dados: à esquerda, temos um modelo linear (linha reta) e, à direita, um modelo não linear (linha curva). Os dois modelos mostram que quanto mais simpático o infrator for, mais positivamente as pessoas veem seu ato desonesto. Entretanto, a linha curva mostra um padrão mais sutil: a tendência de ser mais indulgente com pessoas simpáticas aparece quando a taxa de simpatia está acima de 4. Abaixo de 4 (quando o infrator não é muito simpático), todas as ações têm avaliações muito baixas (a linha laranja é bem plana); mas, à medida que o infrator se torna

---

[2] Este exemplo surgiu de uma reportagem sobre o *Honesty Lab*, criado por Stefan Fafinski e Emily Finch. Contudo, este projeto parece que não existe mais, e eu não consigo encontrar os resultados publicados em nenhum lugar. Eu gostei do exemplo e por isso o mantive.

> simpático (acima de 4 aproximadamente), a curva da linha se torna mais acentuada, sugerindo que quando a simpatia está acima desse valor, as pessoas se tornam mais indulgentes com atos desonestos. Nenhum dos dois modelos é necessariamente correto, mas um modelo irá se ajustar melhor aos dados do que o outro; por isso, é importante avaliar quão bem um modelo estatístico adere aos dados.
>
> Os modelos lineares tendem a ser testados porque eles são menos complexos e porque os modelos não lineares geralmente não são ensinados (apesar de ter escrito 900 páginas de inferno estatístico, não abordo modelos não lineares neste livro). Isso pode ter tido consequências interessantes para a ciência: (1) muitos modelos estatísticos publicados podem não ser os que melhor se ajustam (porque os autores acabaram não testando modelos não lineares) e (2) descobertas podem ter passado despercebidas porque um modelo linear teve um ajuste ruim, e os cientistas desistiram dele em vez de tentar ajustar modelos não lineares (que talvez pudesse ter sido um ajuste "bom o suficiente"). É útil primeiro representar seus dados graficamente: se o seu gráfico parece sugerir um modelo não linear, então não use um modelo linear só porque é tudo o que você sabe, ajuste um modelo não linear (depois de reclamar para mim que eu não tratei deles neste livro).

fiar um pouco nas previsões desse modelo, mas não completamente. O modelo final é totalmente diferente da situação real; ele não sustenta nenhuma similaridade com a ponte real e é um *ajuste ruim*. Quaisquer previsões baseadas nesse modelo serão provavelmente completamente imprecisas. Estendendo essa analogia para a ciência, se o nosso modelo tem um ajuste ruim em relação aos dados observados, então as previsões que fazemos a partir dele serão igualmente ruins.

Embora seja fácil visualizar o modelo de uma ponte, talvez seja difícil entender o que eu quero dizer com "modelo estatístico". Mesmo uma rápida olhada em alguns artigos científicos irá transportá-lo para uma selva assustadora de diferentes tipos de "modelos estatísticos": você irá encontrar nomes enfadonhos, como teste-*t*, ANOVA, regressão, modelos multinível e modelagem por equações estruturais. Talvez o façam ansiar por uma carreira no jornalismo, em que a distinção entre opinião e evidência não o perturbe. Não tema, porém; eu tenho uma história que talvez o ajude.

Muitos séculos atrás, havia uma seita de matemáticos de elite. Eles levaram 200 anos tentando solucionar uma equação que acreditavam que os tornaria imortais. Entretanto, um deles esqueceu que, quando você multiplica dois números negativos, obtém um positivo e, em vez de alcançar vida eterna, eles libertaram Cthulhu de sua cidade subaquática. É incrível como pequenos erros de cálculo na matemática possam ter esse tipo de consequência. De qualquer modo, a única forma de convencer Cthulhu a retornar ao seu aprisionamento era prometendo infectar as mentes humanas com o caos. Eles iniciaram essa tarefa com gosto. Eles pegaram a ideia simples e elegante de um modelo estatístico e o reinventaram em centenas de maneiras aparentemente diferentes (Figuras 2.4 e 2.5). Eles descreveram cada modelo como se fosse completamente diferente do restante. "Ah!", eles pensaram, "isto irá confundir os estudantes." E a confusão, de fato, infectou a mente dos estudantes. Os estatísticos mantiveram o segredo de que todos os modelos estatísticos podem ser descritos com uma equação simples e fácil de entender trancado em uma caixa de madeira com a cabeça de Cthulhu marcada a ferro em brasa na tampa. "Ninguém irá abrir uma caixa com uma cabeça grande de lula marcada nela", eles pensaram. Eles estavam corretos até que um pescador grego encontrou a caixa e, pensando que ela continha lulas *vintage*, ele a abriu. Desapontado com o conteúdo, ele vendeu o manuscrito que estava dentro da caixa no eBay. Eu o comprei por €3 mais o frete. Esse foi um dinheiro muito bem gasto porque significa que eu agora posso entregar a você a chave que irá revelar o mistério da estatística para sempre. Tudo neste livro (e em geral na estatística) se resume à Equação 2.1.

$$\text{resultado}_i = (\text{modelo}) + \text{erro}_i \tag{2.1}$$

Figura 2.4 Graças à Máquina da Confusão, uma equação simples parece ser transformada em muitos testes não relacionados.

Essa equação significa que os dados que observamos podem ser previstos a partir do modelo que escolhemos para ajustar, mais uma quantidade de erro.[3] O "modelo" na equação irá depender do delineamento do seu estudo, do tipo de dados que você tem e do que você está tentando conseguir com o seu modelo. Consequentemente, o modelo pode também variar em complexidade. Não importa o tamanho da equação que descreve o seu modelo, você pode simplesmente fechar seus olhos, imaginá-la como a palavra "modelo" (menos assustador) e pensar na equação citada: nós vamos prever uma variável resultado a partir de um modelo (que pode ou não ser terrivelmente complexo), mas não vamos conseguir fazer isso com perfeição, assim haverá algum erro nele também. Na próxima vez que você encontrar um termo enfadonho como "modelo de crescimento hierárquico", apenas lembre-se de que é, na maioria dos casos, uma maneira sofisticada de dizer "prevendo um resultado a partir de algumas variáveis".

2.4 Populações e amostras ▮▮▮▮

Antes de nos prendermos em uma forma específica de modelo estatístico, vale a pena relembrar que os cientistas estão geralmente interessados em encontrar resultados que se apliquem a toda uma **população** de coisas. Por exemplo, os psicólogos querem descobrir processos que ocorrem em todos os humanos, biólogos podem estar interessados nos processos que ocorrem em todas as células, economistas querem construir modelos que se aplicam a todos os salários e assim por diante. Uma população pode ser muito ampla (todos os seres humanos) ou muito pequena (todos os gatos laranjas chamados Bob). Geralmente, os cientistas se esforçam para inferir coisas sobre populações em vez de sobre amostras. Por exemplo, não é muito interessante concluir que estudantes de psicologia com cabelos castanhos e que têm um *hamster* de estimação chamado George se recuperam mais facilmente de lesões esportivas se a lesão for massageada (a não ser que você seja um estudante de psicologia com cabelo castanho que tem um *hamster* chamado George, como

---

[3] O pequeno "i" (p. ex., resultado$_i$) refere-se ao escore "i". Imagine que tivemos três escores coletados de Andy, Zach e Zoë. Poderíamos substituir o "i" por um dos nomes; assim, se quisermos prever o escore de Zoë, poderíamos mudar a equação para: resultado$_{Zoë}$ = modelo + erro$_{Zoë}$. O "i" reflete o fato de que o valor do resultado e do erro será diferente para cada pessoa.

René Koning).[4] O impacto será muito maior se pudermos concluir que as lesões esportivas de *todas as pessoas* (ou da maioria delas) são curadas com massagem.

Lembre-se de que nossa engenheira construtora de pontes não podia fazer um modelo em tamanho real da ponte que ela queria construir e, em vez disso, construiu um modelo em escala menor e o testou sob várias circunstâncias. Dos resultados obtidos com o modelo de escala menor, ela inferiu coisas sobre como uma ponte real iria se comportar. O modelo em escala pequena pode responder diferentemente da versão em escala real da ponte, mas, quanto maior o modelo, mais provável é que ele se comporte da mesma forma que o modelo real. Essa metáfora pode ser estendida para cientistas: nós raramente, se nunca, temos acesso a cada membro da população (a ponte pronta). Os psicólogos não podem coletar dados de cada ser humano no mundo, e os ecologistas não podem observar cada gato macho laranja chamado Bob. Portanto, nós coletamos dados de um subconjunto menor da população, conhecido como **amostra** (a ponte em escala menor), e usamos esses dados para inferir coisas sobre toda a população. Quanto maior a amostra, mais provável que ela reflita a população por inteiro. Se coletarmos várias amostras aleatórias da população, cada uma dessas amostras nos dará resultados levemente diferentes, mas, em média, os resultados de amostras grandes devem ser similares.

2.5 P (Parâmetros) ▍▍▍▍

Lembre-se de que parâmetros são o "P" na ESPINHA (*SPINE*) da estatística. Os modelos estatísticos são constituídos de variáveis e **parâmetros**. Como vimos, as variáveis são construtos mensurados que variam entre as entidades na amostra. Por outro lado, os parâmetros não são mensurados e são (geralmente) constantes que acreditamos que representam uma verdade fundamental sobre as relações entre as variáveis no modelo. Alguns exemplos de parâmetros com que você pode estar familiarizado são: a média e a mediana (que estimam o centro da distribuição) e os coeficientes de correlação e regressão (que estimam o relacionamento entre duas variáveis).

Os estatísticos tentam confundi-lo dando às estimativas de diferentes parâmetros símbolos e letras diferentes ($\bar{X}$ para a média, r para a correlação, b para os coeficientes da regressão), mas é muito menos confuso se somente usarmos a letra b. Se estivermos somente interessados em resumir o resultado, como ocorre quando calculamos a média, então não teremos variáveis no modelo, somente um parâmetro; assim podemos escrever nossa equação como:

$$\text{resultado}_i = (b_0) + \text{erro}_i \tag{2.2}$$

Entretanto, geralmente queremos prever um resultado de uma variável e, se fizermos isso, expandimos o modelo para incluir essa variável (variáveis previsoras são geralmente representadas com a letra X). Nosso modelo se torna:

$$\text{resultado}_i = (b_0 + b_1 X_i) + \text{erro}_i \tag{2.3}$$

Agora estamos prevendo o valor do resultado para uma entidade em particular (i) não só a partir do valor do resultado quando não há previsores (b_0), mas também do escore da entidade na variável previsora (X_i). A variável previsora tem um parâmetro (b_1) anexado a ela que nos diz algo sobre o relacionamento entre a previsora (X_i) e o resultado.

Se quisermos prever um resultado a partir de duas variáveis previsoras, então podemos adicionar outra ao modelo também:

$$\text{resultado}_i = (b_0 + b_1 X_{1i} + b_2 X_{2i}) + \text{erro}_i \tag{2.4}$$

Nesse modelo, estamos prevendo o valor do resultado para uma entidade específica (i) com base no valor do resultado quando não há previsores (b_0) e no escore da entidade em duas variáveis pre-

---

[4] Um estudante de psicologia de cabelos castanhos que tem um *hamster* chamado Sjors (George em holandês, aparentemente) me enviou um e-mail para enfraquecer minha crença tola de que eu havia gerado uma improvável combinação de possibilidades.

visoras (X_{1i} e X_{2i}). Cada variável previsora tem um parâmetro (b_1, b_2) anexado a ela que nos diz algo sobre a relação entre o previsor e o resultado. Poderíamos continuar expandindo o modelo com mais variáveis, mas isso iria fazer nosso cérebro doer, então vamos ficar por aqui. Em cada uma dessas equações, eu mantive parênteses em torno do modelo, o que não é necessário, mas que eu acho que ajuda a visualizar qual parte da equação é o modelo em cada caso.

Espero que o que você possa levar para a vida depois de ler esta seção é que este livro se resume a uma ideia simples: podemos prever valores de uma variável de resultado com base em um modelo. A forma do modelo muda, mas sempre haverá algum erro na previsão e sempre haverá parâmetros que nos indicam a forma ou o tipo do modelo.

Para descobrir quais as características do modelo, estimamos os parâmetros (i.e., o[s] valor[es] de b). Você irá ouvir muito a frase "estimar o parâmetro" ou "estimativa do parâmetro" na estatística e talvez você se pergunte por que usamos a palavra "estimar". Certamente, a estatística tem evoluído o suficiente para que possamos calcular os valores exatos das coisas e não meramente estimá-las? Como mencionei anteriormente, estamos interessados em chegar a conclusões sobre uma população (a qual não temos acesso). Em outras palavras, queremos saber quais as características do nosso modelo para toda a população. Dado que nosso modelo é definido por parâmetros, isso equivale dizer que não estamos interessados nos valores dos parâmetros na nossa amostra, mas sim nos valores dos parâmetros na população. O problema é que não sabemos quais são os valores dos parâmetros na população porque não a medimos, medimos somente uma amostra. Entretanto, podemos usar os dados da amostra para *estimar* quais serão os prováveis valores do parâmetro da população. Por isso, usamos a palavra "estimativa", porque, quando calculamos os parâmetros com base nos dados amostrais, eles são somente estimativas do verdadeiro valor do parâmetro. Vamos tornar essas ideias um pouco mais concretas com um modelo bem simples: a média.

2.5.1 A média como um modelo estatístico ||||

Falamos da média na seção 1.8.4, onde mencionei brevemente que ela era um modelo estatístico porque é um valor hipotético e não necessariamente um escore observado nos dados coletados. Por exemplo, se conversarmos com cinco professores de estatística e medirmos o número de amigos que eles têm, podemos achar os seguintes dados: 1, 2, 3, 3 e 4. Se quisermos saber o número médio de amigos, somamos os valores obtidos e os dividimos pelo número dos valores medidos: (1+ 2 + 3 + 3 + 4)/5 = 2,6. É impossível ter 2,6 amigos (a não ser que você corte alguém com uma motosserra e se torne amigo de um braço, o que provavelmente já passou pela cabeça de um professor de estatística comum). Assim, o valor da média é um valor *hipotético*: é um modelo criado para resumir os dados, e haverá erro nessa previsão. Na Equação 2.2, o modelo é:

$$\text{resultado}_i = (b_0) + \text{erro}_i$$

no qual o parâmetro, b_0, é a média do resultado. O importante é que podemos usar o valor da média (ou de qualquer outro parâmetro) calculado na nossa amostra para estimar o valor na população (que é o valor no qual estamos interessados). Damos pequenos "chapéus" às estimativas para compensar pela falta de autoestima por elas não serem valores verdadeiros. Quem não gosta de um chapéu?

$$\text{resultado}_i = (\hat{b}_0) + \text{erro}_i \tag{2.5}$$

Quando você vê equações nas quais esses pequenos chapéus são usados, tente não se confundir; tudo o que os chapéus estão fazendo é tornar explícito que os valores subjacentes são estimativas. Imagine os parâmetros como usando um pequeno chapéu de beisebol com a palavra "estimativa" escrita na frente. No caso da média, estimamos o valor da população presumindo que é o mesmo valor da amostra (neste caso, 2,6).

Figura 2.5 Graças à Máquina da Confusão, há muitos termos que basicamente significam erro.

2.5.2 Avaliando o ajuste de um modelo: soma dos quadrados e variância revisitados ▮▮▮▮

É importante avaliar a aderência de qualquer modelo estatístico (retornando à nossa analogia da ponte, precisamos saber o quanto o modelo em pequena escala da ponte representa a ponte que queremos construir). Com a maioria dos modelos estatísticos, podemos determinar se o modelo representa bem os dados observando quão diferentes são os dados observados dos valores que o modelo prevê. Por exemplo, vamos ver o que acontece quando usamos o modelo da média para prever quantos amigos o primeiro professor tem. O primeiro professor se chamava Andy; é um mundo pequeno. Observamos que o professor 1 tinha 1 amigo, e o modelo (i.e., a média de todos os professores) previu 2,6. Reorganizando a Equação 2.1, vemos que há um erro de –1,6:[5]

$$\text{resultado}_{\text{professor 1}} = \hat{b}_0 + \varepsilon_{\text{professor 1}}$$
$$1 = 2{,}6 + \varepsilon_{\text{professor 1}}$$
$$\varepsilon_{\text{professor 1}} = 1 - 2{,}6$$
$$= -1{,}6$$
(2.6)

Você deve notar que tudo o que fizemos aqui foi calcular o **desvio**, que vimos na seção 1.8.5. *Desvio* é outra palavra para *erro* (Figura 2.5). Uma maneira mais geral para pensar no desvio ou no erro é reorganizar a Equação 2.1 em:

$$\text{desvio} = \text{resultado}_i - \text{modelo}_i$$
(2.7)

Em outras palavras, o erro ou o desvio de uma entidade específica é o escore previsto pelo modelo para aquela entidade subtraído do escore observado correspondente. A Figura 2.6 mostra o número de amigos que cada professor de estatística tinha e o número médio que calculamos anteriormente. A linha representando a média pode ser considerada o nosso modelo, e os pontos são os dados

---

[5] Lembre que estou utilizando o símbolo $\hat{b}_0$ para representar a média. Se isso lhe incomoda, então você pode substituí-lo (mentalmente) pelo símbolo mais tradicionalmente utilizado, $\bar{X}$.

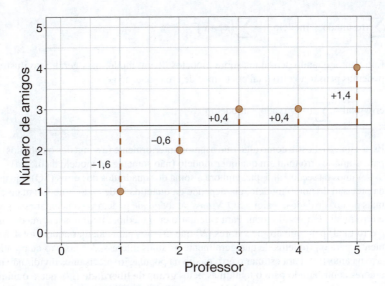

Figura 2.6 Gráfico mostrando a diferença entre o número observado de amigos de cada professor de estatística e o número médio de amigos.

observados. O diagrama também tem uma série de linhas verticais que conectam cada valor observado ao valor da média. Essas linhas representam o erro ou desvio do modelo para cada professor. O primeiro professor, Andy, tinha somente 1 amigo (um fantoche de luva de um hipopótamo cor-de-rosa chamado professor Hipo), e nós já vimos que o erro para esse professor é de –1,6; o fato de que esse é um número negativo mostra que nosso modelo *superestimou* a popularidade de Andy: ele prevê que ele terá 2,6 amigos, mas, na realidade, ele tem somente 1 (graças!).

Nós sabemos a precisão ou "ajuste" do modelo para um professor em particular, Andy, mas queremos saber o ajuste *geral* do modelo. Vimos na seção 1.8.5 que não podemos somar desvios porque alguns erros são positivos e outros negativos e, assim, temos um total de 0:

erro total = soma dos erros

$$= \sum_{i=1}^{n} (\text{resultado}_i - \text{modelo}_i) \qquad (2.8)$$
$$= (-1,6) + (-0,6) + (0,4) + (0,4) + (1,4) = 0$$

Vimos também na seção 1.8.5 que uma opção é elevar os erros ao quadrado. Isso nos daria um valor de 5,2:

$$\text{soma dos erros ao quadrado (SQ)} = \sum_{i=1}^{n} (\text{resultado}_i - \text{modelo}_i)^2$$
$$= (-1,6)^2 + (-0,6)^2 + (0,4)^2 + (0,4)^2 + (1,4)^2 \qquad (2.9)$$
$$= 2,56 + 0,36 + 0,16 + 0,16 + 1,96$$
$$= 5,20$$

Esta equação lhe parece familiar? Deve parecer porque é a mesma Equação 1.6 para a soma dos quadrados na seção 1.8.5; a única diferença é que aquela equação era específica para quando nosso modelo é a média, assim o "modelo" foi substituído pelo símbolo para a média ($\bar{x}$), e o resultado foi substituído pela letra *x*, que é geralmente usada para representar um valor ou escore de uma variável (Equação 2.10).

$$\sum_{i=1}^{n}(\text{resultado}_i - \text{modelo}_i)^2 = \sum_{i=1}^{n}(x_i - \bar{x})^2 \qquad (2.10)$$

Entretanto, quando pensamos sobre modelos de um modo mais geral, isso ilustra o fato de que podemos pensar no erro total em termos de uma equação geral:

$$\text{erro total} = \sum_{i=1}^{n}(\text{observado}_i - \text{modelo}_i)^2 \qquad (2.11)$$

Essa equação mostra como algo que usamos anteriormente (a soma dos quadrados) pode ser usado para avaliar o erro total em qualquer modelo (não somente no modelo da média).

Vimos na seção 1.8.5 que, embora a soma dos quadrados dos erros (SQ) seja uma boa medida da precisão do nosso modelo, ela depende da quantidade de dados que foram coletados – quanto mais pontos de dados, maior a SQ. Vimos também que podemos solucionar esse problema usando o erro médio em vez do total. Para calcular o erro médio, dividimos a soma dos quadrados (i.e., o erro total) pelo número de valores (N) que usamos para calcular aquele total. Voltamos, novamente, para o problema de que geralmente estamos interessados no erro na população (e não no erro na amostra). Para estimar o erro médio na população, precisamos dividir não pelo número de escores contribuindo para o total, mas pelos **graus de liberdade** (*gl*), que é o número de escores usados para calcular o total ajustado em relação ao fato de que estamos tentando estimar o valor da população (Gina Gênia 2.2).

$$\text{média dos quadrados dos erros} = \frac{SQ}{gl} = \frac{\sum_{i=1}^{n}(\text{resultado}_i - \text{modelo}_i)^2}{N-1} \qquad (2.12)$$

Essa equação parece familiar? Novamente, deve parecer, porque é uma forma mais geral da equação para calcular a variância (Equação 1.7). Nosso modelo é a média, assim vamos substituir o "modelo" com a média ($\bar{x}$) e o "resultado" com a letra *x* (para representar um escore). E eis que a equação se transforma na da variância:

$$\text{média dos quadrados dos erros} = \frac{SQ}{gl} = \frac{\sum_{i=1}^{n}(x_i - \bar{x})^2}{N-1} = \frac{5{,}20}{4} = 1{,}30 \qquad (2.13)$$

Em resumo, podemos usar a soma dos quadrados dos erros e a média dos quadrados dos erros para avaliar a aderência do modelo. O erro quadrado médio é também conhecido como variância. Como tal, a variância é um caso especial de um princípio mais geral que podemos aplicar em modelos mais complexos, de que a aderência do modelo poder ser avaliada com a soma dos quadrados dos erros ou com o erro quadrado médio. Ambas as medidas nos dão uma ideia de quão bem o modelo se ajusta aos dados: valores grandes relativos ao modelo indicam uma falta de aderência. Considere novamente a Figura 1.10, que mostra as avaliações dos estudantes sobre cinco aulas dadas por dois professores. Esses professores diferem nos seus erros quadrados médios:[6] o professor 1 tem um erro médio menor do que o professor 2. Compare seus gráficos: as avaliações para o professor 1 estavam consideravelmente mais próximas da média, indicando que a média é uma boa representação dos dados observados – é um bom ajuste. As avaliações para o professor 2, entretanto, estavam mais espalhadas em torno da média: algumas avaliações foram altas, e outras foram terríveis. Portanto, a média, nesse caso, não é uma boa representação dos valores observados – é um ajuste ruim.

---

[6] Eu relatei o desvio-padrão, mas este é o valor da raiz quadrada da variância (i.e., o erro quadrado médio).

Gina Gênia 2.2
Graus de liberdade

O conceito de graus de liberdade (gl) é muito difícil de explicar. Vou começar com uma analogia. Imagine que você é um treinador de um time de esportes (vou tentar ser genérico, assim você pode pensar em qualquer esporte que você goste, mas, no meu caso, estou pensando em futebol). Na manhã do jogo, você tem uma planilha do time com (no caso do futebol) 11 espaços vazios relacionados às posições no campo. Jogadores diferentes têm posições diferentes no campo, e estas determinam a sua função (defesa, ataque, etc.) e, de certa forma, sua localização geográfica (esquerda, direita, ataque, defesa). Quando o primeiro jogador chega, você tem à disposição 11 posições às quais alocar esse jogador. Você coloca seu nome em uma das vagas e o designa a uma posição (p. ex., atacante) e, portanto, uma posição no campo está ocupada. Quando o próximo jogador chega, você tem 10 posições ainda livres: você tem "graus de liberdade" para escolher a posição desse jogador (ele poderia ser colocado na defesa, no meio de campo, etc.). À medida que mais jogadores são alocados, suas escolhas se tornam cada vez mais limitadas: talvez você já tenha defensores suficientes e precisa começar a alocar algumas pessoas ao ataque, onde as posições não foram preenchidas. Em algum momento, você terá preenchido 10 posições e vai restar um jogador. Com este jogador, você não tem mais nenhum "grau de liberdade" para escolher – só havia uma posição sobrando. Nesse cenário, há 10 graus de liberdade: para 10 jogadores, você tem diferentes e decrescentes graus de escolha sobre em que posição eles irão jogar, mas, para o último jogador, você não tem escolha. Os graus de liberdade são, nesse caso, um a menos do que o número de jogadores.

Em termos estatísticos, os graus de liberdade estão relacionados ao número de observações que estão livres para variar. Se pegarmos uma amostra com quatro observações a partir de uma população, então esses quatro escores estão livres para variar de qualquer forma (eles podem ter qualquer valor). Usamos esses quatro valores amostrais para estimar a média da população. Digamos que a média da amostra seja 10 e, portanto, estimamos que a média da população seja também 10. Imagine que agora queremos usar essa amostra de quatro observações para estimar a variância da população. Para fazer isso, precisamos usar o valor da média da amostra, que determinamos como 10. Com a média determinada, todos os quatro escores da nossa amostra estão livres para variar? A resposta é não, porque como a média da amostra deve ser igual a 10, somente três valores estão livres para variar. Por exemplo, se os valores da amostra que coletamos foram 8, 9, 11, 12 (média = 10), então o primeiro valor amostrado poderia ser qualquer valor da população, digamos, 9. O segundo valor também poderia ser qualquer valor da população, digamos 12. Como nosso time de futebol, o terceiro valor amostrado poderia também ser qualquer valor da população, digamos, 8. Agora já temos os valores 8, 9 e 12 da nossa amostra. O valor final que amostramos, ou o jogador final que foi alocado no jogo de futebol, não pode ser qualquer valor da população, ele *tem que ser* 11, porque esse é o valor que torna a média da amostra igual a 10. Portanto, se mantivermos um parâmetro constante, então os graus de liberdade devem ser um a menos do que o número de escores usados para obter aquele parâmetro. Esse fato explica por que, quando usamos uma amostra para estimar a variância (ou o desvio-padrão) de uma população, dividimos a soma dos quadrados por $N-1$ em vez de apenas N, porque, nesse caso, consideramos uma medida anterior à variância: a média. Há uma explicação mais longa em um dos meus outros livros (Field, 2016).

2.6 E (Estimar parâmetros) ||||

Vimos que os modelos são definidos pelos parâmetros, e os parâmetros precisam ser estimados a partir dos dados que coletamos. Estimativa é o "E" na ESPINHA (*SPINE*) da estatística. Utilizamos o exemplo da média porque era familiar, mas ele também irá ilustrar um princípio geral sobre como os parâmetros são estimados. Vamos imaginar que, um dia, caminhando pela rua, caímos em um buraco. Não apenas um buraco antigo, mas um buraco criado pela ruptura no contínuo do espaço-tempo. Nós deslizamos pelo buraco, que era, na verdade, um túnel em forma de U sob a rua, e emergimos do outro lado para descobrir que, não somente estávamos do outro lado da rua, mas voltáramos no tempo algumas centenas de anos. Consequentemente, nem a estatística e nem a equação para calcular a média haviam sido inventadas. Tempos mais felizes, você poderia pensar. Um vagabundo levemente malcheiroso e barbudo o aborda, exigindo saber o número médio de amigos que um professor possui. Se não soubéssemos a equação para calcular a média, como poderíamos proceder? Poderíamos estimar e ver quão bem nossa estimativa se ajusta aos dados. Lembre-se, queremos o valor do parâmetro $\hat{b}_0$ nesta equação:

resultado$_i = \hat{b}_0 +$ erro$_i$

Nós já sabemos que podemos reorganizar essa equação para nos dar o erro para cada pessoa:

erro$_i =$ resultado$_i - \hat{b}_0$

Se somarmos o erro de cada pessoa, então teremos a soma dos quadrados dos erros, que poderemos utilizar como uma medida da "aderência". Imagine que iniciamos estimando que o número médio de amigos que um professor tem é 2. Podemos calcular o erro para cada professor subtraindo esse valor do número de amigos que eles realmente têm. Nós, então, elevamos ao quadrado esse valor para nos livrar dos sinais negativos e somamos esses quadrados. A Tabela 2.1 mostra esse processo, e percebemos que, ao estimar um valor igual a 2, temos uma soma dos quadrados dos erros igual a 7. Agora, vamos fazer outra estimativa; desta vez, estimamos que o valor é 4. Novamente, calculamos a soma dos quadrados dos erros como uma medida de "aderência". Esse modelo (i.e., estimativa) é pior do que o anterior porque o quadrado do erro total é maior do que o anterior: ele é 15. Poderíamos continuar estimando e calculando o erro para cada estimativa. *Poderíamos* – se fossemos *nerds* com nada melhor para fazer –, mas você provavelmente é um *hipster* maneiro muito ocupado fazendo o que *hipsters* maneiros fazem. Eu, por outro lado, sou um *nerd* de carteirinha, por isso eu apresentei os resultados na Figura 2.7, que mostra a soma dos quadrados dos erros que você obteria com vários valores estimados do parâmetro $\hat{b}_0$. Observe que, como foi calculado, quando b é 2, obtemos um erro de 7 e, quando é ele é 4, obtemos um erro de 15. A forma da linha é interessante, entretanto, porque ela é curva e apresenta um valor mínimo – um valor que produz a menor soma dos quadrados dos erros possível. O valor de *b* no ponto mais baixo da curva é 2,6 e produz um erro de 5,2. Esses valores parecem similares? Eles deveriam porque eles são valores da média e da soma dos quadrados dos erros que calculamos anteriormente. Esse exemplo ilustra que a equação para a média é projetada para estimar o parâmetro de forma a minimizar o erro. Em outras palavras, trata-se do valor que tem o menor erro. Isso não necessariamente significa que o valor é um *bom* ajuste para os dados, mas ele é um ajuste melhor do que qualquer outro valor que você tivesse escolhido.

Ao longo deste livro, iremos ajustar muitos modelos diferentes a outros parâmetros, além da média, que precisam ser estimados. Embora as equações para estimar esses parâmetros possam diferir daquela da média, elas são baseados no princípio da minimização do erro: considerando os dados que você possui, elas darão a estimativa do parâmetro que tem o menor erro. Novamente, vale a pena reiterar que isso não é a mesma coisa que dizer que as estimativas dos parâmetros são precisas, imparciais ou representativas da população: elas poderiam, apenas, ser a melhor opção em um grupo ruim. Esta seção focou no princípio de minimizar a soma dos quadrados dos erros, e isso é conhecido como **MMQ** (**método dos mínimos quadrados**) ou **MQO** (**mínimos quadrados ordinários**). No entanto, encontraremos também outros métodos de estimativa mais adiante no livro.

Tabela 2.1 Estimando a média

Número de amigos (x_i)	b_1	Erros ao quadrado $(x_i - b_1)^2$	b_2	Erros ao quadrado $(x_i - b_2)^2$
1	2	1	4	9
2	2	0	4	4
3	2	1	4	1
3	2	1	4	1
4	2	4	4	0
		$\sum_{i=1}^{n}(x_i - b_1)^2 = 7$		$\sum_{i=1}^{n}(x_i - b_2)^2 = 15$

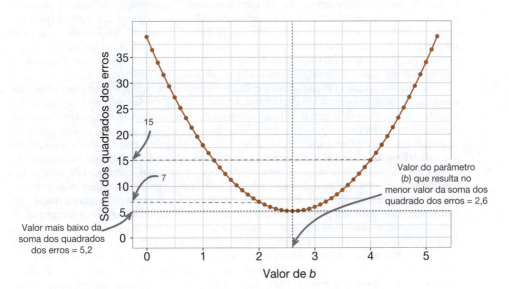

Figura 2.7 Gráfico mostrando a soma dos quadrados dos erros para diferentes estimativas da média.

2.7 S (Erro-padrão) ▮▮▮▮

Nós vimos como podemos ajustar um modelo estatístico a um conjunto de observações para resumir esses dados. Uma coisa é resumir os dados que você coletou de fato, mas, no Capítulo 1, vimos que boas teorias devem dizer algo sobre o mundo em geral. É uma coisa dizer que uma amostra de lojas da rua principal em Brighton aumentou os lucros colocando gatos nas vitrines das lojas, mas é mais útil ser capaz de dizer, com base na nossa amostra, que todas as lojas da rua principal podem aumentar seus lucros colocando gatos nas suas vitrines. Para fazer isso, temos que ir além dos dados e, para ir além dos dados, precisamos começar a verificar quão bem nossas amostras representam a população de interesse. Essa ideia nos leva ao "S" da ESPINHA (*SPINE*) da estatística: o *erro-padrão* (de *standard error*).

No Capítulo 1, vimos que o desvio-padrão indica quão bem a média representa os dados amostrais. Entretanto, se estamos utilizando a média amostral para estimar esse parâmetro na população, então precisamos saber quão bem ela representa o valor na população, especialmente porque amostras da população diferem. Imagine que estamos interessados nas avaliações discentes de todos os professores (assim, professores em geral são a população). Poderíamos coletar uma amostra dessa população e, quando fazemos isso, estamos coletando uma de muitas amostras possíveis. Se coletarmos várias amostras da mesma população, então cada amostra terá a sua própria média e algumas dessas médias amostrais serão diferentes. A Figura 2.8 ilustra o processo da coleta de amostras de uma população. Imagine por 1 segundo que comemos alguns feijões mágicos que nos transportam para um plano astral onde podemos ver por poucos, mas lindos minutos, as notas de todos os professores do mundo. Permanecemos nesse plano astral por tempo suficiente para calcular a média dessas avaliações (o que, dado o tamanho da população, implica que estamos lá por muito tempo). Graças à nossa aventura astral, sabemos, como fato absoluto, que a média de todas as avaliações é 3 (essa é a *média da população*, μ, o parâmetro que estamos tentando estimar).

No mundo real, onde não temos feijões mágicos, também não temos acesso à população; portanto, usamos a amostra. Nessa amostra, calculamos a classificação média, conhecida como a *média amostral*, e descobrimos que é 3, isto é, os professores foram avaliados, em média, como 3. "Isso foi divertido", pensamos. "Vamos fazer novamente." Coletamos uma segunda amostra e descobrimos que os professores foram avaliados, em média, com somente 2. Em outras palavras, a média amostral da segunda amostra é diferente da primeira. Essa diferença ilustra a **variação amostral**: isto é, as amostras variam porque elas contêm membros diferentes da população; uma amostra que, por acaso, inclua alguns professores muito bons terá uma média mais alta do que a amostra que, por acaso, inclua alguns professores péssimos.

Imagine que estamos tão empolgados com essa amostragem boba que coletamos outras sete amostras, de modo que temos nove no total (como na Figura 2.8). Se representarmos as médias amostrais resultantes como uma distribuição da frequência ou um histograma,[7] veremos que três amostras têm média igual a 3, médias de 2 e 4 ocorreram em duas amostras, e médias de 1 e 5 ocorreram em somente uma amostra. O resultado final é uma distribuição simétrica conhecida como **distribuição amostral**. Uma distribuição amostral é uma distribuição de frequências das médias das amostras (ou qualquer parâmetro que você esteja tentando estimar) de uma mesma população. Você tem que imaginar que estamos coletando centenas ou milhares de amostras para construir a distribuição amostral (eu estou usando nove para manter o diagrama simples). A distribuição amostral é um pouco como um unicórnio: podemos imaginar com o que se parece, podemos apreciar sua beleza e podemos imaginar suas proezas mágicas, mas a triste verdade é que você nunca verá uma de verdade. Ambos existem como ideias em vez de coisas físicas. Você nunca irá coletar centenas de amostras e construir uma distribuição das frequências das suas médias; em vez disso, estatísticos muito inteligentes descobriram a forma dessas distribuições e como elas se comportam. Da mesma forma, não é aconselhável que você procure por unicórnios.

A distribuição amostral da média nos informa sobre o comportamento das médias amostrais, e você irá notar que ela está centrada na média da população (i.e., 3). Portanto, se coletarmos a média de todas as médias das amostras, obteremos o valor da média da população. Podemos usar a distribuição amostral para nos dizer quão representativa a amostra é da população. Lembre-se do desvio-padrão. Usamos o desvio-padrão como uma medida de quão bem a média representava os dados observados. Um desvio-padrão pequeno refletia um cenário no qual a maioria dos dados estava próximo da média, enquanto um desvio-padrão grande refletia uma situação na qual os dados estavam espalhados, isto é, distantes da média. Se seus "dados observados" são médias *amostrais*, então o desvio-padrão dessas médias amostrais irá, de forma similar, nos dizer o quanto as médias amostrais estão espalhadas (i.e., quão representativas são) em torno da sua média. Tendo em mente que a média das médias amostrais é equivalente à média da população, o desvio-padrão das médias amostrais irá, portanto, nos dizer quão espalhadas as médias amos-

---

[7]Esse é um diagrama dos possíveis valores das médias amostrais contra a frequência de ocorrência de cada uma dessas médias – ver seção 1.8.1 para mais detalhes.

trais estão em torno da média da população: em outras palavras, ele nos diz se as médias amostrais representam tipicamente a média da população.

O desvio-padrão das médias amostrais é conhecido como o **erro-padrão da média** ou **erro-padrão**. Em um lugar onde unicórnios existem, o erro-padrão poderia ser calculado a partir da diferença entre cada média amostral e a média geral, elevando ao quadrado essas diferenças, somando-as e, então, dividindo a soma pelo número de amostras. Finalmente, a raiz quadrada

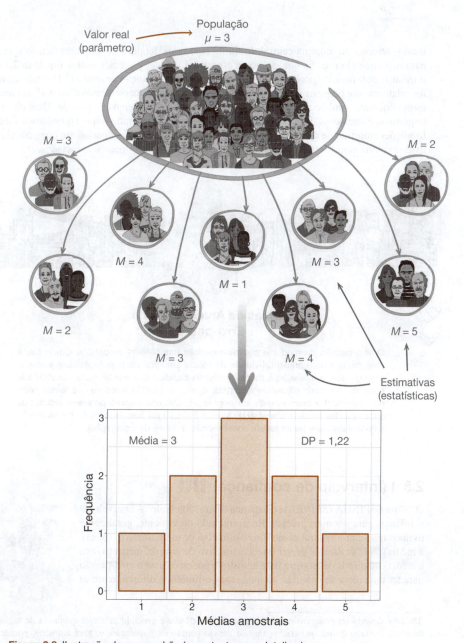

Figura 2.8 Ilustração do erro-padrão (ver o texto para detalhes).

desse valor deve ser calculada para obter o desvio-padrão das médias amostrais: o erro-padrão. No mundo real, seria um disparate coletar centenas de amostras, por isso calculamos o erro-padrão através de uma expressão matemática. Alguns estatísticos excepcionalmente inteligentes demonstraram algo denominado **teorema central do limite**, que nos diz que, à medida que as amostras ficam maiores (geralmente maiores que 30), a distribuição amostral apresenta uma distribuição aproximadamente normal, com uma média igual à média da população e um desvio-padrão como o exibido na Equação 2.14:

$$\sigma_{\overline{X}} = \frac{DP}{\sqrt{N}} \qquad (2.14)$$

Iremos retornar ao teorema central do limite com mais detalhes no Capítulo 6, mas o mencionamos porque ele nos diz que, se nossa amostra é grande, podemos usar a Equação 2.14 para estimar o erro-padrão (porque é o desvio-padrão da distribuição amostral).[8] Quando a amostra for relativamente pequena (menor do que 30), a distribuição amostral não é normal: ela tem uma forma diferente, conhecida como uma distribuição *t*, a qual veremos mais tarde. Uma observação importante é que nossa discussão tem sido sobre a média, mas tudo o que aprendemos sobre distribuições amostrais se aplica também a outros parâmetros: qualquer parâmetro que possa ser estimado em uma amostra tem uma distribuição amostral e um erro-padrão associados.

Dicas da Ana Apressada
Erro-padrão

O erro-padrão da média é o desvio-padrão das médias amostrais. Como tal, é uma medida da representatividade da média amostral da população. Um erro-padrão grande (em relação à média amostral) significa que existe muita variabilidade entre as médias de diferentes amostras, e, assim, a média amostral que temos pode não representar bem a média da população. Um erro-padrão pequeno indica que a maioria das médias amostrais é similar à média da população (i.e., nossa média amostral provavelmente reflete com precisão a média da população).

2.8 | (Intervalo de confiança) ▍▍▍▍

O "I" na ESPINHA (*SPINE*) da estatística é para "intervalo" – intervalo de confiança, para ser mais preciso. Recapitulando brevemente, geralmente usamos um valor amostral como uma estimativa de um parâmetro (p. ex., a média). Nós acabamos de ver que a estimativa de um parâmetro (p. ex., a média) irá diferir de amostra para amostra e podemos usar o erro-padrão para ter uma ideia da extensão na qual essas estimativas diferem entre as

---

[8] De fato, deveria ser o desvio-padrão da *população* (σ) que é dividido pela raiz quadrada do tamanho da amostra; contudo é raro que conheçamos o desvio-padrão da população, e, para amostras grandes, essa equação é uma boa aproximação.

amostras. Também podemos usar essa informação para calcular limites dentro dos quais acreditamos que estará o valor da população. Tais limites são chamados **intervalos de confiança**. Embora a minha descrição a seguir se aplique a qualquer parâmetro, ficaremos com a média para manter as coisas consistentes com o que você já aprendeu.

2.8.1 Calculando intervalos de confiança ▌▐▐▐

Domjan, Blesbois e Williams (1998) examinaram o esperma liberado por codornas japonesas. A ideia básica era que, se a cordona macho puder copular com uma codorna fêmea em determinado contexto (um compartimento para experimentos), então esse contexto irá servir como uma pista para uma oportunidade de acasalamento, e isso, em contrapartida, irá afetar o esperma liberado (embora, durante a fase de teste, a pobre codorna macho tenha sido enganada e copulou com um tecido felpudo preso a uma cabeça embalsamada de uma codorna fêmea).[9] De qualquer modo, se olharmos a quantidade média de espermatozoides liberada no contexto do compartimento experimental, existe uma média verdadeira (a média da população); vamos imaginar que ela seja de 15 milhões de espermatozoides. Agora, no nosso exemplo, poderíamos descobrir que a quantidade média de espermatozoides liberada foi de 17 milhões. Pelo fato de que não sabemos qual é o valor real da média (o valor da população), não sabemos se o nosso valor amostral de 17 milhões é uma estimativa boa ou ruim da média da população. Assim, em vez de fixar um valor simples da amostra (**estimativa pontual**), podemos usar uma **estimativa intervalar**: usamos nosso valor da amostra como o ponto central, mas definimos um limite inferior e um superior também. Assim, podemos dizer que achamos que o valor real da média de espermatozoides liberados está entre 12 e 22 milhões (observe que 17 milhões está no centro desses valores). É claro, nesse caso, o valor verdadeiro (15 milhões) está dentro desses limites. Mas, e se estabelecermos limites menores? E se dissermos que achamos que o valor verdadeiro está entre 16 e 18 milhões (observe que, novamente, 17 milhões está no meio)? Nesse caso, o intervalo não contém a média da população.

Vamos imaginar que você está particularmente obcecado pelos espermatozoides da codorna japonesa e você repetiu o experimento 100 vezes usando amostras diferentes. Cada vez que você fez o experimento, você construiu um intervalo em torno da média da amostra, como acabamos de descrever. A Figura 2.9 mostra esse cenário: os pontos representam a média para cada amostra, e as linhas representam os intervalos para essas médias. O valor verdadeiro da média (a média na população) é de 15 milhões e é representada pela linha vertical. A primeira coisa a ser observada é que as médias amostrais são diferentes da média verdadeira (devido à variação amostral descrita anteriormente). A segunda é que, embora a maioria dos intervalos contenha a média verdadeira (eles atravessam a linha vertical, significando que o valor de 15 milhões de espermatozoides está em algum lugar entre os dois limites), alguns não a contêm.

O importante é construir intervalos de tal forma que eles nos digam algo útil. Por exemplo, talvez queiramos saber a frequência a longo prazo de um intervalo conter o valor verdadeiro do parâmetro que estamos tentando estimar (neste caso, a média). Isso é o que o intervalo de confiança faz. Geralmente, nós observamos intervalos de 95% de confiança e, algumas vezes, intervalos de 99% de confiança, mas todos eles têm interpretações similares: eles são limites construídos de modo que, para certo percentual de amostras (seja 95 ou 99%), o valor verdadeiro do parâmetro da população esteja dentro dos limites. Assim, quando você vir um intervalo de 95% de confiança para uma média, pense nele assim: se coletarmos 100 amostras e, para cada amostra, calcularmos sua média e seu intervalo de confiança (um pouco como na Figura 2.9), então, em 95 dessas amostras, o intervalo de confiança conterá o valor da média na população e, em 5 amostras, o intervalo de confiança não conterá a média da população. O problema é que você não sabe se o intervalo de confiança de uma amostra específica é um desses 95% que contêm o valor verdadeiro ou um dos 5% que não o contêm (Vira-Lata Equivocado 2.1).

---

[9]Isso pode parecer um pouco doentio, mas as codornas macho não pareceram dar muita importância, o que provavelmente nos diz tudo o que precisamos saber sobre machos.

66 Descobrindo a estatística usando o SPSS

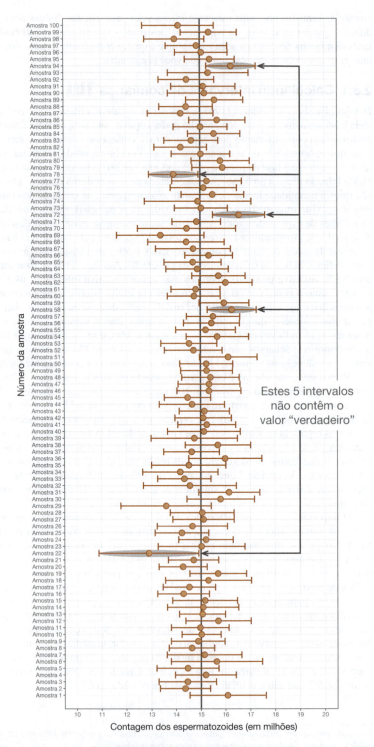

Figura 2.9 Intervalos de confiança das contagens de espermatozoides da codorna japonesa (eixo horizontal) para 100 amostras diferentes (eixo vertical).

Para calcular o intervalo de confiança, precisamos conhecer os limites nos quais 95% das médias amostrais estarão. Sabemos que (em amostras grandes) a distribuição amostral das médias será aproximadamente normal, e essa distribuição pode ser definida de modo que tenha uma média de 0 e um desvio-padrão de 1. Podemos usar essa informação para calcular a probabilidade de que um escore ocorra ou os limites dentro dos quais determinado percentual de escores ocorrerá (ver seção 1.8.6). Não foi coincidência que, quando expliquei isso na seção 1.8.6, eu usei um exemplo de como iríamos obter os limites dentro dos quais 95% dos escores iriam estar; precisamos saber exatamente isso se quisermos construir um intervalo de confiança de 95%. Descobrimos, na seção 1.8.6, que 95% dos escores-z estão entre $-1,96$ e $1,96$. Isso significa que, se nossas médias amostrais forem normalmente distribuídas com uma média de 0 e um erro-padrão de 1, então os limites do nosso intervalo de confiança serão de $-1,96$ e $+1,96$. Felizmente, sabemos, com base no teorema central do limite, que em amostras grandes (aproximadamente acima de 30), a distribuição amostral *será* normalmente distribuída (ver seção 2.7). É uma pena que nossa média e desvio-padrão têm pouca probabilidade de ser 0 e 1, só que não, pois podemos converter os escores de forma que eles tenham uma média 0 e um desvio-padrão 1 (escores-z) usando a Equação 1.9:

$$z = \frac{X - \overline{X}}{DP}$$

Se sabemos que nossos limites são $-1,96$ e $1,96$ na forma de escores-z, então para descobrir os escores correspondentes nos nossos dados brutos (originais) podemos substituir z na equação (porque há dois valores, temos duas equações):

$$1,96 = \frac{X - \overline{X}}{DP} \qquad -1,96 = \frac{X - \overline{X}}{DP}$$

Reorganizamos as equações para descobrir o valor de X:

$$1,96 \times DP = X - \overline{X} \qquad -1,96 \times DP = X - \overline{X}$$

$$(1,96 \times DP) + \overline{X} = X \qquad (-1,96 \times DP) + \overline{X} = X$$

Portanto, o intervalo de confiança pode ser facilmente calculado uma vez que o desvio-padrão (DP na equação) e a média ($\overline{X}$ na equação) sejam conhecidos. Entretanto, usamos o erro-padrão e não o desvio-padrão porque estamos interessados na variabilidade das médias das *amostras*, não na variabilidade das observações dentro da amostra. O limite inferior do intervalo de confiança é, portanto, a média menos 1,96 vez o erro-padrão, e o limite superior é a média mais 1,96 vez o erro-padrão:

Limite inferior do intervalo de confiança = $\overline{X} - (1,96 \times EP)$
Limite superior do intervalo de confiança = $\overline{X} + (1,96 \times EP)$ (2.15)

Como tal, a média está sempre no centro do intervalo de confiança. Sabemos que 95% dos intervalos confiança contêm a média da população, assim podemos assumir que esse intervalo de confiança contém a média verdadeira; portanto, se o intervalo for pequeno, a média amostral deve estar bem próxima da média verdadeira. Por outro lado, se o intervalo de confiança for grande, então a média amostral pode ser bem diferente da média verdadeira, indicando que é uma representação ruim da população. Você irá ver que os intervalos de confiança aparecerão de tempos em tempos neste livro.

2.8.2 Calculando outros intervalos de confiança ▌▌▌▌

O exemplo anterior mostra como calcular um intervalo de confiança de 95% (o tipo mais comum). Entretanto, algumas vezes, queremos calcular outros tipos de intervalos de confiança, como um de

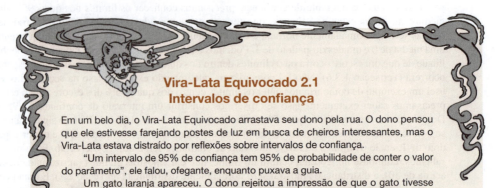

Vira-Lata Equivocado 2.1
Intervalos de confiança

Em um belo dia, o Vira-Lata Equivocado arrastava seu dono pela rua. O dono pensou que ele estivesse farejando postes de luz em busca de cheiros interessantes, mas o Vira-Lata estava distraído por reflexões sobre intervalos de confiança.

"Um intervalo de 95% de confiança tem 95% de probabilidade de conter o valor do parâmetro", ele falou, ofegante, enquanto puxava a guia.

Um gato laranja apareceu. O dono rejeitou a impressão de que o gato tivesse emergido de uma parede sólida de tijolos. O cão puxou-o na direção do gato em uma posição de confronto. O dono começou a ler mensagens de texto no celular.

"Você de novo?", rosnou o Vira-Lata.

O gato avaliou a guia do cachorro e andou em torno dele de forma arrogante, mostrando sua liberdade. "Eu acho que você vai me ver muito mais vezes se você continuar cometendo equívocos estatísticos", ele disse. "Sou chamado de Gato Corretor por um motivo."

O cão ergueu suas sobrancelhas, convidando o felino a elaborar mais.

"Você não pode fazer declarações probabilísticas sobre os intervalos de confiança", falou o gato.

"Hein?", disse o Vira-Lata.

"Você disse que um intervalo de confiança tem 95% de probabilidade de conter o parâmetro. É um erro comum, mas isso não é verdade. Os 95% refletem uma probabilidade *em muitas repetições*."

"Hein?"

O gato revirou os olhos. "Significa que se você coletar amostras repetidas e construir intervalos de confiança, então 95% deles irão conter o valor populacional. Não é o mesmo que afirmar que um intervalo de confiança específico para uma amostra específica tenha 95% de probabilidade de conter o valor. Na verdade, a probabilidade de um intervalo de confiança determinado conter o valor da população pode ser tanto 0 (não contém) quanto 1 (contém). Você não tem como saber." O gato parecia satisfeito consigo mesmo.

"Qual o objetivo disso?", o cão perguntou.

O gato pensou sobre a questão. "É importante se você quiser controlar o erro," ele finalmente respondeu. "Se você assumir que o intervalo de confiança contém o valor populacional, então você estará errado somente em 5% das vezes que usar um intervalo de 95% de confiança."

O cão percebeu uma oportunidade de irritar o gato. "Eu prefiro saber qual é a probabilidade de o intervalo conter o valor da população", ele disse.

"Nesse caso, você deveria se tornar bayesiano", disse o gato, desaparecendo com indignação pela parede de tijolos.

O Vira-Lata aliviou-se na parede, esperando que ela prendesse o gato para sempre.

99% ou 90% de confiança. O 1,96 e o –1,96 na Equação 2.15 são limites dentro dos quais ocorrem 95% dos escores-z. Se quisermos calcular intervalos de confiança para um valor diferente de 95%, então temos que procurar o valor de z para o percentual que queremos. Por exemplo, vimos na seção 1.8.6 que escores-z de –2,58 e 2,58 são os limites de corte dos escores de 99%, assim podemos usar esses valores para calcular intervalos de 99% de confiança. Em geral, podemos dizer que os intervalos de confiança são calculados com as equações:

$$\text{Limite inferior do intervalo de confiança} = \bar{X} - \left(z_{\frac{1-p}{2}} \times EP \right)$$

$$\text{Limite superior do intervalo de confiança} = \bar{X} + \left(z_{\frac{1-p}{2}} \times EP \right) \quad (2.16)$$

nas quais p é o valor da probabilidade para o intervalo de confiança. Assim, se você quiser um intervalo de 95% de confiança, então você está procurando o valor de z para (1 – 0,95)/2 = 0,025. Vá até a coluna da "parte menor" da tabela da distribuição normal padrão (Figura 1.14) e verá que z é 1,96. Para um intervalo de 99% de confiança, queremos z para (1 – 0,99)/2 = 0,005, que pela tabela é 2,58 (Figura 1.14). Para um intervalo de confiança de 90%, queremos z para (1 – 0,90)/2 = 0,05, que, pela tabela, é 1,64 (Figura 1.14). Esses valores de z são multiplicados pelo erro-padrão (como acima) para calcular o intervalo de confiança. Usando esses princípios gerais, podemos calcular um intervalo de confiança para qualquer nível de probabilidade que pudermos imaginar.

2.8.3 Calculando intervalos de confiança com amostras pequenas ▌▌▌▌

O procedimento que acabei de descrever é bom quando as amostras são grandes, porque o teorema central do limite nos diz que a distribuição amostral será aproximadamente normal. Entretanto, para amostras pequenas, a distribuição amostral não é normal – ela apresenta uma distribuição t. A distribuição t é uma família de distribuições de probabilidades que muda de forma à medida que o tamanho da amostra aumenta (quando a amostra é muito grande, ela é praticamente uma distribuição normal). Para construir um intervalo de confiança com uma amostra pequena, usamos o mesmo princípio de antes, mas em vez de usarmos um escore-z usamos um valor-t:

$$\text{Limite inferior do intervalo de confiança} = \bar{X} - \left(t_{n-1} \times EP \right)$$

$$\text{Limite superior do intervalo de confiança} = \bar{X} + \left(t_{n-1} \times EP \right) \quad (2.17)$$

O $n - 1$ na equação são os graus de liberdade (ver Gina Gênia 2.2) e nos diz quais das distribuições t devemos utilizar. Para um intervalo de 95% de confiança, encontramos o valor de t para um teste bilateral com probabilidade de 0,05, para os graus de liberdade apropriados.

Teste seus conhecimentos

Na seção 1.8.3, deparamo-nos com alguns dados sobre o número de amigos que 11 pessoas tinham no Facebook. Calculamos uma média de 95 e um desvio-padrão de 56,79 para esses dados.

• Calcule um intervalo de 95% de confiança para essa média.
• Recalcule o intervalo de confiança assumindo que o tamanho da amostra seja de 56.

2.8.4 Exibindo intervalos de confiança visualmente ||||

Os intervalos de confiança nos fornecem informações sobre um parâmetro, e, portanto, geralmente nós os vemos exibidos em gráficos. (Descobriremos mais sobre como criar esses gráficos no Capítulo 5.) O intervalo de confiança é geralmente exibido usando algo chamado de diagrama de barras de erro, que se parece com a letra "I". Uma barra de erro pode representar o desvio-padrão ou o erro-padrão, mas frequentemente ela mostra o intervalo de 95% de confiança para a média. Assim, geralmente quando vemos um gráfico mostrando a média, representada talvez como uma coluna ou um símbolo (seção 5.6), ele é acompanhado por essa coluna com uma engraçada forma de I.

Vimos que quaisquer duas amostras podem ter médias levemente diferentes (e o erro-padrão nos diz um pouco sobre quão diferente podemos esperar que sejam as médias amostrais). Vimos que o intervalo de 95% de confiança é um intervalo construído de tal forma que, em 95% das amostras, o valor da média populacional irá estar dentro dos seus limites. Portanto, o intervalo de confiança nos diz os limites dentro dos quais é provável estar a média da população. Comparando intervalos de confiança de diferentes médias (ou de outros parâmetros), temos uma ideia de se essas médias vêm das mesmas ou de diferentes populações. (Não podemos estar completamente certos porque não sabemos se os nossos intervalos de confiança são aqueles que contêm ou não o valor da população.)

Voltando ao exemplo do esperma de codorna, imagine que temos uma amostra de uma codorna e a média de liberação de espermatozoides tenha sido de 9 milhões, com um intervalo de confiança de 2 a 16. Portanto, se esse é um dos intervalos de 95% de confiança que contêm o valor da população, então a média da população está entre 2 e 16 milhões de espermatozoides. E se agora pegarmos uma segunda amostra e descobrirmos que o intervalo de confiança varia de 4 a 15? Esse intervalo apresenta uma sobreposição alta com a primeira amostra (Figura 2.10). O fato de que os intervalos de confiança se sobrepõem dessa forma nos diz que essas médias amostrais poderiam plausivelmente vir da mesma população: em ambos os casos, se os intervalos contêm o valor verdadeiro da média (e eles são feitos para que em 95% dos casos eles contenham) e os dois intervalos se sobrepõem consideravelmente, então eles contêm muitos valores similares. É muito provável que os valores da população refletidos por esses intervalos sejam similares ou iguais.

E se o nosso intervalo de confiança para a nossa segunda amostra variar de 18 a 28? Se o compararmos à nossa primeira amostra, teremos a Figura 2.11. Esses intervalos de confiança não se sobrepõem; consequentemente, um intervalo de confiança que provavelmente contém a média populacional nos diz que a média da população está em algum lugar entre 2 e 16 milhões, enquanto o outro intervalo de confiança que provavelmente também contém a média populacional nos diz que ela estará em algum lugar entre 18 e 28 milhões. Essa contradição sugere duas

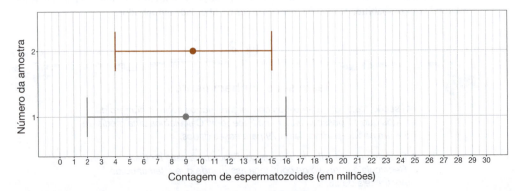

Figura 2.10 Dois intervalos de confiança de 95% sobrepostos.

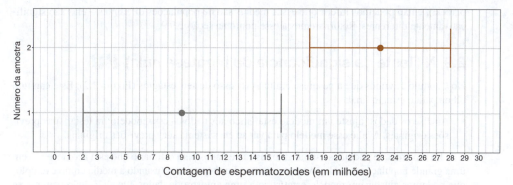

Figura 2.11 Dois intervalos de confiança de 95% que não se sobrepõem.

possibilidades: (1) ambos os intervalos de confiança contêm a média da população, mas eles (e, portanto, as nossas amostras também) vêm de populações diferentes; ou (2) ambas as amostras vêm da mesma população, mas um intervalo de confiança (ou ambos) não contém a média da população (porque, como você sabe, em 5% dos casos eles não irão conter). Se usamos intervalos de 95% de confiança, então sabemos que a segunda possibilidade é improvável (isso acontece somente 5 vezes em 100 casos, ou 5% das vezes), de modo que a primeira explicação é mais plausível.

Consigo ouvir vocês pensando: "E daí que as amostras vêm de populações diferentes?". Bem, isso tem uma implicação muito importante para a pesquisa experimental. Quando fazemos um experimento, introduzimos alguma forma de manipulação entre duas ou mais condições (ver seção 1.7.2). Se coletarmos duas amostras aleatórias de pessoas e as testarmos com alguma medida, esperamos que essas pessoas pertençam à mesma população. Assim, também esperamos que seus intervalos de confiança reflitam o mesmo valor da média populacional. Se as médias amostrais e os intervalos de confiança são tão diferentes que sugerem que tenham vindo de populações diferentes, então é provável que seja porque nossa manipulação experimental induziu a uma diferença entre as amostras. Portanto, barras de erro que mostram intervalos de confiança de 95% são úteis, porque, se as barras de quaisquer duas médias não se sobrepõem (ou se sobrepõem em apenas uma

Dicas da Ana Apressada
Intervalos de confiança

- Um intervalo de confiança para a média de uma população é um conjunto de valores construídos de tal forma que a média populacional pertencerá a esse conjunto em 95% das amostras retiradas dessa população.
- O intervalo de confiança *não* é um conjunto dentro do qual estamos 95% confiantes de que a média irá ocorrer.

parcela), então podemos inferir que essas médias são de populações diferentes – elas são significativamente diferentes. Retornaremos a esse ponto na seção 2.9.9.

2.9 N (Teste da significância da hipótese nula) ▮▮▮▮

No Capítulo 1, vimos que a pesquisa era um processo de seis estágios (Figura 1.2). Este capítulo olhou para o estágio final:

- Analise os dados: ajuste um modelo estatístico aos dados – esse modelo irá testar suas previsões originais. Avalie esse modelo para ver se ele sustenta suas previsões originais.

Eu mostrei que podemos usar uma amostra de dados para estimar o que está acontecendo em uma grande população à qual não temos acesso. Também vimos (usando a média como exemplo) que podemos ajustar um modelo estatístico a uma amostra de dados e avaliar quão bem ele se ajusta. Entretanto, ainda não vimos como ajustar modelos como esse que podem nos ajudar a testar nossas previsões de pesquisa. Como os modelos estatísticos nos ajudam a testar hipóteses complexas como: "existe um relacionamento entre a quantidade de besteiras que as pessoas falam e a quantidade de gelatina de vodca que eles comeram?" ou "ler este capítulo melhora o seu conhecimento sobre métodos de pesquisa?" Isso nos leva ao "N" da ESPINHA (*SPINE*) da estatística: teste de significância da hipótese nula.

Teste de significância da hipótese nula (TSHN) é um nome complicado para um processo igualmente complicado (também é conhecido como "testagem de hipóteses"). O TSHN é a abordagem mais comumente ensinada para testar perguntas de pesquisa com modelos estatísticos. Ela surgiu a partir de duas abordagens diferentes sobre como usar dados para testar teorias: (1) a ideia de Ronald Fisher de calcular probabilidades para avaliar evidências e (2) a ideia de Jerzy Neuman e Egon Pearson de hipóteses concorrentes.

2.9.1 O valor-*p* de Fisher ▮▮▮▮

Fisher (1925-1991) (Figura 2.12) descreveu um experimento projetado para testar uma alegação feita por uma mulher de que ela poderia determinar, ao provar uma xícara de chá, se o leite ou o chá havia sido posto primeiro na xícara. Fisher pensou que deveria oferecer algumas xícaras de chá à mulher, algumas nas quais o leite seria adicionado primeiro e outras nas quais o leite seria adicionado depois do chá, e verificar se ela poderia identificá-las corretamente. A mulher saberia que haveria um número igual de xícaras em que o leite seria adicionado primeiro ou por último, mas não saberia em que ordem as xícaras seriam servidas. Se considerarmos a situação mais simples, em que há somente duas xícaras, a mulher teria 50% de chance de acertar. Se ela realmente acertasse, não poderíamos dizer com confiança que ela pode distinguir entre as xícaras em que o leite foi adicionado primeiro e aquelas em que foi adicionado por último, porque, mesmo adivinhando, ela estaria correta na metade das vezes. Mas, e se complicarmos as coisas e tivéssemos seis xícaras? Há 20 ordens nas quais essas xícaras podem ser servidas, e a mulher poderia adivinhar a ordem correta somente 1 vez em 20 (ou 5% das vezes). Se ela acertasse a ordem correta, estaríamos muito mais confiantes de que ela pode genuinamente saber a diferença (e nos curvaríamos em admiração ao seu paladar finamente ajustado). Se você quiser saber mais sobre Fisher e seu antigo teste do chá, veja o excelente livro de David Salsburg *Uma senhora toma chá* (Salsburg, 2002). Para o nosso objetivo, o que podemos considerar é que, somente quando houver uma probabilidade muita pequena de que a senhora pudesse realizar o teste do chá "chutando", poderemos concluir que ela tem uma habilidade genuína de detectar se o leite foi colocado na xícara antes ou depois do chá.

Não é coincidência ter escolhido o exemplo das xícaras de chá (em que o provador tem apenas 5% de probabilidade de realizar o teste adivinhando) porque cientistas tendem a usar 5%

como um valor limite para a confiança: somente quando existe uma probabilidade de 5% (ou 0,05) de conseguir o resultado que temos (ou um mais extremo), se não existe efeito, teremos confiança o suficiente para aceitar que o efeito é genuíno.[10] O ponto básico de Fisher foi de que você deveria calcular a probabilidade de um evento e avaliar essa probabilidade dentro do contexto da pesquisa. Embora Fisher achasse que um $p = 0,01$ fosse uma evidência forte para apoiar uma hipótese e que talvez um $p = 0,20$ fosse uma evidência fraca, ele nunca disse que $p = 0,05$ era, de alguma forma, um número mágico. Avancemos 100 anos ou mais no tempo e veremos que todos tratam o 0,05 como se fosse, *de fato*, um número mágico.

2.9.2 Tipos de hipóteses ||||

Ao contrário de Fisher, Neyman e Pearson acreditavam que afirmações científicas deveriam ser divididas em hipóteses testáveis. Geralmente, a hipótese ou previsão da sua teoria diria que um efeito estará presente. Essa hipótese é chamada **hipótese alternativa** e é representada por H_1. (Ela é algumas vezes chamada de **hipótese experimental**; porém, pelo fato de que esse termo está relacionado a um tipo específico de metodologia, provavelmente seja melhor usar "hipótese alternativa"). Existe outro tipo de hipótese chamada de **hipótese nula**, que é representada por H_0. Essa hipótese é o oposto da hipótese alternativa e, assim, afirma que um efeito está ausente.

Figura 2.12 Sir Ronald A. Fisher, a pessoa mais inteligente do mundo ($p < 0,0001$).

Geralmente, quando escrevo, meus pensamentos são atraídos para imagens de chocolate. Eu acredito que eu iria comer menos chocolate se eu parasse de pensar nele. Entretanto, de acordo com Morewedge, Huh e Vosgerau (2010), isso não é verdade. Na verdade, eles descobriram que as pessoas comem menos comida se elas previamente se imaginaram comendo. Imagine que fizemos um estudo similar. Podemos gerar as seguintes hipóteses:

- Hipótese alternativa: se você se imagina comendo chocolate, você come menos.
- Hipótese nula: se você se imagina comendo chocolate, você irá comer a mesma quantidade do que o normal.

A hipótese nula é útil porque nos dá uma referência em relação a qual avaliamos quão plausível é nossa hipótese alternativa. Podemos avaliar se achamos que os dados que coletamos são mais prováveis, dada a hipótese nula ou hipótese alternativa. Muitos livros falam sobre aceitar ou rejeitar essas hipóteses, querendo dizer que é preciso olhar os dados e aceitar a hipótese nula (e, portanto, rejeitar a alternativa) ou aceitar a hipótese alternativa (e rejeitar a nula). Na verdade, isso não está muito certo, porque a maneira pela qual os cientistas avaliam essas hipóteses usando os valores-p (que logo iremos ver) não fornece evidências para tais decisões objetivas. Assim, em vez de falar sobre aceitar ou rejeitar uma hipótese, devemos falar sobre "as chances de obter o resultado que temos (ou um mais extremo), presumindo que a hipótese nula seja verdadeira".

Imagine que, no nosso estudo, selecionamos 100 pessoas e medimos quantos pedaços de chocolate elas geralmente comem (dia 1). No dia 2, pedimos a elas para imaginar que estão comendo chocolate e, novamente, medimos quanto chocolate elas comeram naquele dia. Imagine que descobrimos que 75% das pessoas comeram menos chocolate no segundo dia do que no primeiro.

---

[10]Claro que talvez não seja verdade – nós apenas estamos preparados para acreditar que é.

Quando analisamos nossos dados, na verdade, estamos nos perguntando: "Presumindo que se imaginar comendo chocolate não tem nenhum efeito, é provável que 75% das pessoas comeriam menos chocolate no segundo dia?". Intuitivamente, a resposta é que as chances são muito baixas: se a hipótese nula for verdadeira, então todos deveriam comer a mesma quantidade de chocolate em ambos os dias. Portanto, é improvável conseguir o resultado que obtivemos se a hipótese nula for verdadeira.

E se descobríssemos que somente 1 pessoa (1%) comeu menos chocolate no segundo dia? Se a hipótese nula for verdadeira e imaginar-se comendo chocolate não tem efeito algum no consumo, então ninguém deveria comer menos chocolate no segundo dia. As chances de se obterem esses dados se a hipótese nula fosse verdadeira são bem altas. A hipótese nula é bem plausível, considerando o que observamos.

Quando coletamos dados para testar teorias, trabalhamos nos seguintes termos: não podemos falar que a hipótese nula é verdadeira ou a hipótese alternativa é verdadeira, podemos falar somente sobre a probabilidade de obtermos um resultado específico se, hipoteticamente falando, a hipótese nula for verdadeira. Também vale a pena lembrar que nossa hipótese alternativa é provavelmente um dos muitos modelos possíveis que podemos ajustar aos dados. Portanto, mesmo que acreditemos que ela seja mais provável do que a hipótese nula, pode haver outros modelos de dados que não consideramos que se ajustem melhor aos dados, o que, novamente, significa que não podemos falar sobre a hipótese ser definitivamente verdadeira ou falsa, mas podemos falar sobre sua plausibilidade em relação às outras hipóteses ou modelos que consideramos.

As hipóteses podem ser unilaterais ou bilaterais. A hipótese unilateral declara que um efeito irá ocorrer e também declara a direção desse efeito. Por exemplo: "Se você se imaginar comendo chocolate, você irá comer menos chocolate" é uma hipótese unilateral porque ela declara a direção do efeito (as pessoas irão comer menos). Uma hipótese bilateral declara que um efeito irá ocorrer, mas não declara a direção do efeito. Por exemplo: "Imaginar-se comendo chocolate afeta a quantidade de chocolate que você come" não nos diz se as pessoas irão comer mais ou menos.

Teste seus conhecimentos

Quais são as hipóteses nula e alternativa das seguintes situações?

- Há um relacionamento entre a quantidade de bobagem que as pessoas falam e a quantidade de gelatina com vodca que consomem?
- Ler este capítulo aumenta o seu conhecimento sobre métodos de pesquisa?

2.9.3 O processo do TSHN ▌▐▐▐

O TSHN é uma combinação da ideia de Fisher de usar o valor-p da probabilidade como um índice do peso da evidência em relação à hipótese nula e a ideia de Jerzy Neyman e Egon Pearson de testar uma hipótese nula *em oposição a* uma hipótese alternativa (Neyman e Pearson, 1933). Esses estatísticos rivais não morriam de amores um pelo outro (Gina Gênia 2.3). O TSHN é um sistema projetado para nos dizer se a hipótese alternativa é provavelmente verdadeira – ela nos ajuda a decidir se confirmamos ou não nossas previsões.

A Figura 2.13 resume as etapas do TSHN. Como vimos anteriormente, o processo inicia com uma hipótese de pesquisa que gera uma previsão testável. Essa previsão é decomposta em uma hipótese nula (sem efeito) e uma hipótese alternativa (com um efeito). Nesse momento, você decide quanto erro você está disposto a aceitar, alfa (α). Em outras palavras, com que frequência você está

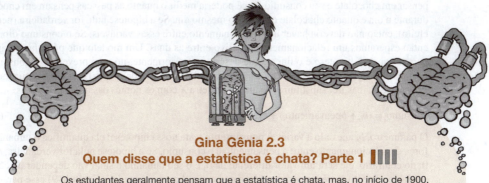

Gina Gênia 2.3
Quem disse que a estatística é chata? Parte 1 ||||

Os estudantes geralmente pensam que a estatística é chata, mas, no início de 1900, ela era tudo menos chata, com figuras proeminentes frequentemente entrando em rixas. Ronald Fisher e Jerzy Neyman tinham uma briga particularmente impressionante. Em 28 de março de 1935, Neyman deu uma palestra na Royal Statistical Society, na qual Fisher estava presente. Nessa palestra, ele criticou alguns dos trabalhos mais importantes de Fisher. Fisher atacou diretamente Neyman na discussão do artigo no mesmo encontro: ele, mais ou menos, disse que Neyman não sabia sobre o que estava falando e não entendia as referências nas quais seu trabalho havia sido baseado. Ele disse: "Eu digo ao senhor que você é um idiota, um imbecil, um homem tão incapacitado pela sua estupidez que, em uma competição de inteligência com uma ameba unicelular, a ameba se sairia melhor." Ele não disse isso realmente, mas abriu a discussão sem fazer um agradecimento, o que, naqueles tempos, teria sido quase tão rude quanto ter dito essas palavras.

As relações azedaram tanto que, enquanto ambos trabalhavam na University College London, Neyman atacou abertamente muitas das ideias de Fisher em suas aulas. Os dois grupos rivais até tomavam chá da tarde (uma prática comum na comunidade acadêmica britânica daquela época, a qual, francamente, deveríamos restabelecer) na mesma sala, mas em horários diferentes. A verdade por trás de quem alimentou essas disputas está, talvez, perdida na névoa do tempo, mas Zabell (1992) fez um grande esforço para desenterrá-la. Os fundadores dos métodos de estatística modernos, apesar de serem ultrainteligentes,[11] basicamente agiam como um bando de crianças birrentas.

---

[11] Fisher, em particular, foi um destaque mundial em genética, biologia e medicina, bem como, possivelmente, o pensador matemático mais original de todos os tempos (Barnard, 1963; Field, 2005d; Savage, 1976).

---

preparado para errar? Esse é o nível de significância, ele é a probabilidade de aceitar que haja um efeito na população quando na verdade não há (ele é conhecido como Erro do tipo I, que iremos discutir com mais detalhes mais adiante). É importante que fixemos essa taxa de erro antes de coletarmos os dados, do contrário estaremos trapaceando (Gina Gênia 2.4). Você deve determinar sua taxa de erro baseado nas nuances da sua área de pesquisa e o que você está tentando testar. Em outras palavras, deve ser uma decisão relevante. Na realidade, não é: todos usam 0,05 (uma taxa de erro de 5%), pouco se importando com o que isso significa ou por que estão usando esse valor. Vá entender!

Imaginemos que você não tenha pensado o suficiente sobre a taxa de erro e escolhe uma distribuição amostral. Isso envolve determinar qual modelo estatístico será ajustado aos dados que irão testar a sua hipótese, observar quais parâmetros o modelo tem e decidir a forma da distribuição amostral relacionada àqueles parâmetros. Vamos usar o meu exemplo de que há uma relação entre pensar em chocolate e seu consumo. Você poderia medir o quanto as pessoas pensam em chocolate durante o dia e quanto chocolate comem no mesmo dia. Se a hipótese nula for verdadeira (nenhum efeito), então não deveria haver um relacionamento entre essas variáveis. Se o consumo diminuir, então esperamos um relacionamento negativo entre as duas. Um modelo que poderíamos ajustar para testar essa hipótese é o linear, que descrevi anteriormente, no qual prevemos o consumo (o resultado) com base em pensamentos sobre chocolate (o previsor). Nosso modelo é basicamente a Equação 2.3, mas irei substituir o resultado e a letra X com os nomes das nossas variáveis:

$$\text{consumo}_i = (b_0 + b\text{pensamento}_i) + \text{erro}_i \qquad (2.18)$$

O parâmetro, b, anexado à variável **pensamento** testa nossa hipótese: ela quantifica o tamanho e a força do relacionamento entre o pensamento e o consumo. Se a hipótese nula for verdadeira, b será 0; do contrário, ele será um valor diferente de 0, e o seu tamanho e sinal vão depender de como é o relacionamento entre o pensamento e o consumo. Acontece que (ver Capítulo 9) esse parâmetro tem uma distribuição amostral t, a qual usamos para testar nossa hipótese. Precisamos também estabelecer quantos dados coletar para ter uma probabilidade razoável de encontrar o efeito que estamos procurando. Esse é o poder do teste, e vou elaborar esse conceito em breve.

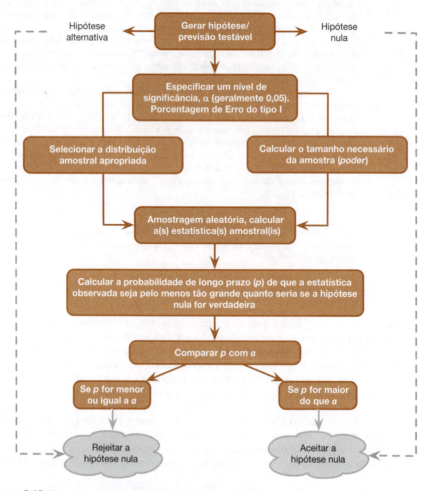

Figura 2.13 Fluxograma da testagem de hipóteses (TSHN).

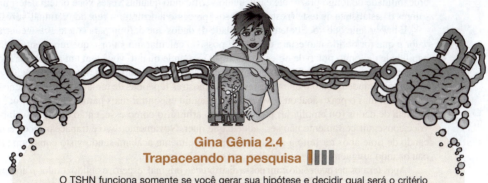

Gina Gênia 2.4
Trapaceando na pesquisa ▌▌▌▌

O TSHN funciona somente se você gerar sua hipótese e decidir qual será o critério para um efeito ser considerado significativo antes de coletar os dados. Imagine que eu queira apostar em quem ganhará a Copa do Mundo. Sendo inglês, eu poderia apostar que a Inglaterra iria vencer. Para fazer isso (1) faço minha aposta escolhendo meu time (Inglaterra) e as probabilidades disponíveis na casa lotérica (p. ex., 6/4); (2) vejo qual time ganha o campeonato; (3) coleto meus ganhos (ou mais provavelmente, não coleto nada).

Para manter todos felizes, esse processo precisa ser equitativo: as lotéricas definem as suas chances de modo que elas não paguem muitas vezes (o que as deixa felizes), mas para que elas paguem algumas vezes (para manter os clientes felizes). As lotéricas podem oferecer quaisquer probabilidades antes de terminar o campeonato, mas não podem mudá-las uma vez que o torneio tenha terminado (ou que o último jogo tenha iniciado). De forma similar, eu posso escolher meu time antes do campeonato, mas não posso mudar de ideia no meio do campeonato ou após o jogo final.

O processo de pesquisa é similar: podemos escolher qualquer hipótese (time de futebol) antes dos dados serem coletados, mas não podemos mudar de ideia no meio da coleta dos dados (ou após). Da mesma forma, temos que decidir o nosso nível de probabilidade (ou chances da aposta) antes de coletarmos os dados. *Se* fizermos isso, o processo funciona. Entretanto, os pesquisadores algumas vezes trapaceiam. Eles não formulam as hipóteses antes de conduzir seus experimentos, eles as modificam após coletarem os dados (como se eu mudar de time após o término da Copa do Mundo) ou, pior ainda, eles tomam decisões sobre as hipóteses após os dados serem coletados (ver Capítulo 3). Com a exceção de procedimentos como testes *post hoc*, isso é trapacear. De forma similar, os pesquisadores podem ser culpados de escolher qual nível de significância usar após a coleta e análise dos dados, como uma lotérica que muda as probabilidades após o torneio.

Se você mudar a sua hipótese ou os detalhes da sua análise, aumentam as chances de encontrar um resultado significativo, mas também é mais provável que você publique resultados que outros pesquisadores não conseguirão reproduzir (o que é vergonhoso). Se, entretanto, você seguir cuidadosamente as regras e usar um teste de significância a 5%, ao menos saberá que em apenas 1 em cada 20 casos estará arriscando passar por essa humilhação pública. (Meus agradecimentos a David Hitchin por este quadro e minhas desculpas por colocar futebol no meio dele.)

Agora a diversão começa, e você coleta seus dados. Você ajusta aos seus dados o modelo que testa a sua hipótese. No exemplo do chocolate, estimaríamos o parâmetro que representa o relacionamento entre o pensamento e o consumo usando um intervalo de confiança. Também é possível calcular uma estatística de teste que mapeie o parâmetro em relação à probabilidade de um evento ocorrer em longo prazo (o valor-*p*). No nosso exemplo do chocolate, podemos calcular uma estatística conhecida como *t*, que tem uma distribuição amostral específica da qual obtemos um valor da probabilidade (*p*). Esse valor-*p* é a probabilidade de obtermos um valor-*t* pelo menos tão grande quanto o que temos se a hipótese nula for verdadeira. Como frequentemente menciono, esse *p* é uma probabilidade de longo prazo: ele é calculado verificando quantas vezes você obtém determinados valores da estatística de teste (neste caso, t) se o processo amostral for repetido infinitas vezes.

É importante que você colete a quantidade de dados que definiu para coletar, caso contrário o valor p que for obtido não estará correto. É possível calcular um valor-p que represente uma probabilidade de longo prazo de obter um valor-t tão grande quanto você tem em amostras repetidas de, digamos, tamanho 80. Porém, não há como saber a probabilidade de obter um valor-t pelo menos tão grande quanto o que você tem com amostras repetidas de tamanho 74 se a intenção era coletar 80, mas o prazo acabou, e você não conseguiu encontrar mais participantes. Se você parar a coleta de dados (ou ampliá-la) por um motivo arbitrário como esse, então qualquer valor-t que você conseguir certamente não será aquele que quer. Novamente, isso é trapacear: você está trocando de time após ter feito a sua aposta e provavelmente acabará sendo visto como um cara de pau quando ninguém conseguir replicar suas descobertas.

Após termos permanecido com nossa distribuição original, espero, e obtido o valor-p apropriado, nós o comparamos ao valor-α original (geralmente 0,05). Se o p obtido for menor ou igual ao α original, os cientistas geralmente usam isso como motivo para rejeitar categoricamente a hipótese nula; se o p for maior do que α, então eles aceitam que a hipótese nula é plausivelmente verdadeira (e rejeitam a hipótese alternativa). Nunca podemos estar completamente certos de que uma das hipóteses é a correta; tudo o que podemos fazer é calcular a probabilidade de que nosso modelo irá se ajustar tão bem quanto ele se ajusta se não existisse efeito algum na população (i.e., se a hipótese nula fosse verdadeira). À medida que essa possibilidade diminui, temos mais confiança de que a hipótese alternativa é mais plausível do que a hipótese nula. Essa é uma visão geral do TSHN e é muita coisa para absorver, por isso vamos revisitar, em detalhes, alguns dos conceitos-chave nas próximas seções.

2.9.4 Estatística de teste ▮▮▮▮

Eu mencionei que o TNSH depende do ajuste de um modelo aos dados e, então, de avaliar a probabilidade desse modelo, considerando o pressuposto de que não existe efeito. Mencionei bem rapidamente que o ajuste de um modelo ou dos parâmetros dentro dele são normalmente mapeados em relação a um valor de probabilidade utilizando uma estatística de teste. Eu fui deliberadamente vago sobre o que é uma "estatística de teste", portanto vamos acabar com o sigilo. Para fazer isso, precisamos retornar aos conceitos da variação sistemática e assistemática que encontramos na seção 1.7.4. A variação sistemática é uma variação que pode ser explicada pelo modelo que ajustamos aos dados (e, portanto, é adequada à hipótese que estamos testando). A variação assistemática é a variação que não pode ser explicada pelo modelo que ajustamos. Em outras palavras, é o erro ou variação não atribuída ao efeito que estamos investigando. A maneira mais simples, portanto, de testar se o modelo se ajusta aos dados, ou se nossa hipótese é uma boa explicação dos dados que observamos, é comparar a variação sistemática com a variação assistemática. Na verdade, analisamos uma razão sinal-ruído: comparamos quão bom é o modelo/hipótese com quão ruim ele é (erro):

$$\text{Estatística de teste} = \frac{\text{sinal}}{\text{ruído}} = \frac{\text{variância explicada pelo modelo}}{\text{variância não explicada pelo modelo}} = \frac{\text{efeito}}{\text{erro}} \qquad (2.19)$$

Do mesmo modo, a melhor forma para testar um parâmetro é olhar para o tamanho do parâmetro em relação à variação de fundo (a variação amostral) que o produziu. Novamente, usamos a razão sinal-ruído comparando quão grande é o parâmetro com o quanto ele pode variar entre as amostras:

$$\text{Estatística de teste} = \frac{\text{sinal}}{\text{ruído}} = \frac{\text{tamanho do parâmetro}}{\text{variação amostral no parâmetro}} = \frac{\text{feito}}{\text{erro}} \qquad (2.20)$$

A razão do efeito em relação ao erro é a **estatística de teste**, e você descobrirá, mais tarde neste livro, que existem muitas delas: t, χ^2 e F, para mencionar apenas três. A forma exata da equação muda dependendo de qual estatística de teste estamos calculando, mas o importante a ser lembrado é que todas elas, grosseiramente falando, representam a mesma coisa: sinal-ruído ou a variância explicada pelo modelo que ajustamos aos dados comparada com a variância que não pode ser explicada pelo modelo (ver Capítulos 9 e 10, em particular, para uma explicação mais detalhada). O motivo pelo qual essa proporção é tão útil é intuitivo, na verdade; se nosso modelo for bom, então esperamos ser capazes de explicar mais variância do que poderíamos explicar sem ele. Nesse caso, a estatística de teste será maior do que 1 (mas não necessariamente significativa). Similarmente, grandes parâmetros (efeitos maiores), que mais provavelmente representem a população (menor variação amostral), produzirão estatísticas de teste maiores.

Uma estatística de teste é uma estatística para a qual sabemos quão frequentemente valores diferentes ocorrem. Eu mencionei a distribuição t, a distribuição qui-quadrado (χ^2) e a distribuição F na seção 1.8.6 e disse que todas elas são definidas por uma equação que nos permite calcular precisamente a probabilidade de obter um determinado valor. Portanto, se a estatística de teste segue uma dessas distribuições, podemos calcular a probabilidade de obter certo valor (assim como poderíamos estimar a probabilidade de obter um escore de um certo tamanho a partir de uma distribuição de frequências na seção 1.8.6). Essa probabilidade é o valor-p que Fisher descreveu, e na TH ela é usada para estimar a probabilidade (em longo prazo) de se obter uma estatística de teste pelo menos tão grande quanto a que teríamos *se não houvesse efeito* (i.e., se a hipótese nula fosse verdadeira).

As estatísticas de teste podem ser um pouco assustadoras; por isso, vamos imaginar que elas sejam gatinhos fofos. Filhotes felinos são normalmente muito pequenos (aproximadamente 100 g ao nascer, em média), mas de vez em quando uma gata dá à luz um grande (digamos, 150 g). Um gatinho de 150 g é raro, assim a probabilidade de encontrar um é muito pequena. Contrariamente, gatinhos de 100 g são muito comuns, assim a probabilidade de encontrar um é bem alta. As estatísticas de teste são como os gatinhos, nesse aspecto: as pequenas são muito comuns, e as grandes são raras. Assim, se fizermos uma pesquisa (i.e., dar à luz um gatinho) e calcularmos a estatística de teste (peso do gatinho), podemos calcular a probabilidade de obter um valor/peso pelo menos tão grande ou maior. Quanto maior a variação que nosso modelo explicar em comparação com a variação que ele não pode explicar, maior será a estatística de teste (i.e., mais o gatinho irá pesar comparativamente) e menor será a probabilidade de ela ocorrer por acaso (como o nosso gatinho de 150 g). Como os gatinhos, à medida que a estatística de teste aumenta, a probabilidade de ocorrência diminui. Se essa probabilidade ficar abaixo de certo valor ($p < 0{,}05$ se aplicarmos cegamente a taxa de 5% de erro), presumimos que a estatística de teste assumiu esse valor porque nosso modelo explicou uma quantidade suficiente de variação para refletir um efeito genuíno do mundo real (população). Nesse caso, a estatística de teste é considerada *estatisticamente significativa*. Considerando que o modelo estatístico que ajustamos aos dados reflete a hipótese que nos propusemos a testar, então um teste estatístico significativo nos diz que o modelo não se ajustaria tão bem caso não houvesse efeito na população (i.e., caso a hipótese nula fosse verdadeira). Normalmente, isso é visto como um motivo para rejeitar a hipótese nula e estar mais confiante de que a hipótese alternativa é verdadeira. Se, entretanto, a probabilidade de se obter uma estatística de teste pelo menos tão grande como a que temos (se a hipótese nula for verdadeira) for grande (geralmente $p > 0{,}05$), então a estatística de teste é considerada não significativa e é usada como motivo para rejeitar a hipótese alternativa (ver seção 3.2.1 para uma discussão sobre o que "estatisticamente significativo" quer dizer).

2.9.5 Testes uni e bilaterais ||||

Vimos, na seção 1.9.2, que as hipóteses podem ser direcionais (p. ex., "quanto mais uma pessoa ler este livro, maior será a vontade de matar o autor") ou não direcionais (p. ex., "ler mais deste livro pode aumentar ou diminuir a vontade do leitor de matar o autor"). Um modelo estatístico que testa uma hipótese direcional é chamado **teste unilateral** ou **unicaudal**, enquanto um que testa uma hipótese não direcional é conhecido como **teste bilateral** ou **bicaudal**.

Imagine que você queira descobrir se ler este livro aumenta ou diminui a sua vontade de me matar. Se não tivermos uma hipótese direcional, então temos três possibilidades. (1) As pessoas que leem este livro querem me matar mais do que as pessoas que não leem, assim a diferença (a média daqueles que leem o livro menos a média dos que não leem) é positiva. Em outras palavras, à medida que a quantidade de tempo lendo este livro aumenta, também aumenta o desejo de me matar – um relacionamento positivo. (2) As pessoas que leem este livro querem me matar menos do que aquelas que não leem, assim a diferença (a média daqueles que leem o livro menos a média dos que não leem) é negativa. Alternativamente, à medida

que a quantidade de tempo lendo este livro aumenta, o desejo de me matar diminui – um relacionamento negativo. (3) Não existe diferença entre leitores e não leitores em se tratando do seu desejo de me matar – a média para leitores menos a média para não leitores é exatamente zero. Não existe relacionamento entre ler este livro e querer me matar. Esta última opção é a hipótese nula. A direção da estatística de teste (i.e., se é positiva ou negativa) depende de se a diferença ou direção do relacionamento é positiva ou negativa. Pressupondo que exista uma diferença ou relacionamento positivo (quanto mais você lê, mais você deseja me matar), para detectar essa diferença, levamos em consideração o fato de que a média para leitores é maior do que para não leitores (e disso deriva uma estatística de teste positiva). Entretanto, se fizemos uma previsão incorreta, e ler este livro faz os leitores terem *menos* vontade de me matar, então, ao contrário, a estatística de teste será negativa.

Quais são as consequências disso? Bem, se no nível de 0,05 precisávamos de uma estatística de teste maior que, digamos, 10 e a que obtivemos foi na verdade –12, então rejeitaríamos a hipótese mesmo que a diferença exista de fato. Para evitar isso, podemos olhar para os dois lados (ou caudas) da distribuição de possíveis estatísticas de teste. Isso significa que teremos estatísticas de teste positivas e negativas. Entretanto, fazer isso tem um preço porque, para manter nosso critério de 0,05 de probabilidade, dividimos essa probabilidade pelas duas caudas: temos 0,025 no lado positivo da distribuição e 0,025 no lado negativo. A Figura 2.14 mostra essa situação – as áreas em laranja são as áreas acima e abaixo da estatística de teste necessária para o nível de significância de 0,025. Combinando as probabilidades (i.e., somando as duas áreas coloridas) de ambas as caudas, obtemos a significância de 0,05, nosso critério original.

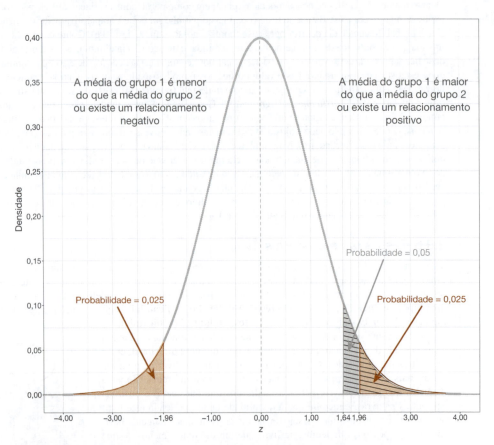

Figura 2.14 Diagrama mostrando a diferença entre testes uni e bilaterais.

Se fizermos uma previsão, então apostaremos todo nosso dinheiro em uma ficha e olharemos somente para um lado da distribuição (positivo ou negativo, dependendo da direção da previsão que fizemos). Na Figura 2.14, em vez de termos duas pequenas áreas em laranja em ambos os lados da distribuição que mostram valores significativos, temos uma área maior (a área hachurada) em apenas um dos lados da distribuição que mostra valores significativos. Note que essa área hachurada contém uma das áreas em laranja bem como um pouco mais de área hachurada. Consequentemente, podemos apenas procurar pelo valor da estatística de teste que iria ocorrer se a hipótese nula fosse verdadeira com uma probabilidade de 0,05. Na Figura 2.14, a área hachurada é a área acima da estatística de teste positiva necessária em um nível de significância de 0,05 (1,64); esse valor é menor do que o valor que inicia a área para o nível de significância de 0,025 (1,96). Isso significa que, se fizermos uma previsão específica, precisaremos de uma estatística de teste menor para encontrar um resultado significativo (porque estamos olhando somente para uma cauda da distribuição), mas, se a nossa previsão estiver na direção errada, não iremos detectar o efeito que realmente existe. Essa última informação é muito importante; portanto deixe-me reformulá-la: se você fizer um teste unilateral e os resultados acabarem ficando na direção oposta da que você previu, você deve ignorá-los, resistir a toda tentação de interpretá-los e aceitar (não importando o quanto doa) a hipótese nula. Se você *não* fizer isso, você terá feito um teste bilateral usando um nível de significância diferente daquele que você estabeleceu inicialmente (e Gina Gênia 2.4 explica por que essa é uma péssima ideia).

Eu expliquei os testes uni e bilaterais porque as pessoas esperam encontrá-los explicados em livros de estatística. Entretanto, existem algumas razões pelas quais você deve pensar muito se os testes unilaterais são uma boa ideia. Wainer (1972) cita John Tukey (um dos maiores estatísticos modernos) respondendo à pergunta "Você quer dizer que *nunca* se deve fazer um teste unilateral?" com as seguintes palavras: "De forma alguma. Depende de com quem você está falando. *Algumas pessoas acreditam em qualquer coisa*" (ênfase adicionada). Por que Tukey foi tão cético?

Como eu já disse, se o resultado de um teste unilateral está na direção oposta da qual você esperava, *você não pode e não deve rejeitar a hipótese nula*. Em outras palavras, você deve ignorar completamente aquele resultado mesmo que ele esteja cutucando seu braço e dizendo: "Olhe para mim, eu sou misterioso e inesperado". A realidade é que, quando os cientistas veem descobertas interessantes e inesperadas, seu instinto é querer explicá-las. Portanto, os testes unilaterais são como uma sereia atraindo um marinheiro para a sua morte: eles atraem cientistas solitários para a sua morte acadêmica lançando resultados irresistíveis e imprevisíveis.

Um contexto onde um teste unilateral *poderia* ser usado, então, é se um resultado na direção oposta à esperada resultasse na mesma ação do que um resultado não significativo (Lombardi e Hurlbert, 2009; Ruxton e Neuhaeuser, 2010). Há um número limitado de circunstâncias nas quais esse pode ser o caso. Primeiro, se um resultado na direção oposta fosse teoricamente sem sentido ou impossível de explicar, mesmo que você quisesse (Kimmel, 1957). Em segundo lugar, imagine que você está testando um novo medicamento para tratar a depressão. Você prevê que ele será melhor do que os medicamentos já existentes. Se ele não é melhor do que os medicamentos já existentes (*p* não significativo), você não aprovaria o medicamento; no entanto, se ele for significativamente pior do que os medicamentos já existentes (*p* significativo, mas na direção oposta), você também não aprovaria o medicamento. Em ambas as situações, o medicamento não é aprovado.

Finalmente, os testes unilaterais encorajam a trapaça. Se você fizer um teste bilateral e descobrir que o seu *p* é 0,06, então deve concluir que seus resultados não são significativos (porque 0,06 é maior do que o valor crítico de 0,05). Se você tivesse feito esse teste unilateral, o *p* que você iria obter seria metade do valor bilateral (0,03). Esse valor unilateral seria significativo no nível convencional (porque 0,03 é menor do que 0,05). Portanto, se encontrarmos um *p* bilateral que não é significativo, podemos acabar tentados a fingir que sempre tínhamos pretendido fazer um teste unilateral porque nosso valor-*p* "unilateral" é significativo. Mas não podemos mudar nossas regras depois de coletarmos os dados (Gina Gênia 2.4), assim devemos concluir que o efeito não é significativo. Embora esperemos que os cientistas não façam esse tipo de coisa deliberadamente, as pessoas ficam confusas sobre o que é e o que não é permitido. Duas pesquisas recentes sobre a prática em periódicos de ecologia concluíram que "todos os usos de testes unilaterais nos periódicos pesquisados parecem inválidos" (Lombardi e Hurlbert, 2009) e que somente 1 em 17 artigos que usaram testes unilaterais tinham uma justificativa (Ruxton e Neuhaeuser, 2010).

Uma maneira de contornar a tentação de trapacear é pré-registrar seu estudo (o que discutiremos em detalhes no capítulo seguinte). De um modo simples, o pré-registro significa que você se compromete publicamente com a sua estratégia de análise antes da coleta dos dados. Você pode fazer uma declaração simples em seu próprio *site* ou, como iremos ver, submeter formalmente um artigo descrevendo suas intenções de pesquisa. Um benefício de pré-registrar sua pesquisa é que ela se torna transparente se você alterar seu plano de análise (p. ex., trocando de um teste bilateral para um unilateral). É muito menos tentador reduzir pela metade o seu *p* para que ele fique abaixo de 0,05 se o mundo todo souber que você fez isso!

2.9.6 Erros do tipo I e do tipo II ▌▋▋▋

Neyman e Pearson identificaram dois tipos de erros que podemos cometer quando testamos hipóteses. Quando usamos a estatística de teste para nos dizer sobre o verdadeiro estado do mundo, estamos tentando ver se existe um efeito na nossa população. São duas possibilidades: existe, na verdade, um efeito na população ou não existe, na verdade, um efeito na população. Não podemos saber quais dessas duas possibilidades é verdadeira; no entanto, podemos analisar as estatísticas de teste e sua probabilidade associada para nos ajudar a decidir qual das duas é mais provável. É importante que sejamos tão precisos quanto possível. Há dois erros que podemos cometer: Erro do tipo I e Erro do tipo II. O **Erro do tipo I** ocorre quando acreditamos que existe um efeito genuíno na população, mas, na verdade, ele não existe. Se usarmos o critério convencional para alfa, então a probabilidade desse erro é 0,05 (ou 5%) quando não há efeito na população – esse valor é o **nível α** que encontramos na Figura 2.13. Presumindo que não há efeito na nossa população, se replicarmos nossa amostra 100 vezes, poderíamos esperar que em cinco ocasiões obteríamos uma estatística de teste grande o suficiente para nos fazer pensar que haja um efeito genuíno na população, mesmo que não haja. O oposto é o **Erro do tipo II**, que ocorre quando acreditamos que não há efeito na população quando, na realidade, ele existe. Isso iria ocorrer quando obtivéssemos uma estatística de teste pequena (talvez porque haja muita variação natural entre as nossas amostras). Em um mundo ideal, queremos que a probabilidade desse erro seja muito pequena (se houver um efeito na população, então, é importante que possamos detectá-lo). Cohen (1992) sugere que a probabilidade máxima aceitável de um Erro do tipo II seria de 0,2 (ou 20%) – isso é chamado de **nível β**. Isso significaria que, se pegássemos 100 amostras de uma população em que um efeito, de fato, existe, não conseguiríamos detectar esse efeito em 20 dessas amostras (assim, perderíamos 1 em cada 5 efeitos genuínos).

Há uma relação inversa entre esses dois erros: se diminuirmos a probabilidade de aceitar um efeito como genuíno (i.e., tornarmos α menor), então aumentamos a probabilidade de que iremos rejeitar um efeito que de fato existe (porque fomos tão rigorosos em relação ao nível no qual iremos aceitar que um efeito é genuíno). A relação exata entre o Erro do tipo I e do tipo II não é direta porque eles são baseados em suposições diferentes: para fazer um Erro do tipo I, não deve haver nenhum efeito na população, enquanto que, para fazer um Erro do tipo II, o oposto é verdadeiro (deve haver um efeito que perdemos). Assim, embora saibamos que à medida que a probabilidade de cometer um Erro do tipo I aumenta, a probabilidade de cometer um Erro do tipo II diminui, a natureza exata do relacionamento é geralmente deixada para o pesquisador decidir de forma razoável (Howell, 2012, dá uma ótima explicação da relação inversa entre os erros).

2.9.7 Inflação das taxas de erro ▌▋▋▋

Como vimos, se um teste usa um nível de significância de 0,05, então as chances de cometer um Erro do tipo I são somente de 5%. Logicamente, então, a probabilidade de não haver Erros do tipo I é de 0,95 (95%) para cada teste. Entretanto, na ciência, raramente conseguimos obter uma resposta definitiva para nossa pergunta de pesquisa usando um único teste nos nossos dados: geralmente precisamos conduzir vários testes. Por exemplo, imagine que queremos ver os fatores que afetam quão viral um vídeo se torna no YouTube. Podemos prever que a quantidade de humor e inovação no vídeo serão fatores importantes. Para testar isso, devemos olhar a relação entre o número de acessos e medições de conteúdo de humor e inovação. No entanto, provavelmente devemos também verificar se os conteúdos sobre inovação e humor estão relacionados. Portanto, precisaríamos fazer três testes. Se presumirmos que cada teste é independente (o que neste caso não será, mas nos permite multiplicar as probabilidades), então a probabilidade geral de não cometermos Erro do tipo I será de $0{,}95^3 = 0{,}95 \times 0{,}95 \times 0{,}95 = 0{,}857$, porque a probabilidade de não haver Erros do tipo I é de 0,95 para cada teste e temos três testes. Considerando que a probabilidade de não haver Erros do tipo I é de 0,857, então a probabilidade de cometer pelo menos um Erro do tipo I é esse número subtraído de 1 (lembre-se de que a probabilidade máxima de ocorrência de qualquer evento é 1). Então, a probabilidade de pelo menos um Erro do tipo I é de $1 - 0{,}857 = 0{,}143$, ou 14,3%. Portanto, nesse grupo de testes, a probabilidade de cometer um Erro do tipo I aumentou de 5% para 14,3%, um valor maior do que o critério que é normalmente utilizado. Essa taxa de erro entre os testes estatísticos realizados nos mesmos dados é conhecida como **taxa de erro de conjunto** ou **taxa de erro experimental**. Nosso cenário com três testes é relativamente simples, e o efeito da realização de vários testes não é muito grave, mas imagine que aumentamos o número de testes de três para dez. A taxa de erro de conjunto pode ser calculada usando a Equação 2.21 (supondo que você use um nível de significância de 0,05):

$$\text{erro de conjunto} = 1 - 0{,}95^n \tag{2.21}$$

Nessa equação, n é o número de testes realizados. Com dez testes realizados, a taxa de erro de conjunto é de $1 - 0{,}95^{10} = 0{,}40$, ou seja, há 40% de chance de ter cometido pelo menos um Erro do tipo I.

Para combater esse acúmulo de erros, podemos ajustar o nível de significância para testes individuais tal que a taxa geral de Erro do tipo I (α) em todas as comparações permaneça em 0,05. Existem várias maneiras pelas quais a taxa de erro de conjunto é controlada. A maneira mais popular (e mais fácil) é dividir α pelo número de comparações, k, como na Equação 2.22:

$$P_{\text{Crit}} = \frac{\alpha}{k} \tag{2.22}$$

Portanto, se realizarmos 10 testes, usamos 0,005 como nosso critério para significância. Fazendo isso, asseguramos que o Erro do tipo I cumulativo permaneça abaixo de 0,05. Esse método é conhecido como a **correção de Bonferroni**, porque ele usa uma desigualdade descrita por Carlo Bonferroni, mas, apesar do nome, sua aplicação moderna aos intervalos de confiança pode ser atribuída a Olive Dunn (Figura 2.15). Existe uma consequência no controle da taxa de erro de conjunto que é a perda de poder estatístico, nosso próximo tópico.

Figura 2.15 O rei e a rainha da correção.

2.9.8 Poder estatístico

Vimos que é importante controlar a taxa do Erro do tipo I para que não pensemos, com demasiada frequência, que um efeito é genuíno quando ele, de fato, não é. O problema oposto está relacionado ao Erro do tipo II, que é com que frequência não identificaremos um efeito que realmente existe na população. Se definirmos como alta a taxa de Erro do tipo II, então provavelmente perderemos muitos efeitos genuínos, mas, se a deixarmos baixa, será menos provável deixarmos passar efeitos. A habilidade de um teste de encontrar um efeito é conhecida como **poder** estatístico (não confundir com o pó de estatístico, que é uma substância ilegal que faz você entender melhor a estatística). O poder de um teste é a probabilidade de que um determinado teste encontre um efeito supondo que ele exista na população. Isso é o oposto da probabilidade de que um determinado teste *não* encontre um efeito supondo que ele exista na população, que, como vimos, é o nível β (i.e., taxa de Erro do tipo II). Portanto, o poder de um teste pode ser expresso como $1 - \beta$. Já que Cohen (1988, 1992) recomenda uma probabilidade de 0,2 de não detectar um efeito genuíno (ver anteriormente), o nível de poder correspondente seria de $1 - 0,2$ ou 0,8. Portanto, geralmente temos como meta alcançar um poder de 0,8 ou, em outras palavras, uma probabilidade de 80% de detectar um efeito se ele genuinamente existir. O poder de um teste estatístico depende de:[12]

1. Quão grande é o efeito, porque efeitos maiores são mais fáceis de identificar. Isso é conhecido como o tamanho do efeito e será discutido na seção 3.5.
2. Quão rigorosos nós somos para decidir que um efeito é significativo. Quanto mais rigorosos, mais difícil será para "encontrar" um efeito. O rigor está refletido no nível α. Isso nos leva à nossa discussão na seção anterior sobre a correção para testes múltiplos. Se usarmos uma taxa de Erro do tipo I mais conservadora para cada teste (como a correção de Bonferroni), então a probabilidade de rejeitar um efeito que existe aumenta (é mais provável que cometamos um Erro do tipo II). Em outras palavras, quando aplicamos a correção de Bonferroni, os testes terão menos poder para detectar efeitos.
3. O tamanho da amostra: vimos anteriormente neste capítulo que amostras grandes são aproximações melhores da população; portanto, elas têm menos variação amostral. Lembre-se de que as estatísticas de teste são basicamente a razão entre o sinal e o ruído, assim, já que as amostras maiores têm menos "ruído", elas tornam mais fácil a identificação do "sinal".

Considerando que o poder $(1 - \beta)$, o nível α e o tamanho do efeito estão ligados, se conhecermos essas três coisas, então podemos encontrar a restante. Existem duas coisas que os cientistas fazem com esse conhecimento:

1. **Calcular o poder de um teste**: após conduzirmos nosso experimento, já teremos selecionado um valor de α, assim podemos estimar o tamanho do efeito a partir dos nossos dados amostrais e saberemos quantos participantes usamos. Portanto, podemos usar esses valores para calcular $1 - \beta$, o poder do nosso teste. Se esse valor é 0,8 ou maior, então podemos estar confiantes de termos alcançado poder suficiente para detectar quaisquer efeitos que possam existir. Porém, se o valor resultante for menor, então deveremos replicar o experimento usando mais participantes para aumentar o poder.
2. **Calcular o tamanho da amostra necessário para alcançar um nível de poder específico**: podemos definir o valor de α e de $1 - \beta$ para ser o que quisermos (normalmente 0,05 e 0,8, respectivamente). Podemos também estimar o tamanho do efeito provável na população usando dados de pesquisas anteriores. Mesmo se ninguém anteriormente fez o exato experimento que pretendemos fazer, podemos ainda estimar o provável tamanho do efeito com base em experimentos similares. Com essa informação, podemos calcular quantos participantes precisaríamos para detectar aquele efeito (com base nos valores de α e $1 - \beta$ que escolhemos).

A ideia de calcular o poder de um teste após o experimento nunca fez sentido para mim: se você encontrou um efeito não significativo, então não teve poder suficiente. Se você encontrou

---
[12]Também dependerá de o teste ser uni ou bilateral (seção 2.9.5), mas, como vimos, você normalmente fará um teste bilateral.

**Oliver Twist
Por favor, senhor, quero um pouco mais de... poder**

"Eu tenho o poder!", grita Oliver, enquanto coloca uma enorme chave no nariz e começa a girar o mecanismo de relógio do seu cérebro. Se você, como Oliver, gosta de dar corda no seu cérebro, o *site* do livro contém *links* de vários pacotes para determinar o poder e o tamanho da amostra. Se isso não sacia a sua sede por conhecimento, então você não tem graça nenhuma.

um efeito significativo, então você teve. Usar o poder para calcular o tamanho da amostra necessária é o mais comum e, em minha opinião, a coisa mais útil a ser feita. Os cálculos reais são muito complicados, mas existem programas de computador disponíveis que os farão para você. G^*Power é uma ferramenta gratuita e poderosa, há um pacote chamado *pwr* que pode ser usado no pacote estatístico de código aberto R e vários *sites*, incluindo powerandsamplesize.com. Há também pacotes de *software* comerciais como *nQuery Adviser* (www.statsols.com/nquery-sample-size-calculator), *Power and Precision* (www.power-analysis.com) e PASS (www.ncess.com/software/pass). Cohen (1988) fornece tabelas extensas para calcular o número de participantes para determinados níveis de poder (e vice-versa).

2.9.9 Intervalos de confiança e significância estatística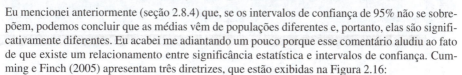

Eu mencionei anteriormente (seção 2.8.4) que, se os intervalos de confiança de 95% não se sobrepõem, podemos concluir que as médias vêm de populações diferentes e, portanto, elas são significativamente diferentes. Eu acabei me adiantando um pouco porque esse comentário aludiu ao fato de que existe um relacionamento entre significância estatística e intervalos de confiança. Cumming e Finch (2005) apresentam três diretrizes, que estão exibidas na Figura 2.16:

1. Intervalos de confiança de 95% que quase se tocam nas pontas (como no painel superior esquerdo da Figura 2.16) representam um valor-*p* de aproximadamente 0,01.
2. Se houver uma diferença entre a extremidade superior de um intervalo de 95% de confiança e a extremidade inferior de outro (como no painel superior direito da Figura 2.16), então $p < 0,01$.
3. Um valor-*p* de 0,05 é representado por uma sobreposição *moderada* entre os dois intervalos (como nos painéis inferiores da Figura 2.16).

Essas diretrizes são mal compreendidas por muitos pesquisadores. Em um estudo (Belia, Fidler, Williams e Cumming, 2005), um gráfico de médias e intervalos de confiança foi mostrado para dois grupos independentes de 473 pesquisadores de medicina, psicologia e neurociência comportamental; foi solicitado a eles que movessem uma das barras de erro para cima ou para baixo no gráfico até que elas mostrassem uma "diferença significativa" (com $p < 0,05$). A amostra continha desde novos pesquisadores a alguns com muita experiência, mas, surpreendentemente, esse exercício não previu suas respostas. Na verdade, somente um pequeno percentual de pesquisadores conseguiu posicionar os intervalos de confiança corretamente para mostrar uma diferença significativa (15% de psicólogos, 20% de neurocientistas comportamentais e 16% de médicos).

A resposta mais frequente foi a posição onde os intervalos de confiança param de se sobrepor (i.e., um valor-*p* de aproximadamente 0,01). Poucos pesquisadores (mesmo os mais experientes) se deram conta de que uma sobreposição moderada entre intervalos de confiança equivale ao valor-*p* padrão de 0,05 de significância.

O que queremos dizer por sobreposição moderada? Cumming (2012) define que ela tenha a metade do tamanho da margem de erro (ME) média. A ME é a metade do tamanho do intervalo de confiança (supondo que ele seja simétrico), ou seja, é o comprimento em uma das direções da barra a partir da média. No lado inferior esquerdo da Figura 2.16, o intervalo de confiança para a amostra 1 varia de 4 a 14, assim ele tem um comprimento de 10 e uma ME da metade desse valor (i.e., 5). Para a amostra 2, ele varia de 11,5 a 21,5; assim, novamente, a distância é de 10, e a ME é de 5. A ME média é, portanto (5 + 5)/2 = 5. Uma sobreposição moderada seria a metade desse valor (i.e., 2,5). Essa é a quantidade de sobreposição entre os dois intervalos de confiança no lado esquerdo inferior da Figura 2.16. Basicamente, se os intervalos de confiança são do mesmo tamanho, então *p* = 0,05 é representado por uma sobreposição de aproximadamente um quarto do intervalo de confiança. Em um cenário mais provável com intervalos de confiança de tamanhos

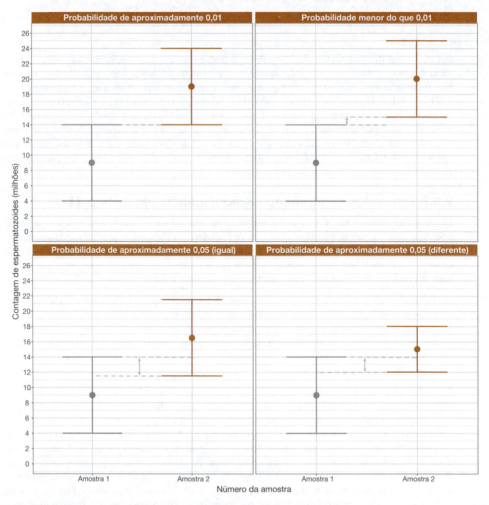

Figura 2.16 Relação entre intervalos de confiança e significância estatística.

diferentes, a interpretação da sobreposição seria mais difícil. No lado inferior direito da Figura 2.16, o intervalo de confiança para a amostra 1 novamente varia de 4 a 14, assim ele tem comprimento de 10 e uma ME de 5. Para a amostra 2, ele varia de 12 a 18; assim, a distância é de 6 e a ME é da metade desse valor, 3. A ME média é, portanto, (5 + 3)/2 = 4. Uma sobreposição moderada seria metade desse valor (i.e., 2) e é isso que temos na parte inferior direita da Figura 2.16: os intervalos de confiança se sobrepõem por dois 2 pontos na escala, o que equivale a um p de aproximadamente 0,05.

2.9.10 Tamanho da amostra e significância estatística ||||

Quando discutimos poder, vimos que ele está intrinsicamente ligado ao tamanho da amostra. Considerando que o poder é a habilidade de um teste de encontrar um efeito que genuinamente existe, e "encontramos" um efeito ao termos um resultado estatisticamente significativo (i.e., $p < 0,05$), existe também uma conexão entre o tamanho da amostra e o valor-p associado com a estatística de teste. Podemos mostrar essa conexão com dois exemplos. Aparentemente, ratos machos "cantam" para ratas fêmeas para tentar atraí-las como parceiras (Hoffmann, Musolf e Penn, 2012). Eu não estou certo do que eles cantam, mas eu gostaria de pensar que fosse *This mouse is on fire*, de AC/DC, ou talvez *Mouses of the Holy*, de Led Zeppelin, ou até mesmo *The mouse Jack built*, do Metallica. Provavelmente não é *Terror and hubris in the mouse of Frank Pollard*, do Lamb of God. Isso seria muito esquisito. De qualquer forma, muitos homens jovens já passaram um tempo imaginando a melhor maneira de atrair parceiras femininas. Assim, para ajudá-los, imagine que fizemos um estudo em que temos dois grupos de 10 jovens heterossexuais do sexo masculino; fazemos eles irem até uma mulher que acham atraente e conversar com ela (grupo 1) ou cantar uma música para ela (grupo 2). Nós medimos quanto tempo levou para que a mulher fugisse. Imagine que refizemos esse experimento, mas usando 100 homens heterossexuais em cada grupo desta vez.

A Figura 2.17 mostra os resultados desses dois experimentos. As estatísticas gerais dos dados são idênticas: em ambos os casos, o grupo "cantar" tinha uma média de 10 e um desvio-padrão de 3, e o grupo "conversar" tinha uma média de 12 e um desvio-padrão de 3. Lembre-se de que a única diferença entre os dois experimentos é que um coletou 10 escores por amostra e o outro, 100 escores por amostra.

Teste seus conhecimentos

Compare os gráficos da Figura 2.17. Qual o efeito produzido pela diferença no tamanho da amostra? Por que você acha que houve esse efeito?

Observe que, na Figura 2.17, as médias para cada amostra são as mesmas em ambos os gráficos, mas os intervalos de confiança são mais estreitos quando a amostra contém 100 escores do que quando ela contém somente 10 escores. Você pode pensar que isso é estranho já que eu disse que os desvios-padrão são os mesmos (i.e., 3). Relembremos como o intervalo de confiança é calculado: é a média mais ou menos 1,96 vez o erro-padrão. O erro-padrão é o desvio-padrão dividido pela raiz quadrada do tamanho da amostra (ver Equação 2.14); portanto, à medida que o tamanho da amostra fica maior, o erro-padrão (e, consequentemente, o intervalo de confiança) fica menor.

Vimos na seção anterior que se os intervalos de confiança das duas amostras têm o mesmo tamanho, então um valor-p de aproximadamente 0,05 é representado por uma sobreposição de aproximadamente um quarto do intervalo de confiança. Portanto, podemos ver que, mesmo que as médias e os desvios-padrão sejam idênticos em ambos os gráficos, o estudo que tem somente 10 escores não é significativo (as barras têm muita sobreposição; na verdade, $p = 0,15$), mas o estudo

88 Descobrindo a estatística usando o SPSS

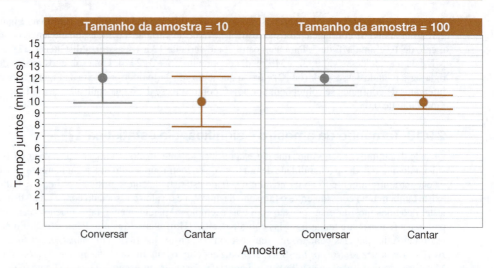

Figura 2.17 Gráfico mostrando intervalos de confiança com base em dois conjuntos de dados com as mesmas médias e desvios-padrão, mas com diferentes tamanhos de amostra.

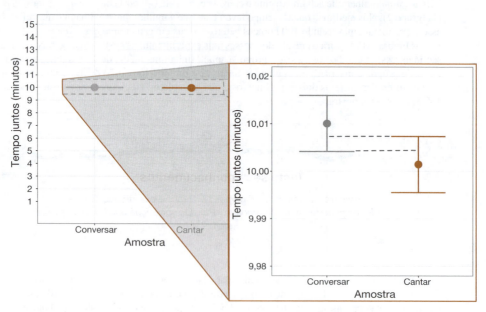

Figura 2.18 Uma diferença muito pequena entre as médias com base em um tamanho de amostra enorme (n = 1.000.000 por grupo).

que tem 100 escores por amostra apresenta uma diferença altamente significativa (as barras não se sobrepõem; para esses dados, $p < 0{,}001$). Lembre-se de que as médias e os desvios-padrão são *idênticos* nos dois gráficos, mas o tamanho da amostra afeta o erro-padrão e, por conseguinte, a significância.

Levando esse relacionamento ao extremo, podemos ilustrar que, com uma amostra grande o suficiente, mesmo uma diferença completamente insignificante entre as duas médias pode ser considerada significativa, com $p < 0{,}05$. A Figura 2.18 mostra essa situação. Dessa vez, o grupo "cantar" tem uma média de 10,00 ($DP = 3$), e o grupo "conversar" tem uma média de 10,01 ($DP = 3$): uma diferença de 0,01 – muito pequena, realmente. O gráfico principal parece estranho: as médias parecem idênticas e não há intervalos de confiança. Na verdade, os intervalos de confiança são tão estreitos que eles se fundem em uma linha. A figura também mostra uma imagem ampliada dos intervalos de confiança (note que, aplicando um *zoom*, o intervalo de valores do eixo vertical é de 9,98 a 10,02, então a amplitude dos valores na área aumentada é apenas 0,04). Como você pode ver, as médias amostrais são 10 e 10,01, como mencionados anteriormente,[13] mas, aplicando um *zoom*, podemos ver os intervalos de confiança. Note que os intervalos de confiança mostram uma sobreposição de aproximadamente um quarto, o que equivale a um valor de significância de aproximadamente $p = 0{,}05$ (para esses dados, o valor real do *p* é 0,044). Como é possível termos duas médias amostrais que são praticamente iguais (10 e 10,01) e termos os mesmos desvios-padrão, mas que são considerados significativamente diferentes? A resposta é, novamente, o tamanho da amostra: há 1 milhão de casos em cada amostra, portanto, os erros-padrão são muito pequenos.

Dicas da Ana Apressada
Teste de significância da hipótese nula

- O TSHN é um método muito difundido para avaliar teorias científicas. A ideia básica é de que temos duas hipóteses competindo: uma que diz que o efeito existe (a *hipótese alternativa*) e outra que diz que o efeito não existe (a *hipótese nula*). Calculamos uma estatística de teste que representa a hipótese alternativa e calculamos a probabilidade de obtermos um valor tão grande quanto o que observamos se a hipótese nula fosse verdadeira. Se essa probabilidade for menor do que 0,05, rejeitamos a ideia de que não existe um efeito, dizemos que fizemos uma descoberta *estatisticamente significativa* e fazemos uma festa. Se a probabilidade for maior do que 0,05, não rejeitamos a ideia de que não existe um efeito, dizemos que fizemos uma descoberta *não significativa* e ficamos tristes.

- Podemos cometer dois tipos de erro: podemos acreditar que existe um efeito quando, na verdade, não existe (um *Erro do tipo I*); e podemos acreditar que não existe um efeito quando, na verdade, existe (um *Erro do tipo II*).

- O poder de uma estatística de teste é a probabilidade de que ela irá encontrar um efeito quando um efeito existe.

- A significância de uma estatística de teste está diretamente ligada ao tamanho da amostra: o mesmo efeito terá valores-*p* diferentes em amostras de tamanhos diferentes; pequenas diferenças podem ser consideradas "significativas" em grandes amostras, e grandes efeitos podem ser considerados "não significativos" em pequenas amostras.

---

[13] A média do grupo "cantar" parece maior do que 10, mas isso é apenas porque aplicamos tanto *zoom* que o seu valor real de 10,00147 fica perceptível.

Esta seção fez duas observações importantes. Primeiro, o tamanho da amostra importa se a diferença entre amostras é considerada significativa ou não. *Em amostras grandes, pequenas diferenças podem ser significativas, e, em pequenas amostras, grandes diferenças podem não ser significativas.* Essa informação está relacionada ao poder: amostras grandes têm mais poder para detectar efeitos. Segundo, mesmo uma diferença de praticamente zero pode ser considerada "significativa" se o tamanho da amostra for grande o suficiente. Lembre-se de que as estatísticas de teste são efetivamente a razão entre o sinal e o ruído, e o erro-padrão é nossa medida do "ruído amostral". O erro-padrão é estimado a partir do tamanho da amostra e, quanto maior o tamanho da amostra, menor o erro-padrão. Portanto, amostras maiores têm menos "ruído", de modo que até um sinal muito pequeno pode ser detectado.

2.10 Relatando testes de significância

Na seção 1.9, vimos alguns princípios gerais para fazer o relatório dos dados. Agora que aprendemos um pouco sobre o ajuste de modelos estatísticos, podemos adicioná-lo a esses princípios orientadores. Aprendemos, neste capítulo, que podemos construir intervalos de confiança (geralmente de 95%) em torno de um parâmetro como a média. Um intervalo de 95% de confiança contém o valor da população em 95% das amostras, então se sua amostra está dentro desses 95%, o intervalo de confiança contém informações úteis sobre o valor da população. É importante dizer aos leitores o tipo de intervalo de confiança usado (p. ex., 95%) e, em geral, usamos o formato [*limite inferior, limite superior*] para apresentar os valores. Assim, se tivermos uma média de 30, e o intervalo de confiança varia de 20 a 40, podemos escrever M = 30, IC de 95% [20, 40]. Se estivermos relatando muitos intervalos de 95% de confiança, seria mais fácil declarar o nível no início dos nossos resultados e usar colchetes:

✓ Intervalos de confiança de 95% são relatados entre colchetes. As reações de medo foram maiores, M = 9,86 [7,41, 12,31] quando Fuzzy, o gato do Andy, usou uma língua humana falsa em comparação com quando ele não a usou, M = 6,58 [3,47, 9,69].

Vimos também que, quando ajustamos um modelo estatístico, calculamos uma estatística de teste e um valor-*p* associado a ela. Os cientistas normalmente concluem que um efeito (nosso modelo) é significativo se esse valor-*p* for menor do que 0,05. O estilo da APA é remover o zero antes da casa decimal (assim, você relata p = ,05 em vez de p = 0,05), mas, pelo fato de que muitos periódicos não seguem essa regra idiossincrática, eu não sigo neste livro essa regra da APA. Historicamente, as pessoas reportavam valores-*p* menores ou maiores do que 0,05. Eles escreviam coisas como:

✗ Reações de medo foram significativamente maiores quando Fuzzy, o gato do Andy, usou uma língua humana falsa em comparação a quando ele não usou, $p < 0,05$.

Se um efeito foi muito significativo (p. ex., se o valor-*p* foi menor do que 0,01 ou mesmo 0,001), eles usavam também esses dois critérios para indicar uma descoberta "muito significativa":

✗ O número de gatos que invadiram o jardim foi significativamente menor do que quando Fuzzy usou uma língua humana falsa se comparado a quando ele não a usou, $p < 0,01$.

De forma similar, efeitos não significativos seriam relatados da mesma maneira (note que desta vez o *p* é relatado como maior que 0,05):

✗ As reações de medo não foram significativamente diferentes quando Fuzzy usou uma máscara do David Beckham se comparado a quando ele não a usou, $p > 0,05$.

Antes dos computadores, fazia sentido usar esses critérios-padrão para relatar a significância porque era um pouco penoso calcular valores de significância exatos (ver Gina Gênia 3.1). Entretanto, os computadores facilitaram o cálculo dos valores-*p*; portanto, não temos desculpa para usar essas convenções. Devemos relatar valores-*p* exatos porque isso oferece ao leitor mais informações do que simplesmente saber que o valor-*p* foi menor ou maior do que um limite aleatório como 0,05. A exceção possível é o limiar de 0,001. Se encontrarmos um valor-*p* de 0,0000234, então, por causa do espaço e da sanidade de todos, seria razoável relatá-lo $p < 0,001$:

✓ Reações de medo foram significativamente maiores quando Fuzzy, o gato do Andy, usou uma língua humana falsa em comparação a quando não a usou, $p = 0,023$.
✓ O número de gatos que invadiram o jardim foi significativamente menor quando Fuzzy usou uma língua humana falsa se comparado a quando não a usou, $p = 0,007$.

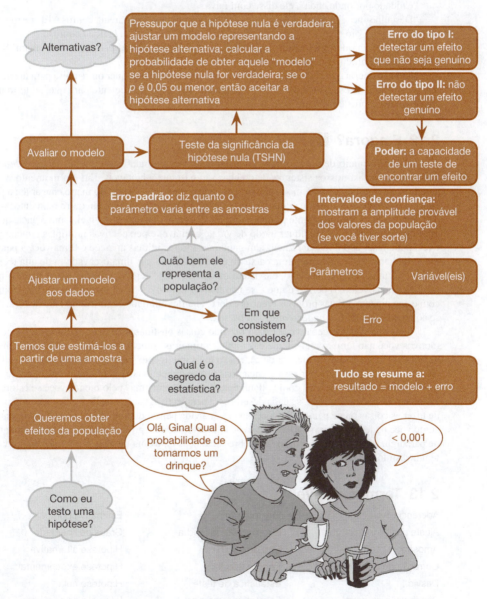

Figura 2.19 O que Caio aprendeu neste capítulo.

2.11 Caio tenta conquistar Gina ▌▐▐▐

Caio estava se sentindo um pouco desanimado após seu encontro com Gina. Ela mal dissera uma palavra. Era assim tão horrível estar perto dele? Por outro lado, ele estava gostando do livro que ela havia indicado. A coisa toda o estimulou a se concentrar mais durante as aulas de estatística. Talvez tenha sido isso o que ela queria.

Ele tinha visto Gina passeando pelo campus. Parecia que ela sempre carregava uma bolsa grande com ela. A bolsa parecia conter algo volumoso e pesado, a julgar pela sua postura. Ele se perguntava qual era o conteúdo da bolsa, enquanto sonhava acordado na praça do campus. Seus pensamentos foram interrompidos quando ele foi derrubado ao chão.

"Cuidado por onde anda", ele disse com raiva.

"Desculpe-me...", a mulher de cabelos escuros respondeu. Ela parecia confusa. Ela pegou sua bolsa enquanto Caio erguia os olhos e percebia que era Gina. Então *ele* ficou confuso.

Gina parecia querer expandir seu pedido de desculpas, mas as palavras não vinham. Seus olhos pareciam procurar pela frase certa.

Caio não queria que ela fosse embora, mas, na ausência de qualquer outra coisa para dizer, ele repetiu sua aula de estatística para ela. Foi estranho. Estranho o suficiente para que, ao terminar, ela desse de ombros e fugisse.

2.12 E agora? ▌▐▐▐

A creche foi o início de uma jornada educacional na qual ainda estou, várias décadas depois. Enquanto crianças, nossos sistemas de crenças são bastante adaptáveis. Em um momento, você acredita que os tubarões podem se miniaturizar, nadar em canos vindos do mar e chegar até a piscina em que você está antes de voltar ao seu tamanho natural e devorá-lo; em outro momento, você não acredita mais, simplesmente porque seus pais disseram que não é possível. Com 3 anos, qualquer hipótese é possível, qualquer modo de vida é aceitável e perspectivas múltiplas e incompatíveis podem ser acomodadas. Então, um bando de adultos idiotas aparece e força você a pensar mais rigidamente. De repente, uma caixa de papelão não é mais uma escavadeira de alta tecnologia, é só uma caixa de papelão, e existem modos de vida "certos" e "errados". À medida que você fica mais velho, o perigo é que – se não houver controle – você mergulhe em uma câmara com o eco gigante de suas próprias crenças e deixe sua flexibilidade cognitiva do lado de fora. Ah, se ao menos os tubarões *pudessem* se compactar...

Antes que você perceba, você estará fazendo coisas obstinadamente e seguindo regras cujos motivos você não lembra mais. Uma das minhas primeiras crenças era a de que meu irmão mais velho, Paul (mais sobre ele mais tarde...), era "o mais inteligente". Longe de mim colocar a culpa nas mãos de qualquer um por essa crença, mas provavelmente não ajudou muito os membros da minha família dizerem coisas como: "Paul é muito inteligente, mas pelo menos você se esforça". Como eu disse, com o tempo, se nada desafia essa perspectiva, você pode ficar preso em um modo de fazer as coisas ou de pensar. Se você passa a sua vida pensando que não é "o mais inteligente", como você pode mudar isso? Você precisa de algo inesperado e profundo para criar uma mudança de paradigma. O próximo capítulo fala sobre mudanças na forma de pensar em que os cientistas têm investido por muito tempo.

2.13 Termos-chave

Aderência	Erro-padrão	Estimativa pontual
Ajuste	Erro-padrão da média	Graus de liberdade
Amostra	Erro do tipo I	Hipótese alternativa
Correção de Bonferroni	Erro do tipo II	Hipótese experimental
Desvio	Estatística de teste	Hipótese nula
Distribuição amostral	Estimativa intervalar	Intervalo de confiança

Método dos mínimos quadrados
Mínimos quadrados ordinários
Modelo linear
Nível α
Nível β
Parâmetro
Poder
População
Taxa de erro de conjunto
Taxa de erro experimental
Teorema central do limite
Teste bilateral (bicaudal)
Teste unilateral (unicaudal)
Variação amostral

Tarefas da Alex Astuta

- **Tarefa 1**: Por que usamos amostras? ▮▮▮▮
- **Tarefa 2**: O que é a média e como percebemos se ela é representativa dos nossos dados? ▮▮▮▮
- **Tarefa 3**: Qual a diferença entre desvio-padrão e erro-padrão? ▮▮▮▮
- **Tarefa 4**: No Capítulo 1, usamos um exemplo do tempo necessário para 21 fumantes desabarem de uma esteira na velocidade mais rápida (18, 16, 18, 24, 23, 22, 22, 23, 26, 29, 32, 34, 34, 36, 36, 43, 42, 49, 46, 46, 57). Calcule o erro-padrão e o intervalo de confiança de 95% para esses dados. ▮▮▮▮
- **Tarefa 5**: O que a soma dos quadrados, a variância e o desvio-padrão representam? Como diferem uns dos outros? ▮▮▮▮
- **Tarefa 6**: O que é uma estatística de teste e o que ela nos diz? ▮▮▮▮
- **Tarefa 7**: O que são erros do tipo I e do tipo II? ▮▮▮▮
- **Tarefa 8**: O que é o poder estatístico? ▮▮▮▮
- **Tarefa 9**: A Figura 2.17 mostra dois experimentos que observam o efeito de cantar *versus* conversar na duração do tempo que uma mulher passaria com um homem. Em ambos os experimentos, as médias foram 10 (cantar) e 12 (conversar), os desvios-padrão em todos os grupos foram iguais a 3, mas os tamanhos dos grupos eram 10 no primeiro experimento e 100 no segundo. Calcule os valores dos intervalos de confiança exibidos na figura. ▮▮▮▮
- **Tarefa 10**: A Figura 2.18 mostra um estudo similar ao da tarefa 9, mas as médias eram 10 (cantar) e 10,01 (conversar), os desvios-padrão em ambos os grupos foram de 3, e cada grupo tinha 1 milhão de pessoas. Calcule os valores dos intervalos de confiança exibidos na figura. ▮▮▮▮
- **Tarefa 11**: No Capítulo 1, Tarefa 8, observamos um exemplo de quantos jogos eram necessários para um esportista atingir a "zona vermelha". Calcule o erro-padrão e o intervalo de confiança para aqueles dados. ▮▮▮▮
- **Tarefa 12**: Em um time rival ao que eu torço, eles mediram de forma similar o número de jogos consecutivos dos quais seus jogadores participaram antes de atingirem a zona vermelha. Os dados são: 6, 17, 7, 3, 8, 9, 4, 13, 11, 14, 7. Calcule a média, o desvio-padrão e o intervalo de confiança para esses dados. ▮▮▮▮

- **Tarefa 13**: No Capítulo 1, Tarefa 9, observamos a duração em dias de 11 casamentos de celebridades. Aqui está a duração, em dias, de oito casamentos, sendo um deles o meu e os outros sete de alguns dos meus amigos e familiares (duração até a data que estou escrevendo – i.e., 8 de março de 2012 com exceção de um casamento que durou 91 dias no total, que não é o meu, caso você esteja se perguntando): 210, 91, 3.901,1.339, 662, 453, 16.672, 21.963, 222. Calcule a média, o desvio-padrão e o intervalo de confiança para esses dados. ▌▐▐▐

    Respostas e recursos adicionais estão disponíveis no *site* do livro em **https://edge.sagepub.com/field5e**.

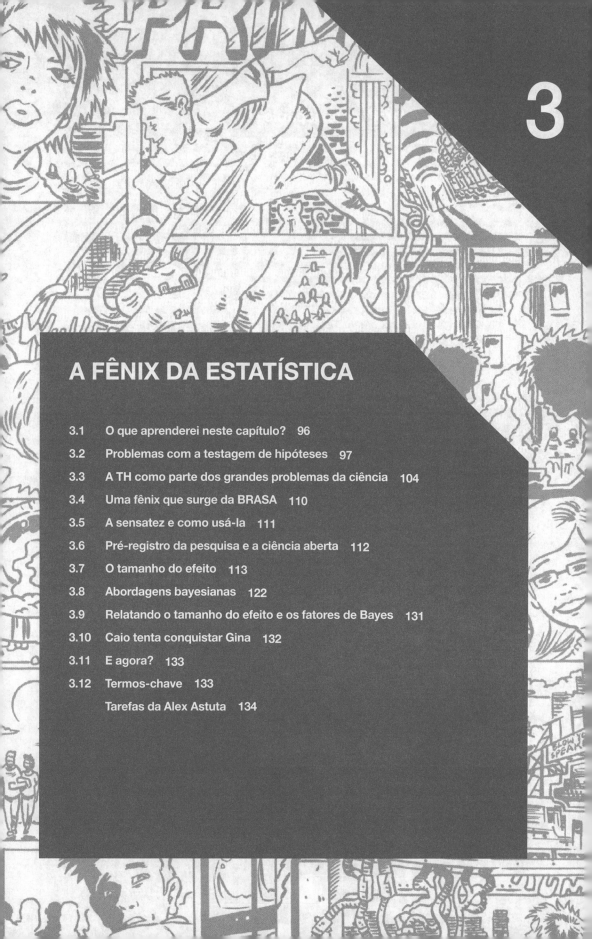

A FÊNIX DA ESTATÍSTICA

3.1 O que aprenderei neste capítulo? 96
3.2 Problemas com a testagem de hipóteses 97
3.3 A TH como parte dos grandes problemas da ciência 104
3.4 Uma fênix que surge da BRASA 110
3.5 A sensatez e como usá-la 111
3.6 Pré-registro da pesquisa e a ciência aberta 112
3.7 O tamanho do efeito 113
3.8 Abordagens bayesianas 122
3.9 Relatando o tamanho do efeito e os fatores de Bayes 131
3.10 Caio tenta conquistar Gina 132
3.11 E agora? 133
3.12 Termos-chave 133
Tarefas da Alex Astuta 134

3.1 O que aprenderei neste capítulo?

No final do capítulo anterior, me rendi à autopiedade e contei a vocês sobre como minha família achava que meu irmão Paul era "o mais inteligente". Talvez você esteja prevendo um episódio sobre como, no meu aniversário de 4 anos, eu presenteei os meus pais como uma máquina do tempo que tinha inventado (aprimorando a teoria da relatividade de Einstein no processo) e os convidei a fazer uma viagem anos no passado para que pudessem dar um tapa em seus "eus" do passado sempre que dissessem "Paul é o mais inteligente". Isso não aconteceu; outras consequências à parte, o encontro de meus pais consigo mesmos provavelmente causaria uma ruptura no espaço-tempo ou algo assim, e todos estaríamos interferindo nos universos paralelos uns dos outros. Isso, claro, seria divertido, se terminássemos em um universo paralelo onde a estatística não tivesse sido inventada.

Sendo um homem inglês, só existia uma maneira culturalmente apropriada de lidar com essas baixas expectativas familiares: a repressão emocional. Eu silenciosamente internalizei essa baixa expectativa sobre o meu intelecto como uma determinação profunda em provar que eles estavam errados. Se eu fosse um idiota esforçado, pensei, então poderia me esforçar para ser menos idiota? O plano iniciou devagar: eu me distraí praticando futebol e guitarra e babando em mim mesmo. Então, em algum momento durante a minha adolescência, quando o ressentimento tinha apodrecido como o conteúdo de uma lata de Surströmming*, levantei-me como uma fênix da estatística e me arrastei por 20 anos para obter um diploma, um doutorado, publicar toneladas de artigos, ganhar bolsas e escrever livros-texto. Se você fizer essas coisas o suficiente, finalmente você poderá chamar a si mesmo "professor", o que soa elegante, como se você fosse inteligente. "Quem é o mais inteligente agora?", pensei comigo, enquanto observava o meu irmão curtindo uma vida de consultoria, livre de problemas psicológicos relacionados ao estresse e ganhando muito mais dinheiro do que eu.

A questão é que eu me prendi a um padrão de pensamento no qual meu valor interior como um ser humano estava conectado ao sucesso acadêmico. Enquanto eu "tivesse sucesso", eu poderia justificar meu lugar neste valioso planeta. Eu investi nesse "hábito" por quase 40 anos. Como na testagem de hipóteses (TSHN) do capítulo anterior, eu encontrei um sistema, uma receita a ser seguida, que me recompensou. Eu pensei que precisava dessas conquistas, pois foi assim que me ensinaram a pensar, eu me definia de acordo com meu sucesso acadêmico porque eu tinha passado anos me avaliando pelo meu sucesso acadêmico. Eu nunca questionei o sistema, nem procurei suas fraquezas e muito menos busquei uma alternativa.

Figura 3.1 "Olá! Podemos te oferecer uma mudança de paradigma?"

*N. de T.T. Iguaria sueca que consiste em arenque do Báltico (*strömming* em sueco) enlatado e fermentado em salmoura.

Então, Zach e Arlo apareceram[1] e mudaram tudo. Existe algo no amor irresistível e incondicional que esses dois pequenos humanos evocam que revela a perda de tempo vazia e inútil que tem sido a minha carreira acadêmica. Os 20 anos de minha pesquisa fizeram sequer uma diferença minúscula para alguém em algum lugar do mundo? Não, é claro que não. O mundo estaria pior se eu nunca tivesse existido e escrito livros de estatística? Não, há muitas pessoas melhores do que eu na estatística. A minha família acha agora que eu sou mais inteligente do que meu irmão? Obviamente não. Eu achava que o meu "sistema" fosse me levar à verdade, mas sua lógica era falha. Olhando nos olhos de Zach e Arlo, vejo dois corações que se partiriam irrevogavelmente caso eu deixasse de existir. Se eu trabalhar 60 horas semanais "tendo sucesso", o mundo não vai se importar, mas dois garotos *certamente irão se importar* com o fato de mal verem o pai deles. Se eu escrever mais 100 artigos, o mundo não vai mudar, mas, se eu ler 100 histórias para Zach e Arlo, o mundo deles *será* melhor. Algumas pessoas fazem ciência que muda o mundo, mas eu não sou uma delas. Eu nunca serei um cientista incrível, mas *posso* ser um pai incrível.

Essa foi a minha mudança pessoal de paradigma, e este capítulo é sobre uma mudança estatística de paradigma. Afastaremo-nos do uso dogmático da testagem de hipóteses (TH, também chamada teste da significância da hipótese nula – TSHN) através da exploração das suas limitações e de como elas alimentam questões mais gerais da ciência. Descobriremos, então, algumas alternativas. É possível que este capítulo passe a impressão de que eu estou tentando afastá-lo da ciência falando sobre como ela é horrível. A ciência *é* incrível, sim, e acredito que grande parte dela é feita com esmero e por pessoas que se importam em descobrir a verdade; contudo, ela não é perfeita. Aqueles de vocês que não planejam ser cientistas precisam saber como examinar ou analisar um trabalho científico, de modo que, quando os políticos ou a mídia tentarem convencê-los de determinadas coisas utilizando a ciência, vocês tenham habilidade para interpretá-la com uma visão crítica, cientes do que pode ter influenciado os resultados e as conclusões. Muitos de vocês *querem* ser cientistas, e é por isso que este capítulo está aqui, porque a ciência precisa de vocês para melhorar. A cultura científica inútil não será derrubada por professores inflexíveis, mas pelas mentes brilhantes que virão. Falo da mente de vocês, porque vocês são melhores do que muitas coisas questionáveis que acontecem atualmente.

3.2 Problemas com a testagem de hipóteses ▮▮▮▮

Vimos no capítulo anterior que a TH é o método dominante para testar teorias utilizando a estatística. Ela é atraente porque oferece uma estrutura baseada em regras para decidir se devemos aceitar ou não uma hipótese. Ela também é interessante para ser ensinada, pois, mesmo se os estudantes não entenderem a lógica por trás do processo, a maioria deles conseguirá seguir a regra de que um $p < 0,05$ é um resultado "significativo", enquanto um $p > 0,05$ não o é. Ninguém gosta de errar, e a TH parece oferecer uma maneira fácil de distinguir a conclusão "correta" da "incorreta". Como confeiteiros tímidos, queremos fazer um bolo de frutas delicioso e não sermos atacados com ovos; por isso, seguimos cuidadosamente os passos da receita da TH. Infelizmente, quando você morde um bolo da TH, ele tem gosto de um desses tubarões fermentados que os islandeses enterram em pequenos buracos por 3 meses para maximizar o azedume.[2] Aqui estão duas citações sobre a TH que resumem exatamente como ela se assemelha a um tubarão em putrefação:

---

[1] Essa frase faz parecer um pouco como se eu tivesse aberto meu guarda-roupa em uma manhã e dois sorrisos atrevidos tivessem emergido da escuridão. Minha esposa certamente teria preferido essa forma de nascimento. Embora a chegada deles não tenha sido inesperada, sua infinita capacidade de derreter meu coração foi.

[2] Provavelmente eu não deveria recusar o *hákarl* antes de o provar, mas, se eu estiver na Islândia, eu vou usar em todos os momentos possíveis o argumento do vegetarianismo para não ter que comer isso. Peço desculpas aos leitores islandeses por ser um grande frouxo não viking. Também não tenho coragem de deixar crescer a barba e invadir outros países europeus.

A quase universal confiança em meramente refutar a hipótese nula é um erro terrível, é basicamente uma estratégia científica frágil e uma das piores coisas que já aconteceram na história da psicologia (Meehl, 1978, p. 817).

TSHN; eu resisti à tentação de chamá-lo Teste de Inferência de Hipóteses Estatísticas (Cohen, 1994, p. 997).

Esta seção varre as pedras, o cascalho e a areia para revelar a carcaça do tubarão em decomposição que é a TH. Nós momentaneamente nos sentiremos enjoados ao captar o cheiro de queijo misturado com urina antes de... OK, eu fui longe demais com essa história do tubarão, não é mesmo?

3.2.1 Equívocos sobre a significância estatística

Pessoas escreveram livros inteiramente dedicados aos problemas relacionados à testagem de hipóteses (p. ex., Ziliak e McCloskey, 2008), mas temos espaço apenas para falar disso superficialmente. Iniciaremos com três equívocos (nenhuma ordem em especial) sobre o que um resultado estatisticamente significativo (geralmente definido como p menor do que 0,05) permite que você conclua. Um bom artigo sobre equívocos da TH é o de Greenland e colaboradores (2016).

Equívoco 1: Um resultado significativo indica que o efeito é importante

Significância estatística não é a mesma coisa que importância estatística porque o valor-p a partir do qual determinamos a significância é afetado pelo tamanho da amostra (seção 2.9.10). Além disso, não se deixe enganar pela frase "estatisticamente significativo", porque efeitos sem importância e muito pequenos serão estatisticamente significativos se uma quantidade suficientemente grande de dados for coletada (Figura 2.18) e efeitos grandes e importantes poderão não aparecer se o tamanho da amostra for muito pequeno.

Equívoco 2: Um resultado não significativo quer dizer que a hipótese nula é verdadeira

Na verdade, não. Se o valor-p é maior que 0,05, você pode decidir rejeitar a hipótese alternativa,[3] mas isso não equivale à hipótese nula ser verdadeira. Um resultado não significativo nos diz apenas que o efeito não é grande o suficiente para ser encontrado (considerando o tamanho da nossa amostra), ele não significa que o tamanho do efeito é zero. A hipótese nula é um construto *hipotético*. Podemos presumir um efeito zero em uma população para calcular a distribuição de uma probabilidade sob a hipótese nula, mas não é razoável pensar que o efeito real seja zero com um número infinito de casas decimais. Mesmo se o efeito na população tivesse um tamanho de 0,000000001, que não é o mesmo que zero, em uma amostra grande o suficiente, esse efeito poderá ser detectado e considerado "estatisticamente significativo" (Cohen, 1990, 1994). Portanto, um resultado não significativo nunca deve ser interpretado como "nenhuma diferença entre as médias" ou "nenhuma relação entre as variáveis".

Equívoco 3: Um resultado significativo quer dizer que a hipótese nula é falsa

Errado novamente. Uma estatística de teste significativa é fundamentada em um raciocínio probabilístico, o que limita as conclusões que podemos tirar. Cohen (1994) aponta que o raciocínio formal se baseia em uma declaração inicial de um fato, seguida por uma declaração sobre o estado atual das coisas e uma conclusão inferida. Este silogismo ilustra o que ele quer dizer:

- Se *uma pessoa toca flauta*, então a pessoa não é *um membro da banda Iron Maiden*.
  - Essa pessoa é um membro da Iron Maiden.
  - Portanto, essa pessoa não toca flauta.

---

[3]Você não deveria fazer isso, pois seu estudo pode não ter poder suficiente; as pessoas, no entanto, fazem isso.

O silogismo começa com a declaração de um fato que permite que a conclusão final seja alcançada porque você pode negar que a pessoa toca flauta (o antecedente) negando que "não é um membro da banda Iron Maiden" (o consequente) seja verdadeiro. Uma versão comparável com a hipótese nula é:

- Se a *hipótese nula* é correta, então *este valor da estatística de teste* não pode ocorrer.
  - Este valor da estatística de teste ocorreu.
  - Portanto, a hipótese nula não é verdadeira.

Até aí tudo bem, exceto que a hipótese nula não é caracterizada por uma declaração de um fato como "se a hipótese nula for verdadeira, então a estatística de teste não pode ocorrer", em vez disso, ela reflete uma declaração probabilística tal como "se a hipótese nula é verdadeira, então o valor da estatística de teste é altamente improvável". Não iniciar com uma declaração de um fato atrapalha a lógica seguinte. O silogismo se torna:

- Se a *hipótese nula* for correta, então *é altamente improvável obter este valor da estatística de teste*.
  - O valor da estatística de teste ocorreu.
  - Portanto, a hipótese nula é altamente improvável.

Se, como acontece comigo, a lógica faz o seu cérebro latejar de forma desagradável, pode não ser óbvio por que o silogismo não faz sentido, então vamos convertê-lo em algo mais concreto substituindo a expressão "hipótese nula" por "a pessoa toca guitarra" e a frase "obter este valor da estatística de teste" por "a pessoa é um membro da banda Iron Maiden". Vamos ver o que obtemos:

- Se *a pessoa tocar guitarra* é verdade, então é altamente improvável que *a pessoa seja membro da banda Iron Maiden*.
  - A pessoa é membro da banda Iron Maiden.
  - Portanto, é altamente improvável *a pessoa tocar guitarra*.

Vamos dividir esse silogismo em partes. A primeira afirmação é verdadeira. Na Terra, há (mais ou menos) 50 milhões de pessoas que tocam guitarra, e somente três delas estão na banda Iron Maiden. Portanto, a probabilidade de alguém ser da banda Iron Maiden, dado que é guitarrista, é de aproximadamente 3/50 milhões ou 6×10^{-8}. Em outras palavras, é *bastante* improvável. As afirmações lógicas consequentes declaram que, considerando que alguém seja membro da banda Iron Maiden, é improvável que essa pessoa toque guitarra, o que é comprovadamente falso. A banda Iron Maiden tem seis membros, e três deles são guitarristas (sem incluir o baixo), então, dado que a pessoa seja membro da banda, a probabilidade de que toque guitarra é de 3/6 ou 0,5 (50%), que é um valor provável (não é improvável). Esse exemplo ilustra a falácia comum da TH.

Resumindo, embora a TH seja o resultado da tentativa de se encontrar um sistema que possa verificar qual de duas hipóteses concorrentes (a nula ou a alternativa) é mais provável de ser a correta, ela falha porque a significância do teste não fornece evidência em relação a nenhuma das hipóteses.

3.2.2 O pensamento do tudo ou nada ▮▮▮▮

Talvez o maior problema prático criado pela TH é que ela incentiva o pensamento dos extremos, do tudo ou nada: se $p < 0,05$, então um efeito é significativo, mas, se $p > 0,05$, ele não é. Um cenário que ilustra o ridículo dessa forma de pensar é ter dois efeitos a partir dos mesmos tamanhos amostrais, e um apresenta um valor-p de 0,0499 e o outro, de 0,0501. Se você usar a receita da TH, o primeiro será significativo, e o segundo, não. Você chegaria a conclusões completamente opostas com base em valores-p que diferem apenas por 0,0002. Se os demais valores forem iguais, esses valores-p refletiriam basicamente os mesmos tamanhos de efeito, mas as regras da TH encorajam as pessoas a considerá-los completamente opostos.

Não existe nada de mágico com o critério de $p < 0,05$, ele é meramente uma regra prática que se tornou popular por algumas razões arbitrárias (ver Gina Gênia 3.1). Quando esbocei o processo da TH (seção 2.9.3), disse que você deveria estabelecer um valor alfa que fosse relevante para a sua pergunta de pesquisa, mas que a maioria das pessoas acaba escolhendo o valor 0,05 sem refletir sobre o motivo por que está fazendo isso.

Vejamos como a natureza de receita pronta da TH nos encoraja a pensar como se as coisas fossem preto no branco e sobre como isso pode ser enganoso. Os estudantes geralmente têm muito medo da estatística. Imagine que um cientista alegou ter encontrado a cura para a ansiedade em relação à estatística: uma poção contendo suor de gambá, uma lágrima de um recém-nascido, uma colher de cerveja, saliva de gato e sorvete. Ele chamou essa substância de antiestatístico. Faça de conta que 10 pesquisadores fizeram um estudo no qual compararam os níveis de ansiedade de estudantes que tomaram o antiestatístico com aqueles que tomaram uma poção de placebo (água). Se o antiestatístico não funcionar, a diferença entre a média dos dois grupos deve ser aproximadamente zero (hipótese nula), mas, se funcionar, aqueles que tomaram o antiestatístico devem ser menos ansiosos do que os que tomaram o placebo (isso poderá ser observado através de uma diferença positiva entre os grupos). Os resultados dos 10 estudos são mostrados na Figura 3.2, juntamente com o valor-p de cada estudo.

Teste seus conhecimentos

Considerando o que você aprendeu até agora, qual das seguintes afirmações refletem o seu entendimento do antiestatístico?

a. A evidência é ambígua; precisamos de mais estudos.
b. Todas as diferenças médias mostram um efeito positivo do antiestatístico; portanto temos evidências consistentes de que o antiestatístico funciona.
c. Quatro dos estudos mostram um resultado significativo ($p < 0,05$), mas não os outros seis. Portanto, os estudos são inconclusivos: alguns sugerem que o antiestatístico é melhor do que o placebo, mas outros sugerem que não há diferença. O fato de que mais da metade dos estudos não mostrou um efeito significativo quer dizer que o antiestatístico (ao final) não teve mais sucesso em reduzir a ansiedade do que o controle.
d. Quero marcar a opção C, mas acho que é uma pergunta "pega-ratão".

Com base no que apresentei sobre a TH, você deve ter respondido C: apenas 4 dos 10 estudos têm resultado "significativo", o que não é uma evidência convincente quanto à eficácia do antiestatístico. Agora finja que você não sabe nada sobre a TH, observe os intervalos de confiança e pense sobre o que sabemos sobre sobreposição de intervalos de confiança.

Teste seus conhecimentos

Agora que você observou os intervalos de confiança, qual das afirmações anteriores refletem melhor sua opinião sobre o antiestatístico?

Espero que alguns de vocês tenham mudado de ideia e escolhido a opção B. Se você ainda estiver com a C, então me deixe convencê-lo do contrário. Primeiro, 10 de 10 estudos mostram um efeito positivo do antiestatístico (nenhuma das diferenças médias está abaixo de zero) e, embora algumas vezes o efeito positivo não seja "significativo", ele é consistentemente positivo. Os intervalos de confiança se sobrepõem substancialmente em todos os estudos, sugerindo uma coerência entre experimentos: todos eles produzem efeitos (potenciais) populacionais do mesmo tamanho.

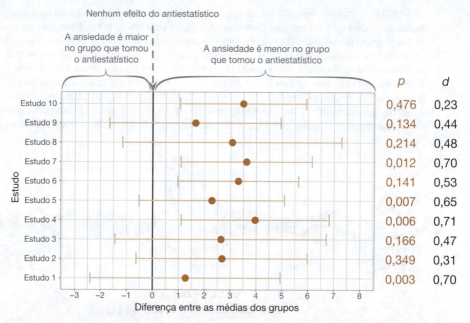

Figura 3.2 Resultados de 10 estudos diferentes que verificam a diferença entre duas intervenções. Os círculos mostram as diferenças médias entre os grupos.

Lembre-se de que o intervalo de confiança conterá o valor real da população em 95% das amostras. Veja o tamanho da porção de cada intervalo de confiança que está acima de zero nos 10 estudos: mesmo nos estudos em que o intervalo contém o zero (o que implica que o efeito pode ser zero), a maior parte da barra está acima de zero. Novamente, isso sugere uma evidência bastante consistente de que o valor populacional possa ser maior do que zero (i.e., o antiestatístico funciona). Portanto, olhar para os intervalos em vez de focar na significância permite vermos a consistência dos dados e não um grupo de resultados aparentemente conflitantes (com base na TH): em todos os estudos, o efeito do antiestatístico foi positivo, e, levando em conta todos os 10 estudos, há boas razões para se pensar que o efeito na população é plausivelmente maior do zero.

3.2.3 A TH é influenciada pelas intenções do cientista ▮▮▮▮

Outro problema é que as conclusões da TH dependem do que o pesquisador pretendia fazer antes de coletar os dados. Você pode se perguntar como um procedimento estatístico pode ser afetado pelas intenções do pesquisador. Eu me questionei sobre isso também e tive que fazer um esforço considerável para entender o motivo. Vamos nos lembrar de que, pressupondo que você escolheu um alfa de 0,05, a TH trabalha com o princípio de que você cometerá um Erro do tipo I em 5% de um número infinito de vezes em que você rejeitar a hipótese nula quando ela for verdadeira. O valor de alfa de 0,05 é uma probabilidade de longo prazo, isto é, ele é uma **probabilidade empírica**.

Uma probabilidade empírica é uma proporção de eventos que apresentam o resultado esperado em um conjunto de eventos indefinidamente grande (Dienes, 2011). Por exemplo, se você define o conjunto como todas as pessoas que já tenham comido tubarão islandês fermentado, então a probabilidade empírica de ter ânsia de vômito será a proporção de pessoas (que já comeram tubarão islandês fermentado) que tiveram ânsia de vômito. O ponto crucial é que a probabilidade se aplica ao conjunto e não a eventos individuais. Você pode falar que a probabilidade de ter ânsia de vômito é de 0,1 ao comer um tubarão putrefato, mas as pessoas que comeram o tubarão acabaram tendo ânsia de vômito ou não, então a probabilidade *individual* de ter ânsia foi de 0 (não tiveram ânsia) ou 1 (tiveram).

A TH é também baseada em probabilidades de longo prazo. A probabilidade alfa é geralmente fixada em 0,05 e é a probabilidade de se cometer um Erro do tipo I. Ela é uma probabilidade de longo prazo porque significa que, *ao longo de repetidos experimentos idênticos,* a probabilidade de se rejeitar a hipótese nula se fosse verdadeira é de 0,05. Essa probabilidade não se aplica a um estudo individual no qual você cometeu ($p = 1$) ou não cometeu ($p = 0$) um Erro do tipo I. A probabilidade β de um Erro do tipo II é, da mesma forma, uma probabilidade de longo prazo. Se você a fixar em 0,2, então, ao longo de um número infinito de experimentos idênticos, pode-se perder um efeito genuíno em 20% dos experimentos realizados. Contudo, em um estudo individual, a probabilidade não é de 0,2, mas sim 1 (você não identificou o efeito) ou 0 (você identificou o efeito).

Gina Gênia 3.1
Por que usamos 0,05? ▌▌▌▌

Já que o critério de 95% de confiança ou 0,05 de probabilidade é tão universal na TH, você esperaria uma justificativa sólida para usá-lo, não? Pense de novo. O mistério de como o critério 0,05 surgiu é complicado. Fisher acreditava que deveríamos calcular a probabilidade de um evento e avaliar essa probabilidade dentro do contexto da pesquisa. Embora Fisher acreditasse que $p = 0,01$ fosse uma evidência forte e talvez $p = 0,20$ fosse uma fraca, ele se opôs ao uso de uma hipótese alternativa mencionado por Neyman (entre outras coisas). Por outro lado, Neyman não aceitava a abordagem da probabilidade exata de Fisher (Berger, 2003; Lehmann, 1993). A confusão criada pela cisma entre Fisher e Neyman foi como um raio trazendo vida à TH: um filho bastardo das duas abordagens. Eu utilizo a palavra "bastardo" propositalmente.

Durante as décadas em que as ideias de Fisher e Neyman foram costuradas para formar um horrível Frankenstein, a probabilidade 0,05 obteve destaque. Provavelmente, o motivo foi que, antes da era computacional, os cientistas tinham que comparar suas estatísticas de teste com tabelas publicadas de "valores críticos" (não havia *softwares* para calcular probabilidades exatas). Esses valores críticos tiveram que ser calculados por pessoas excepcionalmente inteligentes como Fisher, que produziu tabelas desses valores, que estão em seu influente livro *Métodos Estatísticos para Pesquisadores* (Fisher, 1925).[4] Para economizar espaço, Fisher tabelou valores críticos para probabilidades específicas (0,05, 0,02 e 0,01). Esse livro teve um impacto monumental (para ter uma ideia de sua influência 25 anos após a publicação, ver Mather, 1951; Yates, 1951), e as tabelas de valores críticos foram amplamente usadas – até mesmo os rivais de Fisher (Neyman e Pearson) admitiram que as tabelas os influenciaram (Lehmann, 1993). Essa combinação desastrosa de pesquisadores confusos em relação às abordagens de Fisher e de Neyman-Pearson com a disponibilidade de valores críticos apenas para determinadas probabilidades criou a tendência de relatar estatísticas de teste consideradas significativas no formato (agora infame) $p < 0,05$ e $p < 0,01$ (porque esses eram os valores disponíveis nas tabelas). Apesar disso, Fisher acreditava que o uso dogmático de um nível fixo de significância era bobagem: "nenhum trabalhador científico tem um nível fixo de significância no qual, de ano para ano, e em todas as circunstâncias, ele rejeita hipóteses; ele prefere se dedicar a cada caso específico à luz de suas evidências e de suas ideias" (Fisher, 1956).

---
[4]Você pode ler o texto *online* em http://psychclassics.yorku.ca/Fisher/Methods/.

Imagine que a hipótese nula é verdadeira e que não há um efeito para ser detectado. Vamos imaginar também que você endoidou e realizou 1 milhão de replicações idênticas de um experimento projetado para avaliar tal efeito. Em cada replicação, você calculou uma estatística de teste t_0 (Kruschke, 2013) que surgiu da hipótese nula. Você obteve, então, 1 milhão de valores para t_0. Isso, contudo não satisfez sua sede por replicações, e você calcula outra estatística de teste-t. Você deseja um valor-p para essa nova estatística teste e, assim, você utilizou seu 1 milhão de valores anteriores de t_0 para determinar um. O valor-p resultante é uma probabilidade de longo prazo: ela é a frequência relativa do valor de t mais recentemente observado em comparação com o 1 milhão de valores anteriores de t_0.

Esse detalhe é importante, então vamos escrevê-lo novamente: o valor-p é a probabilidade de se obter uma estatística de teste pelo menos tão grande quanto a probabilidade observada em relação a todos os valores possíveis de *um número infinito de replicações idênticas do experimento*. Da mesma maneira que a probabilidade de ter ânsia de vômito depois de comer tubarões em decomposição é determinada através da observação da proporção de pessoas que tiveram ânsia em um grupo de pessoas que comeram tubarões em putrefação, o valor-p é a frequência da estatística de teste observada relativamente a todos os possíveis valores que podem ser observados *em um conjunto de experimentos idênticos*. Isso é o que efetivamente acontece quando você calcula um valor-p, exceto que (felizmente) você não precisa realizar um milhão de experimentos, em vez disso, utilizamos o computador.

A regra para a tomada de decisão mais usada é que, se a probabilidade de longo prazo (o valor-p) é menor do que 0,05, ficamos inclinados a acreditar que a hipótese nula não é verdadeira. Novamente, essa regra é uma probabilidade de longo prazo: ela irá manter a taxa de Erro do tipo I em 5% em um conjunto indefinido de replicações idênticas de um experimento. De forma similar, se a taxa de Erro do tipo II for definida em 0,2, esse erro será mantido em 20% em um conjunto indefinido de replicações do experimento. Essas duas probabilidades são fixadas antes da coleta de dados para determinar o tamanho de amostra necessário para detectar o efeito de interesse (seção 2.9.3). Os cientistas coletam dados até que eles tenham um determinado número de observações; ao fazer isso, o valor-p representa a frequência relativa da estatística de teste observada em relação a todos os valores-t_0 que podem ser observados no conjunto dos experimentos idênticos realizados com *exatamente o mesmo procedimento amostral* (Kruschke, 2010a, 2013).

Imagine que, antes do experimento, você quer coletar dados de 100 pessoas, mas quando começa a coleta você descobre que conseguirá apenas 93 pessoas dispostas a participar. A sua decisão tomada antes do início do experimento teve por base 100 pessoas. Então, o valor-p que você quer calcular também deve ser baseado em 100 pessoas. Em outras palavras, você quer obter a frequência relativa da estatística de teste observada em relação a todas as estatísticas de teste que poderiam ser obtidas no conjunto dos experimentos idênticos que visavam obter 100 observações. Portanto, você deveria calcular o valor-p tendo como base 100 participantes. Contudo, você só tem 93, então você acaba de calcular um valor-p com base em graus de liberdade para 93 participantes. Esse é um valor-p errado, pois você acaba computando a frequência relativa da sua estatística de teste comparada com todos os t_0 possíveis em experimentos de tamanho 93, mas o que você se propôs a fazer foi comparar a sua estatística teste com todas as possíveis combinações de experimentos com amostras de tamanho 100. O espaço dos possíveis t_0 está sendo influenciado por uma variável arbitrária que é a *disponibilidade de participantes* em vez de se ater ao plano amostral original (Kruschke, 2013). Em resumo, sua regra de decisão mudou em função da coleta de dados – isso se equivale a mudar a sua previsão depois de ter feito a aposta (relembre Gina Gênia 2.4). O valor-p que você precisa nesse cenário deve ser calculado a partir da frequência relativa da estatística de teste observada comparada com todos os possíveis t_0 do conjunto de experimentos em que a intenção era a de coletar 100 participantes, mas (por alguma razão em seu experimento) somente 93 pessoas estavam disponíveis. Esse valor-p é muito idiossincrático para ser calculado.

Os pesquisadores às vezes utilizam outras regras de coleta de dados que não um tamanho de amostra predeterminado. Por exemplo, eles podem estar interessados em coletar dados durante um tempo específico em vez de até um tamanho amostral específico (Kruschke, 2010b). Imagine que você colete dados por uma semana. Se você repetisse esse experimento muitas vezes, você obteria diferentes tamanhos de amostras porque é improvável que sempre seja obtido o mesmo número de participantes durante várias semanas. Assim, seu valor-p precisa ser a probabilidade de longo prazo de sua estatística de teste observada em relação a todas as possibilidades de t_0 a partir de experimentos idênticos nos quais os dados foram coletados durante 1 semana. No entanto, o valor-*p* que é calculado pelo seu pacote de *software* favorito não será essa frequência relativa: ele será a frequência relativa da sua estatística de teste observada em relação a todos os possíveis t_0 de experimentos idênticos com o mesmo tamanho de amostra que a sua e *não* com a mesma *duração* da coleta de dados (Kruschke, 2013).

Esses cenários ilustram dois esquemas diferentes para a coleta de dados: coletar certo número de valores *ou* coletar dados por um determinado período de tempo. O valor-*p* resultante para esses dois esquemas será diferente, porque um será embasado pelos t_0 de replicações que utilizem o mesmo tamanho de amostra enquanto o outro será embasado em t_0s de replicações que utilizem a mesma duração de coleta de dados. Dessa forma, o valor-*p* é afetado pela intenção do pesquisador.

3.3 A TH como parte dos grandes problemas da ciência ▮▮▮▮

Existem consequências diretas associadas aos problemas que acabamos de ver. Por exemplo, as consequências dos equívocos da TH são que os cientistas superestimam a importância dos seus efeitos (equívoco 1), ignoram os efeitos que eles acreditam erroneamente que não existam "pois não rejeitaram a hipótese nula" (equívoco 2) e procuram efeitos que acreditam erroneamente que existam por causa da "rejeição da hipótese nula" (equívoco 3). Considerando que muitos estudos científicos são utilizados para informar as áreas da política e da prática, as consequências reais podem ser coisas como o desenvolvimento de tratamentos que, na verdade, têm eficácia mínima ou o não desenvolvimento daqueles que têm potencial. A TH também possui um papel em questões mais amplas da ciência.

Para entender o porquê, faremos uma viagem pelo submundo da ciência. A ciência deve ser objetiva e deve ser dirigida, acima de tudo, pelo desejo genuíno de descobrir verdades sobre o mundo. Ela não deveria ser egoísta, pelo menos não se isso atrapalhar a busca pela verdade. Infelizmente, os cientistas competem por recursos escassos para realizar o seu trabalho: o financiamento das pesquisas, empregos, espaços de laboratórios, tempo dos participantes e assim por diante. É fácil obter esses recursos escassos se você for "bem-sucedido", e ter "sucesso" está relacionado à TH (como veremos). Além disso, cientistas não são robôs sem emoção (sério!), mas são pessoas que, em sua maior parte, passaram a vida toda tendo sucesso em atividades acadêmicas (notas na escola, na faculdade, etc.). Eles também trabalham em lugares onde estão rodeados de pessoas inteligentes e "bem-sucedidas" e provavelmente não querem ser conhecidas como o "Professor Maluco cujas experiências nunca funcionam". Antes de você revirar os olhos e me chamar de reclamão, saiba que não quero compaixão, mas me sinto inferior às pessoas que recebem mais investimentos, que publicam artigos melhores e que têm programas de pesquisas mais inovadores. Acredite em mim. O que isso tem a ver com o TH? Vamos descobrir.

3.3.1 Estruturas de incentivo e viés de publicação ▮▮▮▮

Imagine que duas cientistas, Beth e Danielle, estão interessadas na psicologia de pessoas com pontos de vista extremos. Se você já passou tempo nas redes sociais, é provável que você tenha encontrado este tipo de cenário: alguém expressa uma opinião, alguém responde com um insulto seguido de uma visão completamente diferente, e disso segue uma troca inútil e vil de mensagens em que nenhuma pessoa consegue convencer a outra sobre sua posição. Beth e Danielle querem saber se pessoas com opiniões extremas literalmente conseguem ver áreas de cor cinza. Elas montam um teste no qual os participantes veem palavras exibidas em vários tons de cinza e, para cada palavra, tentam determinar sua cor clicando em um ponto de uma escala de cinza, que varia do branco ao preto. Danielle descobre que participantes politicamente moderados são significativamente mais precisos (os tons de cinza que eles escolheram estão mais próximos da cor real da palavra) do que os participantes com visões políticas radicais (à esquerda ou à direita). Beth não encontrou diferenças significativas entre os grupos com diferentes opiniões políticas (Pesquisa Real do João Jaleco 3.1).

Quais são as consequências para as nossas duas cientistas? Danielle tem um resultado interessante, surpreendente e que será bem aceito pela mídia; ela escreve o artigo e envia para um periódico para ser publicado. Beth não tem um resultado tão atraente, mas, sendo uma pessoa positiva que confia no rigor com que foi feito o seu estudo, ela decide também publicá-lo. As chances são de que o artigo da Danielle seja publicado, mas o de Beth não, porque descobertas significativas têm cerca de sete vezes mais chances de serem publicadas do que as não significativas (Coursol e Wagner, 1986). Esse fenômeno é conhecido como de **viés de publicação**. Na minha própria área, a psicologia, mais de 90% dos artigos de periódicos relatam resultados significativos (Fanelli, 2010b, 2012). Esse viés é impulsionado em parte por revisores e editores que rejeitam artigos com resultados não significativos (Hedges, 1984) e, em parte, por cientistas que não submetem artigos com resultados não significativos porque sabem que existe esse viés editorial (Dickersin, Min e Meinert, 1992; Greenwald, 1975).

Retomando o caso de Danielle e Beth e supondo que elas são iguais em todos os outros aspectos, Danielle agora tem um currículo melhor do que o de Beth: ela será uma candidata com mais chances de obter empregos, financiamento para pesquisas e promoções internas. O estudo de Danielle não foi diferente do de Beth (exceto pelos resultados), mas as portas agora estão um pouco mais abertas para Danielle. O efeito de um único artigo pode não ser tão grande, mas, com o tempo e ao longo de várias pesquisas, pode ser a diferença entre uma carreira "bem-sucedida" e uma "malsucedida".

As estruturas de incentivo atuais da ciência são individualistas e não coletivas. Indivíduos são recompensados por pesquisas "bem-sucedidas" que podem ser publicadas e podem, portanto, formar um bom currículo para solicitar financiamento ou estabilidade no emprego (*tenure*); o "sucesso" é, portanto, definido em grande parte pela significância dos resultados. Se a carreira de uma pessoa como cientista depende de resultados significativos, ela pode se sentir pressionada a obter resultados significativos. Nos Estados Unidos, cientistas de instituições que publicam em grande quantidade têm maior probabilidade de publicar resultados que apoiem suas hipóteses (Fanelli, 2010a). Considerando que uma boa proporção de hipóteses deveria estar errada e que essas hipóteses erradas devem estar distribuídas entre pesquisadores e instituições, o trabalho de Fanelli implica que aqueles que trabalham em ambientes com alta pressão do tipo "publicar ou perecer" apresentam hipóteses erradas menos frequentemente. Uma explicação é que ambientes com muita pressão atraem melhores cientistas que elaboram hipóteses de melhor qualidade, mas uma alternativa é que as estruturas acadêmicas de incentivo encorajam as pessoas em ambientes de alta pressão a trapacearem mais. Contudo, os cientistas não fariam isso.

3.3.2 Graus de liberdade do pesquisador ▌▌▌▌

Assim como os revisores e editores tendem a rejeitar artigos que relatam resultados não significativos, e os cientistas tendem a não os submeter, existem outras maneiras pelas quais os cientistas contribuem para o viés de publicação. A primeira é relatar seletivamente seus resultados para se concentrar em descobertas significativas e excluir as não significativas. Em um cenário extremo, isso poderia implicar não incluir detalhes de outros experimentos que tiveram resultados que contradizem a descoberta significativa. A segunda é que os pesquisadores podem aproveitar os **graus de liberdade do pesquisador** (Simmons, Nelson e Simonsohn, 2011) para mostrar seus resultados da forma mais favorável possível. Os "graus de liberdade do pesquisador" referem-se ao fato de que um cientista tem muitas decisões para tomar ao delinear e analisar um estudo. Já vimos algumas decisões relacionadas à TH que podem ser retomadas aqui: o erro alfa, o poder e o número de participantes de que os dados devem ser coletados. Há muitos outros, no entanto: que modelo estatístico deve ser ajustado, como lidar com valores atípicos, quais variáveis de controle devem ser levadas em conta, quais medidas usar e assim por diante. Concentrando-se apenas na análise, quando 29 equipes de pesquisa diferentes responderam a uma mesma pergunta de pesquisa (os árbitros de futebol estão mais propensos a dar cartões vermelhos para jogadores com pele escura do que para aqueles com pele clara?) utilizando o mesmo conjunto de dados, 20 equipes encontraram um efeito significativo, enquanto as outras nove não. Houve também uma grande variedade de modelos analíticos que as equipes usaram para abordar a pergunta

Pesquisa Real do João Jaleco 3.1
Graus de liberdade do pesquisador: um balde de água fria

No texto principal, apresentei Beth e Danielle, que realizaram um estudo em que pessoas de diferentes opiniões políticas julgaram a tonalidade de cinza de palavras. O estudo de Danielle mostrou um efeito significativo, o de Beth não. Essa história é verdadeira, mas os pesquisadores eram chamados Brian, Jeffrey e Matt (Nosek, Spies e Motyl, 2012). A primeira vez em que realizaram o estudo ($N = 1.979$), como Danielle, eles encontraram um efeito significativo com um valor-p de 0,01. Embora o estudo tenha testado uma hipótese baseada em teorias, o resultado os surpreendeu. Eles recentemente haviam lido sobre os graus de liberdade do pesquisador e estavam cientes de que o tamanho da amostra era grande o suficiente para detectar até mesmo um efeito muito pequeno. Então, em vez de tentarem publicar o estudo, eles o replicaram. Na replicação ($N = 1.300$), como o estudo da Beth, o efeito esteve longe de ser significativo ($p = 0,59$). Embora a replicação não exclua completamente um efeito genuíno, isso sugere que ninguém deve ficar muito empolgado antes que haja mais evidências. Nosek e seus colegas fizeram a coisa certa: em vez de se apressarem para publicar a descoberta inicial, eles aplicaram bons princípios de pesquisa para verificar o efeito. Eles fizeram isso mesmo que, se tivessem se apressado para publicar um achado tão surpreendente e notável, certamente teriam melhorado suas carreiras tanto pela publicação quanto pela atenção da mídia. Tirando o melhor proveito da situação, eles usaram a história em um artigo e mostraram como a pressão de publicação sobre os cientistas não é boa para a ciência.

(Silberzahn e Uhlmann, 2015; Silberzahn et al., 2015). Esses graus de liberdade do pesquisador podem ser utilizados, por exemplo, para excluir casos e tornar o resultado significativo.

Fanelli (2009) reuniu dados[5] de 18 estudos publicados que continham investigações sobre práticas de pesquisa questionáveis e descobriu que, em todos os estudos, 1,97% dos cientistas que relataram seus comportamentos admitiu fabricar ou falsificar dados ou alterar conclusões para melhorar o resultado. Essa é uma quantia pequena, mas 9,54% estudos permitiram outras práticas questionáveis e houve taxas mais altas para coisas como abandonar observações com base em uma intuição (15,3%), usar delineamentos de pesquisa inapropriados (13,5%), não publicar os resultados principais (12,1%), deixar que os financiadores da indústria escrevessem o primeiro rascunho do relatório (29,6%) ou influenciassem quando o estudo fosse encerrado (33,7%). As duas últimas práticas são importantes porque as empresas que financiam pesquisas geralmente têm conflitos de interesses com os resultados e, portanto, podem alterá-los ou encerrar a coleta de dados antes ou depois do planejado, de acordo com suas intenções. Os planos para a coleta de dados devem ser determinados antes do estudo e não ajustados durante o processo. As porcentagens relatadas por Fanelli quase certamente são subestimadas porque os cientistas estavam relatando seus próprios comportamentos e, dessa forma, admitindo realizar atividades que prejudicariam sua credibilidade. Fanelli também analisou estudos em que cientistas relataram o comportamento

---

[5]Utilizando algo denominado metanálise, que será apresentada mais tarde neste capítulo.

de *outros cientistas*. Ele descobriu que, em média, 14,12% tinham declarado fabricar ou falsificar dados ou alterar os dados para melhorar o resultado, e, em média, 28,53% relataram outras práticas questionáveis. Fanelli detalha as taxas de resposta em relação às práticas de pesquisa específicas mencionadas nos estudos que ele analisou.[6] Vale ressaltar que houve altos índices de cientistas dizendo que estavam cientes de que outros não relataram dados contrários em artigos (69,3%), optaram por uma técnica estatística que proporcionou um desfecho mais favorável (45,8%), relataram apenas resultados significativos (58,8 %) e excluíram dados com base em intuição (20,3%).

Práticas de pesquisa questionáveis não são necessariamente culpa da TH, mas a TH alimenta as tentações promovendo o raciocínio preto e branco, em que resultados significativos levam a recompensas pessoais maiores do que os não significativos. Por exemplo, depois de passar meses trabalhando muito no planejamento de um projeto e coletando dados, é fácil imaginar que se sua análise apresentar um valor-*p* de 0,08 difícil de publicar, pode ser tentador alterar suas decisões de análise para ver se o seu valor-*p* fica abaixo do limiar de 0,05, que é mais fácil de ser publicado. Isso cria ruído científico.

3.3.3 *p-hacking* e *HARKing* ▌▌▌▌

Praticar ***p-hacking*** (Simonsohn, Nelson e Simmons, 2014)[7] e levantar hipóteses depois de conhecer os dados, ou ***HARKing***, (Kerr, 1998) são graus de liberdade do pesquisador que se relacionam estreitamente com a TH. O *p-hacking* se refere aos graus de liberdade do pesquisador que levam ao relato seletivo de valores-*p* significativos. É um termo amplo que engloba algumas das práticas que já apresentamos como a de tentar múltiplas análises e relatar apenas aquela que produz resultados significativos, decidir parar de coletar dados antes de atingir o tamanho predeterminado da amostra (fixada antes da coleta dos dados) e incluir (ou não) dados com base no efeito que eles têm sobre o valor-*p*. O termo também abrange práticas como incluir (ou excluir) variáveis em uma análise a partir de como essas variáveis afetam o valor-*p*, avaliar múltiplas variáveis de *resultado* ou *previsoras*, mas relatar apenas aquelas para as quais os efeitos são significativos, mesclar grupos de variáveis ou de escores para produzir resultados significativos e transformar ou manipular pontuações para produzir valores-*p* significativos. O *HARKing* refere-se à prática, em artigos de pesquisa, de apresentar uma hipótese que foi feita *após* a coleta dos dados como se tivesse sido feita *antes* da coleta.

Vamos voltar para Danielle, a pesquisadora interessada em saber se a percepção de tons de cinza diferia entre os grupos de pessoas extremistas. Imagine que ela registrou não apenas a visão política dos seus participantes, mas também várias outras variáveis sobre o estilo de vida e a personalidade, tais como o tipo de música que gostam, a disposição para novas experiências, o quão organizados e arrumados são, vários questionários sobre a saúde mental medindo coisas diferentes, sexo biológico, gênero, orientação sexual, idade e assim por diante. Você captou a ideia. No final da coleta de dados, Danielle mede a precisão com que os participantes percebem as cores das palavras cinza e, digamos, outras 20 variáveis. Ela faz 20 análises diferentes para ver se cada uma das 20 variáveis prevê a percepção da cor cinza. A única variável significativa para prever os tons de cinza é o "grupo político", então ela relata esse efeito e não menciona as demais 19 análises que realizou. Isso é *p-hacking*. Ela então tenta explicar para si mesma o que encontrou analisando a literatura sobre personificação (a conexão entre mente e corpo) e decide que os resultados podem ser devidos à ideia de que a percepção da cor cinza seja uma "personificação" do extremismo político. Quando ela escreve o relatório, ela finge que a motivação para o estudo foi testar uma hipótese sobre a personificação de visões políticas. Isso é *HARKing*.

---

[6]Veja a Tabela S3 no material suplementar do artigo (http://journals.plos.org/plosone/article?id=10.1371/journal.pone.0005738).

[7]Simonsohn e colaboradores cunharam o termo '*p-hacking*', mas o relato seletivo e a realização de múltiplas análises para obter significância são problemas antigos que foram nomeados de várias formas, como *pesca, coleta seletiva, bisbilhotar dados, mineração de dados, mergulho em dados, relato seletivo e caça de significância* (De Groot, 1956/2014; Pierce, 1878). Ainda assim, eu me divirto com a imagem de um cientista maluco que fica tão obcecado na busca de um valor-*p* menor do que 0,05 que ataca o seu computador com um facão.

O exemplo anterior ilustra que *HARKing* e *p-hacking* não são mutuamente exclusivos: uma pessoa pode cometer *p-hacking* para encontrar um resultado significativo e, então, cometer *HARKing*. Se você é um comediante tão ruim que tivesse que escrever livros de estatística para sobreviver, poderia chamar isso de *p-harking*.

Tanto o *p-hacking* quanto o *HARKing* burlam o sistema da TH (explicado na seção 2.9.3). Em ambos os casos, isso significa que você não está controlando a taxa de Erro do tipo I (porque está se desviando do processo que garante que ela seja controlada) e, portanto, você não tem ideia de quantos Erros do tipo I acontecerão ao longo do tempo (embora seja certamente mais de 5%). Você estará diminuindo a probabilidade de que suas descobertas sejam replicadas. Mais importante, é moralmente duvidoso colocar resultados espúrios, ou ruído científico, no domínio público. Isso desperdiçará tempo e dinheiro de muitas pessoas.

Os cientistas analisaram se há evidências de *p-hacking* na ciência. Eles usaram diferentes abordagens para o problema, mas, em termos gerais, eles se concentraram em contrastar a distribuição dos valores-*p* que você esperaria obter se o *p-hacking* não existisse com as distribuições que você esperaria observar se ele acontecesse. Para simplificar, um exemplo é extrair os valores-*p* relatados em uma série de estudos sobre um tópico, ou dentro de uma disciplina, e representar graficamente suas frequências. A Figura 3.3 reproduz alguns dos dados de Masicampo e Lalande (2012), que extraíram os valores-*p* relatados em 12 edições de três periódicos de psicologia de destaque. A linha mostra uma **curva *p***, que é o número de valores-*p* que você esperaria obter para cada valor-*p*. Nesse artigo, a curva *p* foi derivada dos dados; foi um resumo estatístico dos valores-*p* que eles extraíram dos artigos e mostra que valores-*p* menores são mais frequentemente relatados (à esquerda da figura) do que maiores, não significativos (à direita da figura). Você esperaria isso por causa da tendência a publicar resultados significativos. Você também pode calcular curvas *p* com base na teoria estatística, em que a curva é afetada pelo tamanho do efeito e pelo tamanho da amostra, mas que apresenta uma forma característica (Simonsohn et al., 2014). Quando não há efeito (tamanho do efeito = 0), a curva é plana: todos os valores-*p* são igualmente prováveis. Para tamanhos de efeito maiores que 1, a curva tem uma forma exponencial, que parece similar à curva na Figura 3.3, porque valores-*p* menores (refletindo resultados mais significativos) ocorrem mais frequentemente do que valores-*p* maiores (refletindo resultados menos significativos).

Os pontos na Figura 3.3 são valores-*p* relatados que Masicampo e Lalande (2012) extraíram de um periódico chamado *Psychological Science*. Observe que os pontos geralmente estão próximos da linha: isto é, a frequência dos valores-*p* informados corresponde à previsão do modelo (a linha). A parte interessante desse gráfico (sim, existe uma) é a coluna sombreada, que mostra valores-*p* logo abaixo do limite de 0,05. O ponto nessa parte do gráfico está muito acima da linha. Isso mostra que há muito mais valores-*p* no limiar de 0,05 relatados nesse periódico do que esperaríamos com base no modelo. Masicampo e Lalande argumentam que isso mostra o *p-hacking*: os pesquisadores estão utilizando práticas para empurrar seus valores-*p* abaixo do limite de significância, e é por isso que esses valores estão representados em grande número na literatura publicada. Outros autores utilizaram análises similares para replicar essa descoberta na psicologia (Leggett, Thomas, Loetscher e Nicholls, 2013) e na ciência de forma mais geral (Head Holman, Lanfear, Kahn e Jennions, 2015). A análise das curvas *p* procura por *p-hacking* examinando valores relatados nos artigos estudados. Frequentemente, esse processo é automatizado e usa um computador para pesquisar artigos de periódicos e extrair qualquer coisa que se pareça com um valor-*p*.

Outra abordagem se concentra em valores-*p* de estudos específicos que relatam múltiplos experimentos. A lógica aqui é que, se o cientista relata, digamos, quatro estudos que examinam o mesmo efeito, eles podem escolher, com base no efeito sendo mensurado e no tamanho da amostra, que probabilidade será utilizada para se ter um resultado significativo nos quatro estudos. Uma probabilidade baixa quer dizer que é altamente improvável que o pesquisador tenha obtido esses resultados: eles são "bons demais para ser verdade" (Francis, 2013). A implicação é que o *p-hacking* ou outro comportamento duvidoso tenha ocorrido. Pesquisas que utilizam **testes de excesso de sucesso** também encontram evidências de *p-hacking* na psicologia, epigenética e na ciência em geral (Francis, 2014a, 2014b; Francis, Tanzman e Matthews, 2014).

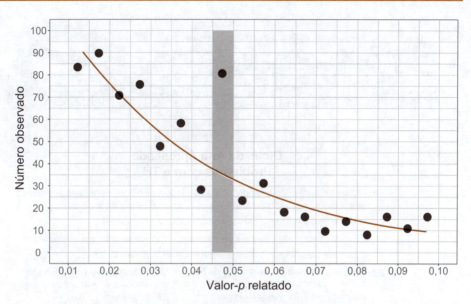

Figura 3.3 Reprodução dos dados de Masicampo e Lalande (2012, Figura 2).

Tudo isso mostra uma imagem desanimadora da ciência, mas também ilustra a importância de uma alfabetização estatística e uma visão crítica. A ciência é apenas tão boa quanto os cientistas, e o que você aprenderá neste livro (e em outros) mais do que qualquer outra coisa são habilidades para avaliar dados e resultados científicos por si mesmo.

Depois de deixar você completamente deprimido, vale a pena eu terminar esta seção com um tom alegre. Fiquei tentado a contar uma história sobre um pequeno exército de filhotes de cachorro encontrado pulando na cama do dono ao som de *The chase is better than the cat*, do Motörhead. Enquanto você processa essa imagem, mencionarei que parte dos trabalhos que parecem sugerir que o *p-hacking* é generalizado não está isenta de problemas. Por exemplo, Lakens (2015) mostrou que as curvas *p* usadas por Masicampo e Lalande provavelmente não se pareceriam com o que você, de fato, veria se o *p-hacking* estivesse ocorrendo; quando usamos curvas *p* que melhor se assemelham ao comportamento de *p-hacking*, a evidência desaparece. Hartgerink, van Aert, Nuijten, Wicherts e van Assen (2016) observaram que os valores-*p* são frequentemente relatados erroneamente nos artigos e que os estudos de *p-hacking* geralmente buscam uma "protuberância" logo abaixo do limite de 0,05 (conforme mostrado na Figura 3.3) em vez de formas mais sutis de excesso no limite de 0,05. Analisando 258.050 testes de 30.701 artigos de pesquisa na psicologia, Hartgerink e colaboradores encontraram evidências de uma "protuberância" em apenas 3 dos 8 periódicos que eles examinaram. Eles encontraram erros gerais de arredondamento nos valores-*p* informados e, quando corrigiram esses erros, a "protuberância" permaneceu em apenas 1 das 8 revistas examinadas. Talvez sua conclusão mais importante tenha sido a de que era muito difícil extrair informações suficientes (mesmo nesse grande estudo) para modelar com precisão com o que o *p-hacking* poderia se parecer e, em seguida, verificar se ele aconteceu. Esse sentimento é compartilhado por outros pesquisadores, que apontaram que a forma da curva *p* parece indicar muito pouco sobre se o *p-hacking* ocorreu (Bishop e Thompson, 2016; Bruns e Ioannidis, 2016). Há também um argumento de que o TES (teste de excesso de significância) não é útil porque ele não testa o que planeja testar (p. ex., Morey, 2013; Vandekerckhove, Guan e Styrcula, 2013).

Talvez você esteja se perguntando, com razão, por que tomei seu tempo tentando convencê-lo de que os cientistas são todos enganadores, egoístas e desonestos apenas para lhe dizer que "na verdade, não é bem assim". Se você dedicar tempo suficiente à ciência, perceberá que é assim: tão logo você acredite em uma coisa, alguém vai aparecer e mudar sua opinião. Tudo bem se isso

Dicas da Ana Apressada
Problemas com a TH

- Muitos cientistas não entendem bem a testagem de hipóteses. Alguns exemplos dessa baixa compreensão relacionados aos testes de significância são:
  - Um efeito significativo não é necessariamente importante.
  - Um efeito não significativo não implica que a hipótese nula seja verdadeira.
  - Um efeito significativo não quer dizer que a hipótese nula é falsa.
- A TH encoraja um pensamento 8 ou 80, tudo ou nada, segundo o qual um efeito com um valor-p logo abaixo de 0,05 é visto como importante enquanto um logo acima desse valor não seria importante.
- A TH é influenciada por pesquisadores que não seguem o planejamento amostral inicial (p. ex., interrompendo a coleta antes do planejado).
- Existem muitas formas de os cientistas influenciarem o valor-p. Elas são conhecidas como *graus de liberdade do pesquisador* e incluem excluir dados seletivamente, ajustar modelos estatísticos diferentes mas relatar apenas o que apresentar resultados mais favoráveis, parar de coletar dados antes do momento planejado e incluir somente variáveis de controle que influenciam o valor-p de forma favorável.
- A estrutura de incentivo da ciência que premia publicações com resultados significativos também favorece o uso dos graus de liberdade do pesquisador.
- O *p-hacking* se refere às práticas que conduzem ao relato seletivo de valores-p significativos, em geral realizando várias análises e relatando somente as que apresentem resultados significativos.
- Levantar hipóteses após o conhecimento dos resultados (*HARKing*) ocorre quando cientistas apresentam hipóteses que foram estabelecidas após a análise de dados como se elas tivessem sido formuladas na concepção do estudo.

acontecer; manter a mente aberta é bom para não ser tragado por comportamentos duvidosos de pesquisa. Considerando que você poderá ser o futuro da ciência, o que importa não é o que já aconteceu, mas o que você oferecerá ao mundo em nome da ciência. Por isso, espero tê-lo convencido a não utilizar *p-hacking*, ou *HARKing*, relato seletivo, entre outros. Você é melhor e mais do que isso, e a ciência será melhor por sua causa.

3.4 Uma fênix que surge da BRASA ▌▐▐▐

Os problemas com a TH e a forma com que cientistas a utilizam levaram a uma mudança generalizada no modo de avaliar hipóteses. Não é bem a mudança de paradigma que mencionei no início deste capítulo, mas certamente a maré está mudando. A onipresença da TH é estranha ao considerarmos que seus problemas são conhecidos há décadas (p. ex., Rozeboom, 1960). Em uma postagem em um fórum de discussão da American Statistical Association (ASA), George Cobb destacou a circularidade: a razão pela qual tantas faculdades e cursos de pós-graduação ainda ensinam

$p = 0,05$ é que a comunidade científica ainda o utiliza, e a razão pela qual a comunidade científica (predominantemente) utiliza $p = 0,05$ é porque ele foi ensinado nos cursos superiores (Wasserstein e Lazar, 2016). Esse ciclo de hábitos se estende ao ensino, em que professores de estatística tenderão a ensinar o que sabem, que será o que aprenderam, que é geralmente a TH. Portanto, seus alunos também aprendem TH, e os que forem ensinar estatística passarão a TH para seus alunos. Isso não ajuda, porque a maioria dos cientistas aprende TH, e isso é tudo o que eles sabem, e eles irão utilizá-la nos seus trabalhos de pesquisa, ou seja, os professores *precisam* ensinar a TH para que seus alunos possam entender os trabalhos de pesquisa desses cientistas. A TH é um hábito difícil de quebrar porque exige que muitas pessoas façam um esforço para ampliar seus horizontes estatísticos.

Contudo, as coisas estão mudando. Na minha área (psicologia), uma força tarefa da American Psychological Association (APA) produziu diretrizes para o relato de dados em seus periódicos. Essa declarção reconheceu as limitações da TH, embora entendesse que uma mudança na prática não acontecerá rapidamente; consequentemente, não fez recomendações contra a TH, mas sugeriu que os cientistas relatem coisas como intervalores de confiança e tamanhos de efeito para ajudá-los (e aos leitores) a avaliar os resultados das pesquisas sem a confiança dogmática nos valores-p (Wilkinson, 1999). Em uma ação extrema, em 2015, o periódico *Basic and Applied Social Psychology* baniu o valor-p dos seus artigos, mas isso é tolo, pois seria o mesmo que tomar um remédio que faz mais mal que a doença. A ASA publicou algumas recomendações sobre os valores-p (Wasserstein e American Statistical Association, 2016) que apresentaremos em breve. Nas seções seguintes, iremos explorar algumas maneiras de resolver os problemas da TH. Será como uma fênix estatística surgindo da BRASA* da testagem de significância (mas não nessa ordem):

- Estimativa **b**ayesiana
- **R**egistro
- Met**a**nálise
- **S**ensatez
- **T**amanho do efeito

3.5 A sensatez e como usá-la ||||

É fácil culpar a TH pelos problemas no mundo científico, mas parte do problema não está no processo e sim em como as pessoas o interpretam e usam erroneamente. Como vimos (Gina Gênia 3.1), Fisher nunca encorajou as pessoas a utilizar um nível de significância de 0,05 cegamente e a fazer uma festa quando o valor-p estivesse abaixo desse limite enquanto esconde em uma caverna da vergonha os valores superiores a esse limite. Ninguém, tampouco, sugeriu que fosse desenvolvido um conjunto de estruturas de incentivo científicas que recompensassem a desonestidade e incentivassem o uso dos graus de liberdade do pesquisador. Você *pode* culpar a TH por ser difícil de entender, mas não pode ao mesmo tempo culpar os cientistas por não se esforçarem para entendê-la. A primeira maneira de combater os problemas da TH é, portanto, utilizá-la com bom senso, com sensatez. Uma declaração da ASA sobre valores-p (Wasserstein e American Statistical Association, 2016) oferece um conjunto de seis princípios para os cientistas que utilizam a TH.

1. A ASA destaca que valores-p *podem* indicar que os dados não são compatíveis com o modelo estatístico sendo utilizado. No caso que estávamos discutindo, isso significa que podemos utilizar o valor-p (valor exato, não se ele está acima ou abaixo de um valor de referência) para indicar como os dados são incompatíveis com a hipótese nula. Pequenos valores-p indicam mais incompatibilidade com a hipótese nula. Você tem a liberdade de usar o grau de incompatibilidade para informar suas crenças sobre a plausibilidade relativa das hipóteses nula e alternativa, contanto que...
2. ... você não interprete os valores-p como uma probabilidade de que a hipótese em questão seja verdadeira. Ela também não é a probabilidade de que os dados tenham sido produzidos apenas pelo acaso.

---

*N. de T.T. No original, EMBERS (*Effect sizes, Meta-analysis, Bayesian Estimation, Registration, Sense*), que significa "brasas".

3. Conclusões científicas e decisões políticas *não devem* ter como base apenas o fato de que o valor-*p* está acima ou abaixo de um determinado limite. Basicamente, resista ao raciocínio preto no branco que o valor-*p* encoraja.
4. Não pratique o *p-hacking*. A ASA diz que "valores-*p* e análises relacionadas não devem ser relatados seletivamente. A realização de múltiplas análises dos dados e o relato apenas daquelas que apresentam determinados valores-*p* (normalmente aqueles que estão abaixo de um limite de significância) tornam os resultados relatados essencialmente não interpretáveis". Seja totalmente transparente quanto ao número de hipóteses exploradas durante o estudo e sobre as decisões de coleta de dados e as análises estatísticas.
5. Não confunda significância estatística com importância prática. Um valor-*p* não mensura o tamanho de um efeito e é influenciado pelo tamanho da amostra; portanto, você nunca deve, de forma alguma, interpretar um valor-*p* como quantificador do tamanho ou da importância de um efeito.
6. Por fim, a ASA observa que "por si só, um valor-*p* não fornece uma boa medida de evidência a respeito de um modelo ou hipótese". Em outras palavras, mesmo que um pequeno valor-*p* sugira que os seus dados são compatíveis com a hipótese alternativa ou um grande valor-*p* sugira que os dados são compatíveis com a hipótese nula, pode haver muitas outras hipóteses (não testadas e talvez não imaginadas) que sejam compatíveis com os dados mais do que as hipóteses sendo testadas.

Se você tiver esses princípios em mente quando utilizar a TH, você evitará os erros mais comuns ao interpretar e relatar sua pesquisa.

3.6 Pré-registro da pesquisa e a ciência aberta ▍▍▍▍

O quarto princípio da ASA é um apelo à transparência no relato científico. A noção de transparência está ganhando um impulso considerável porque é uma maneira simples e eficaz de proteção contra alguns dos problemas da TH. Existe uma necessidade de transparência das intenções científicas antes de o estudo ser realizado e depois de concluído (seja compartilhando os dados ou declarando claramente quaisquer desvios no protocolo estabelecido). Essas metas são encapsuladas pelo termo **ciência aberta**, que se refere a um movimento para tornar o processo, os dados e os resultados da pesquisa disponíveis gratuitamente para todos. Parte desse movimento é fornecer acesso gratuito a periódicos científicos, que tradicionalmente estão disponíveis apenas para indivíduos e instituições que pagam para ter acesso. A parte mais relevante para a nossa discussão, porém, é o **pré-registro** da pesquisa, que se refere à prática de disponibilizar publicamente todos os aspectos do seu processo de pesquisa (raciocínio, hipóteses, delineamento, método de processamento e de análise dos dados) antes da coleta de dados começar. Isso pode ser feito com um **relatório registrado** em um periódico acadêmico (p. ex., Chambers, Dienes, McIntosh, Rotshtein e Willmes, 2015; Nosek e Lakens, 2014), ou mais informalmente (p. ex., em um *site* público como a Open Science Framework). Um relatório formal registrado é uma submissão a um periódico acadêmico que descreve o protocolo de pesquisa pretendido (raciocínio, hipóteses, delineamento, método de processamento e de análise dos dados) antes que os dados sejam coletados. A submissão é revisada por especialistas proeminentes exatamente como seria uma submissão de um estudo concluído (seção 1.9). Se o protocolo for considerado suficientemente rigoroso e a pergunta de pesquisa suficientemente nova, o protocolo é aceito pela revista normalmente com a garantia de publicar as descobertas, não importando quais sejam elas.

Outras iniciativas que facilitam os princípios da ciência aberta incluem a **Iniciativa de Transparência na Avaliação por Pares** (Morey et al., 2016), que pede aos cientistas que se comprometam com os princípios da ciência aberta quando atuam como revisores especializados de periódicos. Inscrever-se é uma promessa de revisar as submissões apenas se os dados, os estímulos, os materiais, os roteiros de análise e assim por diante forem disponibilizados publicamente (a menos que haja uma boa razão para não o fazer, como uma exigência legal). Outra, as diretrizes de Promoção de Abertura e Transparência (PAT), é um conjunto de padrões para princípios de ciência aberta que pode ser aplicado a periódicos. Os oito padrões abrangem citações (1), pré-registro de protocolos de estudo e análise (2 e 3), transparência na replicação com dados, roteiros de análise, planos de delineamento e análise, materiais de pesquisa (4 a 7) e replicação (8). Para cada padrão, existem níveis definidos de 0 a 3. Por exemplo, na transparência de dados, o Nível 0 é estabelecido como o periódico apenas encorajando o compartilhamento de dados ou não dizendo nada, e o Nível 3 implica que os dados sejam colocados em um repositório confiável e os resultados, reproduzidos independentemente antes da publicação (Nosek et al., 2015). Usando esses padrões, o nível de comprometimento de uma revista com a ciência aberta pode ser "honrado". Como cientista iniciante, você pode contribuir com o objetivo de priorizar materiais "abertos" (questionários, estímulos, etc.) em detrimento de materiais equivalentes patenteados e você pode disponibilizar os seus materiais quando publicar seu trabalho.

As práticas científicas abertas combatem muitos dos grandes problemas de que a TH se alimenta. Por exemplo, o pré-registro da pesquisa encoraja a aderência a um protocolo estabelecido, desencorajando, dessa forma, o mau uso dos graus de liberdade do pesquisador. Melhor ainda, se o protocolo for revisado por especialistas, então o cientista obtém comentários úteis *antes* de coletar os dados (e não depois, quando é muito tarde para mudar as coisas). Essas opiniões podem abordar os métodos e delineamentos, mas também o plano de análise, objetivam melhorar o estudo e, por sua vez, a ciência. Além disso, ao garantir a publicação dos resultados – não importando quais sejam – os protocolos registrados devem reduzir o viés de publicação e desestimular as práticas de pesquisa questionáveis que visam empurrar os valores-*p* para baixo do limite de 0,05. É claro que, por existir um registro público do método de análise planejado, desvios desse plano serão transparentes. Em outras palavras, o *p-hacking* e *HARKing* serão desencorajados. Dados de domínio público tornam possível a verificação dos graus de liberdade dos pesquisadores que podem ter influenciado os resultados.

Nenhuma dessas melhorias altera as falhas inerentes nas TH, mas elas restringem a forma como ela é utilizada e o grau no qual os cientistas podem ocultar o seu mau uso. Finalmente, ao promover o rigor metodológico e a importância teórica acima dos resultados em si (Nosek e Lakens, 2014), as iniciativas da ciência aberta promovem as estruturas de incentivo em direção da qualidade e não da quantidade, documentando a pesquisa e não "a contação de histórias" e promovendo a colaboração em vez da competição. Os individualistas também não têm nada a temer porque há evidências de que a prática de princípios científicos abertos está associada a taxas mais altas de citações de seus trabalhos, mais exposição na mídia e retorno de melhor qualidade de especialistas sobre seu trabalho (McKiernan et al., 2016). Todos saem ganhando.

3.7 O tamanho do efeito ▮▮▮▮

Um dos problemas que identificamos com a TH foi que a significância não nos informa sobre a importância de um efeito. A solução para essa crítica é medir o **tamanho do efeito** que estamos testando de uma forma padronizada. Um tamanho de efeito é uma medida objetiva e (geralmente) padronizada da magnitude do efeito observado. O fato de a medida ser "padronizada" significa que podemos comparar tamanhos de efeito em diferentes estudos que mediram diferentes variáveis ou utilizaram diferentes escalas de medida (portanto um tamanho de efeito baseado no tempo de reação, em milissegundos, poderia ser comparado a um tamanho de efeito com base em frequência cardíaca). Os tamanhos de efeito adicionam informações que você não recebe de um valor-*p*, de forma que relatá-los é um hábito que vale a pena cultivar.

Muitas medidas para o tamanho do efeito foram propostas, as mais comuns são o *d* de Cohen, o coeficiente de correlação de Pearson, *r* (Capítulo 8), e a razão de chances (*odds ratio*) (Capítulos 19 e 20). Existem outros, mas esses três são os mais simples de entender. Vamos ver inicialmente o *d* de Cohen.

3.7.1 O *d* de Cohen ▮▮▮▮

Pense novamente no exemplo de cantar como uma estratégia de acasalamento (seção 2.9.10). Lembre-se de que tínhamos alguns homens que cantavam para as mulheres enquanto outros conversavam com elas. A variável de interesse era quanto tempo a mulher aguentaria antes de fugir.[8] Se quiséssemos quantificar o efeito entre os grupos "cantar" e "conversar", como poderíamos fazer isso? Uma maneira simples seria pegar a diferença entre os tempos médios. O grupo de conversa teve uma média de 12 minutos (antes da destinatária fugir), e o grupo de canto, 10 minutos. Então o efeito de cantar em comparação com o de conversar é de 10 − 12 = −2 minutos. Esse é um tamanho de efeito. O canto teve um efeito prejudicial no tempo que a destinatária permaneceu de −2 minutos. Isso é simples de calcular e entender, mas há dois pequenos problemas. Primeiro, a diferença está sendo expressa em unidades de medida da variável de interesse. Nesse exemplo, esse problema não é um inconveniente, pois minutos tem um significado para nós: todos podemos imaginar o que mais 2 minutos com alguém significa. Também temos uma ideia de que 1 minutos com alguém se refere à quantidade de tempo que costumamos conversar com pessoas ao acaso. Contudo, se tivéssemos avaliado o que o destinatário pensava do cantor em vez de quanto tempo passaram com ele, então a interpretação seria mais complicada: duas unidades de "pensamento", ou "positividade", ou o que for, é menos tangível para nós do que 2 minutos de tempo. O segundo inconveniente ou problema é que, embora a diferença entre as médias nos dê uma indicação do "sinal", ela não nos informa sobre o "ruído" da medida. Dois minutos são muito ou pouco tempo em relação à quantidade "normal" de tempo gasto conversando com estranhos?

Podemos remediar esses problemas da mesma forma. Vimos, no Capítulo 2, que o desvio-padrão é uma medida do "erro" ou "ruído" nos dados, e vimos na seção 1.8.6 que, se dividirmos pelo desvio-padrão, o resultado é um escore expresso em unidades de desvio-padrão (i.e., um escore-z). Portanto, se dividirmos a diferença entre as médias pelo desvio-padrão, obteremos uma razão sinal-ruído, mas obteremos também um valor que é expresso em unidades de desvio-padrão (e que podem, portanto, ser comparadas em diferentes estudos que usaram diferentes medidas). O que acabei de descrever é o *d* de **Cohen**, e podemos expressá-lo formalmente como:

$$\hat{d} = \frac{\bar{X}_1 - \bar{X}_2}{DP} \tag{3.1}$$

Coloquei um "chapéu" no *d* para lembrar-nos que estamos interessados no tamanho do efeito na população, mas como não podemos medi-la diretamente, estimamos a partir de uma amostra.[9] Já vimos esses "chapéus" anteriormente, eles significam 'estimativa de'. Portanto *d* é a diferença entre as médias divididas pelo desvio-padrão. Contudo, temos duas médias e, portanto, dois desvios-padrão, assim qual deles devemos utilizar? Às vezes assumimos que as variâncias nos grupos são as mesmas (e dessa forma os desvios-padrão) (ver Capítulo 6) e se eles forem podemos pegar qualquer um dos desvios, pois isso não terá importância. No exemplo que estamos utilizando os desvios são os mesmos nos dois grupos (*DP* = 3), então, escolhendo qualquer um, tem-se:

$$\frac{\bar{X}_{Cantar} - \bar{X}_{Conversar}}{DP} = \frac{10 - 12}{3} = -0{,}667 \tag{3.2}$$

Esse tamanho do efeito significa que, se uma pessoa cantar em vez de ter uma conversa normal, o tempo que a mulher permanece será reduzido por 0,667 desvio-padrão. Isso não é pouco.

---

[8] Embora os estudos fictícios que uso para explicar os tamanhos dos efeitos se concentrem em homens tentando atrair mulheres cantando, só fiz isso porque a ideia veio da replicação, com humanos, de pesquisas que mostraram que camundongos machos "cantam" para camundongos fêmeas para atraí-las (Hoffmann et al., 2012). Por favor, utilize a sua criatividade para alterar os exemplos para qualquer par de sexos que reflita melhor a sua condição.

[9] O valor para a população é expresso como:

$$d = \frac{\bar{\mu}_1 - \bar{\mu}_2}{\sigma}$$

É a mesma equação, mas como estamos lidando com valores populacionais em vez de amostrais, o acento circunflexo sobre o *d* some, a média é expressa como μ, e o desvio-padrão, como σ.

Cohen (1988, 1992) fez algumas sugestões amplamente utilizadas sobre o que constitui um efeito grande ou pequeno: $d = 0,2$ (pequeno), 0,5 (médio) e 0,8 (grande). Para os dados deste exemplo, isso significa que temos um efeito de tamanho médio a grande. No entanto, como Cohen reconheceu, esses valores de referência encorajam o tipo de pensamento preguiçoso que estávamos tentando evitar e ignoram o contexto do efeito, como o instrumento de medição utilizado e as normas da área de pesquisa. Lenth destacou isso muito bem ao dizer que, quando interpretamos o tamanho do efeito, não estamos tentando vender camisetas: "eu quero o efeito da turnê do Metallica em um tamanho médio, por favor" (Baguley, 2004; Lenth, 2001).

Quando os dois grupos não têm o mesmo desvio-padrão, há duas opções mais comuns. Primeiro, utilizar o desvio-padrão do grupo-controle como referência. Essa opção faz sentido porque em qualquer intervenção ou manipulação experimental é esperado que não apenas a média mude, mas também a dispersão entre os valores. Portanto, o grupo-controle/padrão de referência será uma estimativa "natural" do desvio-padrão para a medida que você está utilizando. No nosso exemplo, utilizaremos o desvio-padrão do grupo da conversa porque normalmente você não chegaria a alguém e começaria a cantar. Assim, o d representaria a quantidade de tempo a menos que a pessoa passou com alguém que canta quando comparado a alguém que conversa em relação à variação normal do tempo que a pessoa passou conversando com um estranho.

A segunda opção é combinar os desvios-padrão dos dois grupos utilizando (se os dois grupos são independentes) esta equação:

$$DP_p = \sqrt{\frac{(N_1 - 1)DP_1^2 + (N_2 - 1)DP_2^2}{N_1 + N_2 - 2}} \quad (3.3)$$

na qual o N é o tamanho de cada grupo e o DP é o desvio-padrão. Para os dados do grupo da música, em virtude do tamanho da amostra e dos desvios-padrão serem os mesmos, a estimativa combinada dos desvios-padrão será igual a 3, isto é, ela é igual aos desvios individuais.

$$DP_p = \sqrt{\frac{(10-1)3^2 + (10-1)3^2}{10+10-2}} = \sqrt{\frac{81+81}{18}} = \sqrt{9} = 3 \quad (3.4)$$

Quando os desvios dos grupos forem diferentes, a estimativa combinada poderá ser útil; no entanto, ela altera o significado do d porque agora estamos comparando a diferença entre as médias com todo o ruído de fundo da medida, não apenas o ruído que você esperaria encontrar em circunstâncias normais.

Teste seus conhecimentos

Calcule o d de Cohen para o efeito de cantar uma música quando o tamanho da amostra utilizado for 100 (diagrama da direita na Figura 2.17).

Se você fez o exercício da seção Teste seus Conhecimentos, deve ter percebido que o resultado obtido não mudou: –0,667. Isso ocorre porque a diferença no tamanho das amostras não afetou as médias ou os desvios-padrão e, portanto, não afetará o tamanho do efeito. Mantendo os demais valores constantes, os tamanhos dos efeitos não são afetados pelos tamanhos amostrais, ao contrário dos valores-p. Portanto, usando tamanhos de efeito, superamos um dos principais problemas com a TH. A situação é mais complexa porque, como qualquer parâmetro, você obterá melhores estimativas do valor da população com amostras grandes do que com pequenas. Assim, embora o tamanho da amostra não afete o cálculo do tamanho do seu efeito na amostra, afetará o quanto a estimativa corresponde ao valor populacional (a *precisão*).

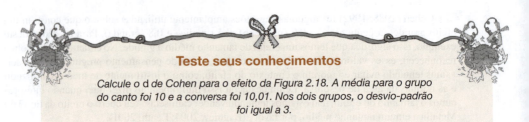

Teste seus conhecimentos

Calcule o d de Cohen para o efeito da Figura 2.18. A média para o grupo do canto foi 10 e a conversa foi 10,01. Nos dois grupos, o desvio-padrão foi igual a 3.

Se você fez o exercício, então você descobriu que o tamanho do efeito para nosso estudo maior foi $d = -0{,}003$. Em outras palavras, muito pequeno. Lembre-se de que, quando observamos os valores-p, esse efeito muito pequeno foi considerado estatisticamente significativo.

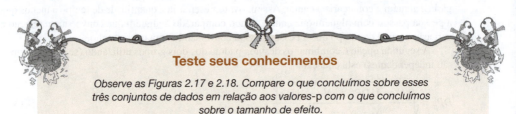

Teste seus conhecimentos

Observe as Figuras 2.17 e 2.18. Compare o que concluímos sobre esses três conjuntos de dados em relação aos valores-p com o que concluímos sobre o tamanho de efeito.

Quando olhamos para os conjuntos de dados nas Figuras 2.17 e 2.18 e seus valores-p correspondentes, concluímos:

- Figura 2.17: dois experimentos com médias e desvios-padrão idênticos levaram a conclusões completamente opostas quando foram utilizados os valores-p para interpretá-los (o estudo com base em 10 escores por grupo não foi significativo, mas o estudo com base em 100 escores por grupo foi).
- Figura 2.18: duas médias praticamente idênticas são consideradas significativamente diferentes com base em um valor-p.

Se um tamanho do efeito for utilizado para guiar nossas interpretações, as conclusões seriam:

- Figura 2.17: dois experimentos com médias e desvios-padrão idênticos produzem conclusões idênticas quando se utiliza o tamanho do efeito para interpretá-las (os dois estudos tiveram $d = -0{,}667$).
- Figura 2.18: duas médias praticamente idênticas são consideradas não muito diferentes com base no tamanho do efeito ($d = -0{,}003$, que é muito pequeno).

Com base nesses exemplos, espero tê-lo convencido de que os tamanhos de efeito nos oferecem algo potencialmente menos enganoso do que a TH.

3.7.2 O *r* de Pearson

Vamos seguir para o coeficiente de correlação de Pearson, r, que é uma medida da força do relacionamento entre duas variáveis. Essa estatística será abordada mais detalhadamente no Capítulo 8. Por enquanto, tudo o que você precisa saber é que ela é uma medida da força do relacionamento entre duas variáveis contínuas ou entre uma contínua e uma categórica contendo apenas duas categorias. Ele pode variar de -1 (relacionamento negativo perfeito), passando por 0 (nenhum relacionamento) até $+1$ (relacionamento positivo perfeito).

Imagine que continuamos com interesse no exemplo de se cantar é uma estratégia de namoro eficaz. Desta vez, contudo, não iremos nos concentrar em saber se a pessoa cantou ou não, mas, em vez disso, em se a duração do canto faz diferença. Agora, em vez de termos dois grupos, canto e conversa, todos os participantes irão cantar, mas por tempos diferentes, de 1 minuto até 10 minutos de um *remix* estendido. Assim que eles pararem de cantar, contamos quanto tempo a destinatária sortuda ficou conversando. A Figura 3.4 mostra cinco resultados diferentes desse estudo. O painel superior esquerdo e o central mostram que, quanto mais longa a música, menos tempo a destinatária fica para conversar. Isso é denominado relacionamento negativo: à medida que uma variável aumenta, a outra diminui. Um relacionamento negativo perfeito (canto superior esquerdo) apresenta um $r = -1$ e significa que se aumentarmos a duração da música, diminuímos a conversa subsequente em um valor proporcional. Um relacionamento negativo ligeiramente menor (superior central, $r = -0,5$) significa que um aumento na duração da música implica no decréscimo da conversa, mas em uma quantidade menor. Um coeficiente de correlação positivo (linha inferior) mostra uma tendência oposta: à medida que a música dura mais tempo, o mesmo acontece com a conversa. Em termos gerais, se uma variável aumenta, o mesmo ocorre com a outra. Se o relacionamento positivo é perfeito ($r = 1$, canto inferior esquerdo), os aumentos ocorrem em uma quantidade proporcional, enquanto valores menores do que 1 refletem aumentos em uma variável que não são equivalentes ao aumento na outra. Um coeficiente de correlação igual a 0 (canto superior direito) mostra uma situação em que não existe um relacionamento linear: à medida que a música dura mais tempo, não acontece uma variação consistente na duração da conversa subsequente.

Outro ponto a ser observado na Figura 3.4 é que a força da correlação reflete o quão próximas as observações estão em torno do modelo (linha reta) que resume a relação entre as variáveis. Em um relacionamento perfeito ($r = -1$ ou 1), os dados observados estão todos sobre a linha (o modelo se ajusta perfeitamente aos dados), mas, em uma relação mais fraca ($r = -0,5$ ou 0,5), os dados observados estão mais espalhados em torno da linha.

Embora o coeficiente de correlação seja geralmente conhecido como uma medida do relacionamento entre duas variáveis contínuas (como descrevemos), ele também pode ser utilizado para avaliar a diferença de médias entre dois grupos. Lembre-se de que r quantifica o relacionamento entre duas variáveis; se uma dessas variáveis for categórica representando dois grupos em que um deles foi codificado como 0 e outro como 1, então o que obtemos é uma medida padronizada da diferença entre duas médias (parecido com o d de Cohen). Explicarei isso no Capítulo 8; por enquanto, confie em mim.

Como com o d, Cohen (1988, 1992) sugeriu alguns "tamanhos de camisetas" para o r:

- $r = 0,10$ (**efeito pequeno**): neste caso, o efeito explica 1% da variância total. (Você pode converter o r para proporção da variância elevando-o ao quadrado – ver seção 8.4.2).
- $r = 0,30$ (**efeito médio**): o efeito corresponde a 9% da variância total.
- $r = 0,50$ (**efeito grande**): o efeito representa 25% da variância.

Convém destacar que o r não é mensurado em uma escala linear, assim um efeito com $r = 0,6$ não é o dobro de um $r = 0,3$. Além disso, como acontece com o d, embora seja tentador utilizar esses tamanhos de efeito "semiprontos" quando você não quer se incomodar em pensar adequadamente sobre seus dados, você deve avaliar o tamanho de um efeito dentro do contexto de sua pergunta de pesquisa específica.

Há muitas razões para gostar do r como uma medida de tamanho do efeito, uma delas é que ele está restrito a variar no intervalo 0 (nenhum efeito) e 1 (um efeito perfeito).[10] No entanto, existem situações em que d pode ser mais conveniente; por exemplo, quando os tamanhos dos grupos são muito discrepantes, r pode ser bastante tendencioso comparado com d (McGrath e Meyer, 2006).

---

[10] O coeficiente de correlação pode ser também negativo (mas não menor que –1), o que é útil, pois o sinal do r nos informa a direção do relacionamento, mas, quando forem quantificadas as diferenças entre grupos, o sinal de r irá apenas refletir a maneira como os grupos foram codificados (ver Capítulo 10).

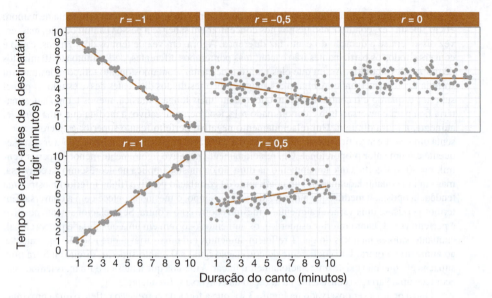

Figura 3.4 Diferentes relacionamentos mostrando diferentes coeficientes de correlação.

3.7.3 A razão de chances ||||

O último tamanho de efeito que veremos é a **razão de chances** (*odds ratio*), que é um tamanho de efeito popular para contagens. Imagine um cenário final para a pesquisa sobre o namoro, em que tivemos grupos de pessoas que cantaram uma música ou iniciaram uma conversa (como no exemplo do *d* de Cohen). No entanto, desta vez, o resultado não foi quanto tempo passou antes de a destinatária da música fugir, mas após a música perguntaram à destinatária "você iria a um encontro comigo?", e as respostas ("sim" ou "não") foram gravadas.

Aqui temos duas variáveis categóricas (cantar vs. conversar, aceitar o encontro vs. rejeitar o encontro) e a variável de resultado é uma contagem (o número de destinatárias em cada combinação dessas categorias). A Tabela 3.1 resume os dados em uma **tabela de contingência** 2 × 2, que representa a classificação cruzada de duas ou mais *variáveis categóricas*. Os níveis de cada variável são organizados em uma grade, e o número de observações que se enquadram em cada categoria está contido nas células da tabela. Neste exemplo, vemos que a variável categórica cantar ou conversar está representada nas linhas da tabela, e a variável da resposta ao convite para um encontro está representada nas colunas. Isso cria quatro células que representam as combinações das duas variáveis (cantar-sim, cantar-não, conversar-sim, conversar-não), e os números nessas células são as frequências de resposta em cada combinação das categorias. A partir da tabela, podemos ver que 12 destinatárias disseram "sim" para um encontro depois de ouvirem a música em comparação a 26 depois de uma conversa. Houve 88 destinatárias que disseram "não" depois de ouvirem a música em comparação a 74 depois de uma conversa. Olhando para os totais das linhas e colunas, podemos ver que havia 200 pessoas no estudo; em 100 casos, a estratégia foi cantar enquanto no restante foi conversar. No total, 38 destinatárias concordaram com um encontro, e 162 não.

Para entender essas contagens, poderíamos perguntar qual é a probabilidade de a pessoa dizer sim para alguém que "canta" do que para alguém que "conversa". Para quantificar esse efeito, precisamos calcular algumas chances. A **chance** de um evento ocorrer é definida como a probabilidade de ele ocorrer dividida pela probabilidade de ele não ocorrer.

$$\text{chance} = \frac{P(\text{evento ocorre})}{P(\text{evento não ocorre})} \tag{3.5}$$

Tabela 3.1 Tabela de contingência de dados inventados sobre cantar e conversar e encontros

		Resposta ao convite		
		Sim	Não	Total
Comportamento no encontro	Cantar	12	88	100
	Conversar	26	74	100
	Total	38	162	200

Para começar, queremos determinar a chance de uma resposta "sim" para alguém que cantou ("cantores"), que será a probabilidade de uma resposta "sim" para ele dividida pela probabilidade de uma resposta 'não' para ele. A probabilidade de uma resposta "sim" para cantores é o número de respostas "sim" divididas pelo número total de cantores e a probabilidade de um "não" para essas pessoas é o número de respostas "não" dividida pelo número de cantores:

$$\text{chances}_{\text{sim para um cantor}} = \frac{P(\text{"sim" para um cantor})}{P(\text{"não" para um cantor})}$$

$$= \frac{\text{"sim" para cantores / número de cantores}}{\text{"não" para cantores / número de cantores}} \quad (3.6)$$

$$= \frac{12/100}{88/100}$$

Para obter as duas probabilidades, você divide pelo número total de cantores (neste caso, 100), assim o resultado da Equação 3.6 será o mesmo que dividir o número de respostas "sim" para um cantor pelo número correspondente de respostas "não", que fornece o valor de 0,14:

$$\text{chances}_{\text{sim para um cantor}} = \frac{\text{número de respostas "sim" para um cantor}}{\text{número de respostas "não" para um cantor}}$$

$$= \frac{12}{88} = 0{,}14 \quad (3.7)$$

Em seguida, queremos saber a chance de uma resposta "sim" se a pessoa iniciou uma conversa ("conversadores"). Calculamos da mesma maneira, isto é, a *probabilidade* de resposta "sim" dividida pela *probabilidade* de uma resposta "não" para os conversadores, que é o mesmo que dividir o *número* de respostas "sim" pelo *número* correspondente de respostas "não".

$$\text{chances}_{\text{sim para um conversador}} = \frac{\text{número de respostas "sim" para um conversador}}{\text{número de respostas "não" para um conversador}}$$

$$= \frac{26}{74} = 0{,}35 \quad (3.8)$$

Finalmente, a razão de chances é a chance de um "sim" para um cantor dividida pela chance de um "sim" para um conversador:

$$\text{razão de chances} = \frac{\text{chances}_{\text{sim para um cantor}}}{\text{chances}_{\text{sim para um conversador}}}$$

$$= \frac{0{,}14}{0{,}35} = 0{,}4 \quad (3.9)$$

Essa proporção nos diz que a chance de uma resposta "sim" foi 0,4 vez maior para um cantor do que para um conversador. Se a razão de chances fosse 1, significaria que a chance de um resultado positivo seria a mesma para qualquer um, mas como é menor do que 1, sabemos que a chance de uma resposta "sim" depois de cantar é *menor* do que a chance após uma conversa. Podemos inverter esse resultado para obter a razão de chances de um "sim" após uma conversa em comparação com depois de cantar uma música, invertendo o resultado obtido. Fazendo isso teremos: 1 / 0,4 = 2,5. Podemos fazer a mesma afirmação dizendo que a chance de uma resposta "sim" para uma pessoa que conversou é 2,5 vezes maior do que daquela que cantou.

Depois de entender o que é chance, a razão de chances se torna uma maneira muito intuitiva de quantificar um efeito. Neste caso, se você estivesse tentando marcar um encontro, e alguém lhe dissesse que a chance de isso acontecer depois de uma conversa é 2,5 vezes maior do que depois de cantar, então provavelmente você não precisaria ler todo este livro para saber que seria sensato deixar sua imitação de Justin Bieber, não importa a quão boa ela seja, para cantar na frente do espelho. É sempre bom manter a sua imitação de Justin Bieber para você mesmo.

3.7.4 Tamanhos de efeito comparados à TH

Tamanhos de efeito eliminam muitos dos problemas associados à TH:

- Eles incentivam a interpretação dos efeitos com base em um contínuo e não aplicam uma regra de decisão categórica, como "significativo" ou "não significativo". Isso é especialmente verdadeiro se você ignorar valores de referência "semiprontos" dessa medida.
- Os tamanhos de efeito são afetados pelo tamanho da amostra (grandes amostras produzem melhores estimativas do tamanho do efeito na população), mas, diferentemente dos valores-*p*, não existe uma regra de decisão associada aos tamanhos de efeito. Portanto, sua interpretação não é afetada pelo tamanho da amostra (embora seja importante caracterizar o grau em que o tamanho do efeito pode representar a população). Por causa disso, os tamanhos de efeito são menos afetados do que os valores-*p* por coisas como fim da coleta de dados antes ou depois do planejado ou amostragem feita ao longo de determinado período de tempo em vez até atingir um tamanho de amostra predeterminado.
- É claro que ainda existem alguns graus de liberdade do pesquisador (não relacionados ao tamanho amostral) que podem ser utilizados para maximizar (ou minimizar) os tamanhos de efeito, mas há menos incentivos para fazer isso porque os tamanhos de efeito não estão vinculados a uma regra de decisão em que os efeitos nos dois lados de um determinado ponto de corte têm interpretações totalmente opostas.

3.7.5 Metanálise ||||

Já mencionei várias vezes que cientistas frequentemente testam teorias e hipóteses semelhantes. Uma parte importante da ciência é replicar resultados, e é raro que um único estudo forneça uma resposta definitiva a uma determinada pergunta científica. Na seção 3.2.2, examinamos um exemplo com 10 experimentos que investigaram se uma poção denominada antiestatístico reduziria a ansiedade com a estatística em comparação a um placebo (água). O resumo desses estudos foi mostrado na Figura 3.2. Anteriormente, vimos que, com base nos valores-*p*, concluiríamos que havia resultados inconsistentes: quatro estudos mostraram um efeito significativo da poção e seis não. Contudo, com base nos intervalos de confiança, concluiríamos o contrário: que os achados dos estudos eram bastante consistentes e que era provável que o efeito na população fosse positivo. Também foi mostrado, nessa figura, embora você não soubesse no momento, os valores do *d* de Cohen para cada estudo.

Teste seus conhecimentos

Observe a Figura 3.2. Com base nos tamanhos de efeito, sua opinião sobre a eficácia do antiestatístico está mais de acordo com o que concluímos com base nos valores-p ou nos intervalos de confiança?

Os 10 estudos resumidos na Figura 3.2 têm *d*s variando de 0,23 (mantendo outras coisas iguais, efeito pequeno) a 0,71 (mantendo outras coisas iguais, efeito grande). Os tamanhos de efeito são todos positivos: nenhum estudo mostrou piora na ansiedade após tomar o antiestatístico. Portanto, os tamanhos de efeito são muito consistentes: todos os estudos mostram efeitos positivos, e o antiestatístico, na pior das hipóteses, teve um efeito de cerca de um quarto de desvio-padrão e, na melhor das hipóteses, um efeito de quase três quartos de desvio-padrão. Nossas conclusões são notavelmente semelhantes ao que concluímos quando analisamos os intervalos de confiança, ou seja, há evidências consistentes de um efeito positivo na população. Não seria legal se pudéssemos usar esses estudos para obter uma estimativa definitiva do efeito na população? Bem, nós podemos, e esse processo é conhecido como **metanálise**. Parece difícil, não é?

O que não seria difícil é resumir esses 10 estudos calculando a média dos tamanhos de efeito:

$$\bar{d} = \frac{\sum_{i=1}^{k} d_i}{n} = \frac{0,23 + 0,44 + 0,48 + 0,70 + 0,53 + 0,65 + 0,71 + 0,47 + 0,31 + 0,70}{10} \quad (3.10)$$
$$= 0,52$$

Parabéns, você fez sua primeira metanálise – bem, mais ou menos. Não foi tão difícil, foi? Há mais do que isso, mas, em um nível muito básico, uma metanálise envolve o cálculo dos tamanhos de efeito para uma série de estudos que investigaram a mesma questão de pesquisa e fazer uma média desses tamanhos de efeito. Em um nível menos simples, não usamos uma média convencional, usamos a média ponderada: em uma metanálise, cada tamanho de efeito é ponderado por

Dicas da Ana Apressada
Tamanhos de efeito e metanálise

- Um tamanho de efeito é uma forma de avaliar o tamanho de um efeito observado, normalmente em relação ao erro de fundo.
- O *d* de Cohen é a diferença entre duas médias dividida pelo desvio-padrão do grupo-controle, ou pelo desvio-padrão combinado dos desvios-padrão dos dois grupos.
- O coeficiente de correlação de Pearson, *r*, é uma medida versátil do tamanho de efeito que pode quantificar a força (e a direção) do relacionamento entre duas variáveis contínuas e também pode quantificar a diferença entre grupos ao longo de uma variável contínua. Ele varia de –1 (relacionamento negativo perfeito) a 0 (nenhum relacionamento) a +1 (relacionamento positivo perfeito).
- A razão de chances é a razão da *chance* de um evento ocorrer em uma categoria em comparação a outra. Uma razão de chances igual a 1 indica que a *chance* de um determinado resultado ocorrer é igual para as duas categorias.
- Estimar o tamanho do efeito em uma população combinando tamanhos de efeito de diferentes estudos que testam a mesma hipótese é denominado de metanálise.

sua precisão (i.e., quão bem ele funciona como uma estimativa da população) antes que a média seja calculada. Ao fazer isso, grandes estudos, que produziram tamanhos de efeito com maior probabilidade de representar a população, recebem mais "peso" do que estudos menores, que devem ter produzido estimativas de tamanho de efeito imprecisas. Como o objetivo da metanálise não é olhar para os valores-p e avaliar a "significância", ela supera os mesmos problemas da TH que discutimos para o tamanho de efeito.

Naturalmente, a metanálise tem seus próprios problemas, mas não vamos falar deles porque ela não é fácil de realizar no SPSS. Se você estiver interessado, escrevi alguns tutoriais bastante acessíveis sobre como fazer uma metanálise usando o SPSS (Field e Gillett, 2010) e também usando o pacote de *software* gratuito denominado R (Field, 2012). Há também vários livros e artigos sobre metanálise que ajudarão você a começar (p. ex., Cooper, 2010; Field, 2001, 2003, 2005b, 2005c; Hedges, 1992; Hunter e Schmidt, 2004; Lakens, Hilgard e Staaks, 2016).

3.8 Abordagens bayesianas ▮▮▮▮

A alternativa final à TH tem como base uma filosofia diferente de análise de dados denominada **estatística bayesiana**. A estatística bayesiana é assunto para um livro inteiro (eu particularmente recomendo Kruschke, 2014; McElreath, 2016), assim vamos explorar aqui apenas os conceitos-chave. Estatística bayesiana envolve utilizar os dados coletados para atualizar as informações sobre os parâmetros de um modelo ou uma hipótese. Em alguns sentidos, a TH também envolve atualização de informações, mas a abordagem bayesiana modela explicitamente o processo.

Para ilustrar essa ideia, imagine que você tenha uma queda por alguém da sua turma. Essa história não é de nenhuma forma autobiográfica, mas imagine que você seja super *nerd* e que adora estatística e *heavy metal* e que essa outra pessoa parece muito mais descolada do que isso. Ela anda por aí "com a galera", e você não percebeu nenhuma tendência de uso de camisetas do Iron Maiden, nem mesmo por uma questão de moda ou estilo. Essa pessoa nunca notou você. Qual a chance de que essa pessoa tenha algum interesse romântico por você? Provavelmente pouco, talvez uma chance de 10%.

Alguns dias depois, você está em uma aula e, com o canto do olho, você percebe que sua *crush* está olhando para você. Naturalmente, você evita o contato visual, mas, pela sua visão periférica, fica verificando se ela continua a olhar para você. Ao final da aula, sua curiosidade fala mais forte e, certo de que sua *crush* está olhando para outro lugar, você vira e olha de frente. Para seu horror, ela está olhando diretamente para você, e seus olhos se encontram. Sua *crush* sorri para você. É um sorriso doce e amigável que derrete um pouco o seu coração.

Você tem agora novos dados sobre a situação – como isso afeta sua crença original? Os novos dados contêm muitos sinais positivos, então, talvez você ache que há 30% de chance dessa pessoa gostar de você. Sua opinião depois de inspecionar os dados é diferente da sua crença antes de você olhar para ela: você atualizou suas crenças com base em novas informações. Essa é uma maneira sensata de viver sua vida e é a essência da estatística bayesiana.

3.8.1 Estatística bayesiana e TH ▮▮▮▮

Há diferenças importantes entre a estatística bayesiana e os métodos clássicos que este livro (e o SPSS) utiliza. A TH avalia a probabilidade de obter uma estatística de teste pelo menos tão grande quanto a que você conseguiu, se a hipótese nula for verdadeira. Ao fazer isso, você quantifica a probabilidade de obter os dados considerando que a hipótese seja verdadeira:[11] $p(\text{dados}|\text{hipótese})$. Especificamente, você pergunta qual é a probabilidade de obter o valor da minha estatística de teste (dados) ou um valor maior, se a hipótese *nula* for verdadeira, $p(\text{estatística de teste}|\text{hipótese nula})$. Esse não é um teste sobre a hipótese nula, mas um teste sobre os dados obtidos se a hipótese

---

[11] Estou simplificando a situação, porque, na verdade, a TH questiona sobre os dados *e sobre dados mais extremos*.

Tabela 3.2 Tabela de contingência com dados de se as pessoas são humanas ou lagartos verdes alienígenas com base em se o DNA corresponde a uma amostra de DNA alienígena em posse do governo

		\multicolumn{3}{c}{Amostra do DNA corresponde com o DNA alienígena}
		Corresponde	Não corresponde	Total
Acusado	Lagarto verde alienígena	1	0	1
	Humano	99	1.900	1.999
	Total	100	1.900	2.000

nula for verdadeira. Para testar a hipótese nula, você precisa responder à pergunta "qual é a probabilidade de que a hipótese forneça os dados que coletamos, p(hipótese|dados)?". No caso da hipótese nula, queremos a probabilidade de que ela seja verdadeira considerando a estatística de teste observada, p(hipótese nula|estatística de teste).

Um exemplo simples ilustrará que p(dados|hipótese) não é o mesmo que p(hipótese nula|dados). A probabilidade de que você seja um ator ou atriz profissional visto que você apareceu em um filme sucesso de bilheteria, p(ator ou atriz|aparecer em um sucesso de bilheteria) é muito alta porque eu suspeito que quase todo mundo que aparece em um sucesso de bilheteria é um ator ou atriz profissional. Contudo, a probabilidade inversa de você ter participado de um filme sucesso de bilheteria, dado que você seja um ator ou atriz profissional é muito pequena, porque a grande maioria dos atores e atrizes não participa de sucessos de bilheteria. Vamos ver essa diferença com mais detalhes.

Como você provavelmente está ciente, uma significativa proporção de pessoas são lagartos verdes alienígenas disfarçados de humanos. Eles vivem felizes e em paz entre nós, sem fazer mal a ninguém e contribuindo muito para a sociedade educando os humanos por meio de coisas como livros-texto de estatística. Eu falei demais. Do jeito que o mundo está atualmente, é apenas uma questão de tempo até que as pessoas comecem a ficar intolerantes com os lagartos verdes alienígenas que são tão prestativos e tentem expulsá-los de seus países. Imagine que você foi acusado se ser um lagarto verde alienígena. O governo hipotetiza que você é um alienígena. Eles pegam uma amostra do seu DNA e comparam com a amostra de DNA de um alienígena que eles possuem. Sua amostra tem correspondência com o DNA alienígena.

A Tabela 3.2 ilustra a situação. Para manter as coisas simples, imagine que você viva em uma pequena ilha de 2.000 habitantes. Uma dessas pessoas (não você) *é* um alienígena, e o DNA dela irá corresponder ao do alienígena. Não é possível ser um alienígena e seu DNA *não* corresponder, de modo que a célula da tabela contém um zero. Agora, as demais 1.999 pessoas não são alienígenas, e a maioria (1.900) possui um DNA que não corresponde à amostra de DNA alienígena que o governo possui; contudo, um pequeno número (99) corresponde, inclusive o seu.

Vamos olhar para a probabilidade dos dados considerando a hipótese. Esta é a probabilidade de um DNA corresponder, se a pessoa for, de fato, um alienígena, p(corresponde|alienígena). A probabilidade condicional de uma correspondência de DNA dado que a pessoa é alienígena seria a probabilidade de ser um alienígena *e* ter um uma correspondência de DNA p(alienígena∩corresponde), dividida pela probabilidade de ser um alienígena, p(alienígena). Há 1 pessoa da população de 2.000 que é um alienígena e tem o DNA que corresponde e há uma pessoa dos 2.000 que é um alienígena, assim a probabilidade condicional é 1:

$$p(A|B) = \frac{p(B \cap A)}{p(B)}$$

$$p(\text{corresponde}|\text{alienígena}) = \frac{p(\text{alienígena} \cap \text{corresponde})}{p(\text{alienígena})} = \frac{1/2.000}{1/2.000} = \frac{0,0005}{0,0005} = 1$$

(3.11)

Já que a pessoa é um alienígena, o seu DNA *deve* corresponder à amostra do DNA alienígena.

Perguntar qual a probabilidade dos dados (correspondência de DNA) considerando que a hipótese seja verdadeira (pessoa é alienígena) é uma pergunta tola: se você já sabe que a pessoa é um alienígena, então com certeza o DNA irá corresponder à amostra alienígena. Além disso, se você já sabia que ela era alienígena, você não precisava se preocupar em coletar dados (DNA). Calcular a probabilidade dos dados, dado que a hipótese é verdadeira, não lhe diz nada de útil sobre essa hipótese, porque o cálculo está condicionado ao pressuposto de que a hipótese é verdadeira, o que talvez não seja. Tire suas próprias conclusões sobre a TH, que é baseada nessa lógica.

Se você fosse um funcionário do governo encarregado de detectar lagartos verdes fingindo ser humanos, a questão que importaria é: considerando os dados (o fato de seu DNA corresponder), qual é a probabilidade da teoria de que você é um alienígena? A probabilidade condicional de uma pessoa ser um alienígena, dado que os DNAs coincidem, seria a probabilidade de ser um alienígena e os DNAs combinarem, p(alienígena∩combina), dividida pela probabilidade de uma amostra de DNA coincidir com a amostra alienígena em geral, p(combina). Há 1 pessoa na população de 2.000 que é um alienígena e tem uma correspondência de DNA e há 100 das 2.000 amostras de DNA que correspondem à de um alienígena:

$$p(\text{alienígena}|\text{corresponde}) = \frac{p(\text{corresponde} \cap \text{alienígena})}{p(\text{corresponde})} = \frac{1/2.000}{100/2.000} = \frac{0,0005}{0,05} = 0,01 \quad (3.12)$$

Isso ilustra a importância de fazermos a pergunta correta. Se o agente do governo seguisse a lógica da TH, ele acreditaria que você era um lagarto verde alienígena, porque a probabilidade de você ter uma correspondência de DNA dado que você é um alienígena é 1. No entanto, ao inverter a questão, eles perceberiam que existe apenas uma probabilidade de 0,01 ou 1% de que você seja um alienígena, considerando que o seu DNA corresponde. A estatística bayesiana aborda uma questão mais útil do que a TH: qual é a probabilidade de sua hipótese ser verdadeira, considerando os dados coletados?

3.8.2 O teorema de Bayes ||||

As probabilidades condicionais que acabamos de discutir podem ser obtidas utilizando o teorema de Bayes, que afirma que a probabilidade condicional de dois eventos pode ser determinada a partir de suas probabilidades individuais e da probabilidade condicional inversa (Equação 3.13). Podemos substituir a letra *A* pelo nosso modelo ou hipótese e a letra *B* pelos dados coletados para ter uma ideia de como esse teorema pode ser útil para testar hipóteses:

$$p(A|B) = \frac{p(B|A) \times p(A)}{p(B)}$$

$$p(\text{modelo}|\text{dados}) = \frac{p(\text{dados}|\text{modelo}) \times p(\text{modelo})}{p(\text{dados})} \quad (3.13)$$

$$\text{Probabilidade } a \text{ posteriori} = \frac{\text{verossimilhança} \times \text{probabilidade } a \text{ priori}}{\text{probabilidade marginal}}$$

Os termos nessa equação possuem nomes especiais que iremos explorar em detalhes agora.

A **probabilidade *a posteriori*** é a nossa crença em uma hipótese (ou parâmetro, mais sobre isso depois) após considerarmos os dados (portanto, é posterior aos dados). No exemplo do alienígena, acreditamos que uma pessoa é alienígena dado que seu DNA corresponde ao DNA alienígena, p(alienígena|corresponde). Esse é o valor que estamos interessados em descobrir: a probabilidade de nossa hipótese considerando os dados.

A **probabilidade *a priori*** é a crença em uma hipótese (ou parâmetro) antes de considerar os dados. Em nosso exemplo, é a crença do governo em sua culpa antes de considerar se o seu DNA é correspondente ou não. Essa seria a taxa básica para alienígena, p(alienígena), que, no nosso exemplo, é 1 em 2.000, ou 0,0005.

A **probabilidade marginal**, ou *evidência*, é a probabilidade dos dados observados, que, neste exemplo, é a probabilidade de o DNA ser correspondente, *p*(corresponde). Os dados mostram que houve 100 correspondências em 2.000 casos; portanto, esse valor é 100/2.000, ou 0,05. A **verossimilhança** é a probabilidade de que os dados observados possam ter sido produzidos dada a hipótese ou modelo que está sendo considerada. No exemplo do alienígena, é a probabilidade de você descobrir que o DNA corresponde, dado que alguém fosse de fato um alienígena, *p*(corresponde|alienígena), que é 1 como vimos antes.

Se juntarmos tudo isso, nossa crença em você ser um lagarto alienígena, dado que seu DNA corresponde ao de um lagarto alienígena, é uma função do quão provável é uma correspondência se você fosse um alienígena (*p* = 1), nossa crença anterior (*a priori*) em você ser um alienígena (*p* = 0,0005) e a probabilidade de obter um DNA correspondente (0,05). Nossa crença, considerando os dados, é de 0,01: há 1% de chance de você ser um alienígena:

$$p(\text{alienígena}|\text{corresponde}) = \frac{p(\text{corresponde}|\text{alienígena})\, p(\text{alienígena})}{p(\text{corresponde})} = \frac{1 \cdot 0{,}0005}{0{,}05} = 0{,}01 \quad (3.14)$$

Esse é o mesmo valor que calculamos na Equação 3.12, o que mostra que o teorema de Bayes é outra maneira para obter probabilidades *a posteriori*.

Observe que nossa crença inicial de você ser um alienígena (antes de sabermos os resultados do DNA) era 1 em 2.000 ou uma probabilidade de 0,0005. Ao examinar os dados de que seu DNA correspondeu ao de um alienígena, nossa crença aumentou para 1 em 100 ou 0,01. Depois de saber que seu DNA é correspondente, estamos mais convencidos de que você é um alienígena do que antes de sabermos, e assim deveria ser; no entanto, ainda estamos bem distantes de ter *certeza* de que você é um alienígena porque seu DNA corresponde.

3.8.3 Prioris sobre parâmetros ▎▎▎▎

No exemplo do DNA alienígena, nossa crença era uma hipótese (você é um alienígena). Podemos também utilizar a lógica bayesiana para atualizar crenças sobre os valores de parâmetros (p. ex., podemos produzir uma estimativa bayesiana de um valor-*b* de um modelo linear através da atualização das nossas crenças prévias no valor-*b* utilizando os dados que coletamos).

Vamos voltar ao exemplo de você ter uma queda por alguém da sua turma. Um dia, antes de ver sua *crush* sorrindo para você, você está lamentando esse amor não correspondido e desabafando para um amigo, que é um *nerd* da estatística também. Ele pede para você estimar o quanto sua *crush* gosta de você usando uma escala de 0 (odeia você) a 10 (quer casar com você). Você responde: "1". Autoestima nunca foi seu ponto forte. Ele então pergunta: "É possível que seja um 5?". Você acha que não. Que tal um 4? Nenhuma chance, você pensa. Você até considera a possibilidade de um 3, mas admite que há uma chance de ser um 2 e você tem certeza de que não será 0 porque sua paixão não parece ser do tipo que odeia. Por meio desse processo, você determina que sua *crush* gosta de você entre 0 e 2 na escala, mas você está mais confiante de que seja uma pontuação de 1. Como no exemplo do alienígena, você pode representar essa crença *antes* de examinar mais dados, mas na forma de uma distribuição, não de um único valor de probabilidade.

Imediatamente após a aula em que você viu sua paixão sorrindo, você corre para o seu amigo para relatar esse acontecimento empolgante. Seu amigo pede novamente para que você estime onde você acha que estão os sentimentos de seu *crush* em uma escala de 0 a 10. Você responde: "2". Você está menos confiante do que antes de que seja 1 e está preparado para considerar a possibilidade de que poderia ser 3. Suas crenças depois de examinar os dados são representadas por uma *distribuição de probabilidade a posteriori*.

Ao contrário da crença em uma hipótese na qual a probabilidade *a priori* é um valor único, ao estimar um parâmetro, a probabilidade *a priori* é uma *distribuição* de possibilidades. A Figura 3.5 mostra dois exemplos de **distribuição *a priori***. A de cima representa nosso exemplo e é conhecida como uma **distribuição *a priori* informativa**. Sabemos pelo que aprendemos sobre as distribuições de probabilidade que elas representam a plausibilidade dos valores: em torno do pico temos uma maior densidade (com valores mais plausíveis) e as caudas representam intervalos com baixa

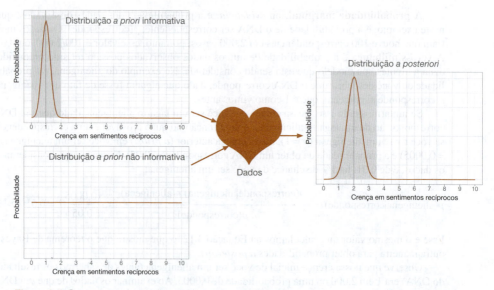

Figura 3.5 O processo de atualizar crenças na estatística bayesiana.

probabilidade. A distribuição superior é centrada em 1, o valor em que você estava mais confiante quando seu amigo pediu que você estimasse os sentimentos de sua paixão. Esse é o valor que você acha que é o mais provável. No entanto, o fato de que há uma curva em torno desse ponto mostra que você está preparado para aceitar outros valores com graus variados de certeza. Por exemplo, você acredita que valores acima de 1 (o pico) são cada vez menos prováveis até que, quando o valor for 2, sua crença esteja próxima de 0: você acha que é impossível que sua *crush* goste *mais do que* 2 na escala. A mesma situação ocorre se olharmos os valores abaixo de 1: você acha que valores abaixo do pico são cada vez menos prováveis até atingir a classificação 0 (você é odiado), em que a probabilidade é 0. Basicamente, você acha que é impossível que sua *crush* o odeie. Sua autoestima é baixa, mas não *tão* baixa. Para resumir, seu sentimento mais forte é que a sua *crush* goste 1 de você na escala de 0 a 10, mas você está preparado para aceitar que poderia ser qualquer valor entre 0 e 2; à medida que você se aproxima desses extremos, suas crenças se tornam mais fracas e mais fracas. Essa distribuição é informativa porque restringe suas crenças: sabemos, por exemplo, que você não está preparado para acreditar em valores acima de 2. Sabemos também, pela forma da distribuição, que você está mais confiante em valores entre 0,5 e 1,5.

A Figura 3.5 mostra outro tipo de distribuição *a priori*, conhecida como **distribuição *a priori* não informativa**. Ela é uma linha horizontal, ou seja, você está preparado para acreditar em todos os resultados com a mesma probabilidade. Em nosso exemplo, isso significa que você está igualmente preparado para acreditar que a sua *crush* o odeia (0), quer casar com você (10), gosta de alguma forma de você (5) ou qualquer valor entre eles. Basicamente, você não tem a menor ideia e está preparado para acreditar em qualquer coisa. É um bom lugar para se estar quando se trata de amor não correspondido. Essa distribuição *a priori* é chamada de não informativa porque a distribuição não nos diz nada útil sobre suas crenças: ela não as restringe.

Em seguida, você examina alguns dados. Em nosso exemplo, você observa a pessoa por quem tem uma queda. Esses dados são então misturados (usando o teorema de Bayes) com sua distribuição *a priori* para criar uma nova distribuição: a **distribuição *a posteriori***. Basicamente, um sapo da Lagoa Bayes dispara sua língua grande e pegajosa, agarra a sua distribuição *a priori* e a coloca em sua boca. Então, ele atira a língua para fora novamente e pega os dados observados. Ele gira e mistura os números dentro da boca e faz aquela coisa engraçada com a garganta que os sapos às vezes fazem, antes de arrotar a distribuição *a posteriori*. Acho que é assim que funciona.

A Figura 3.5 mostra a distribuição *a posteriori* resultante. Ela difere da distribuição *a priori*. Como ela difere depende tanto da *a priori* original quanto dos dados. Então, na Figura 3.5, se os dados fossem os mesmos, você obteria diferentes distribuições *a posteriori* a partir das duas distribuições *a priori* (porque estamos colocando crenças iniciais diferentes na boca do sapo). Em geral, se uma *a priori* não for informativa, a distribuição *a posteriori* será fortemente influenciada pelos dados. Isso faz sentido porque, se a sua crença inicial é muito aberta, os dados terão muito espaço para moldar suas crenças posteriores. Se você começa não sabendo em que acreditar, suas crenças posteriores devem refletir os dados. Se a distribuição *a priori* é altamente informativa (i.e., você tem crenças muito restritivas), então os dados influenciarão menos a distribuição *a posteriori* do que uma *a priori* não informativa. Os dados estão trabalhando contra a distribuição *a priori*. Se os dados são consistentes com suas crenças já bem definidas, então o efeito será definir ainda mais sua crença.

Comparando as distribuições *a priori* e *a posteriori* na Figura 3.5, podemos especular sobre a forma anterior dos dados. Para *a priori* informativa, os dados eram provavelmente um pouco mais positivos do que suas crenças iniciais (assim como na nossa história de que você observou sinais positivos de sua paixão) porque sua crença posterior é mais positiva que a anterior: após inspecionar os dados, você está mais disposto a acreditar que sua *crush* gosta de você a uma intensidade 2 (em vez de sua crença prévia de 1). Como sua crença anterior era restrita (suas crenças eram muito limitadas), os dados não conseguiram afastar sua crença de seu estado inicial. Os dados, no entanto, ampliaram um pouco o seu alcance das suas crenças: agora você está preparado para acreditar em valores em um intervalo de cerca de 0,5 a 3,5 (a distribuição ficou mais ampla). No caso de uma *a priori* não informativa, os dados que gerariam a distribuição *a posteriori* na Figura 3.5 seriam dados distribuídos como a distribuição *a posteriori*: em outras palavras, *a posteriori* se pareceria com os dados. A *a posteriori* é mais influenciada pelos dados do que uma *a priori* não informativa.

Podemos usar a distribuição *a posteriori* para quantificar os valores plausíveis de um parâmetro (seja um valor como sua crença no que sua paixão pensa de você ou um valor-*b* de um modelo linear). Se quisermos uma estimativa pontual (um único valor) do parâmetro, então podemos usar o valor no qual a distribuição de probabilidade atinge seu pico. Em outras palavras, use o valor com a maior densidade. Se quisermos uma estimativa intervalar, podemos usar os valores da estimativa que abrangem uma porcentagem da distribuição *a posteriori*. O intervalo é conhecido como um **intervalo de credibilidade**, que é o limite dentro do qual (geralmente) estão 95% dos valores da distribuição *a posteriori*. Ao contrário de um intervalo de confiança, que para uma determinada amostra pode ou não conter o valor verdadeiro, um intervalo de credibilidade pode ser transformado em uma declaração de probabilidade, tal como "há 95% de probabilidade de que o intervalo contenha o parâmetro de interesse".

3.8.4 Fator de Bayes ▮▮▮▮

Vamos nos deter agora em como podemos utilizar o teorema de Bayes para comparar duas hipóteses concorrentes. Voltamos ao exemplo do DNA alienígena (seção 3.8.1). Em termos da TH, a hipótese alternativa equivale a algo acontecendo. Nesse caso, seria que você é um alienígena. Sabemos que a probabilidade de você ser um alienígena é 0,01. Na TH, nós também temos a hipótese nula que reflete quando nada acontece (sem efeito). O equivalente aqui é a hipótese de que você é humano, dado que o DNA corresponde, *p*(humano|corresponde). Qual o valor dessa probabilidade?

Teste seus conhecimentos

Utilize a Tabela 3.2 e o teorema de Bayes para calcular p(humano|corresponde).

Dicas da Ana Apressada
Resumo do processo bayesiano

1. Defina uma *a priori* que represente suas crenças subjetivas sobre uma hipótese (*a priori* é um único valor) ou um parâmetro (*a priori* é uma distribuição de possibilidades). A distribuição *a priori* pode variar de completamente não informativa, o que quer dizer que você está preparado para acreditar em praticamente qualquer coisa, a completamente informativa, que indica que suas crenças iniciais são bastante restritas e específicas.
2. Inspecione os dados relevantes. No nosso exemplo, observamos o comportamento da sua *crush*. Na ciência, o processo seria um pouco mais formal do que isso.
3. O teorema de Bayes é utilizado para atualizar a distribuição *a priori* utilizando os dados. O resultado é uma probabilidade *a posteriori*, que pode ser um único valor representando sua nova crença em uma hipótese ou uma distribuição que representa sua crença na plausibilidade dos valores de um parâmetro após ver os dados.
4. A distribuição *a posteriori* pode ser utilizada para obter uma estimativa pontual (talvez o valor que corresponda ao pico da distribuição) ou uma estimativa intervalar (limites contendo certo percentual da distribuição *a posteriori*, p. ex., 95%) do parâmetro em que você estava originalmente interessado.

Primeiro, precisamos saber a probabilidade de uma correspondência de DNA se a pessoa fosse humana, $p(\text{corresponde}|\text{humano})$. Há 1.999 seres humanos, e o DNA de 99 teve correspondência com o alienígena, assim essa probabilidade será: 99/1.999, ou 0,0495. Em seguida, precisamos saber a probabilidade de ser humano, $p(\text{humano})$. Há 1.999 de 2.000 pessoas que são humanas (Tabela 3.2), então essa probabilidade será: 1.999/2.000, ou 0,9995. Finalmente, precisamos da probabilidade do DNA corresponder, $p(\text{corresponde})$, que já calculamos e vale 0,05. Substituindo esses valores no teorema de Bayes, encontramos uma probabilidade de 0,99:

$$p(\text{humano}|\text{corresponde}) = \frac{p(\text{corresponde}|\text{humano})\, p(\text{humano})}{p(\text{corresponde})} = \frac{0{,}0495 \cdot 0{,}9995}{0{,}05} = 0{,}99 \quad (3.15)$$

Sabemos, então, que a probabilidade de ser um alienígena considerando os dados é 0,01 ou 1%, mas a probabilidade de ser humano considerando os dados é 0,99 ou 99%. Podemos avaliar a evidência de você ser um humano ou um alienígena (considerando os dados que temos) utilizando esses valores. Nesse caso, é bem mais provável que você seja humano do que um alienígena.

Sabemos que a probabilidade *a posteriori* de ser humano, dado que os DNAs sejam correspondentes, é de 0,99, e previamente descobrimos que a probabilidade *a posteriori* de ser alienígena, dado que os DNAs sejam correspondentes, é de 0,01. Podemos comparar esses valores calculando sua proporção, que é conhecida como **chances *a posteriori***. Neste exemplo, o valor é 99, ou seja, você tem 99 vezes mais chance de ser humano do que alienígena, apesar de seu DNA corresponder à amostra alienígena:

$$\text{chances } a \text{ posteriori} = \frac{p(\text{hipótese 1}|\text{dados})}{p(\text{hipótese 2}|\text{dados})} = \frac{p(\text{humano}|\text{corresponde})}{p(\text{alienígena}|\text{corresponde})} = \frac{0{,}99}{0{,}01} = 99 \quad (3.16)$$

Esse exemplo da razão de chances *a posteriori* mostra que podemos utilizar o teorema de Bayes para comparar duas hipóteses. A TH compara uma hipótese de que existe um efeito (a hipótese alternativa) com uma de que não existe efeito (a hipótese nula). Podemos utilizar o teorema de Bayes para calcular as duas hipóteses considerando os dados, o que significa que podemos calcular a razão de chances *a posteriori* da hipótese alternativa em relação à nula. Esse valor quantifica quanto mais provável é a hipótese alternativa considerando os dados em relação à hipótese nula (também considerando os dados).

A Equação 3.17 mostra como isso pode ser feito:

$$\frac{p(\text{alternativa}|\text{dados})}{p(\text{nula}|\text{dados})} = \frac{p(\text{dados}|\text{alternativa}) \times p(\text{alternativa})/p(\text{dados})}{p(\text{dados}|\text{nula}) \times p(\text{nula})/p(\text{dados})}$$

$$= \frac{p(\text{dados}|\text{alternativa})}{p(\text{dados}|\text{nula})} \times \frac{p(\text{alternativa})}{p(\text{nula})} \quad (3.17)$$

chances *a posteriori* = fator de Bayes × chances *a priori*

A primeira linha mostra o teorema de Bayes para a hipótese alternativa dividida pelo teorema de Bayes para a hipótese nula. Como ambos incorporam a probabilidade dos dados, *p*(dados), que é a probabilidade marginal para as hipóteses alternativa e nula, esses termos são eliminados na segunda linha. A linha final mostra alguns nomes especiais que são dados aos três componentes da equação. À esquerda, temos a chance *a posteriori*, que acabamos de explicar. À direita, temos as **chances *a priori***, que comparam a probabilidade da hipótese alternativa com a nula *antes* de você examinar os dados.

Vimos que a distribuição *a priori* reflete crenças subjetivas antes de olharmos os dados, e a chance *a priori* não é diferente. Um valor de 1 refletiria a crença de que a hipótese nula e a alternativa são igualmente prováveis. Esse valor pode ser apropriado se você estivesse testando uma hipótese completamente nova. Normalmente, porém, nossa hipótese seria baseada em pesquisas anteriores e teríamos uma crença mais forte na hipótese alternativa do que a nula, caso em que você poderia querer que sua chance *a priori* fosse maior que 1.

O termo final na Equação 3.17 é o **fator de Bayes**. Ele representa o grau em que nossas crenças mudam ao observarmos dados (i.e, a mudança em nossa chance *a priori*). Um fator de Bayes menor que 1 apoia a hipótese nula porque sugere que nossas crenças na hipótese alternativa (em relação à nula) enfraqueceram. Prestando atenção a o que o fator de Bayes de fato é (Equação 3.17), deve ficar claro que um valor menor que 1 também significa que a probabilidade dos dados considerando a hipótese nula é maior que a probabilidade dos dados considerando a hipótese alternativa. Portanto, faz sentido que nossas crenças na hipótese alternativa (em relação à nula) enfraqueçam. Da mesma forma, o oposto é verdade; um fator de Bayes maior que 1 sugere que os dados observados são mais prováveis dada a hipótese alternativa do que a nula, e sua crença na hipótese alternativa (em relação à nula) se fortalece. Um valor exatamente igual a 1 significa que os dados são igualmente prováveis sob as hipóteses nula e alternativa, e suas crenças *a priori* não são alteradas pelos dados.

Por exemplo, um fator de Bayes igual a 10 significa que os dados observados são dez vezes mais prováveis sob a hipótese alternativa do que sob a hipótese nula. Assim como para os tamanhos de efeito, alguns valores de referência têm sido sugeridos, mas precisam ser usados com muita cautela: valores entre 1 e 3 são considerados evidências da hipótese alternativa que "não valem a pena mencionar", valores entre 3 e 10 são considerados "evidências substanciais" da hipótese alternativa, e valores maiores que 10 são "evidências fortes" da hipótese alternativa (Jeffreys, 1961).

3.8.5 Benefícios das abordagens bayesianas ▎▎▎▎

Já vimos que a testagem de hipóteses bayesiana faz uma pergunta mais sensata do que a TH, mas é válido refletirmos sobre como ela supera os problemas associados à TH.

Teste seus conhecimentos
Quais são os problemas com a TH?

Em primeiro lugar, analisamos vários equívocos em torno das conclusões que podem ser extraídas da TH sobre as hipóteses nula e alternativa. A abordagem bayesiana avalia especificamente as evidências da hipótese nula de forma que, diferentemente da TH, você possa tirar conclusões sobre a probabilidade de que a hipótese nula seja verdadeira.

Segundo, os valores-*p* são afetados pelo tamanho da amostra e pelo critério para a finalização da coleta de dados. O tamanho da amostra não é um problema para a análise bayesiana. Teoricamente, você pode atualizar suas crenças com base em um novo dado pontual. Esse único ponto dos seus dados pode não ter muita influência sobre uma crença *a priori* forte, mas poderia. Imagine que você acha que meu exemplo do DNA alienígena é ridículo. Você está absolutamente convencido de que nenhum lagarto verde alienígena vive entre nós. Você tem inúmeros dados de todos os dias da sua vida em que sua crença é baseada. Um dia, durante uma aula de estatística, você percebe sua professora lambendo o globo ocular com uma língua estranhamente serpentina. Após a aula, você a segue, e, quando ela acha que ninguém está olhando, ela remove a superfície do seu rosto, revelando bochechas verdes e escamosas. Essa nova observação pode mudar substancialmente suas crenças. No entanto, talvez você possa explicar isso como sendo uma brincadeira, uma pegadinha.

Dicas da Ana Apressada
Fator de Bayes

- O teorema de Bayes pode ser utilizado para atualizar sua crença *a priori* em relação a uma hipótese com base nos dados observados.
- A probabilidade da hipótese alternativa, considerando a probabilidade da hipótese nula, considerando os dados, é quantificada pelas *chances a posteriori*.
- O *fator de Bayes* é a razão entre a probabilidade dos dados considerando a hipótese alternativa e a probabilidade dos dados considerando a hipótese nula. Um fator de Bayes maior que 1 sugere que os dados observados são mais prováveis, dada a hipótese alternativa do que dada a nula. Valores inferiores a 1 sugerem o contrário. Valores entre 1 e 3 refletem evidências em relação à hipótese alternativa que "não valem a pena mencionar", valores entre 3 e 10 são evidências "substanciais", e valores acima de 10 são evidências "fortes" (Jeffreys, 1961).

Você se vira para atravessar o *campus* para contar aos seus amigos e, ao se virar, você está encarando uma multidão de centenas de estudantes, todos removendo as superfícies de seus rostos e revelando seu lagarto espacial interior. Depois de sujar suas calças, meu palpite é que sua crença anterior mudaria substancialmente. O que eu quero dizer é que, quanto mais dados você observar, mais forte será o efeito na atualização de suas crenças, mas esse é o único papel que o tamanho da amostra desempenha na estatística bayesiana: amostras maiores fornecem mais informações.

Isso também está relacionado às intenções do pesquisador. Sua crença *a priori* pode ser atualizada com base em qualquer quantidade de novas informações; portanto, você não precisa determinar a quantidade de dados antes da análise. Não importa quando você finaliza a coleta de dados ou qual é o critério para coletá-los, porque qualquer novo dado relevante para sua hipótese pode ser usado para atualizar suas crenças *a priori* em relação às hipóteses nula e alternativa. Finalmente, a análise bayesiana está focada na estimativa dos valores dos parâmetros (que quantificam os efeitos) ou na avaliação da evidência relativa em relação à hipótese alternativa (fatores de Bayes) e, portanto, o raciocínio preto no branco não está envolvido, apenas estimativa e interpretação. Assim, comportamentos como o *p-hacking* são contornados. Muito legal, né? Acho que a banda Chicago disse de forma melhor naquela música brega: "*I'm addicted to you Bayes, you're a hard habit to break*" (estou viciado em você, Bayes, você é um hábito difícil de romper).

Há desvantagens também. A principal objeção à estatística bayesiana é a confiança em uma *a priori*, que é uma decisão subjetiva e aberta a graus de liberdade do pesquisador. Por exemplo, você pode imaginar um cenário em que alguém ajusta o fator anterior para obter um fator de Bayes maior ou um valor de um parâmetro do qual ele goste. Essa crítica é válida, mas também a vejo como uma força na qual a decisão sobre *a priori* deve ser explícita: não vejo como você pode relatar estatísticas bayesianas sem explicar suas decisões sobre a distribuição *a priori*. Assim, os leitores terão a informação completa sobre os graus de liberdade que você pode ter empregado.

3.9 Relatando o tamanho do efeito e os fatores de Bayes ||||

Se você utilizar a TH, então, como os valores-*p* dependem de coisas como o tamanho da amostra, é altamente recomendável informar os tamanhos de efeito além dos valores-*p*. Utilizando exemplos do capítulo anterior (ver seção 2.10), podemos relatar testes de significância como esse (note a presença dos valores-*p* exatos e dos tamanhos de efeito):

- ✓ As reações de medo foram significativamente maiores quando o gato do Andy chamado Fuzzy utilizou uma língua humana falsa em comparação a quando ele não a utilizou, $p = 0{,}023$, $d = 0{,}54$.
- ✓ O número de gatos invadindo o jardim foi significativamente menor quando Fuzzy utilizou a língua humana falsa em comparação a quando ele não a utilizou, $p = 0{,}007$, $d = 0{,}76$.
- ✓ As reações de medo não foram significativamente diferentes quando Fuzzy utilizou uma máscara do David Beckham em comparação a quando ele não a utilizou, $p = 0{,}18$, $d = 0{,}22$.

Você também pode relatar os fatores de Bayes, que são geralmente representados por FB_{01}. Atualmente, em virtude de muitos periódicos esperarem encontrar a TH, não é muito comum ver artigos que relatam apenas estatísticas bayesianas (embora o número esteja aumentando). Em vez disso, os cientistas incrementam seus valores-*p* com o fator de Bayes. Como você verá, os fatores de Bayes são calculados com uma estimativa de erro (uma porcentagem), e é útil apresentar também esse valor.

- ✓ O número de gatos invadindo o jardim foi significativamente menor quando Fuzzy usou uma língua humana falsa em comparação a quando não a usou, $p = 0{,}007$, $d = 0{,}76$, $FB_{01} = 5{,}67 \pm 0{,}02\%$.

3.10 Caio tenta conquistar Gina ▐▐▐▐

Caio esteve pensando sobre seu último encontro com Gina, que não havia dado certo. Agora ele tem um plano. Seu professor havia mencionado casualmente alguns problemas com a testagem de hipóteses, mas muito superficial e brevemente, como os professores fazem quando não entendem algo. Caio decidiu ir até a biblioteca, onde leu sobre essa coisa chamada estatística bayesiana.

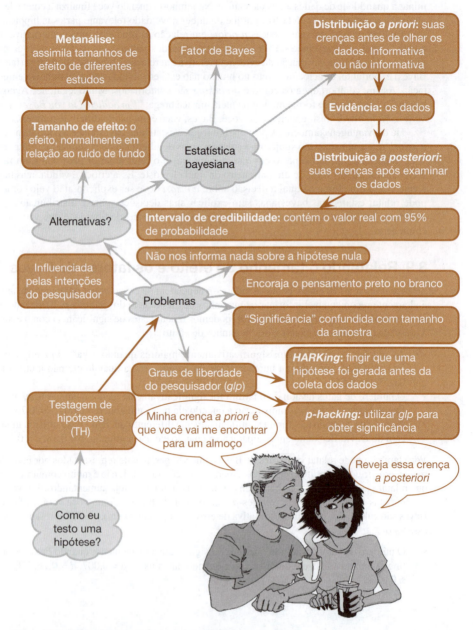

Figura 3.6 O que Caio aprendeu neste capítulo.

"Se nem meu professor não entende as limitações da TH e muito menos a estimativa bayesiana", Caio pensou, "Gina com certeza vai ficar impressionada com o que estou lendo". Caio anotou tudo. Boa parte era muito complexa, mas, se ele conseguisse falar pelo menos algumas coisas, então, talvez, apenas talvez, Gina respondesse com mais do que umas poucas palavras a ele.

Caio esperou nos degraus da biblioteca para ver se conseguia identificar Gina na praça do *campus*. Depois de um tempo, ele viu sua figura a distância. Ele deu uma última olhada em suas anotações e, quando ela passou por ele, disse: "Ei, Gina. Como vai?"

Gina parou. Ela encarou e reconheceu o cara em quem tinha esbarrado na semana anterior. Por que ele não a deixava em paz? Tudo o que sempre quis foi que as pessoas a deixassem em paz. Ela forçou um sorriso falso.

"Todo mundo diz que você é muito inteligente", Caio continuou. "Talvez você possa me ajudar com algumas coisas que estou lendo..."

Com as anotações tremendo na mão, Caio contou a ela tudo o que conseguiu sobre testes de significância, tamanhos de efeito e estatística bayesiana.

3.11 E agora? ▮▮▮▮

Começamos este capítulo vendo como a crença inicial de que eu não poderia viver à altura do vasto intelecto do meu irmão se desenvolveu. Pulamos alguns anos na minha história de vida para eu poder colocar uma foto dos meus filhos no livro. Foi uma distração agradável, mas agora devemos retornar à minha infância. Aos 3 anos, eu não estava tão preocupado com o peso incapacitante da baixa expectativa da minha família. Eu tinha situações mais urgentes, mais especificamente a conversa de que eu sairia da creche (nota: eu não fui expulso). Apesar dos "incidentes", a creche era um lugar seguro e acolhedor. Honestamente, não me lembro de como me sentia em relação a deixar a creche, mas, considerando o quanto eu sou neurótico, é difícil acreditar que não tenha ficado ansioso. Eu tinha amigos na creche, e qualquer lugar que eu fosse estaria, sem dúvida, cheio de outras crianças. Crianças que eu não conhecia, crianças assustadoras, crianças que iriam querer roubar meus brinquedos, crianças que eram evitadas porque eram novas e desconhecidas. Em algum momento de nossas vidas, porém, devemos deixar a segurança de um lugar familiar e experimentar coisas novas: as crianças precisam encontrar novas paisagens para exibir seu pênis. O novo local que eu enfrentei foi a escola primária (ou "ensino fundamental"). Esse foi um ambiente novo e assustador, um pouco como o SPSS pode ser para você. Então, vamos dar as mãos e encarar isso juntos.

3.12 Termos-chave

Chance
Chances *a posteriori*
Chances *a priori*
Ciência aberta
Curva *p*
d de Cohen
Distribuição *a posteriori*
Distribuição *a priori*
Distribuição *a priori* informativa
Distribuição *a priori* não informativa
Estatística bayesiana
Fator de Bayes
Graus de liberdade do pesquisador
HARKing
Iniciativa de Transparência na Avaliação por Pares
Intervalo de credibilidade
Metanálise
p-hacking
Probabilidade *a posteriori*
Probabilidade *a priori*
Probabilidade empírica
Probabilidade marginal
Pré-registro
Razão de chances
Relatório registrado
Tabela de contingência
Tamanho de efeito
Testes de excesso de sucesso
Verossimilhança
Viés de publicação

Tarefas da Alex Astuta

Tabela 3.3 Número de pessoas que foram aprovadas ou não em uma prova classificadas em função de terem levado ou não o *notebook* para a aula

		Resultado da prova		
		Passou	Não passou	Total
Notebook na aula	Sim	24	16	40
	Não	49	11	60
	Total	73	27	100

- **Tarefa 1**: O que é o tamanho de efeito e como ele é mensurado? ▮▮▮▮
- **Tarefa 2**: No Capítulo 1 (Tarefa 8), examinamos um exemplo de quantos jogos seriam necessários até que um atleta atingisse a "zona vermelha". Em seguida no Capítulo 2, analisamos os dados de um clube rival. Calcule e interprete o *d* de Cohen para a diferença no número médio de jogos que foi necessário para que os jogadores ficassem cansados nos dois times mencionados nessas tarefas. ▮▮▮▮
- **Tarefa 3**: Calcule e interprete o *d* de Cohen para a diferença média na duração dos casamentos das celebridades do Capítulo 1 (Tarefa 9) e na duração do meu casamento e dos meus amigos do Capítulo 2 (Tarefa 13). ▮▮▮▮
- **Tarefa 4**: Quais são os problemas com a testagem de hipóteses? ▮▮▮▮
- **Tarefa 5**: Qual é a diferença entre um intervalo de confiança e um de credibilidade? ▮▮▮▮
- **Tarefa 6**: O que é uma metanálise? ▮▮▮▮
- **Tarefa 7**: Descreva o que você entende pelo termo "fator de Bayes"? ▮▮▮▮
- **Tarefa 8**: Vários estudos mostraram que os estudantes que utilizam *notebook* em sala de aula frequentemente apresentam resultados piores nas provas (Payne-Carter, Greenberg e Waller, 2016; Sana, Weston e Cepeda, 2013). A Tabela 3.3 mostra alguns dados fictícios que simulam o que foi encontrado. Qual é a razão de chances dos aprovados na prova se o estudante utiliza *notebook* na aula em comparação a quem não utiliza. ▮▮▮▮
- **Tarefa 9**: A partir dos dados da Tabela 3.3, qual é a probabilidade condicional de que alguém tenha utilizado o *notebook* em aula, dado que passou na prova, p(*notebook*|passou). Qual é a probabilidade condicional de que alguém não tenha utilizado o *notebook* em aula, dado que passou na prova, p(não *notebook*|passou)? ▮▮▮▮
- **Tarefa 10**: Usando os dados da Tabela 3.3, qual é a chance *a posteriori* de alguém utilizar um *notebook* em sala de aula (em comparação a quem não utiliza), dado que passou na prova? ▮▮▮▮

Respostas e recursos adicionais estão disponíveis no *site* do livro em
https://edge.sagepub.com/field5e.

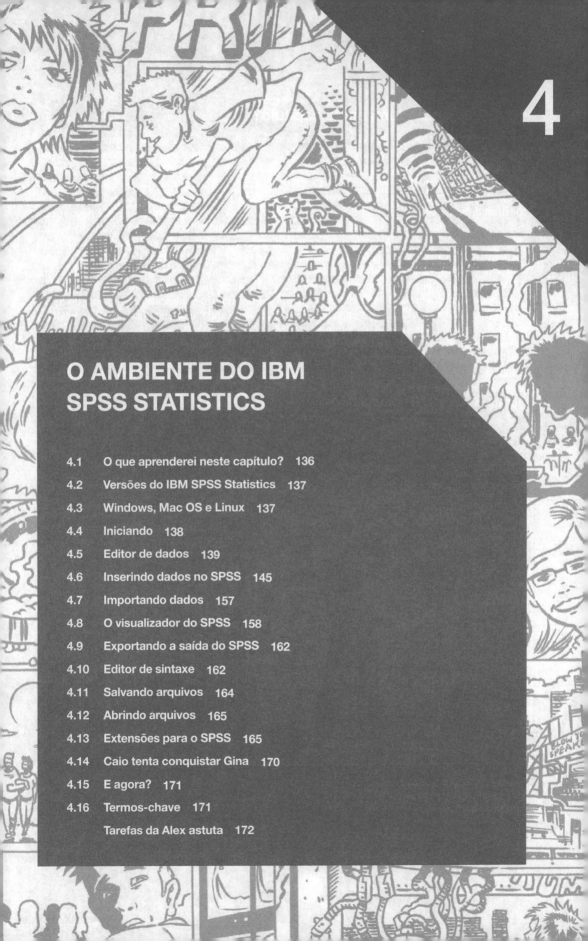

4

O AMBIENTE DO IBM SPSS STATISTICS

4.1 O que aprenderei neste capítulo? 136
4.2 Versões do IBM SPSS Statistics 137
4.3 Windows, Mac OS e Linux 137
4.4 Iniciando 138
4.5 Editor de dados 139
4.6 Inserindo dados no SPSS 145
4.7 Importando dados 157
4.8 O visualizador do SPSS 158
4.9 Exportando a saída do SPSS 162
4.10 Editor de sintaxe 162
4.11 Salvando arquivos 164
4.12 Abrindo arquivos 165
4.13 Extensões para o SPSS 165
4.14 Caio tenta conquistar Gina 170
4.15 E agora? 171
4.16 Termos-chave 171
    Tarefas da Alex astuta 172

4.1 O que aprenderei neste capítulo?

Aos 5 anos de idade, deixei a creche e fui para a escola primária. Mesmo que meu irmão mais velho (você lembra, Paul, "o mais inteligente") já estivesse lá, fiquei muito apreensivo no meu primeiro dia. Meus amigos da creche estavam indo para escolas diferentes, e eu estava apavorado em ter que conhecer novas crianças. Entrei na minha sala de aula e, como temia, ela estava cheia de crianças assustadoras. Com um truque bastante óbvio para me fazer pensar que passaria os próximos 6 anos construindo castelos de areia, a professora me disse para brincar na caixa de areia. Enquanto eu estava nervosamente tentando descobrir se poderia construir uma pilha de areia alta o suficiente para enterrar a minha cabeça nela, um menino veio se juntar a mim. Seu nome era Jonathan Land, e ele era muito legal. Uma hora depois, ele já era meu novo melhor amigo (crianças de 5 anos são inconstantes...), e eu amava a escola. Nós permanecemos amigos íntimos durante todo o ensino primário. Às vezes, novos ambientes parecem mais assustadores do que realmente são. Este capítulo apresenta o que pode parecer um novo ambiente assustador: o SPSS. Eu não vou mentir, o ambiente do SPSS não é mais agradável para passar tempo do que uma caixa de areia, mas tente fazer uma escavadeira de plástico realizar uma regressão de mínimos quadrados para você. Para o propósito deste capítulo, eu vou ser um menino de 5 anos chamado Jonathan. Pensar como uma criança de 5 anos é natural para mim, então tudo bem. Eu vou segurar a sua mão e mostrarei como usar escavadeiras, garras, guindastes, carregadores, manipuladores telescópicos e tratores[1] na caixa de areia do SPSS. Em resumo, vamos aprender as ferramentas do *software* que permitirão, nos próximos capítulos, construir um castelo mágico de estatística. Ou bater nossa cabeça na tela do computador. O tempo dirá.

[1] Sim, ando passando muito tempo com um garoto de 2 anos obcecado por carrinhos.

Figura 4.1 Tudo o que eu queria para o Natal é... um papel de parede de bom gosto.

4.2 Versões do IBM SPSS Statistics ▮▮▮▮

Este livro é baseado principalmente na versão 25 do IBM SPSS Statistics (geralmente chamado apenas SPSS). A IBM melhora e atualiza regularmente o SPSS, mas este livro cobre apenas uma pequena parte das funcionalidades do *software* e se concentra em recursos que estão no pacote há muito tempo e funcionam bem. Consequentemente, é improvável que alterações feitas em novas versões do SPSS afetem o conteúdo deste livro. Com um pouco de bom senso, você pode conviver com um livro que não trate explicitamente da versão mais recente (ou da versão que você estiver utilizando). Portanto, embora esta edição do livro tenha sido escrita utilizando a versão 25, ela englobará versões anteriores (certamente até a versão 18) e muito provavelmente as versões 26 e seguintes (a menos que a IBM faça grandes alterações apenas para me desafiar).

O SPSS está disponível em quatro versões:[2]

- **Básica**: a maioria das funcionalidades abordadas neste livro faz parte do pacote básico. As exceções são os testes exatos e o *bootstrap*, que estão disponíveis apenas na edição Premium.
- **Padrão**: essa versão tem tudo da versão básica mais modelos lineares generalizados (que não veremos neste livro).
- **Profissional**: tem tudo o que tem na edição-padrão, mais árvores de decisão e imputação de valores faltantes (*missing values*) e previsão (que também não são abordados aqui).
- **Premium**: tudo o que existe no pacote profissional, mais testes exatos e *bootstrapping* (que serão abordados neste livro), modelagem com equações estruturais e amostragem complexa (que não serão vistos aqui).

Há ainda uma assinatura mensal na qual você pode comprar o acesso a um pacote básico (como o descrito acima, mas incluindo *bootstrapping*) e, por uma taxa extra, complementos para:

- **Tabelas personalizadas e estatísticas para usuários avançados**: é semelhante ao pacote padrão acima, pois adiciona os modelos lineares generalizados. Inclui ainda regressão logística, análise de sobrevivência, análise bayesiana e personalização de tabelas.
- **Amostragem complexa e testes**: adiciona funcionalidades para dados faltantes e amostragem complexa bem como componentes principais categóricos, escalonamento multidimensional e análise de correspondência.
- **Previsão e árvores de decisão**: como o nome sugere, adiciona funcionalidades para previsão (*forecasting*) e árvores de decisão, bem como redes neurais e modelos preditivos.

Se você for assinar um pacote, a maior parte dos conteúdos deste livro está no pacote básico de assinatura, com algumas coisas (p. ex., estatística bayesiana e regressão logística) exigindo o complemento de estatística avançada.

4.3 Windows, Mac OS e Linux ▮▮▮▮

O SPSS roda em Windows, Mac OS e Linux (e sistemas operacionais com base no Unix como IBM AIX, HP-UX e Solaris). O SPSS é baseado em Java, que quer dizer que as versões para Windows, Mac OS e Linux diferem muito pouco (se diferirem). Elas parecem um pouco diferentes, mas da mesma forma que, digamos, o Mac OS parece diferente do Windows.[3] Estou utilizando capturas de tela da versão para Windows, porque esse é o sistema operacional que a maioria dos leitores utiliza, mas você poderá utilizar este livro se tiver um Mac (ou rodar Linux). Na verdade, escrevi este livro utilizando um Mac.

---

[2] Você pode ver uma comparação detalhada em: https://www.ibm.com/marketplace/spss-statistics/purchase.
[3] Você pode fazer com que a versão do Mac OS pareça com a do Windows, mas não tenho ideia de por que você iria querer fazer isso.

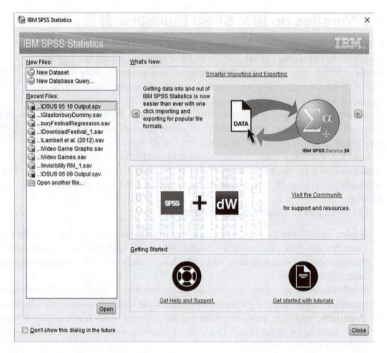

Figura 4.2 Janela inicial do SPSS da IBM.

4.4 Iniciando IIII

O SPSS utiliza principalmente duas janelas: o ***Data editor*** (editor de dados)*, que é onde você insere os dados e executa os procedimentos estatísticos, e o ***Viewer*** (visualizador), que é onde os resultados das análises serão apresentados. Você pode ainda ativar o ***Syntax editor*** (editor de sintaxe) (ver seção 4.10), que é onde se pode inserir comandos de texto (em vez de utilizar as janelas). A maioria dos usuários iniciantes ignora a janela de sintaxe, mas o uso da sintaxe abre funções adicionais que podem economizar tempo em longo prazo. Pessoas estranhas que gostam de estatística podem encontrar diversos usos para a sintaxe e até mesmo babar de animação enquanto a discutem. Em algumas situações, eu o forçarei a utilizar a sintaxe, mas é só porque quero me afogar na minha própria saliva.

Quando o SPSS é executado, a janela de inicialização da Figura 4.2 aparece. No canto superior esquerdo, há um painel denominado *New Files* (novos arquivos), onde você pode escolher entre abrir uma janela vazia do editor de dados ou iniciar uma consulta a um banco de dados (algo que não será abordado neste livro). Abaixo, no painel rotulado *Recent Files* (arquivos recentes) aparecerá uma lista de todos os arquivos de dados do SPSS (no computador atual) que você utilizou recentemente. Se você quiser abrir um arquivo existente, selecione-o da lista e então clique Open (abrir). Se você deseja abrir um arquivo que não está na lista, selecione Open another file... (abrir outro arquivo) e clique Open para abrir uma janela e navegar até o arquivo desejado (seção 4.12). A janela apresenta ainda uma visão geral do que há de novo, nesta versão, e contém links para tutoriais e suporte, além de um link para a comunidade de desenvolvedores online. Se você não quiser que essa janela apareça sempre que o SPSS for executado, selecione a opção ☑ Don't show this dialog in the future (não mostrar mais esta janela) que fica no canto inferior esquerdo.

---

*N. de T.T. Apesar de haver uma versão em português do SPSS recente, mantivemos as capturas de tela e termos em inglês pois, na maioria das vezes, a versão utilizada será em inglês.

Capítulo 4 • O ambiente do IBM SPSS Statistics   139

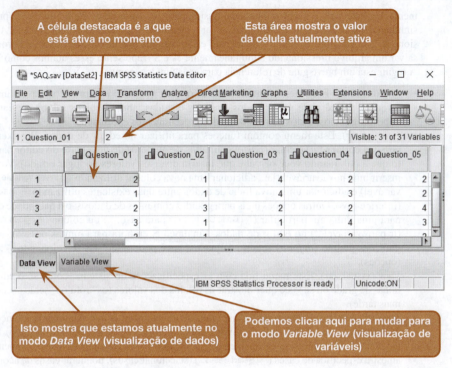

Figura 4.3 Editor de dados do SPSS.

4.5 Editor de dados

Como o esperado, a janela do editor de dados é onde você insere e visualiza os dados (Figura 4.3). No topo dessa janela (ou no topo da tela em um Mac), há uma barra de menus semelhante a qualquer uma que você já viu em outros programas. Tenho certeza de que você sabe que pode navegar pelos menus utilizando o *mouse* e clicando com o botão esquerdo. O clique irá revelar uma lista de itens dos quais você pode escolher o desejado e clicar. No SPSS, se um item de menu é seguido por um ▶, então, ao clicar nele, uma lista de opções (um *submenu*) se abrirá à direita dele; senão, será ativada uma janela chamada *caixa de diálogo*. Qualquer janela na qual você precisa fornecer uma informação ou uma resposta (i.e., "dialogar" com o computador) é uma caixa de diálogo. Ao me referir à seleção de itens em um menu, usarei os nomes dos itens de menu conectados por setas para indicar a ordem dos itens a serem clicados em um submenu. Por exemplo, se eu disser que você deve selecionar a opção *Save As...* (salvar como) no menu *File* (arquivo), você verá *File* ▶ *Save As...*.

O editor de dados tem um painel de visualização de dados (***Data view***) e um de visualização de variáveis (***Variable view***). No visualizador de dados, inserimos os dados e, no de variáveis, definimos as características das variáveis dentro do editor de dados. Para alternar entre os dois painéis, selecione uma das guias abaixo do editor de dados (Data View Variable View) (visualizar dados; visualizar variáveis); o painel em destaque indica em qual deles você está (embora isso seja óbvio). Vejamos alguns recursos do editor de dados que são os mesmos nas duas visualizações. Primeiro, os menus.

Algumas letras estão sublinhadas dentro dos itens dos menus do Windows, o que nos informa o *atalho de teclado* que acessa o item. Com a prática, usar esses atalhos se tornará mais rápido do que usar o *mouse*. No Windows, os itens dos menus podem ser ativados pressionando simultaneamente *Alt* no teclado e a letra sublinhada. Assim, para acessar o item *File* ▶ *Save As*..., pressione simultaneamente *Alt* e F no teclado para ativar o menu *File* e, mantendo o dedo na tecla *Alt*, pressione A. No Mac OS, os atalhos de teclado estão listados nos menus; por exemplo, você pode salvar um arquivo pressionando simultaneamente ⌘ e S (represento esses atalhos como ⌘ + S). A seguir está um breve guia de referência para cada um dos menus:

- *File* (arquivo). Esse menu contém todas as opções que você espera encontrar em um menu "arquivo": você pode salvar dados, gráficos e saídas, abrir arquivos salvos previamente e imprimir gráficos, dados ou resultados dos procedimentos executados.
- *Edit* (editar). Este menu contém funções para utilizar no editor de dados. Por exemplo, é possível cortar (*cut*) e colar (*paste*) conjuntos de números de uma parte do editor para outra (o que é útil quando você percebe que inseriu diversos valores no lugar errado). Você pode inserir uma nova variável (i.e., adicionar uma nova coluna) utilizando Insert Variable (inserir variável) e adicionar uma nova linha de dados entre duas existentes utilizando Insert Cases (inserir casos). Outras opções úteis para grandes conjuntos de dados são a habilidade de saltar para uma linha em particular (Go to Case...) (ir para caso...) ou coluna (Go to Variable...) (ir para variável...) no editor de dados. Finalmente, embora para muitas pessoas as configurações-padrão (*default*) sejam adequadas, você pode alterá-las selecionando Options... (opções).
- *View* (visualizar). Este menu lida com as especificações do sistema, como se o editor terá linhas de grade ou se você quer mostrar os rótulos dos valores (os "rótulos" serão esclarecidos mais tarde).
- *Data* (dados). Este menu trata da manipulação de dados no editor. Algumas das funções que utilizaremos são a habilidade de dividir um arquivo (Split File...) (dividir arquivo) levando em conta uma variável de agrupamento (ver seção 6.10.4), executar análises em apenas uma amostra específica de casos (Select Cases...) (selecionar casos), ponderar casos de acordo com uma variável (Weight Cases...) (ponderar casos) que é útil para dados de frequências (Capítulo 19) e converter dados de um formato *wide* (amplo) para um *long* (longo) ou vice-versa (Restructure...) (reestruturar...) que utilizaremos no Capítulo 12.
- *Transform* (transformar). Este menu contém itens relacionados à manipulação de variáveis no editor. Por exemplo, se você tiver uma variável que use números para codificar grupos de casos, convém alternar esses códigos alterando a própria variável (Recode into Same Variables...) (recodificar em variáveis iguais...) ou criando uma nova variável (Recode into Different Variables...) (recodificar em variáveis diferentes...); ver Dica do SPSS 11.2. Você também pode criar novas variáveis a partir das existentes (p. ex., você pode querer uma variável que seja a soma de 10 variáveis existentes) usando a função *compute* (Compute Variable...) (calcular variável...); consulte a seção 6.12.6.
- *Analyze* (analisar). A diversão inicia aqui, porque os procedimentos estatísticos estão ocultos nesse menu. A seguir, está um resumo das partes do menu de estatística que iremos utilizar neste livro:
  - *Descriptive Statistics* (estatísticas descritivas). Usaremos isso para determinar estatísticas descritivas (média, mediana, moda, etc.), frequências e para explorar dados. Utilizaremos o *Crosstabs* (tabela de referência cruzada...) para explorar dados de frequências e executar testes como o qui-quadrado, o teste exato de Fisher e o kappa de Cohen (Capítulo 19).
  - *Compare Means* (comparar médias). Aqui é onde se encontram os testes-*t* (dependente e independente; Capítulo 10) e a ANOVA independente de um fator (Capítulo 12).
  - *General Linear Model* (modelo linear geral). Esse menu é para modelos lineares envolvendo previsores categóricos, geralmente delineamentos de experimentos nos quais você manipulou uma variável previsora utilizando diferentes casos (delineamento independente), os mesmos casos (delineamento de medidas repetidas) ou uma combinação de ambos (delineamento misto). Ele também serve para variáveis com múltiplos resultados, como análise multivariada de variância (MANOVA) (ver Capítulos 13 a 17).

- *Mixed Models* (modelos mistos). Este menu será usado no Capítulo 21 para ajustar um modelo linear multinível e curvas de crescimento.
- *Correlate* (correlacionar). Não precisa ser um gênio para descobrir que esse é o lugar onde se encontram as medidas de correlação, incluindo a bivariada como o *r* de Pearson, o rô (ρ) de Spearman e o tau (τ) de Kendall e as correlações parciais (ver Capítulo 8).
- *Regression* (regressão). Há uma variedade de técnicas de regressão disponíveis no SPSS, incluindo a linear simples, linear múltipla (ver Capítulo 9) e logística (ver Capítulo 20).
- *Loglinear* (linear de log). A análise loglinear está escondida nesse menu, esperando por você e pronta para atacar de dentro da toca como uma tarântula (ver Capítulo 19).
- *Dimension Reduction* (redução de dimensão). Você encontrará a análise de fatores aqui (ver Capítulo 19).
- *Scale* (escala). Aqui será encontrada a análise de confiabilidade do Capítulo 18.
- *Nonparametric Tests* (testes não paramétricos). Embora, em geral, eu não seja fã desses testes, no Capítulo 7 eu prostituo os meus princípios ao apresentar os testes de Mann--Whitney, Kruskal-Wallis, Wilcoxon e a ANOVA de Friedman.
- *Graphs* (gráficos). Este menu é utilizado para acessar o criador de gráficos (ver Capítulo 5), que é a sua entrada para, entre outras coisas, os histogramas e os diagramas de barra, de dispersão, de caixa e bigodes, de pizza e de barras de erro.
- *Utilities* (utilitários). Há muitas coisas úteis aqui, mas não entraremos nelas. Vou mencionar que ▒ Data File Comments... (comentários sobre arquivos de dados) é útil para escrever anotações sobre arquivos de dados para lembrá-lo de detalhes importantes que você pode esquecer (de onde vêm dos dados, a data em que foram coletados e assim por diante).
- *Extensions* (anteriormente *Add-ons*) (extensões). Utilize esse menu para acessar outro *software* da IBM que aumenta o SPSS, por exemplo, o *IBM SPSS Sample Power* que calcula o tamanho de amostra necessário e o poder das estatísticas (ver seção 2.9.7). E, se você tiver a versão Premium, encontrará o *IBM SPSS AMOS* listado aqui, que é um *software* para modelagem de equações estruturais. Como a maioria das pessoas não tem esses complementos (inclusive eu), não vou discuti-los no livro. Também usaremos o submenu *Utilities* para instalar caixas de diálogo personalizadas (▒ Install Custom Dialog (Compatibility mode)...) (instalar caixa de diálogo personalizada (modo de compatibilidade) ...) posteriormente neste capítulo.[4]
- *Window* (janela). Esse menu permite que você alterne entre janelas. Assim, se você está em uma janela de saída (*output*) e deseja voltar para planilha de dados, poderá fazê-lo utilizando esse menu. Existem ícones de atalho para a maioria das opções desse menu, por isso ele não é particularmente útil.
- *Help* (ajuda). Utilize esse menu para ter acesso a extensos arquivos de ajuda pesquisáveis.

Na parte superior do editor de dados, há um conjunto de ícones (ver Figura 4.3) que são atalhos para os recursos utilizados com frequência nos menus. Utilizando esses ícones, você economizará tempo. A seguir, há uma breve descrição desses ícones e de suas funções.

 Use este ícone para abrir um arquivo salvo anteriormente (se você estiver no editor de dados, o SPSS presume que você quer abrir um arquivo de dados, se estiver no visualizador de saídas ele fornecerá a opção de abrir um arquivo de resultados).

 Este ícone serve para salvar arquivos. Ele irá salvar o arquivo que você está usando no momento (estando em dados, saídas ou sintaxe). Se o arquivo for novo e não tiver sido salvo ainda ele irá abrir a caixa de diálogo *Save Data As...*.

 Utilize este ícone para imprimir qualquer coisa em que você estiver trabalhando (tanto no editor de dados quanto nos resultados). As opções exatas de impressão dependerão da sua impressora. A configuração padrão do SPSS imprime tudo o que estiver na janela de saída, assim uma forma útil de salvar árvores é imprimir apenas uma seleção da saída (ver Dica do SPSS 4.5).

---
[4]Na versão 23 do SPSS, essa função pode ser encontrada em: *Utilities* → *Custom dialogs*...

Dica do SPSS 4.1
Poupe tempo e evite as LERs

A configuração-padrão do SPSS, quando você vai abrir um arquivo, é procurar no diretório em que ele foi armazenado, que geralmente não é onde você guarda os seus dados e saídas. Assim, você perde tempo navegando pelo computador tentando encontrar seus dados. Se você usa o SPSS tanto quanto eu, então isso tem duas consequências: (1) todos esses segundos viram semanas navegando no meu computador quando eu poderia estar fazendo algo mais útil como tocar minha bateria; (2) aumenta as minhas chances de conseguir uma LER (lesão por esforço repetitivo) nos meus punhos e, se for para ter uma LER nos punhos, posso pensar em maneiras mais agradáveis de consegui-la do que navegando no meu computador (tocando mais bateria, obviamente). Felizmente, podemos evitar a morte dos punhos utilizando o *Edit* ▶ Options... para abrir a caixa de diálogo *Options* (Figura 4.4) e selecionando a guia *File Locations* (locais do arquivo).

Nessa caixa de diálogos, podemos selecionar a pasta na qual o SPSS iniciará a busca por arquivos de dados e outros. Por exemplo, mantenho meus arquivos de dados em uma única pasta chamada "Dados" (não tive criatividade nenhuma, eu sei). Na caixa de diálogo da Figura 4.4, cliquei em Browse... (navegar) e então naveguei para a minha pasta de dados. O SPSS agora usará isso como o local padrão quando eu for abrir arquivos, e meus punhos serão poupados da indignidade de uma LER. Você também pode selecionar a opção para o SPSS utilizar a *Last folder used* (última pasta usada), nesse caso o SPSS, lembrará onde você estava na última vez que foi executado e usará essa pasta como o local-padrão quando você abrir ou salvar arquivos.

Figura 4.4 Caixa de diálogo *Options*.

Capítulo 4 • O ambiente do IBM SPSS Statistics   143

 Este atalho ativa a lista das últimas 12 caixas de diálogo que foram utilizadas; selecione qualquer uma da lista para reativá-la. Este ícone é útil se for necessário repetir parte de uma análise.

 A grande seta deste ícone significa, para mim, que clicar nele irá ativar um raio miniaturizador que o encolherá antes de sugá-lo para uma célula no editor de dados, onde você passará o resto de seus dias preso combatendo vírgulas decimais. No entanto, minha intuição está errada, e esse ícone abre a guia *Case* da caixa de diálogo *Go to*, que permite que você vá para um caso (linha) específico no editor de dados. Esse atalho é útil para trabalhos com grandes arquivos de dados. Por exemplo, se estivéssemos analisando uma pesquisa com 3.000 participantes e quiséssemos examinar as respostas do participante 2.407, em vez de monotonamente rolar o editor de dados para encontrar a linha 2.407, poderíamos clicar nesse ícone, digitar o valor 2407 na caixa de resposta e clicar em [Go] (Figura 4.5, à esquerda).

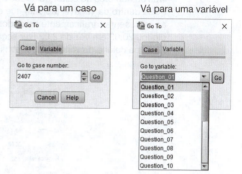

 Assim como existem arquivos com muitos casos (linhas), existem outros com muitas variáveis (colunas). Como no ícone anterior, clicar nessa opção abre a caixa de diálogo *Go to*, mas na guia *Variable* que permite acessar uma coluna (variável) específica no editor de dados. Por exemplo, o arquivo de dados que utilizamos no Capítulo 18 (**SAQ.sav**) contém 23 variáveis, e cada variável representa uma pergunta em um questionário e é denominada de acordo com a pergunta. Se quiséssemos ir para a Questão 15, em vez de ficar com cãibras no punho percorrendo o editor de dados para encontrar a coluna contendo os valores da Questão 15, poderíamos clicar neste ícone, localizar a Questão 15 na lista de variáveis e então clicar [Go] (Figura 4.5, à direita).

Figura 4.5 As caixas de diálogo *Go to* para um caso (à esquerda) e para uma variável (à direita).

 Um clique neste ícone abre uma caixa de diálogo que mostra as variáveis do editor de dados (à esquerda) e informações resumidas sobre a variável em destaque (à direita). A Figura 4.6 mostra a caixa de diálogo para o mesmo arquivo de dados que apresentamos no ícone anterior. Selecionei a primeira variável da lista à esquerda, e na direita pode-se ver o nome da variável (Question_01), o rótulo (*Statistics makes me cry* – Estatística me faz chorar), o nível de medição (ordinal) e os rótulos dos valores da variável (p. ex., o número 1 representa a resposta "*strongly agree*" – concordo fortemente).

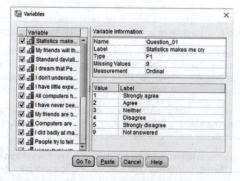

Figura 4.6 Caixa de diálogo para o ícone *Variables*.

Se você selecionar uma variável (coluna) no editor de dados clicando no nome da variável (no topo da coluna) para que a coluna fique destacada (selecionada) e então clicar neste ícone uma tabela de estatísticas descritivas para essa variável aparecerá na janela do visualizador. Para obter estatísticas descritivas para várias variáveis, mantenha pressionada a tecla *Ctrl* enquanto clica na parte superior das colunas para selecioná-las e então clique no ícone.

 Em um primeiro momento, achei que esse ícone me permitiria espionar meus vizinhos, mas meu entusiasmo foi cruelmente crucificado quando descobri que ele permite apenas pesquisar palavras ou números no editor de dados e no visualizador. No editor, clicar neste ícone inicia uma pesquisa dentro da variável (coluna) que estiver selecionada. Esse atalho é útil se você perceber que ao representar graficamente os dados foi cometido algum erro de digitação, por exemplo, você digitou 20,02 em vez de 2,02 (ver seção 5.4) e precisa achar o erro – neste caso, procurando por 20,02 na coluna da variável e substituindo esse valor por 2,02 (Figura 4.7).

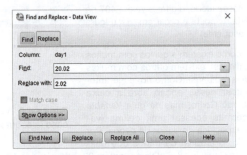

Figura 4.7 Caixa de diálogo *Find and Replace* (localizar e substituir).

 Um clique neste ícone insere um novo caso no editor de dados (ele cria uma linha em branco no ponto que está selecionado no editor de dados).

 Um clique neste ícone cria uma nova variável à esquerda da variável que estiver ativa (para ativar/selecionar uma variável, clique no nome da variável no topo da coluna)

 Este ícone é um atalho para a caixa de diálogo *Data* ▶ Split File... (dividir arquivo) (ver seção 6.10.4). No SPSS, diferenciamos grupos de casos utilizando uma variável codificadora (ver seção 4.6.5), e essa função executa quaisquer análises separadamente para os grupos que foram divididos de acordo com essa variável. Por exemplo, imagine que testamos homens e mulheres em suas habilidades estatísticas. Codificamos cada participante com um número que representa seu sexo (p. ex., 1 = feminino, 0 = masculino). Se, em seguida, quisermos saber a capacidade estatística média para homens e mulheres separadamente, solicitamos ao SPSS que divida o arquivo utilizando a variável **Sexo** e, após, execute o procedimento para obter as estatísticas descritivas.

 Este ícone é um atalho para a caixa de diálogo *Data* ▶ Weight Cases... (ponderar casos). Como podemos ver, algumas vezes precisamos utilizar a função ponderar casos quando formos analisar dados de frequências (ver seção 19.7.2). Ela é ainda útil para algumas questões de amostragem avançadas.

 Este ícone é um atalho para a caixa de diálogo *Data* ▶ Select Cases... (selecionar casos), que pode ser utilizada se você quiser analisar somente parte dos dados. Esta função permite especificar quais casos devem ser incluídos na análise.

 Um clique neste ícone exibe ou oculta os rótulos dos valores de qualquer variável codificadora do editor de dados. Utilizamos uma variável codificadora para inserir informações sobre membros de categorias ou grupos. Discutiremos isso na seção 4.6.5. Resumidamente, se quiséssemos registrar o sexo do participante, poderíamos criar uma variável chamada **Sexo** e atribuir os valores 1 para feminino e 0 para masculino. Fazemos isso atribuindo rótulos descrevendo as categorias (p. ex., "feminino") ao número atribuído à categoria 1. No editor de dados, inserimos o número 1 para qualquer mulher e 0 para qualquer homem. Clicar nesse ícone alterna entre os valores que você inseriu (você veria uma coluna de zeros e uns) e os rótulos atribuídos a esses números (você veria uma coluna exibindo a palavra "masculino" ou "feminino" em cada célula).

4.6 Inserindo dados no SPSS ||||

4.6.1 Formatos de dados ||||

Existem dois formatos comuns de entrada de dados, que são às vezes chamados **dados de formato amplo** e de **formato longo**. Na maioria das vezes, inserimos dados no formato amplo, embora você possa alternar entre os dois formatos utilizando o menu *Data* ▶ Restructure... (reestruturar). No formato amplo, *cada linha representa os dados de uma entidade e cada coluna representa uma variável*. Não existe distinção entre variáveis previsoras (independentes) e de resultado (dependentes): ambas aparecem em colunas separadas. A principal característica é que cada linha representa uma entidade (seja ela um ser humano, um rato, uma tulipa, uma empresa ou uma amostra de água), e qualquer informação sobre a entidade deve ser inserida no editor de dados. compor outro lado, no formato longo os valores de uma variável de resultado aparecem em uma única coluna, e as linhas representam uma combinação de atributos dos escores da variável. Nesse formato, os valores de uma única entidade podem aparecer em múltiplas linhas, onde cada linha representa uma combinação dos atributos do escore (a entidade de onde o escore se originou, a que nível de uma variável independente o escore pertence, o horário em que o escore foi registrado, etc.).

Utilizaremos o formato longo no Capítulo 21, mas para todo o resto do livro usaremos o formato amplo, por isso vamos ver um exemplo de como inserir dados nesse formato. Imagine que você estivesse interessado em como a percepção da dor criada por um estímulo quente e um frio é influenciada pelo fato de falar palavrões ou não enquanto se está em contato com o estímulo (Stephens, Atkins e Kingston, 2009). Você poderia colocar as mãos de algumas pessoas em um balde de água muito fria por 1 minuto e pedir-lhes para avaliar o quão doloroso elas acharam a experiência em uma escala de 1 a 10. Você poderia, então, pedir para elas segurarem uma batata quente e avaliar novamente a percepção da dor. Metade dos participantes seria incentivada a gritar palavrões durante a experiência. Imagine que eu participei do grupo dos palavrões. Você teria uma única linha representando meus dados, então haveria uma coluna diferente com o meu nome, outra com o grupo em que eu estava, outra com a minha percepção da dor com a água fria e uma com a minha percepção com a batata quente: Andy, grupo dos palavrões, 7, 10.

A coluna com a informação sobre o grupo a que fui designado é uma variável de agrupamento: eu posso pertencer ao grupo dos palavrões ou ao outro, mas não a ambos. Essa variável é uma medida entre grupos ou independente (pessoas diferentes pertencem a grupos diferentes). No SPSS normalmente representamos os membros de um grupo com números, não com palavras, mas atribuímos rótulos a esses números. Assim, a associação ao grupo é representada por uma única coluna na qual o grupo ao qual a pessoa pertence é definido por um número (ver seção 4.6.5). Por exemplo, poderíamos decidir que se uma pessoa está no grupo dos palavrões ela receberá o número 1, e se ela estiver no outro grupo receberá o número 0. Em seguida atribuímos a cada número um *rótulo*, que é um texto que descreve o que o número representa. Para informar a qual grupo o sujeito pertence, inserimos os números que decidimos utilizar no editor de dados, mas os rótulos nos lembram de que grupos os números representam (ver seção 6.10.4).

Os dois escores de dor constituem uma medida repetida porque todos os participantes produziram um escore depois de entrar em contato com um estímulo quente e um frio. Os níveis dessa variável (ver Dica do SPSS 4.2) são inseridos em colunas separadas (uma para dor com estímulo quente e outra para dor com estímulo frio).

O editor de dados é constituído de muitas *células*, que são retângulos em que os valores são colocados. Quando uma célula está ativa, ela aparece destacada na cor laranja (Figura 4.3). Você pode se movimentar pelo editor de dados, de uma célula para outra, utilizando as teclas com setas ←↑↓→ (do lado direito do teclado) ou clicando com o mouse na célula que deseja ativar. Para inserir um número no editor, mova-se para a célula em que deseja colocar o valor, digite-o e então pressione a tecla com a seta na direção em que deseja se mover. Assim, para inserir uma linha de

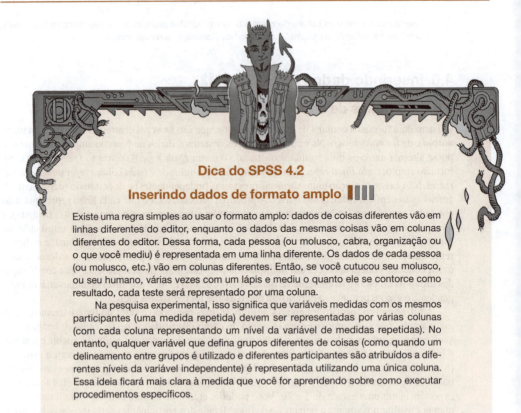

Dica do SPSS 4.2

Inserindo dados de formato amplo ▍▎▏▏

Existe uma regra simples ao usar o formato amplo: dados de coisas diferentes vão em linhas diferentes do editor, enquanto os dados das mesmas coisas vão em colunas diferentes do editor. Dessa forma, cada pessoa (ou molusco, cabra, organização ou o que você mediu) é representada em uma linha diferente. Os dados de cada pessoa (ou molusco, etc.) vão em colunas diferentes. Então, se você cutucou seu molusco, ou seu humano, várias vezes com um lápis e mediu o quanto ele se contorce como resultado, cada teste será representado por uma coluna.

Na pesquisa experimental, isso significa que variáveis medidas com os mesmos participantes (uma medida repetida) devem ser representadas por várias colunas (com cada coluna representando um nível da variável de medidas repetidas). No entanto, qualquer variável que defina grupos diferentes de coisas (como quando um delineamento entre grupos é utilizado e diferentes participantes são atribuídos a diferentes níveis da variável independente) é representada utilizando uma única coluna. Essa ideia ficará mais clara à medida que você for aprendendo sobre como executar procedimentos específicos.

dados, mova-se para a primeira linha da coluna inicial, digite o primeiro valor e pressione → (esse processo insere o valor e move o cursor para a próxima célula à direita)

4.6.2 Visualizador de variáveis ▍▎▏▏

Antes de inserir os dados no editor de dados, precisamos criar as variáveis utilizando o visualizador de variáveis. Para acessá-lo, clique na guia *Variable View* na parte inferior do editor de dados (Data View Variable View); os conteúdos da janela irão mudar (ver Figura 4.8)

Figura 4.8 Visualizador de variáveis do editor de dados do SPSS.

Cada linha do visualizador de variáveis representa uma variável, e você poderá definir as características de cada uma inserindo informações nas colunas nomeadas (é só mexer um pouco e você pegará o jeito):

Name — (Nome) Insira, nesta coluna, o nome de cada variável. O nome atribuído irá aparecer no topo da coluna correspondente no editor de dados e ajudará a identificar as variáveis. Você pode escrever, mais ou menos, o nome que quiser, mas existem certos símbolos que não poderão ser utilizados (principalmente aqueles que têm outros usos no SPSS tais como +, −, &), e você não pode utilizar espaços. (Eu acho espaços úteis; você pode utilizar um *underline* no lugar, por exemplo, Andy_Field em vez de Andy Field.) Se você utilizar um caractere que o SPSS não gosta, você receberá uma mensagem de erro dizendo que o nome da variável é inválido quanto tentar sair da célula.

Type — (Tipo) As variáveis podem conter diferentes tipos de dados. Você utilizará principalmente o padrão **numeric variables** (variáveis numéricas) (variáveis que contêm apenas números). Outros tipos são **string variables** (variáveis de texto), **currency variables** (variáveis monetárias) (i.e., £, $, €) e **date variables** (variáveis temporais) (p. ex., 21-06-1973). Assim, por exemplo, se quiser digitar o nome de uma pessoa, precisará alterar o tipo de variável de *numeric* (numérica) para *string* (texto).

Width — (Largura) A configuração-padrão do SPSS classifica as novas variáveis como *numéricas* e armazena 8 dígitos/caracteres. Para variáveis numéricas, 8 dígitos geralmente são suficientes (a menos que você tenha números muito grandes), mas para variáveis de texto você não pode escrever muito com 8 caracteres, então pode aumentar o tamanho para acomodar o texto que pretende usar. **Width** difere de **Columns** (Colunas) (ver a seguir), pois afeta o que será armazenado na variável em vez do que será exibido no editor de dados.

Decimals — (Decimais) O padrão do *software* é apresentar duas casas decimais (se não mudar essa opção, quando inserir números inteiros, o SPSS exibirá os valores com duas casas decimais após a vírgula, o que pode ser desconcertante). Se quiser alterar o número de casas decimais para uma determinada variável, substitua o 2 por um novo valor ou aumente ou diminua utilizando.

Label — (Rótulo) A variável **Name** (nome) (ver acima) tem algumas restrições de caracteres, e utilizar nomes grandes no topo da coluna não seria bom, porque eles se tornarão difíceis de ler. Portanto, você pode escrever uma descrição mais longa da variável na coluna do rótulo. Isso pode parecer inútil, mas é um dos melhores hábitos que você pode ter (ver Dica do SPSS 4.3).

Values — (Valores) Esta coluna atribui valores para representar grupos de pessoas (ver seção 4.6.5).

Missing — (Faltantes) Esta coluna atribui um código aos valores faltantes (*missing*) (seção 4.6.7)

Columns — (Colunas) Insira um número nesta coluna para determinar a sua largura (ou seja, quantos caracteres serão exibidos). A informação introduzida sob **Columns** difere da inserida em **Width** (ver acima), que determina a largura da variável em si. Assim, é possível ter uma variável com 10 caracteres em uma *coluna* de tamanho 8, mas você não veria todos os caracteres da variável no editor de dados. Pode ser útil aumentar a largura da coluna se tivermos uma variável de texto (ver seção 4.6.3) ou uma variável com rótulos (ver seção 4.6.5) maiores que 8 caracteres.

Align — (Alinhar) Pode-se utilizar esta coluna para selecionar o alinhamento dos dados na coluna correspondente no editor de dados. É possível escolher entre ≣ Left (esquerda), ≣ Right (direita) ou ≣ Center (centro).

Measure — (Medir) Use esta coluna para definir a escala de medida das variáveis como Nominal, Ordinal ou Scale (escalar) (ver seção 1.6.2).

Role — (Função) O SPSS tem alguns procedimentos que executam análises automaticamente sem você precisar pensar sobre o que está sendo feito (um exemplo é

Analyze (analisar) ▶ *Regression* (regressão) ▶ ▭ Automatic Linear Modeling... (modelagem linear automática...). Para pensar por você, o SPSS precisa saber se uma variável é previsora (◉ Input – entrada), uma variável de resultado (◉ Target – destino), ou ambos (◉ Both, embora eu não saiba como isso funciona na prática), uma variável que divide a análise em diferentes grupos (◉ Split – dividir), uma variável que seleciona parte dos dados (◉ Partition – partição) ou uma variável que não tem função predefinida (◉ None – nenhum). Raramente é uma boa ideia deixar o computador pensar por você, por isso não sou fã de procedimentos automatizados que tiram vantagem dessas atribuições (eles podem ter uma função, mas não neste livro). Portanto, não vou mencioná-los novamente.

Vamos utilizar o visualizador de variáveis para criar algumas variáveis. Imagine que estivéssemos interessados em analisar as diferenças entre professores e alunos. Selecionamos uma amostra aleatória de cinco professores e cinco alunos de psicologia da University of Sussex e avaliamos quantos amigos eles tinham, seu consumo semanal de álcool (em unidades), sua renda anual e o quão neuróticos eles eram (quanto mais alta a pontuação, mais neuróticos). Esses dados estão na Tabela 4.1.

4.6.3 Criando uma variável de texto ▋▋▋▋

A primeira variável na Tabela 4.1 é o nome do participante. Essa é uma *variável de texto* porque ela consiste em uma sequência de letras. Para criar essa variável no visualizador de variáveis:

1. Clique na primeira célula em branco da coluna denominada *Name* (nome).
2. Digite a palavra "Nome".
3. Mova-se para outra célula utilizando as setas do teclado (ou você pode apenas clicar em outra célula, mas isso leva mais tempo).

Muito bem, você acaba de criar sua primeira variável. Note que, ao digitar um nome, o SPSS atribui a configuração-padrão para a variável (p. ex., supondo que ela seja numérica, ele atribui duas casas decimais). No entanto, não queremos uma variável numérica (i.e., números), queremos inserir os nomes das pessoas; por isso, precisamos de uma variável de *texto* e temos que alterar o tipo da variável. Vá para a coluna chamada [Type] (tipo) usando as setas do teclado. A célula agora ficará assim [Numeric] (numérica). Clique em [...] para ativar a caixa de diálogo *Variable Type* (tipo de variável). O tipo de variável padrão selecionado é o numérico (◉ Numeric)

Tabela 4.1 Alguns dados para você se divertir

Nome	Data de nascimento	Profissão	Número de amigos	Álcool (unidades)	Renda (anual)	Neuroticismo
Ben	03-jul-1977	Professor	5	10	20.000	10
Martin	24-maio-1969	Professor	2	15	40.000	17
Andy	21-jun-1973	Professor	0	20	35.000	14
Paul	16-jul-1970	Professor	4	5	22.000	13
Graham	10-out-1949	Professor	1	30	50.000	21
Carina	05-nov-1983	Aluno	10	25	5.000	7
Karina	08-out-1987	Aluno	12	20	100	13
Doug	16-set-1989	Aluno	15	16	3.000	9
Mark	20-maio-1973	Aluno	12	17	10.000	14
Zoë	12-nov-1984	Aluno	17	18	10	13

Capítulo 4 • O ambiente do IBM SPSS Statistics   149

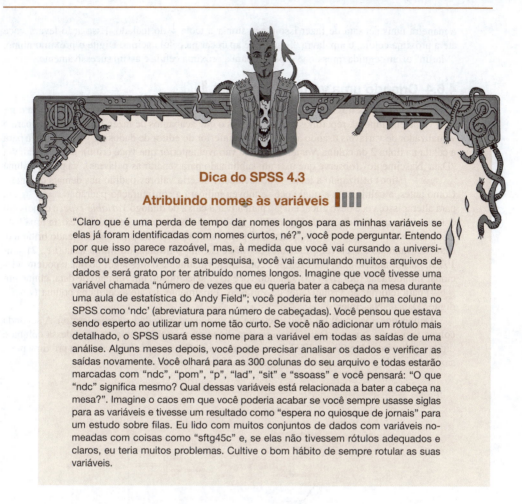

Dica do SPSS 4.3
Atribuindo nomes às variáveis

"Claro que é uma perda de tempo dar nomes longos para as minhas variáveis se elas já foram identificadas com nomes curtos, né?", você pode perguntar. Entendo por que isso parece razoável, mas, à medida que você vai cursando a universidade ou desenvolvendo a sua pesquisa, você vai acumulando muitos arquivos de dados e será grato por ter atribuído nomes longos. Imagine que você tivesse uma variável chamada "número de vezes que eu queria bater a cabeça na mesa durante uma aula de estatística do Andy Field"; você poderia ter nomeado uma coluna no SPSS como 'ndc' (abreviatura para número de cabeçadas). Você pensou que estava sendo esperto ao utilizar um nome tão curto. Se você não adicionar um rótulo mais detalhado, o SPSS usará esse nome para a variável em todas as saídas de uma análise. Alguns meses depois, você pode precisar analisar os dados e verificar as saídas novamente. Você olhará para as 300 colunas do seu arquivo e todas estarão marcadas com "ndc", "pom", "p", "lad", "sit" e "ssoass" e você pensará: "O que "ndc" significa mesmo? Qual dessas variáveis está relacionada a bater a cabeça na mesa?". Imagine o caos em que você poderia acabar se você sempre usasse siglas para as variáveis e tivesse um resultado como "espera no quiosque de jornais" para um estudo sobre filas. Eu lido com muitos conjuntos de dados com variáveis nomeadas com coisas como "sftg45c" e, se elas não tivessem rótulos adequados e claros, eu teria muitos problemas. Cultive o bom hábito de sempre rotular as suas variáveis.

(ver parte superior da Figura 4.9). Para alterar a variável para texto, clique em ⦿ String (canto inferior esquerdo da Figura 4.9). Em seguida, se você precisar inserir texto com mais de 8 caracteres (a largura-padrão), altere esse valor para um número que reflita o número máximo de caracteres que você usará para os casos dos dados. Clique em [OK] para retornar ao painel de visualização das variáveis.

Em seguida, porque quero que você tenha bons hábitos, vá até a célula na coluna [Label] (rótulo) e digite a descrição da variável, por exemplo "Nome do participante". Finalmente, podemos especificar a escala de medição da variável (ver seção 1.6.2) acessando a coluna *Measure* (medição) e selecionando uma das opções Nominal, Ordinal ou Scale da lista suspensa. No caso de uma variável de texto, ela representa uma descrição do caso e não fornece informações sobre a ordem dos casos ou sobre a magnitude de um comparado a outro. Portanto, selecione Nominal.

Depois que a variável for criada, retorne ao painel da visualização de dados clicando na guia *Data View* na parte inferior do editor de dados ([Data View] [Variable View]). O conteúdo da janela será alterado, e observe que a primeira coluna agora apresenta o nome atribuído na parte superior. Podemos inserir os dados para essa variável nas células da coluna abaixo do nome. Clique na primeira célula na parte superior da coluna *Nome* e digite o primeiro nome, "Ben". Para registrar esse valor nessa célula, mova-se para uma célula diferente, e, já que estamos inserindo dados em uma coluna, a maneira mais sensata de fazer isso é pressionar a tecla ↓ do teclado. Essa ação levará você até a próxima célula, e a palavra "Ben" deve aparecer na célula acima. Digite o próximo nome, "Martin" e, em seguida, pressione ↓ para ir para a próxima célula e assim sucessivamente.

4.6.4 Criando uma variável temporal ▌▌▌▌

A segunda coluna da nossa tabela contém datas (datas de nascimento, para ser exato). Para criar uma variável temporal, repetimos mais ou menos o que acabamos de fazer. Primeiro, volte para o visualizador de variáveis usando a guia na parte inferior do editor de dados (Data View Variable View). Vá para a célula na linha 2 da coluna *Name* (abaixo da variável anterior que você criou). Digite a palavra "Data_Nascimento" (observe que usei um sublinhado para separar as palavras). Vá para a coluna Type (tipo) utilizando a tecla → do teclado (isso cria valores-padrão nas demais colunas). Como antes, a célula para a qual você se moveu indicará a configuração-padrão Numeric , e, para alterar isso, você deve clicar em ... para ativar a caixa de diálogo *Variable Type* e depois em ◉ D*a*te (canto inferior direito da Figura 4.9). No lado direito da caixa de diálogo, existe uma lista de formatos de data, a partir dos quais você pode escolher a de sua preferência; sendo britânico, estou acostumado a escrever o dia antes do mês e escolhi o formato dd-mmm-aaaa (i.e., 21-jun-1973), mas os americanos, por exemplo, colocam normalmente o mês antes do dia, e podem selecionar mm/dd/aaaa (06/21/1973). Quando você tiver selecionado um formato de data, clique em OK para retornar ao visualizador de variáveis. Finalmente, vá até a célula na coluna *Label* e digite "Data de Nascimento".

Depois que a variável foi criada, retorne ao visualizador de dados (Data View Variable View). A segunda coluna tem agora o nome *Data_Nascimento*; clique na primeira célula no topo dessa coluna e digite o primeiro valor, 03-jul-1977. Para registrar esse valor nessa célula, vá para a próxima pressionando a tecla ↓. Agora, insira a próxima data e assim por diante.

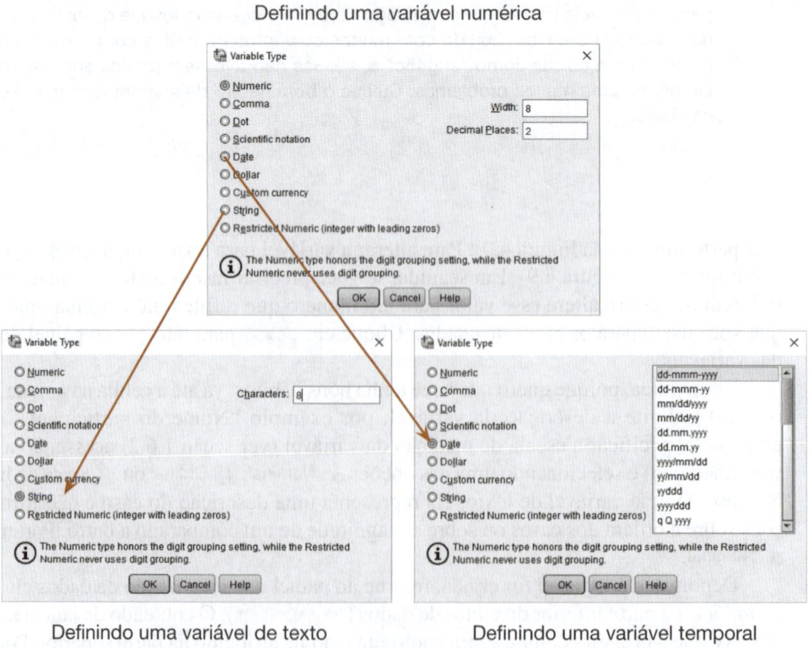

Definindo uma variável numérica

Definindo uma variável de texto   Definindo uma variável temporal

Figura 4.9 Definindo variáveis numéricas, de texto e de data.

4.6.5 Criando variáveis codificadoras ||||

Já mencionei a codificação ou o agrupamento de variáveis brevemente; elas utilizam números para representar diferentes grupos ou categorias de dados. Assim, a variável codificadora é *numérica*, mas, como os números representam, de fato, nomes, o tipo da variável é ♣ Nominal. Os grupos de dados representados pelas variáveis codificadoras podem ser os níveis de uma variável de tratamento em um experimento (um grupo experimental ou de controle), diferentes grupos naturais (homens ou mulheres, grupos étnicos, estado civil, etc.), diferentes localizações geográficas (países, estados, cidades, etc.), ou diferentes organizações (diferentes hospitais dentro de um sistema de saúde, escolas ou empresas em um estudo).

Em experimentos que usam delineamento independente, as variáveis codificadoras representam variáveis previsoras (independentes) que foram avaliadas entre os grupos (i.e., entidades diferentes foram atribuídas a grupos diferentes). Em geral, não usamos esse tipo de codificação para delineamentos experimentais em que a variável independente foi manipulada usando medidas repetidas (i.e., os participantes realizam todas as condições experimentais). Para delineamentos de medidas repetidas, normalmente usamos colunas diferentes para representar diferentes condições experimentais.

Voltemos ao experimento sobre o uso de palavrões e dor. Esse era um delineamento independente porque tínhamos dois grupos representando dois níveis de nossa variável independente: um grupo podia xingar durante as tarefas dolorosas e o outro não. Portanto, podemos utilizar uma variável codificadora. Podemos atribuir ao grupo experimental (falou palavrões) o código 1 e ao grupo-controle (não falou palavrões) o código 0. Para inserir esses dados, você criaria uma variável (que você poderia chamar **Grupo**) e digitaria o valor 1 para os participantes do grupo experimental e 0 para os do grupo-controle. Esses códigos dizem ao SPSS que os casos que receberam o valor 1 devem ser tratados como membros de um mesmo grupo; o mesmo cabe para os casos que receberam o valor 0. Os códigos que você usa são arbitrários porque os números em si não serão analisados, então, embora as pessoas utilizem normalmente valores como 0, 1, 2, 3, etc.; se você é uma pessoa especialmente arbitrária, sinta-se à vontade para codificar um grupo como 616 e outro como 11 e assim por diante.

Temos uma variável codificadora em nossos dados que descreve se um participante é um professor ou um aluno. Para criar essa variável, seguimos os mesmos passos de antes, mas precisamos ainda registrar quais códigos numéricos são atribuídos a quais grupos. Primeiro, retorne ao visualizador de variáveis (Data View Variable View), se você ainda não estiver nele, e vá para a célula da terceira linha da coluna *Name*. Digite um nome (p. ex., Grupo). Eu ainda quero incutir bons hábitos em você, então mova-se, ao longo da terceira linha, até a coluna *Label* e faça uma descrição completa da variável, algo como: "a pessoa pode ser um professor ou um estudante". Para definir os códigos dos grupos, mova-se pela linha para a coluna Values (valores). A célula mostrará a configuração-padrão None ... (nenhum). Clique em ... para acessar a caixa de diálogo *Value Labels* (rótulos de valor) (ver Figura 4.10).

A caixa de diálogo *Value Labels* é usada para especificar códigos de grupos. Primeiro, clique no espaço em branco ao lado de onde diz *Value* (ou pressione Alt + U ao mesmo tempo) e digite um código (p. ex., 1). O segundo passo é clicar no espaço em branco abaixo, ao lado de onde diz *Label* (ou pressionar Tab, ou Alt + L ao mesmo tempo) e digitar um rótulo apropriado para esse grupo. Na Figura 4.10, eu já defini um código de 1 para o grupo dos *professores*, e depois digitei 2 como um código e dei a ele um rótulo de *aluno*. Para adicionar esse código à lista, clique em Add (adicionar). Depois de definir todos os valores dos seus códigos, verifique se há erros de ortografia nos rótulos de valor clicando em Spelling... (ortografia). Para terminar, clique em OK ; se você fizer isso antes de clicar em OK para registrar seu código mais recente na lista, o SPSS exibirá um aviso de que "todas as alterações pendentes serão perdidas" (*pending changes will be lost*). Essa mensagem significa que você deve voltar e clicar em Add antes de continuar. Finalmente, as variáveis codificadoras representam categorias e, portanto, a escala de medição é nominal (ou ordinal, se as categorias tiverem uma ordem significativa). Para especificar esse nível

152 Descobrindo a estatística usando o SPSS

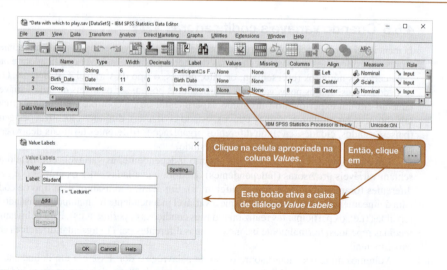

Figura 4.10 Definindo variáveis codificadoras e seus valores.

de medida, vá para a coluna chamada *Measure* (medida) e selecione 🔸 Nominal (ou 📊 Ordinal se os grupos forem ordenados) da lista suspensa.

Após definir os códigos, volte para o visualizador de dados e, para cada participante, digite o valor que representa o grupo a que ele pertence na coluna *Grupo*. Em nosso exemplo, se uma pessoa for professor, digite "1", mas se ela for um estudante, digite "2" (Dica do SPSS 4.4). O SPSS pode exibir os códigos numéricos ou os rótulos do valor que você atribuiu a ele, e você pode alternar entre os dois estados clicando em 🔳 (ver Figura 4.11). A Figura 4.11 mostra como os dados devem ser organizados: lembre-se de que cada linha do editor de dados representa os dados de uma entidade: os cinco primeiros participantes são professores (*lecturer*), enquanto os outros cinco (6-10) são alunos (*student*).

Value labels ativado   *Value labels* desativado

Figura 4.11 Valores de codificação no editor de dados com os rótulos de valores (*value labels*) ativados e desativados.

4.6.6 Criando uma variável numérica ||||

Nossa próxima variável é **Amigos** (*friends*), que é numérica. Variáveis numéricas são as mais fáceis de criar porque são o formato predefinido do SPSS. Volte para o visualizador de variáveis usando a guia na parte inferior do editor de dados (Data View Variable View). Vá para a célula, na linha 4, da coluna *Name* (sob a variável que você criou anteriormente). Digite a palavra "*Amigos*". Vá para a coluna rotulada Type usando a tecla →. Assim como nas variáveis anteriores que criamos, o SPSS presume que nossa nova variável é Numeric ... , e como nossa variável é, de fato, numérica, não precisamos alterar essa configuração.

Os valores de número de amigos não têm casas decimais (a menos que você seja uma pessoa muito estranha, você não pode ter 0,23 de um amigo). Vá para a coluna Decimals e digite '0' (ou diminua o valor de 2 para 0 usando) para dizer ao SPSS que você não deseja exibir casas decimais.

Vamos continuar com nosso bom hábito de nomear variáveis e passar para a célula na coluna *Label* e digitar "Número de amigos". Finalmente, o número de amigos é medido em uma escala de razão (ver seção 1.6.2) e podemos especificar isso indo até a coluna *Measure* e selecionando Scale (escala) da lista suspensa (o SPSS deve configurar isso automaticamente, mas vale a pena conferir).

Dica do SPSS 4.4
Copiando e colando no editor de dados e no visualizador de variáveis ||||

Muitas vezes (especialmente com variáveis codificadoras), você precisa inserir o mesmo valor várias vezes no editor de dados. Da mesma forma, no visualizador de variáveis, você pode ter uma série de variáveis que possuem os mesmos rótulos de valores (p. ex., variáveis representando perguntas em um questionário podem ter rótulos com valores de 0 = nunca, 1 = às vezes, 2 = sempre, para representar as respostas dessas perguntas). Em vez de digitar os mesmos números ou rótulos várias vezes, você pode usar as funções de copiar e colar para acelerar as coisas. Tudo o que você precisa fazer é selecionar a célula que contém as informações que deseja copiar (seja número ou texto no visualizador de dados ou um conjunto de rótulos de valores ou outra característica dentro do visualizador de variáveis) e clicar com o botão direito do mouse para abrir um menu no qual você pode clicar (com o botão esquerdo do mouse) em *Copy* (copiar) (parte superior da Figura 4.12). Em seguida, selecione as células nas quais você deseja colocar o que copiou, arrastando o mouse sobre elas enquanto pressiona o botão esquerdo do mouse. Essas células serão destacadas em laranja. Enquanto o ponteiro estiver sobre as células destacadas, clique com o botão direito do mouse para abrir um menu do qual você deve clicar em *Paste* (colar) (canto inferior esquerdo da Figura 4.12). As células destacadas serão preenchidas com o valor que você copiou (canto inferior direito da Figura 4.12). A Figura 4.12 mostra o processo de copiar o valor "1" e colá-lo em quatro células em branco na mesma coluna.

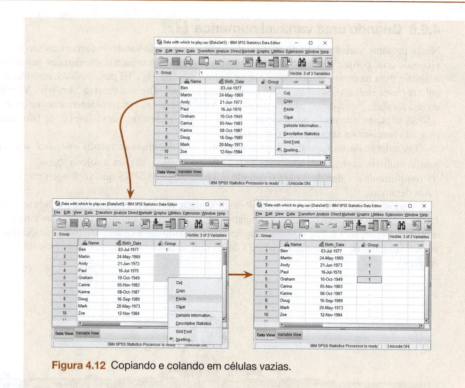

Figura 4.12 Copiando e colando em células vazias.

Teste seus conhecimentos

Por que a variável "número de amigos" é escalar?

Depois que a variável for criada, você poderá retornar ao visualizador de dados clicando da guia *Data View* na parte inferior do editor de dados ( ). O conteúdo da janela será alterado, e você perceberá que a quarta coluna agora tem o rótulo *Amigos*. Para inserir os dados, clique na célula em branco na parte superior da coluna *Amigos* e digite o primeiro valor, 5. Como estamos inserindo os valores na coluna, a maneira mais sensata de registrar esse valor nessa célula é clicar na tecla ↓. Essa ação move você para a próxima célula, e o número 5 é armazenado na célula acima. Digite o próximo número, 2, e tecle ↓ para descer até a próxima célula, e assim por diante.

Teste seus conhecimentos

Após criar as primeiras quatro variáveis com um pouco de orientação, tente inserir o resto das variáveis da Tabela 4.1 sozinho.

4.6.7 Valores faltantes (*missing*) ▮▮▮▮

Embora nos esforcemos para coletar conjuntos completos de dados, muitas vezes faltam valores. Isso pode ocorrer por várias razões: em questionários longos, os participantes podem acabar pulando as perguntas acidentalmente (ou deliberadamente para irritá-lo, dependendo do quão paranoico você está se sentindo); em procedimentos experimentais, falhas mecânicas podem não registrar valores; e, em pesquisas sobre assuntos delicados (p. ex., comportamento sexual), os participantes podem exercer seu direito de não responder a uma pergunta. No entanto, só porque não temos alguns dados de um participante, isso não significa que devemos ignorar os que temos (embora isso crie algumas dificuldades estatísticas). A maneira mais simples de informar um valor ausente é deixar a célula correspondente do editor de dados vazia, mas, às vezes, pode ser útil informar explicitamente ao SPSS que um valor está faltando. Fazemos isso de uma forma muito parecida a como criamos a variável codificadora, escolhendo um número para representar os valores que estão ausentes. Então, você informa ao SPSS que é preciso tratar esse número como um dado que está faltando. Por razões óbvias, é importante escolher um código que não possa ser confundido com valores que ocorrem naturalmente. Por exemplo, se usarmos o valor 9 para representar valores ausentes, e vários participantes tiverem 9 pontos, o SPSS tratará erroneamente esses valores como ausentes. Você precisa de um valor "impossível". Por isso, as pessoas geralmente escolhem uma pontuação maior que a pontuação máxima possível do conjunto de dados. Por exemplo, em um experimento em que atitudes são medidas em uma escala de 100 pontos (i.e., os escores irão variar de 1 a 100), um bom código para valores ausentes pode ser 101, 999 ou, o meu favorito, 666 (porque ausência de valores *é* coisa do diabo).

Para especificar valores faltantes, clique na coluna [Missing] (faltantes) no visualizador de variáveis [Data View Variable View] e então clique em [...] para ativar a caixa de diálogo dos valores faltantes (*Missing Values*) na Figura 4.13. Na configuração-padrão, o SPSS presume que não existem valores omissos, mas você pode defini-los de duas maneiras. A primeira é selecionar valores discretos (clicando no ícone de rádio ao lado de onde está escrito *Discrete missing values* – valores ausentes discretos), que são valores únicos que representam dados ausentes. O SPSS permite que você especifique até três valores para representar a ausência de dados. A razão pela qual você pode optar por ter vários números para representar valores ausentes é que você pode atribuir um significado diferente a cada valor discreto. Por exemplo, você pode usar o número 8 para representar uma resposta que "não se aplica", um código 9 para uma resposta "não sei" e um código de 99 para aquele participante não conseguiu responder. O SPSS trata esses valores da mesma forma (ele os ignora), mas códigos diferentes podem ser úteis para lembrá-lo(a) do porquê um valor específico está faltando. A segunda opção é selecionar um intervalo de valores para representar dados faltantes, e isso é útil em situações em que é necessário excluir dados que estão dentro de um intervalo. Assim, poderíamos excluir todas as pontuações entre 5 e 10. Nesta última opção, você também pode (mas não precisa) especificar um valor discreto.

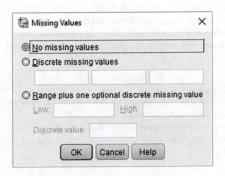

Figura 4.13 Definindo valores faltantes.

Pesquisa Real do João Jaleco 4.1
Vou ser um cantor de *rock* ▍▍▍▍

Oxoby, R. J. (2008). *Economic Enquiry*, *47*(3), 598–602.

AC/DC é uma das bandas de *hard rock* com mais vendas na história, com cerca de 100 milhões de vendas certificadas e 200 milhões estimados de vendas reais. Em 1980, o cantor original da banda, Bon Scott, morreu de intoxicação por álcool, engasgado em seu próprio vômito. Ele foi substituído por Brian Johnson, que é o cantor da banda desde então.[5] A imprensa frequentemente discute sobre quem é o melhor vocalista. A opinião tradicional é que Bon Scott era melhor, embora, pessoalmente, e pareço fazer parte da minoria aqui, eu prefira Brian Johnson. De qualquer forma, Robert Oxoby, em um artigo divertido, decidiu sepultar essa discussão de uma vez por todas (Oxoby, 2008).

Utilizando uma tarefa da economia experimental chamada jogo do ultimato, Oxoby atribuiu a participantes os papéis de proponente ou respondente aleatoriamente e os separou em duplas. Os proponentes receberiam $10,00 com os quais precisariam fazer uma oferta financeira aos respondentes (i.e., $2,00). O respondente poderia aceitar ou rejeitar essa oferta. Se a oferta fosse rejeitada, nenhuma das partes receberia o dinheiro, mas, se a oferta fosse aceita, o respondente receberia a quantia oferecida (p. ex., $2,00), e o proponente receberia o valor original menos o que ofereceu (p. ex., $8,00). Durante metade dessas ofertas, a música *It's a long way to the top*, interpretada por Bon Scott, estava tocando ao fundo, enquanto durante o restante a música de fundo era *Shoot to thrill*, interpretada por Brian Johnson. Oxoby mediu o valor das ofertas feitas pelos proponentes e o valor mínimo das ofertas que os respondentes aceitaram (chamada oferta mínima aceitável). Ele argumentou que as pessoas aceitariam ofertas menores e proporiam ofertas mais altas quando escutassem algo de que gostassem (por causa do "fator de bem-estar" que a música criaria). Portanto, comparando os valores das ofertas feitas e as ofertas mínimas aceitáveis nos dois grupos, ele pode ver se as pessoas têm um fator de bem-estar maior ao ouvir Bon ou Brian. As ofertas feitas (em $) foram[6] (havia 18 pessoas em cada grupo):

- Grupo do Bon Scott: 1, 2, 2, 2, 2, 3, 3, 3, 3, 3, 4, 4, 4, 4, 4, 5, 5, 5
- Grupo do Brian Johnson: 2, 3, 3, 3, 3, 3, 4, 4, 4, 4, 4, 5, 5, 5, 5, 5, 5, 5

Insira esses dados no editor de dados do SPSS, lembrando-se de incluir os rótulos dos valores, definir as propriedades de *medição*, atribuir a cada variável o rótulo adequado e definir o número apropriado de casas decimais. As respostas estão no *site* do livro, e a minha versão de como o arquivo deve ser está em **Oxoby (2008) Offers.sav**.

---

[5]Bem, até todas aquelas coisas estranhas com o W. Axl Rose em 2016, as quais eu estou tentando fingir que não aconteceram.

[6]Esses dados são estimativas baseadas nas Figuras 1 e 2 do artigo, porque não consegui os arquivos originais do autor.

Lanterna de Oditi
Inserindo dados

"Eu, Oditi, acredito que os segredos da vida estejam escondidos em um código numérico complexo. Apenas ao 'analisar' esses números sagrados é que podemos alcançar a verdadeira iluminação. Para decifrar o código, preciso reunir milhares de seguidores para analisar e interpretar esses números (é como a teoria dos chimpanzés e as máquinas de escrever). Eu preciso que você me siga. Para espalhar os números para outros seguidores, você deve armazená-los em um formato facilmente distribuível chamado 'arquivo de dados'. Você, meu seguidor, é leal e amado e, para ajudá-lo, minha lanterna exibe um tutorial sobre como fazer isso."

4.7 Importando dados

Podemos importar dados de outros pacotes, como o Microsoft Excel, o R, o SAS e o Systat para o SPSS utilizando o menu *File* ▸ *Import Data* (importar dados) e selecionando o *software* correspondente da lista (Figura 4.14). Se você quiser importar dados de um pacote que não está listado (p. ex., o R ou o Systat), então exporte os dados desses pacotes como texto delimitado por tabulação (.*txt* ou .*dat*) ou como valores separados por vírgulas (.*csv*) e selecione as opções de menu *Text Data* ou *CSV Data*.

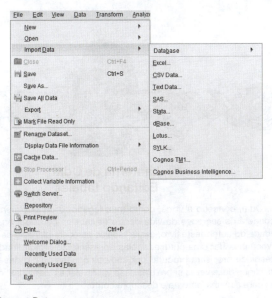

Figura 4.14 Menu *Import Data*.

**Lanterna de Oditi
Importando dados para o SPSS**

"Eu, Oditi, percebi que alguns dos números sagrados que escondem os segredos da vida estão contidos em arquivos que não são meus. Não podemos nos dar ao luxo de perder pistas vitais que se escondem nesses arquivos fujões. Como todos os bons cultos, devemos converter tudo para a nossa causa, até mesmo arquivos de dados. Se você encontrar um desses arquivos, deverá convertê-lo para o formato do SPSS. Minha lanterna mostrará como."

4.8 O visualizador do SPSS ▌▐▐▐

O *visualizador do SPSS* aparece em uma janela diferente do editor de dados e exibe a saída de qualquer procedimento: tabelas de resultados, gráficos, mensagens de erro e praticamente tudo que você poderia desejar, exceto fotos do seu gato. Embora o visualizador tenha muitas propriedades, algumas desnecessárias, minha previsão feita em edições anteriores deste livro de que um dia o SPSS incluiria um dispositivo para fazer chá não se concretizou (anota aí, IBM ☺). A Figura 4.15 mostra o visualizador. À direita, há um painel onde todas as saídas são apresentadas. Tanto os gráficos (seção 5.9) quanto as tabelas exibidas nesse painel podem ser editadas clicando duas vezes sobre eles. No painel da esquerda é exibido um diagrama de árvore das saídas. Esse diagrama fornece uma maneira fácil de acessar qualquer parte da saída, o que é útil quando várias análises forem realizadas. A estrutura de

**Lanterna de Oditi
Editando tabelas**

"Eu, Oditi, concedo a você, como meu legado, o conhecimento de que o SPSS esconderá os segredos da vida dentro de tabelas de saída. Assim como a personalidade do autor deste livro, essas tabelas parecem planas e sem vida; no entanto, se você lhes der uma cutucada, elas apresentarão profundidades ocultas. Muitas vezes você precisará procurar por códigos ocultos dentro das tabelas. Para fazer isso, clique duas vezes sobre elas. Isso vai revelar as 'camadas' ocultas das tabelas. Olhe para a minha lanterna e descubra como."

Capítulo 4 • O ambiente do IBM SPSS Statistics

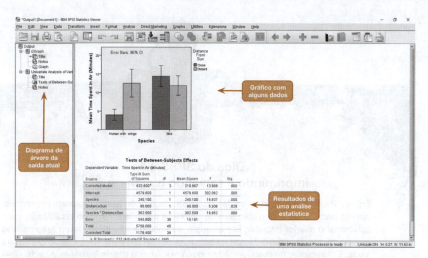

Figura 4.15 Visualizador do SPSS.

árvore é autoexplicativa: toda vez que você faz algo no SPSS (como traçar um gráfico ou executar um procedimento estatístico), ele lista esse procedimento como um cabeçalho principal.

Na Figura 4.15, executei um procedimento gráfico seguido por uma análise de variância univariada (ANOVA), e esses nomes aparecem como cabeçalhos principais no diagrama de árvore. Para cada procedimento, há subtítulos que representam partes diferentes da análise. Por exemplo, no procedimento da ANOVA, sobre o qual você aprenderá mais adiante no livro, há seções como *Testes de efeito entre sujeitos* (essa é a tabela que contém os principais resultados). Você pode pular para qualquer um desses subcomponentes clicando na ramificação apropriada do diagrama de árvore. Portanto, se você quiser pular para os efeitos entre grupos, mova o cursor para o painel esquerdo da janela e clique onde diz *Tests of Between-Subjects Effects*.. Essa ação irá selecionar essa parte da saída no painel direito do visualizador (ver Dica do SPSS 4.5).

Alguns dos ícones do visualizador são os mesmos do editor de dados (consulte a lista anterior), mas outros são exclusivos.

 No visualizador, este ícone ativa a caixa de diálogo para imprimir as saídas (ver Dica do SPSS 4.5).

 Este ícone retorna para o editor de dados. Não tenho certeza de o que a grande estrela vermelha quer dizer.

 Este ícone leva-o até a última saída do visualizador (ele retorna ao último procedimento que foi realizado).

 Este ícone *eleva* a parte atualmente ativa da estrutura da árvore para uma ramificação mais alta da árvore. Por exemplo, na Figura 4.15, *Tests of Between-Subjects Effects* é um subcomponente da ANOVA. Se quiséssemos elevar essa parte da saída para um nível mais alto (i.e., para torná-la um cabeçalho principal), clicaríamos nesse ícone.

 Este ícone é o oposto do anterior: ele *rebaixa* partes da estrutura da árvore. Por exemplo, na Figura 4.15, se não quisermos que a ANOVA seja uma seção exclusiva, podemos selecionar esse título e clicar nesse ícone para rebaixá-lo, de modo que ele se torne parte do cabeçalho anterior (o cabeçalho do gráfico). Esse ícone é útil para combinar partes da saída que são relacionadas a uma pergunta de pesquisa específica.

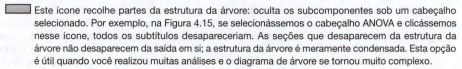 Este ícone recolhe partes da estrutura da árvore: oculta os subcomponentes sob um cabeçalho selecionado. Por exemplo, na Figura 4.15, se selecionássemos o cabeçalho ANOVA e clicássemos nesse ícone, todos os subtítulos desapareceriam. As seções que desaparecem da estrutura da árvore não desaparecem da saída em si; a estrutura da árvore é meramente condensada. Esta opção é útil quando você realizou muitas análises e o diagrama de árvore se tornou muito complexo.

Dica do SPSS 4.5
Imprimindo e salvando o planeta

Em vez de imprimir todas as saídas do SPSS, você pode ajudar o planeta imprimindo apenas parte delas. Use o diagrama de árvore no painel esquerdo do visualizador para selecionar o que for imprimir. Por exemplo, se você decidiu imprimir um determinado gráfico, clique na palavra *Graph* na estrutura em árvore para selecionar o gráfico na saída. Em seguida, no menu *Print* (imprimir), você pode imprimir apenas a parte selecionada da saída (Figura 4.16). Observe que, se clicar em um cabeçalho principal (como *Univariate Analysis of Variance*), o SPSS selecionará todos os subtítulos desse cabeçalho, o que é útil para imprimir toda a saída de um único procedimento estatístico.

Figura 4.16 Imprimindo apenas as partes selecionadas de uma saída.

 Este ícone expande todas as seções que foram recolhidas. A configuração-padrão é exibir os cabeçalhos principais no diagrama de árvore em sua forma expandida. Se você optou por minimizar parte do diagrama de árvore (usando o ícone anterior), use este ícone para desfazer seu trabalho sujo.

 Este ícone e o próximo mostram ou ocultam partes da saída. Se você selecionar parte da saída no diagrama de árvore e clicar nesse ícone, essa parte da saída desaparecerá. Alguns procedimentos produzem grandes quantidades de resultados; portanto, esse ícone pode ser útil para ocultar as partes menos relevantes para que você possa Analisar os dados mais importantes sem distrações. A saída não é apagada, apenas não será exibida. Este ícone é parecido com o de recolhimento, exceto pelo fato de afetar a saída e não a estrutura da árvore.

 Este ícone desfaz o trabalho do anterior: se você ocultou parte da saída, então clicar neste ícone fará com que ela reapareça. Este ícone não está ativo na configuração padrão porque nenhuma das saídas está oculta, mas se tornará ativo se você usar o ícone anterior para ocultar algo.

 Considerando que este ícone parece com um espaço para inserir um CD, eu tinha grandes esperanças de que ele ativasse algum *thrash metal*, que, como todos sabem, é a melhor música para se ouvir enquanto se trabalha com estatística. Fiquei decepcionado ao descobrir que, em vez de tocar *Anthrax* em volume alto, ele insere um novo cabeçalho no diagrama de árvore. Por exemplo, se você tivesse vários testes estatísticos relacionados a uma das muitas perguntas de pesquisa, poderia inserir um cabeçalho principal e rebaixar os títulos das análises relevantes para se enquadrarem nesse novo cabeçalho.

 Supondo que você tenha executado o ícone anterior, você pode usar este ícone para dar um nome ao seu novo cabeçalho. O nome digitado aparecerá na saída. Assim, você pode ter um nome como "Hipótese 1: a música *thrash metal* ajuda você a entender estatística", que diz que as análises sob este cabeçalho se referem à sua primeira hipótese.

 Este último ícone é utilizado para colocar uma caixa de texto na janela de saída. Você pode digitar qualquer coisa nessa caixa. No contexto dos dois ícones anteriores, você pode usar uma caixa de texto para explicar sua hipótese (p. ex., "A hipótese 1 é que *thrash metal* ajuda você a entender estatística." Essa hipótese decorre de uma pesquisa que mostra que 10 minutos de música clássica podem melhorar o aprendizado e a memória (Rauscher, Shaw e Ky, 1993). A música *thrash metal* tem complexidade rítmica e melódica semelhante à música clássica, então por que não?).

Lanterna de Oditi
Janela de visualização do SPSS

"Eu, Oditi, acredito que 'analisando' os números sagrados podemos encontrar as respostas para a vida. Eu lhes dei as ferramentas para espalhar esses números por toda parte, mas para interpretar esses números precisamos do 'visualizador'. O visualizador é como um raio X que revela o que está por trás dos números brutos. Use o visualizador sabiamente, meu amigo, porque, se você olhar por tempo suficiente, verá a sua alma. Olhe para minha lanterna e veja um tutorial sobre o visualizador."

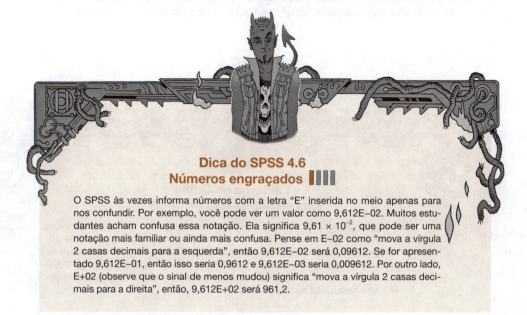

Dica do SPSS 4.6
Números engraçados

O SPSS às vezes informa números com a letra "E" inserida no meio apenas para nos confundir. Por exemplo, você pode ver um valor como 9,612E–02. Muitos estudantes acham confusa essa notação. Ela significa $9,61 \times 10^{-2}$, que pode ser uma notação mais familiar ou ainda mais confusa. Pense em E–02 como "mova a vírgula 2 casas decimais para a esquerda", então 9,612E–02 será 0,09612. Se for apresentado 9,612E–01, então isso seria 0,9612 e 9,612E–03 seria 0,009612. Por outro lado, E+02 (observe que o sinal de menos mudou) significa "mova a vírgula 2 casas decimais para a direita", então, 9,612E+02 será 961,2.

4.9 Exportando a saída do SPSS ▌▌▌▌

Se quiser compartilhar a saída do SPSS com pessoas que não têm acesso ao *software*, você tem duas opções: (1) exportar a saída para um pacote de *software* que essa pessoa possui (como o *Word*) ou em PDF, que poderá ser lido por vários pacotes de *software* gratuitos; ou (2) solicitar que eles instalem, gratuitamente, o IBM SPSS **Smartreader** a partir do *site* da IBM. O *Smartreader* é basicamente uma versão gratuita do visualizador para que você possa ver as saídas, mas não para executar novas análises.

4.10 Editor de sintaxe ▌▌▌▌

Mencionei anteriormente que às vezes pode ser útil usar a sintaxe do SPSS. A sintaxe é uma linguagem de comandos para realizar análises estatísticas e manipular dados. A maioria das pessoas prefere fazer as coisas de que precisam utilizando as caixas de diálogo, mas a sintaxe poderá ser útil. De verdade, ela pode ser útil. Por um lado, há coisas que você pode fazer com a sintaxe que você não poderia fazer com as caixas de diálogo (devo dizer que a maioria dessas coisas é avançada, mas algumas vezes mostrarei alguns truques interessantes usando a sintaxe). O segundo benefício da sintaxe é realizar análises muito semelhantes em conjuntos de dados. Nessas situações, geralmente é mais rápido fazer a análise e salvar a sintaxe à medida que você avança. Então você pode adaptá-la a novos conjuntos de dados (que frequentemente é mais rápido do que usar caixas de diálogo). Finalmente, usar a sintaxe cria um registro da sua análise e torna-a reprodutível, que é uma parte importante do engajamento em práticas científicas abertas (seção 3.6).

Para abrir a janela do editor de sintaxe, como a da Figura 4.17, use *File* ▶ *New* ▶ Syntax. O painel da direita (a *área de comando*) é onde você digita os comandos de sintaxe, e o painel da esquerda é uma área de navegação (como o visualizador). Quando você tiver um arquivo de comandos de sintaxe grande, a área de navegação ajuda a encontrar a parte da sintaxe que você precisa.

Como as regras gramaticais quando escrevemos, existem regras que garantem que o SPSS "entenda" a sintaxe. Por exemplo, cada linha deve terminar com um ponto final. Se você cometer um erro de sintaxe (i.e., quebrar uma das regras), o SPSS mostrará uma mensagem de erro na janela do visualizador. As mensagens podem ser indecifráveis até que você tenha experiência para interpretá-las, mas elas ajudam a identificar a linha da sintaxe em que o erro aconteceu. Cada linha na janela de sintaxe é numerada para que você possa encontrar facilmente a linha na qual o erro

Lanterna de Oditi
Exportando saídas do SPSS

"Que eu, o todo-poderoso Oditi, posso descobrir os segredos dentro dos números, deve ser divulgado por todo o mundo. Mas os não crentes não possuem o SPSS, então devemos enviar a eles o *link* do IBM SPSS Smartreader. Eu também dei a vocês, meus irmãos subservientes, um tutorial sobre como exportar a saída do SPSS para o *Word*. Essas são as ferramentas necessárias para espalhar os números. Vá em frente e olhe para minha lanterna."

Capítulo 4 • O ambiente do IBM SPSS Statistics 163

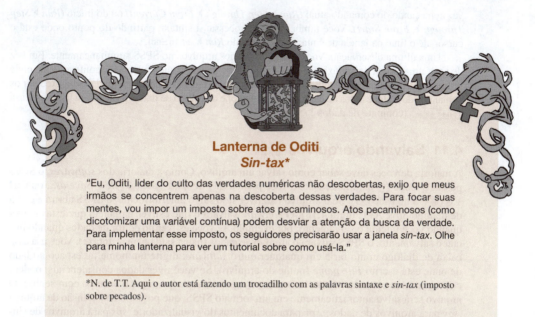

Lanterna de Oditi
*Sin-tax**

"Eu, Oditi, líder do culto das verdades numéricas não descobertas, exijo que meus irmãos se concentrem apenas na descoberta dessas verdades. Para focar suas mentes, vou impor um imposto sobre atos pecaminosos. Atos pecaminosos (como dicotomizar uma variável contínua) podem desviar a atenção da busca da verdade. Para implementar esse imposto, os seguidores precisarão usar a janela *sin-tax*. Olhe para minha lanterna para ver um tutorial sobre como usá-la."

*N. de T.T. Aqui o autor está fazendo um trocadilho com as palavras sintaxe e *sin-tax* (imposto sobre pecados).

ocorreu, mesmo que você não entenda qual é o erro. O aprendizado da sintaxe do SPSS é demorado; portanto, no início, a maneira mais fácil de gerar sintaxe é usar caixas de diálogo para especificar a análise que você deseja fazer e clicar em Paste (colar) (muitas caixas de diálogo têm esse botão). Esse procedimento cola o comando da sintaxe para realizar a análise especificada na caixa de diálogos. Utilizar as caixas de diálogo dessa forma é uma boa maneira de ter uma ideia da sintaxe.

Depois de digitar a sintaxe, execute-a usando o comando *Run* (executar). O comando *Run* ▶ All (todos) executará toda a sintaxe na janela, ou você pode selecionar parte da sintaxe usando o *mouse* e clicar em *Run* ▶ ▶ Selection (seleção) (ou clicar ▶ na janela de sintaxe) para processar a sintaxe selecionada. Você também pode executar a sintaxe processando um comando de cada

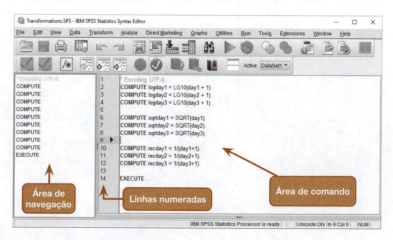

Figura 4.17 Janela de sintaxe com alguns comandos.

vez começando do comando atual (*Run* ▸ *Step Through* ▸ *From Current*) ou do início (*Run* ▸ *Step Through* ▸ *From Start*). Você também pode processar a sintaxe partindo do ponto onde está o cursor até o final da janela de sintaxe selecionando *Run* ▸ →| *To End*).

Uma última observação. Você pode abrir vários arquivos no SPSS simultaneamente. Em vez de abrir uma janela de sintaxe para cada arquivo de dados, o que poderia ser confuso, você pode utilizar uma única janela de sintaxe, mas selecionar o arquivo de dados no qual deseja executar os comandos de sintaxe antes de executá-los. Selecione o arquivo de dados na seguinte lista suspensa DataSet1 ▾ (conjunto de dados 1).

4.11 Salvando arquivos ▋▋▋▋

A maioria de vocês deve saber como salvar um arquivo. Como a maioria dos *softwares*, o SPSS possui o ícone 🖫 para fazer isso, e você pode usar *File* ▸ 🖫 *Save* ou *File* ▸ *Save as...* ou Ctrl + S (⌘+ S no Mac OS). Se o arquivo não tiver sido salvo anteriormente, o SPSS abrirá a caixa de diálogo *Save As* (Figura 4.18). O *software* salvará o que estiver na janela que estava ativa quando você iniciou o salvamento; por exemplo, se você estiver no editor de dados quando iniciar o salvamento, o SPSS salvará o arquivo de dados (não a saída nem a sintaxe). Você usa essa caixa de diálogo como faria em qualquer outro *software*: digite um nome no espaço ao lado de onde está escrito *File name* (nome do arquivo). Se você tiver dados confidenciais, poderá criptografá-los com senha selecionando ☑ Encrypt file with password (proteger o arquivo com senha). O arquivo será salvo automaticamente em um formato SPSS, que possui uma extensão de arquivo *.sav* para arquivos de dados, *.spv* para documentos do visualizador e *.sps* para arquivos de sintaxe. Depois que um arquivo foi salvo pela primeira vez, ele pode ser salvo novamente (ser atualizado) clicando em 🖫.

Você pode salvar dados em formatos diferentes do utilizado pelo SPSS. Três dos mais úteis são arquivos do Microsoft Excel (*.xls, .xlsx*), valores separados por vírgula (*.csv*) e texto delimitado por tabulação (*.dat*). Os dois últimos tipos de arquivo são arquivos de texto simples, ou seja, eles podem ser abertos por praticamente qualquer *software* de planilha que você possa imaginar (incluindo Excel, Open Office, Numbers, R, SAS e Systat). Para salvar seu arquivo de dados nesses formatos (e em outros), clique em SPSS Statistics (*.sav, *.zsav) ▾ e selecione um formato na lista suspensa (Figura 4.18). Se você selecionar um formato diferente daquele do SPSS, a opção ☐ Save value labels where defined instead of data values (salvar rótulos de valores onde definido em vez dos valores de dados) ficará ativa. Se você não selecionar essa opção, as variáveis codificadoras (seção 4.6.5) serão exportadas como valores numéricos no editor de dados; se selecionar essa opção, as variáveis codificadoras serão exportadas como variáveis e texto contendo os rótulos dos valores. Você também pode optar por incluir os nomes das variáveis no arquivo exportado (geralmente

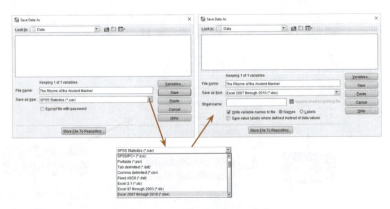

Figura 4.18 Caixa de diálogo *Save Data As* (salvar dados como).

uma boa ideia) como os *Names* na parte superior das colunas do editor de dados ou os *Labels* completos fornecidos às variáveis.

4.12 Abrindo arquivos ||||

Este livro só funciona se você trabalhar com os arquivos de dados que podem ser baixados no *site* do livro. Provavelmente, você não precisa de mim para mostrar como abrir esses arquivos, mas caso precise... Para abrir um arquivo no SPSS, use o ícone ou selecione *File* ▶ *Open* e então Data para abrir um arquivo de dados, Output para abrir um arquivo do visualizador ou Syntax para abrir um arquivo de sintaxe. Esse processo abre uma caixa de diálogo (Figura 4.19) que tenho certeza que lhe é familiar. Navegue para onde quer que você tenha salvo o arquivo que você precisa. O SPSS listará os arquivos do tipo que você pediu para abrir (p. ex., os arquivos de dados, se você selecionou Data). Abra o arquivo desejado, selecionando-o e clicando em Open ou clicando duas vezes no ícone ao lado do arquivo desejado (p. ex., clicando duas vezes em). Se você deseja abrir dados em um formato diferente do formato do SPSS (*.sav*), clique em SPSS Statistics (*.sav, *.zsav) para exibir uma lista de formatos de arquivo alternativos. Clique no tipo de arquivo apropriado – arquivo do Microsoft Excel (*.xlsx*), arquivo de texto (*.dat, *.txt, etc.*) – para listar arquivos desse tipo na caixa de diálogo.

4.13 Extensões para o SPSS ||||

O SPSS possui alguns recursos poderosos para que os usuários construam suas próprias funcionalidades. Por exemplo, você pode criar suas próprias caixas de diálogo e menus para executar uma sintaxe que você possa ter escrito. O SPSS também interage com uma linguagem de computação estatística de código aberto chamada R (R Core Team, 2016). Existem duas extensões para o SPSS que usamos neste livro. Uma é uma ferramenta chamada *PROCESS* e a outra é o *plugin Essentials for R for Statistics*, que nos dará acesso ao R para que possamos implementar modelos robustos usando o pacote WRS2 (Mair, Schoenbrodt e Wilcox, 2015).

4.13.1 A ferramenta *PROCESS* ||||

A ferramenta *PROCESS* (Hayes, 2018) engloba uma série de funções escritas por Andrew Hayes e Kristopher Preacher (p. ex., Hayes e Matthes, 2009; Preacher e Hayes, 2004, 2008a) para fazer

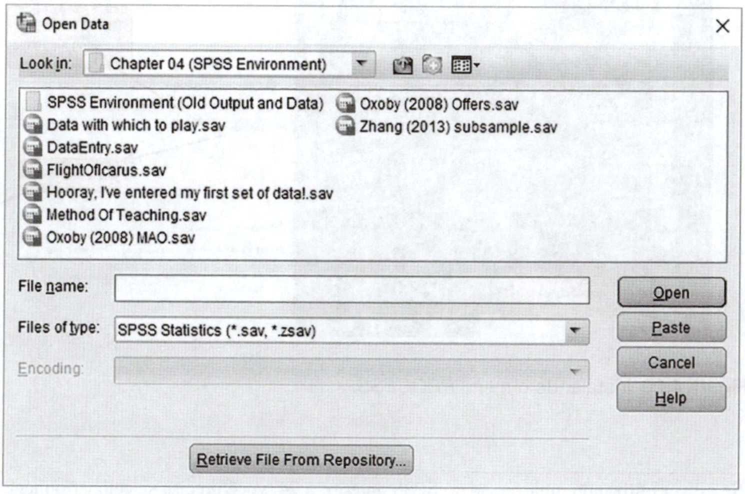

Figura 4.19 Caixa de diálogo para abrir um arquivo.

análises de moderação e mediação, que examinaremos no Capítulo 11. Quando estiver usando essas ferramentas, seja grato a Hayes e Preacher por disponibilizarem seu tempo livre para fazer coisas legais como essa, que torna possível analisar seus dados sem ter uma crise nervosa. Mesmo se você achar que está tendo uma crise, acredite, ela não será tão grande quanto o que você teria se o *PROCESS* não existisse. O *PROCESS* é conhecido como uma caixa de diálogo personalizada e pode ser instalado em três etapas (usuários do Mac OS, ignorem a etapa 2):

1. *Baixar o arquivo de instalação*. Baixe o arquivo **process.spd** do *site* de Andrew Hayes: http://www.processmacro.org/download.html. Salve esse arquivo no seu computador.
2. *Inicie o SPSS como um administrador*. Para instalar a ferramenta no Windows, você precisa iniciar o SPSS como um administrador. Para fazer isso, verifique se o SPSS ainda não está em execução e clique no menu *Start* (Iniciar) ( ). Localize o ícone do SPSS (IBM SPSS Statistics 24), que, se não estiver na lista dos mais usados, estará listado em "I" de *IBM SPSS Statistics*. O texto ao lado do ícone irá se referir à versão do SPSS que você instalou (se você tiver uma assinatura, estará escrito "assinatura" em vez do número da versão). Clique nesse ícone com o *botão direito do mouse* para ativar o menu como na Figura 4.20. Nesse menu, selecione (você deverá utilizar o botão esquerdo do mouse agora) Run as administrator (executar como administrador). Essa ação abre o SPSS, mas permite que ele faça alterações em seu computador. Aparecerá uma caixa de diálogo perguntando se você deseja permitir que o SPSS faça alterações em seu computador, responda "sim".
3. Uma vez que o SPSS esteja em execução, selecione *Extensions* ▶ *Utilities* ▶ Install Custom Dialog (Compatibility mode)... (extensões ▶ utilitários ▶ instalar uma caixa de diálogo personalizada (modo de compatibilidade)...), que ativa uma caixa de diálogo para abrir arquivos (Figura 4.20).[7] Localize o arquivo **process.spd**, selecione-o e clique em Open . Assim, o menu *PROCESS* e as caixas de diálogo serão instalados no SPSS. Se você receber uma mensagem de erro, provavelmente não executou o SPSS como administrador (ver a etapa 2).

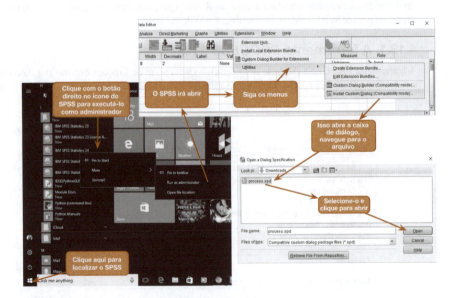

Figura 4.20 Instalando o menu *PROCESS*.

---

[7] Se estiver utilizando uma versão do SPSS anterior à 24, você precisa selecionar o menu *Utilities* ▶ *Custom Dialogs* ▶ Install Custom Dialog (Compatibility mode)...

4.13.2 Essentials for R ▮▮▮▮

Em vários pontos deste livro, vamos realizar testes robustos que utilizam o R. Para fazer o SPSS interagir com o R, precisamos instalar: (1) a versão do R que é compatível com a nossa versão do SPSS; e (2) o *plugin Essentials for R for Statistics* da IBM. No momento em que eu estava escrevendo este livro, o *plugin* R não estava disponível para a versão 25 do SPSS, mas quando o livro for publicado, talvez esteja. Essas instruções são para o SPSS versão 24, mas você pode extrapolar para outras versões. Primeiro, vamos pegar o *plugin* e a documentação de instalação da IBM:

1. Crie uma conta em IBM.com (www-01.ibm.com).
2. Vá para https://www-01.ibm.com/marketing/iwm/iwm/web/preLogin.do?source=swg-tspssp.
3. Lá, haverá uma longa lista de coisas que podem ser baixadas. Selecione *IBM SPSS Statistics Version 24 – Essentials for R* (ou qualquer versão do SPSS que você estiver utilizando) e clique em continuar.
4. Complete as informações de privacidade, leia e concorde (ou não) com os termos e condições da IBM.
5. Baixe a versão *IBM SPSS Statistics Version 24 – Essentials for R* para o sistema operacional do seu computador (Windows, Mac OS, Linux, etc.) e as instruções de instalação correspondentes (*Installation Documentation 24.0 Multilingual for xxx*, onde *xxx* é o sistema operacional do seu computador). O *site* utiliza automaticamente um aplicativo chamado *Download Director* para gerenciar o processo de *download*. Esse aplicativo nunca funcionou para mim (em um Mac), e, se você tiver o mesmo problema, mude de aba no topo da lista para "*Download using http*" (Download using Download Director | Download using http) e baixe os arquivos diretamente utilizando o navegador.
6. Abra a documentação de instalação (deve ser um arquivo PDF) e verifique que versão do R você precisa instalar.[8]

Após baixar o *plugin Essentials for R*, não o instale ainda. Você precisa verificar qual versão do R você precisa e fazer o *download*. O SPSS geralmente usa uma versão mais antiga do R (porque a IBM precisa verificar se o *plugin Essentials for R* é estável antes de liberá-lo e até isso acontecer o R deve já ter sido atualizado). Encontrar versões antigas do R é tedioso e supercomplicado; eu tentei ilustrar o processo na Figura 4.21.

7. Vá para https://www.r-project.org/.
8. Clique no *link* CRAN (sob o cabeçalho *Download*) para ir a uma página de escolha de um espelho CRAN (*Comprehensive R Archive Network*). Um espelho CRAN é um local para baixar o R. Não importa qual você irá escolher; como estou no Reino Unido, escolhi um dos links do Reino Unido na Figura 4.21.
9. Na próxima página, clique no *link* do sistema operacional que estiver utilizando (Windows, Mac ou Linux).
10. Você já saberá qual versão do R está procurando porque eu pedi para você verificar antes de chegar a este ponto (p. ex., o SPSS versão 24 usa a versão R 3.2).[9] Os próximos passos são diferentes para o Windows e para o Mac OS:
    - Windows: Se você selecionou o *link* para o Windows, clique no *link* chamado *Install R for the first time* (instalar o R pela primeira vez). Não clique no *link* na parte superior da página, vá até a seção *Other builds* e clique no *link Previous releases* (versões anteriores). A página listará as versões anteriores do R. Selecione a versão desejada (para o SPSS 24, selecione R 3.2.5, para outras versões do SPSS, consulte a documentação).

---

[8]Durante a escrita do livro, a documentação de instalação do SPSS 24 estava vinculada a um arquivo PDF da versão 23, que dizia que você precisava do R 3.1. Isso é verdade para a versão 23 do SPSS, mas a versão 24 requer o R 3.2 ou mais recente.

[9]Haverá várias versões do R 3.2 que são indicadas como 3.2.x, em que x é uma atualização secundária. Não deve ser problema se você instalar a versão 3.2.1 ou 3.2.5, mas você também pode ir para o último lançamento. No caso do R 3.2, a última atualização antes da versão 3.3 é a 3.2.5.

- Mac OS: Se você selecionou o *link* para a versão do OS X, clique no *link* para o diretório *antigo*. Isso leva você a uma listagem de diretórios. Você precisa rolar um pouco até encontrar os arquivos *.pkg*. Clique no *link .pkg* da versão do R que você deseja (para o SPSS 24, clique em R 3.2.4, para outras versões, consulte a documentação).

Agora você deverá ter os arquivos de instalação do R e do *plugin Essentials for R* na sua pasta de *download*. Encontre-os e instale primeiro o R, clicando duas vezes no arquivo de instalação e passando pelo processo de instalação normal do seu sistema operacional. Tendo instalado o R, instale o *plugin* clicando duas vezes no arquivo de instalação para iniciar uma instalação-padrão. Se

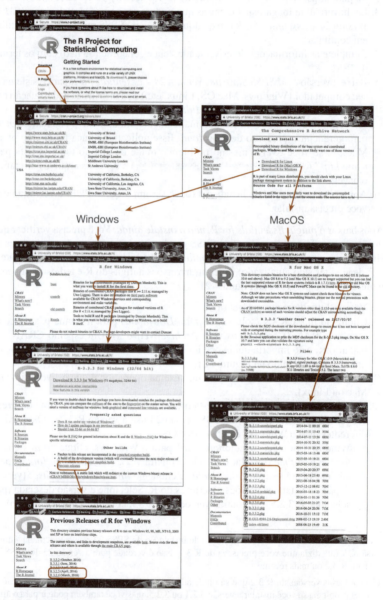

Figura 4.21 Encontrar versões antigas do R é mais complicado do que deveria ser...

nada disso der certo, há um guia (no momento da escrita do livro) para instalar o *plugin* do R via GitHub em https://developer.ibm.com/predictiveanalytics/2016/03/21/r-spss-installing-r-essentials-from-github/ ou veja a Lanterna de Oditi.

4.13.3 O pacote *WRS2*

Uma vez que o *plugin Essentials for R* plugin estiver instalado (ver anteriormente) você poderá acessar o pacote *WRS2* para o R (Mair et al., 2015) abrindo a janela da sintaxe e digitando os seguintes comandos:

```
BEGIN PROGRAM R.
install.packages("WRS2")
END PROGRAM.
```

A primeira e a última linha (lembre-se dos pontos finais) dizem ao SPSS para falar com o R e depois para parar. Todo o material entre elas é uma linguagem que diz ao R o que fazer. Nesse caso, diz ao R para instalar o pacote *WRS2*. Quando você executar esse programa, aparecerá uma janela solicitando que você selecione um espelho do CRAN. Selecione qualquer um da lista (diz de onde o R deve baixar o pacote, assim não é uma decisão importante).

Eu forneço vários arquivos de sintaxe para análises robustas em R e, no início de cada um, incluo esse programa (para as pessoas que pularam essa etapa). No entanto, você só precisará executar esse programa uma única vez e não todas as vezes que executar uma análise. As únicas vezes em que você precisaria executar novamente esse programa seriam: (1) se você mudar de computador; (2) se você atualizar o SPSS ou precisar reinstalar o *plugin Essentials for R* ou o próprio R, por algum motivo; ou (3) se algo der errado, e você achar que reinstalar o *WRS2* pode resolver.

4.13.4 Acessando as extensões

Depois que a ferramenta *PROCESS* tiver sido adicionada ao SPSS, ela aparecerá no menu <u>A</u>nalyze ▶ <u>R</u>egression. Se você não conseguir vê-la, a instalação não funcionou e você precisará refazer essa etapa. No momento da escrita deste livro, o *WRS2* só podia ser acessado usando a sintaxe.

Lanterna de Oditi
Extensões do SPSS

"Eu, Oditi, sou barbudo como um grande pirata navegando meu barco de idiotices através dos mares vazios da sua mente. Para se juntar ao meu culto, você deve se tornar um pirata como eu e falar a língua pirata. Você deve pontuar a sua fala com a exclamação 'Rrrrrrrrrr'. Isso ajudará você a descobrir as verdades numéricas desconhecidas incorporadas aos mapas de tesouro dos dados. O *plugin* Rrrrrrr para o SPSS vai ajudar, e a minha lanterna está preparada com uma guia de instalação tão potente quanto uma bala de canhão visual que vai lhe surpreender."

4.14 Caio tenta conquistar Gina ||||

Gina havia simplesmente virado as costas e ido embora. Caio não entendia o porquê, mas decidiu que era hora de se conformar. Ele precisava se afastar de Gina e continuar com sua vida de solteiro. Ouvia música, encontrava seus amigos e jogava *Uncharted 4*. Na verdade, jogar *Uncharted 4* era praticamente só o que ele fazia. Porém, quanto mais ele jogava, mais pensava em Gina, e quanto mais pensava em Gina, mais se convencia de que ela devia ser o tipo de pessoa que gostava de *videogames*. Na próxima vez em que Caio a viu, tentou iniciar uma conversa sobre *videogames*, que não deu em nada. Gina disse que os computadores eram bons apenas para analisar dados. A semente foi plantada, e Caio foi pesquisar pacotes de estatística. Havia um monte deles. Muitos mesmo. Depois de horas no Google, ele decidiu que um tal de SPSS parecia o mais fácil de aprender. Ele iria aprender a usá-lo e teria algo para conversar com Gina. Na semana seguinte, ele leu livros, blogs, assistiu a tutoriais no YouTube, incomodou seus professores e praticou suas novas habilidades. Ele estava pronto para trocar uma ideia com Gina sobre o *software* estatístico.

Ele procurou por ela pelo *campus*: na biblioteca, em vários cafés, no pátio – ela não estava em lugar nenhum. Finalmente, ele a encontrou em um lugar óbvio: uma das salas de informática

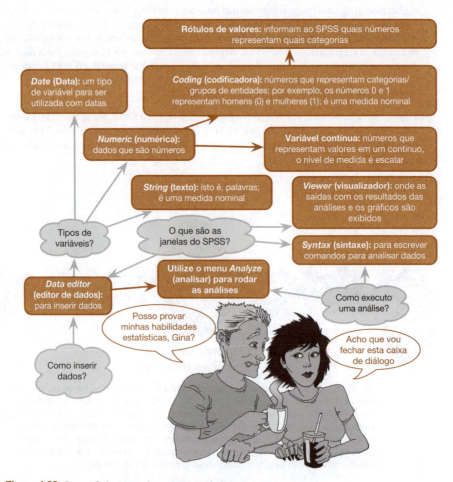

Figura 4.22 O que Caio aprendeu neste capítulo.

no fundo do *campus*, chamada Euforia. Gina olhava números no monitor, mas o *software* não se parecia com o SPSS. "Que diabos...", pensou Caio enquanto sentava ao lado dela e perguntava...

4.15 E agora? ||||

No início deste capítulo, descobrimos que eu temia meu novo ambiente na escola primária. Meu medo não era tão irracional quanto você poderia pensar, porque, durante o tempo que eu estava crescendo na Inglaterra, algum político idiota decidiu que todas as crianças nas escolas tinham que beber uma pequena garrafa de leite no início do dia. O governo fornecia o leite, penso eu, de graça, mas a maioria das coisas gratuitas tem um preço. O preço do leite grátis acabou sendo um trauma que durou a vida toda. O leite era geralmente entregue de manhã bem cedo e deixado no lugar mais quente que alguém poderia encontrar até que nós, crianças inocentes, fôssemos pular e brincar no parquinho sem saber do inferno gástrico que nos aguardava. Éramos recebidos com uma dessas garrafas de leite morno e um canudo muito pequeno. Éramos então forçados a beber aquilo em meio a caretas. O canudo era uma bênção porque filtrava os caroços formados no leite suavemente talhado. Políticos, tomem nota: se vocês quiserem que as crianças gostem da escola, não as forcem a beber leite quente e coalhado.

Mas, apesar de engasgar com o leite quente todas as manhãs, a escola primária foi um momento muito feliz para mim. Com a ajuda de Jonathan Land, minha confiança cresceu. Com essa nova confiança, comecei a me sentir confortável não apenas na escola, mas no mundo em geral. Era hora de explorar.

4.16 Termos-chave

Currency variable (variável monetária)
Dados de formato amplo
Dados de formato longo
Data editor (editor de dados)
Data variable (variável temporal)
Data view (visualizador de dados)
Numeric variable (variável númerica)
Sintax editor (editor de sintaxe)
Smartreader
String variable (variável de texto)
Variable view (visualizador de variáveis)
Viewer (visualizador)

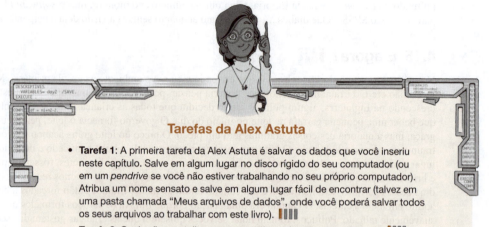

Tarefas da Alex Astuta

- **Tarefa 1**: A primeira tarefa da Alex Astuta é salvar os dados que você inseriu neste capítulo. Salve em algum lugar no disco rígido do seu computador (ou em um *pendrive* se você não estiver trabalhando no seu próprio computador). Atribua um nome sensato e salve em algum lugar fácil de encontrar (talvez em uma pasta chamada "Meus arquivos de dados", onde você poderá salvar todos os seus arquivos ao trabalhar com este livro).
- **Tarefa 2**: Quais são os atalhos representados pelos seguintes ícones?

- **Tarefa 3**: Os dados a seguir mostram a pontuação (até 20) de 20 estudantes diferentes, incluindo homens e mulheres, que foram ensinados com reforço positivo (sendo legal) e outros que foram ensinados com punição (choque elétrico). Digite esses dados no SPSS e salve o arquivo como **Method Of Teaching.sav** (método de ensino). (Dica: os dados não devem ser inseridos da mesma maneira que são apresentados a seguir.)

| Homens || Mulheres ||
Choque elétrico	Ser legal	Choque elétrico	Ser legal
15	10	6	12
14	9	7	10
20	8	5	7
13	8	4	8
13	7	8	13

- **Tarefa 4**: Voltando à Pesquisa Real do João Jaleco 4.1, Oxoby também mediu a oferta mínima aceitável; essas ofertas (em dólares) estão a seguir (novamente, elas são aproximações baseadas nos gráficos do artigo). Insira esses dados no editor de dados do SPSS e salve esse arquivo como **Oxoby (2008) OMA.sav**.

  Grupo do Bon Scott: 2, 3, 3, 3, 3, 4, 4, 4, 4, 4, 4, 4, 5, 5, 5, 5, 5
  Grupo do Brian Johnson: 0, 1, 2, 2, 3, 3, 3, 3, 3, 4, 4, 4, 4, 4, 4, 4, 1

- **Tarefa 5**: De acordo com uma pesquisa altamente não científica feita por uma cadeia de lojas de departamento do Reino Unido e relatada na revista *Marie Claire* (http://ow.ly/9Dxvy), fazer compras é bom para você. Eles descobriram que a mulher média passa 150 minutos e anda 4,2 km quando está em compras, queimando cerca de 385 calorias. Em contrapartida, os homens gastam apenas cerca de 50 minutos fazendo compras, andando 2,4 km. Isso foi baseado na colocação de um pedômetro em apenas 10 participantes. Embora eu não tenha os dados reais, apresento a seguir alguns dados simulados com base nessas médias. Digite esses dados no SPSS e salve-os como **Shopping Exercise.sav** (exercício durante as compras).

| Homens || Mulheres ||
Distância	Tempo	Distância	Tempo
0,16	15	1,40	22
0,40	30	1,81	140
1,36	37	1,96	160
1,99	65	3,01	183
3,61	103	4,82	245

- **Tarefa 6**: Esta tarefa foi inspirada em duas notícias de que eu gostei. A primeira foi sobre um homem sudanês que foi forçado a se casar com uma cabra depois de ser pego fazendo sexo com ela (http://ow.ly/9DyyP). Não tenho certeza se ele levou a cabra para um bom jantar em um restaurante chique antes disso, mas, de qualquer forma, você tem que sentir pena da cabra. Eu mal tive tempo de me recuperar dessa história quando outra apareceu, falando sobre um homem indiano forçado a se casar com um cachorro para ser perdoado pelo apedrejamento de dois cães e por amarrá-los em uma árvore 15 anos antes (http://ow.ly/9DyFn). Não vejo por que alguém pensaria que é uma boa ideia colocar um cão para casar com um homem com uma história de comportamento violento em relação aos cães. Ainda assim, fiquei imaginando se a cabra ou o cachorro seria o melhor cônjuge. Eu encontrei algumas outras pessoas que foram forçadas a se casar com cabras e cachorros e mediram sua satisfação com a vida e o quanto gostam de animais. Insira os dados a seguir no SPSS e salve como **Goat or Dog.sav** (cabra ou cão).

| Cabra || Cachorro ||
Gosta de animais	Satisfação com a vida	Gosta de animais	Satisfação com a vida
69	47	16	52
25	6	65	66
31	47	39	65
29	33	35	61
12	13	19	60
49	56	53	68
25	42	27	37
35	51	44	72
51	42		
40	46		
23	27		
37	48		

- **Tarefa 7**: Uma das minhas atividades favoritas, especialmente ao tentar fazer coisas que derretem o cérebro, como escrever livros de estatística, é beber chá. Afinal, eu sou inglês. Felizmente, o chá melhora a sua função cognitiva – bem, ele faz isso ao menos no caso de chineses idosos (Feng, Gwee, Kua e Ng, 2010). Eu posso não ser chinês e nem *tão* velho, mas gosto da ideia de que o chá pode me ajudar a pensar. Aqui estão alguns dados baseados no estudo de Feng e colaboradores que mediram o número de xícaras de chá bebidas e a função cognitiva de 15 pessoas. Insira esses dados no SPSS e salve o arquivo como **Tea Makes You Brainy 15.sav** (beber chá lhe faz inteligente). ▍▌▍▌

Xícaras de chá	Função cognitiva
2	60
4	47
3	31
4	62
2	44
3	41
5	49
5	56
2	45
5	56
1	57
3	40
3	54
4	34
1	46

- **Tarefa 8**: A ansiedade com a estatística e com a matemática é comum e afeta o desempenho das pessoas em tarefas de matemática e de estatística; as mulheres, em particular, podem ter pouca confiança em se tratando da matemática (Field, 2010). Zhang, Schmader e Hall (2013) fizeram um estudo intrigante, no qual estudantes realizaram uma prova de matemática em que alguns assinaram seu próprio nome na folha da prova enquanto outros receberam uma folha que já tinha um nome masculino ou feminino escrito. Os participantes das duas últimas condições foram informados de que usariam o nome dessa outra pessoa para o objetivo do experimento. As mulheres que completaram a prova usando um nome diferente tiveram um desempenho melhor do que aquelas que completaram o teste usando seu próprio nome (esse efeito não ocorreu para os homens). Os dados a seguir são uma subamostra aleatória dos dados de Zhang e colaboradores. Digite-os no SPSS e salve o arquivo como **Zhang (2013) subsample.sav** ▍▌▍▌

Homens			Mulheres		
Nome falso feminino	Nome falso masculino	Nome real	Nome falso feminino	Nome falso masculino	Nome real
33	69	75	53	31	70
22	60	33	47	63	57
46	82	83	87	34	33
53	78	42	41	40	83
14	38	10	62	22	86
27	63	44	67	17	65
64	46	27	57	60	64
62	27			47	37
75	61			57	80
50	29				

- **Tarefa 9**: O que é uma variável codificadora? ▌▌▌▌
- **Tarefa 10**: Qual é a diferença entre dados de formato amplo e longo? ▌▌▌▌

Respostas e recursos adicionais estão disponíveis no *site* do livro em
https://edge.sagepub.com/field5e.

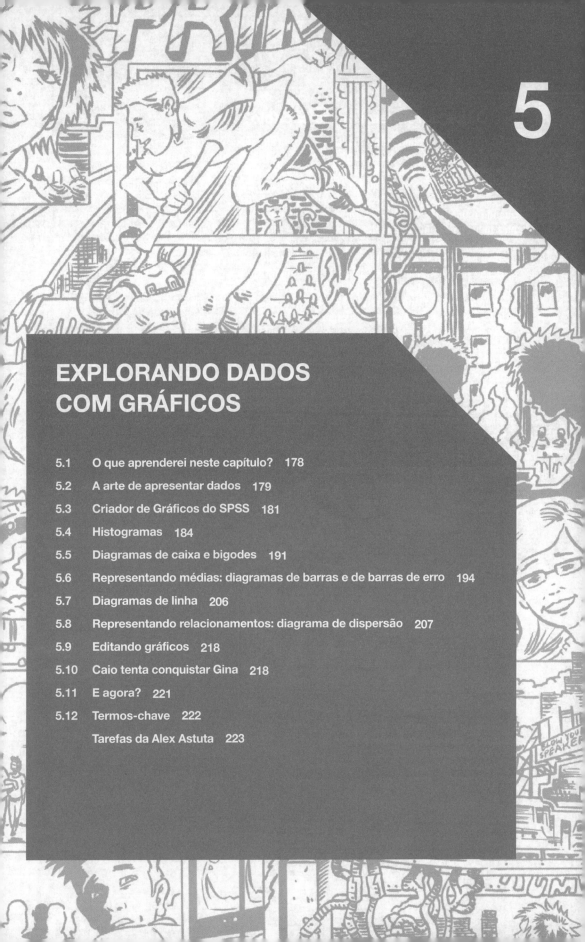

EXPLORANDO DADOS COM GRÁFICOS

5.1 O que aprenderei neste capítulo? 178
5.2 A arte de apresentar dados 179
5.3 Criador de Gráficos do SPSS 181
5.4 Histogramas 184
5.5 Diagramas de caixa e bigodes 191
5.6 Representando médias: diagramas de barras e de barras de erro 194
5.7 Diagramas de linha 206
5.8 Representando relacionamentos: diagrama de dispersão 207
5.9 Editando gráficos 218
5.10 Caio tenta conquistar Gina 218
5.11 E agora? 221
5.12 Termos-chave 222
Tarefas da Alex Astuta 223

5.1 O que aprenderei neste capítulo?

À medida que fui ficando mais velho, descobri a alegria de explorar. Tive muitas férias felizes escalando o litoral rochoso da Cornualha com meu pai. Na escola, nos ensinaram sobre mapas e sobre a importância de saber para onde estamos indo e o que estamos fazendo. Eu tinha uma visão mais relaxada do processo exploratório e há várias histórias ao longo da minha vida de eu vagando para o lugar que parecesse mais legal no momento, achando que sabia para onde estava indo.[1] Certa vez, quando tinha entre 3 e 4 anos, eu me perdi em um acampamento de férias. Não me lembro de nada, mas meus pais contam que eles correram por todos os lados freneticamente tentando me encontrar enquanto eu estava bem feliz me divertindo (provavelmente pulando de cima de uma árvore ou algo assim). Meu irmão mais velho, "o mais inteligente", aparentemente não era "o observador" e foi criticado por negligenciar seu dever de me cuidar. Em sua defesa, ele, provavelmente, estava mentalmente derivando equações para distorcer o tempo e espaço naquele momento. Ele fazia isso com frequência quando tinha 7 anos. O explorador descuidado em mim não desapareceu: conhecendo cidades novas, eu tendo a apenas vagar e esperar pelo melhor; normalmente eu me perco, mas até agora consegui não morrer (embora uma vez eu tenha testado a minha sorte passando, sem saber, por uma parte de Nova Orleans onde turistas são muito atacados – pareceu normal para mim). Explorar dados da mesma forma que aos 6 anos eu explorava o mundo seria como girar 8.000 vezes enquanto estiver bêbado e então correr ao longo da beirada de um penhasco. Com dados, você não pode ser tão descuidado como eu sou em cidades novas. Para se encontrar no meio dos seus dados, você precisa de um mapa; mapas de dados são denominados gráficos, e é dentro desse tranquilo oceano tropical que iremos mergulhar agora (com uma bússola e um amplo suprimento de oxigênio, obviamente).

[1] Fico aterrorizado ao pensar que meus filhos podem ter herdado essa característica.

Figura 5.1 O explorador Field pega uma bicicleta emprestada e está pronto para andar descuidadamente pelo acampamento.

5.2 A arte de apresentar dados ||||

Wright (2003) adota a visão de Rosenthal de que os pesquisadores devem "ser amigos dos seus dados". Embora seja verdade que os estatísticos precisam do maior número de amigos que conseguirem ter, Rosenthal não quis dizer isso: ele estava implorando aos pesquisadores que não apressassem a análise de dados. Wright utiliza a analogia de um bom vinho: é necessário desfrutar dos aromas e sabores delicados para realmente apreciar a experiência. Ele está exagerando bastante os prazeres da análise de dados, mas apressar a análise é, eu suponho, um pouco como beber uma garrafa inteira de vinho: as consequências são confusas e incoerentes. Portanto, como nos tornamos amigos dos nossos dados? A primeira coisa é olhar um gráfico; isso equivale a olhar uma foto de perfil dos nossos dados. Embora seja definitivamente errado julgar as pessoas com base na sua aparência, o oposto é verdadeiro para a análise de dados.

5.2.1 Como fazer um bom gráfico? ||||

Como fazer uma boa foto de perfil? Muitas pessoas parecem pensar que é melhor "produzir" a foto: ter um local de fundo impressionante, fazer uma pose estilosa, enganar as pessoas inserindo alguns símbolos de *status* que você pegou emprestado, enfeitar-se com acessórios chamativos, usar as melhores roupas para esconder o fato de que você geralmente usa pijama, parecer que está se divertindo mais do que nunca para que as pessoas pensem que a sua vida é perfeita. Isso é aceitável para uma foto de uma pessoa, mas não para os dados: você deve evitar fundos impressionantes, acessórios chamativos ou símbolos que distraiam os olhos, não deve ajustar modelos que não representem a realidade e, definitivamente, não deve enganar ninguém os fazendo pensar que seus dados correspondem perfeitamente às suas previsões.

Infelizmente, todos os *softwares* de estatística (incluindo o SPSS) permitem que você faça todas as coisas que eu acabei de dizer para não fazer (ver seção 5.9). Você pode perder o bom senso ao se entusiasmar com a possibilidade de colorir seu gráfico com um rosa-brilhante (de fato, é impressionante como os estudantes ficam entusiasmados com a perspectiva de gráficos rosa-brilhante – pessoalmente, eu não sou fã). Mesmo que gráficos cor-de-rosa possam causar um arrepio de alegria na sua coluna, lembre-se do porquê você está elaborando um gráfico – não é para fazer você (ou os outros) ronronar de prazer por causa da cor, é para apresentar informações (sem graça, mas é a verdade).

Tufte (2001) destaca que os gráficos devem fazer, entre outras coisas, o seguinte:

- ✓ Mostrar os dados.
- ✓ Induzir o leitor a pensar sobre os dados que estão sendo apresentados (e não sobre outros aspectos do gráfico, como o quão cor-de-rosa ele é).
- ✓ Evitar a distorção dos dados.
- ✓ Apresentar muitos números com um mínimo de tinta.
- ✓ Tornar grandes conjuntos de dados (presumindo que você tenha um) coerentes.
- ✓ Encorajar o leitor a comparar porções de dados diferentes.
- ✓ Revelar a mensagem subjacente dos dados.

Geralmente, os gráficos acabam não fazendo essas coisas (ver Wainer, 1984, para alguns exemplos) e há um bom exemplo de como não fazer um gráfico na primeira edição deste livro (Field, 2000). Superanimado pela habilidade do SPSS de adicionar frivolidades aos gráficos (como efeitos 3-D, efeitos de preenchimento e assim por diante – Tufte chama isso de *chartjunk* [**ruído gráfico**]), eu entrei em um estado orgásmico e produzi a abominação absoluta reproduzida na Figura 5.2. Eu realmente não sei no que estava pensando. Pioneira na visualização de dados, Florence Nightingale também não saberia o que eu estava pensando.[2] A única coisa positiva é que não é cor-de-rosa! O que você acha que há de errado com o gráfico?

---

[2] Você pode estar mais familiarizado com Florence Nightingale como pioneira da enfermagem moderna, mas ela também foi pioneira na visualização de dados – inventou nada mais nada menos do que o gráfico de pizza. Uma mulher incrível.

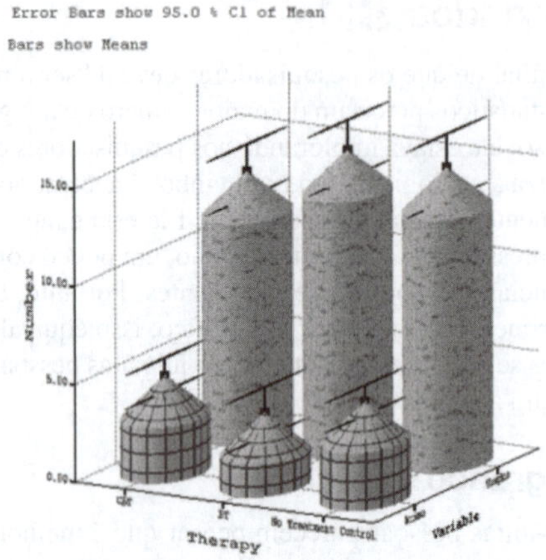

Figure 5.2 Um exemplo muito ruim de um gráfico da 1ª edição deste livro (à esquerda) e Florence Nightingale (à direita), que teria ridicularizado meus esforços.

× As colunas têm um efeito 3-D: nunca use uma representação 3-D para gráficos representando duas variáveis porque isso obscurece os dados.[3] Em particular, efeitos em 3-D tornam difícil a visualização dos valores das colunas – na Figura 5.2, por exemplo, o efeito 3-D torna as barras de erro quase impossíveis de ler.
× Estampas: as colunas também têm estampas, as quais, embora muito bonitas, distraem do que realmente importa (i.e., os dados). Elas são completamente desnecessárias.
× Colunas cilíndricas: o efeito do cilindro turva os dados e distrai do que é, de fato, importante.
× Eixo y incorretamente rotulado: "número" de quê? Desilusões? Peixes? Lagartos do mar da oitava dimensão comedores de repolho? Idiotas que não sabem fazer um gráfico?

Agora veja a versão alternativa desse gráfico (Figura 5.3). Você consegue notar quais melhorias foram feitas?

✓ Uma representação 2-D: a terceira dimensão completamente desnecessária desaparece, tornando muito mais fácil comparar valores entre as terapias e pensamentos/comportamentos.
✓ Sobrepus as estatísticas de resumo (médias e intervalos de confiança) sobre os dados brutos para que os leitores tivessem uma noção completa dos dados (sem que a quantidade de informações seja sufocante).
✓ O eixo y tem um rótulo mais informativo: sabemos que era o número de obsessões por dia. Também adicionei uma legenda para informar aos leitores que pensamentos obsessivos e ações são diferenciados pela cor.
✓ Distrações: existem poucas distrações, como estampas, barras cilíndricas e afins.
✓ O mínimo de tinta: eliminei a tinta supérflua das linhas dos eixos e usei uma grade sutil de linhas para tornar mais fácil a leitura dos valores no eixo y. Tufte ficaria satisfeito.

---

[3]Se utilizar uma representação em 3-D quando tiver apenas duas variáveis, um estatístico barbudo irá aparecer na sua casa, trancá-lo no quarto e fazê-lo escrever I μυστ νοτ δο 3−Δ γραπησ 75.172 vezes no quadro. Sério!

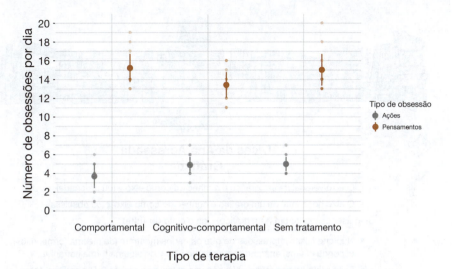

Figura 5.3 Gráfico da Figura 5.2 desenhado de forma apropriada.

5.2.2 Mentiras, malditas mentiras e... ahn... gráficos ▍▍▍▍

Os governos mentem usando estatísticas, mas cientistas não deveriam fazer isso. O modo como os dados são apresentados faz uma grande diferença para a mensagem passada ao público. Sou um grande fã de queijo e sempre fico curioso sobre o mito urbano de que ele causa pesadelos. Shee (1964) relatou o caso de um homem que tinha pesadelos com seus colegas de trabalho: "ele sonhava com um, terrivelmente mutilado, pendurado em um gancho de carne.[4] O outro estava caindo em um abismo sem fundo. Quando o queijo foi retirado da sua dieta, os pesadelos acabaram." Isso não seria uma boa notícia se você fosse o ministro do queijo no seu país.

A Figura 5.4 mostra dois gráficos que, acredite ou não, exibem os mesmos dados: o número de pesadelos após comer queijo. O gráfico à esquerda mostra como o gráfico deveria provavelmente ser dimensionado. O eixo *y* reflete o máximo da escala, e isso cria a impressão correta: de que as pessoas têm mais pesadelos sobre os colegas pendurados em ganchos de carne quando comem queijo antes de dormir. Entretanto, como ministro do queijo, você quer que as pessoas pensem o contrário; basta redimensionar o gráfico (estendendo o eixo *y* muito além do número médio dos pesadelos), e, subitamente, a diferença em pesadelos diminui consideravelmente. Por mais tentador que seja, não faça isso (a não ser, é claro, que você planeje ser político em algum momento da sua vida).

5.3 Criador de Gráficos do SPSS ▍▍▍▍

Você provavelmente está morrendo de vontade de mergulhar na estatística e descobrir a resposta para a sua fascinante pergunta de pesquisa, então, obviamente, gráficos seriam um desperdício do seu precioso tempo, não? A análise de dados é como namorar pela internet (não é, mas tenha paciência comigo). Você pode examinar as estatísticas vitais, encontrar uma correspondência perfeita (bom QI, alto, boa forma física, gosta de filmes franceses, etc.) e achar que encontrou a resposta perfeita para a sua pergunta de pesquisa. Entretanto, se você não olhou uma fotografia, não vai

---

[4] Eu tenho sonhos parecidos, mas eles têm mais a ver com alguns colegas de trabalho do que com queijo.

Dicas da Ana Apressada
Gráficos

- O eixo vertical de um gráfico é conhecido como eixo *y* (ou ordenada).
- O eixo horizontal de um gráfico é conhecido como eixo *x* (ou abscissa).

Se quiser desenhar um bom gráfico, siga o culto do Tufte:

- Não crie falsas impressões do que os dados mostram (da mesma forma, não esconda efeitos) alterando a escala do eixo *y* de alguma forma estranha.
- Evite ruído gráfico (*chartjunk*): não use estampas, efeitos 3-D, sombras, fotos de baços, fotos do seu tio Fred, gatos cor-de-rosa ou qualquer coisa assim.
- Evite excesso de tinta: pode parecer um pouco radical, mas, se você não precisar dos eixos, livre-se deles.

saber interpretar essa informação de verdade – seu par perfeito pode se tornar Rimibald, o Venenoso, Rei dos Sapos, que se combinou geneticamente com um ser humano para realizar seu plano de iniciar uma lucrativa fazenda de roedores (eles gostam de comer pequenos roedores).[5] A análise de dados é mais ou menos isso: inspecione seus dados com uma fotografia, veja como eles são e, só então, interprete as estatísticas mais vitais.

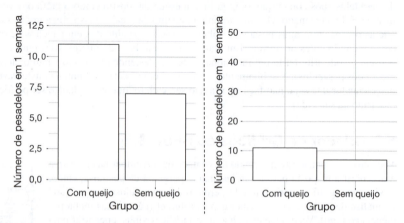

Figura 5.4 Dois gráficos sobre queijo.

---

[5]Um ponto positivo seria que ele teria uma língua grande e grudenta e que, se você inalasse o seu veneno (que, aliás, pode matar um cachorro), teria alucinações (se tiver sorte, seriam alucinações de que você não está em um encontro com um híbrido sapo-homem).

Capítulo 5 • Explorando dados com gráficos   183

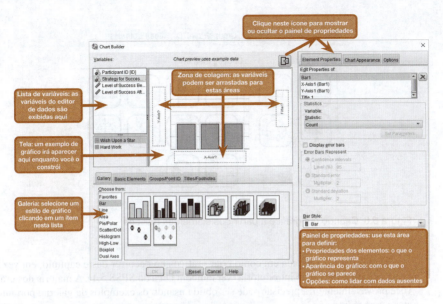

Figura 5.5 Criador de Gráficos (*Chart Builder*) do SPSS.

Embora os recursos do SPSS para construir gráficos sejam bem versáteis (você pode editar a maioria das coisas – ver seção 5.9), eles são bem limitados para dados de medidas repetidas.[6] Para criar gráficos no SPSS, usamos o ultramoderno e *hipster* **Criador de Gráficos** (Chart Builder).[7]

A Figura 5.5 mostra a caixa de diálogo básica do *Chart Builder* que é acessada por meio do menu *Graphs* (gráficos) ▶ Chart Builder... . Há algumas partes importantes dessa caixa de diálogo:

- *Galeria* (*Gallery*): para cada tipo de gráfico, uma galeria de possíveis tipos de gráficos é exibida. Clique duas vezes em um ícone para selecionar um tipo de gráfico específico.
- *Lista de variáveis*: as variáveis no editor de dados estão listadas aqui. Elas podem ser arrastadas para as zonas de colagem para especificar o que está sendo exibido no gráfico.
- *Tela*: é a área principal da caixa de diálogo, onde o gráfico é visualizado à medida que você o constrói.
- *Zonas de colagem*: você pode arrastar variáveis da lista de variáveis para zonas representadas com pontos azuis, chamadas zonas de colagem.
- *Painel de propriedades*: o painel do lado direito é onde você determina os elementos do gráfico, sua aparência e como lidar com valores ausentes.

Há duas maneiras de construir um gráfico: a primeira é usar a galeria de gráficos predefinidos, e a segunda é construir um gráfico um elemento de cada vez. A galeria é a opção-padrão, e esta guia Gallery Basic Elements Groups/Point ID Titles/Footnotes é selecionada automaticamente; entretanto, se você quiser construir seu gráfico a partir dos elementos básicos, clique na guia *Basic Elements* (elementos básicos) (Gallery Basic Elements Groups/Point ID Titles/Footnotes) para modificar a parte de baixo da caixa de diálogos ilustrada na Figura 5.5 para que fique semelhante à Figura 5.6.

---

[6] Por essa razão, alguns dos gráficos deste livro foram criados utilizando o pacote *ggplot2* do R, caso você esteja se perguntando por que não consegue replicá-los no SPSS.

[7] Infelizmente, ele é tão descolado quanto um acadêmico na comemoração após um congresso de estatística cantando "I will always love you" e desafinando depois de 34 *pints* de cerveja.

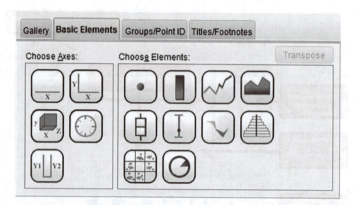

Figura 5.6 Criando um gráfico a partir dos elementos básicos.

Vamos dar uma olhada em como criar gráficos no decorrer deste capítulo, em vez de tentar explicar tudo nesta seção introdutória (ver também Dica do SPSS 5.1). A maioria dos gráficos que você provavelmente irá precisar pode ser obtida usando os exemplos da galeria, portanto vou me ater a esse método.

5.4 Histogramas ▮▮▮▮

Falamos sobre os histogramas (distribuição de frequências) no Capítulo 1; eles são uma maneira útil para ver o formato dos seus dados e detectar problemas (veremos mais sobre isso no próximo capítulo). Agora, vamos aprender como criar um no SPSS. Minha esposa e eu passamos nossa lua de mel na Disney, em Orlando.[8] Foram as duas melhores semanas da minha vida. Embora algumas pessoas achem a experiência na Disney um pouco nauseante, na minha opinião não existe nada errado em passar algum tempo rodeado de pessoas que são constantemente gentis e o parabenizam pelo seu casamento. O mundo seria melhor se houvesse mais "gentileza". O único porém com relação ao meu tempo na Disney foi a obsessão que eles têm em tornar sonhos realidade fazendo pedidos a uma estrela. Não me interpretem mal, eu amo a ideia de sonhar (não desisti da ideia de que um dia Steve Harris, do Iron Maiden, possa me ligar solicitando meus serviços de baterista para a sua próxima turnê pelo mundo e também não parei de pensar, a despeito de toda a evidência física contrária, que eu poderia intervir e ajudar meu time de futebol favorito em um momento de necessidade). Sonhar é bom, mas é uma visão limitada (e ruim) achar que sonhos se tornarão realidade sem nenhum esforço da sua parte. Minhas chances de tocar bateria para o Iron Maiden serão bastante melhoradas se eu praticar, criar um nome como bom baterista profissional e incapacitar o baterista atual (desculpe, Nicko). Acho muito improvável que meu sonho se torne realidade se eu simplesmente "fizer um pedido a uma estrela". Eu me pergunto se o aumento sísmico nos distúrbios emocionais da juventude (Twenge, 2000) não é, em parte, causado por milhões de crianças da Disney percebendo, de forma bastante deprimente, que "fazer um pedido a uma estrela" não funciona.

Sinto muito se iniciei o parágrafo com memórias felizes da lua de mel, mas em algum ponto dei uma guinada para o lado negativo. De qualquer forma, coletei alguns dados de 250 pessoas quanto ao seu nível de sucesso usando uma medida composta incluindo salário, qualidade de vida e correspondência entre suas vidas e suas aspirações. Extraí escores de 0 (fracasso completo) a 100 (sucesso completo). Implementei, então, uma intervenção dizendo: durante os próximos 5 anos, vocês devem fazer pedidos para as estrelas para que seus sonhos virem realidade ou devem

---

[8]Embora não seja necessariamente representativo da nossa experiência na Disney, coloquei um vídeo no meu canal do YouTube de um morcego, no Animal Kingdom, praticando felação em si próprio. Isso não vai ajudá-lo a aprender estatística.

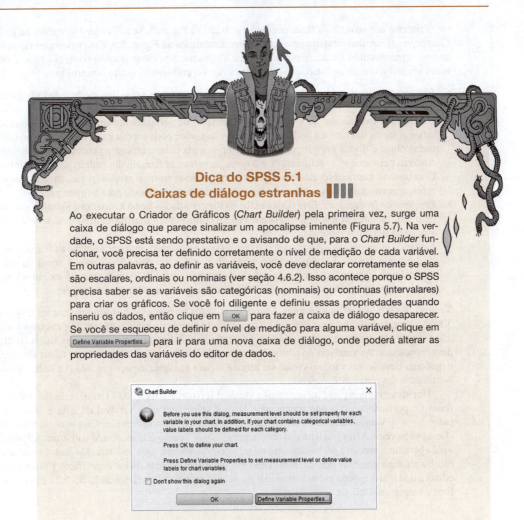

Dica do SPSS 5.1
Caixas de diálogo estranhas

Ao executar o Criador de Gráficos (*Chart Builder*) pela primeira vez, surge uma caixa de diálogo que parece sinalizar um apocalipse iminente (Figura 5.7). Na verdade, o SPSS está sendo prestativo e o avisando de que, para o *Chart Builder* funcionar, você precisa ter definido corretamente o nível de medição de cada variável. Em outras palavras, ao definir as variáveis, você deve declarar corretamente se elas são escalares, ordinais ou nominais (ver seção 4.6.2). Isso acontece porque o SPSS precisa saber se as variáveis são categóricas (nominais) ou contínuas (intervalares) para criar os gráficos. Se você foi diligente e definiu essas propriedades quando inseriu os dados, então clique em OK para fazer a caixa de diálogo desaparecer. Se você se esqueceu de definir o nível de medição para alguma variável, clique em Define Variable Properties... para ir para uma nova caixa de diálogo, onde poderá alterar as propriedades das variáveis do editor de dados.

Figura 5.7 Caixa de diálogo mostrada quando o *Chart Builder* é aberto pela primeira vez.

se esforçar o máximo que puderem para atingir seus objetivos. Mensurei novamente o sucesso dessas pessoas 5 anos mais tarde. As pessoas foram alocadas aleatoriamente a essas duas instruções. Os dados estão em **Jiminy Cricket.sav** (grilo falante). As variáveis são **Strategy** (estratégia) (esforçar-se ou fazer um pedido para as estrelas), **Success_Pre** (sucesso_pré) (nível de sucesso inicial) e **Success_Post** (sucesso_pós) (nível de sucesso 5 anos mais tarde).

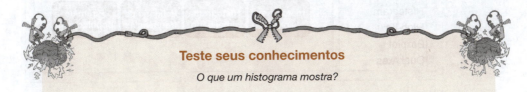

Teste seus conhecimentos
O que um histograma mostra?

Primeiro acesse o *Chart Builder* como mostrado na Figura 5.5 e selecione *Histogram* na lista *Choose from* (escolher de) para aparecer a galeria mostrada na Figura 5.8. Essa galeria tem quatro ícones, representando os diferentes tipos de histograma. Selecione o apropriado clicando duas vezes sobre o ícone ou arrastando-o até a tela em que o gráfico está sendo construído:

- *Histograma simples*: Use esta opção para visualizar as frequências dos escores de uma única variável.
- *Histograma empilhado*: Se você tiver uma variável de agrupamento (p. ex., se as pessoas se esforçaram ou fizeram um pedido para as estrelas), você pode produzir um histograma no qual cada coluna é divida por grupo. Nesse exemplo, cada coluna teria duas cores, uma representando as pessoas que se esforçaram, e a outra, aquelas que fizeram um pedido para as estrelas. Essa opção é uma boa forma de comparar as frequências entre os grupos (p. ex., aqueles que se esforçaram tiveram mais sucesso do que os que fizeram um pedido para as estrelas?).
- *Polígono de frequências*: Esta opção exibe os mesmos dados que o histograma simples, exceto pelo fato de que ela usa uma linha em vez de colunas para mostrar as frequências, e a área abaixo da linha é sombreada.
- *Pirâmide populacional*: Assim como o histograma empilhado, esta opção exibe as frequências de duas populações. Ele representa a variável (p. ex., nível de sucesso após 5 anos) no eixo vertical e as frequências para cada população na horizontal: as populações são exibidas uma contra a outra no gráfico. Essa opção é útil para comparar distribuições entre grupos.

Vamos criar um histograma simples. Clique duas vezes no ícone do histograma simples (Figura 5.8). A caixa de diálogo *Chart Builder* irá mostrar uma prévia do gráfico na tela. Por enquanto, ele não é muito emocionante (topo da Figura 5.9) porque não dissemos ao SPSS quais variáveis ele deve representar. As variáveis do editor de dados estão listadas no lado esquerdo do *Chart Builder*, e qualquer uma dessas variáveis pode ser arrastada para qualquer espaço cercado por linhas azuis pontilhadas (as *zonas de colagem*).

Um histograma representa uma única variável (eixo x) em relação às frequências dos valores (eixo y); portanto, tudo o que precisamos fazer é selecionar uma variável da lista e arrastá-la para X-Axis?. Vamos fazer isso para os valores do sucesso pós-intervenção. Clique nessa variável (**Level of Success After**) na lista e arraste-a para X-Axis? como está mostrado na Figura 5.9; você verá agora uma amostra do histograma na tela central. (Não é uma amostra dos dados reais, ele mostra a forma geral do gráfico, não como ele seria para os seus dados específicos.) Você pode editar o que o histograma mostra usando o painel das propriedades (Dica do SPSS 5.2). Para finalizar o histograma, clique em OK.

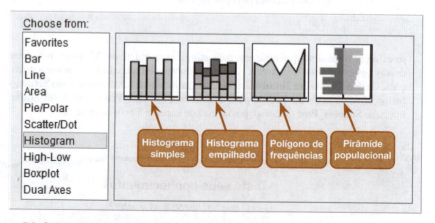

Figura 5.8 Galeria de histogramas.

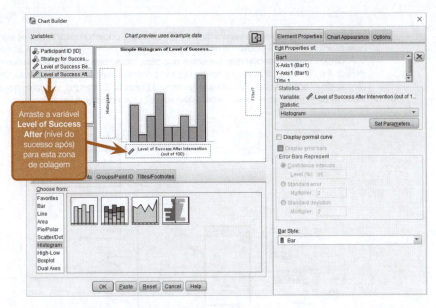

Figura 5.9 Definindo um histograma no *Chart Builder*.

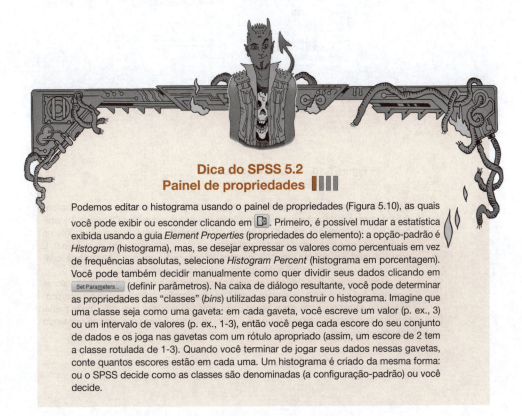

Dica do SPSS 5.2
Painel de propriedades

Podemos editar o histograma usando o painel de propriedades (Figura 5.10), as quais você pode exibir ou esconder clicando em 🗔. Primeiro, é possível mudar a estatística exibida usando a guia *Element Properties* (propriedades do elemento): a opção-padrão é *Histogram* (histograma), mas, se desejar expressar os valores como percentuais em vez de frequências absolutas, selecione *Histogram Percent* (histograma em porcentagem). Você pode também decidir manualmente como quer dividir seus dados clicando em Set Parameters... (definir parâmetros). Na caixa de diálogo resultante, você pode determinar as propriedades das "classes" (*bins*) utilizadas para construir o histograma. Imagine que uma classe seja como uma gaveta: em cada gaveta, você escreve um valor (p. ex., 3) ou um intervalo de valores (p. ex., 1-3), então você pega cada escore do seu conjunto de dados e os joga nas gavetas com um rótulo apropriado (assim, um escore de 2 tem a classe rotulada de 1-3). Quando você terminar de jogar seus dados nessas gavetas, conte quantos escores estão em cada uma. Um histograma é criado da mesma forma: ou o SPSS decide como as classes são denominadas (a configuração-padrão) ou você decide.

Nossos escores de sucesso variam de 0 a 100; portanto, podemos decidir que nossas classes iniciem em 0 e podemos definir a propriedade ⦿ Custo_m value for anchor: como 0. Podemos também decidir que queremos que cada classe seja formada por números inteiros (i.e., 0-1, 1-2, 2-3, etc.) e em cada caso podemos definir que a ⦿ Interval width: (largura do intervalo) seja 1. Foi isso que fizemos na Figura 5.10, mas por enquanto deixe todas as configurações em seus valores-padrão (i.e., tudo como ⦿ Automatic).

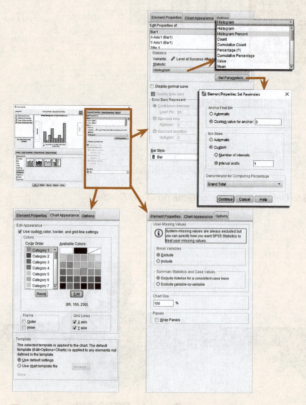

Figura 5.10 Painel de propriedades.

Na guia *Chart Appearance* (aparência do gráfico), podemos mudar o esquema-padrão de cores (podemos mudar para qualquer cor selecionando *Category 1* [categoria 1] e escolhendo outra cor). Podemos optar também por ter uma moldura interna ou externa (eu não mudaria nada) e eliminar as linhas de grade (eu as deixaria). É possível também aplicar modelos prontos (*templates*) para que você possa criar esquemas de cores e, então, salvá-los para aplicar em outros gráficos.

Finalmente, a guia *Options* (opções) permite especificar como tratar os valores ausentes definidos pelo usuário (a configuração-padrão é boa para os nossos propósitos) e se o programa deve cobrir os painéis em gráficos nos quais cada painel representa categorias diferentes (isso é útil quando você tem uma variável contendo muitas categorias).

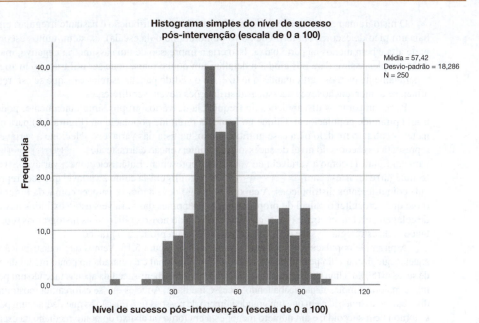

Figura 5.11 Histograma dos escores de sucesso pós-intervenção.

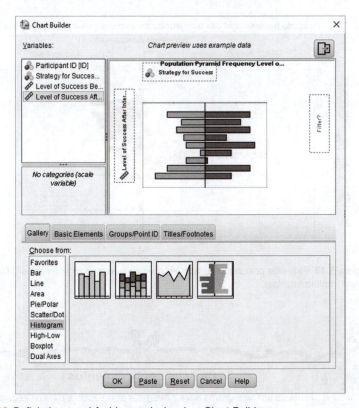

Figura 5.12 Definindo uma pirâmide populacional no *Chart Builder*.

O histograma resultante é exibido na Figura 5.11. A distribuição é bastante irregular: embora haja um pico de escores em torno de 50 (o ponto do meio da escala), existem muitos escores na parte alta e bem menos na parte baixa. Isso cria a impressão de uma assimetria negativa, mas não é tão simples assim. Para nos ajudar a detalhar um pouco mais, pode ser útil traçar o histograma separadamente para os participantes que fizeram o pedido para as estrelas e os que se esforçaram: afinal, se a intervenção teve sucesso, as distribuições devem ser diferentes.

Para comparar as distribuições de frequência de vários grupos simultaneamente, podemos usar a pirâmide populacional. Clique no ícone da pirâmide populacional (Figura 5.8) para exibir, na tela central, o modelo para esse gráfico. Então, na lista das variáveis, selecione a variável que representa os escores do nível de sucesso após a intervenção e arraste até ¡ Distribution Variable? para configurá-la como a variável que você quer representar. Então selecione a variável **Strategy** (estratégia) e arraste-a para ¡ Split Variable? ¡ para configurá-la como a variável que será representada com diferentes distribuições. A caixa de diálogo deve agora se parecer com a da Figura 5.12 (note que eu ocultei o painel de propriedades) – os nomes das variáveis estão exibidos nas zonas de colagem, e a tela central exibe agora uma amostra do nosso gráfico (dois histogramas representando cada estratégia de sucesso). Clique em ¡ OK ¡ para produzir o gráfico.

A pirâmide populacional resultante é mostrada na Figura 5.13. Vemos que a distribuição para aqueles que fizeram um pedido para as estrelas parece normal e é centrada no ponto médio da escala de sucesso (50%). Uma pequena minoria consegue se tornar bem-sucedida apenas fazendo um pedido, mas a maioria simplesmente acaba tendo sucesso mediano. Aqueles que se esforçaram mostram uma distribuição assimétrica, em que um grande número de pessoas (em relação às que fizeram um pedido) se tornou bem-sucedida, e um número menor está em torno ou abaixo do ponto mediano da escala de sucesso. Espero que esse exemplo mostre como uma pirâmide populacional pode ser uma boa maneira de visualizar diferenças nas distribuições em grupos (ou populações) diferentes.

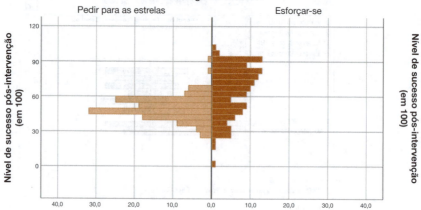

Figura 5.13 Pirâmide populacional dos escores de sucesso (5 anos após diferentes estratégias serem implementadas).

Teste seus conhecimentos

Produza um histograma e uma pirâmide populacional para os escores de sucesso pré-intervenção.

Pesquisa Real do João Jaleco 5.1
Vou ser um cantor de *rock* (de novo) ▌▐▐▐

Oxoby, R. J. (2008). *Economic Enquiry*, *47*(3), 598-602.

Na Pesquisa Real do João Jaleco 4.1, nos deparamos com um estudo que comparou o comportamento econômico enquanto diferentes músicas da banda AC/DC tocavam ao fundo. Especificamente, Oxoby manipulou se a música de fundo era cantada pelo cantor original do AC/DC (Bonn Scott) ou seu substituto (Brian Johnson). Ele mensurou quantas ofertas de dinheiro os participantes aceitaram (**Oxoby (2008) offers.sav**) e a oferta mínima que os participantes aceitaram (**Oxoby 2008 MOA.sav**). Ver Pesquisa Real do João Jaleco 4.1 para mais detalhes sobre o estudo. Inserimos os dados para esse estudo no capítulo anterior; agora vamos fazer um gráfico. Produza pirâmides populacionais separadas para o número de ofertas e para a oferta mínima aceitável e, nos dois casos, divida os dados de acordo com o cantor da música de fundo. Compare esses gráficos com as Figuras 1 e 2 do artigo original.

5.5 Diagramas de caixa e bigodes ▌▐▐▐

Um **diagrama de caixa e bigodes** (*boxplot*), é uma das melhores maneiras de exibir seus dados. É uma caixa traçada em torno da *mediana*. Os lados da caixa – isto é, a parte superior e inferior – são os limites que contêm 50% das observações (é o intervalo interquartis, IIQ). Saindo da parte superior e inferior da caixa, estão os dois bigodes que envolvem aproximadamente 25% dos escores. Primeiro, vamos traçar alguns desses diagramas usando o Criador de Gráficos (*Chart Builder*) e depois veremos o que eles nos dizem com mais detalhes.

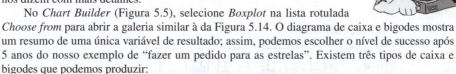

No *Chart Builder* (Figura 5.5), selecione *Boxplot* na lista rotulada *Choose from* para abrir a galeria similar à da Figura 5.14. O diagrama de caixa e bigodes mostra um resumo de uma única variável de resultado; assim, podemos escolher o nível de sucesso após 5 anos do nosso exemplo de "fazer um pedido para as estrelas". Existem três tipos de caixa e bigodes que podemos produzir:

• *Caixa e bigodes 1-D*: Essa opção produz um único diagrama de caixa e bigodes para todos os escores da variável de resultado escolhida (p. ex., nível de sucesso após 5 anos).
• *Caixa e bigodes simples*: Essa opção produz múltiplos diagramas de caixa e bigodes para a variável de resultado escolhida, separando os dados de acordo com uma variável categórica. Por exemplo, tínhamos dois grupos: o do pedido para as estrelas e o do esforço. Seria útil usar essa opção para exibir diagramas diferentes (no mesmo gráfico) para esses grupos (diferentemente do diagrama 1-D, que não diferencia grupos).
• *Caixa e bigodes agrupado*: Essa opção é igual ao diagrama de caixa e bigodes simples, exceto pelo fato de que ela divide os dados de acordo com uma segunda variável categórica. Caixa e bigodes para essa segunda variável são produzidos em cores diferentes. Por exemplo, imagine que também medimos se nossos participantes *acreditavam* no poder de fazer um pedido. Pode-

ríamos produzir diagramas não só para os que fizeram um pedido e os que se esforçaram, mas dentro desse grupo poderíamos também ter diagramas de caixa e bigodes de diferentes cores para os que acreditam no poder do desejo e para os que não acreditam.

No arquivo de dados dos escores do sucesso, temos informações sobre se as pessoas se esforçaram ou se fizeram um pedido para as estrelas. Vamos representar essas informações. Para fazer um diagrama de caixa e bigodes dos escores do sucesso pós-intervenção para os dois grupos, clique duas vezes no ícone do diagrama de caixa e bigodes simples (Figura 5.14) e, na lista de variáveis, selecione **Success_Post** (sucesso_pós) e arraste para [X-Axis?]; selecione a variável **Strategy** (estratégia) e arraste-a para [X-Axis?]. A caixa de diálogo deve se parecer agora como a da Figura 5.15 – note que os nomes das variáveis estão exibidos nas zonas de colagem e a tela central exibe uma amostra do nosso gráfico (há dois diagramas de caixa e bigodes: um para as pessoas que fizeram um pedido para as estrelas e outro para as que se esforçaram). Clique em [OK] para produzir o gráfico.

A Figura 5.16 mostra os diagramas de caixa e bigodes para os dados do nível de sucesso. Os limites da caixa azul representam o IIQ (i.e., 50% dos escores). A caixa é muito mais longa no grupo que se esforçou do que no grupo que fez um pedido para as estrelas, ou seja, a metade dos escores está mais espalhada no grupo do esforço. Dentro da caixa, a linha horizontal escura representa a mediana. Os esforçados têm uma mediana maior do que os que fizeram um pedido, indicando mais sucesso em geral. As partes superior e inferior da caixa azul representam os quartis superior e inferior, respectivamente (ver seção 1.8.5). A distância entre o topo da caixa e o topo do bigode superior mostra o intervalo de 25% dos escores mais altos aproximadamente; de forma similar, a distância entre a parte inferior da caixa e o final do bigode inferior mostra o intervalo de 25% dos escores mais baixos aproximadamente. Digo "aproximadamente" porque o SPSS procura casos incomuns antes de criar os bigodes: qualquer escore maior do que o quartil superior mais 1,5 vez o IIQ é considerado um "valor atípico" (ver mais sobre eles no Capítulo 5) e qualquer caso maior do que o quartil superior mais 3 vezes o IIQ é um "escore extremo". As mesmas regras são aplicadas aos casos abaixo do quartil inferior. Quando não existem casos incomuns, os bigodes mostram exatamente os 25% dos escores mais altos e mais baixos, mas, quando há casos incomuns, eles mostram a parte superior e inferior dos escores apenas aproximadamente porque os casos incomuns são excluídos. Os bigodes também nos informam a amplitude dos escores, porque a parte superior e inferior dos bigodes mostram os escores mais altos e mais baixos, *excluindo os casos incomuns*.

Em termos dos escores do nível de sucesso, a amplitude dos escores foi muito maior para os que se esforçaram do que para os que fizeram pedidos, mas continham um valor atípico (que o SPSS mostra como um pequeno círculo) e um escore extremo (que o SPSS mostra como um asterisco). O SPSS rotula esses casos com o número da linha do editor de dados (neste caso, linhas

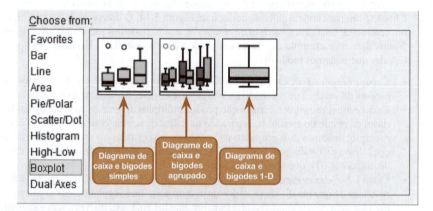

Figura 5.14 Galeria dos diagramas de caixa e bigodes.

Capítulo 5 • Explorando dados com gráficos 193

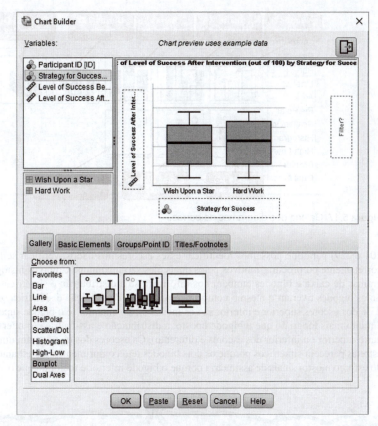

Figura 5.15 Caixa de diálogo completa para um diagrama de caixa e bigodes simples.

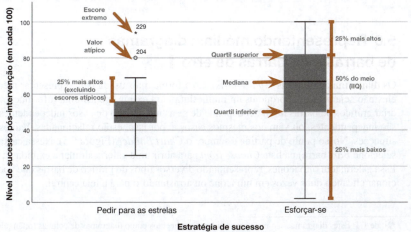

Figura 5.16 Diagrama de caixa e bigodes dos escores do nível de sucesso 5 anos após a implementação de uma estratégia de esforçar-se ou fazer um pedido para as estrelas.

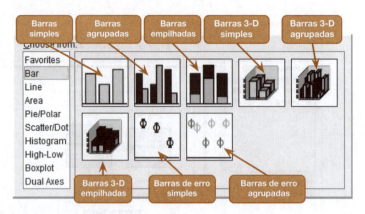

Figura 5.17 Galeria dos diagramas de barras.

204 e 229) para que possamos identificar esses escores nos dados, verificar se foram inseridos corretamente ou procurar motivos pelos quais eles são incomuns. Como os histogramas, os diagramas de caixa e bigodes também nos informam se a distribuição é simétrica ou assimétrica. Se os bigodes tiverem o mesmo comprimento, então a distribuição é simétrica (os intervalos de 25% dos escores superior e inferior são os mesmos); no entanto, se o bigode superior ou inferior é muito mais longo do que o bigode oposto, a distribuição é assimétrica (o intervalo de 25% da parte superior ou inferior dos escores é diferente). Os escores dos que fizeram um pedido para as estrelas parecem simétricos porque os dois bigodes têm comprimentos semelhantes, mas o grupo do esforço mostra sinais de assimetria porque o bigode inferior é maior do que o superior.

Teste seus conhecimentos

Produza diagramas de caixa e bigodes para os escores de sucesso antes da intervenção.

5.6 Representando médias: diagramas de barras e de barras de erro ▮▮▮▮

Os **diagramas de barras*** (*bar charts*) são a forma mais usada para representar médias, embora eles não sejam ideais porque usam muita tinta para exibir apenas uma informação. O modo de criar gráficos de barras no SPSS depende de se as médias são de casos independentes e, portanto, são independentes, ou vêm dos mesmos casos e, por isso, estão relacionadas. Vamos ver as duas situações. Nosso ponto de partida é sempre o *Chart Builder* (Figura 5.5). Nessa caixa de diálogo, selecione *Bar* (barra) na lista *Choose from* para abrir uma galeria similar à exibida na Figura 5.17. Essa galeria tem oito ícones, representando diversos tipos de gráfico de barras que você pode selecionar clicando duas vezes em um ícone ou arrastando-o para a tela central.

---

*N. de T.T. Estes diagramas são mais propriamente conhecidos como diagramas de colunas (retângulos na vertical). As barras seriam retângulos horizontais. Contudo, tanto o autor quanto o SPSS utilizam o termo barra e não colunas.

- *Barras simples*: Use essa opção para exibir as médias dos escores entre os diferentes grupos ou categorias de casos. Por exemplo, você pode querer traçar as médias das avaliações de dois filmes.
- *Barras agrupadas*: Se você tiver uma segunda variável de agrupamento, você pode produzir um gráfico de barras simples (como o anterior), mas com barras diferentes coloridas para representar os níveis de uma segunda variável de agrupamento. Por exemplo, você poderia ter avaliações de dois filmes, mas cada filme tem uma barra que representa as avaliações de "empolgação" e outra barra mostrando as avaliações de "divertimento".
- *Barras empilhadas*: Esse diagrama é como o de barras agrupadas, exceto pelo fato de que as barras de cores diferentes são empilhadas uma em cima das outras em vez de serem colocadas lado a lado.
- *Barras 3-D simples*: Esse diagrama é também parecido com o de barras agrupadas, exceto pelo fato de que a segunda variável de agrupamento é exibida não com barras de cores diferentes, mas com um eixo adicional. Considerando o que eu disse na seção 5.2 sobre efeitos 3-D mascararem os dados, meu conselho é utilizar um gráfico de barras empilhadas e não usar essa opção.
- *Barras 3-D agrupadas*: Esse gráfico é igual ao gráfico de barras agrupadas, exceto pelo fato de que você pode adicionar uma terceira variável categórica em um eixo extra. Será quase impossível ler as médias nesse tipo de gráfico, por isso aconselho não o utilizar.
- *Barras 3-D empilhadas*: Esse gráfico é igual ao 3-D agrupado, exceto pelo fato de que as barras de cores diferentes estão agrupadas umas em cima das outras em vez de estarem lado a lado. Novamente, esse não é um bom tipo de gráfico para apresentar claramente os dados.
- *Barras de erro simples*: Esse gráfico é igual ao de barras simples, exceto pelo fato de que, em vez de barras, a média é representada com um ponto e uma linha que representa a precisão da estimativa (geralmente, um intervalo de 95% de confiança é utilizado, mas você pode, em vez disso, usar o desvio-padrão ou o erro-padrão). Você pode adicionar essas barras de erro a um gráfico de barras de qualquer forma, então, na verdade, a escolha entre esse tipo de gráfico e um de barras com barras de erro é basicamente uma preferência pessoal. (Note que as barras adicionam muita tinta supérflua, então, se você quiser ser um tuftiano, use essa opção em vez de um gráfico de barras.)
- *Barras de erro agrupadas*: Esse é igual ao gráfico de barras agrupadas, exceto pelo fato de que a média é exibida como um ponto com uma barra de erro à sua volta. Essas barras de erro também podem ser adicionadas ao gráfico de barras agrupadas.

5.6.1 Diagramas de barras simples para médias independentes ||||

Para começar, imagine que um diretor de uma empresa de cinema estava interessado em saber se o estereótipo das comédias românticas de apelar mais para as mulheres do que para os homens realmente se confirma. Ele convidou 20 homens e 20 mulheres e mostrou para metade de cada amostra uma comédia romântica (*Diário de uma paixão*). A outra metade assistiu a um documentário sobre diários como controle. Em todos os casos, o diretor da empresa mensurou a excitação dos participantes[9] como um indicador do quanto eles gostaram do filme. Baixe os dados que estão no arquivo **Notebook.sav** no *site* do livro.

Vamos representar a média de avaliação dos dois filmes. Para fazer isso, clique duas vezes no ícone do gráfico de barra simples no *Chart Builder* (Figura 5.17). Na tela central, você verá um gráfico e duas zonas de colagem: uma para o eixo *y* e outra para o eixo *x*. O eixo *y* precisa receber a variável de resultado, a coisa que mensuramos ou simplesmente a coisa cuja média desejamos representar. Neste caso, a *arousal* (excitação); então selecione **arousal** na lista de variáveis e arras-

---

[9] Recebi um e-mail de uma pessoa expressando sua "repugnância" em relação a medir excitação durante um filme. Essa reação me surpreendeu porque, para um psicólogo (como eu), "excitação" significa uma resposta emocional elevada – o tipo de resposta emocional intensificada que você pode obter ao assistir um filme de que você gosta. Aparentemente, se você é o tipo de pessoa que reclama sobre os conteúdos dos livros didáticos, "excitação" significa algo diferente. Não consigo imaginar o quê.

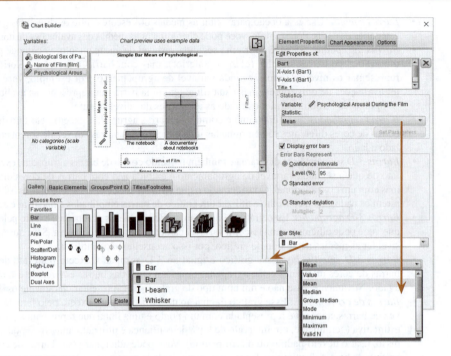

Figura 5.18 Caixas de diálogo para um diagrama de barras simples com barras de erro.

te-a para zona de colagem do eixo *y* [Y-Axis?]. O eixo *x* deve ser a variável de acordo com a qual queremos dividir os dados da excitação. Para representar as médias dos dois filmes, selecione a variável *film* (filme) na lista das variáveis e arraste-a para a zona de colagem do eixo *x* [X-Axis?].

A Figura 5.18 mostra outras opções úteis da guia *Element Properties* (propriedades de elemento) (se não estiver visível, clique em [⎕]). Há três características importantes nessa guia. A primeira é que a configuração-padrão faz as barras exibirem o valor da média. Isso é bom, mas observe que você pode representar outras estatísticas de resumo, como a mediana ou a moda. Em segundo lugar, só porque você selecionou um gráfico de barras simples, não significa que você *precisa* ter um gráfico de barras. É possível escolher mostrar as barras em I (elas são reduzidas e viram uma linha com traços horizontais na parte superior e inferior). As opções de barra em I e bigodes podem ser úteis quando você não estiver planejando adicionar barras de erro, mas, já que iremos mostrar barras de erro, vamos continuar usando barras aqui.

Finalmente, você pode adicionar barras de erro ao seu gráfico para criar um **gráfico de barras de erro** (*error bar chart*) selecionando ☑ Display error bars. É possível escolher o que as barras de erro representam. Normalmente, elas mostram os intervalos de confiança de 95% (ver seção 2.8), e selecionei essa opção (⦿ Confidence intervals).[10] Observe que você pode alterar a amplitude do intervalo de confiança exibido modificando "95%" para um valor diferente. Você também tem a opção de exibir nas barras de erro, em vez do intervalo de confiança, o erro-padrão (na configuração-padrão, dois erros-padrão, mas você pode mudar esse valor para

---

[10]Também vale a pena mencionar que, como os intervalos de confiança são construídos presumindo uma distribuição normal, você deve traçá-los somente quando ela for uma suposição razoável (ver seção 2.8).

Capítulo 5 • Explorando dados com gráficos   197

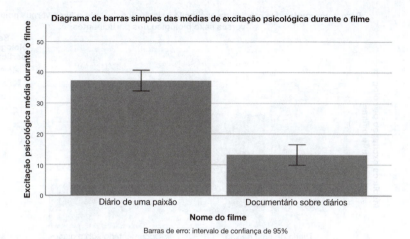

Figura 5.19 Diagrama de barras da média da excitação para cada um dos dois filmes.

um) ou desvio-padrão (novamente, o padrão é dois, mas esse valor pode ser alterado). A caixa de diálogo concluída está na Figura 5.18. Clique em OK para produzir o gráfico.

A Figura 5.19 mostra o gráfico de barras resultante. Esse gráfico exibe as médias (e os intervalos de confiança dessas médias) e nos mostra que, em média, as pessoas ficavam mais excitadas ao assistir ao filme *Diário de uma paixão* do que a um documentário sobre *diários*. Entretanto, originalmente queríamos observar as diferenças entre sexos, assim, este gráfico não está nos dizendo o que precisamos saber. Precisamos de um *gráfico agrupado*.[11]

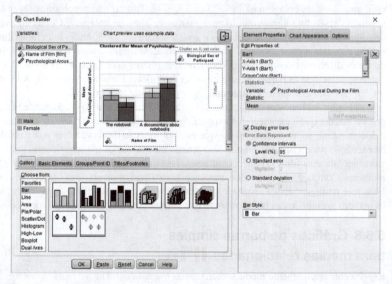

Figura 5.20 Caixas de diálogo para um diagrama de barras agrupadas com barras de erro.

---
[11]Você pode também usar um gráfico *drop-line*, descrito na seção 5.8.6.

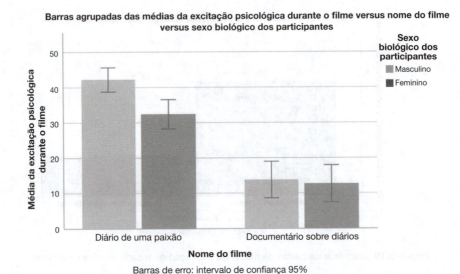

Figura 5.21 Diagrama de barras da excitação média para cada um dos dois filmes.

5.6.2 Diagrama de barras agrupadas para médias independentes ▮▮▮▮

Para fazer um diagrama de barras para médias que são independentes (i.e., de diferentes grupos), precisamos clicar duas vezes no ícone do diagrama de barras agrupadas no *Chart Builder* (Figura 5.17). Na tela central, você verá um gráfico similar ao diagrama de barras simples, mas com uma zona de colagem extra: `Cluster on X: set color`. Tudo o que precisamos fazer é arrastar nossa segunda variável de agrupamento para essa nova zona de colagem. Como no exemplo anterior, selecione **arousal** na lista de variáveis e arraste-a para `X-Axis?`, então selecione **film** na lista de variáveis e arraste-a para `X-Axis?`. Arrastar a variável **sex** para `Cluster on X: set color` irá resultar em barras de cores diferentes representando homens e mulheres (ver Dica do SPSS 5.3). Como na seção anterior, selecione as barras de erro na caixa de diálogo *Element Properties*. A Figura 5.20 mostra o *Chart Builder* completo. Clique em `OK` para produzir o gráfico.

A Figura 5.21 mostra o diagrama de barras resultante. Como o diagrama de barras simples, esse gráfico nos diz que a excitação foi, no geral, mais alta para o filme *Diário de uma paixão* do que para o documentário sobre diários, mas divide essa informação de acordo com o sexo biológico. A média da excitação para o filme *Diário de uma paixão* mostra que os homens ficaram realmente mais excitados durante esse filme do que as mulheres. Isso indica que eles apreciaram mais o filme do que as mulheres. Compare isso com o documentário, para o qual os níveis de excitação são comparáveis entre homens e mulheres. Esses resultados contradizem a ideia de um filme água com açúcar: parece que os homens gostam desses filmes mais do que as mulheres (bem no fundo, somos todos românticos...).

5.6.3 Gráficos de barras simples para médias relacionadas ▮▮▮▮

Representar graficamente médias referentes às mesmas entidades é mais complicado, mas, como se diz, todo capitão afunda com o seu navio. Então, vamos permanecer em nossos navios e torcer para não morrer. Soluços podem ser um problema sério: Charles Osborne aparentemente teve um caso de soluços durante o abate de um porco (bem, quem nunca?) que durou 67 anos. As pessoas têm muitos métodos para parar soluços

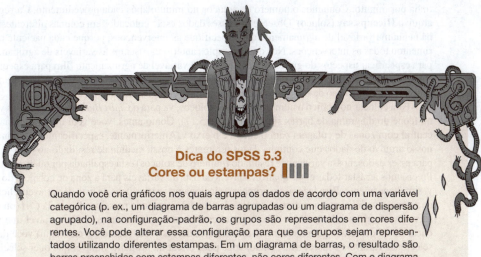

Dica do SPSS 5.3
Cores ou estampas? ||||

Quando você cria gráficos nos quais agrupa os dados de acordo com uma variável categórica (p. ex., um diagrama de barras agrupadas ou um diagrama de dispersão agrupado), na configuração-padrão, os grupos são representados em cores diferentes. Você pode alterar essa configuração para que os grupos sejam representados utilizando diferentes estampas. Em um diagrama de barras, o resultado são barras preenchidas com estampas diferentes, não cores diferentes. Com o diagrama de dispersão (ver adiante), símbolos diferentes são usados para mostrar dados de diferentes grupos (em vez de cores). Para fazer essa alteração, clique duas vezes na zona de colagem `Cluster on X: set color` (diagrama de barras) ou em `Set color` (diagrama de dispersão) para abrir uma nova caixa de diálogos (Figura 5.22). Nessa caixa de diálogo, há uma lista suspensa chamada *Distinguish Groups by* (distinguir grupos por) na qual você pode selecionar *Color* (cor) ou *Pattern* (estampa). Para alterar a estampa, selecione *Pattern* e clique em `OK`. Obviamente, você pode voltar a exibir os grupos em cores diferentes usando os mesmos passos.

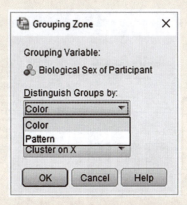

Figura 5.22 Caixa de diálogo para definir se os grupos serão exibidos em cores ou estampas diferentes.

(levar um susto, segurar a respiração), e a ciência médica também colocou sua mente coletiva nessa investigação. Os métodos oficiais de tratamento incluem manobras de puxar a língua, massagem da artéria carótida e, acredite ou não, massagem retal digital (Fesmire, 1988). Não conheço os detalhes envolvidos na massagem retal digital, mas posso imaginar. Digamos que queremos testar a massagem retal digital (ahn, como uma cura para soluços). Reunimos 15 pessoas que sofrem de soluços e, durante um episódio, administramos um dos três procedimentos (em ordem aleatória e em intervalos de 5 minutos), depois de ter como referência quantos soluços cada participante tinha por minuto. Contamos o número de soluços no minuto após cada procedimento. Carregue o arquivo **Hiccups.sav** (soluço). Observe que esses dados estão colocados em colunas diferentes; não há nenhuma variável de agrupamento que especifique as intervenções, porque cada paciente experimentou todas as intervenções. Nos dois exemplos anteriores, usamos as variáveis de agrupamento para especificar aspectos do gráfico (p. ex., usamos a variável de agrupamento **film** para especificar o eixo x). Para dados de medidas repetidas, não temos essas variáveis de agrupamento, e, portanto, o processo de construção de um gráfico é um pouco mais complicado (mas só um pouco).

Para colocar no gráfico o número médio de soluços, vá para o *Chart Builder* e clique duas vezes no ícone do diagrama de barras simples (Figura 5.17). Como antes, você verá um gráfico na tela central com zonas de colagem para o eixo x e o eixo y. Anteriormente, especificamos a coluna em nosso arquivo de dados que continha dados referentes à nossa medida de resultado no eixo y, mas, para esses dados, nossa variável de resultado (número de soluços) está espalhada por quatro colunas. Precisamos arrastar todas essas quatro variáveis da lista de variáveis para a zona de colagem do eixo y, simultaneamente. Para fazer isso, primeiro selecionamos vários itens na lista de variáveis clicando na primeira variável que queremos (que fica destacada), mantendo pressionada a tecla *Ctrl* (ou *Cmd* se você estiver usando um Mac) enquanto clicamos em qualquer outra. Cada variável que você clicar ficará destacada para indicar que foi selecionada. Às vezes (como é o caso aqui) você deseja selecionar variáveis consecutivas; então, você pode clicar na primeira variável que quer selecionar (nesse caso, **Baseline** [referência]), manter pressionada a tecla *Shift* (a mesma em um Mac) e, em seguida, clicar na última variável que você deseja selecionar (neste caso, **Digital Rectal Massage** [massagem retal digital]); isso irá selecionar essas duas variáveis e quaisquer variáveis entre elas. Uma vez selecionadas as quatro variáveis, clique em qualquer uma delas (enquanto ainda pressiona *Cmd* ou *Shift* em um Mac) e arraste para a zona de colagem Y-Axis? . Essa ação transfere todas as variáveis selecionadas para a mesma zona de colagem (ver Figura 5.23).

Uma vez arrastadas as quatro variáveis para a zona de colagem do eixo y, uma nova caixa de diálogo aparecerá (Figura 5.24). Essa caixa nos informa que o SPSS está criando duas variáveis temporárias. Uma é chamada de **Summary** (resumo), que será a variável de resultado (i.e., o que

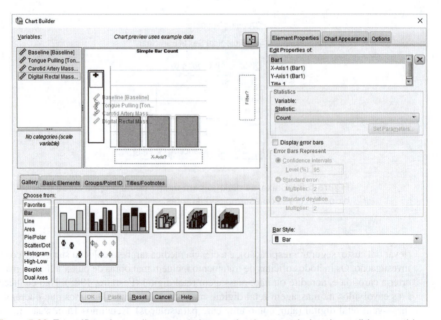

Figura 5.23 Especificando um diagrama de barras simples para dados de medidas repetidas.

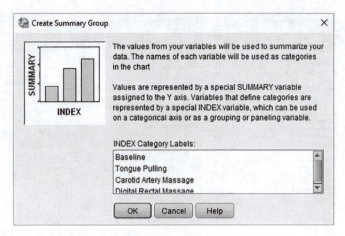

Figura 5.24 Caixa de diálogo *Create Summary Group*.

mensuramos – nesse caso, o número de soluços por minuto). A outra é chamada de **Index** (índice), que representa nossa variável independente (i.e., a que manipulamos – nesse caso, o tipo de intervenção). O SPSS usa esses nomes temporários porque ele não sabe o que nossas variáveis representam, mas iremos mudá-las para ser algo mais útil. Primeiro, clique em OK para se livrar dessa caixa de diálogo.

Para editar os nomes das variáveis **Summary** e **Index**, usamos o painel *Element Properties* que usamos anteriormente; se você não conseguir vê-lo, clique em . A Figura 5.25 mostra as opções que precisam ser definidas. No painel esquerdo, observe que selecionei as barras de erro (consulte as duas seções anteriores para mais informações). O painel do meio é acessado clicando em *X-Axis 1 (Bar 1)* (eixo-X1 [barra1]) na lista *Edit Properties of* (editar propriedades de), que nos permite editar as propriedades do eixo horizontal. Primeiro, vamos dar ao eixo um título conveniente. Eu digitei *Intervention* (Intervenção) no espaço *Axis Label* (rótulo do eixo), que agora será o rótulo do eixo *x* no gráfico. Também podemos mudar a ordem de nossas variáveis selecionando uma variável na lista *Order* (ordem) e movendo-a para cima ou para baixo usando e . Isso será útil se os níveis de nossa variável previsora tiverem uma ordem significativa que não é refletida na ordem das variáveis no editor de dados. Se mudarmos de ideia e não quisermos mais exibir uma das nossas variáveis, então podemos removê-la da lista, selecionando-a e clicando em .

O painel direito da Figura 5.25 é acessado clicando em *Y-Axis1 (Bar1)* na lista *Edit Properties of*, que nos permite editar propriedades do eixo vertical. A principal mudança que fiz aqui foi dar ao eixo um rótulo para que o gráfico final tenha uma descrição útil no eixo (a configuração-padrão exibirá "Média" ["Mean"], o que é muito vago). Eu digitei *Mean number of hiccups per minute* ("Número médio de soluços por minuto") na caixa *Axis Label*. Observe também que é possível usar essa caixa de diálogo para definir a escala do eixo vertical (o valor mínimo, o valor máximo e o incremento principal, que diz com que frequência uma marca aparece no eixo). Em geral, você pode deixar o SPSS construir a escala automaticamente – se ele não fizer isso de modo sensato, você pode editá-la mais tarde. A Figura 5.26 mostra o *Chart Builder* concluído. Clique em OK para produzir o gráfico.

O gráfico de barras resultante na Figura 5.27 exibe a média do número de soluços (e o intervalo de confiança associado)[12] no início e após as três intervenções. Observe que os rótulos dos

---

[12] As barras de erro nos gráficos de delineamentos de medidas repetidas devem ser ajustadas, como veremos no Capítulo 10; assim, se você está representado seus próprios dados, veja a seção 10.6.2 antes de fazê-lo.

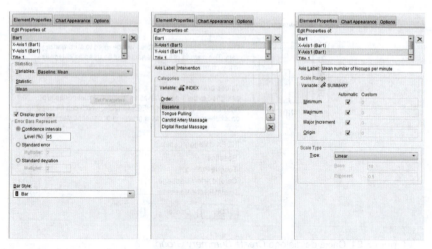

Figura 5.25 Definindo as propriedades de elementos (*Element Properties*) para um gráfico de medidas repetidas.

eixos que digitei apareceram no gráfico. Podemos concluir que a quantidade de soluços após puxar a língua foi aproximadamente a mesma que no início; entretanto, a massagem da artéria carótida reduziu os soluços, mas não tanto quanto após a massagem retal digital. A moral? Se você tiver soluços, vá se divertir com algo digital por alguns minutos. Tranque a porta primeiro.

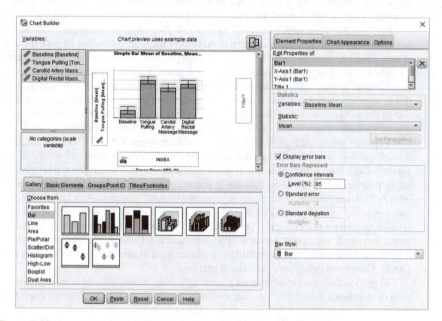

Figura 5.26 *Chart Builder* completo para um gráfico de medidas repetidas.

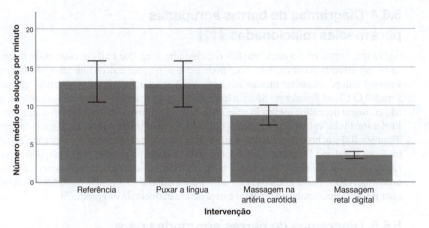

Figura 5.27 Diagrama de barras do número médio dos soluços antes e após várias intervenções.

Pesquisa Real do João Jaleco 5.2
Vendo vermelho ||||

Johns, S. E. et al. (2012). *PLoS One, 7*(4), e34669.

Acredita-se que os homens têm uma predisposição biológica para a cor vermelha porque ela é sexualmente atraente. A teoria sugere que as mulheres usam a cor vermelha como um sinal que representa a cor genital para indicar a ovulação e a proceptividade sexual. Se essa hipótese for verdadeira, então usar a cor vermelha dessa maneira teria que atrair os homens (caso contrário, é uma estratégia sem sentido). Em um estudo recente, Johns, Hargrave e Newton-Fisher (2012) testaram essa ideia e manipularam a cor de quatro figuras da genitália feminina aumentando os tons de vermelho (rosa-pálido, rosa-claro, rosa-escuro, vermelho). Homens heterossexuais avaliaram as 16 figuras de acordo com a escala de 0 (desinteressante) a 100 (atraente). Os dados estão no arquivo **Jonhs et al.(2012).sav**. Crie um diagrama de barras de erro das médias das classificações para as quatro cores. Você acha que os homens preferem genitálias vermelhas (lembre-se de que, se a teoria estiver correta, então o vermelho deve ter a classificação mais alta)? (Analisamos esses dados ao final do Capítulo 16.)

5.6.4 Diagramas de barras agrupadas para médias relacionadas ||||

Agora que vimos como traçar médias relacionadas (i.e., que exibem escores do mesmo grupo de casos em diferentes condições), você pode estar se perguntando o que fazer se tiver uma segunda variável independente na mesma amostra. Você faria um diagrama de barras agrupadas, certo? Errado? O *Chart Builder* do SPSS não parece ser capaz de lidar com essa situação – pelo menos, não consegui descobrir mexendo nele. (Alerta de um dilúvio de e-mails com o tema geral de "Caro Professor Field, estive recentemente olhando no meu microscópio eletrônico de varredura FEI Titan 80-300 e acho que encontrei seu cérebro. Eu o anexei para você – boa sorte ao tentar encontrá-lo no envelope. Sugiro que você tome mais cuidado na próxima vez em que houver uma breve rajada de vento ou, temo, sua cabeça pode explodir novamente. Atenciosamente, Professor Cerebrenorme. OBS: Fazer gráficos agrupados para médias relacionadas no SPSS é simples para qualquer pessoa cuja capacidade mental esteja acima daquela de um piolho.")

5.6.5 Diagramas de barras agrupadas para delineamentos "mistos" ||||

O *Chart Builder pode* produzir gráficos de um delineamento misto (ver Capítulo 16). Um delineamento misto tem uma ou mais variáveis independentes usando grupos diferentes e uma ou mais variáveis independentes mensuradas usando as mesmas entidades. O *Chart Builder* pode produzir um gráfico desde que você tenha somente uma variável de medidas repetidas.

Meus alunos gostam de enviar mensagens em seus telefones durantes as minhas aulas (suponho que eles enviam mensagem para a pessoa próxima a eles como: "Esse fracassado é tão chato – vou arrancar meus olhos para aliviar o tédio. LOL." ou que tuitem "Na aula do @profandyfield #ATorturaNuncaAcaba"). Com toda essa digitação em telefones, porém, o que será da humanidade? Talvez nos tornemos miniaturas de polegares ou percamos a habilidade de escrever corretamente. Imagine

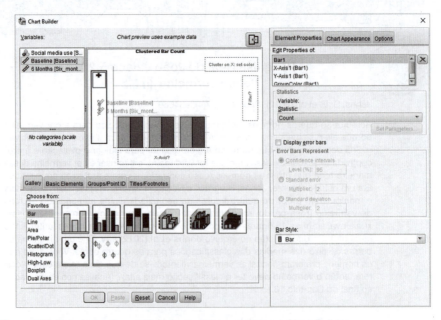

Figura 5.28 Selecionando a variável de medidas repetidas no *Chart Builder*.

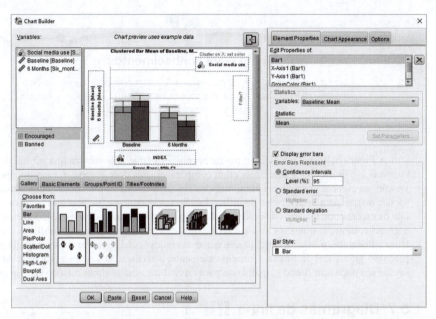

Figura 5.29 Caixa de diálogo completa para um diagrama de barras de erro de um delineamento misto.

que realizamos um experimento em que um grupo de 25 pessoas foi encorajado a enviar mensagens para amigos e postar nas redes sociais usando o celular por um período de 6 meses. Um segundo grupo de 25 pessoas foi proibido de enviar mensagens e postar nas redes sociais pelo mesmo período e recebeu braçadeiras que administravam choques dolorosos na presença de micro-ondas (como as emitidas pelos telefones).[13] A variável de resultado foi um escore percentual em um teste gramatical que foi administrado antes e após a intervenção. A primeira variável independente foi, portanto, o uso de redes sociais (encorajada ou proibida); a segunda foi o período em que a habilidade gramatical foi avaliada (no início ou após 6 meses). Os dados estão no arquivo **SocialMedia.sav** (rede social).

Para representar graficamente esses dados, começamos como se estivéssemos criando um diagrama de barras agrupadas (seção 5.6.2). Contudo, porque uma das nossas variáveis independentes era de medidas repetidas, especificamos a variável de resultado como fizemos com um gráfico de barras de medidas relacionadas (seção 5.6.3). Nossa variável de medidas repetidas é o tempo (se a habilidade gramatical foi medida no início ou após 6 meses) e é representada no arquivo de dados em duas colunas, uma para os dados no início e outra para os dados após 6 meses. No *Chart Builder*, selecione essas duas variáveis simultaneamente clicando em uma delas e depois segurando a tecla *Ctrl* (*Cmd* no Mac) e clicando na outra. Quando ambas estiverem selecionadas, clique em uma delas (mantenha *Cmd* pressionado no Mac) e arraste-a para Y-Axis?, como mostra a Figura 5.28. A segunda variável (se as pessoas foram encorajadas a usar as redes sociais ou foram proibidas) foi medida usando diferentes participantes e é representada no arquivo de dados por uma variável de agrupamento **Social Media Use** (uso de redes sociais). Arraste essa variável da lista de variáveis para Cluster on X: set color. Os dois grupos serão exibidos como barras diferentes. O *Chart Builder* completo está na Figura 5.29. Clique em OK para produzir o gráfico.

---

[13] O que acabou sendo uma péssima ideia porque os telefones das outras pessoas também emitem micro-ondas. Vamos apenas dizer que temos agora 25 pessoas sofrende de desamparo adquirido crônico.

Teste seus conhecimentos

Use o que você aprendeu na seção 5.6.3 para adicionar barras de erro a esse gráfico e para rotular o eixo x (sugiro "Tempo") e o eixo y (sugiro "Média de escore gramatical (%)").

A Figura 5.30 mostra o diagrama de barras resultante. Ele mostra que no início (antes da intervenção) os escores gramaticais eram comparáveis nos dois grupos; entretanto, após a intervenção, os escores gramaticais eram mais baixos para os que foram encorajados a usar as redes sociais do que para os proibidos de utilizá-las. Se você comparar as duas barras cinza-claro, verá que os escores dos usuários das redes sociais diminuíram durante os 6 meses; compare isso com o grupo-controle (as barras cinza-escuro), cujos escores gramaticais são similares durante esse tempo. Podemos, portanto, concluir que o uso das redes sociais tem um efeito prejudicial na compreensão gramatical da língua. Consequentemente, a civilização vai desmoronar, e Abadom vai sair de seu poço sem fundo gargalhando para reivindicar nossas almas miseráveis. Talvez.

5.7 Diagramas de linha ▮▮▮▮

Diagramas de linhas (*line charts*) são diagramas de barras, mas com linhas em vez de barras. Portanto, tudo o que acabamos de fazer com gráficos de barras podemos fazer com diagramas

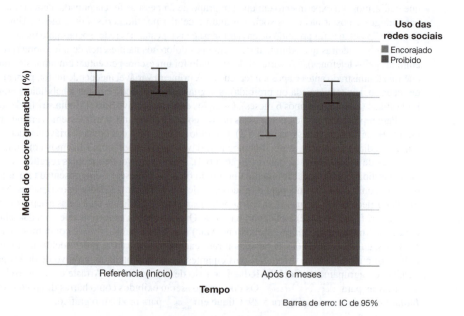

Figura 5.30 Diagrama de barras de erro da média dos escores de gramática no início e após 6 meses durante os quais as pessoas foram encorajadas a usar as redes sociais ou proibidas de usá-las

de linhas. Como sempre, nosso ponto de partida é o *Chart Builder* (Figura 5.5). Nessa caixa de diálogo, selecione *Line* (linha) na lista *Choose from* para abrir uma galeria similar à exibida na Figura 5.31. Essa galeria tem dois ícones, em que você pode clicar duas vezes ou arrastar para a tela central para iniciar um gráfico.

- *Linha simples*: use esta opção para exibir as médias dos escores de grupos diferentes.
- *Linhas múltiplas*: esta opção é equivalente ao diagrama de barras agrupadas – irá traçar as médias de uma variável de resultado em relação a categorias/grupos diferentes de uma variável previsora e também produzir linhas de cores diferentes para cada categoria/grupo de uma segunda variável previsora.

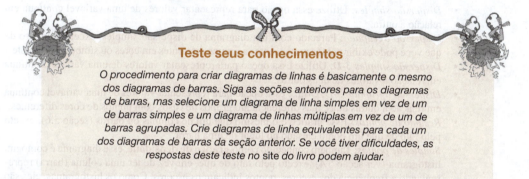

Teste seus conhecimentos

O procedimento para criar diagramas de linhas é basicamente o mesmo dos diagramas de barras. Siga as seções anteriores para os diagramas de barras, mas selecione um diagrama de linha simples em vez de um de barras simples e um diagrama de linhas múltiplas em vez de um de barras agrupadas. Crie diagramas de linha equivalentes para cada um dos diagramas de barras da seção anterior. Se você tiver dificuldades, as respostas deste teste no site do livro podem ajudar.

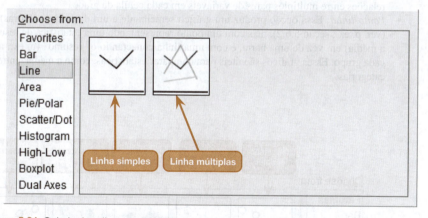

Figura 5.31 Galeria dos diagramas de linhas.

5.8 Representando relacionamentos: diagrama de dispersão

Algumas vezes precisamos olhar para os relacionamentos entre variáveis (em vez de para suas médias ou frequências). Um **diagrama de dispersão** (*scatterplot*) é um gráfico que apresenta os escores de cada pessoa em uma variável em relação ao seu escore em outra. Ele permite visualizar o relacionamento entre as variáveis, mas também nos ajuda a identificar casos incomuns que podem influenciar esse relacionamento. Na verdade, vimos um diagrama de dispersão quando discutimos os tamanhos de efeito (ver seção 3.7.2).

Produzir um diagrama de dispersão usando o SPSS é muito fácil. Como sempre, abra a caixa de diálogo *Chart Builder* (Figura 5.5), selecione *Scatter/Dot* (dispersão/ponto) na lista *Choose from* para abrir a galeria exibida na Figura 5.32. Essa galeria tem oito ícones, representando tipos diferentes de diagramas de dispersão. Selecione um clicando duas vezes ou arraste-o para a tela central.

- *Dispersão simples*: Utilize essa opção para representar valores de uma variável contínua em relação a outra.
- *Dispersão agrupado*: Parecido com um diagrama de dispersão simples, exceto pelo fato de que você pode exibir pontos pertencentes a grupos diferentes em cores ou símbolos diferentes.
- *Dispersão simples 3-D*: Utilize essa opção para representar valores de uma variável contínua em relação a valores de duas outras.
- *Dispersão agrupado 3-D*: Utilize essa opção para representar valores de uma variável contínua em relação a outras duas, mas diferenciando grupos de casos com pontos de cores diferentes.
- *Resumo de pontos:* Esse gráfico é o mesmo que um de colunas ou barras (seção 5.6), exceto pelo fato de que um ponto é usado no lugar de uma barra.
- *Simples de pontos*: Também conhecido como **gráfico de densidade**, esse diagrama é como um histograma (ver seção 5.4), exceto pelo fato de que, em vez de ter uma coluna (barra) representando a frequência dos escores, pontos indicam os escores. Como os histogramas, eles são úteis para observar o formato da distribuição dos valores.
- *Matriz de dispersão*: Essa opção produz uma grade de diagramas de dispersão mostrando as relações entre múltiplos pares de variáveis em cada célula da grade.
- *Ponto-linha*: Essa opção produz um gráfico semelhante a um de colunas (barras) agrupadas (ver, p. ex., seção 5.6.2), mas com um ponto representando uma estatística de resumo (p. ex., a média) em vez de uma barra, e com uma linha conectando o "resumo" (p. ex., a média) de cada grupo. Esses gráficos são úteis para comparar estatísticas, como a média, entre grupos ou categorias.

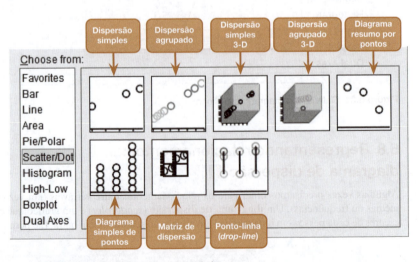

Figura 5.32 Galeria dos diagramas de dispersão/ponto.

5.8.1 Diagrama de dispersão simples ▮▮▮▮

Esse tipo de diagrama de dispersão serve para representar apenas duas variáveis. Por exemplo, uma psicóloga estava interessada nos efeitos do estresse com provas no desempenho nessas provas. Ela elaborou e validou um questionário para avaliar o estado de ansiedade relacionado às provas (Questionário de Ansiedade com Provas, ou QAP). Essa escala produziu uma medida de ansiedade em percentual. A ansiedade foi medida antes de uma prova, e o percentual de cada estudante na prova foi usado para avaliar o desempenho nessa prova. A primeira coisa que a psicóloga deve fazer é elaborar um diagrama de dispersão entre as duas variáveis (os dados estão no arquivo **ExamAnxiety.sav** [ansiedade com provas]; então, carregue esse arquivo no SPSS).

No *Chart Builder*, clique duas vezes no ícone do diagrama de dispersão simples (Figura 5.33). Na tela central, você verá um gráfico e duas zonas de colagem: uma para o eixo *y* e uma para o eixo *x*. Normalmente, o eixo *y* exibe uma variável de resultado, e o eixo *x*, a previsora.[14] Neste caso, a variável de resultado é a **Exam Performance (%)** (desempenho na prova), assim, selecione-a na lista de variáveis e arraste-a para [Y-Axis?], e a previsora é a **Exam Anxiety** (ansiedade com prova), então arraste-a para [X-Axis?]. A Figura 5.33 mostra o *Chart Builder* completo. Clique em [OK] para produzir o gráfico.

A Figura 5.34 mostra o diagrama de dispersão resultante; o seu não vai ter uma linha moderna no meio, mas não fique deprimido por isso, porque vou mostrar como adicionar uma em breve. O diagrama de dispersão informa que a maioria dos estudantes sofre de altos níveis de ansiedade (há pouquíssimos casos que tiveram os níveis de ansiedade abaixo de 60). Além disso, não há valores

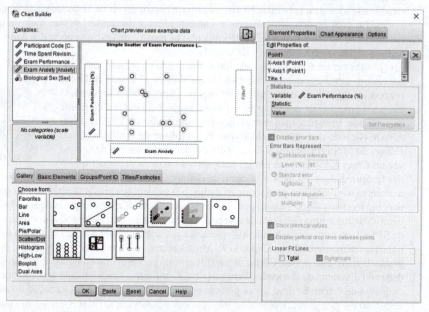

Figura 5.33 Caixa de diálogo completa do *Chart Builder* para um diagrama de dispersão simples.

---

[14]Isso faz sentido na pesquisa experimental porque as mudanças na variável independente (a variável que o pesquisador manipulou) causam mudanças na variável dependente (resultado). Em português, lemos da esquerda para a direita; portanto, tendo a variável causal na horizontal, nós naturalmente examinamos as mudanças na "causa" e vemos o efeito delas no plano vertical nesse exame. Na pesquisa correlacional, as variáveis são medidas simultaneamente e, portanto, nenhuma relação de causa e efeito pode ser estabelecida; por isso, embora ainda possamos falar sobre *previsores* e *resultados*, esses termos não implicam relacionamentos causais.

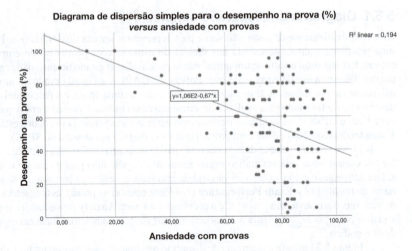

Figura 5.34 Diagrama de dispersão da ansiedade com provas e do desempenho na prova.

atípicos óbvios, pois a maioria dos pontos parece estar próxima de outros pontos. Também parece haver alguma tendência geral nos dados, indicada pela linha, de que altos níveis de ansiedade estão associados a escores mais baixos na prova e baixos níveis de ansiedade estão quase sempre associados com escores altos na prova. Outra tendência perceptível nesses dados é que não há casos com baixa ansiedade e baixo desempenho na prova – de fato, a maioria dos dados está agrupada na região superior da escala da ansiedade.

Muitas vezes, é útil traçar uma linha que resuma a relação entre variáveis em um diagrama de dispersão (essa linha é chamada **linha de regressão**, e vamos descobrir mais sobre ela no Capítulo 9). A Figura 5.35 mostra o processo de adicionar uma linha de regressão em um diagrama de dispersão. Primeiro, qualquer gráfico no *visualizador do SPSS* pode ser editado clicando duas vezes nele, o que abre o **Editor de Gráficos** (*Chart Editor*) do SPSS (exploramos essa janela em detalhes na seção 5.9). Uma vez no *Chart Editor*, clique em para abrir a caixa de diálogo *Properties* (propriedades). Usando essa caixa de diálogo, podemos adicionar ao gráfico uma linha que representa a média geral para todos os dados, um modelo linear (linha reta), um modelo quadrático, um modelo cúbico e assim por diante (essas tendências estão descritas na seção 12.4.5). Nós iremos adicionar uma linha reta de regressão; portanto, selecione Linear. A configuração-padrão do SPSS anexa um rótulo à linha (Attach label to line, anexar rótulo à linha) contendo a equação da linha (ver mais sobre isso no Capítulo 9). Muitas vezes, esse rótulo encobre os dados, assim, geralmente desativo essa opção. Clique em Apply (aplicar) para registrar qualquer alteração das propriedades do diagrama de dispersão. Para sair do *Chart Editor*, simplesmente feche a janela ( ). O diagrama de dispersão deve agora parecer com o da Figura 5.34. Uma variação do diagrama de dispersão é o gatograma, que é útil para representar dados imprevisíveis que veem você como um servo humano (Gina Gênia 5.1).

5.8.2 Diagrama de dispersão agrupado

Imagine que queremos ver se os estudantes dos sexos masculino e feminino tiveram reações diferentes de ansiedade com a prova. Podemos visualizar isso com um diagrama de dispersão agrupado, que exibe os escores de duas variáveis contínuas, mas colore os pontos dos dados de acordo com uma terceira variável categórica. Para criar esse gráfico para os dados da ansiedade com provas, clique duas vezes no ícone da dispersão agrupada no *Chart Editor* (Figura 5.32). Como

Capítulo 5 • Explorando dados com gráficos

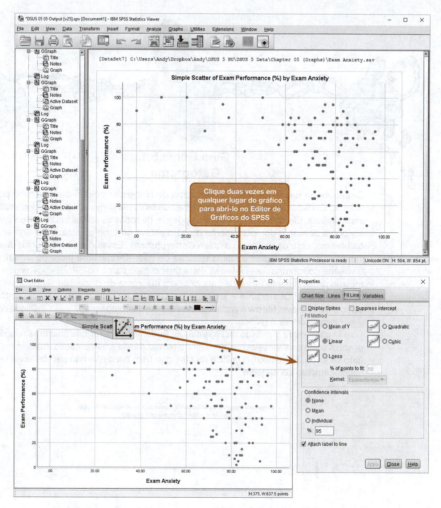

Figura 5.35 Abrindo o *Chart Editor* (editor de gráficos) e a caixa de diálogo *Properties* (propriedades) de um diagrama de dispersão simples.

no exemplo anterior, arraste **Exam Performance (%)** da lista de variáveis para [Y-Axis?] e arraste **Exam Anxiety** para [X-Axis?]. Há uma zona de colagem adicional ([Set color]) na qual podemos colar qualquer variável categórica. Se quisermos visualizar a relação entre ansiedade e desempenho na prova separadamente para estudantes homens e mulheres, então podemos arrastar **Biological Sex** (sexo biológico) para esse local. (Se você quiser exibir os valores da variável categórica usando símbolos em vez de cores, leia a Dica do SPSS 5.3.) A Figura 5.37 exibe o *Chart Builder* completo. Clique em [OK] para produzir o gráfico.

A Figura 5.38 mostra o diagrama de dispersão resultante; como antes, eu adicionei linhas de regressão, mas, desta vez, adicionei linhas diferentes para cada grupo. Vimos, na seção anterior, que os gráficos podem ser editados usando o *Chart Editor* (Figura 5.35) e que podemos ajustar uma linha de regressão que resuma todo o conjunto de dados clicando em . Podemos fazer isso novamente, mas dividir os dados de acordo com sexo pode ser mais útil para ajustar linhas separadas para nossos dois grupos. Para fazer isso, clique duas vezes no gráfico para abrir o *Chart Editor*, então clique em para abrir a caixa de diálogo *Properties* (Figura 5.35) e selecione ⦿ L**i**near. Clique em [Apply] e feche a janela do *Chart Editor* para retornar ao visualizador.

Gina Gênia 5.1
Gatograma

O gatograma é uma variação do diagrama de dispersão que foi desenvolvido por Herman Garfield para superar a dificuldade que às vezes surge ao traçar dados muito imprevisíveis. Ele nomeou-o gatograma porque, de todas as coisas imprevisíveis que ele podia pensar, o comportamento do gato estava no topo da lista. Para ilustrar o gatograma, abra os dados do arquivo **Catterplot.sav**. Esses dados mensuram duas variáveis: o tempo desde a última refeição do gato (**Dinnertime** [hora do jantar]) e o volume do ronronar dele (**Meow**). Para criar o gatograma no SPSS, você segue o mesmo procedimento que faria para criar um diagrama de dispersão simples: selecione a variável **Dinnertime** e arraste-a para a zona de colagem do [X-Axis?], então selecione a variável **Meow** e arraste-a para a zona de colagem do [Y-Axis?]. Clique em [OK] para produzir o gráfico.

O gatograma é exibido na Figura 5.36. Podemos esperar que haja uma relação positiva entre as variáveis: quanto maior o tempo desde a alimentação, mais vocal o gato se torna. Entretanto, o gráfico mostra algo bem diferente: não parece haver um relacionamento consistente.[15]

Figura 5.36 Gatograma.

---

[15] Sou muito grato a Lea Raemaekers por me enviar esses dados.

Observe que o SPSS traçou retas diferentes para homens e mulheres (Figura 5.38). Essas linhas nos informam que a relação entre a ansiedade com provas e o desempenho na prova foi ligeiramente mais forte no sexo masculino (a linha é mais inclinada), indicando que o desempenho dos homens na prova foi mais negativamente afetado pela ansiedade do que o desempenho das mulheres (se essa diferença é significativa ou não é outra questão – ver seção 8.6.1).

Capítulo 5 • Explorando dados com gráficos

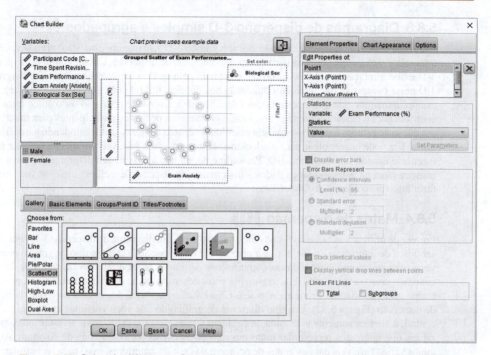

Figura 5.37 Caixa de diálogo do *Chart Builder* completo para um diagrama de dispersão agrupado.

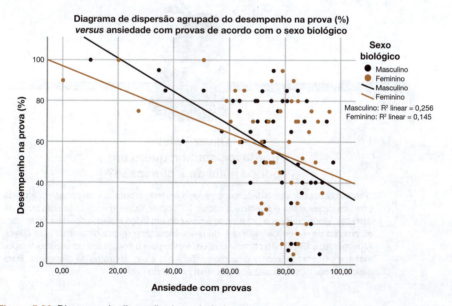

Figura 5.38 Diagrama de dispersão da ansiedade com provas e desempenho na prova separado por sexo biológico.

5.8.3 Diagramas de dispersão 3-D simples e agrupados ||||

Umas das poucas vezes que você pode usar um gráfico 3-D sem que um estatístico prenda você em uma sala e o chicoteie com sua barba é em um diagrama de dispersão. Um diagrama de dispersão 3-D exibe a relação entre três variáveis, e a razão pela qual às vezes é bom usar um diagrama 3-D nesse contexto é que a terceira dimensão nos diz algo útil (ela não está lá como enfeite). Por exemplo, imagine que nossa pesquisadora decidiu que a ansiedade pode não ser o único fator que contribui para o desempenho na prova. Então, ela também pediu aos participantes para manterem um diário de estudos a partir do qual ela calculou o número de horas gastas estudando a matéria da prova. Ela pode querer olhar para o relacionamento entre essas variáveis simultaneamente e pode fazer isso usando um diagrama 3-D. Pessoalmente, eu não acho que um diagrama 3-D seja uma maneira clara para apresentar os dados – uma matriz de dispersão é melhor –, mas se você quiser fazer um, veja o quadro do Oliver Twist.

5.8.4 Matriz de dispersão ||||

Em vez de utilizar várias variáveis nos mesmos eixos em um diagrama de dispersão 3-D (que pode ser difícil de interpretar), é melhor usar uma matriz de dispersão 2-D. Esse tipo de gráfico permite ver o relacionamento entre todas as combinações de muitos pares diferentes de variáveis. Vamos continuar com o exemplo do relacionamento entre desempenho na prova, ansiedade com provas e tempo gasto estudando. Primeiro, acesse o *Chart Builder* e clique duas vezes no ícone da matriz de dispersão (Figura 5.32). Um tipo diferente de gráfico do que você viu antes aparecerá na tela central, e ele terá somente uma zona de colagem (Scattermatrix?). Precisamos arrastar todas as variáveis que queremos representar umas em relação às outras para essa zona de colagem. Arrastamos várias variáveis para as zonas de colagem nas seções anteriores, mas, para recapitular, primeiro selecionamos vários itens na lista de variáveis. Para fazer isso, selecione a primeira variável *Time Spent Revising* (tempo estudando) clicando nela com o *mouse*. A variável será selecionada. Agora, mantenha pressionada a tecla *Ctrl* (*Cmd* no Mac) e clique nas outras duas variáveis **Exam**

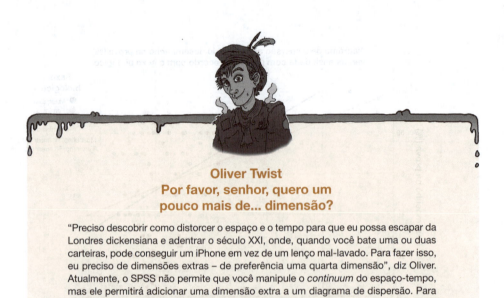

Oliver Twist
Por favor, senhor, quero um pouco mais de... dimensão?

"Preciso descobrir como distorcer o espaço e o tempo para que eu possa escapar da Londres dickensiana e adentrar o século XXI, onde, quando você bate uma ou duas carteiras, pode conseguir um iPhone em vez de um lenço mal-lavado. Para fazer isso, eu preciso de dimensões extras – de preferência uma quarta dimensão", diz Oliver. Atualmente, o SPSS não permite que você manipule o *continuum* do espaço-tempo, mas ele permitirá adicionar uma dimensão extra a um diagrama de dispersão. Para descobrir como, veja o material adicional no *site* do livro.

Performance (%) e **Exam Anxiety**.[16] As três variáveis devem estar selecionadas e podem ser arrastadas para Scattermatrix? como mostra a Figura 5.39 (em um Mac, você precisa manter pressionado *Cmd* enquanto arrasta). Clique em OK para produzir o gráfico.

Os seis diagramas de dispersão na Figura 5.40 representam as várias combinações de cada uma das variáveis representada em relação a cada uma das demais. Usando a grade de referência para ajudar a localizar gráficos específicos, temos:

- **A2**: tempo estudando (*Y*) *versus* desempenho na prova (*X*)
- **A3**: tempo estudando (*Y*) *versus* ansiedade com provas (*X*)
- **B1**: desempenho na prova (*Y*) *versus* tempo estudando (*X*)
- **B3**: desempenho na prova (*Y*) *versus* ansiedade com provas (*X*)
- **C1**: ansiedade com provas (*Y*) *versus* tempo estudando (*X*)
- **C2**: ansiedade com provas (*Y*) *versus* desempenho na prova (*X*)

Observe que os três diagramas de dispersão abaixo da diagonal da matriz são iguais aos acima da diagonal, mas com eixos invertidos. Nessa matriz, podemos ver que o tempo de estudo e a ansiedade estão inversamente relacionados (i.e., quanto mais tempo for gasto estudando, menos ansiedade a pessoa experimentará). Além disso, no diagrama de dispersão do tempo estudando *versus* a ansiedade (grades A3 e C1), parece que temos um possível caso atípico – um único participante que gastou muito pouco tempo estudando, porém teve pouca ansiedade com a prova. Pelo fato de que todos os participantes que tiveram baixa ansiedade tiveram escores altos na prova (grade C2), podemos deduzir que essa pessoa também foi bem na prova (provavelmente foi a Alex Astuta).

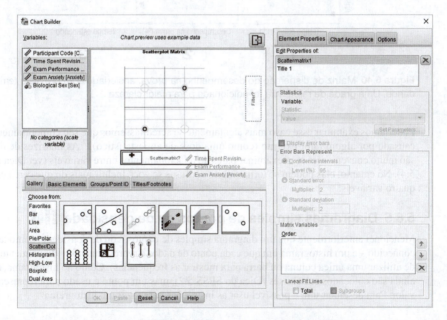

Figura 5.39 Caixa de diálogo do *Charter Builder* para uma matriz de dispersão.

---

[16]Poderíamos também ter clicado em **Time Spent Revising**, mantendo pressionada a tecla *Shift*, e clicado, então, em **Exam Anxiety**.

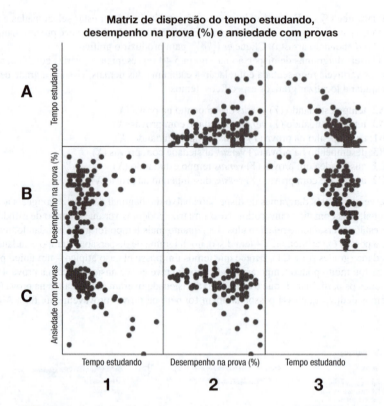

Figura 5.40 Matriz de dispersão do desempenho na prova, ansiedade com provas e tempo estudando. Uma grade de referência foi adicionada para maior clareza.

Poderíamos examinar esse caso mais atentamente se acreditássemos que seu comportamento fosse causado por algum fator externo (como uma dose de antiestatístico).[17] As matrizes de dispersão são muito convenientes para examinar pares de relacionamentos entre variáveis (ver Dica do SPSS 5.4). No entanto, elas podem se tornar muito confusas se você incluir mais do que cerca de três ou quatro variáveis.

5.8.5 Diagramas simples de pontos ou de densidade

Mencionei anteriormente que um diagrama simples de pontos – ou de densidade, como também é conhecido – é um histograma em que cada ponto de dados é representado invidivualmente (em vez de utilizar uma única coluna ou barra para mostrar as frequências). Como no histograma, os dados ainda são colocados em classes (Dica do SPSS 5.2), mas um ponto é usado para representar cada valor. Para desenhar um, é possível usar as instruções para fazer um histograma.

---

[17] Se essa piada não for engraçada, a culpa é sua por ter pulado o Capítulo 3, ou não ter prestado atenção nele. Ou pode ser que ela só não seja engraçada.

Capítulo 5 • Explorando dados com gráficos

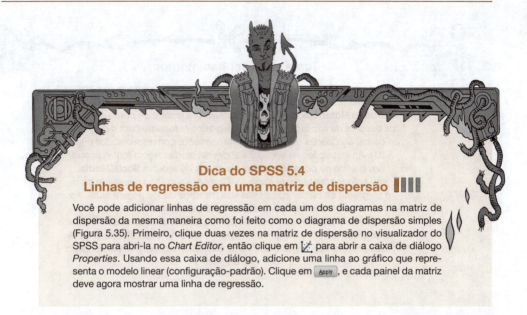

Dica do SPSS 5.4
Linhas de regressão em uma matriz de dispersão ||||

Você pode adicionar linhas de regressão em cada um dos diagramas na matriz de dispersão da mesma maneira como foi feito como o diagrama de dispersão simples (Figura 5.35). Primeiro, clique duas vezes na matriz de dispersão no visualizador do SPSS para abri-la no *Chart Editor*, então clique em para abrir a caixa de diálogo *Properties*. Usando essa caixa de diálogo, adicione uma linha ao gráfico que representa o modelo linear (configuração-padrão). Clique em Apply, e cada painel da matriz deve agora mostrar uma linha de regressão.

Teste seus conhecimentos

Fazer um diagrama simples de pontos no Chart Builder *é muito semelhante a traçar um histograma. Abra novamente os dados de* **Jiminy Cricket.sav** *e tente produzir um diagrama simples de pontos dos escores do nível de sucesso pós-intervenção. Compare o diagrama resultante ao histograma anterior desses dados (Figura 5.11). Lembre-se de que você inicia clicando duas vezes no ícone do diagrama simples de pontos no* Chart Builder *(Figura 5.32) e, então, segue as instruções para criar o histograma (seção 5.4) – há orientações no* site *do livro).*

5.8.6 Gráfico de ponto-linha (*drop-line*) ||||

Também mencionei anteriormente que um gráfico de ponto-linha é bastante similar a um diagrama de barras agrupadas (ou diagrama de linhas), exceto pelo fato de que cada média é representada por um ponto (em vez de uma barra), e, dentro dos grupos, esses pontos estão ligados por uma linha (diferentemente do diagrama de linhas, em que os pontos estão conectados entre os grupos em vez de dentro de grupos). A melhor maneira de ver as diferenças é criando um, e, para fazer isso, você pode aplicar as instruções sobre diagramas de linhas agrupadas (seção 5.6.2) a essa nova situação.

Teste seus conhecimentos

*Traçar um gráfico de ponto-linha no Chart Builder é bastante semelhante a desenhar um diagrama de barras agrupadas. Abra novamente os dados do arquivo **Notebook.sav** e tente produzir um gráfico de ponto-linha com os escores da excitação. Compare o gráfico resultante com o diagrama de barras agrupadas que fizemos anteriormente com esses dados (Figura 5.21). As instruções na seção 5.6.2 devem ajudar. Agora tente produzir um gráfico de ponto-linha com os dados do arquivo **SocialMedia.sav** anteriormente neste capítulo. Compare o gráfico resultante com o diagrama de barras agrupadas dos mesmos dados (Figura 5.30). As instruções na seção 5.6.5 devem ajudar.*
Lembre-se de que o seu ponto de partida para ambas as tarefas é clicar duas vezes no ícone do gráfico de ponto-linha no Chart Builder (Figura 5.32). Há orientações para ambos os exemplos no material adicional do site do livro.

5.9 Editando gráficos ▌▌▌▌

Já vimos como adicionar linhas de regressão a diagramas de dispersão usando o Editor de Gráficos (*Chart Editor*) (seção 5.8.1). Agora, iremos nos deter mais detalhadamente à janela do *Chart Editor*. Lembre-se de que, para abrir essa janela, é preciso clicar duas vezes no gráfico que deseja editar na janela do visualizador (Figura 5.35). Você pode editar quase todos os aspectos do gráfico: no *Chart Editor*, você pode clicar em praticamente qualquer coisa que você deseja alterar e, então, alterá-la. No *Chart Editor* (Figura 5.41), há vários ícones nos quais você pode clicar para alterar aspectos do gráfico. Se um determinado ícone está ativo, depende do tipo de gráfico que você está editando (p. ex., o ícone para ajustar uma linha de regressão não estará ativo em um diagrama de barras). A figura informa o que a maioria dos ícones faz, mas a maioria deles é bastante autoexplicativa. Explore um pouco, e você irá encontrar ícones para adicionar elementos ao gráfico (como as linhas de grade, linhas de regressão, rótulos de dados).

Você também pode editar partes do gráfico selecionando-as e alterando suas propriedades usando a caixa de diálogo *Properties*. Para selecionar parte do gráfico, clique duas vezes nele: ele ficará destacado em laranja e uma nova caixa de diálogo aparecerá (Figura 5.42). Essa caixa de diálogo *Properties* permite alterar praticamente qualquer coisa do item que você selecionou. Você pode alterar as cores da barra, os títulos dos eixos, a escala de cada eixo e assim por diante. Você pode também fazer coisas como tornar as barras tridimensionais e cor-de-rosa, mas sabemos muito bem que isso não é aconselhável. Há dois tutoriais no *site* do livro, um escrito (ver Oliver Twist) e um em vídeo (ver Lanterna de Oditi).

5.10 Caio tenta conquistar Gina ▌▌▌▌

Durante seu breve encontro na sala Euforia no *campus*, Caio notou algumas figuras na tela do monitor de Gina. Ele sabia que essas figuras eram gráficos – ele não era tão estúpido –, mas não entendia o que elas mostravam ou como criá-las. Ele começou a se perguntar se poderia criar um para Gina, mais ou menos como criar uma imagem com números para ela. Ela parecia fascinada pelas imagens minimalistas e elegantes na tela. "Se ela está encantada com essas imagens simples", Caio considerou, "imagine como ela ficaria impressionada com alguns efeitos 3-D". Ele fez uma nota mental de que ela provavelmente adoraria se ele colorisse as barras de cor-de-rosa.

Capítulo 5 • Explorando dados com gráficos   219

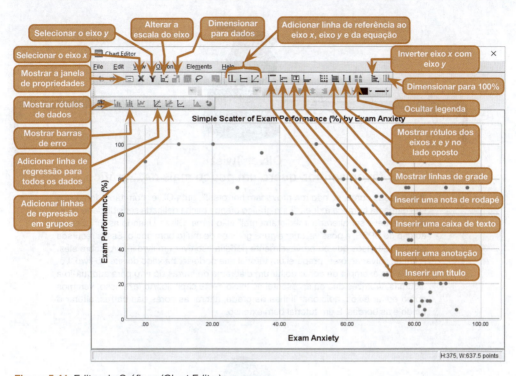

Figura 5.41 Editor de Gráficos (*Chart Editor*).

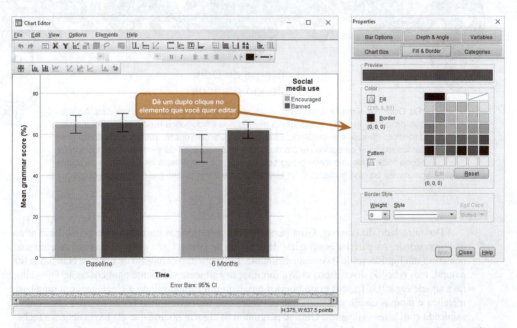

Figura 5.42 Para selecionar um elemento no gráfico, basta clicar duas vezes nele e a caixa de diálogo *Properties* irá aparecer.

Oliver Twist
Por favor, senhor, quero um pouco mais de... gráfico

"Olhe essas cores, se não me provocam horrores!", grita Oliver com tanta força que sua garganta começa a doer. "Este gráfico ofende minha delicada sensibilidade artística. Ele *deve* ser alterado imediatamente!" Não tema, Oliver. Usando as funções de edição do SPSS, é possível criar alguns gráficos de muito bom gosto. Esses recursos são tão extensos que eu provavelmente poderia escrever um livro inteiro sobre eles. A fim de salvar árvores, preparei um tutorial que pode ser baixado do *site* do livro. Lá, vemos um exemplo de como editar um diagrama de barras de erro para adequá-lo a algumas diretrizes que eu apresentei no início deste capítulo. Ao fazer isso, veremos como editar eixos, adicionar linhas de grade, alterar as cores das barras, alterar o fundo e as bordas. É um tutorial bem extenso.

Lanterna de Oditi
Editando gráficos

"Eu, Oditi, fiquei deslumbrado e confuso com o tom rosado de muitos gráficos. Aqueles que procuram impedir nossa digna missão nos enlouquecem com suas monstruosidades cor-de-rosa e verde-limão. Essas cores queimam nossas retinas até que não possamos mais ver os dados dentro dos desenhos sagrados da verdade. Para completar nossa missão de encontrar o segredo da vida, devemos fazer os desenhos sagrados palatáveis ao olho humano. Olhe fixamente para a minha lanterna e descubra como."

Do outro lado do *campus*, Gina perambulava pelos longos corredores do porão labiríntico da universidade. As paredes eram feitas de centenas de jarros. Cada um continha um cérebro suspenso em um líquido verde levemente brilhante. Era como um cemitério de mentes. Não havia luz natural, mas o brilho dos frascos criava iluminação ambiente suficiente para enxergar. Gina adorava aquele lugar. Os frascos eram bonitos e tinham um formato lindo e elegante, com uma base metálica e tampas entalhadas com linhas verdes que formavam uma borda externa elaborada e salpicada com luzes brilhantes. Gina se perguntou se alguém notaria que ela havia aberto a fechadura eletrônica ou que ela havia passado tantas noites ali embaixo. Seus pais e professores nunca haviam compreendido quão inteligente ela era. Na faculdade, ela era ridicularizada por sua teoria

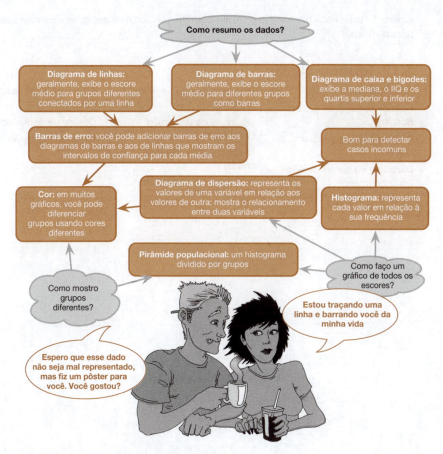

Figura 5.43 O que Caio aprendeu neste capítulo.

de aprendizagem da "tênia humana". Ela iria provar que eles estavam errados. Ela parou e virou-se na frente da jarra rotulada "Florence". Ela pegou um pequeno dispositivo eletrônico do seu bolso e apertou-o contra o frasco. Com um zumbido baixo, o jarro se moveu na direção de Gina, e a tampa se abriu lentamente. Gina pegou uma faca e um garfo do bolso.

Caio admirou seu pôster. Era o mais magnífico gráfico 3-D cor-de-rosa que ele já havia visto. Ele se virou para mostrar ao cara que estava atrás do balcão das impressoras. Ele sorriu para Caio; foi um sorriso condescendente. Caio correu para o *campus*, o tubo do pôster embaixo do braço. Ele saltitava enquanto criava um plano em sua mente.

5.11 E agora?

Descobrimos que, quando se trata de gráficos, quanto menos melhor; sem cor-de-rosa, sem efeitos 3-D, sem fotos do seu furão de estimação sobrepostas aos dados – ah, eu já falei que nada de cor-de-rosa? Os gráficos são uma maneira útil de visualizar a vida. Quando tinha cerca de 5 anos de idade, eu tentava visualizar meu futuro, e, como muitos meninos, minhas escolhas favoritas de carreira iam na direção do exército (só Deus sabe por que, mas uma explicação possível é que eu era muito jovem para compreender a moralidade e a morte) ou de tornar-me um atleta famoso. Em suma, eu parecia favorecer a última, e, como muitas crianças nascidas no Reino Unido, meu esporte favorito era o futebol. No próximo capítulo, saberemos o que aconteceu com a minha carreira no futebol.

5.12 Termos-chave

Chartjunk (ruído gráfico)
Criador de Gráficos (*Chart Builder*)
Diagrama de barras (*bar chart*)
Diagrama de barras de erro (*error bar chart*)
Diagrama de caixa e bigodes (*boxplot*)
Diagrama de dispersão (*scatterplot*)
Diagrama de linhas (*line charts*)
Editor de Gráficos (*Chart Editor*)
Gráfico de densidade
Linha de regressão

Capítulo 5 • Explorando dados com gráficos

Tarefas da Alex Astuta

- **Tarefa 1:** Utilizando os dados do Capítulo 3 (que você deve ter salvado; mas, se não o fez, insira-os novamente a partir da Tabela 4.1), crie e interprete um diagrama de barras de erro mostrando a média do número de amigos de alunos e professores.
- **Tarefa 2**: Usando os mesmos dados, crie e interprete um diagrama de barras de erro mostrando a média do consumo de álcool por alunos e professores.
- **Tarefa 3**: Utilizando os mesmos dados, crie e interprete um diagrama de linhas de erro mostrando a média da renda de alunos e professores.
- **Tarefa 4**: Usando os mesmos dados, crie e interprete um diagrama de linhas de erro mostrando a média de neuroticismo de alunos e professores.
- **Tarefa 5**: Utilizando os mesmos dados, crie e interprete um diagrama de dispersão com linhas de regressão do consumo de álcool e do neuroticismo, agrupados por alunos e professores.
- **Tarefa 6**: Usando os mesmos dados, crie e interprete uma matriz de dispersão com linhas de regressão do consumo de álcool, do neuroticismo e do número de amigos.
- **Tarefa 7**: Utilizando os dados de **Zhang (2013) subsample.sav** do Capítulo 4 (Tarefa 8), crie um diagrama de barras agrupadas da média de precisão no teste como função do tipo de nome com o qual os participantes completaram o teste no (eixo *x*) e se eles eram do sexo masculino ou feminino (barras de cores diferentes).
- **Tarefa 8**: Usando os dados do **Method of Teaching.sav** do Capítulo 4 (Tarefa 3), crie um diagrama de linhas de erro agrupadas da média de escore quando choques elétricos foram usados em comparação a quando houve gentileza, e represente homens e mulheres com linhas de cores diferentes.
- **Tarefa 9**: Utilizando os dados de **Shopping Exercise.sav** do Capítulo 4 (Tarefa 5), crie dois diagramas de barras de erro comparando homens e mulheres (eixo *x*): um para a distância percorrida e o outro para o tempo gasto fazendo compras.
- **Tarefa 10**: Usando os dados **Goat or Dog.sav** do Capítulo 4 (Tarefa 6), crie dois diagramas de barras de erro comparando os escores dos casados com uma cabra ou com um cão (eixo *x*) – um para a variável dos que gostam de animais e outro para a variável satisfação com a vida.
- **Tarefa 11**: Utilizando os mesmos dados anteriores, crie um diagrama de dispersão dos escores daqueles que gostam de animais em relação à satisfação com a vida (represente os escores dos casados com cães ou com cabras em cores diferentes).
- **Tarefa 12**: Usando os dados de **Tea Makes You Brainy 15.sav** do Capítulo 4 (Tarefa 7), crie um diagrama de dispersão mostrando o número de xícaras de chá consumidas (eixo *x*) *versus* a função cognitiva (eixo *y*).

Respostas e recursos adicionais estão disponíveis no *site* do livro em
https://edge.sagepub.com/field5e.

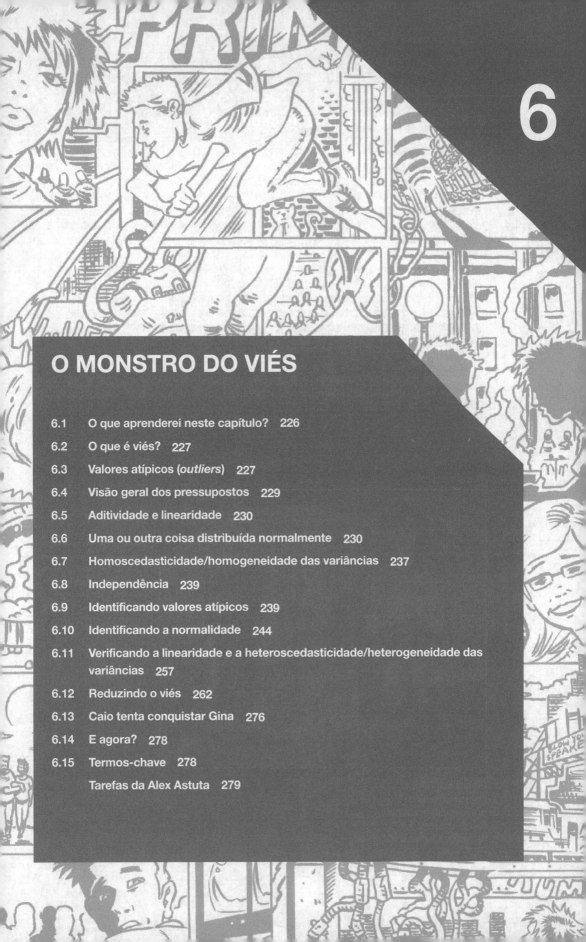

O MONSTRO DO VIÉS

6.1 O que aprenderei neste capítulo? 226
6.2 O que é viés? 227
6.3 Valores atípicos (*outliers*) 227
6.4 Visão geral dos pressupostos 229
6.5 Aditividade e linearidade 230
6.6 Uma ou outra coisa distribuída normalmente 230
6.7 Homoscedasticidade/homogeneidade das variâncias 237
6.8 Independência 239
6.9 Identificando valores atípicos 239
6.10 Identificando a normalidade 244
6.11 Verificando a linearidade e a heteroscedasticidade/heterogeneidade das variâncias 257
6.12 Reduzindo o viés 262
6.13 Caio tenta conquistar Gina 276
6.14 E agora? 278
6.15 Termos-chave 278
       Tarefas da Alex Astuta 279

6.1 O que aprenderei neste capítulo?

Como muitos garotos do Reino Unido, minha primeira escolha profissional foi me tornar um jogador de futebol famoso. Meu avô (Harry) foi uma espécie de herói local do futebol em seus dias, e eu não queria nada além de ser como ele. Harry teve uma enorme influência sobre mim: ele era goleiro e, consequentemente, eu também me tornei goleiro. Essa decisão, no final das contas, não foi boa, porque eu era bem baixo para minha idade, o que fazia eu ser ignorado para a posição de goleiro do time da escola, e um garoto mais alto ser favorecido. É verdade que não sou imparcial, mas acho que fui um melhor goleiro em quesitos técnicos, apesar de ter um calcanhar de Aquiles que foi fatal para a minha carreira de goleiro: o adversário podia chutar a bola por cima da minha cabeça. Em vez de no gol, eu costumava jogar na lateral esquerda ("um zero à esquerda no campo", como costumava ser a piada), porque apesar de jogar com o pé direito, eu chutava com o esquerdo também. O problema era que, depois de passar anos aprendendo as habilidades de goleiro do meu avô, eu não tinha ideia do que um lateral esquerdo deveria fazer.[1] Consequentemente, não tive êxito nessa posição, e, por muitos anos, isso acabou com minha crença de que eu poderia jogar futebol. Esse exemplo mostra que algo altamente influente (como seu avô) pode enviesar as conclusões a que você chega, e isso pode ter consequências drásticas. A mesma coisa acontece com a análise de dados: fontes de influência e viés se escondem dentro deles e, a menos que sejam identificadas e corrigidas, acabaremos nos tornando goleiros, apesar de sermos anões. Ou algo assim.

Figura 6.1 Minha primeira escolha profissional frustada foi ser um jogador de futebol famoso.

[1] Nos anos de 1970, na escola primária, "ensinar" futebol envolvia deixar 11 meninos em um campo e assisti-los perseguir uma bola. Não ocorria aos professores desenvolver técnica, tática ou mesmo ensinar regras.

6.2 O que é viés?

Se você é torcedor de algum time de esporte, então, em algum momento da sua vida, provavelmente acusou um árbitro de ser "tendencioso" (ou coisas piores). Se não, talvez tenha assistido a um programa de TV como *The Voice* e achou que um dos juízes era "tendencioso" em relação aos cantores que orientava. Nesses contextos, tendenciosidade, ou viés, significa que as informações da pessoa ("O desempenho de Jasmim foi perfeito durante toda a música") estão em desacordo com a verdade objetiva (a análise do alcance das notas mostra que 33% das notas de Jasmim eram agudas ou bemóis). Da mesma forma, na estatística, a estatística de resumo que estimamos pode estar em desacordo com os valores reais. Uma "estimativa não tendenciosa" é aquela que produz um valor esperado que é igual ao valor da coisa que se está tentando estimar.[2]

Para revisar: vimos no Capítulo 2 que, após coletarmos os dados, ajustamos um modelo que representa a hipótese que queremos testar. Um modelo comum é o modelo linear, que tem a forma da Equação 2.4. Para relembrá-lo, ele fica assim:

$$\text{resultado}_i = b_0 + b_1 X_{1i} + b_2 X_{2i} + \text{erro}_i \tag{6.1}$$

Em resumo, prevemos uma variável de resultado a partir de um modelo descrito por uma ou mais variáveis previsoras (os Xs na equação) e parâmetros (os bs na equação) que nos informam sobre o relacionamento entre a variável previsora e a variável de resultado. O modelo não irá prever perfeitamente o resultado; portanto, para cada observação há certa quantidade de erro.

Geralmente obtemos os valores para os parâmetros no modelo usando o método dos mínimos quadrados (seção 2.6). Esses valores amostrais estimam os valores dos parâmetros na população (porque queremos tirar conclusões que vão além da nossa amostra). Para cada parâmetro no modelo, calculamos também uma estimativa de quão bem ele representa a população, como o erro-padrão (seção 2.7) ou o intervalo de confiança (seção 2.8). Os parâmetros podem ser usados para testar hipóteses, convertendo-os em uma estatística de teste com uma probabilidade associada (valor-*p*, seção 2.9.1). O viés estatístico entra no processo que acabei de resumir em três maneiras (em geral):

1. Coisas que enviesam as estimativas do parâmetro (incluindo os tamanhos de efeito).
2. Coisas que enviesam os erros-padrão e intervalos de confiança.
3. Coisas que enviesam as estatísticas de teste e os valores-*p*.

As duas últimas estão relacionadas pelo erro-padrão: os intervalos de confiança e as estatísticas de teste são calculadas usando o erro-padrão; portanto, se o erro-padrão for enviesado, então o intervalo de confiança correspondente e a estatística de teste (e o valor-*p* associado) também serão enviesados. Não é necessário dizer que, se as informações estatísticas que usamos para inferir coisas sobre o mundo são imparciais, nossas inferências também serão.

Fontes de viés vêm na forma de um monstro de duas cabeças com escamas verdes, lançando fogo, que salta de trás de um monte de musgo encharcado de sangue para tentar nos comer vivos. Uma de suas cabeças chama-se escores incomuns ou "valores atípicos", enquanto a outra é chamada "violações dos pressupostos". Provavelmente, esses são nomes que fizeram com que esse monstro fosse ridicularizado na escola, mas ele era capaz de lançar fogo por ambas as cabeças, então conseguiu lidar com isso. Avante para a batalha...

6.3 Valores atípicos (*outliers*)

Antes de chegarmos aos pressupostos, vamos olhar para a primeira cabeça do monstro do viés: os valores atípicos. Um **valor atípico** é um escore muito diferente do resto dos dados. Vamos ver um exemplo. Quando publiquei meu primeiro livro (a primeira edição deste livro), fiquei muito empolgado e queria que todos no mundo me amassem, bem como a minha nova criação. Consequentemente,

---

[2] Você deve lembrar que quando estimamos a variância da população dividimos por $N-1$ em vez de N (ver seção 2.5.2). Isso tem o efeito de tornar uma estimativa enviesada (usando N) em uma não enviesada (usando $N-1$).

verifiquei as avaliações do livro na Amazon.co.uk obsessivamente. As avaliações dos clientes podem variar de 1 a 5 estrelas, sendo 5 a melhor. Por volta de 2002, o meu primeiro livro tinha sete avaliações (na ordem dada): 2, 5, 4, 5, 5, 5 e 5. Todas essas avaliações, exceto uma, são semelhantes (principalmente as 5 e a 4), mas a primeira avaliação foi bastante diferente do resto: foi uma avaliação de 2 (uma avaliação maldosa e horrível). A Figura 6.2 mostra os sete clientes no eixo horizontal e suas classificações no eixo vertical. A linha horizontal cinza-claro mostra a avaliação média (4,43, nesse caso). Todos os escores, exceto um, estão próximos dessa linha. A avaliação de 2 está bem abaixo da média e é um exemplo de estranheza – uma pessoa (i.e., escore) atípica e incomum que desvia do resto da humanidade (i.e., do conjunto de dados). A linha horizontal laranja mostra a média excluindo o valor atípico (4,83). Essa linha está mais alta que a média original, indicando que, ignorando esse escore, a média aumenta (em 0,4). Esse exemplo mostra como um único escore, de um babaca competitivo de alma amarga, pode influenciar um parâmetro como a média: a primeira avaliação de 2 arrasta a média para baixo. Com base nessa estimativa enviesada, novos clientes podem erroneamente pensar que meu livro é pior do que a população realmente acha que é. Esse assunto me faz ser consumido pela minha própria amargura, mas rendeu um grande exemplo de um valor atípico.

Os valores atípicos enviesam as estimativas dos parâmetros e têm um impacto ainda maior no erro associado a essa estimativa. Na seção 2.5.1, examinamos um exemplo que mostra o número de amigos de cinco professores de estatística. Os dados foram 1, 3, 4, 3, 2, a média foi de 2,6, e a soma dos quadrados dos erros foi de 5,2. Vamos substituir um dos escores por um valor atípico, alterando de 4 para 10. Os dados são agora: 1, 3, 10, 3 e 2.

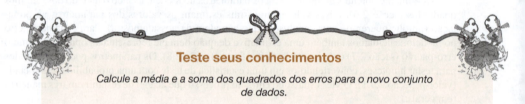

Teste seus conhecimentos

Calcule a média e a soma dos quadrados dos erros para o novo conjunto de dados.

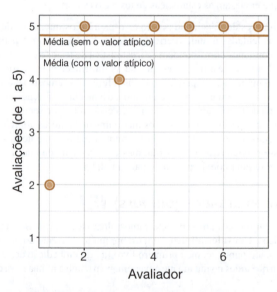

Figura 6.2 As primeiras sete avaliações de clientes da primeira edição deste livro em www.amazon.co.uk (em torno de 2002). O primeiro escore distorce a média.

Se você fez o teste na seção "Teste seus conhecimentos", deve identificar que a média dos dados com o valor atípico é 3,8 e que a soma dos quadrados dos erros é 50,8. A Figura 6.3 mostra esses valores. Assim como na Figura 2.7, ela mostra a soma dos quadrados dos erros (eixo y) associada a diferentes valores potenciais da média (o parâmetro que estamos estimando, b). Tanto para o conjunto de dados original quanto para o valor atípico, a estimativa da média é a estimativa ótima: é a que tem o menor erro, já que a curva converge para os valores da média (2,6 e 3,8). A presença de um valor atípico, no entanto, empurra a curva para a direita (aumenta a média) e para cima (aumenta a soma dos quadrados dos erros). Ao comparar o deslocamento horizontal com o vertical na curva, você deve ver que o valor atípico afeta a soma dos quadrados dos erros mais drasticamente do que a própria estimativa de parâmetro. Isso ocorre porque usamos erros ao quadrado; portanto, qualquer viés criado pelo valor atípico é ampliado pelo fato de que os desvios são elevados ao quadrado.[3]

O efeito drástico dos valores atípicos na soma dos quadrados dos erros é importante porque ele é usado para calcular o desvio-padrão, que por sua vez é usado para estimar o erro-padrão, que é usado para calcular intervalos de confiança em torno da estimativa dos parâmetros e das estatísticas de teste. Se a soma dos quadrados dos erros for enviesada, o erro-padrão associado, o intervalo de confiança e a estatística de teste também serão.

6.4 Visão geral dos pressupostos ▮▮▮▮

A segunda cabeça do monstro do viés é chamada "violação dos pressupostos". Um pressuposto é uma condição que garante que o que você está tentando fazer funcione. Por exemplo, quando avaliamos um modelo usando uma estatística de teste, geralmente criamos alguns pressupostos e, se esses pressupostos forem verdadeiros, sabemos que podemos confiar na estatística de teste (e no valor-p associado) e interpretá-la adequadamente. Por outro lado, se qualquer um dos pressupostos não for verdadeiro (geral-

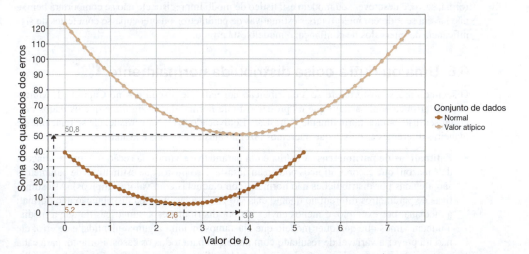

Figura 6.3 Efeito de um valor atípico em uma estimativa do parâmetro (média) e do erro associado (soma dos quadrados dos erros).

---

[3]Nesse exemplo, a diferença entre o valor atípico e a média (o desvio) é 10 − 3,8 = 6,2. O desvio ao quadrado é $6,2^2$ = 38,44. Portanto, das 50,8 unidades de erro que temos, 38,44 são atribuídas ao valor atípico.

mente, essa é uma violação), a estatística de teste e o valor-*p* serão imprecisos e podem nos levar a uma conclusão errada.

Os procedimentos estatísticos comuns nas ciências sociais são frequentemente apresentados como testes únicos com pressupostos idiossincráticos, o que pode ser confuso. No entanto, como a maioria desses procedimentos são variações do modelo linear (ver seção 2.3), eles compartilham um conjunto comum de pressupostos. Esses pressupostos estão relacionados à qualidade do modelo em si e às estatísticas de teste usadas para avaliá-lo (que são geralmente **testes paramétricos** baseados na distribuição normal). Os principais pressupostos que analisaremos são:

- Aditividade e linearidade
- Normalidade de uma ou outra coisa
- Homoscedasticidade/homogeneidade da variância
- Independência

6.5 Aditividade e linearidade ▮▮▮▮

O primeiro pressuposto que veremos é aditividade e linearidade. A grande maioria dos modelos estatísticos deste livro é baseada no modelo linear, que revisamos algumas páginas atrás. O pressuposto de aditividade e linearidade significa que a relação entre a variável de resultado e as previsoras é descrita com precisão pela Equação 2.4. Isso significa que os escores na variável de resultado são, na realidade, linearmente relacionados a quaisquer variáveis previsoras e que, se houver várias previsoras, seu efeito combinado será mais bem descrito pela soma dos seus efeitos.

Esse pressuposto é o mais importante porque, se não for verdadeiro, mesmo que todos os outros pressupostos sejam atendidos, o modelo será inválido, porque a descrição do processo que deseja representar está errada. Se a relação entre as variáveis é curvilínea, então descrevê-la com um modelo linear não funciona (lembre-se da Gina Gênia 2.1). É como dizer que seu gato de estimação é um cachorro: você pode tentar fazê-lo entrar em um canil, pegar uma bola, ou sentar quando você mandar, mas não se surpreenda quando ele regurgitar uma bola de pelo, porque não importa quantas vezes você o descreva como um cachorro, ele é, na verdade, um gato. Da mesma forma, se você descrever seu modelo estatístico de modo impreciso, ele não se comportará bem, e não haverá sentido em interpretar as estimativas de parâmetros ou preocupa-se com testes de significância de intervalos de confiança: o modelo está errado.

6.6 Uma ou outra coisa distribuída normalmente ▮▮▮▮

O segundo pressuposto refere-se à distribuição normal, que discutimos no Capítulo 1. Muitas pessoas erroneamente acham que o "pressuposto de normalidade" significa que os dados precisam ser distribuídos normalmente (Vira-Lata Equivocado 6.1). Na verdade, ele se relaciona de maneiras diferentes às coisas que queremos fazer ao ajustar modelos e avaliá-los:

- **Estimativas de parâmetros**: A média é um parâmetro, e vimos na seção 6.3 (nas avaliações da Amazon) que escores atípicos podem enviesá-la. Isso ilustra que estimativas de parâmetros são afetadas por distribuições não normais (como aquelas com valores atípicos). As estimativas de parâmetros diferem no quanto elas são enviesadas em uma distribuição não normal: a mediana, por exemplo, é menos enviesada por distribuições assimétricas do que a média. Também vimos que qualquer modelo que ajustamos incluirá alguma quantidade de erro: ele não irá prever a variável de resultado com perfeição para todos os casos. Portanto, para cada caso, existe um termo de erro (o *desvio* ou *resíduo*). Se esses resíduos forem normalmente distribuídos na população, o uso do método dos quadrados mínimos para estimar os parâmetros (os *b*s na Equação 2.4) produzirá melhores estimativas do que outros métodos.

- Para que as estimativas de parâmetros que definem um modelo (os *b*s na Equação 2.4) sejam otimizadas (para ter o menor erro possível considerando os dados), os resíduos (o $erro_i$ na Equação 2.4) na população devem ter distribuição normal. Isso é verdade principalmente se usarmos o método dos mínimos quadrados (seção 2.6), o que geralmente fazemos.

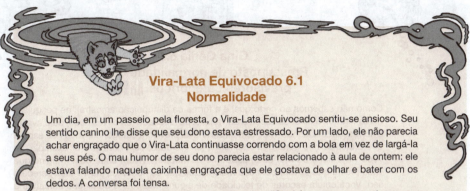

Vira-Lata Equivocado 6.1
Normalidade

Um dia, em um passeio pela floresta, o Vira-Lata Equivocado sentiu-se ansioso. Seu sentido canino lhe disse que seu dono estava estressado. Por um lado, ele não parecia achar engraçado que o Vira-Lata continuasse correndo com a bola em vez de largá-la a seus pés. O mau humor de seu dono parecia estar relacionado à aula de ontem: ele estava falando naquela caixinha engraçada que ele gostava de olhar e bater com os dedos. A conversa foi tensa.

"Não entendo", disse seu dono para a caixa. "Qual é o pressuposto de normalidade?"

O Vira-Lata queria ajudar. Ele gostava que seu dono o levasse para as aulas de estatística: ele ganhava carinhos na cabeça, mas parecia estar aprendendo estatística também.

"Isso significa que seus dados precisam estar normalmente distribuídos", disse o Vira-Lata. Seu dono parou brevemente de gritar ao telefone para se perguntar por que seu cachorro começou subitamente a choramingar.

Uma poça ali perto começou a se movimentar. O Vira-Lata virou a tempo de ver umas orelhas alaranjadas aparecendo na água. Ele emitiu um suspiro deprimido.

Tendo emergido da poça, o Gato Corretor se aproximou com um gingado e silenciosamente tocou no nariz do cachorro.

"Não", ronronou o gato. "O pressuposto de normalidade é que os resíduos do modelo, ou a distribuição amostral da estimativa de parâmetro, estejam normalmente distribuídos, não os próprios dados.

O cachorro ofereceu sua pata, talvez isso apaziguasse seu perseguidor. O gato pareceu se acalmar.

"Em sua defesa", disse o gato, pensando se deveria defender um cão, "as pessoas não têm acesso direto à distribuição amostral, por isso precisam adivinhar sua forma. Uma maneira de fazer isso é olhar para os dados porque, se os dados estão normalmente distribuídos, é razoável supor que os erros do modelo e a distribuição amostral também estarão."

O cachorro sorriu. Ele colocou a língua para fora e rolou para lamber a testa do gato.

O gato pareceu enojado consigo mesmo e virou-se para retornar à sua poça. Antes de sua forma se liquidificar no chão, ele se virou e disse: "Isso não muda o fato de que você estava errado!"

Gina Gênia 6.1
Pressuposto de normalidade com previsores categóricos ▊▊▊▊

Como não sabemos ao certo qual é a forma da distribuição amostral, os pesquisadores tendem a olhar os escores da variável de resultado (ou os resíduos) para avaliar a normalidade. Quando você tem uma variável previsora categórica, você não espera que a distribuição geral dos resultados (ou resíduos) seja normal. Por exemplo, se você viu o filme *Os Muppets*, sabe que os *muppets* vivem entre nós. Imagine que você previu que os *muppets* são mais felizes que os humanos (na TV eles parecem ser). Você coleta escores de felicidade de alguns *muppets* e de alguns humanos e cria uma distribuição de frequências. Você obtém o gráfico à esquerda na Figura 6.4 e decide que, como os dados não são normais, é provável que o pressuposto de normalidade tenha sido violado. Entretanto, você previu que os humanos e os *muppets* iriam diferir em felicidade; em outras palavras, você previu que eles provêm de populações diferentes. Se usarmos distribuições de frequências separadas para humanos e *muppets* (à direita na Figura 6.4), você notará que, dentro de cada grupo, a distribuição dos escores é bem normal. Os dados estão como você previu: os *muppets* são mais felizes que os humanos, e, assim, o centro de sua distribuição é maior que a dos humanos. Quando você combina os escores, uma distribuição bimodal é criada (i.e., duas corcovas ou dois picos). Esse exemplo ilustra que não é a normalidade do resultado (ou dos resíduos) geral que importa, mas a normalidade em cada nível único da variável previsora.

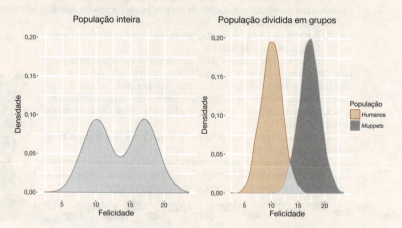

Figura 6.4 Uma distribuição que parece não normal (à esquerda) pode ser composta por diferentes grupos de escores normalmente distribuídos.

- **Intervalos de confiança**: Usamos valores da distribuição normal para calcular o intervalo de confiança (seção 2.8.1) em torno de uma estimativa de parâmetro (p. ex., a média ou os *b*s na Equação 2.4). Usar os valores da distribuição normal padrão só faz sentido se as estimativas de parâmetros vieram de uma.
  - Para os intervalos de confiança em torno de uma estimativa de parâmetro (p. ex., a média ou os *b*s na Equação 2.4) serem precisos, essa estimativa deve ter uma distribuição amostral normal.
- **Testagem de hipóteses**: Se quisermos testar uma hipótese sobre um modelo (e, portanto, as estimativas de parâmetro dentro dele) usando a estrutura descrita na seção 2.9, devemos presumir que as estimativas dos parâmetros tenham uma distribuição normal. Presumimos isso porque as estatísticas de teste que usamos (que aprenderemos no devido tempo) têm distribuições relacionadas à distribuição normal (como as distribuições *t*, *F* e qui-quadrado); portanto, se nossa estimativa de parâmetro é normalmente distribuída, então essas estatísticas de teste e valores-*p* serão precisos (ver mais informações em Gina Gênia 6.1).
  - Para que a testagem de hipóteses dos modelos (e as estimativas de parâmetros que os definem) seja precisa, a *distribuição amostral* do que está sendo testado deve ser normal. Por exemplo, se testarmos se duas médias são diferentes, os dados não precisam ser distribuídos normalmente, mas a distribuição amostral das médias (ou diferenças entre médias) precisa. Da mesma forma, se observarmos o relacionamento entre variáveis, os testes de significância das estimativas de parâmetros que definem esses relacionamentos (os *b*s na Equação 2.4) serão precisos apenas quando a distribuição amostral da estimativa for normal.

6.6.1 Teorema central do limite revisitado ▮▮▮▮

Para entender quando e se precisamos nos preocupar com o pressuposto de normalidade, precisamos revisitar o teorema central[4] do limite que discutimos na seção 2.7. Imagine que temos uma população de escores que não é normalmente distribuída. A Figura 6.5 mostra essa população, contendo dezenas de amigos de professores de estatística. É muito assimétrica, com a maioria dos professores não tendo nenhum amigo, e as frequências diminuem à medida que o número de amigos aumenta até o escore máximo de 7 amigos. Não estou enganando você; essa população está tão distante da curva normal quanto parece. Imagine que eu pegue amostras de cinco escores dessa população, e, para cada amostra, eu estimo um parâmetro (digamos que eu calcule a média) e então substitua os escores. No total, eu pego 5.000 amostras, o que me dá 5.000 valores de estimativas de parâmetros (um para cada amostra). A distribuição de frequências das 5.000 estimativas é a primeira à esquerda na Figura 6.5. Essa é a distribuição amostral das estimativas de parâmetro. Note que ela é um pouco assimétrica, mas não tão assimétrica quanto a população. Imagine que eu repita esse processo de amostragem, mas desta vez minhas amostras contêm 30 valores em vez de cinco. A distribuição resultante das 5.000 estimativas de parâmetro está no centro da Figura 6.5. A assimetria desapareceu, e a distribuição parece normal. Por fim, repito todo o processo, mas desta vez utilizo amostras de 100 escores em vez de 30. Mais uma vez, a distribuição resultante é basicamente normal (à direita da Figura 6.5). À medida que os tamanhos das amostras aumentam, as distribuições amostrais tornam-se mais normais, até um ponto em que a amostra é grande o suficiente para que a distribuição amostral *seja* normal – mesmo que a população dos escores não seja muito normal. Esse é o teorema central do limite: independentemente do formato da população, as estimativas de parâmetros dessa população terão uma distribuição normal, desde que as amostras sejam "grandes o suficiente" (ver Gina Gênia 6.2).

---

[4]O "central" no nome se refere ao teorema ser importante e abrangente e não tem nada a ver com os centros de distribuições.

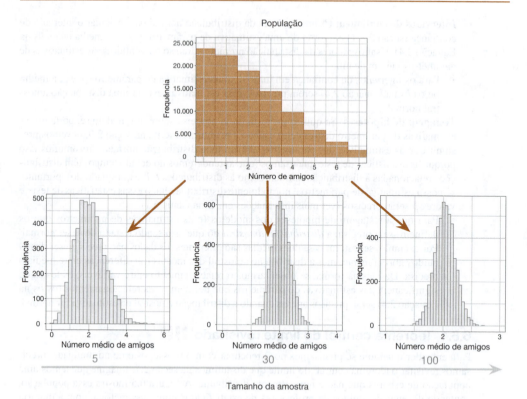

Figura 6.5 Estimativas de parâmetros com amostras retiradas de uma população não normal. À medida que o tamanho da amostra aumenta, a distribuição das estimativas desses parâmetros torna-se cada vez mais normal.

Lanterna de Oditi
Teorema central do limite

"Eu, Oditi, acredito que o teorema central do limite é a chave para desvendar as verdades ocultas que o culto se esforça para encontrar. A verdadeira maravilha do TCL não pode ser entendida por meio de um diagrama estático e de divagações de uma mente danificada. Apenas olhando para a minha lanterna você poderá ver o TCL trabalhando em toda a sua plenitude. Vá em frente e olhe para o abismo."

Gina Gênia 6.2
Tamanho realmente importa ▌▌▌▌

Quão grande uma amostra precisa ser para ser "grande o suficiente" para o teorema central do limite entrar em ação? Geralmente, o valor aceito é um tamanho amostral em torno de 30, e vimos na Figura 6.4 que com amostras desse tamanho obtivemos uma distribuição amostral bem próxima da normal. Também vimos que amostras de 100 resultaram em uma melhor aproximação da normal. Não há uma resposta simples para o que "grande" significa em questão de números: isso depende da distribuição da população. Em distribuições com uma cauda leve (com raros valores atípicos), um N pequeno, como 20, pode ser "grande o suficiente", mas, em distribuições com uma cauda pesada (com valores atípicos frequentes), então um tamanho de 100 ou até mesmo de 160 pode ser necessário. Se a distribuição tiver muita assimetria e curtose, você pode precisar de uma amostra muito grande para que o teorema central do limite funcione. Também depende do parâmetro que você esteja tentando estimar (Wilcox, 2010).

6.6.2 Quando o pressuposto de normalidade é importante? ▌▌▌▌

O teorema central do limite significa que *há uma variedade de situações nas quais podemos presumir a normalidade, independentemente da forma de nossos dados amostrais* (Lumley, Diehr, Emerson e Chen, 2002). Vamos pensar nas coisas afetadas pela normalidade:

1. Para que os intervalos de confiança em torno de uma estimativa de parâmetro (p. ex., a média, ou um b na Equação 2.4) sejam precisos, essa estimativa deve vir de uma distribuição amostral normal. O teorema central do limite nos diz que, em grandes amostras, a estimativa terá uma distribuição normal, independentemente da distribuição da população. Portanto, se estivermos interessados em determinar intervalos de confiança, não precisaremos nos preocupar com o pressuposto de normalidade se nossa amostra for grande o suficiente.

2. Para que a testagem de hipóteses de modelos seja precisa, a distribuição amostral do que está sendo testado deve ser normal. Mais uma vez, o teorema central do limite nos diz que em grandes amostras isso será verdade, não importando qual seja a forma da população. Portanto, o formato dos nossos dados não deve afetar a testagem de hipóteses *desde que nossa amostra seja grande o suficiente*. No entanto, o quanto as estatísticas de teste funcionam adequadamente em grandes amostras varia de acordo com estatísticas de teste diferentes, e lidaremos com essas idiossincrasias no capítulo específico.

3. Para que as estimativas de parâmetros do modelo (os bs na Equação 2.4) sejam ótimas (usando o método dos mínimos quadrados), os resíduos na população devem estar normalmente distribuídos. O método dos mínimos quadrados sempre lhe dará uma estimativa de parâmetros que minimiza o erro, então nesse sentido você não precisa presumir a normalidade de qualquer coisa para ajustar um modelo linear e estimar os parâmetros que o definem (Gelman e Hill, 2007). No entanto, há outros métodos para estimar parâmetros do modelo e, se você tiver erros

normalmente distribuídos, as estimativas que o método dos mínimos quadrados produziu terão menos erros do que as estimativas que você obteria usando qualquer outro método.

Resumindo, então, se tudo o que você quer fazer é estimar os parâmetros do seu modelo, a normalidade é importante, principalmente ao decidir qual a melhor maneira de estimá-los. Se você quer construir intervalos de confiança em torno desses parâmetros, ou testar hipóteses relacionadas a esses parâmetros, o pressuposto de normalidade é importante com pequenas amostras, mas, por causa do teorema central do limite, não precisamos nos preocupar muito com essa hipótese em amostras maiores (ver Gina Gênia 6.2). Em termos práticos, desde que sua amostra seja grande, os valores atípicos são uma preocupação mais urgente do que a normalidade. Embora tenhamos a tendência de pensar em valores atípicos como casos isolados extremos, você pode ter valores atípicos que são menos extremos, mas que não são isolados. Esses valores atípicos podem reduzir drasticamente o poder dos testes de hipóteses (Gina Gênia 6.3).

Gina Gênia 6.3
Valores atípicos furtivos

Tendemos a pensar em valores atípicos como um ou dois escores muito extremos, mas às vezes eles se cobrem com uma capa de invisibilidade e se contorcem em formas estranhas para evitar serem descobertos. Esses "valores atípicos furtivos" (esse é o nome que eu dei para eles, ninguém os chama assim) se escondem em conjuntos de dados sem serem detectados, afetando radicalmente as análises. Imagine que você coletou escores de felicidade e, quando criou a distribuição das frequências, ela se parecia com a Figura 6.6 (à esquerda). Você pode decidir que essa distribuição é normal, porque tem a forma característica que lembra um sino. No entanto, ela não é: ela é uma **distribuição normal mista** ou **distribuição normal contaminada** (Tukey, 1960). Os escores de felicidade à esquerda da Figura 6.6 são compostos por duas populações distintas: 90% dos escores são de humanos, mas 10% são de *muppets* (vimos no quadro Gina Gênia 6.1 que eles vivem entre nós). A Figura 6.6 (à direita) reproduz essa distribuição geral (linha preta), mas também mostra as distribuições exclusivas dos humanos (linha cinza) e dos *muppets* (linha laranja) que contribuem para a distribuição total.

A distribuição humana é uma distribuição normal perfeita, mas a curva dos *muppets* é mais plana e mais carregada nas caudas, mostrando que os *muppets* têm uma propensão maior do que os seres humanos a serem extremamente felizes (como Kermit) ou extremamente infelizes (como Statler e Waldorf). Quando essas populações se combinam, os *muppets* contaminam a distribuição perfeitamente normal dos seres humanos: a distribuição combinada (linha preta) tem escores ligeiramente maiores nos extremos do que uma distribuição normal perfeita (linha cinza). Os escores dos *muppets* afetaram a distribuição geral, embora (1) representem apenas 10% dos escores; e (2) seus escores sejam mais frequentes nos pontos extremos do "normal" e não radicalmente diferentes, como você poderia esperar que um valor atípico fosse. Esses escores extremos inflam as estimativas da variância populacional (ver Gina Gênia 1.5). Distribuições normais mistas são muito comuns e reduzem o poder da testagem de hipóteses – ver **Wilcox (2010)** para uma descrição detalhada dos problemas associados a essas distribuições.

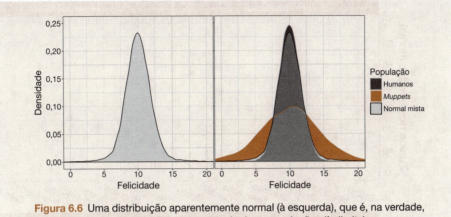

Figura 6.6 Uma distribuição aparentemente normal (à esquerda), que é, na verdade, uma distribuição normal mista composta de duas populações (à direita).

6.7 Homoscedasticidade/homogeneidade das variâncias ▮▮▮▮

O terceiro pressuposto refere-se à variância (seção 1.8.5) e é chamado homoscedasticidade (também conhecido como homogeneidade das variâncias). Ele afeta duas coisas:

- **Parâmetros**: Usando o método dos mínimos quadrados (seção 2.6) para estimar os parâmetros do modelo, obtemos estimativas ótimas se a variância da variável de resultado for igual entre os diferentes valores da variável previsora.
- **Testagem de hipóteses**: Estatísticas de teste geralmente presumem que a variância da variável de resultado é igual entre os diferentes valores da variável previsora. Se esse não for o caso, essas estatísticas de teste serão imprecisas.

6.7.1 O que é homoscedasticidade/homogeneidade das variâncias? ▮▮▮▮

Em delineamentos nos quais você testa grupos de casos, esse pressuposto significa que esses grupos vêm de populações com a mesma variância. Em delineamentos correlacionais, esse pressuposto significa que a variância da variável de resultado deve ser estável em todos os níveis da variável previsora. Em outras palavras, à medida que você passa pelos níveis da variável previsora, a variação da variável de resultado não deve mudar. Vamos ilustrar essa ideia com um exemplo. Uma fonoaudióloga estava interessada nos efeitos dos *shows* barulhentos (com som alto) na audição das pessoas. Ela enviou 10 pessoas para os *shows* da banda mais barulhenta da história, Manowar,[5] em Brixton (Londres), Brighton, Bristol, Edimburgo, Newcastle, Cardiff e Dublin, e mediu quantas horas após o *show* os ouvidos continuavam zunindo.

A parte superior da Figura 6.7 mostra o número de horas de ouvidos zunindo que cada pessoa (representadas por um círculo) sentiu após cada *show*. Os quadrados mostram o número médio de horas de zunido, e a linha que conecta essas médias mostra um efeito cumulativo dos *shows* na duração no zunido (as médias aumentam). Os gráficos à esquerda e à direita mostram médias semelhantes, mas diferentes *dispersões* dos escores (círculos) em torno das médias. Para tornar essa diferença mais clara, a parte inferior da Figura 6.7 remove os dados e os substitui por uma

---

[5] Antes de perceberem que é uma má ideia encorajar bandas a ser barulhentas, o *Guiness World Records* citou o *show* de 1984 da banda Manowar como sendo o mais barulhento. Antes disso, Deep Purple detinha a honra graças a um *show* em 1972 com um volume tão estrondoso que deixou três pessoas da audiência inconscientes.

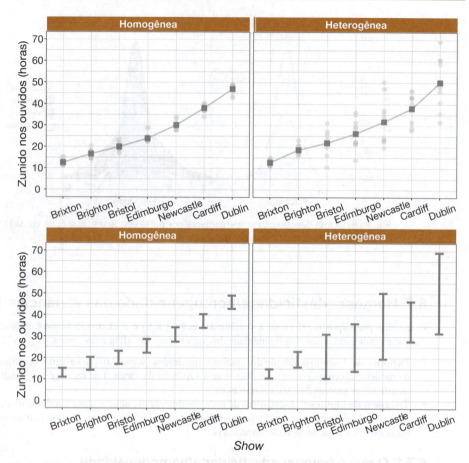

Figura 6.7 Gráficos ilustrando dados com variâncias homogêneas (à esquerda) e heterogêneas (à direita).

barra que mostra o intervalo dos escores exibidos na parte superior. Nos gráficos à esquerda, essas barras têm comprimentos semelhantes, indicando que a distribuição dos escores em torno da média foi aproximadamente a mesma em cada *show*. Isso se chama **homogeneidade da variância** ou **homoscedasticidade**:[6] a propagação dos escores de danos auditivos é a mesma em cada nível da variável do *show* (i.e., a propagação dos escores é a mesma em Brixton, Brighton, Bristol, Edimburgo, Newcastle, Cardiff e Dublin). Esse não é o caso do lado direito da Figura 6.7: a dispersão dos escores é diferente em cada *show*. Por exemplo, a dispersão dos escores após o *show* em Brixton é pequena (a distância vertical entre o escore mais baixo e o mais alto é pequena), mas os escores para o *show* em Dublin estão muito dispersos em torno da média (a distância vertical do escore menor para o maior é grande). É mais fácil visualizar a distribuição desigual dos escores se olharmos para as barras no gráfico inferior direito. Esse cenário ilustra a **heterogeneidade da variância** ou **heteroscedasticidade**: em alguns níveis da variável dos *shows*, a variância dos escores é diferente do que em outros níveis (graficamente, a distância vertical do escore menor para o maior é diferente após *shows* diferentes).

---

[6] Minha explicação está simplificada porque geralmente criamos um pressuposto sobre os erros no modelo e não sobre os dados em si, mas as duas coisas estão relacionadas.

6.7.2 Quando a homoscedasticidade/homogeneidade das variâncias é importante? ||||

Se presumirmos a igualdade das variâncias, as estimativas de parâmetros para um modelo linear serão ótimas ao usarmos o método dos mínimos quadrados. O método dos mínimos quadrados produzirá estimativas de parâmetros "imparciais" mesmo quando a homogeneidade das variâncias não puder ser presumida, mas não será a ideal. Isso significa apenas que melhores estimativas podem ser obtidas usando um método diferente dos mínimos quadrados, por exemplo, usando **mínimos quadrados ponderados**, em que cada caso é ponderado em função da sua variância. Se tudo o que importa é estimar os parâmetros do modelo a partir da amostra, você não precisa se preocupar com a homogeneidade das variâncias na maioria das vezes: o método dos mínimos quadrados produzirá estimativas imparciais (Hayes e Cai, 2007).

Entretanto, variâncias desiguais/heteroscedasticidade criam um viés e uma inconsistência na estimativa do erro-padrão associada às estimativas de parâmetros em seu modelo (Hayes e Cai, 2007). Dessa forma, intervalos de confiança e testagem de hipóteses (e, portanto, valores-p) para as estimativas de parâmetros serão enviesados, porque são calculados usando o erro-padrão. Intervalos de confiança podem ser "bastante imprecisos" quando a homoscedasticidade/homogeneidade das variâncias não pode ser presumida (Wilcox, 2010). Assim, se você quiser observar os intervalos de confiança em torno das estimativas de parâmetros do modelo ou testar a significância do modelo ou das estimativas de parâmetros, a homogeneidade das variâncias é importante. Algumas estatísticas de teste foram criadas para serem precisas mesmo quando esse pressuposto é violado. Discutiremos isso nos capítulos específicos.

6.8 Independência ||||

Esse pressuposto significa que os erros em seu modelo (o erro$_i$ na Equação 2.4) não estão relacionados entre si. Imagine que Paul e Julie participaram de um experimento em que precisavam indicar se lembravam de ter visto determinadas fotos. Se Paul e Julie fossem debater se haviam visto as fotos, suas respostas *não* seriam independentes: a resposta de Julie a uma determinada pergunta dependeria da resposta de Paul. Já sabemos que, se estimarmos um modelo para prever as respostas de Paul e Julie, haverá erro nessas previsões, e, como os escores de Paul e Julie não são independentes, os erros associados aos valores que previmos também não serão independentes. Se Paul e Julie não puderem debater (se estivessem trancados em salas diferentes), os termos de erro deverão ser independentes (a menos que os participantes sejam telepáticos): o erro ao prever a resposta de Paul não deve ser influenciado pelo erro ao prever a resposta de Julie.

A equação que usamos para estimar o erro-padrão (Equação 2.14) é válida apenas se as observações forem independentes. Lembre-se de que usamos o erro-padrão para calcular os intervalos de confiança e os testes de significância; portanto, se violarmos o pressuposto de **independência**, nossos intervalos de confiança e testes de significância serão inválidos. Se usarmos o método dos mínimos quadrados, as estimativas de parâmetros do modelo ainda serão válidas, mas não ótimas (poderíamos obter estimativas melhores usando um método diferente). Em geral, se esse pressuposto for violado, devemos aplicar as técnicas abordadas no Capítulo 21; por isso, é importante identificar se o pressuposto foi ou não violado.

6.9 Identificando valores atípicos ||||

Quando eles estão isolados, os casos extremos e valores atípicos são bastante fáceis de detectar, usando gráficos como histogramas e diagramas de caixa e bigodes; é consideravelmente mais complicado quando os valores atípicos são mais sutis (usar escores-z pode ser útil – Gina Gênia 6.4). Vamos ver um exemplo. Uma bióloga estava preocupada com os possíveis efeitos à saúde causados por festivais de música. Ela foi ao Download Music Festival[7] (vocês que são de fora do Reino Unido podem fingir que é um Roskilde Festival, um Ozzfest, um Lollapalooza, um Wacken ou algo do gênero) e mediu a higiene de 810 espectadores durante os 3 dias do festival. Ela tentou medir cada pessoa todos os dias, mas como era difícil rastrear as pessoas, há dados ausentes nos dias 2 e 3. A higiene foi medida usando uma técnica padronizada (não se preocupe, *não* foi lambendo a axila da pessoa) que resulta em um escore que varia entre 0 (você cheira igual a um cadáver que foi deixado para apodrecer junto com um gambá) e 4 (você cheira igual a rosas perfumadas em um dia de primavera). Eu sei, por uma experiência amarga, que o saneamento nem sempre é bom nesses locais (o Reading Festival parece especialmente ruim), e, assim, a bióloga previu que a higiene pessoal diminuiria drasticamente nos 3 dias do festival. Os dados podem ser encontrados em **DownloadFestival.sav**.

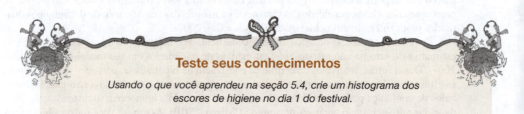

Teste seus conhecimentos

Usando o que você aprendeu na seção 5.4, crie um histograma dos escores de higiene no dia 1 do festival.

O histograma resultante é exibido na Figura 6.8 (à esquerda). A primeira coisa que você deve perceber é que há um caso que é muito diferente dos outros. Todos os escores estão espremidos em uma parte da distribuição porque são menores que 5 (produzindo uma distribuição bem alta e pontiaguda), exceto por um, que tem um valor igual a 20. Esse escore é um valor atípico, óbvio, e é um pouco estranho, uma vez que ele excede o escore máximo da nossa escala (que variou de 0 a 4). Deve ser um erro. No entanto, tendo 810 casos, como descobrimos em qual caso o erro ocorreu? Você pode simplesmente vasculhar os dados, mas isso certamente lhe causaria dor de cabeça; em vez disso, podemos usar um diagrama de caixa e bigodes (ver seção 5.5) que é outra maneira muito útil de identificar valores atípicos.

---

[7] www.downloadfestival.co.uk.

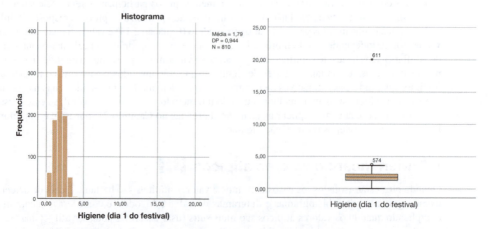

Figura 6.8 Histograma (à esquerda) e diagrama de caixa e bigodes (à direita) dos escores da higiene no dia 1 do festival.

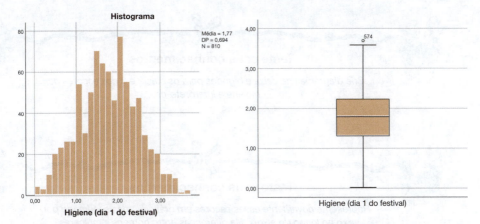

Figura 6.9 Histograma (à esquerda) e diagrama de caixa e bigodes (à direita) dos escores da higiene no dia 1 do festival após a remoção do escore extremo.

Teste seus conhecimentos

Usando o que você aprendeu na seção 5.5, faça um diagrama de caixa e bigodes dos escores de higiene no dia 1 do festival.

O valor atípico que detectamos no histograma aparece como uma pontuação extrema (*) no diagrama de caixa e bigodes (Figura 6.8, à direita). O SPSS nos ajuda e informa o número da linha (611) desse valor atípico. Se formos ao editor de dados (visualizador de dados), podemos pular direto para esse caso clicando em [ícone] e digitando "611" na caixa de diálogo seguinte. Olhando a linha 611, vemos uma pontuação de 20,02, que é provavelmente um erro de digitação de 2,02. Teríamos que voltar aos dados brutos e verificar. Vamos supor que verificamos os dados brutos e esse escore deveria ser 2,02; então, é só substituir o valor 20,02 por 2,02 antes de continuar.

Teste seus conhecimentos

Agora que removemos o valor atípico dos dados, refaça o histograma e o diagrama de caixa e bigodes.

A Figura 6.9 mostra o histograma e o diagrama de caixa e bigodes após o caso extremo ter sido corrigido. A distribuição parece normal: é bem simétrica e não parece muito pontiaguda ou plana. Nenhum gráfico indica escores particularmente extremos: o diagrama de caixa e bigodes sugere que o caso 574 é um valor atípico moderado, mas o histograma não parece mostrar qualquer caso como particularmente fora do comum.

Teste seus conhecimentos

Crie diagramas de caixa e bigodes para os dias 2 e 3 dos escores de higiene e interprete-os.

Teste seus conhecimentos

*Represente novamente esses escores em gráficos, mas separando por **sexo** ao longo do eixo x. Há diferenças entre homens e mulheres?*

Gina Gênia 6.4
Usando escores-z para encontrar valores atípicos

Na seção 1.8.6, vimos que os escores-z expressam escores em termos de uma distribuição com média de 0 e desvio-padrão 1. Convertendo nossos dados em escores-z, podemos usar valores de referência que podemos aplicar a qualquer conjunto de dados para procurar valores atípicos. Ative a caixa de diálogo *Analyze* (analisar) ▶ *Descriptive Statistics* (estatísticas descritivas) ▶ *Descriptives...*, selecione a variável a ser convertida (como os dados da higiene no dia 2) e marque ☑ *Save standardized values as variables* (salvar valores padronizados como variáveis) (Figura 6.10). O SPSS criará uma nova variável no editor de dados (com o mesmo nome da variável selecionada, mas prefixada com z).

Para procurar valores atípicos, podemos contar quantos escores-z há dentro de certos limites importantes. Se ignorarmos o fato de o escore-z ser positivo ou negativo (chamado de "valor absoluto"), em uma distribuição normal esperamos que cerca de 5% dos valores estejam além de 1,96 desvio-padrão (geralmente usamos 2 por conveniência), 1% sejam maiores do que 2,58

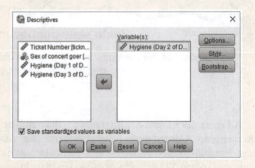

Figura 6.10 Salvando os escores-z.

e nenhum maior do que 3,29. Para que o SPSS faça a contagem para você, use o arquivo de sintaxe **Outliers.sps** (no *site* do livro), que produzirá uma tabela para os dados de higiene do dia 2 do Festival. Abra esse arquivo e execute a sintaxe (ver seção 4.10). As três primeiras linhas usam a função *descriptives* na variável **day2** (dia2) para salvar os escores-z no editor de dados (como uma variável chamada **zday2**).

```
DESCRIPTIVES
VARIABLES= day2/SAVE.
EXECUTE.
```

Agora, usamos o comando *compute* para mudar **zday2** para que contenha valores absolutos (i.e., ele converte todos os valores negativos em positivos).

```
COMPUTE zday2= abs(zday2).
EXECUTE.
```

O próximo comando recodifica a variável **zday2** para que, se um valor for maior que 3,29, ele receba o código 1, se for maior que 2,58, receba o código 2, se for maior que 1,96, código 3, e se for menor que 1,95, código 4.

```
RECODE
zday2 (3.29 thru highest = 1)(2.58 thru highest = 2)(1.96 thru
highest = 3)(Lowest thru 1.95 = 4).
EXECUTE.
```

Usamos, então, o comando *value labels* (valores dos rótulos) para atribuir rótulos úteis para os códigos que definimos anteriormente.

```
VALUE LABELS zday2
4 'Normal range' 3 'Potential Outliers (z > 1.96)' 2 'Probable
Outliers(z > 2.58)' 1 'Extreme(z-score > 3.29)'.
```

Finalmente, usamos o comando *frequencies* (frequências) para produzir a tabela (Saída 6.1) que nos diz os percentuais de 1, 2, 3 e 4 encontrados na variável **zday2**.

```
FREQUENCIES
VARIABLES= zday2
/ORDER=ANALYSIS.
```

Pensando no que sabemos sobre os valores absolutos dos escores-z, esperamos ver apenas 5% (ou menos) com valores maiores que 1,96, 1% (ou menos) com valores maiores que 2,58 e muito poucos casos acima de 3,29. A coluna *Cumulative Percent* (porcentagem cumulativa) nos diz as porcentagens correspondentes para os escores de higiene no dia 2: 0,8% dos casos estavam acima de 3,29 (casos extremos); 2,3% (em comparação com os 1% que esperávamos) tinham valores superiores a 2,58; e 6,8% (em comparação com os 5% esperados) tinham valores superiores a 1,96. Os casos restantes (que constituem 93,2% se você olhar para o *Valid Percent* [percentual válido]) estavam na amplitude normal. Essas porcentagens são amplamente consistentes com o que esperamos de uma distribuição normal (cerca de 95% dos dados na amplitude normal).

Escore-z: higiene (dia 2 do festival)

		Frequency	Percent	Valid Percent	Cumulative Percent
Valid	Extreme (z-score > 3.29)	2	.2	.8	.8
	Probable Outliers (z > 2.58)	4	.5	1.5	2.3
	Potential Outliers (z > 1.96)	12	1.5	4.5	6.8
	Normal range	246	30.4	93.2	100.0
	Total	264	32.6	100.0	
Missing	System	546	67.4		
Total		810	100.0		

Saída 6.1

6.10 Identificando a normalidade ▮▮▮▮

6.10.1 Usando gráficos para identificar normalidade ▮▮▮▮

As distribuições de frequências não são somente boas para identificar valores atípicos, elas são a escolha natural para verificar o formato da distribuição, como podemos ver nos escores do dia 1 na Figura 6.9. Uma alternativa é o **diagrama P-P** (diagrama de probabilidade-probabilidade), que representa a probabilidade acumulada dos dados em relação à probabilidade acumulada de determinada distribuição (nesse caso, especificaríamos uma distribuição normal). Os dados são ordenados e classificados, e, depois, para cada classificação, o escore-z correspondente é calculado para criar um "valor esperado" que o escore teria em uma distribuição normal. Em seguida, o próprio escore é convertido em um escore-z (ver seção 1.8.6). O escore-z real é então representado em relação ao escore-z esperado. Se os dados forem normalmente distribuídos, o escore-z real será o mesmo que o escore-z esperado, e todos os pontos estarão sobre uma linha reta diagonal. A seguir, esse cenário ideal é apresentado em um gráfico, e o seu trabalho é comparar os pontos de dados com essa linha. Se os valores estiverem na diagonal do gráfico, a variável está normalmente distribuída; no entanto, quando os dados ficam consistentemente acima ou abaixo da linha diagonal, isso mostra que a curtose dos dados difere da de uma distribuição normal, e, quando os pontos de dados formam um S, o problema é assimetria.

Para obter um diagrama P-P, use *Analyze* ▸ *Descriptive Statistics* ▸ P-P Plots... para acessar a caixa de diálogo representada na Figura 6.11.[8] Não há muito a dizer sobre essa caixa de diálogo porque as configurações-padrão produzem gráficos que comparam as variáveis selecionadas com uma distribuição normal, que é o que queremos (embora haja uma lista suspensa de outras distribuições com as quais você pode comparar suas variáveis). Selecione as três variáveis dos escores de higiene na lista de variáveis (clique na variável do dia 1, mantenha pressionada a tecla *Shift* e selecione a variável do dia 3), transfira-as para a caixa *Variables* arrastando-o ou clicando em ▸ e clique em OK.

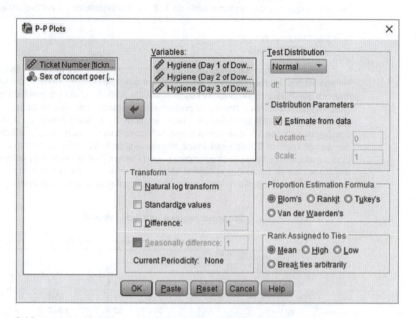

Figura 6.11 Caixa de diálogo para obter o diagrama P-P.

---
[8]Você verá, no mesmo menu, algo chamado diagrama Q-Q, que é muito similar e que abordaremos mais tarde.

Teste seus conhecimentos

Usando o que você aprendeu na seção 5.4, crie histogramas para os escores de higiene para os dias 2 e 3 do festival.

A Figura 6.12 mostra os histogramas (das tarefas do Teste seus conhecimentos) e o diagrama P-P correspondente. Nós olhamos os escores do dia 1 na seção anterior e concluímos que eles pareciam bastante normais. O diagrama P-P reflete essa visão porque os pontos de dados ficam muito próximos da linha diagonal "ideal". No entanto, as distribuições para os dias 2 e 3 parecem claramente assimétricas. Isso pode ser visto nos diagramas P-P nos pontos de dados que se afastam da diagonal. Esses gráficos sugerem que, em comparação com o dia 1, os escores de higiene nos dias 2 e 3 estavam mais agrupados em torno do limite inferior da escala (mais pessoas eram menos higiênicas); portanto, as pessoas se tornaram mais fedorentas à medida que o festival progredia. A assimetria nos dias 2 e 3 ocorre porque uma minoria insistiu em manter seus níveis de higiene durante o festival (lenços umedecidos são indispensáveis, eu acho).

6.10.2 Usando números para identificar a normalidade ▌▌▌▌

Gráficos são especialmente úteis para observar a normalidade em grandes amostras; no entanto, em amostras menores, pode ser útil explorar a distribuição das variáveis usando o comando *frequencies* (*Analyze* ▶ *Descriptive Statistics* ▶ 123 Frequencies...). A caixa de diálogo principal é mostrada na Figura 6.13. As variáveis no editor de dados estão listadas no lado esquerdo e podem ser transferidas para a caixa *Variable(s)* clicando em uma variável (ou selecionando várias com o *mouse*) e arrastando ou clicando em ▶ . Se uma variável listada na caixa *Variable(s)* for selecionada, ela pode ser transferida de volta para a lista de variáveis clicando no botão da seta (que agora deve estar apontando na direção oposta). Na configuração-padrão, o SPSS produz uma distribuição de frequências tabulada com todos os escores. Há duas outras caixas de diálogo que veremos: a caixa de diálogo *Estatísticas* (*Statistics*) é acessada clicando em Statistics... e a caixa de diálogo *Charts* é acessada clicando em Charts... .

A caixa de diálogo *Statistics* permite que você selecione maneiras de descrever uma distribuição, como medidas de tendência central (média, moda, mediana), medidas de variabilidade (amplitude, desvio-padrão, variância e quartis) e medidas de forma (curtose e assimetria). Selecione a média, a moda, a mediana, o desvio-padrão, a variância e a amplitude. Para verificar se a distribuição dos escores é normal, podemos observar os valores da curtose e da assimetria (ver seção 1.8.1). A caixa de diálogo *Charts* é uma maneira simples de determinar a distribuição de frequências dos escores (como um diagrama de barras, um diagrama em pizza ou um histograma). Já obtemos o histograma dos nossos dados; portanto, não precisamos selecionar essas opções, mas você pode usá-las em análises futuras. Depois de selecionar as opções apropriadas, retorne à caixa de diálogo principal clicando em Continue e clique em OK para executar a análise.

A Saída 6.2 mostra a tabela de estatísticas descritivas para as três variáveis desse exemplo. Em média, os escores de higiene foram de 1,77 (de um total de 5) no dia 1 do festival, mas caíram para 0,96 e 0,98 nos dias 2 e 3, respectivamente. As outras medidas importantes para nossos propósitos são a assimetria e a curtose (ver seção 1.8.1), ambas com um erro-padrão associado. Existem diferentes maneiras de calcular a assimetria e a curtose, mas o SPSS usa métodos que fornecem valores de 0 para uma distribuição normal. Valores positivos de assimetria indicam uma acumulação de escores à esquerda da distribuição, enquanto valores negativos indicam uma acumulação à direita. Valores positivos de curtose indicam uma distribuição de cauda carregada, enquanto valores negativos indicam uma distribuição de cauda leve. Quanto mais longe o valor estiver de 0, mais provável é que os dados não estejam normalmente distribuídos. Para o dia 1, o valor da assimetria está muito próximo de 0 (o que é bom), e a curtose é um pouco negativa. Para os dias 2 e 3, contudo, há uma assimetria de cerca de 1 (positiva) e uma curtose maior.

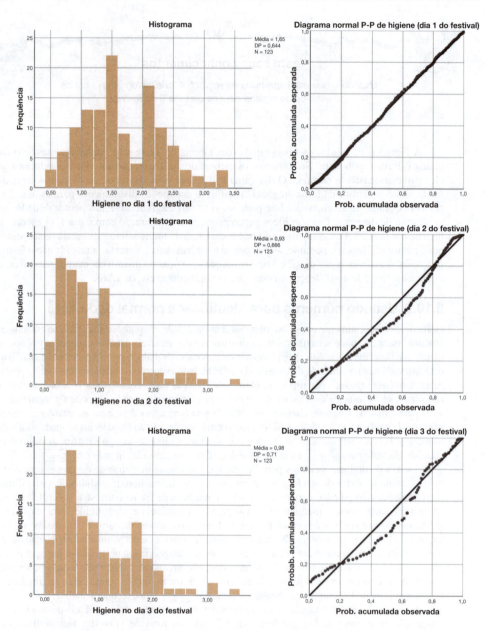

Figura 6.12 Histogramas (à esquerda) e diagramas P-P (à direita) dos escores de higiene nos 3 dias do festival.

Podemos converter esses valores e transformá-los em um teste para determinar se os valores são significativamente diferentes de 0 (i.e., normal) usando escores-z (seção 1.8.6). Lembre-se de que um escore-z é a distância de um escore da média de sua distribuição, padronizado ao ser dividido por uma estimativa de quanto os escores variam (o desvio-padrão). Queremos que o nosso escore-z represente a distância do nosso escore de assimetria/curtose em relação à média da distribuição amostral para valores de assimetria/curtose de uma distribuição normal. A média dessa

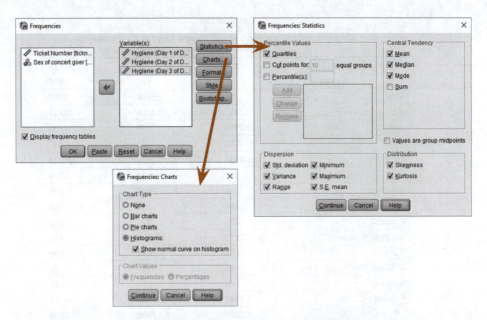

Figura 6.13 Caixas de diálogo para o comando *Frequencies* (frequências).

distribuição amostral será 0 (em média, as amostras de uma população normalmente distribuída terão uma assimetria/curtose de 0). Então, padronizamos essa distância usando uma estimativa da variação dos valores amostrais de assimetria/curtose; esta última estimativa seria o desvio-padrão da distribuição amostral, que sabemos ser chamado erro-padrão. Portanto, acabamos dividindo as estimativas de assimetria e curtose pelos seus erros-padrão:

$$z_{assimetria} = \frac{S - 0}{EP_{assimetria}} \qquad z_{curtose} = \frac{K - 0}{EP_{curtose}} \qquad (6.2)$$

Os valores de S (assimetria) e K (curtose) e seus respectivos erros-padrão são produzidos pelo SPSS (Saída 6.2). Os escores-z resultantes podem ser comparados com valores que você esperaria obter se assimetria e curtose não fossem diferentes de 0 (ver seção 1.8.6). Assim, um valor absoluto maior que 1,96 é significativo quando $p < 0,05$; acima de 2,58 é significativo quando $p < 0,01$; e acima de 3,29 é significativo quando $p < 0,001$.

Para os escores de higiene, o escore-z de assimetria é $-0,004/0,086 = 0,047$ no dia 1, $1,095/0,150 = 7,3$ no dia 2 e $1,033/0,218 = 4,739$ no dia 3. Está claro, então, que, embora no dia 1 os escores não sejam nada assimétricos, nos dias 2 e 3 há uma assimetria positiva muito significativa (como ficou evidente no histograma). Os escores-z da curtose são: $-0,410/0,172 = -2,38$ no dia 1, $0,822/0,299 = 2,75$ no dia 2 e $0,732/0,433 = 1,69$ no dia 3. Esses valores indicam problemas significativos com a assimetria, com a curtose ou com ambas (no nível de $p < 0,05$) para todos os três dias; no entanto, por causa da amostra grande, isso não é surpreendente, e, assim, podemos nos tranquilizar com o teorema central do limite.

Embora eu tenha me sentido obrigado a explicar a conversão do escore-z, há um argumento muito forte para nunca usar testes de significância para avaliar os pressupostos (ver Gina Gênia 6.5). Em amostras maiores, você certamente não deve fazê-lo; em vez disso, observe visualmente o formato da distribuição, interprete o valor das estatísticas de assimetria e curtose e, possivelmente, não se preocupe nadinha com a normalidade.

O **teste de Kolmogorov-Smirnov** e o **teste de Shapiro-Wilk** comparam os escores da amostra a um conjunto de escores normalmente distribuídos com a mesma média e desvio-

Estatísticas

		Hygiene (Day 1 of Download Festival)	Hygiene (Day 2 of Download Festival)	Hygiene (Day 3 of Download Festival)
N	Valid	810	264	123
	Missing	0	546	687
Mean		1.7711	.9609	.9765
Std. Error of Mean		.02437	.04436	.06404
Median		1.7900	.7900	.7600
Mode		2.00	.23	.44[a]
Std. Deviation		.69354	.72078	.71028
Variance		.481	.520	.504
Skewness		-.004	1.095	1.033
Std. Error of Skewness		.086	.150	.218
Kurtosis		-.410	.822	.732
Std. Error of Kurtosis		.172	.299	.433
Range		3.67	3.44	3.39
Minimum		.02	.00	.02
Maximum		3.69	3.44	3.41
Percentiles	25	1.3050	.4100	.4400
	50	1.7900	.7900	.7600
	75	2.2300	1.3500	1.5500

a. Multiple modes exist. The smallest value is shown

Saída 6.2

-padrão. Se o teste não for significativo ($p > 0,05$), ele nos diz que a distribuição amostral não é significativamente diferente de uma distribuição normal (i.e., ela provavelmente é normal). Se, no entanto, o teste for significativo ($p < 0,05$), então a distribuição em questão é significativamente diferente de uma distribuição normal (i.e., ela não é normal). Esses testes são tentadores: eles o atraem com uma maneira fácil de decidir se os escores estão normalmente distribuídos (legal!). No entanto, a Gina Gênia 6.5 cita algumas boas razões para não usá-los. Se você insistir em usá-los, tenha em mente o conselho da Gina: sempre represente graficamente seus dados e tente tomar uma decisão informada sobre a extensão da não normalidade com base em evidências convergentes.

O teste de Kolmogorov-Smirnov (K-S; Figura 6.14) é acessado por meio do comando *Explore* (*Analyze* ▸ *Descriptive Statistics* ▸ *Explore...*). A Figura 6.15 mostra as caixas de diálogo para esse comando. Primeiro, insira quaisquer variáveis de interesse na caixa *Dependent list* (lista dependente), selecionando-as no lado esquerdo e transferindo-as clicando em . Para esse exemplo, selecione os escores de higiene dos 3 dias. Se você clicar em Statistics... , uma caixa de diálogo aparece, mas a configuração-padrão é boa (ela irá produzir

Figura 6.14 Andrey Kolmogorov, querendo uma Smirnov.

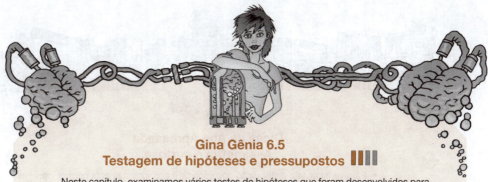

Gina Gênia 6.5
Testagem de hipóteses e pressupostos ▌▌▌▌

Neste capítulo, examinamos vários testes de hipóteses que foram desenvolvidos para nos dizer se os pressupostos foram violados. Eles incluem testes para verificar se uma distribuição é normal (os testes de Kolmogorov-Smirnov e Shapiro-Wilk), testes de homogeneidade das variâncias (teste de Levene) e testes de significância de assimetria e curtose. Eu abordo esses testes principalmente porque as pessoas esperam ver esse tipo de coisa em livros introdutórios de estatística e não porque são uma boa ideia. Todos esses testes são baseados na testagem de hipóteses, e isso significa que (1) em grandes amostras eles podem ser significativos mesmo para efeitos pequenos e sem importância e que (2) em pequenas amostras eles não terão poder para detectar violações de pressupostos (seção 2.9.10).

Também vimos, neste capítulo, que o teorema central do limite significa que, à medida que as amostras se tornam maiores, o pressuposto de normalidade é menos importante, porque a distribuição amostral será normal, independentemente do formato dos dados da população (ou, na verdade, da amostra). Assim, em amostras grandes, em que a normalidade é menos importante (ou nem um pouco), é mais provável que um teste de normalidade seja significativo e nos preocupe e acaba corrigindo algo que não precisa ser corrigido ou com que não precisamos nos preocupar. Por outro lado, em pequenas amostras, em que devemos nos preocupar com a normalidade, um teste de significância não terá o poder de detectar a não normalidade e, portanto, pode nos encorajar a não nos preocupar com algo com que provavelmente precisamos nos preocupar.

O melhor conselho é: se sua amostra for grande, não use testagem de hipóteses para a normalidade. Na verdade, não se preocupe muito com a normalidade. Em pequenas amostras, preste atenção e verifique se os seus testes de hipóteses são significativos, mas não se deixe levar por uma falsa sensação de segurança se eles não forem.

médias, desvios-padrão e assim por diante). A opção mais interessante para nossos propósitos atuais é acessada clicando em [Plots...]. Nessa caixa de diálogo, selecione a opção ☑ Normality plots with tests e isso produzirá o teste K-S e alguns *diagramas de normalidade quantil- -quantil* (*Q-Q*). Um **diagrama Q-Q** é como o diagrama P-P que encontramos na seção 6.10, exceto pelo fato de que ele traça os quantis (seção 1.8.5) dos dados em vez de cada escore individual. Os quantis esperados são uma linha diagonal reta, enquanto os quantis observados são representados por pontos individuais. O diagrama Q-Q pode ser interpretado da mesma forma que um diagrama P-P: a curtose é mostrada com pontos espalhados acima ou abaixo da linha, enquanto a assimetria é mostrada com pontos que formam um "S" ao redor da linha. Se você tiver muitos escores, os diagramas Q-Q podem ser mais fáceis de interpretar do que os diagramas P-P, porque exibem menos valores.

Dicas da Ana Apressada
Assimetria e curtose

- Para verificar se a distribuição dos escores é aproximadamente normal, observe os valores da assimetria e da curtose na saída.
- Valores positivos de assimetria indicam muitos escores baixos na distribuição, enquanto valores negativos indicam um acúmulo de escores altos.
- Valores positivos da curtose indicam uma distribuição de cauda pesada, enquanto valores negativos indicam uma distribuição de cauda leve.
- Quanto mais longe o valor estiver de 0, mais provável é que os dados não estejam normalmente distribuídos.
- Você pode converter esses escores em escores-z dividindo pelo erro-padrão. Se o escore resultante (quando você ignorar o sinal de menos) for maior que 1,96, ele é significativo ($p < 0,05$).
- A testagem de hipóteses para a assimetria e a curtose não deve ser usada em amostras grandes (porque provavelmente serão significativas mesmo quando a assimetria e a curtose não forem muito diferentes dos valores da normal).

Na configuração-padrão, o SPSS produzirá diagramas de caixa e bigodes (divididos de acordo com grupos se um fator tiver sido especificado) e diagramas de caule e folhas também. Precisamos também clicar em *Options...* para informar ao SPSS como lidar com os valores ausentes. Isso é importante porque, apesar de começarmos com 810 escores no dia 1, no dia 2 temos apenas 264 e, no dia 3, apenas 123. Na configuração-padrão, o SPSS usará apenas os casos para os quais existam escores válidos em todas as variáveis selecionadas. Isso significa que, para o dia 1, embora tenhamos 810 escores, o SPSS usará apenas os 123 casos para os quais há escores nos 3 dias. Isso é conhecido como excluir casos *listwise* (toda uma linha). No entanto, queremos que ele use todos os escores que possui em um determinado dia, o que é conhecido como *pairwise* (Dica do SPSS 6.1). Uma vez que você clicou em *Options...*, selecione *Exclude cases pairwise* (excluir casos em pares) e clique em *Continue* para retornar à caixa de diálogo principal; clique em *OK* para executar a análise.

O SPSS produz uma tabela de estatísticas descritivas (média, etc.) que deve ter os mesmos valores que as tabelas obtidas usando o procedimento *Frequencies*. A tabela para o teste K-S (Saída 6.3) inclui a estatística de teste em si, os graus de liberdade (que devem ser iguais ao tamanho da amostra)[9] e o valor da significância. Lembre-se de que um valor significativo (*Sig.* menor do que 0,05) indica um desvio da normalidade. Para o dia 1, o teste de K-S não é significativo ($p = 0,097$), mas surpreendentemente próximo de ser significativo considerando a normalidade dos escores do dia 1 vista no histograma (Figura 6.12). Isso ocorreu porque o tamanho da amostra do dia 1 é muito grande ($N = 810$), então o teste é altamente potente: revela como em

---

[9] Não é $N - 1$ porque o teste compara a amostra a uma normal idealizada, assim a média da amostra não é usada como uma estimativa da média da população, o que significa que todos os escores são livres para variar.

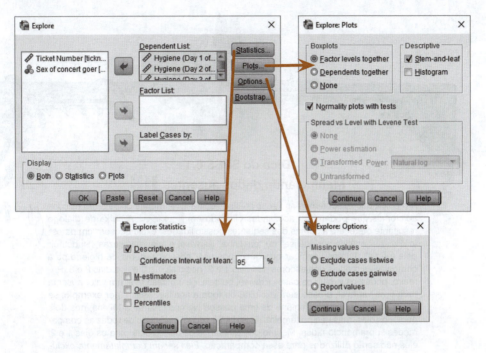

Figura 6.15 Caixa de diálogo para o comando *explore*.

Testes de normalidade

	Kolmogorov-Smirnov[a]			Shapiro-Wilk		
	Statistic	df	Sig.	Statistic	df	Sig.
Hygiene (Day 1 of Download Festival)	.029	810	.097	.996	810	.032
Hygiene (Day 2 of Download Festival)	.121	264	.000	.908	264	.000
Hygiene (Day 3 of Download Festival)	.140	123	.000	.908	123	.000

a. Lilliefors Significance Correction

Saída 6.3

amostras grandes mesmo desvios de normalidade pequenos e sem importância podem ser considerados significativos (Gina Gênia 6.5). Nos dias 2 e 3, o teste é altamente significativo, indicando que essas distribuições não são normais, o que provavelmente reflete a assimetria observada nos histogramas desses dados (Figura 6.12).

6.10.3 Relatando o teste K-S

Se você precisa utilizar o teste K-S, sua estatística é representada por D, e você deve relatar os graus de liberdade (gl) entre parênteses após o D. Os resultados da Saída 6.3 podem ser relatados como:

✓ Os escores de higiene do dia 1, $D(810) = 0{,}029$, $p = 0{,}097$, não mostraram desvios significativos de uma distribuição normal; no entanto, no dia 2, $D(264) = 0{,}121$, $p < 0{,}001$, e no dia 3, $D(123) = 0{,}140$, $p < 0{,}001$, os escores foram significativamente não normais.

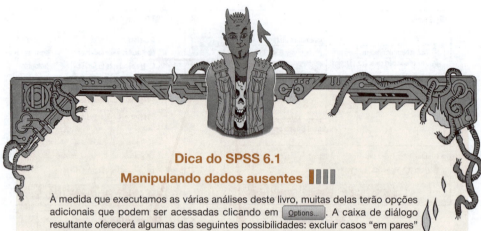

Dica do SPSS 6.1
Manipulando dados ausentes ▌▐▐▐

À medida que executamos as várias análises deste livro, muitas delas terão opções adicionais que podem ser acessadas clicando em [Options...]. A caixa de diálogo resultante oferecerá algumas das seguintes possibilidades: excluir casos "em pares" (*pairwise*), "análise por análise" ou "em linha" (*listwise*) e, algumas vezes, "substituir pela média". Vamos imaginar que queremos usar nossos escores de higiene para comparar as médias dos escores nos dias 1 e 2, nos dias 1 e 3 e nos dias 2 e 3. Primeiro, podemos excluir os casos *listwise*, ou seja, se um caso tiver um valor ausente para uma variável, o caso será excluído de toda a análise. Assim, por exemplo, se tivéssemos o escore de higiene de uma pessoa (vamos chamá-la Milena) nos dois primeiros dias, mas não no terceiro, seus dados seriam excluídos de todas as comparações supramencionadas. Mesmo que tenhamos os dados dela para os dias 1 e 2, eles não serão utilizados para essa comparação. *Eles seriam completamente excluídos da análise*. Outra opção é excluir casos de forma *pairwise* (também conhecido como *análise por análise* ou *teste por teste*), o que significa que os dados da Milena serão excluídos apenas nas análises em que ocorrem: assim, seus dados serão usados para comparar os dois primeiros dias, mas seriam excluídos das demais comparações (porque não temos o escore dela no dia 3).

Algumas vezes, o SPSS oferecerá a opção de substituir o escore ausente pela média dos escores dessa variável e incluir esse escore na análise. O problema é que isso provavelmente vai suprimir o verdadeiro valor do desvio-padrão (e, mais importante, do erro-padrão). O desvio-padrão será suprimido porque, nos casos substituídos, não haverá diferença entre a média e o escore, ao passo que, se houvesse um dado para aquele caso ausente, haveria, quase que certamente, alguma diferença entre a média e o escore. Se a amostra for grande e o número de valores ausentes for pequeno, isso pode não ser um problema grave. No entanto, se houver muitos valores ausentes, essa escolha é potencialmente perigosa, pois os erros-padrão menores oferecerão uma maior probabilidade de produzir resultados significativos causados pela substituição de dados em vez de por um efeito genuíno.

6.10.4 Normalidade dentro dos grupos e o comando para dividir arquivo ▌▐▐▐

Quando as variáveis previsoras são formadas por categorias, se você decidir que precisa verificar o pressuposto de normalidade, você precisa fazê-lo dentro de cada grupo separadamente (Gina Gênia 6.2). Por exemplo, para os escores de higiene, temos dados tanto para homens quanto para mulheres (variável **sexo**). Se fizermos alguma previsão sobre a existência de diferenças na higiene entre homens e mulheres em um festival de música, então devemos olhar para a normalidade dentro dos grupos dos homens e das mulheres separadamente. Há várias maneiras de produzir estatísticas descritivas básicas para grupos separados. Primeiro, apresentarei o comando *split file* (dividir arquivo), no qual você especifica uma variável codificadora que o SPSS usa para realizar análises separadamente em cada categoria de casos.

Oliver Twist
Por favor, senhor, quero um pouco mais de... teste de normalidade

"Há outro teste relatado na tabela (o teste de Shapiro-Wilk)", sussurra Oliver enquanto se esgueira atrás de você, faca na mão, "e uma nota de rodapé dizendo que a 'correção de Lilliefors para a significância' foi aplicada. Que diabos está acontecendo?" Bem, Oliver, tudo será revelado no material adicional deste capítulo que está no *site* do livro: você pode descobrir mais sobre o teste K-S, a correção de Lilliefors e sobre o teste de Shapiro-Wilk. O que você está esperando?

Dicas da Ana Apressada
Testes de normalidade

- O teste K-S pode ser usado (mas não deveria ser) para ver se uma distribuição de escores difere significativamente de uma distribuição normal.
- Se o teste K-S é significativo (quando o *Sig.* na tabela do SPSS é inferior a 0,05), os escores são significativamente diferentes de uma distribuição normal.
- Caso contrário, os escores terão uma distribuição aproximadamente normal.
- O teste de Shapiro-Wilk faz praticamente a mesma coisa, mas tem mais poder para detectar diferenças da normalidade (portanto, esse teste pode ser significativo quando o teste K-S não é).
- *Advertência*: em amostras grandes, esses testes podem ser significativos mesmo quando os escores forem apenas ligeiramente diferentes de uma distribuição normal. Portanto, eu particularmente não os recomendo, e eles sempre devem ser interpretados em conjunto com histogramas, gráficos P-P ou Q-Q e com os valores da assimetria e da curtose.

Se quisermos obter estatísticas descritivas separadas para homens e mulheres dos escores de higiene no festival, podemos dividir o arquivo e, em seguida, usar o comando *frequencies* descrito na seção 6.10.2. Para dividir o arquivo, selecione *Data* (dados) ▶ **Split File...** ou clique em ▦. Na caixa de diálogo resultante (Figura 6.16), selecione a opção *Organize output by groups* (organizar saída por grupos). Quando essa opção for selecionada, a caixa *Groups Based on* (grupos baseados em) será ativada. Selecione a variável que contém os códigos do grupo com os quais você deseja repetir a análise (nesse exemplo, selecione **sex** [sexo]) e arraste-a para a caixa ou clique em ➡. Na configuração-padrão, o SPSS classificará o arquivo de acordo com esses grupos (i.e., listará uma categoria seguida da outra no editor de dados). Depois de dividir o arquivo, use o comando *frequencies* como anteriormente. Vamos solicitar estatísticas para todos os 3 dias, como na Figura 6.13.

A Saída 6.4 mostra os resultados, que foram divididos em duas tabelas: os resultados para os homens e para as mulheres. Os homens pontuaram menos que as mulheres nos 3 dias do festival

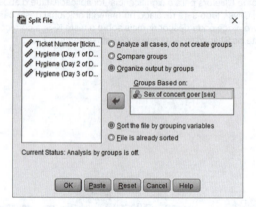

Figura 6.16 Caixa de diálogo para o comando *split file* (dividir arquivo).

Homens   **Mulheres**

		Hygiene (Day 1 of Download Festival)	Hygiene (Day 2 of Download Festival)	Hygiene (Day 3 of Download Festival)
N	Valid	315	104	56
	Missing	0	211	259
Mean		1.6021	.7733	.8291
Std. Error of Mean		.03620	.05847	.07210
Median		1.5800	.6700	.7300
Mode		2.00	.23	.44
Std. Deviation		.64241	.59630	.53954
Variance		.413	.356	.291
Skewness		.200	1.476	.719
Std. Error of Skewness		.137	.237	.319
Kurtosis		-.101	3.134	-.268
Std. Error of Kurtosis		.274	.469	.628
Range		3.47	3.35	2.09
Minimum		.11	.00	.02
Maximum		3.58	3.35	2.11
Percentiles	25	1.1400	.2975	.4400
	50	1.5800	.6700	.7300
	75	2.0000	1.0725	1.1950

a. Sex of Concert Goer = Male

		Hygiene (Day 1 of Download Festival)	Hygiene (Day 2 of Download Festival)	Hygiene (Day 3 of Download Festival)
N	Valid	495	160	67
	Missing	0	335	428
Mean		1.8787	1.0829	1.0997
Std. Error of Mean		.03164	.06078	.09896
Median		1.9400	.8900	.8500
Mode		2.02	.85	.38
Std. Deviation		.70396	.76876	.81001
Variance		.496	.591	.656
Skewness		-.176	.870	.869
Std. Error of Skewness		.110	.192	.293
Kurtosis		-.397	.089	.069
Std. Error of Kurtosis		.219	.381	.578
Range		3.67	3.38	3.39
Minimum		.02	.06	.02
Maximum		3.69	3.44	3.41
Percentiles	25	1.4100	.4700	.4400
	50	1.9400	.8900	.8500
	75	2.3500	1.5475	1.7000

a. Sex of Concert Goer = Female

Saída 6.4

(i. e., eles eram mais fedorentos). A Figura 6.17 mostra os histogramas dos escores de higiene separados de acordo com o sexo dos participantes do festival. Os escores dos homens e das mulheres têm distribuições semelhantes. No dia 1, eles são razoavelmente normais (embora as mulheres talvez mostrem um ligeiro desvio negativo, o que indica que uma proporção maior delas estava no nível mais alto dos escores de higiene do que os homens). Nos dias 2 e 3, homens e mulheres mostram uma assimetria positiva que vimos na amostra em geral. Parece que, proporcionalmente, mais mulheres estão no final assimétrico da distribuição (i.e., no topo da escala de higiene).

Se você está determinado a ignorar meu conselho, pode executar o teste K-S nos diferentes grupos repetindo a análise que fizemos anteriormente (Figura 6.15); já que o comando *split file* está ativado, o teste K-S será executado para homens e mulheres separadamente. Um método alternativo é dividir a análise por grupos a partir do próprio comando *explore* (explorar). Primeiro, desative o comando *split file* clicando em Data ▶ 🔠 Split File... (ou clicando em 🔠) para ativar a caixa de diálogo similar à da Figura 6.16. Selecione *Analyze all cases, do not create groups* (analisar todos

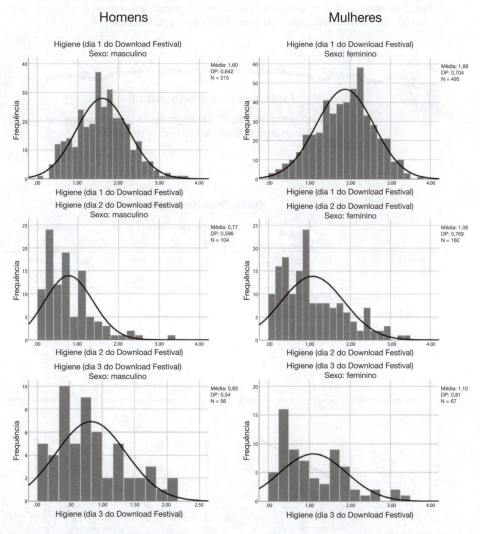

Figura 6.17 Distribuições dos escores de higiene para homens (à esquerda) e mulheres (à direita) durante os 3 dias (de cima para baixo) do festival de música.

os casos, não criar grupos) e clique em [OK]. A função *split file* está desativada, e as análises serão conduzidas em todos os dados. Em seguida, ative o comando *explore* como fizemos antes: *Analyze* ▶ *Descriptive Statistics* ▶ 🔍 *Explore*... Podemos solicitar testes separados para homens e mulheres, colocando **sex** na caixa *Factor List* (lista de fatores), como na Figura 6.20, e selecionando as mesmas opções descritas anteriormente. Vamos fazer isso para os escores de higiene do dia 1. Você deve ver a tabela da Saída 6.5, que mostra que a distribuição dos escores de higiene era normal para homens (valor de *Sig*. maior que 0,05), mas não para as mulheres (valor de *Sig*. menor que 0,05).

O SPSS também produz um diagrama Q-Q normal (ver Figura 6.18). Apesar de o K-S ter resultados completamente diferentes para homens e mulheres, os diagramas Q-Q são notavelmente semelhantes: não há sinais de um grande problema com a curtose (os pontos não ficam acima ou abaixo da linha), e há uma ligeira assimetria (o diagrama feminino, em particular, tem um leve formato de S). No entanto, ambos os gráficos mostram que os quantis estão muito próximos da diagonal, o que, não podemos esquecer, representa uma distribuição normal perfeita. Para as mulheres, o gráfico está em desacordo com o teste K-S significativo, e isso ilustra o que falei anteriormente de que, se você tiver uma amostra grande, testes como K-S levarão você a concluir que desvios muito pequenos da normalidade são "significativos".

Teste seus conhecimentos

Calcule e interprete um teste K-S e diagramas Q-Q para homens e mulheres para os dias 2 e 3 do festival de música.

Teste de normalidade

	Sex of concert goer	Kolmogorov-Smirnov[a]			Shapiro-Wilk		
		Statistic	df	Sig.	Statistic	df	Sig.
Hygiene (Day 1 of Download Festival)	Male	.035	315	.200*	.993	315	.119
	Female	.053	495	.002	.993	495	.029

*. This is a lower bound of the true significance.

a. Lilliefors Significance Correction

Saída 6.5

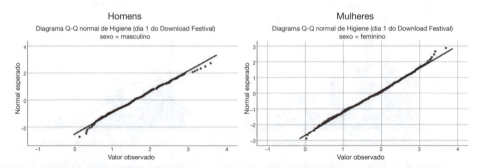

Figura 6.18 Diagramas Q-Q normais dos escores de higiene para o dia 1 do festival de música.

6.11 Verificando a linearidade e a heteroscedasticidade/heterogeneidade das variâncias ▊▊▊▊

6.11.1 Usando gráficos para localizar problemas com linearidade ou homoscedasticidade ▊▊▊▊

A razão para olharmos o pressuposto de linearidade e de homoscedasticidade juntos é que podemos verificar ambos com um único gráfico. Ambos os pressupostos se relacionam com os erros (também conhecidos como resíduos) do modelo, e podemos representar os valores desses resíduos em relação aos valores correspondentes do resultado previsto pelo nosso modelo em um gráfico de dispersão. O gráfico resultante mostra se existe uma relação sistemática entre o que sai do modelo (os valores previstos) e os erros do modelo. Normalmente, convertemos os valores previstos e os erros em escores-z,[10] então esse gráfico é algumas vezes chamado de *zpred vs. zresid*. Se a linearidade e a homoscedasticidade forem verdadeiras, então não deve haver relação sistemática entre os erros do modelo e o que o modelo prevê. Se esse gráfico for exibido, as chances são de que haja heteroscedasticidade nos dados. Se houver algum tipo de curva nesse gráfico, o pressuposto de linearidade provavelmente será suspeito.

A Figura 6.19 mostra exemplos de gráficos de resíduos padronizados em relação a valores previstos padronizados. O gráfico superior esquerdo mostra uma situação em que os pressupostos de linearidade e homoscedasticidade foram atendidos. O superior direito mostra um gráfico semelhante para um conjunto de dados que viola o pressuposto de homoscedasticidade. Note que os pontos formam um funil: eles se tornam mais espalhados de um lado para outro do gráfico. Essa forma de funil é típica de heteroscedasticidade e indica uma variância crescente entre os resíduos. O gráfico inferior esquerdo mostra alguns dados em que há uma relação não linear entre a variável de resultado e a previsora: há uma curva clara nos resíduos. Finalmente, o painel do gráfico inferior à direita ilustra dados que não apenas têm uma relação não linear, mas também mostram heteroscedasticidade: há uma tendência curva nos resíduos, e, em uma extremidade do gráfico, a dispersão dos resíduos é muito pequena, enquanto, na outra extremidade, os resíduos estão amplamente dispersos. Quando esses pressupostos forem violados, você não verá esses padrões exatos, mas esperamos que esses gráficos ajudem você a entender as anomalias gerais a serem observadas. Vamos ver um exemplo de como usar esse gráfico no Capítulo 9.

6.11.2 Localizando a heteroscedasticidade/heterogeneidade das variâncias utilizando números ▊▊▊▊

Lembre-se de que a homoscedasticidade/homogeneidade das variâncias significa que, à medida que você passa pelos níveis de uma variável, a variância da outra não deve mudar. Se você coletou grupos de dados, isso significa que a variação da sua variável ou variáveis de resultado deve ser a mesma em cada grupo. O SPSS produz algo chamado de **teste de Levene** (Levene, 1960), que testa a hipótese nula de que as variâncias em diferentes grupos são iguais. Ele funciona fazendo uma ANOVA de um fator (ver Capítulo 12) sobre os desvios dos escores, isto é, a diferença absoluta entre cada escore e a média do grupo do qual ela veio (ver Glass, 1966, para uma explicação muito inteligível).[11] Por enquanto, tudo que você precisa saber é que se o teste de Levene for significativo com $p \leq 0,05$, assim as pessoas tendem a concluir que a hipótese nula é incorreta e que as variâncias são significativamente diferentes; portanto, o pressuposto de homogeneidade das variâncias foi violado. Se o teste de Levene não for significativo (i.e., $p > 0,05$), as variações são interpretadas como aproximadamente iguais, e o pressuposto é sustentável (mas, por favor, leia Gina Gênia 6.6).

---

[10] Esses erros padronizados são chamados resíduos padronizados, e os discutiremos no Capítulo 9.

[11] Ainda não vimos ANOVA, assim essa explicação não fará muito sentido para você; mas no Capítulo 12 veremos com mais detalhes como o teste de Levene funciona.

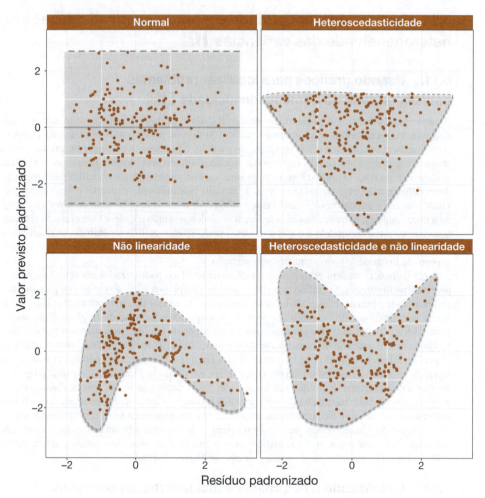

Figura 6.19 Diagramas dos resíduos padronizados *versus* valores previstos (ajustados).

Embora o teste de Levene possa ser selecionado como uma opção em muitos dos testes estatísticos que o exigem, se você insistir em querer usá-lo, analise-o quando estiver explorando os dados, pois ele informa o modelo que você ajusta posteriormente. Pela mesma razão que você provavelmente não deveria usar o teste K-S (Gina Gênia 6.5), você provavelmente não deveria usar o teste de Levene (Gina Gênia 6.6): em grandes amostras, diferenças triviais nas variâncias dos grupos podem produzir um teste de Levene significativo e, em pequenas amostras, o teste só detectará grandes diferenças.

Algumas pessoas também observam o $F_{máx}$ **de Hartley**, também conhecido como **razão de variância** (Pearson e Hartley, 1954). Essa é a razão entre a maior e a menor variância dos grupos. Essa razão foi comparada com valores críticos em uma tabela publicada por Hartley. Os valores críticos dependem do número de casos por grupo e do número de variâncias sendo comparadas. Por exemplo, com tamanhos de amostra (*n*) de 10 por grupo, um $F_{máx}$ menor do que 10 é quase sempre não significativo, com 15 a 20 por grupo, a razão precisa ser menor do que aproximadamente 5; e com amostras de 30 a 60 deve estar abaixo de 2 ou 3. Essa relação não é usada com muita frequência e, por ser um teste de significância, tem os mesmos problemas que o teste de Levene. No entanto, se você quiser os valores críticos (para um nível de significância de 0,05), leia o quadro do Oliver Twist.

6.11.3 Se, mesmo assim, você decidir fazer o teste de Levene ▌▌▌▌

Depois de tudo o que eu disse, você não vai fazer o teste, vai? Ah, você vai. OK. Voltando aos escores de higiene, iremos comparar as variações de homens e mulheres no dia 1 do festival. Use *Analyze* ▶ *Descriptive Statistics* ▶ Explore... para abrir a caixa de diálogo similar à da Figura 6.20. Transfira a variável **day1** da lista do lado esquerdo para a caixa *Dependent List*, clicando em ▶ perto dessa caixa; para dividir a saída de acordo com a variável de agrupamento para comparar as variâncias, selecione a variável **sex** e transfira-a para a caixa *Factor List* clicando em ▶ (ou arrastando-a). Clique em Plots... para abrir a outra caixa de diálogo similar à da Figura 6.20. Para realizar o teste de Levene, selecionamos uma das opções de onde se lê *Spread vs Level with Levene Test* (Dispersão vs. Nível com teste de Levene). Se você selecionar ⦿ Untransformed, o teste de Levene será realizado nos dados originais (um bom começo). Clique em Continue para retornar à caixa de diálogo principal *Explore* e em OK para executar a análise.

Gina Gênia 6.6
O teste de Levene vale todo o esforço? ▌▌▌▌

Os estatísticos costumavam recomendar testar a homogeneidade das variâncias utilizando o teste de Levene e, se o pressuposto fosse violado, usar um ajuste para corrigi-lo. As pessoas pararam de usar essa abordagem por dois motivos. Primeiro, violar esse pressuposto é importante apenas se você tiver tamanhos de grupo desiguais; se os tamanhos dos grupos forem iguais, esse pressuposto é praticamente irrelevante e pode ser ignorado. Segundo, os testes de homogeneidade das variâncias funcionam melhor quando você tem tamanhos de grupos e amostras grandes (e nesse caso não importa se você violou o pressuposto) e são menos eficazes com tamanhos de grupos desiguais e amostras menores (que é exatamente quando o pressuposto é importante). Além disso, há ajustes para corrigir violações desse pressuposto que podem ser aplicados (como veremos): em geral, uma correção é aplicada para compensar qualquer grau de heterogeneidade nos dados (sem heterogeneidade = sem correção). A ideia principal é que você também pode aplicar a correção e esquecer o pressuposto. Se você está realmente interessado nesse assunto, indico o artigo de Zimmerman (2004).

Oliver Twist
Por favor, senhor, quero um pouco mais de ... $F_{máx}$ de Hartley

"Que tipo de tolo usa a razão de variância, quanto mais se preocupa com o seu significado?", eu pergunto.

"Eu, eu, eu!", grita Oliver, ameaçando-me com sua colher de pau coberta de mingau. "Dê-me mais significância!", ele exige.

Bem, não há alguém mais tolo que um idiota dickensiano; então, para proteger minha cabeça da colher de pau, a tabela completa de valores críticos está no *site* do livro.

A Saída 6.6 mostra o teste de Levene, que pode ser baseado nas diferenças entre os escores e a média, ou entre os escores e a mediana. A mediana é ligeiramente preferível (porque é mais resistente à existência de valores atípicos). Ao utilizar tanto a média ($p = 0,03$) quanto a mediana ($p = 0,037$), os valores da significância são inferiores a 0,05, indicando uma diferença significativa entre as variâncias para homens e para mulheres. Para calcular a razão das variâncias, precisamos dividir a variância maior pela menor. Você deve encontrar as variâncias em sua saída, mas, se não encontrar, obtemos esses valores na Saída 6.4. A variância para homens foi de 0,413 e para mulheres, de 0,496; a razão das variâncias é, portanto, 0,496/0,413 = 1,2. As variâncias são praticamente iguais.

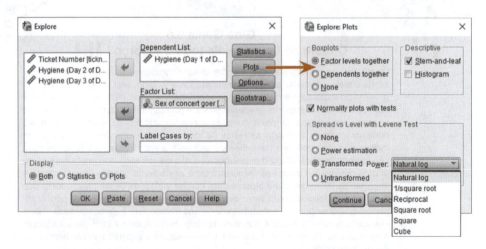

Figura 6.20 Explorando grupos de dados e realizando o teste de Levene.

Teste de homogeneidade das variâncias

		Levene Statistic	df1	df2	Sig.
Hygiene (Day 1 of Download Festival)	Based on Mean	4.736	1	808	.030
	Based on Median	4.354	1	808	.037
	Based on Median and with adjusted df	4.354	1	805.066	.037
	Based on trimmed mean	4.700	1	808	.030

Saída 6.6

Então, por que o teste de Levene nos diz que elas são significativamente diferentes? A resposta é porque os tamanhos das amostras são grandes: temos 315 homens e 495 mulheres, então mesmo essa pequena diferença nas variâncias é significativa de acordo com o teste de Levene (Gina Gênia 6.5). Espero que esse exemplo convença-o a tratar esse teste com cautela.

Dicas da Ana Apressada
Homogeneidade das variâncias

- Homogeneidade das variâncias/homoscedasticidade é o pressuposto de que a dispersão dos escores da variável de resultado é aproximadamente igual em diferentes pontos da variável previsora.
- O pressuposto pode ser avaliado observando um gráfico dos valores previstos do seu modelo padronizados em relação aos resíduos padronizados (*zpred vs. zresid*).
- Ao comparar grupos, esse pressuposto pode ser testado com o teste de Levene ou por meio da razão das variâncias ($F_{máx}$ de Hartley).
  - Se o teste de Levene for significativo (*Sig.* na tabela do SPSS menor do que 0,05), as variâncias serão significativamente diferentes em grupos diferentes.
  - Caso contrário, a homogeneidade das variâncias pode ser assumida.
  - A razão das variâncias é a maior variância dos grupos dividida pela menor. Esse valor precisa ser menor que os valores críticos disponíveis no material adicional.
- *Advertência*: há boas razões para não usar o teste de Levene ou a razão de variância. Em amostras grandes, elas podem ser significativas quando as variâncias dos grupos forem semelhantes e, em amostras pequenas, só serão significativas quando as variâncias dos grupos forem muito diferentes.

6.11.4 Relatando o teste de Levene ▌▌▌▌

Usando os rótulos da Saída 6.6, o teste de Levene pode ser relatado desta forma geral: $F(gl_1, gl_2)$ = estatística de teste, valor-p. Para a Saída 6.6, escreveríamos (note que usei o valor com base na mediana):

- Para os escores de higiene no dia 1 do festival, as variâncias para homens e mulheres foram significativamente diferentes, $F(1, 808) = 4,35, p = 0,037$.

6.12 Reduzindo o viés ▌▌▌▌

Após analisar as possíveis fontes de viés, a próxima questão é como reduzir o impacto do viés. Analisaremos quatro abordagens para corrigir problemas com os dados, descritos abaixo:

- **Apare os dados**: elimine certa quantidade dos escores das pontas extremas.
- **Winsorize**: substitua os valores atípicos pelo valor mais alto que não seja um valor atípico.
- **Aplique um método robusto de estimativa**: uma abordagem comum é usar *bootstrapping*.
- **Transforme os dados**: aplique uma função matemática aos escores para corrigir problemas.

Provavelmente, a melhor dessas escolhas é utilizar **testes robustos**, que é um termo aplicado a uma família de procedimentos para estimar estatísticas que são imparciais mesmo quando os pressupostos normais da estatística não são atendidos (seção 6.12.3). Vamos analisar cada técnica com mais detalhes.

6.12.1 Aparando os dados ▌▌▌▌

Aparar os dados significa excluir alguns escores das pontas extremas. Em sua forma mais simples, isso pode acabar excluindo os dados da pessoa que contribuiu para o valor atípico. No entanto, isso deve ser feito apenas se você tiver bons motivos para acreditar que esse caso não faz parte da população de que você pretendia extrair uma amostra. Imagine que você esteja investigando fatores que afetam o quanto os gatos ronronam, e um gato não ronronou; isso provavelmente seria um valor atípico (todos os gatos ronronam). Após a inspeção, se você descobrisse que esse gato era um cachorro usando uma fantasia de gato (por isso, ele não ronronou), então você teria motivos para excluir esse caso porque vem de uma população diferente (cães que gostam de se vestir como gatos) da sua população-alvo (gatos).

Mais frequentemente, o corte envolve a remoção de escores extremos usando uma de duas regras: (1) uma baseada em porcentagem; e (2) outra baseada no desvio-padrão. Uma regra baseada em porcentagem seria, por exemplo, excluir os 10% dos escores mais altos e mais baixos. Vamos ver um exemplo. Meston e Frohlich (2003) relatam um estudo que mostra que pessoas heterossexuais classificam como mais atraente a imagem de alguém do sexo oposto depois de andarem de montanha-russa em comparação a antes de andarem. Imagine que selecionamos 20 pessoas saindo da montanha-russa Rockit nos estúdios da Universal em Orlando[12] e pedimos que classificassem a atratividade de alguém em uma foto de acordo com uma escala de 0 (parece o Jabba the Hut) a 10 (meus olhos não conseguem lidar com tamanha beleza, eu vou explodir). A Figura 6.21 mostra esses escores. A maioria das pessoas deu classificações acima do ponto médio da escala: elas eram bastante positivas em suas avaliações. No entanto, duas pessoas deram 0. Se fôssemos cortar 5% dos dados de cada extremidade, isso significaria excluir um escore em cada extremo (há 20 escores, e 5% de 20 é 1). A Figura 6.21 mostra que isso envolve a exclusão de um 0 e um 10. Podemos calcular uma média aparada de 5% calculando a média desse conjunto de dados aparados.

---

[12] Tenho um vídeo com minha esposa nessa montanha-russa durante a nossa lua de mel. Eu falo muitos palavrões no vídeo, mas posso colocá-lo no meu canal do YouTube para que você possa rir e ver como eu sou medroso.

Da mesma forma, a Figura 6.21 mostra que, com 20 escores, um corte de 10% significaria excluir dois escores de cada extremidade, e um corte de 20% implicaria excluir quatro escores de cada lado. Se você exagerar nas aparadas, acabará tendo apenas a mediana, que é o valor que sobra quando tiver aparado todos, exceto o escore do meio. Se calcularmos a média em uma amostra que foi aparada dessa maneira, ela é chamada (sem surpresa) **média aparada**. Uma medida robusta semelhante de localização é um **estimador M**, que difere de uma média aparada pois a quantidade do corte de dados é determinada empiricamente. Em outras palavras, em vez de o pesquisador decidir antes da análise quanto dos dados será aparado, um estimador-M determina a quantidade ideal de corte necessária para fornecer uma estimativa robusta, digamos, da média. Isso tem a vantagem óbvia de que você nunca reduz a mais ou a menos seus dados; no entanto, a desvantagem é que nem sempre é possível chegar a uma solução.

> **Teste seus conhecimentos**
> Calcule a média e a variância dos escores de atratividade. Agora, calcule-as novamente para os dados aparados a 5, 10 e 20%.

Se você fizer a seção Teste seus Conhecimentos, verá que o escore médio foi 6. A média aparada de 5% é 6,11, e as médias aparadas de 10% e 20% são 6,25. As médias se elevam nesse caso porque os escores extremos foram baixos (duas pessoas que deram notas 0), e o corte das extremidades reduz seu impacto (o que teria sido diminuir a média). Para a amostra completa, a variância foi 8; para os dados aparados de 5, 10 e 20%, ela foi 5,87, 3,13 e 1,48, respectivamente. As variâncias ficam menores (e mais estáveis) porque, novamente, os escores nas extremidades não têm impacto (porque foram retirados). Vimos anteriormente que a precisão da média e da variância depende de uma distribuição simétrica, mas uma média (e uma variância) aparada será relativamente precisa mesmo quando a distribuição não for simétrica, pois, ao aparar as extremidades da distribuição, removemos os valores atípicos e a assimetria que influenciam a média. Alguns métodos robustos funcionam aproveitando as propriedades da média aparada.

O corte de dados baseado no desvio-padrão envolve o cálculo da média e do desvio-padrão de um conjunto de escores e a remoção de valores que estão a um determinado número de desvios-padrão além da média. Um bom exemplo são os dados de tempo de reação (que são notoriamente confusos), dos quais é muito comum remover tempos de reação acima de (ou abaixo de) 2,5 desvios-padrão da média (Ratcliff, 1993). Para os dados de atratividade, a variância era 8, e o desvio-padrão é a raiz quadrada desse valor, 2,83. Se quiséssemos cortar valores além de 2,5 vezes o desvio-padrão, usaríamos 2,5 × 2,83 = 7,08. A média é 6, e, portanto, excluiríamos valores maiores do que 6 + 7,08 = 13,08; não havia nenhum (a escala é de 10 pontos); também excluiríamos escores menores do que 6 − 7,08 = −1,08, o que significa novamente não excluir nenhum escore (porque

Figura 6.21 Ilustração do processo de aparar os dados.

o escore mais baixo foi 0). Resumindo, a aplicação dessa regra não afetaria a média e nem o desvio-padrão, o que é estranho, não é? O exemplo ilustra o problema básico ao aparar os dados com base no desvio-padrão, uma vez que a média e o desvio-padrão são ambos altamente influenciados por valores atípicos (ver seção 6.3); portanto, os valores atípicos dos dados enviesam o critério usado para reduzir seu impacto. Nesse caso, o desvio-padrão inflacionado empurra a regra de corte para além dos limites dos dados.

Não há uma maneira simples de implementar esses métodos no SPSS. Você pode calcular uma média aparada de 5% usando o comando *explore* (Figura 6.15), mas não removerá os valores dos dados que foram aparados. Para fazer testes com uma amostra aparada, você precisa usar o plug-in *Essentials for R* (vou detalhar na seção 6.12.3).

6.12.2 Winsorizando ▍▊▍▊

Winsorizar os dados envolve substituir um valor atípico com o escore mais alto que não seja um valor atípico. É perfeitamente natural sentir-se desconfortável com a ideia de alterar os escores coletados. Parece um pouco como uma trapaça. No entanto, lembre-se de que, se o escore que você está alterando não for representativo da amostra e influenciar seu modelo estatístico, será melhor fazer isso do que relatar e interpretar um modelo enviesado.[13] Trapacear seria não lidar com casos extremos devido ao fato de eles distorcerem os resultados em favor da sua hipótese ou mudar os escores de uma maneira sistemática por uma razão que não seja reduzir o viés (novamente, talvez para apoiar a sua hipótese).

Há algumas variações na winsorização, como a substituição de escores extremos por um valor igual a 3 desvios-padrão além da média. Um escore-z de 3,29 é um valor atípico (ver seção 6.9), então podemos calcular qual valor dá origem a um escore-z de 3,29 (ou talvez 3) rearranjando a equação do escore-z para: $X = (z \times s) + \overline{X}$. Tudo o que estamos fazendo é calcular a média ($\overline{X}$) e o desvio-padrão (DP) dos dados e, já que z é 3 (ou 3,29 se você quiser ser exato), adicionando três vezes o desvio-padrão à média e substituindo nossos valores atípicos com esse escore. Isso é algo que você precisaria fazer manualmente no SPSS ou usando o comando *select cases* (selecionar casos) (ver Lanterna de Oditi).

6.12.3 Métodos robustos ▍▊▍▊

De longe, a melhor opção se você tiver dados importunos (além de atingir sua cabeça com uma grande espada de samurai) é estimar parâmetros e seus erros-padrão com métodos que são resistentes a violações de pressupostos e valores atípicos. Em outras palavras, use métodos que são relativamente pouco afetados por dados importunos. O primeiro conjunto de testes não se baseia no pressuposto de dados distribuídos normalmente (ver Capítulo 7).[14] Esses testes não paramétricos foram desenvolvidos apenas para uma gama limitada de situações; seu dia vai ser feliz e

Figura 6.22 Ilustração da winsorização dos dados.

---

[13] Vale a pena ressaltar que ter valores atípicos é interessante por si só, e, se você não acha que eles representam a população, você precisa se perguntar por que eles são diferentes. A resposta para a pergunta pode ser um tópico fértil para mais pesquisas.

[14] Por conveniência, muitos livros didáticos se referem a esses testes como *testes não paramétricos* ou *testes livres de pressupostos* e os colocam em um capítulo separado. Nenhum desses termos é particularmente preciso (nenhum desses testes é livre de pressupostos), mas, seguindo a tradição, eu os restringi a um capítulo próprio (Capítulo 7) que denominei "Modelos não paramétricos".

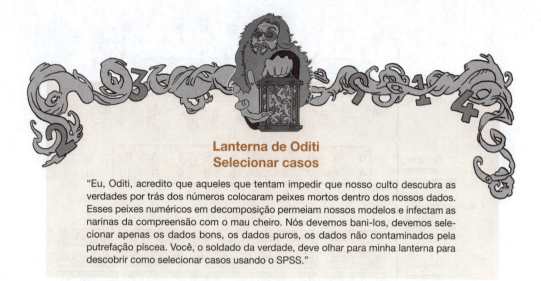

**Lanterna de Oditi
Selecionar casos**

"Eu, Oditi, acredito que aqueles que tentam impedir que nosso culto descubra as verdades por trás dos números colocaram peixes mortos dentro dos nossos dados. Esses peixes numéricos em decomposição permeiam nossos modelos e infectam as narinas da compreensão com o mau cheiro. Nós devemos bani-los, devemos selecionar apenas os dados bons, os dados puros, os dados não contaminados pela putrefação píscea. Você, o soldado da verdade, deve olhar para minha lanterna para descobrir como selecionar casos usando o SPSS."

maravilhoso se você quiser comparar duas médias, mas será triste e solitário, ouvindo Joy Division, se você tiver um delineamento experimental complexo. Apesar de ter um capítulo dedicado a eles, existem métodos melhores nos dias de hoje.

Esses métodos melhores recaem sob a bandeira dos "métodos robustos" (ver Field e Wilcox, no prelo, para uma introdução gradual). Eles se desenvolveram à medida que os computadores se tornaram mais sofisticados (aplicar esses métodos sem um computador seria apenas ligeiramente menos doloroso do que arrancar sua pele e mergulhar em uma banheira de sal). O funcionamento de métodos robustos é o tópico de um livro por si só (recomendo Wilcox, 2017), mas dois conceitos simples lhe darão a ideia geral. O primeiro que já analisamos: estimativas de parâmetros baseadas em dados aparados, como a média aparada e os estimadores-M. O segundo é o *bootstrap* (Efron e Tibshirani, 1993). O problema é que não sabemos o formato da distribuição amostral, mas a normalidade em nossos dados nos permite inferir que a distribuição amostral seja normal. A falta de normalidade nos impede de conhecer a forma da distribuição amostral, a menos que tenhamos amostras grandes. O *bootstrapping* contorna esse problema estimando as propriedades da distri-

buição amostral a partir dos dados da amostra. A Figura 6.23 ilustra o processo: na verdade, os dados da amostra são tratados como uma população da qual são coletadas amostras menores (chamadas amostras de *bootstrap*) (colocando cada escore de volta antes que um novo seja extraído da amostra). O parâmetro de interesse (p. ex., a média) é calculado em cada amostra de *bootstrap*. Esse processo é repetido cerca de 2.000 vezes. O resultado são 2.000 estimativas de parâmetros, uma de cada amostra de *bootstrap*. Há duas coisas que podemos fazer com essas estimativas: a primeira é obtê-las e calcular os limites dentro dos quais 95% delas estão. Por exemplo, na Figura 6.23, 95% das médias das amostras de *bootstrap* estão entre 5,15 e 6,80. Podemos usar esses valores como estimativa dos limites do intervalo de 95% de confiança para o parâmetro. O resultado é conhecido como um intervalo de confiança *bootstrap* percentil (porque é baseado nos valores entre os quais 95% das estimativas da amostra de *bootstrap* estão). A segunda coisa que podemos fazer é calcular o desvio-padrão das estimativas de parâmetro das amostras de *bootstrap* e usá-lo como o erro-padrão das estimativas de parâmetro. Quando usamos o *bootstrapping*, estamos efetivamente fazendo o computador usar nossos dados amostrais para imitar o processo

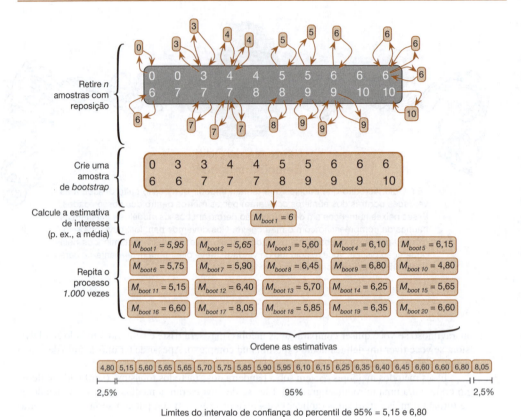

Figura 6.23 Ilustração do *bootstrap* percentil.

de amostragem descrito na seção 2.7. Um ponto importante a ser lembrado é que, como o *bootstrapping* é baseado na coleta de amostras aleatórias a partir dos dados coletados, as estimativas obtidas serão ligeiramente diferentes a cada vez. Isso não é motivo para preocupação. Para uma introdução bastante gentil ao *bootstrap*, ver Wright, London e Field (2011).

Alguns procedimentos do SPSS possuem uma opção de *bootstrap*, que pode ser acessada clicando em [Bootstrap...] para ativar uma caixa de diálogo similar à da Figura 6.24 (ver Lanterna de Oditi).[15] Selecione ☑ Perform bootstrapping para ativar o *bootstrapping* para o procedimento que você está fazendo atualmente. Em relação às opções, o SPSS calculará um intervalo de 95% de confiança do percentil (◉ Percentile), mas você pode mudar o método para outro um pouco mais preciso, chamado intervalo de confiança corrigido e acelerado (Efron e Tibshirani, 1993) selecionando ◉ Bias corrected accelerated (BCa). Você também pode alterar o nível de confiança digitando um número diferente de 95 na caixa *Level (%)* (nível [%]). Na configuração-padrão, o SPSS usa 1.000 amostras de *bootstrap*, o que é um número razoável, e você certamente não precisaria usar mais do que 2.000.

Há versões de procedimentos comuns, como ANOVA, ANCOVA, correlação e regressão múltipla, baseadas em médias aparadas que permitem ignorar tudo o que discutimos sobre viés neste capítulo. Essa é uma história feliz, mas com um final trágico porque você não pode implementá-las diretamente no SPSS. O guia definitivo para esses testes é o excelente livro de Wilcox (2017). Graças a Wilcox, esses testes podem ser implementados usando um programa estatístico

---

[15] Essa tecla está ativa na versão de assinatura básica do SPSS e na versão Premium independente.

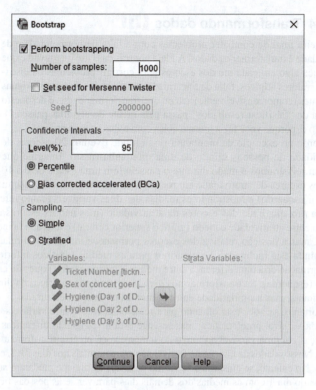

Figura 6.24 Caixa de diálogo *Bootstrap* padrão.

gratuito chamado R (www.r-project.org). Você pode acessar esses testes no SPSS usando o *plugin* do R e o pacote *WRS2* (seção 4.13.3), e descreverei alguns desses testes à medida que avançarmos. Se você quiser mais detalhes, teste a minha versão R deste livro (Field, Miles e Field, 2012).

6.12.4 Transformando dados ▐▐▐▐

A maneira final de combater problemas com a falta de normalidade e de linearidade é transformar os dados. A ideia por trás da **transformação** é que você faça algo em cada um dos escores para corrigir problemas da distribuição, valores atípicos, falta de linearidade ou variâncias desiguais. Alguns estudantes (compreensivelmente) acham que transformar dados é desonesto (a ideia de "falsificar resultados" passa pela mente de algumas pessoas!), mas não é, porque você faz a mesma coisa com todos os seus escores.

Pense no exemplo da montanha-russa (onde tivemos 20 escores de atratividade de pessoas saindo de uma montanha-russa). Imagine que também registramos o medo durante o passeio (em uma escala de 0 a 10). A Figura 6.25 representa os escores de atratividade em relação aos escores de medo, resumindo sua relação (canto superior esquerdo) e mostrando as médias das duas variáveis (canto inferior esquerdo). Vamos pegar a raiz quadrada dos escores da atratividade (mas não os escores do medo). A forma da relação entre atratividade e medo (gráfico superior central) é alterada (a inclinação é menos acentuada), mas a posição relativa dos escores permanece inalterada (a relação ainda é positiva; a linha ainda está inclinada). Se olharmos para as médias (gráficos inferiores da Figura 6.25), a transformação cria uma diferença entre médias (gráfico central) que não existia antes da transformação (esquerda). Se transformarmos *ambas* as variáveis (gráficos da direita), a relação permanece intacta, mas a similaridade entre as médias também é restaurada.

Portanto, se você está olhando para relacionamentos entre variáveis, você pode transformar apenas a variável problemática; mas se você está investigando diferenças entre variáveis (p. ex., mudanças em uma variável ao longo do tempo), você precisa transformar todas as variáveis relevantes. Nossos dados de higiene no festival não eram normais nos dias 2 e 3, então é possível transformá-los. No entanto, se quisermos ver como os níveis de higiene mudaram nos 3 dias (i.e., comparar a média do dia 1 com as médias dos demais dias para ver se as pessoas ficaram mais fedorentas),

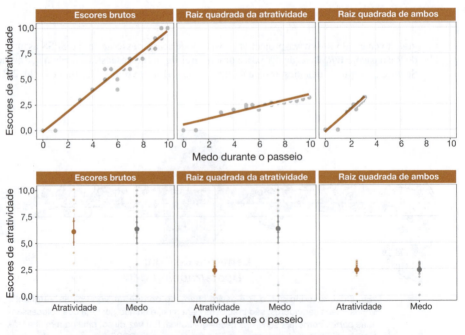

Figura 6.25 Efeito da transformação dos escores de atratividade no seu relacionamento com os escores de medo (gráficos superiores) e sua média relativa ao medo (gráficos inferiores).

também precisamos transformar os dados do dia 1 (embora os escores não sejam assimétricos). Se não fizermos isso, as diferenças nos escores de higiene entre os 3 dias serão devidas às nossas transformações dos escores dos dias 2 e 3, mas não do dia 1. No entanto, se estivermos quantificando a relação entre os escores dos dois primeiros dias (e não a diferença entre eles), poderíamos transformar os escores do segundo dia e deixar os escores do primeiro dia inalterados.

6.12.5 Escolhendo uma transformação ▍▍▍▍

Há várias transformações que corrigem os problemas que discutimos; as mais comuns estão resumidas na Tabela 6.1.[16] Basicamente, você experimenta uma, vê se ajuda e, se não, tenta outra. É uma questão complexa decidir se essas transformações são necessárias ou úteis (ver Gina Gênia 6.7).

---

[16]Nesta seção, você verá que eu escrevo X_i. No Capítulo 1, vimos que isso se refere ao escore observado para a i-ésima pessoa (portanto, pense no i como o nome da pessoa, p. ex., para Oscar, $X_i = X_{Oscar}$ = escore do Oscar, e para Milena, $X_i = X_{Milena}$ = escore da Milena).

Tabela 6.1 Transformações dos dados e seus usos

Transformação dos dados	Pode corrigir:
Transformação por log (log (X_i)): Usar o logaritmo de um conjunto de números elimina a cauda direita da distribuição, e isso reduz a assimetria positiva. Essa transformação também pode, às vezes, tornar linear uma relação curvilínea. Como não é possível obter um log de 0 ou de números negativos, pode ser necessário adicionar uma constante a todos os escores antes de determinar o logaritmo: se você tiver escores iguais a 0, faça log (X_i + 1) e, se tiver números negativos, acrescente qualquer valor que torne positivo o menor escore negativo.	Assimetria positiva, curtose positiva, variâncias desiguais, falta de linearidade
Transformação pela raiz quadrada ($\sqrt{X_i}$): Assim como a transformação logarítmica, obter a raiz quadrada dos escores tem um impacto maior nos escores maiores do que nos menores. Consequentemente, a transformação pela raiz quadrada traz grandes valores para mais perto do centro, o que reduzirá a inclinação positiva. Embora os zeros não apresentem problemas, os números negativos não têm raiz quadrada; portanto, talvez seja preciso adicionar uma constante antes da transformação.	Assimetria positiva, curtose positiva, variâncias desiguais, falta de linearidade
Transformação recíproca (1/X_i): Inverter cada escore também reduz o impacto de grandes valores. A variável transformada terá um limite inferior igual a 0 (números muito grandes ficarão próximos de 0). Essa transformação inverte os escores: valores grandes se tornam pequenos (próximos de 0) após a transformação, e valores pequenos se tornam grandes. Por exemplo, os escores de 1 e 100 se tornam 1/1 = 1 e 1/100 = 0,01 após a transformação: seus tamanhos relativos invertem. Para evitar isso, reverta os escores antes da transformação, convertendo cada escore no escore mais alto da variável menos o escore que você está visualizando. Então, em vez de usar 1/X_i como transformação, utilize 1/($X_{máximo} - X_i$). Você não pode inverter o 0 (pois 1/0 = infinito); portanto, se houver 0 nos dados, adicione uma constante a todos os valores antes de executar a transformação.	Assimetria positiva, curtose positiva, variâncias desiguais
Transformação de escore reverso: Qualquer uma das transformações anteriores pode ser utilizada para corrigir dados com assimetria negativa se você reverter os escores primeiro. Para fazer isso, subtraia cada escore do escore mais alto da variável ou do escore mais alto + 1 (dependendo de se você deseja que seu escore mais baixo seja 0 ou 1). Não se esqueça de reverter os escores depois ou que a interpretação da variável está revertida: grandes escores se tornaram pequenos, e pequenos escores se tornaram grandes.	Assimetria negativa

Gina Gênia 6.7
Transformar ou não transformar, eis a questão ||||

Nem todos acham que transformar dados seja uma boa ideia. Glass, Peckham e Sanders (1972, p. 241) comentaram que "a recompensa de normalizar transformações, em termos de demonstrações probabilísticas mais válidas, é baixa e raramente vale o esforço". O problema é complicado, mas a questão central é se um modelo estatístico tem melhor desempenho quando aplicado a dados transformados ou dados transformados que violam o pressuposto que a transformação corrigiu. A resposta dependerá de qual modelo está sendo aplicado e da sua robustez (ver seção 6.12).

Por exemplo, o teste F (ver Capítulo 12) é frequentemente declarado como robusto (Glass et al., 1972). Descobertas iniciais sugerem que F se comportou como deveria em distribuições assimétricas e que a transformação dos dados ajudou com a mesma frequência que dificultou a precisão do F (Games e Lucas, 1966). No entanto, em uma troca de ideias animada e informativa, Levine e Dunlap (1982) mostraram que as transformações para eliminar a assimetria melhoraram o desempenho do F; Games (1983) argumentou que essa conclusão estava incorreta; e Levine e Dunlap (1983) discordaram em resposta à resposta. Em resposta à resposta à resposta, Games (1984) levantou várias questões importantes:

1. O teorema central do limite (seção 6.6.1) nos diz que, em amostras maiores do que cerca de 30, a distribuição amostral será normal. Isso é teoricamente verdadeiro, mas trabalhos recentes mostraram que, para distribuições de cauda pesada, são necessárias amostras bem maiores para invocar o teorema central do limite (Wilcox, 2017). Transformações podem ser úteis para tais distribuições.
2. Transformar os dados altera a hipótese que está sendo testada. Por exemplo, ao comparar médias, a conversão de escores brutos para escores logarítmicos significa que agora você está comparando médias geométricas em vez de médias aritméticas. Uma transformação significa também que você está abordando um construto diferente daquele originalmente medido, e isso tem implicações óbvias na interpretação dos dados (Grayson, 2004).
3. É difícil determinar a normalidade de uma forma ou outra em pequenas amostras (ver Gina Gênia 6.5).
4. As consequências para o modelo estatístico da aplicação de uma transformação "errada" podem ser piores que as consequências da análise dos escores não transformados.

Dadas essas questões, a menos que você esteja corrigindo a falta de linearidade, eu usaria procedimentos robustos, sempre que possível, em vez de transformar os dados.

Tentar diferentes transformações consome tempo, mas, se a heterogeneidade da variância é o problema, há um atalho para ver se essas transformações resolvem o problema. Na seção 6.11.3, usamos a função *explore* para obter o teste de Levene para os escores brutos (◉ Untransformed). Se as variâncias se mostrarem desiguais, como no nosso exemplo, selecione ◉ Transformed na mesma caixa de diálogo (Figura 6.20). Um menu suspenso vai ficar ativo, listando as transformações, incluindo aquelas que acabei de descrever. Selecione uma transformação dessa lista (*Natural Log* [log natural]) ou talvez *Square Root* [raiz quadrada]), e o SPSS calculará o teste de Levene nos escores transformados; você decide se as variâncias ainda são diferentes olhando para a saída do teste.

6.12.6 Função calcular (*compute*)

Se você decidir transformar escores, use o comando *compute*, que permite criar novas variáveis. Para acessar a caixa de diálogo *Compute Variable* (calcular variável), selecione *Transform* (transformar) ▶ ▦ Compute Variable.... A Figura 6.26 mostra a caixa de diálogo principal; ela tem uma lista de funções do lado direito, um teclado semelhante a uma calculadora no centro e um espaço em branco que rotulei como área de comando. Você digita um nome para uma nova variável na área *Target Variable* (variável de destino) e, em seguida, usa a área de comando para informar ao SPSS como criar essa nova variável. Você pode:

- *Criar novas variáveis a partir de variáveis existentes*: Por exemplo, você pode usar essa área como uma calculadora para adicionar variáveis (i.e., adicionar duas colunas no editor de dados para criar uma terceira) ou para aplicar uma função a uma variável existente (p. ex., raiz quadrada).
- *Criar novas variáveis a partir de funções*: Existem centenas de funções internas que o SPSS agrupou. Na caixa de diálogo, esses grupos são listados na área *Function group* (grupo de função). Ao selecionar um grupo de funções, uma lista de funções disponíveis dentro desse grupo aparecerá na caixa *Functions and Special Variables* (funções e variáveis especiais). Quando você selecionar uma função, uma descrição dela vai aparecer na caixa branca indicada na Figura 6.26.

Você pode inserir nomes de variáveis na área de comando selecionando a variável necessária na lista de variáveis e clicando em ▶ . Da mesma forma, você pode selecionar uma função na lista de funções disponíveis e inseri-la na área de comando clicando em ▲ .

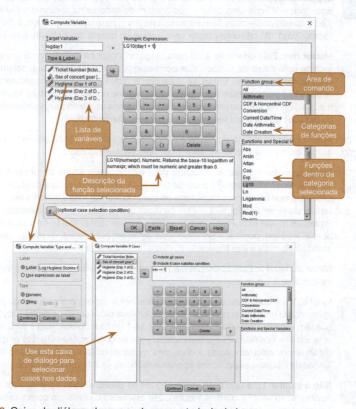

Figura 6.26 Caixa de diálogo do comando *compute* (calcular).

Primeiro, digite um nome da variável na caixa *Target Variable,* então clique em [Type & Label...] e outra caixa de diálogo aparecerá, na qual você poderá dar à variável um rótulo descritivo e especificar se ela é uma variável numérica ou de texto (ver seção 4.6.2). Quando você tiver escrito seu comando, clique em [OK] para executá-lo e criar a nova variável. Se você digitar um nome de variável que já existe, o SPSS mostrará um aviso e perguntará se você deseja substituir essa variável. Se responder *Yes* (sim), o SPSS substituirá os dados na coluna existente pelo resultado do comando *compute*; se você responder *No* (não), nada acontecerá, e você precisará renomear a variável de destino. Se você estiver calculando muitas novas variáveis, pode ser mais rápido usar a sintaxe (ver Dica do SPSS 6.2).

Vamos ver algumas das funções simples:

Adição: Este botão coloca um sinal de mais na área de comando. Por exemplo, com nossos dados de higiene, "day1 + day2" cria uma coluna na qual cada linha contém o escore de higiene da coluna *day1* adicionada ao escore da coluna *day2* (p. ex., para o participante 1: 2,64 + 1,35 = 3,99).

Subtração: Este botão coloca um sinal de menos na área de comando. Por exemplo, se quiséssemos calcular a alteração na higiene do dia 1 para o dia 2, poderíamos digitar "day2 – day1". Esse comando cria uma coluna na qual cada linha contém o escore da coluna *day1* subtraído do escore da coluna *day2* (p. ex., para o participante 1: 2,64 – 1,35 = 1,29).

Multiplicação: Este botão coloca um sinal de multiplicação na área de comando. Por exemplo, "day1*day2" cria uma coluna que contém o escore da coluna *day1* multiplicada pelo escore da coluna *day2* (p. ex., para o participante 1: 2,64 × 1,35 = 3,56).

Divisão: Este botão coloca um sinal de divisão na área de comando. Por exemplo, "day1/day2" cria uma coluna que contém o escore da coluna *day1* dividido pelo escore da coluna *day2* (p. ex., para o participante 1: 2,64 / 1,35 = 1,96).

Exponenciação: Este botão aumenta o termo precedente pela potência do termo seguinte. Por isso, "day1**2" cria uma coluna que contém os escores na coluna *day1* elevados à potência 2 (i.e., o quadrado de cada número na coluna *day1*: para o participante 1, $2,64^2 = 6,97$). Da mesma forma, "day1**3" cria uma coluna com valores da coluna *day1* elevados ao cubo.

Menor que: Esta operação é útil para funções "incluir casos". Se você clicar no botão [], será exibida uma caixa de diálogo que permite que determinados casos sejam selecionados para realizarmos operações. Então, se você digitar "day1 < 1", o SPSS executará a função *compute* apenas nos participantes cujos escores de higiene no dia 1 do festival forem menores do que 1 (i.e., se *day1* for 0,99 ou menos). Então, poderíamos usar isso se quiséssemos olhar apenas para as pessoas que já eram fedorentas no primeiro dia do festival.

Menor ou igual a: Esta operação é a mesma que a anterior, exceto pelo fato de que, no exemplo acima, casos exatamente iguais a 1 também seriam incluídos.

Maior que: Esta operação é usada para incluir casos acima de um determinado valor. Portanto, se você clicar em [] e digitar "day1 > 1", o SPSS realizará qualquer análise apenas nos casos em que os escores de higiene no dia 1 do festival forem maiores que 1 (i.e., 1,01 e acima). Isso poderia ser usado para excluir pessoas que já estavam mal-cheirosas no início do festival. Podemos querer excluí-las, porque essas pessoas contaminarão os dados (para não mencionar nossas narinas), porque, a princípio, elas estão em putrefação, de modo que o festival não pode afetar ainda mais a sua higiene.

Maior ou igual a: Esta operação é a mesma que a anterior, mas também incluirá casos que são exatamente 1.

Igual a: Você pode usar essa operação para incluir casos para os quais os participantes tenham apresentado um valor específico. Portanto, se você clicar em [] e digitar "day1 = 1", apenas casos que têm valor exatamente 1 para a variável *day1* serão incluídos. Isso é mais útil quando você tem uma variável codificadora e deseja aplicar uma função a apenas um dos grupos. Por exemplo, se quiséssemos calcular valores apenas para mulheres no festival, poderíamos digitar "sexo = 1", e a função de cálculo seria aplicada apenas a mulheres (que foram codificadas como 1 nos dados).

Não é igual a: Esta operação incluirá todos os casos, exceto aqueles com um valor específico. Assim, "sexo ~= 1" (como na Figura 6.26) executará o comando *compute* somente em homens e excluirá as mulheres (porque elas foram codificadas como 1).

Tabela 6.2 Algumas funções úteis do comando *compute* (calcular)

Função	Nome	Exemplo de entrada	Saída
MEAN(?,?, …)	Média	Mean(day1, day2, day3)	Para cada linha, o SPSS calcula o escore médio de higiene nos 3 dias do festival
SD(?,?, …)	Desvio-padrão	SD(day1, day2, day3)	Através de cada linha, o SPSS calcula o desvio-padrão dos valores nas colunas dia1, dia2 e dia3
SUM(?,?, …)	Soma	SUM(day1, day2)	Para cada linha, o SPSS adiciona os valores nas colunas dia1 e dia2
SQRT(?)	Raiz quadrada	SQRT(day2)	Produz uma coluna contendo a raiz quadrada de cada valor na coluna dia2
ABS(?)	Valor absoluto	ABS(day1)	Produz uma variável que contém o valor absoluto dos valores na coluna dia1 (valores absolutos são os valores em que os sinais são ignorados: assim, –5 se torna +5 e +5 permanece como +5)
LG10(?)	Logaritmo de base 10	LG10(day1)	Produz uma variável que contém os valores do logarítmo (base 10) da variável dia1
RV.NORMAL (mean, stddev)	Números aleatórios normais	Normal(20, 5)	Produz um conjunto de números pseudoaleatórios de uma distribuição normal com média igual a 20 e desvio-padrão igual a 5

Algumas funções úteis são listadas na Tabela 6.2, que mostra a forma-padrão da função, o nome da função, um exemplo de como a função pode ser usada e em que a variável resultaria se aquele comando fosse executado. Se você quiser saber mais, os arquivos de ajuda do SPSS têm detalhes de todas as funções disponíveis na caixa de diálogo *compute variable* (clique em Help) [ajuda] quando você estiver na caixa de diálogo).

6.12.7 Transformação log usando o SPSS ||||

Vamos usar o comando *compute* para transformar nossos dados. Abra a caixa de diálogo *compute* selecionando *Transform* ▶ Compute Variable.... Digite o nome **logday1** na caixa *Target Variable*, clique em Type & Label... e dê à variável um nome mais descritivo, como *Transformação logarítmica dos escores de higiene do dia 1 do festival Download*. Na caixa *Function group*, selecione *Arithmetic* (aritmética) e, em seguida, na caixa *Functions and Special Variables*, selecione *Lg10* (essa é a transformação do logaritmo de base 10; *Ln* é o logaritmo natural) e transfira-a para a área de comando clicando em . O comando aparecerá como "LG10(?)" e o ponto de interrogação precisará ser substituído por um nome de variável; substitua-o pela variável **day1** selecionando-a na lista e arrastando-a, clicando em ou digitando "day1" onde está o ponto de interrogação.

Para os escores de higiene do dia 2, há um valor 0 nos dados originais, e não existe logaritmo de 0. Para superar esse problema, adiciona uma constante aos nossos escores originais antes de usarmos o log. Qualquer constante serve (embora às vezes possa fazer a diferença), contanto que ela faça todos os escores serem maiores que 0. Nesse caso, nosso escore mais baixo é 0, de modo que adicionar 1 resolverá. Embora esse problema afete os escores do dia 2, devemos ser consistentes e aplicar a mesma constante aos escores do dia 1 também. Para fazer isso, certifique-se de que o cursor ainda esteja dentro dos colchetes e clique em + e, em seguida, em 1 (ou simplesmente digite "+1"). A expressão deve ser, então, LG10(day1 + 1), como na Figura 6.26. Clique em OK para criar a nova variável **logday1** que conterá os escores dos logaritmos do primeiro dia do festival depois que a constante 1 foi adicionada aos dados.

Teste seus conhecimentos

Experimente criar as variáveis **logday2** e **logday3** para os dados do segundo e do terceiro dias do festival. Crie histogramas dos escores transformados para todos os 3 dias.

6.12.8 Transformação da raiz quadrada usando o SPSS ||||

Use o mesmo processo para aplicar uma transformação por raiz quadrada. Digite um nome como **sqrtday1** na caixa *Target Variable* (e clique em Type & Label... para dar à variável um nome mais significativo). Na caixa de listagem *Function group*, selecione *Arithmetic*, e selecione, então, *Sqrt* na caixa *Functions and Special Variables* e arraste-a para a área de comando (ou clique em ⇨). O comando aparecerá como SQRT(?); substitua o ponto de interrogação pela variável **day1** selecionando a variável na lista e arrastando-a, clicando em ⇨ ou digitando "day1" onde está o ponto de interrogação. A expressão final será SQRT(day1). Clique em OK para criar a variável.

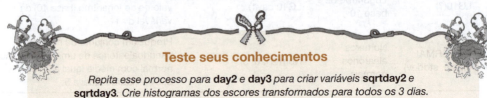

Teste seus conhecimentos

Repita esse processo para **day2** e **day3** para criar variáveis **sqrtday2** e **sqrtday3**. Crie histogramas dos escores transformados para todos os 3 dias.

6.12.9 Transformação recíproca usando o SPSS ||||

Para fazer uma transformação recíproca nos dados do primeiro dia, poderíamos usar um nome como **recday1** na caixa *Target Variable*. Clicamos, então, em 1 , e depois em / . Normalmente, você selecionaria o nome da variável que você deseja transformar na lista e iria arrastá-la, clicaria em ⇨ ou digitaria o nome da variável. No entanto, como os dados do segundo dia contêm um valor 0, e você não pode dividir por 0, adicionamos uma constante à nossa variável, como fizemos com o logaritmo. Como antes, 1 é um número conveniente para esses dados. Portanto, em vez de selecionar a variável que queremos transformar, clique em ( ) para colocar um par de colchetes na área de comando; verifique se o cursor está entre esses dois colchetes, selecione a variável que deseja transformar na lista e transfira-a arrastando, clicando em ⇨ ou digitando o nome da variável. Agora clique em + e então em 1 (ou digite "+ 1"). A caixa *Numeric Expression* (expressão numérica) agora deve conter o texto 1/(day1 + 1). Clique em OK para criar a nova variável contendo os valores transformados.

Teste seus conhecimentos

Repita esse processo para **day2** e **day3**. Crie histogramas dos escores transformados para todos os 3 dias.

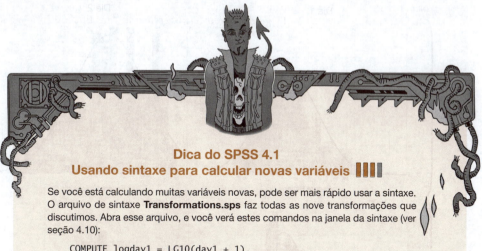

Dica do SPSS 4.1
Usando sintaxe para calcular novas variáveis

Se você está calculando muitas variáveis novas, pode ser mais rápido usar a sintaxe. O arquivo de sintaxe **Transformations.sps** faz todas as nove transformações que discutimos. Abra esse arquivo, e você verá estes comandos na janela da sintaxe (ver seção 4.10):

```
COMPUTE logday1 = LG10(day1 + 1).
COMPUTE logday2 = LG10(day2 + 1).
COMPUTE logday3 = LG10(day3 + 1).
COMPUTE sqrtday1 = SQRT(day1).
COMPUTE sqrtday2 = SQRT(day2).
COMPUTE sqrtday3 = SQRT(day3).
COMPUTE recday1 = 1/(day1+1).
COMPUTE recday2 = 1/(day2+1).
COMPUTE recday3 = 1/(day3+1).
EXECUTE.
```

Cada comando *compute* acima faz o equivalente ao que você faria usando a caixa de diálogo *Compute Variable* na Figura 6.26. Assim, as três primeiras linhas criam três novas variáveis (**logday1**, **logday2** e **logday3**), que são as transformações logarítmicas das variáveis **day1**, **day2** e **day3** adionadas de uma unidade. As próximas três linhas criam novas variáveis chamadas **sqrtday1**, **sqrtday2** e **sqrtday3** usando a função *SQRT* para obter a raiz quadrada de **day1**, **day2** e **day3**, respectivamente. As próximas três linhas fazem a transformação recíproca de maneira semelhante. A linha final tem o comando *execute*, sem o qual nenhum dos comandos anteriores de *compute* será executado. Note também que cada linha termina com um ponto final.

6.12.10 Efeito das transformações

A Figura 6.27 mostra as distribuições para os dois primeiros dias do festival após as três diferentes transformações. Compare-as com as distribuições não transformadas na Figura 6.12. Todas as três transformações limparam os escores de higiene do dia 2: a assimetria positiva foi reduzida (a transformação de raiz quadrada é especialmente útil para isso). No entanto, como nossos escores de higiene do dia 1 eram mais ou menos simétricos, eles se tornaram um pouco negativamente assimétricos com a transformação logarítmica e a transformação pela raiz quadrada e positivamente assimétricos com a transformação recíproca.[17] Se usarmos os escores do dia 2 sozinhos ou observarmos a relação entre o dia 1 e o dia 2, poderíamos usar os escores transformados. No entanto, se quiséssemos analisar a *mudança* nos escores, teríamos que ponderar se os benefícios da transformação dos escores do dia 2 superam os problemas que ela cria nos escores do dia 1 – a análise de dados é invariavelmente frustrante. ☺

---

[17] A inversão da assimetria para a transformação recíproca ocorreu porque, como mencionei anteriormente, o recíproco inverte a ordem dos escores.

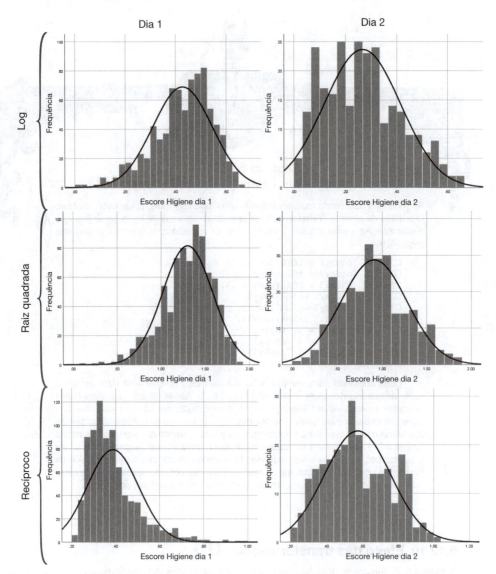

Figura 6.27 Distribuições dos dados de higiene dos dois primeiros dias do festival após várias transformações.

6.13 Caio tenta conquistar Gina ▮▮▮▮

Gina andava pensando em Caio. Ela não queria isso – era uma distração do trabalho – mas ele continuava voltando aos seus pensamentos. Ela não se interessava por rapazes, nem mesmo por relacionamentos. Ela não entendia as outras pessoas, elas eram tão... imprevisíveis. Gina gostava de certeza, isso a fazia se sentir segura. Como todas as pessoas, Caio a assustou com as invasões aleatórias ao seu espaço, mas seus esforços persistentes para impressioná-la estavam se tornando previsíveis de um jeito bom. Seria possível que ela estivesse começando a gostar da rotina de vê-lo? Ela passou a mão pela fechadura eletrônica, colocou uma pequena caixa de metal no seu bolso,

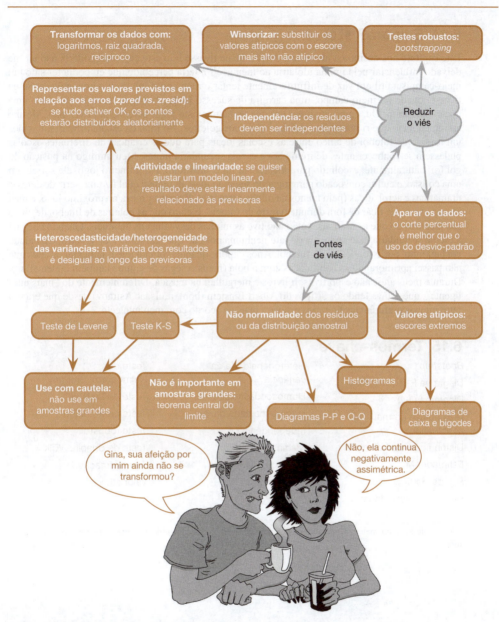

Figura 6.28 O que Caio aprendeu neste capítulo.

afastou-se da porta e subiu as escadas de volta ao andar térreo. Ao sair do edifício Plêiades, a luz a fez recuar. Há quanto tempo ela estava lá embaixo? Quando seus olhos se ajustaram, ao longe, a visão borrada de um Caio confuso entrou em foco. Ele sorriu e acenou para ela. Normalmente, vê-lo a deixava agitada, querendo se desviar, mas hoje ela se sentiu segura. Uma mudança interessante. Estaria ela se transformando?

6.14 E agora? ||||

Este capítulo nos ensinou a identificar o viés. Se eu tivesse lido este capítulo, poderia não ter me deixado influenciar pela minha idolatria ao meu avô[18] e teria percebido que eu podia ter sido um meio-campista útil em vez de infrutiferamente tentar o meu corpo minúsculo uma goleira. Se eu tivesse jogado no meio-campo, uma carreira de sucesso no futebol teria, sem dúvida, sido uma opção para mim. Ou, como qualquer um que tenha me visto jogar perceberá, talvez não. Mesmo assim, eu meio que ri por último nessa história dos goleiros. No final da escola primária, tivemos um torneio de futebol de cinco entre as escolas locais para que as crianças de diferentes escolas pudessem se conhecer antes de irem para a escola secundária juntas. Meu inimigo na posição do gol foi, naturalmente, escolhido para jogar, e eu fui o substituto. No primeiro jogo, ele sofreu um uma colisão, e eu fui convocado para jogar no segundo jogo, durante o qual fiz uma série de defesas dramáticas e acrobáticas (pelo menos na minha memória). Repeti a proeza no próximo jogo, e meu inimigo teve que ficar de fora durante o resto do torneio. É claro que as goleiras de futebol de cinco são menores do que as normais, então não tive as minhas desvantagens habituais. Quando cheguei à escola secundária, não conhecia de fato nenhuma posição que não fosse a de goleiro, e eu ainda era baixinho, por isso, desisti do futebol. Anos depois, quando voltei a jogar, lamentei os anos que não passei aprimorando as habilidades com a bola (meus colegas de equipe também lamentaram). Durante meus anos não esportivos, li livros e mergulhei na música. Diferentemente do "mais inteligente", que estava lendo os artigos do Albert Einstein (bom, do Isaac Asimov) desde que era um feto, minhas preferências literárias estavam mais de acordo com meu intelecto...

6.15 Termos-chave

Bootstrap
Diagrama P-P
Diagrama Q-Q
Distribuição normal contaminada
Distribuição normal mista
Estimador M
$F_{máx}$ de Hartley
Heteroscedasticidade

Heterogeneidade da variância
Homoscedasticidade
Homogeneidade da variância
Independência
Média aparada
Mínimos quadrados ponderados
Razão de variância

Teste de Kolmogorov-Smirnov
Teste de Levene
Teste paramétrico
Teste robusto
Teste de Shapiro–Wilk
Transformação
Valor atípico

---

[18] Apesar de idolatrar meu avô, acabei torcendo para os rivais locais da equipe do norte de Londres para a qual ele torcia.

Capítulo 6 • O monstro do viés

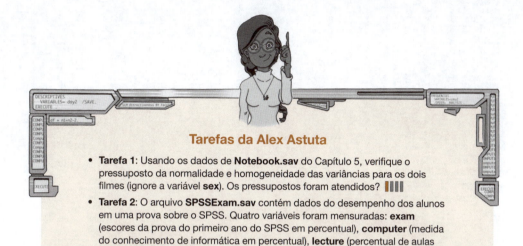

Tarefas da Alex Astuta

- **Tarefa 1**: Usando os dados de **Notebook.sav** do Capítulo 5, verifique o pressuposto da normalidade e homogeneidade das variâncias para os dois filmes (ignore a variável **sex**). Os pressupostos foram atendidos? ▊▊▊
- **Tarefa 2**: O arquivo **SPSSExam.sav** contém dados do desempenho dos alunos em uma prova sobre o SPSS. Quatro variáveis foram mensuradas: **exam** (escores da prova do primeiro ano do SPSS em percentual), **computer** (medida do conhecimento de informática em percentual), **lecture** (percentual de aulas sobre o SPSS assistidas) e **numeracy** (uma medida da habilidade numérica em uma escala de 15). Há uma variável chamada **uni** indicando se o estudante estudava na Universidade de Sussex (onde eu trabalho) ou na Universidade dos Bobos (Duncetown). Calcule e interprete as estatísticas descritivas para **exam**, **computer**, **lecture** e **numeracy** para a amostra como um todo. ▊▊▊
- **Tarefa 3**: Calcule e interprete os escores-z da assimetria para todas as variáveis. ▊▊▊
- **Tarefa 4**: Calcule e interprete os escores-z da curtose para todas as variáveis. ▊▊▊
- **Tarefa 5**: Use o comando *split file* para observar e interpretar as estatísticas descritivas para as variáveis **numeracy** e **exam**. ▊▊▊
- **Tarefa 6**: Repita a Tarefa 5, mas para o conhecimento de informática e o percentual de aulas assistidas. ▊▊▊
- **Tarefa 7**: Execute e interprete um teste K-S para **numeracy** e **exam**. ▊▊▊
- **Tarefa 8**: Execute e interprete um teste de Levene para **numeracy** e **exam**. ▊▊▊
- **Tarefa 9**: Transforme os escores de **numeracy** (que são positivamente assimétricos) usando uma das transformações descritas neste capítulo. Os dados se tornaram normais? ▊▊▊
- **Tarefa 10**: Use o comando *explore* para ver qual efeito uma transformação por log natural teria nas quatro variáveis mensuradas no **SPSSExam.sav**. ▊▊▊

Respostas e recursos adicionais estão disponíveis no *site* do livro em
https://edge.sagepub.com/field5e.

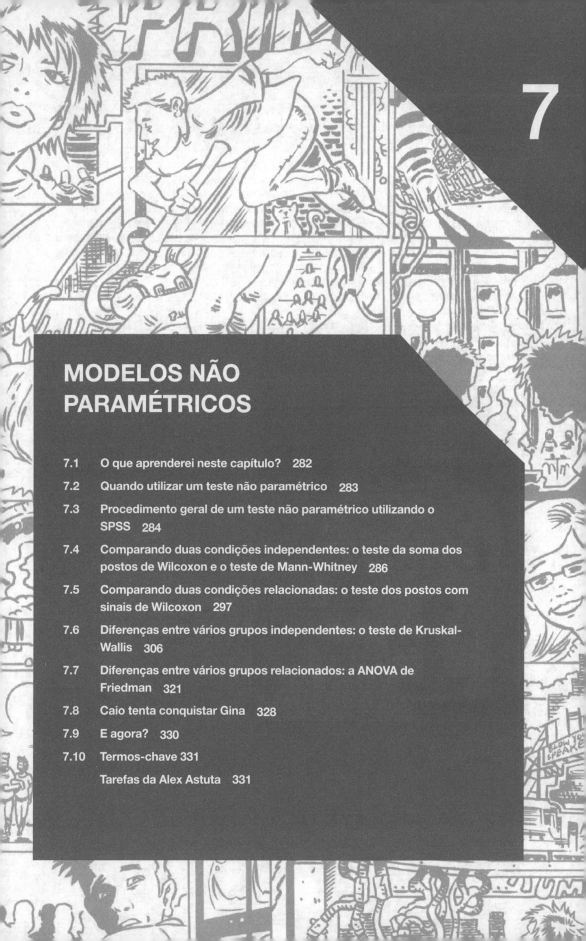

MODELOS NÃO PARAMÉTRICOS

7.1 O que aprenderei neste capítulo? 282

7.2 Quando utilizar um teste não paramétrico 283

7.3 Procedimento geral de um teste não paramétrico utilizando o SPSS 284

7.4 Comparando duas condições independentes: o teste da soma dos postos de Wilcoxon e o teste de Mann-Whitney 286

7.5 Comparando duas condições relacionadas: o teste dos postos com sinais de Wilcoxon 297

7.6 Diferenças entre vários grupos independentes: o teste de Kruskal-Wallis 306

7.7 Diferenças entre vários grupos relacionados: a ANOVA de Friedman 321

7.8 Caio tenta conquistar Gina 328

7.9 E agora? 330

7.10 Termos-chave 331

Tarefas da Alex Astuta 331

7.1 O que aprenderei neste capítulo?

Quando estávamos aprendendo a ler na escola primária, costumávamos ler versões de histórias do famoso contador de histórias Hans Christian Andersen. Uma das minhas favoritas era a história do patinho feio. Esse patinho era um grande pássaro cinza e feio, tão feio que nem um cachorro o morderia. O pobre patinho foi ridicularizado, rejeitado e bicado pelos outros patos. Finalmente, ele se cansou de tudo isso e voou até os cisnes, os pássaros da realeza, na esperança de que eles dessem um fim à sua miséria, matando-o por ser tão feio. Ainda assim, a vida às vezes nos surpreende, pois, ao olhar para a água, ele não viu um pássaro cinza e feio, mas um lindo cisne. Os dados são muito parecidos. Às vezes são grandes, cinzentos e feios e não fazem nada daquilo que devem fazer. Quando obtemos dados como esses, nós os xingamos, amaldiçoamos e esperamos que eles voem e sejam mortos pelos cisnes. Alternativamente, podemos tentar forçar nossos dados a se tornarem lindos cisnes. É disso que trata este capítulo: tentar transformar em um cisne o patinho feio que pode ser um conjunto de dados. Mas tenha cuidado com o que você deseja que seus dados sejam: um cisne pode quebrar seu braço.[1]

[1] Embora seja teoricamente possível, aparentemente você teria que ter ossos fracos, e os cisnes são muito legais e não fariam isso.

Figura 7.1 Ganhei o primeiro lugar na competição de quem tinha o menor cérebro.

7.2 Quando utilizar um teste não paramétrico ||||

No capítulo anterior, verificamos várias maneiras de reduzir o viés. Algumas vezes, contudo, não importa o quanto você tente, não é possível corrigir os problemas dos dados. Isso é especialmente incômodo se você possui uma pequena amostra e não pode utilizar o teorema central do limite para resolver o problema. A solução histórica é utilizar uma pequena família de modelos denominada **testes não paramétricos** ou "testes livres de pressupostos", que exigem menos pressupostos do que o modelo linear que abordamos no capítulo anterior.[2] Os métodos robustos substituíram os testes não paramétricos, mas iremos analisá-los mesmo assim porque (1) o leque dos métodos robustos no SPSS é limitado; e (2) os testes não paramétricos agem como uma introdução suave ao uso dos testes estatísticos para avaliar hipóteses. Algumas pessoas acreditam

Gina Gênia 7.1
Testes não paramétricos e poder estatístico ||||

Transformar os dados em postos reduz o impacto dos valores atípicos e de distribuições estranhas, mas o preço que você paga é perder informações sobre a magnitude das diferenças entre os valores. Consequentemente, os testes não paramétricos podem ser menos poderosos que seus equivalentes paramétricos. Lembre-se de que o poder estatístico (seção 2.9.7) é a capacidade de um teste de encontrar um efeito que realmente existe; então, estamos dizendo que se houver um efeito genuíno, um teste não paramétrico terá uma probabilidade menor de detectá-lo do que um paramétrico. Essa declaração é verdadeira somente *se os pressupostos descritos no Capítulo 6 forem cumpridos*. Se usarmos um teste paramétrico e um teste não paramétrico nos mesmos dados e esses dados atenderem aos pressupostos apropriados, o teste paramétrico terá maior poder de detectar o efeito do que o teste não paramétrico.

O problema é que para definir o poder de um teste, precisamos ter certeza de que ele controla a taxa de Erro do tipo 1 (o número de vezes que um teste encontrará um efeito significativo quando ele não existe – ver seção 2.9.5). No Capítulo 2 vimos que essa taxa de erro é geralmente fixada em 5%. Quando a distribuição amostral é normalmente distribuída, então a taxa de Erro do tipo 1 é, de fato, 5%, e assim podemos calcular o poder do teste. No entanto, quando a distribuição amostral não é normal, a taxa de Erro do tipo 1 não será de 5% (na verdade, não sabemos o quanto será porque dependerá da forma da distribuição) e não temos como calcular o poder (porque ele está ligado à taxa de Erro do tipo 1 – ver seção 2.9.7). Então, se alguém disser que os testes não paramétricos têm menos poder que os paramétricos, diga que isso é verdade só no caso de a distribuição amostral ser normal.

---

[2]Algumas pessoas descrevem os testes não paramétricos como "testes livres de distribuição" e alegam que eles não precisam de pressupostos sobre a distribuição. De fato, eles precisam, apenas não pressupõem uma distribuição *normal*. Todos os testes deste capítulo, por exemplo, pressupõem uma distribuição contínua.

que os testes não paramétricos têm menos poder do que seus equivalentes paramétricos, mas isso nem sempre é verdade (Gina Gênia 7.1).

Neste capítulo, iremos explorar os quatro procedimentos não paramétricos mais comuns: o teste de Mann-Whitney, o teste dos postos com sinais de Wilcoxon, o teste de Friedman e o teste de Kruskal-Wallis. Todos os quatro testes resolvem o problema da distribuição transformando os dados em **postos**: isto é, atribuindo ao valor mais baixo o posto 1, ao segundo mais baixo o próximo posto, que é 2, e assim por diante. Esse processo resulta em valores altos sendo representados por postos altos e valores baixos sendo representados por postos baixos. O modelo é, então, ajustado aos postos e não aos valores originais. Ao usar postos, eliminamos o efeito de valores atípicos. Imagine que você tem 20 escores, e os dois maiores são 30 e 60 (há uma diferença de 30 entre eles); esses escores receberão os postos 19 e 20 (uma diferença de apenas 1). Da mesma forma, a utilização de postos soluciona problemas de assimetria dos dados.

7.3 Procedimento geral de um teste não paramétrico utilizando o SPSS ▮▮▮▮

Os testes, neste capítulo, usam um conjunto comum de caixas de diálogo, que descreverei aqui antes de analisarmos os testes específicos. Se você estiver comparando grupos que contêm entidades diferentes, selecione *A*nalyse (analisar) ▶ *N*onparametric Tests (testes não paramétricos) ▶ Independent Samples... (amostras independentes). Mas se você estiver comparando valores obtidos das mesmas entidades sob diferentes condições, selecione *A*nalyse ▶ *N*onparametric Tests ▶ Related Samples... (amostras relacionadas). Os dois menus levam você a caixas de diálogo similares que possuem três abas:

(**Objetivo**) Como a Figura 7.2 mostra, independentemente de você ter dados das mesmas ou de diferentes entidades, essa aba oferece a opção de comparar os valores automaticamente (i.e., o SPSS seleciona o teste para você, o que eu não recomendo porque não é uma boa ideia deixar que o computador tome decisões por você) ou de selecionar a análise você mesmo (⊚ Customize analysis).

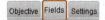

(**Campos**) Clicar nessa guia ativa uma tela na qual você seleciona as variáveis que deseja analisar. Nessa tela, se você atribuiu uma função (última coluna do visualizador de variáveis) para suas variáveis quando inseriu os dados (seção 4.6.2), o SPSS usará essas funções para adivinhar qual análise você deseja fazer (⊚ *U*se predefined roles). Se você não definiu funções ou se não acha prudente permitir que o SPSS adivinhe o que deseja fazer, é possível especificar as variáveis dentro da análise (⊚ Use *c*ustom field assignments). Essa guia muda dependendo de você ter amostras independentes ou relacionadas, mas, em ambos os casos, suas variáveis são listadas no painel esquerdo *F*ields (Campos) (p. ex., Figura 7.7). Na configuração-padrão, todas as variáveis são listadas (All), mas você pode filtrar essa lista para mostrar somente variáveis nominais/categóricas ( ) ou apenas variáveis escalares ( ). Isso é útil com grandes conjuntos de dados para ajudá-lo a encontrar seu resultado (que normalmente será escalar,) e a variável previsora (que provavelmente será nominal). Você pode alternar entre mostrar o nome da variável ou o rótulo da variável na lista clicando em . O painel direito *T*est Fields (testar campos) é onde são colocadas as variáveis de saída em uma análise, e, para testes de amostras independentes, haverá uma caixa chamada *G*roups (grupos) para colocar previsores categóricos. Analisaremos a configuração exata dessa guia em cada análise. Por enquanto, observe apenas que elas são semelhantes, independentemente do teste não paramétrico que você está executando.

(**Configurações**) Clicar nessa aba ativa as opções para a escolha do teste a ser executado. Você pode deixar o SPSS escolher um teste para você (⊚ A*u*tomatically choose the tests based on the data), mas aconselho que você mesmo tome essa decisão (⊚ *C*ustomize tests). Independentemente do teste sendo executado, é possível definir o nível de significância (o padrão é 0,05), o nível do intervalo de confiança (o padrão é 95%) e se os casos devem ser excluídos *listwise* (i.e., toda a linha) ou a cada teste (ver Dica do SPSS 6.1) clicando em *Test Options* (opções de teste) (Figura 7.3). Da mesma forma, se você tiver variáveis categóricas e valores ausentes, poderá optar por excluir ou incluir esses valores ausentes selecionando *User-Missing Values* (valores ausentes de usuário) e marcando a opção apropriada (ver Figura 7.3). A opção-padrão é excluí-los, o que faz sentido na maior parte das vezes.

O processo geral para qualquer análise não paramétrica é, então:

1. Escolher ◉ Customize analysis na aba Objective (Figura 7.2), porque não acho que você deva confiar no computador para analisar seus dados.
2. Na aba Fields, se o SPSS não identificar corretamente qual análise você deseja realizar (◉ Use predefined roles), então selecione ◉ Use custom field assignments e especifique suas variáveis previsoras e de resultado.
3. Na aba Settings, é possível deixar o SPSS escolher o teste para você (◉ Automatically choose the tests based on the data), mas você terá mais opções se selecionar ◉ Customize tests. Recomendo a segunda opção. Mude as opções do teste ou dos valores ausentes se necessário, mesmo que os valores predefinidos sejam bons (Figura 7.3).

Valores de entidades diferentes | Valores das mesmas entidades

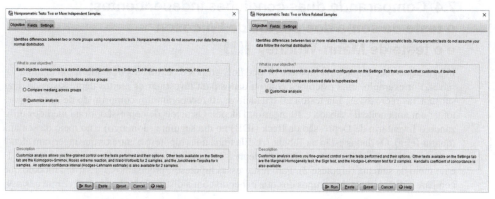

Figura 7.2 Caixas de diálogo para a aba *Objective* do menu *Nonparametric Tests*.

Opções de teste | Valores ausentes de usuário

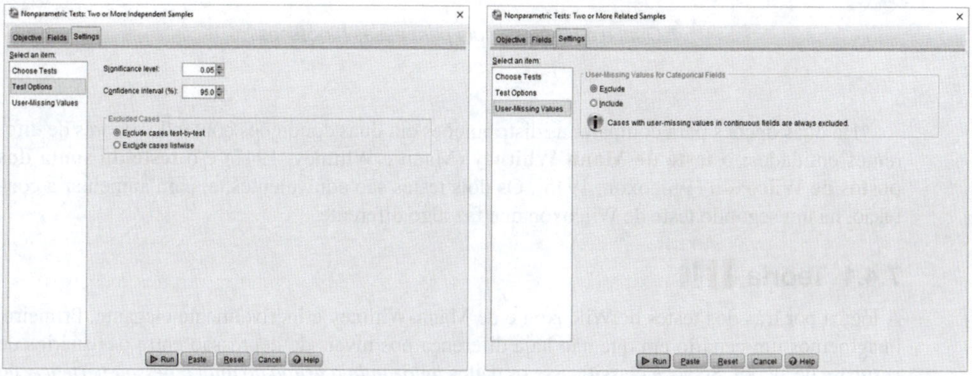

Figura 7.3 Caixas de diálogo para a aba *Settings* para a escolha de *Test Options* e *User-Missing Values*.

Lanterna de Oditi
Testes não paramétricos

"Eu, Oditi, estou impressionado com o seu progresso. Agora você está pronto para dar os primeiros passos para entender os significados ocultos por trás dos dados. No entanto, eu amo e valorizo seus preciosos cérebros e não quero que eles acabem como uma mosca em um para-brisa. Olhe para a minha lanterna para descobrir como testar hipóteses com todos os testes não paramétricos abordados neste capítulo."

7.4 Comparando duas condições independentes: o teste da soma dos postos de Wilcoxon e o teste de Mann-Whitney ▮▮▮▮

Imagine que você tenha uma hipótese de que dois grupos de entidades irão diferir em alguma variável. Por exemplo, uma psicóloga coletou dados para investigar os efeitos depressivos de duas substâncias recreativas. Ela testou 20 baladeiros: 10 receberam um comprimido de *ecstasy* para tomar em uma noite de sábado e 10 ingeriram álcool. Os níveis de depressão foram medidos utilizando o Inventário de Depressão de Beck (IDB) no dia seguinte (domingo) e no meio da semana (quarta-feira). Os dados estão na Tabela 7.1. Ela tinha duas hipóteses: entre os que ingeriram álcool e os que consumiram *ecstasy*, os níveis de depressão seriam diferentes no dia seguinte (hipótese 1) e no meio da semana (hipótese 2). Para testar essas hipóteses, precisamos ajustar um modelo que compare a distribuição dos grupos dos que beberam com a distribuição dos que ingeriram *ecstasy*.

Teste seus conhecimentos
Qual é a hipótese nula para essas hipóteses?

Há duas opções para comparar as distribuições em duas condições contendo escores de diferentes entidades: o **teste de Mann-Whitney** (Mann e Whitney, 1947) e o **teste da soma dos postos de Wilcoxon** (Wilcoxon, 1945). Os dois testes são equivalentes, e, para aumentar a confusão, há um segundo teste de Wilcoxon que faz algo diferente.

7.4.1 Teoria ▮▮▮▮

A lógica por trás dos testes de Wilcoxon e de Mann-Whitney é incrivelmente elegante. Primeiro, imaginemos um cenário em que não haja diferença nos níveis de depressão entre os usuários de *ecstasy* e de álcool. Se você classificasse os dados *ignorando o grupo ao qual a pessoa pertence*, do menor para o maior (i.e., dar ao valor mais baixo o posto 1, ao próximo mais baixo o posto 2 e assim sucessivamente), e se não houver diferença entre os grupos, você deve encontrar um número similar

Tabela 7.1 Dados para o experimento com substâncias

Participante	Substância	IDB (domingo)	IDB (quarta-feira)
1	*Ecstasy*	15	28
2	*Ecstasy*	35	35
3	*Ecstasy*	16	35
4	*Ecstasy*	18	24
5	*Ecstasy*	19	39
6	*Ecstasy*	17	32
7	*Ecstasy*	27	27
8	*Ecstasy*	16	29
9	*Ecstasy*	13	36
10	*Ecstasy*	20	35
11	Álcool	16	5
12	Álcool	15	6
13	Álcool	20	30
14	Álcool	15	8
15	Álcool	16	9
16	Álcool	13	7
17	Álcool	14	6
18	Álcool	19	17
19	Álcool	18	3
20	Álcool	18	10

de postos altos e baixos em cada grupo; especificamente, se os postos forem somados, esperaríamos o mesmo total para os dois grupos. Agora imaginemos que o grupo do *ecstasy* seja mais depressivo do que o do álcool. O que você acha que aconteceria com os postos? Se você classificar os valores como antes, então seriam esperados mais postos altos no grupo do *ecstasy* e mais postos baixos no grupo do álcool. Se somarmos novamente os postos de cada grupo, esperaríamos que a soma dos postos fosse maior no grupo do *ecstasy* do que no grupo do álcool. O teste da soma dos postos de Mann-Whitney e o teste de Wilcoxon utilizam esse princípio. Na verdade, quando os grupos têm números diferentes de participantes, a estatística de teste (W_s) para o teste da soma de postos de Wilcoxon é simplesmente a soma dos postos do grupo que contém menos pessoas; quando os tamanhos dos grupos são iguais é a menor soma obtida.

Vamos ver como funciona a atribuição de postos. A Figura 7.4 mostra o processo de atribuir postos para os dados de quarta-feira e de domingo. Para começar, vamos nos concentrar na quarta-feira, porque a classificação é mais direta. Primeiro, organizamos os valores em ordem crescente e anexamos um marcador para nos lembrar de que grupo cada escore veio (usei A para o grupo do álcool e E para o do *ecstasy*). Começando com o valor mais baixo, atribuímos posições potenciais começando com 1 e aumentando para o número de valores que temos. Chamei esses resultados de "postos em potencial" porque às vezes o mesmo posto ocorre mais de uma vez em um conjunto de dados (p. ex., nesses dados, o valor 6 ocorreu duas vezes e o 35 ocorreu três vezes). Esses

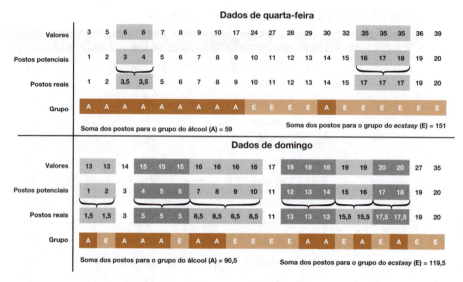

Figura 7.4 Ordem de acordo com postos dos valores da depressão.

dois exemplos são casos de *postos empatados*, e substituímos cada um dos valores repetidos pelo posto médio. Por exemplo, os dois valores 6 teriam sido classificados com os postos 3 e 4, mas, nesse caso, atribuímos um posto de 3,5, que é a média dos postos potenciais. Da mesma forma, três valores iguais a 35 têm postos potenciais de 16, 17 e 18, então atribuímos o posto médio de 17, que é a média desses três valores [(16 + 17 + 18) / 3 = 17]. Depois de atribuir postos aos dados, somamos os postos atribuídos aos dois grupos. Primeiro, adicionamos os postos do grupo do álcool (você deve encontrar uma soma igual a 59) e, em seguida, somamos os postos do grupo do *ecstasy* (essa soma é 151). Nossa estatística de teste é a menor dessas somas, que para esse experimento é a soma dos dados de quarta-feira, $W_s = 59$.

Teste seus conhecimentos

Com base no que você acabou de aprender, tente atribuir postos para os dados de domingo. (As respostas estão na Figura 7.4 – existem vários postos empatados, e os dados são horríveis de forma geral.)

Figura 7.5 Frank Wilcoxon.

Após realizar a seção Teste seus conhecimentos, você deve ter calculado que a soma dos postos é de 90,5 para o grupo do álcool e 119,5 para o grupo do *ecstasy*. A estatística de teste é a menor dessas somas, que é a soma do grupo do álcool, $W_s = 90{,}5$.

Como podemos determinar se essa estatística de teste é significativa? Acontece que a média ($\overline{W_s}$) e o erro-padrão ($EP_{\overline{W_s}}$) dessa estatística de teste podem ser calculados a partir dos tamanhos das amostras de cada grupo (n_1 é o tamanho da amostra do grupo 1, e n_2 é o tamanho da amostra do grupo 2):

$$\overline{W_s} = \frac{n_1(n_1+n_2+1)}{2} \quad (7.1)$$

$$EP_{\overline{W_s}} = \sqrt{\frac{n_1 n_2 (n_1+n_2+1)}{12}} \quad (7.2)$$

Temos dois grupos de tamanho igual a 10, assim n_1 e n_2 são iguais a 10. Portanto, a média e o desvio-padrão são:

$$\overline{W_s} = \frac{10(10+10+1)}{2} = 105 \quad (7.3)$$

$$EP_{\overline{W_s}} = \sqrt{\frac{(10 \times 10)(10+10+1)}{12}} = 13{,}23 \quad (7.4)$$

Se conhecemos a média e o erro-padrão da estatística de teste, podemos convertê-la em um escore-z utilizando a equação que vimos no Capítulo 1 (Equação 1.9):

$$z = \frac{X - \overline{X}}{DP} = \frac{W_s - \overline{W_s}}{EP_{\overline{W_s}}} \quad (7.5)$$

Também vimos que é possível utilizar a Tabela A.1 do Apêndice para determinar um valor-p para um escore-z (e definir que, mais amplamente, um escore-z maior que 1,96 ou menor que $-1{,}96$ é significativo quando $p < 0{,}05$). Os escores-z para os valores de depressão de domingo e de quarta-feira são:

$$z_{\text{domingo}} = \frac{W_s - \overline{W_s}}{EP_{\overline{W_s}}} = \frac{90{,}5 - 105}{13{,}23} = -1{,}10 \quad (7.6)$$

$$z_{\text{quarta-feira}} = \frac{W_s - \overline{W_s}}{EP_{\overline{W_s}}} = \frac{59 - 105}{13{,}23} = -3{,}48 \quad (7.7)$$

Assim, existe uma diferença significativa entre os grupos na quarta-feira, mas não no domingo.

O procedimento que descrevi é o teste da soma dos postos de Wilcoxon. O teste de Mann-Whitney é basicamente o mesmo, mas usa uma estatística de teste U, que tem uma relação direta com a estatística de teste de Wilcoxon. O SPSS apresenta, na saída, as duas estatísticas. Se você estiver interessado, U é calculado usando uma equação em que n_1 e n_2 são os tamanhos das amostras dos grupos 1 e 2, respectivamente, e R_1 é a soma dos postos do grupo 1:

$$U = n_1 n_2 + \frac{n_1(n_1+1)}{2} - R_1 \quad (7.8)$$

Para os nossos dados, obteríamos o seguinte (lembre-se de que temos 10 pessoas em cada grupo e de que a soma dos postos do grupo 1, o grupo do *ecstasy*, foi de 119,5 para os dados de domingo e 151 para os dados de quarta-feira):

$$U_{\text{domingo}} = (10 \times 10) + \frac{10(11)}{2} - 119{,}50 = 35{,}50 \quad (7.9)$$

$$U_{\text{quarta-feira}} = (10 \times 10) + \frac{10(11)}{2} - 151{,}00 = 4{,}00 \quad (7.10)$$

7.4.2 Inserindo dados e análise provisional ▮▮▮▮

Teste seus conhecimentos

Tente utilizar o que aprendeu sobre a entrada de dados para inserir os dados da Tabela 7.1 no SPSS.

O editor de dados terá três colunas. A primeira coluna é uma variável codificadora (um nome como ***Drug*** [substância]) que terá dois códigos (por conveniência, sugiro 1 = grupo do *ecstasy* e 2 = grupo do álcool). Quando você inserir essa variável no SPSS, lembre-se de inserir os rótulos dos valores para os códigos, conforme discutimos na seção 4.6.5. A segunda coluna terá valores da variável dependente (IDB) avaliada no dia seguinte (nomeie essa variável **Sunday_BDI** [domingo_IDB]) e a terceira terá os valores do meio da semana do mesmo questionário (nomeie essa variável **Wednesday_BDI** [quarta-feira_IDB]). Você pode, se quiser, adicionar uma quarta coluna, ou seja, uma variável para identificar o participante (com um código ou número). Salve o arquivo como **Drug.sav**.

O primeiro passo deve ser sempre elaborar gráficos e realizar uma análise exploratória. Já que temos uma pequena amostra (10 por grupo), talvez valha a pena testar a normalidade e a homogeneidade das variâncias (ver Gina Gênia 6.3). Para testar a normalidade, em virtude de estarmos procurando por diferenças entre os grupos, precisamos executar as análises separadamente para cada grupo.

Teste seus conhecimentos

Utilize o SPSS para testar a normalidade e a homogeneidade das variâncias nesses dados (ver seções 6.10 e 6.11).

Os resultados da análise exploratória são mostrados na Saída 7.1 e na Figura 7.6. Os diagramas de normalidade Q-Q mostram desvios bastante claros da normalidade para o grupo do *ecstasy* no domingo e para o grupo do álcool na quarta-feira porque os pontos se desviam da diagonal. As tabelas na Saída 7.1 confirmam essas observações: para os dados de domingo, os dados do *ecstasy*, $D(10) = 0,28$, $p = 0,03$, não passaram no teste de normalidade, enquanto os dados do álcool, $D(10) = 0,17$, $p = 0,20$, não foram significativos para a não normalidade; inversamente, para os dados de quarta-feira, embora os dados do *ecstasy* pudessem ser considerados normais, $D(10) = 0,24$, $p = 0,13$, os do álcool foram significativamente não normais, $D(10) = 0,31$, $p = 0,009$. Lembre-se de que podemos rejeitar a normalidade dos dados se a significância dos testes de Kolmogorov-Smirnov e Shapiro-Wilk forem inferiores a 0,05. Esses achados sinalizam que a distribuição amostral pode não ser normal para os dados de domingo e quarta-feira, e, como nossa amostra é pequena, um teste não paramétrico é apropriado. Independentemente do objetivo do teste de Levene, o resultado mostra que as variâncias não são significativamente diferentes entre os grupos no domingo, $F(1, 18) = 3,64$, $p = 0,072$, nem na quarta-feira, $F(1, 18) = 0,51$, $p = 0,485$ (Saída 7.1, tabela inferior), sugerindo que o pressuposto de homogeneidade não deve ser rejeitado.

7.4.3 O teste de Mann-Whitney utilizando o SPSS ▮▮▮▮

Para executar um teste de Mann-Whitney, siga o procedimento geral descrito na seção 7.3, primeiro selecionando *Analyze* ▶ *Nonparametric Tests* ▶ ▲ Independent Samples... Quando você chegar na aba Fields, se precisar atribuir variáveis, selecione ⊙ Use custom field assignments e especifique o modelo (Figura 7.7, superior), arrastando **Sunday_BDI** e **Wednesday_BDI** para o painel *Test Fields* (ou selecione-os no painel *Fields* e clique em ➤). Em seguida, transfira **Drug** para a caixa *Groups*. Ative a aba Settings, selecione ⊙ Customize tests e marque ☑ Mann-Whitney U (2 samples) (Figura 7.7, inferior). A caixa de diálogo lista outros testes além do de Mann-Whitney, que são explicados na Dica do SPSS 7.1. Clique em ▶Run para executar a análise.

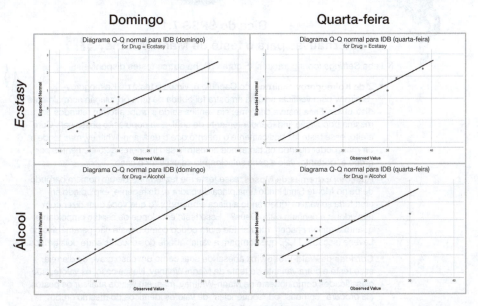

Figura 7.6 Diagrama de normalidade Q-Q dos valores da depressão no domingo e na quarta-feira após o consumo de *ecstasy* e álcool.

Testes de normalidade

	Type of Drug	Kolmogorov–Smirnov[a] Statistic	df	Sig.	Shapiro–Wilk Statistic	df	Sig.
Beck Depression Inventory (Sunday)	Ecstasy	.276	10	.030	.811	10	.020
	Alcohol	.170	10	.200*	.959	10	.780
Beck Depression Inventory (Wednesday)	Ecstasy	.235	10	.126	.941	10	.566
	Alcohol	.305	10	.009	.753	10	.004

*. This is a lower bound of the true significance.
a. Lilliefors Significance Correction

Teste de homogeneidade das variâncias

		Levene Statistic	df1	df2	Sig.
Beck Depression Inventory (Sunday)	Based on Mean	3.644	1	18	.072
	Based on Median	1.880	1	18	.187
	Based on Median and with adjusted df	1.880	1	10.076	.200
	Based on trimmed mean	2.845	1	18	.109
Beck Depression Inventory (Wednesday)	Based on Mean	.508	1	18	.485
	Based on Median	.091	1	18	.766

Saída 7.1

Dica do SPSS 7.1
Alternativas para o teste de Mann-Whitney ||||

Na aba *Settings* (configurações) (Figura 7.7), há outros testes disponíveis:

- **Z de Kolmogorov-Smirnov**: no Capítulo 6, vimos o teste de Kolmogorov-Smirnov para verificar se uma amostra foi obtida de uma população normalmente distribuída. Esse teste é diferente: ele verifica se dois grupos foram retirados da mesma população (independentemente de qual essa população possa ser). Com efeito, esse teste faz basicamente o mesmo que o de Mann-Whitney, mas tende a ter mais poder quando os tamanhos amostrais são inferiores a 25 elementos por grupo e, portanto, vale a pena selecioná-lo se esse for o caso.

- **Reações extremas de Moses**: esse teste me faz lembrar de um homem barbudo de pé no Monte Sinai lendo uma placa de pedra e, de repente, explodindo em uma fúria selvagem, quebrando a placa e gritando: "o que você quer dizer com não adorar a nenhum outro Deus?". Esse teste está longe de ser tão empolgante quanto a minha imagem mental. Ele é um pouco como o teste não paramétrico de Levene (seção 6.11.2), que compara a variabilidade dos escores entre dois grupos.

- **Corridas de Wald-Wolfowitz**: apesar de soar como um caso grave de diarreia, esse teste é outra variante do teste de Mann-Whitney. Nesse caso, os valores são classificados como no teste de Mann-Whitney, mas, em vez de analisar os postos, ele procura "corridas" ou "sequências" de valores idênticos do mesmo grupo dentro dos postos ordenados. Se não houver diferença entre os grupos, os postos dos dois grupos devem ser intercalados aleatoriamente. No entanto, se os grupos forem diferentes, espera-se ver mais postos de um grupo na extremidade inferior e mais postos do outro grupo na extremidade superior. Ao procurar por conjuntos de postos dessa forma, o teste pode determinar se os grupos diferem.

7.4.4 Saídas do teste de Mann-Whitney ||||

Com todos os testes não paramétricos, a saída contém uma tabela de resumo na qual você precisa clicar duas vezes para abrir a janela do *model viewer* (visualizador do modelo) (ver Figura 7.8). O visualizador do modelo é dividido em dois painéis: o esquerdo mostra a tabela de resumo de todas as análises que você realizou e o direito mostra os detalhes da análise. Neste exemplo, analisamos as diferenças dos grupos tanto para domingo quanto para quarta-feira; portanto, a tabela de resumo apresenta duas linhas: uma para domingo e outra para quarta-feira. Para ver os resultados da análise de domingo no painel direito, clique na linha da tabela de domingo no painel esquerdo. Uma vez selecionada, a linha no painel esquerdo fica destacada (como mostrado na Figura 7.8). Para ver os resultados dos dados de quarta-feira, clicamos em algum lugar na segunda linha da tabela no painel esquerdo. Essa linha ficará destacada na tabela, e a saída no painel direito mudará para mostrar os detalhes dos dados de quarta-feira.

Capítulo 7 • Modelos não paramétricos

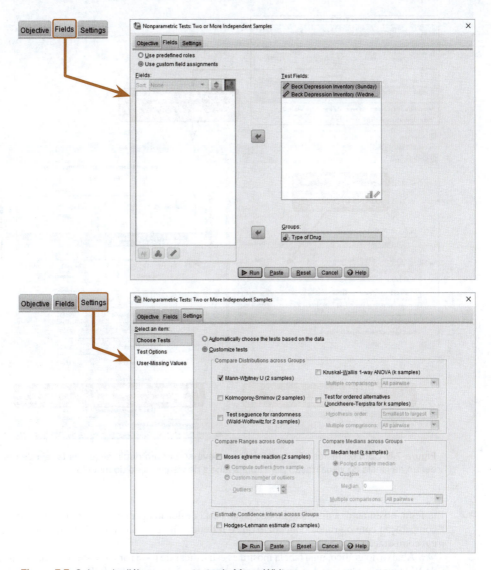

Figura 7.7 Caixas de diálogo para o teste de Mann-Whitney.

Expliquei anteriormente que o teste de Mann-Whitney funciona procurando diferenças nas somas dos postos dos diferentes grupos. A primeira parte da saída é um gráfico resumindo os dados depois de os postos terem sido atribuídos. O SPSS mostra a distribuição dos postos nos dois grupos (álcool e *ecstasy*) e o posto médio em cada condição (ver Saída 7.2). Lembre-se de que o teste de Mann-Whitney se baseia em postos classificados do menor para o maior; portanto, o grupo com a média dos postos mais baixa é o grupo com o maior número de postos baixos. Por outro lado, o grupo que tem a média mais alta deve ter um número maior de postos altos dentro dele. Portanto, esse gráfico pode ser usado para determinar qual grupo teve os postos mais altos, o que é útil para interpretar um resultado significativo. Por exemplo, podemos ver nos dados de domingo que as distribuições nos dois grupos são quase idênticas (o *ecstasy* tem alguns postos mais altos, mas as barras parecem iguais), e as médias são semelhantes (9,05 e 11,95); na quar-

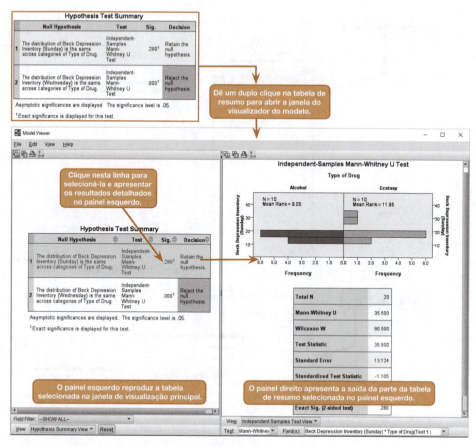

Figura 7.8 Com os testes não paramétricos, deve-se dar um duplo clique na tabela de resumo dentro da janela de visualização para abrir a janela de visualização do modelo.

ta-feira, no entanto, a distribuição dos postos está deslocada para cima no grupo do *ecstasy* em comparação com o grupo do álcool, o que é refletido em uma classificação média maior (15,10 em comparação com 5,90).

Abaixo do gráfico, uma tabela mostra as estatísticas de teste para os testes de Mann-Whitney, de Wilcoxon e o escore-z correspondente. Note que os valores de U, W_s e do escore-z são os mesmos que calculamos na seção 7.4.1 (ufa!). As linhas rotuladas com *Asymptotic Sig.* e *Exact Sig.* fornecem a probabilidade de uma estatística de teste de pelo menos essa magnitude ocorrer se não houver diferença entre os grupos. Os dois valores-p são interpretados da mesma forma, mas calculados de forma diferente: nossa amostra é bem pequena, então usaremos o método exato (ver Gina Gênia 7.2). Para esses dados, o teste de Mann-Whitney não é significativo para os valores da depressão avaliados no domingo porque o valor-p de 0,28 é maior que o valor crítico de 0,05. Esse achado indica que o *ecstasy* não deve ser mais depressivo no dia seguinte ao consumo do que o álcool: ambos os grupos mostraram níveis comparáveis de depressão. Isso confirma o que concluímos a partir dos postos médios e da distribuição dos postos. Para as medidas do meio da semana, os resultados são altamente significativos porque o valor-p exato de 0,000 é menor que o valor crítico de 0,05. Nesse caso, escrevemos $p < 0,001$ porque o p observado é realmente muito pequeno. Esse achado também confirma o que suspeitávamos com base na distribuição dos postos e das médias dos postos: o grupo do *ecstasy* (média dos postos = 15,10) apresentou níveis signi-

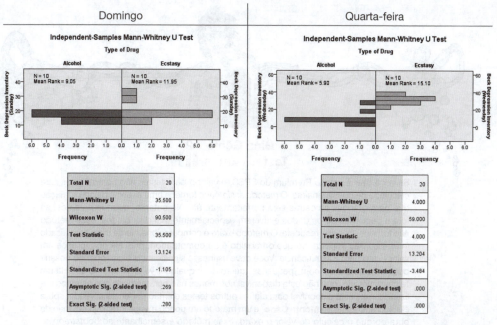

Saída 7.2

ficativamente mais altos de depressão no meio da semana do que o grupo do álcool (média dos postos = 5,90).

7.4.5 Calculando um tamanho de efeito

O SPSS não calcula um tamanho de efeito, mas podemos calcular um tamanho de efeito aproximado facilmente a partir do escore-z da estatística de teste. A equação para converter um escore-z em uma estimativa do tamanho de efeito (de Rosenthal, 1991), r é:

$$r = \frac{z}{\sqrt{N}} \quad (7.11)$$

em que z é o escore-z determinado pelo SPSS e N é o tamanho do estudo (i.e., o número total de observações) em que z é baseado.

A Saída 7.2 informa que z é $-1,11$ para os dados de domingo e $-3,48$ para os dados de quarta-feira. Nos dois casos, o número total de observações é 20 (10 usuários de *ecstasy* e 10 de álcool). Os tamanhos dos efeitos são, portanto:

$$r_{\text{domingo}} = \frac{-1,11}{\sqrt{20}} = -0,25 \quad (7.12)$$

$$r_{\text{quarta-feira}} = \frac{-3,48}{\sqrt{20}} = -0,78 \quad (7.13)$$

Esses valores representam um efeito de pequeno a médio para os dados de domingo (está abaixo do critério de 0,3 para um tamanho do efeito médio) e um efeito enorme para os dados de quarta-feira (o tamanho do efeito está bem acima do limite de 0,5 para um efeito grande). Os dados de domingo mostram como um tamanho de efeito substancial pode não ser significativo em uma pequena amostra (ver seção 2.9.10).

Gina Gênia 7.2
Testes exatos ||||

Se você tiver a versão Premium do SPSS, o valor-*p* para testes não paramétricos será calculado de duas maneiras. O *método assintótico* fornece uma espécie de aproximação que para grandes amostras será perfeitamente útil. No entanto, quando as amostras forem pequenas ou os dados estiverem especialmente mal distribuídos, esse método não fornece uma boa resposta. O *método exato* é computacionalmente mais complicado (mas isso não importa, porque o trabalho é do computador), mas ele nos fornece um valor exato para a significância. Você deve usar essa significância exata quando possuir pequenas amostras (com "pequenas" quero dizer qualquer valor abaixo de 50). Há um terceiro método, que não está disponível nos menus não paramétricos que estamos utilizando, mas está disponível para alguns outros testes e então podemos aprender sobre ele agora. O **método Monte Carlo**[3] é um método um pouco menos intensivo em mão de obra do que o cálculo do valor-*p* exato. Esse método é semelhante ao *bootstrapping* (seção 6.12.3). Ele cria uma distribuição semelhante à encontrada na amostra e, então, retira várias amostras (o padrão é 10.000) dessa distribuição. A partir dessas amostras, uma significância da média e um intervalo de confiança em torno dela são criados.

---

[3]É denominado método Monte Carlo porque, no final do século XIX, quando Karl Pearson estava tentando simular dados, ele não tinha um computador para fazer isso por ele. Ele costumava usasr moedas e tirar cara ou coroa. E muito. Ele fez isso até que um amigo sugeriu que roletas de cassino, se fossem imparciais, seriam excelentes geradores de números aleatórios. Em vez de tentar persuadir a Royal Society a financiar viagens ao cassino de Monte Carlo para coletar dados de suas roletas, ele comprou exemplares do *Le Monaco*, um periódico semanal de Paris que publicava exatamente os dados que ele precisava ao custo de 1 franco (Pearson, 1894; Plackett, 1983). Assim, o método Monte Carlo é o uso de dados simulados para testar um método estatístico ou para estimar uma estatística, mesmo que atualmente sejam utilizados computadores e não roletas de cassino.

7.4.6 Relatando os resultados ||||

Para o teste de Mann-Whitney, relate apenas a estatística de teste (representada por *U*) e a sua significância. Mantendo as boas práticas (seção 3.8), inclua o tamanho de efeito e relate o valor exato do *p* (em vez de um valor resumido como *p* < 0,05). O relatório pode ser algo como:

✓ O nível de depressão nos usuários de *ecstasy* (*Mdn* = 17,50) não difere significativamente dos usuários do álcool (*Mdn* = 16,00) um dia após a ingestão das substâncias, $U = 35{,}50$, $z = -1{,}11$, $p = 0{,}28$, $r = -0{,}25$. Contudo, na quarta-feira, os usuários de *ecstasy* (*Mdn* = 33,50) estavam significativamente mais deprimidos do que os de álcool (*Mdn* = 7,50), $U = 4{,}00$, $z = -3{,}48$, $p < 0{,}001$, $r = -0{,}78$.

Relatei a mediana de cada condição porque essa estatística é mais apropriada do que a média para os testes não paramétricos. Você pode obter esses valores executando as estatísticas descritivas (seção 6.10.2) ou você pode relatar as médias dos postos em vez da mediana.

Para relatar o teste de Wilcoxon, em vez da estatística *U* de Mann-Whitney, pode-se escrever:

✓ O nível de depressão nos usuários de *ecstasy* (*Mdn* = 17,50) não difere significativamente dos usuários do álcool (*Mdn* = 16,00) um dia após a ingestão das substâncias, W_s = 90,50, $z = -1,11$, $p = 0,28$, $r = -0,25$. Contudo, na quarta-feira, os usuários de *ecstasy* (*Mdn* = 33,50) estavam significativamente mais deprimidos do que os de álcool (*Mdn* = 7,50), W_s = 59,00, $z = -3,48$, $p < 0,001$, $r = -0,78$.

Dicas da Ana Apressada
Teste de Mann-Whitney

- O teste de Mann-Whitney e o teste da soma dos postos de Wilcoxon comparam duas condições com diferentes participantes em cada condição quando os dados têm casos incomuns ou violam qualquer pressuposto do Capítulo 6.
- Olhe para a linha *Asymptotic Sig.* ou *Exact Sig.* (se a sua amostra for pequena). Se o valor for menor que 0,05, os dois grupos são significativamente diferentes.
- Os valores médios dos postos informam como os grupos diferem (o grupo com os maiores valores terá o maior posto médio).
- Relate a estatística *U* (ou W_S se preferir), o escore-*z* correspondente e a significância. Relate, ainda, as medianas e suas amplitudes correspondentes (ou faça um diagrama de caixa e bigodes).
- Calcule o tamanho do efeito e relate-o também.

7.5 Comparando duas condições relacionadas: o teste dos postos com sinais de Wilcoxon

O **teste dos postos com sinais de Wilcoxon** (Wilcoxon, 1945) não deve ser confundido com o teste da soma dos postos da seção anterior, pois ele é usado em situações em que você deseja comparar dois conjuntos de valores relacionados de algum modo (p. ex., vêm das mesmas entidades). Imagine que a psicóloga da seção anterior estivesse interessada na *mudança* nos níveis de depressão nas mesmas pessoas a partir do consumo de cada uma das duas substâncias. Ela agora quer comparar os valores do IDB no domingo com os da quarta-feira. Lembre-se de que as distribuições dos valores para ambos os fármacos foram não normais em um dos dois dias, implicando (porque a amostra é pequena) que a distribuição amostral também não será normal (ver Saída 7.1), assim a psicóloga deve utilizar um teste não paramétrico.

7.5.1 Teoria do teste dos postos com sinais de Wilcoxon

O teste da soma dos postos com sinais de Wilcoxon é baseado na classificação das diferenças entre os postos nas duas condições que você está comparando. Uma vez que se tenha atribuído postos a essas diferenças (seção 7.4.1), o sinal da diferença (positivo ou negativo) é atribuído ao posto.

A Tabela 7.2 mostra os postos para comparar os escores de depressão no domingo aos da quarta-feira para as duas substâncias separadamente. Primeiro, calculamos a diferença entre os

Tabela 7.2 Postos dos dados no teste dos postos com sinais de Wilcoxon

IDB no domingo	IDB na quarta-feira	Diferença	Sinal	Posto	Postos positivos	Postos negativos
Ecstasy						
15	28	13	+	2,5	2,5	
35	35	0	Excluído			
16	35	19	+	6	6	
18	24	6	+	1	1	
19	39	20	+	7	7	
17	23	15	+	4,5	4,5	
27	27	0	Excluído			
16	29	13	+	2,5	2,5	
13	36	23	+	8	8	
20	35	15	+	4,5	4,5	
Total =					36	0
Álcool						
16	5	−11	−	9		9
15	6	−9	−	7		7
20	30	10	+	8	8	
15	8	−7	−	3,5		3,5
16	9	−7	−	3,5		3,5
13	7	−6	−	2		2
14	6	−8	−	5,5		5,5
19	17	−2	−	1		1
18	3	−15	−	10		10
18	10	−8	−	5,5		5,5
Total =					8	47

escores no domingo e na quarta-feira (simplesmente subtrair os escores de domingo dos de quarta-feira). Se a diferença for 0 (i.e., os escores forem os mesmos no domingo e na quarta-feira), excluímos esse caso da análise. Anotamos o sinal da diferença (positiva ou negativa) e depois atribuímos postos às diferenças (começando com as menores) e ignorando se são positivas ou negativas. O processo de atribuição de postos é o mesmo da seção 7.4.1, e lidamos com empates exatamente da mesma maneira. Finalmente, reunimos os postos que vieram de uma diferença positiva entre as condições e os somamos para obter a soma dos postos positivos (T_+). Também somamos os postos que vieram de diferenças negativas entre as condições para obter a soma dos postos negativos (T_-). Para o *ecstasy*, $T_+ = 36$ e $T_- = 0$ (de fato, não houve classificações negativas para essa condição), e para o álcool, $T_+ = 8$ e $T_- = 47$. A estatística de teste é T_+, e assim ela é 36 para o *ecstasy* e 8 para o álcool.

Para calcular a significância da estatística de teste (T), olhamos novamente para a média ($\overline{T}$) e para o erro-padrão ($EP_{\overline{T}}$), que, como no teste de Mann-Whitney e no teste da soma dos postos da seção anterior, são funções do tamanho da amostra, n (como usamos os mesmos participantes, existe apenas um tamanho de amostra):

$$\overline{T} = \frac{n(n+1)}{4} \tag{7.14}$$

$$EP_{\overline{T}} = \sqrt{\frac{n(n+1)(2n+1)}{24}} \tag{7.15}$$

Nos dois grupos, n é 10 (porque esse é o número de participantes que foi utilizado). Contudo, relembre que para o grupo do *ecstasy* excluímos duas pessoas porque as diferenças nos escores foi 0, assim o tamanho da amostra a ser utilizado é 8 e não 10, o que nos dá:

$$\overline{T}_{ecstasy} = \frac{8(8+1)}{4} = 18 \tag{7.16}$$

$$EP_{\overline{T}_{ecstasy}} = \sqrt{\frac{8(8+1)(16+1)}{24}} = 7{,}14 \tag{7.17}$$

No grupo do álcool, não houve exclusões assim, temos:

$$\overline{T}_{álcool} = \frac{10(10+1)}{4} = 27{,}50 \tag{7.18}$$

$$EP_{\overline{T}_{álcool}} = \sqrt{\frac{10(10+1)(20+1)}{24}} = 9{,}81 \tag{7.19}$$

Assim como no teste de Mann-Whitney, se soubermos a estatística de teste, a média da estatística de teste e o erro-padrão, poderemos converter a estatística de teste em um escore-z usando a equação-padrão que revisitamos na seção anterior:

$$z = \frac{X - \overline{X}}{DP} = \frac{T - \overline{T}}{EP_{\overline{T}}} \tag{7.20}$$

Se calcularmos o escore-z para o os valores da depressão dos grupos do *ecstasy* e do álcool, obtemos:

$$z_{ecstasy} = \frac{T - \overline{T}}{EP_{\overline{T}}} = \frac{36 - 18}{7{,}14} = 2{,}52 \tag{7.21}$$

$$z_{álcool} = \frac{T - \overline{T}}{EP_{\overline{T}}} = \frac{8 - 27{,}5}{9{,}81} = -1{,}99 \tag{7.22}$$

Se esses valores forem maiores que 1,96 (ignorando o sinal de menos), o teste é significativo quando $p < 0{,}05$. Assim, parece haver uma diferença significativa entre os escores de depressão na quarta-feira e no domingo tanto para o *ecstasy* quanto para o álcool.

7.5.2 Executando o teste dos postos com sinais de Wilcoxon com o SPSS ▮▮▮▮

Podemos usar o mesmo arquivo de dados de antes, mas como queremos analisar a mudança para cada substância *separadamente*, usaremos o comando *split file* (dividir arquivo) para repetir a análise para cada grupo especificado na variável **Type of Drug** (i.e., vamos obter um modelo separado para os grupos do *ecstasy* e do álcool).

Teste seus conhecimentos

*Divida o arquivo por substância (**Drug**) (ver seção 6.10.4).*

Para executar o teste de Wilcoxon, siga o procedimento geral descrito na seção 7.3, selecionando primeiro *Analyze* ▸ *Nonparametric Tests* ▸ Related Samples... Quando você chegar à aba Fields, se você precisar atribuir variáveis, selecione ⊙ Use custom field assignments e especifique o modelo (Figura 7.9, superior) arrastando **Sunday_BDI** e **Wednesday_BDI** para a caixa *Test Fields* (ou selecione-os no painel denominado *Fields* e clique em). Ative a aba Settings, selecione ⊙ Customize tests, marque ☑ Wilcoxon matched-pair signed-rank (2 samples) (Figura 7.9, inferior) e clique em ▶ Run. Outras opções são explicadas na Dica do SPSS 7.2.

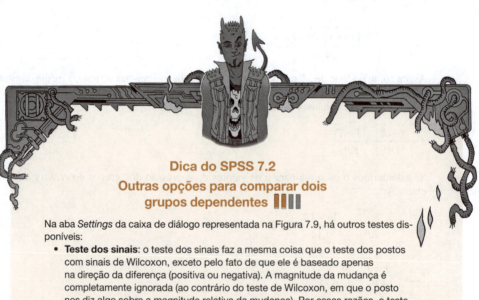

Dica do SPSS 7.2

Outras opções para comparar dois grupos dependentes ▮▮▮▮

Na aba *Settings* da caixa de diálogo representada na Figura 7.9, há outros testes disponíveis:

- **Teste dos sinais**: o teste dos sinais faz a mesma coisa que o teste dos postos com sinais de Wilcoxon, exceto pelo fato de que ele é baseado apenas na direção da diferença (positiva ou negativa). A magnitude da mudança é completamente ignorada (ao contrário do teste de Wilcoxon, em que o posto nos diz algo sobre a magnitude relativa da mudança). Por essas razões, o teste dos sinais não tem poder (não é muito bom para detectar efeitos), a menos que os tamanhos das amostras sejam muito pequenos (seis ou menos). Eu não o usaria.

- **Teste de McNemar**: esse teste é útil para quando você tem dados nominais em vez de ordinais. Ele é normalmente utilizado quando procuramos por alterações nos escores das pessoas, pois ele compara o número de pessoas que alteraram a resposta em uma direção (i.e., os escores aumentaram) em relação àquelas

que mudaram na direção oposta (os escores diminuíram). Esse teste poderá ser utilizado quando tivermos duas variáveis dicotômicas relacionadas.
- **Homogeneidade marginal**: esse teste é uma extensão do teste de McNemar para variáveis ordinais. Ela faz praticamente o mesmo que o teste de Wilcoxon, até onde eu sei.
- **ANOVA de dois fatores por postos de Friedman (amostras *k*)**: o teste de Friedman será visto ao compararmos três ou mais condições (seção 7.7), mas o SPSS permite o seu uso para comparar duas condições. Você não deve fazer isso porque ele tem baixo poder comparado ao teste dos postos com sinais de Wilcoxon.

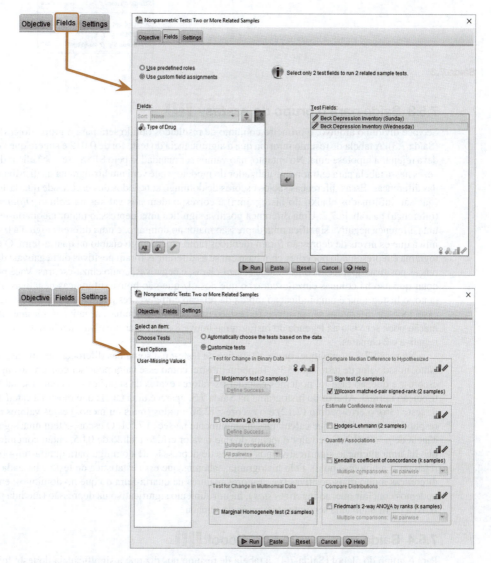

Figura 7.9 Caixas de diálogo para o teste dos postos com sinais de Wilcoxon.

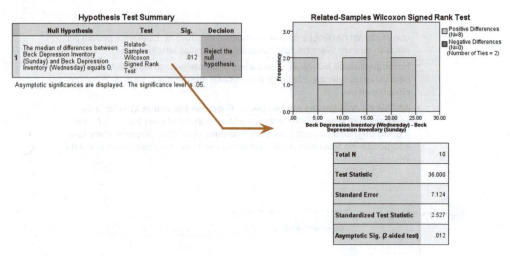

Saída 7.3

7.5.3 Saída para o grupo do *ecstasy* ▮▮▮▮

Se você dividiu o arquivo, o primeiro conjunto de resultados obtido será para o grupo do *ecstasy* (Saída 7.3). A tabela de resumo informa que a significância do teste foi de 0,012 e sugere que você deva rejeitar a hipótese nula. No entanto, não vamos ser mandados pelo SPSS. Se você clicar duas vezes nessa tabela para entrar no visualizador do modelo, você verá um histograma da distribuição das diferenças. Essas diferenças são os escores de domingo subtraídos dos escores de quarta-feira (que são informados abaixo do histograma) e correspondem aos valores na coluna *Difference* (diferença) na Tabela 7.2. Uma diferença positiva significa uma depressão maior na quarta-feira, uma diferença negativa significa uma depressão maior no domingo, e uma diferença igual a 0 significa que os níveis de depressão foram idênticos tanto no domingo quanto na quarta-feira. O histograma é representado por cores com base em se as diferenças foram positivas ou negativas: diferenças positivas aparecem como colunas cinza-claras, e negativas, como cinza-escuras. Você pode notar que não há colunas cinza-escuras, o que nos diz que não houve diferenças negativas. Portanto, o histograma é uma indicação rápida da relação entre escores positivos e negativos: nesse caso, todas as diferenças são positivas (ou estão empatadas) e nenhuma é negativa. A mesma informação pode ser vista na legenda do histograma: houve 8 diferenças positivas, nenhuma diferença negativa e 2 empates.

Na seção 7.5.1, expliquei que a estatística de teste-t é a soma das diferenças positivas; portanto, nosso valor de teste aqui é 36. Também mostrei como esse valor pode ser convertido em um escore-z e que, ao fazê-lo, podemos calcular os valores exatos da significância com base na distribuição normal. Abaixo do histograma na Saída 7.3, aparece uma tabela que mostra a estatística de teste (36), o erro-padrão (7,12) e o escore-z (2,53); todos (mais ou menos) esses valores correspondem aos valores que calculamos manualmente na seção 7.5.1. O escore-z tem uma significância de $p = 0,012$. Esse valor é menor do que o valor crítico padrão de 0,05, então concluímos que há uma alteração significativa nos escores de depressão de domingo para quarta-feira (i.e., rejeitamos a hipótese nula). Pelo histograma, sabemos que essa estatística de teste é baseada em diferenças muito mais positivas (i.e., escores maiores na quarta-feira do que no domingo); então podemos concluir que, ao ingerir *ecstasy*, há um aumento significativo na depressão (medida pelo IDB) a partir da manhã seguinte até o meio da semana.

7.5.4 Saída para o grupo do álcool ▮▮▮▮

Para o grupo do álcool (Saída 7.4), a tabela de resumo nos diz que a significância do teste foi de 0,047 e novamente sugere que rejeitemos a hipótese nula. Como antes, clique duas vezes nessa

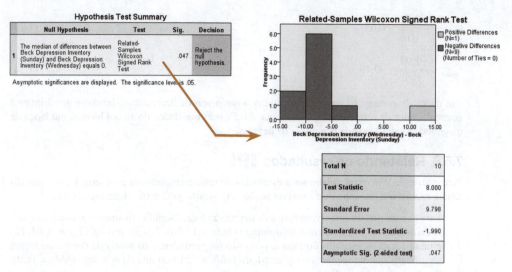

Saída 7.4

tabela para entrar no visualizador de modelo. Observe que, para o grupo do álcool (diferentemente do grupo do *ecstasy*), temos colunas de cores diferentes: as colunas cinza-claras representam diferenças positivas, e as cinza-escuras, diferenças negativas. Para o grupo do *ecstasy* vimos apenas colunas cinza-claras, mas para o grupo do álcool temos o oposto: as colunas são predominantemente cinza-escuras. Isso indica que, no geral, as diferenças entre quarta-feira e domingo foram negativas. Em outras palavras, os escores eram geralmente maiores no domingo do que na quarta-feira. Novamente, essas diferenças são as mesmas da coluna *Difference* na Tabela 7.2. A legenda do gráfico confirma que houve apenas 1 diferença positiva, 9 negativas e nenhum empate.

A tabela abaixo do histograma mostra a estatística de teste (8), o erro-padrão (9,80) e o escore-z correspondentes (−1,99). Esses são os valores que calculamos na seção 7.5.1. O valor-p associado ao escore-z é 0,047, o que significa dizer que há uma probabilidade de 0,047 de obtermos um escore-z pelo menos tão grande quanto esse se não houver efeito na população; como esse valor é menor que o valor crítico de 0,05, as pessoas normalmente concluem que há uma diferença significativa nos escores de depressão. Sabemos que, como o histograma mostrou diferenças predominantemente negativas (i.e., escores mais altos no domingo do que na quarta-feira), houve um *declínio* significativo na depressão (medida pelo IDB) desde a manhã seguinte até o meio da semana no grupo do álcool.

Os resultados dos grupos do *ecstasy* e do álcool mostram um efeito oposto do álcool e do *ecstasy* na depressão. Depois de ingerir álcool, a depressão é maior na manhã seguinte do que no meio da semana, ao passo que, depois da ingestão de *ecstasy*, a depressão é maior no meio da semana do que na manhã seguinte. Um efeito diferente entre diferentes grupos ou condições é conhecido como *moderação* (i.e., você obtém um efeito em certas circunstâncias e um efeito diferente em outras circunstâncias). Não é possível verificar os efeitos de moderação diretamente usando testes não paramétricos, mas veremos esses efeitos detalhadamente no devido tempo (ver Capítulos 11 e 14).

7.5.5 Calculando um tamanho do efeito ▌▌▌▌

O tamanho do efeito pode ser calculado da mesma maneira que para o teste de Mann-Whitney (ver Equação 7.11). Neste caso, a Saída 7.4 nos diz que, para o grupo do *ecstasy*, o escore-z é 2,53, e para o grupo do álcool, o escore-z é −1,99. Nos dados do álcool, tivemos 20 observações (testamos apenas 10 pessoas, mas cada uma contribuiu com 2 resultados; é o número total de observações, não o número de pessoas, que é importante). Nos dados do *ecstasy*, acabamos excluindo 2 casos, então o escore-z foi baseado em 8 pessoas que contribuíram com 2 pontos cada, o que significa 16 observações no total. O tamanho de efeito é, portanto:

$$r_{ecstasy} = \frac{2{,}53}{\sqrt{16}} = 0{,}63 \tag{7.23}$$

$$r_{álcool} = \frac{-1{,}99}{\sqrt{20}} = -0{,}44 \tag{7.24}$$

Nos dados do *ecstasy*, há uma grande mudança nos níveis de depressão (o tamanho do efeito está acima do valor de referência de Cohen, que é 0,5), mas nos dados do álcool há uma mudança de magnitude média a grande nos níveis de depressão.

7.5.6 Relatando os resultados

Para o teste de Wilcoxon, relatamos a estatística de teste (representada pela letra *T*), sua significância exata e um tamanho de efeito (ver seção 3.8). Assim, podemos relatar algo como:

✓ Para os usuários do *ecstasy*, os níveis de depressão foram significativamente maiores na quarta-feira (*Mdn* = 33,50) do que no domingo (*Mdn* = 17,50), *T* = 36, *p* = 0,012, *r* = 0, 63. No entanto, para os usuários do álcool, o oposto foi verdadeiro: os níveis de depressão foram significativamente menores na quarta-feira (*Mdn* = 7,50) do que no domingo (*Mdn* = 16,0), *T* = 8, *p* = 0,047, *r* = –0,44.

Você pode obter os valores das medianas executando as estatísticas descritivas (seção 6.10.2). Alternativamente, poderíamos relatar os escores-*z*:

✓ Para os usuários de *ecstasy*, os níveis de depressão foram significativamente maiores na quarta-feira (*Mdn* = 33,50) do que no domingo (*Mdn* = 17,50), *z* = 2,53, *p* = 0,012, *r* = 0,63. No entanto, para os usuários de álcool, o oposto foi verdadeiro: os níveis de depressão foram significativamente menores na quarta-feira (*Mdn* = 7,50) do que no domingo (*Mdn* = 16,0), *z* = –1,99, *p* = 0,047, *r* = –0,44.

Dicas da Ana Apressada

- O teste dos postos com sinais de Wilcoxon compara duas condições quando os escores estão relacionados (p. ex., os escores foram obtidos dos mesmos participantes) e os dados resultantes têm casos incomuns ou violam os pressupostos do Capítulo 6.
- Verifique a linha *Asymptotic Sig. (2-sided test)* (significância assintótica – teste bilateral). Se o valor for inferior a 0,05, as duas condições podem ser consideradas significativamente diferentes.
- Verifique o histograma e as diferenças positivas e negativas para ver se os grupos diferem (o maior número de diferenças em uma direção específica – positivas ou negativas – sugere a direção do resultado).
- Relate a estatística *T*, o escore-*z* correspondente, a significância exata e um tamanho de efeito. Relate, ainda, as medianas e suas amplitudes correspondentes (ou faça um diagrama de caixa e bigodes).

Pesquisa Real do João Jaleco 7.1
Soltando a codorna?

Matthews, R. C. et al. (2007). *Psychological Science, 18*(9), 758-762.

Vimos algumas pesquisas no Capítulo 2 nas quais descobrimos que é possível influenciar aspectos da produção de espermatozoides em codornas macho por meio de "condicionamento". A ideia básica é que o macho tenha acesso a uma fêmea para a cópula em um determinado local (p. ex., um local que tenha a cor verde), mas que ele não tenha acesso a uma fêmea em um contexto diferente (p. ex., um local com o chão inclinado). Portanto, o macho aprende que ele terá sorte quando o local for verde, mas quando o chão estiver inclinado, apena frustração. Para outros machos, os locais serão invertidos. O equivalente humano (bem, mais ou menos) seria se você sempre conseguisse alguém no Coalition, mas nunca no Digital.[4] Durante a fase de testes, os machos conseguem acasalar nos dois locais. A questão é: depois que os machos aprenderam que terão uma oportunidade de acasalamento em um determinado contexto, eles produzirão mais espermatozoides ou espermatozoides de melhor qualidade quando acasalam nesse contexto em comparação com um contexto de controle? (Ou seja, você é mais pegador no Coalition? OK, chega dessa analogia.)

Mike Domjan e colegas previram que, se o condicionamento evoluísse por aumentar a aptidão reprodutiva, então os machos que acasalassem no contexto que previamente sinalizou uma oportunidade de acasalamento fertilizariam um número significativamente maior de ovos do que as codornas macho que acasalassem no contexto de controle (Matthews, Domjan, Ramsey e Crews, 2007). Eles colocaram essa hipótese à prova em um experimento absolutamente genial. Após o treinamento, eles permitiram que 14 fêmeas copulassem com 2 machos (contrabalançados): um macho copulou com uma fêmea no local previamente sinalizado com uma oportunidade reprodutiva (*Signalled* – sinalizado), enquanto o segundo macho copulava com a mesma fêmea, mas em um local que não havia sido sinalizado previamente com uma oportunidade de acasalamento (*Control* – controle). Os ovos foram coletados das fêmeas durante 10 dias após o acasalamento, e uma análise genética foi usada para determinar o pai dos ovos fertilizados.

Os dados desse estudo estão no arquivo **Matthews et al.(2007).sav**. O João Jaleco quer que você faça o teste dos postos com sinais de Wilcoxon para ver se mais ovos foram fertilizados por machos que acasalaram no contexto sinalizado em comparação aos machos no contexto de controle.

As respostas estão no *site* do livro (ou verifique a p. 760 do artigo original).

---

[4]Essas são duas casas de festa em Brighton que eu não frequento porque sou muito velho para esse tipo de coisa, mas mesmo quando eu era novo eu era muito socialmente inapto para lidar com esse tipo de ambiente.

7.6 Diferenças entre vários grupos independentes: o teste de Kruskal-Wallis ||||

Após analisar modelos que comparam dois grupos ou condições, vamos agora apresentar modelos que comparam mais de duas condições: o teste de Kruskal-Wallis compara grupos ou condições contendo escores independentes, enquanto o teste de Friedman é usado para comparar valores que estão relacionados. Vejamos primeiro o **teste de Kruskal-Wallis** (Kruskal e Wallis, 1952), que avalia a hipótese de que vários grupos independentes provêm de diferentes populações. Se quiser saber um pouco mais sobre William Kruskal (Figura 7.10), há uma ótima biografia por Fienberg, Stigler e Tanur (2007).

Li uma matéria em um jornal (sim, quando eles existiam) alegando que a forma sintética da genisteína, a qual ocorre naturalmente na soja, estava ligada à diminuição de espermatozoides em homens ocidentais. Quando você lê o estudo em si, verifica que ele foi realizado com ratos e que não encontrou nenhuma ligação com diminuição de espermatozoides, mas que houve evidências de desenvolvimento sexual anormal em ratos machos (provavelmente porque a genisteína age de forma similar ao

Figura 7.10 William Kruskal.

estrogênio). Como os jornalistas costumam fazer, um estudo que não mostrou qualquer ligação entre a soja e a contagem de espermatozoides foi usado como base científica para um artigo sobre a soja diminuir o número de espermatozoides em homens ocidentais (nunca confie no que você lê). Imagine que o estudo com ratos tenha sido suficiente para testar essa ideia em humanos. Recrutamos 80 homens e os dividimos em quatro grupos com variação no número de "refeições" com soja que eles comem por semana durante 1 ano (uma "refeição" seria um jantar contendo 75 g de soja). O primeiro grupo foi o de controle e não comeu refeições contendo soja (i.e., sem soja durante todo o ano); o segundo grupo comeu 1 refeição com soja por semana (i.e., 52 ao longo do ano); o terceiro grupo comeu 4 refeições com soja por semana (208 ao longo do ano); e o grupo final comeu 7 refeições com soja por semana (364 ao longo do ano). No final do ano, os participantes foram solicitados a produzir espermatozoides para eu poder contar (quando digo "eu", quero dizer alguém em um laboratório tão longe de mim quanto humanamente possível).[5]

7.6.1 Teoria do teste de Kruskal-Wallis ||||

Como os demais testes que vimos, o teste de Kruskal-Wallis é usado com dados em postos. Para iniciar, os postos são ordenados do menor para o maior, ignorando o grupo ao qual o escore pertence. O menor escore recebe o posto mais baixo, ou seja, 1, o próximo, o posto 2 e assim sucessivamente (ver seção 7.4.1 para mais detalhes). Uma vez atribuídos os postos, eles são associados aos seus grupos e são adicionados dentro de cada grupo. A soma dos postos dentro de cada grupo é representada por R_i (em que i identifica o grupo). A Tabela 7.3 mostra os dados brutos para esse exemplo junto com os postos.

---

[5] Caso algum médico esteja lendo este capítulo, esses dados são inventados e, por eu não ter nenhuma ideia do que seja uma contagem normal de espermatozoides, eles são provavelmente ridículos. Peço desculpas, e você pode rir da minha ignorância.

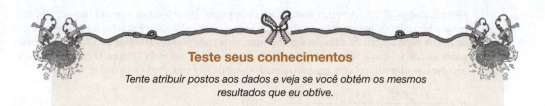

Teste seus conhecimentos

Tente atribuir postos aos dados e veja se você obtém os mesmos resultados que eu obtive.

Uma vez que a soma dos postos tenha sido calculada dentro de cada grupo, a estatística de teste, H, é calculada da seguinte forma:

$$H = \frac{12}{N(N+1)} \sum_{i=1}^{k} \frac{R_i^2}{n_i} - 3(N+1) \tag{7.25}$$

Tabela 7.3 Dados com os postos para o exemplo da soja

Nada de soja		1 refeição com soja		4 refeições com soja		7 refeições com soja	
Espermatozoides (milhões/mL)	Postos	Espermatozoides (milhões/mL)	Postos	Espermatozoides (milhões/mL)	Postos	Espermatozoides (milhões/mL)	Postos
3,51	4	3,26	3	4,03	6	3,10	1
5,76	9	3,64	5	5,98	10	3,20	2
8,84	17	6,29	11	9,59	19	5,60	7
9,23	18	6,36	12	12,03	21	5,70	8
12,17	22	7,66	14	13,13	24	7,09	13
15,10	30	15,33	32	13,54	27	8,09	15
15,17	31	16,22	34	16,81	35	8,71	16
15,74	33	17,06	36	18,28	37	11,80	20
24,29	41	19,40	38	20,98	40	12,50	23
27,90	46	24,80	42	29,27	48	13,25	25
34,01	55	27,10	44	29,59	49	13,40	26
45,15	59	41,16	57	29,95	50	14,90	28
47,20	60	56,51	61	30,87	52	15,02	29
69,05	65	67,60	64	33,64	54	20,90	39
75,78	68	70,79	66	43,37	58	27,00	43
77,77	69	72,64	67	58,07	62	27,48	45
96,19	72	79,15	70	59,38	63	28,30	47
100,48	73	80,44	71	101,58	74	30,67	51
103,23	75	120,95	77	109,83	76	32,78	53
210,80	80	184,70	79	182,10	78	41,10	56
Total (R_i)	927		883		883		547
Média ($\bar{R}_i$)	46,35		44,15		44,15		27,35

Nessa equação, R_i é a soma dos postos para cada grupo, N é o total da amostra (nesse caso, 80), e n_i é o tamanho de um grupo específico (nesse exemplo, todos os grupos têm o mesmo tamanho de 20). A parte central da equação significa que, para cada grupo, elevamos a soma dos postos ao quadrado, dividimos o valor pelo tamanho do grupo e somamos esses valores. O resto da equação envolve calcular valores com base no tamanho total da amostra. Para esses dados, obtemos:

$$H = \frac{12}{80(81)} \left(\frac{927^2}{20} + \frac{883^2}{20} + \frac{883^2}{20} + \frac{547^2}{20} \right) - 3(81) \quad (7.26)$$

$$= \frac{12}{6.480}(42.966,45 + 38.984,45 + 38.984,45 + 14.960,45) - 243$$

$$= 0,0019(135.895,8) - 243$$

$$= 251,659 - 243$$

$$= 8,659$$

Essa estatística de teste segue uma distribuição qui-quadrado (ver Capítulo 19). Enquanto a distribuição normal padrão é definida por uma média de 0 e um desvio-padrão de 1, uma distribuição qui-quadrado é definida por um único valor: os graus de liberdade, que é um a menos do que o número de grupos (i.e., $k - 1$); nesse caso, 3.

7.6.2 Análise de acompanhamento (*follow-up*)

O teste de Kruskal-Wallis nos diz que os grupos provêm de populações diferentes. No entanto, isso não nos diz quais grupos são diferentes. Todos os grupos são diferentes entre si ou são apenas alguns deles? A maneira mais simples de decompor o efeito geral é comparar todos os pares de grupos (procedimento conhecido como **comparações pareadas** [*pairwise*]). Em nosso último exemplo, isso implicaria fazer seis testes: nenhuma refeição *versus* uma; nenhuma *versus* quatro; nenhuma *versus* sete; uma *versus* quatro; uma *versus* sete e quatro *versus* sete. Uma abordagem muito simples seria realizar seis testes de Mann-Whitney, um para cada uma dessas comparações. No entanto, na seção 2.9.7, vimos que, quando realizamos muitos testes nos mesmos dados, aumentamos a taxa de erro de conjunto: haverá uma probabilidade maior do que 5% de que possamos fazer pelo menos um Erro do tipo 1. Idealmente, queremos uma probabilidade de no máximo 5% para o Erro do tipo 1 em *todos os testes* que realizarmos, e já vimos que um método para obter isso é usar uma probabilidade menor para a significância em cada teste. Portanto, *podemos* executar seis testes (um para comparar cada par de grupos) se ajustarmos o valor-*p* de modo que, no geral, em todos os testes, a taxa de Erro do tipo 1 permaneça em 5%. É isso que a comparação pareada faz.

Ao sermos mais rigorosos sobre o valor-*p* que consideramos significativo, reduzimos o poder dos testes e, assim, podemos estar se livrando de algo ruim jogando fora algo bom (seção 2.9.8). Uma alternativa é usar um procedimento escalonado. O SPSS usa um que começa por ordenar os grupos com base na soma dos postos da menor para a maior (se houver empates, a ordem é decidida pela mediana em vez da soma).[6] Para os nossos dados, as somas dos postos foram: 7 refeições (soma = 547, mediana = 13,33), 4 refeições (soma = 883, mediana = 29,43), 1 refeição (soma = 883, mediana = 25,95), nenhuma refeição (soma = 927, mediana = 30,96), resultando na ordem 7, 1, 4 e nenhuma. A Figura 7.11 ilustra como o processo de redução funciona. O primeiro passo é ver se o primeiro grupo ordenado é igual ao segundo (i.e., existe uma diferença não significativa?). Se eles forem equivalentes, coloque o terceiro grupo ordenado e veja se todos os três são equivalentes. Se eles forem, coloque

---

[6] Cada grupo tem 20 valores; assim, a mediana será a média entre os valores que ocupam a décima e a décima primeira posição dos escores ordenados. Os dados na Tabela 7.3 estão apresentados em ordem crescente em cada grupo, e podemos ver que as medianas são: (27,90 + 34,01)/2 = 30,96 (nenhuma refeição); (24,80 + 27,10)/2 = 25,95 (1 refeição); (29,27 + 29,59)/2 = 29,43 (4 refeições); (13,25 + 13,40)/2 = 13,33 (7 refeições).

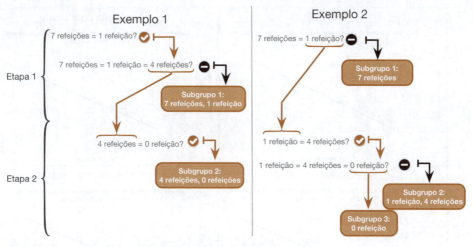

Figura 7.11 O procedimento descendente (*step-down*) não paramétrico.

o quarto grupo e verifique se todos os quatro são equivalentes. Se a qualquer momento você encontrar uma diferença significativa (i.e., os grupos não são equivalentes), pare e coloque o grupo incluído por último na próxima etapa e considere os grupos que não irão adiante como um subconjunto (i.e., eles são equivalentes). Na etapa 2, você repete o mesmo processo.

No Exemplo 1 da Figura 7.11, começamos com os dois primeiros grupos da nossa lista ordenada (7 refeições e 1 refeição). Eles são equivalentes (não são significativamente diferentes), e nós os colocamos no terceiro grupo ordenado (4 refeições). Isso faz os grupos serem significativamente diferentes (eles não são equivalentes), então colocamos o grupo das 4 refeições na segunda etapa e concluímos que 7 refeições e 1 refeição são equivalentes (são *grupos homogêneos*). Na etapa 2, comparamos o grupo das 4 refeições com o grupo restante (nenhuma refeição). Esses grupos são equivalentes (não significativamente diferentes), então os colocamos juntos em um subgrupo diferente de "grupos homogêneos" e interrompemos o processo. No Exemplo 2, começamos com os dois primeiros grupos da nossa lista ordenada (7 refeições e 1 refeição). Eles são significativamente diferentes (i.e., não são equivalentes), então colocamos o grupo de 1 refeição no segundo passo e concluímos que 7 refeições é um grupo isolado. Na etapa 2, comparamos os grupos de 1 refeição com o de 4 refeições. Eles são equivalentes (não são significativamente diferentes), e tentamos adicionar o grupo de nenhuma refeição, mas isso faz os grupos serem significativamente diferentes (não equivalentes), então concluímos que 4 refeições e 1 refeição são um grupo homogêneo e (porque não há outros grupos para comparar com ele) colocamos o grupo sem refeições em um subgrupo isolado. Esses procedimentos de acompanhamento são bastante complicados; por isso, não se preocupe se não os compreender completamente. Discutiremos esses tipos de teste mais detalhadamente adiante no livro.

7.6.3 Inserindo dados e análise provisional ▮▮▮▮

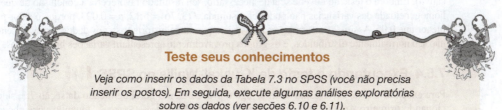

Teste seus conhecimentos

Veja como inserir os dados da Tabela 7.3 no SPSS (você não precisa inserir os postos). Em seguida, execute algumas análises exploratórias sobre os dados (ver seções 6.10 e 6.11).

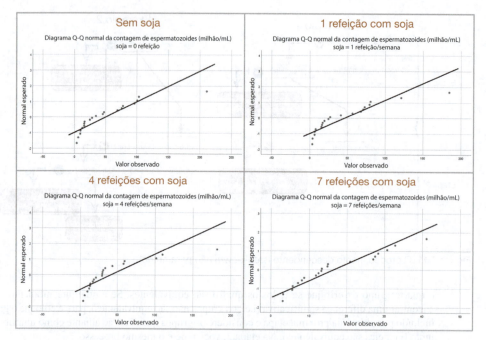

Figura 7.12 Diagramas Q-Q normais da contagem de espermatozoides após refeições com soja.

No mínimo, o editor de dados terá duas colunas. Uma coluna deve ser para uma variável codificadora (p. ex., **Soya** [soja]) contendo quatro códigos numéricos que identificam os grupos (por conveniência, sugiro 1 = sem soja, 2 = uma refeição com soja por semana, 3 = quatro refeições com soja por semana e 4 = sete refeições com soja por semana). Lembre-se de definir valores para que você saiba qual grupo é representado por qual código (ver seção 4.6.5). A outra coluna deve conter as contagens dos espermatozoides realizadas ao final do ano (chame essa variável **Sperm** [sêmen]). Os dados podem ser encontrados no arquivo **Soya.sav**.

Os resultados da análise exploratória são apresentados na Figura 7.12 e na Saída 7.4. Os gráficos Q-Q normais mostram desvios bastante claros da normalidade para todos os grupos porque os pontos se desviam da diagonal. Na verdade, não precisamos fazer nada mais do que olhar para esses gráficos – a evidência da não normalidade é fácil de perceber, e os testes formais podem ser problemáticos (ver Gina Gênia 6.5). No entanto, já que a amostra de cada grupo é pequena ($n = 20$), se os testes de normalidade são significativos, isso pode ser informativo (porque se o teste detectar um desvio em uma amostra tão pequena, esse desvio deve ser substancialmente grande). Se você realizar esses testes (Saída 7.4), verá que o teste de Shapiro-Wilk, que é mais preciso, é significativo ($p < 0,05$) para todos os grupos, exceto para o das 7 refeições (mas mesmo esse grupo está próximo de ser significativo). Embora o teste de Levene seja desnecessário, seu resultado favoreceria a conclusão de que a homogeneidade das variâncias não pode ser assumida, $F(3, 76) = 5,12$, $p = 0,003$, porque o valor-p é menor que 0,05. Assim, as informações convergem para uma história triste: os dados provavelmente não são normalmente distribuídos, e os grupos provavelmente apresentam variações heterogêneas.

7.6.4 Executando o teste de Kruskal-Wallis no SPSS ||||

Para executar o teste de Kruskal-Wallis, siga o procedimento geral delineado da seção 7.3, selecionando primeiro _Analyze_ ▶ _Nonparametric Tests_ ▶ Independent Samples.... Quando você chegar à guia Fields, se precisar atribuir variáveis, selecione ◉ Use custom field assignments e especifique o

Testes de normalidade

	Number of Soya Meals Per Week	Kolmogorov–Smirnov[a] Statistic	df	Sig.	Shapiro–Wilk Statistic	df	Sig.
Sperm Count (Millions)	No Soya Meals	.181	20	.085	.805	20	.001
	1 Soya Meal Per Week	.207	20	.024	.826	20	.002
	4 Soya Meals Per Week	.267	20	.001	.743	20	.000
	7 Soya Meals Per Week	.204	20	.028	.912	20	.071

a. Lilliefors Significance Correction

Teste de homogeneidade das variâncias

		Levene Statistic	df1	df2	Sig.
Sperm Count (Millions)	Based on Mean	5.117	3	76	.003
	Based on Median	2.860	3	76	.042
	Based on Median and with adjusted df	2.860	3	58.107	.045
	Based on trimmed mean	4.070	3	76	.010

Saída 7.5

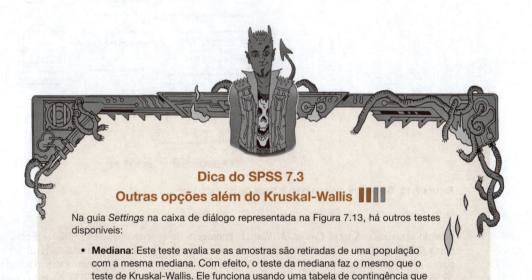

Dica do SPSS 7.3
Outras opções além do Kruskal-Wallis

Na guia *Settings* na caixa de diálogo representada na Figura 7.13, há outros testes disponíveis:

- **Mediana**: Este teste avalia se as amostras são retiradas de uma população com a mesma mediana. Com efeito, o teste da mediana faz o mesmo que o teste de Kruskal-Wallis. Ele funciona usando uma tabela de contingência que é dividida para cada grupo no número de valores que está acima e abaixo da mediana de todo o conjunto de dados. Se os grupos são provenientes da mesma população, você esperaria que essas frequências fossem as mesmas em todas as condições (cerca de 50% acima e cerca de 50% abaixo).
- **Jonckheere-Terpstra**: Este teste verifica se existe alguma tendência nos dados (ver seção 7.6.6).

312 Descobrindo a estatística usando o SPSS

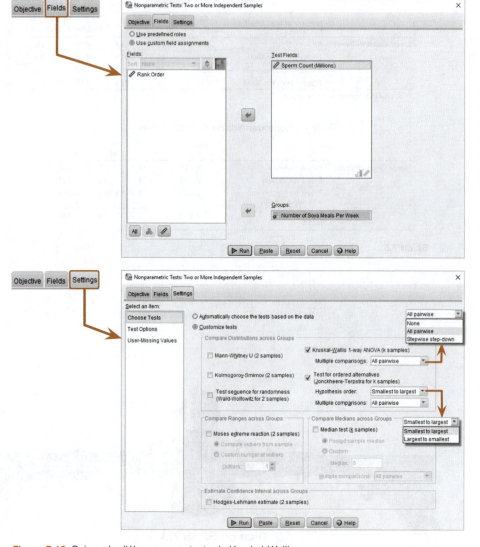

Figura 7.13 Caixas de diálogo para o teste de Kruskal-Wallis.

modelo arrastando **Sperm Count (Millions)** (contagem de espermatozoides [milhões]) para a caixa *Test Fields* (ou selecione-a na caixa *Fields* e clique em). Depois, arraste a variável *Soya* para a caixa *Groups* (topo da Figura 7.13). Ative a guia Settings, selecione ⦿ Customize tests (Dica do SPSS 7.3) e marque ☑ Kruskal-Wallis 1-way ANOVA (k samples) (parte inferior da Figura 7.13). Ao lado dessa opção, há uma lista suspensa chamada *Multiple comparisons* (múltiplas comparações). Dentro dessa lista, há duas opções que foram discutidas anteriormente: comparar cada grupo em relação com todos os demais (*All pairwise*) ou usar um método descendente (*Stepwise step-down*). Você também pode solicitar o teste de tendência Jonckheere-Terpstra, que é útil para ver se as medianas dos grupos aumentam ou diminuem de forma linear. Por enquanto, não selecione essa opção, pois analisaremos esse teste no devido tempo. Para executar a análise, clique em ▶ Run.

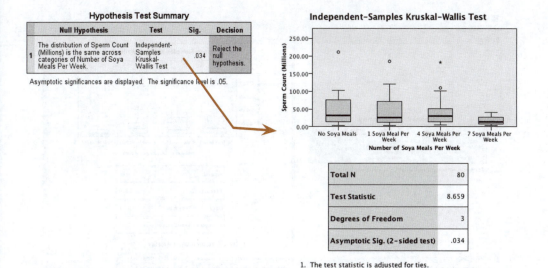

Saída 7.6

7.6.5 Saída do teste de Kruskal-Wallis ▌▌▌▌

A Saída 7.6 mostra uma tabela de resumo, que nos informa o valor-*p* (*Sig.*) do teste (0,034) e fornece, na célula da direita, uma pequena mensagem dizendo para rejeitar a hipótese nula. Clique duas vezes nessa tabela para abrir o visualizador de modelo, que contém a mesma tabela de resumo no painel esquerdo e uma saída detalhada no painel direito. A saída detalhada mostra um diagrama de caixa e bigodes dos dados e uma tabela contendo a estatística de teste de Kruskal-Wallis, *H* (8,659, o mesmo valor que calculamos anteriormente), os graus de liberdade associados (tivemos 4 grupos, então os graus de liberdade são 4, 1 ou 3) e a significância. O valor da significância é 0,034, e, como ele é menor que 0,05, as pessoas normalmente concluiriam que a quantidade de refeições de soja consumidas por semana afeta significativamente o número de espermatozoides.

Como discutimos anteriormente, o efeito global nos disse que a contagem de espermatozoides não era igual em todos os grupos, mas não sabíamos especificamente quais grupos diferiam. Os diagramas de caixa e bigodes dos dados (Saída 7.6) podem ajudar aqui. A primeira coisa a ser notada é que alguns homens produziram uma quantidade particularmente grande de espermatozoides (os círculos e os asteriscos que caem acima dos bigodes superiores). Esses são esquisitos – quero dizer, atípicos. Usando o grupo-controle como referência, as medianas dos três primeiros grupos parecem bastante semelhantes; no entanto, a mediana do grupo das 7 refeições com soja semanais parece um pouco menor; talvez esteja aí a diferença. Podemos descobrir isso utilizando análises de acompanhamento como as discutidas na seção 7.6.2.

A saída que você verá depende do que você selecionou: *All pairwise* ou *Stepwise step-down* na lista suspensa *Multiple comparisons* quando você executou a análise (Figura 7.13). Em qualquer um dos casos, a saída desses testes não estará imediatamente visível no visualizador de modelo. Na configuração-padrão, o painel direito do visualizador de modelo mostra primeiro a saída principal (*Independent Samples Test View* [visualização de teste de amostras independentes]), mas podemos alterar o que é visível usando a lista suspensa *View* (Visualização). Clicar nessa lista suspensa revela outras opções, incluindo *Pairwise Comparisons* (comparações em pares) (se você selecionou *All pairwise* ao executar a análise) ou *Homogenous Subsets* (subconjuntos homogêneos) (se você selecionou *Stepwise step-down*). Selecionar um deles exibirá sua saída no painel direito do visualizador de modelo. Para voltar para a saída principal, use a mesma lista suspensa para selecionar a *Independent Samples Test View* (Figura 7.14).

Vamos ver as comparações entre pares (Saída 7.7). O diagrama no topo mostra os postos médios dentro de cada grupo: assim, por exemplo, o posto médio no grupo de 7 refeições foi de

314 Descobrindo a estatística usando o SPSS

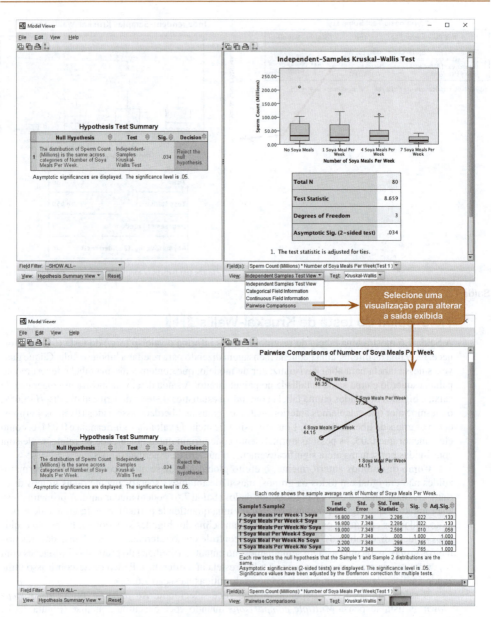

Figura 7.14 Alterando a visualização da saída principal para a visualização das comparações pareadas.

27,35, e no grupo sem refeição de soja foi de 46,35. Esse diagrama destaca as diferenças entre os grupos usando linhas de cores diferentes para conectá-los (no exemplo atual, não há diferenças significativas entre os grupos; portanto, todas as linhas de conexão são pretas). A tabela abaixo mostra as comparações entre todos os pares possíveis de grupos. Em cada caso, a estatística de teste é a diferença entre os postos médios desses grupos. Para 7 refeições *versus* 1 refeição, a diferença será 44,15 – 27,35 = 16,80, para nenhuma refeição *versus* 4 refeições, será 46,35 – 44,15 = 2,20, e assim por diante. Essas estatísticas de teste são convertidas em escores-z (coluna *Std. Test Statistic*) dividindo por seus erros-padrão, a partir dos quais um valor-*p* pode ser determinado. Por exemplo, a

Capítulo 7 • Modelos não paramétricos

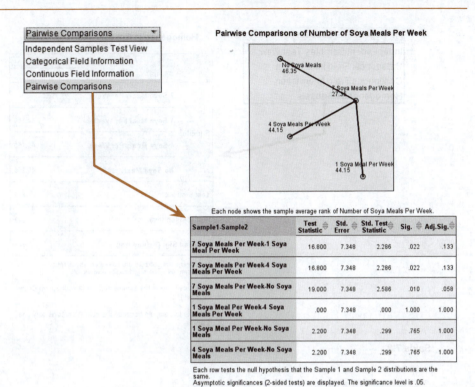

Saída 7.7

comparação de 7 refeições *versus* 1 refeição tem um escore-*z* de 2,286, e o valor-*p* exato para esse escore-*z* é 0,022. Como mencionei na seção 7.6.2, para controlar a taxa de Erro do tipo 1, temos que ajustar o valor-*p* para o número de testes que realizamos. A coluna *Adj. Sig.* (Significância ajustada) contém esses valores-*p* ajustados, e interpretamos os valores nessa coluna (não importa o quanto tentemos interpretar a coluna *Sig.*). Olhando para a coluna *Adj. Sig.*, nenhum dos valores está abaixo do critério de 0,05 (embora a comparação entre o grupo de 7 refeições *versus* o grupo de nenhuma refeição esteja bem próxima, com *p* = 0,058, o que nos lembra que a testagem de hipóteses encoraja o pensamento preto no branco e que tamanhos de efeito podem ser úteis).

Para resumir, apesar de o efeito global ser significativo, nenhuma das comparações específicas entre os grupos indica uma diferença significativa na contagem de espermatozoides devido a diferentes quantidades de soja consumidas. O efeito que obtivemos parece refletir principalmente o fato de que comer soja 7 vezes por semana reduz o número de espermatozoides (sabemos disso pela média dos postos) em comparação com não comer soja, embora até mesmo essa comparação não tenha sido significativa.

Se escolher o procedimento *Stepwise step-down* para o acompanhamento do teste de Kruskal-Wallis, você verá os resultados da Saída 7.8 (para ver essa saída, lembre-se de selecionar *Homogeneous Subsets* no menu suspenso *View*, que será mostrado apenas se você escolheu *Stepwise step-down* conforme ilustrado na parte superior da Figura 7.13). O método descendente não compara todos os grupos com todos os outros grupos, o que significa que os valores-*p* não são ajustados de forma tão rigorosa (porque não estamos realizando muitos testes nos mesmos dados). A saída do procedimento *step-down* é uma tabela que agrupa grupos equivalentes (homogêneos) nas mesmas colunas (e o código é definido por cores para que as diferenças fiquem claras). Na primeira coluna, podemos ver que o grupo das 7 refeições de soja por semana está sozinho. Em outras palavras, compará-lo com o próximo grupo de maior média de postos (o grupo de 1 refeição de soja) produziu uma

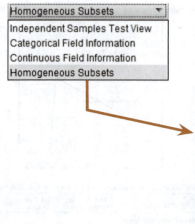

Saída 7.8

diferença significativa. Consequentemente, o grupo de uma refeição com soja foi movido para um subconjunto diferente na segunda coluna e foi, então, comparado com o segundo grupo com medida de postos mais alta (4 refeições de soja), o que não conduziu a uma diferença significativa; por isso, ambos foram comparados ao grupo que não consumiu nenhuma refeição com soja, o que também não produziu diferença significativa (ver Figura 7.11). O fato de esses três grupos (1, 4 e nenhuma refeição de soja) estarem agrupados dentro da mesma coluna (e terem a mesma cor de fundo) nos diz que eles são equivalentes (isto é, homogêneos). A *Adjusted Sig.* (significância ajustada) nos informa que o valor-*p* associado à comparação dos grupos de nenhuma, 1 e 4 refeições com soja foi de 0,943, o que não quer dizer nada significativo. Em suma, consumir 7 refeições com soja por semana pareceu diminuir significativamente a contagem de espermatozoides em comparação com todos os outros grupos, mas as doses de soja não tiveram efeito significativo na contagem de espermatozoides.

7.6.6 Testando tendências: o teste de Jonckheere-Terpstra

Na seção 7.6.4, mencionei o **teste de Jonckheere-Terpstra**, ☑ Test for ordered alternatives (Jonckheere-Terpstra for k samples) (Jonckheere, 1954; Terpstra, 1952), que verifica se existe um padrão ordenado nas medianas dos grupos que você está comparando. Ele faz a mesma coisa que o teste de Kruskal-Wallis (i.e., testa a diferença entre as medianas dos grupos), mas incorpora informações sobre se a ordem dos grupos é significativa. Assim, você usaria esse teste quando espera que os grupos que você está comparando estejam em uma determinada ordem. No exemplo atual, esperamos que, quanto mais soja uma pessoa ingerir, menor será sua contagem de espermatozoides. O grupo-controle deve ter a maior contagem de espermatozoides; aqueles que consumirem 1 refeição com soja por semana devem ter uma contagem menor; a contagem do grupo de 4 refeições por semana deve ser ainda menor e o de 7 refeições por semana deve ter o menor valor de todos. Portanto, há uma ordem para as medianas dos grupos: elas devem diminuir de acordo com a ingestão de soja.

Por outro lado, pode haver situações em que você espera que as medianas aumentem. Por exemplo, há um fenômeno na psicologia conhecido como "efeito de mera exposição": quanto mais você estiver exposto a algo, mais você vai gostar disso. Nos tempos em que as pessoas pagavam por música, as gravadoras usavam esse efeito e faziam as músicas serem tocadas na rádio por cerca de 2 meses antes do lançamento, de modo que, no dia do lançamento, todos os que tivessem adorado a música sairiam às pressas para comprá-la.[7] De qualquer forma, se três grupos de pessoas fossem recrutados, expostos a uma música 10 vezes, 20 vezes e 30 vezes, respectivamente, e o quanto cada pessoa gostou da música fosse medido, seria esperado que as medianas aumentassem. As pessoas que a ouviram 10 vezes gostariam menos do que aquelas que ouviram 20 vezes, que, por sua vez, gostariam menos do que aquelas que ouviram 30 vezes. O teste de Jonckheere-Terpstra foi projetado para essas situações, e há duas opções (Figura 7.13):

- *Smallest to largest* (menor para o maior): essa opção testa se o primeiro grupo difere do segundo, que, por sua vez, difere do terceiro grupo, que difere do quarto e assim sucessivamente até o último.
- *Largest to smallest* (maior para o menor): essa opção testa se o último grupo é diferente do grupo anterior, o qual, por sua vez, difere do grupo anterior e assim por diante até o último grupo.

Nos dois casos, o teste analisa as diferenças entre grupos ordenados, mas não distingue se as medianas aumentam ou diminuem. O teste determina se as medianas dos grupos *aumentam ou diminuem* na ordem especificada pela variável codificadora; portanto, a variável codificadora deve registrar os grupos *na ordem em que se espera que as medianas mudem* (para reiterar, não importa se você espera que elas aumentem ou diminuam). No nosso exemplo das refeições com soja, codificamos nossos grupos como 1 = sem soja, 2 = 1 refeição com soja por semana, 3 = 4 refeições e 4 = 7 refeições; assim, o teste de Jonckheere-Terpstra avaliaria se a contagem mediana de espermatozoides aumenta ou diminui entre os grupos quando eles são ordenados dessa maneira. Se quiséssemos testar uma ordem diferente, precisaríamos especificar essa ordem diferente na variável codificadora. A Figura 7.13 mostra como especificar o teste, então execute novamente a análise (com a seção 7.6.4), mas selecione agora ☑ Test for ordered alternatives (Jonckheere-Terpstra for k samples) (*smallest to largest*) em vez de um teste de Kruskal-Wallis.

A Saída 7.9 mostra os resultados do teste de Jonckheere-Terpstra para os dados das refeições com soja. Como o teste de Kruskal-Wallis, a janela do visualizador exibirá apenas uma tabela de resumo, que nos informa o valor-p do teste (0,013) e nos aconselha a rejeitar a hipótese nula. Clique duas vezes nessa tabela para mostrar resultados detalhados no visualizador de modelo. A saída nos informa a estatística de teste, *J*, que é 912. Em amostras grandes (mais de oito participantes por grupo), essa estatística de teste pode ser convertida em um escore-z, que para esses dados equivale a –2,476. Como para qualquer escore-z, podemos determinar um valor-p, que nesse caso é 0,013 e indica uma tendência significativa das medianas, porque é menor que o valor crítico de 0,05. O sinal do escore-z nos informa a direção da tendência: um valor positivo indica medianas ascendentes (i.e., as medianas aumentam à medida que os valores da variável codificadora aumentam), enquanto um valor negativo (como o que temos aqui) indica medianas descendentes (as medianas diminuem à medida que o valor da variável codificadora aumenta). Nesse exemplo, como definimos a opção do teste de *Smallest to largest* (Figura 7.13) e codificamos as variáveis como 1 = sem soja, 2 = 1 refeição com soja por semana, 3 = 4 refeições e 4 = 7 refeições, o valor negativo do escore-z significa que as medianas diminuem à medida que passamos de nenhuma refeição com soja para 1, 4 e 7 refeições.[8]

7.6.7 Calculando um tamanho do efeito ▊▊▊▊

Não existe uma maneira fácil de converter uma estatística de teste de Kruskal-Wallis que tenha mais de 1 grau de liberdade em um tamanho de efeito, *r*. Você poderia usar o valor da signifi-

---

[7] No caso da maioria das músicas mais ouvidas, o efeito era oposto em mim.
[8] Se estiver entediado, execute o teste novamente, mas especifique *Largest to smallest*. Os resultados serão idênticos, exceto que o escore-z será agora 2,476 em vez de –2,476. Esse valor positivo mostra uma tendência ascendente das medianas ao invés de descendente. Isso acontecerá porque, ao selecionar *Largest to smallest*, estamos olhando para as medianas na direção oposta (i.e., de 7 para 4 para 1 e para 0 refeições com soja), em contrapartida a *Smallest to largest* (i.e., 0 para 1 para 4 para 7 refeições com soja).

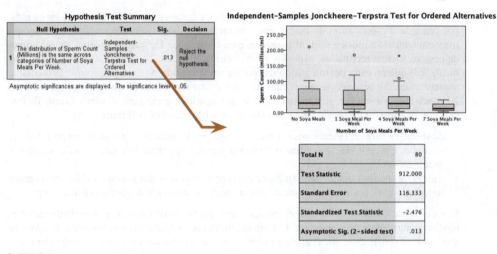

Saída 7.9

Oliver Twist
Por favor, senhor, quero um pouco mais de... Jonck

"Gostaria de saber como o teste de Jonckheere-Terpstra funciona", reclama Oliver. Claro que você quer, Oliver, é difícil pegar no sono nos dias de hoje. Ficarei muito feliz em obedecer ao meu pequeno amigo sifilítico. O material deste capítulo no *site* do livro explica como fazer o teste manualmente. Aposto que você ficará feliz por ter perguntado.

cância da estatística de teste de Kruskal-Wallis para encontrar um valor associado z em uma tabela de valores da distribuição normal (como a Tabela A.1 no Apêndice). A partir disso, você poderia usar a conversão para r que utilizamos na seção 7.4.5 (ver Equação 7.11). No entanto, esse tipo de tamanho de efeito raramente é útil (porque ele resume um efeito geral). Na maioria dos casos, é mais interessante conhecer o tamanho de efeito de uma comparação em particular (p. ex., ao comparar duas coisas). Por esse motivo, sugerimos o cálculo dos tamanhos de efeito para os testes pareados que usamos para acompanhar a análise principal. A Tabela 7.4 mostra como você faria isso para esses dados. Para cada comparação, o escore-z vem da coluna *Std. Test Statistic* (Estatística de teste-padrão) na Saída 7.7. Cada comparação utilizou dois grupos de 20 pessoas, então o N total para uma determinada comparação é 40. Usamos a raiz quadrada desse valor ($\sqrt{40} = 6{,}32$) para calcular r, que é $z/\sqrt{N}$. Podemos ver, na tabela, que os tamanhos de efeito foram de médios a grandes para a comparação entre o grupo de 7 refeições com soja e todos os demais grupos; apesar de os testes para essas comparações não serem significativos, parece haver algo acontecendo. Todas as outras comparações produzem tamanhos de efeito pequenos (menores que $r = 0{,}1$).

Tabela 7.4 Calculando o tamanho de efeito para as comparações pareadas

Comparação	z	$\sqrt{N}$	r
7 vs. 1 refeição	2,286	6,32	0,362
7 vs. 4 refeições	2,286	6,32	0,362
7 vs. 0 refeição	2,586	6,32	0,409
1 vs. 4 refeições	0,000	6,32	0,000
1 vs. 0 refeição	0,299	6,32	0,047
4 vs. 0 refeição	0,299	6,32	0,047

Calculamos um tamanho de efeito para o teste de Jonckheere-Terpstra usando a mesma equação. Utilizando os escores-z (–2,476) e o N (80) da Saída 7.9, obtemos um tamanho de efeito médio:

$$r_{\text{J-T}} = \frac{-2,476}{\sqrt{80}} = -0,28 \tag{7.27}$$

7.6.8 Relatando e interpretando os resultados ▌▌▌▌

Para o teste de Kruskal-Wallis, relate a estatística de teste (representada por H), seus graus de liberdade e sua significância. Assim, o relato poderia ser algo como:

✓ As contagens de espermatozoides foram significativamente afetadas pela ingestão de soja, $H(3) = 8,66$, $p = 0,034$.

No entanto, precisamos informar também os testes de acompanhamento (incluindo os tamanhos de efeito):

✓ As contagens de espermatozoides foram significativamente afetadas pela ingestão de soja, $H(3) = 8,66$, $p = 0,034$. As comparações pareadas com valores-p ajustados mostraram que não houve diferenças significativas entre a contagem de espermatozoides quando as pessoas ingeriram 7 refeições com soja por semana em comparação com 4 refeições ($p = 0,133$, $r = 0,36$), com 1 refeição ($p = 0,133$, $r = 0,36$), ou com refeições sem soja ($p = 0,058$, $r = 0,41$). Também não ocorreram diferenças significativas na contagem de espermatozoides entre participantes que consumiram 4 refeições com soja por semana e aqueles que consumiram apenas 1 refeição ($p = 1,00$, $r = 0,00$) ou refeições sem soja ($p = 1,00$, $r = 0,05$). Finalmente, não houve diferenças significativas na variável testada entre aqueles que consumiram 1 refeição com soja por semana e aqueles que consumiram apenas refeições sem soja ($p = 1,00$, $r = 0,05$).

✓ As contagens de espermatozoides foram significativamente afetadas pela ingestão de soja, $H(3) = 8,66$, $p = 0,034$. A análise de acompanhamento descendente mostrou que, se a soja fosse ingerida todos os dias, a contagem de espermatozoides seria reduzida significativamente, em comparação com a não ingestão de soja; no entanto, comer soja menos do que todos os dias da semana não teve um efeito significativo na contagem de espermatozoides, $p = 0,943$ ("Ufa!", diz este autor vegetariano).

Alternativamente, poderíamos relatar a tendência:

✓ As contagens de espermatozoides foram significativamente afetadas pela ingestão de soja, $H(3) = 8,66$, $p = 0,034$. O teste de Jonckheere-Terpstra revelou que, se mais soja for ingerida, a mediana do número de espermatozoides decresce significativamente, $J = 912$, $z = -2,48$, $p = 0,013$, $r = -0,28$.

Dicas da Ana Apressada

- O teste de Kruskal-Wallis compara várias condições quando pessoas diferentes participam de cada condição e quando os dados resultantes têm casos incomuns ou violam qualquer um dos pressupostos vistos no Capítulo 6.
- Observe a linha *Asymptotic Sig.* (significância assintótica). Um valor inferior a 0,05 geralmente quer dizer que os grupos são significativamente diferentes.
- Comparações pareadas comparam todos os possíveis grupos de pares com um valor-*p* que é corrigido de forma que a taxa de erro entre todos os testes permaneça em 5%.
- Se for previsto que as medianas irão aumentar ou diminuir entre grupos em uma ordem específica, o teste adequado é o de Jonckheere-Terpstra.
- Relate a estatística *H*, os graus de liberdade e o valor da significância para a análise principal. Para qualquer teste de acompanhamento, relate o tamanho de efeito, o escore-*z* correspondente e o valor da significância. Relate, também, as medianas e suas amplitudes correspondentes (ou faça um diagrama de caixa e bigodes).

Pesquisa Real do João Jaleco 7.2
Sobre fetiches

Çetinkaya, H., & Domjan, M. (2006). *Journal of Comparative Psychology, 120*(4), 427–432.

Há muito sêmen neste livro (não literalmente, espero, estatística não é *tão* empolgante assim). Na Pesquisa Real do João Jaleco 7.1, vimos que codornas macho fertilizavam mais óvulos se tivessem sido treinadas para prever quando uma oportunidade de acasalamento surgiria. Algumas codornas desenvolvem fetiches. Sério. Em estudos em que um tecido felpudo atuava como um sinal de que um parceiro logo estaria disponível, algumas codornas começaram a direcionar seu comportamento sexual para o tecido em si. (Vou me arrepender desta analogia, mas, em termos humanos, se toda vez que você fosse fazer sexo com seu parceiro, você lhe desse uma toalha verde momentos antes de seduzi-lo, depois de seduções suficientes ele começaria a ficar realmente excitado com toalhas verdes. Se você estiver planejando terminar com seu parceiro, um fetiche com toalhas pode ser um presente de despedida divertido.)[9] Em termos evolucionários, esse comportamento fetichista parece contraproducente, porque o comportamento sexual fica direcionado para algo que não pode proporcionar sucesso reprodutivo. Contudo, esse comportamento talvez sirva para preparar o organismo para o comportamento "real" de acasalamento.

Hakan Çetinkaya e Mike Domjan condicionaram sexualmente codornas macho (Çetinkaya e Domjan, 2006). Todas as codornas experimentaram o estímulo do tecido felpudo e uma oportunidade de acasalar, mas para algumas o estímulo precedeu imediatamente a oportunidade de acasalamento (grupo pareado), enquanto para outras houve um atraso de 2 horas (isso funcionou como um grupo-controle porque o estímulo do tecido felpudo não previu uma oportunidade de acasalamento). No grupo pareado, as codornas foram classificadas como fetichistas ou não, dependendo de se envolveram-se ou não em um comportamento sexual com o tecido felpudo.

Durante um dos testes, a codorna acasalou com uma fêmea, e os pesquisadores mediram a porcentagem de ovos fertilizados, o tempo gasto perto do tecido felpudo, a latência para iniciar a cópula e a eficiência copulatória. Se o comportamento fetichista proporcionasse uma vantagem evolutiva, esperaríamos que as codornas fetichistas fertilizassem mais ovos, iniciassem a cópula mais rapidamente e fossem mais eficientes na cópula.

Os dados desse estudo estão no arquivo **Çetinkaya & Domjan (2006).sav**. O João Jaleco quer que você execute um teste de Kruskal-Wallis para verificar se as codornas fetichistas produziram uma porcentagem maior de ovos fertilizados e iniciaram o sexo mais rapidamente.

As respostas estão no *site* do livro (ou nas páginas 429 e 430 do artigo original).

---

[9]Toalhas verdes são só uma ideia inicial... Fique à vontade. Ou faça com que seu parceiro fique.

7.7 Diferenças entre vários grupos relacionados: a ANOVA de Friedman ▌▌▌▌

O último teste que analisaremos é a **ANOVA de Friedman** (Friedman, 1937), que testa as diferenças entre três ou mais condições quando os valores entre os grupos estão relacionados (geralmente porque as mesmas entidades forneceram os valores em todas as condições). Como em todos os testes deste capítulo, a ANOVA de Friedman é usada para neutralizar a presença de casos incomuns ou quando um dos pressupostos do Capítulo 6 foi violado.

No mundo ocidental, sofremos lavagem cerebral da mídia para acreditarmos que os corpos anoréxicos de celebridades são atraentes. Todos acabamos terrivelmente deprimidos por não sermos perfeitos, porque não temos ninguém que remova as imperfeições das nossas fotos, nossos lábios não são viçosos, nossos dentes não são brancos o suficiente e, já que trabalhamos, não podemos passar 8 horas por dia na academia exercitando nosso "tanquinho" (nem um pouco de rancor aqui, ok?). Parasitas exploram nossa vulnerabilidade para ganhar muito dinheiro com dietas e programas de exercícios que nos ajudarão a alcançar o corpo perfeito, que achamos que vai preencher o vazio emocional de nossas vidas. Para não perder essa grande oportunidade, desenvolvi a dieta Andikins.[10] O princípio é seguir o meu estilo de vida exemplar (cof, cof!): não comer carne, beber muito chá, empanturrar-se com caminhões de queijo europeu, pão fresco, massa e chocolate em todas as oportunidades (especialmente ao escrever livros), desfrutar de uma cerveja ocasional, jogar futebol e tocar bateria o quanto for humanamente possível (de preferência, não tudo isso simultaneamente). Para testar a eficácia da minha nova dieta maravilhosa, juntei 10 pessoas que achei que precisavam perder peso e as coloquei nessa dieta por 2 meses. Seus pesos foram avaliados, em quilogramas, no início da dieta, depois de 1 mês e 2 meses mais tarde.

---

[10]Não confundir com a dieta Atkins, obviamente. ☺

Tabela 7.5 Dados e postos para o exemplo da dieta

	Peso			Peso		
	Início	Mês 1	Mês 2	Início (postos)	Mês 1 (postos)	Mês 2 (postos)
Pessoa 1	63,75	65,38	81,34	1	2	3
Pessoa 2	62,98	66,24	69,31	1	2	3
Pessoa 3	65,98	67,70	77,89	1	2	3
Pessoa 4	107,27	102,72	91,33	3	2	1
Pessoa 5	66,58	69,45	72,87	1	2	3
Pessoa 6	120,46	119,96	114,26	3	2	1
Pessoa 7	62,01	66,09	68,01	1	2	3
Pessoa 8	71,87	73,62	55,43	2	3	1
Pessoa 9	83,01	75,81	71,63	3	2	1
Pessoa 10	76,62	67,66	68,60	3	1	2
			R_i	19	20	21

7.7.1 Teoria da ANOVA de Friedman ▌▌▌▌

Como em todos os testes deste capítulo, a ANOVA de Friedman trabalha com os postos dos dados. Para começar, vamos colocar os dados de diferentes condições em colunas diferentes (nesse caso, há três condições; portanto, temos três colunas) – consulte a Tabela 7.5. Cada linha representa o peso de uma pessoa diferente, cada coluna representa seu peso em um ponto diferente no tempo. Em seguida, determinamos os postos *para cada pessoa*. Então, começamos com a pessoa 1, olhamos para o seu peso (nesse caso, a pessoa 1 pesava 63,75 kg no início, 65,38 kg depois de 1 mês na dieta e 81,34 kg depois de 2 meses na dieta), e então atribuímos ao peso mais baixo o posto 1, ao próximo, o posto 2, e assim sucessivamente (ver seção 7.4.1 para mais detalhes). Depois de atribuir os postos para a primeira pessoa, você passa para a próxima pessoa e atribui o posto 1 ao peso mais baixo, o posto 2 para o segundo menor peso, e assim por diante. Você faz isso para cada linha e soma os postos para cada condição (R_i, em que o *i* representa uma das três condições).

Teste seus conhecimentos
Experimente atribuir postos aos dados e veja se você obtém os mesmos resultados da Tabela 7.5.

Uma vez que a soma dos postos tenha sido calculada para cada grupo, a estatística de teste, F_r, é calculada da seguinte forma:

$$F_r = \left(\frac{12}{Nk(k+1)} \sum_{i=1}^{k} R_i^2 \right) - 3N(k+1) \qquad (7.28)$$

Nessa equação, R_i é a soma dos postos de cada grupo, N é o tamanho total da amostra (nesse caso, 10) e k é o número de grupos (nesse caso, 3). A equação é semelhante à do teste de Kruskal-Wallis (Equação 7.25). A parte do meio da equação nos diz para elevar ao quadrado a soma dos postos de cada grupo e somar esses valores. O resto da equação opera sobre valores como o tamanho total da amostra e o número de grupos. Para esses dados, obtemos:

$$F_r = \left[\frac{12}{(10 \times 3)(3+1)} \left(19^2 + 20^2 + 21^2 \right) \right] - (3 \times 10)(3+1) \quad (7.29)$$

$$= \frac{12}{120} (361 + 400 + 441) - 120$$

$$= 0{,}1 (1.202) - 120$$

$$= 120{,}2 - 120$$

$$= 0{,}2$$

Quando o número de pessoas testadas é maior que 10, essa estatística de teste, assim como a do teste de Kruskal-Wallis da seção anterior, tem uma distribuição qui-quadrado (ver Capítulo 19) com graus de liberdade iguais a $k - 1$, isto é, um a menos que o número de grupos, que nesse caso é $3 - 1 = 2$.

7.7.2 Inserindo dados e análise provisional ||||

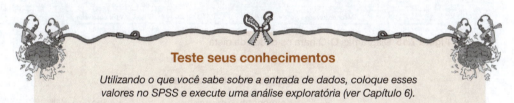

Teste seus conhecimentos

Utilizando o que você sabe sobre a entrada de dados, coloque esses valores no SPSS e execute uma análise exploratória (ver Capítulo 6).

Quando os dados são coletados usando os mesmos participantes em cada condição, os escores são inseridos em colunas diferentes. O editor de dados deverá ter pelo menos três colunas de dados. Uma coluna é para os dados do início da dieta (***Start*** [início]), outra terá os valores dos pesos após 1 mês (***Month1*** [mês1]) e a coluna final terá os pesos no final da dieta (***Month2*** [Mês2]). Esses dados podem ser encontrados no arquivo **Diet.sav**.

A análise exploratória é apresentada na Figura 7.15 e na Saída 7.10. Os diagramas Q-Q normais mostram desvios bastante claros da normalidade em todos os três pontos do tempo, porque os valores desviam da linha diagonal. Esses diagramas são evidências suficientes para que nossos dados sejam considerados não normais e, como o tamanho da amostra é pequeno, não podemos confiar no teorema central do limite para livrar-nos do problema. Se você estiver ávido por testes de normalidade, então valores-p inferiores a 0,05 (ou qualquer valor que você escolha) nesses testes apoiariam a hipótese da falta de normalidade porque o pequeno tamanho amostral significaria que esses testes teriam poder apenas para detectar desvios graves de normalidade. (Vale a pena lembrar que a não significância, nesse contexto, não nos diz nada de útil porque nosso tamanho amostral é bem pequeno.) Se você fizer esses testes (Saída 7.10), você verá que o teste mais preciso de Shapiro-Wilk é significativo para os dados do início da dieta ($p = 0{,}009$), após 1 mês ($p = 0{,}001$), mas não para os dados do final da dieta ($p = 0{,}121$). Os testes e os diagramas Q-Q convergem para uma crença de dados não normais ou casos incomuns em todas as condições.

7.7.3 Executando a ANOVA de Friedman com o SPSS ||||

Siga o procedimento geral delineado na seção 7.3, selecionando inicialmente <u>A</u>nalyze ▶ <u>N</u>onparametric Tests ▶ ▲ <u>R</u>elated Samples.... Quando você chegar à guia [Fields], se precisar atribuir variáveis,

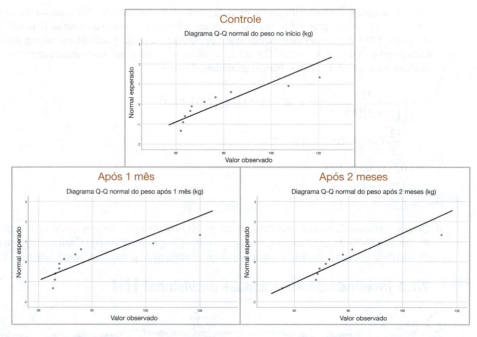

Figura 7.15 Diagramas Q-Q para os dados da dieta.

Testes de normalidade

	Kolmogorov-Smirnov[a]			Shapiro-Wilk		
	Statistic	df	Sig.	Statistic	df	Sig.
Weight at Start (kg)	.228	10	.149	.784	10	.009
Weight after 1 month (kg)	.335	10	.002	.685	10	.001
Weight after 2 months (kg)	.203	10	.200*	.877	10	.121

*. This is a lower bound of the true significance.

a. Lilliefors Significance Correction

Saída 7.10

selecione ⊙ Use custom field assignments e especifique o modelo (Figura 7.16, parte superior), arrastando *Start*, *Month1* e *Month2* para o painel *Test Fields* (ou selecione essas variáveis no painel *Fields* e então clique em [→]). Ative a guia [Settings], selecione ⊙ Customize tests (ver Dica do SPSS 7.4) e então marque ☑ Friedman's 2-way ANOVA by ranks (k samples). Próximo a essa opção, há uma lista suspensa *Multiple comparisons* (Figura 7.16, parte inferior), da mesma forma que existia para o teste de Kruskal-Wallis. Dentro dessa lista, há duas opções que já foram apresentadas: comparar cada grupo com todos os demais (*All pairwise*) ou utilizar o método descendente (*Stepwise step-down*). Para executar a análise, clique em [▶ Run].

7.7.4 Saída da ANOVA de Friedman ▊▊▊▊

A tabela de resumo (Saída 7.11) informa o valor-*p* do teste (0,905) e aconselha a manter a hipótese nula. Clique duas vezes nessa tabela para exibir mais detalhes na janela do visualizador de

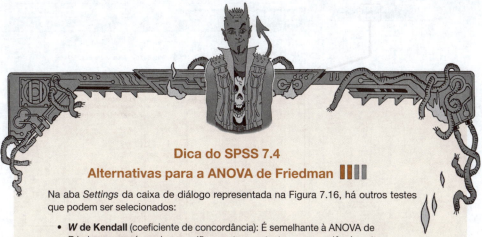

Dica do SPSS 7.4
Alternativas para a ANOVA de Friedman

Na aba *Settings* da caixa de diálogo representada na Figura 7.16, há outros testes que podem ser selecionados:

- **W de Kendall** (coeficiente de concordância): É semelhante à ANOVA de Friedman, mas é usado especificamente para testar a concordância entre avaliadores. Se, por exemplo, pedíssemos a 10 mulheres diferentes que classificassem a atratividade de Justin Timberlake, David Beckham e Barack Obama, poderíamos usar esse teste para avaliar até que ponto elas concordam. Esse teste é particularmente útil porque, como o coeficiente de correlação, o *W* de Kendall tem um alcance limitado: varia de 0 (nenhuma concordância entre avaliadores) a 1 (concordância total entre avaliadores).

- **Q de Cochran**: Esse teste é uma extensão do teste de McNemar (ver Dica do SPSS 7.2) e é basicamente um teste de Friedman para quando você tem dados dicotômicos. Então imagine que você perguntou a 10 pessoas se elas gostariam de beijar Justin Timberlake, David Beckham e Barack Obama, e elas poderiam responder apenas sim ou não. Se codificássemos as respostas como 0 (não) e 1 (sim), poderíamos executar o teste de Cochran nesses dados.

modelos. Assim como na tabela de resumo, agora vemos alguns histogramas e uma tabela contendo a estatística de teste, F_r, para o teste de Friedman (0,2, que calculamos anteriormente), os graus de liberdade (nesse caso, tínhamos 3 grupos, assim, os *gl* são 3 − 1, ou 2) e o valor-*p* associado (significância). O valor da significância é 0,905, que está bem acima de 0,05, e normalmente levaria a uma conclusão de que os pesos não mudaram significativamente ao longo da dieta.

Os histogramas na saída mostram a distribuição dos postos dos três grupos. Fica evidente que a classificação média muda muito pouco ao longo do tempo: 1,90 (grupo-controle), 2,00 (após 1 mês) e 2,10 (após 2 meses). Isso explica a falta de significância da estatística de teste.

7.7.5 Acompanhamento da ANOVA de Friedman

Assim como no teste de Kruskal-Wallis, podemos acompanhar o teste de Friedman comparando todos os grupos ou usando um procedimento de redução (seção 7.6.2). A saída que será vista vai depender de se selecionamos *All pairwise* ou *Stepwise step-down* na lista suspensa *Multiple comparisons* quando a análise foi executada (Figura 7.16). Assim como no teste de Kruskal-Wallis, para ver a saída dos testes de acompanhamento, usamos o menu suspenso *View*. Essa lista suspensa incluirá *Pairwise Comparisons* (se você selecionou *All pairwise* ao executar a análise) ou *Homogeneous Subsets* (se você selecionou *Stepwise step-down*). Nos dados atuais, você não verá nada na lista suspensa, pois o SPSS produz esses testes somente se a análise geral for significativa; como a nossa análise geral não foi significativa, não temos testes de acompanhamento. Essa decisão é sensata porque é logicamente questionável querer desdobrar um efeito que não é significativo. Se você tivesse dados que produzissem um efeito global significativo, você faria análises de acompanhamento similares às que foram feitas para o teste de Kruskal-Wallis.

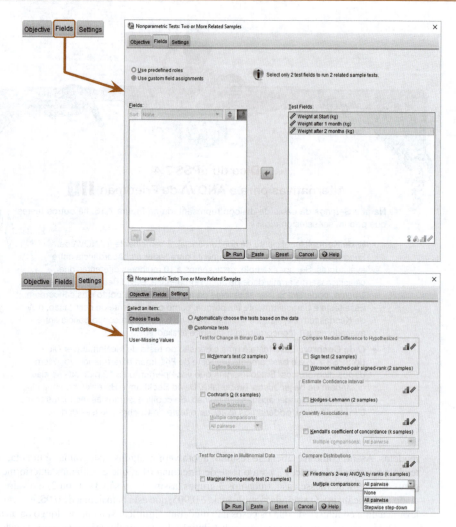

Figura 7.16 Caixas de diálogo para a ANOVA de Friedman.

7.7.6 Calculando o tamanho de efeito ▌▌▌▌

É mais sensato (na minha opinião) calcular os tamanhos de efeito para todas as comparações que você fez após o teste principal. Nesse exemplo, não tivemos nenhuma análise de acompanhamento porque o efeito geral não foi significativo. No entanto, os tamanhos de efeito para essas comparações ainda podem ser úteis para que as pessoas possam ver a magnitude das diferenças entre os grupos. Esse é um dilema porque o SPSS não realiza testes de acompanhamento quando o teste de Friedman não for significativo. O que temos que fazer é uma série de testes de Wilcoxon (dos quais podemos extrair um escore-z). Nesse exemplo, temos apenas três grupos, assim podemos comparar todos os grupos com apenas três testes:

- Teste 1: Peso no início da dieta comparado com 1 mês depois.
- Teste 2: Peso no início da dieta comparado com 2 meses depois.
- Teste 3: Peso no primeiro mês comparado com o segundo mês.

Capítulo 7 • Modelos não paramétricos

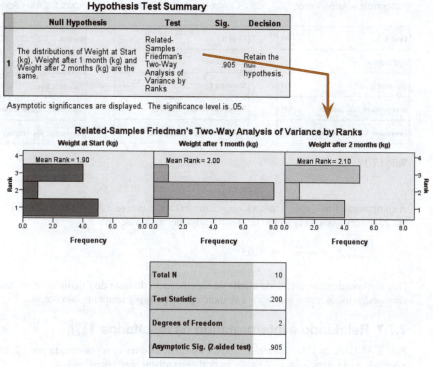

Saída 7.11

Teste seus conhecimentos

Execute os três testes de Wilcoxon sugeridos (ver Figura 7.9).

A Saída 7.12 mostra os três testes dos postos com sinais de Wilcoxon. Como vimos na seção 7.5.5, é simples obter um tamanho de efeito r para o teste de postos com sinais de Wilcoxon. Para a primeira comparação (peso inicial vs. após 1 mês), o escore-z é $-0{,}051$ (Saída 7.12), e, já que esse valor é baseado na comparação de duas condições, cada uma contendo 10 observações, tivemos 20 observações no total (lembre-se de que não é importante que as observações sejam da mesma pessoa). O tamanho de efeito é pequeno:

$$r_{início - após\ 1\ mês} = \frac{-0{,}051}{\sqrt{20}} = -0{,}01 \tag{7.30}$$

Para a segunda comparação (peso no início vs. após 2 meses), o escore-z é $-0{,}255$ (Saída 7.12) com base em 20 observações, novamente fornecendo um tamanho de efeito minúsculo:

$$r_{início - após\ 2\ meses} = \frac{-0{,}255}{\sqrt{20}} = -0{,}06 \tag{7.31}$$

Controle – Após 1 mês		Controle – Após 2 meses		Após 1 mês – Após 2 meses	
Total N	10	Total N	10	Total N	10
Test Statistic	27.000	Test Statistic	25.000	Test Statistic	26.000
Standard Error	9.811	Standard Error	9.811	Standard Error	9.811
Standardized Test Statistic	-.051	Standardized Test Statistic	-.255	Standardized Test Statistic	-.153
Asymptotic Sig. (2-sided test)	.959	Asymptotic Sig. (2-sided test)	.799	Asymptotic Sig. (2-sided test)	.878

Saída 7.12

A comparação final (após 1 mês vs. após 2 meses) tem o escore-z de $-0,153$ (Saída 7.12) com base em 20 observações. O tamanho de efeito é novamente minúsculo:

$$r_{\text{após 1 mês – após 2 meses}} = \frac{-0,153}{\sqrt{20}} = -0,03 \qquad (7.32)$$

Não surpreendentemente, dada a falta de significância do teste de Friedman, esses tamanhos de efeito estão todos muito próximos a 0, indicando efeitos praticamente inexistentes.

7.7.7 Relatando e interpretando os resultados ||||

Para a ANOVA de Friedman, relatamos a estatística de teste, representada por χ^2_F, os graus de liberdade e sua significância.[11] Então, poderíamos relatar algo como:

✓ O peso dos participantes não se alterou significativamente ao longo dos meses da dieta, $\chi^2(2) = 0,20$, $p = 0,91$.

Apesar de que, sem uma análise inicial significativa, não apresentaríamos testes de acompanhamento para esses dados, caso você precise, escreva algo como:

✓ O peso dos participantes não se alterou significativamente nos 2 meses da dieta, $\chi^2(2) = 0,20$, $p = 0,91$. Testes de Wilcoxon foram utilizados para acompanhar esse achado. Parece que o peso não mudou significativamente desde o início da dieta até o primeiro mês, $T = 27$, $r = -0,01$, desde o início da dieta até o segundo mês, $T = 25$, $r = -0,06$, ou do primeiro para o segundo mês, $T = 26$, $r = -0,03$. Podemos concluir que tanto a dieta Andikins quanto o seu criador são um completo fracasso.

7.8 Caio tenta conquistar Gina ||||

"Gina é uma anomalia", pensou Caio, "um conjunto de observações estranho, misterioso e complicado que não se encaixa nos meus pressupostos convencionais". Talvez fosse por isso que ele não conseguia afastá-la de sua mente. Gina tinha uma mente brilhante que o atraia. Ele nunca se sentira muito confortável com garotas. Tivera alguns relacionamentos, mas todos haviam terminado da mesma maneira: ele sendo largado por um cara mais interessante. O pai dele dissera que ele era legal demais, e talvez fosse, pois ele certamente era um capacho às vezes. Ele nunca perdeu a esperança – sonhava com um conto de fadas da Disney, em que a pessoa que ele menos esperava acabaria se tornando sua alma gêmea. Talvez estivesse tentando compensar o fato de ter crescido sem a mãe. Ele provavelmente precisava cair na real. Talvez ele e Gina estivessem cercados de

---
[11] A estatística de teste é, algumas vezes, representada sem o F, como χ^2.

Dicas da Ana Apressada
ANOVA de Friedman

- A ANOVA de Friedman compara várias condições quando os dados estão relacionados (geralmente porque as mesmas pessoas participam de todas as condições), e os dados resultantes têm casos incomuns ou violam qualquer um dos pressupostos feitos no Capítulo 6.
- Observe a linha *Asymptotic Sig.* Se o valor for inferior a 0,05, geralmente as pessoas concluem que as condições são significativamente diferentes.
- Pode-se acompanhar a análise principal com comparações pareadas. Esses testes comparam todos os possíveis pares de condições usando um valor-*p* que é ajustado de forma que a taxa global de Erro do tipo 1 permaneça em 5%.
- Relate a estatística χ^2, os graus de liberdade e o valor da significância para a análise principal. Para os testes de acompanhamento, relate o tamanho de efeito, o escore-z correspondente e o valor da significância.
- Relate as medianas e suas amplitudes (ou trace um diagrama de caixa e bigodes).

azar. Talvez, ele devesse se esquecer dela e se dedicar aos estudos. O problema era que Caio ficava empolgado toda vez que aprendia algo novo sobre estatística, e Gina era a pessoa com quem ele queria compartilhar essa empolgação.

"Esse cara do *campus* é uma anomalia", pensou Gina, "um conjunto de observações estranho, misterioso e complicado que não se encaixa nos meus pressupostos convencionais". Talvez fosse por isso que ela não conseguia deixar de pensar nele. Ela tinha certeza de que ele tinha o cérebro de um idiota, mas seus esforços para impressioná-la eram tocantes. Ele certamente não se encaixava em seu modelo mental de homem. Ela adquirira o hábito de ser seca com os homens, pois era o que eles mereciam. Gina havia gostado de um cara, o Josh, na escola. Ela era louca por ele, mas ela era *nerd,* e ele era um dos garotos populares. Ele não estava interessado. Até que ele a convidou para ir ao cinema. Ela mal conseguiu respirar quando ele fez o convite. Gina comprou roupas, passou horas se preparando e se tornou o estereótipo contra o qual sempre lutou. Ela chegou ao cinema e esperou. A maioria de sua turma estava lá no saguão, e, como ela não esperava por isso, sentiu-se chamativa e desconfortável. Ele estava atrasado, e seu embaraço e estresse aumentavam a cada minuto. Ela queria ir embora. Deveria ter ido, pois assim teria sido poupada. Quando ele entrou confiante pela porta, como um ator de cinema, abraçado a Eliza Hamilton, ela soube imediatamente que tinha caído em uma pegadinha. A turma se virou para Gina, apontaram os dedos para ela e gritavam "perdedora", fazendo o saguão explodir em gargalhadas. Gina sentiu uma raiva que não sabia que era capaz de sentir, mas não correu. Colocou seus fones de ouvido, passou por Josh calmamente e sorriu. Foi um sorriso que apagou o dele do rosto.

O engraçado é que Josh não foi popular por muito tempo. Primeiro, vazou um monte de e-mails em que ele tentava vender informações sobre o time de futebol da escola, então ele postou informações muito íntimas de Eliza nas redes sociais. Ele se tornou um pária; perdeu seu lugar no

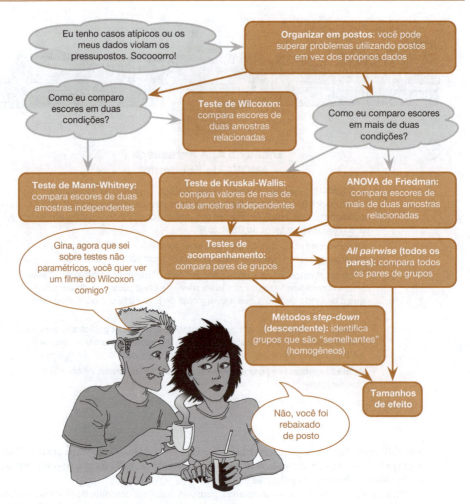

Figura 7.17 O que Caio aprendeu neste capítulo.

time, suas notas despencaram, e ninguém mais falou com ele. Ele se tornou um fracassado. Ele alegou inocência, mas somente um gênio conseguiria invadir sua vida *on-line* de uma forma tão abrangente. Gina sorriu com a lembrança. O cara do *campus* parecia ser diferente. Ele era querido... mas não o suficiente para ela baixar a guarda.

7.9 E agora?

"Você nos prometeu cisnes", consigo ouvir você clamar, "e tudo que vimos foi Kruskal e Wilcoxon. Onde estão o diabo dos cisnes?" Bem, a rainha é dona de todos eles, então não tenho permissão para tê-los. No entanto, este capítulo tratou do oitavo círculo do inferno de Dante (Malebolge), onde dados de uma maldade conhecida e deliberada brigam entre si. Sim, os dados nem sempre se comportam bem. Ao contrário dos dados deste capítulo, minha formação escolar transcorreu de forma bem-comportada e desinteressante. No entanto, um traço malicioso e rebelde crescia por dentro. Talvez o primeiro sinal tenha sido o meu gosto musical. Mesmo com apenas cerca de 3 anos de idade, música era minha verdadeira paixão: uma das minhas memórias mais antigas é a de ouvir os discos de *rock* e *soul* do meu pai (nos tempos do vinil) enquanto esperava que o meu irmão mais velho voltasse da escola. Ainda tenho uma obsessão nostálgica por discos de vinil. O primeiro disco que pedi aos meus pais para me comprar foi "*Take on the world*", do Judas Priest, que ouvi no *Top of the Pops* (um programa de TV do Reino Unido, agora extinto), e gostei. Assistir ao Judas Priest na TV é uma lembrança muito vívida e teve um grande impacto em mim. Esse álbum saiu em 1978, quando eu tinha 5 anos. Algumas pessoas acham que esse tipo de música corrompe a juventude. Vamos ver se isso aconteceu mesmo...

7.10 Termos-chave

ANOVA de Friedman
Comparações pareadas
Método Monte Carlo
Postos
Q de Cochran
Reações extremas de Moses
Teste da homogeneidade marginal

Teste da mediana
Teste da soma dos postos de Wilcoxon
Teste das corridas de Wald-Wolfowitz
Teste de Jonckheere-Terpstra
Teste de Kruskal-Wallis
Teste de Mann-Whitney

Teste de McNemar
Teste dos sinais
Testes dos postos com sinais de Wilcoxon
Testes não paramétricos
W de Kendall
Z de Kolmogorov-Smirnov

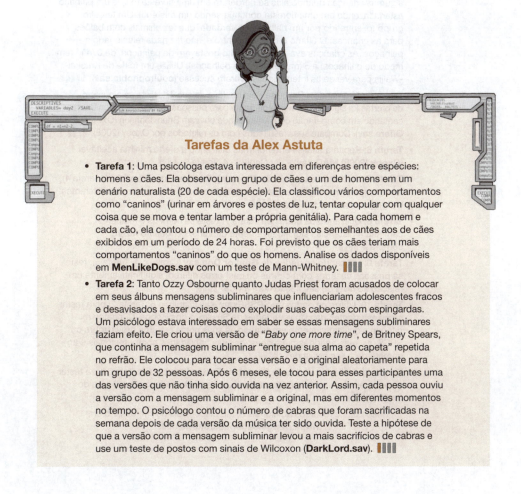

Tarefas da Alex Astuta

- **Tarefa 1**: Uma psicóloga estava interessada em diferenças entre espécies: homens e cães. Ela observou um grupo de cães e um de homens em um cenário naturalista (20 de cada espécie). Ela classificou vários comportamentos como "caninos" (urinar em árvores e postes de luz, tentar copular com qualquer coisa que se mova e tentar lamber a própria genitália). Para cada homem e cada cão, ela contou o número de comportamentos semelhantes aos de cães exibidos em um período de 24 horas. Foi previsto que os cães teriam mais comportamentos "caninos" do que os homens. Analise os dados disponíveis em **MenLikeDogs.sav** com um teste de Mann-Whitney.

- **Tarefa 2**: Tanto Ozzy Osbourne quanto Judas Priest foram acusados de colocar em seus álbuns mensagens subliminares que influenciariam adolescentes fracos e desavisados a fazer coisas como explodir suas cabeças com espingardas. Um psicólogo estava interessado em saber se essas mensagens subliminares faziam efeito. Ele criou uma versão de "*Baby one more time*", de Britney Spears, que continha a mensagem subliminar "entregue sua alma ao capeta" repetida no refrão. Ele colocou para tocar essa versão e a original aleatoriamente para um grupo de 32 pessoas. Após 6 meses, ele tocou para esses participantes uma das versões que não tinha sido ouvida na vez anterior. Assim, cada pessoa ouviu a versão com a mensagem subliminar e a original, mas em diferentes momentos no tempo. O psicólogo contou o número de cabras que foram sacrificadas na semana depois de cada versão da música ter sido ouvida. Teste a hipótese de que a versão com a mensagem subliminar levou a mais sacrifícios de cabras e use um teste de postos com sinais de Wilcoxon (**DarkLord.sav**).

- **Tarefa 3**: Uma pesquisadora de mídia estava interessada no efeito dos programas de televisão na vida doméstica. Ela levantou a hipótese de que, por meio de "aprender assistindo", certos programas incentivam as pessoas a se comportarem como os personagens dentro deles. Ela expôs 54 casais a três programas de TV populares, momentos depois de o casal ter ficado sozinho na sala por 1 hora. O experimentador mediu o número de vezes que o casal discutiu. Cada casal viu todos os programas de TV, mas em diferentes momentos no tempo (com 1 semana de diferença) e em uma ordem contrabalanceada. Os programas de TV eram *EastEnders* (que retrata a vida de londrinos extremamente miseráveis, questionadores e que passam a vida se agredindo, mentindo e trapaceando), *Friends* (que retrata pessoas irrealmente legais e amáveis que se amam muito – mas que eu adoro mesmo assim) e um programa da *National Geographic* sobre baleias (esse era o programa-controle). Teste a hipótese com a ANOVA de Friedman (**Eastenders.sav**). ❚❚❚❚

- **Tarefa 4**: Uma pesquisadora estava interessada em prevenir a coulrofobia (medo de palhaços) em crianças. Ela fez um experimento em que diferentes grupos de crianças (15 em cada) foram expostos a informações positivas sobre palhaços. O primeiro grupo assistiu a anúncios em que Ronald McDonald é visto brincando com crianças e cantando sobre como eles deveriam amar suas mães. Um segundo grupo contou uma história sobre um palhaço que ajudou algumas crianças quando elas se perderam em uma floresta (o que um palhaço estaria fazendo em uma floresta continua sendo um mistério). Um terceiro grupo foi entretido por um palhaço de verdade, que fez animais com balões para as crianças. O último grupo, de controle, não fez nada relacionado a palhaços. As crianças avaliaram o quanto gostavam de palhaços, de 0 (não tem medo de palhaços) a 5 (muito medo de palhaços). Utilize um teste de Kruskal-Wallis para ver se as intervenções tiveram sucesso (**coulrophobia.sav**). ❚❚❚❚

- **Tarefa 5**: Retomando a Pesquisa Real do João Jaleco 4.1, teste se o número de ofertas foi significativamente diferente para pessoas que ouviram Bon Scott cantando em comparação com aquelas que ouviram Brian Johnson (**Oxoby (2008) Offers.sav**). Compare seus resultados com os relatados por Oxoby (2008). ❚❚❚❚

- **Tarefa 6**: Repita a análise anterior, mas utilizando a oferta mínima aceitável (**Oxoby (2008) MAO.sav**) – ver Capítulo 4, Tarefa 3. ❚❚❚❚

- **Tarefa 7**: Utilizando os dados de **Shopping Exercise.sav** (Capítulo 4, Tarefa 4), teste se homens e mulheres passam quantidades significativamente diferentes de tempo comprando coisas. ❚❚❚❚

- **Tarefa 8**: Utilizando os dados da Tarefa 7, teste se homens e mulheres caminham distâncias significativamente diferentes enquanto fazem compras. ❚❚❚❚

- **Tarefa 9**: Utilizando os dados de **Goat or Dog.sav** (Capítulo 4, Tarefa 5), teste se pessoas casadas com cabras ou cachorros diferem significativamente em relação ao nível de satisfação com a vida. ❚❚❚❚

- **Tarefa 10**: Utilize os dados de **SPSSExam.sav** (Capítulo 6, Tarefa 2) para testar se os estudantes das Universidades de Sussex e dos Bobos (Duncetown) diferem significativamente em relação às suas notas em uma prova sobre o SPSS, às suas aptidões numéricas, às suas habilidades computacionais e ao número de aulas assistidas. ❚❚❚❚

- **Tarefa 11**: Utilize os dados de **DownloadFestival.sav** do Capítulo 6 para testar se os níveis de higiene mudaram significativamente ao longo dos 3 dias do festival. ❚❚❚❚

Respostas e recursos adicionais estão disponíveis no *site* do livro em
https://edge.sagepub.com/field5e.

8

CORRELAÇÃO

- 8.1 O que aprenderei neste capítulo? 334
- 8.2 Modelando relacionamentos 335
- 8.3 Inserindo dados para a análise de correlação 342
- 8.4 Correlação bivariada 344
- 8.5 Correlação parcial e semiparcial 355
- 8.6 Comparando correlações 361
- 8.7 Calculando o tamanho de efeito 363
- 8.8 Como relatar coeficientes de correlação 363
- 8.9 Caio tenta conquistar Gina 364
- 8.10 E agora? 366
- 8.11 Termos-chave 367
    Tarefas da Alex Astuta 367

8.1 O que aprenderei neste capítulo?

Quando eu tinha 8 anos, meus pais compraram um violão para mim como presente de Natal. Já nessa época, fazia anos que eu queria desesperadamente tocar violão. Não consegui conter meu entusiasmo ao ganhar esse presente (se tivesse sido uma guitarra acho que eu realmente explodiria de emoção). O violão veio com um livro "aprenda a tocar", e, depois de algum tempo tentando tocar o que estava na página 1 do livro, eu me preparei para tocar uma melodia tão poderosa que iria esmagar o universo todo (bom, "*Skip to my Lou*"). Mas eu não consegui tocar. Comecei a chorar e corri para cima para me esconder.[1] Meu pai sentou comigo e disse algo como "Não se preocupe, Andy, tudo é difícil no início, mas, quanto mais você pratica, mais fácil fica." Com essas palavras reconfortantes, meu pai acabou inadvertidamente me ensinando sobre o relacionamento, ou correlação, entre duas variáveis. Essas duas variáveis poderiam estar relacionadas de três maneiras: (1) *relacionadas positivamente*, significando que, quanto mais eu praticasse meu violão, melhor violonista eu me tornaria (i.e., meu pai estava me dizendo a verdade); (2) *não relacionadas* significando que, ao praticar violão, minha capacidade de tocar permaneceria completamente constante (i.e., meu pai tinha gerado um imbecil); ou (3) *negativamente relacionadas*, o que significaria que, quanto mais eu praticasse violão, pior violonista eu me tornaria (i.e., meu pai tinha gerado um ser indescritivelmente estranho). Este capítulo analisa primeiro como podemos expressar estatisticamente os relacionamentos entre as variáveis, observando duas medidas: *covariância* e *coeficiente de correlação*. Vamos descobrir como executar e interpretar correlações no SPSS. O capítulo termina com medidas mais complexas de relacionamento; fazendo isso, ele funciona como um precursor do capítulo sobre o modelo linear.

[1] Essa reação não foi diferente da que tenho quando me pedem para escrever novas edições dos meus livros de estatística.

Figura 8.1 Não tenho uma foto do Natal de 1981, mas esta foi tirada na mesma época na casa dos meus avós. Aparentemente, estou tentando tocar um mi (E), sem dúvida, porque há Es em "*Take on the world*".

8.2 Modelando relacionamentos ||||

No Capítulo 5, enfatizei a importância de observarmos os dados graficamente antes de ajustar modelos. Nosso ponto de partida para uma análise de correlação é, portanto, observar diagramas de dispersão das variáveis que mensuramos. Não vou repetir como produzir esses gráficos, mas recomendo (se você ainda não fez isto) que leia a seção 5.8 antes de iniciar o restante deste capítulo.

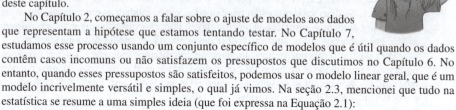

No Capítulo 2, começamos a falar sobre o ajuste de modelos aos dados que representam a hipótese que estamos tentando testar. No Capítulo 7, estudamos esse processo usando um conjunto específico de modelos que é útil quando os dados contêm casos incomuns ou não satisfazem os pressupostos que discutimos no Capítulo 6. No entanto, quando esses pressupostos são satisfeitos, podemos usar o modelo linear geral, que é um modelo incrivelmente versátil e simples, o qual já vimos. Na seção 2.3, mencionei que tudo na estatística se resume a uma simples ideia (que foi expressa na Equação 2.1):

$$\text{resultado}_i = \text{modelo} + \text{erro}_i \tag{8.1}$$

Para recapitular, essa equação significa que os dados que observamos podem ser previstos por um modelo mais algum erro de previsão. O "modelo" na equação varia dependendo do delineamento do seu estudo, do tipo de dados que temos e do que estamos tentando obter. Se você quiser modelar um relacionamento entre variáveis, então está tentando prever uma variável de resultado a partir de uma variável previsora. Portanto, precisamos incluir a variável previsora no modelo. Como vimos na Equação 2.3, representamos as variáveis previsoras com a letra X; assim, nosso modelo será:

$$\text{resultado}_i = b_1 X_i + \text{erro}_i \tag{8.2}$$

Essa equação significa "o resultado de uma entidade é previsto a partir do seu escore na variável previsora mais algum erro". O modelo é descrito por um parâmetro, b_1, que nesse contexto representa a relação entre a variável previsora (X) e a variável de resultado. Se trabalharmos com os dados brutos, para fazer previsões, precisamos saber onde a variável de resultado está centrada: em outras palavras, qual é o valor da variável de resultado quando a previsora estiver ausente do modelo (i.e., for zero). Isso fornece um ponto de partida para a nossa previsão (i.e., se não houvesse variável previsora, qual seria o valor esperado para a variável de resultado?). Adicionamos esse valor ao modelo como uma constante, b_0, conhecido como o intercepto (discutiremos isso em detalhes no próximo capítulo). Se trabalharmos com os escores padronizados (ou seja, escores-z), então tanto a variável previsora quanto a variável de resultado terão uma média igual a 0; portanto, já sabemos o valor médio da variável de resultado quando a previsora não estiver no modelo: será 0. Em outras palavras, o intercepto sai do modelo, deixando-nos com b_1:

$$z(\text{resultado})_i = b_1 z(X_i) + \text{erro}_i \tag{8.3}$$

Essa equação significa que a variável de resultado, expressa em escore-z, pode ser prevista a partir da variável previsora (também expressa em escore-z) multiplicada por b_1. Quando trabalhamos com escores padronizados como esse, b_1 é denominado coeficiente de correlação momento-produto de Pearson, e, quando não estamos formalmente expressando o modelo como na Equação 8.3, ele é representado pela letra r. Lembre-se de que usamos uma amostra para estimar b_1 (i.e., r) na população; o seu valor quantifica a força e a direção da relação entre a variável previsora e a variável de resultado. Como estimamos esse parâmetro? Da mesma forma que na busca pelo fogo, poderíamos procurar pela terra... ou poderíamos usar a matemática.

8.2.1 Um desvio para o mundo obscuro da covariância ||||

A maneira mais simples de ver se duas variáveis estão associadas é verificar se elas *covariam*. Para entender o que é covariância, primeiro precisamos pensar no conceito de variância que encontramos no Capítulo 1. Lembre-se de que a variância de uma única variável representa a quantidade média em que os dados se afastam da média. Numericamente, ela é descrita por:

$$\text{Variância}(s^2) = \frac{\sum_{i=1}^{n}(x_i - \bar{x})^2}{N-1} = \frac{\sum_{i=1}^{n}(x_i - \bar{x})(x_i - \bar{x})}{N-1} \quad (8.4)$$

A média da amostra é representada por $\bar{x}$, x_i é um ponto dos dados específico, e N é o número de observações. Se duas variáveis estão relacionadas, então mudanças em uma das variáveis seriam seguidas por mudanças similares na outra variável. Portanto, quando uma variável se desvia da sua média, esperaríamos que a outra variável se desviasse da sua média de forma similar.

Para ilustrar o que quero dizer, imagine que recrutamos cinco pessoas e as expomos a certo número de propagandas de balas de caramelo e, em seguida, medimos quantos pacotes dessas balas cada pessoa comprou na semana seguinte. Os dados estão na Tabela 8.1, bem como a média e o desvio-padrão (*DP*) de cada variável.

Se houver um relacionamento entre essas duas variáveis, então, à medida que uma variável se desvia da sua média, a outra variável se desviará da sua média do mesmo modo ou de um modo diretamente oposto. A Figura 8.2 mostra os dados de cada participante (os círculos laranja representam o número de pacotes comprados, e os círculos pretos representam o número de propagandas assistidas); a linha laranja é o número médio de pacotes comprados, e a linha preta é o número médio de propagandas assistidas. As linhas verticais representam as diferenças (lembre-se de que essas diferenças são chamadas *desvios* ou *resíduos*) entre os valores observados e a média da variável relevante. A primeira coisa a notar na Figura 8.2 é que existe um padrão similar de desvios para ambas as variáveis. Para os três primeiros participantes, os valores observados estão abaixo da média em ambas as variáveis; para as duas últimas pessoas, os valores observados estão acima da média em ambas as variáveis. Esse padrão é indicativo de um relacionamento potencial entre as duas variáveis (porque parece que, se o escore de uma pessoa está abaixo da média em uma variável, o escore da outra pessoa também estará abaixo da média).

Portanto, como calculamos a similaridade exata entre os padrões das diferenças das duas variáveis exibidas na Figura 8.2? Uma possibilidade é calcular a quantidade total dos desvios, mas teríamos o mesmo problema que no caso de uma única variável: os desvios positivos e negativos se cancelariam (ver seção 1.8.5). Além disso, ao somar os desvios, obteríamos pouco conhecimento sobre o *relacionamento* entre as variáveis. No caso de uma única variável, elevamos os desvios ao quadrado para eliminar o problema de desvios positivos e negativos que se anulam mutuamente. Quando há duas variáveis, em vez de elevar ao quadrado cada desvio, podemos multiplicar o desvio de uma variável pelo desvio correspondente da outra variável. Se ambos os desvios forem positivos ou negativos, teremos um valor positivo (indicando que os desvios estão na mesma direção), mas se um desvio for positivo e o outro negativo, o produto resultante será negativo (indicando que os desvios estão em direções opostas). Quando multiplicamos os desvios de uma variável pelos desvios correspondentes de uma segunda variável, obtemos os **desvios de produto cruzado**. Como fizemos com a variância, se quisermos o valor médio dos desvios combinados para as duas variáveis, devemos dividir o resultado pelo número de observações (dividimos por *N* – 1 por razões explicadas em Gina Gênia 2.2). Essa soma média dos desvios combinados é conhecida como a **covariância**. Podemos escrever a covariância em forma de equação:

Tabela 8.1 Alguns dados sobre caramelos e propagandas

Participante	1	2	3	4	5	Média	DP
Propagandas assistidas	5	4	4	6	8	5,4	1,673
Pacotes comprados	8	9	10	13	15	11,0	2,915

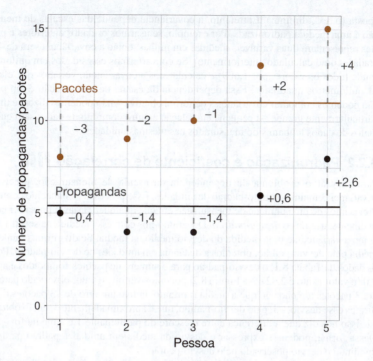

Figura 8.2 Exibição gráfica das diferenças entre os dados observados e as médias das duas variáveis.

$$\text{covariância}(x,y) = \frac{\sum_{i=1}^{n}(x_i - \bar{x})(y_i - \bar{y})}{N-1} \quad (8.5)$$

Observe que a equação é a mesma equação da variância (Equação 1.7), exceto pelo fato de que, em vez de elevar os desvios ao quadrado, nós os multiplicamos pelos desvios correspondentes da segunda variável.

Para os dados da Tabela 8.1 e da Figura 8.2, obtemos um valor de 4,25:

$$\begin{aligned}
\text{covariância}(x,y) &= \frac{\sum_{i=1}^{n}(x_i - \bar{x})(y_i - \bar{y})}{N-1} \\
&= \frac{\begin{array}{c}(-0,4)(-3)+(-1,4)(-2)+(-1,4)\\(-1)+(0,6)(2)+(2,6)(4)\end{array}}{N-1} \\
&= \frac{1,2+2,8+1,4+1,2+10,4}{4} \\
&= \frac{17}{4} = 4,25
\end{aligned} \quad (8.6)$$

Uma covariância positiva indica que, à medida que uma variável se desvia da média, a outra variável se desvia na mesma direção. Por outro lado, uma covariância negativa indica que, à medida que uma variável se desvia da média (p. ex., aumenta), a outra se desvia da média na direção oposta (p. ex., diminui). Entretanto, a covariância depende das escalas de mensuração usadas: não é uma medida padronizada. Por exemplo, se usarmos os dados anteriores e presumirmos que eles representam duas variáveis medidas em milhas, então a covariância será de 4,25 milhas quadradas (como calculado anteriormente). Se convertermos esses dados em quilômetros (multiplicando todos os valores por 1,609) e calcularmos a covariância, veremos que ela aumentou para 11 quilômetros quadrados. Essa dependência da escala de mensuração é um problema porque não podemos comparar covariâncias de forma objetiva – não podemos dizer se uma covariância é particularmente grande ou pequena em relação a outro conjunto de dados sem que ambos os conjuntos de dados tenham sido mensurados nas mesmas unidades.

8.2.2 Padronização e coeficiente de correlação ▌▌▌▌

Para superar o problema da dependência da escala de mensuração, precisamos converter covariância em um conjunto-padrão de unidades. Esse processo é conhecido como **padronização**. Precisamos de uma unidade de mensuração em que qualquer variável possa ser convertida e, normalmente, usamos o *desvio-padrão*. Deparamo-nos com essa medida na seção 1.8.5 e vimos que, como a variância, é uma medida do desvio médio da média. Se dividirmos qualquer distância da média pelo desvio-padrão, obtemos a distância em unidades de desvio-padrão. Por exemplo, para os dados da Tabela 8.1, o desvio-padrão para o número de pacotes comprados é aproximadamente 3,0 (o valor exato é 2,92). Na Figura 8.2, podemos ver que o valor observado para o participante 1 era 3 pacotes a menos do que a média (portanto, houve um erro de –3 pacotes de balas). Se dividirmos esse desvio, –3, pelo desvio-padrão, que é aproximadamente 3, então obtemos um valor de –1. Isso nos diz que a diferença entre o escore do participante 1 e a média foi –1 desvio-padrão. Dessa forma, podemos expressar o desvio da média em unidades-padrão para um participante dividindo o desvio observado pelo desvio-padrão.

A partir dessa lógica, se quisermos expressar a covariância em uma unidade-padrão de medida, podemos dividi-la pelo desvio-padrão. No entanto, temos duas variáveis e, portanto, dois valores de desvio-padrão. Quando calculamos a covariância, calculamos dois desvios (um para cada variável) e os multiplicamos. Fazemos o mesmo para os desvios-padrão: os multiplicamos e dividimos a covariância pelo produto dessa multiplicação. A covariância padronizada é conhecida como *coeficiente de correlação* e é definida como:

$$r = \frac{\text{cov}_{xy}}{DP_x DP_y} = \frac{\sum_{i=1}^{n} (x_i - \bar{x})(y_i - \bar{y})}{(N-1)DP_x DP_y} \tag{8.7}$$

em que DP_x é o desvio-padrão da primeira variável e DP_y é o desvio-padrão da segunda variável (todas as outras letras são iguais às da equação que define a covariância). Esse coeficiente, o *coeficiente de correlação momento-produto de Pearson* ou **coeficiente de correlação de Pearson**, r, foi inventado por Karl Pearson com Florence Nightingale David[2] utilizando muita matemática avançada para derivar as distribuições (ver Figura 8.3 e Gina Gênia 8.1).[3] Se olharmos a Tabela 8.1, vemos que o desvio-padrão para o número de propagandas assistidas (DP_x) foi de 1,673 e para o número de pacotes de bala comprados (DP_y) foi de 2,915. Se os multiplicarmos, obtemos 1,673 × 2,915 = 4,877. Agora tudo o que precisamos fazer é calcular a covariância, a qual caculamos algumas páginas atrás como 4,25 e dividimos por esses desvios-padrão multiplicados. Isso nos dá $r = 4,25/4,877 = 0,871$.

Ao padronizar a covariância, finalizamos com um valor que deve estar entre –1 e +1 (se você encontrar um coeficiente de correlação menor do que –1 ou maior do que +1, você pode ter certeza de que algo deu horrivelmente errado). Na seção 3.7.2, vimos que um coeficiente de +1 indica que as duas variáveis estão perfeitamente correlacionadas positivamente: à medida que uma variável

---
[2] Não confunda com a Florence Nightingale do Capítulo 5, de quem ela recebeu o nome em homenagem.
[3] O coeficiente de correlação momento-produto de Pearson é representado por r, mas, só para nos confundir, quando elevamos r ao quadrado (como na seção 8.4.2.2), em geral se utiliza um R maiúsculo.

Figura 8.3 Karl Pearson e Florence Nightingale David.

Gina Gênia 8.1
Quem disse que a estatística é chata? Parte 2 ||||

Em Gina Gênia 2.3, vimos que Fisher e Neyman tiveram uma briga feia sobre suas visões diferentes a respeito da testagem de hipóteses. Fisher parecia acreditar que, se você for arrumar encrenca com um dos seus colegas proeminentes, pode também se encrencar com todos eles, e ele também não tinha apreço por Karl Pearson. Isso não ajudou muito na carreira de Fisher, porque, quanto mais velho, mais influência Pearson exercia por intermédio do seu periódico *Biometrika*. A briga começou quando Pearson publicou um artigo de Fisher no seu periódico, mas o desvalorizou em seu editorial. Dois anos mais tarde, o grupo de Pearson publicou um trabalho dando seguimento ao artigo de Fisher sem consultá-lo. Fisher recusou um emprego no grupo de Pearson e publicou "melhorias" às ideias de Pearson que foram recebidas por Pearson da mesma forma que um peixe saudaria um gato quando este entrasse no seu aquário. Por outro lado, Pearson publicou, em seu próprio periódico, um artigo sobre erros visíveis cometidos por Fisher (Barnard, 1963; Field, 2005d; Savage, 1976). Nessa época, a estatística não era nada chata.

aumenta, a outra aumenta em um valor proporcional. Isso não significa que uma mudança em uma variável *causa* a mudança na outra, significa apenas que suas mudanças coincidem (Vira-Lata Equivocado 8.1). Por outro lado, um coeficiente de –1 indica um relacionamento negativo perfeito: se uma variável aumenta, a outra diminui em uma quantidade proporcional. Um coeficiente igual a 0 indica uma falta de relacionamento linear e assim, à medida que uma variável muda, a outra permanece a mesma ou muda de uma forma não previsível. Vimos, ainda, que o coeficiente de correlação é uma medida padronizada de um efeito observado, que é uma medida do tamanho de efeito comumente usada e que valores de ±0,1 representam um efeito pequeno, ±0,3, um efeito médio, e ±0,5, um efeito grande (contudo, devemos interpretar o tamanho de efeito dentro do contexto da literatura de pesquisa e não usar esses tamanhos de efeitos semiprontos).

Acabamos de descrever uma **correlação bivariada**, que é a correlação entre duas variáveis. Mais tarde, neste capítulo, veremos variações na correlação que se ajustam a uma ou mais variáveis adicionais.

8.2.3 Significância do coeficiente de correlação ▌▌▌▌

Embora possamos interpretar o tamanho do coeficiente da correlação diretamente (seção 3.7.2), vimos, no Capítulo 2, que os cientistas gostam de testar hipóteses usando probabilidades. No caso de um coeficiente de correlação, podemos testar a hipótese de que a correlação seja diferente de 0 (i.e., diferente de "sem relacionamento"). Se acharmos que nosso coeficiente observado é improvável de ser (pelo menos) tão grande quanto seria se não houvesse efeito na população, então poderemos estar confiantes de que o relacionamento que observamos é estatisticamente significativo.

Existem duas maneiras para testarmos essa hipótese. A primeira é usar os escores-z fiéis que continuam surgindo neste livro. Como vimos, os escores-z são úteis porque sabemos a probabilidade de ocorrência de determinado escore-z se a distribuição da qual ele é originário for normal. Há um problema com o r de Pearson: ele é conhecido por ter uma distribuição amostral que não é normalmente distribuída. Isso seria um pouco inconveniente, exceto pelo fato de que, graças ao nosso amigo Fisher (1921), podemos transformar o r de forma a obter um valor que segue uma distribuição normal:

$$z_r = \frac{1}{2} \log_e \left(\frac{1+r}{1-r} \right) \quad (8.8)$$

O z_r resultante tem um erro-padrão dado por:

$$EP_{z_r} = \frac{1}{\sqrt{N-3}} \quad (8.9)$$

Para o nosso exemplo das propagandas, o $r = 0{,}871$ se torna 1,337 com um erro-padrão de 0,707.

Podemos, então, transformar esse r ajustado em um escore-z da maneira habitual. Se quisermos um escore-z que represente o valor da correlação relativa a um valor específico, então calculamos um escore-z subtraindo o valor que queremos testar e dividindo pelo erro-padrão. Normalmente, queremos ver se a correlação é diferente de 0; nesse caso, subtraímos 0 do valor observado de z_r e dividimos pelo erro-padrão, que é o mesmo que simplesmente dividir z_r pelo erro-padrão.

$$z = \frac{z_r}{EP_{z_r}} \quad (8.10)$$

Para os nossos dados das propagandas, temos $1{,}337/0{,}707 = 1{,}891$. Podemos procurar esse escore-z (1,89) na tabela de distribuição normal no Apêndice e obter a probabilidade unicaudal na coluna "Porção menor" (lembre-se da seção 1.8.6). Nesse caso, o valor é 0,02938. Para obter a probabilidade bicaudal, multiplicamos esse valor por 2, o que nos dá 0,05876. Assim, a correlação não é significativa porque $p > 0{,}05$.

Vira-Lata Equivocado 8.1
Correlações e causalidade

O Vira-Lata Equivocado tinha acabado de sair de uma aula sobre correlação com o seu dono. Isso o fez pensar sobre os relacionamentos entre certas variáveis importantes na sua vida. Parecia haver uma correlação entre ele ficar perto do seu dono na cozinha e ser alimentado, e se ele olhasse amorosamente para o seu dono, ele parecia receber carinho, além de petiscos quando andava gentilmente e não perseguia esquilos.

Enquanto sua mente vagava, ele pensou sobre o quanto gostava do *campus*. Era cheio de árvores, grama e esquilos que ele realmente queria perseguir se não fosse o impedir de ganhar petiscos. "Eu realmente gosto de petiscos", ele pensou, "e eu realmente gosto de perseguir esquilos. Mas perseguir esquilos está negativamente correlacionado com petiscos; portanto, se eu perseguir esquilos vou ganhar menos petiscos."

Ele estava com fome, então começou a caminhar com um cuidado extra. Um esquilo disparou na sua direção e pulou na sua cabeça como se estivesse tentando incitá-lo a uma perseguição. O esquilo começou a crescer, tornando-se mais pesado e mais ruivo, até que um sorridente Gato Corretor, sentado em cima da cabeça do Vira-Lata, olhou nos seus olhos.

"Os coeficientes de correlação não implicam causalidade", falou para o cão. "Você pode pensar que caçar esquilos resulta em menos petiscos, mas, estatisticamente falando, não há razão pela qual menos petiscos não resulte em você perseguir os esquilos."

"Isso é ridículo", respondeu o Vira-Lata.

"Pode ser menos intuitivo pensar que menos petiscos resultem em você perseguir mais esquilos, mas, estatisticamente falando, a correlação entre essas variáveis não fornece informação sobre a causa: ela é puramente uma medida do grau no qual as variáveis covariam. Pense novamente na aula: as medidas de correlação avaliam se as diferenças entre escores de uma variável e sua média correspondem às diferenças entre escores de uma segunda variável e sua média. A causalidade não aparece no cálculo."

"Outra questão", o gato continuou, "é que pode haver outras variáveis mensuradas ou não mensuradas que afetem as duas coisas que se correlacionam. Isso é conhecido como o problema da terceira variável ou *tertium quid* (seção 1.7.2). Talvez a hora do dia afete quantos petiscos você ganha e quantos esquilos você persegue."

Irritantemente, o gato tinha razão, então o Vira-Lata o sacudiu da sua cabeça e, após ver a forma do felino encolher de volta a um esquilo, perseguiu-o pelo *campus*.

Na verdade, a hipótese de que o coeficiente de correlação é diferente de 0 é geralmente testada não com um escore-z, mas com uma estatística de teste diferente (o SPSS, p. ex., faz isso) chamada estatística t com $N - 2$ graus de liberdade. Essa estatística pode ser obtida diretamente do r:

$$t_r = \frac{r\sqrt{N-2}}{\sqrt{1-r^2}} \quad (8.11)$$

Então, você pode estar se perguntando por que falei sobre os escores-z. Em parte, era para manter a discussão configurada nos conceitos com os quais você está familiarizado (não vamos ver a estatística t propriamente em alguns capítulos), mas também porque essas são informações básicas úteis para a próxima seção.

8.2.4 Intervalos de confiança para o r ▌▌▌▌

Vimos, no Capítulo 2, que intervalos de confiança de 95% nos informam sobre o provável valor (neste caso, da correlação) na população (supondo que sua amostra seja uma das 95% para as quais o intervalo de confiança contém o valor verdadeiro). Para calcular os intervalos de confiança para r, aproveitamos o que aprendemos na seção anterior sobre a conversão de r para z_r (para tornar a distribuição amostral normal) e usamos os erros-padrão associados. Usando z_r, podemos construir um intervalo de confiança da maneira habitual. Por exemplo, um intervalo de confiança de 95% é calculado (ver Equação 2.15) como:

$$\text{limite inferior do intervalo de confiança} = \overline{X} - (1{,}96 \times EP)$$
$$\text{limite superior do intervalo de confiança} = \overline{X} + (1{,}96 \times EP) \quad (8.12)$$

Para o caso dos nossos coeficientes de correlação transformados, essas equações serão:

$$\text{limite inferior do intervalo de confiança} = z_r - (1{,}96 \times EP_{z_r})$$
$$\text{limite superior do intervalo de confiança} = z_r + (1{,}96 \times EP_{z_r}) \quad (8.13)$$

Para os dados das propagandas de balas, obtemos $1{,}337 - (1{,}96 \times 0{,}707) = -0{,}049$, e $1{,}337 + (1{,}96 \times 0{,}707) = 2{,}723$. Lembre-se de que esses valores estão na métrica z_r, mas podemos convertê-los de volta em um coeficiente de correlação usando:

$$r = \frac{e^{2z_r} - 1}{e^{2z_r} + 1} \quad (8.14)$$

Assim, temos um limite superior de $r = 0{,}991$ e um limite inferior de $-0{,}049$ (pelo fato de esse valor estar tão próximo a 0, a transformação para escore-z não causa impacto).

Anteriormente, lamentei o fato de o SPSS não fazer chá. Outra coisa que ele não faz é calcular esses intervalos de confiança para você, embora haja um bom macro de Weaver e Koopman (2014) disponível. Entretanto, o SPSS faz algo ainda melhor (do que calcular intervalos de confiança, mas não do que fazer chá): calcula um intervalo de confiança *bootstrap*. Aprendemos sobre o intervalo de confiança percentil *bootstrap* na seção 6.12.3: é um intervalo de confiança que é derivado dos nossos próprios dados, e, portanto, sabemos que será exato mesmo quando a distribuição amostral de r não for normal. Essa realmente é uma notícia muito boa.

8.3 Inserindo dados para a análise de correlação ▌▌▌▌

Quando observamos os relacionamentos entre variáveis, cada variável é inserida como uma coluna separada no editor de dados. Assim, para cada variável que você mediu, crie uma variável com um nome apropriado e insira os escores de um participante em uma das linhas. Se você tiver

Dicas da Ana Apressada
Correlação

- Uma medida aproximada do relacionamento entre variáveis é a covariância.
- Se padronizarmos esse valor, vamos obter o coeficiente de correlação de Pearson, *r*.
- O coeficiente de correlação deve estar entre –1 e +1.
- Um coeficiente de +1 indica um relacionamento linear positivo perfeito, um coeficiente de –1 indica um relacionamento linear negativo perfeito, e um coeficiente de 0 indica a falta de relacionamento linear.
- O coeficiente de correlação é uma medida geralmente usada como tamanho de efeito: valores de ±0,1 representam um efeito pequeno, ±0,3, um efeito médio, e ±0,5, um efeito grande. No entanto, interprete o tamanho da correlação dentro do contexto da pesquisa que você fez em vez de seguir cegamente essas referências.

Figura 8.4 Inserindo dados para a correlação.

variáveis categóricas (como o sexo do participante), elas podem também ser colocadas em uma coluna (lembre-se de definir rótulos apropriados para as variáveis). Por exemplo, se quisermos calcular a correlação entre as duas variáveis da Tabela 8.1, vamos inserir esses dados como mostrado na Figura 8.4; cada variável é inserida como uma coluna separada, e cada linha representa um único indivíduo (assim, o primeiro consumidor viu 5 propagandas e comprou 8 pacotes de balas).

Teste seus conhecimentos

Insira os dados das propagandas e use o editor de gráficos para produzir um diagrama de dispersão dos dados (número de pacotes comprados no eixo y e propagandas vistas no eixo x).

8.4 Correlação bivariada ▌▐▐▐

A Figura 8.5 mostra um procedimento geral a ser seguido ao calcular um coeficiente de correlação. Primeiro, verifique fontes de viés descritas no Capítulo 6. As duas mais importantes, neste contexto, são a linearidade e a normalidade. Lembre-se de que estamos ajustando um modelo linear aos dados; portanto, se o relacionamento entre variáveis não for linear, então esse modelo será inválido (uma transformação pode ajudar a tornar o relacionamento linear). Para atender a esse requisito, a variável de resultado precisa ter sido mensurada no nível intervalar ou da razão (ver seção 1.6.2), assim como a variável previsora (uma exceção é que uma variável previsora pode ser categórica com apenas duas categorias – abordaremos isso na seção 8.4.5). No que diz respeito à normalidade, nos preocuparemos com isso somente se quisermos intervalos de confiança ou testagem de hipóteses e se o tamanho da amostra for pequeno (seção 6.6.1).

Se os dados tiverem valores atípicos, não forem normais (e se a amostra for pequena) ou suas variáveis forem mensuradas no nível ordinal, então você pode usar o rô de Spearman (seção 8.4.3) ou o tau de Kendall (seção 8.4.4), que são versões do coeficiente de correlação aplicadas a dados por postos (assim como foram os testes do capítulo anterior). A transformação dos dados em postos reduz o impacto dos valores atípicos. Além disso, já que a normalidade é importante somente para determinar significância e calcular intervalos de confiança, poderíamos usar o *bootstrap* para calcular os intervalos de confiança e, assim, não precisaríamos nos preocupar com a distribuição.

No Capítulo 5, examinamos um exemplo relacionado à ansiedade com provas: uma psicóloga estava interessada nos efeitos do estresse com provas e do tempo de estudo no desempenho da prova. Ela havia elaborado e validado um questionário para avaliar o estado da ansiedade com provas (Questionário de Ansiedade com Provas, ou QAP). Essa escala produziu uma medida dos escores da ansiedade em uma escala de 0 a 100. A ansiedade foi mensurada antes de uma prova e

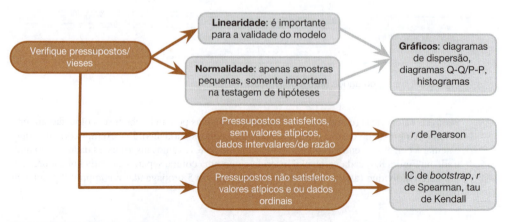

Figura 8.5 Processo geral para executar análises de correlação.

a nota percentual de cada estudante nessa prova foi usada para avaliar o desempenho na prova. Ela também mensurou o número de horas gastas estudando para a prova. Esses dados estão em **Exam Anxiety.sav**. Já criamos diagramas de dispersão para esses dados (seção 5.8), portanto, não precisamos fazê-los novamente; entretanto, vamos olhar as distribuições das três variáveis principais.

Teste seus conhecimentos

Crie diagramas P-P das variáveis **Revise**, **Exam** *e* **Anxiety**.

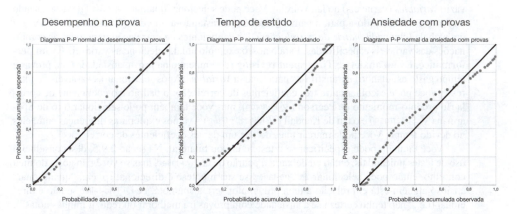

Figura 8.6 Diagramas P-P para as variáveis da ansiedade com provas.

Lanterna de Oditi
Correlações

"Eu, Oditi, entendo a importância dos relacionamentos. Sendo o líder do culto das verdades numéricas não descobertas, ninguém quer um relacionamento comigo. Essa verdade me deixa triste. Eu preciso do meu culto para me ajudar a entender melhor os relacionamentos para que eu possa ter um e deixar para trás a minha existência vazia e sem alma. Para esse fim, devemos olhar dentro dos dados e quantificar todos os relacionamentos que encontramos. Olhe para minha lanterna e descubra como... Encare por muito tempo e possivelmente você nunca terá outro relacionamento."

Fica claro, a partir dos diagramas P-P na Figura 8.6, que o desempenho na prova é a mais normalmente distribuída das variáveis (os pontos estão mais próximos da linha), mas o tempo de estudo e a ansiedade com provas apresentam evidências de assimetria (os pontos serpenteiam em volta da linha diagonal). Essa assimetria é um problema se quisermos realizar testagem de hipóteses ou obter intervalos de confiança. As amostras contêm 103 observações, o que é razoavelmente grande e possivelmente grande o suficiente para que o teorema central do limite nos alivie das preocupações em relação à normalidade. Entretanto, seria aconselhável usar um *bootstrap* para obter intervalos de confiança robustos. Podemos também considerar o uso de um método com base em postos para calcular o coeficiente de correlação em si.

8.4.1 Procedimento geral para correlações usando o SPSS ▌▌▌▌

Você obtém uma correlação bivariada usando a caixa de diálogo acessada por meio de *Analyze* (analisar) ▶ *Correlate* (correlacionar) ▶ Bivariate... (bivariável...). Nessa caixa de diálogo (Figura 8.7), as variáveis do editor de dados estão listadas em um painel do lado esquerdo, e há um painel vazio *Variables* (variáveis) no lado direito. Você pode selecionar qualquer variável da lista, usando o *mouse* e transferindo-a para o painel *Variables*, arrastando-a ou clicando em ▶. O SPSS cria uma tabela (chamada *matriz de correlações*) dos coeficientes de correlação para todas as combinações das variáveis especificadas. Para o nosso exemplo atual, selecione as variáveis **Exam performance**, **Exam anxiety** e **Time spent revising** (desempenho na prova, ansiedade com provas e tempo gasto estudando) e transfira-as para a caixa *Variables*. Após selecionar as variáveis de interesse, você pode escolher entre três coeficientes de correlação: o padrão é o coeficiente de correlação produto-momento de Pearson (☑ Pearson), mas você também pode selecionar o rô de Spearman (☑ Spearman) e o tau de Kendall (☑ Kendall's tau-b) – vamos explorar as diferenças entre eles no devido tempo. Você pode marcar mais do que um desses coeficientes de correlação.

Você também pode especificar se o teste é uni ou bilateral. Na seção 2.9.5, desaconselhei o uso de testes unicaudais, então eu deixaria o padrão de ⦿ Two-tailed, mas se você não gosta do meu conselho, então pode selecionar ⦿ One-tailed se sua hipótese é direcional (p. ex., "quanto mais ansioso alguém está em relação a uma prova, pior será a sua nota") e ⦿ Two-tailed se não é direcional (i.e., "não tenho certeza se a ansiedade com provas irá melhorar ou reduzir minhas notas").

Clicar em Style... abre uma caixa de diálogo similar à da Figura 8.8, que permite formatar a tabela de saída das correlações. O menu suspenso na coluna *Value* (valor) serve para selecionar os tipos de células da tabela de saída: você pode selecionar as células contendo os coeficientes de correlação (como fiz na figura), as células contendo os tamanhos da amostra (N), as médias, os valores das significâncias ou todas as células da tabela. Clicar na coluna *Condition* (condição) abre uma caixa de diálogo para definir uma condição de formatação. Na figura, defini uma condição para formatar as células que contenham valores absolutos maiores ou iguais a 0,5. Fazer isso aplicará a formatação somente das células contendo coeficientes de correlação maiores ou iguais a 0,5 ou menores ou iguais a –0,5. Clicar na coluna *Format* (formatar) abre uma caixa de diálogo para definir a formatação que você deseja aplicar. Na figura, escolhi alterar a cor de fundo das células para amarelo, mas você pode fazer outras coisas, como mudar a cor do texto ou adicionar negrito ou itálico e assim por diante. Usando as configurações da Figura 8.8, (1) escolhi formatar somente as células contendo os coeficientes de correlação e (2) solicitei que as células contendo um valor maior ou igual a 0,5 ou menor ou igual a –0,5 tenham um fundo amarelo. Esse destaque me permitirá ver rapidamente quais variáveis estão fortemente correlacionadas. Não que eu recomende isso (porque é o tipo de coisa que irá encorajar a aplicação cega do critério $p < 0,05$), mas imagino que algumas pessoas usem essa ferramenta para destacar células com valores de significância menores do que 0,05. Mas você pode fazer melhor do que isso.

Você pode definir várias regras de formatação clicando em Add para criar uma nova regra (aparecerá como uma nova linha na caixa de diálogo) e, então, editá-la. Por exemplo, poderíamos definir quatro regras para usar cores de fundo diferentes para células contendo correlações muito pequenas (valores absolutos entre 0 e 0,1), pequenas a médias (valores absolutos entre 0,1 e 0,3), médias a grandes (valores absolutos entre 0,3 e 0,5) ou grandes (valores absolutos maiores do que

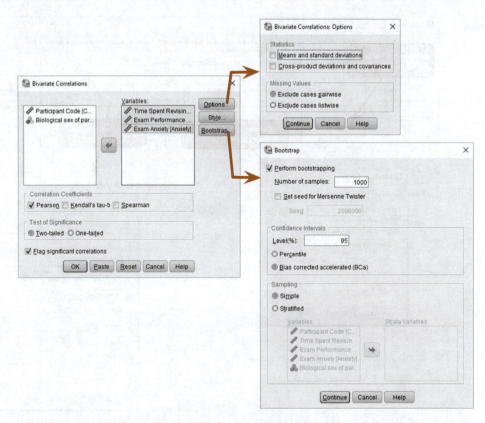

Figura 8.7 Caixa de diálogo para conduzir uma correlação bivariada.

0,5). Essas quatro regras seriam muito similares, de forma que, uma vez definida a primeira regra, poderíamos economizar tempo selecionando e clicando em [Duplicate] para criar uma nova regra que duplica as configurações (e poderíamos, então, apenas ajustá-las). Você pode apagar uma regra selecionando a linha onde ela está e clicando em [Delete].

Voltando à caixa de diálogo principal (Figura 8.7), clicar em [Options...] abre uma caixa de diálogo com duas opções de *Statistics* (estatística) e duas opções para valores ausentes. A opção *Statistics* estará habilitada somente quando a correlação de Pearson for solicitada (caso contrário, ela aparecerá "acinzentada"). Essa opção é útil apenas se os dados forem intervalares, que é o caso da correlação de Pearson; portanto, faz sentido que essa opção esteja desativada se a correlação de Pearson não tiver sido selecionada. Ao marcar a caixa de seleção *Means and standard deviations* (médias e desvios-padrão), vamos obter a média e o desvio-padrão das variáveis selecionadas na saída. Selecionando a opção *Cross-product deviations and covariances* (desvios de produto cruzado e covariâncias), produzimos os valores dessas estatísticas na saída do procedimento. Os desvios de produto cruzado são os valores do numerador (metade superior) da Equação 8.5. As covariâncias entre as variáveis são o que você obteria ao aplicar a Equação 8.5 às suas variáveis. Em outras palavras, os valores das covariâncias são os desvios de produto cruzado divididos por $N - 1$ e representam os coeficientes de correlação não padronizados. Na maioria das vezes, você não vai precisar dessas opções, mas elas ocasionalmente são úteis (ver Oliver Twist). Neste momento, precisamos decidir como lidar com os valores ausentes (ver Dica do SPSS 6.1).

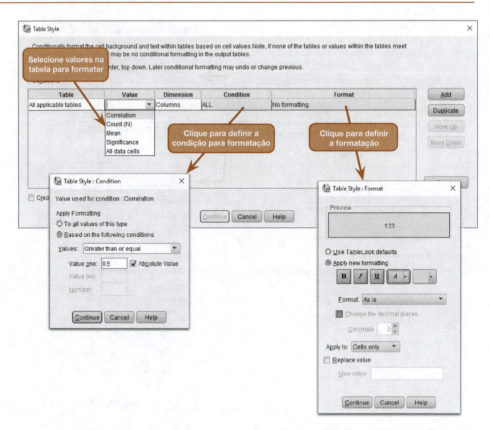

Figura 8.8 Caixa de diálogo *Table Style* para a formatação da tabela de saída das correlações.

Oliver Twist
Por favor, senhor, quero um pouco mais de... opções

Oliver está tão animado para começar a analisar seus dados que não quer que eu gaste páginas enrolando sobre opções que provavelmente nunca irei usar. "Pare de escrever, seu enrolador idiota", ele diz. "Eu quero analisar meus dados." Bom, ele tem razão. Se você quiser descobrir mais sobre o que as `Options...` fazem na correlação, verifique o *site* do livro.

Por fim, para obter intervalos de confiança *bootstrap* para os coeficientes de correlação, clique em Options. Discutimos essa caixa de diálogo na seção 6.12.3; para recapitular, selecione ☑ Perform bootstrapping para ativar o *bootstrapping* para os coeficientes de correlação e, para obter um intervalo de confiança de 95%, clique em ⦿ Percentile ou em ⦿ Bias corrected accelerated (BCa). Para essa análise, vamos pedir um intervalo de confiança corrigido em relação ao viés (BCa).

8.4.2 Coeficiente de correlação de Pearson usando o SPSS

Para obter o coeficiente de correlação de Pearson, refaça o procedimento geral que acabamos de ver (seção 8.4.1), selecionando ☑ Pearson (que é a configuração-padrão) e, em seguida, clicando em OK (Figura 8.7). No visualizador, veremos uma matriz de resultados (Saída 8.1), que não é tão desconcertante quanto parece. Por um lado, a informação na parte superior da tabela é igual à da metade inferior (que deixei desbotada), então podemos ignorar metade da tabela. A primeira linha nos informa sobre o tempo gasto estudando. Essa linha é subdividida em outras linhas, a primeira das quais contém os coeficientes de correlação do desempenho na prova ($r = 0,397$) e da ansiedade com provas ($r = 0,709$). A segunda linha principal da tabela nos informa sobre o desempenho na prova e, a partir dessa parte da tabela, obtemos o coeficiente de correlação do relacionamento com a ansiedade com provas, $r = -0,441$. Diretamente abaixo de cada coeficiente de correlação, são informados a significância do valor da correlação e o tamanho da amostra (N) utilizada. Os valores das significâncias são todos menores do que 0,001 (conforme indicado pelo asterisco duplo após o coeficiente). Esse valor de significância nos diz que a probabilidade de obter um coe-

▓ Coeficiente de correlação, *r*
▓ Significância valor-*p*
▓ Intervalos de confiança

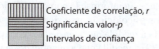

Correlações

			Time Spent Revising	Exam Performance (%)	Exam Anxiety
Time Spent Revising	Pearson Correlation		1	.397**	-.709**
	Sig. (2-tailed)			.000	.000
	N		103	103	103
	Bootstrap^c	Bias	0	-.002	-.004
		Std. Error	0	.070	.112
		BCa 95% Confidence Interval Lower	.	.245	-.863
		Upper	.	.524	-.492
Exam Performance (%)	Pearson Correlation		.397**	1	-.441**
	Sig. (2-tailed)		.000		.000
	N		103	103	103
	Bootstrap^c	Bias	-.002	0	.004
		Std. Error	.070	0	.065
		BCa 95% Confidence Interval Lower	.245	.	-.564
		Upper	.524	.	-.301
Exam Anxiety	Pearson Correlation		-.709**	-.441**	1
	Sig. (2-tailed)		.000	.000	
	N		103	103	103
	Bootstrap^c	Bias	-.004	.004	0
		Std. Error	.112	.065	0
		BCa 95% Confidence Interval Lower	-.863	-.564	.
		Upper	-.492	-.301	.

**. Correlation is significant at the 0.01 level (2-tailed).
c. Unless otherwise noted, bootstrap results are based on 1000 bootstrap samples

Informação duplicada

Saída 8.1

ficiente de correlação pelo menos tão grande quanto esses em uma amostra de 103 pessoas se a hipótese nula for verdadeira (não há relacionamento entre essas variáveis) é muito baixa (próxima de 0, na verdade). Todos os valores de significância estão abaixo do critério-padrão de 0,05, indicando um relacionamento "estatisticamente significativo".

Considerando a falta de normalidade em algumas das variáveis, devemos estar mais preocupados com os intervalos de confiança *bootstrap* do que com a significância em si, porque os intervalos de confiança *bootstrap* não serão afetados pela distribuição dos escores, enquanto o valor de significância poderá ser. Esses intervalos de confiança são rotulados *BCa 95% Confidence Interval* (intervalos de confiança de 95% BCa), e dois valores são apresentados: um limite superior e um limite inferior. Para o relacionamento entre o tempo de estudo e o desempenho na prova, o intervalo é de 0,245 a 0,524; para o tempo de estudo e a ansiedade com provas, de –0,863 a –0,492; e, para a ansiedade com provas e o desempenho na prova, de –0,564 a –0,301.

Há duas questões importantes aqui. Primeiro, já que os intervalos de confiança são derivados empiricamente usando um procedimento de amostragem aleatória (i.e., *bootstrapping*), os resultados serão ligeiramente diferentes a cada vez que você executar a análise. Os intervalos de confiança que você obterá não serão os mesmos da Saída 8.1; você não precisa se preocupar, isso é normal. Segundo, pense no que uma correlação de 0 representa: que não existe nenhum efeito. Um intervalo de confiança consiste nos limites entre os quais 95% das amostras conterão o valor da população. Se presumirmos que nossa amostra é uma das 95% que produzem um intervalo de confiança contendo o valor verdadeiro da correlação (e esteja ciente de que essa suposição pode estar errada), então, se o intervalo cruzar 0, isso significa que (1) o valor da população poderia ser 0 (i.e., nenhum efeito) e (2) não podemos ter certeza de se o relacionamento verdadeiro é positivo ou negativo porque o valor da população poderia plausivelmente ser um valor negativo ou positivo. Nenhum dos nossos intervalos de confiança contém zero; portanto, podemos interpretar essa informação como uma evidência da existência de um efeito genuíno na população. Em termos psicológicos, isso significa que existe um inter-relacionamento complexo entre as três variáveis: (1) à medida que a ansiedade com provas aumenta, a nota obtida na prova diminui significativamente; (2) à medida que a quantidade de tempo de estudo aumenta, a nota na prova aumenta significativamente; e (3) à medida que o tempo de estudo aumenta, a ansiedade do estudante com a prova diminui significativamente.

Embora não possamos tirar conclusões diretas sobre a causalidade de um coeficiente de correlação (Vira-Lata Equivocado 8.1), podemos dar um passo adiante e elevá-lo ao quadrado. O coeficiente de correlação ao quadrado (conhecido como **coeficiente de determinação**, R^2) é uma medida da quantidade da variação de uma variável compartilhada com outra. O desempenho na prova em nossos dados variou, refletindo o fato de que os escores das pessoas não eram idênticos; eles variaram por vários motivos (habilidades diferentes, níveis diferentes de preparo e assim por diante). Se somarmos essas variabilidades individuais, obteremos uma estimativa da variabilidade total do desempenho na prova (isso é calculado com a Equação 1.7 da seção 1.8.5). Para essa situação, a variância é de cerca de 672 para os escores do desempenho na prova. Imagine que esse valor é a área da superfície de um biscoito. O tamanho do biscoito representa 100% da variação dos escores da prova. Imagine que a ansiedade com provas vem e dá uma mordida no biscoito. O R^2 nos informa quanto desse desempenho na prova de "biscoito" foi

O que é um coeficiente de determinação?

comido pela ansiedade com provas. Em outras palavras, esse coeficiente nos diz qual proporção da variância (das 672 unidades de variação) se sobrepõe à ansiedade com provas. Essas duas variáveis têm uma correlação de –0,441 e, assim, o valor do R^2 é $-0,441^2 = 0,194$, ou seja, 0,194 da variação do desempenho na prova é compartilhada com a ansiedade com provas. Nesse exemplo, então, a ansiedade com provas compartilha 19,4% da variação do desempenho na prova. Para colocar esse valor em perspectiva, isso deixa 80,6% da variação inexplicada.

Muitas vezes, você verá as pessoas escreverem coisas sobre o R^2 que implicam causalidade: elas podem escrever "a variância em *y explicada* por *x*" ou "a variação em uma variável *explicada* por outra". Embora R^2 seja uma medida útil da importância substantiva de um efeito, ele não pode ser usado para inferir relacionamentos causais. A ansiedade com provas pode muito bem compartilhar 19,4% da variação dos escores na prova, mas não necessariamente causa essa variação.

8.4.3 Coeficiente de correlação de Spearman ▮▮▮▮

O **coeficiente de correlação de Spearman**, representado por r_s (Figura 8.9), é uma estatística não paramétrica que é útil para minimizar os efeitos dos escores extremos ou das violações dos pressupostos discutidas no Capítulo 6. Às vezes, você irá ouvir o teste ser referido como o rô de Spearman. Primeiro, o teste de Spearman transforma os dados em postos (seção 7.4.1) e, então, aplica a equação de Pearson (Equação 8.7) aos postos obtidos (Spearman, 1910).

Nasci na Inglaterra, que tem algumas tradições bizarras. Uma dessas singularidades é a competição do Maior Mentiroso do Mundo, realizada anualmente no Santon Bridge Inn em Wasdale (no Distrito de Lake). O concurso homenageia um dono de *pub* local, "Auld Will Ritson", que no século XIX era famoso na região por suas histórias exageradas (uma dessas histórias era que os nabos de Wasdale eram grandes o suficiente para serem escavados e usados como abrigos de jardim). A cada ano, os moradores locais são encorajados a tentar contar a maior mentira do mundo (advogados e políticos estão aparentemente proibidos de competir). Ao longo dos anos, histórias de fazendas de sereias, toupeiras gigantes e peidos de ovelhas que fazem buracos na camada de ozônio foram contadas (estou pensando em entrar na competição no próximo ano e ler algumas seções deste livro).

Imagine que eu quisesse testar uma teoria de que pessoas mais criativas poderiam criar as histórias mais exageradas. Reuni 68 concorrentes anteriores dessa competição e observei qual foi a sua colocação na competição (primeiro, segundo, etc.); também dei a eles um questionário sobre criatividade (escore máximo de 60). A colocação na competição é uma variável ordinal (ver seção 1.6.2) porque as posições são categorias, mas têm uma ordem significativa (o primeiro lugar é melhor do que o segundo e assim por diante). Assim sendo, o coeficiente de correlação de Spearman deveria ser usado (o *r* de Pearson requer dados intervalares ou de razão). Os dados para esse estudo estão no arquivo **The Biggest Liar.sav** (o maior mentiroso). Os dados estão em duas colunas: *Creativity* (criatividade) e *Position* (posição) (há uma terceira variável, mas vamos ignorá-la por enquanto). Para a variável *Position*, cada uma das categorias supradescritas foi codificada com um valor numérico. O primeiro lugar foi codificado com o valor 1, e as outras posições foram codificadas como 2, 3 e assim por diante. Observe que, para cada código numérico, forneci um rótulo de valor (assim como fizemos ao codificar variáveis). Também defini a propriedade *Measure* (medida) dessa variável como ▫ Ordinal.

Figura 8.9 Charles Spearman, classificando furiosamente

Correlações

				Creativity	Position in Biggest Liar Competition
Spearman's rho	Creativity	Correlation Coefficient		1.000	-.373**
		Sig. (2-tailed)		.	.002
		N		68	68
		Bootstrap^c	Bias	.000	.001
			Std. Error	.000	.125
			BCa 95% Confidence Interval Lower	.	-.602
			Upper	.	-.122
	Position in Biggest Liar Competition	Correlation Coefficient		-.373**	1.000
		Sig. (2-tailed)		.002	.
		N		68	68
		Bootstrap^c	Bias	.001	.000
			Std. Error	.125	.000
			BCa 95% Confidence Interval Lower	-.602	.
			Upper	-.122	.

**. Correlation is significant at the 0.01 level (2-tailed).
c. Unless otherwise noted, bootstrap results are based on 1000 bootstrap samples

Saída 8.2

O procedimento para obter uma correlação de Spearman é o mesmo que para a correlação de Pearson, exceto pelo fato de que na caixa de diálogo *Bivariate Correlations* (correlação bivariada) (Figura 8.7) precisamos selecionar ☑ Spearman e desmarcar a opção da correlação de Pearson. Tal como acontece com a correlação de Pearson, devemos usar a opção Bootstrap... para obter alguns intervalos de confiança robustos.

A saída para a correlação de Spearman (Saída 8.2) é como a da correlação de Pearson e fornece o coeficiente de correlação entre as duas variáveis (–0,373), o valor da significância desse coeficiente (0,002) e o tamanho da amostra (68).[4] Também temos o intervalo de confiança de 95% BCa, variando de –0,602 a –0,122.[5] O fato de o intervalo de confiança não cruzar o 0 (e a significância ser menor do que 0,05) nos diz que há um relacionamento negativo significativo entre os escores de criatividade e o desempenho na competição do Maior Mentiroso do Mundo: à medida que a criatividade aumenta, a posição diminui. Isso pode parecer contraditório em relação ao que prevíamos, até você lembrar que um número baixo significa que você se deu bem na competição (um número baixo como 1 significa que você foi o primeiro colocado, e um número como 4 significa que você foi o quarto). Portanto, nossa hipótese foi confirmada: à medida que a criatividade aumenta, também aumenta o sucesso na competição.

Teste seus conhecimentos
A criatividade causa sucesso na competição do Maior Mentiroso do Mundo?

---

[4] É bom verificar se o valor de *N* corresponde ao número de observações que foram feitas. Se não, então dados podem ter sido excluídos por algum motivo.
[5] Lembre-se de que esses intervalos de confiança são baseados em um procedimento amostral aleatório, assim os valores que você obterá irão diferir levemente dos meus e irão mudar se a análise for realizada novamente.

8.4.4 O tau de Kendall (não paramétrico) ▌▌▌▌

O **tau de Kendall**, representado por τ, é outro coeficiente de correlação não paramétrico e deve ser utilizado em vez do coeficiente de Spearman quando você tem um conjunto de dados pequeno e um grande número de postos empatados. Isso significa que se você transformar os escores em postos, e muitos escores tiverem o mesmo posto, o tau de Kendall deve ser usado. Embora a estatística de Spearman seja a mais popular entre os dois coeficientes, há muitas razões para que a estatística de Kendall seja uma estimativa melhor da correlação populacional (ver Howell, 2012). Por exemplo, podemos fazer generalizações mais precisas a partir da estatística de Kendall do que da de Spearman. Para obter a correlação de Kendall para os dados do Maior Mentiroso do Mundo, siga os mesmos passos da correlação de Spearman, mas selecione ☑ Kendall's tau-b e desmarque a opção de Spearman.

A saída é praticamente a mesma que para a correlação de Spearman (Saída 8.3). Observe que o valor do coeficiente de correlação está mais próximo de 0 do que a correlação de Spearman (mudou de –0,373 para –0,300). Apesar da diferença entre os coeficientes de correlação, podemos ainda interpretar esse resultado como um relacionamento altamente significativo porque o valor de significância de 0,001 é menor do que 0,05 e o intervalo de confiança robusto não cruza o 0 (de –0,473 a –0,117). Entretanto, o valor de Kendall é provavelmente uma medida mais precisa do valor da correlação populacional. E, como com qualquer correlação, não podemos assumir que a criatividade causou o sucesso na competição do Maior Mentiroso do Mundo.

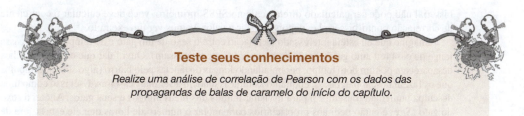

Teste seus conhecimentos
Realize uma análise de correlação de Pearson com os dados das propagandas de balas de caramelo do início do capítulo.

8.4.5 Correlação bisserial e correlação ponto-bisserial ▌▌▌▌

Muitas vezes é necessário investigar os relacionamentos entre duas variáveis quando uma variável é dicotômica (i.e., ela é categórica com somente duas categorias). Um exemplo de uma variável dicotômica é estar grávida, porque uma mulher pode ou não estar grávida (ela não pode estar "um pouco grávida"). Os coeficientes de correlação bisseriais e ponto-bisseriais devem ser utilizados nessas situações. Essas correlações são distinguíveis apenas por uma diferença conceitual, mas o seu cálculo estatístico é bem diferente. A diferença entre o uso das correlações bisseriais e ponto-bisseriais depende de se a variável dicotômica é discreta ou contínua. Essa diferença é muito sutil. Uma variável dicotômica discreta, ou verdadeira, é aquela para a qual não há continuidade subjacente entre as categorias. Um exemplo disso é alguém estar vivo ou morto: uma pessoa só pode estar viva ou morta, não pode estar "um pouco morta". Embora você possa descrever uma pessoa como "meio morta" – especialmente depois de beber excessivamente –, há uma definição de clinicamente morto e, se você não atender a essa definição, então você está vivo. Assim, não existe continuidade entre as duas categorias. Por outro lado, é possível ter uma dicotomia na qual existe um *continuum* subjacente. Um exemplo é passar ou reprovar em uma prova de estatística: algumas pessoas simplesmente reprovam, enquanto outras reprovam com uma grande margem; da mesma forma, algumas pessoas passam raspando, enquanto outras se destacam. Embora os participantes estejam em apenas duas categorias (passar ou reprovar), há um *continuum* subjacente ao longo do qual as pessoas estão.

O coeficiente de **correlação ponto-bisserial** (r_{pb}) é usado quando uma variável é dicotômica discreta (p. ex., gravidez), enquanto o coeficiente de **correlação bisserial** (r_b) é usado quando uma variável é dicotômica contínua (p. ex., passar ou não em uma prova). O coeficiente de correlação

Correlações

			Creativity	Position in Biggest Liar Competition
Kendall's tau_b	Creativity	Correlation Coefficient	1.000	-.300**
		Sig. (2-tailed)	.	.001
		N	68	68
		Bootstrap^c Bias	.000	.001
		Std. Error	.000	.094
		BCa 95% Confidence Interval Lower	.	-.473
		Upper	.	-.117
	Position in Biggest Liar Competition	Correlation Coefficient	-.300**	1.000
		Sig. (2-tailed)	.001	.
		N	68	68
		Bootstrap^c Bias	.001	.000
		Std. Error	.094	.000
		BCa 95% Confidence Interval Lower	-.473	.
		Upper	-.117	.

**. Correlation is significant at the 0.01 level (2-tailed).
c. Unless otherwise noted, bootstrap results are based on 1000 bootstrap samples

Saída 8.3

bisserial não pode ser calculado diretamente no SPSS; primeiro, você deve calcular o coeficiente de correlação ponto-bisserial e, depois, ajustar o valor. Vamos ver um exemplo.

Imagine que eu esteja interessado na relação entre o sexo de um gato e no tempo que ele passa longe de casa (eu amo gatos, então esses assuntos me interessam). Ouvi falar que os gatos machos desaparecem por um bom tempo, perambulando longas distâncias pelo bairro (algo sobre hormônios que os fazem buscar parceiras), enquanto as fêmeas tendem a ser mais caseiras. Usei isso como uma desculpa puurrfeita (desculpe!) para ir visitar muitos dos meus amigos e seus gatos. Anotei o sexo do gato (**Sex**) e então pedi aos proprietários para anotar o número de horas que ele estava fora de casa durante 1 semana (**Time**). A variável de tempo gasto fora de casa foi medida em nível de razão – e vamos supor que ela atenda aos outros pressupostos de dados paramétricos –, enquanto o sexo do gato é uma variável dicotômica discreta. Os dados estão no arquivo **Roaming Cats.sav**.

Queremos calcular uma correlação ponto-bisserial, e isso é muito simples: é uma correlação de Pearson quando a variável dicotômica é codificada com 0 para uma categoria e 1 para a outra (na prática, você pode usar qualquer valor porque o SPSS altera o menor para 0 e o maior para 1 quando executa os cálculos). Nos dados salvos, codifiquei a variável **Sex** como 1 para os machos e 0 para as fêmeas. A variável **Time** contém o tempo que os gatos passaram perambulando (em horas) durante 1 semana.

Teste seus conhecimentos

Usando o arquivo **Roaming Cats.sav**, determine a correlação de Pearson entre **Sex** e **Time**.

Parabéns: se você fez a tarefa da seção Teste seus conhecimentos, então você fez a sua primeira correlação ponto-bisserial. Apesar do nome horrível, ela é bem fácil de fazer. Você deve descobrir que tem o mesmo resultado da Saída 8.4, que mostra a matriz de correlação entre as variáveis **Time** e **Sex**. O coeficiente de correlação ponto-bisserial é $r_{pb} = 0{,}378$, que tem uma significância de 0,003. O teste de significância para essa correlação é idêntico a um teste-t para amos-

Correlações

		Time away from home (hours)	Sex of cat
Time away from home (hours)	Pearson Correlation	1	.378**
	Sig. (2-tailed)		.003
	N	60	60
	Bootstrap^c Bias	0	-.005
	Std. Error	0	.113
	BCa 95% Confidence Interval Lower	.	.153
	Upper	.	.588
Sex of cat	Pearson Correlation	.378**	1
	Sig. (2-tailed)	.003	
	N	60	60
	Bootstrap^c Bias	-.005	0
	Std. Error	.113	0
	BCa 95% Confidence Interval Lower	.153	.
	Upper	.588	.

**. Correlation is significant at the 0.01 level (2-tailed).
c. Unless otherwise noted, bootstrap results are based on 1000 bootstrap samples

Saída 8.4

tras independentes (ver Capítulo 10). O sinal da correlação (i.e., se o relacionamento é positivo ou negativo) depende inteiramente da forma como a variável dicotômica foi codificada. Para mostrar isso, o arquivo de dados tem uma variável extra denominada **Recode** (Recodificar) que é a mesma variável **Sex**, mas com os códigos invertidos (1 = mulher, 0 = homem). Se você repetir a correlação de Pearson usando a variável **Recode** em vez da variável **Sex**, você verá que o coeficiente de correlação será agora –0,378. O sinal do coeficiente de correlação é completamente dependente da forma como a variável dicotômica foi codificada, e, portanto, podemos ignorar a informação sobre a direção do relacionamento. No entanto, ainda podemos interpretar o R^2 como antes. Nesse exemplo, $R^2 = 0,378^2 = 0,143$, o que equivale a dizer que a variação do sexo do gato compartilha 14,3% com a variação do tempo gasto fora de casa.

8.5 Correlação parcial e semiparcial

8.5.1 Correlação semiparcial

Anteriormente, mencionei que existe um tipo de correlação que nos permite olhar o relacionamento entre duas variáveis considerando o efeito de uma terceira variável. Por exemplo, nos dados da ansiedade com provas (no arquivo **ExamAnxiety.sav**) o desempenho na prova (DP) estava negativamente relacionado à ansiedade com provas (AP), mas positivamente relacionado ao tempo de estudo (TE), e o tempo de estudo estava negativamente relacionado à ansiedade com provas. Se o tempo de estudo estiver relacionado à ansiedade com provas e ao desempenho na prova, então, para obter uma medida do relacionamento único entre ansiedade com provas e desempenho na prova, precisamos levar em conta o tempo de estudo.

Vamos começar transformando o coeficiente de correlação da Saída 8.1 em proporções da variância elevando-as ao quadrado.

Oliver Twist
Por favor, senhor, quero um pouco mais de... correlação bisserial

"Alguns dos gatos machos foram castrados, e, portanto, pode haver um *continuum* de masculinidade que está subjacente à variável sexo, seu microcérebro", Oliver grita para mim. "Precisamos converter a correlação ponto-bisserial em um coeficiente de correlação bisserial (r_b). Acho que você está fazendo de conta que sabe como fazer isso." Oliver, se você for ao *site* do livro, descobrirá que não estou astutamente evitando ensinar como fazer a conversão.

Dicas da Ana Apressada
Correlações

- O coeficiente de correlação de Spearman, r_s, é uma estatística não paramétrica e requer apenas dados ordinais para ambas as variáveis.
- O coeficiente de correlação de Kendall, τ, é como o r_s, de Spearman, mas é provavelmente melhor para pequenas amostras.
- O coeficiente de correlação ponto-bisserial, r_{pb}, quantifica o relacionamento entre uma variável contínua e uma variável dicotômica discreta (p. ex., não há um *continuum* subjacente às duas categorias, como estar morto ou vivo).
- O coeficiente de correlação bisserial, r_b, quantifica o relacionamento entre uma variável contínua e uma variável dicotômica contínua (p. ex., há um *continuum* subjacente às duas categorias, como passar ou reprovar em uma prova).

proporção da variância compartilhada por DP e AP = r^2_{DP-AP} = –0,441² = 0,194

proporção da variância compartilhada por DP e TE = r^2_{DP-TE} = 0,397² = 0,158 (8.15)

proporção da variância compartilhada por AP e TE = r^2_{AP-TE} = –0,709² = 0,503

Se multiplicarmos as proporções resultantes por 100 para transformá-las em porcentagens (o que geralmente as pessoas entendem mais facilmente), vemos, assim, que o desempenho na prova compartilha 19,4% da sua variância com a ansiedade com provas e 15,8% com o tempo de estudo. O tempo de estudo compartilha aproximadamente metade da sua variância (50,3%) com a ansiedade com provas.

A Figura 8.10 representa a variância de cada variável com uma forma geométrica: o desempenho na prova e a ansiedade com provas são quadrados cinza-escuro com contorno preto e cinza-claro, respectivamente, e o tempo de estudo é uma espécie de espaçonave cor-de-laranja estranha ou uma vela de ignição. A área de cada figura equivale a 100% da variância da variável que ela representa. A figura mostra a sobreposição das variâncias dessas variáveis. As sobreposições descritas são proporcionais (aproximadamente) aos dados reais: se duas variáveis compartilham 10% da variância, então cerca de 10% das áreas das figuras se sobrepõem no diagrama. O lado esquerdo mostra apenas a sobreposição de figuras/variâncias, e o lado direito duplica a imagem, mas com áreas específicas marcadas e identificadas.

Para ver o que as sobreposições significam, vamos analisar o desempenho na prova e a ansiedade com provas. Observe que a parte inferior do quadrado do desempenho na prova se sobrepõe à parte superior do quadrado da ansiedade com provas. Para as duas variáveis (quadrados), essa sobreposição ocupa cerca de 19,4% de suas áreas, o que corresponde à quantidade de variação que compartilham (Equação 8.15). Essa sobreposição está (espero) visível no lado esquerdo, mas à direita eu marquei essas áreas como A e C. O que distingue a área A da C é que a C também se sobrepõe ao tempo de estudo, enquanto a área A não. Juntas (A + C), elas são a sobreposição entre o desempenho na prova e a ansiedade com provas (19,4%), mas essa sobreposição pode ser decomposta na variância do desempenho na prova que é exclusiva da ansiedade com provas (A) e na variância do desempenho na prova que não é exclusiva da ansiedade com provas por também ser compartilhada com o tempo de estudo (C).

Da mesma forma, observe a sobreposição entre o desempenho na prova e o tempo de estudo, concentrando-se na área onde a forma cor-de-laranja se sobrepõe ao quadrado cinza-escuro com contorno preto. Essa sobreposição é representada por uma espécie de figura em L que, no total, representa 15,8% da área da superfície de ambas as formas (isto é, 15,8% da variância compartilhada). Marquei a sobreposição entre o quadrado cinza-escuro com contorno preto e a forma cor-de-laranja à direita com áreas identificadas como B e C. Como antes, essas áreas combinadas (B + C) representam a sobreposição entre o desempenho na prova e o tempo de estudo (15,8%), mas essa sobreposição pode ser decomposta na variância do desempenho na prova que é exclusiva do tempo de estudo (B) e na variância do desempenho na prova que não é exclusiva do tempo de estudo por também ser compartilhada com a ansiedade com provas (C).

Sabemos, a partir da Equação 8.15, que o tempo de estudo e a ansiedade com provas compartilham 50,3% da sua variância. Isso é representado na Figura 8.10 pela sobreposição entre a forma cor-de-laranja e o quadrado cinza claro, que são representados pelas áreas C e D. Como antes, essas áreas combinadas (C + D) representam a sobreposição total entre ansiedade com provas e tempo de estudo (50,3%), mas essa variância compartilhada pode ser decomposta na variância da ansiedade com provas que é exclusiva do tempo de estudo (D) e na variância da ansiedade com provas que não é exclusiva do tempo de estudo por também ser compartilhada com o desempenho na prova (C).

A Figura 8.10 contém o tamanho das áreas A, B, C e D, bem como algumas das somas dessas áreas. Ela também explica o que as áreas representam isoladamente e em conjunto; por exemplo, a área B é a variância do desempenho na prova que é *exclusivamente compartilhada* com o tempo de estudo (1,5%), mas, em combinação com a área C, é a variância *total* do desempenho na prova que é compartilhada com o tempo de estudo (15,8%). Pense sobre isso. A correlação entre o desempenho na prova e o tempo de estudo nos diz que eles compartilham 15,8% da variância, mas, na verdade, apenas 1,5% é exclusivo do tempo de estudo, enquanto os 14,3% restantes (área C) também são compartilhados com a ansiedade com provas. Essa questão chega ao âmago da **correlação semi-**

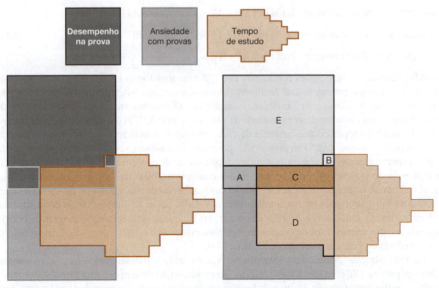

A = variância do desempenho na prova compartilhada unicamente com a ansiedade com provas (5,1%)

B = variância do desempenho na prova compartilhada unicamente com o tempo de estudo (1,5%)

C = variância do desempenho na prova compartilhada com a ansiedade com provas e com o tempo de estudo (14,3%)

D = variância compartilhada pela ansiedade com provas e o tempo de estudo, mas não com o desempenho na prova (36%)

E = variância do desempenho na prova não compartilhada com qualquer outra variável mensurada (79,1%)

A + C = variância compartilhada pelo desempenho na prova e pela ansiedade com provas (19,4%)

C + B = variância compartilhada pelo desempenho na prova e pelo tempo de estudo (15,8%)

C + D = variância compartilhada pelo tempo de estudo e pela ansiedade com provas (50,3%)

A + B + C = variância do desempenho na prova levando em conta o tempo de estudo e a ansiedade com provas (20,9%)

Figura 8.10 Diagrama mostrando o princípio da correlação parcial.

parcial, a qual retomaremos no próximo capítulo. As áreas de variação única na Figura 8.10 representam a correlação semiparcial. Por exemplo, a área A é a variação única do desempenho na prova compartilhada com a ansiedade com provas expressa como uma proporção da variação do desempenho na prova; ela é 5,1%. Isso significa que 5,1% da variância do desempenho na prova é compartilhada exclusivamente com a ansiedade com provas (e nenhuma outra variável que estamos usando atualmente para prever o desempenho na prova). Como uma proporção, esse valor é 0,051, e, lembre-se de que, para obter essas proporções, elevamos ao quadrado o coeficiente de correlação, de modo que, para voltarmos ao r, tiramos a raiz quadrada de 0,051, que é 0,226 (já que o r pode ser negativo, esse valor também pode ser –0,226). Essa é a correlação semiparcial entre o desempenho na prova e a ansiedade com provas. Essa é a correlação entre o desempenho na prova e a ansiedade com provas ignorando a parte desse relacionamento que também é compartilhada com o tempo de estudo. Da mesma forma, podemos ver a área B, que representa a variação única do desempenho na prova compartilhada com o tempo de estudo (1,5%). Como uma proporção, esse valor é 0,015, e, para transformar essa proporção de volta em um coeficiente de correlação, calculamos a raiz quadrada, que é 0,122 (ou –0,122). Esse valor é a correlação semiparcial entre o desempenho na prova e o tempo de estudo. Essa é a correlação entre o desempenho na prova e o tempo de estudo ignorando a parte dessa relação que também é compartilhada com a ansiedade com provas.

Assim, a correlação semiparcial expressa a relação única entre duas variáveis como uma função da sua variância total. Em termos gerais, imagine que queremos observar o relacionamento entre duas variáveis, X e Y, ajustando-o de maneira a considerar o efeito de uma terceira variável, Z. Novamente, é mais fácil pensar em termos de proporções (r^2) e não do próprio r; a correlação semiparcial ao quadrado é a variância compartilhada exclusivamente por X e Y, expressa em forma de proporção da *variância total de Y*. Podemos mostrar isso usando as áreas da Figura 8.10:

$$sr^2_{EP-EA} = \frac{A}{A+B+C+E} = \frac{5,1}{100} = 0,051$$
$$sr_{EP-EA} = \sqrt{sr^2_{EP-EA}} = \sqrt{0,051} = \pm 0,226$$
(8.16)

A correlação semiparcial ao quadrado (sr^2) entre o desempenho na prova e a ansiedade com provas é a área que se sobrepõe exclusivamente (A) expressa como uma função da área total do desempenho na prova (A + B + C + E). Os valores de cada área estão abaixo da Figura 8.10, se você quiser colocar os números na Equação 8.16 como eu fiz. Assim, uma correlação semiparcial é uma relação entre X e Y levando em conta a sobreposição entre X e Z, mas não a sobreposição entre Y e Z. Especificametne em nosso exemplo, a correlação semiparcial entre o desempenho na prova e a ansiedade com provas (área A) quantifica o relacionamento responsável pela sobreposição entre ansiedade com provas e o tempo de estudo (área C), *mas não* pela sobreposição entre o desempenho na prova e o tempo de estudo (área B).

8.5.2 Correlação parcial ||||

Outra maneira de expressar o relacionamento único entre duas variáveis (isto é, o relacionamento considerando outras variáveis) é a **correlação parcial**. Lembre-se de que a correlação semiparcial representa um relacionamento único entre duas variáveis, X e Y, como uma função da *variância total de Y*. Podemos, em vez disso, expressar essa variação única em termos de *variância de Y restante quando outras variáveis foram consideradas*. A equação a seguir mostra isso usando as áreas da Figura 8.10:

$$pr^2_{EP-EA} = \frac{A}{A+E} = \frac{5,1}{5,1+79,1} = 0,061$$
$$pr_{EP-EA} = \sqrt{sr^2_{EP-EA}} = \sqrt{0,066} = \pm 0,247$$
(8.17)

Compare essa equação com a Equação 8.16 e observe que o denominador mudou da área total do desempenho na prova (A + B + C + E) para a área do desempenho na prova que restou depois que consideramos o tempo de estudo (A + E). Em outras palavras, as áreas do desempenho na prova que se sobrepõem ao tempo de estudo (áreas B e C) foram removidas do denominador. Espero que isso deixe claro que a correlação parcial expressa o relacionamento único entre X e Y como uma função da *variância em Y restante quando as outras variáveis foram consideradas*. Voltando ao nosso exemplo, a correlação parcial ao quadrado (pr^2) entre o desempenho na prova e a ansiedade com provas é a única área sobreposta (A) expressa como função da área do desempenho na prova que *não* se sobrepõe ao tempo de estudo (A + B). Novamente, você pode usar os valores da Figura 8.10 para entender a Equação 8.17.

Ao ignorar a variância de Y sobreposta a Z, uma correlação parcial se ajusta tanto em relação à sobreposição entre X e Z *quanto* em relação à sobreposição entre Y e Z, enquanto uma correlação semiparcial se ajusta somente em relação à sobreposição entre X e Z. Nesse exemplo, a correlação parcial do desempenho na prova e a ansiedade com provas (área A) se ajusta tanto em relação à sobreposição entre a ansiedade com provas e o tempo de estudo (área C) *quanto* em relação à sobreposição entre o desempenho na prova e o tempo de estudo (área B).

8.5.3 Correlação parcial usando o SPSS ||||

Abra novamente o arquivo **ExamAnxiety.sav** para que possamos realizar uma correlação parcial entre a ansiedade com provas e o desempenho na prova enquanto controlamos o efeito do tempo de estudo. Acesse a caixa de diálogo *Partial Correlations* (correlações parciais) (Figura 8.11) usando o menu *Analyze* ▶ *Correlate* ▶ Partial.... Suas variáveis estarão listadas no painel esquerdo, e o painel direito superior *Variables* serve para especificar as variáveis que você quer correlacionar; o painel direito inferior *Controlling for* (controlando) serve para indicar qual variável você quer con-

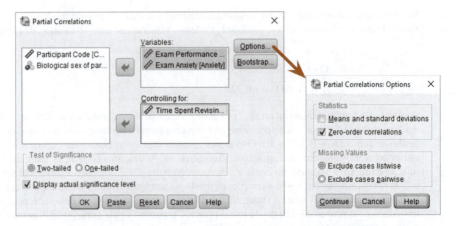

Figura 8.11 Caixa de diálogo principal para a execução de uma correlação parcial.

trolar. Se você quiser observar o efeito único da ansiedade com provas no desempenho na prova, devemos correlacionar as variáveis ***exam*** (prova) e ***anxiety*** (ansiedade) enquanto controlamos ***revise*** (estudo), como mostra a Figura 8.11. Nesse momento, vamos controlar apenas uma variável, o que é conhecido como uma *correlação parcial de primeira ordem*. É possível controlar os efeitos de duas variáveis (uma *correlação de segunda ordem*), três variáveis (uma *correlação de terceira ordem*), e assim por diante, arrastando mais variáveis para a caixa *Controlling for*.

Clicando em [Options...] teremos acesso a opções como as da correlação bivariada. Nessa caixa de diálogo, você pode selecionar *Zero-order correlations* (correlações de ordem zero), que são os coeficientes de correlação de Pearson sem o controle de outras variáveis. Se selecionarmos essa opção, o SPSS irá produzir uma matriz de correlações das variáveis **anxiety**, **exam** e **revise**, o que pode ser útil se você ainda não determinou as correlações brutas (ou de ordem zero) entre as variáveis, mas isso já foi feito (Saída 8.1), então não marque essa opção para esse exemplo. Como fizemos nas outras vezes, use a opção [Bootstrap...] para produzir alguns intervalos de confiança robustos.

A Saída 8.5 mostra a correlação parcial entre a ansiedade com provas e o desempenho na prova, controlando o tempo de estudo. Observe que as partes superior e inferior da tabela contêm valores idênticos; portanto, podemos ignorar metade da tabela. A correlação parcial entre o desempenho na prova e a ansiedade com provas é de –0,247, que é o mesmo valor que calculamos na Equação 8.17. Esse valor é consideravelmente menor do que quando não controlamos o efeito do tempo de estudo ($r = -0,441$). Embora essa correlação ainda seja estatisticamente significativa (seu valor-p ainda está abaixo de 0,05) e o intervalo de confiança [–0,430, –0,030] ainda não contenha 0, a força do relacionamento diminuiu. Em termos de variância, o valor de R^2 para a correlação parcial é de 0,061, ou seja, a ansiedade com provas compartilha somente 6,1% da variância do desempenho na prova que foi deixada pelo tempo de estudo (em comparação a 19,4% quando o tempo de estudo não havia sido controlado). Executar essa análise nos mostrou que a ansiedade com provas, por si só, explica algumas variações nos escores da prova, mas há um relacionamento complexo entre ansiedade com provas, tempo de estudo e desempenho na prova que poderia, de outra forma, acabar sendo ignorado. Embora a causalidade ainda não seja determinada, já que variáveis relevantes estão sendo incluídas, o problema da terceira variável está sendo abordado de alguma forma.

As correlações parciais podem ser feitas quando as variáveis forem dicotômicas (incluindo a "terceira" variável). Por exemplo, poderíamos observar a relação entre o relaxamento da bexiga (as pessoas fizeram xixi nas calças ou não?) e o número de tarântulas gigantes subindo pela perna da pessoa, controlando o medo de aranhas (a primeira variável é dicotômica, mas a segunda variável e a variável de "controle" são contínuas). Da mesma forma, para usar o exemplo que dei anteriormente, poderíamos examinar o relacionamento entre criatividade e sucesso na competição do Maior Men-

Correlações

Control Variables				Exam Performance (%)	Exam Anxiety
Time Spent Revising	Exam Performance (%)	Correlation		1.000	-.247
		Significance (2-tailed)		.	.012
		df		0	100
		Bootstrap[a]	Bias	.000	.007
			Std. Error	.000	.100
			BCa 95% Confidence Interval	Lower	.	-.430
				Upper	.	-.030
	Exam Anxiety	Correlation		-.247	1.000
		Significance (2-tailed)		.012	.
		df		100	0
		Bootstrap[a]	Bias	.007	.000
			Std. Error	.100	.000
			BCa 95% Confidence Interval	Lower	-.430	.
				Upper	-.030	.

a. Unless otherwise noted, bootstrap results are based on 1000 bootstrap samples

Saída 8.5 Saída de uma correlação parcial.

tiroso do Mundo, controlando qualquer experiência prévia na competição (que implica ter alguma ideia do tipo de mentira que poderia ganhar). Nesse caso, a variável de "controle" é dicotômica.[6]

8.6 Comparando correlações ▐▐▐▐

8.6.1 Comparando *r*s independentes ▐▐▐▐

Algumas vezes, queremos saber se um coeficiente de correlação é maior do que outro. Por exemplo, ao observarmos o efeito da ansiedade com provas no desempenho na prova, poderíamos estar interessados em saber se essa correlação é diferente entre homens e mulheres. Podemos calcular a correlação nessas duas amostras, mas como avaliamos se a diferença é significativa?

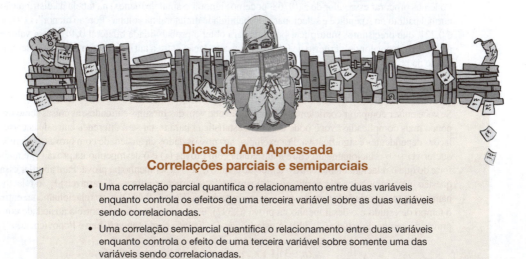

Dicas da Ana Apressada
Correlações parciais e semiparciais

- Uma correlação parcial quantifica o relacionamento entre duas variáveis enquanto controla os efeitos de uma terceira variável sobre as duas variáveis sendo correlacionadas.

- Uma correlação semiparcial quantifica o relacionamento entre duas variáveis enquanto controla o efeito de uma terceira variável sobre somente uma das variáveis sendo correlacionadas.

---

[6]Ambos os exemplos são, na verdade, simples casos de regressão hierárquica (ver Capítulo 9), e o primeiro exemplo é também um exemplo de análise de covariância. Isso pode não dizer muito para você ainda, mas ilustra o que sempre repito sobre todos os modelos estatísticos serem variações do modelo linear.

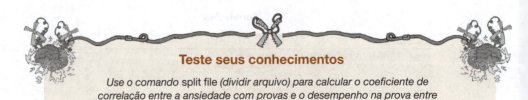

Teste seus conhecimentos

Use o comando split file *(dividir arquivo) para calcular o coeficiente de correlação entre a ansiedade com provas e o desempenho na prova entre homens e mulheres.*

Se você fez a seção Teste seus conhecimentos, descobriu que as correlações são $r_{homens} = -0{,}506$ e $r_{mulheres} = -0{,}381$. Essas duas amostras são independentes (elas contêm entidades diferentes). Para comparar essas correlações, podemos usar o que descobrimos na seção 8.2.3 para converter esses coeficientes em escores-z, z_r (porque eles tornam a distribuição amostral normal). Faça a conversão e você deverá obter z_r (homens) = $-0{,}557$ e z_r (mulheres) = $-0{,}401$. Podemos calcular um escore-z a partir das diferenças entre essas correlações usando:

$$z_{\text{diferença}} = \frac{z_{r_1} - z_{r_2}}{\sqrt{\dfrac{1}{N_1 - 3} + \dfrac{1}{N_2 - 3}}} \qquad (8.18)$$

Temos 52 homens e 51 mulheres, assim o escore-z resultante é:

$$z_{\text{diferença}} = \frac{-0{,}557 - (-0{,}401)}{\sqrt{\dfrac{1}{49} + \dfrac{1}{48}}} = \frac{-0{,}156}{0{,}203} = -0{,}768 \qquad (8.19)$$

Podemos procurar esse valor de z (0,768, podemos ignorar o sinal de menos) na tabela da distribuição normal padrão no Apêndice e selecionar a probabilidade unilateral na coluna "Porção menor". O valor é 0,221, que precisamos multiplicar por dois para obter a probabilidade bilateral 0,442. Esse valor é maior do que o valor de z critério de 0,05, assim a correlação entre a ansiedade com provas e o desempenho na prova não pode ser considerada significativamente diferente entre homens e mulheres.

8.6.2 Comparando *r*s dependentes ▮▮▮▮

Se você quiser comparar coeficientes de correlação que vêm das mesmas entidades, as coisas serão um pouco mais complicadas. Você pode usar uma estatística *t* para testar se a diferença entre duas correlações dependentes é significativa. Por exemplo, nos nossos dados da ansiedade com provas, podemos querer ver se o relacionamento entre a ansiedade com provas (*x*) e o desmpenho na prova (*y*) é mais forte do que o relacionamento entre o tempo de estudo (*z*) e o desempenho na prova. Para abordar essa questão, precisamos dos três *r*s que quantificam o relacionamento entre essas variáveis: r_{xy}, o relacionamento entre a ansiedade com provas e o desempenho na prova (–0,441); r_{zy}, o relacionamento entre o tempo de estudo e o desempenho na prova (0,397); e r_{xz}, o relacionamento entre a ansiedade com provas e o tempo de estudo (–0,709). A estatística *t* é calculada como segue (Chen e Popovich, 2002):

$$t_{\text{diferença}} = (r_{xy} - r_{zy}) \sqrt{\frac{(n-3)(1 + r_{xz})}{2(1 - r_{xy}^2 - r_{xz}^2 - r_{zy}^2 + 2 r_{xy} r_{xz} r_{zy})}} \qquad (8.20)$$

É verdade que a equação parece horrorosa, mas na verdade não é tão ruim quando percebemos que ela usa os três coeficientes de correlação e o tamanho da amostra *N*. Coloque os números do exemplo da ansiedade com provas nela (*N* = 103) e você terá:

$$t_{\text{diferença}} = (-0,838)\sqrt{\frac{29,1}{2(1-0,194-0,503-0,158+0,248)}} = -5,09 \qquad (8.21)$$

Esse valor pode ser verificado em relação ao valor crítico apropriado para t usando $N-3$ como graus de liberdade (nesse caso, 100). Os valores críticos da tabela (ver Apêndice) são 1,98 ($p < 0,05$) e 2,63 ($p < 0,01$), ambos bilaterais. Assim, podemos dizer que a correlação entre a ansiedade com provas e o desempenho na prova foi significativamente maior do que a correlação entre o tempo de estudo e o desempenho na prova (isso não é uma grande surpresa, já que esses relacionamentos têm direções opostas).

8.6.3 Comparando rs usando o SPSS ▊▐▐▐

Não podemos comparar correlações por meio das caixas de diálogo do SPSS, mas há um macro disponível em Weaver e Wuensch (2013).

8.7 Calculando o tamanho de efeito ▊▐▐▐

Calcular um tamanho de efeito para coeficientes de correlação não poderia ser mais fácil porque, como vimos anteriormente neste livro, os coeficientes de correlação *são* tamanhos de efeito. Assim, cálculos (a não ser os que você já fez) não são necessários. Entretanto, embora as correlações de Spearman e Kendall sejam comparáveis ao r de Pearson em muitos aspectos (p. ex., seu poder é similar sob condições paramétricas), existem diferenças importantes (Strahan, 1982).

Primeiro, podemos elevar ao quadrado o r de Pearson para obter a proporção da variância compartilhada, R^2. Com o r_s de Spearman, podemos fazer isso porque ele usa a mesma equação do r de Pearson. Entretanto, o R_s^2 é a proporção da variância dos *postos* que as duas variáveis dividem. Tendo dito isso, R_s^2 é, geralmente, uma boa aproximação do R^2 (especialmente em condições de distribuições próximas da normalidade). O τ de Kendall não é numericamente similar ao r ou ao r_s e, assim, τ^2 não nos informa a proporção da variância compartilhada pelas duas variáveis (ou dos postos das duas variáveis).

A segunda diferença se refere a um ponto mais geral: quando usar as correlações como tamanhos de efeito (ao relatar sua própria análise ou interpretar a de terceiros), leve em conta que a escolha do coeficiente de correlação pode fazer uma diferença substancial no tamanho aparente do efeito. Por exemplo, o τ de Kendall é 66 a 75% menor do que o r_s de Spearman e o r de Pearson, mas r e r_s são geralmente similares em tamanho (Strahan, 1982). Portanto, se o τ é usado como um tamanho de efeito, ele não é comparável ao r e ao r_s. As correlações ponto-bisserial e bisserial diferem também em tamanho; portanto, você deve pensar cuidadosamente se sua variável dicotômica tem um contínuo subjacente ou se ela é, de fato, uma variável discreta.

8.8 Como relatar coeficientes de correlação ▊▐▐▐

Relatar os coeficientes de correlação é muito fácil: você relata o quão grande eles são, seus intervalos de confiança e o valor da significância (o valor da significância é, provavelmente, o menos importante, porque o coeficiente de correlação é um tamanho de efeito). Alguns aspectos gerais (ver seções 1.9.3 e 3.8) são: (1) se você usar o estilo APA, não deve haver nenhum 0 antes do ponto decimal do coeficiente de correlação ou do valor da probabilidade (porque nenhum pode exceder 1); (2) coeficientes são geralmente relatados com 2 ou 3 casas decimais porque é um nível razoável de precisão; (3) geralmente as pessoas relatam intervalos de confiança de 95%; (4) cada coeficiente de correlação é representado por uma letra diferente (e algumas delas são gregas); e (5) relate valores-p exatos. Vamos ver alguns exemplos deste capítulo:

- Não houve um relacionamento significativo entre o número de propagandas vistas e o número de pacotes de bala comprados, $r = 0,87$, $p = 0,054$.
- Tendenciosidade corrigida e IC *bootstrap* de 95% são relatados em colchetes. O desempenho na prova estava significativamente correlacionado à ansiedade com provas, $r = -0,44$ [-0,56, -0,30], e ao tempo de estudo, $r = 0,40$ [0,25;0,52]; o tempo de estudo também apresentou correlação com ansiedade com provas, $r = -0,71$ [-0,86, -0,49] (todos $ps < 0,001$).
- A criatividade estava significativamente relacionada à colocação da pessoa na competição do Maior Mentiroso do Mundo, $r_s = -0,37$, IC 95% BCa [-0,60, -0,12], $p = 0,002$.
- A criatividade estava significativamente relacionada à colocação da pessoa na competição do Maior Mentiroso do Mundo, $\tau = -0,30$, IC 95% BCa [-0,47, -0,12], $p = 0,001$. (Observe que eu relato o τ de Kendall).
- O sexo do gato estava significativamente relacionado ao tempo que o gato passou fora de casa, $r_{pb} = 0,38$, IC 95% BCa [0,15, 0,59], $p = 0,003$.
- O sexo do gato estava significativamente relacionado ao tempo que o gato passou fora de casa, $r_b = 0,48$, $p = 0,003$.

Uma tabela é uma boa maneira de relatar muitas correlações. Nossas correlações da ansiedade com provas podem ser relatadas como na Tabela 8.2. Observe que, acima da diagonal, relatei os coeficientes de correlação e usei símbolos para representar diferentes níveis de significância. Os intervalos de confiança são informados abaixo da tabela. Também há uma legenda para informar aos leitores o que os símbolos representam. (Todas as correlações foram significativas e tinham um p menor do que 0,001, assim a maior parte do rodapé da tabela está lá para servir de modelo – você normalmente incluiria apenas os símbolos que realmente foram utilizados na tabela.) Finalmente, na parte inferior da tabela, coloquei os tamanhos amostrais. Eles são todos iguais (103), mas, quando temos dados ausentes, é útil relatar os tamanhos amostrais dessa maneira, porque diferentes correlações serão baseadas em diferentes tamanhos amostrais. Alternativamente, a parte inferior da tabela poderia ser utilizada para informar os valores-p exatos.

8.9 Caio tenta conquistar Gina ❙❙❙❙

Caio saiu de sua aula sobre correlações. Uma hora inteira aprendendo sobre relacionamentos o deixou deprimido. Ele sabia que era algo bobo: o professor não estava falando sobre esse tipo de relacionamento, mas a palavra continuava fervilhando na sua cabeça, distraindo-o. Gina era complexa. Por um lado, ela não lhe dava importância; por outro, ele sentia um tom brincalhão em suas respostas. Estaria ele se enganando? Ou por acaso era isso que ela entendia por flerte? Será que ele deveria estar tentando se envolver com alguém que pensava que *esse* era um jeito de flertar? Era confuso. Ele queria entrar na cabeça dela. Ela achava que eles estavam desenvolvendo um relacionamento positivo? Negativo? Inexistente? Ele decidiu ser direto.

A manhã de Gina tinha sido estranha. Ela havia trabalhado até tarde da noite, mas acordou cedo, sua cabeça enevoada. Estava agindo no piloto automático. Ela tomou café da manhã, passou mais tempo se maquiando do que normalmente e vestiu uma de suas roupas favoritas. Ela não se lembrava

Tabela 8.2 Exemplo de como apresentar uma tabela de correlações

		Desempenho na prova	Ansiedade com provas	Tempo de estudo
Desempenho na prova	1		-0,44*** [-0,56, -0,30]	-0,40*** [0,25, 0,52]
Ansiedade com provas	103		1	-0,71*** [-0,86, -0,49]
Tempo de estudo	103		103	1

ns = não significativo ($p > 0,05$), *$p < 0,05$, **$p < 0,001$, ***$p < 0,001$. O IC de 95% *bootstrap* BCa está entre colchetes.

Pesquisa Real do João Jaleco 5.1
Por que você gosta dos seus professores?

Chamorro-Premuzic, T., et al. (2008). *Personality and Individual Differences*, 44, 965-976.

Como estudante, você provavelmente terá que avaliar seus professores ao final da disciplina. Haverá alguns professores de quem você irá gostar e outros de quem não irá gostar. Como professor, acho esse processo horrivelmente deprime (embora isso tenha a ver com o fato de que tendo a focar nos comentários negativos e ignorar as coisas boas). Há algumas evidências de que os estudantes tendem a escolher as disciplinas de professores que eles consideram entusiasmados e bons comunicadores. Em um estudo fascinante, Tomas Chamorro-Premuzic e colaboradores (Chamorro-Premuzic, Furnham, Christopher, Garwood e Martin, 2008) testaram a hipótese de que os estudantes tendem a gostar de professores que são parecidos com eles. (Essa hipótese fará os estudantes que gostam das minhas aulas gritarem de horror.)

Os autores avaliaram as personalidades dos estudantes usando uma medida muito bem estabelecida (o inventário de personalidade NEO-FFI*) que mede cinco traços de personalidade: neuroticismo, extroversão, abertura à experiência, amabilidade e conscienciosidade. Os estudantes também completaram um questionário em que foram dadas descrições para características (p. ex., "caloroso: amigável, sociável, alegre, carinhoso, extrovertido") e foram solicitados a avaliar o quanto eles queriam que um professor tivesse essas características em uma escala de –5 (eu realmente não gostaria dessa característica), passando por 0 (a característica não é importante) até +5 (eu realmente gostaria dessa característica no meu professor). As características eram exatamente as medidas pelo NEO-FFI.

Assim, os autores tinham uma medida de quanto um estudante tinha cada uma das cinco principais características de personalidade, mas também uma medida de quanto eles gostariam que seus professores tivessem essas mesmas características. Tomas e colaboradores puderam, então, testar se, por exemplo, estudantes extrovertidos queriam professores extrovertidos. Os dados desse estudo estão no arquivo **Chamorro-Premuzic.sav**. Execute correlações de Pearson nessas variáveis para ver se os estudantes com determinadas características de personalidade gostariam que seus professores tivessem essas mesmas características. Que conclusões você pode tirar? As respostas estão no *site* do livro (ou ver Tabela 3 do artigo original, que mostra como relatar um grande número de correlações).

---

*N. de T.T. Para maiores informações sobre esse questionário de avaliação dos cinco fatores da personalidade, consultar: Pedroso-Lima et al. (2014). Versão portuguesa do NEO-FFI: Caracterização em função da idade, género e escolaridade. Psicologia, v. 28, n. 2, Lisboa, dez. 2014.

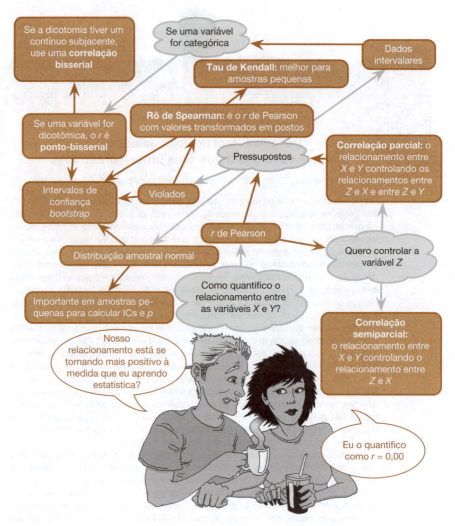

Figura 8.12 O que Caio aprendeu neste capítulo.

de fazer nada disso. Não lhe pareceu estranho. Nem pareceu incomum que ela tenha passado pela entrada do Leviatã exatamente às 10h50, o horário que terminava a aula de estatística do Caio. Ver Caio dispersou a névoa de sua mente. Ela entrou em pânico quando se deu conta de que seu inconsciente a tinha trazido àquele lugar e àquela hora. Ela se sentiu exageradamente arrumada e constrangida. Ele parecia triste; então, ela perguntou se ele estava bem. Ele contou sobre a aula que tinha acabado de assistir, e a familiaridade do tópico de correlações a acalmou.

8.10 E agora? ▍▍▍▍

Aos 8 anos, meu pai me ensinou uma valiosa lição de que, se você realmente quiser algo, precisa se esforçar para conseguir e que, quanto mais se dedicar, mais chances você terá de conseguir o que quer. Eu pratiquei o violão e logo as lágrimas deram lugar a uma versão competente de "*Skip to my*

Lou". Meu pai também queria ser músico quando jovem e encorajou minha nova paixão.[7] Ele encontrou um professor de violão para mim e conseguiu o dinheiro para as aulas. Esses aprendizados ilustram como ser um bom estudante muitas vezes depende de encontrar o professor certo. Ken Steers, apesar de seus melhores esforços, estava em uma sintonia completamente diferente da minha. Eu queria aprender algumas músicas de metal arrasadoras, mas ele queria que eu aprendesse "*Play in a Day*", de Bert Weedon, e clássicos do *jazz* tradicional. Como adulto, eu gostaria de ter prestado mais atenção a Ken porque eu teria sido um violonista melhor do que sou. Eu era um péssimo estudante e adotei uma estratégia de prática seletiva: eu praticava se quisesse fazer algo, mas não se eu achava que era "chato". Talvez seja por isso que eu esteja tão obcecado em tentar não ser um professor chato. No entanto, meu pai e Ken me incentivaram, e logo, como meu disco favorito da época, eu estava pronto para "Conquistar o mundo" ("*Take on the world*"). Bem, ao menos o País de Gales...

8.11 Termos-chave

Coeficiente de correlação de Pearson
Coeficiente de correlação de Spearman
Coeficiente de determinação

Correlação bisserial
Correlação bivariada
Correlação parcial
Correlação ponto-bisserial
Correlação semiparcial

Covariância
Desvios de produto cruzado
Padronização
Tau de Kendall

---

[7]Meu pai, como eu, nunca tocou em uma banda, mas, diferente de mim, cantou no programa de TV britânico *Stars in Their Eyes*, o que nos deixou muito orgulhosos.

Tarefas da Alex Astuta

- **Tarefa 1**: Um estudante estava interessado em verificar se havia um relacionamento positivo entre o tempo gasto escrevendo uma redação e a nota recebida. Ele recrutou 45 amigos e cronometrou quanto tempo eles gastaram escrevendo uma redação (*hours* [horas]) e o percentual que obtiveram na redação (*essay* [redação]). Ele também transformou essas notas em classificações (*grade* [nota]): no Reino Unido, um estudante pode obter uma classificação de primeira classe (a melhor), uma de segunda classe alta, uma de segunda classe baixa, uma de terceira classe, uma que permite passar ou uma que reprova (a pior). Usando os dados do arquivo **EssayMarks.sav**, descubra o relacionamento entre o tempo gasto escrevendo uma redação e a nota provável em termos de percentuais e de classificação (faça também um diagrama de dispersão). ▐▐▐▐

- **Tarefa 2**: Usando os dados de **Notebook.sav** do Capítulo 3, descubra o valor do relacionamento entre o sexo do participante e a excitação. ▮▮▮▮
- **Tarefa 3**: Usando os dados de **Notebook.sav** novamente, quantifique o relacionamento entre o filme assistido e a excitação. ▮▮▮▮
- **Tarefa 4**: Por ser professor de estatística, estou interessado nos fatores que determinam se um estudante se sairá bem em uma disciplina de estatística. Imagine que selecionei 25 alunos e olhei as suas notas na minha disciplina de estatística ao final do seu primeiro ano na universidade: primeira classe, segunda classe alta, segunda classe baixa e terceira classe (ver Tarefa 1). Também perguntei a esses estudantes que notas eles obtiveram no ensino médio em provas de matemática. No Reino Unido, GCSE* são exames escolares feitos aos 16 anos que são classificados como A, B, C, D, E ou F (sendo um A a melhor nota). Os dados para esse estudo estão no arquivo **grades.sav**. Até que ponto a nota de matemática no GCSE está correlacionada com a nota do primeiro ano em estatística? ▮▮▮▮
- **Tarefa 5**: Na Figura 2.3, vimos alguns dados relacionados às avaliações das pessoas em relação a atos desonestos e o quão simpático era o infrator (descrição completa em Gina Gênia 2.1). Calcule a correlação de Spearman entre as avaliações e a aparente simpatia do infrator. Os dados estão em **HonestyLab.sav**.
- **Tarefa 6**: No Capítulo 4 (Tarefa 6), vimos dados de pessoas que foram forçadas a casar com cabras ou cachorros e medimos sua satisfação com a vida e também o quanto elas gostavam de animais (**Goat or Dog.sav**). Há uma correlação significativa entre a satisfação com a vida e o tipo de animal com que a pessoa estava casada? ▮▮▮▮
- **Tarefa 7**: Repita a análise anterior, controlando a preferência pelo animal ao calcular a correlação entre a satisfação com a vida e o animal com o qual a pessoa estava casada. ▮▮▮▮
- **Tarefa 8**: No Capítulo 4 (Tarefa 7), analisamos dados com base em descobertas de que o número de xícaras de chá ingeridas estava relacionado à função cognitiva (Feng et al., 2010). Os dados estão no arquivo **Tea Makes You Brainy 15.sav**. Qual é a correlação entre tomar chá e a função cognitiva? Existe um efeito significativo? ▮▮▮▮
- **Tarefa 9**: A pesquisa da tarefa anterior foi replicada, mas com uma amostra maior (N = 716), que é o mesmo tamanho da amostra na pesquisa de Feng e colaboradores. (**Tea Makes You Brainy 716.sav**). Determine a correlação entre tomar chá e a função cognitiva. Compare o coeficiente de correlação e a significância da amostra grande com os resultados da tarefa anterior. Que conclusão estatística os resultados ilustram? ▮▮▮▮
- **Tarefa 10**: No Capítulo 6, examinamos escores de higiene durante 3 dias de um festival de música (**Download Festival.sav**). Usando a correlação de Spearman, os escores da higiene do primeiro dia do festival estavam significativamente correlacionados com os do terceiro dia? ▮▮▮▮
- **Tarefa 11**: Usando os dados de **Shopping Exercise.sav** (Capítulo 4, Tarefa 5), descubra se há um relacionamento significativo entre o tempo gasto fazendo compras e a distância percorrida nesse tempo. ▮▮▮▮
- **Tarefa 12**: Qual é o efeito de controlar o sexo do participante no relacionamento entre o tempo gasto fazendo compras e a distância percorrida nesse tempo? ▮▮▮▮

Respostas e recursos adicionais estão disponíveis no *site* do livro em
https://edge.sagepub.com/field5e.

---

*N. de T. T. *General Certificate of Secondary Education* (Certificado Geral de Educação Secundária).

MODELO LINEAR (REGRESSÃO)

9.1   O que aprenderei neste capítulo?   370
9.2   Introdução ao modelo linear (regressão)   371
9.3   Viés nos modelos lineares?   380
9.4   Generalizando o modelo   385
9.5   Tamanho da amostra e modelo linear   389
9.6   Ajustando modelos lineares: procedimento geral   391
9.7   Utilizando o SPSS para ajustar um modelo linear com um previsor   392
9.8   Interpretando um modelo linear com um previsor   393
9.9   Modelo linear com dois ou mais previsores (regressão múltipla)   397
9.10   Usando o SPSS para ajustar um modelo linear com vários previsores   402
9.11   Interpretando um modelo linear com vários previsores   408
9.12   Regressão robusta   425
9.13   Regressão bayesiana   429
9.14   Relatando modelos lineares   431
9.15   Caio tenta conquistar Gina   432
9.16   E agora?   434
9.17   Termos-chave   434
       Tarefas da Alex Astuta   435

9.1 O que aprenderei neste capítulo?

Embora nenhum de nós possa prever o futuro, o ato de prever é tão importante que organismos estão programados para aprender sobre eventos previsíveis do seu ambiente. Vimos, no capítulo anterior, que ganhei um violão de Natal quando tinha 8 anos. Minha primeira incursão na apresentação pública foi um *show* de talentos semanal em um acampamento de férias chamado "Holimarine" no País de Gales (que não existe mais porque eu sou velho, e isso foi em 1981). Cantei uma música do Chuck Berry chamada *"My ding-a-ling"*[1] e, para minha absoluta surpresa, ganhei a competição.[2] De repente, outras crianças de 8 anos de terras distantes (bom, do outro lado do salão de festas) me adoraram (fiz muitos amigos depois da competição). Eu havia sentido o gosto do sucesso, ele tinha gosto de chocolate com pralinê, e, por isso, eu quis participar da competição na segunda semana das nossas férias. Para garantir meu sucesso, eu precisava descobrir por que havia ganhado na primeira semana. Uma maneira de fazer isso seria coletar dados e usá-los para prever as avaliações das pessoas sobre o desempenho das crianças no concurso a partir de certas variáveis: a idade dos intérpretes, que tipo de apresentação fizeram (cantar, contar piadas, fazer truques de mágica) e, talvez, o quão fofos eles eram. Obviamente, o talento real não seria um fator avaliado. Um modelo linear (regressão) ajustado a esses dados nos permitiria prever o futuro (o sucesso na competição da semana seguinte) com base nos valores das variáveis que medimos. Se, por exemplo, cantar fosse um fator importante para obter uma boa avaliação do público, eu poderia cantar novamente na semana seguinte; mas se os piadistas tendessem a ganhar notas melhores, eu poderia mudar para um *show* de comédia. Com 8 anos de idade, eu não era o *nerd* patético que sou hoje, então não sabia nada sobre modelos lineares (e nem queria saber); no entanto, meu pai achava que o sucesso se devia à combinação vencedora de uma criança de 8 anos com aparência de anjinho cantando músicas que podiam ser interpretadas de maneira indecente. Ele escreveu uma música para eu cantar sobre o tecladista da Holimarine Band estar "brincando com seu órgão". Ele disse "pegue essa música, filho, e roube o *show*"... e foi o que eu fiz: ganhei de novo. Não há como explicar a sensação.

Figura 9.1 Eu tocando *"My ding-a-ling"* no Show de Talentos de Holimarine. Observe as fãs fazendo fila em frente.

[1] Parece que, mesmo naquela época, eu adorava baixar o nível.

[2] Tenho um vídeo de baixíssima qualidade dessa apresentação gravado por um amigo do meu pai com uma câmera de vídeo do tamanho de um cachorro de porte médio que tinha que estar sempre acompanhada de um "conjunto de baterias" do tamanho e peso de um tanque (ver Lanterna de Oditi).

Lanterna de Oditi
O que não é dito não é feito

"Eu, Oditi, não quero que meus seguidores se distraiam brincando com seus órgãos. Para alertar sobre todos os perigos de tal frivolidade, descobri uma canção, cantada por uma criança inocente, que explica os riscos. Olhe para a minha lanterna e balance o seu bumbum ao ritmo dessa melodia divertida."

9.2 Introdução ao modelo linear (regressão)

9.2.1 Modelo linear com um único previsor

No capítulo anterior, começamos a nos familiarizar com o modelo linear que discutimos desde o início do Capítulo 2. Vimos que, se quisermos examinar a relação entre duas variáveis, podemos usar o modelo da Equação 2.3:

$$\text{resultado}_i = (b_1 X_1) + \text{erro}_i \tag{9.1}$$

Mencionei que, se trabalharmos com escores brutos, devemos adicionar informações sobre onde a variável de resultado está centralizada. Eu disse que adicionamos ao modelo uma constante, b_0, conhecida como o intercepto, que representa o valor da variável de resultado quando a previsora estiver ausente (i.e., for 0). O modelo resultante é:

$$\begin{aligned}\text{resultado}_i &= (b_0 + b_1 X_1) + \text{erro}_i \\ Y_i &= (b_0 + b_1 X_1) + \varepsilon_i\end{aligned} \tag{9.2}$$

Essa equação mantém a ideia fundamental de que um resultado para uma pessoa pode ser previsto a partir de um modelo (o que está entre parênteses) e algum erro associado a essa previsão (ε_i). Ainda vamos prever uma variável de resultado (Y_i) a partir de uma variável previsora (X_i) e prever um parâmetro, b_1, associado à variável previsora que quantifica a relação que ela tem com a variável de resultado. Esse modelo difere daquele de uma correlação apenas pelo fato de usar uma medida *não padronizada* da relação (b_1) e, consequentemente, incluir um parâmetro, b_0, que nos informa o valor da variável de resultado quando a previsora for 0.

Em um desvio rápido, vamos imaginar que, em vez de b_0, usamos a letra c, e, em vez de b_1, usamos a letra m. Vamos também ignorar o termo de erro. Podemos prever nossa variável de resultado da seguinte forma:

$$\text{resultado}_i = mx + c$$

Ou, se você for americano, canadense ou australiano, vamos usar a letra b em vez de c:

$$\text{resultado}_i = mx + b$$

Talvez você seja francês, holandês ou brasileiro; nesse caso, vamos usar *a* em vez de *m*:

resultado$_i$ = *ax* + *b*

Alguma dessas equações parece familiar? Se não, há duas explicações: (1) você não prestou atenção suficiente na escola; ou (2) você é letão, grego, italiano, sueco, romeno, finlandês, russo ou de algum outro país que tenha uma variante diferente da equação de uma linha reta. As diferentes versões da equação ilustram como os símbolos ou letras de uma equação podem ser escolhas arbitrárias.[3] Na verdade, não importa se escrevemos *mx* + *c* ou $b_1 X + b_0$; o que importa é o que os símbolos representam. Então, o que os símbolos representam?

Ao longo deste livro, falei sobre o ajuste de "modelos lineares", e linear significa simplesmente "linha reta". Todas as equações anteriores são versões da equação de uma linha reta. Qualquer linha reta pode ser definida por duas coisas: (1) a inclinação (ou gradiente) da linha (geralmente denotada por b_1); e (2) o ponto no qual a linha cruza o eixo vertical do gráfico (conhecido como o *intercepto* da linha, b_0). Esses parâmetros, b_1 e b_0, são conhecidos como coeficientes da regressão e aparecerão ao longo deste livro, e serão geralmente referidos como *b* (sem qualquer subscrito) ou b_i (o *b* associado à variável *i*). A Figura 9.2 (à esquerda) mostra um conjunto de linhas que possuem o mesmo intercepto, mas diferentes gradientes. Para esses três modelos, b_0 é o mesmo em cada um, mas b_1 é diferente para cada linha. A Figura 9.2 (à direita) mostra modelos que possuem os mesmos gradientes (b_1 é o mesmo em cada modelo), mas diferentes interceptos (b_0 é diferente em cada modelo).

No Capítulo 8, vimos como os relacionamentos podem ser positivos ou negativos (e não estou falando sobre se você e seu parceiro brigam o tempo todo). Um modelo com um b_1 positivo descreve uma relação positiva, enquanto uma linha com um b_1 negativo descreve um relacionamento negativo. Olhando para a Figura 9.2 (à esquerda), a linha laranja-escura descreve uma relação positiva, enquanto a linha laranja-clara descreve uma relação negativa. Assim, podemos usar um modelo linear (i.e., uma linha reta) para resumir a relação entre duas variáveis: o gradiente (b_1) nos diz com o que o modelo se parece (seu formato), e o intercepto (b_0) localiza o modelo no espaço geométrico.

Vamos ver um exemplo. Imagine que eu estivesse interessado em prever as vendas de álbuns em formato físico ou digital (resultado) com base na quantia de dinheiro usado em propagandas desses álbuns (previsor). Poderíamos adaptar o modelo linear (Equação 9.2), substituindo a variável previsora e a de resultado pelos nomes das variáveis:

$Y_i = b_0 + b_1 X_i + \varepsilon_i$
venda de álbuns$_i$ = b_0 + $b_1$orçamento publicitário$_i$ + ε_i (9.3)

Uma vez que tenhamos estimado os valores dos *b*s, poderemos fazer uma previsão sobre as vendas dos álbuns substituindo "propaganda" por um número que represente o quanto gastamos fazendo propaganda do álbum. Por exemplo, imagine que b_0 é 50 e b_1 é 100. Nosso modelo seria:

venda de álbuns$_i$ = (50 + 100 × orçamento publicitário$_i$) + ε_i (9.4)

Perceba que eu substituí os *b*s com seus valores numéricos. Agora podemos fazer uma previsão. Imagine que queríamos gastar 5 libras em publicidade. Podemos substituir a variável "orçamento publicitário" com esse valor e resolver a equação para descobrir como seria a venda de álbuns:

venda de álbuns$_i$ = 50 + 100 × 5 + ε_i (9.5)
= 550 + ε_i

Assim, com base em nosso modelo, podemos prever que, se gastarmos 5 libras em publicidade, venderemos 550 álbuns. Deixei o termo de erro para lembrá-lo de que essa previsão provavel-

---

[3] Por exemplo, algumas vezes, você verá a Equação 9.2 ser escrita como $Y_i = (\beta_0 + \beta_1 X_i) + \varepsilon_i$. A única diferença é que essa equação tem βs em vez de *b*s. Ambas as versões são a mesma coisa, elas apenas usam letras diferentes para representar os coeficientes.

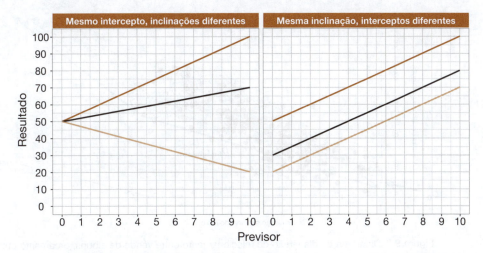

Figura 9.2 Linhas que compartilham o mesmo intercepto, mas têm inclinações diferentes, e linhas com as mesmas inclinações, mas com interceptos diferentes.

mente não será perfeitamente precisa. Esse valor de 550 das vendas de álbuns é conhecido como um **valor previsto**.

9.2.2 Modelo linear com vários previsores

A vida geralmente é complicada, e haverá inúmeras variáveis que podem estar relacionadas ao resultado que você deseja prever. Para usar nosso exemplo de vendas de álbuns, outras variáveis além da publicidade provavelmente afetarão as vendas. Por exemplo, o quanto alguém ouve as músicas do álbum no rádio ou o "visual" da banda. Uma das coisas bonitas do modelo linear é que ele se expande para incluir quantos previsores você desejar. Sugerimos isso no Capítulo 2 (Equação 2.4). Um previsor adicional pode ser colocado no modelo e pode receber um b para estimar sua relação com o resultado.

$$Y_i = (b_0 + b_1 X_{1i} \, b_2 X_{2i}) + \varepsilon_i \tag{9.6}$$

Tudo o que mudou foi a adição de um segundo previsor (X_2) e um parâmetro associado (b_2). Para tornar as coisas mais concretas, se somarmos o número de vezes que a banda tocou no rádio por semana (transmissão no rádio) ao modelo na Equação 9.3, obteremos:

$$\text{venda de álbuns}_i = b_0 + b_1 \text{orçamento publicitário}_i + b_2 \text{transmissão}_i + \varepsilon_i \tag{9.7}$$

O novo modelo inclui um valor-b para ambas as variáveis previsoras (e, claro, a constante, b_0). Ao estimar os valores-b, podemos fazer previsões sobre as vendas de álbuns com base não apenas no valor gasto em publicidade, mas também na transmissão no rádio.

O modelo resultante é visualizado na Figura 9.3. O paralelogramo colorido (o *plano* de regressão) é descrito pela Equação 9.7, e os pontos representam os dados observados. Da mesma forma que uma linha de regressão, um plano de regressão visa fornecer a melhor previsão para os dados observados. No entanto, invariavelmente há diferenças entre o modelo e os dados da vida real (esse fato é evidente porque a maioria dos pontos não está exatamente no plano). As distâncias verticais entre o plano e cada ponto de dados são os erros ou *resíduos* do modelo. O valor-b para o orçamento de publicidade descreve a inclinação dos lados esquerdo e direito do plano, enquanto

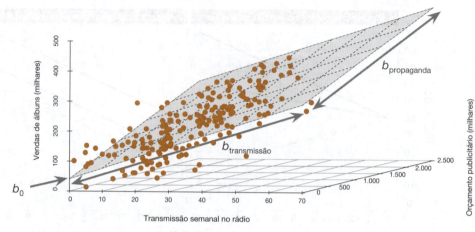

Figura 9.3 Diagrama de dispersão do relacionamento entre venda de álbuns, orçamento publicitário e transmissão semanal no rádio.

o valor-b para a transmissão no rádio descreve a inclinação da parte superior e inferior do plano. Assim como com um previsor, essas duas inclinações descrevem o formato do modelo, e o intercepto localiza o modelo no espaço em relação à origem.

É bastante fácil visualizar um modelo linear com dois previsores, porque é possível traçar o plano usando um gráfico de dispersão 3-D. No entanto, com três, quatro ou mais previsores, não é possível visualizar imediatamente a aparência do modelo ou o que os valores-b representam, mas é possível aplicar os princípios desses modelos básicos a cenários mais complexos. Por exemplo, em geral, podemos adicionar quantos previsores quisermos, desde que forneçamos um b, e o modelo linear se expande:

$$Y_i = (b_0 + b_1 X_{1i}\ b_2 X_{2i} + \ldots + b_n X_{ni}) + \varepsilon_i \tag{9.8}$$

Y é a variável de resultado, b_1 é o coeficiente do primeiro previsor (X_1), b_2 é o coeficiente do segundo previsor (X_2), b_n é o coeficiente do n-ésimo previsor (X_{ni}), e ε_i é o erro para i-ésima entidade. (Os parênteses não são necessários, estão aí somente para deixar clara a conexão à equação 9.2). Essa equação mostra que podemos adicionar previsores ao modelo até chegarmos ao último (X_n), e, cada vez que adicionamos um, atribuímos um coeficiente de regressão (b).

Em resumo, a análise de regressão é um termo para ajustar um modelo linear aos dados e utilizá-lo para prever valores de uma **variável de resultado** (também conhecida como variável dependente) de uma ou mais **variáveis previsoras** (também conhecidas como variáveis independentes). Com uma variável previsora, a técnica é às vezes referida como **regressão simples**, mas com vários previsores ela é denominada **regressão múltipla**. Ambos são meramente termos para o modelo linear.

9.2.3 Estimando o modelo ▌▌▌▌

Vimos que o modelo linear é um modelo versátil para resumir a relação entre uma ou mais variáveis previsoras e uma variável de resultado. Não importa quantas previsoras tenhamos, o modelo pode ser descrito inteiramente por uma constante (b_0) e por parâmetros associados a cada previsora (bs). Talvez você se pergunte como estimamos esses parâmetros, e a resposta rápida é que normalmente usamos o método dos mínimos quadrados descrito na seção 2.6. Vimos que poderíamos avaliar o ajuste de um modelo (o exemplo que usamos foi a média) examinando os desvios entre o modelo e os dados coletados. Esses desvios eram as distâncias verticais

entre o que o modelo previu e cada ponto de dados que foi observado. Podemos fazer o mesmo para avaliar o ajuste de uma linha de regressão (ou plano).

A Figura 9.4 mostra alguns dados sobre o orçamento de publicidade e a venda de álbuns. Um modelo foi ajustado a esses dados (a linha reta). Os pontos cinzas são os dados observados. A linha é o modelo. Os pontos laranja na linha são os valores previstos. Vimos anteriormente que os valores previstos são os valores da variável de resultado calculada a partir do modelo. Em outras palavras, se estimarmos os valores-b que definem o modelo, colocarmos esses valores no modelo linear (como fizemos na Equação 9.4) e inserirmos valores diferentes para o orçamento de publicidade, os valores previstos serão as estimativas resultantes da venda de álbuns. Se inserirmos os valores observados do orçamento de publicidade no modelo para obter esses valores previstos, poderemos avaliar como o modelo se encaixa (i.e., faz previsões precisas). Se o modelo se ajusta perfeitamente aos dados, então, para determinado valor do(s) previsor(es), o modelo irá prever o mesmo valor da variável de resultado como foi observado. Em relação à Figura 9.4, isso significaria que os pontos laranjas e cinzas caem nos mesmos locais. Eles não caem, porque o modelo não é perfeito (e nunca será): às vezes, ele superestima o valor observado do resultado e, às vezes, o subestima. Com o modelo linear, as diferenças entre o que o modelo prevê e os dados observados são geralmente chamadas de **resíduos** (eles equivalem aos *desvios* quando analisamos a média); eles são as linhas verticais tracejadas na Figura 9.4.

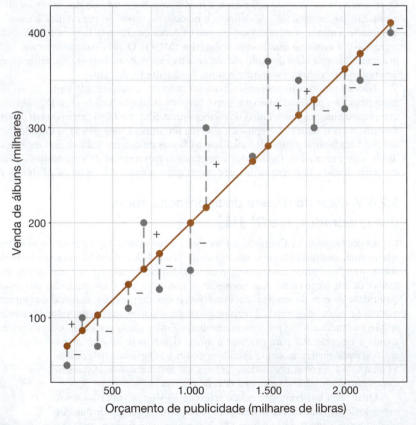

Figura 9.4 Diagrama de dispersão de alguns dados com uma linha representando a tendência geral. As linhas verticais (tracejadas) representam as diferenças (ou resíduos) entre a linha e os dados observados.

Vimos, no Capítulo 2, Equação 2.11, que para calcular o erro total em um modelo elevamos ao quadrado as diferenças entre os valores observados da variável de resultado e os valores previstos que vêm do modelo:

$$\text{erro total} = \sum_{i=1}^{n} (\text{observado}_i - \text{modelo}_i)^2 \tag{9.9}$$

Às vezes, o valor previsto do resultado é menor que o valor real e, às vezes, é maior. Consequentemente, alguns resíduos são positivos, mas outros são negativos, e, se os somarmos, eles serão cancelados. A solução é elevá-los ao quadrado antes de somá-los (ver seção 2.5.2). Portanto, para avaliar o erro em um modelo linear, assim como quando avaliamos o ajuste da média usando a variância, usamos a soma dos quadrados dos erros, e, já que chamamos esses erros de resíduos, esse total é chamado de *soma dos quadrados dos resíduos* ou **soma dos quadrados residual** (SQ_R). A soma dos quadrados residual é um indicador de quão bem um modelo linear se ajusta aos dados: se as diferenças ao quadrado são grandes, o modelo não representa os dados (há muito erro na previsão); se as diferenças ao quadrado forem pequenas, a linha é uma boa representação.

Vamos voltar às estimativas dos valores-b. Se você estiver particularmente entediado, você pode desenhar cada linha reta possível (modelo linear) para os seus dados e calcular a soma dos quadrados residual para cada linha. Você pode comparar essas medidas de "aderência" e escolher a linha com o menor SQ_R, porque esse seria o modelo mais adequado. Temos coisas melhores para fazer, assim, como quando estimamos a média, usamos o método dos mínimos quadrados para estimar os parâmetros (b) que definem o modelo de regressão para o qual a soma dos erros ao quadrado é a menor possível (considerando os dados que temos). Esse método é conhecido como regressão dos **mínimos quadrados ordinários** (**MQO**). O que exatamente o método dos mínimos quadrados faz está além de mim: ele usa uma técnica matemática para encontrar os valores-b que descrevem o modelo que minimiza a soma dos quadrados dos erros.

Não sei muito mais sobre isso, para ser honesto, então, quando tenho só um previsor, costumo pensar no processo como um bruxo barbudo chamado Nephwick, o Descobridor de Linhas, que encontra magicamente linhas de melhor ajuste. Sim, ele mora dentro do seu computador. Para modelos mais complexos, Nephwick convida seu irmão Clungglewad, o Caçador de Betas, para um chá com bolo, e juntos eles analisam as folhas de chá em suas xícaras até que os valores-β ideais sejam revelados. Então, eles comparam o crescimento de suas barbas desde seu último encontro. Tenho quase certeza de que é assim que o método dos mínimos quadrados funciona.

9.2.4 Avaliando o teste de aderência, soma dos quadrados, R e R^2 ||||

Depois que Nephwick e Clungglewad encontrarem os valores-b que definem o modelo com melhor ajuste, avaliamos quão bem esse modelo se ajusta aos dados observados (i.e, a **aderência**). Fazemos isso porque, embora o modelo seja o melhor disponível, ele ainda pode ser um ajuste ruim (o melhor de um grupo ruim). Anteriormente, vimos que a soma dos quadrados dos resíduos avalia a quantidade de erro do modelo: ela quantifica o erro de previsão, mas não nos informa se usar o modelo é melhor do que nada. Precisamos comparar o modelo com um valor de referência para ver se há uma "melhoria" na previsão do resultado. Então, ajustamos um modelo de referência e utilizamos a Equação 9.9 para calcular o ajuste desse modelo. Ajustamos, então, o nosso melhor modelo e calculamos o erro, SQ_R, dentro dele usando a Equação 9.9. Se o melhor modelo for bom, ele deve ter significativamente menos erro dentro dele do que o modelo de referência.

Qual seria um bom modelo de referência? Vamos voltar ao nosso exemplo de previsão de venda de álbuns (Y) a partir da quantia de dinheiro usada na publicidade desse álbum (X). No meu mundo fictício, onde sou um estatístico empregado por uma gravadora ou pelo meu time de futebol favorito, um dia meu chefe entra no meu escritório. Ele diz: "Andy, eu sei que você queria ser uma estrela do *rock*, mas acabou trabalhando como meu estatístico escravo. Quantos álbuns venderemos se gastarmos 100 mil libras em publicidade?" Se eu não tiver um modelo relacionando as vendas de álbuns e o orçamento publicitário, qual seria o meu melhor palpite? Provavelmente a melhor resposta que eu poderia dar seria o número médio de venda de álbuns (digamos, 200 mil) porque – em média – é quantos álbuns esperamos vender. Essa resposta pode satisfazer um executivo de uma empresa de discos sem cérebro (que não ofereceu à minha banda um contrato de gravação). No dia seguinte, ele aparece de novo e exige saber quantos álbuns venderemos se gastarmos 1 libra com publicidade. Na ausência de informações melhores, terei que dizer novamente o número médio de vendas (200 mil). Isso está ficando embaraçoso para mim: com qualquer quantia de dinheiro gasto em publicidade, eu sempre prevejo os mesmos níveis de vendas. Meu chefe vai pensar que sou um idiota.

A média da variável de resultado é um modelo de "nenhuma relação" entre as variáveis: à medida que uma variável muda, a previsão para a outra permanece constante (ver seção 3.7.2). Espero que isso mostre que o resultado médio é uma boa referência da "falta de relacionamento". Usando a média do resultado como um modelo de referência, podemos calcular a diferença entre os valores observados e os valores previstos pela média (Equação 9.9). Vimos, na seção 2.5.1, que ajustamos essas diferenças para nos dar a soma das diferenças ao quadrado. Essa soma das diferenças ao quadrado é conhecida como a **soma dos quadrados total** (SQ_T) e representa quão boa é a média como um modelo dos resultados observados (Figura 9.5, parte superior à esquerda).

Em seguida, ajustamos um modelo mais sofisticado aos dados, como um modelo linear, e novamente calculamos as diferenças entre o que esse novo modelo prevê e os dados observados (novamente usando a Equação 9.9). Esse valor é a soma dos quadrados dos erros ou resíduos (SQ_R) discutida na seção anterior. Ele representa o grau de imprecisão do ajuste do melhor modelo aos dados (Figura 9.5, parte superior à direita).

Podemos usar os valores de SQ_T e SQ_R para calcular quão melhor o modelo linear é do que o modelo de referência de "nenhum relacionamento". A melhoria na previsão resultante do uso do modelo linear em vez da média é calculada por meio da diferença entre SQ_T e SQ_R (Figura 9.5, parte inferior). Essa diferença nos mostra a redução na imprecisão do modelo resultante da adequação do modelo de regressão aos dados. Essa melhoria é a **soma dos quadrados do modelo*** (SQ_M). A Figura 9.5 mostra cada soma dos quadrados graficamente onde o modelo é uma linha (i.e., um previsor), mas os mesmos princípios se aplicam com mais de um previsor.

Se o valor de SQ_M for grande, o modelo linear terá um resultado muito diferente do que usar a média para prever a variável de resultado. Isso implica que o modelo linear fez uma grande melhoria na previsão da variável de resultado. Se o SQ_M for pequeno, usar o modelo linear é um pouco melhor do que usar a média (i.e., o melhor modelo não é melhor do que prever a partir de "nenhum relacionamento"). Uma medida útil resultante dessas somas dos quadrados é a proporção de melhoria devido ao modelo. Isso é calculado dividindo a soma dos quadrados do modelo pela soma dos quadrados total, que fornece uma quantidade chamada R^2:

$$R^2 = \frac{SQ_M}{SQ_T} \tag{9.10}$$

Para expressar esse valor como uma porcentagem, basta multiplicá-lo por 100. O R^2 representa a quantidade de variação do resultado explicada pelo modelo (SQ_M) em relação à quantidade total de variação que havia para ser explicada (SQ_T); é o mesmo R^2 que encontramos na seção 8.4.2 e é interpretado da mesma forma: representa a proporção da variação do resultado que pode ser prevista pelo modelo. Podemos extrair a raiz quadrada desse valor para obter o coeficiente de correlação de Pearson para a relação entre os valores do resultado previsto pelo modelo e os valores observados da variável de resultado.[4] Dessa forma, o coeficiente de correlação nos fornece uma

---

*N. de T.T. Essa soma é também denominada soma dos quadrados da regressão (SQ_R). Nesse caso, a soma dos quadrados dos resíduos ou erros seria representada por SQ_E e não por SQ_R, como aqui.

[4] Essa é a correlação entre os pontos laranjas e cinzas na Figura 9.4. Com somente um previsor no modelo, esse valor será o mesmo do coeficiente de correlação de Pearson entre a variável previsora e a de resultado.

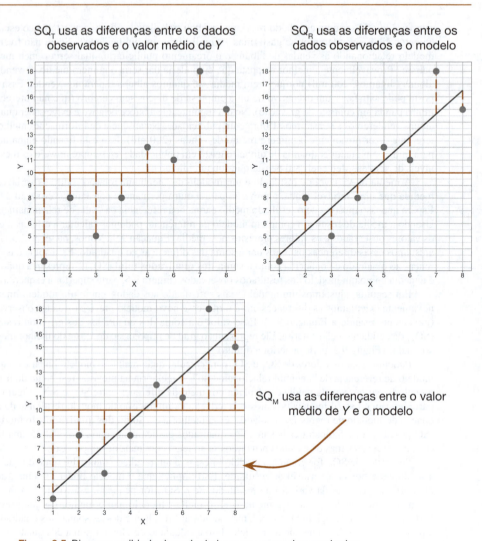

Figura 9.5 Diagrama exibindo de onde derivam as somas dos quadrados.

boa estimativa do ajuste geral do modelo de regressão (i.e., a correspondência entre os valores previstos do resultado e os valores reais), e o R^2 nos fornece uma medida de tamanho substantivo do ajuste do modelo.[5]

Um segundo uso das somas dos quadrados na avaliação do modelo é o teste F. Mencionei, no Capítulo 2, que as estatísticas de teste (como a F) são geralmente a quantidade de variância sistemática dividida pela quantidade de variância não sistemática ou, em outras palavras, o modelo comparado ao erro do modelo. Isso é verdade aqui: a F é baseada na proporção da melhoria devido

---

[5] Quando o modelo contém mais do que uma variável previsora, as pessoas às vezes se referem ao R^2 como R^2 múltiplo. Esse é outro exemplo de como as pessoas se esforçam para deixar a estatística mais confusa do que é necessário, referindo-se à mesma coisa de maneiras diferentes. O significado e a interpretação do R^2 são os mesmos, independentemente de quantos previsores você tiver no modelo ou se você escolheu chamá-lo de R^2 múltiplo: é a correlação ao quadrado entre os valores da variável de resultado prevista pelo modelo e os valores observados nos dados.

ao modelo (SQ$_M$) e ao erro no modelo (SQ$_R$). Digo "baseada em" porque as somas dos quadrados dependem do número de diferenças que foram somadas, e assim as somas médias dos quadrados (referidas como **quadrados médios** ou QM) são usadas para calcular F. A média da soma dos quadrados é a soma dos quadrados divididos pelos graus de liberdade associados (isso é comparável ao cálculo da variância das somas dos quadrados – ver seção 2.5.2). Para a SQ$_M$, os graus de liberdade são o número de previsores do modelo (k), e, para SQ$_E$, eles são o número de observações (N) menos o número de parâmetros sendo estimados (i.e., o número de coeficientes b incluindo a constante). Estimamos um b para cada previsor e o intercepto (b_0), então o número total de bs estimado será $k + 1$, dando graus de liberdade de $N – (k + 1)$ ou, simplesmente, $N – k – 1$. Portanto:

$$QM_M = \frac{SQ_M}{k} \qquad QM_R = \frac{SQ_R}{N-k-1} \qquad (9.11)$$

Veja mais sobre a média dos quadrados no Capítulo 12. A **estatística F** calculada a partir dessas médias dos quadrados,

$$F = \frac{QM_M}{QM_R} \qquad (9.12)$$

é uma medida de quanto o modelo melhorou a previsão do resultado em comparação com o nível de imprecisão do modelo. Se um modelo é bom, então a melhoria na previsão com o uso do modelo deve ser grande (o QM$_M$ será grande) e a diferença entre o modelo e os dados observados deve ser pequena (o QM$_R$ será pequeno). Em suma, para um bom modelo, o numerador na Equação 9.12 será maior que o denominador, resultando em uma grande estatística F (maior que 1, no mínimo).

Esse F tem uma distribuição de probabilidade associada da qual um valor-p pode ser derivado para nos informar a probabilidade de obter um F pelo menos tão grande quanto o que temos se a hipótese nula fosse verdadeira. A hipótese nula, nesse caso, é um modelo plano (os valores previstos da variável de resultado são iguais, independentemente do valor dos previsores). Se você quiser fazer à moda antiga, pode comparar a estatística F com os valores críticos para os graus de liberdade correspondentes (como no Apêndice).

A estatística F também é usada para calcular a significância do R^2 usando a seguinte equação:

$$F = \frac{(N-k-1)R^2}{k(1-R^2)} \qquad (9.13)$$

na qual N é o número de casos ou participantes, e k é o número de previsores no modelo. Esse F testa a hipótese nula de que o R^2 seja 0 (i.e., ajustar o modelo não causa melhora na soma dos erros ao quadrado).

9.2.5 Avaliando previsores individuais ▌▌▌▌

Vimos que qualquer variável previsora em um modelo linear tem um coeficiente (b_1). O valor-b representa a mudança na variável de resultado resultante de uma mudança de uma unidade em uma variável previsora. Se um previsor for inútil na previsão do resultado, então que valores podemos esperar para a mudança na variável previsora? Se um previsor "não apresenta relacionamento" com a variável de resultado, a mudança seria 0. Pense na Figura 9.5. No painel que representa SQ$_T$, vimos que a linha que indica "nenhum relacionamento" ou "média da variável de resultado" é plana: à medida que a variável previsora muda, o valor previsto da variável de resultado *não* muda (é um valor constante). Um modelo "plano", um modelo no qual o mesmo valor previsto surge em todos os valores das variáveis previsoras, terá valores-b iguais a 0 para os previsores.

Um coeficiente de regressão 0 significa: (1) uma mudança de uma unidade na variável previsora não resulta em mudança no valor previsto da variável de resultado (o valor previsto do resultado é constante); e (2) o modelo linear é "plano" (a linha ou o plano não se desvia da horizontal). Portanto, logicamente, se uma variável prevê significativamente um resultado, ela deve ter um valor-*b* diferente de 0. Essa hipótese é testada usando uma **estatística *t*** que testa a hipótese nula de que o valor-*b* seja 0. Se o teste for significativo, podemos interpretar essa informação como evidência da hipótese de que o valor-*b* é significativamente diferente de 0 e de que a variável previsora contribui significativamente para estimar os valores da variável de resultado.

Como *F*, a estatística *t* é baseada na razão das variâncias explicadas em relação à variação ou ao erro não explicado. O que nos interessa aqui não é tanto a variação, mas se o *b* que temos é grande comparado com a quantidade de erro estimado. Lembre-se de que o erro-padrão para *b* nos diz algo sobre quais seriam os diferentes valores-*b* em diferentes amostras (ver seção 2.7). Se o erro-padrão for muito pequeno, a maioria das amostras provavelmente terá um valor-*b* semelhante ao da nossa amostra (porque há pouca variação nas amostras). Portanto, o erro-padrão é uma boa estimativa de quanto erro provavelmente haverá em nosso *b*.

A equação a seguir mostra como o teste-*t* é calculado:

$$t = \frac{b_{observado} - b_{esperado}}{EP_b} = \frac{b_{observado}}{EP_b} \qquad (9.14)$$

Você encontrará uma versão geral dessa equação na seção 10.5.1 (Equação 10.5). O $b_{esperado}$ é o valor de *b* que poderíamos esperar obter se a hipótese nula fosse verdadeira. A hipótese nula é que *b* é 0, e, portanto, esse valor é substituído por 0 e sai da equação. O *t* resultante é o valor observado de *b* dividido pelo erro-padrão ao qual está associado. O *t*, portanto, nos diz se o *b* observado é diferente de 0 em relação à variação dos *b*s entre amostras. Quando o erro-padrão é pequeno, mesmo um pequeno desvio de 0 pode refletir uma diferença significativa, porque *b* representa a maioria das amostras possíveis.

A estatística *t* tem uma distribuição de probabilidade que difere de acordo com os graus de liberdade do teste. Nesse contexto, os graus de liberdade são *N* – *k* – 1, em que *N* é o tamanho total da amostra e *k* é o número de previsores. Com apenas um previsor, isso é reduzido para *N* – 2. Usando a distribuição *t* apropriada, é possível calcular um valor-*p* que indica a probabilidade de obter um *t* pelo menos do tamanho do que observamos se a hipótese nula for verdadeira (i.e., se *b* fosse de fato 0 na população). Se esse valor-*p* observado for menor que 0,05, então os cientistas tendem a assumir que *b* é significativamente diferente de 0; em outras palavras, a variável previsora faz uma contribuição significativa para o resultado. No entanto, lembre-se das armadilhas em potencial ao aplicar cegamente essa regra do ponto de corte de 0,05. Se você quiser fingir que estamos em 1935, então, em vez de calcular um valor-*p* exato, você pode comparar o seu *t* observado com valores críticos de uma tabela (ver Apêndice).

9.3 Viés nos modelos lineares? ▮▮▮▮

No Capítulo 6, vimos que os modelos estatísticos podem ser influenciados por casos incomuns ou por não atender a certos pressupostos. Portanto, as próximas perguntas a serem feitas são se o modelo: (1) é influenciado por um pequeno número de casos; e (2) é generalizável para outras amostras. Essas questões são, em certo sentido, hierárquicas porque não queremos generalizar um modelo ruim. No entanto, é um erro pensar que, já que um modelo se ajusta bem aos dados observados, podemos tirar conclusões além da nossa amostra. A **generalização** (seção 9.4) é um passo adicional crítico, e, se acharmos que nosso modelo não é generalizável, então devemos restringir qualquer conclusão à amostra usada. Primeiro, vamos rever a tendenciosidade. Para responder se o modelo é influenciado por um pequeno número de casos, podemos procurar valores atípicos e casos influentes (a diferença é explicada em Gina Gênia 9.1).

9.3.1 Valores atípicos ▮▮▮▮

Um valor atípico é um caso que difere substancialmente da tendência principal nos dados (ver seção 6.3). Os valores atípicos podem afetar as estimativas dos coeficientes da regressão. Por exemplo, a Figura 9.6 usa os mesmos dados da Figura 9.4, exceto pelo fato de que o escore de um álbum foi alterado para ser um valor atípico (nesse caso, um álbum que vendeu relativamente poucas cópias, apesar de ter um orçamento publicitário muito grande). A linha cinza mostra o modelo original, e a linha laranja mostra o modelo com o valor atípico incluído. O valor atípico torna a linha mais plana (i.e., b_1 fica menor) e aumenta o intercepto (b_0 fica maior). Se os valores atípicos afetam as estimativas dos bs que definem o modelo, é importante detectá-los. Mas como?

Um valor atípico naturalmente é muito diferente dos outros escores. Pensando nisso, você acha que o modelo irá prever um escore de um valor atípico muito precisamente? Provavelmente não: na Figura 9.6, é evidente que, embora o valor atípico tenha atraído o modelo em direção a ele, o modelo ainda o prevê muito mal (a linha está muito distante do valor atípico). Portanto, se calcularmos os resíduos (as diferenças entre os valores observados na variável de resultado e os valores previstos pelo modelo), os valores atípicos poderão ser vistos porque teriam valores grandes. Em outras palavras, procuraríamos casos que o modelo prevê de forma imprecisa.

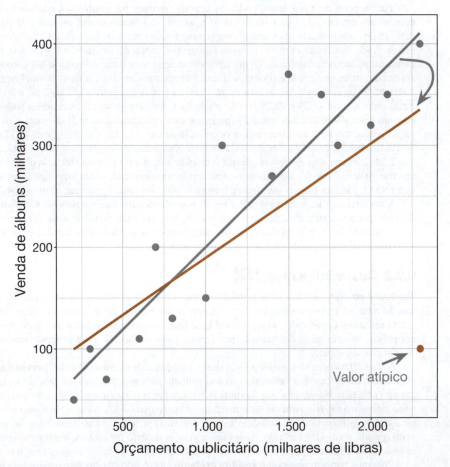

Figura 9.6 Gráfico mostrando o efeito de um valor atípico. A linha cinza representa a regressão original para esses dados, enquanto a linha laranja representa a linha de regressão quando um valor atípico está presente.

Teste seus conhecimentos
Resíduos são usados para calcular qual das três somas dos quadrados?

Lembre-se de que os resíduos representam o erro presente no modelo. Se um modelo se ajustar bem aos dados da amostra, todos os resíduos serão pequenos (se o modelo fosse um ajuste perfeito aos dados da amostra, todos os pontos de dados estariam exatamente na linha de regressão, e todos os resíduos seriam 0). Se um modelo for um ajuste inadequado aos dados da amostra, os resíduos serão grandes. Até agora, discutimos os **resíduos não padronizados** ou *normais*. Essas são as diferenças brutas entre os valores previstos e os observados da variável de resultado. Eles são medidos de acordo com as mesmas unidades que a variável de resultado, o que dificulta a aplicação de regras gerais (porque o que é "grande" depende da variável de resultado). Tudo o que podemos fazer é procurar resíduos que se destacam por serem particularmente grandes.

Para superar esse problema, podemos usar os **resíduos padronizados**, que são os resíduos convertidos em escores-z (ver seção 1.8.6) e, assim, são expressos em unidades de desvio-padrão. Independentemente das variáveis em seu modelo, os resíduos padronizados (como qualquer escore-z) são distribuídos em torno de uma média 0 com um desvio-padrão 1. Portanto, podemos comparar resíduos padronizados de diferentes modelos e usar o que sabemos sobre escores-z para aplicar diretrizes universais ao que esperamos. Por exemplo, em uma amostra normalmente distribuída, 95% dos escores-z devem estar entre −1,96 e +1,96, 99%, entre −2,58 e +2,58, e 99,9% (i.e., quase todos), entre −3,29 e +3,29 (ver Capítulo 1). Com base nisso: (1) os resíduos padronizados com um valor absoluto maior que 3,29 (podemos usar aproximadamente 3) são motivo de preocupação porque em uma amostra média a ocorrência de um valor tão alto é improvável; (2) se mais de 1% dos nossos casos da amostra tiverem resíduos padronizados com um valor absoluto maior que 2,58 (2,5 serve), há evidências de que o nível de erro dentro do nosso modelo pode ser inaceitável; e (3) se mais de 5% dos casos tiverem resíduos padronizados com um valor absoluto maior que 1,96 (2, para ser mais conveniente), o modelo pode ser uma representação ruim dos dados.

Uma terceira forma de resíduo é o **resíduo studentizado**, que é o resíduo não padronizado dividido por uma estimativa de seu desvio-padrão que varia um ponto de cada vez. Esse resíduo tem as mesmas propriedades dos resíduos padronizados, mas geralmente fornece uma estimativa mais precisa da variação do erro de um caso específico.

9.3.2 Casos influentes

Também é possível verificar se determinados casos exercem influência indevida sobre os parâmetros do modelo. Em outras palavras, se tivéssemos que excluir um determinado caso, quão diferentes seriam os coeficientes de regressão? Essa análise ajuda a determinar se o modelo é estável em toda a amostra ou se é enviesado por alguns casos influentes. Esse processo também pode revelar valores atípicos.

Várias estatísticas são usadas para avaliar a influência de um caso. O **valor previsto ajustado** para determinado caso é o valor previsto do resultado para esse caso em um modelo no qual esse caso foi excluído. Na verdade, você estima os parâmetros do modelo excluindo um caso específico e usa esse novo modelo para prever o resultado do caso que foi excluído. Se um caso não exercer uma grande influência sobre o modelo, o valor previsto ajustado deve ser semelhante ao valor previsto quando o caso for incluído. Simplificando, se o modelo for estável, o valor previsto de um caso deve ser o mesmo, independentemente de esse caso ter sido usado para estimar o modelo.

Podemos também observar o **resíduo excluído**, que é a diferença entre o valor previsto ajustado e o valor observado original. O resíduo excluído pode ser dividido pelo erro-padrão para fornecer um valor padronizado conhecido como **resíduo studentizado excluído**. Esse resíduo pode ser comparado entre diferentes análises de regressão porque é medido em unidades-padrão.

Os resíduos excluídos são muito úteis para avaliar a influência de um caso na capacidade do modelo de prever esse mesmo caso. No entanto, eles não fornecem nenhuma informação sobre como um caso influencia o modelo como um todo (i.e., o impacto que um caso tem na capacidade do modelo de prever *todos* os casos). A **distância de Cook** é uma medida da influência geral de um caso no modelo, e Cook e Weisberg (1982) sugeriram que valores maiores do que 1 podem ser motivo de preocupação.

A **alavancagem** (às vezes chamada **valor-chapéu**) mede a influência do valor observado da variável de resultado nos valores previstos. O valor médio de alavancagem é definido como $(k + 1)/n$, em que k é o número de previsores do modelo e n é o número de casos.[6] O valor máximo para alavancagem é $(N - 1)/N$; no entanto, o SPSS calcula uma versão da alavancagem que possui um valor máximo de 1 (indicando que o caso tem influência completa sobre a previsão).

- Se nenhum caso exercer influência indevida sobre o modelo, todos os valores de alavancagem devem estar próximos do valor médio $((k + 1)/n)$.
- Devemos investigar casos com valores maiores que o dobro da média, $2(k + 1)/n$ (Hoaglin e Welsch, 1978), ou três vezes maiores que a média, $3(k + 1)/n$ (Stevens, 2002).

Vamos ver como usar esses pontos de corte mais tarde. No entanto, casos com grandes valores de alavancagem não necessariamente terão uma grande influência nos coeficientes de regressão, pois são mensurados nas variáveis de resultado, não nas previsoras.

Relacionadas aos valores de alavancagem estão as **distâncias de Mahalanobis**, que medem a distância dos casos da(s) média(s) da(s) variável(eis) previsora(s). Procure os casos com os valores mais altos. Essas distâncias têm uma distribuição qui-quadrado, com graus de liberdade iguais ao número de previsores (Tabachnick e Fidell, 2012). Uma maneira de estabelecer um ponto de corte é encontrar o valor crítico do qui-quadrado para o nível alfa desejado (valores para $p = 0,05$ e $0,01$ estão no Apêndice). Por exemplo, em um modelo com três previsores, uma distância maior que 7,81 ($p = 0,05$) ou 11,34 ($p = 0,01$) seria motivo de preocupação. De modo geral, com base em Barnett e Lewis (1978), modelos com amostras grandes ($N = 500$) e cinco variáveis previsoras, valores acima de 25 são motivo de preocupação. Em amostras menores ($N = 100$) e menos previsores (i.e., três), valores maiores que 15 são problemáticos. Em amostras muito pequenas ($N = 30$) com apenas duas variáveis previsoras, valores maiores que 11 devem ser examinados.

Figura 9.7 Prasanta Chandra Mahalanobis olhando a distância.

---

[6]Você pode se deparar com a alavancagem média denotada como p/n, em que p é o número de parâmetros que estão sendo estimados. Na regressão, estimamos os parâmetros para cada variável previsora e também para uma constante, assim p é equivalente ao número de previsores mais um $(k + 1)$.

Outra abordagem é analisar como as estimativas de b em um modelo mudam como resultado da exclusão de um caso (i.e., comparar os valores de b estimados dos dados completos aos estimados a partir dos dados em que um caso específico foi excluído). A mudança nos bs nos diz quanta influência um caso tem em relação aos parâmetros do modelo. Para dar um exemplo hipotético, imagine duas variáveis que têm um relacionamento negativo perfeito, exceto por um único caso (caso 30). Esses dados estão no arquivo **DFBeta.sav**.

Teste seus conhecimentos
Depois de ter lido a seção 9.7, ajuste um modelo linear, primeiro incluindo todos os casos e depois excluindo o caso 30.

Os resultados desses dois modelos estão resumidos na Tabela 9.1, que mostra: (1) os parâmetros para o modelo de regressão quando o caso atípico é incluído ou excluído; (2) as equações de regressão resultantes; e (3) o valor de Y previsto a partir do escore 30 do participante na variável X (que é obtida substituindo o X na equação de regressão pelo escore do participante 30 para X, que era 1). Quando o caso 30 é excluído, esses dados têm um relacionamento negativo perfeito; portanto, o coeficiente da previsora (b_1) é -1, e o coeficiente para a constante (o intercepto, b_0) é 31. Entretanto, quando o caso 30 é incluído, ambos os parâmetros são reduzidos,[7] e a diferença entre os parâmetros também é exibida. A diferença entre um parâmetro estimado usando todos os casos e quando um caso é excluído é conhecida como **DFBeta**. O DFBeta é calculado para cada caso e para cada um dos parâmetros no modelo. Portanto, no nosso exemplo hipotético, o DFBeta para a constante é -2, e o DFBeta para a variável previsora é 0,1. Os valores de DFBeta nos ajudam a identificar casos que têm grande influência nos parâmetros do modelo. As unidades de medida usadas afetarão esses valores; portanto, você pode usar um **DFBeta padronizado** para aplicar pontos de corte universais. DFBetas padronizados com valores absolutos acima de 1 indicam casos que influenciam substancialmente os parâmetros do modelo (embora Stevens, 2002, sugira analisar casos com valores absolutos maiores que 2).

Uma estatística relacionada é o **DFFit**, que é a diferença entre os valores previstos para um caso quando o modelo é estimado, incluindo ou excluindo esse caso: neste exemplo, o valor é $-1,90$ (ver Tabela 9.1). Se um caso não tem influência, então seu DFFit deve ser 0; portanto, espe-

Tabela 9.1 Diferença nos parâmetros do modelo de regressão quando um caso é excluído

Parâmetro (b)	Caso 30 incluído	Caso 30 excluído	Diferença
Constante (intercepto)	29,00	31,00	$-2,0$
Previsora (gradiente)	$-0,90$	$-1,00$	0,10
Modelo (linha de regressão)	$Y = -0,9X + 29$	$Y = -1X + 31$	
Y previsto	28,10	30,00	$-1,90$

---

[7] O valor de b_1 é reduzido porque as variáveis não têm mais um relacionamento linear perfeito, e, assim, temos agora uma variância que o previsor não consegue explicar.

ramos que casos não influentes tenham pequenos valores de DFFit. Assim como para DFBeta, essa estatística depende das unidades de medida do resultado; dessa forma, um DFFit de 0,5 será muito pequeno se o resultado variar de 1 a 100, mas muito grande se o resultado variar de 0 a 1. Para superar esse problema, podemos observar versões padronizadas dos valores de DFFit (**DFFit padronizado**) que são expressas em unidades de desvio-padrão. Uma medida final é a **razão da covariância** (**RCV**), que quantifica o grau em que um caso influencia a variância dos parâmetros de regressão. A descrição do cálculo dessa estatística me deixa aturdido e confuso, então basta dizer que, quando essa relação está próxima de 1, o caso tem pouquíssima influência nas variâncias dos parâmetros do modelo. Belsey, Kuh e Welsch (1980) recomendam o seguinte:

- Se $RCV_i > 1 + [3(k + 1)/n]$, então excluir o i-ésimo caso irá diminuir a precisão de alguns dos parâmetros do modelo.
- Se $RCV_i < 1 - [3(k + 1)/n]$, então excluir o i-ésimo caso irá melhorar a precisão de alguns dos parâmetros do modelo.

Em ambas as desigualdades, k é o número de previsores, RCV_i é a razão da covariância para o i-ésimo participante e n é o tamanho da amostra.

9.3.3 Comentário final sobre estatística de diagnóstico

Vou concluir esta seção com uma observação feita por Belsey e colaboradores (1980): os diagnósticos são ferramentas para ver quão bem o seu modelo se ajusta aos dados amostrados e não uma maneira de justificar a remoção de pontos de dados para efetuar alguma mudança desejável nos parâmetros da regressão (p. ex., excluir um caso que muda um valor-b não significativo para um significativo). Similarmente, Stevens (2002) observa que, se um caso é um valor atípico significativo, mas não está tendo influência (p. ex., a distância de Cook é menor que 1, DFBetas e DFFit são pequenos), não há necessidade real de se preocupar com esse ponto porque não está tendo um grande impacto nos parâmetros do modelo. No entanto, você ainda deve estar interessado em saber *por que* o caso não se encaixou no modelo.

9.4 Generalizando o modelo

O modelo linear produz uma equação que é correta para a amostra de valores observados. No entanto, geralmente estamos interessados em generalizar nossas descobertas para além da nossa amostra. Para que um modelo linear generalize os pressupostos subjacentes que devem ser satisfeitos, e para testar se o modelo é generalizável, podemos validá-lo de forma cruzada.

9.4.1 Pressupostos do modelo linear

Já examinamos os principais pressupostos do modelo linear e como avaliá-los no Capítulo 6. Os principais, em ordem de importância (Field e Wilcox, 2017; Gelman e Hill, 2007), são:

- *Aditividade e linearidade*: A variável de resultado deve, na realidade, estar linearmente relacionada a quaisquer variáveis previsoras, e, com várias previsoras, seu efeito combinado é mais bem descrito somando seus efeitos. Em outras palavras, o processo que estamos tentando modelar pode ser descrito pelo modelo linear. Se esse pressuposto não for satisfeito, o modelo será inválido. Às vezes, você pode transformar variáveis para tornar seus relacionamentos lineares (ver Capítulo 6).
- **Erros independentes**: Para quaisquer duas observações, os termos residuais não podem estar correlacionados (i.e., independentes). Essa eventualidade é, por vezes, descrita como ausência de **autocorrelação**. Se violarmos esse pressuposto, os erros-padrão do modelo serão inválidos, assim como os intervalos de confiança e a testagem de hipóteses baseados neles. Em termos dos próprios parâmetros do modelo, as estimativas do método dos mínimos quadrados serão válidas, mas não ótimas (ver seção 6.8). Esse pressuposto pode ser testado com o **teste de Durbin-Watson**, que testa as correlações seriadas entre os erros. Especificamente, testa se os resíduos adjacentes

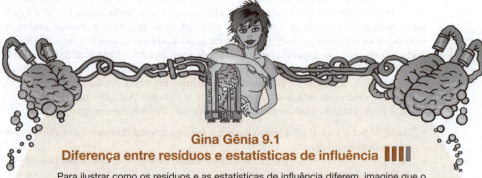

Gina Gênia 9.1
Diferença entre resíduos e estatísticas de influência

Para ilustrar como os resíduos e as estatísticas de influência diferem, imagine que o prefeito de Londres, em 1900, estava interessado em saber como a bebida alcoólica afetava a mortalidade. Londres é dividida em diferentes bairros; assim, ele mediu o número de *pubs* e o número de mortes durante um período de tempo em 8 bairros. Os dados estão em um arquivo chamado **pubs.sav**.

O gráfico de dispersão desses dados (Figura 9.8) revela que, sem o último caso, existe uma relação linear perfeita (a linha laranja). No entanto, a presença do último caso (caso 8) muda drasticamente a linha de melhor ajuste (embora essa linha ainda seja um ajuste significativo para os dados; ajuste o modelo e veja você mesmo).

Os resíduos e as estatísticas de influência são interessantes (Saída 9.1). O resíduo padronizado para o caso 8 é o segundo *menor*: ele produz um resíduo muito pequeno (a maioria dos escores que não são atípicos tem resíduos maiores) porque fica muito próximo da linha que foi ajustada aos dados. De acordo com os resíduos, ele não é um valor atípico, mas como isso é possível quando ele é tão diferente do resto dos dados? A resposta está nas estatísticas de influência, que são todas massivas para o caso 8: ele exerce uma enorme influência sobre o modelo, tão grande que o modelo prevê esse caso muito bem.

Quando você vir uma excentricidade estatística como essa, pergunte o que está acontecendo no mundo real. O distrito 8 é a Cidade de Londres, uma pequena área de apenas uma milha quadrada no centro de Londres, onde muito poucas pessoas viviam, mas onde milhares de pessoas (mesmo assim) iam trabalhar e precisavam de bares. Portanto, havia um grande número de *pubs*. (Sou muito grato por esse exemplo a David Hitchin, que, por sua vez, obteve-o do Dr. Richard Roberts.)

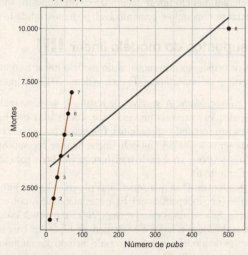

Figura 9.8 Relacionamento entre o número de *pubs* e o número de mortes em 8 bairros de Londres.

Case Summaries[a]

	Standardized Residual	Mahalanobis Distance	Cook's Distance	Centered Leverage Value	DFFIT	DFBETA Intercept	DFBETA pubs
1	-1.33839	.28515	.21328	.04074	-495.72692	-509.65184	1.39249
2	-.87895	.22370	.08530	.03196	-305.09716	-321.12768	.80153
3	-.41950	.16969	.01814	.02424	-137.20167	-147.10661	.33016
4	.03995	.12314	.00015	.01759	12.38769	13.45081	-.02658
5	.49940	.08403	.02294	.01200	147.81622	161.44976	-.27267
6	.95885	.05237	.08092	.00748	273.00807	297.67748	-.41116
7	1.41830	.02817	.17107	.00402	391.72124	422.81664	-.44422
8	-.27966	6.03375	227.14286	.86196	-39478.585	3351.95531	-85.66108
Total N	8	8	8	8	8	8	8

a. Limited to first 100 cases.

Saída 9.1

estão correlacionados. Assim, ela é afetada pela ordem dos casos e só faz sentido quando os casos têm uma ordem relevante (o que eles não têm no exemplo da venda de álbuns). A estatística de teste varia entre 0 e 4, com um valor de 2, ou seja, os resíduos não estão correlacionados. Um valor maior que 2 indica uma correlação negativa entre os resíduos adjacentes, enquanto um valor abaixo de 2 indica uma correlação positiva. O tamanho da estatística Durbin-Watson depende do número de previsores no modelo e do número de observações. Se esse teste for relevante para você, procure os valores críticos em Durbin e Watson (1951). Uma regra prática muito conservadora é que valores menores do que 1 ou maiores do que 3 são motivo de preocupação.

- *Homoscedasticidade* (ver seção 6.7): Em cada nível da(s) variável(eis) previsora(s), a variância dos termos residuais deve ser constante. Esse pressuposto significa que os resíduos em cada nível do(s) previsor(es) devem ter a mesma variância (**homoscedasticidade**); quando as variâncias são muito desiguais, diz-se **heteroscedasticidade**. Violar esse pressuposto invalida intervalos de confiança e testagem de hipóteses; estimativas de parâmetros do modelo (*b*) que usem o método dos mínimos quadrados serão válidas, mas não ótimas. Esse problema é superado usando a regressão dos mínimos quadrados ponderada, em que cada caso é ponderado usando uma função da sua variância ou uma regressão robusta.

- *Erros normalmente distribuídos* (ver seção 6.6): Esse princípio pode ser útil se os resíduos no modelo forem variáveis aleatórias e normalmente distribuídas com uma média 0. Esse pressuposto significa que as diferenças entre os dados previstos e os observados são mais frequentemente 0 ou muito próximas a 0 e que diferenças muito maiores que 0 acontecem apenas ocasionalmente. Algumas pessoas confundem esse pressuposto com a ideia de que os previsores precisam ser normalmente distribuídos, o que não é o caso. Em amostras pequenas, a falta de normalidade invalida os intervalos de confiança e a testagem de hipóteses, enquanto que em grandes amostras isso não ocorre devido ao teorema central do limite. Se você estiver preocupado apenas com estimar os parâmetros do modelo (e não com testagem de hipóteses e intervalos de confiança), esse pressuposto é pouco importante. Se você utilizar intervalos de confiança *bootstrap*, poderá ignorar esse pressuposto.

Há outras considerações que não mencionamos (ver Berry, 1993):

- *Os previsores não estão correlacionados com as "variáveis externas"*: Variáveis externas são variáveis que não foram incluídas no modelo e que influenciam a variável de resultado.[8] Essas variáveis são como a "terceira variável" que discutimos no capítulo sobre correlação. Esse

---

[8] Alguns autores se referem a essas variáveis externas como parte de um termo de erro que inclui qualquer fator aleatório do modo como a variável previsora varia. Entretanto, para evitar confusão com os termos de resíduo nas equações de regressão, escolhi o termo "variáveis externas". Embora esse termo implicitamente exclua fatores aleatórios, reconheço a presença deles.

pressuposto significa que não deve haver variáveis externas que se correlacionem com as variáveis incluídas no modelo de regressão. Obviamente, se as variáveis externas se correlacionam com os previsores, as conclusões que tiramos do modelo tornam-se não confiáveis (porque existem outras variáveis que também podem prever o resultado).
- *Tipos de variáveis*: Todas as variáveis previsoras devem ser quantitativas ou categóricas (com duas categorias) e a variável de resultado deve ser quantitativa, contínua e ilimitada. Por "quantitativa" quero dizer que elas devem ser medidas no nível intervalar, e por "ilimitado" quero dizer que não deve haver restrições sobre a variabilidade do resultado. Se o resultado for uma medida que varia de 1 a 10, mesmo que os dados coletados variem de 3 a 7, esses dados serão limitados.
- *Nenhuma* **multicolinearidade** *perfeita*: Se o modelo tiver mais de uma variável previsora, não pode haver uma relação linear perfeita entre duas ou mais delas. Portanto, as variáveis previsoras não devem ter altas correlações entre si (ver seção 9.9.3).
- *Variância não zero*: Os previsores devem ter alguma variação em seus valores (i,e,, eles não devem ter variâncias iguais a 0). Isso é bem evidente.

Como vimos no Capítulo 6, a violação desses pressupostos tem implicações principalmente para a testagem de hipóteses e para os intervalos de confiança; as estimativas dos *b*s não dependem desses pressupostos (embora o método dos mínimos quadrados seja ótimo quando os pressupostos forem satisfeitos). No entanto, o intervalo de confiança de 95% para um *b* nos indica os limites dentro dos quais o valor populacional pode estar.[9] Portanto, se os intervalos de confiança forem imprecisos (como acontece quando esses pressupostos não são satisfeitos), não podemos estimar com precisão o valor provável na população. Em outras palavras, não podemos generalizar nosso modelo para a população. Quando os pressupostos são satisfeitos, *em média* o modelo de regressão da amostra é o mesmo que o modelo da população. No entanto, deve ficar claro que, mesmo quando os pressupostos são satisfeitos, é possível que um modelo obtido a partir de uma amostra não seja o mesmo que o modelo da população – mas a probabilidade de que eles sejam iguais aumenta.

9.4.2 Validação cruzada do modelo ▮▮▮▮

Mesmo que não possamos ter certeza de que o modelo derivado da nossa amostra represente com precisão a população, podemos avaliar como nosso modelo pode prever o resultado em uma amostra diferente. Avaliar a precisão de um modelo em diferentes amostras é conhecido como **validação cruzada**. Se um modelo pode ser generalizado, ele deve ser capaz de prever com precisão a mesma variável de resultado com o mesmo conjunto de previsores em um grupo diferente de pessoas. Se o modelo for aplicado a uma amostra diferente e houver uma queda acentuada em seu poder de previsão, o modelo *não* é generalizável. Primeiro, devemos coletar dados suficientes para obter um modelo confiável (ver a próxima seção). Uma vez que tenhamos estimado o modelo, há dois métodos principais de validação cruzada:

- R^2 *ajustado*: Enquanto o R^2 nos diz o quanto da variação em *Y* se sobrepõe aos valores previstos do modelo em nossa amostra, o **R^2 ajustado** nos diz quanta variação em *Y* seria contabilizada se o modelo tivesse sido derivado da população da qual a amostra foi retirada. Portanto, o valor ajustado indica a perda de poder de previsão ou **encolhimento**. O SPSS deriva o R^2 ajustado usando a equação de Wherry. Essa equação tem sido criticada porque não nos diz nada sobre quão bem o modelo poderia prever os escores de uma amostra diferente de dados da mesma população. A fórmula de Stein,

$$R^2 \text{ ajustado} = 1 - \left[\left(\frac{n-1}{n-k-1}\right)\left(\frac{n-2}{n-k-2}\right)\left(\frac{n+1}{n}\right)\right]\left(1-R^2\right) \qquad (9.15)$$

---

[9] Presumindo que a sua amostra é uma das 95% que gera um intervalo de confiança contendo o valor do parâmetro populacional. Sim, preciso continuar frisando isso – é importante.

diz, de fato, quão bem o modelo faz a validação cruzada (ver Stevens, 2002), e o mais matematicamente competente de vocês pode querer tentar usá-la em vez da que é utilizada pelo SPSS. Na fórmula de Stein, o R^2 é o valor não ajustado, n é o número de casos e k é o número de variáveis previsorss no modelo.

- *Divisão de dados*: Essa abordagem envolve dividir aleatoriamente os dados da amostra, estimar o modelo usando cada uma das metades e comparar os modelos resultantes. Ao usar métodos em etapas (*stepwise*) (ver seção 9.9.1), a validação cruzada é especialmente importante; você deve executar a regressão em etapas em uma seleção aleatória de cerca de 80% dos seus casos. Em seguida, force esse modelo nos 20% restantes dos dados. Comparando os valores de R^2 e de b nas duas amostras, você pode dizer quão bem o modelo original é generalizado (ver Tabachnick e Fidell, 2012).

9.5 Tamanho da amostra e modelo linear

Na seção anterior, eu disse que é importante coletar dados suficientes para obter um modelo de regressão confiável. Além disso, amostras maiores nos permitem supor que nossos bs tenham distribuições amostrais normais por causa do teorema central do limite (seção 6.6.1). Bem, quanto é suficiente?

Você encontrará muitas regras práticas circulando por aí, sendo as duas mais comuns que você deve ter 10 casos de dados para cada previsor do modelo ou 15 casos de dados por previsor. Essas regras são muito difundidas, mas simplificam a questão a ponto de serem inúteis. O tamanho da amostra necessário depende do tamanho de efeito que estamos tentando detectar (i.e., quão forte é o relacionamento que estamos tentando medir) e com quanto poder queremos detectar esses efeitos. A regra prática mais simples é que, quanto maior o tamanho da amostra, melhor: a estimativa de R que obtemos na regressão depende do número de previsores, k, e do tamanho da amostra, N. De fato, o R esperado para dados aleatórios é $k/(N-1)$, e, portanto, com amostras pequenas, dados aleatórios podem parecer ter um efeito forte: por exemplo, com seis previsores e 21 casos de dados, $R = 6/(21-1) = 0,3$ (um tamanho de efeito médio pelos critérios de Cohen descritos na seção 3.7.2). Obviamente, para dados aleatórios, esperaríamos que o R esperado fosse 0 (sem efeito) e, para que isso seja verdade, precisamos de amostras grandes (usando o exemplo anterior, se tivéssemos 100 casos em vez de 21, o R esperado seria 0,06, que é mais aceitável).

A Figura 9.9 mostra o tamanho da amostra necessário[10] para atingir um nível alto de poder (usei a referência de 0,8 de Cohen, 1988) para testar se o modelo é globalmente significativo (i.e., R^2 não é igual a 0). Variei o número de previsores e o tamanho de efeito esperado: usei $R^2 = 0,02$ (pequeno), 0,13 (médio) e 0,26 (grande), o que corresponde às referências em Cohen (1988). Em termos gerais, se seu objetivo for testar o ajuste global do modelo: (1) se você espera encontrar um grande efeito, um tamanho de amostra de 77 será sempre suficiente (com até 20 previsores), e, se houver menos previsores, você pode se dar ao luxo de ter uma amostra menor; (2) se você está esperando um efeito médio, um tamanho de amostra de 160 será sempre suficiente (com até 20 previsores), você deve sempre ter um tamanho de amostra acima de 55 e com seis ou menos previsores você estará bem com uma amostra de 100; e (3) se você espera um tamanho de efeito pequeno, nem tente a menos que tenha tempo e recursos para coletar centenas de casos de dados. Miles e Shevlin (2001) produzem gráficos mais detalhados que merecem uma olhada, mas a mensagem final é que, se você está procurando tamanhos de amostra para obter efeitos de médio a grande, ela não precisa ser enorme, independentemente de quantas variáveis previsoras você tenha.

---

[10]Usei o programa G*Power, mencionado na seção 2.9.8, para calcular esses valores.

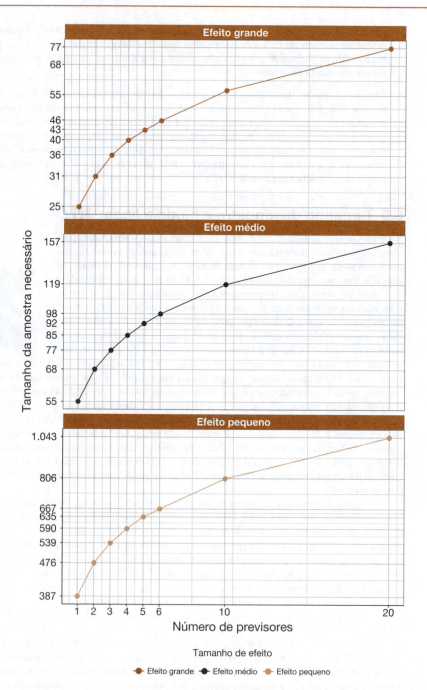

Figura 9.9 Tamanho da amostra necessário para testar o modelo de regressão global dependendo do número de previsores e do tamanho de efeito esperado, $R^2 = 0,02$ (pequeno), 0,13 (médio) e 0,26 (grande).

9.6 Ajustando modelos lineares: procedimento geral ||||

A Figura 9.10 mostra o processo geral do ajuste de modelos lineares. Primeiro, devemos produzir gráficos de dispersão para ter uma ideia de se o pressuposto de linearidade foi satisfeito e procurar valores atípicos ou casos incomuns óbvios. Nesse estágio, podemos transformar os dados para corrigir problemas. Tendo feito esse primeiro exame dos problemas, ajustamos um modelo e salvamos as várias estatísticas de diagnóstico que discutimos na seção 9.3. Se quisermos generalizar o nosso modelo para além da amostra, ou se estivermos interessados em interpretar testes de significância e intervalos de confiança, examinamos esses resíduos para verificar a homoscedasticidade, normalidade, independência e linearidade (embora isso provavelmente esteja bem, já que fizemos um exame anterior). Se encontrarmos problemas, tomamos ações corretivas e reestimamos o modelo. Esse processo pode parecer complexo, mas não é tão ruim quanto parece. Além disso, provavelmente é aconselhável usar intervalos de confiança *bootstrap* quando estimamos o modelo pela primeira vez, porque basicamente podemos esquecer coisas como normalidade.

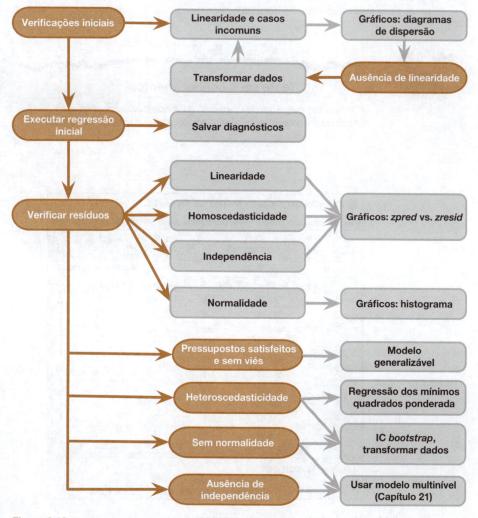

Figura 9.10 Processo para ajustar um modelo de regressão.

9.7 Utilizando o SPSS para ajustar um modelo linear com um previsor ||||

Anteriormente, pedi a você para imaginar que trabalhei para uma gravadora e que meu chefe estava interessado em prever a venda de álbuns com base na publicidade feita. Deixei dados para esse exemplo no arquivo **Album Sales.sav**. Esse arquivo de dados tem 200 linhas, cada uma representando um álbum diferente. Há também várias colunas, uma das quais contém as vendas (em milhares) de cada álbum na semana após o lançamento (*Sales* [vendas]) e uma contendo a quantia (em milhares de libras) gasta fazendo propaganda do álbum antes do lançamento (*Adverts* [propagandas]). As outras colunas representam quantas vezes as músicas do álbum foram tocadas em uma emissora nacional famosa na semana anterior ao lançamento (*Airplay* [transmissão]) e o quão bonita as pessoas acharam a imagem da banda, de 0 a 10 (*Image* [imagem]). Ignore essas duas últimas variáveis por enquanto; vamos usá-las mais tarde. Observe como os dados são dispostos (Figura 9.11): cada variável está em uma coluna, e cada linha representa um álbum diferente. Assim, a publicidade para o primeiro álbum custou 10.260 libras, 330 mil cópias foram vendidas, as músicas foram transmitidas 43 vezes no rádio 1 semana antes do lançamento, e a banda tinha uma imagem muito maneira.

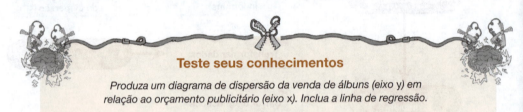

Teste seus conhecimentos

Produza um diagrama de dispersão da venda de álbuns (eixo y) em relação ao orçamento publicitário (eixo x). Inclua a linha de regressão.

Figura 9.11 Editor de dados para ajustar um modelo linear.

A Figura 9.12 mostra que existe uma relação positiva: quanto mais dinheiro é gasto anunciando o álbum, mais ele vende. É claro que alguns álbuns vendem bem independentemente da publicidade (canto superior esquerdo do gráfico de dispersão), mas não há nenhum que venda mal quando os níveis de publicidade são altos (canto inferior direito do gráfico de dispersão). O gráfico de dispersão mostra a linha de melhor ajuste para esses dados: tendo em mente que a média seria representada por uma linha reta em torno da marca de 200 mil vendas, a linha de regressão é visivelmente diferente.

Para ajustar o modelo, acesse a caixa de diálogo principal selecionando *Analyze* (analisar) ▸ *Regression* (regressão) ▸ Linear... (Figura 9.13). Primeiro, definimos a variável de resultado (nesse exemplo, **Sales**). Selecione **Sales** na lista à esquerda e transfira-a para o espaço *Dependent* (dependente), arrastando-a ou clicando em . Nesse modelo, vamos inserir apenas uma previsora (**Adverts**), então selecione-a na lista e clique em (ou arraste-a) para transferi-la para a caixa *Independent(s)* (Independente[s]). Há uma tonelada de opções disponíveis, mas vamos explorá-las quando criarmos o modelo no devido tempo. Por enquanto, solicite intervalos de confiança *bootstrap* para os coeficientes de regressão clicando em Bootstrap... (ver seção 6.12.3). Selecione ☑ Perform bootstrapping para ativar o *bootstrapping* e, para obter um intervalo de confiança de 95%, selecione ◉ Bias corrected accelerated (BCa). Clique em OK na caixa de diálogo principal para ajustar o modelo.

9.8 Interpretando um modelo linear com um previsor

9.8.1 Ajuste geral do modelo

A primeira tabela é um resumo do modelo (Saída 9.2). Essa tabela de resumo fornece o valor do R e do R^2 para o modelo. Para esses dados, o R vale 0,578, e, como há apenas um previsor, esse valor é a correlação entre o orçamento publicitário e a venda de álbuns (você pode confirmar isso

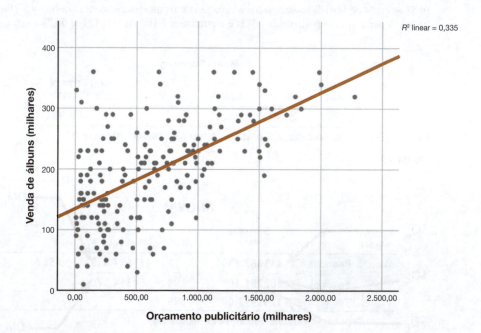

Figura 9.12 Diagrama de dispersão mostrando o relacionamento entre a venda de álbuns e os gastos com publicidade dos álbuns.

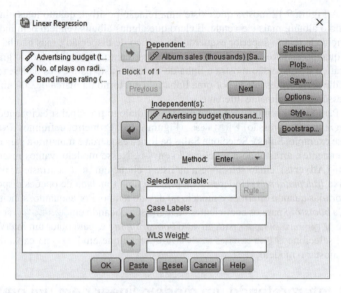

Figura 9.13 Caixa de diálogo principal da regressão.

executando uma correlação com o que aprendeu no Capítulo 8). O valor do R^2 é 0,335, o que nos diz que os gastos com publicidade podem representar 33,5% da variação na venda de álbuns. Isso significa que 66,5% da variação na venda de álbuns ainda não foram contabilizados: pode haver outras variáveis que também exercem influência.

A próxima parte da saída (Saída 9.3) relata as várias somas dos quadrados descritas na Figura 9.5, os graus de liberdade associados a cada uma e os quadrados médios resultantes (Equação 9.11). A parte mais importante da tabela é a estatística F (Equação 9.12) de 99,59 e seu valor de

Model Summary

Model	R	R Square	Adjusted R Square	Std. Error of the Estimate
1	.578[a]	.335	.331	65.991

a. Predictors: (Constant), Advertsing budget (thousands)

Saída 9.2

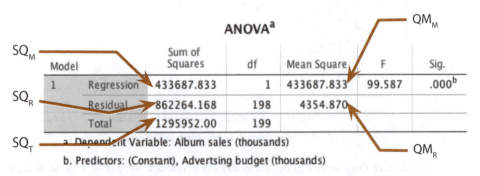

Saída 9.3

significância associado de $p < 0,001$ (expresso dessa forma porque o valor na coluna rotulado *Sig.* é menor que 0,001). Esse valor-*p* nos diz que há menos de 0,1% de chance de que uma estatística *F*, pelo menos tão grande quanto essa, aconteça se a hipótese nula for verdadeira. Portanto, podemos concluir que nosso modelo resulta em previsões significativamente melhores de venda de álbuns do que se usássemos o valor médio de venda de álbuns. Em suma, o modelo linear prevê a venda de álbuns de forma significativa.

9.8.2 Parâmetros do modelo ▌▌▌▌

A Saída 9.4 fornece estimativas dos parâmetros do modelo (os valores-β) e a significância desses valores. Na Equação 9.2, vimos que b_0 é o intercepto de *Y* e que esse valor é 134,14 (*B* para a constante na Saída 9.4). Esse valor pode ser interpretado como significando que quando nada for gasto em propaganda (quando $X = 0$), o modelo prevê que 134.140 álbuns serão vendidos (lembre-se de que nossa unidade de medida é de milhares de álbuns). Também podemos ler o valor de b_1 da tabela, que é 0,096. Embora esse valor seja a inclinação da linha para o modelo, é mais útil pensar nele como representando *a mudança na variável de resultado associada a uma mudança de uma unidade na variável previsora*. Em outras palavras, se a nossa variável de previsão for aumentada em uma unidade (se o orçamento publicitário for aumentado em 1), nosso modelo prevê que será vendido 0,096 álbum extra. Nossas unidades de medida foram milhares de libras e milhares de álbuns vendidos; portanto, podemos dizer que, para um aumento no orçamento de 1.000 libras, o modelo prevê 96 (0,096 × 1.000 = 96) álbuns extras vendidos. Esse investimento é inútil para a gravadora: investir 1.000 libras e receber apenas 96 álbuns extras vendidos! Felizmente, como já sabemos, o orçamento publicitário representa apenas um terço da venda de álbuns.

Vimos anteriormente que, se um previsor tem um impacto significativo em nossa capacidade de prever o resultado, então seu *b* deve ser diferente de 0 (e grande em relação ao seu erro-padrão). Também vimos que o teste-*t* e o valor-*p* associado nos informam se o valor-*b* é significativamente diferente de 0. A coluna *Sig.* fornece a probabilidade exata de um valor-*t* pelo menos tão grande quanto o da tabela ocorrer se o valor-*b* na população for 0. Se essa probabilidade for menor que 0,05, normalmente será interpretada como indicando que a variável previsora associada ao valor-*b* é "significativa" para o resultado (ver Capítulo 2). Para os dois valores-*t*, as probabilidades são 0,000 (zero com 3 casas decimais); assim, podemos dizer que a probabilidade de esses valores-*t* (ou maiores) ocorrerem se os valores dos *b*s na população forem 0 são menores que 0,001. Em outras palavras, os *b*s são significativamente diferentes de 0. Para o exemplo do orçamento e da

Coefficients[a]

Model		Unstandardized Coefficients B	Std. Error	Standardized Coefficients Beta	t	Sig.
1	(Constant)	134.140	7.537		17.799	.000
	Advertising budget (thousands)	.096	.010	.578	9.979	.000

a. Dependent Variable: Album sales (thousands)

Bootstrap for Coefficients

Model		Bootstrap[a] B	Bias	Std. Error	Sig. (2-tailed)	BCa 95% Confidence Interval Lower	Upper
1	(Constant)	134.140	-.049	8.087	.001	118.699	150.746
	Advertising budget (thousands)	.096	.000	.008	.001	.079	.113

a. Unless otherwise noted, bootstrap results are based on 1000 bootstrap samples

Saída 9.4

venda de álbuns, esse resultado significa que o investimento em publicidade contribui significativamente ($p < 0{,}001$) para prever a venda de álbuns.

Se nossa amostra for uma das que produz intervalos de confiança de 95% que contêm o valor da população, o intervalo de confiança *bootstrap* indicará que o valor populacional de b para o orçamento publicitário provavelmente ficará entre 0,079 e 0,113, e, como esse intervalo não inclui 0, podemos concluir que existe uma relação positiva genuína entre o orçamento publicitário e a venda de álbuns na população. Além disso, a significância associada a esse intervalo de confiança é $p = 0{,}001$, que é um resultado altamente significativo. Observe que o processo de *bootstrap* envolve reestimar o erro-padrão (ele muda de 0,01 na tabela original para uma estimativa *bootstrap* de 0,008). Essa é uma mudança muito pequena. Os intervalos de confiança *bootstrap* e os valores de significância são úteis para serem relatados e interpretados, porque eles não se baseiam em pressupostos de normalidade ou homoscedasticidade.

Teste seus conhecimentos

Como é calculado o t na Saída 9.4? Use os valores na tabela para tentar obter o mesmo valor do SPSS.

9.8.3 Usando o modelo ||||

Descobrimos que temos um modelo que melhora significativamente nossa capacidade de prever as vendas de álbuns. O próximo estágio é usar esse modelo para fazer previsões sobre o futuro. Primeiro, especificamos o modelo substituindo os valores-b na Equação 9.2 pelos valores da Saída 9.4. Também podemos substituir o X e o Y pelos nomes das variáveis:

$$\text{venda de álbuns}_i = b_0 + b_1 \text{orçamento publicitário}_i$$
$$= 134{,}14 + 0{,}096 \times \text{orçamento publicitário} \qquad (9.16)$$

Podemos fazer uma previsão sobre a venda de álbuns substituindo o orçamento publicitário por um valor de interesse. Por exemplo, se gastarmos 100 mil libras com a publicidade de um novo álbum, lembrando que nossas unidades já estão em milhares de libras, simplesmente substituímos o orçamento publicitário por 100. Descobrimos que as vendas de álbuns devem ser de aproximadamente 144 mil na primeira semana de vendas:

$$\text{venda de álbuns}_i = 134{,}14 + 0{,}096 \times \text{orçamento publicitário}_i$$
$$= 134{,}14 + 0{,}096 \times 100 \qquad (9.17)$$
$$= 143{,}74$$

Teste seus conhecimentos

Quantos álbuns seriam vendidos se gastássemos 666 mil libras em progaganda no último álbum da banda Deafheaven?

Dicas da Ana Apressada
Modelos lineares

- Um modelo linear (regressão) é uma maneira de prever valores de uma variável a partir de outra utilizando um modelo representado por uma linha reta.
- Essa linha é a que melhor resume o padrão dos dados.
- Para avaliar quão bem o modelo se ajusta aos dados, utilize:
  - R^2, que nos diz quanta variação é explicada pelo modelo em comparação com a variação total, isto é, a variação da variável dependente. É a proporção da variação do resultado que é compartilhada com a variável previsora.
  - F, que nos diz quanta variabilidade o modelo consegue explicar em relação a quanto ele não consegue explicar (i.e., é a proporção de quão bom o modelo é comparado com o quão ruim ele é).
  - valor-b, que nos informa o gradiente da linha de regressão e a força da relação entre a variável previsora e a variável de resultado. Se ele for significativo (Sig. < 0,05 na saída do SPSS), a variável previsora prevê, de maneira significativa, a variável de resultado.

9.9 Modelo linear com dois ou mais previsores (regressão múltipla) ▌▌▌▌

Imagine que a diretora da gravadora quisesse estender o modelo da venda de álbuns para incorporar outras variáveis previsoras. Antes de um álbum ser lançado, a diretora registra o valor gasto em publicidade, o número de vezes que as músicas do álbum são tocadas em uma estação de rádio na semana anterior ao lançamento (**Airplay**) e as avaliações da imagem da banda (**Image**). Ela faz isso com 200 álbuns (cada um de uma banda diferente). A credibilidade da imagem da banda foi avaliada com uma amostra aleatória do público-alvo de acordo com uma escala de 0 (pai dançando em uma discoteca) a 10 (mais doida do que um cachorro que comeu um saco de cebolas). A moda foi usada porque a diretora estava interessada no que a maioria das pessoas achava e não na média das opiniões.

Quando construímos um modelo com vários previsores, tudo o que discutimos até agora se aplica. No entanto, há algumas coisas adicionais para considerar. A primeira é quais variáveis inserir no modelo. Grande cuidado deve ser tomado durante a seleção de previsores para um modelo, porque as estimativas dos coeficientes de regressão dependem das variáveis no modelo (e da ordem em que são inseridas). *Não insira centenas de variáveis previsoras só porque você as mediu, e espere que o modelo resultante faça sentido.* O SPSS terá prazer em gerar resultados com base em qualquer lixo com que você decida alimentá-lo – ele não o julgará, mas outras pessoas sim. Selecione previsores com base em fundamentação teórica sólida ou em pesquisas passadas bem conduzidas que tenham mostrado sua importância.[11] No nosso exemplo, parece lógico que a imagem da banda e a transmissão das músicas no rádio afetem as vendas; portanto, esses são indicadores sen-

---

[11] Preferencialmente pesquisas passadas que sejam metodológica e estatisticamente rigorosas e que gerem modelos confiáveis e generalizáveis.

satos. Não seria sensato medir o custo de produção do álbum, porque isso não afeta as vendas diretamente: apenas adicionaria ruído ao modelo. Se forem adicionadas variáveis previsoras que nunca foram utilizadas antes (no seu contexto de pesquisa), selecione essas variáveis com base em importância *teórica* substantiva. O ponto-chave é que a coisa mais importante ao construir um modelo é usar o cérebro – o que é um pouco preocupante se o seu cérebro for tão pequeno quanto o meu.

9.9.1 Métodos para a entrada de previsores no modelo

Após escolher os previsores, você deve decidir a ordem para inseri-los no modelo. Quando as variáveis previsoras são completamente não correlacionadas, a ordem de inserção da variável tem muito pouco efeito sobre os parâmetros estimados; no entanto, raramente temos previsores não correlacionados, e, portanto, o método de entrada de variáveis tem consequências e é, por isso, importante.

Mantendo inalterados os demais fatores, use a **regressão hierárquica**, na qual você seleciona os previsores com base em trabalhos anteriores e decide em qual ordem eles devem ser inseridos no modelo. De um modo geral, você deve inserir previsores conhecidos (de outras pesquisas) primeiro, em ordem de importância, para prever o resultado. Depois de inserir os previsores conhecidos, você pode adicionar novos previsores ao modelo simultaneamente, de forma gradual ou hierárquica (inserindo primeiro o novo previsor que se espera ser o mais importante).

Uma alternativa é a entrada forçada (ou *Enter*, como é conhecida no SPSS), na qual você força todas as variáveis previsoras no modelo simultaneamente. Assim como a regressão hierárquica, esse método se baseia em boas razões teóricas para incluir as previsoras escolhidas, mas, diferentemente da hierárquica, você não toma nenhuma decisão sobre a ordem na qual as variáveis são inseridas. Alguns pesquisadores acreditam que esse método é o único método apropriado para testes teóricos (Studenmund e Cassidy, 1987), porque as técnicas em etapas são influenciadas pela variação aleatória dos dados e raramente dão resultados replicáveis se o modelo for retestado.

A opção final, a **regressão em etapas** (ou **gradual**), é geralmente desaprovada pelos estatísticos. No entanto, o SPSS facilita e incentiva ativamente o processo de *Modelagem Linear Automática* (provavelmente porque essa função é destinada a pessoas que não sabem nada) – ver Lanterna de Oditi. Estou supondo que você não iria percorrer as 900 páginas da minha verborreia a menos que quisesse saber mais, então daremos ao método *stepwise* um amplo passo em frente. No entanto, você provavelmente precisa saber o que esse método faz para entender por que é melhor evitá-lo. O método em etapas baseia as decisões sobre a ordem na qual os previsores entram no modelo em um critério pura-

Lanterna de Oditi
Modelagem Linear Automática

"Eu, Oditi, tenho um aviso. Seu desespero em me trazer respostas para verdades numéricas, de modo a ganhar um lugar privilegiado dentro do meu coração, pode fazê-lo cair na tentação da *Automatic Linear Modeling* do SPSS. Esse recurso promete respostas sem pensar em nada, e, como um gato ao qual foi prometido um salmão fresco, você vai babar e ronronar em antecipação. Se você quiser descobrir mais, olhe para minha lanterna, mas esteja avisado: às vezes o que parece ser um salmão suculento é uma sardinha podre disfarçada."

mente matemático. No método *forward*, um modelo inicial é definido e contém apenas a constante (b_0). Então, o computador procura o previsor (dentre as variáveis disponíveis) que melhor prevê a variável de resultado – ele faz isso selecionando o previsor que tem a maior correlação simples com o resultado. Se essa variável previsora melhorar significativamente a capacidade do modelo de prever o resultado, ela será retida, e o computador tentará adicionar uma segunda previsora a partir do conjunto de variáveis disponíveis. O próximo previsor que o computador tentará colocar no modelo é o que tem a maior correlação semiparcial com o resultado. Lembre-se de que a correlação semiparcial quantifica a sobreposição exclusiva entre duas variáveis X e Y: ela controla a relação que X tem com os outros previsores. Portanto, o computador procura a variável que possui a maior sobreposição *exclusiva* com o resultado. Essa variável previsora é mantida se melhorar significativamente o ajuste do modelo; caso contrário, ela será rejeitada, e o processo será interrompido. Se ela for retida, e ainda houver previsoras em potencial deixadas fora do modelo, elas serão revisadas e a que tiver a maior correlação semiparcial com o resultado será inserida, avaliada e retida se melhorar significativamente o ajuste, e assim por diante até que não haja mais previsoras em potencial ou até nenhuma das previsoras em potencial melhorar significativamente o modelo ao ser inserida.

Vamos deixar esse processo um pouco mais concreto. Na seção 8.5, usamos um exemplo das relações entre o desempenho na prova, a ansiedade com provas e o tempo de estudo. Imagine que nosso objetivo é prever o desempenho na prova a partir das outras duas variáveis. Pense na Figura 8.10. Se construirmos o modelo em etapas, o primeiro passo é ver qual variável, a ansiedade com provas ou o tempo de estudo, se sobrepõe mais ao desempenho na prova. A área de sobreposição entre o desempenho na prova e a ansiedade com provas é a área A + C (19,4%), enquanto para o tempo de estudo é a área B + C (15,8%). Portanto, a ansiedade com provas será inserida no modelo primeiro e será retida apenas se melhorar significativamente o poder de previsão do modelo. Caso contrário, nenhuma variável previsora será inserida.

Em nosso exemplo do desempenho na prova, existe apenas outro previsor em potencial (tempo de estudo); portanto, ele será inserido a seguir. Lembre-se de que a única sobreposição com o desempenho na prova é a área B na Figura 8.10: ignoramos a parte da sobreposição com o desempenho na prova que é compartilhada com a ansiedade com provas (área C), porque essa variável já está no modelo. Se a área B for grande o suficiente para melhorar significativamente o ajuste do modelo, o tempo de estudo será mantido. Se não, o modelo final irá conter apenas a ansiedade com provas.

Se tivéssemos outra variável previsora em potencial (digamos que medimos a dificuldade da prova) e se a ansiedade com provas foi inserida primeiro, a sobreposição única do tempo de estudo e do desempenho na prova (área B) seria comparada com a área equivalente da dificuldade da prova. A variável com a maior área seria inserida em seguida, avaliada e retida apenas se sua inclusão melhorasse o ajuste do modelo.

O método em etapas do SPSS é igual ao método *forward*, exceto pelo fato de que cada vez que uma variável previsora é adicionada à equação, um teste de remoção é feito na previsora menos útil. Da mesma forma, a equação de regressão é constantemente reavaliada para ver se os previsores redundantes podem ser removidos. O método *backward* é o oposto do método *forward* em que o modelo contém inicialmente todos os previsores, e a contribuição de cada um é avaliada com o valor-*p* de seu teste-*t*. O valor da significância é comparado com um critério de remoção (que pode ser o valor absoluto da estatística de teste ou um valor-*p*). Se um previsor atende ao critério de remoção (i.e., não está fazendo uma contribuição estatisticamente significativa para o modelo), ele é removido, e o modelo é reestimado com os previsores restantes. A contribuição dos previsores remanescentes é, então, reavaliada.

Qual desses métodos você deve usar? A resposta curta é "não o método em etapas", porque as variáveis são selecionadas com base em critérios matemáticos. O problema com esses critérios (p. ex., a correlação semiparcial) é que estão à mercê da variação amostral. Ou seja, uma variável específica pode ter uma grande correlação semiparcial em sua amostra, mas uma correlação pequena em uma amostra diferente. Portanto, os modelos construídos usando métodos em etapas são menos propensos a serem generalizáveis entre amostras porque a seleção de variáveis no modelo é afetada pelo processo de amostragem. Além disso, já que o critério para reter variáveis é baseado em

significância estatística, o tamanho da amostra afeta o modelo obtido: em grandes amostras, os testes de significância são altamente eficientes, resultando na retenção de previsores que contribuem pouco para prever o resultado, e, em amostras pequenas, os previsores que fazem uma grande contribuição podem passar despercebidos por terem menos poder. Consequentemente, há o perigo do sobreajuste (ter excesso de variáveis no modelo que essencialmente contribuem pouco para prever o resultado) e do subajuste (deixar de fora previsores importantes) do modelo. Os métodos em etapas também retiram das mãos dos pesquisadores a tomada de decisões metodológicas importantes.

O principal problema dos métodos em etapas é que eles avaliam o ajuste de uma variável a partir de outras variáveis do modelo. Jeremy Miles (que trabalhou comigo em outros livros) ilustra esse problema imaginando que está se vestindo usando um método gradual. Você acorda uma manhã e, na sua cômoda (ou no chão, se for comigo), você tem a cueca, as calças *jeans*, a camiseta e a jaqueta. Imagine que esses itens sejam as variáveis previsoras. É um dia frio, e você está tentando se aquecer. Um método passo a passo colocará suas calças primeiro porque elas se encaixam melhor em seu objetivo. Ele, então, olha em volta e tenta as outras roupas (variáveis). Ele tenta colocar a sua cueca, mas ela não cabe por cima das calças. Ele decide que ela é "um ajuste ruim" e a descarta. Ele tenta a jaqueta, que encaixa, mas não deixa sua camiseta passar por cima, a qual é descartada. Você acaba saindo de casa usando calças e uma jaqueta sem nada por baixo. Você está com muito frio. No final do dia, durante uma palestra universitária, você se levanta, e suas calças caem (porque seu corpo encolheu devido ao frio), expondo-o ao seus colegas. É uma bagunça. O problema é que a cueca só foi um ajuste ruim porque, quando você tentou colocá-la, já estava usando as calças. Nos métodos em etapas, as variáveis podem ser consideradas previsoras ruins só por causa do que já foi colocado no modelo.

Por essas razões, os métodos em etapas devem ser evitados, exceto para a construção de modelos exploratórios. Se você decidir usar um método passo a passo, deixe o sangue estatístico em suas mãos, não nas minhas. Use o método *backward* em vez do método *forward* para minimizar os **efeitos supressores**, que ocorrem quando um previsor tem um efeito significativo somente quando outra variável é mantida constante. A seleção *forward* tem uma probabilidade maior do que a *backward* de excluir variáveis previsoras envolvidas nos efeitos supressores. Assim, o método *forward* corre um risco maior de cometer um erro do Tipo 2 (i.e., deixar passar um previsor que de fato prevê a variável de resultado). Também é aconselhável fazer a validação cruzada do modelo dividindo os dados (ver seção 9.4.2).

9.9.2 Comparando modelos ▍▍▍▍

Os métodos hierárquicos e (embora obviamente você nunca os usará) em etapas envolvem a adição de previsores ao modelo em etapas, e isso é útil para avaliar a melhoria do modelo em cada estágio. Já que valores maiores de R^2 indicam melhor ajuste, uma maneira simples de quantificar a melhoria quando os previsores são adicionados é comparar o R^2 do novo modelo com o do modelo anterior. Podemos avaliar o significado da mudança no R^2 usando a Equação 9.13, mas, como estamos observando a mudança nos modelos, usamos a mudança no R^2 ($R^2_{\text{mudança}}$) e a mudança no número de previsores ($k_{\text{mudança}}$), bem como o novo R^2 (R^2_{novo}) e o número de previsores (k_{novo}) no novo modelo:

$$F_{\text{mudança}} = \frac{(N - k_{\text{novo}} - 1) R^2_{\text{mudança}}}{k_{\text{mudança}} \left(1 - R^2_{\text{novo}}\right)} \tag{9.18}$$

Podemos comparar modelos usando esta estatística F. O problema com o R^2 é que quando você adiciona mais variáveis ao modelo, ele sempre aumenta. Portanto, se você estiver decidindo qual dos dois modelos se ajusta melhor aos dados, o modelo com mais variáveis previsoras sempre se ajustará melhor. O **critério de informação de Akaike (CIA)**[12] é uma medida de ajuste que penaliza o modelo por ter mais variáveis. Se o CIA for maior, o ajuste será pior; se o CIA for menor,

---

[12] Hirotsugu Akaike foi um estatístico japonês que criou, nos anos 1970, o CIA (critério de informação de Akaike) para estimar a qualidade relativa de um modelo estatístico para um determinado conjunto de dados. Esse critério é usado em diversos lugares.

o ajuste será melhor. Se você usar a função *Automatic Linear Model* (modelagem linear automática) no SPSS, poderá usar o CIA para selecionar modelos em vez da mudança no R^2. O CIA não significa nada por si só: você não pode dizer que um valor CIA de 10 é pequeno ou que um valor de 1.000 é grande. A única coisa que você faz com o CIA é compará-lo a outros modelos com a mesma variável de resultado: se estiver diminuindo, o ajuste do seu modelo está melhorando.

9.9.3 Multicolinearidade ▍▍▍▍

Uma consideração final para modelos com mais de um previsor é a multicolinearidade, que existe quando há uma forte correlação entre dois ou mais previsores. A **colinearidade perfeita** existe quando pelo menos um previsor é uma combinação linear perfeita dos outros (o exemplo mais simples é dois previsores que estão perfeitamente correlacionados – eles têm um coeficiente de correlação de 1). Se há perfeita colinearidade entre os previsores, torna-se impossível obter estimativas únicas dos coeficientes de regressão, porque há um número infinito de combinações de coeficientes que funcionariam igualmente bem. Simplificando, se tivermos dois previsores perfeitamente correlacionados, os valores-*b* para cada variável serão intercambiáveis. A boa notícia é que a colinearidade perfeita é rara em dados da vida real. A má notícia é que menos do que a colinearidade perfeita é praticamente inevitável. Baixos níveis de colinearidade representam pouca ameaça às estimativas do modelo, mas, à medida que a colinearidade aumenta, surgem três problemas:

- *b*s **não confiáveis**: À medida que a colinearidade aumenta, também aumentam os erros-padrão dos coeficientes *b*. Grandes erros-padrão para os coeficientes *b* significam mais variabilidade nesses *b*s entre as amostras e uma chance maior de (1) equações previsoras que são instáveis também entre amostras; e (2) os coeficientes *b*s na amostra não representarem os da população. De maneira grosseira, a multicolinearidade leva a valores-*b* não confiáveis. Não empreste dinheiro e não os deixe sair para jantar com seu namorado ou namorada.
- **Tamanho limitado de *R***: Lembre-se de que o *R* é uma medida da correlação entre os valores previstos e os valores observados e que R^2 indica a variação no resultado pela qual o modelo é responsável. Imagine uma situação em que uma única variável prevê a variável de resultado com $R = 0,80$ e que uma segunda previsora é adicionada ao modelo. Essa segunda variável pode explicar grande parte da variação no resultado (por isso é incluída no modelo), mas a variação pela qual ela é responsável é a mesma da primeira variável (a segunda variável é responsável por muito pouca variação exclusiva). Assim, a variação geral da variável de resultado representada pelas duas previsoras é apenas um pouco maior do que quando apenas uma previsora é utilizada (o *R* pode aumentar de 0,80 para 0,82). Se, entretanto, as duas previsoras forem completamente não correlacionadas, a segunda previsora provavelmente será responsável por uma variação diferente da variável de resultado do que aquela explicada pela primeira previsora. A segunda previsora pode explicar apenas um pouco da variação da variável de resultado, mas a variação que ela explica é diferente da variação da outra previsora (e, portanto, quando as duas previsoras são incluídas, o *R* é substancialmente maior – 0,95).
- **Importância dos previsores**: A multicolinearidade entre previsores torna difícil a avaliação da importância de um previsor. Se os previsores estiverem altamente correlacionados e cada um for responsável por variâncias similares do resultado, como poderemos saber quais deles são importantes? Não podemos – o modelo poderia incluir qualquer um alternadamente.

Um método aproximado de identificação de multicolinearidade (que ignorará formas mais sutis) é fazer uma varredura da matriz de correlação em busca de variáveis previsoras que se correlacionem altamente (valores-*r* acima de 0,80 ou 0,90). O SPSS pode calcular o **fator de inflação da variância** (**FIV**), que indica se uma previsora tem uma forte relação linear com a(s) outra(s) previsora(s), e a estatística de **tolerância**, que é sua recíproca (1/FIV). Algumas diretrizes gerais foram sugeridas para interpretar o FIV:

- Se o maior FIV estiver acima de 10 (ou a tolerância estiver abaixo de 0,1), há um problema sério (Bowerman e O'Connell, 1990; Myers, 1990).

- Se o FIV médio for substancialmente maior do que 1, a regressão pode ser tendenciosa (Bowerman e O'Connell, 1990).
- Uma tolerância abaixo de 0,2 indica um problema potencial (Menard, 1995).

Outras medidas que são úteis para descobrir se os previsores são dependentes são os *autovalores da matriz escalonada*, a *matriz do produto cruzado não centrado*, os *índices de condição* e as *proporções da variância*. Essas estatísticas serão abordadas durante a interpretação da saída do SPSS (ver seção 9.11.5). Se nada disso fez sentido, Hutcheson e Sofroniou (1999) explicam muito claramente a multicolinearidade.

9.10 Usando o SPSS para ajustar um modelo linear com vários previsores ▌▐▐▐

Lembre-se do procedimento geral na Figura 9.10. Primeiro, poderíamos analisar diagramas de dispersão das relações entre a variável de resultado e as previsoras. A Figura 9.14 mostra uma matriz de diagramas de dispersão para os dados de venda de álbuns, mas eu sombreei todos os gráficos de dispersão, exceto os três relacionados ao resultado da venda de álbuns. Embora os dados sejam confusos, as três previsoras têm relações razoavelmente lineares com a venda de álbuns e não há nenhum valor atípico óbvio (exceto, talvez, no canto inferior esquerdo do gráfico de dispersão em relação à imagem da banda).

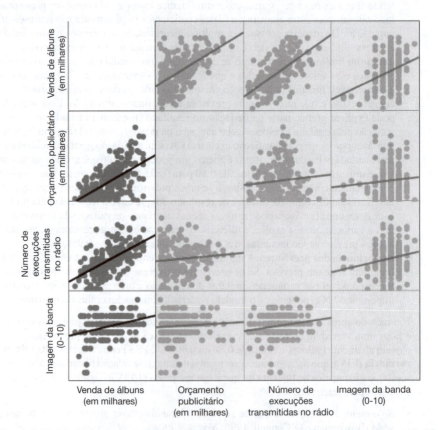

Figura 9.14 Matriz de diagramas de dispersão dos relacionamentos entre orçamento publicitário, transmissão no rádio, avaliação da imagem da banda e venda de álbuns.

Teste seus conhecimentos

*Produza uma matriz de diagramas de dispersão das variáveis **Sales**, **Adverts**, **Airplay** e **Image**, incluindo linhas de regressão.*

9.10.1 Opções principais ▮▮▮▮

Pesquisas anteriores mostram que o orçamento publicitário é um previsor significativo da venda de álbuns e, por isso, ele deve ser incluído primeiro no modelo, inserindo as novas variáveis (**Airplay** e **Image**) posteriormente. Esse método é o hierárquico (decidimos a ordem em que as variáveis serão inseridas com base em pesquisas anteriores). Para fazer uma regressão hierárquica, inserimos as previsoras em blocos, com cada bloco representando uma etapa na hierarquia. Acesse a caixa de diálogo principal da regressão linear selecionando *Analyze* ▶ *Regression* ▶ Linear... . Encontramos essa caixa de diálogo quando analisamos modelos com apenas um previsor (Figura 9.13). Para configurar o primeiro bloco, repetimos o que fizemos antes: arraste **Sales** para a caixa *Dependent* (ou clique em). Também precisamos especificar o previsor para o primeiro bloco, que já decidimos que deve ser o orçamento publicitário. Arraste essa variável da lista à esquerda para a caixa *Independent(s)* (ou clique em). Abaixo da caixa *Independent(s)*, existe um menu suspenso para especificar o *Method* (método) de entrada da variável (ver seção 9.9.1). Você pode selecionar um método diferente para cada bloco clicando em Enter ▼ . A opção-padrão é a entrada forçada, e essa é a opção que queremos, mas se você estiver realizando um trabalho exploratório, poderá usar um método diferente.

Após especificar o primeiro bloco, podemos especificar um segundo clicando em Next . Esse processo limpa a caixa *Independent(s)* para que você possa inserir as novas variáveis previsoras (observe que agora ele marca *Block 2 of 2* (bloco 2 de 2) acima dessa caixa para indicar que você está no segundo bloco dos dois que você especificou até o momento). Decidimos que o segundo bloco conteria as duas novas previsoras, então selecione **Airplay** e **Image** e arraste-as para a caixa *Independente(s)* (ou clique em). A caixa de diálogo deve se parecer com a da Figura 9.15. Para se movimentar entre blocos, use as teclas Previous e Next (p. ex., para voltar ao bloco 1, clique em Previous).

É possível selecionar diferentes métodos de entrada de variáveis para blocos diferentes. Por exemplo, após especificar a entrada forçada para o primeiro bloco, poderíamos agora definir um método em etapas para o segundo. Como não temos pesquisas anteriores sobre os efeitos da imagem e das transmissões no rádio na venda de álbuns, podemos fazer isso justificadamente. No entanto, em virtude dos problemas com o método passo a passo, vou escolher a entrada forçada para os dois blocos.

9.10.2 Estatísticas ▮▮▮▮

Na caixa de diálogo principal da *Regressão*, clique em Statistics... para abrir a caixa de diálogo similar à da Figura 9.16. A seguir, há uma lista das opções disponíveis. Selecione as opções desejadas e clique em Continue para retornar à caixa de diálogo principal.

- *Estimates* (estimativas): Essa opção é selecionada automaticamente porque nos dá uma estimativa dos valores-b para o modelo, assim como o teste-t e o valor-p associados (ver seção 9.2.5).
- *Confidence intervals* (intervalos de confiança): Essa opção produz intervalos de confiança para cada valor-b do modelo. Lembre-se de que se os pressupostos do modelo não forem satisfeitos, esses intervalos de confiança não serão precisos, e intervalos de confiança *bootstrap* devem ser usados.

404 Descobrindo a estatística usando o SPSS

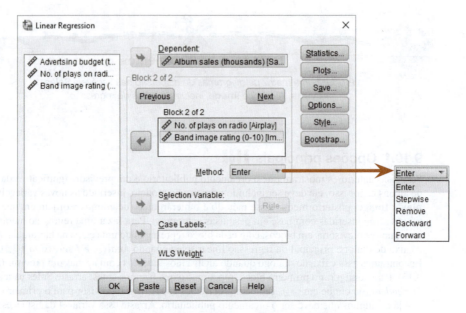

Figura 9.15 Caixa de diálogo principal para o bloco 2 da regressão múltipla.

- *Covariance matrix* (matriz das covariâncias): Essa opção produz uma matriz das covariâncias e dos coeficientes de correlação entre os valores-b, além das variâncias para cada variável no modelo. Uma matriz de variâncias-covariâncias exibe as variâncias ao longo da diagonal e as covariâncias como elementos fora da diagonal. As correlações são apresentadas em uma matriz separada.

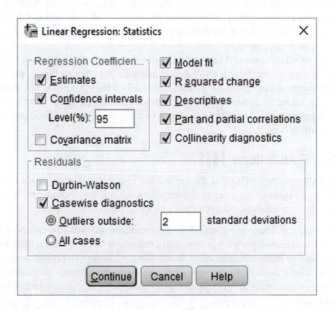

Figura 9.16 Caixa de diálogo de *Statistics* para a análise de regressão.

- *Model fit* (ajuste do modelo): Essa opção produz o teste-F, R, R^2 e o R^2 ajustado (ver seções 9.2.4 e 9.4.2).
- *R squared change* (mudança no R^2): essa opção exibe a mudança no R^2 resultante da inclusão de um novo previsor (ou bloco de previsores) – ver seção 9.9.2.
- *Descriptives* (descritivas): Essa opção exibe uma tabela com a média, o desvio-padrão e o número de observações incluídas no modelo. A matriz de correlações também é produzida, o que pode ser útil para detectar a multicolinearidade.
- *Part and partial correlations* (correlações de parte e parciais): Essa opção produz a correlação de ordem zero (a correlação de Pearson) entre cada previsor e a variável de resultado. Ela também produz a correlação semiparcial (de parte) e a parcial entre cada previsora e a variável de resultado (ver seções 8.5 e 9.9.1).
- *Collinearity diagnosis* (diagnóstico de colinearidade): Essa opção produz estatísticas de colinearidade como o FIV, a tolerância, os autovalores da matriz escalonada e não centrada do produto cruzado, índices da condição e proporções das variâncias (ver seção 9.9.3).
- *Durbin-Watson*: Essa opção produz a estatística de teste de Durbin-Watson, que testa o pressuposto de erros independentes quando os casos têm uma sequência relevante. Nesse caso, ela não nos é útil porque os nossos casos não têm uma ordem relevante.
- *Casewise diagnostics* (diagnóstico por caso): Essa opção produz uma tabela que lista os valores observados do resultado, os valores previstos do resultado, a diferença entre esses valores (os resíduos) e essa diferença padronizada. Você pode pedir essa informação para todos os casos, mas isso resultará em uma tabela gigante se a amostra for grande. Uma opção alternativa é listar somente casos para os quais os resíduos padronizados sejam maiores do que 3 (ignorando o sinal). Eu geralmente mudo para 2 (para que eu não deixe passar casos com resíduos padronizados que não atinjam o limiar de 3). Uma tabela de estatísticas residuais indicando o escore mínimo, o máximo, a média e o desvio-padrão, tanto dos valores previstos pelo modelo quanto dos resíduos, também é produzida (ver seção 9.10.4).

9.10.3 Diagramas de regressão ▮▮▮▮

Quando estiver de volta à caixa de diálogo principal, clique em [Plots...] para ativar uma caixa de diálogo similar à da Figura 9.17, a qual podemos usar para testar alguns pressupostos do modelo. A maioria desses gráficos envolve vários valores *residuais*, descritos na seção 9.3. O lado esquerdo lista várias variáveis:

- **DEPENDNT**: a variável de resultado.
- ***ZPRED**: os valores padronizados do resultado previstos com base no modelo. Esses valores são formas padronizadas dos valores previstos pelo modelo.
- ***ZRESID**: os resíduos padronizados, ou erros. Esses valores são as diferenças padronizadas entre os valores observados do resultado e os previstos pelo modelo.
- ***DRESID**: os resíduos excluídos descritos na seção 9.3.2.
- ***ADJPRED**: os valores previstos ajustados descritos na seção 9.3.2.
- ***SRESID**: os resíduos studentizados descritos na seção 9.3.1.
- ***SDRESID**: os resíduos studentizados excluídos descritos na seção 9.3.2.

Na seção 6.11.1, vimos que um gráfico de ***ZRESID** (eixo *y*) em relação a ***ZPRED** (eixo *x*) é útil para testar os pressupostos de erros independentes, homoscedasticidade e linearidade. Um gráfico de ***SRESID** (eixo *y*) em relação a ***ZPRED** (eixo *x*) irá mostrar a heteroscedasticidade também. Embora quase sempre esses dois gráficos sejam praticamente idênticos, o último é mais sensível caso a caso. Para criar esses gráficos, arraste uma variável da lista para o espaço *Y* ou *X* (que se referem aos eixos), ou selecione a variável e clique em [→]. Quando você seleciona duas variáveis para o primeiro diagrama (como na Figura 9.17), você pode especificar um novo gráfico (até nove gráficos diferentes) clicando em [Next]. Esse processo limpa a caixa de diálogo, e você pode especificar um segundo diagrama. Clique em [Next] ou [Previous] para navegar entre os diagramas que você especificou.

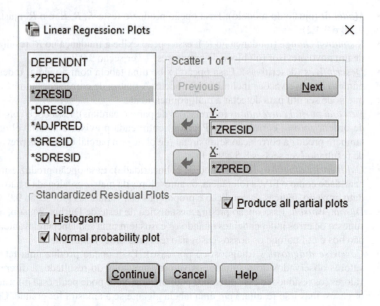

Figura 9.17 Caixa de diálogo *Plots* (diagramas).

Marcar a caixa *Produce all partial plots* (produzir todos os diagramas parciais) produzirá diagramas de dispersão dos resíduos da variável de resultado e de cada uma das previsoras quando as duas variáveis forem regredidas separadamente nos previsores restantes. Independentemente de a frase anterior ter feito algum sentido para você, esses diagramas têm características importantes que os tornam dignos de inspeção. Primeiro, o gradiente da linha de regressão entre os resíduos das duas variáveis é equivalente ao coeficiente da variável previsora na equação de regressão. Assim, quaisquer valores atípicos óbvios em um diagrama parcial representam casos que podem ter influência indevida no coeficiente da previsora, *b*. Segundo, as relações não lineares entre um previsor e a variável de resultado são muito mais evidentes nesses diagramas. Finalmente, eles são úteis para detectar colinearidade.

Há duas outras caixas de seleção *Standardized Residual Plots* (diagramas residuais padronizados). Uma produz um histograma dos resíduos padronizados, e a outra, um diagrama de probabilidade normal; ambas são úteis para verificar a normalidade dos erros. Clique em Continue para retornar à caixa de diálogo principal.

9.10.4 Salvando diagnósticos de regressão

A seção 9.3 descreveu numerosas variáveis que podemos usar para diagnosticar valores atípicos e casos influentes. Podemos salvar essas variáveis de diagnóstico do nosso modelo no editor de dados (o SPSS as calcula e coloca os valores em novas colunas no editor de dados), clicando em Save... para acessar uma caixa de diálogo (Figura 9.18). A maioria das opções disponíveis foi explicada na seção 9.3, e a Figura 9.18 mostra o que considero ser um conjunto razoável de estatísticas de diagnóstico. As versões padronizadas (e studentizadas) desses diagnósticos são geralmente mais fáceis de interpretar, e, por isso, costumo selecioná-las em lugar das versões não padronizadas. Uma vez que o modelo foi estimado, o SPSS cria uma coluna no seu editor de dados para cada estatística solicitada; ele usa um conjunto-padrão de nomes de variáveis para descrever cada uma delas. Após o nome, haverá um número que se refere ao modelo a partir do qual elas foram geradas. Por exemplo, para um primeiro modelo ajustado a um conjunto de dados, os nomes das variáveis serão seguidos por um 1; se você estimar um segundo modelo, ele criará um

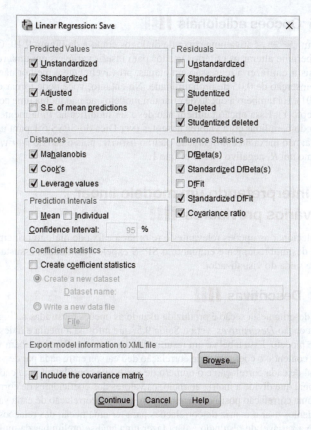

Figura 9.18 Caixa de diálogo dos diagnósticos da regressão.

novo conjunto de variáveis com nomes seguidos por um 2 e assim por diante. Como referência, os nomes usados pelo SPSS estão listados a seguir. Selecione os diagnósticos necessários e clique em Continue para retornar à caixa de diálogo principal.

- **pre_1**: valor previsto não padronizado
- **zpr_1**: valor previsto padronizado
- **adj_1**: valor previsto não ajustado
- **sep_1**: erro-padrão do valor previsto
- **res_1**: resíduo não padronizado
- **zre_1**: resíduo padronizado
- **sre_1**: resíduo studentizado
- **dre_1**: resíduo excluído
- **sdr_1**: resíduo studentizado excluído
- **mah_1**: distância de Mahalanobis
- **coo_1**: distância de Cook
- **lev_1**: valor de alavancagem centrado
- **sdb0_1**: DFBeta padronizado (intercepto)
- **sdb1_1**: DFBeta padronizado (previsora 1)
- **sdb2_1**: DFBeta padronizado (previsora 2)
- **sdf_1**: DFFit padronizado
- **cov_1**: razão da covariância

9.10.5 Opções adicionais ▌▌▌▌

Clicar em [Options...] ativa uma caixa de diálogos como a da Figura 9.19. O primeiro conjunto de opções permite alterar os critérios usados para inserir variáveis em uma regressão em etapas. Se você insistir em fazer a regressão em etapas, provavelmente é melhor não mexer no critério-padrão de inserção de 0,05 de probabilidade. No entanto, você pode tornar esse critério mais rigoroso (0,01). Há também a opção de criar um modelo que não inclua uma constante (i.e., não tenha o intercepto Y). Essa opção também não deve ser modificada. Finalmente, você pode selecionar um método para lidar com valores ausentes (ver Dica do SPSS 6.1 para uma descrição). Apenas uma dica: não mexa na configuração-padrão *listwise*, pois o uso do *pairwise* pode levar a aberrações como um R^2 negativo ou maior que 1.

9.11 Interpretando um modelo linear com vários previsores ▌▌▌▌

Após selecionar as opções relevantes e retornar à caixa de diálogo principal, clique em [OK] e observe deslumbradamente enquanto o SPSS expele quantidades assustadoras de resultados na janela de saída do visualizador.

9.11.1 Descritivas ▌▌▌▌

A saída descrita nesta seção é produzida usando as opções mostradas na Figura 9.16. Se você selecionou a opção *Descriptives*, verá a Saída 9.5, que informa a média e o desvio-padrão de cada variável no modelo. Essa tabela é um resumo útil das variáveis. Você também verá uma matriz de correlações contendo o coeficiente de correlação de Pearson entre cada par de variáveis, a significância unilateral de cada correlação e o número de casos que contribuem para cada correlação. Ao longo da diagonal que divide a matriz ao meio, os valores dos coeficientes de correlação são todos iguais a 1,00 (uma correlação positiva perfeita), porque são a correlação de cada variável consigo mesma.

Podemos usar a matriz de correlações para ter uma noção das relações entre as variáveis previsoras e a variável de resultado e para fazer uma análise preliminar da multicolinearidade. Se não

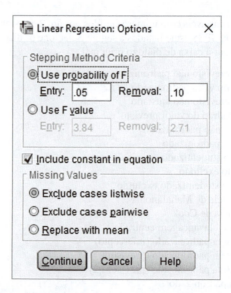

Figura 9.19 Opções para a regressão linear.

Capítulo 9 • Modelo linear (regressão)

Lanterna de Oditi
Modelo linear

"Eu, Oditi, desejo prever quando poderei dominar o mundo e governar vocês, patéticos mortais, com uma mão de ferro... ahn... cof, cof, quero dizer, eu quero prever como afastar gatinhos fofos dos dentes de cães raivosos porque eu sou muito legal e não tenho aspirações de dominação mundial. Este capítulo é tão longo que alguns de vocês vão morrer antes de chegarem ao fim, então ignorem a verborreia desastrada do autor e olhem para a minha lanterna deslumbrante."

houver multicolinearidade nos dados, não deve haver correlações substanciais ($r > 0,9$) entre os previsores. Se olharmos apenas para os previsores (ignorar a venda de álbuns), a correlação mais alta ocorre entre as avaliações da imagem da banda e a quantidade de transmissões no rádio e é significativa ao nível 0,01 ($r = 0,182$, $p = 0,005$). Apesar da significância, o coeficiente em si é pequeno; e, portanto, não há colinearidade para se preocupar. Se olharmos a variável de resultado, então, é aparente que o previsor da transmissão no rádio se correlaciona melhor com o resultado ($r = 0,599$, $p < 0,001$).

Descriptive Statistics

	Mean	Std. Deviation	N
Album sales (thousands)	193.20	80.699	200
Advertising budget (thousands)	614.41	485.65521	200
No. of plays on radio	27.50	12.270	200
Band image rating (0-10)	6.77	1.395	200

Correlations

		Album sales (thousands)	Advertising budget (thousands)	No. of plays on radio	Band image rating (0-10)
Pearson Correlation	Album sales (thousands)	1.000	.578	.599	.326
	Advertising budget (thousands)	.578	1.000	.102	.081
	No. of plays on radio	.599	.102	1.000	.182
	Band image rating (0-10)	.326	.081	.182	1.000
Sig. (1-tailed)	Album sales (thousands)	.	.000	.000	.000
	Advertising budget (thousands)	.000	.	.076	.128
	No. of plays on radio	.000	.076	.	.005
	Band image rating (0-10)	.000	.128	.005	.
N	Album sales (thousands)	200	200	200	200
	Advertising budget (thousands)	200	200	200	200
	No. of plays on radio	200	200	200	200
	Band image rating (0-10)	200	200	200	200

Saída 9.5

Dicas da Ana Apressada
Estatísticas descritivas

- Use as estatísticas descritivas para verificar a multicolinearidade por meio da matriz de correlações, isto é, previsores com altas correlações entre si, $r > 0,9$.

9.11.2 Resumo do modelo

A Saída 9.6 descreve o ajuste geral do modelo. Há dois modelos na tabela porque escolhemos um método hierárquico com dois blocos, e as estatísticas de resumo são repetidas para cada modelo/bloco. O modelo 1 refere-se ao primeiro estágio da hierarquia, quando apenas o orçamento publicitário foi usado como previsor. O modelo 2 refere-se ao uso dos três previsores. Podemos ver isso nas notas de rodapé abaixo da tabela. Se você selecionou as opções *R squared change* e *Durbin-Watson*, esses valores também serão incluídos (não selecionamos Durbin-Watson; portanto, ele não aparece na Saída 9.6).

A coluna *R* contém o coeficiente de correlação múltipla entre os previsores e o resultado. Quando apenas o orçamento publicitário é usado como previsor, essa é a correlação simples entre o orçamento e a venda de álbuns (0,578). Na verdade, todas as estatísticas do modelo 1 são as mesmas do modelo de regressão simples anterior (ver seção 9.8). A próxima coluna nos dá um valor de R^2, que sabemos que é a variação no resultado explicada pelos previsores. Para o primeiro modelo, seu valor é 0,335, ou seja, o orçamento publicitário representa 33,5% da variação da venda de álbuns. No entanto, quando as outras duas previsoras também são incluídas (modelo 2), esse valor aumenta para 0,665, ou 66,5% da variação da venda de álbuns. Se a publicidade for responsável por 33,5%, a imagem e as transmissões no rádio deverão contabilizar um acréscimo de 33%.[13]

O R^2 ajustado nos dá uma ideia de quão generalizável é o nosso modelo, e idealmente gostaríamos que seu valor fosse igual ou muito próximo do valor do R^2. Nesse exemplo, a dife-

Model Summary[c]

Model	R	R Square	Adjusted R Square	Std. Error of the Estimate	R Square Change	F Change	df1	df2	Sig. F Change
1	.578[a]	.335	.331	65.991	.335	99.587	1	198	.000
2	.815[b]	.665	.660	47.087	.330	96.447	2	196	.000

a. Predictors: (Constant), Advertising budget (thousands)
b. Predictors: (Constant), Advertising budget (thousands), Band image rating (0–10), No. of plays on radio
c. Dependent Variable: Album sales (thousands)

Saída 9.6

---
[13] Isto é, 66,5% − 33,5% = 33% (esse valor é o *R Square Change* na tabela).

rença para o modelo final é pequena (é 0,665 − 0,660 = 0,005, ou cerca de 0,5%). Esse encolhimento significa que, se o modelo fosse derivado da população e não de uma amostra, isso explicaria aproximadamente 0,5% menos variação do resultado. Se aplicarmos a fórmula de Stein (Equação 9.15), obtemos um valor ajustado de 0,653 (Gina Gênia 9.2), que é muito próximo do valor de R^2 observado (0,665), indicando que a validade cruzada desse modelo é muito boa.

As estatísticas de mudanças são fornecidas apenas se solicitadas e nos dizem se a alteração em R^2 é significativa (i.e., quanto o ajuste melhora à medida que os previsores são adicionados). A mudança é relatada para cada bloco da hierarquia: para o modelo 1, R^2 muda de 0 para 0,335 e dá

Gina Gênia 9.2
Loucura matemática ▮▮▮▯

Podemos analisar como alguns dos valores da saída foram computados se voltarmos à parte teórica do capítulo. Por exemplo, olhando a mudança em R^2 para o primeiro modelo, temos apenas um previsor ($k = 1$) e 200 casos ($N = 200$), então o F vem da Equação 9.13:[14]

$$F_{\text{modelo 1}} = \frac{(200 - 1 - 1)0,334648}{1(1 - 0,334648)} = 99,59$$

No modelo 2, na Saída 9.6, dois previsores foram adicionados (imagem da banda e transmissão no rádio), então o novo modelo tem 3 previsores (k_{novo}), e o modelo anterior tinha apenas 1, que é uma mudança de 2 ($k_{\text{mudança}}$). A adição desses dois previsores aumenta o R^2 em 0,330 ($R^2_{\text{mudança}}$), produzindo o R^2 do novo modelo, 0,665 (R^2_{novo}).[15] A estatística F para essa mudança vem da Equação 9.18:

$$F_{\text{mudança}} = \frac{(N - 3 - 1)0,33}{2(1 - 0,664668)} = 96,44$$

Podemos aplicar a fórmula de Stein (Equação 9.15) ao R^2 para ter uma ideia do seu valor provável em amostras diferentes. Substituímos n com o tamanho da amostra (200) e k com o número de previsores (3):

$$R^2 \text{ ajustado} = 1 - \left[\left(\frac{n-1}{n-k-1}\right)\left(\frac{n-2}{n-k-2}\right)\left(\frac{n+1}{n}\right)\right]\left(1 - R^2\right)$$
$$= 1 - \left[(1,015)(1,015)(1,005)\right](0,335)$$
$$= 1 - 0,347$$
$$= 0,653$$

---

[14] Para obter os mesmos valores do SPSS, temos que usar o valor exato do R^2, que é 0,3346480676231 (se você não acredita em mim, clique duas vezes na tabela da saída do SPSS que relata esse valor, então clique duas vezes na célula da tabela que contém o valor do R^2 e você verá que o valor 0,335 tem agora muito mais casas decimais).

[15] O valor mais preciso é 0,664668.

origem a uma estatística F de 99,59, que é significativa com uma probabilidade menor que 0,001. No modelo 2, em que a imagem da banda e as transmissões no rádio foram adicionadas como previsores, o R^2 aumentou em 0,330, fazendo o R^2 do novo modelo (0,665) ter uma estatística F significativa ($p < 0,001$) de 96,44 (Gina Gênia 9.2).

A Saída 9.7 mostra o valor-F que testa se o modelo é significativamente melhor na previsão do que se fosse utilizada a média (i.e., nenhum previsor). A estatística F representa a razão entre a melhoria na previsão resultante do ajuste do modelo em relação à imprecisão que ainda existe no modelo (ver seção 9.2.4). Essa tabela relata novamente as informações para cada modelo separadamente. Ela contém a soma dos quadrados para o modelo (o valor de SQ_M da seção 9.2.4), a soma dos quadrados dos resíduos (o valor de SQ_R da seção 9.2.4) e seus respectivos graus de liberdade. Para SQ_M, os gl são o número de previsores (1 para o primeiro modelo e 3 para o segundo). Para a SQ_R, os gl são o número de observações (200) menos o número de coeficientes no modelo de regressão. O primeiro modelo possui dois coeficientes (um para o previsor mais a constante)

Dicas da Ana Apressada
Resumo do modelo

- O ajuste do modelo linear pode ser avaliado utilizando as tabelas do *Resumo do modelo* e da *ANOVA* do SPSS.
- O R^2 informa a proporção da variação explicada pelo modelo.
- Se você fez uma regressão hierárquica, avalie a melhoria do modelo em cada estágio observando a alteração no R^2 e se ela é significativa (valores menores que 0,05 na coluna *Sig. F Change*).
- O teste-F nos diz se o modelo é um ajuste geral significativo para os dados (procure valores menores que 0,05 na coluna *Sig.*).

ANOVA[a]

Model		Sum of Squares	df	Mean Square	F	Sig.
1	Regression	433687.833	1	433687.833	99.587	.000[b]
	Residual	862264.168	198	4354.870		
	Total	1295952.00	199			
2	Regression	861377.418	3	287125.806	129.498	.000[c]
	Residual	434574.582	196	2217.217		
	Total	1295952.00	199			

a. Dependent Variable: Album sales (thousands)
b. Predictors: (Constant), Advertising budget (thousands)
c. Predictors: (Constant), Advertising budget (thousands), Band image rating (0–10), No. of plays on radio

Saída 9.7

enquanto o segundo tem quatro (um para cada uma das três previsoras mais a constante). Portanto, o modelo 1 tem 198 graus de liberdade para os resíduos enquanto o modelo 2 tem 196. Lembre-se de que a média dos quadrados do modelo (QM_R) é a SQ_M dividida pelos gl e a estatística F é a média de melhoria na previsão do modelo (QM_R) dividida pela média do erro na previsão (QM_R = SQ_R/gl). O valor-p é a probabilidade de obter um F pelo menos tão grande quanto o que obteríamos se a hipótese nula fosse verdadeira (se usássemos o resultado médio para prever a venda de álbuns). A estatística F é 99,59, $p < 0{,}001$, para o modelo inicial e 129,498, $p < 0{,}001$, para o segundo. Podemos interpretar esses resultados como uma indicação de que ambos os modelos melhoraram significativamente nossa capacidade de prever a variável de resultado em comparação a não ajustar o modelo.

9.11.3 Parâmetros do modelo ▌▌▌▌

A Saída 9.8 mostra as estimativas dos parâmetros do modelo para as duas etapas da hierarquia. O primeiro passo na nossa hierarquia foi incluir o orçamento publicitário, e assim as estimativas desse primeiro modelo são idênticas às obtidas anteriormente neste capítulo na Saída 9.4. Portanto, vamos nos concentrar nas estimativas dos parâmetros para o modelo final (no qual todos os previsores foram incluídos). O formato da tabela de coeficientes depende das opções selecionadas na Figura 9.16; por exemplo, os intervalos de confiança b, os diagnósticos de colinearidade e as correlações parciais e semiparciais estarão presentes somente se você marcar essas opções.

Anteriormente neste capítulo, vimos que um modelo linear com várias variáveis previsoras tem a forma da Equação 9.8, que contém vários parâmetros desconhecidos (os valores-b). A primeira coluna na Saída 9.8 contém estimativas para esses valores-b, que indicam a contribuição individual de cada previsor para o modelo. Substituindo os Xs da Equação 9.8 por nomes de variáveis e considerando os valores-b da Saída 9.8, podemos definir nosso modelo específico como:

$$\begin{aligned}\text{venda}_i &= b_0 + b_1 \text{orçamento}_i + b_2 \text{transmissão}_i + b_3 \text{imagem}_i \\ &= 26{,}61 + (0{,}085 \times \text{orçamento}_i) + (3{,}37 \times \text{transmissão}_i) + (11{,}086 \times \text{imagem}_i)\end{aligned} \quad (9.19)$$

Coefficients[a]

Model		Unstandardized Coefficients B	Std. Error	Standardized Coefficients Beta	t	Sig.	95.0% Confidence Interval for B Lower Bound	Upper Bound
1	(Constant)	134.140	7.537		17.799	.000	119.278	149.002
	Advertising budget (thousands)	.096	.010	.578	9.979	.000	.077	.115
2	(Constant)	-26.613	17.350		-1.534	.127	-60.830	7.604
	Advertising budget (thousands)	.085	.007	.511	12.261	.000	.071	.099
	No. of plays on radio	3.367	.278	.512	12.123	.000	2.820	3.915
	Band image rating (0–10)	11.086	2.438	.192	4.548	.000	6.279	15.894

a. Dependent Variable: Album sales (thousands)

Coefficients[a]

Model		Correlations Zero-order	Partial	Part	Collinearity Statistics Tolerance	VIF
1	Advertising budget (thousands)	.578	.578	.578	1.000	1.000
2	Advertising budget (thousands)	.578	.659	.507	.986	1.015
	No. of plays on radio	.599	.655	.501	.959	1.043
	Band image rating (0–10)	.326	.309	.188	.963	1.038

a. Dependent Variable: Album sales (thousands)

Saída 9.8[16]

---

[16] Para poupar sua visão, dividi essa parte da saída em duas tabelas; no entanto, ela vai parecer em uma única tabela longa.

Os valores-*b* quantificam a relação entre a venda de álbuns e cada previsor. A direção do coeficiente – positiva ou negativa – depende de a relação com a variável de resultado ser positiva ou negativa. Todos os três previsores têm valores positivos para *b*, indicando relações positivas. Assim, enquanto o orçamento publicitário, as transmissões no rádio e a avaliação da imagem da banda aumentam, o mesmo acontece com a venda de álbuns. O tamanho do *b* indica o grau em que cada previsor afeta a variável de resultado *se os efeitos de todas as outras previsoras forem mantidos constantes*:

- **Orçamento publicitário**: $b = 0{,}085$ indica que, à medida que o orçamento publicitário aumenta uma unidade, a venda de álbuns aumenta 0,085 unidade. Ambas as variáveis foram medidas em milhares; portanto, para cada 1.000 libras a mais gastas com publicidade, são vendidos mais 0,085 milhar de álbuns (85 álbuns). Essa interpretação é verdadeira somente se os efeitos da imagem da banda e da transmissão no rádio forem mantidos constantes.
- **Transmissão**: $b = 3{,}367$ indica que, à medida que o número de transmissões das músicas no rádio na semana anterior ao lançamento do álbum aumenta uma unidade, a venda de álbuns aumenta 3,367 unidades. Cada transmissão adicional de uma música no rádio (na semana anterior ao lançamento) é associada a mais 3.367 álbuns vendidos. Essa interpretação é verdadeira apenas se os efeitos da imagem da banda e do orçamento publicitário forem mantidos constantes.
- **Imagem da banda**: $b = 11{,}086$ indica que, se a banda puder aumentar a avaliação de sua imagem em 1 unidade, poderá esperar mais 11,086 unidades vendidas. Cada aumento de 1 unidade na imagem da banda está associado a mais 11.086 álbuns vendidos. Essa interpretação só é verdadeira se os efeitos da transmissão no rádio e do orçamento publicitário forem mantidos constantes.

Cada um dos valores-β tem um erro-padrão associado, indicando em que medida esses valores variam entre diferentes amostras. Os erros-padrão também são usados para calcular uma estatística *t* que testa se o valor-*b* é significativamente diferente de 0 (seção 9.2.5). Lembre-se de que, se o *b* de um previsor for 0, seu relacionamento com a variável de resultado também será 0. Ao testar se um *b* observado é significativamente diferente de 0, estamos testando se o relacionamento entre o previsor e a variável de resultado é diferente de zero. O valor-*p* associado a uma estatística *t* de *b* (na coluna *Sig.*) é a probabilidade de obter pelo menos um valor tão grande quanto o que teríamos se o valor-*b* da população fosse 0 (i.e., se não houvesse um relacionamento entre esse previsor e a variável de resultado).

Para esse modelo, o orçamento publicitário, $t(196) = 12{,}26$, $p < 0{,}001$, o número de transmissões no rádio antes do lançamento, $t(196) = 12{,}12$, $p < 0{,}001$, e a imagem da banda, $t(196) = 4{,}55$, $p < 0{,}001$, são todos previsores significativos da venda de álbuns.[17] Lembre-se de que esses testes de significância são precisos somente se os pressupostos discutidos no Capítulo 6 forem satisfeitos. A partir da magnitude das estatísticas *t*, podemos ver que o gasto com publicidade e a transmissão no rádio tiveram um impacto semelhante, enquanto a imagem da banda teve um impacto menor.

Às vezes, as versões padronizadas dos valores-*b* são mais fáceis de interpretar (porque não dependem das unidades de medida das variáveis). Os valores-β padronizados (na coluna *Beta*, β_i) nos informam o número de desvios-padrão que a variável de resultado muda quando a previsora muda um desvio-padrão. Já que os valores-β padronizados são medidos em unidades de desvio-padrão, eles são diretamente comparáveis: os valores para a transmissão no rádio e para o orçamento publicitário são praticamente idênticos (0,512 e 0,511, respectivamente), sugerindo que ambas as variáveis têm um efeito comparativamente grande, enquanto a imagem da banda (β padronizado de 0,192) tem um efeito relativamente menor (coincidindo com o que a magnitude das estatísticas *t* nos disseram). Para interpretar esses valores literalmente, precisamos conhecer os desvios-padrão das variáveis, e esses valores podem ser encontrados na Saída 9.5.

---

[17]Para todos esses previsores, escrevi $t(196)$. O número entre parênteses são os graus de liberdade. Na seção 9.2.5, vimos que os graus de liberdade são iguais a $N - k - 1$, em que N é o tamanho da amostra (nesse caso, 200) e k é o número de previsores (nesse caso, 3). Para esses dados, temos $200 - 3 - 1 = 196$.

- **Orçamento publicitário**: β padronizado = 0,511 indica que, à medida que o orçamento publicitário aumenta 1 desvio-padrão (485.655 libras), a venda de álbuns aumenta 0,511 desvio-padrão. O desvio-padrão da venda de álbuns é 80.699, o que representa uma mudança de 0,511 × 80.699 = 41.240 nas vendas. Portanto, para cada 485.655 libras a mais gastas em publicidade, são vendidos 41.240 álbuns a mais. Essa interpretação só é verdadeira se os efeitos da imagem da banda e da transmissão no rádio forem mantidos constantes.
- **Transmissão**: β padronizado = 0,512 indica que, à medida que o número de transmissões de música no rádio na semana anterior ao lançamento do álbum aumenta 1 desvio-padrão (12,27), a venda de álbuns aumenta 0,512 desvio-padrão. O desvio-padrão da venda de álbuns é 80.699, o que representa uma mudança em vendas de 0,512 × 80.699 = 41.320. Basicamente, se a rádio tocar a música 12,27 vezes na semana anterior ao lançamento, 41.320 álbuns vendidos a mais podem ser esperados. Essa interpretação é verdadeira somente se os efeitos da imagem da banda e do orçamento publicitário forem mantidos constantes.
- **Imagem da banda**: β padronizado = 0,192 indica que uma banda avaliada com 1 desvio-padrão (1,40 unidade) mais alto na escala de avaliação de imagem pode esperar 0,192 unidade de desvio-padrão a mais de álbuns vendidos. Esse é um aumento de 0,192 × 80.699 = 15.490 em vendas. Uma banda com uma avaliação de imagem 1,40 maior do que outra banda pode esperar 15.490 álbuns vendidos a mais. Essa interpretação só é verdadeira se os efeitos ds transmissão no rádio e do orçamento publicitário forem mantidos constantes.

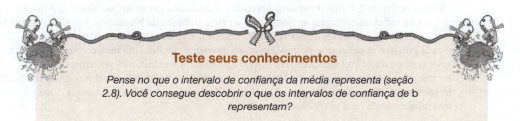

Teste seus conhecimentos

Pense no que o intervalo de confiança da média representa (seção 2.8). Você consegue descobrir o que os intervalos de confiança de b representam?

A Saída 9.8 também contém os intervalos de confiança dos *b*s (novamente, eles só serão precisos se os pressupostos discutidos no Capítulo 6 forem satisfeitos). Vamos revisar um pouco. Imagine que coletamos 100 amostras com as mesmas variáveis do nosso modelo atual. Para cada amostra, estimamos o mesmo modelo que temos neste capítulo, incluindo intervalos de confiança dos valores-β não padronizados. Esses limites são construídos de tal forma que em 95% das amostras eles contenham o valor-*b* populacional (ver seção 2.8). Portanto, 95 das nossas 100 amostras produzirão intervalos de confiança de *b* que contêm o valor da população. O problema é que não sabemos se a nossa amostra é uma das que forneceram um dos intervalos de confiança de 95% que contêm os valores populacionais ou se é uma das 5% que forneceram intervalos de confiança que não contêm esses valores.

A solução pragmática típica para esse problema é presumir que sua amostra seja uma das 95% que contêm o valor da população. Se você pressupor isso, você poderá interpretar razoavelmente que o intervalo de confiança forneça informações sobre o valor-*b* da população. Um intervalo de confiança estreito sugere que todas as amostras ofereceriam estimativas de *b* razoavelmente próximas ao valor da população, enquanto um intervalo amplo sugere muita incerteza sobre qual seria o valor-*b* da população. O fato de um intervalo conter 0 sugere que o valor-*b* da população possa ser 0 – em outras palavras, sugere que não há relação entre essa variável previsora e a variável de resultado. Todas essas declarações são razoáveis se você estiver preparado para acreditar que sua amostra é uma das 95% cujos intervalos contêm o valor da população. Contudo, sua crença estará errada em 5% das vezes.

No nosso modelo de venda de álbuns, as duas melhores variáveis previsoras (orçamento publicitário e transmissão no rádio) têm intervalos de confiança bem estreitos, indicando que as estimativas do modelo atual provavelmente representam bem os valores reais da população.

O intervalo para a variável da imagem da banda é mais amplo (mas ainda não contém o 0), indicando que o parâmetro para essa variável é menos representativo, mas, no entanto, significativo.

Se você pediu correlações parciais e semiparciais, elas aparecem em colunas separadas na tabela. As correlações de ordem zero são os coeficientes de correlação de Pearson e correspondem aos valores na Saída 9.5. Correlações parciais e semiparciais foram descritas na seção 8.5; na verdade, as correlações semiparciais quantificam a relação única que cada previsora tem com a variável de resultado. Se você optou por fazer uma regressão em etapas, você verá que a inserção de variáveis no modelo é baseada inicialmente na variável com a maior correlação de ordem zero e depois nas correlações semiparciais com as variáveis restantes. Portanto, a transmissão no rádio seria inserida primeiro (porque tem a maior correlação de ordem zero), depois o orçamento publicitário (porque sua correlação semiparcial é maior que a da variável da imagem da banda) e finalmente a imagem da banda – tente executar uma regressão progressiva em etapas com esses dados para ver se estou certo. Por fim, a Saída 9.8 contém estatísticas de colinearidade, mas discutiremos isso na seção 9.11.5.

9.11.4 Variáveis excluídas ▌▐▐▐

Em cada estágio do ajuste de um modelo linear, é fornecido um resumo dos previsores que ainda não estão no modelo.

Tínhamos uma hierarquia de dois blocos com uma variável previsora inserida (e duas excluídas) no bloco 1 e três previsoras inseridas (e nenhuma excluída) no bloco 2. A Saída 9.9 detalha as variáveis excluídas somente para o primeiro bloco da hierarquia, porque no segundo bloco nenhuma foi excluída. A tabela inclui uma estimativa do valor-b e da estatística t associadas a cada previsor se ele entrou no modelo nesse momento. Usando um método em etapas, o previsor com a estatística t mais alta será inserido no modelo a seguir, e os previsores continuarão a ser inseridos até que não haja mais nenhum com estatísticas t que tenham valores de significância inferiores a 0,05. A correlação parcial também indica qual contribuição (se houver) uma variável previsora excluída faria se entrasse no modelo.

Dicas da Ana Apressada
Coeficientes

- A contribuição individual das variáveis para o modelo de regressão pode ser encontrada na tabela *Coefficients*. Se você fez a regressão hierárquica, procure os valores do modelo final.
- Você pode ver se cada variável previsora fez uma contribuição significativa para prever a variável de resultado observando a coluna *Sig.* (valores menores que 0,05 são significativos).
- Os valores-β padronizados informam a importância de cada previsor (valor absoluto maior = mais importante).
- A tolerância e os valores FIV também serão úteis mais tarde; portanto, anote-os.

Excluded Variables[a]

Model		Beta In	t	Sig.	Partial Correlation	Collinearity Statistics		
						Tolerance	VIF	Minimum Tolerance
1	No. of plays on radio	.546[b]	12.513	.000	.665	.990	1.010	.990
	Band image rating (0–10)	.281[b]	5.136	.000	.344	.993	1.007	.993

a. Dependent Variable: Album sales (thousands)
b. Predictors in the Model: (Constant), Advertising budget (thousands)

Saída 9.9

9.11.5 Avaliando a multicolinearidade ▮▮▮▮

Prometi voltar às medidas de colinearidade na Saída 9.8, então aqui vamos nós. A saída contém as estatísticas de FIV e tolerância (com tolerância sendo o inverso de FIV, i.e., 1 dividido por FIV), e precisamos aplicar as diretrizes da seção 9.9.3. Os valores de FIV são bem menores que 10, e as estatísticas de tolerância são bem maiores que 0,2. O FIV médio, obtido pela soma dos valores FIV para cada previsor e dividido pelo número de previsores (k), também está muito próximo de 1:

$$\overline{\text{FIV}} = \frac{\sum_{i=1}^{k} \text{FIV}_i}{k} = \frac{1,015 + 1,043 + 1,038}{3} = 1,032 \qquad (9.20)$$

Parece improvável, portanto, que precisemos nos preocupar com a colinearidade entre as variáveis previsoras.

A outra informação que obtemos sobre colinearidade é uma tabela de autovalores da matriz escalonada, matriz do produto cruzado não centrada, índices de condição e proporções da variância. Discuto amplamente a colinearidade e proporções das variâncias na seção 20.8.2, então aqui eu vou lhe dar uma dica: procure grandes proporções de variância nos mesmos autovalores *pequenos* (Gina Gênia 9.3). Portanto, na Saída 9.10, inspecione as linhas inferiores da tabela (esses são os autovalores pequenos) e procure variáveis que *ambas* tenham altas proporções de variância para esse autovalor. As proporções de variância variam entre 0 e 1, e é melhor ver cada previsor tendo uma alta proporção em um autovalor diferente de outros previsores (i.e., grandes proporções distribuídas entre diferentes autovalores). Para o nosso modelo, cada previsor tem a maior parte de sua variância carregada em uma dimensão diferente de outros previsores (o orçamento publicitário tem 96% da variância na dimensão 2, a transmissão no rádio tem 93% da variância na dimensão 3, e a avaliação da imagem da banda tem 92% da variância na dimensão 4).

Collinearity Diagnostics[a]

Model	Dimension	Eigenvalue	Condition Index	Variance Proportions			
				(Constant)	Advertising budget (thousands)	No. of plays on radio	Band image rating (0–10)
1	1	1.785	1.000	.11	.11		
	2	.215	2.883	.89	.89		
2	1	3.562	1.000	.00	.02	.01	.00
	2	.308	3.401	.01	.96	.05	.01
	3	.109	5.704	.05	.02	.93	.07
	4	.020	13.219	.94	.00	.00	.92

a. Dependent Variable: Album sales (thousands)

Saída 9.10

Gina Gênia 9.3
O que são autovetores e autovalores? ||||

As definições e a matemática dos autovalores e autovetores são complicadas, e a maioria de nós não precisa se preocupar com eles (embora eles surjam novamente nos Capítulos 17 e 18). Apesar de a matemática ser difícil, podemos ter uma noção do que eles representam visualmente. Imagine que temos duas variáveis: a idade de um zumbi (há quanto tempo ele é um zumbi) e quantos golpes na cabeça são necessários para matá-lo.[18] Essas duas variáveis são normalmente distribuídas e podem ser consideradas juntas como uma distribuição normal bivariada. Se essas variáveis estão correlacionadas, seu gráfico de dispersão forma uma elipse: se desenharmos uma linha pontilhada ao redor dos valores externos do gráfico de dispersão, obtemos uma forma oval (Figura 9.20). Imagine duas linhas para medir o comprimento e a altura dessa elipse: elas representam os *autovetores* da matriz de correlação para essas duas variáveis (um vetor é um conjunto de números que nos informa a localização de uma linha no espaço geométrico). Observe que as duas linhas retas na Figura 9.20 estão a 90 graus uma da outra, ou seja, elas são independentes uma da outra. Portanto, com duas variáveis, pense em autovetores como linhas que medem o comprimento e a altura da elipse que envolve o gráfico de dispersão de dados para essas variáveis. Se adicionarmos uma terceira variável (p. ex., força do golpe), nosso gráfico de dispersão recebe uma terceira dimensão (profundidade), a elipse se transforma em algo como uma bola de rúgbi (ou futebol americano), e obtemos um autovetor extra para medir a dimensão extra. Se adicionarmos uma quarta variável, uma lógica semelhante será aplicada (embora seja mais difícil de visualizar).

Cada autovetor possui um *autovalor* que nos informa seu comprimento (i.e., a distância de uma extremidade do autovetor para a outra). Observando os autovalores para um conjunto de dados, sabemos as dimensões da elipse (comprimento e altura) ou da bola de rúgbi (comprimento, altura, profundidade); em geral, conhecemos as dimensões dos dados. Portanto, os autovalores quantificam quão uniformemente (ou não) as variâncias da matriz são distribuídas.

---
[18]Presumindo que possamos matar um zumbi.

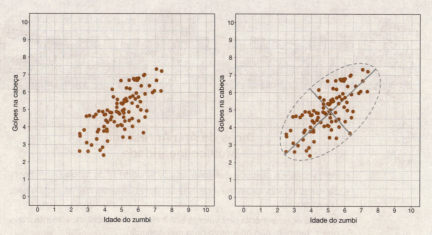

Figura 9.20 Diagrama de dispersão de duas variáveis correlacionadas formando uma elipse.

No caso de duas variáveis, a *condição* dos dados está relacionada à razão entre o maior autovalor e o menor. A Figura 9.21 mostra os dois extremos: quando não há qualquer relação entre as variáveis (à esquerda) e quando há uma relação perfeita (à direita). Quando não há relacionamento, a nuvem de dados estará contida aproximadamente dentro de um círculo (ou uma esfera, se tivermos três variáveis). Se desenharmos linhas que medem a altura e a largura desse círculo, elas terão o mesmo tamanho, ou seja, elas terão os mesmos autovalores. Consequentemente, quando dividimos o maior autovalor pelo menor, obteremos um valor igual a 1. Quando as variáveis estiverem perfeitamente correlacionadas (i.e., há colinearidade perfeita), a nuvem de dados (e a elipse ao redor) colapsará em uma linha reta. A altura da elipse será bem pequena (ela se aproximará de 0). Portanto, o maior autovalor dividido pelo menor tenderá ao infinito (porque o menor autovalor estará próximo de 0). Um índice de condição infinito é um sinal de problemas profundos.

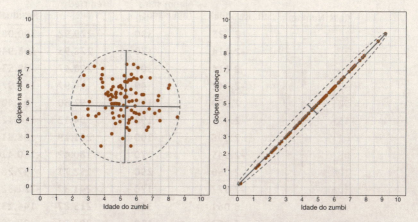

Figura 9.21 Variáveis perfeitamente não correlacionadas (à esquerda) e perfeitamente correlacionadas (à direita).

Dicas da Ana Apressada
Multicolinearidade

- Para verificar a multicolinearidade, use os valores FIV da tabela *Coefficients*.
- Se esses valores forem menores que 10, provavelmente não há motivo para preocupação.
- Se você obter a média dos valores FIV, e ela não for substancialmente maior que 1, também não há motivo para preocupação.

Esses dados significam que não há multicolinearidade. Para um exemplo da existência de colinearidade nos dados e algumas sugestões sobre o que pode ser feito, consulte os Capítulos 20 (seção 20.8.2) e 18 (seção 18.3.3).

9.11.6 Viés no modelo: diagnósticos *casewise* (caso a caso)

O estágio final do procedimento geral descrito na Figura 9.10 é verificar a evidência de tendenciosidade nos resíduos. O primeiro passo é examinar os diagnósticos *caso a caso*. A Saída 9.11 mostra todos os casos que possuem um resíduo padronizado menor que –2 ou maior que 2 (lem-

Casewise Diagnostics[a]

Case Number	Std. Residual	Album sales (thousands)	Predicted Value	Residual
1	2.125	330	229.92	100.080
2	-2.314	120	228.95	-108.949
10	2.114	300	200.47	99.534
47	-2.442	40	154.97	-114.970
52	2.069	190	92.60	97.403
55	-2.424	190	304.12	-114.123
61	2.098	300	201.19	98.810
68	-2.345	70	180.42	-110.416
100	2.066	250	152.71	97.287
164	-2.577	120	241.32	-121.324
169	3.061	360	215.87	144.132
200	-2.064	110	207.21	-97.206

a. Dependent Variable: Album sales (thousands)

Saída 9.11

bre-se de que alteramos o critério-padrão de 3 para 2 na Figura 9.16). Em uma amostra comum, esperamos que 95% dos casos tenham resíduos padronizados dentro de ±2 (Gina Gênia 6.4). Temos uma amostra de 200; portanto, é razoável esperar que cerca de 10 casos (5%) tenham resíduos padronizados fora desses limites. A Saída 9.11 mostra que temos 12 casos (6%) que estão fora dos limites: uma quantidade próxima do que esperaríamos. Além disso, 99% dos casos devem estar dentro de ± 2,5, e apenas 1% dos casos deve ficar fora desses limites. Temos dois casos que estão fora dos limites (casos 164 e 169), que equivalem a 1% e ao que esperaríamos. Esses diagnósticos não nos dão motivo para preocupação, exceto pelo fato de que o caso 169 tem um resíduo padronizado maior que 3, o que provavelmente é grande o suficiente para nos fazer investigar mais esse caso.

Na seção 9.10.4, optamos por salvar várias estatísticas de diagnóstico. Você deve descobrir que o editor de dados contém colunas para essas variáveis. Você pode verificar esses valores no editor de dados ou listar valores na janela do visualizador. Para criar uma tabela de valores no visualizador, selecione *Analyze* ▶ *Reports* (relatórios) ▶ Case Summaries... (resumos de casos) para acessar a caixa de diálogo da Figura 9.22. Selecione e arraste as variáveis que você deseja listar para a caixa *Variables* (ou clique em). Na configuração-padrão, a saída é limitada aos primeiros 100 casos, mas, se você quiser listar todos os casos, desmarque essa opção (ver também Dica do SPSS 9.1). Também é útil selecionar *Show case numbers* (mostrar números do caso) para permitir que você identifique a linha de quaisquer casos problemáticos.

Para economizar espaço, a Saída 9.12 mostra as estatísticas da influência dos 12 casos que eu selecionei. Nenhum deles tem uma distância de Cook maior que 1 (mesmo o caso 169 está bem abaixo desse critério), e, portanto, nenhum caso parece ter uma influência indevida no modelo. A alavancagem média pode ser calculada como $(k + 1)/n = 4/200 = 0,02$, e devemos procurar valores com duas vezes (0,04) ou três vezes (0,06) esse valor (ver seção 9.3.2). Todos os casos estão dentro do limite de três vezes a média, e apenas o caso 1 está próximo de duas vezes a média. Para as distâncias de Mahalanobis, vimos anteriormente neste capítulo, que, com uma amostra de

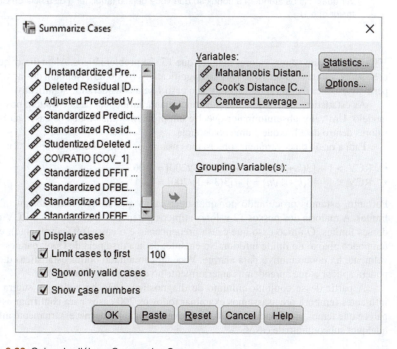

Figura 9.22 Caixa de diálogo *Summarize Cases*.

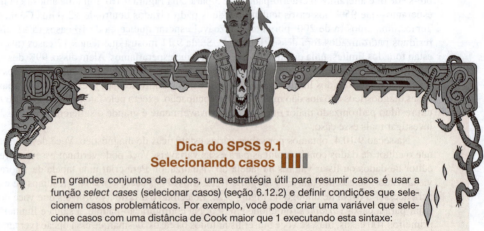

Dica do SPSS 9.1
Selecionando casos

Em grandes conjuntos de dados, uma estratégia útil para resumir casos é usar a função *select cases* (selecionar casos) (seção 6.12.2) e definir condições que selecionem casos problemáticos. Por exemplo, você pode criar uma variável que selecione casos com uma distância de Cook maior que 1 executando esta sintaxe:

```
USE ALL.
COMPUTE cook_problem=(COO_1 > 1).
VARIABLE LABELS cook_problem "Cooks distance greater than 1".
VALUE LABELS cook_problem 0 "Not Selected" 1 "Selected".
FILTER BY cook_problem.
EXECUTE.
```

Essa sintaxe cria uma variável chamada **cook_problem**, com base em se a distância de Cook é maior que 1 (comando *compute*), rotula essa variável como "Distância de Cook maior do que 1" (comando *variable labels* [rótulos de variáveis]), define o valor do rótulo como 1 = incluir, 0 = excluir (comando *value labels* [valor dos rótulos]) e, finalmente, filtra o conjunto de dados de acordo com essa nova variável (comando *filter* [filtrar]). Após selecionar os casos, você pode usar o resumos de casos para ver quais casos atendem à condição que você definiu (aqui, ter a distância de Cook maior que 1).

100 casos e 3 previsores, valores maiores que 15 são problemáticos. Além disso, quando temos 3 previsores, valores maiores que 7,81 são significativos ($p < 0,05$). Nenhum dos nossos casos chega perto de exceder o critério de 15, embora o caso 1 seja considerado "significativo".

As estatísticas da DFBeta nos mostram quanta influência cada caso tem nos parâmetros do modelo. Um valor absoluto maior que 1 é um problema, mas todos os casos na Saída 9.12 têm valores dentro de ±1, o que é uma boa notícia.

Para a razão da covariância, precisamos usar o seguinte critério (seção 9.3.2):

- $RCV_i > 1 + [3(k + 1)/n] = 1 + [3(3 + 1)/200] = 1,06$
- $RCV_i < 1 - [3(k + 1)/n] = 1 - [3(3 + 1)/200] = 0,94$

Portanto, estamos procurando por quaisquer casos que se desviem substancialmente desses limites. A maioria dos nossos 12 valores atípicos potenciais tem valores de RCV dentro ou fora desses limites. O único caso que causa preocupação é o caso 169 (novamente), cuja RCV está um pouco abaixo do limite inferior. No entanto, dada a distância de Cook para esse caso, provavelmente há pouco motivo para alarme. Você terá solicitado outras estatísticas de diagnóstico e poderá aplicar o que aprendemos anteriormente no capítulo ao examiná-las.

A partir desse conjunto mínimo de diagnósticos, não há nada que sugira que há casos influentes (embora precisássemos examinar todos os 200 casos para confirmar essa conclusão); parece que temos um modelo bastante confiável que não foi desnecessariamente influenciado por qualquer subconjunto de casos.

Capítulo 9 • Modelo linear (regressão) 423

Case Summaries[a]

Case Number		COVRATIO	Standardized DFFIT	Standardized DFBETA Intercept	Standardized DFBETA Adverts	Standardized DFBETA Airplay	Standardized DFBETA Image
1	1	.97127	.48929	-.31554	-.24235	.15774	.35329
2	2	.92018	-.21110	.01259	-.12637	.00942	-.01868
3	10	.94392	.26896	-.01256	-.15612	.16772	.00672
4	47	.91458	-.31469	.06645	.19602	.04829	-.17857
5	52	.95995	.36742	.35291	-.02881	-.13667	-.26965
6	55	.92486	-.40736	.17427	-.32649	-.02307	-.12435
7	61	.93654	.15562	.00082	-.01539	.02793	.02054
8	68	.92370	-.30216	-.00281	.21146	-.14766	-.01760
9	100	.95888	.35732	.06113	.14523	-.29984	.06766
10	164	.92037	-.54029	.17983	.28988	-.40088	-.11706
11	169	.85325	.46132	-.16819	-.25765	.25739	.16968
12	200	.95435	-.31985	.16633	-.04639	.14213	-.25907
Total N		12	12	12	12	12	12

a. Limited to first 100 cases.

	Mahalanobis Distance	Cook's Distance	Centered Leverage Value
1	8.39591	.05870	.04219
2	.59830	.01089	.00301
3	2.07154	.01776	.01041
4	2.12475	.02412	.01068
5	4.81841	.03316	.02421
6	4.19960	.04042	.02110
7	.06880	.00595	.00035
8	2.13106	.02229	.01071
9	4.53310	.03136	.02278
10	6.83538	.07077	.03435
11	3.14841	.05087	.01582

Saída 9.12

Dicas da Ana Apressada
Resíduos

- Procure casos que possam estar influenciando o modelo.
- Observe os resíduos padronizados e verifique se não mais do que 5% dos casos têm valores absolutos acima de 2 e se não mais do que cerca de 1% tem valores absolutos acima de 2,5. Qualquer caso com um valor acima de 3 pode ser um valor atípico.
- Procure, no editor de dados, os valores da distância de Cook: qualquer valor acima de 1 indica um caso que possa estar influenciando o modelo.
- Calcule a alavancagem média e procure valores maiores que duas ou três vezes esse valor médio.

- Para a distância de Mahalanobis, procurar valores acima de 25 em amostras grandes (500) e valores acima de 15 em amostras menores (100) funciona como teste bruto. No entanto, Barnett e Lewis (1978) devem ser consultados para diretrizes mais refinadas.
- Procure valores absolutos de DFBeta maiores do que 1.
- Calcule o limite superior e inferior de valores aceitáveis para a razão da covariância, RCV. Casos que tenham uma RCV fora desses limites podem ser problemáticos.

9.11.7 Viés no modelo: pressupostos ∎∎∎∎

O procedimento geral descrito na Figura 9.10 sugere que, após ajustar um modelo, precisamos procurar evidências de viés, e o segundo estágio desse processo é verificar os pressupostos descritos no Capítulo 6. Vimos, na seção 6.11.1, que podemos procurar por heteroscedasticidade e não linearidade usando um gráfico de valores previstos padronizados em relação aos resíduos padronizados. Solicitamos esse gráfico na seção 9.10.3. Se tudo estiver bem, esse gráfico deve se parecer com uma gama aleatória de pontos. A Figura 9.23 (canto superior esquerdo) mostra o gráfico do nosso modelo. Observe como os pontos estão aleatória e uniformemente dispersos por todo o gráfico. Esse padrão indica uma situação na qual os pressupostos de linearidade e homoscedasticidade foram satisfeitos; compare com os exemplos da Figura 6.19.

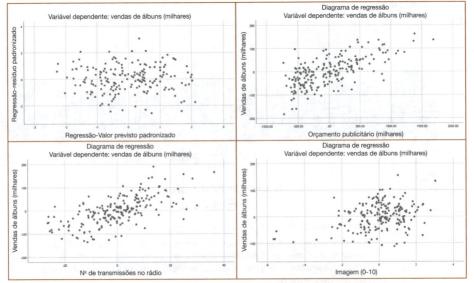

Figura 9.23 Gráfico dos valores previstos padronizados em relação aos resíduos padronizados (canto superior esquerdo) e gráficos parciais da venda de álbuns em relação ao orçamento publicitário (canto superior direito), transmissão no rádio (canto inferior esquerdo) e imagem da banda (canto inferior direito).

A Figura 9.23 também mostra os gráficos parciais, que são diagramas de dispersão dos resíduos da variável de resultado com cada uma das previsoras quando as duas variáveis são regredidas separadamente nos previsores restantes. Os valores atípicos óbvios em um gráfico parcial representam casos que podem ter influência indevida no coeficiente b de um previsor. Relacionamentos não lineares e heteroscedasticidade também podem ser detectados usando esses gráficos. Para o orçamento publicitário (Figura 9.23, canto superior direito), o gráfico parcial mostra um forte relacionamento positivo com a venda de álbuns. Não há valores atípicos óbvios, e a nuvem de pontos está uniformemente espaçada ao redor da linha, indicando homoscedasticidade. O gráfico para a transmissão no rádio (Figura 9.23, canto inferior esquerdo) também mostra um forte relacionamento positivo com a venda de álbuns, não há valores atípicos óbvios, e a nuvem de pontos está uniformemente espaçada ao redor da linha, novamente indicando homoscedasticidade. Para a avaliação da imagem da banda (Figura 9.23, canto inferior direito), o gráfico mostra novamente uma relação positiva com a venda de álbuns, mas os pontos mostram afunilamento, indicando uma maior propagação em relação a bandas com uma melhor avaliação de imagem. Não há nenhum valor atípico óbvio nesse gráfico, mas a nuvem em formato de funil indica uma violação do pressuposto de homoscedasticidade.

Para testar a normalidade dos resíduos, observamos o histograma e o gráfico de probabilidade normal selecionados na Figura 9.17 e mostrados na Figura 9.24. Compare esses gráficos com exemplos de não normalidade na seção 6.10.1. Para os dados da venda de álbuns, a distribuição é normal: o histograma é simétrico e tem formato aproximado de sino. No gráfico P-P, os pontos ficam quase exatamente ao longo da diagonal, o que sabemos que indica uma distribuição normal (ver seção 6.10.1); portanto, esse gráfico também sugere que os resíduos estão normalmente distribuídos.

9.12 Regressão robusta ▌▌▌▌

Nosso modelo parece, de forma geral, ser exato para a amostra e generalizável para a população. O único pequeno problema é alguma preocupação sobre se as avaliações da imagem das bandas violam o pressuposto de homoscedasticidade. Portanto, podemos concluir que, em nossa amostra, o orçamento publicitário e a transmissão no rádio são igualmente importantes para prever a venda de álbuns. A imagem da banda é um previsor significativo da venda de álbuns, mas é menos importante do que os outros previsores (e provavelmente precisa ser melhor investigada devido a uma possível heteroscedasticidade). Os pressupostos parecem ter sido atendidos; portanto, provavelmente podemos supor que esse modelo seria generalizável para qualquer álbum que fosse lançado. Você nem sempre (ou nunca?) terá dados tão bons: haverá momentos em que você descobrirá problemas que lançarão uma sombra obscura de incerteza sobre seu modelo. Isso invalidará testes de hipóteses, intervalos de confiança e a generalização do modelo (use o Capítulo 6 para lembrar as implicações da violação dos pressupostos do modelo).

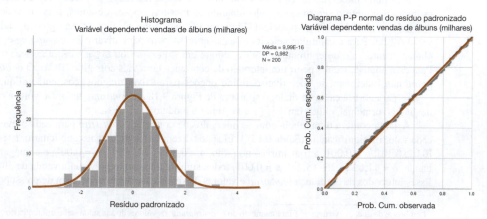

Figura 9.24 Histograma e gráfico P-P de normalidade para os resíduos do modelo.

Dicas da Ana Apressada
Pressupostos do modelo

- Olhe para o gráfico de **ZRESID*** em relação a **ZPRED***. Se ele se parece com um conjunto aleatório de pontos, essa é uma boa notícia. Se os pontos ficarem mais ou menos distribuídos no gráfico (parecendo um funil), o pressuposto de homogeneidade da variância provavelmente é irrealista. Se os pontos tiverem um padrão (i.e., uma forma curva), o pressuposto de linearidade provavelmente não é verdadeiro. Se os pontos parecem ter um padrão e estão mais espalhados em alguns pontos do gráfico do que em outros, isso pode refletir tanto uma violação da homogeneidade das variâncias quanto da linearidade. Qualquer um desses cenários coloca em questão a validade do seu modelo. Repita esse procedimento para todos os gráficos parciais também.

- Veja o histograma e o gráfico P-P. Se o histograma parece com uma distribuição normal (e o gráfico P-P parece com a linha diagonal), está tudo bem. Se o histograma parecer não normal e o gráfico P-P parecer uma serpente tortuosa curvando-se em torno da linha diagonal, as coisas não estarão tão boas. Convém repetir: as distribuições podem parecer muito não normais em pequenas amostras, mesmo quando são normais.

Felizmente, muitos desses problemas podem ser superados. Se os intervalos de confiança e a testagem de hipóteses dos parâmetros do modelo gerarem dúvida, use o *bootstrapping* para gerar intervalos de confiança e valores-*p*. Se a homogeneidade da variância for a questão, estime o modelo com erros-padrão projetados para resíduos heteroscedásticos (Hayes e Cai, 2007) – você pode fazer isso usando a ferramenta PROCESS descrita no Capítulo 11. Finalmente, se os próprios parâmetros do modelo forem o problema, estime-os usando uma regressão robusta.

Para obter intervalos de confiança robustos e testes de hipóteses de parâmetros do modelo, estime novamente o seu modelo, selecionando as mesmas opções de antes, mas clicando em [Bootstrap...] na caixa de diálogo principal (Figura 9.13) para obter a caixa de diálogo explicada na seção 6.12.3. Para recapitular, selecione ☑ Perform bootstrapping para ativar o *bootstrapping* e, para obter um intervalo de confiança de 95%, clique em ⦿ Per̲centile ou ⦿ B̲ias corrected accelerated (BCa). Para essa análise, vamos pedir um intervalo de confiança com viés corrigido (BCa). O *bootstrapping* não funcionará se você tiver definido opções para salvar diagnósticos, então clique em [Save...] para abrir a caixa de diálogo similar à da Figura 9.18 e *desmarque tudo*. De volta à caixa de diálogo principal, clique em [OK] para estimar o modelo.

A saída conterá uma tabela com os intervalos de confiança *bootstrap* para cada previsor e cada valor da significância (Saída 9.13).[19] Eles nos dizem que o orçamento publicitário, $b = 0,09$ [0,07, 0,10], $p = 0,001$, a transmissão no rádio, $b = 3,37$ [2,77, 3,87], $p = 0,001$, e a imagem da banda, $b = 11,09$ [6,26, 15,28], $p = 0,001$, todos significativamente preveem a venda de álbuns. Esses intervalos de confiança *bootstrap* e valores de significância não dependem de pressupostos

---

[19] Lembre-se de que, em virtude do funcionamento do *bootstrapping*, os valores de sua saída serão diferentes dos meus e diferentes de novo se você refizer a sua análise.

Pesquisa Real do João Jaleco 9.1
Eu quero ser amado (no Facebook)

Ong, E. Y. L., et al. (2011). *Personality and Individual Differences, 50*(2), 180–185.

Redes sociais como o Facebook oferecem uma oportunidade incomum de gerenciar cuidadosamente sua autoapresentação para os outros (i.e., você pode parecer radical quando, na verdade, escreve livros de estatística; parecer atraente quando, na verdade, tem pústulas enormes em todo o rosto; glamouroso quando, na verdade, você usa camisetas de bandas de *heavy metal* dos anos 1980 e assim por diante). Ong e colaboradores (2011) examinaram a relação entre narcisismo e o comportamento no Facebook de 275 adolescentes. Eles mensuraram Idade (**Age**), Sexo (**Gender**) e ano escolar (**Grade**), além de extroversão e narcisismo. Eles também mediram com que frequência (semanal) essas pessoas atualizavam seu *status* no Facebook (**FB_Status**) e também como classificariam sua própria foto do perfil em quatro dimensões: legal, glamouroso, estiloso e atraente. Essas avaliações foram somadas para representar um indicador de quão positivamente eles percebiam a foto de perfil que haviam selecionado para sua página (**FB_Profile_TOT**). Ong e colaboradores levantaram a hipótese de que o narcisismo poderia prever a frequência da atualização de *status* e o quão positiva seria a foto de perfil que a pessoa escolhera. Para testar isso, eles conduziram duas regressões hierárquicas: uma com **FB_Status** como a variável de resultado e uma com **FB_Profile_TOT** como a variável de resultado. Em ambos os modelos, eles inseriram **Age**, **Gender** e **Grade** no primeiro bloco, depois adicionaram extroversão (**NEO_FFI**) em um segundo bloco e finalmente narcisismo (**NPQC_R**) em um terceiro bloco. Usando **Ong. et al. (2011).sav**, o João Jaleco quer que você replique as duas regressões hierárquicas e crie uma tabela com os resultados de cada uma. As respostas estão no *site* do livro (ver Tabela 2 do artigo original).

Bootstrap for Coefficients

Model		B	Bias	Std. Error	Sig. (2-tailed)	BCa 95% Confidence Interval Lower	Upper
1	(Constant)	134.14	.156	7.613	.001	119.470	150.048
	Advertising budget (thousands)	.096	.000	.008	.001	.081	.111
2	(Constant)	-26.61	-.028	15.733	.077	-54.589	2.715
	Advertising budget (thousands)	.085	.000	.007	.001	.071	.098
	No. of plays on radio	3.367	.005	.305	.001	2.773	3.972
	Band image rating (0–10)	11.086	-.019	2.223	.001	6.264	15.283

a. Unless otherwise noted, bootstrap results are based on 1000 bootstrap samples

Saída 9.13

de normalidade ou homoscedasticidade, por isso eles nos dão uma estimativa precisa do valor-*b* na população para cada previsor (supondo que nossa amostra seja uma das 95% que contêm o valor populacional).

Para estimar os próprios *b*s usando um método robusto, podemos usar o *plugin* do R. Se você instalou esse *plugin* (seção 4.13.2), você pode acessar uma caixa de diálogo (Figura 9.25) para executar uma regressão robusta usando o R selecionando *Analyze* ▶ *Regression* ▶ Robust Regression (regressão robusta). Se você não instalou o *plugin*, esse menu não estará lá! Arraste a variável de resultado (venda de álbuns) para a caixa *Dependent* e quaisquer previsoras no modelo final (nesse caso, orçamento publicitário, transmissão no rádio e avaliação da imagem) para a caixa *Independent Variables* (variáveis independentes). Clique em OK para estimar o modelo.

A Saída 9.14 mostra os valores-*b* robustos resultantes, seus erros-padrão robustos e as estatísticas *t*. Compare isso com as versões não robustas na Saída 9.8. Os valores não são muito diferentes (principalmente porque nosso modelo original não parece violar os pressupostos); por exemplo, o *b* para a avaliação da imagem foi alterado de 11,09 (Saída 9.8) para 11,39 (Saída 9.14); o erro-padrão associado foi 2,44, e a versão robusta é 2,47; e a estatística *t* associada mudou de 4,55 para 4,62. Essencialmente, nossa interpretação do modelo não mudou, mas essa ainda é uma análise de sensibilidade útil, pois, se estimativas robustas nos dão basicamente os mesmos resultados que estimativas não robustas, sabemos que as estimativas não robustas não foram indevidamente enviesadas pelas propriedades dos dados. Portanto, essa é sempre uma dupla verificação

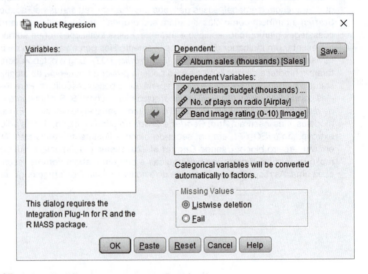

Figura 9.25 Caixa de diálogo para a regressão robusta.

Coefficients

	Value	Std. Error	t value
(Intercept)	-28.858	17.569	-1.643
Adverts	.086	.007	12.219
Airplay	3.371	.281	11.984
Image	11.394	2.469	4.615

rlm(formula = Sales ~ Adverts+Airplay+Image, data = dta, na.action = na.exclude, method = "MM", model = FALSE)
Residual standard error: 45.37396
Degrees of freedom: 196

Saída 9.14

útil, e, se as estimativas robustas forem muito diferentes das estimativas originais, você poderá utilizar e relatar as versões robustas.

9.13 Regressão bayesiana

Na seção 3.8.4, examinamos a abordagem bayesiana. Para acessar uma caixa de diálogo (Figura 9.26) para ajustar um modelo linear bayesiano, selecione *Analyze* ▶ *Bayesian Statistics* (estatísticas bayesianas) ▶ *Linear Regression* (regressão linear). Você pode ajustar o modelo usando *a prioris* padrão (assim chamadas ⊙ Reference priors), que definem distribuições que representam crenças anteriores muito difusas, ou *prioris* conjugadas, que permitem especificar *a prioris* mais específicas. Um dos principais pontos fortes da estatística bayesianas (na minha opinião) é que você pode definir as verificações prévias baseadas em evidências que você atualiza com os dados coletados. No entanto, esse não é um empreendimento trivial e requer uma compreensão mais profunda do que vimos até agora dos modelos que serão ajustados. Então, para ajudá-lo a começar a mergulhar o pé na água da estatística bayesianas, vamos nos ater a usar *a prioris* de referência embutidas no SPSS. O benefício das *a prioris* de referência é que elas permitem que você trabalhe com modelos bayesianos sem se afogar em um monte de material bastante técnico, mas o preço é criar apenas *a prioris* não informativas em seus modelos.[20]

Na caixa de diálogos principal (Figura 9.26) arraste **Sales** para a caixa *Dependent* (ou clique em) e arraste **Adverts**, **Airplay** e **Image** para a caixa *Covariate(s)* (covariável[is]) (ou clique

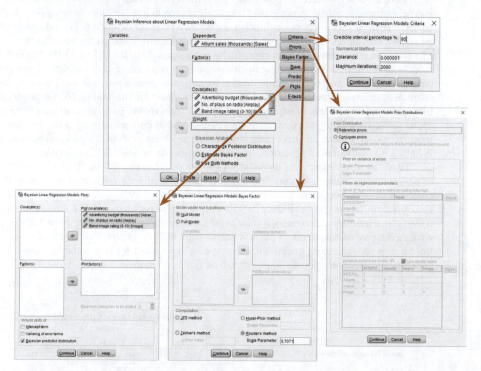

Figura 9.26 Caixa de diálogo para a regressão bayesiana.

---

[20]Outra desvantagem dessa conveniência é que eu acho difícil saber o que essas *a prioris* realmente representam (especialmente no caso da regressão).

em [▼]). Se seu modelo tiver variáveis previsoras categóricas (que veremos no capítulo a seguir), arraste-as para a caixa *Factor(s)* (fator[es]). Se você quiser calcular os fatores de Bayes e estimar os parâmetros do modelo, selecione ⦿ Use Both Methods.

Se você quiser um intervalo de credibilidade diferente de 95%, clique em [Criteria...] e altere o valor de 95% para o valor desejado. Clique em [Priors...] para definir suas *a prioris*, embora sejam mantidas as ⦿ Reference priors. Clique em [Bayes Factor...] se quiser obter um fator de Bayes para o seu modelo. Na configuração-padrão, o modelo completo será comparado ao modelo nulo, e há quatro métodos para calculá-los. Selecionei ⦿ JZS method (Jeffreys, 1961; Zellner e Siow, 1980). Clique em [Plots...] para inspecionar as distribuições *a priori* e *a posteriori* para cada previsor. Arraste todos os previsores para a caixa *Plot covariate(s)* (representar graficamente a[s] covariável[is]) (ou clique em [▼]) e selecione ☑ Bayesian predicted distribution. Na caixa de diálogo principal, clique em [OK] para ajustar o modelo.

A Saída 9.15 (à esquerda) mostra o fator de Bayes para o modelo completo em comparação com o modelo nulo, que eu suponho que seja o modelo incluindo apenas o intercepto. O lado direito da saída mostra as estimativas dos parâmetros obtidos com estimativas bayesianas. O fator de Bayes é $1{,}066 \times 10^{43}$ (isto é o que o E+43 significa). Em outras palavras, é enorme. Em suma, a probabilidade dos dados, ao considerar o modelo, incluindo todas as três variáveis previsoras é $1{,}07 \times 10^{43}$ maior do que a probabilidade dos dados ao considerar o modelo com apenas o intercepto. Devemos mudar nossa crença no modelo (em relação ao modelo nulo) de acordo com um fator de $1{,}07 \times 10^{43}$! Essa é uma evidência muito forte para o modelo.

A estimativa bayesiana de *b* pode ser encontrada nas colunas *Posterior Mode* (moda a posteriori) e *Posterior Mean* (média a posteriori). Na verdade, as colunas contêm valores idênticos, mas isso nem sempre acontece. A razão para essas colunas serem iguais é que usamos o pico da distribuição *a posteriori* como nossa estimativa, e esse pico pode ser definido pela moda ou média da *posteriori*. Os valores são 0,085 para o orçamento publicitário, 3,367 para a transmissão no rádio e 11,086 para a imagem da banda, comparados aos valores de 0,085, 3,37 e 11,09 (Saída 9.8) do modelo não bayesiano. Eles são basicamente os mesmos, o que não é muito surpreendente, porque começamos com *a posterioris* muito difusas (e, portanto, essas *a prioris* terão pouca influência sobre as estimativas – retome a seção 3.8). Podemos ver esse fato na Saída 9.16, que mostra a distribuição *a priori* para o *b* do orçamento publicitário (*advertising budget*) como uma linha (linha 2) (na saída, você verá gráficos semelhantes para os outros dois previsores): a linha é completamente plana, representando uma crença completamente aberta e difusa dos parâmetros do modelo. A linha 3 é a distribuição a posteriori, que está quantificada na Saída 9.15 (à direita).

Talvez as partes mais úteis da Saída 9.15 sejam os intervalos de credibilidade de 95% para os parâmetros do modelo. Ao contrário dos intervalos de confiança, os intervalos de credibilidade contêm o valor da população com uma probabilidade de 0,95 (95%). Para o orçamento publicitário, portanto, há uma probabilidade de 95% de que o valor populacional de *b* esteja entre 0,071 e 0,099; para a transmissão no rádio, o valor populacional estará plausivelmente entre 2,820 e 3,915; e para a imagem da banda, estará plausivelmente entre 6,279 e 15,894. Esses intervalos são construídos supondo que exista um efeito; assim, você não pode usá-los para testar hipóteses, apenas para estabelecer valores populacionais plausíveis dos *b*s do modelo.

Bayes Factor Model Summary[a,b]

Bayes Factor[c]	R	R Square	Adjusted R Square	Std. Error of the Estimate
1.066E+43	.815	.665	.660	47.09

a. Method: JZS
b. Model: (Intercept), Advertising budget (thousands), No. of plays on radio, Band image rating (0–10).
c. Bayes factor: Testing model versus null model (Intercept).

Bayesian Estimates of Coefficients[a,b,c]

Parameter	Posterior Mode	Posterior Mean	Variance	95% Credible Interval Lower Bound	95% Credible Interval Upper Bound
(Intercept)	-26.81	-26.81	304.13	-60.830	7.604
Advertising budget (thousands)	.085	.085	.000	.071	.099
No. of plays on radio	3.367	3.367	.078	2.820	3.915
Band image rating (0–10)	11.086	11.086	6.004	6.279	15.894

a. Dependent Variable: Album sales (thousands)
b. Model: (Intercept), Advertising budget (thousands), No. of plays on radio, Band image rating (0–10)
c. Assume standard reference priors.

Saída 9.15

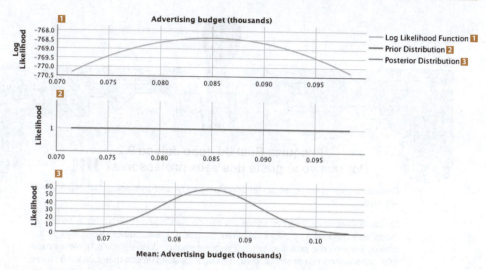

Saída 9.16

9.14 Relatando modelos lineares ||||

Se seu modelo tiver várias variáveis previsoras, você não conseguirá nada melhor do que uma tabela de resumo para relatar concisamente seu modelo. O mínimo indispensável é relatar os β junto com seus erros-padrão e os intervalos de confiança (ou intervalo de credibilidade se você for bayesiano). Se você não for bayesiano, informe o valor de significância e talvez o β padronizado.

Tabela 9.2 Previsores do modelo linear da venda de álbuns; intervalos de 95% de confiança com tendenciosidade corrigida relatados entre parênteses; intervalos de confiança e erros-padrão com base em 1.000 amostras *bootstrap*

	b	EP b	β	p
Passo 1				
Constante	134,14 (120,11, 148,79)	7,95		0,001
Orçamento publicitário	0,10 (0,08, 0,11)	0,01	0,58	0,001
Passo 2				
Constante	−26,61 (−55.40, 8.60)	16,30		0,097
Orçamento publicitário	0,09 (0,07, 0,10)	0,01	0,51	0,001
Transmissão no rádio	3,37 (2,74, 4,02)	0,32	0,51	0,001
Imagem da banda	11,09 (6,46, 15,01)	2,22	0,19	0,001

Nota: $R^2 = 0,34$ para Passo 1; $\Delta R^2 = 0,33$ para Passo 2 (todos os ps < 0,001).

Pesquisa Real do João Jaleco 9.2
Por que você gosta dos seus professores? ||||

Chamorro-Premuzic, T. et al. (2008). *Personality and Individual Differences, 44,* 965-976.

No capítulo anterior, falamos sobre um estudo de Chamorro-Premuzic e colaboradores. que associava os traços de personalidade dos estudantes ao que eles gostariam de ver em seus professores (ver Pesquisa Real do João Jaleco 8.1). Nesse capítulo, correlacionamos esses escores, mas agora o João Jaleco quer que você realize cinco análises de regressão múltipla: as variáveis de resultado nos cinco modelos são as avaliações de quanto os estudantes gostariam que seus professores tivessem neuroticismo, extroversão, abertura à experiência, agradabilidade e conscienciosidade. Para cada um desses resultados, insira com entrada forçada as variáveis idade e sexo na análise no primeiro bloco da hierarquia; no segundo bloco, insira também com entrada forçada os cinco traços de personalidade dos estudantes (neuroticismo, extroversão, abertura à experiência, agradabilidade e conscienciosidade). Para cada análise, crie uma tabela dos resultados. As respostas estão no *site* do livro (ver Tabela 4 no artigo original). Os dados estão no arquivo **Chamorro-Premuzic.sav**.

Inclua algumas estatísticas gerais sobre o modelo, como R^2 ou o fator de Bayes. Pessoalmente, gosto de relatar a constante também, porque assim os leitores do seu trabalho podem construir o modelo de regressão completo se necessário. Para a regressão hierárquica, você deve relatar esses valores em cada estágio da hierarquia. Para o exemplo neste capítulo, podemos produzir uma tabela como a 9.2.

Coisas a serem observadas são as seguintes: (1) eu arredondei para duas casas decimais porque esse é um nível razoável de precisão, dadas as variáveis medidas; (2) se você estiver seguindo o formato APA (que eu não estou), não coloque zeros antes do ponto decimal para os β padronizados, R^2 e valores-p (porque esses valores não podem exceder 1); (3) eu relatei valores-p exatos, que é uma boa prática; (4) o R^2 para o modelo inicial e a mudança do R^2 (denotada por ΔR^2) para cada passo subsequente do modelo são relatados abaixo da tabela; e (5) no título eu mencionei que intervalos de confiança e erros-padrão na tabela são baseados em *bootstrapping*, que é importante que os leitores saibam.

9.15 Caio tenta conquistar Gina ||||

Gina baixou o garfo, colocando-o ao lado da jarra, e controlou o reflexo para vomitar. Quando ela começou o curso nesta universidade, tinha absoluta convicção de que testaria sua teoria da tênia. Ela seria seu próprio delineamento de caso único. Ela sabia que fazer um experimento consigo mesma deixaria as coisas confusas, mas ela queria algumas evidências nas quais firmar suas crenças. Se não funcionasse com ela, ela poderia seguir em frente, mas, se ela encontrasse evidências de algum efeito, esse seria o ponto de partida para uma pesquisa melhor. No entanto, ela se sentiu em conflito. Eram os experimentos que estavam deixando sua mente fora de foco, ou era o

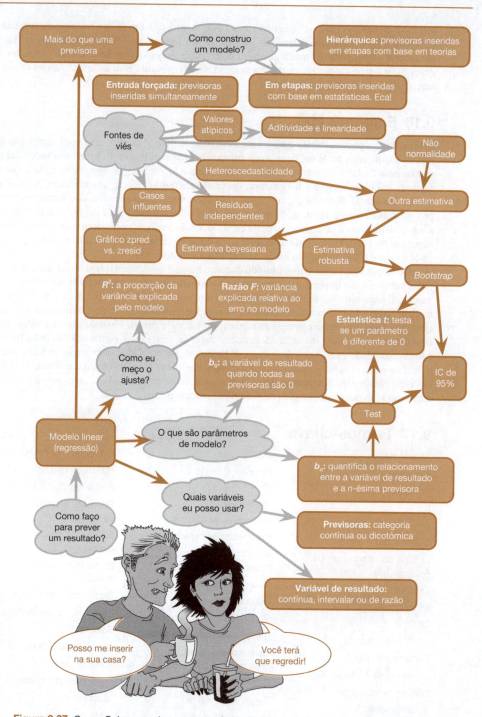

Figura 9.27 O que Caio aprendeu neste capítulo.

interesse do cara do *campus*? Ela não viera a este lugar à procura de um relacionamento, ela não tinha expectativa nenhuma sobre isso, não estava nos seus planos. Normalmente, ela era tão boa em ignorar outras pessoas, mas a gentileza dele vencia lentamente as suas defesas. Ao se levantar e recolocar a jarra na prateleira, disse a si mesma que o absurdo com o cara do *campus* tinha que acabar. Ela precisava impor limites.

9.16 E agora?

Este capítulo é possivelmente o mais longo capítulo de livro já escrito, e, se você sentiu que envelheceu vários anos ao lê-lo, bem, você provavelmente envelheceu (olhe ao seu redor, há teias de aranha na sala, você tem uma longa barba e, quando você for lá fora, irá descobrir que uma segunda era do gelo veio e foi embora, deixando apenas você e alguns mamutes peludos para povoar o planeta). No entanto, veja o lado positivo: você agora sabe mais ou menos tudo o que precisa saber sobre estatística. Sério – você descobrirá nos próximos capítulos que tudo o que ainda discutiremos é uma variação deste capítulo. Então, embora você possa estar quase morrendo depois de ter passado uma vida lendo este capítulo (e eu certamente estou quase morto após escrevê-lo), você é oficialmente um gênio da estatística – muito bem!

Começamos o capítulo descobrindo que, aos meus 8 anos, um modelo linear que me dissesse quais variáveis são importantes para prever o sucesso em uma competição de talentos teria sido muito útil para mim. Infelizmente, eu não tinha um, mas eu tinha o meu pai (e ele é melhor que um modelo linear). Ele previu corretamente a receita para o estrelato, mas ao fazer isso ele me deixou querendo mais. Eu estava começando a gostar do estilo de vida de ídolo do *rock*: eu tinha amigos, uma fortuna (bom, duas medalhas de primeiro lugar de ouro falso), carros velozes (uma bicicleta) e uma quantidade exorbitante de sorvete de limão que me era dado por crianças de 8 anos de aparência suspeita. As únicas coisas necessárias para completar o cenário eram um álbum de platina e um vício em heroína. No entanto, antes que eu pudesse alcançar tudo isso, meus pais e professores mostraram um pouco do mundo real para minha mente jovem...

9.17 Termos-chave

Aderência
Alavancagem
Autocorrelação
b_i
β_i
Colinearidade perfeita
Critério de informação de Akaike (CIA)
DFBeta
DFBeta padronizado
DFFit
DFFit padronizado
Distância de Cook
Distância de Mahalanobis
Efeitos supressores
Encolhimento
Erros independentes
Estatística *F*

Estatística *t*
Fator de inflação da variância (FIV)
Generalização
Heteroscedasticidade
Homoscedasticidade
Mínimos quadrados ordinários (MQO)
Multicolinearidade
Quadrados médios
R^2 ajustado
Razão da covariância (RCV)
Regressão em etapas (ou gradual)
Regressão hierárquica
Regressão múltipla
Regressão simples
Resíduos
Resíduos excluídos

Resíduos não padronizados
Resíduos padronizados
Resíduos studentizados
Resíduos studentizados excluídos
Soma dos quadrados do modelo
Soma dos quadrados residual
Soma dos quadrados total
Teste de Durbin-Watson
Tolerância
Validação cruzada
Valor previsto
Valor previsto ajustado
Valor-chapéu
Variável previsora
Variável de resultado

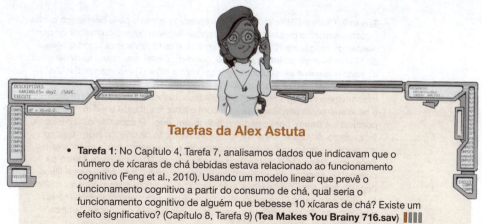

Tarefas da Alex Astuta

- **Tarefa 1**: No Capítulo 4, Tarefa 7, analisamos dados que indicavam que o número de xícaras de chá bebidas estava relacionado ao funcionamento cognitivo (Feng et al., 2010). Usando um modelo linear que prevê o funcionamento cognitivo a partir do consumo de chá, qual seria o funcionamento cognitivo de alguém que bebesse 10 xícaras de chá? Existe um efeito significativo? (Capítulo 8, Tarefa 9) (**Tea Makes You Brainy 716.sav**)

- **Tarefa 2**: Estime um modelo linear para os dados em **pubs.sav** na Gina Gênia 9.1 prevendo **mortality** a partir do número de **pubs**. Tente repetir a análise, mas com intevalos de confiança *bootstrap*.

- **Tarefa 3**: Em Gina Gênia 2.1, encontramos dados (**HonestyLab.sav**) relacionados às avaliações de pessoas sobre atos desonestos e o quão simpático o infrator parecia. Rode um modelo linear com *bootstrapping* para prever as avaliações da desonestidade a partir da simpatia do infrator.

- **Tarefa 4**: Uma estudante de moda estava interessada em fatores que previam os salários dos modelos de passarela. Ela coletou dados de 231 modelos (**Supermodel.sav**). Para cada modelo, ela perguntou seu salário diário (**salary**), idade (**age**), tempo de experiência como modelo (**years**) e *status* na indústria da moda como modelo de acordo com a posição (em percentil) avaliada por um grupo de especialistas (**beauty**). Use um modelo linear para verificar quais variáveis preveem o salário de uma modelo. Quão válido é o modelo obtido?

- **Tarefa 5**: Um estudo foi realizado para explorar a relação entre **Agression** (agressividade) e vários fatores previsores potenciais em 666 crianças que tinham um irmão mais velho. As variáveis medidas foram **Parenting_Style** (estilo de criação de filhos – pontuação alta = práticas negativas), **Computer_Games** (pontuação alta = mais tempo gasto jogando *videogame*), **Television** (pontuação alta = mais tempo assistindo televisão), **Diet** (pontuação alta = a criança tem uma boa dieta baixa em aditivos prejudiciais) e **Sibling_Aggression** (pontuação alta = maior agressividade observada em seu irmão mais velho). Pesquisas anteriores indicaram que o estilo parental e a agressividade de irmãos mais velhos eram bons indicadores do nível de agressividade da criança mais nova. Todas as outras variáveis foram tratadas de forma exploratória. Analise-as com um modelo linear (**Child Aggression.sav**).

- **Tarefa 6**: Repita a análise na Pesquisa Real do João Jaleco 9.1 usando intervalos de confiança *bootstrap*. Quais são os intervalos de confiança para os parâmetros da regressão?

- **Tarefa 7**: Coldwell, Pike e Dunn (2006) investigaram se o caos doméstico previa o comportamento problemático de crianças tão bem quanto ou melhor do que o estilo de criação de filhos. De 118 famílias, eles registraram a idade e o sexo do filho mais novo (**child_age** e **child_gender**). Eles mensuraram as dimensões do relacionamento percebido da criança com a mãe: (1) calorosa/prazerosa (**child_warmth**) e (2) raiva/hostilidade (**child_anger**). Escores mais altos indicam mais calor/prazer e raiva/hostilidade, respectivamente. Eles mediram o relacionamento percebido da mãe com o filho, resultando em dimensões de positividade (**mum_pos**) e negatividade (**mum_neg**). O caos doméstico (**chaos**) foi avaliado. A variável de resultado foi a adaptação da criança (**sdq**): quanto maior a pontuação, maior o comportamento problemático que a criança exibia. Faça um modelo linear hierárquico em três etapas: (1) insira idade e sexo da criança; (2) adicione as variáveis que medem a positividade entre pais e filhos, negatividade entre pais e filhos, calor entre pais e filhos, raiva entre pais e filhos; (3) adicione o caos. O caos doméstico prevê o comportamento problemático das crianças tão bem quanto ou melhor do que o estilo de criação de filhos? (**Coldwell et al. (2006).sav**). ▌▌▌▌

Respostas e recursos adicionais estão disponíveis no *site* do livro em
https://edge.sagepub.com/field5e.

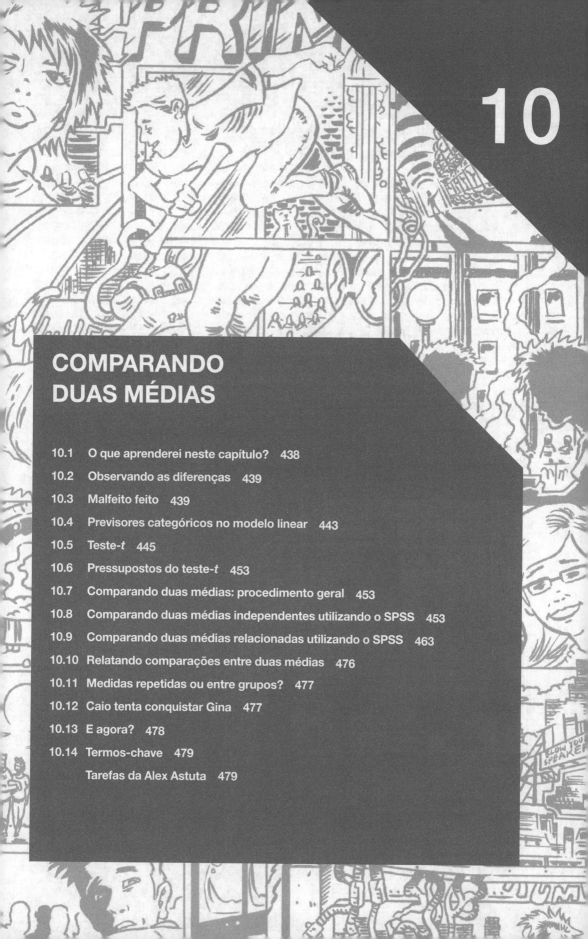

10

COMPARANDO DUAS MÉDIAS

- 10.1 O que aprenderei neste capítulo?   438
- 10.2 Observando as diferenças   439
- 10.3 Malfeito feito   439
- 10.4 Previsores categóricos no modelo linear   443
- 10.5 Teste-*t*   445
- 10.6 Pressupostos do teste-*t*   453
- 10.7 Comparando duas médias: procedimento geral   453
- 10.8 Comparando duas médias independentes utilizando o SPSS   453
- 10.9 Comparando duas médias relacionadas utilizando o SPSS   463
- 10.10 Relatando comparações entre duas médias   476
- 10.11 Medidas repetidas ou entre grupos?   477
- 10.12 Caio tenta conquistar Gina   477
- 10.13 E agora?   478
- 10.14 Termos-chave   479

    Tarefas da Alex Astuta   479

10.1 O que aprenderei neste capítulo?

Vimos, no capítulo anterior, que conquistei com sucesso o acampamento de férias no País de Gales com o meu canto e meu violão (e os galeses sabem uma coisa ou duas sobre cantar bem). Eu surfava em uma prancha chamada ignorância, acreditando que poderia dominar o mundo, até ser derrubado, alguns metros depois, por uma onda gigante chamada "adultos". Eu tinha 9 anos, a vida era divertida, mas todos os adultos que encontrava pareciam obcecados com o meu futuro. "O que você quer ser quando crescer?", perguntavam. Um cirurgião, um advogado, um professor? Com 9 anos de idade, "crescer" estava a uma vida inteira de distância. Tudo o que eu sabia era que eu iria casar com Clair Sparks (mais sobre ela no próximo capítulo) e ser uma lenda do *rock* que não precisava se preocupar com assuntos adultos, como ter um emprego. Era uma pergunta difícil, mas os adultos exigem respostas, e eu não ia deixá-los perceber que eu não me importava com questões "adultas". Como todos os bons cientistas, me baseei em dados anteriores: eu nunca havia feito uma cirurgia cerebral, não tinha experiência em condenar psicopatas à prisão por praticarem canibalismo, nem tinha dado aula para ninguém. No entanto, eu já tinha cantado e tocado violão; portanto previ que seria uma estrela do *rock*. Mesmo nessa idade precoce, percebi que nem todos os adultos apreciariam o talento bruto que me veriam desfilar por palcos iluminados para dezenas de milhares de pessoas. Alguns deles poderiam pensar que o estrelato no *rock* não fosse uma boa perspectiva de carreira. Eu precisava convencê-los. Adultos tendem a achar que dinheiro é uma coisa importante, então eu decidi que deveria mostrar que as estrelas do *rock* ganham mais dinheiro do que, digamos, uma profissão "respeitável", como ser professor. Eu poderia reunir alguns professores e estrelas do *rock*, descobrir quais eram seus salários e compará-los. Efetivamente eu estaria "prevendo" o salário de duas categorias: estrela do *rock* e professor. Poderia ter feito tudo isso, mas eu não sabia nada sobre estatística quando eu tinha 9 anos. Eram dias felizes.

Figura 10.1 Praticando para a minha carreira de estrela do *rock*, "matando" a multidão com meus gritos na Escola Primária Grove aos 10 anos. (Observe a menina com as mãos cobrindo os ouvidos.)

10.2 Observando as diferenças ||||

Os dois últimos capítulos se concentraram nas relações entre variáveis contínuas, mas, às vezes, os pesquisadores querem observar diferenças entre grupos de pessoas ou entre pessoas em diferentes condições de tratamento. A pesquisa experimental, por exemplo, tira proveito do fato de que, se manipularmos sistematicamente o que acontece com as pessoas, podemos fazer inferências causais sobre os efeitos dessas manipulações. A forma mais simples de experimento é aquela em que dividimos a amostra em um grupo experimental e um grupo-controle que é idêntico ao grupo experimental em todos os aspectos, exceto no aspecto que se espera ter um impacto sobre o resultado (ver Field e Hole, 2003). Por exemplo, podemos querer comparar o conhecimento de estatística antes e depois de uma aula. Um grupo, o grupo experimental, tem que ficar sentado durante a aula, enquanto o outro grupo, o grupo-controle, não vai à aula e fica na cama. Veja alguns outros exemplos de cenários em que comparamos duas condições:

- O filme *Pânico* 2 é mais assustador que o original, *Pânico*? Podemos medir as frequências cardíacas (que indicam ansiedade) durante os dois filmes e compará-las.
- Você trabalha melhor quando ouve a música favorita do Andy? Você pode fazer algumas pessoas escreverem um ensaio (ou livro) ouvindo minha música favorita (conforme listada nos Agradecimentos), e depois escrever outro em silêncio (i.e., situação de controle) e comparar as notas.
- Pílulas dietéticas funcionam? Nós pegamos dois grupos de pessoas e atribuímos aleatoriamente um grupo a um programa de pílulas dietéticas e o outro grupo a um programa de pílulas de açúcar (que os participantes acreditam que vai ajudá-los a perder peso). Se as pessoas que tomaram as pílulas dietéticas perderem mais peso do que as que tomaram as pílulas de açúcar, podemos inferir que as pílulas dietéticas causaram a perda de peso.

A manipulação sistemática da variável independente (previsora) é uma ferramenta poderosa, porque ela vai um passo além da simples observação das variáveis.[1] Este capítulo é o primeiro de muitos que observam esses cenários de pesquisa. Começamos com o cenário mais simples: quando temos dois grupos, ou, para ser mais específico, quando queremos comparar duas médias. Descobrimos, no Capítulo 1, que podemos expor diferentes entidades a diferentes manipulações experimentais (*entre grupos* ou delineamento *independente*), ou selecionar um único grupo de entidades e expô-las a diferentes manipulações experimentais em diferentes pontos no tempo (*medidas repetidas* ou delineamento *intrassujeitos*). Os pesquisadores, às vezes, ficam tentados a comparar grupos criados artificialmente – por exemplo, dividindo pessoas em grupos com base em um escore mediano; evite essa tentação (Gina Gênia 10.1).

10.3 Malfeito feito ||||

Duas notícias relacionadas à física me chamaram a atenção (Di Falco, Ploschner e Krauss, 2010). Na primeira manchete (novembro de 2010), o *Daily Mirror* (um jornal do Reino Unido) relatou que "Cientistas criam a capa da invisibilidade de Harry Potter". Eu não sou fanático por Harry Potter[2], então não foi o nome que chamou minha atenção, mas a ideia de ser capaz de vestir uma capa que me tornaria invisível e capaz de me permitir aprontar por aí. Essa ideia foi muito animadora; onde poderia comprar uma? Em fevereiro de 2011, o mesmo jornal estava fazendo reportagens sobre uma pesquisa diferente (Chen et al., 2011) com uma manchete exagerada: "'Capa de invisibilidade' no estilo de Harry Potter construída por cientistas".

Não é preciso dizer que, na verdade, os cientistas nunca criaram a capa de invisibilidade de Harry Potter, nem nada parecido, mas também nunca deixe que isso atrapalhe uma manchete. O que

---

[1] As pessoas às vezes se confundem e acham que certos procedimentos estatísticos permitem inferências causais e outros não (ver Gina Gênia 1.4).

[2] Talvez eu devesse ser, já que um jornal do Reino Unido uma vez me chamou de "o Harry Potter das ciências sociais" (http://www.discoveringstatistics.com/docs/thes_170909.pdf). Eu não estava certo se isso me tornava um mágico que luta contra as foças do mal da estatística ou um adulto com a idade mental de uma criança de 11 anos.

Gina Gênia 10.1
Dividir pela mediana é coisa do diabo? ▌▌▌▌

Algumas vezes, os cientistas dividem uma variável previsora de acordo com a mediana. Por exemplo, existe um estereótipo de que fãs de ficção científica são pessoas reclusas e sem vida social. Se você quiser testar isso, você deve mensurar as habilidades sociais e o conhecimento sobre o filme *Guerra nas Estrelas*. Você deve, então, pegar o escore da mediana do conhecimento sobre *Guerra nas Estrelas* e classificar todas as pessoas com um escore acima da mediana como "Fãs de *Guerra nas Estrelas*" e as abaixo como "não fãs". Ao fazer isso, você "dicotomiza" a variável contínua. A prática é bem comum, mas há vários problemas com a divisão de acordo com a mediana (MacCallum, Zhang, Preacher e Rucker, 2002):

1. Imagine que temos quatro pessoas: Peter, Birgit, Jip e Kiki. Nós mensuramos o quanto eles sabem sobre *Guerra nas Estrelas* em percentual e obtemos: Jip (100%), Kiki (60%), Peter (40%) e Birgit (0%). Se dividirmos essas pessoas pela mediana (50%), então estaremos dizendo que Jip e Kiki são iguais (eles obtiveram um escore de 1 = fã) e Peter e Birgit também são iguais (ambos obtiveram um escore de 0 = não fã). A divisão pela mediana muda a informação original drasticamente. Peter e Kiki são, originalmente, muito similares, mas tornam-se muito diferentes após a divisão, enquanto Jip e Kiki são relativamente diferentes originalmente, mas tornam-se idênticos após a divisão.
2. Os tamanhos de efeito tornam-se menores. Se você correlacionar duas variáveis contínuas, o tamanho de efeito será maior do que se correlacionar as mesmas variáveis após uma delas ter sido dicotomizada. Os tamanhos de efeito também ficam menores em modelos lineares.
3. Há uma chance maior de se encontrarem efeitos espúrios.

   Portanto, se o seu orientador acabou de lhe dizer para fazer uma divisão pela mediana, pense bem se é a coisa certa a fazer e leia sobre o assunto (eu recomendo DeCoster, Gallucci e Iselin, 2011; DeCoster, Iselin e Gallucci, 2009; MacCallum et al., 2002). Segundo MacCallum e colaboradores, uma das raras situações em que dicotomizar uma variável contínua é justificada é quando há uma justificativa teórica clara para categorias distintas de pessoas com base em um ponto de corte significativo (i.e., não a mediana); por exemplo, fóbico *versus* não fóbico com base no diagnóstico de um médico treinado pode ser uma dicotomização legítima de ansiedade.

Chen e colaboradores tinham feito não era bem uma "capa" de invisibilidade, mas um "pedaço de calcita" de invisibilidade. Esse caroço era capaz de esconder pequenos objetos (em escala de centímetros e milímetros): você poderia esconder meu cérebro e pouco menos que isso. No entanto, com um pedaço de calcita grande o suficiente a reboque, eu poderia teoricamente esconder todo o meu corpo (embora as pessoas pudessem desconfiar de um bloco de calcita aparentemente autônomo se movendo sozinho pela sala em um carrinho). Di Falco e colaboradores criaram um material flexível (Metaflex) com propriedades óticas de forma que, se você o colocasse em camadas, poderia criar algo em torno do qual a luz se dobraria. Não é exatamente uma capa no sentido de vestuário da palavra, mas certamente mais fácil de vestir do que, digamos, uma placa de calcita.

Tabela 10.1 Dados de **Invisibility.sav**

Participante	Capa	Malfeitos
1	0	3
2	0	1
3	0	5
4	0	4
5	0	6
6	0	4
7	0	6
8	0	2
9	0	0
10	0	5
11	0	4
12	0	5
13	1	4
14	1	3
15	1	6
16	1	6
17	1	8
18	1	5
19	1	5
20	1	4
21	1	2
22	1	5
23	1	7
24	1	5

Embora os jornais tenham exagerado um pouco, trata-se de pesquisas empolgantes que trazem a possibilidade de uma capa de invisibilidade mais próxima da realidade. Eu imagino um futuro em que teremos algumas capas de invisibilidade para testar. Considerando a minha personalidade levemente marota, o meu eu do futuro está interessado no efeito que o uso de uma capa de invisibilidade tem na tendência à prática de malfeitos. Eu recruto 24 participantes e os coloco em uma comunidade fechada. A comunidade está repleta de câmeras ocultas para que possamos gravar os malfeitos. Metade dos participantes recebe capas de invisibilidade, é instruída a não contar a ninguém sobre sua capa e pode usá-la sempre que quiser. Eu registro quantos malfeitos os participantes executam durante uma semana. Esses dados estão na Tabela 10.1.

Teste seus conhecimentos

Insira esses dados no SPSS.

O arquivo **Invisibility.sav** mostra como você deveria ter inserido os dados: a variável **Cloak** (capa) registra se uma pessoa recebeu uma capa (**Cloak** = 1) ou não (**Cloak** = 0), e **Mischief** (malfeito) indica quantos malfeitos foram realizados.

Teste seus conhecimentos
Produza algumas estatísticas descritivas para esses dados (use o Explore [explorar]).

A Saída 10.1 (sua tabela terá mais informações – eu editei a minha para economizar espaço) mostra que as pessoas com capas de invisibilidade realizaram mais malfeitos, $M = 5$, IC de 95% [3,95, 6,05], $DP = 1,65$, do que aquelas sem capa, $M = 3,75$, IC de 95% [2,53, 4,97], $DP = 1,91$. Os escores de ambos os grupos estão normalmente distribuídos de acordo com o teste K-S, porque

Descriptives

	Cloak of invisibility			Statistic	Std. Error
Mischievous Acts	No Cloak	Mean		3.75	.552
		95% Confidence Interval for Mean	Lower Bound	2.53	
			Upper Bound	4.97	
		5% Trimmed Mean		3.83	
		Median		4.00	
		Variance		3.659	
		Std. Deviation		1.913	
		Skewness		-.789	.637
		Kurtosis		-.229	1.232
	Cloak	Mean		5.00	.477
		95% Confidence Interval for Mean	Lower Bound	3.95	
			Upper Bound	6.05	
		5% Trimmed Mean		5.00	
		Median		5.00	
		Variance		2.727	
		Std. Deviation		1.651	
		Skewness		.000	.637
		Kurtosis		.161	1.232

Tests of Normality

	Cloak of invisibility	Kolmogorov-Smirnov[a]			Shapiro-Wilk		
		Statistic	df	Sig.	Statistic	df	Sig.
Mischievous Acts	No Cloak	.219	12	.118	.913	12	.231
	Cloak	.167	12	.200*	.973	12	.936

*. This is a lower bound of the true significance.
a. Lilliefors Significance Correction

Saída 10.1

o valor de *Sig.* é maior que 0,05, mas esses testes serão pouco poderosos porque estão baseados apenas em *N*s de tamanho 12 (Gina Gênia 6.5).

10.4 Previsores categóricos no modelo linear ||||

Ao compararmos as diferenças entre as médias de dois grupos, o que estamos fazendo é prever um resultado com base na associação entre dois grupos. Para o nosso exemplo da capa de invisibilidade, estamos prevendo o número de malfeitos realizados por alguém que tinha uma capa de invisibilidade. Esse é um modelo linear com um previsor dicotômico. O *b* para o modelo reflete as diferenças entre as médias de malfeitos nos dois grupos, e o teste-*t* resultante irá, portanto, nos dizer se a diferença entre as médias é diferente de zero (porque, lembre-se, o teste-*t* testa se *b* = 0).

Você pode estar pensando "os *b*s mostram relacionamentos, não diferenças entre médias – o que é que esse idiota está falando?". Você pode estar começando a desconfiar de mim ou está colocando o livro em uma caixa para devolvê-lo. Eu não o culpo, porque eu costumava pensar isso também. Para domar um mundo complexo, espinhoso, infestado de ervas daninhas e habitado por tarântulas que comem Andys, como o mundo da estatística, você precisa de uma epifania. A minha foi um artigo de Cohen (1968) que me mostrou que, quando comparamos médias, estamos usando um caso especial do modelo linear. Essa revelação transformou meu mundo estatístico em uma linda campina cheia de cordeirinhos saltitantes encantados pela maravilha da vida.

Lembre-se do Capítulo 2, no qual vimos que todos os modelos estatísticos são versões de uma ideia simples:

resultado$_i$ = modelo + erro$_i$ (10.1)

Ao usar um modelo linear, essa equação geral torna-se a equação (9.2), na qual o modelo é definido por parâmetros: b_0 que nos informa o valor da variável de resultado quando o previsor é zero e b_1 que quantifica o relacionamento entre o previsor (X_i) e o resultado (Y_i). Nós vimos essa equação muitas vezes, mas vamos adaptá-la para o nosso exemplo. A equação que prevê a variável **Mischief** (malfeito) a partir do grupo ao qual uma pessoa pertence (a variável **Cloak** [capa]) é:

$$Y_i = b_0 + b_1 X_{1i} + \varepsilon_i$$
$$\text{Malfeito} = b_0 + b_1 \text{Capa}_i + \varepsilon_i$$
(10.2)

Cloak é uma variável nominal: as pessoas tinham uma "capa" ou não. Não podemos colocar palavras em um modelo estatístico porque isso vai criar um buraco na camada de ozônio. Em vez disso, convertemos essa variável em números, assim como fazemos quando inserimos variáveis nominais no SPSS (seção 4.6.5). Quando inserimos variáveis nominais no SPSS, não importam os números que escolhemos, porque o SPSS os converte em valores adequados. Mas os números que escolhemos para representar nossas categorias em um modelo matemático são importantes: eles mudam o significado dos valores-*b* resultantes. Existem diferentes maneiras "padrão" de codificar variáveis (que não veremos aqui), uma das quais é usar **variáveis fictícias** (*dummy*). Analisaremos isso na seção 11.5.1, mas, em resumo, codificamos uma categoria de referência como 0 e a outra como 1. Nossa categoria de referência é sem capa (a condição de controle), e atribuímos a esses participantes o valor 0 para a variável **Cloak**. O grupo "experimental" contém os que receberam uma capa, e atribuímos a esses participantes o valor 1. Esse é o código que usei no arquivo SPSS. Vamos colocar esses números no modelo e ver o que acontece.

Primeiro, imagine que alguém esteja na condição sem capa. Sabendo que essas pessoas estejam nesse grupo, a melhor previsão que poderíamos fazer sobre o número de malfeitos seria a média do grupo, porque esse valor é a estatística de resumo com a menor soma dos erros ao quadrado. Assim, o valor de *Y* na equação será a média do grupo $\overline{X}_{\text{Sem capa}}$ (que é 3,75 na Saída 10.1), e o valor da variável **Cloak** será 0. Se ignorarmos o termo de erro, a Equação 10.2 se tornará:

$$\text{Malfeito}_i = b_0 + b_1 \text{Capa}_i$$
$$\bar{X}_{\text{Sem capa}} = b_0 + (b_1 \times 0)$$
$$b_0 = \bar{X}_{\text{Sem capa}}$$
$$b_0 = 3{,}75$$

(10.3)

Note que b_0 (o intercepto) é igual à média do grupo codificado como 0 (ou seja, o grupo sem capa).

Agora vamos usar o modelo para prever os malfeitos das pessoas que tinham uma capa de invisibilidade. Como antes, o valor previsto da variável de resultado seria a média do grupo ao qual a pessoa pertence, porque essa é a estatística de resumo com a menor soma dos erros ao quadrado. O valor previsto para alguém do grupo com capa é, portanto, a média do grupo com capa $\bar{X}_{\text{Capa}}$, que é 5 na Saída 10.1. O valor da variável **Cloak** é 1 (porque esse é o valor que usamos para codificar o grupo). Lembre-se de que b_0 é igual à média do grupo sem capa ($\bar{X}_{\text{Sem capa}}$). Se colocarmos todos os valores na Equação 10.2 e rearranjarmos um pouco, obteremos:

$$\text{Malfeito}_i = b_0 + b_1 \text{Capa}_i$$
$$\bar{X}_{\text{Capa}} = b_0 + (b_1 \times 1)$$
$$\bar{X}_{\text{Capa}} = b_0 + b_1$$
$$\bar{X}_{\text{Capa}} = \bar{X}_{\text{Sem capa}} + b_1$$
$$b_1 = \bar{X}_{\text{Capa}} - \bar{X}_{\text{Sem capa}}$$

(10.4)

que mostra que b_1 representa a diferença entre as médias dos grupos (neste caso, 5 – 3,75 = 1,25).

A mensagem final é que usamos o mesmo modelo linear que usamos ao longo do livro para comparar médias de grupos. Em um modelo com um previsor categórico com dois previsores, b_1 representa a diferença entre as médias dos grupos, e b_0 é igual à média do grupo codificado como 0. Vimos, no capítulo anterior, que uma estatística *t* é utilizada para verificar se um parâmetro do modelo (b_1) é igual a 0; neste contexto, portanto, ela testaria se a diferença entre as médias dos grupos é igual a 0.

Teste seus conhecimentos

Para provar que não estou inventando tudo isso, ajuste um modelo linear aos dados de **Invisibility.sav** com **Cloak** como a variável previsora e **Mischief** como a variável de resultado usando o que você aprendeu no capítulo anterior. Codifique o uso da capa com 0 e 1 como foi feito acima.

Se você fizer a seção Teste seus conhecimentos, deverá obter a tabela da Saída 10.2. Primeiro, observe que o valor da constante (b_0) é 3,75, igual à média do grupo de referência (sem capa). Segundo, observe que o valor do coeficiente de regressão b_1 é 1,25, que é a diferença entre as médias dos dois grupos (5 – 3,75 = 1,25). Finalmente, a estatística *t*, que testa se b_1 é significativamente diferente de zero, não é significativa porque o valor da significância é maior do que 0,05, o que quer dizer que a diferença entre as médias de 1,25 não é significativamente diferente de 0. Esta seção mostra que as diferenças entre as médias podem ser representadas por modelos lineares, que é um tópico ao qual voltaremos várias vezes nos próximos capítulos.

Coefficients[a]

Model		Unstandardized Coefficients B	Std. Error	Standardized Coefficients Beta	t	Sig.
1	(Constant)	3.750	.516		7.270	.000
	Cloak of invisibility	1.250	.730	.343	1.713	.101

a. Dependent Variable: Mischievous Acts

Saída 10.2

10.5 Teste-t ▮▮▮▮

Vimos como podemos incluir um previsor categórico em um modelo linear para testar as diferenças entre duas médias. Essa abordagem é útil para lhe mostrar a maravilha que é o modelo linear e para manter o tópico de modelos lineares em andamento no livro. Historicamente, as pessoas pensam em comparar duas médias com testes separados, e o SPSS reforça essa convenção histórica com sua estrutura de menus. Isso não é tão absurdo quanto parece, porque a estrutura do modelo linear fica complicada quando queremos lidar com delineamentos de medidas repetidas.
Portanto, ao testar a diferença entre duas médias, os pesquisadores tendem a aplicar a estatística t, mas disfarçada como algo chamado de teste-t (Student, 1908). Nesta seção, veremos os fundamentos teóricos do teste. Há duas variantes desse teste:

- **Teste-t de amostras independentes**: Esse teste é usado quando você quer comparar duas médias que vêm de diferentes condições com diferentes entidades (às vezes chamado de *medidas independentes* ou *médias independentes*).
- **Teste-t de amostras pareadas**: Esse teste, também conhecido como **teste-t dependente**, é usado quando você quer comparar duas médias que vêm de condições com as mesmas entidades ou entidades relacionadas (Figura 10.2).

Figura 10.2 Graças à Máquina da Confusão, há muitos termos para o teste-t de amostras pareadas.

10.5.1 Fundamentação para o teste-*t* ▌▐▌▐

Os dois tipos de teste-*t* têm uma fundamentação similar, que é baseada no que aprendemos no Capítulo 2 sobre a testagem de hipóteses:

- Duas amostras de dados são coletadas, e as médias das amostras são calculadas. Essas médias podem diferir pouco ou muito.
- Se as amostras forem originadas da mesma população, esperamos que as médias sejam aproximadamente iguais (ver seção 2.7). Embora seja possível que as médias sejam diferentes por causa da variação amostral, esperamos que grandes diferenças entre as médias das amostras ocorram com pouca frequência. De acordo com a hipótese nula, presumimos que a manipulação experimental não tem efeito sobre o comportamento do participante: portanto esperamos que as médias de duas amostras aleatórias sejam semelhantes.
- Comparamos a diferença entre as médias amostrais que coletamos com a diferença entre as médias amostrais que esperaríamos obter (em longo prazo) se não houvesse efeito (ou seja, se a hipótese nula fosse verdadeira). Usamos o erro-padrão (ver seção 2.7) como uma referência da variabilidade entre as médias amostrais. Se o erro-padrão for pequeno, esperamos que a maioria das amostras tenha médias muito semelhantes. Quando o erro-padrão é grande, diferenças grandes nas médias das amostras são mais prováveis. Se a diferença entre as amostras que coletamos for maior do que esperávamos com base no erro-padrão, uma de duas coisas aconteceu:

    - Não há efeito, mas as médias amostrais de nossa população flutuam muito, e, por acaso, coletamos duas amostras que produzem médias muito diferentes.
    - As duas amostras vêm de populações diferentes, razão pela qual possuem médias diferentes, e essa diferença, portanto, indica uma diferença genuína entre as amostras. Em outras palavras, a hipótese nula é improvável.

- Quanto maior a diferença observada entre as médias amostrais (em relação ao erro-padrão), mais provável é que a segunda explicação esteja correta, ou seja, que as duas médias amostrais difiram devido às diferentes condições de teste impostas a cada amostra.

A maioria das estatísticas de teste é uma razão de sinal-ruído: a "variância explicada pelo modelo" dividida pela "variância que o modelo não consegue explicar" (seção 2.9.4). Em outras palavras, o efeito é dividido pelo erro. Ao comparar duas médias, o "modelo" que ajustamos (o efeito) é a diferença entre as duas médias do grupo. As médias variam de amostra para amostra (variação amostral), e podemos usar o erro-padrão como uma medida do quanto as médias flutuam (em outras palavras, do erro na estimativa da média) – veja o Capítulo 2. Portanto, podemos usar o erro-padrão das diferenças entre as duas médias como uma estimativa do erro em nosso modelo (ou do erro na diferença entre as médias). Assim, a estatística *t* pode ser expressa como:

$$t = \frac{\substack{\text{diferença observada} \\ \text{entre as médias} \\ \text{amostrais}} - \substack{\text{diferença esperada entre} \\ \text{as médias populacionais} \\ \text{(se a hipótese} \\ \text{nula for verdadeira)}}}{\substack{\text{estimativa do erro-padrão da diferença} \\ \text{entre as duas médias amostrais}}} \qquad (10.5)$$

A metade superior da equação é o "modelo", que é que a diferença entre médias é maior do que a diferença esperada de acordo com a hipótese nula, que na maioria dos casos será 0. A metade inferior é o "erro". Então, basicamente, estamos calculando a estatística de teste por meio da divisão do modelo (ou efeito) pelo erro no modelo. A forma exata que essa equação assume depende de os escores serem independentes (p. ex., vêm de entidades diferentes) ou relacionados entre si (vêm das mesmas entidades ou de entidades relacionadas).

10.5.2 A equação do teste-*t* de amostras pareadas explicada ▌▐▐▐

Começaremos com o cenário mais simples: quando os escores nas duas condições que você deseja comparar estão relacionados; por exemplo, as mesmas entidades foram testadas nas diferentes condições do seu experimento, ou talvez você tenha dados sobre uma tarefa com gêmeos (você esperaria que o escore de cada pessoa fosse mais semelhante à do seu gêmeo do que a de um estranho). Se você optar por não pensar em termos de um modelo linear, poderá calcular a estatística *t* usando uma versão numérica da Equação 10.5:

$$t = \frac{\bar{D} - \mu_D}{\sigma_{\bar{D}}} = \frac{\bar{D}}{\sigma_{\bar{D}}} \tag{10.6}$$

Essa equação compara a diferença média entre nossas amostras ($\bar{D}$) com a diferença que esperamos encontrar entre as médias populacionais (μ_D) em relação ao erro-padrão das diferenças ($\sigma_{\bar{D}}$). Se a hipótese nula for verdadeira, não esperamos nenhuma diferença entre as médias populacionais, e $\mu_D = 0$ e sai da equação.

Vamos explorar a lógica da Equação 10.6. Imagine que você seleciona um par de amostras de uma população, calcula suas médias e a diferença entre elas. Sabemos, a partir da teoria da amostragem (seção 2.7), que, em geral, as médias amostrais serão muito semelhantes à média populacional; portanto, em geral, a maioria das amostras deve ter médias muito semelhantes. Nosso par de amostras aleatórias deve, portanto, ter médias semelhantes, ou seja, a diferença entre suas médias será zero ou estará próxima de zero. Imagine que repetimos esse processo várias vezes. Devemos descobrir que a maioria dos pares de amostras apresenta diferenças entre médias próximas a zero, mas às vezes uma ou ambas as amostras terão uma média muito diferente da média populacional, e obteremos uma grande diferença entre médias amostrais. Em suma, a variação amostral significa que é possível obter uma diferença bastante grande entre duas médias de amostras, mas isso acontece com pouca frequência. Se representássemos a distribuição de frequências das diferenças entre as médias de pares de amostras, obteríamos a distribuição amostral das diferenças entre médias. Podemos esperar que essa distribuição seja normal em torno de zero, indicando que a maioria dos pares de amostras tem diferenças de médias próximas de zero e que só muito raramente obtemos grandes diferenças entre médias amostrais. O desvio-padrão dessa distribuição amostral é chamado de **erro-padrão das diferenças**. Como qualquer erro-padrão (revise a seção 2.7 se for necessário), um pequeno erro-padrão sugere que a diferença entre médias da maioria dos pares de amostras será muito próxima da média da população (nesse caso, 0 se a hipótese nula for verdadeira) e que diferenças substanciais são muito raras. Um erro-padrão grande nos diz que a diferença entre as médias da maioria dos pares de amostras pode ser bastante variável: embora a diferença entre médias da maioria dos pares de amostras ainda esteja centrada em torno de 0, diferenças substanciais de zero são mais comuns (do que quando o erro-padrão for pequeno). Assim, o erro-padrão é um bom indicador do tamanho das diferenças entre as médias amostrais que podemos esperar por variação amostral. Em outras palavras, é uma boa base para o que poderia razoavelmente acontecer se as condições da coleta de escores forem estáveis.

No entanto, as condições sob as quais os escores são coletados não são estáveis. Durante um experimento, manipulamos sistematicamente as condições sob as quais os escores são coletados. Por exemplo, para testar se se parecer como um humano afeta a confiança em robôs, os participantes podem ter duas interações com um robô: em uma, o robô fica disfarçado com roupas e pele realista, enquanto em outra, seu exoesqueleto de titânio natural está visível. O escore de confiança de cada pessoa na primeira interação pode ser diferente da segunda; a questão é se essa diferença é o produto de com o que o robô se parecia, ou apenas o resultado que você obteria se testasse a mesma pessoa duas vezes. O erro-padrão nos ajuda a estimar isso, dando-nos uma escala da provável variabilidade entre as amostras. Se o erro-padrão for pequeno, saberemos que mesmo uma diferença modesta entre os escores nas duas condições seria improvável de vir de duas amostras aleatórias. Se o erro-padrão for grande, uma diferença modesta entre os escores é plausível em duas amostras aleatórias.

Dessa forma, o erro-padrão das diferenças fornece uma escala de medida para a plausibilidade de que uma diferença observada entre médias amostrais possa ter resultado de duas amostras aleatórias da mesma população. É isso que a parte inferior da Equação 10.6 representa: coloca a diferença observada entre as médias amostrais no contexto do que é plausível para amostras aleatórias.

A metade superior da Equação 10.6 representa o tamanho do efeito observado. $\overline{D}$ é a diferença média entre os escores das pessoas em duas condições. Para cada pessoa, se pegássemos o seu escore em uma condição e o subtraíssemos do escore na outra, teríamos um escore da diferença para cada pessoa; $\overline{D}$ é a média desses escores de diferenças. Voltando ao exemplo do robô, se a aparência do robô não tivesse efeito na confiança das pessoas, os escores seriam semelhantes nas duas condições e obteríamos uma diferença média de 0 (ou algo próximo a ela). Se a aparência do robô for importante, esperamos que os resultados sejam diferentes nas duas condições, e a diferença média resultante seja diferente de 0.

Assim, $\overline{D}$ representa o tamanho do efeito, e, como eu disse anteriormente, colocamos esse tamanho do efeito dentro do contexto do que é plausível para amostras aleatórias dividindo-o pelo erro-padrão das diferenças. Sabemos que o erro-padrão pode ser estimado a partir do desvio-padrão dividido pela raiz quadrada do tamanho da amostra (Equação 2.14 na seção 2.7). O erro-padrão das diferenças ($\sigma_{\overline{D}}$). é também estimado a partir do desvio-padrão das diferenças dentro da amostra (DP_D), dividido pela raiz quadrada do tamanho da amostra (N). Substituindo esse termo na Equação 10.6, temos:

$$t = \frac{\overline{D}}{\sigma_{\overline{D}}} = \frac{\overline{D}}{DP_D/\sqrt{N}} \qquad (10.7)$$

Portanto, t é uma razão sinal-ruído ou a variância sistemática comparada à variância não sistemática. A parte superior da Equação 10.7 é o sinal ou o efeito, enquanto a parte inferior coloca esse efeito no contexto da variação natural entre as amostras (o ruído ou a variação não sistemática). Se a manipulação experimental cria diferenças entre as condições, então esperamos que o efeito (o sinal) seja maior que a variação não sistemática (o ruído), e, no mínimo, t será maior que 1. Podemos comparar o valor obtido de t em relação ao valor máximo que esperamos obter se a hipótese nula for verdadeira em uma distribuição t com os mesmos graus de liberdade (esses valores podem ser encontrados no Apêndice). Se o t observado excede o valor crítico para o alfa predeterminado (geralmente 0,05), os cientistas tendem a assumir que isso reflete um efeito da sua variável independente. Nós *podemos* comparar o t observado com os valores críticos de tabelas prontas, mas também podemos urinar em um balde e jogá-lo janela afora. Isso não significa que deveríamos e, já que não estamos em 1908, não faremos nenhuma dessas coisas; em vez disso, vamos urinar em um computador e deixar que um banheiro calcule um valor-p exato para o t. Eu acho que é assim. Se o valor-p exato para o t estiver abaixo do valor-α predeterminado (geralmente 0,05), os cientistas usam isso como evidência de que as diferenças entre os escores não se devem à variação amostral, mas que a manipulação (p. ex., vestir um robô como um humano) teve um efeito significativo.

10.5.3 A equação do teste-t independente explicada ▌▌▌▌

Quando queremos comparar escores independentes (p. ex., diferentes entidades foram testadas nas diferentes condições do seu experimento), estamos no mesmo território lógico de quando os escores estão relacionados. A principal diferença é como chegamos aos valores de interesse. A equação para t baseada em escores independentes ainda é uma versão numérica da Equação 10.5. A principal diferença é que não estamos lidando com escores de diferença porque não há conexão entre os escores nas duas condições que queremos comparar.

Quando os escores em dois grupos vêm de diferentes participantes, os pares dos escores diferem não apenas devido à manipulação experimental refletida por essas condições, mas também por outras fontes de variação (diferenças individuais entre motivação dos participantes, QI, etc.). Essas diferenças individuais são eliminadas quando usamos os mesmos participantes em todas as condições. Como os escores nas duas condições não têm conexão lógica, comparamos as médias *condição por condição*. Calculamos a diferença entre as duas médias amostrais, e não entre os pares individuais de escores. A diferença entre as médias amostrais é comparada com a diferença que esperamos obter entre as médias das duas populações de onde provêm as amostras ($\mu_1 - \mu_2$):

$$t = \frac{(\bar{X}_1 - \bar{X}_2) - (\mu_1 - \mu_2)}{\text{estimativa do erro-padrão}} \qquad (10.8)$$

Se a hipótese nula for verdadeira, as amostras terão sido extraídas de populações com médias iguais. Portanto, sob a hipótese nula $\mu_1 = \mu_2$, ou seja, $\mu_1 - \mu_2 = 0$, e assim $\mu_1 - \mu_2$ sai da equação, deixando-nos com:

$$t = \frac{\bar{X}_1 - \bar{X}_2}{\text{estimativa do erro-padrão}} \qquad (10.9)$$

Agora, imagine que pegamos vários pares de amostras – cada par contendo uma amostra das duas populações diferentes – e comparamos as médias dessas amostras. Pelo que aprendemos sobre as distribuições amostrais, sabemos que muitas amostras de uma população terão médias semelhantes. Se as populações das quais estamos extraindo as amostras tiverem a mesma média (i.e., a hipótese nula é verdadeira), os pares de amostras também devem ter as mesmas médias, e a diferença entre as médias das amostras deve ser zero ou próxima a zero. Estamos agora em território muito parecido com o teste-t de amostras pareadas porque a distribuição amostral das diferenças entre pares de médias amostrais seria normal com uma média igual à diferença entre as médias populacionais ($\mu_1 - \mu_2$), que sob a hipótese nula é zero. A distribuição amostral nos diria quão diferentes podemos esperar que as médias de duas (ou mais) amostras sejam (se a nula for verdadeira). O desvio-padrão dessa distribuição amostral (o erro-padrão) nos diz quão plausíveis são as diferenças entre as médias amostrais (sob a hipótese nula). Se o erro-padrão for grande, grandes diferenças entre as médias amostrais podem ser esperadas; se for pequeno, apenas pequenas diferenças entre as médias amostrais são típicas. Da mesma forma que com os escores relacionados, faz sentido usar o erro-padrão para colocar a diferença entre as médias amostrais no contexto do que é plausível ao considerar a hipótese nula. Assim, a Equação 10.9 é conceitualmente igual à Equação 10.6; tudo o que difere é como chegamos ao efeito (metade superior) e ao erro-padrão (a metade inferior). O erro-padrão, em particular, é derivado de forma bastante diferente para amostras independentes.

Eu já relembrei que o erro-padrão pode ser estimado a partir do desvio-padrão e do tamanho da amostra. Portanto, é simples estimar o erro-padrão para a distribuição amostral de cada população usando o desvio-padrão (DP) e o tamanho (N) para cada amostra:

$$EP \text{ da distribuição amostral da população } 1 = \frac{DP_1}{\sqrt{n_1}}$$
$$EP \text{ da distribuição amostral da população } 2 = \frac{DP_2}{\sqrt{n_2}} \qquad (10.10)$$

No entanto, esses valores não nos dizem nada sobre o erro-padrão da distribuição amostral das *diferenças* entre as médias. Para estimá-las, precisamos primeiro converter esses erros-padrão em variâncias, elevando-os ao quadrado:[3]

$$\text{variância da distribuição amostral da população } 1 = \left(\frac{DP_1}{\sqrt{n_1}}\right)^2 = \frac{DP_1^2}{n_1}$$
$$\text{variância da distribuição amostral da população } 2 = \left(\frac{DP_2}{\sqrt{n_2}}\right)^2 = \frac{DP_2^2}{n_2} \qquad (10.11)$$

---

[3] Lembre-se de que um erro-padrão é um desvio-padrão (só é chamado de erro-padrão porque estamos lidando com a distribuição amostral) e que o desvio-padrão é a raiz quadrada da variância.

Após converter esses valores em variâncias, podemos aproveitar a **lei da soma das variâncias**, que afirma que a variância da diferença entre duas variáveis independentes é igual à soma de suas variâncias (ver, p. ex., Howell, 2012). Simplificando, a variância da distribuição amostral das diferenças entre duas médias amostrais será igual à soma das variâncias das duas populações de onde as amostras foram retiradas. Essa lei significa que podemos estimar a variância da distribuição amostral das diferenças, somando as variâncias das distribuições amostrais das duas populações:

$$\text{variância da distribuição amostral das diferenças} = \frac{DP_1^2}{n_1} + \frac{DP_2^2}{n_2} \tag{10.12}$$

Nós convertemos essa variância de volta para um erro-padrão extraindo a raiz quadrada:

$$\text{EP da distribuição amostral das diferenças} = \sqrt{\frac{DP_1^2}{n_1} + \frac{DP_2^2}{n_2}} \tag{10.13}$$

Se inserirmos essa equação na posição do erro-padrão das diferenças na Equação 10.9, obteremos:

$$t = \frac{\bar{X}_1 - \bar{X}_2}{\sqrt{\frac{DP_1^2}{n_1} + \frac{DP_2^2}{n_2}}} \tag{10.14}$$

A Equação 10.14 é verdadeira somente quando os tamanhos das amostras são iguais*, o que em estudos naturalísticos pode não ser possível. Para comparar dois grupos que contêm números diferentes de participantes**, usamos uma estimativa agrupada da variância, que leva em conta a diferença no tamanho da amostra *ponderando* a variação de cada amostra por uma função do tamanho da amostra na qual ela é baseada:

$$s_p^2 = \frac{(n_1 - 1)s_1^2 + (n_2 - 1)s_2^2}{n_1 + n_2 - 2} \tag{10.15}$$

Essa ponderação faz sentido, porque (como vimos no Capítulo 1) grandes amostras se aproximam mais da população do que as pequenas; portanto elas devem ter um peso maior. De fato, em vez de ponderar pelo tamanho da amostra, nós ponderamos pelo tamanho da amostra menos 1 (os graus de liberdade).

A estimativa agrupada da variância na Equação 10.15 é uma média ponderada: cada variância é multiplicada (ponderada) pelos seus graus de liberdade e, em seguida, dividida pela soma das ponderações (ou soma dos graus de liberdade) para obter uma média. A variância média ponderada resultante é colocada na equação de *t*:

$$t = \frac{\bar{X}_1 - \bar{X}_2}{\sqrt{\frac{s_p^2}{n_1} + \frac{s_p^2}{n_2}}} \tag{10.16}$$

---

*N. de T.T. O teste-*t* (de Student) presume que as populações de onde as amostras foram retiradas têm distribuições normais e variâncias iguais. A expressão acima é o teste-*t* de Welch que não necessita do pressuposto de igualdade de variâncias, mas mantém o pressuposto de populações normais. Assim, esse algoritmo pode ser utilizado com quaisquer tamanhos de amostras respeitados os pressupostos acima. A estatística *t* de Welch pode ser utilizada com a distribuição *t* (de Student); contudo os graus de liberdade devem ser obtidos pela equação de Welch-Satterwaite. Para uma versão simplificada da equação, consultar Derrick, B., Toher, D. and White, P. (2016) Why Welchs test is Type I error robust. The Quantitative Methods in Psychology, 12 (1). pp. 30-38.

**N. de T.T. De fato, a variância agrupada é utilizada não para amostras de tamanhos diferentes, mas sim para amostras retiradas de populações com variâncias supostamente iguais. Assim, se as variâncias populacionais forem iguais, faz sentido utilizar uma única estimativa; daí a razão para se determinar a variância amostral agrupada. Para mais detalhes, consultar a referência da N. de T. T. anterior.

Uma coisa que pode estar aparente da Equação 10.16 é que você, na verdade, não precisa de nenhum dado original para calcular t; você só precisa das médias dos grupos, desvios-padrão e os tamanhos das amostras (Dica do SPSS 10.1).

Da mesma forma que com as amostras pareadas, os eduardianos* entre vocês podem comparar os valores observados aos valores críticos de uma tabela, mas o restante de nós vai apertar a descarga de um vaso sanitário, e vai aparecer um valor-p exato que usaremos para decidir se o efeito observado indica algo teoricamente mais interessante do que a variação amostral.

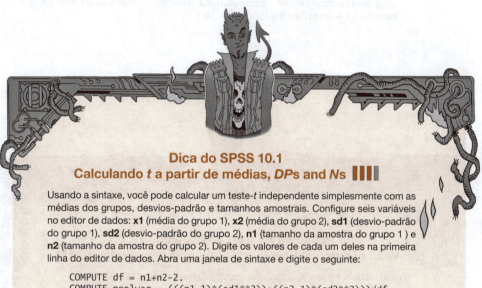

Dica do SPSS 10.1
Calculando t a partir de médias, *DP*s and *N*s

Usando a sintaxe, você pode calcular um teste-t independente simplesmente com as médias dos grupos, desvios-padrão e tamanhos amostrais. Configure seis variáveis no editor de dados: **x1** (média do grupo 1), **x2** (média do grupo 2), **sd1** (desvio-padrão do grupo 1), **sd2** (desvio-padrão do grupo 2), **n1** (tamanho da amostra do grupo 1) e **n2** (tamanho da amostra do grupo 2). Digite os valores de cada um deles na primeira linha do editor de dados. Abra uma janela de sintaxe e digite o seguinte:

```
COMPUTE df = n1+n2-2.
COMPUTE poolvar = (((n1-1)*(sd1**2))+((n2-1)*(sd2**2)))/df.
COMPUTE t = (x1-x2)/sqrt(poolvar*((1/n1)+(1/n2))).
COMPUTE sig = 2*(1-(CDF.T(abs(t),df))).
Variable labels sig 'Significance (2-tailed)'.
EXECUTE.
```

A primeira linha calcula os graus de liberdade; a segunda, a variância combinada, s_p^2; a terceira, o t; e a quarta, a significância bilateral. Todos esses valores serão criados em novas colunas no editor de dados. A linha que começa com *Variable labels* (rótulos da variável) marca a significância da variável para que saibamos que ela é bilateral. Para exibir os resultados na janela do visualizador, podemos usar esta sintaxe:

```
SUMMARIZE
/TABLES = x1 x2 df t sig
/FORMAT = VALIDLIST NOCASENUM TOTAL LIMIT = 100
/TITLE = 'T-test'
/MISSING = VARIABLE
/CELLS = NONE.
```

---

*N. de T.T. Período eduardiano ou era eduardiana diz respeito aos anos de 1901 a 1910 no Reino Unido durante o reinado do rei Eduardo VII, filho da rainha Vitória. O período é considerado equivalente à Belle Époque na França.

Esses comandos produzem uma tabela com os valores para **x1**, **x2**, **gl**, **t** e **sig**, então você verá as médias dos dois grupos, os graus de liberdade, o valor de *t* e a significância bilateral.

Você pode executar vários testes-*t* ao mesmo tempo colocando valores diferentes para as médias, DPs e tamanhos de amostra em diferentes linhas. Se você fizer isso, sugiro ter uma variável de texto chamada **Outcome** (resultado) no arquivo para indicar o que estava sendo medido (ou alguma outra informação para que você possa identificar a que o teste-*t* se refere). Eu usei esses comandos em um arquivo de sintaxe chamado **Independent t from means.sps**. Meu arquivo é um pouco mais complicado porque também calcula o *d* de Cohen. Para um exemplo de como usá-lo, consulte a Pesquisa Real do João Jaleco 10.1.

Pesquisa Real do João Jaleco 10.1
Você não precisa ser louco aqui, mas isso ajudaria ▋▋▋▋

Board, B. J., & Fritzon, K. (2005). *Psychology, Crime & Law, 11*, 17–32.

No Reino Unido, costuma-se ver a frase "humorística" "Você não precisa ser louco para trabalhar aqui, mas isso ajudaria" em ambientes de trabalho. Board e Fritzon (2005) levaram essa frase uns passos adiante ao medir se 39 gerentes de negócios seniores e executivos-chefe de empresas líderes do Reino Unido eram loucos (bem, se tinham transtornos da personalidade, TPs). Eles entregaram aos participantes a Escala do Inventário Multifásico Minnesota de Personalidade para os Transtornos da Personalidade do DSM III* (MMPI-PD), que mede 11 transtornos da personalidade: histriônica, narcisista, antissocial, *borderline*, dependente, compulsiva, passivo-agressiva, paranoide, esquizotípica, esquizoide e evitativa. Para o grupo de comparação, escolheram 317 psicopatas legalmente classificados de um hospital psiquiátrico de alta segurança.

Os autores relatam as médias e os desvios-padrão para esses dois grupos na Tabela 2 do artigo. Execute o arquivo de sintaxe **Independent t from means.sps** nos dados do arquivo **Board e Fritzon 2005.sav** para ver se os gerentes têm escores significativamente mais altos em questionários de transtorno de personalidade do que os psicopatas diagnosticados legalmente. Relate esses resultados. O que você concluiu? As respostas estão no *site* do livro (ou consulte a Tabela 2 no artigo original).

---

*N. de T.T. DSM III (*Manual Diagnóstico e Estatístico de Transtornos Mentais*) é uma publicação da American Psychological Association de 1980.

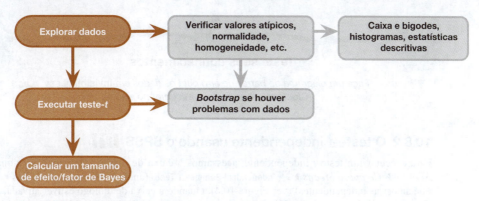

Figura 10.3 Processo geral para executar um teste-*t*.

10.6 Pressupostos do teste-*t*

Tanto o teste-*t* independente quanto o teste-*t* para amostras pareadas são *testes paramétricos* e, por isso, são propensos às fontes de viés discutidas no Capítulo 6. Para o teste *t* de amostras pareadas, o pressuposto de normalidade se refere à distribuição amostral das *diferenças* entre os escores, não dos escores em si (ver seção 1.9.2). Contudo, há variantes para esses testes que superam todos os possíveis problemas.

10.7 Comparando duas médias: procedimento geral

Eu provavelmente o aborreci a ponto de você querer comer suas próprias pernas. As equações são tediosas, e é por isso que os computadores foram inventados, para nos ajudar a minimizar nosso contato com elas. É hora de seguir em frente e fazer coisas. A Figura 10.3 mostra o processo geral para executar um teste-*t*. Assim como na adaptação de qualquer modelo, começamos a procurar as fontes de viés identificadas no Capítulo 6. Após nos convencermos de que os pressupostos foram satisfeitos e as exceções resolvidas, nós executamos o teste. Também podemos considerar o uso do *bootstrapping* se algum dos pressupostos do teste não tiver sido atendido. Finalmente, calculamos um tamanho de efeito e o fator de Bayes.

10.8 Comparando duas médias independentes utilizando o SPSS

Lembrando dos nossos dados da capa de invisibilidade (**Invisibility.sav**), temos 12 pessoas que receberam uma capa de invisibilidade e 12 que não receberam (os grupos são codificados usando a variável **Cloak**). Lembre-se de que o número de malfeitos que elas realizaram foi medido (**Mischief**). Eu já descrevi como os dados estão organizados (ver seção 10.3), então podemos passar para o teste em si.

10.8.1 Explorando dados e testando pressupostos

Obtivemos as estatísticas descritivas e examinamos os pressupostos sobre as distribuições na seção 10.3. Encontramos evidências de normalidade em cada grupo, e o número médio de malfeitos foi maior para aqueles com a capa ($M = 5$) do que para aqueles sem a capa ($M = 3,75$). Para verificar a homogeneidade das variâncias (seção 6.11), o SPSS fará o teste de Levene quando executarmos o teste-*t*.

Teste seus conhecimentos

*Faça um diagrama de barras de erro para os dados em **Invisibility.sav** (**Cloak** estará no eixo x e **Mischief** no eixo y).*

10.8.2 O teste-*t* independente usando o SPSS

Para executar um teste-*t* independente, acessamos a caixa de diálogo principal selecionando *Analyze* ▶ *Compare Means* ▶ Independent-Samples T Test... (analisar ▶ comparar médias ▶ teste *t* de amostras independentes) (ver Figura 10.4). Quando a caixa de diálogo estiver ativada, selecione a variável de resultado (*Mischief*) e arraste-a para a caixa *Test Variable(s)* (variável(is) de teste) (ou clique em). Se você quiser executar testes-*t* em várias variáveis de resultado de uma só vez, poderá selecionar várias variáveis e transferi-las para a caixa *Test Variable(s)*. No entanto, lembre-se de que, ao fazer muitos testes, você aumenta a taxa de erro do tipo 1 (ver seção 2.9.7).

Em seguida, precisamos especificar uma variável previsora (a variável de agrupamento). Nesse caso, transfira **Cloak** para a caixa *Grouping Variable* (variável de agrupamento). O comando Define Groups... (definir grupos) ficará ativo, então clique nele para ativar a caixa de diálogo *Define Groups*. O SPSS precisa saber quais códigos numéricos você atribuiu aos seus dois grupos, e há um espaço para você digitar os códigos. Neste exemplo, codificamos o grupo *no cloak* (sem capa) como 0 e o grupo *cloak* (com capa) como 1, e esses são os valores que digitamos nas caixas (como na Figura 10.4). Alternativamente, você pode especificar um valor de *ponto de corte* para que casos maiores ou iguais a esse valor sejam atribuídos a um grupo e valores abaixo do ponto de corte a um segundo grupo. Você pode usar essa opção para, por exemplo, comparar grupos de participantes com base em uma divisão por mediana (ver Gina Gênia 10.1) – você digitaria o valor mediano na caixa *Cut point* (ponto de corte). Quando tiver definido os grupos, clique em Continue para retornar à caixa de diálogo principal.

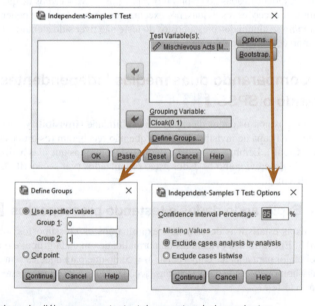

Figura 10.4 Caixas de diálogo para o teste-*t* de amostras independentes.

Capítulo 10 • Comparando duas médias

Clicando em [Options...] ativa uma caixa de diálogo na qual você pode alterar o tamanho do intervalo de confiança na saída. A configuração padrão de 95% para o intervalo de confiança é boa, mas pode haver momentos em que você deseja ser mais rigoroso (e especificar algo como um intervalo de 99% de confiança) mesmo correndo um risco maior de não detectar um efeito genuíno (um Erro do tipo II). Você pode também querer ser mais leniente (p. ex., um intervalo de 90% de confiança), que, obviamente, aumenta a chance de aceitar erroneamente uma hipótese (um Erro do tipo I). Também é possível definir como lidar com valores ausentes (Dica do SPSS 6.1).

Se você está preocupado com o pressuposto de normalidade, ou simplesmente quer intervalos de confiança que não necessitam desse pressuposto, use o *bootstrapping* (seção 6.12.3). Selecione essa opção clicando em [Bootstrap...] na caixa de diálogo principal para acessar a caixa de diálogo *Bootstrap*. Discutimos essa caixa de diálogo na seção 6.12.3; para recapitular, selecione ☑ Perform bootstrapping para ativar o *bootstrapping* e, para obter um intervalo de 95% de confiança, clique em ⊙ Percentile ou ⊙ Bias corrected accelerated (BCa). Para essa análise, escolha a segunda opção, ou seja, um intervalo de confiança com viés corrigido (BCa). De volta à caixa de diálogo principal, clique em [OK] para executar a análise.

10.8.3 Saída do teste-*t* independente ||||

A saída do teste-*t* independente contém apenas três tabelas (duas se você não selecionar o *bootstrapping*). A primeira tabela (Saída 10.3) fornece estatísticas de resumo para as duas condições experimentais (se você não utilizar o *bootstrap*, essa tabela será um pouco mais sucinta). A partir dessa tabela, podemos ver que ambos os grupos tinham 12 participantes (linhas marcadas com *N*). O grupo sem capa fez, em média, 3,75 malfeitos, com desvio-padrão de 1,913. Além disso, o erro-padrão desse grupo foi de 0,552. A estimativa *bootstrap* desse erro-padrão é um pouco menor, 0,54, e o intervalo de confiança *bootstrap* para a média varia de 2,69 a 4,71. Aqueles que receberam uma capa de invisibilidade fizeram, em média, cinco malfeitos, com um desvio-padrão de 1,651 e um erro-padrão de 0,477. A estimativa *bootstrap* desse erro-padrão foi de 0,47, e o intervalo de confiança para a média variou de 4,20 a 5,79. Observe que os intervalos de confiança para os dois grupos se sobrepõem, ou seja, eles podem ser da mesma população.

A segunda tabela da saída (Saída 10.4) contém as principais estatísticas do teste. Há duas linhas contendo valores para as estatísticas do teste: uma é *Equal variances assumed* (variâncias iguais presumidas), enquanto a outra é *Equal variances not assumed* (variâncias iguais não presumidas). No Capítulo 6, vimos que os testes paramétricos presumem que as variâncias nos grupos experimentais são aproximadamente iguais. Também vimos, em Gina Gênia 6.6, que há ajustes que podem ser feitos em situações nas quais as variâncias não são iguais. As linhas da tabela se referem a aplicação ou não desses ajustes.

Group Statistics

	Cloak of invisibility		Statistic	Bias	Std. Error	BCa 95% Confidence Interval Lower	Upper
Mischievous Acts	No Cloak	N	12				
		Mean	3.75	.00	.54	2.69	4.71
		Std. Deviation	1.913	-.124	.367	1.206	2.258
		Std. Error Mean	.552				
	Cloak	N	12				
		Mean	5.00	.00	.47	4.20	5.79
		Std. Deviation	1.651	-.110	.329	1.131	1.958
		Std. Error Mean	.477				

a. Unless otherwise noted, bootstrap results are based on 1000 bootstrap samples

Saída 10.3

Independent Samples Test

		Levene's Test for Equality of Variances		t-test for Equality of Means					95% Confidence Interval of the Difference	
		F	Sig.	t	df	Sig. (2-tailed)	Mean Difference	Std. Error Difference	Lower	Upper
Mischievous Acts	Equal variances assumed	.545	.468	-1.713	22	.101	-1.250	.730	-2.763	.263
	Equal variances not assumed			-1.713	21.541	.101	-1.250	.730	-2.765	.265

Saída 10.4

Vimos, na seção 6.11, que o teste de Levene testa se as variâncias são diferentes em grupos diferentes. No entanto, já que os resultados desse teste dependerão do tamanho da amostra e já que podemos ajustar os graus de liberdade do teste-t para compensar a desigualdade das variâncias, há um bom argumento para ignorar o teste de Levene e sempre ler os resultados da linha *Equal variances not assumed* (ver Gina Gênia 6.6).

Sabemos a diferença média ($\overline{X}_{Sem\,capa} - \overline{X}_{Capa} = 3,75 - 5 = -1,25$) e o erro-padrão da distribuição amostral das diferenças, que é calculado usando a parte inferior da equação (10.14). A estatística t é a diferença média dividida por esse erro-padrão ($t = -1,25/0,730 = -1,71$). Um valor-p associado a esse t é calculado com base em uma distribuição t com determinados graus de liberdade. Para o teste-t independente, os graus de liberdade são calculados somando-se os dois tamanhos da amostra e subtraindo-se o número de amostras ($gl = N_1 + N_2 - 2 = 12 + 12 - 2 = 22$). Esse valor é, então, reduzido para compensar qualquer desequilíbrio nas variâncias dos grupos (nesse caso, torna-se 21,54). O valor-p resultante (bilateral) é de 0,107, o que representa a probabilidade de se obter um t de –1,71 ou menor se a hipótese nula for verdadeira. Presumindo que nosso alfa é 0,05, concluiríamos que não houve diferença significativa entre as médias dessas duas amostras porque o p de 0,101 observado é maior que o critério de 0,05. Em termos do experimento, podemos inferir que ter uma capa de invisibilidade não afetou significativamente a quantidade de malfeitos feitos por uma pessoa. Observe que o valor-t e o valor de significância são os mesmos de quando executamos o mesmo teste como uma regressão (ver Saída 10.2).[4]

10.8.4 Testes robustos de duas médias independentes ||||

Supondo que você tivesse motivos para duvidar do pressuposto de normalidade, você poderia interpretar os intervalos de confiança *bootstrap* (Saída 10.5). Sempre usar intervalos de confiança *bootstrap* e nem se preocupar com a normalidade também é uma abordagem legítima. A tabela mostra uma reestimativa robusta do erro-padrão da diferença das médias (0,703 em vez de 0,730, o valor da Saída 10.4).[5] A diferença entre médias foi –1,25, e o intervalo de confiança *bootstrap* varia de –2,653 a 0,111, o que implica que a diferença entre médias na população poderia ser negativa, positiva ou até mesmo zero (porque o intervalo varia de um valor negativo a um positivo). Em outras palavras, se presumirmos que esse é um dos 95% dos intervalos que capturam o valor da população, é possível que a diferença real entre as médias seja zero – sem diferença alguma. O intervalo de confiança *bootstrap* confirma nossa conclusão de que ter uma capa de invisibilidade parece não afetar o número de malfeitos.

---

[4] O valor da estatística t é o mesmo, mas tem um sinal positivo ao invés de negativo. Você deve lembrar da discussão do ponto-bisserial da correlação na seção 8.4.5 de que, quando você correlaciona uma variável dicotômica, a direção do coeficiente de correlação depende inteiramente de quais casos são designados a quais grupos. Portanto, a direção da estatística t aqui é similarmente influenciada pelo grupo que selecionamos para ser a categoria de referência (a categoria codificada como 0).

[5] Lembre-se de que os valores para o erro-padrão e para o intervalo de confiança que você obteve podem diferir dos meus por causa da forma como o *bootstrapping* funciona.

Pesquisa Real do João Jaleco 10.2
Controle da bexiga ▮▮▮▮

Tuk, M. A., et al. (2011). *Psychological Science*, *22*(5), 627–633.

Fatores viscerais que exigem que utilizemos autocontrole (p. ex., uma bexiga cheia) podem afetar nossas habilidades inibitórias em domínios não relacionados. Em um fascinante estudo realizado por Tuk, Trampe e Warlop (2011), os participantes receberam cinco xícaras de água: um grupo foi convidado a beber todas, enquanto outro foi convidado a tomar um gole de cada uma. Essa manipulação levou um grupo a ficar com a bexiga cheia e o outro grupo, relativamente vazia (**Drink_Group**). Posteriormente, esses participantes receberam oito testes em que tinham que escolher entre uma pequena recompensa financeira que receberiam em breve (SS) ou uma grande recompensa financeira pela qual esperariam mais tempo (LL). Os pesquisadores contaram em quantos testes os participantes escolheram a recompensa LL como um indicador de controle inibitório (**LL_Sum**). Faça um teste-*t* para ver se as pessoas com bexiga cheia se controlaram mais do que aquelas com bexiga vazia (**Tuk et al. (2011) .sav**). As respostas estão no *site* do livro, ou veja a página 629 do artigo original.

Bootstrap for Independent Samples Test

		Mean Difference	Bootstrap[a]			
			Bias	Std. Error	BCa 95% Confidence Interval Lower	Upper
Mischievous Acts	Equal variances assumed	-1.250	.001	.703	-2.653	.111
	Equal variances not assumed	-1.250	.001	.703	-2.653	.111

a. Unless otherwise noted, bootstrap results are based on 1000 bootstrap samples

Saída 10.5

Também é possível executar uma versão robusta do próprio teste-*t* usando o R. Para fazer isso, você precisa ter o *plug-in Essentials for R* instalado (seção 4.13.2) e precisa também instalar o pacote *WRS2* (seção 4.13.3). O *site* do livro contém um arquivo de sintaxe (**Robust independent t-test.sps**) para executar uma variante robusta do teste-*t* baseado em Yuen (1974), que utiliza a aparagem dos dados e *bootstrapping*. A sintaxe do arquivo é a seguinte:

```
BEGIN PROGRAM R.
library(WRS2)
mySPSSdata = spssdata.GetDataFromSPSS(factorMode = "labels")
yuenbt(Mischief~Cloak, data = mySPSSdata)
END PROGRAM.
```

Para obter um teste robusto, selecione e execute essas cinco linhas de sintaxe, que são explicadas na Dica do SPSS 10.2.

Depois de executar a sintaxe, você encontrará, no visualizador, uma saída de texto pouco inspiradora (Saída 10.6). Isso nos diz que não há uma diferença significativa (porque o intervalo de confiança contém o zero e o valor-*p* é maior que 0,05) nos escores de malfeitos entre os dois grupos da capa de invisibilidade, $Y_t = -1,36$ ($-2,52$, $0,52$), $p = 0,167$.

```
Test statistic: -1.3607 (df=NA), p-value=0.16694
Trimmed mean difference: -1
95 percent confidence interval:
-2.5161 0.5161
```

Saída 10.6

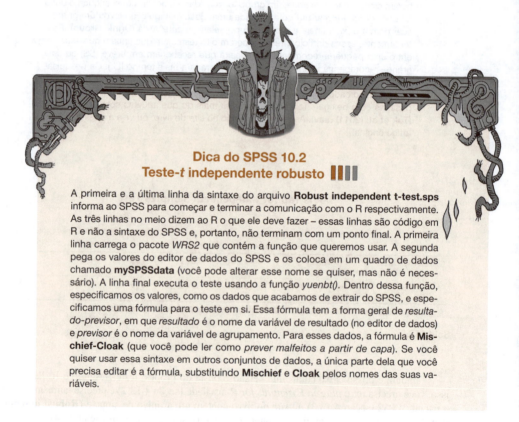

Dica do SPSS 10.2
Teste-*t* independente robusto ▊▊▊▊

A primeira e a última linha da sintaxe do arquivo **Robust independent t-test.sps** informa ao SPSS para começar e terminar a comunicação com o R respectivamente. As três linhas no meio dizem ao R o que ele deve fazer – essas linhas são código em R e não a sintaxe do SPSS e, portanto, não terminam com um ponto final. A primeira linha carrega o pacote *WRS2* que contém a função que queremos usar. A segunda pega os valores do editor de dados do SPSS e os coloca em um quadro de dados chamado **mySPSSdata** (você pode alterar esse nome se quiser, mas não é necessário). A linha final executa o teste usando a função *yuenbt()*. Dentro dessa função, especificamos os valores, como os dados que acabamos de extrair do SPSS, e especificamos uma fórmula para o teste em si. Essa fórmula tem a forma geral de *resultado-previsor*, em que *resultado* é o nome da variável de resultado (no editor de dados) e *previsor* é o nome da variável de agrupamento. Para esses dados, a fórmula é **Mischief-Cloak** (que você pode ler como *prever malfeitos a partir de capa*). Se você quiser usar essa sintaxe em outros conjuntos de dados, a única parte dela que você precisa editar é a fórmula, substituindo **Mischief** e **Cloak** pelos nomes das suas variáveis.

10.8.5 Teste bayesiano com duas médias independentes ▌▌▌▌

Para acessar a caixa de diálogos para calcular um fator de Bayes e um intervalo de credibilidade para médias independentes, selecione *Analyze* ▶ *Bayesian Statistics* ▶ *Independent Samples Normal* (estatística bayesiana ▶ amostras independentes normais) (Figura 10.5). Selecione a variável de resultado (**Mischief**) e arraste-a para a caixa *Test Variable(s)* (ou clique em [➜]) e selecione a variável de agrupamento (**Cloak**) e arraste-a para a caixa *Grouping Variable* (ou clique em [➜]). Assim como no teste-*t* normal, use o botão [Define Groups...] para dizer ao SPSS que o primeiro grupo (sem capa) foi codificado como 0 e o segundo grupo (com capa) foi codificado como 1. Para calcular os fatores de Bayes e estimar os parâmetros do modelo, selecione ⊙ Use Both Methods (usar os dois métodos).

Imagine que, antes de coletar os dados, acreditássemos que pessoas sem uma capa de invisibilidade poderiam realizar entre 0 e 6 malfeitos. Obviamente, não podemos acreditar em um valor menor que 0 (você não pode ter um número negativo de malfeitos), mas que também não estivéssemos preparados para acreditar em um valor acima de 6. Com uma capa de invisibilidade, achamos que o número de malfeitos pode estar entre 0 e 8. Poderíamos modelar essas crenças prévias com uma distribuição similar à normal. Os gráficos com linhas vermelhas na Saída 10.7 mostram essas *a prioris*. O gráfico da esquerda é a *a priori* para o grupo sem capa. Como você pode ver, ela é uma distribuição similar à normal, centrada em 3 e variando de 0 a 6. Isso nos leva a acreditar que sem uma capa de invisibilidade, 3 malfeitos é o valor mais provável, mas estamos preparados para aceitar valores tão baixos quanto 0 ou tão altos quanto 6 (embora pensemos que esses valores sejam improváveis). O gráfico da direita é a *a priori* para o grupo com capa, que também é uma distribuição similar à normal, mas centrada em 4 e variando de 0 a 8. Isso nos leva a acreditar que, com uma capa de invisibilidade, 4 malfeitos é o valor mais provável, mas estamos preparados para aceitar (com baixa probabilidade) valores tão baixos quanto 0 ou tão altos quanto 8.

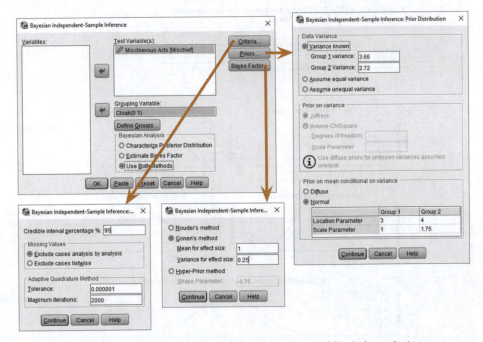

Figura 10.5 Caixa de diálogo para o teste bayesiano com duas médias independentes.

Para configurar essas *a prioris*, clique em [Priors...] e especifique primeiro as variâncias dos dois grupos (lembre-se de que o grupo 1 é sem capa e o grupo 2 é com capa). Eu usei as variâncias que obtive ao elevar ao quadrado os desvios-padrão na Saída 10.3. O uso dessas variâncias simplifica as coisas (não é necessário definir uma *a priori* para a variância), mas, à medida que você obtém mais experiência, convém estimar a variância também. Na parte inferior, selecione ⦿ Normal. Para o grupo 1, especifiquei uma distribuição com um (localização) média de 3 e desvio-padrão (escala) de 1. Para o grupo 2, especifiquei uma distribuição com uma média de 4 e desvio-padrão de 1,75. Para obter um parâmetro de escala apropriado, comece pegando o intervalo de escores plausíveis e divida-o por 6, depois ajuste-o até que a distribuição pareça correta. Por exemplo, para o grupo 2, o intervalo de escores plausíveis foi 8, dividindo-o por 6 obtive 1,33, mas a distribuição resultante foi muito estreita, então o aumentei ligeiramente. Se você quiser um intervalo confiável diferente de 95%, clique em [Criteria...] (critério) e altere o valor de 95% para o valor que você quiser.

Clique em [Bayes Factor...] se você deseja obter um fator de Bayes para o modelo em que não há diferença entre as médias (a hipótese nula) em relação ao modelo em que existe diferença entre as médias (a hipótese alternativa). Eu selecionei ⦿ Gonen's method (método de Gönen) (Gönen, Johnson, Lu e Westfall, 2005), porque ela nos permite incorporar algumas informações prévias em

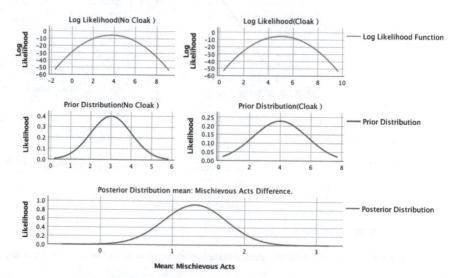

Saída 10.7

vez de confiar nos valores-padrão. Especificamente, defini uma crença anterior de que a diferença entre as médias seria 1 (ter uma capa de invisibilidade levaria a um malfeito adicional em comparação a não ter uma capa) e defini que esse efeito teria uma variância de 0,25. De volta à caixa de diálogo principal, clique em [OK] para ajustar o modelo.

A Saída 10.7 mostra que o fator de Bayes é 0,419. O SPSS relata a razão entre a hipótese nula e a alternativa, portanto esse valor significa que os dados são 0,419 vez mais prováveis sob a hipótese nula do que sob a alternativa. Se invertermos esse valor (1/0,419 = 2,39) então a interpretação é de que os dados são 2,39 vezes mais prováveis sob a hipótese alternativa do que sob a hipótese nula. Em outras palavras, devemos mudar nossa crença para a hipótese alternativa por um fator de 2,39. Embora esse efeito esteja na direção suposta, ele não é uma evidência particularmente forte para a hipótese de que um manto de invisibilidade implica um maior número de malfeitos.

A Saída 10.7 também mostra nossas distribuições *a prioris* para as médias dos grupos (os gráficos com as linhas vermelhas que eu já descrevi). As estimativas bayesianas da diferença entre as médias (i.e., o valor-*b* para o grupo como um previsor dos malfeitos) estão nas colunas *Posterior Mode* e *Posterior Mean*. O intervalo de confiança de 95% para essa estimativa variou de 0,02 a 2,60. Em outras palavras, *supondo que o efeito exista*, o valor populacional do efeito estará entre 0,02 e 2,60 com 95% de probabilidade. Isso não nos diz nada sobre a hipótese nula (porque supõe que o efeito exista), mas nos ajuda a determinar o valor provável na população se estivermos preparados para aceitar que o efeito existe. Então, podemos dizer com 95% de probabilidade que ter uma capa de invisibilidade aumentará os malfeitos em um valor tão baixo quanto 0,02 (ou seja, nada) até um valor de 2,60 (embora, é claro, você não possa ter 0,6 malfeito!).

Se você quiser ver o que acontece quando usa *a prioris* de referência, repita esse processo, mas selecione *Assume unequal variance* ao clicar em [Priors...] e selecione ⦿ Rouder's method (método de Rouder) quando clicar em [Bayes Factor...] (fator de Bayes); com isso você irá ajustar um modelo com *a prioris* difusas e não informativas.

10.8.6 Tamanhos de efeitos para duas médias independentes ▮▮▮▮

O fato de a estatística *t* não ser significativa não quer dizer que o efeito não seja importante; portanto vale a pena quantificá-lo com o cálculo de um tamanho de efeito (ver seção 3.5). Podemos converter um valor-*t* em um valor-*r* usando a seguinte equação (p. ex., Rosenthal, 1991; Rosnow e Rosenthal, 2005):

$$r = \sqrt{\frac{t^2}{t^2 + df}} \qquad (10.17)$$

Usando o valor-*t* e os *gl* (*dF*) da Saída 10.4, obtemos:

$$r = \sqrt{\frac{(-1,713)^2}{(-1,713)^2 + 22}} = \sqrt{\frac{2,93}{24,93}} = 0,34 \qquad (10.18)$$

Pensando em nossas referências para os tamanhos de efeito, isso representa um efeito médio. Portanto, mesmo que o efeito não tenha sido significativo, ele é substancial.

Poderíamos, em vez disso, calcular o *d* de Cohen (seção 3.7.1), usando as duas médias (5 e 3,75) e o desvio-padrão do grupo-controle (sem capa):

$$\hat{d} = \frac{\overline{X}_{Capa} - \overline{X}_{Sem\,capa}}{DP_{Sem\,capa}} = \frac{5 - 3,75}{1,91} = 0,65 \qquad (10.19)$$

Isso significa que há 0,65 desvio-padrão de diferença entre os dois grupos em termos da realização de malfeitos, o que é, novamente, substancial.

Lanterna de Oditi
Testes-*t*

"Eu, Oditi, líder do culto das verdades numéricas não descobertas, não gosto de diferenças. Todos devem se conformar às minhas ideias, minha visão é a única visão possível e devemos fazer guerra àqueles que ousam ter opiniões diferentes. Somente localizando diferenças podemos eliminá-las e transformar todo mundo em clones irracionais. Encare a minha lanterna para descobrir como detectar essas diferenças. Quanto mais você a olha, mais você vai concordar com tudo o que eu digo..."

Dicas da Ana Apressada
O teste-*t* independente

- O teste-*t* independente compara duas médias, quando essas médias vierem de grupos diferentes de entidades.
- Provavelmente, é melhor ignorar a coluna *Levene's Test for Equality of Variances* (teste de Levene para igualdade de variâncias) e sempre olhar a linha *Equal variances not assumed* (variâncias iguais não assumidas) na tabela.
- Observe a coluna *Sig*. Se o valor for menor do que 0,05, as médias dos dois grupos são significativamente diferentes.
- Observe a tabela *Bootstrap for Independent Samples Test* (*bootstrap* para o teste de amostras independentes) para obter um intervalo de confiança robusto para a diferença entre as médias.
- Olhe os valores das médias para ver como os grupos diferem.
- Uma versão robusta do teste pode ser calculada usando a sintaxe.
- Um fator de Bayes pode ser calculado, o qual quantifica a razão de quão provável é a ocorrência dos dados sob a hipótese alternativa em relação à hipótese nula.
- Calcule e relate o tamanho do efeito. Vá em frente, você consegue! ☺

10.9 Comparando duas médias relacionadas utilizando o SPSS ||||

10.9.1 Inserindo os dados ||||

Vamos imaginar que coletamos os dados da capa de invisibilidade usando um delineamento de medidas repetidas: poderíamos ter registrado o nível natural de realização de malfeitos de cada pessoa em uma semana, depois entregar uma capa de invisibilidade a elas e contar o número de malfeitos na semana seguinte.[6] Os dados seriam idênticos aos do exemplo anterior, não porque eu seja muito preguiçoso para gerar escores diferentes, mas porque isso me permitiria ilustrar várias coisas.

Teste seus conhecimentos

Insira os dados da Tabela 10.1 no editor de dados como se fosse um delineamento de medidas repetidas.

Os dados agora seriam organizados de maneira diferente no editor de dados. Em vez de ter uma variável codificadora e uma única coluna com os escores dos malfeitos, organizaríamos os dados em duas colunas (uma representando a condição **Cloak** (com capa) e outra representando a condição **No_Cloak** (sem capa). Os dados estão em **Invisibility RM.sav**, caso você tiver dificuldade em inseri-los.

10.9.2 Explorando os dados de medidas repetidas ||||

Falamos sobre o pressuposto de normalidade no Capítulo 6. Com o teste-*t* pareado, estamos interessados na distribuição amostral dos escores das diferenças (não nos escores brutos). Portanto, se você quiser testar a normalidade antes de realizar um teste-*t* pareado, deverá calcular as diferenças entre os escores e, em seguida, verificar se essa nova variável é normalmente distribuída (ou usar uma amostra grande ou um teste robusto e assim não vai precisar se preocupar com a normalidade ☺). É possível ter duas medidas que são altamente não normais que produzem diferenças belamente bem distribuídas.

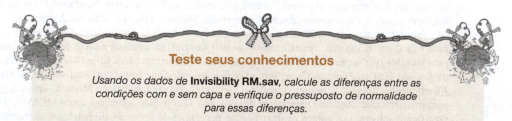

Teste seus conhecimentos

*Usando os dados de **Invisibility RM.sav**, calcule as diferenças entre as condições com e sem capa e verifique o pressuposto de normalidade para essas diferenças.*

Vimos, no Capítulo 5, que podemos visualizar diferenças entre grupos usando barras de erro. No entanto, há um problema quando criamos gráficos de barras de erro a partir de delineamentos de medidas repetidas.

---

[6] Teoricamente, nós contrabalançamos as semanas de forma que algumas pessoas primeiro tivessem a capa, que lhes seria retirada mais tarde, enquanto outras primeiro não tivessem a capa, que lhes seria entregue mais tarde. Entretanto, considerando que o cenário da pesquisa dependia de os participantes não saberem sobre a capa de invisibilidade, poderia ser melhor apenas ter uma semana de referência (sem capa) e, em seguida, dar a capa a todos ao mesmo tempo (sem saberem que os demais também estariam recebendo uma).

464 Descobrindo a estatística usando o SPSS

Teste seus conhecimentos

Produza um diagrama de barras de erro dos dados de **Invisibility RM.sav**
*(***Cloak** *no eixo* x *e* **Mischief** *no eixo* y*).*

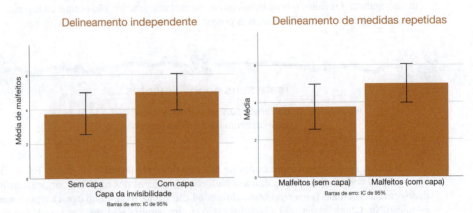

Figura 10.6 Dois diagramas de barras de erro dos dados da capa de invisibilidade.

Em uma das seções de Teste seus conhecimentos anteriores, pedi a você que produzisse um diagrama de barras de erro para os dados quando os tratamos como um delineamento independente. Compare esse gráfico com o que você acabou de criar. A Figura 10.6 mostra os dois gráficos; você consegue ver a diferença? Espero que não, porque os gráficos são idênticos (com exceção dos rótulos dos eixos). Isso é estranho, não é? Descobrimos, no Capítulo 1, que os delineamentos de medidas repetidas eliminam algumas variáveis estranhas (como idade, QI e assim por diante), então por que o gráfico do delineamento de medidas repetidas não reflete o aumento da sensibilidade do delineamento? É porque o SPSS trata os dados como se os escores fossem independentes e, consequentemente, as barras de erro não refletem o erro "verdadeiro" em torno das médias para delineamentos de medidas repetidas. Vamos corrigir essas barras de erro agora.

Primeiro, precisamos calcular a média de malfeitos de cada participante. Selecione *Transform* ▶ Compute Variable... (transformar ▶ calcular variável) para acessar a caixa de diálogo *Compute Variable* (ver seção 6.12.6). Insira o nome **Mean** (média) na caixa *Target Variable* (variável de destino). Na lista *Function Group* (grupo de função), selecione *Statistical* (estatística) e, na lista *Functions and Special Variables* (funções e variáveis especiais), selecione *Mean*. Clique em ⬆ para transferir esse comando para a área de comando. O comando aparecerá como *MEAN(?,?)* e precisamos substituir os pontos de interrogação por nomes de variáveis, digitando-os ou transferindo-os da lista de variáveis. Substitua o primeiro ponto de interrogação pela variável **No_Cloak** e o segundo pela variável **Cloak**. A caixa de diálogo preenchida deve se parecer com a da Figura 10.7. Clicando em OK criaremos essa nova variável no editor de dados.

A **média geral** é a média de todos os escores, e, para os dados atuais, esse valor será a média de todos os 24 escores. As médias que acabamos de calcular são o escore médio de cada participante; se calcularmos a média desses escores médios, teremos a média geral – ufa, havia muitas médias nessa frase. Podemos usar o comando *Descriptives* (descritivas) (você também pode usar os comandos *Explore* ou *Frequencies* [frequências] que encontramos no Capítulo 6, mas, como eu já falei deles, tentaremos algo diferente). Acesse a caixa de diálogo *Descriptives* (Figura 10.8) selecionando *Analyze* ▶ *Descriptive Statistics* (estatísticas descritivas) ▶ Descriptives.... Sele-

Capítulo 10 • Comparando duas médias 465

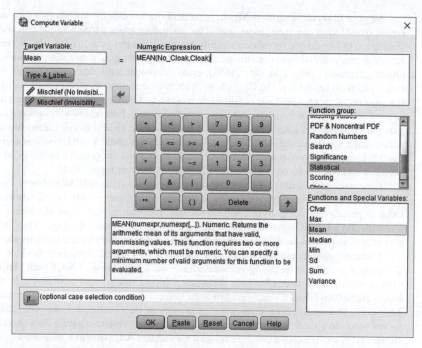

Figura 10.7 Usando a função *compute* para calcular a média das duas colunas.

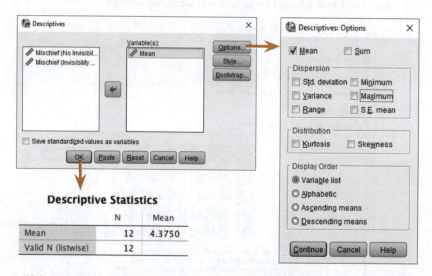

Figura 10.8 Caixas de diálogo e saída para as estatísticas descritivas.

cione a variável **Mean** na lista e arraste-a para a caixa *Variable(s)* (ou clique em). Clicar em Options... ativa uma segunda caixa de diálogo na qual vamos marcar apenas a opção **Mean** (isso é tudo o que nos interessa). A saída resultante nos dá a média da variável que chamamos de **Mean**, que, lembre-se, contém o escore médio de cada participante nas condições com e sem capa. Esse valor (4,375) é a média geral.

Se você observar a variável **Mean**, perceberá que os valores de cada participante são diferentes, o que indica que algumas pessoas eram, em média, mais marotas do que outras em todas as condições. O fato de que os escores médios dos malfeitos dos participantes são diferentes representa diferenças individuais (mostra que alguns participantes geralmente são mais marotos do que outros). Segundo Loftus e Masson (1994), essas diferenças individuais contaminam as barras de erro e precisam ser removidas. Com efeito, queremos equalizar as médias entre os participantes (i.e., ajustar os escores em cada condição de modo que, quando calculamos o escore médio entre as condições, ele seja o mesmo para todos os participantes). Para fazer isso, usamos a função *compute* para calcular um fator de ajuste subtraindo da média geral o escore médio de cada participante. Ative a caixa de diálogo *Compute Variable*, dê um nome à variável-alvo (sugiro **Adjustment** [ajuste]) e use o comando "4,375 − Mean". Esse comando pegará a média geral (4,375) e a subtrairá do nível médio de malfeito de cada participante (ver Figura 10.9).

Esse processo cria uma nova variável no editor de dados chamada **Adjustment**, que contém a diferença entre os níveis médios de malfeito de cada participante e o nível médio de malfeito entre todos os participantes. Alguns dos valores são positivos (participantes que são menos marotos do que a média) e outros negativos (participantes que são mais marotos do que a média). Podemos usar esses valores de ajuste para eliminar as diferenças de malfeitos entre participantes.

Primeiro, ajustaremos os escores para a condição **No_Cloak**, novamente usando o comando *Compute*. Ative a caixa de diálogo *Compute* e nomeie a nova variável **No_Cloak_Adjusted** (sem capa ajustado) (você pode clicar em [Type & Label...] [tipo e rótulo] para atribuir a essa variável um rótulo como "No Cloak Condition: Adjusted Values" [condição sem capa: valores ajustados]). Tudo o que precisamos fazer é adicionar os escores de cada participante na condição **No_Cloak** ao seu valor de ajuste. Selecione a variável **No_Cloak** e arraste-a para a área de comando (ou clique em [→]), então clique em [•] e selecione a variável **Adjustment** e transfira-a para a área de comando. A caixa de diálogo concluída está representada na Figura 10.10. Faça o mesmo para a variável **Cloak**: crie uma variável chamada **Cloak_Adjusted** (com capa ajustado) que contenha os valores de **Cloak** adicionados ao valor na coluna **Adjustment**.

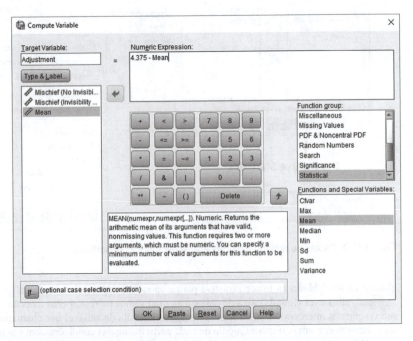

Figura 10.9 Calculando o fator de ajuste.

Capítulo 10 • Comparando duas médias

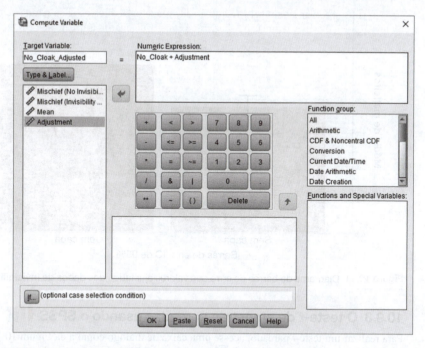

Figura 10.10 Ajustando os valores de **No_Cloak**.

As variáveis **Cloak_Adjusted** e **No_Cloak_Adjusted** representam a experiência do malfeito em cada condição, ajustadas para eliminar as diferenças entre participantes. Se você não acredita em mim, use o comando *Compute* para criar a variável **Mean2** que é a média de **Cloak_Adjusted** e **No_Cloak_Adjusted**. Você deve descobrir que o valor nessa coluna é o mesmo para todos os participantes (será 4,375, a média geral), mostrando que a variabilidade entre participantes nas médias se foi.

Teste seus conhecimentos

*Crie um diagrama de barras de erro da média dos valores ajustados que você acabou de criar (**Cloak_Adjusted** e **No_Cloak_Adjusted**).*

Compare o diagrama de barras de erro resultante (Figura 10.11) com os gráficos da Figura 10.6 – que diferença você percebe? O primeiro aspecto a considerar é que as médias nas duas condições não mudaram. No entanto, as barras de erro ficaram menores. Além disso, enquanto na Figura 10.6 as barras de erro se sobrepõem, nesse novo gráfico elas não se sobrepõem. Portanto, quando representamos as barras de erro adequadamente para dados de medidas repetidas, mostramos a sensibilidade extra que esse delineamento tem: as diferenças entre as condições parecem ser significativas (as barras de erro não se sobrepõem), ao passo que, quando diferentes participantes são usados, não parece haver uma diferença significativa (as barras de erro se sobrepõem muito). Lembre-se de que as médias em ambas as situações são idênticas, mas o erro de amostragem é menor no delineamento de medidas repetidas – falei mais sobre esse assunto na seção 10.10.

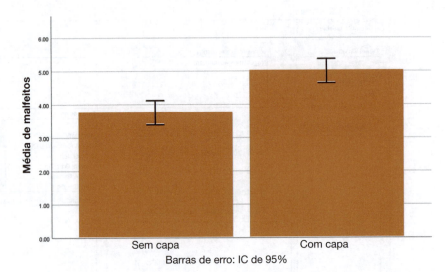

Figura 10.11 Diagrama de barras de errro dos valores ajustados dos dados de **Invisibility RM.sav**.

10.9.3 O teste-*t* de amostras pareadas usando o SPSS

Para realizar um teste-*t* pareado, acesse uma caixa de diálogo como a da Figura 10.12 selecionando *Analyze* ▶ *Compare Means* ▶ Paired-Samples T Test... (teste-*t* de amostras pareadas...). Precisamos selecionar pares de variáveis para serem analisados. Nesse caso, temos apenas um

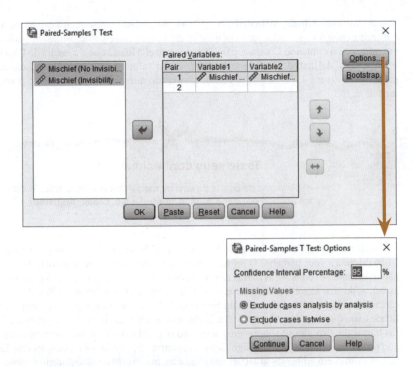

Figura 10.12 Caixa de diálogo principal para o teste-*t* pareado.

par (**Cloak** vs. **No_Cloak**). Para selecionar um par, clique na primeira variável que deseja selecionar (neste caso, **No_Cloak**), mantenha pressionada a tecla *Ctrl* (*Cmd* no Mac) e selecione a segunda (neste caso, **Cloak**). Transfira essas variáveis para a caixa *Paired Variables* (variáveis pareadas) clicando em [→]. (Você pode selecionar e transferir cada variável individualmente, mas selecionar as duas variáveis descritas acima é mais rápido.) Se você quiser realizar vários testes-*t*, poderá selecionar outro par de variáveis da mesma maneira. Clicar em [Options...] ativa outra caixa de diálogo que oferece as mesmas opções do teste-*t* independente. Da mesma forma, clique em [Bootstrap...] para acessar a função de *bootstrap* (seção 6.12.3). Como no teste-*t* independente, selecione ☑ Perform bootstrapping (executar *bootstrapping*) e ⦿ Bias corrected accelerated (BCa) (tendenciosidade corrigida). De volta à caixa de diálogo principal, clique em [OK] para executar a análise.

10.9.4 Saída do teste-*t* de amostras pareadas ▌▌▌▌

A saída resultante produz quatro tabelas (três se você não selecionar o *bootstrapping*). A Saída 10.8 mostra uma tabela de estatísticas de resumo para as duas condições experimentais (se você não solicitar o *bootstrapping*, essa tabela será um pouco menor). Para cada condição, sabemos a média, o número de participantes (*N*), o desvio-padrão e o erro-padrão. Esses valores são os mesmos de quando tratamos os dados como um delineamento independente e foram descritos na seção 1.8.3.

A Saída 10.8 também mostra a correlação de Pearson entre as duas condições. Quando medidas repetidas são usadas, os escores nas condições experimentais se correlacionam em algum grau (porque os dados em cada condição vêm das mesmas entidades, esperaríamos alguma constância em suas respostas). A saída contém o valor do *r* de Pearson e o valor da significância bilateral (ver Capítulo 8). Para esses dados, as condições experimentais produziram um coeficiente de correlação muito grande e altamente significativo, *r* = 0,806, *p* = 0,002, com um intervalo de confiança *bootstrap* que não inclui zero, IC Bca de 95% [0,417; 0,943].

A Saída 10.9 tabula os principais resultados do teste-*t*. A tabela contém a diferença dos escores médios ($\overline{D}$ na Equação 10.6), que é 3,75 − 5 = −1,25, o desvio-padrão das diferenças (1,138) e o erro-padrão das diferenças (0,329, a parte inferior da Equação 10.6). A estatística de teste, *t*, é calculada usando a Equação 10.6, dividindo a média das diferenças pelo erro-padrão das diferenças (*t* = −1,25/0,329 = −3,804). Para um delineamento de medidas repetidas, os graus de

Paired Samples Statistics

			Statistic	Bootstrap[a] Bias	Std. Error	BCa 95% Confidence Interval Lower	Upper
Pair 1	Mischief (No Invisibility Cloak)	Mean	3.75	.02	.54	2.50	4.92
		N	12				
		Std. Deviation	1.913	−.129	.352	1.357	2.193
		Std. Error Mean	.552				
	Mischief (Invisibility Cloak)	Mean	5.00	.02	.47	3.83	6.17
		N	12				
		Std. Deviation	1.651	−.103	.310	1.115	1.946
		Std. Error Mean	.477				

a. Unless otherwise noted, bootstrap results are based on 1000 bootstrap samples

Paired Samples Correlations

		N	Correlation	Sig.	Bootstrap for Correlation[a] Bias	Std. Error	BCa 95% Confidence Interval Lower	Upper
Pair 1	Mischief (No Invisibility Cloak) & Mischief (Invisibility Cloak)	12	.806	.002	−.029	.160	.417	.943

a. Unless otherwise noted, bootstrap results are based on 1000 bootstrap samples

Saída 10.8

Paired Samples Test

		Paired Differences						
					95% Confidence Interval of the Difference			
		Mean	Std. Deviation	Std. Error Mean	Lower	Upper	t	df	Sig. (2-tailed)
Pair 1	Mischief (No Invisibility Cloak) – Mischief (Invisibility Cloak)	-1.250	1.138	.329	-1.973	-.527	-3.804	11	.003

Saída 10.9

Pesquisa Real do João Jaleco 10.3
Pessoas bonitas ▍▍▍▍

Gelman, A., & Weakliem, D. (2009). *American Scientist, 97*, 310–316.

Aparentemente, há mais mulheres bonitas no mundo do que homens bonitos. Satoshi Kanazawa explica esse achado em termos de pais de boa aparência sendo mais propensos a ter uma filha como seu primogênito do que um filho. Talvez mais controversamente, ele sugere que, do ponto de vista evolutivo, a beleza é uma característica mais valiosa para as mulheres do que para os homens (Kanazawa, 2007). Em um artigo lúdico e muito informativo, Andrew Gelman e David Weakliem discutem vários erros estatísticos e mal-entendidos, alguns dos quais têm implicações para as alegações de Kanazawa. A parte "lúdica" do artigo é que, para ilustrar sua afirmação, eles coletaram dados sobre as 50 celebridades mais bonitas (listadas pela revista *People*) de 1995-2000. Eles contaram quantas crianças do sexo masculino e feminino essas celebridades tiveram a partir de 2007. Se Kanazawa estiver correto, essas pessoas bonitas teriam tido mais meninas do que meninos. Faça um teste-*t* para descobrir se elas tiveram. Os dados estão em **Gelman & Weakliem (2009).sav**. As respostas estão no *site* do livro.

liberdade são o tamanho da amostra menos 1 ($gl = N - 1 = 11$). O valor-*p* na coluna rotulado *Sig.* é a probabilidade de longo prazo de que um valor-*t* de pelo menos o tamanho do valor obtido ocorreria se a média populacional das diferenças fosse 0. Essa probabilidade bilateral é muito baixa ($p = 0,003$); ela nos diz que há apenas uma chance de 0,3% de que um valor-*t* igual a –3,804 ou menor poderia ocorrer se a hipótese nula fosse verdadeira. Supondo que tenhamos escolhido um alfa de 0,05 antes do experimento, concluiríamos que houve uma diferença significativa entre as médias dessas duas amostras, porque 0,003 é menor que 0,05. Em termos do experimento, poderíamos concluir que ter uma capa de invisibilidade afetou significativamente a quantidade de malfeitos que uma pessoa realizou, $t(11) = -3,80$, $p = 0,003$. Esse resultado foi previsto pelo diagrama de barras de erro na Figura 10.11.

10.9.5 Testes robustos de duas médias dependentes ▍▍▍▍

Como você provavelmente deve ter percebido, eu estou interessado em analisar os intervalos de confiança de *bootstrap* robustos (especialmente em uma amostra pequena como a que temos

Bootstrap for Paired Samples Test

		Bootstrap[a]				
	Mean	Bias	Std. Error	Sig. (2-tailed)	BCa 95% Confidence Interval Lower	Upper
Pair 1 Mischief (No Invisibility Cloak) – Mischief (Invisibility Cloak)	-1.250	-.005	.311	.008	-1.833	-.667

a. Unless otherwise noted, bootstrap results are based on 1000 bootstrap samples

Saída 10.10

aqui). A Saída 10.10 mostra esses intervalos de confiança. Lembre-se de que os intervalos de confiança são construídos de tal forma que, em 95% das amostras, eles contenham o valor verdadeiro da diferença média. Portanto, supondo que o intervalo de confiança dessa amostra seja um dos 95 dos 100 que contêm o valor da população, podemos dizer que a verdadeira diferença média está entre –1,83 e –0,67. A importância desse intervalo é que ele não contém zero (os dois limites são negativos), o que nos diz que o verdadeiro valor da diferença média tem uma baixa probabilidade de ser zero. Em outras palavras, há um efeito na população que reflete que mais malfeitos são realizadas quando alguém recebe uma capa de invisibilidade.

Também é possível executar uma versão robusta do teste-t de amostras pareadas utilizando o R. Como foi o caso do teste-t independente robusto, precisamos do plugin *Essentials for R* e do pacote *WRS2* (seção 4.13). O *site* do livro contém um arquivo de sintaxe (**Robust paired-samples t-test.sps**) para executar uma variante robusta do teste-t de amostras pareadas baseado em Yuen (1974) e descrito por Wilcox (2017). A sintaxe no arquivo é a seguinte:

```
BEGIN PROGRAM R.
library(WRS2)
mySPSSdata = spssdata.GetDataFromSPSS()
yuend(mySPSSdata$No_Cloak, mySPSSdata$Cloak, tr = 0.2)
END PROGRAM.
```

Selecione e execute estas cinco linhas de sintaxe (ver Dica do SPSS 10.3) e você encontrará a saída de texto no visualizador (Saída 10.11) que diz que houve uma diferença significativa (porque o intervalo de confiança não contém zero e o valor-p é menor que 0,05) nos escores de malfeitos entre os dois grupos, $Y_t(7) = -2,70$ [–1,87, –0,13], $p = 0,031$.

10.9.6 Teste bayesiano para duas médias de amostras pareadas

Para acessar a caixa de diálogo para calcular um fator de Bayes e um intervalo de credibilidade para médias dependentes, selecione <u>A</u>nalyze ▶ <u>B</u>ayesian Statistics ▶ <u>R</u>elated Samples Normal (amostras normais relacionadas) (Figura 10.13). Assim como com o teste-t pareado, começamos selecionando um par de variáveis e transferindo-as para a lista de *Paired Variables*. Estamos esperando mais malfeitos no grupo com capa do que no grupo sem capa; portanto, se especificarmos nosso par como **Cloak** (*Variável 1*) e **No_Cloak** (*Variável 2*), nós esperaríamos uma diferença média positiva (quando subtraímos os escores do grupo sem capa dos escores do grupo com capa,

```
Test statistic: -2.7027 (df = 7), p-value = 0.03052

Trimmed mean difference: -1
95 percent confidence interval:
-1.8749 -0.1251

Explanatory measure of effect size: 0.4
```

Saída 10.11

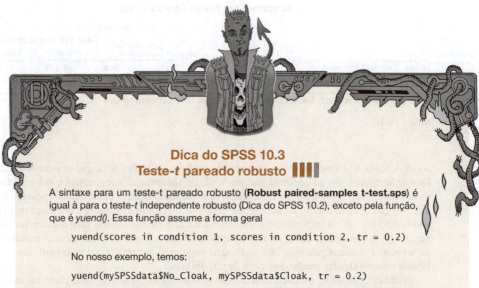

Dica do SPSS 10.3
Teste-*t* pareado robusto ||||

A sintaxe para um teste-t pareado robusto (**Robust paired-samples t-test.sps**) é igual à para o teste-*t* independente robusto (Dica do SPSS 10.2), exceto pela função, que é *yuend()*. Essa função assume a forma geral

```
yuend(scores in condition 1, scores in condition 2, tr = 0.2)
```

No nosso exemplo, temos:

```
yuend(mySPSSdata$No_Cloak, mySPSSdata$Cloak, tr = 0.2)
```

Os escores na condição 1 são os escores na condição sem capa. No editor de dados do exemplo de amostras pareadas, essa é a variável **No_Cloak**. No entanto, eu escrevi mySPSSdata$No_Cloak porque o R reconhece as variáveis como pertencentes à estrutura de dados e mySPSSdata$No_Cloak significa a *variável No_Cloak na estrutura de dados mySPSSdata*. Lembre-se de que *mySPSSdata* contém os dados extraídos do editor de dados do SPSS; portanto outra maneira de traduzir isso seria *a variável No_Cloak do editor de dados*. Os escores na condição 2 são os escores na condição com capa, que foram especificadas da mesma forma como mySPSSdata$Cloak. O *tr* refere-se à quantidade de corte nos dados. Na configuração-padrão, 0,2 (20%) é aparado, mas você pode alterar esse valor para 0,1 para uma média aparada de 10%, ou para 0,05 para uma média aparada de 5% e assim por diante. Assim como no teste-*t* independente robusto, se você quiser usar esse teste nos seus próprios dados, a única parte da sintaxe que você precisa editar é substituir as palavras "Mischief" e "Cloak" pelos nomes das variáveis que representam as suas duas condições (lembre-se de manter o *mySPSSdata$* antes do nome da variável) e ajuste a proporção do corte se você quiser algo diferente de um corte de 20%.

os resultados devem ser, em média, positivos se a nossa previsão estiver correta). Por outro lado, se especificarmos nosso par como **No_Cloak** (*Variável 1*) e **Cloak** (*Variável 2*), vamos prever uma diferença média negativa. Ao configurar a distribuição a priori, é provavelmente mais fácil pensar em um valor positivo para a diferença média; portanto, vamos especificar **Cloak** como *Variável 1* e **No_Cloak** como *Variável 2*. Para fazer isso, selecione **Cloak** na lista *Variables* e clique em , então selecione **No_Cloak** e clique em . Selecione a opção *Variance Known* (variância conhecida) e digite 1,3 na célula *Variance Value* (valor da variância). O valor de 1,3 é obtido elevando ao quadrado o desvio-padrão dos escores da diferença na Saída 10.9. Usar a variância para os dados simplifica as coisas (não precisamos definir uma a priori para a variância), mas, à medida que você obtém mais experiência, convém estimar também a variância. Para calcular os fatores de Bayes e estimar os parâmetros do modelo, selecione: ⊙ Use Both Methods (utilize ambos os métodos).

Imagine que, antes de coletar dados, acreditássemos que a diferença entre o número de malfeitos cometidos com e sem uma capa de invisibilidade seria 1, mas você estava preparado para acreditar que poderia variar de –1 a 3. Em outras palavras, você acreditava que o resultado mais

Capítulo 10 • Comparando duas médias   473

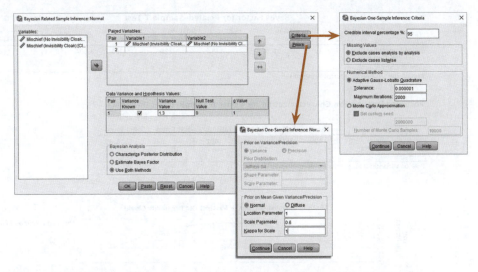

Figura 10.13 Caixa de diálogo para um teste bayesiano com duas médias relacionadas.

provável é que ter uma capa de invisibilidade levaria a um aumento de malfeitos em comparação a não ter uma capa. No entanto, você estava preparado para aceitar que, no máximo, isso poderia levar a um aumento de 3 malfeitos (mas você achava que essa possibilidade teria uma probabilidade baixa – seria altamente improvável). Por outro lado, você estava preparado para aceitar que poderia estar errado e que ter uma capa de invisibilidade criaria um senso de responsabilidade no usuário e o levaria a fazer menos malfeitos. No máximo, você estava preparado para acreditar que ter uma capa poderia levar a uma diminuição de um malfeito, mas, novamente, você achava que esse resultado seria altamente improvável (você atribuiu baixa probabilidade). O gráfico do meio na Saída 10.12 mostra essa distribuição *a priori*. É uma distribuição normal centrada em 1 (o resultado mais provável na sua opinião *a priori*) que varia de cerca de -1 a 3. Isso equivale a uma crença *a priori* de que a diferença entre o número de malfeitos realizados mais provável é 1 quando se usa uma capa de invisibilidade em comparação com quando não se usa, mas poderia ser tão baixo quanto −1 ou tão alto quanto 3 (embora pensemos que esses valores extremos sejam improváveis).

Para configurar essas *a prioris*, clique [Priors...] e selecione ⦿ Normal. Eu especifiquei uma distribuição com média (localização) de 1 e desvio-padrão (escala) de 0,6. Como antes, para obter esse parâmetro de escala, peguei o intervalo de crenças, 3 − (−1) = 4, e dividi por 6, 4/6 = 0,67 e arredondei para baixo (mesmo que isso não tenha um impacto sobre os resultados). Defini Kappa como 1 conforme o padrão do SPSS. Se você preferir usar uma *a priori* de referência não informativa (ou seja, antes da coleta dos dados você está preparado para acreditar em qualquer valor para a diferença média), selecione *Diffuse* (difusa). Se você quiser um intervalo de credibilidade diferente de 95%, clique em [Criteria...] (critério) e altere o valor de 95 para o valor desejado. Na caixa de diálogo principal, clique em [OK] para ajustar o modelo.

A Saída 10.12 mostra que o fator de Bayes é 0,005. O SPSS relata a razão entre a hipótese nula e a alternativa; portanto, esse valor significa que os dados são 0,005 vez mais prováveis sob a hipótese nula do que sob a alternativa. Podemos inverter a interpretação (1/0,005 = 200). Esse valor nos diz que os dados são 200 vezes mais prováveis sob a hipótese alternativa do que sob a hipótese nula. Em outras palavras, devemos mudar nossa crença em direção à hipótese alternativa de acordo com um fator de 200. Essa é uma forte evidência da hipótese de que capas de invisibilidade levam a mais malfeitos.

A Saída 10.12 também mostra nossa distribuição *a priori* para a diferença entre as médias dos grupos (o gráfico com a linha vermelha). Eu já descrevi esse gráfico. As estimativas bayesianas da

Bayes Factor for Related-Sample T Test

	N	Mean Difference	Std. Deviation	Std. Error Mean	Bayes Factor	t	df	Sig.(2-tailed)
Mischief (Invisibility Cloak) – Mischief (No Invisibility Cloak)	12	1.25	1.138	.329	.005	3.804	11	.003

Bayes factor: Null versus alternative hypothesis.

Posterior Distribution Characterization for Related-Sample Mean Difference

		Posterior			95% Credible Interval	
	N	Mode	Mean	Variance	Lower Bound	Upper Bound
Mischief (Invisibility Cloak) – Mischief (No Invisibility Cloak)	12	1.21	1.21	.092	.62	1.81

Prior on Variance: Diffuse. Prior on Mean: Normal.

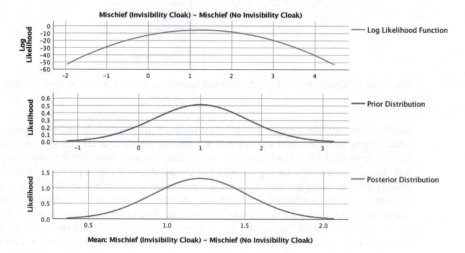

Saída 10.12

diferença entre as médias estão nas colunas denominadas como *Posterior Mode* e *Posterior Mean*. O intervalo de confiança de 95% para essa estimativa variou de 0,62 a 1,81. Em outras palavras, *supondo que o efeito exista*, o valor populacional do efeito estará entre 0,62 e 1,81 com 95% de probabilidade. Isso não nos diz nada sobre a hipótese nula (porque ela supõe que o efeito exista), mas nos ajuda a determinar o valor provável da população se estivermos preparados para aceitar que o efeito existe. Assim, podemos dizer, com 95% de probabilidade, que ter uma capa de invisibilidade aumentará o número de malfeitos em algum valor entre 0,62 a 1,81.

10.9.7 Tamanhos de efeito para duas médias relacionadas ▌▌▌▌

De acordo com Rosenthal (1991), podemos calcular o tamanho do efeito direto do valor-*t*, como fizemos para o teste-*t* independente. Usando a Equação 10.17 e os valores da Saída 10.9, obtemos:

$$r = \sqrt{\frac{(-3,804)^2}{(-3,804)^2 + 11}} = \sqrt{\frac{14,47}{25,47}} = 0,75 \tag{10.20}$$

Portanto, além de ser significativo, esse efeito é muito grande. Observe que o efeito é muito maior do que quando tratamos os dados como se fossem de um delineamento independente ($r = 0,34$), o que é estranho, já que usamos exatamente os mesmos escores. Essa diferença reflete a constatação de que usar um teste de pareado leva a uma superestimativa do tamanho do efeito na população (Dunlap, Cortina, Vaslow e Burke, 1996).

Você poderia calcular o *d* de Cohen (seção 3.7.1) como fizemos na seção 10.8.6. Observe que a alteração no delineamento não afeta o cálculo: o tamanho do efeito ainda é 0,65:

$$\hat{d} = \frac{\bar{X}_{Capa} - \bar{X}_{Sem\ Capa}}{DP_{Sem\ Capa}} = \frac{5 - 3{,}75}{1{,}91} = 0{,}65 \tag{10.21}$$

Essa consistência é boa porque ambos os estudos mostraram, de fato, a mesma diferença entre as médias (porque os escores usados nos exemplos são idênticos). Alguns argumentam que você precisa fatorar os escores entre as condições de tratamento, dividindo a estimativa de *d* pela raiz quadrada de 1 menos a correlação entre os escores (que você pode encontrar na Saída 10.8, $r = 0{,}806$). O *d* corrigido é 1,48:

$$\hat{d}_D = \frac{\hat{d}}{\sqrt{1-r}} = \frac{0{,}65}{\sqrt{1-0{,}806}} = \frac{0{,}65}{0{,}44} = 1{,}48 \tag{10.22}$$

que é mais que o dobro do tamanho original! Meu problema com essa "correção" é precisamente que o tamanho do efeito agora expressa informações não apenas sobre a diferença observada entre as médias, mas do delineamento do estudo usado para medi-las. No entanto, eu a incluo aqui caso você discorde de mim.

Dicas da Ana Apressada
Teste-*t* pareado

- O teste-*t* pareado compara duas médias quando essas médias são provenientes das mesmas entidades.
- Observe a coluna *Sig*. Se o valor for menor que 0,05, as médias das duas condições são significativamente diferentes.
- Veja os valores das médias para verificar como as condições diferem.
- Olhe a tabela *Bootstrap for Paired Samples Test* (*bootstrap* para teste de amostras pareadas) para obter um intervalo de confiança robusto para a diferença entre as médias.
- Uma versão robusta do teste pode ser calculada usando a sintaxe.
- Um fator de Bayes pode ser calculado para quantificar a razão da probabilidade desses dados sob a hipótese alternativa comparada à nula.
- Calcule e relate também o tamanho do efeito.

10.10 Relatando comparações entre duas médias ▮▮▮▮

Como já vimos antes, você geralmente declara o resultado ao qual o teste se refere e então relata a estatística de teste, seus graus de liberdade e seu valor de probabilidade. Isso se aplica quer utilizemos um teste-*t* ou um teste robusto. O ideal é relatar uma estimativa do tamanho do efeito e do fator de Bayes também. Se você usou um teste robusto, você deve citar o R (R Core Team, 2016) e o pacote WRS2 (Mair, Schoenbrodt e Wilcox, 2017), porque é isso que foi usado para calculá-los.

10.10.1 Relatando testes-*t* ▮▮▮▮

Para os dados de amostras independentes, poderíamos relatar isto (para ver de onde os valores vêm, consulte a Saída 10.4, a Saída 10.5 e a Saída 10.7):

✓ Em média, os participantes que receberam uma capa de invisibilidade estiveram envolvidos em mais malfeitos ($M = 5$, $EP = 0,48$) do que os que não receberam uma capa ($M = 3,75$, $EP = 0,55$). Essa diferença, –1,25, IC BCa de 95% [–2,65, 0,11], não foi significativa, $t(21,54) = -1,71$, $p = 0,101$; no entanto ela representou um efeito $d = 0,65$.

Para os dados de amostras pareadas, poderíamos relatar (ver Saídas 10.9, 10.10 e 10.12):

✓ Em média, os participantes que receberam uma capa de invisibilidade estiveram envolvidos em mais malfeitos ($M = 5$, $EP = 0,48$) do que os que não receberam uma capa ($M = 3,75$, $EP = 0,55$). Essa diferença, –1,25, IC BCa de 95% [–1,83, –0,67], foi significativa, $t(11) = -3,80$, $p = 0,003$, e representou um efeito $d = 0,65$.

10.10.2 Relatando variantes robustas do teste-*t* ▮▮▮▮

Se você executou o teste robusto, poderia começar com uma afirmação geral como:

✓ R (R Core Team, 2016) foi usado para calcular uma variante robusta do teste-*t* baseado em Yuen (1974) usando o pacote *WRS2* (Mair et al., 2017).

Para os dados de amostras independentes, relate isto (ver Saída 10.6):

✓ Em média, os participantes que receberam uma capa de invisibilidade estiveram envolvidos em mais malfeitos ($M = 5$, $EP = 0,48$) do que os que não receberam uma capa ($M = 3,75$, $EP = 0,55$). Esta diferença não foi significativa, $Y_t = -1,36$, IC de 95% [–2,52, 0,52], $p = 0,167$.

E para os dados de amostras pareadas, relate isto (ver Saída 10.11):

✓ média, os participantes que receberam uma capa de invisibilidade estiveram envolvidos em mais malfeitos ($M = 5$, $EP = 0,48$) do que os que não receberam uma capa ($M = 3,75$, $EP = 0,55$). Essa diferença foi significativa, $Y_t(7) = -2,70$, IC de 95% [–1,87, –0,13], $p = 0,031$.

10.10.3 Relatando comparações bayesianas de médias ▮▮▮▮

Para os dados de amostras independentes, relate (ver Saída 10.7):

✓ Em média, os participantes que receberam uma capa de invisibilidade estiveram envolvidos em mais malfeitos ($M = 5$, $EP = 0,48$) do que os que não receberam uma capa ($M = 3,75$, $EP = 0,55$). As distribuições *a priori* para as médias dos grupos foram definidas como distribuições normais com média de 3 e desvio-padrão de 1 para o grupo sem capa e média de 4 com desvio-padrão de 1,75 para o grupo com capa. O fator de Bayes foi estimado usando o método de Gönen (Gönen et al., 2005) com uma diferença *a priori* entre médias de 1 e com uma variância de 0,25. A estimativa bayesiana da diferença real entre as médias foi de 1,31, intervalo de credibilidade de 95% [0,02, 2,60]. O fator de Bayes associado, $BF_{01} = 2,39$, sugeriu que os dados eram fracamente mais prováveis sob a hipótese alternativa do que sob a hipótese nula.

Para os dados de amostras pareadas, relate (ver Saída 10.12):

✓ Em média, os participantes que receberam uma capa de invisibilidade estiveram envolvidos em mais malfeitos ($M = 5$, $EP = 0,48$) do que os que não receberam uma capa ($M = 3,75$, $EP = 0,55$). A distribuição a priori para a diferença entre as médias foi ajustada para ser uma distribuição normal com média de 1 e desvio-padrão de 0,6. O kappa foi fixado em 1. A estimativa bayesiana da diferença real entre as médias foi de 1,21, intervalo de credibilidade de 95% [0,62, 1,81]. O fator de Bayes associado, $BF_{01} = 200$, sugeriu que os dados eram 200 vezes mais prováveis sob a hipótese alternativa do que sob a nula.

10.11 Medidas repetidas ou entre grupos? ▌▌▌▌

Os dois exemplos deste capítulo ilustram a diferença entre dados coletados usando os mesmos participantes e usando participantes diferentes. Os dois exemplos usam os mesmos escores, mas, quando analisados como se os dados fossem dos mesmos participantes, o resultado foi uma diferença significativa entre médias, e um fator de Bayes grande; e, quando analisados como se os dados fossem provenientes de participantes diferentes, não houve diferença significativa, e o fator de Bayes foi pequeno. Essa descoberta pode confundir você – afinal, os números analisados eram idênticos, o que estava refletido no tamanho do efeito (d) que se manteve o mesmo. A explicação é que delineamentos de medidas repetidas têm relativamente mais poder. Quando as mesmas entidades são usadas em várias condições, a variância não sistemática (variância do erro) é reduzida drasticamente, facilitando a detecção da variância sistemática. Costuma-se supor que a maneira como você coleta dados é irrelevante, especialmente em se tratando do tamanho do efeito; porém, se você estiver interessado em significância, isso é importante. Pesquisadores realizaram estudos usando os mesmos participantes em condições experimentais, replicaram o estudo usando diferentes participantes e descobriram que o método de coleta de dados interage significativamente com os resultados encontrados (ver Erlebacher, 1977).

10.12 Caio tenta conquistar Gina ▌▌▌▌

Caio desejou ter uma capa de invisibilidade. O semestre estava quase no fim, e Gina ainda o estava ignorando. Quanto mais legal ele era com ela, mais ela se distanciava. Qual era o problema dela? Caio se sentiu envergonhado por seu comportamento – estava sendo um pouco desesperado. Ele queria ser invisível por um tempo ou, pelo menos, evitar Gina; assim, ele se escondia na biblioteca.

Uma semana antes, ele teve dificuldades com seu trabalho de estatística. Ele não havia entendido nada da coisa bayesiana. Semanas de aprendizado sobre valores-p, e, de repente, seu professor estava lançando toda essa nova abordagem no meio. Por que os professores não percebem o quanto isso é confuso? O professor, com olhos grandes e sempre olhando para o vazio, parecia ter um cérebro travado por consumo de cogumelos nos anos 70. Certamente só uma vítima de drogas teria um nome como Oditi. De qualquer forma, Caio estava perdido, frustrado e prestes a desistir quando viu Alex e Ana, que conhecia das aulas.

Ele foi até lá e pediu ajuda. Elas o receberam bem. Alex era inteligente, isso era óbvio, mas sua generosidade e empatia em dar orientações para ele e para Ana eram bastante impressionantes. Alex ficava nervosa perto de Caio e ficava um pouco irritada sempre que ele mencionava Gina.

Durante a semana que se escondeu na biblioteca, Caio conversou com Alex mais e mais. Ela era generosa, engraçada e parecia gostar da sua companhia.

Hoje ele estava sozinho e refletindo sobre a boa semana que tinha tido. Ele começava a se sentir mais humano – como um cara normal com amigos normais. Sentiu-se calmo e relaxado pela primeira vez desde que o semestre iniciara. Isso durou até que um dedo bateu em seu ombro, e ele se virou para encarar o sorriso familiar de Gina.

"Olá, estranho", ela disse.

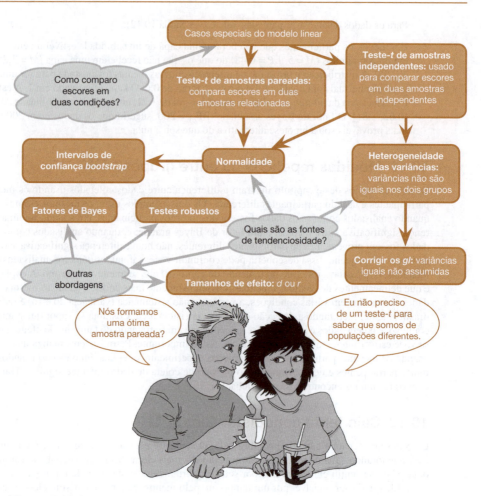

Figura 10.14 O que Caio aprendeu neste capítulo.

10.13 E agora? ▌▌▌▌

Anunciei aos meus pais que minha escolha de carreira era ser uma estrela do *rock*. Obviamente, eu não lhes apresentei um teste-*t* robusto que mostrasse quão mais eu ganharia em comparação a um professor universitário, mas, mesmo que tivesse, não tenho certeza de que isso importaria. Meus pais estavam muito felizes por eu viver essa fantasia se eu entendesse que haveria a possibilidade de ela não funcionar e se eu tivesse um plano B. De preferência, um plano B que fosse um pouco mais sensato. Aos 10 anos, acho que meu plano B provavelmente seria ser um jogador de futebol. De um jeito ou de outro, queria que minha carreira envolvesse ser famoso; então, se não fosse do *rock*, seria do futebol. No entanto, já vimos que eu estava em desvantagem genética em se tratando de futebol, mas não tanto em se tratando do estrelato: meu pai, afinal, era bastante musical. Tudo o que eu precisava era fazer acontecer. O primeiro passo, pensei, era construir uma base de fãs, e o melhor lugar para começar uma base de fãs é entre seus amigos. Com isso em mente, coloquei minha pequena jaqueta *jeans* com adesivos do Iron Maiden, joguei meu violão nas costas e comecei a trilhar a estrada rochosa do estrelato. A primeira parada foi a minha escola.

10.14 Termos-chave

Erro-padrão das diferenças
Lei da soma das variâncias
Média geral
Teste-*t* de amostras pareadas
Teste-*t* dependente
Teste-*t* independente
Variáveis fictícias

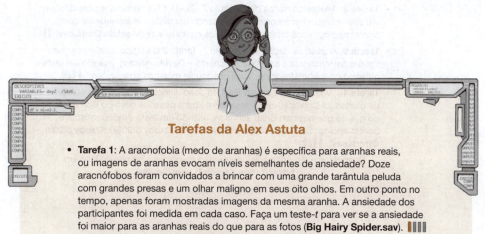

Tarefas da Alex Astuta

- **Tarefa 1**: A aracnofobia (medo de aranhas) é específica para aranhas reais, ou imagens de aranhas evocam níveis semelhantes de ansiedade? Doze aracnófobos foram convidados a brincar com uma grande tarântula peluda com grandes presas e um olhar maligno em seus oito olhos. Em outro ponto no tempo, apenas foram mostradas imagens da mesma aranha. A ansiedade dos participantes foi medida em cada caso. Faça um teste-*t* para ver se a ansiedade foi maior para as aranhas reais do que para as fotos (**Big Hairy Spider.sav**). ▮▮▮▮
- **Tarefa 2**: Crie um diagrama de barras de erro dos dados da Tarefa 1 (lembre-se de ajustar o modelo considerando o fato de que os dados são de um delineamento de medidas repetidas). ▮▮▮▮
- **Tarefa 3**: Os livros de "psicologia *pop*" às vezes falam de absurdos que não são comprovados pela ciência. Como parte do meu plano para livrar o mundo da psicologia *pop*, eu selecionei 20 pessoas em relacionamentos amorosos e as aloquei aleatoriamente em um de dois grupos. Um grupo leu o famoso livro de psicologia popular *Os homens são de Marte e as mulheres são de Vênus*, e o outro grupo leu *Marie Claire*. A variável de resultado foi a felicidade no relacionamento após a leitura realizada. As pessoas estavam mais felizes com o relacionamento depois de ler o livro de psicologia *pop*? (**Penis.sav**). ▮▮▮▮
- **Tarefa 4**: Os editores do livro citado acima ficaram chateados com minhas alegações de que seu livro era tão útil quanto um guarda-chuva de papel. Eles realizaram seu próprio experimento ($N = 500$), no qual a felicidade do relacionamento foi medida depois de os participantes lerem seu livro e depois de lerem um dos meus (Field e Hole, 2003). Os participantes liam os livros em ordem contrabalançada com um intervalo de 6 meses. A felicidade do relacionamento foi maior depois de ler sua maravilhosa contribuição para a psicologia *pop* do que depois de ler meu tedioso livro sobre experimentos? (**Field e Hole.sav**). ▮▮▮▮
- **Tarefa 5**: No Capítulo 4 (Tarefa 6), examinamos dados de pessoas que foram forçadas a casar com cabras e cães e mediram a satisfação com suas vidas, bem como o quanto gostavam de animais (**Goat or Dog.sav**). Realize um teste-*t* para ver se a satisfação com a vida depende do tipo de animal com o qual a pessoa casou. ▮▮▮▮

- **Tarefa 6**: O que você percebe sobre o valor-t e a significância da tarefa anterior em comparação com quando você executou a análise como um modelo linear no Capítulo 8, Tarefa 6? ▮▮▮▮
- **Tarefa 7**: No Capítulo 6, examinamos os escores de higiene ao longo dos três dias de um festival de música (**Download Festival.sav**). Faça um teste-t pareado para ver se os escores de higiene do dia 1 foram diferentes dos do dia 3. ▮▮▮▮
- **Tarefa 8**: Analise os dados do Capítulo 7, Tarefa 1 (se homens e cães diferem em seus comportamentos caninos) usando um teste-t independente com *bootstrapping*. Você chegou às mesmas conclusões? (**MenLikeDogs.sav**) ▮▮▮▮
- **Tarefa 9**: Analise os dados do Capítulo 7, Tarefa 2 (se o tipo de música que você ouve influencia o sacrifício de cabras – **DarkLord.sav**), usando um teste-t pareado com *bootstrapping*. Você chegou às mesmas conclusões? ▮▮▮▮
- **Tarefa 10**: Voltando à Pesquisa Real do João Jaleco 4.1, teste se o número de ofertas foi significativamente diferente para pessoas ouvindo Bon Scott do que as que ouviram Brian Johnson, usando um teste-t independente e *bootstrapping*. Seus resultados diferem dos de Oxoby (2008)? (**Oxoby (2008) Offers.sav**). ▮▮▮▮

Respostas e recursos adicionais estão disponíveis no *site* do livro em
https://edge.sagepub.com/field5e.

11

MODERAÇÃO, MEDIAÇÃO E PREVISORES MULTICATEGÓRICOS

11.1 O que aprenderei neste capítulo? 482

11.2 A ferramenta *PROCESS* 483

11.3 Moderação: interações no modelo linear 483

11.4 Mediação 497

11.5 Previsores categóricos na regressão 508

11.6 Caio tenta conquistar Gina 516

11.7 E agora? 516

11.8 Termos-chave 517

Tarefas da Alex Astuta 518

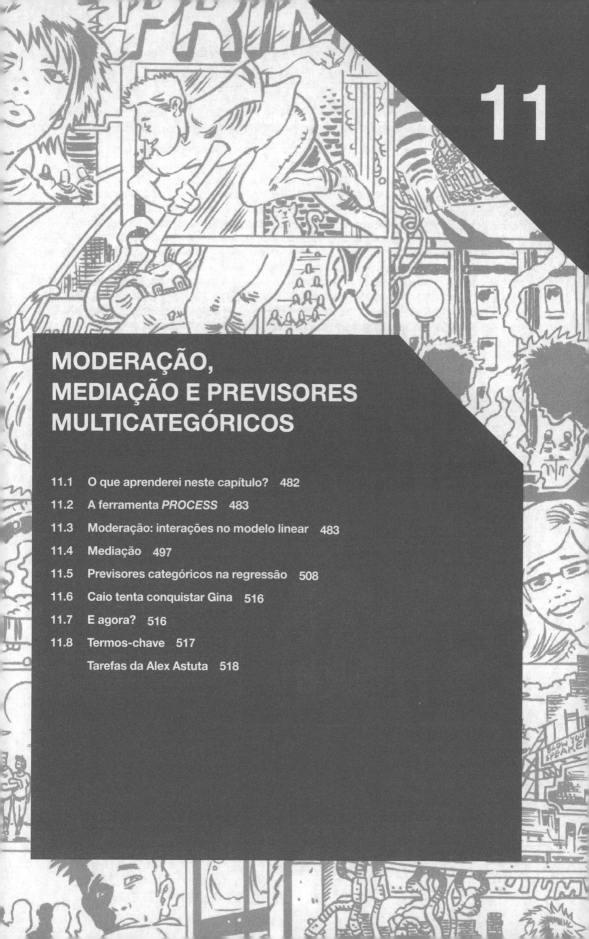

11.1 O que aprenderei neste capítulo?

Após conseguir convencer, com sucesso, o público nos acampamentos de férias na Grã-Bretanha, meu próximo passo para a dominação global foi a minha escola primária. Eu tinha aprendido outra música de Chuck Berry ("Johnny B. Goode"), mas ampliei meu repertório para incluir músicas de outros artistas (tenho a sensação de que "Over the edge" do Status Quo foi uma delas).[1] Quando tive a oportunidade de tocar em uma reunião da escola, eu aproveitei. O diretor tentou me banir,[2] mas o *show* continuou. Foi um enorme sucesso (crianças de 10 anos se impressionam muito facilmente). Meus colegas de classe me levaram pelo parquinho em seus ombros. Eu fui um herói. Nessa época, eu tinha uma namorada de infância chamada Clair Sparks. Na verdade, nós tínhamos sido namorados desde antes do meu novo *status* de lenda do *rock*. Eu não acho que tocar violão e cantar a impressionava muito, mas ela andava de moto (na verdade, uma moto pequena de criança), o que *me* impressionava muito; eu estava totalmente convencido de que um dia conseguiríamos nos casar e viver felizes para sempre. Eu estava totalmente convencido, isto é, até que ela fugiu com Simon Hudson. Aos 10 anos, ela provavelmente literalmente fugiu com ele – através do parquinho. Lembro-me de ter contado a meus pais e de que eles me perguntaram como eu me sentia a respeito disso. Eu disse a eles que eu estava sendo filosófico em relação a isso. Eu provavelmente não sabia o que filosófico significava aos meus 10 anos, mas eu sabia que era o tipo de coisa que você diz se estiver fingindo não ter se incomodado em ter sido rejeitado.

Figura 11.1 Meu aniversário de 10 anos. Da esquerda para a direita: meu irmão Paul (que ainda se esconde atrás de bolos para não aparecer em fotos), Paul Spreckley, Alan Palsey, Clair Sparks e eu.

[1] Isso deve ter sido perto de 1982, um pouco antes de eles abandonarem o *hard rock* em favor de uma longa série de truques publicitários cada vez mais melancólicos. No entanto, até meus 10 anos, eles eram minha banda favorita.

[2] Sério! Eu cresci em um tempo em que um diretor tentaria proibir uma criança de 10 anos de tocar guitarra na reunião da escola. O cara costumava tocar hinos no violão, e eu só consigo concluir que ele perdeu toda a noção da situação e decidiu que uma criança de 10 anos gritando uma música da Status Quo com uma voz um pouco estridente e com uma guitarra era subversivo ou algo assim.

Se eu não tivesse sido filosófico, talvez quisesse saber o que diminuiu a satisfação de Clair com o relacionamento. Nos capítulos anteriores, vimos que poderíamos prever coisas como satisfação em relacionamentos usando um modelo linear. Talvez o amor do seu parceiro por bandas de *rock* como a Status Quo (eu não me lembro se Clair gostava desse tipo de coisa) possa ser um fator de previsão. No entanto, a vida é geralmente mais complicada que isso; por exemplo, o amor do seu parceiro pelo *rock* provavelmente depende do seu próprio amor pelo *rock*. Por exemplo, se vocês dois gostam de *rock*, o seu o amor pela mesma música pode ter um efeito aditivo que lhe dá uma enorme satisfação no relacionamento (*moderação*), ou talvez a relação entre o amor do seu parceiro pelo *rock* e a sua própria satisfação no relacionamento pode ser explicada pelos seus próprios gostos musicais (*mediação*). No capítulo anterior, também vimos que uma variável dicotômica (p. ex., fã de *rock* ou não) pode ser um previsor em um modelo linear; mas e se você quisesse categorizar o gosto musical em várias categorias (*rock*, *hip-hop*, etc.)? Certamente você não pode usar várias categorias como uma variável previsora? Este capítulo estende o que sabemos sobre o modelo linear para cenários mais complicados. Primeiro, olhamos para dois modelos lineares comuns – moderação e mediação – antes de expandir o que já sabemos sobre previsores categóricos.

11.2 A ferramenta *PROCESS* ||||

A melhor maneira de lidar com a moderação e a mediação é com a ferramenta *PROCESS*, que precisa ser instalada usando as instruções da seção 4.13.1.

11.3 Moderação: interações no modelo linear ||||

11.3.1 O modelo conceitual ||||

Até agora, observamos previsores individuais no modelo linear. É possível incluir em um modelo estatístico o efeito combinado de duas ou mais variáveis previsoras sobre um resultado, que é conhecido conceitualmente como **moderação** e, em termos estatísticos, como **efeito de interação**. Vamos começar com o conceito, usando o exemplo de se *videogames* violentos tornam as pessoas antissociais. Os *videogames* estão entre as atividades *online* favoritas dos jovens: dois terços das crianças de 5 a 16 anos têm seu próprio aparelho de *videogame*, e 88% dos meninos com idade entre 8 e 15 anos possuem pelo menos um aparelho de jogos (Ofcom, 2008). Embora jogar *videogames* violentos possa melhorar a acuidade visuoespacial, a memória visual, a inferência probabilística e a rotação mental (Feng, Spence e Pratt, 2007; Green e Bavelier, 2007; Green, Pouget e Bavelier, 2010; Mishra, Zinni, Bavelier e Hillyard, 2011) em comparação com jogos como Tetris, esses jogos também têm sido associados ao aumento da agressividade em jovens (Anderson e Bushman, 2001). Outro fator previsor de agressividade e de problemas de conduta são os traços de insensibilidade e afetividade restrita, como a falta de culpa, a falta de empatia e uso insensível dos outros para obter ganho pessoal (Rowe, Costello, Angold, Copeland e Maughan, 2010). Imagine que uma cientista explorou a relação entre jogar *videogames* violentos (como Grand Theft Auto, MadWorld e Manhunt) e a agressividade. Ela mediu o comportamento agressivo (**Aggress**), os traços de insensibilidade e afetividade restrita (**CaUnTs**) e o número de horas por semana jogando *videogames* (**Vid_Game**) em 442 jovens (**Video Games.sav**).

Vamos supor que estamos interessados na relação entre as horas de jogo (previsor) e agressividade (resultado). O modelo conceitual de moderação na Figura 11.2 mostra que uma variável **moderadora** é uma que afeta o relacionamento entre duas outras. Se os traços de insensibilidade e afetividade restrita fossem uma moderadora, estaríamos dizendo que a força ou a direção da relação entre jogar esses *videogames* e a agressividade é afetada pelos traços de insensibilidade e afetividade restrita.

484 Descobrindo a estatística usando o SPSS

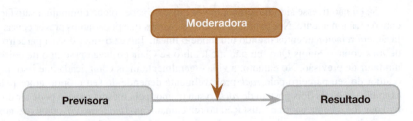

Figura 11.2 Diagrama do modelo de moderação *conceitual*.

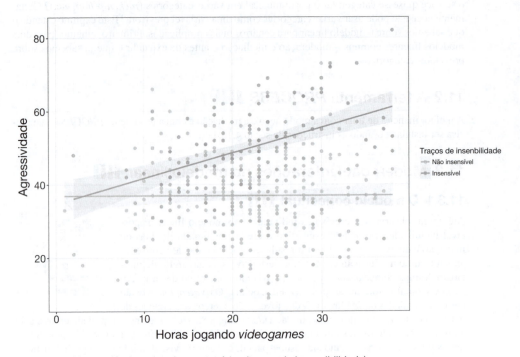

Figura 11.3 Uma variável moderadora categórica (traços de insensibilidade).

Suponha que pudéssemos classificar as pessoas de acordo com os traços insensível-sem emoção ou não. Nossa variável moderadora seria categórica (insensível ou não insensível). A Figura 11.3 mostra um exemplo de moderação deste caso: para pessoas que não são insensíveis, não há um relacionamento entre *videogames* e agressividade (a linha é completamente plana); porém, para as pessoas que são insensíveis, há uma relação positiva: à medida que aumenta o tempo de jogo, aumenta o nível de agressividade (a linha se inclina para cima). Assim, traços insensibilidade-sem emoção moderam a relação entre jogos de *videogame* e agressividade: existe um relacionamento positivo na presença de traços insensível-sem emoção, mas não na ausência. Essa é uma maneira simples de pensar sobre a moderação; porém não é necessário que haja um efeito em um grupo, mas não no outro, apenas que haja uma diferença na relação entre jogar *videogame* e agressividade nos dois grupos de insensibilidade. Pode ser que o efeito seja enfraquecido ou mude de direção.

Se mensurarmos a variável moderadora ao longo de um contínuo, ela se torna mais complicada de visualizar, mas a interpretação básica continua a mesma. A Figura 11.4 mostra dois grá-

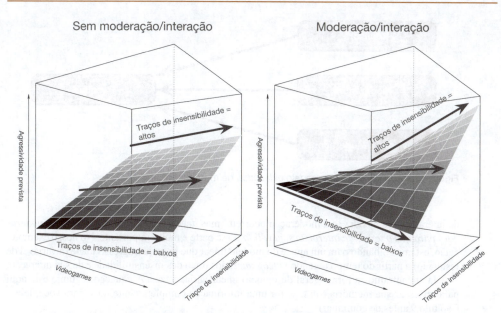

Figura 11.4 Uma variável moderadora contínua (traços de insensibilidade).

ficos que exibem os relacionamentos entre o tempo gasto jogando *videogames*, a agressividade e os traços de insensibilidade (medidos em um contínuo em vez de em dois grupos). Ainda estamos interessados em saber como o relacionamento entre *videogames* e agressividade muda em função dos traços de insensibilidade. Nós podemos explorar isso comparando a inclinação do plano de regressão em função do tempo de jogo com valores baixos e altos dos traços de insensibilidade. Para ajudá-lo, adicionei setas que mostram a relação entre o tempo jogando *videogames* e a agressividade. Na Figura 11.4 (à esquerda), você pode ver que, na extremidade inferior da escala dos traços de insensibilidade, há uma ligeira relação positiva entre jogar *videogames* e agressividade (ao aumentar o tempo de jogo, aumenta a agressividade). No limite superior da escala dos traços de insensibilidade, vemos uma relação muito semelhante entre o tempo jogando *videogames* e a agressividade (o topo e o fundo do plano de regressão estão inclinados no mesmo ângulo). O mesmo também é verdade para o meio da escala dos traços de insensibilidade. Esse é um caso sem interação ou sem moderação.

A Figura 11.4 (à direita) apresenta moderação: em valores baixos dos traços de insensibilidade, a superfície inclina para baixo, indicando uma relação ligeiramente negativa entre jogar *videogame* e agressividade; porém, no extremo superior dos traços de insensibilidade, a superfície inclina para cima, indicando uma forte relação positiva entre os jogos e a agressividade. No ponto médio da escala dos traços de insensibilidade, a relação entre jogos de *videogame* e a agressividade é relativamente plana. Então, à medida que nos movemos ao longo da variável dos traços de insensibilidade, a relação entre jogos e agressividade muda de levemente negativo para neutro para fortemente positivo. Nós podemos dizer que o relacionamento entre jogar *videogames* violentos e a agressividade é moderada pelos traços de insensibilidade.

11.3.2 O modelo estatístico ▌▌▌▌

Agora que sabemos o que é moderação conceitualmente, vamos ver como testamos a moderação em um modelo estatístico. A Figura 11.5 mostra o modelo estatístico: previmos a variável de resultado a partir da variável previsora, o moderador proposto e a interação dos dois. É o efeito

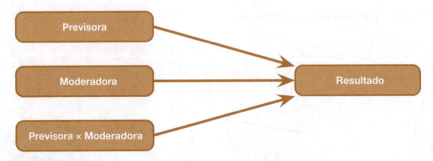

Figura 11.5 Diagrama de um modelo *estatístico* de moderação.

de interação que nos diz se a moderação ocorreu,[3] mas *devemos incluir a previsora e a moderadora para que o termo de interação seja válido*. Essa parte é muito importante. No nosso exemplo, então, estamos olhando para um ajuste do modelo linear que preveja a agressividade (a variável de resultado) a partir do tempo jogando *videogames*, dos traço des insensibilidade e de sua interação.

Já encontramos a forma geral do modelo linear várias vezes. A equação seguinte está aqui para refrescar sua memória (mas, se for uma informação completamente nova para você, leia o Capítulo 9 antes de continuar):

$$\text{resultado}_i = \text{modelo} + \text{erro}_i \qquad (11.1)$$

$$Y_i = (b_0 + b_1 X_{1i} + b_2 X_{2i} + \ldots + b_n X_{ni}) + \varepsilon_i$$

Substituindo os Xs pelos nomes de nossas variáveis previsoras e o Y pela nossa variável de resultado, o modelo linear fica:

$$\text{agressividade}_i = (b_0 + b_1 \text{videogames}_i + b_2 \text{insensibilidade}_i) + \varepsilon_i \qquad (11.2)$$

Para testar a moderação, precisamos considerar a interação entre *videogames* e os traços de insensibilidade. Vimos anteriormente que, para adicionar variáveis a um modelo linear, nós literalmente apenas as adicionamos e atribuímos a elas um parâmetro (b). Portanto, se temos duas previsoras rotuladas de A e B, um modelo para testar a moderação seria expresso como:

$$Y_i = (b_0 + b_1 A_i + b_2 B_i + b_3 AB_i) + \varepsilon_i \qquad (11.3)$$

Se substituirmos o A e B pelos nomes das variáveis para este exemplo específico, podemos expressar o modelo como:

$$\text{agressividade}_i = (b_0 + b_1 \text{videogames}_i + b_2 \text{insensibilidade}_i + b_3 \text{interação}_i) + \varepsilon_i \qquad (11.4)$$

11.3.3 Variáveis centradas ▮▮▮▮

Quando um termo de interação é incluído no modelo, os parâmetros b têm um significado específico: para as previsoras individuais, eles representam a regressão da variável de resultado naquela previsora quando a outra previsora é zero. Assim, na Equação 11.4, b_1 representa o relacionamento entre agressividade e jogar *videogames* quando os traços de insensibilidade são zero, e b_2 representa entre agressividade e os traços de insensibilidade quando alguém passa zero horas jogando

---

[3] O termo "moderação" implica que a moderadora *altera* o relacionamento entre as outras duas variáveis. Um efeito de interação significativo não serve de justificativa para fazer esse pressuposto causal, ele meramente mostra que duas variáveis têm um efeito combinado na variável de resultado. Portanto, embora as interações sejam usadas para testar a moderação, elas não são a mesma coisa (Hall e Sammons, 2014).

videogames por semana. Essa interpretação não é problemática porque zero é um escore significativo para ambas previsoras: é plausível que uma criança não jogue *videogames* e que uma criança receba uma pontuação de 0 no contínuo dos traços de insensibilidade. Contudo, muitas vezes há situações em que não faz sentido para uma previsora ter um escore de zero. Imagine que, em vez de medir o quanto uma criança joga *videogames* violentos, medimos sua frequência cardíaca enquanto joga como um indicador de sua reatividade fisiológica:

$$\text{agressividade}_i = (b_0 + b_1\text{frequência cardíaca}_i + b_2\text{insensibilidade}_i + b_3\text{interação}_i) + \varepsilon_i \qquad (11.5)$$

Nesse modelo, b_2 é a regressão da agressividade sobre os traços de insensibilidade quando alguém tem uma frequência cardíaca de zero durante os jogos. Esse b não faz sentido a menos que tenhamos interesse em saber algo sobre a relação entre os traços de insensibilidade e a agressividade em jovens que morrem (e, portanto, têm uma frequência cardíaca de zero) enquanto jogam. É justo dizer que, se os *videogames* matassem os jogadores, teríamos mais com o que nos preocupar do que com o fato de eles desenvolverem agressividade ou não. O ponto a ser destacado é que a presença do termo de interação torna os *b*s das principais previsoras não interpretáveis em muitas situações.

Por esse motivo, é comum transformar os previsores usando uma **centragem pela média geral**. "*Centragem*" se refere ao processo de transformar uma variável em desvios em torno de um ponto fixo. O ponto fixo pode ser qualquer valor que você escolher, mas normalmente é a média geral. Quando calculamos os escores-*z* no Capítulo 1, usamos a centragem pela média geral, porque a primeira etapa foi pegar cada escore e subtrair dele a média de todos os escores. Isso é centragem pela média geral. Como os escores-*z*, os escores subsequentes são centrados em zero, mas, diferentemente dos escores-*z*, não estamos preocupados em expressar os escores centrados como desvios-padrão.[4] Portanto, a centragem pela média geral, para uma determinada variável, é alcançada pegando cada escore e subtraindo dele a média de todos os escores (daquela variável).

Centrar os previsores não tem efeito sobre o b de uma previsora de ordem superior, mas afetará os *b*s para as previsoras de ordem inferior. A *ordem* refere-se ao número de variáveis que estão envolvidas: a interação entre jogar *videogames* e os traços de insensibilidade é um efeito de ordem superior a apenas jogar *videogames*, porque envolve duas variáveis em vez de uma. Em nosso modelo (Equação 11.4), se centralizarmos os previsores, não haverá efeito sobre b_3 (a estimativa do parâmetro da interação), mas iremos alterar os valores de b_1 e b_2 (as estimativas dos parâmetros dos *videogames* e dos traços de insensibilidade). Se não centrarmos as variáveis *videogames* e *traços de insensibilidade*, os *b*s representarão o efeito do previsor quando o outro previsor é zero. No entanto, se centrarmos essas variáveis, os *b*s representarão o efeito do previsor quando o outro previsor estiver em seu valor médio. Por exemplo, b_2 representaria a relação entre a agressividade e os traços de insensibilidade para alguém que passa o número médio de horas jogando *videogames* por semana.

A centragem é importante quando o seu modelo contém um termo de interação, porque ele torna interpretáveis os *b*s para efeitos de baixa ordem. Há boas razões para não se preocupar com os efeitos de baixa ordem quando a interação de alta ordem envolvendo os efeitos é significativa; por exemplo, se a interação *videogames* × traços de insensibilidade for significativa, não estará claro por que estaríamos interessados nos efeitos individuais de jogar *videogames* e dos traços de insensibilidade. Entretanto, quando a interação não for significativa, a centragem deixa mais fácil a interpretação dos efeitos principais. Com variáveis centradas, os *b*s para os previsores individuais têm duas interpretações: (1) eles são o efeito de seus previsores quando tiverem o valor médio da amostra; e (2) eles são o efeito médio do previsor considerando a gama de escores dos outros previsores. Para explicar essa segunda interpretação, imagine que selecionamos todos os escores dos participantes que não passaram horas jogando, estimamos o modelo linear entre a agressividade e

---

[4]Lembre-se de que, com os escores-*z*, vamos além e dividimos os escores centrados pelo desvio-padrão da variável original, que muda a unidade de medida para desvios-padrão. Você pode fazer isso se quiser comparar os *b*s com as previsoras dentro de um modelo, mas lembre-se de que *b* representa a mudança na variável de resultado associada à mudança de *1 desvio-padrão* na previsora.

os traços de insensibilidade e anotamos o *b*. Então, selecionamos todos os que jogaram por 1 hora e fazemos o mesmo; depois repetimos para todos os que jogaram por 2 horas semanais. Continuamos fazendo isso até que tenhamos estimado modelos lineares para cada valor diferente de horas de jogo. Temos muitos *b*s, cada um representando uma relação entre os traços de insensibilidade e a agressividade para diferentes quantidades de horas de jogo. Se calcularmos a média desses *b*s, obteremos o mesmo valor do *b* para os traços de insensibilidade (centrado) quando os utilizamos como previsor com as horas de jogo (centrada) e sua interação.

A ferramenta *PROCESS* faz a centragem por nós, assim não precisamos nos preocupar com o modo como ela é feita; no entanto pelo fato de que a centragem é útil em outras análises, Oliver Twist tem um material extra que mostra como fazê-la manualmente para este exemplo.

11.3.4 Criando variáveis de interação ▌▌▌▌

A Equação 11.4 contém uma variável chamada "Interação", mas o arquivo de dados não. Você perguntaria como se insere uma variável no modelo que não existe nos dados. Você a cria, e é mais fácil do que você imagina. Matematicamente falando, quando olhamos para o efeito combinado de duas variáveis (uma interação), estamos literalmente olhando para o efeito multiplicado das duas variáveis. A variável de interação, em nosso exemplo, seria os escores das horas de jogo multiplicados pelos escores dos traços de insensibilidade. É por isso que as interações são indicadas como *variable 1 × variable 2* (variável 1 × variável 2). A ferramenta *PROCESS* cria a variável de interação para você, mas a seção Teste seus Conhecimentos fornece um treino para fazer isso manualmente (para futuras referências).

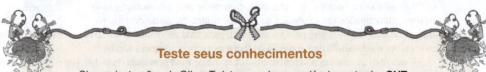

Teste seus conhecimentos

Siga as instruções de Oliver Twist para criar as variáveis centradas **CUT_Centred** *e* **Vid_Centred**. *Então, use o comando* compute *para criar uma nova variável chamada* **Interaction**, *que é* **CUT_Centred** *multiplicado por* **Vid_Centred**, *no arquivo* **VideoGames.sav**.

Oliver Twist
Por favor, senhor, quero um pouco mais de... centragem

"Coragem", balbucia Oliver, tropeçando bêbado na saída do empório de bebidas alcoólicas da Sra. Moonshine. "Eu preciso de coragem." "Eu acho que você quer dizer *centragem*, Oliver, não coragem." Se você quiser saber como centrar suas variáveis usando o SPSS, vá corajosamente – e, talvez, embriagadamente – até o *site* do livro.

11.3.5 Acompanhando um efeito de interação ▮▮▮▮

Se o efeito de moderação for significativo, precisaremos interpretá-lo. Em nosso exemplo, estamos prevendo que o moderador (traços de insensibilidade) influencia a relação entre jogar *videogames* violentos e a agressividade. Se a interação dos traços de insensibilidade e das horas de jogo for um previsor significativo da agressividade, saberemos que temos um efeito significativo de moderação, mas não saberemos a natureza do efeito. Pode ser que as horas de jogo sempre tenham uma relação positiva com a agressividade, mas também que a relação fique mais forte à medida que uma pessoa tenha mais traços de insensibilidade. Alternativamente, talvez as horas de jogo *reduzam* a agressividade em pessoas com traços de insensibilidade baixos, mas *aumentem* a agressividade nos casos de traços de insensibilidade altos (i.e., a relação se inverte). Para descobrir o que está acontecendo, precisamos fazer uma **análise de inclinação simples** (Aiken e West, 1991; Rogosa, 1981).

A ideia por trás da análise de inclinação simples não é diferente da que foi ilustrada na Figura 11.4. Ao descrever essa figura, falei sobre comparar o relacionamento entre a previsora (horas de jogo) e a variável de resultado (agressividade) em níveis baixos e altos da moderadora (traços de insensibilidade). Por exemplo, na Figura 11.4 (à direita), vimos que as horas de jogo e a agressividade tiveram uma relação levemente negativa em níveis baixos de traços de insensibilidade, mas uma relação positiva em níveis altos de traços de insensibilidade. Essa é a essência da análise de inclinações simples: elaboramos as equações do modelo para as variáveis previsora e de resultado em diferentes níveis da moderadora: baixos, médios e altos. Os níveis "alto" e "baixo" podem ser qualquer coisa que você quiser, mas o *PROCESS* usa 1 desvio-padrão acima e abaixo da média da moderadora. Portanto, em nosso exemplo, obteríamos o modelo linear de agressividade previsto com base nas horas de jogo em relação à média dos traços de insensibilidade, em relação a 1 desvio-padrão acima da média dos traços de insensibilidade e em relação a um desvio-padrão abaixo da média dos traços de insensibilidade. Nós comparamos essas inclinações em relação à sua significância e ao valor e direção do *b* para ver se a relação entre as horas de jogo e a agressividade muda entre diferentes níveis dos traços de insensibilidade.

Uma abordagem similar é observar como a relação entre a variável previsora e a de resultado muda em vários valores diferentes da moderadora (não apenas para valores altos, baixos e médios). O *PROCESS* implementa essa abordagem com base em Johnson e Neyman (1936). Essencialmente, ele estima o modelo incluindo apenas a variável previsora e a de resultado em muitos valores diferentes da moderadora. Para cada modelo, ele calcula a significância do *b* para a previsora de forma que você possa ver para quais valores da moderadora a relação entre a previsora e a de resultado é significativa. Ele retorna uma "zona de significância",[5] que consiste em dois valores da moderadora. Normalmente, entre esses dois valores da moderadora, a previsora não prevê significativamente a variável de resultado, enquanto abaixo do valor mais baixo e acima do valor mais alto da moderadora a variável previsora prevê significativamente a variável de resultado.

11.3.6 Análise de moderação usando o SPSS ▮▮▮▮

Considerando que a moderação é demonstrada por intermédio de uma interação significativa entre a previsora e a moderadora em um modelo linear, podemos seguir o procedimento geral do Capítulo 9 (Figura 9.10).

Primeiro centralizaríamos a previsora e a moderadora e, então, criaríamos o termo de interação como discutido anteriormente; em seguida, executaríamos uma regressão de entrada forçada com a previsora e a moderadora centralizadas e a interação das duas variáveis centralizadas como previsoras. A vantagem dessa abordagem é que podemos inspecionar as fontes de viés no modelo.

---

[5] Eu preciso cuidar para não confundir isso com minha esposa, que é a Zoë da significância.

Teste seus conhecimentos

*Presumindo que você fez a seção Teste seus conhecimentos anterior, ajuste um modelo linear prevendo **Aggress** a partir de **Cut_Centred**, **Vid_Centred** e **Interaction**.*

Usar a ferrramenta *PROCESS* tem várias vantagens em comparação a usar o *menu* de regressão normal do SPSS: (1) ela centraliza as previsoras por nós; (2) calcula o termo de interação automaticamente; e (3) produz uma análise das inclinações simples. Para acessar as caixas de diálogo exibidas na Figura 11.6, selecione *Analyze* ▶ *Regression* ▶ PROCESS, by Andrew F. Hayes (http://www.afhayes.com)[6] (analisar ▶ regressão ▶ PROCESS). Arraste (ou clique em ⇨) a variável de resultado (**Aggress**) da caixa *Data Files Variables* (variáveis do arquivo de dados) para a caixa *Outcome Variable* (*Y*) (variável de resultado [*Y*]). Da mesma forma, arraste a variável previsora (**Vid_Game**) para a caixa *Independent Variable* (*X*) (variável independente [*X*]). Finalmente, arraste a variável moderadora (**CaUnTs**) para a caixa *M Variable(s)* (variável[eis] M) que é onde você especifica as moderadoras (é possível ter mais de uma).

O *PROCESS* pode testar 74 tipos diferentes de modelos, e esses modelos estão listados na caixa suspensa *Model Number* (número do modelo).[7] O modelo padrão é o 4 (mediação, que veremos a seguir); então ative a lista suspensa e selecione `1 ▼`, que é um modelo de moderação simples. O resto das opções dessa caixa de diálogo é para modelos diferentes do de moderação simples, por isso vamos ignorá-los.

Clicar em `Options...` ativa uma caixa de diálogo contendo quatro opções úteis para a moderação. Selecionar (1) *Mean center for construction of products* (centragem pela média para a construção dos produtos) centraliza a previsora e a moderadora para você; (2) *Heteroscedasticity-consistent inference* (inferência heteroscedástica-consistente) remove a necessidade de se preocupar com a hipótese de heterocedasticidade; (3) *OLS/ML confidence intervals* (intervalos de confiança OLS/ML) produz intervalos de confiança para o modelo, e enfatizei a importância deles muitas vezes; e (4) *Generate data for plotting* (gerar dados para representação gráfica) é útil para interpretar e visualizar a análise das inclinações simples. Falando de inclinações simples, clique em `Conditioning` (condicionamento) para opções relacionadas a esssa análise. É possível alterar se você quer inclinações simples em ± 1 desvio-padrão da média da moderadora (o padrão, que é bom) ou em percentis (o *PROCESS* usa os percentis 10, 25, 50, 75 e 90). Selecione o método *Johnson-Neyman* para obter uma zona de significância para a moderadora

Clicar em `Multicategorical` (multicategórica) abre uma caixa de diálogo onde você pode especificar contrastes para a previsora (*X*) ou a moderadora (*M*) se essa variável for categórica com mais de duas categorias. Há um indicador-padrão ou código de referência (seção 11.5.1), bem como alguns outros (incluindo a codificação de Helmert, que vimos na seção 12.4.4). Clique em `Long names` (nomes longos) para abrir uma caixa de diálogo com uma caixa de seleção para pedir ao *PROCESS* para truncar os nomes das variáveis. Essa opção está aqui porque o *PROCESS* trabalha apenas com nomes de variáveis com 8 caracteres ou menos; por isso, se você tiver nomes de variáveis mais longos do que isso, a ferramenta não funcionará. Uma solução é usar essa opção para truncar os nomes das variáveis existentes, mas você precisa ter cuidado para não acabar com múltiplas variáveis com os mesmos nomes (Dica do SPSS 11.1). Para ser prudente, eu simplesmente uso nomes de variáveis de até 8 caracteres e deixo essa opção desmarcada. De volta à caixa de diálogo principal, clique em `OK` para executar a análise.

---

[6]Se o menu não estiver lá, veja a seção 4.13.1.
[7]Os detalhes dos modelos estão no arquivo **templates.pdf**, que é baixado com a ferramenta *PROCESS* em Hayes (2018).

Capítulo 11 • Moderação, mediação e previsores multicategóricos 491

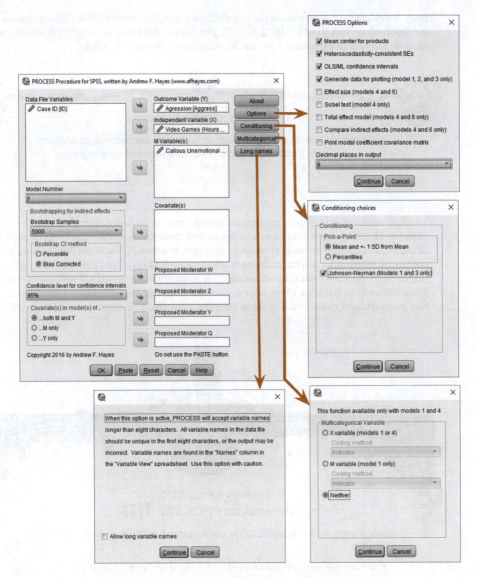

Figura 11.6 Caixas de diálogo para executar a análise de moderação.

11.3.7 Saída para análise de moderação

A saída aparece em forma de texto em vez de formatada em tabelas. Não deixe que essa formatação atrapalhe você. Se sua saída parecer estranha ou contiver avisos, ou tiver muitos zeros, pode valer a pena verificar as variáveis que você inseriu no *PROCESS* (Dica do SPSS 11.1). Presumindo que tudo tenha ocorrido sem problemas, você deve ver a Saída 11.1, que é a análise da moderação principal. Essa saída é mesma da tabela de coeficientes que vimos no Capítulo 9. O valor-*b* de cada previsor, os erros-padrão associados (que foram ajustados para a heterocedasticidade porque pedimos que fossem). Cada *b* é comparado a zero usando um teste-*t*, que é calculado a partir do beta dividido pelo seu erro-padrão. O intervalo de confiança para o *b* também é produzido (porque pedimos isso). A moderação é demonstrada por um efeito de interação significativo, e é isso que temos aqui, $b = 0,027$, IC de 95% [0,013, 0,041], $t = 3,71$, $p = 0,0002$, indicando que o relacionamento entre as horas de jogo e a agressividade é moderado, pelos traços de insensibilidade.

Teste seus conhecimentos

Supondo que você realizou a seção Teste seus conhecimentos anterior, compare a tabela dos coeficientes que você obteve com os da Saída 11.1.

Para interpretar o efeito da moderação, examinamos as inclinações simples, que são exibidas na Saída 11.2. Ela nos mostra os resultados de três modelos: o modelo das horas de jogo como uma previsora da agressividade (1) quando os traços de insensibilidade são baixos (para ser mais preciso, quando o valor dos traços de insensibilidade é $-9,6177$); (2) na média dos traços de insensibilidade (porque nós centralizamos os traços de insensibilidade no seu valor médio, que é 0, conforme indicado na Saída); e (3) quando o valor dos traços de insensibilidade é $9,6177$ (i.e., alto). Nós interpretamos esses modelos como faríamos com qualquer outro modelo linear, olhando o

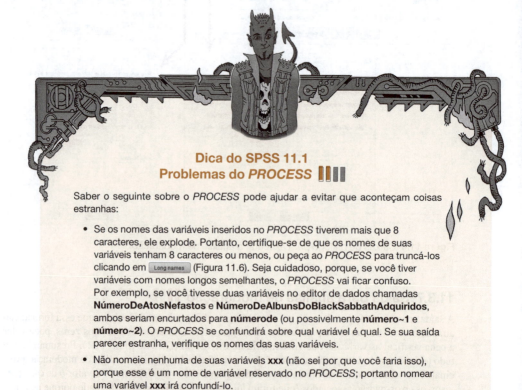

Dica do SPSS 11.1
Problemas do *PROCESS*

Saber o seguinte sobre o *PROCESS* pode ajudar a evitar que aconteçam coisas estranhas:

- Se os nomes das variáveis inseridos no *PROCESS* tiverem mais que 8 caracteres, ele explode. Portanto, certifique-se de que os nomes de suas variáveis tenham 8 caracteres ou menos, ou peça ao *PROCESS* para truncá-los clicando em [Long names] (Figura 11.6). Seja cuidadoso, porque, se você tiver variáveis com nomes longos semelhantes, o *PROCESS* vai ficar confuso. Por exemplo, se você tivesse duas variáveis no editor de dados chamadas **NúmeroDeAtosNefastos** e **NúmeroDeAlbunsDoBlackSabbathAdquiridos**, ambos seriam encurtados para **númerode** (ou possivelmente **número~1** e **número~2**). O *PROCESS* se confundirá sobre qual variável é qual. Se sua saída parecer estranha, verifique os nomes das suas variáveis.

- Não nomeie nenhuma de suas variáveis **xxx** (não sei por que você faria isso), porque esse é um nome de variável reservado no *PROCESS*; portanto nomear uma variável **xxx** irá confundí-lo.

- O *PROCESS* também pode ser confundido por variáveis de texto; portanto utilize apenas variáveis numéricas.

valor-*b* (chamado *Effect* [efeito] na saída) e sua significância. Podemos interpretar os três modelos da seguinte maneira:

1. Quando os traços de insensibilidade são baixos, há um relacionamento negativo, não significativo, entre horas jogando *videogames* violentos e agressividade, $b = 0{,}091$, IC de 95% [−0,299, 0,117], $t = -0{,}86$, $p = 0{,}392$.
2. No valor médio dos traços de insensibilidade, há um relacionamento positivo, significativo, entre horas jogando *videogames* violentos e agressividade, $b = 0{,}170$, IC de 95% [−0,020, 0,319], $t = 2{,}23$, $p = 0{,}026$.
3. Quando os traços de insensibilidade são altos, há um relacionamento significativo positivo entre horas jogando *videogames* violentos e a agressividade, $b = 0{,}430$, IC de 95% [0,231, 0,628], $t = 4{,}26$, $p = 0{,}001$.

Esses resultados nos dizem que o relacionamento entre o número de horas jogando *videogames* violentos e a agressividade somente emerge, realmente, em pessoas com níveis médios ou maiores de traços de insensibilidade.

A Saída 11.3 mostra os resultados do método de Johnson-Neyman. Primeiro, somos informados de que os limites da zona de significância são −17,1002 e −0,7232. Esses são os valores da versão centralizada da variável de traços de insensibilidade e definem regiões dentro das quais o relacionamento entre as horas de jogo e a agressividade é significativa. A tabela que vem abaixo fornece uma análise detalhada dessas regiões. Essencialmente, é uma análise das inclinações simples: para cada valor diferente dos traços de insensibilidade, é calculado o *b* (*Effect*) e sua significância para o relacionamento entre as horas de jogo e a agressividade. Eu solicitei que a saída mostrasse os limites da zona de significância. Se você observar a coluna *p*, pode ver que iniciamos com um relacionamento negativo significativo entre as horas de jogo e a agressividade $b = -0{,}334$,

```
**************************************************************

Model   = 1
    Y = Aggress
    X = Vid_Game
    M = CaUnTs

Sample size
        442

**************************************************************

Outcome: Aggress

Model Summary
          R       R-sq        MSE          F        df1        df2          p
      .6142      .3773    99.5266    90.5311     3.0000   438.0000      .0000

Model
               coeff         se          t          p       LLCI       ULCI
constant     39.9671      .4750    84.1365      .0000    39.0335    40.9007
CaUnTs         .7601      .0466    16.3042      .0000      .6685      .8517
Vid_Game       .1696      .0759     2.2343      .0260      .0204      .3188
int_1          .0271      .0073     3.7051      .0002      .0127      .0414


Interactions:

    int_1    Vid_Game    X    CaUnTs
```

Saída 11.1

```
Conditional effect of X on Y at values of the moderator(s):

   CaUnTs    Effect        se         t         p      LLCI      ULCI
  -9.6177    -.0907     .1058     -.8568     .3920    -.2986     .1173
    .0000     .1696     .0759    2.2343     .0260     .0204     .3188
   9.6177     .4299     .1010    4.2562     .0000     .2314     .6284
```

Values for quantitative moderators are the mean and plus/minus one SD from mean.

Values for dichotomous moderators are the two values of the moderator.

Saída 11.2

IC de 95% [−0,645, −0,022], $t = -2,10$, $p = 0,036$. À medida que avançamos para o próximo valor dos traços de insensibilidade (−17,1002), o relacionamento ainda é significativo, ($p = 0,0500$), mas, no próximo valor, ele se torna não significativo ($p = 0,058$). Portanto, o limiar da significância termina em −17,1002 (que foi informado no topo da saída). À medida que aumentamos o valor dos traços de insensibilidade, a relação entre as horas de jogo e a agressividade permanece não significativa até que o valor dos traços de insensibilidade seja −0,723, ponto em que atravessa o limiar da significância novamente. Para todos os valores subsequentes dos traços de insensibilidade, a relação é significativa. Olhando para os valores-b em si (na coluna *Effect*), também podemos ver que, quando os traços de insensibilidade aumentam, a força da relação vai de um efeito negativo pequeno ($b = -0,334$) para um efeito positivo forte ($b = 0,830$).

A maneira final de desmembrar a interação é representá-la graficamente. Na Figura 11.6, pedimos ao *PROCESS* para gerar dados para um diagrama, e esses dados estão na parte inferior da saída (ver Figura 11.7). Foram produzidos os valores das variáveis **Vid_Game** (−6,9622, 0, 6,9622) e **CaUnTs** (−9,6177, 0, 9,6177). Esses valores não são importantes em si, mas correspondem a valores baixos, médios e altos da variável. A coluna final contém os valores previstos da variável de resultado (agressividade) para essas combinações dos previsores. Por exemplo, quando **Vid_Game** e **CaUnTs** forem ambos baixos (−6,9622 e −9,6177, respectivamente), o valor previsto da agressividade será 33,2879; quando ambas as variáveis estiverem em sua média (0 e 0), o valor previsto da agressividade será 39,9671, e assim por diante. Para criar o gráfico, coloque esses valores no editor de dados. Em uma janela do editor de dados em branco, crie variáveis codificadoras que representem baixo, médio e alto (use os códigos que preferir). Em seguida, insira todas as combinações desses códigos. Por exemplo, na Figura 11.7, eu criei variáveis chamadas **Games** e **CaUnTs**, ambas são variáveis codificadoras (1 = baixo, 2 = médio, 3 = alto), então insira as combinações desses códigos que correspondem à saída do *PROCESS* (baixo-baixo, médio-baixo, alto-baixo, etc.) e, em seguida, digite os valores previstos correspondentes da saída do *PROCESS*. Com sorte será possível ver, na Figura 11.7, como a saída do *PROCESS* corresponde ao novo arquivo de dados. Se você não sabe como criar o arquivo sozinho, use o **VideoGame Graph.sav**. Após transferir a saída para um arquivo de dados, podemos criar um gráfico de linha usando o que aprendemos no Capítulo 5.

Teste seus conhecimentos

*Crie um gráfico de múltiplas linhas de **Aggress** (eixo y) em relação a **Games** (eixo x) com diferentes linhas coloridas para os diferentes valores de **CaUnTs**.*

```
*********************** JOHNSON-NEYMAN TECHNIQUE ***************************
Moderator value(s) defining Johnson-Neyman significance region(s):
     Value      % below    % above
   -17.1002     1.3575     98.6425
     -.7232    48.8688     51.1312

Conditional effect of X on Y at values of the moderator (M)
   CaUnTs       Effect       se         t          p         LLCI       ULCI
  -18.5950      -.3336      .1587    -2.1027      .0361     -.6454     -.0218   ┐
  -17.1002      -.2931      .1492    -1.9654      .0500     -.5863      .0000   ┘ Significativo
  -16.4450      -.2754      .1451    -1.8987      .0583     -.5605      .0097   ┐
  -14.2950      -.2172      .1319    -1.6467      .1003     -.4765      .0420
  -12.1450      -.1590      .1194    -1.3319      .1836     -.3937      .0756
   -9.9950      -.1009      .1077     -.9361      .3497     -.3126      .1109     Não
   -7.8450      -.0427      .0972     -.4390      .6609     -.2338      .1484     significativo
   -5.6950       .0155      .0882      .1757      .8606     -.1579      .1889
   -3.5450       .0737      .0813      .9059      .3655     -.0862      .2336
   -1.3950       .1319      .0771     1.7111      .0878     -.0196      .2833   ┘
    -.7232       .1501      .0763     1.9654      .0500      .0000      .3001   ┐
     .7550       .1901      .0759     2.5053      .0126      .0410      .3392
    2.9050       .2482      .0779     3.1878      .0015      .0952      .4013
    5.0550       .3064      .0829     3.6980      .0002      .1436      .4693
    7.2050       .3646      .0903     4.0360      .0001      .1871      .5422
    9.3550       .4228      .0997     4.2386      .0000      .2267      .6188
   11.5050       .4810      .1106     4.3490      .0000      .2636      .6983     Significativo
   13.6550       .5392      .1225     4.4013      .0000      .2984      .7799
   15.8050       .5973      .1352     4.4188      .0000      .3317      .8630
   17.9550       .6555      .1484     4.4160      .0000      .3638      .9473
   20.1050       .7137      .1621     4.4017      .0000      .3950     1.0324
   22.2550       .7719      .1762     4.3814      .0000      .4256     1.1181
   24.4050       .8301      .1905     4.3580      .0000      .4557     1.2044   ┘
*****************************************************************************
```

Saída 11.3

O diagrama da seção Teste seus conhecimentos (Figura 11.8) mostra o que descobrimos na análise de inclinação simples. Quando os traços de insensibilidade são baixos (linha preta), há uma relação negativa não significativa entre as horas de jogo e a agressividade; quando usamos a média dos traços de insensibilidade (linha laranja), há uma relação positiva pequena entre as horas de jogo e a agressividade; e essa relação fica ainda mais forte nos níveis altos de traços de insensibilidade (linha cinza).

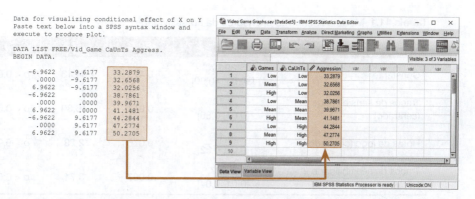

Figura 11.7 Inserindo os dados para representar graficamente inclinações simples.

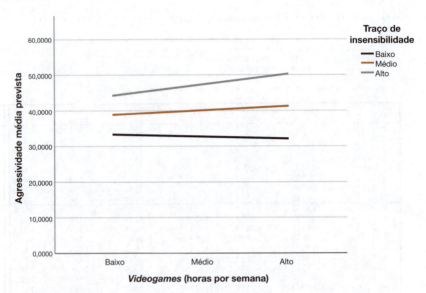

Figura 11.8 Equações de inclinações simples da regressão da agressividade em *videogames* em três níveis de traços de insensibilidade.

Agora crie um gráfico de linhas múltiplas de **Aggress** (eixo y) em relação a **CaUnTs** (eixo x) com linhas de cores diferentes para valores diferentes de **Games**.

11.3.8 Relatando a análise de moderação

A moderação pode ser relatada da mesma forma descrita na seção 9.13. Minha preferência pessoal seria produzir uma tabela como a 11.1.

Tabela 11.1 Modelo linear dos previsores da agressividade

	b	EP B	t	p
Constante	39,97 [39,03, 40,90]	0,475	84,13	p < 0,001
Traços de sensibilidade (centrado)	0,76 [0,67, 0,85]	0,047	16,30	p < 0,001
Horas de jogo (centrado)	0,17 [0,02, 0,32]	0,076	2,23	p = 0,026
Traços de sensibilidade × Horas de jogo	0,027 [0,01, 0,04]	0,007	3,71	p < 0,001

Nota. $R^2 = 0,38$.

> **Dicas da Ana Apressada**
> **Moderação**
>
> - A moderação ocorre quando um relacionamento entre duas variáveis muda em função de uma terceira variável. Por exemplo, o relacionamento entre assistir a filmes de terror e sentir-se assustado na hora de dormir aumenta em função de quão vívida é a imaginação de uma pessoa.
> - A moderação é testada usando um modelo linear no qual a variável de resultado (medo na hora de dormir) é prevista a partir de um previsor (quantos filmes de terror são vistos), uma moderadora (imaginação) e a interação das variáveis previsoras.
> - Os previsores devem ser centralizados antes da análise.
> - A interação entre duas variáveis é o produto de seus escores.
> - Se a interação for significativa, o efeito da moderação também será significativo.
> - Se for encontrada moderação, prossiga com uma análise de inclinação simples, que observa o relacionamento entre a variável previsora e a de resultado nos níveis baixo, médio e alto da moderadora.

11.4 Mediação

11.4.1 O modelo conceitual

Enquanto a moderação alude ao efeito combinado de duas variáveis em uma variável de resultado, a **mediação** refere-se a uma situação em que a relação entre uma variável previsora e uma variável de resultado pode ser explicada por seu relacionamento com uma terceira variável (a **mediadora**). A parte superior da Figura 11.9 mostra um relacionamento entre uma variável previsora e uma de resultado (denotado por c). A parte inferior da figura mostra que essas variáveis também estão relacionadas a uma terceira variável de maneiras específicas: (1) a previsora também prevê a

mediadora por meio do caminho representado por a; (2) a mediadora prevê a variável de resultado pelo caminho representado por b. O relacionamento entre a variável previsora e a de resultado provavelmente será diferente quando a mediadora também estiver incluída no modelo e, assim, será representada por c'. As letras de cada caminho (a, b, c e c') representam o coeficiente de regressão não padronizado entre as variáveis conectadas pela seta; portanto, eles simbolizam a força do relacionamento entre as variáveis. A mediação ocorreu se a força da relação entre a variável previsora e a variável de resultado for reduzida ao incluir a mediadora (i.e., se o valor-b para c' for menor do que para c). A mediação perfeita ocorre quando c' é zero: o relacionamento entre a previsora e a variável de resultado é completamente eliminado ao se incluir a mediadora no modelo.

Essa descrição é um pouco abstrata, então vamos usar um exemplo. Minha esposa e eu muitas vezes nos perguntamos quais fatores são importantes para fazer um relacionamento durar. De minha parte, eu realmente não entendo por que ela estaria com um careca fã de *rock* pesado que tem uma enorme coleção de vinis e de instrumentos musicais e um amor doentio por *Doctor Who* e números. É importante que eu reúna a maior quantidade possível de informação sobre o que a faz feliz porque as chances estão acumuladas contra mim. Pela parte dela, não faço ideia de por que ela se faria uma pergunta dessas: sua simples existência me faz feliz. Talvez, se você estiver em um relacionamento, já tenha se perguntado o que fazer para que ele também dure.

Durante nossas viagens cibernéticas, a Sra. Field e eu descobrimos que a atração física (McNulty, Neff e Karney, 2008), a conscienciosidade e o neuroticismo (bom para nós) preveem a satisfação conjugal (Claxton, O'Rourke, Smith e Delongis, 2012). O uso de pornografia provavelmente não: ele está relacionado à infidelidade (Lambert, Negash, Stillman, Olmstead e Fincham, 2012). A mediação tem realmente tudo a ver com as variáveis que explicam relacionamentos como esses: é improvável que todos que vejam alguma pornografia de repente saiam de casa para "ter um caso" – presumivelmente, o consumo de pornografia leva a algum tipo de mudança emocional ou cognitiva que enfraquece a cola do amor que nos une aos nossos parceiros. Lambert e colaboradores testaram essa hipótese. A Figura 11.10 mostra o modelo mediador: a relação inicial está entre o consumo de pornografia (variável previsora) e a infidelidade (variável de resultado), e eles pressupuseram que esse relacionamento era mediado pelo comprometimento (variável mediadora). Esse modelo sugere que a relação entre o consumo de pornografia e a infidelidade não é um efeito direto, mas opera por meio de uma redução no compromisso do relacionamento. Para que essa hipótese seja verdadeira: (1) o consumo da pornografia deve prever a infidelidade em primeiro lugar (caminho c'); (2) o consumo de pornografia deve prever o compromisso no relacionamento (caminho a); (3) o compromisso no relacionamento deve prever a infidelidade (caminho b); e (4) a relação entre o consumo de pornografia e a infidelidade deve ser menor quando o compromisso no relacionamento for incluído no modelo do que quando não for incluído. Podemos distinguir entre o **efeito direto** do consumo de pornografia na infidelidade, que é o relacionamento entre eles controlando o compromisso no relacionamento, e o **efeito indireto**, que é o efeito do consumo da pornografia na infidelidade passando pelo compromisso no relacionamento (Figura 11.10).

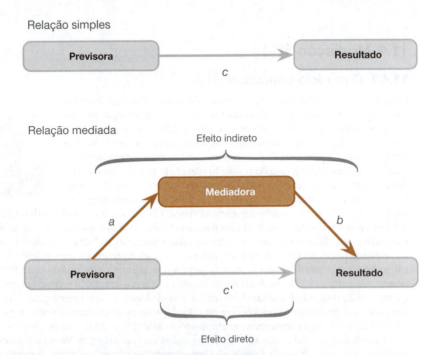

Figura 11.9 Diagrama de um modelo de mediação básico.

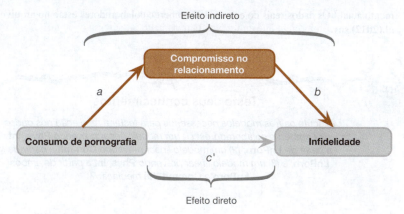

Figura 11.10 Diagrama de um modelo de mediação de Lambert e colaboradores (2012).

11.4.2 O modelo estatístico ▮▮▮▮

Ao contrário da moderação, o modelo estatístico de mediação é basicamente o mesmo do modelo conceitual: ele está caracterizado na Figura 11.9. Historicamente, esse modelo foi testado utilizando uma série de modelos lineares que refletem as quatro condições necessárias para mostrar a mediação (Baron e Kenny, 1986). Já mencionei que as letras dos caminhos entre variáveis na Figura 11.9 representam os valores-b não padronizados das relações entre as variáveis, que são representadas pelos caminhos. Portanto, para estimar qualquer um desses caminhos, precisamos saber o b não padronizado das duas variáveis envolvidas. Por exemplo, Baron e Kenny sugeriram que a mediação seja testada por meio de três modelos lineares (ver também Judd e Kenny, 1981):

1. Um modelo linear que prevê o resultado da variável previsora. O coeficiente do valor-b para a previsora nos dá o valor de c na Figura 11.9.
2. Um modelo linear que prevê a mediadora da variável previsora. O valor-b para a previsora nos dá o valor de a na Figura 11.9.
3. Um modelo linear que prevê o resultado da variável previsora e da mediadora. O valor-b para a previsora nos dá o valor de c' na Figura 11.9, e o valor-b para a mediadora nos dá o valor de b.

Esses modelos testam as quatro condições da mediação: (1) a variável previsora deve prever significativamente a variável de resultado no modelo 1; (2) a variável previsora deve prever significativamente a mediadora no modelo 2; (3) a mediadora deve prever significativamente a variável de resultado no modelo 3; e (4) a variável previsora deve prever a variável de resultado menos fortemente no modelo 3 do que no modelo 1.

No estudo de Lambert e colaboradores (2012), todos os participantes estiveram em um relacionamento por pelo menos um ano. Os pesquisadores mediram o consumo de pornografia em uma escala de 0 (baixo) a 8 (alto), mas essa variável, como você poderia esperar, era assimétrica (a maioria das pessoas tinha escores baixos). Por isso, eles analisaram os valores transformados por logaritmo (**LnPorn**). Eles também mediram o compromisso com o relacionamento atual (**Commit**) em uma escala de 1 (baixo) a 5 (alto). A infidelidade foi medida com questões que perguntavam se a pessoa havia cometido ato físico (**Phys_Inf**) que elas ou seus parceiros considerariam como infiel (0 = não, 1 = um deles consideraria o ato infiel, 2 = os dois o considerariam infiel)[8] e também usando o número de pessoas que tinham "ficado" com alguém no ano anterior (**Hook_Ups**), o que significaria durante o tempo no qual eles estavam no seu relaciona-

---

[8] Eu codifiquei essa variável de forma diferente dos dados originais para tornar a interpretação mais intuitiva, mas isso não afeta os resultados.

mento atual.[9] Os dados reais do estudo de Lambert e colaboradores estão no arquivo **Lambert et al.(2012).sav**.

Teste seus conhecimentos

Execute os três modelos necessários para testar a mediação nos dados de Lambert e colaboradores: (1) um modelo linear prevendo **Phys_Inf** *a partir de* **LnPorn***; (2) um modelo linear prevendo* **Commit** *a partir de* **LnPorn***; e (3) um modelo linear prevendo* **Phys_Inf** *a partir de ambos* **LnPorn** *e* **Commit***. Há mediação?*

Muitas pessoas ainda usam essa abordagem para testar a mediação. Eu acho que ela é muito útil para ilustrar os princípios da mediação e para entender o que significa mediação, mas que ela tem limitações. A principal delas é o quarto critério: *a variável previsora deve prever a variável de resultado menos fortemente no modelo 3 do que no modelo 1*. Embora a mediação perfeita seja mostrada quando a relação entre a variável previsora e a variável de resultado é reduzida a zero no modelo 3, na prática isso raramente acontece. Em vez disso, você vê uma redução na relação entre a previsora e a de resultado, mas ela não é eliminada completamente. A questão, portanto, se torna em quanta "redução" é suficiente para inferir a mediação.

Embora Baron e Kenny tenham defendido a observação dos tamanhos dos valores-b, na prática as pessoas tendem a procurar uma mudança na significância; assim, a mediação ocorreria se a relação entre a variável previsora e a variável de resultado fosse significativo ($p < 0,05$) quando analisada isoladamente (modelo 1), mas não significativa ($p > 0,05$) quando a mediadora também estivesse incluída (modelo 3). Essa abordagem leva a todo tipo de bobagem por causa do pensamento "tudo ou nada" que os valores-p incentivam. Você poderia ter uma situação na qual o valor-b para a relação entre a variável previsora e a variável de resultado muda muito pouco nos modelos com e sem a mediadora, mas os valores-p mudam de um lado do limiar para o outro (p. ex., de $p = 0,049$ quando a mediadora não for incluída para $p = 0,051$ quando for). Mesmo que os valores-p tenham mudado de significativos para não significativos, a mudança é muito pequena, e o tamanho da relação entre a previsora e a variável de resultado não terá mudado muito. Por outro lado, você pode ter uma situação em que o b para essa relação e a de resultado reduz muito quando a mediadora é incluída, mas permanece significativo em ambos os casos. Por exemplo, talvez quando analisada isoladamente, a relação entre a variável previsora e a de resultado seja $b = 0,46$, $p < 0,001$, mas quando a mediadora é incluída como uma previsora, seja reduzida para $b = 0,18$, $p = 0,042$. Você concluiria (com base na significância) que a mediação não ocorreu apesar da relação ter sido reduzido para mais da metade do seu valor original.

Uma alternativa é estimar o efeito indireto e sua significância. O efeito indireto é ilustrado nas Figuras 11.9 e 11.10; ele é a combinação dos efeitos dos caminhos *a* e *b*, e a significância desse teste pode ser avaliada usando o **teste de Sobel** (Sobel, 1982). Se o teste de Sobel for significativo, isso quer dizer que a variável previsora afeta significativamente a de resultado por meio da mediadora. Em outras palavras, há mediação significativa. Esse teste funciona bem em amostras grandes, mas é melhor você determinar intervalos de confiança para o efeito indireto usando métodos de *bootstrap* (seção 6.12.3). Agora que os computadores facilitam a estimativa do efeito indireto (i.e., o efeito de mediação) e seu intervalo de confiança, essa prática está se tornando cada vez mais comum e é preferível às regressões de Baron e Kenny e ao teste de Sobel porque é mais difícil sermos levados a ter um pensamento "preto e branco" do teste de significância (seção

---

[9]"Ficar" foi definido aos participantes como "quando duas pessoas ficam juntas para um encontro físico e não necessariamente esperam algo mais (p. ex., nenhum plano ou intenção de fazê-lo novamente)."

3.2.2). As pessoas tendem a aplicar o método de Baron e Kenny de uma maneira intrinsecamente ligada a procurar relacionamentos "significativos", ao passo que estimar o efeito indireto e seu intervalo de confiança nos permite simplesmente relatar o grau de mediação observado nos dados.

11.4.3 Tamanhos de efeito na mediação ▮▮▮▮

Se iremos analisar o tamanho do efeito indireto para avaliar o grau de mediação, é útil ter medidas do tamanho de efeito para nos ajudar (ver seção 3.5). Muitas medidas de tamanho de efeito foram propostas e são discutidas em detalhes em outros lugares (MacKinnon, 2008; Preacher e Kelley, 2011). O mais simples é observar o valor-b do efeito indireto e seu intervalo de confiança. A Figura 11.9 nos mostra que o efeito indireto é o efeito combinado dos caminhos a e b. Vimos também que a e b são coeficientes do modelo não padronizados para as relações entre as variáveis representadas pelo caminho. Para encontrar o efeito combinado desses caminhos, multiplicamos esses valores-b:

$$\text{efeito indireto} = ab \tag{11.6}$$

O valor resultante é um coeficiente de regressão não padronizado como qualquer outro e, consequentemente, é expresso nas unidades de medida originais. Como vimos, às vezes é útil observar valores-b padronizados, porque eles podem ser comparados em diferentes estudos usando diferentes medidas de saída (ver Capítulo 9). MacKinnon (2008) sugeriu padronizar essa medida dividindo-a pelo desvio-padrão da variável de resultado:

$$\text{efeito indireto (parcialmente padronizado)} = \frac{ab}{s_{\text{Resultado}}} \tag{11.7}$$

Isso padroniza o efeito indireto em relação à variável de resultado, mas não à previsora ou à mediadora. Assim, por vezes ele é chamado efeito indireto parcialmente padronizado. Para padronizar totalmente o efeito indireto, precisaríamos multiplicar as medidas parcialmente padronizadas pelo desvio-padrão da variável previsora (Preacher e Hayes, 2008b):

$$\text{efeito indireto (padronizado)} = \frac{ab}{s_{\text{Resultado}}} \times s_{\text{previsor}} \tag{11.8}$$

Essa medida é, às vezes, chamada **índice de mediação**. É útil na medida em que pode ser comparada entre diferentes modelos de mediação que usam diferentes medidas da variável previsora, da de resultado e da mediadora. Relatar essa medida seria especialmente útil se alguém decidisse incluir sua pesquisa em uma metanálise.

Uma abordagem diferente para estimar o tamanho do efeito indireto é observar o tamanho do efeito indireto relativo a ou o efeito total da variável previsora ou o efeito direto da previsora. Por exemplo, se quiséssemos a razão do efeito indireto (ab) para o efeito total (c), poderíamos usar os valores-b dos vários modelos lineares exibidos na Figura 11.9:

$$P_M = \frac{ab}{c} \tag{11.9}$$

De forma similar, se quiséssemos expressar o efeito indireto como uma razão do efeito direto (c'), os modelos nos dariam os valores de que precisamos:

$$R_M = \frac{ab}{c'} \tag{11.10}$$

Essas medidas baseadas em razões na verdade apenas descrevem novamente o efeito indireto original. Ambas são muito instáveis em pequenas amostras, e MacKinnon (2008) desaconselha o uso de P_M e R_M em amostras menores que 500 e 5.000 respectivamente. Além disso, embora seja tentador pensar em P_M como uma proporção (porque é a razão do efeito indireto para o efeito *total*), ela não o é: ela pode exceder 1 e ter, até mesmo, valores negativos (Preacher e Kelley, 2011).

Usamos R^2 para avaliar o ajuste de um modelo linear. Podemos calcular uma forma do R^2 para o efeito indireto, que nos dá a proporção da variância explicada pelo efeito indireto. MacKinnon (2008) propõe várias versões, mas o *PROCESS* calcula o seguinte:

$$R_M^2 = R_{Y,M}^2 - \left(R_{Y,MX}^2 - R_{Y,X}^2 \right) \tag{11.11}$$

Essa equação usa a proporção da variância nas variáveis de resultado explicadas pela previsora ($R_{Y,X}^2$), pela mediadora ($R_{Y,M}^2$) e por ambas ($R_{Y,MX}^2$). Ela pode ser interpretada como a variância da variável de resultado que é compartilhada pela mediadora e pela previsora, mas que não pode ser atribuída a cada uma isoladamente. Novamente, essa medida não está limitada a variar entre 0 e 1 e pode apresentar valores negativos (que geralmente indicam efeitos de supressão em vez de mediação).

Finalmente, Preacher e Kelley (2011) propuseram uma medida chamada kappa ao quadrado (κ^2) que estava disponível nas versões do *PROCESS* antes da 2.16. Infelizmente, a matemática por trás da medida não estava correta, levando a efeitos paradoxais (e indesejáveis), como o *decréscimo* de κ^2 à medida que o efeito da mediação *aumentava* (Wen e Fan, 2015). Se você estiver usando uma versão mais antiga do *PROCESS*, ignore essa medida.

Provavelmente, as mais úteis dessas medidas são os efeitos indiretos não padronizado e padronizado. Todas as medidas têm intervalos de confiança associados e não são afetadas pelos tamanhos amostrais (ainda assim, veja meus comentários anteriores sobre a variabilidade de P_M e R_M em amostras pequenas). Entretanto, P_M, R_M e R_M^2 não podem ser interpretados facilmente porque aspiram serem proporções, mas não o são, e todas as medidas são ilimitadas, o que torna a interpretação mais difícil (Preacher e Kelley, 2011). Por esses motivos, Wen e Fan (2015) argumentam contra medidas de tamanho de efeito para mediação, mesmo que para modelos de mediação simples admitam que P_M pode ser útil desde que seja acompanhada pelo efeito total (atuando como contexto importante para o tamanho do efeito indireto).

11.4.4 Mediação usando o SPSS ||||

Podemos testar o modelo de mediação de Lambert (Figura 11.10) usando a ferramenta *PROCESS*. Acesse as caixas de diálogo da Figura 11.11 selecionando <u>A</u>nalyze ▶ <u>R</u>egression ▶ PROCESS, by Andrew F. Hayes (http://www.afhayes.com) (ou clique em ▼) a variável de resultado (**Phys_Inf**) da caixa *Data File Variables* para a caixa *Outcome Variable (Y)* e arraste a variável previsora (**LnPorn**) para a caixa *Independent Variable (X)*. Finalmente, arraste a variável mediadora (**Commit**) para a caixa *Mediator[s] M* (mediadora(s) M), onde você especifica qualquer mediadora (você pode ter mais de uma).

A mediação simples é representada pelo modelo 4 (o padrão); portanto certifique-se de que 4 ▼ esteja selecionado na lista suspensa *Model Number* (número do modelo). Ao contrário da moderação, há outras opções úteis nessa caixa de diálogo. Por exemplo, para testar os efeitos indiretos, usaremos *bootstrapping* para gerar um intervalo de confiança em torno do efeito indireto. Na configuração-padrão, o *PROCESS* utiliza 5.000 amostras *bootstrap* e irá calcular intervalos de confiança acelerados corrigidos do viés. Essas opções-padrão são boas, mas esteja ciente de que você pode pedir intervalos de confiança *bootstrap* de percentil (ver seção 6.12.3).

Clique em Options... para abrir outra caixa de diálogo. Selecione (1) *Effect size* (tamanho do efeito) para produzir as estimativas do efeito indireto discutido na seção 11.4.3;[10] (2) *Sobel test* (teste de Sobel) produz um teste de significância do efeito indireto desenvolvido por Sobel; (3) *Total effect model* (modelo do efeito total) produz o efeito direto da previsora na variável de resultado (neste caso, o modelo linear de infidelidade previsto a partir do consumo de pornografia); e (4) *Compare indirect effects* (comparar efeitos indiretos) estima, quando você tiver mais do que uma

---

[10] O R_M^2 e κ^2 são produzidos somente para modelos com uma única mediadora.

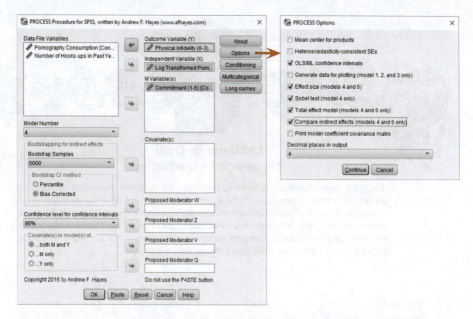

Figura 11.11 As caixas de diálogo para a execução da análise de mediação.

mediadora no modelo, o efeito e o intervalo de confiança para a diferença entre os efeitos indiretos resultantes dessas mediadoras. Essa última opção é útil quando você tiver mais do que uma mediadora para comparar sua importância relativa a explicação da relação entre a variável previsora e a de resultado. Entretanto, temos somente uma única mediadora, de forma que não precisamos selecionar essa opção (você pode selecioná-la se quiser, mas não irá mudar a saída produzida). Nenhuma das opções ativadas ao clicar em [Conditioning] aplicam-se a modelos de mediação simples; portanto podemos ignorar esse botão. Se sua variável previsora (X) fosse categórica com mais do que duas categorias (o que não é), poderíamos clicar em [Multicategorical] para que o *PROCESS* automaticamente codificasse a referência (seção 11.5.1) para nós. De volta à caixa de diálogo principal, clique em [OK] para executar a análise.

11.4.5 Saída para a análise de mediação ▌▌▌▌

Como ocorreu com a moderação, a saída da mediação está na forma de texto. A Saída 11.4 mostra a primeira parte da saída, que inicialmente informa o nome da variável de resultado (Y), da previsora (X) e da mediadora (M) (Dica do SPSS 11.1). Isso é útil para verificar novamente se inserimos as variáveis no lugar correto: a variável de resultado é a infidelidade, a previsora é o consumo de pornografia (log transformada) e a mediadora é o compromisso com o relacionamento. A próxima parte da saída mostra os resultados do modelo linear de compromisso com o relacionamento previsto pelo consumo de pornografia (i.e., o caminho *a* na Figura 11.10). Essa saída é interpretada da mesma forma como interpretamos qualquer modelo linear: o consumo de pornografia prevê significativamente o compromisso com o relacionamento, $b = -0{,}47$, IC de 95% $[-0{,}89, -0{,}05]$, $t = -2{,}21$, $p = 0{,}028$. O valor do R^2 informa que o consumo de pornografia explica 2% da variância no compromisso com o relacionamento, e o fato de que o *b* é negativo nos diz que, conforme o consumo aumenta, o compromisso diminui (e vice-versa).

Lanterna de Oditi
Moderação e mediação

"Eu, Oditi, quero que você se junte ao meu culto de verdades numéricas não descobertas. Eu também quero que você olhe para minha lanterna e obtenha esclarecimento estatístico. É possível que o conhecimento estatístico seja o mediador da relação entre encarar a minha lanterna e unir-se ao meu culto... ou pode ser mediada por alterações neurológicas criadas por mensagens subliminares nos meus vídeos. Olhe fixamente a minha lanterna para saber mais sobre mediação e moderação."

```
**************************************************************
Model =   4
    Y =   Phys_Inf
    X =   LnPorn
    M =   Commit
Sample size
         239
**************************************************************
Outcome: Commit

Model Summary
         R      R-sq       MSE         F       df1         df2         p
     .1418     .0201     .5354    4.8633    1.0000    237.0000     .0284
Model
               coeff        se         t         p        LLCI       ULCI
constant      4.2027     .0545   77.1777     .0000      4.0954     4.3100
LnPorn        -.4697     .2130   -2.2053     .0284      -.8892     -.0501
```

Saída 11.4

A Saída 11.5 mostra os resultados da regressão da infidelidade prevista a partir tanto do consumo de pornografia (i.e., o caminho *c'* na Figura 11.10) quanto do compromisso com o relacionamento (i.e., caminho *b* na Figura 11.10). Podemos ver que o consumo de pornografia prevê significativamente a infidelidade, mesmo com o compromisso com o relacionamento no modelo, *b* = 0,46, IC de 95% [–0,07, 0,84], *t* = 2,35, *p* = 0,02; o compromisso com o relacionamento também prevê significativamente a infidelidade, *b* = –0,27, IC de 95% [–0,39, –0,16], *t* = –4,61, *p* < 0,001. O valor do R^2 nos diz que o modelo explica 11,4% da variância da infidelidade. O valor negativo de *b* no compromisso informa que, à medida que o compromisso aumenta, a infidelidade diminui (e vice-versa), mas o *b* positivo para o consumo indica que, à medida que o consumo de pornografia aumenta, a infidelidade também aumenta. Essas relações estão na direção prevista.

A Saída 11.6 mostra o efeito total do consumo de pornografia na infidelidade (variável de resultado). Você obterá esse pedaço da saída somente se você selecionou *Total effect model* ilustrado na Figura 11.11. O efeito total é o efeito da previsora na variável de resultado quando a mediadora não está presente no modelo – em outras palavras, o caminho *c* que é mostrado na

```
******************************************************************
Outcome: Phys_Inf

Model Summary
          R        R-sq       MSE         F         df1        df2           p
      .3383       .1144     .4379    15.2453     2.0000   236.0000       .0000

Model
                coeff         se          t          p         LLCI        ULCI
 constant      1.3704      .2518     5.4433      .0000        .8744      1.8663
   Commit      -.2710      .0587    -4.6128      .0000       -.3867      -.1552
   LnPorn       .4573      .1946     2.3505      .0196        .0740       .8407
```

Saída 11.5

Figura 11.9. Quando o compromisso com o relacionamento não está no modelo, o consumo de pornografia prediz significativamente a infidelidade, $b = 0,58$, IC de 95% [0,19, 0,98], $t = 2,91$, $p = 0,004$. O valor de R^2 nos diz que o modelo explica 3,46% da variância da infidelidade. Como é o caso quando incluímos o compromisso com o relacionamento no modelo, o consumo de pornografia tem uma relação positiva com a infidelidade (como mostrado pelo valor-b positivo).

```
********************* TOTAL EFFECT MODEL *********************
Outcome: Phys_Inf

Model Summary
          R        R-sq       MSE         F         df1        df2           p
      .1859       .0346     .4754     8.4866     1.0000   237.0000       .0039

Model
                coeff         se          t          p         LLCI        ULCI
 constant       .2315      .0513     4.5123      .0000        .1304       .3326
   LnPorn       .5846      .2007     2.9132      .0039        .1893       .9800
```

Saída 11.6

A Saída 11.7 é a parte mais importante da saída porque exibe os resultados do efeito indireto do consumo de pornografia na infidelidade (i.e., o efeito via compromisso com o relacionamento). Primeiro, é informado o efeito isolado do consumo da pornografia na infidelidade (o efeito total), e esses valores replicam os do modelo da Saída 11.6. Em seguida, é informado o efeito do consumo da pornografia na infidelidade quando o compromisso com o relacionamento também é incluído como uma previsora (o efeito direto). Esses valores replicam os da Saída 11.5. A primeira nova informação é o *efeito indireto de X em Y*, que, neste caso, é o efeito indireto do consumo de pornografia na infidelidade. Foi nos dada uma estimativa desse efeito ($b = 0,127$), além de um erro-padrão e um intervalo de confiança por *bootstrap*. Como já vimos muitas vezes antes, os intervalos de 95% de confiança contêm o valor real do parâmetro em 95% das amostras. As pessoas tendem a supor que sua amostra não é uma dos 5% que não contêm o valor verdadeiro e as usam para inferir o valor de um efeito na população. Neste caso, supondo que nossa amostra seja uma das 95% que contêm o valor verdadeiro, sabemos que o verdadeiro valor-b para o efeito indireto está entre 0,017 e 0,297.[11] Esse intervalo não inclui zero, e lembre-se de que $b = 0$ significaria "nenhum efeito"; portanto o fato

---
[11] Lembre-se de que, por causa da natureza do *bootstrapping*, você obterá valores levemente diferentes na sua saída.

de o intervalo de confiança não conter zero apoia a ideia de que o compromisso com o relacionamento realmente é um mediador da relação entre o consumo de pornografia e a infidelidade.

O restante da Saída 11.7 será exibido apenas se você selecionou *Effect size* na Figura 11.11; ele contém as medidas dos tamanhos de efeito da seção 11.4.3. Em vez de interpretar todos eles, observo que para cada um deles você recebe uma estimativa junto com um intervalo de confiança com base em um erro-padrão *bootstrap*. Assim como no efeito indireto não padronizado, se os intervalos de confiança não contiverem zero, as pessoas presumirão que o tamanho do efeito verdadeiro é diferente de "sem efeito". Em outras palavras, há mediação. Todas as medidas de tamanho de efeito têm intervalos de confiança que não incluem zero; portanto, seja qual for o caso, podemos supor que o efeito indireto é provavelmente maior do que "nenhum efeito". Focando-nos no mais útil desses tamanhos de efeito, o *b* padronizado para o efeito indireto, seu valor é 0,041, IC de 95% BCa [0,005, 0,092].

```
************** TOTAL, DIRECT, AND INDIRECT EFFECTS **************
Total effect of X on Y
    Effect         SE          t          p        LLCI       ULCI
     .5846       .2007     2.9132      .0039       .1893      .9800
Direct effect of X on Y
    Effect         SE          t          p        LLCI       ULCI
     .4573       .1946     2.3505      .0196       .0740      .8407
Indirect effect of X on Y
              Effect     Boot SE    BootLLCI    BootULCI
Commit         .1273       .0708       .0170       .2972
Partially standardized indirect effect of X on Y
              Effect     Boot SE    BootLLCI    BootULCI
Commit         .1818       .0997       .0215       .4156
Completely standardized indirect effect of X on Y
              Effect     Boot SE    BootLLCI    BootULCI
Commit         .0405       .0220       .0052       .0922
Ratio of indirect to total effect of X on Y
              Effect     Boot SE    BootLLCI    BootULCI
Commit         .2177      8.6658       .0082      1.2609
Ratio of indirect to direct effect of X on Y
              Effect     Boot SE    BootLLCI    BootULCI
Commit         .2783     13.7610      -.0392      4.1073
R-squared mediation effect size (R-sq_med)
              Effect     Boot SE    BootLLCI    BootULCI
Commit         .0138       .0104       .0009       .0462
```

Saída 11.7

A parte final da saída (Saída 11.8) mostra os resultados do teste de Sobel. Como já mencionei antes, é melhor interpretar intervalos de confiança *bootstrap* do que testes formais de significância; no entanto, se você selecionou o *teste de Sobel* como indicado na Figura 11.11, isso é o que você verá. Novamente, temos o tamanho do efeito indireto (b = 0,127), o erro-padrão, o escore-*z* associado (z = 1,95) e o valor-*p* (p = 0,051).[12] O valor-*p* não está bem abaixo do limite nada

---

[12] Você deve lembrar que no modelo linear calculamos a estatística de teste (*t*) dividindo o coeficiente de regressão pelo seu erro-padrão (como na Equação 9.14). Fazemos o mesmo aqui, exceto que obtemos um *z* em vez de um *t*: z = 0,1273/0,0652 = 1,9525.

mágico de 0,05, então tecnicamente concluiríamos que não há um efeito indireto significativo, mas isso mostra o quão enganosos podem ser esses testes: todos os tamanhos de efeito tiveram intervalos de confiança que não contêm zero, então há uma informação convincente de que há um efeito de mediação pequeno, mas significativo.

```
Normal theory tests for indirect effect
  Effect       se        Z         p
   .1273     .0652    1.9526    .0509
```

Saída 11.8

Pesquisa Real do João Jaleco 11.1
Ouvi dizer que Gina tem um furúnculo
e beijou um vagabundo

Massar, K. et al. (2012). *Personality and Individual Differences*, *52*, 106-109.

Todo mundo gosta de uma boa fofoca de vez em quando, mas aparentemente ela tem uma função evolutiva. Uma escola de pensamento diz que a fofoca é usada como uma forma de menosprezar os concorrentes sexuais – especialmente ao questionar sua aparência e comportamento sexual. Por exemplo, se você está de olho em um cara, mas ele está de olho em Gina, uma boa estratégia é espalhar fofocas de que Gina tem um enorme furúnculo purulento e que ela beijou um vagabundo fedorento chamado Aqualung. Aparentemente, os homens avaliam mulheres sobre as quais há fofocas como menos atraentes e são mais influenciados pelas fofocas se vierem de uma mulher com um alto valor de acasalamento (i.e., atraente e sexualmente desejável). Karlijn Massar e seus colegas levantaram a hipótese de que, se essa teoria for verdadeira, (1) as mulheres mais jovens fofocarão mais porque há mais competição de acasalamento na juventude; e (2) essa relação será mediada pelo valor de acasalamento da pessoa (porque, para pessoas com alto valor de acalamento, a fofoca com o objetivo de competição sexual será mais eficaz). Oitenta e três mulheres com idade entre 20 e 50 anos (**Age**) preencheram um questionário avaliando suas tendências à fofoca (**Gossip**) e sua desejabilidade sexual (**Mate_Value**). Teste o modelo de mediação de Massar e colaboradores utilizando o método de Baron e Kenny (como eles fizeram), mas também usando o PROCESS para estimar o efeito indireto (**Massar et al. [2011].sav**). As respostas estão no *site* do livro (ou veja a Figura 1 do artigo original, que mostra os parâmetros para as várias regressões).

11.4.6 Relatando a análise de mediação

Algumas pessoas relatam apenas o efeito indireto na análise da mediação e, possivelmente, o teste de Sobel. No entanto, tenho estimulado repetidamente o uso de intervalos de confiança *bootstrap*; portanto, você deve relatar:

Figura 11.12 Modelo do consumo de pornografia como um previsor da infidelidade, mediada pelo compromisso com o relacionamento. O intervalo de confiança para o efeito indireto é um *bootstrap* BCa baseado em 5.000 amostras.

✓ Houve um efeito indireto significativo do consumo de pornografia na infidelidade por meio do compromisso com o relacionamento, $b = 0,127$, IC de 95% BCa [0,017, 0,297].

Esse é um bom relato, mas pode ser bastante útil apresentar um diagrama do modelo de mediação e indicar nele os coeficientes de regressão, o efeito indireto e seus intervalos de confiança *bootstrap*. Para o exemplo atual, podemos produzir algo como o mostrado na Figura 11.12.

Dicas da Ana Apressada
Mediação

- A mediação ocorre quando a força da relação entre uma variável previsora e uma variável de resultado é reduzida pela inclusão de outra variável como previsora. Essencialmente, a mediação equivale à relação entre duas variáveis sendo "explicado" por uma terceira. Por exemplo, a relação entre assistir filmes de terror e sentir medo na hora de dormir pode ser explicado por imagens assustadoras que aparecem na sua cabeça.
- A mediação é testada pela avaliação do tamanho do *efeito indireto* e de seu intervalo de confiança. Se o intervalo de confiança contiver zero, tenderemos a supor que não existe um efeito de mediação genuíno. Se o intervalo de confiança não contiver zero, tenderemos a concluir que a mediação ocorreu.

11.5 Previsores categóricos na regressão ||||

Vimos, no capítulo anterior, que previsores categóricos com duas categorias podem ser incluídos em um modelo linear: simplesmente codificamos as categorias como 0 e 1.[13] No entanto, muitas

---
[13]Vimos, na seção 10.2.2, por que usamos 0 e 1, e eu falo mais sobre esse assunto na seção 12.2.1.

vezes você coletará dados sobre grupos de pessoas em que há mais de duas categorias (p. ex., grupo étnico, gênero, *status* socioeconômico, categoria de diagnóstico). Dado que podemos incluir previsores categóricos com duas categorias em um modelo linear (seção 10.4) e que podemos ter vários desses previsores em um modelo, por conseguinte podemos incluir um previsor com mais de duas categorias, convertendo-o em diversas variáveis, de forma que cada uma possua duas categorias. Existem várias maneiras diferentes de se fazer isso, uma das mais comuns é a codificação fictícia (ou codificação indicadora).[14]

11.5.1 Codificação fictícia ||||

Imagine que uma pesquisa tenha uma pergunta sobre religiosidade que resultou em muitas categorias, como muçulmanos, judeus, hindus, católicos, budistas, protestantes, jedis,[15] entre outras. Esses grupos não podem ser distinguidos usando uma única variável codificada com zeros e uns. Se quiséssemos incluir essa variável em um modelo linear, precisaríamos criar **variáveis fictícias** (*dummy*), que é uma forma de representar grupos de pessoas usando apenas zeros e uns. Para fazer isso, criamos várias variáveis; na verdade, o número de variáveis que precisamos é de uma a menos que o número de grupos (ou categorias) que estamos codificando. Há oito etapas básicas:

1. Conte o número de grupos que você deseja codificar e subtraia 1.
2. Crie variáveis novas de acordo com o valor calculado na etapa 1. Essas são suas variáveis fictícias.
3. Escolha um dos seus grupos como referência em relação ao qual todos os demais serão comparados. Normalmente você escolheria um grupo que pode ser considerado um grupo-controle ou, se você não tiver uma hipótese específica, o grupo que representa a maioria das pessoas (porque pode ser interessante comparar outros grupos com a maioria).
4. Após escolher um grupo de referência, atribua a esse grupo valores de 0 para todas as variáveis fictícias.
5. Para sua primeira variável fictícia, atribua o valor 1 ao primeiro grupo que você deseja comparar com o grupo de referência. Atribua a todos os demais grupos o valor 0 para essa variável.
6. Para a segunda variável fictícia, atribua o valor 1 ao segundo grupo que você deseja comparar contra o grupo de referência. Atribuia a todos os demais grupos o valor 0 para essa variável.
7. Repita esse processo até ficar sem variáveis fictícias.
8. Coloque todas as variáveis fictícias no modelo linear no mesmo bloco.

Vamos tentar colocar isso em prática usando um exemplo. No Capítulo 6, encontramos uma bióloga preocupada com os possíveis efeitos à saúde dos festivais de música. Ela originalmente coletou dados em um festival de *heavy metal* (o Download Festival), mas estava preocupada que suas descobertas não pudessem ser generalizadas além dos fãs de *heavy metal*. Talvez fossem apenas metaleiros que ficavam mais fedorentos em festivais (neste momento, por ser metaleiro, eu ofereceria a bióloga como sacrifício a Odin por causa desse preconceito). Para descobrir se o tipo de música que uma pessoa gosta prevê seus hábitos de higiene durante o festival, a bióloga mediu os níveis de higiene nos três dias do Glastonbury Music Festival, que tem uma clientela eclética. Sua medida de higiene variava entre 0 (você cheira como se tivesse tomado banho no esgoto) a 4 (você cheira como se tivesse tomado banho em pão fresco). O arquivo de dados (**GlastonburyFestival.sav**) contém os escores de higiene para cada dia do festival e uma variável chamada **change** (mudança), que é a mudança na higiene do dia 1 ao dia 3 do festival. Nem todos puderam ser acompanhados no terceiro dia; portanto, apenas um subconjunto da amostra original tem um escore nessa variável. A bióloga codificou as afiliações musicais dos participantes do festival nas categorias "*indie kid*" (pessoas que gostam principalmente de música alternativa), "*metaller*" (pessoas que gostam de *heavy metal*) e "*crusty*" (pessoas que gostam de coisas como *hippy/folky*/música ambiente). Qualquer pessoa que não se enquadrasse nessas categorias era rotu-

---

[14]Para uma leitura mais detalhada, ver Hardy (1993).

[15]Aproximadamente 390.000 (quase 0,8%) pessoas na Inglaterra e no País de Gales declararam que sua religião era jedi no Censo de 2001, tornando-a a quarta religião mais popular. Na minha cidade natal, Brighton, 2,6% da população afirma ser jedi.

Tabela 11.2 Codificação fictícia para os dados do Glastonbury Festival

	Variável fictícia 1	Variável fictícia 2	Variável fictícia 3
Sem afiliação	0	0	0
Indie kid	0	0	1
Metaller	0	1	0
Crusty	1	0	0

lada como "sem afiliação musical". Esses grupos foram codificados como 1, 2, 3 e 4 na variável **music** (música) respectivamente.

Com quatro grupos, precisamos de três variáveis fictícias (uma a menos que o número de grupos). O primeiro passo é escolher um grupo de referência. Estamos interessados em comparar as pessoas que têm diferentes afiliações musicais com as que não têm; por isso, nossa categoria de referência será "sem afiliação musical". Nós codificamos esse grupo com 0 em todas as variáveis fictícias. Em nossa primeira variável fictícia, poderíamos olhar para o grupo "*crusty*" atribuindo a qualquer um que seja *punk* o código 1, e todos os outros o código 0. Em nossa segunda variável fictícia, poderíamos olhar para o grupo "*metaller*" atribuindo 1 a qualquer um que seja metaleiro e 0 a todos os outros. Nossa variável fictícia final codifica a categoria "*indie kid*", atribuindo 1 a qualquer um que seja um jovem alternativo, e 0 a todos os outros. A Tabela 11.2 ilustra o esquema de codificação resultante. Observe que cada grupo tem um código 1 em apenas uma das variáveis fictícias (exceto a categoria de referência, que é sempre codificada com 0 em todas as variáveis).

11.5.2 A função *recode* (recodificar)

Para criar essas variáveis fictícias selecione *Transform* ▶ Recode into Different Variables... (transformar ▶ recodificar em variáveis diferentes...) para acessar uma caixa de diálogo similar à da Figura 11.13. Selecione a variável que você deseja recodificar (neste caso, **music**) e arraste-a (ou clique em) para a caixa *Numeric Variable* → *Output Variable* (variável de entrada → variável de saída). Para criar uma nova variável, primeiro digitamos um nome na caixa *Name* (nome) (vamos chamar essa primeira variável fictícia de **Crusty**). Dê a essa variável um nome mais descritivo, digitando algo na caixa *Label* (rótulo) (eu rotulei como "No Affiliations vs. Crusty", que reflete o que ela representa). Clique em Change (alterar) para transferir essa nova variável para a caixa *Numeric Variable* → *Output Variable* (essa caixa deve agora apresentar *music* → *Crusty*).

A variável **change** tem valores ausentes porque a bióloga não conseguiu obter medidas de acompanhamento para todos os participantes no dia 3. Se recodificarmos a variável **music**, incluiremos todos os casos (até mesmo aqueles para os quais temos valores ausentes na variável **change**). Talvez você não se importe com isso, mas, se você se importar, é possível definir a condição "faça se" nas situações mais ou menos como "se houver um valor para a variável **change**, recodifique a variável **music**", clicando em (se...) para acessar uma caixa de diálogo similar à da Figura 11.14. Para definir uma condição que exclui casos nos quais a variável **change** possui um valor ausente, selecione ⊙ Include if case satisfies condition: (incluir se o caso atender à condição). Clique em e depois em (ou digite "1–" na área de comando). Na caixa *Function group* (grupo de função), selecione *Missing Values* (valores ausentes) e, em *Functions and Special Variables* (funções e variáveis especiais), selecione *Missing* (ausente) e clique em para transferir o comando para a área de comando. O comando aparecerá como MISSING(?). Arraste a variável **change** para substituir o ponto de interrogação (ou exclua-o e digite *change*). A caixa de diálogo completa deve se parecer como a da Figura 11.14.

Capítulo 11 • Moderação, mediação e previsores multicategóricos   511

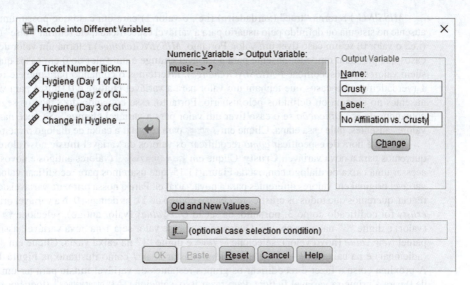

Figura 11.13 A caixa de diálogo *Recode into Different Variables* (recodificar em variáveis diferentes).

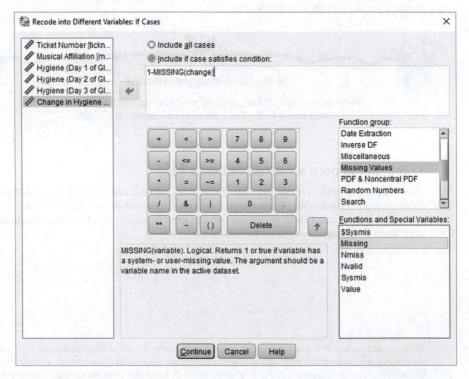

Figura 11.14 Configurando o comando *if* (se) para incluir casos se a variável **change** não for um valor ausente.

MISSING( ) retorna "true" (verdadeiro) (i.e., o valor 1) para um caso que possui um valor ausente no sistema ou definido pelo usuário para a variável especificada; ele retorna "false" (falso) (i.e., o valor 0) se um caso tiver um valor. Portanto, *MISSING(change)* retorna um valor de 1 em casos que possuem um valor ausente para a variável **change** e um valor de 0 em casos que possuem valores. Ao especificar *1-MISSING(change)*, invertemos o comando para que ele retorne 1 (verdadeiro) para casos que tenham um valor para a variável **change** e 0 (falso) para valores ausentes no sistema ou definidos pelo usuário. Portanto, esse comando diz "faça os seguintes comandos de *recodificação* se o caso tiver um valor para a variável **change**". Se você não tiver valores ausentes, pule essa etapa. Clique em Continue para retornar à caixa de diálogo principal.

Agora é hora de especificar *como* recodificar os valores da variável **music** nos valores que queremos para a nova variável, **Crusty**. Clique em Old and New Values... (valores antigos e novos) para acessar uma caixa de diálogo como a da Figura 11.15, que usaremos para recodificar valores da variável original em valores diferentes para a nova variável. Para a nossa primeira variável de referência, queremos que todos os crusties recebam o código de 1 e os demais, 0. Na variável original, *crusty* foi codificado como 3; portanto, na seção *Old Values* (valor antigo), selecione ⊙ Value: (valor) e digite "3" na caixa abaixo. Queremos que esse valor seja 1 na nova variável, assim, no painel *New Value* (novo valor), selecione ⊙ Value: e digite "1" na caixa vazia. Clique em Add (adicionar) e na caixa *Old → New* agora deve constar *3 → 1* como ilustrado na Figura 11.15. A próxima coisa a fazer é recodificar os grupos restantes da variável **music** para ter um valor de 0 para a primeira variável fictícia. Para fazer isso, selecione ⊙ All other values[16] (todos os outros valores) e na seção *New Values* selecione ⊙ Value: digite "0" e clique em Add . A caixa *Old → New* deverá agora incluir *ELSE → 0* na lista. Clique em Continue para retornar à caixa de diálogo principal e clique em OK para criar a primeira variável fictícia. Essa variável aparece como uma nova coluna no editor de dados e terá um valor de 1 para todos que originalmente foram classificados como *crusty* e um valor de 0 para todos os outros. Pode ser mais rápido recodificar variáveis usando a sintaxe (ver Dica do SPSS 11.2).

Teste seus conhecimentos

Tente criar as outras duas variáveis de referência restantes (chame-as **Metaller** *e* **Indie_Kid***) utilizando os mesmos princípios)*

11.5.3 Saída para variáveis fictícias ||||

Vamos supor que você criou as três variáveis fictícias (se você não conseguiu, há um arquivo de dados chamado **GlastonburyDummy.sav** – o *dummy* refere-se ao fato de ter variáveis fictícias nele). Para colocar essas variáveis fictícias em um modelo linear, você deve inseri-las no modelo todas ao mesmo tempo (ou seja, no mesmo bloco).

---

[16] Tenha cuidado ao usar ⊙ All other values quando tiver valores ausentes; lembre-se de que definimos "*do if*" (faça se), que significa que podemos usar esta opção com segurança sabendo que os valores ausentes não serão recodificados. Um método alternativo é ignorar a etapa "*do if*" e recodificar os valores ausentes usando especificamente a opção ⊙ Range: (amplitude). É uma boa ideia usar os comandos *frequencies* ou *crosstabs* após recodificar para verificar se você detectou todos os valores ausentes.

Capítulo 11 • Moderação, mediação e previsores multicategóricos   513

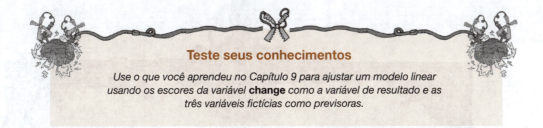

Teste seus conhecimentos

*Use o que você aprendeu no Capítulo 9 para ajustar um modelo linear usando os escores da variável **change** como a variável de resultado e as três variáveis fictícias como previsoras.*

A Saída 11.9 mostra as estatísticas do modelo: ao inserir as três variáveis fictícias, podemos explicar 7,6% da variação na mudança dos escores de higiene. Em outras palavras, a afiliação musical da pessoa explica 7,6% da variação na mudança da higiene. O *F* associado com a mudança do R^2 e o ajuste do modelo avaliam a mesma coisa quando o modelo tem apenas um bloco, então eles nos dizem que ter o modelo é significativamente melhor para prever a mudança nos escores de higiene do que não ter o modelo (em outras palavras, 7,6% da variância explicada é uma quantidade significativa).

A Saída 11.10 mostra a tabela *Coefficients* (coeficientes) para as variáveis fictícias. Cada variável fictícia tem um rótulo útil (como *No Affiliation* vs. *Crusty*) porque eu me antecipei e sugeri digitar rótulos úteis quando criamos as variáveis (Figura 11.13); se não tivéssemos adicionado rótulos, a tabela conteria nomes menos úteis de variáveis como *Crusty*, *Metaller* e *Indie_Kid*. Os rótulos nos lembram do que cada variável fictícia representa.

Lembre-se de que um valor-*b* nos diz o quanto da mudança na variável de resultado é devido a uma mudança de uma unidade na previsora. Para nossas variáveis fictícias, uma mudança de unidade na previsora é a mudança de 0 para 1. Incluindo todas as três variáveis fictícias no modelo, zero representa a categoria de referência sem afiliação. Para a primeira variável fictícia, 1 representa "*crusty*" e, portanto, a mudança de 0 para 1 é a mudança de sem afiliação para *crusty*. Assim, a primeira variável fictícia representa a diferença na mudança nos escores de higiene para um *crusty* em relação a alguém sem afiliação musical. Essa diferença é a diferença entre as médias dos dois grupos (ver seção 10.4).

Figura 11.15 Caixas de diálogo para a função *Recode*.

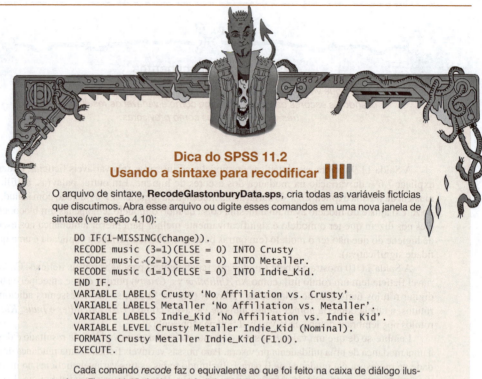

Dica do SPSS 11.2
Usando a sintaxe para recodificar

O arquivo de sintaxe, **RecodeGlastonburyData.sps**, cria todas as variáveis fictícias que discutimos. Abra esse arquivo ou digite esses comandos em uma nova janela de sintaxe (ver seção 4.10):

```
DO IF(1-MISSING(change)).
RECODE music (3=1)(ELSE = 0) INTO Crusty
RECODE music (2=1)(ELSE = 0) INTO Metaller.
RECODE music (1=1)(ELSE = 0) INTO Indie_Kid.
END IF.
VARIABLE LABELS Crusty 'No Affiliation vs. Crusty'.
VARIABLE LABELS Metaller 'No Affiliation vs. Metaller'.
VARIABLE LABELS Indie_Kid 'No Affiliation vs. Indie Kid'.
VARIABLE LEVEL Crusty Metaller Indie_Kid (Nominal).
FORMATS Crusty Metaller Indie_Kid (F1.0).
EXECUTE.
```

Cada comando *recode* faz o equivalente ao que foi feito na caixa de diálogo ilustrada na Figura 11.15. Assim, as três linhas iniciais criam as três novas variáveis (**Crusty**, **Metaller** e **Indie_Kid**) com base na variável **music**. A primeira variável (**Crusty**) assume o valor 1 se **music** for 3 e todos os demais valores forem 0. A segunda é codificada como 1 se **music** for 2 e todos os demais forem 0, e o mesmo ocorre com a terceira variável fictícia. Esses comandos de *recodificação* fazem parte de uma declaração condicional *if* (começando com *do if* e terminando em *end if*), o que quer dizer que eles só serão executados se uma determinada condição for cumprida. A condição que definimos é *1 - MISSING(change)*, que é a mesma da Figura 11.14 (ver texto principal).

O comando *variable labels* (rótulos da variável) entende o texto entre apóstrofos como rótulos das variáveis **Crusty**, **Metaller** e **Indie_Kid** respectivamente. O comando *variable level* (nível da variável) define essas três variáveis como "nominais", e o comando *formats* (formatos) altera as variáveis para terem uma largura entre 1 e 0 casas decimais (daí o 1,0). O comando *execute* realiza os comandos anteriores (sem ele, nada irá funcionar). Note que cada linha termina com um ponto final.

Eu produzi uma tabela (Saída 11.11) das médias de cada um dos quatro grupos e também da diferença entre a média de cada grupo e a média do grupo sem afiliação. Por exemplo, a diferença das médias do grupo sem afiliação e do grupo *crusty* é (–0,966) – (–0,554) = –0,412. A redução nos escores de higiene do grupo *crusty* (–0,966) é maior, em magnitude, do que do grupo sem afiliação (-0,554), o que mostra que a higiene dos crusties diminui mais do que a dos sem afiliação musical. A diferença entre as médias desses dois grupos (–0,412) é o beta *não padronizado* na Saída 11.10. Este exemplo mostra que os valores-*b* das variáveis fictícias nos informam a diferença na média de um grupo em particular e do grupo que escolhemos como a categoria de referência.

Como em qualquer modelo linear, o valor-*b* tem uma estatística *t* associada e um valor-*p* que testa se ele é significativamente diferente de 0. Para essas variáveis fictícias, portanto, ele está testando se a diferença entre as médias dos grupos é significativamente diferente de 0. Para nossa primeira variável fictícia, o teste-*t* é significativo e o valor beta é negativo, então a mudança nos

Model Summary

Model	R	R Square	Adjusted R Square	Std. Error of the Estimate	Change Statistics				
					R Square Change	F Change	df1	df2	Sig. F Change
1	.276[a]	.076	.053	.68818	.076	3.270	3	119	.024

a. Predictors: (Constant), No Affiliation vs. Indie Kid, No Affiliation vs. Crusty, No Affiliation vs. Metaller

ANOVA[a]

Model		Sum of Squares	df	Mean Square	F	Sig.
1	Regression	4.646	3	1.549	3.270	.024[b]
	Residual	56.358	119	.474		
	Total	61.004	122			

a. Dependent Variable: Change in Hygiene Over The Festival
b. Predictors: (Constant), No Affiliation vs. Indie Kid, No Affiliation vs. Crusty, No Affiliation vs. Metaller

Saída 11.9

Coefficients[a]

Model		Unstandardized Coefficients		Standardized Coefficients	t	Sig.	95.0% Confidence Interval for B	
		B	Std. Error	Beta			Lower Bound	Upper Bound
1	(Constant)	-.554	.090		-6.134	.000	-.733	-.375
	No Affiliation vs. Crusty	-.412	.167	-.232	-2.464	.015	-.742	-.081
	No Affiliation vs. Metaller	.028	.160	.017	.177	.860	-.289	.346
	No Affiliation vs. Indie Kid	-.410	.205	-.185	-2.001	.048	-.816	-.004

a. Dependent Variable: Change in Hygiene Over The Festival

Bootstrap for Coefficients

Model		Bootstrap[a]				
		B	Bias	Std. Error	Sig. (2-tailed)	BCa 95% Confidence Interval	
						Lower	Upper
1	(Constant)	-.554	.005	.097	.001	-.736	-.349
	No Affiliation vs. Crusty	-.412	-.011	.179	.030	-.733	-.101
	No Affiliation vs. Metaller	.028	-.006	.149	.847	-.262	.293
	No Affiliation vs. Indie Kid	-.410	-.010	.201	.049	-.813	-.043

a. Unless otherwise noted, bootstrap results are based on 1000 bootstrap samples

Saída 11.10

escores de higiene diminui à medida que uma pessoa passa de sem afiliação musical para um *crusty*. Em outras palavras, a higiene diminuiu significativamente mais em *crusties* do que em pessoas sem afiliação musical.

Nossa próxima variável fictícia compara os *metallers* com os que não têm afiliação musical. O valor-*b* (0,028 na Saída 11.10) é a diferença entre o grupo metaleiro e o grupo sem afiliação musical: (–0,526) – (–0,554) = 0,028. O teste-*t* não é significativo, o que quer dizer que a mudança nos escores de higiene em metaleiros é similar à dos sem afiliação.

A última variável fictícia compara os *indie kids* às pessoas que não têm afiliação musical. O valor-*b* (–0,410 na Saída 11.10) é a diferença entre as médias dos sem afiliação e do grupo *indie kid*: (–0,964) – (–0,554) = –0,410. O teste-*t* é significativo e o valor beta tem um valor negativo; portanto, como na primeira variável fictícia, poderíamos dizer que a mudança nos escores de higiene diminui à medida que a pessoa passa de sem afiliação para um *indie kid*. Em outras palavras, a higiene diminuiu significativamente mais em *indie kids* do que nos sem afiliação musical. Poderíamos relatar os resultados como na Tabela 11.3 (observe que ela inclui os intervalos de confiança *bootstrap*). No geral, o modelo mostra que, em comparação a não ter afiliação musical, os *crusties* e os *indie kids* ficam significativamente mais fedorentos nos três dias do festival, mas os metaleiros não.

OLAP Cubes

Change in Hygiene Over The Festival

Musical Affiliation	Mean
Indie Kid	-.9643
Metaller	-.5259
Crusty	-.9658
No Musical Affiliation	-.5543
Crusty – No Musical Affiliation	-.4115
Metaller – No Musical Affiliation	.0284
Indie Kid – No Musical Affiliation	-.4100
Total	-.6750

Saída 11.11

Tabela 11.3 Modelo linear das variáveis previsoras da mudança nos escores de higiene. Intervalos de 95% de confiança corrigidos e acelerados relatados em parênteses. Intervalos de confiança e erros-padrão baseados em 1.000 amostras *bootstrap*

	b	EP B	β	p
Constante	–0,55 (–0,74, –0,35)	0,10		0,001
Sem afiliação vs. *Crusty*	–0,41 (–0,73, –0,10)	0,18	–0,23	0,030
Sem afiliação vs. *Metaller*	0,03 (–0,26, 0,29)	0,15	0,02	0,847
Sem afiliação vs. *Crusty*	–0,41 (–0,81, –0,04)	0,20	–0,19	0,049

Nota: $R^2 = 0,08$ ($p = 0,024$).

11.6 Caio tenta conquistar Gina

Gina não gostava da biblioteca: estava sempre cheia de gente, e pessoas a incomodavam. Por que ela tinha ido lá encontrar o cara do *campus*? Não fazia sentido para ela, mas, com o passar dos dias sem vê-lo, sentia falta de suas apresentações nervosas de aulas de estatística. Ela viu de longe quando ele saiu da aula e correu para a biblioteca. Ele a estava evitando? O pensamento de que ele poderia estar fugindo dela fez com que ela quisesse querer vê-lo. Ela queria compensar seus comentários mordazes e, no entanto, quando o encontrou, e ele acabou cuspindo teoria estatística em cima dela como um dos cães de Pavlov, ela o interrompeu novamente. Por que ela fizera aquilo? Por que ela não lhe dava um milímetro de espaço? Será que ela tinha passado muito tempo sozinha no porão do prédio Plêiades? Ela estava tão emocionalmente despedaçada que precisava torturar esse cara com um elaborado ritual de passagem para se sentir melhor em relação a seu passado? Gina percebeu, ao olhar para o rosto murcho de Caio na biblioteca, que ele aguentaria o sarcasmo dela só até certo ponto. Ela queria mantê-lo ao alcance dos seus braços, mas só agora percebeu quão longos seus braços emocionais poderiam ser. Se ela quisesse que as conversas continuassem, precisaria dar a Caio alguma esperança.

11.7 E agora?

Começamos este capítulo vendo meus fracassos relativos como ser humano em comparação com Simon Hudson. Então falei animadamente sobre moderação e mediação, o que poderia explicar porque Clair Sparks escolheu Simon Hudson no passado. Talvez isso estivesse nas estrelas. Fui fiel ao que falei aos meus pais: eu *era* filosófico em relação a esse assunto. Eu fixei meus olhos em uma menina chamada Zoë durante o jogo do beijo obrigatório da hora do almoço (não a mesma

Zoë com quem acabei me casando). Eu não acho que ela estivesse tão interessada, o que era bom porque eu estava prestes a ser arrancado de sua vida para sempre. Não que eu acredite nessas coisas, mas, se acreditasse, teria pensado que a mão escamosa, verde e verrugosa do destino (eu sempre achei que qualquer coisa que fosse tão sinistra quanto a mão do destino teria que parecer monstruosa) tinha decidido que eu era jovem demais para me distrair com meninas. Balançando seu dedo na minha direção, ela me arrancou da escola primária e me jogou no buraco em chamas do inferno também conhecido como escola secundária só para meninos. É justo dizer que os jogos de beijo da hora do almoço da minha escola primária seriam só o que eu veria de meninas por um longo tempo...

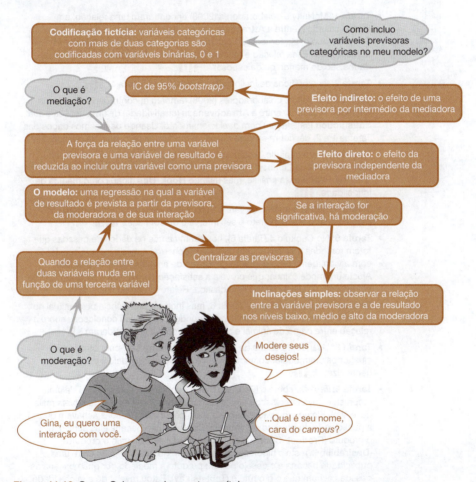

Figura 11.16 O que Caio aprendeu neste capítulo.

11.8 Termos-chave

Análise de inclinação simples
Centragem pela média geral
Efeito de interação
Efeito direto
Efeito indireto
Índice de mediação
Mediação
Mediadora
Moderação
Moderadora
Teste de Sobel
Variáveis fictícias

Tarefas da Alex Astuta

- **Tarefa 1**: McNulty e colaboradores (2008) encontraram uma relação, em recém-casados, entre a **Attractiveness** (atratividade) de uma pessoa e quanto **Support** (apoio) ela fornecia ao parceiro. Os dados estão em **McNulty et al.(2008).sav**. Essa relação é moderada pelo sexo da pessoa (ou seja, se os dados são do marido ou da esposa)?[17] ▊▊▊▊

- **Tarefa 2**: Crie gráficos de inclinação simples para a Tarefa 1. ▊▊▊▊

- **Tarefa 3**: McNulty e colaboradores (2008) também encontraram uma relação, em recém-casados, entre a **Attractiveness** (atratividade) de uma pessoa e sua **Satisfaction** (satisfação) com o relacionamento. Usando os mesmos dados das Tarefas 1 e 2, descubra se essa relação é moderada pelo sexo da pessoa. ▊▊▊▊

- **Tarefa 4**: Neste capítulo, testamos um modelo de mediação da infidelidade para os dados de Lambert e colaboradores usando as regressões de Baron e Kenny. Repita essa análise, mas usando **Hook_Ups** (ficar) como medida de infidelidade. ▊▊▊▊

- **Tarefa 5**: Repita a análise da Tarefa 4, mas usando a ferramenta *PROCESS* para estimar o efeito indireto e seu intervalo de confiança. ▊▊▊▊

- **Tarefa 6**: No Capítulo 4 (Tarefa 6), nós examinamos os dados de pessoas que foram forçadas a se casar com cabras e cachorros e medimos sua satisfação com a vida, bem como o quanto gostavam de animais (**Goat or Dog.sav**). Ajuste um modelo linear que preveja a satisfação com a vida a partir do tipo de animal com o qual a pessoa está casada. Relate o modelo final. ▊▊▊▊

- **Tarefa 7**: Repita a análise da Tarefa 6, mas inclua a preferência pelo animal no primeiro bloco e o tipo de animal no segundo bloco. Suas conclusões sobre a relação entre o tipo de animal e a satisfação com a vida mudaram? ▊▊▊▊

- **Tarefa 8**: Usando os dados de **GlastonburyDummy.sav**, para os quais já ajustamos um modelo, comente se você acha que o modelo é confiável e generalizável. ▊▊▊▊

- **Tarefa 9**: *Tablets*, como o iPad, são muito populares. O proprietário de uma empresa estava interessado em saber como tornar sua marca de *tablets* mais desejável. Ele coletou dados sobre o quão bacana as pessoas achavam que a publicidade do produto era (**Advert_Cool**), o quão bacana elas achavam o produto (**Product_Cool**) e o quão desejável elas achavam o produto (**Desirability**). Teste a hipótese do proprietário de que a relação entre uma publicidade bacana e o desejo por um produto é mediado por quão bacana as pessoas acham que o produto é (**Tablets.sav**). Estou revelando a minha idade ao utilizar a palavra "bacana"? ▊▊▊▊

Respostas e recursos adicionais estão disponíveis no *site* do livro em
https://edge.sagepub.com/field5e.

---

[17] Esses não são os dados reais do estudo, mas foram simulados para imitar os achados da Tabela 1 do artigo original.

12

MLG 1: COMPARANDO VÁRIAS MÉDIAS INDEPENDENTES

12.1 O que aprenderei neste capítulo? 520
12.2 Utilizando um modelo linear para comparar várias médias 521
12.3 Pressupostos na comparação de médias 534
12.4 Contrastes planejados (codificação de contrastes) 537
12.5 Procedimentos *post hoc* 549
12.6 Comparando várias médias utilizando o SPSS 551
12.7 Saída de uma ANOVA independente de um fator 556
12.8 Comparações robustas de várias médias 564
12.9 Comparações bayesianas de várias médias 566
12.10 Calculando o tamanho do efeito 567
12.11 Relatando os resultados de uma ANOVA independente de um fator 568
12.12 Caio tenta conquistar Gina 568
12.13 E agora? 570
12.14 Termos-chave 570
Tarefas da Alex Astuta 570

12.1 O que aprenderei neste capítulo?

Há momentos cruciais na vida de todos, e um dos meus foi aos 11 anos. No local onde eu cresci na Inglaterra, havia três opções ao sair da escola primária e passar para a escola secundária: (1) escola estadual (para onde vai a maioria); (2) escola secundária (para onde vão as pessoas inteligentes que passam em um exame chamado Eleven Plus); e (3) escola particular (para onde vão os ricos). Meus pais não eram ricos; eu não sou inteligente e, consequentemente, falhei no meu Eleven Plus – então a escola particular e a escola secundária (para onde foi meu irmão mais velho, "o mais inteligente") estavam fora de cogitação. Não havia escolha a não ser me juntar aos meus amigos na escola estadual local. E eu não poderia estar mais feliz: aos 11 anos, ainda não tinha me tornado um eremita da estatística e gostava de ter amigos. Imagine o choque de todos quando meus pais receberam uma carta dizendo que algumas vagas extras estavam disponíveis na escola secundária; embora a autoridade local dificilmente acreditasse e tivesse verificado os documentos do Eleven Plus milhões de vezes para confirmar suas descobertas, eu era o próximo da lista. Eu não poderia estar mais infeliz. Assim, dei adeus a todos os meus amigos e me juntei ao meu irmão na Ilford County High School para Meninos (uma escola cujo diretor batia nos alunos com uma bengala se eles eram particularmente ruins e cujo telhado teve, por um tempo considerável e por um bom motivo, as palavras "Prisão H. M." pintadas em letras brancas enormes). Foi adeus à normalidade e olá a sete anos de aprendizado sobre como não funcionar na sociedade. Muitas vezes me pergunto como teria sido a minha vida se não tivesse frequentado essa escola. Nos universos paralelos em que a carta não chegou e em que um outro Andy foi para a escola estadual, ou em que meus pais eram ricos, e ele foi para a escola particular, o que aconteceu com ele? Se quiséssemos comparar essas três situações, não poderíamos usar os métodos do Capítulo 10 porque existem mais de duas condições.[1] No entanto, este capítulo nos diz tudo sobre modelos estatísticos que usamos para analisar situações em que queremos comparar mais de duas médias independentes. O modelo é normalmente chamado **análise de variância** (ou **ANOVA** para os íntimos), mas, como veremos, é apenas uma variante do modelo linear. Então, na verdade, vamos aprender coisas que já conhecemos de capítulos anteriores. Espero que isso seja reconfortante.

Figura 12.1 Meu irmão Paul (à esquerda) e eu (à direita) em nossos uniformes escolares encantadores (observe o medo no meu rosto).

[1] Esse é o menor dos nossos problemas – há também a pequena questão de reinventar a física para acessar universos paralelos.

12.2 Utilizando um modelo linear para comparar várias médias ▍▍▍▍

Vimos, no Capítulo 10, que, se incluirmos no modelo linear uma variável previsora que contenha duas categorias, o *b* resultante para essa previsora irá comparar a diferença entre o escore médio das duas categorias. Também vimos, no Capítulo 11, que, se quisermos incluir uma previsora categórica que contenha mais de duas categorias, isso pode ser feito pela recodificação dessa variável em várias previsoras categóricas, cada qual com apenas duas categorias (codificação fictícia). Quando fazemos isso, os *b*s para as previsoras representam as diferenças entre médias. Portanto, se estivermos interessados em comparar mais de duas médias, podemos usar o modelo linear para fazer isso. Retomando o Capítulo 9, nós testamos o ajuste geral de um modelo linear com uma estatística *F* e podemos fazer o mesmo aqui: primeiro usamos um *F* para testar se previmos significativamente a variável de resultado usando as médias dos grupos (o que nos informa se, no geral, as médias do grupos são significativamente diferentes) e, em seguida, usamos os parâmetros específicos do modelo (os *b*s) para nos dizer qual média difere de quais. Não é incomum que os pesquisadores pensem e que as pessoas aprendam que comparamos médias com a "ANOVA" e que ela é de alguma forma diferente da "regressão" (i.e., o modelo linear), a qual você aplica para procurar relacionamentos entre variáveis. Essa divisão artificial é inútil (em minha opinião), e ela existe, em grande parte, por razões históricas estranhas (Vira-Lata Equivocado 12.1). A "ANOVA" à qual algumas pessoas aludem é simplesmente a estatística *F* que encontramos como um teste do ajuste de um modelo linear; é só que o modelo linear consiste em médias de grupos. Este capítulo irá desenvolver o que descobrimos nos Capítulos 10 e 11 sobre o uso de variáveis fictícias no modelo linear para comparar médias.

Um comentário adicional: há uma maneira diferente de ensinar o uso da estatística *F* para comparar as médias conhecido como o método da razão de variâncias. Essa abordagem é adequada para delineamentos simples, mas se torna incrivelmente incômoda em situações mais complexas, como a análise de covariância, ou quando você tem tamanhos de amostra desiguais.[2] A estrutura do modelo linear tem várias vantagens. Primeiro, estamos falando sobre um conteúdo que você já aprendeu (este capítulo é uma progressão natural de partes do livro que você já leu). Segundo, o modelo linear estende-se muito logicamente a situações mais complexas (p. ex., múltiplas previsoras, tamanhos de grupos desiguais) sem a necessidade de se atolar em matemática. E terceiro, o SPSS usa a estrutura do modelo linear (conhecido como o **modelo linear geral [MLG]**) para comparar médias (como um todo).

Vamos começar com um exemplo. Você está na metade do livro agora, e há muitas equações neste capítulo, então provavelmente precisamos de um pouco de terapia com filhotes de cachorro. Terapia com filhotes é uma forma de terapia assistida com animais, na qual o contato com o filhote é introduzido no processo terapêutico. Salas com filhotes foram criadas para desestressar alunos e funcionários da minha própria universidade (Sussex) no Reino Unido, juntamente a universidades em Bristol, Nottingham, Aberdeen e Lancaster. Eu já ouvi falar de coisas semelhantes em Dalhousie e Simon Fraser no Canadá e em Tufts e Caldwell nos Estados Unidos. Minha própria contribuição é, às vezes, trazer meu adorável *spaniel*, Ramsey (Figura 12.2), para trabalhar em meu escritório e ser fofo com qualquer aluno que se debulhe em lágrimas por causa de algum problema de estatística. Ele pode aparecer em pontos estratégicos deste capítulo para ajudar seu estado mental.

Apesar desse aumento da presença de filhotes de cachorro nos *campi* (o que pode ser uma coisa boa) para reduzir o estresse, a base de evidências é bastante variada. Uma revisão da terapia assistida com animais na saúde mental infantil constatou que, de 24 estudos, 8 encontraram efeitos positivos, 10 apresentaram achados contraditórios e 6 concluíram que não houve efeito (Hoagwood, Acri, Morrissey e Peth-Pierce, 2017).

Imagine que quiséssemos contribuir com essa literatura executando um estudo no qual dividimos as pessoas em três grupos: (1) um grupo-controle (que poderia receber um tratamento

---

[2] Tendo dito isso, vale o esforço de tentar obter tamanhos de amostras iguais nas suas diferentes condições porque delineamentos desbalanceados causam complicações estatísticas (ver seção 12.3).

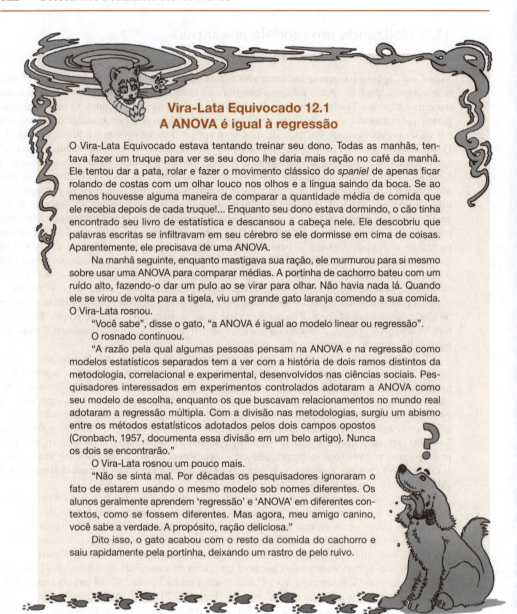

Vira-Lata Equivocado 12.1
A ANOVA é igual à regressão

O Vira-Lata Equivocado estava tentando treinar seu dono. Todas as manhãs, tentava fazer um truque para ver se seu dono lhe daria mais ração no café da manhã. Ele tentou dar a pata, rolar e fazer o movimento clássico do *spaniel* de apenas ficar rolando de costas com um olhar louco nos olhos e a língua saindo da boca. Se ao menos houvesse alguma maneira de comparar a quantidade média de comida que ele recebia depois de cada truque!... Enquanto seu dono estava dormindo, o cão tinha encontrado seu livro de estatística e descansou a cabeça nele. Ele descobriu que palavras escritas se infiltravam em seu cérebro se ele dormisse em cima de coisas. Aparentemente, ele precisava de uma ANOVA.

Na manhã seguinte, enquanto mastigava sua ração, ele murmurou para si mesmo sobre usar uma ANOVA para comparar médias. A portinha de cachorro bateu com um ruído alto, fazendo-o dar um pulo ao se virar para olhar. Não havia nada lá. Quando ele se virou de volta para a tigela, viu um grande gato laranja comendo a sua comida. O Vira-Lata rosnou.

"Você sabe", disse o gato, "a ANOVA é igual ao modelo linear ou regressão".

O rosnado continuou.

"A razão pela qual algumas pessoas pensam na ANOVA e na regressão como modelos estatísticos separados tem a ver com a história de dois ramos distintos da metodologia, correlacional e experimental, desenvolvidos nas ciências sociais. Pesquisadores interessados em experimentos controlados adotaram a ANOVA como seu modelo de escolha, enquanto os que buscavam relacionamentos no mundo real adotaram a regressão múltipla. Com a divisão nas metodologias, surgiu um abismo entre os métodos estatísticos adotados pelos dois campos opostos (Cronbach, 1957, documenta essa divisão em um belo artigo). Nunca os dois se encontrarão."

O Vira-Lata rosnou um pouco mais.

"Não se sinta mal. Por décadas os pesquisadores ignoraram o fato de estarem usando o mesmo modelo sob nomes diferentes. Os alunos geralmente aprendem 'regressão' e 'ANOVA' em diferentes contextos, como se fossem diferentes. Mas agora, meu amigo canino, você sabe a verdade. A propósito, ração deliciosa."

Dito isso, o gato acabou com o resto da comida do cachorro e saiu rapidamente pela portinha, deixando um rastro de pelo ruivo.

comum, nenhum tratamento ou, de preferência, algum tipo de tratamento placebo – p. ex., se nossa hipótese fosse especificamente sobre filhotes, poderíamos expor as pessoas desse grupo a um gato disfarçado de cachorro); (2) 15 minutos de terapia com um filhote (grupo de dose baixa) e (3) 30 minutos de contato com o filhote (grupo de dose alta). A variável dependente seria a medida de felicidade variando de 0 (tão infeliz quanto eu possa imaginar) a 10 (tão feliz quanto eu possa imaginar). O delineamento desse estudo mimetiza um ensaio controlado aleatorizado muito simples (tal como utilizado em ensaios de intervenção farmacológica, médica ou psicológica) porque as pessoas são randomizadas em um grupo-controle ou grupos contendo a intervenção ativa (neste caso, filhotes, mas, em outros casos, uma droga ou um procedimento cirúr-

Figura 12.2 Um pouco de terapia com filhotes para você na forma do meu cachorro, Ramsey.

Tabela 12.1 Dados em **Puppies.sav**

	Controle	15 minutos	30 minutos
	3	5	7
	2	2	4
	1	4	5
	1	2	3
	4	3	6
$\overline{X}$	2,20	3,20	5,00
DP	1,30	1,30	1,58
s^2	1,70	1,70	2,50

Média geral = **3,467**; DP geral = **1,767**
Variância geral = **3,124**

gico). Nós poderíamos prever que qualquer forma de terapia com filhotes devesse ser melhor do que a condição de controle (i.e., escores mais altos de felicidade), mas também formularíamos uma hipótese de que, à medida que o tempo de exposição aumentasse (de 0 minutos, passando por 15 até 30), a felicidade também aumentaria. Os dados estão na Tabela 12.1 e no arquivo **Puppies.sav**.

Se quisermos prever a felicidade a partir do grupo a qual pertence, podemos utilizar a equação geral que sempre retomamos:

resultado$_i$ = modelo + erro$_i$ \hfill (12.1)

Vimos que, com dois grupos, podemos usar um modelo linear substituindo o "modelo" na Equação 12.1 por uma variável fictícia que codifica os dois grupos (0 para um grupo e 1 para o outro) e um valor-b associado que representaria a diferença entre as médias dos grupos (seção 10.4). Aqui temos três grupos, mas também vimos que essa situação é facilmente incorporada ao modelo linear, utilizando duas variáveis fictícias (cada uma com seu valor-*b*) e que qualquer número de grupos pode ser incluído ao aumentarmos o número de variáveis fictícias para uma a menos que o número total de grupos (seção 11.5).

Também já aprendemos que, quando usamos variáveis fictícias, usamos um grupo como referência e atribuímos a ele um código zero em todas as variáveis fictícias (lembre que na seção 11.5 escolhemos a condição "sem afiliação musical" como grupo de referência). A categoria de referência deve ser a condição em relação à qual você pretende comparar os outros grupos. Na maioria dos experimentos bem planejados, haverá um grupo de participantes que atuará como controle para os demais grupos e, mantendo-se as outras variáveis inalteradas, esse será seu grupo de referência – embora o grupo escolhido dependa das hipóteses específicas que você deseja testar. Em delineamentos nos quais os tamanhos dos grupos não são iguais, é importante que o grupo de referência contenha um grande número de casos para garantir que as estimativas dos valores-*b* sejam confiáveis. No exemplo da terapia com filhotes, podemos considerar o grupo--controle (que não recebeu terapia) como a categoria de referência porque estamos interessados em comparar os grupos de 15 e 30 minutos com esse grupo. Se o grupo-controle é a categoria de referência, então as duas variáveis fictícias precisam representar as outras duas condições: assim, vamos chamar uma delas **Long** (longa, dose de 30 minutos) e a outra **Short** (curta, 15 minutos) para refletir a duração do tempo com os filhotes. Colocando essas variáveis fictícias no modelo como previsoras, temos:

$$\text{felicidade}_i = b_0 + b_1 \text{longa}_i + b_2 \text{curta}_i + \varepsilon_i \tag{12.2}$$

em que a felicidade de uma pessoa é prevista pelo conhecimento de seu código de grupo (i.e., o código numérico para as variáveis fictícias **Long** e **Short**) e o intercepto (b_0) do modelo. As variáveis fictícias podem ser codificadas de várias maneiras, mas a maneira mais simples é usar a codificação fictícia (seção 11.5). A categoria de referência é codificada como 0 para todas as variáveis fictícias. Se um participante recebeu 30 minutos de terapia com filhotes, ele será codificado com um 1 para a variável fictícia **Long** e 0 para a **Short**. Se um participante recebeu 15 minutos de terapia com filhotes, ele será codificado com o valor 1 para a variável fictícia **Short** e codificado com 0 para a **Long**. Usando esse esquema de codificação, cada grupo é representado exclusivamente pelos valores combinados das duas variáveis fictícias (ver Tabela 12.2).

Quando estamos prevendo uma variável de resultado a partir da participação em um grupo, os valores previstos do modelo (o valor da felicidade na Equação 12.2) são as médias dos grupos. Isso está ilustrado na Figura 12.3, que divide os dados de acordo com grupo. Se estivermos tentando prever a felicidade de uma nova pessoa e sabemos para qual grupo ela foi designada (mas ainda não temos seu escore), nosso melhor palpite será a média do grupo, porque em geral estaremos corretos. Por exemplo, se sabemos que alguém vai receber 30 minutos de terapia com filhotes e queremos prever sua felicidade, nosso melhor palpite será 5 porque sabemos que, em média, as pessoas que passam 30 minutos com um filhote avaliam sua felicidade como 5. Se as médias dos grupos forem significativamente diferentes, usar as médias dos grupos deve ser uma maneira eficaz de prever escores (porque poderemos diferenciar com sucesso a felicidade prevista com base no tempo que as pessoas passaram com o filhote). Voltaremos a esse ponto na próxima seção.

Tabela 12.2 Codificação fictícia para delineamento experimental de três grupos

Grupo	Variável fictícia 1 (*Long*)	Variável fictícia 2 (*Short*)
Controle	0	0
15 minutos de terapia com filhotes	0	1
30 minutos de terapia com filhotes	1	0

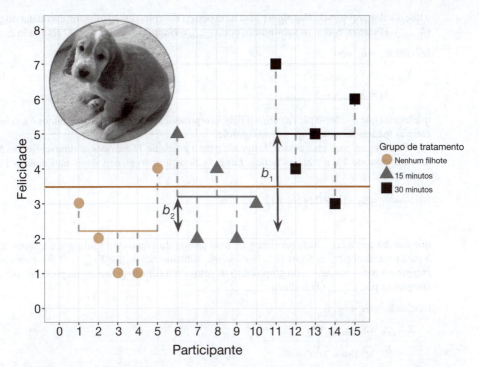

Figura 12.3 Dados da terapia com filhotes. As linhas horizontais representam a felicidade média de cada grupo. As formas geométricas representam a felicidade de cada participante (formas diferentes indicam grupos diferentes). A linha horizontal laranja-escura indica a felicidade média de todos os participantes. O cachorrinho é o Ramsey, quando filhote. Você nunca deve inserir filhotes de cachorro nos seus gráficos desnecessariamente... a menos que eles sejam o Ramsey e, neste caso, não tem problema.

Vamos examinar primeiro o modelo para o *grupo-controle*. Ambas as variáveis fictícias **Long** e **Short** são codificadas como 0 para as pessoas no grupo-controle. Portanto, se ignoramos o termo de erro (ε_i), o modelo fica:

$$\text{felicidade}_i = b_0 + (b_1 \times 0) + (b_2 \times 0)$$
$$= b_0 \qquad (12.3)$$
$$\bar{X}_{\text{Controle}} = b_0$$

Os grupos de 15 e 30 minutos saíram do modelo (porque foram codificados como 0) e ficamos com b_0. Como acabamos de descobrir, o valor previsto da felicidade será a média do grupo-controle ($\bar{X}_{\text{Controle}}$); portanto podemos substituir **Happiness** (felicidade) por esse valor. Assim, acontece a epifania de que b_0 no modelo é sempre a média da categoria/grupo de referência.

Para alguém no *grupo de 30 minutos*, o valor da variável fictícia **Long** será 1 e o valor para **Short** será 0. Substituindo esses valores na Equação 12.2, o modelo fica:

$$\text{felicidade}_i = b_0 + (b_1 \times 1) + (b_2 \times 0)$$
$$= b_0 + b_1 \qquad (12.4)$$

que nos informa que a felicidade prevista para uma pessoa do grupo de 30 minutos é a soma de b_0 e b para a variável fictícia **Long** (b_1). Nós já sabemos que b_0 é a média do grupo-controle ($\bar{X}_{\text{controle}}$)

e que o valor previsto de *Happiness* para uma pessoa do grupo de 30 minutos é a média do grupo ($\overline{X}_{30\,min}$). Portanto, podemos substituir b_0 por $\overline{X}_{controle}$ e *Happiness* por $\overline{X}_{30\,min}$. O resultado é:

$$\text{felicidade}_i = b_0 + b_1$$
$$\overline{X}_{30\,min} = \overline{X}_{Controle} + b_1 \tag{12.5}$$
$$b_1 = \overline{X}_{30\,min} - \overline{X}_{Controle}$$

que mostra que o valor-b para a variável fictícia representando o grupo de 30 minutos é a diferença entre as médias daquele grupo e o de controle.

Finalmente, para uma pessoa designada para o *grupo de 15 minutos*, a variável fictícia **Short** tem um valor de 1 e a variável fictícia **Long**, 0. Substituindo esses valores na Equação 12.2, o modelo fica:

$$\text{felicidade}_i = b_0 + (b_1 \times 0) + (b_2 \times 1)$$
$$= b_0 + b_2 \tag{12.6}$$

que nos diz que a felicidade prevista para uma pessoa do grupo de 15 minutos é a soma de b_0 e b para a variável fictícia **Short** (b_2). Novamente, substituimos b_0 por $\overline{X}_{controle}$. O valor previsto de *Happiness* para uma pessoa do grupo de 15 minutos é a média do grupo, assim podemos substituir *Happiness* por $\overline{X}_{15\,min}$. O resultado é:

$$\text{felicidade}_i = b_0 + b_2$$
$$\overline{X}_{15\,min} = \overline{X}_{Controle} + b_2 \tag{12.7}$$
$$b_2 = \overline{X}_{15\,min} - \overline{X}_{Controle}$$

que mostra que o valor-b para a variável fictícia que representa o grupo de 15 minutos (**Short**) é a diferença entre as médias para o grupo de 15 minutos e o controle.

A codificação fictícia é somente uma das maneiras de codificar variáveis fictícias. Veremos mais tarde neste capítulo (seção 12.4.2) que uma alternativa é a codificação de contraste, na qual você codifica as variáveis fictícias de tal forma que os valores-b representem as diferenças entre grupos sobre as quais você levantou hipóteses específicas antes de coletar os dados.

Teste seus conhecimentos

*Para ilustrar o que está acontecendo, eu criei um arquivo chamado **Puppies Dummy.sav** que contém os dados da terapia com filhotes com duas variáveis fictícias (**dummy1** e **dummy2**) que acabamos de discutir (Tabela 10.2). Ajuste um modelo linear prevendo a felicidade a partir das variáveis **dummy1** e **dummy2**. Se você tiver dificuldade, leia o Capítulo 9 novamente.*

A Saída 12.1 mostra o modelo da seção Teste seus conhecimentos. Lembre-se rapidamente das médias do grupo da Tabela 12.1. O ajuste geral do modelo foi testado com uma estatística F (i.e., ANOVA), que é significativa, $F(2, 12) = 5,12$, $p = 0,025$. Dado que o seu modelo representa as médias dos grupos, esse F nos informa que usar as médias dos grupos para prever os escores de

ANOVA[a]

Model		Sum of Squares	df	Mean Square	F	Sig.
1	Regression	20.133	2	10.067	5.119	.025[b]
	Residual	23.600	12	1.967		
	Total	43.733	14			

a. Dependent Variable: Happiness (0-10)
b. Predictors: (Constant), Dummy 2: 15 mins vs. Control, Dummy 1: 30 mins vs. Control

Coefficients[a]

Model		Unstandardized Coefficients B	Std. Error	Standardized Coefficients Beta	t	Sig.
1	(Constant)	2.200	.627		3.508	.004
	Dummy 1: 30 mins vs. Control	2.800	.887	.773	3.157	.008
	Dummy 2: 15 mins vs. Control	1.000	.887	.276	1.127	.282

a. Dependent Variable: Happiness (0-10)

Saída 12.1

felicidade é significativamente melhor do que usar a média de todos os escores: em outras palavras, as médias dos grupos são significativamente diferentes.

O teste-F é um teste geral que não identifica diferenças entre médias específicas. No entanto, os parâmetros do modelo (os valores-b) identificam. Como acabamos de descobrir, a constante (b_0) é igual à média da categoria de referência (o grupo-controle), 2,2. O valor-b para a primeira variável fictícia (b_1) é igual à diferença entre as médias do grupo de 30 minutos e do grupo-controle (5,0 − 2,2 = 2,8). Finalmente, o valor-b para a segunda variável fictícia (b_2) é igual à diferença entre as médias do grupo de 15 minutos e do grupo-controle (3,2 − 2,2 = 1,0). Isso mostra o que vimos nas Equações 12.3, 12.5 e 12.7. Podemos ver pelos valores da significância dos testes-t associados que a diferença entre o grupo de 30 minutos e o grupo-controle (b_1) é significativa porque $p = 0,008$, que é menor que 0,05; no entanto, a diferença entre o grupo de 15 minutos e o grupo controle não é ($p = 0,282$).

Podemos estender esse cenário de três grupos para quatro grupos (veja um exemplo na seção 11.5). Como antes, nós especificamos uma categoria como referência (um grupo-controle) e atribuímos a ela o código de 0 para todas as variáveis fictícias. As três condições restantes terão 1 para a variável fictícia que descreve aquela condição e 0 para as demais variáveis fictícias (Tabela 12.3).

12.2.1 Lógica da estatística F ▌▌▌▌

Aprendemos, no Capítulo 9, que a estatística F (ou razão F, como também é conhecida) testa o ajuste geral de um modelo linear a um conjunto de dados observados. F é a razão de quão bom o modelo é comparado com o quão ruim ele é (seu erro). Quando o modelo for baseado em médias de grupos, nossas previsões do modelo serão essas médias. Se as médias dos grupos forem as mesmas, a nossa capacidade de prever os dados observados será fraca (F será pequeno), mas, se as médias diferirem, seremos capazes de discriminar melhor entre os casos de diferentes grupos (F será grande). Assim, nesse contexto, F basicamente nos diz se as médias dos grupos são significativamente diferentes. Deixe-me elaborar.

Tabela 12.3 Codificação de variáveis fictícias para o delineamento experimental de quatro grupos

	Variável fictícia 1	Variável fictícia 2	Variável fictícia 3
Grupo 1	1	0	0
Grupo 2	0	1	0
Grupo 3	0	0	1
Grupo 4 (referência)	0	0	0

A Figura 12.3 mostra os dados da terapia com filhotes incluindo as médias dos grupos, a média geral e a diferença entre cada caso e a média do grupo. Queremos testar a hipótese de que as médias dos três grupos são diferentes (portanto, a hipótese nula é que as médias dos grupos são as mesmas). Se as médias dos grupos fossem as mesmas, não iríamos esperar que o grupo-controle diferisse dos grupos de 15 ou 30 minutos nem que o grupo de 15 minutos fosse diferente do grupo de 30 minutos. Nessa situação, as três linhas horizontais que representam os grupos na Figura 12.3 estariam na mesma posição vertical (a posição exata seria a grande média – a linha horizontal laranja-escura na figura). Esse não é o caso da figura: as linhas estão em diferentes posições verticais, mostrando que as médias dos grupos são diferentes. Acabamos de descobrir que, no modelo, b_1 representa a diferença entre as médias dos grupos-controle e de 30 minutos e b_2 representa a diferença entre as médias dos grupos de 15 minutos e de controle. Essas duas distâncias estão representadas na Figura 12.3 pelas setas verticais. Se a hipótese nula for verdadeira, e todos os grupos tiverem a mesma média, esses coeficientes b devem ser zero (porque, se as médias dos grupos forem iguais, a diferença entre elas será zero).

Podemos aplicar a mesma lógica que aplicamos para qualquer modelo linear:

- O modelo que representa "sem efeito" ou "sem relacionamento entre a variável previsora e a variável de resultado – é aquele em que o valor previsto da variável de resultado é sempre a média geral (a média da variável de resultado).
- Podemos ajustar um modelo diferente aos dados que represente nossa hipótese alternativa. Comparamos o ajuste desse modelo ao ajuste do modelo da hipótese nula (i.e., usar a média geral).
- O intercepto e um ou mais parâmetros (b) descrevem o modelo.
- Os parâmetros determinam o formato do modelo que ajustamos; portanto, quanto maiores os coeficientes, maior o desvio entre o modelo e o modelo nulo (média geral).
- Na pesquisa experimental, os parâmetros (b) representam as diferenças entre as médias dos grupos. Quanto maiores as diferenças entre as médias dos grupos, maior a diferença entre o modelo e o modelo nulo (média geral).
- Se as diferenças entre as médias dos grupos forem grandes o suficiente, o modelo resultante será mais adequado aos dados do que o modelo nulo (média geral).
- Se esse for o caso, podemos inferir que o nosso modelo (i.e., prever os escores com base nas médias dos grupos) é melhor do que não usar um modelo (i.e., prever os escores com base na média geral). Dito de outra forma, nossas médias dos grupos são significativamente diferentes da hipótese nula (de que todas as médias são iguais).

Usamos a estatística F para comparar a melhoria no ajuste devida ao uso do modelo (em vez do modelo da hipótese nula ou média geral) ao erro que ainda permanece. Em outras palavras, a estatística F é a razão entre a variação explicada e a não explicada. Calculamos essa variação usando as somas dos quadrados (veja a seção 9.2.4 para refrescar sua memória), o que pode parecer complicado, mas não é tão ruim quanto você pensa (Gina Gênia 12.1).

Gina Gênia 12.1
A ANOVA resume-se a uma equação
(bem... mais ou menos)

Em cada estágio da ANOVA, avaliamos a variação (ou desvio) de um modelo específico (seja o modelo da hipótese nula ou o modelo que representa nossa hipótese). Na seção 2.5.1, vimos que a extensão em que um modelo se desvia dos dados observados pode ser expressa, em geral, pela Equação 2.11, que eu repito aqui como a Equação 12.8:

$$\text{erro total} = \sum_{i=1}^{n} \left(\text{observado}_i - \text{modelo}_i\right)^2 \tag{12.8}$$

Então, quando comparamos as médias como no modelo linear, geralmente usamos essa equação para calcular o ajuste do modelo da hipótese nula e, depois, o ajuste do modelo alternativo que representa nossa hipótese. Se o modelo alternativo for bom, ele deve se ajustar aos dados significativamente melhor do que o modelo da hipótese nula.

Todas as somas dos quadrados que examinamos neste capítulo são variações da Equação 12.8: tudo o que muda é o que usamos como modelo e os dados observados. Ao ler sobre as somas dos quadrados, pense na Equação 12.8 para lembrar-se de que as equações são apenas variantes de como encarar a diferença entre valores observados e valores previstos por um modelo.

12.2.2 Soma dos quadrados total (SQ_T)

Para encontrar a quantidade total de variação dentro dos nossos dados, calculamos a diferença entre cada ponto de dados e a média geral. Elevamos ao quadrado essas diferenças e as somamos para termos a soma dos quadrados total (SQ_T):

$$SQ_T = \sum_{i=1}^{N} \left(x_i - \bar{x}_{\text{geral}}\right)^2 \tag{12.9}$$

A variância e as somas dos quadrados estão relacionadas de tal forma que a variância, $s^2 = SQ_T/(N-1)$, onde N é o número de observações (seção 2.5.1). Portanto, podemos calcular a soma dos quadrados total a partir da variância de todas as observações (a **variância geral**), reorganizando o relacionamento, $SQ_T = s^2(N-1)$. A variância geral é a variação entre todos os escores, independentemente do grupo do qual os escores tenham vindo. A Figura 12.4 mostra graficamente as diferentes somas dos quadrados (observe a semelhança com a Figura 9.5, que vimos quando aprendemos sobre o modelo linear). O painel superior esquerdo mostra a soma dos quadrados total: é a

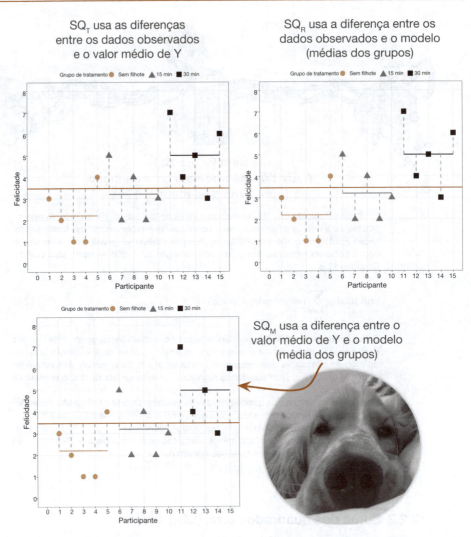

Figura 12.4 Representação gráfica das diferentes somas dos quadrados quando comparamos várias médias usando um modelo linear. Também a foto de Ramsey quando filhote. Tufte o chamaria de um lixo de gráfico, mas eu o chamo de meu adorável spaniel louco.

soma das distâncias elevadas ao quadrado entre cada ponto e a linha horizontal sólida (que representa a média de todos os escores).

A variância geral para os dados da terapia com filhotes é dada na Tabela 12.1, e havia, no total, 15 escores. Portanto, SQ_T é 43,74:

$$\begin{aligned}SQ_T &= s_{geral}^2 (N-1) \\ &= 3{,}124\,(15-1) \\ &= 3{,}124 \times 14 \\ &= 43{,}74\end{aligned}$$ (12.10)

Antes de prosseguirmos, dê uma olhada na Gina Gênia 2.2 para refrescar sua memória sobre graus de liberdade. Quando estimamos valores da população, os graus de liberdade são geralmente um a menos do que o número de escores usados para calcular a estimativa. Isso porque, para obter as estimativas, mantemos algo constante na população (p. ex., para obter a variância, mantemos a média constante), o que deixa todos os escores livres para variar, com exceção de um. Para o SQ_T, usamos a amostra inteira (i.e., 15 escores) para calcular as somas dos quadrados, e, portanto, os graus totais de liberdade (gl_T) são um a menos que o tamanho total da amostra ($N - 1$). Para os dados da terapia com filhotes, esse valor é 14.

12.2.3 Soma dos quadrados do modelo (SQ_M)

Até agora, sabemos que a quantidade total de variação dentro da variável de resultado é de 43,74 unidades. Agora precisamos saber o quanto dessa variação o modelo consegue explicar. Porque o nosso modelo prevê a variável de resultado a partir das médias dos nossos grupos de tratamento (terapia com filhotes), as somas dos quadrados do modelo nos dizem o quanto da variação total da variável de resultado pode ser explicado pelo fato de que diferentes escores provêm de entidades em diferentes condições de tratamento.

A soma dos quadrados do modelo é alcançada calculando-se a diferença entre os valores previstos pelo modelo e a média geral (ver seção 9.2.4, Figura 9.5). Ao fazer previsões a partir de associação a grupo, os valores previstos pelo modelo são as médias dos grupos (as linhas horizontais coloridas na Figura 12.4). O painel inferior da Figura 12.4 mostra a soma dos quadrados dos erros do modelo: é a soma das distâncias quadradas entre o que o modelo prevê para cada ponto de dados – a média do grupo ao qual o escore pertence, representada pelas linhas horizontais laranja (controle), cinza (15 minutos) e preta (30 minutos) – e a média geral da variável de resultado (a linha horizontal laranja-escura). Por exemplo, o valor previsto para os cinco participantes no grupo-controle (círculos) é de 2,2, para os participantes na condição de 15 minutos (triângulos) é de 3,2, e para os participantes na condição de 30 minutos (quadrados) é de 5. A soma dos quadrados do modelo requer que calculemos as diferenças entre o valor previsto de cada participante e a média geral. Essas diferenças são elevadas ao quadrado e somadas (por motivos que expliquei anteriormente). Já que o valor previsto para os participantes de um grupo é sempre o mesmo valor (a média do grupo), a maneira mais fácil de calcular a SQ_M é usar:

$$SQ_M = \sum_{g=1}^{k} n_g \left(\overline{x}_g - \overline{x}_{geral} \right)^2 \qquad (12.11)$$

Essa equação, basicamente, diz:

- Calcular a diferença entre a média de cada grupo ($\overline{x}_g$) e a média geral ($\overline{x}_{geral}$).
- Elevar ao quadrado cada uma dessas diferenças.
- Multiplicar cada resultado pelo número de participantes dentro daquele grupo (n_g).
- Somar os valores de cada grupo.

Se fizermos isso para a terapia com filhotes, obteremos:

$$\begin{aligned} SQ_M &= 5(2,200 - 3,467)^2 + 5(3,200 - 3,467)^2 + 5(5,000 - 3,467)^2 \\ &= 5(-1,267)^2 + 5(-0,267)^2 + 5(1,533)^2 \\ &= 8,025 + 0,355 + 11,755 \\ &= 20,135 \end{aligned} \qquad (12.12)$$

Para a SQ_M, os graus de liberdade (gl_M) são um a menos do que o número de "coisas" usadas para calcular a SQ. Usamos as médias dos três grupos, assim gl_M é o número de grupos menos um (que você verá representado como $k - 1$). Assim, neste exemplo, temos três grupos, e os graus de liberdade são 2 (porque o cálculo da soma dos quadrados é baseado nas médias dos grupos, dois dos quais poderão variar na população caso o terceiro se mantenha constante).

12.2.4 Soma dos quadrados dos resíduos (SQ$_R$) ||||

Sabemos agora que existem 43,74 unidades de variação a serem explicadas em nossa variável de resultado e que nosso modelo explica 20,14 delas (quase a metade). A soma dos quadrados dos resíduos (SQ$_R$) nos diz o quanto da variação *não* é explicada pelo modelo. Esse valor é a quantidade de variação criada por coisas que não medimos, como erro na mensuração e diferenças individuais em coisas que podem afetar a felicidade. A maneira mais simples de calcular a SQ$_R$ é subtrair a SQ$_M$ da SQ$_T$ (SQ$_R$ = SQ$_T$ − SQ$_M$), mas isso fornece pouco conhecimento sobre o que representa a SQ$_R$, e, é claro, se você errou os cálculos da SQ$_M$ ou da SQ$_T$ (ou de ambas!), a SQ$_R$ também estará errada.

Vimos, na seção 9.2.4, que a soma dos quadrados dos resíduos é a diferença entre o que o modelo prevê e o que foi observado. Ao usar a associação de grupo para prever um resultado, os valores previstos pelo modelo são as médias dos grupos (as linhas horizontais coloridas na Figura 12.4). O painel superior direito da Figura 12.4 mostra a soma dos quadrados dos erros: é a soma das distâncias ao quadrado entre cada escore e a linha horizontal do grupo ao qual esse escore pertence.

Já sabemos que, para um determinado participante, o modelo prevê a média do grupo ao qual esse participante pertence. Portanto, a SQ$_R$ é calculada observando a diferença entre o escore obtido por uma pessoa e a média do grupo ao qual a pessoa pertence. Em termos gráficos, as linhas verticais tracejadas na Figura 12.3 representam essa soma dos quadrados. Essas distâncias entre cada escore e a média do grupo são elevadas ao quadrado e somadas para fornecer a soma dos quadrados dos resíduos, SQ$_R$:

$$SQ_R = \sum_{g=1}^{k}\sum_{i=1}^{n}\left(x_{ig} - \bar{x}_g\right)^2 \tag{12.13}$$

A Equação 12.13 diz que a soma dos quadrados de cada grupo é a diferença elevada ao quadrado entre o escore de cada participante em um grupo (x_{ig}) e a média desse grupo ($\bar{x}_g$), e os dois sinais sigma significam que repetimos esse cálculo desde o primeiro participante ($i = 1$) até o último (n) do primeiro grupo ($g = 1$) até o último (k). Assim, podemos também expressar SQ$_R$ como SQ$_R$ = SQ$_{grupo\,1}$ + SQ$_{grupo\,2}$ + SQ$_{grupo\,3}$ + ... + SQ$_{grupo\,k}$. Sabemos que a variância é a soma dos quadrados dividida por $n - 1$ e podemos expressar a soma dos quadrados dos resíduos em termos de variância como fizemos para a soma dos quadrados total. O resultado é:

$$SQ_R = \sum_{g=1}^{k} s_g^2\left(n_g - 1\right) \tag{12.14}$$

que se traduz como "multiplicar a variância de cada grupo (s_g^2) por um a menos que o número de pessoas nesse grupo ($n_g - 1$); em seguida, adicionar os resultados de cada grupo". Para os dados da terapia com filhotes, obtemos:

$$\begin{aligned}SQ_R &= s_{grupo\,1}^2\left(n_1 - 1\right) + s_{grupo\,2}^2\left(n_2 - 1\right) + s_{grupo\,3}^2\left(n_3 - 1\right) \\ &= 1,70\,(5-1) + 1,70\,(5-1) + 2,50\,(5-1) \\ &= (1,70 \times 4) + (1,70 \times 4) + (2,50 \times 4) \\ &= 6,8 + 6,8 + 10 \\ &= 23,60\end{aligned} \tag{12.15}$$

Os graus de liberdade para SQ_R (gl_R) são os graus de liberdade totais menos os graus de liberdade do modelo ($gl_R = gl_T - gl_M = 14 - 2 = 12$. Em outras palavras, $N - k$: o tamanho total da amostra, N, menos o número de grupos, k.

12.2.5 Média dos quadrados ▍▍▍▍

A SQ_M nos mostra a variação *total* que o modelo (neste caso, a manipulação experimental) explica, e a SQ_R nos mostra a variação *total* que é devida a fatores não medidos. Como os dois valores são somas, seu tamanho depende do número de escores; por exemplo, a SQ_M usou a soma de três valores (as médias do grupo), enquanto a SQ_R e a SQ_T utilizaram a soma de 15 valores. Para eliminar esse viés, calculamos uma soma média dos quadrados (conhecida como *médias dos quadrados*, MQ). Em vez de dividir pelo número de escores usados em cada SQ, nós dividimos pelos graus de liberdade, porque estamos tentando extrapolar para uma população e, assim, alguns parâmetros dentro dessa população serão mantidos constantes (lembre-se de que fizemos isso ao calcular a variância – ver Gina Gênia 2.2). Para os dados da terapia com filhotes, obtemos uma média dos quadrados do modelo (MQ_M) de 10,067 e uma média dos quadrados dos resíduos (MQ_R) de 1,96:

$$MQ_M = \frac{SQ_M}{gl_M} = \frac{20,135}{2} = 10,0677$$
$$MQ_R = \frac{SQR}{gl_R} = \frac{23,60}{12} = 1,96$$
(12.16)

MQ_M representa a quantidade média de variação explicada pelo modelo (p. ex., a variação sistemática), enquanto MQ_R é uma medida da quantidade média da variação explicada por variáveis não medidas (a variação não sistemática).

12.2.6 A estatística *F* ▍▍▍▍

A estatística F (ou razão F) é uma medida da razão entre a variação explicada pelo modelo e a variação atribuível a fatores não sistemáticos. Em outras palavras, é a proporção de quão bom é o modelo em relação ao quão ruim ele é (quanto erro há). A estatística F é calculada dividindo a média dos quadrados do modelo pela média dos quadrados dos resíduos:

$$F = \frac{MQ_M}{MQ_R}$$
(12.17)

Como com outras estatísticas de teste que analisamos (p. ex., t), a estatística F é uma razão sinal--ruído. Em pesquisa experimental, ela é a razão do efeito experimental em relação às diferenças individuais no desempenho. Pelo fato de F ser a razão entre a variância sistemática e a não sistemática, se ela for menor que 1, significa que MQ_R é maior que MQ_M e que há mais variância não sistemática do que a variância sistemática. Na pesquisa experimental, isso significa que o efeito da variação natural é maior do que as diferenças trazidas pelo experimento. Nesse cenário, podemos, portanto, ter certeza de que a nossa manipulação experimental foi malsucedida (porque ela explicou menos mudança do que se deixássemos nossos participantes sozinhos) e de que F não será significativo. Para os dados da terapia com filhotes, a estatística F é:

$$F = \frac{MQ_M}{MQ_R} = \frac{10,067}{1,967} = 5,12$$
(12.18)

significando que a variação sistemática é 5 vezes maior do que a variação não sistemática; basicamente a manipulação experimental (grupos de terapia com filhotes) teve algum impacto além do efeito das diferenças individuais no desempenho. Normalmente, os pesquisadores estão interessados em saber se essa razão é significativa: em outras palavras, qual seria a probabilidade de obter um *F* com pelo menos esse tamanho se a manipulação experimental, na realidade, não tivesse tido nenhum efeito sobre a felicidade (i.e., a hipótese nula). Quando acontecer de a sociedade entrar em colapso, de voltarmos a utilizar um sistema simples de barganha e de toda a tecnologia ser descartada no espaço, compararemos o valor *F* obtido com os valores de uma distribuição *F* com os mesmos graus de liberdade (veja o Apêndice). Se o valor observado exceder o valor crítico, provavelmente concluiremos que nossa variável independente teve um efeito genuíno (porque um *F* pelo menos tão grande quanto o que observamos seria muito improvável se não houvesse efeito na população). Com 2 e 12 graus de liberdade, os valores críticos são de 3,89 ($p = 0,05$) e 6,93 ($p = 0,01$). O valor observado, 5,12, é, portanto, significativo ao nível de 0,05, mas não significativo ao nível de 0,01. Até o surgimento desse futuro antitecnológico, podemos obter o *p* exato usando um computador: se ele for menor do que o nível alfa que definimos antes do experimento (p. ex., 0,05), os cientistas geralmente concluem que a variável que eles manipularam teve um efeito genuíno (de maneira mais geral, que prever a variável de resultado a partir dos membros do grupo melhora a previsão).

12.2.7 Interpretando o *F* ||||

Eu já mencionei que o *F* avalia o ajuste geral do modelo aos dados. Quando o modelo é aquele que prevê um resultado a partir de médias de grupos, *F* avalia se "no geral" há diferenças entre as médias; ele não fornece informações específicas sobre quais grupos foram afetados. É um teste *global*. Em nosso exemplo da terapia com filhotes, no qual há três grupos, um *F* significativo nos diz que as médias dessas três amostras diferem (i.e., que $X_1 = X_2 = X_3$ *não* é verdadeiro). Existem várias maneiras pelas quais as médias podem diferir: (1) todas as três médias amostrais podem ser significativamente diferentes ($X_1 \neq X_2 \neq X_3$); (2) as médias dos grupos 1 e 2 podem ser semelhantes entre si, mas diferentes das do grupo 3 ($X_1 = X_2 \neq X_3$); (3) as médias dos grupos 2 e 3 podem ser semelhantes entre si, mas diferentes das do grupo 1 ($X_1 \neq X_2 = X_3$); ou (4) as médias dos grupos 1 e 3 podem ser semelhantes entre si, mas diferentes das do grupo 2 ($X_1 = X_3 \neq X_2$).

Você pode achar o *F* um pouco inútil porque, considerando todo o trabalho de realizar um experimento, você provavelmente quer previsões mais específicas do que "há uma diferença aqui ou ali". Você pode se perguntar por que não ajustamos vários modelos, cada um comparando apenas duas médias de cada vez; afinal, isso iria lhe dizer especificamente se os pares de médias dos grupos diferem. A razão pela qual não fazemos isso foi explicada na seção 2.9.7: toda vez que executamos um teste nos mesmos dados, aumentamos a taxa de erro do tipo 1. Voltaremos a este ponto na seção 12.5 quando descobrirmos como determinar onde estão as diferenças entre os grupos. Por enquanto, porém, a razão pela qual o teste-*F* é útil é que, como teste único (embora de uma hipótese não específica), ele controla a taxa de erro do tipo 1. Após definir que as médias gerais dos grupos diferem (ou seja, o resultado pode ser significativamente previsto usando as médias dos grupos), podemos usar as estimativas dos parâmetros do modelo (os valores-*b*) para nos dizer onde estão as diferenças.

12.3 Pressupostos na comparação de médias ||||

Para comparar médias usamos um modelo linear, por isso todas as fontes potenciais de tendenciosidade discutidas no Capítulo 6 se aplicam. A normalidade é testada em escores *dentro dos grupos*, não considerando a amostra como um todo (ver Gina Gênia 6.1).

12.3.1 Homogeneidade das variâncias ||||

Como em qualquer modelo linear, presumimos que a variância da variável de resultado se mantém estável à medida que a previsora muda (nesse contexto, significa que as variações nos grupos são iguais). Quando os tamanhos dos grupos forem desiguais, as violações do pressuposto de homogeneidade das variâncias podem ter consequências bastante sérias. Esse pressuposto pode ser testado usando o teste de Levene (ver seção 6.11.2). Uma abordagem convencional para esse pressuposto é que, se o teste de Levene for significativo (i.e., o valor-*p* for menor que 0,05), concluiremos que as variâncias são significativamente diferentes e tentaremos corrigir a situação. No entanto, a estatística *F* pode ser ajustada para corrigir o grau de heterogeneidade, e, dessa forma, você também pode usar o *F* corrigido, porque pequenos desvios da homogeneidade resultarão em correções muito pequenas (ver Gina Gênia 6.6). Duas dessas correções são o ***F* de Brown-Forsythe** (Brown e Forsythe, 1974) e o ***F* de Welch** (Welch, 1951). Se você estiver realmente entediado, essas duas estatísticas serão discutidas na Gina Gênia 12.2. Você também pode usar uma versão robusta do *F* que não presume homogeneidade (seção 12.8).

Gina Gênia 12.2
O que faço na ANOVA quando o pressuposto de homogeneidade das variâncias for violado?

O *F* de Brown-Forsythe é razoavelmente fácil de explicar. Quando os tamanhos dos grupos forem desiguais e os grupos grandes tiverem a maior variação, o *F* é conservador. Pensando na Equação 12.14, isso faz sentido porque, para calcular SQ_R, as variâncias são multiplicadas pelos tamanhos das amostras (menos 1), de modo que você obtém um tamanho de amostra grande multiplicado pelo cruzamento com uma grande variância, o que aumenta o valor de SQ_R. O *F* é proporcional ao SQ_M/SQ_R; portanto, se a SQ_R for grande, a estatística *F* ficará menor (por isso, torna-se conservador: seu valor é excessivamente reduzido). Brown e Forsythe contornam esse problema ponderando as variâncias do grupo não pelo tamanho da amostra, mas pelo inverso do tamanho da amostra (eles usam *n/N*, que é o tamanho do grupo como uma proporção do tamanho total da amostra). Esse ajuste reduz o impacto de amostras grandes com grandes variações:

$$F_{BF} = \frac{SQ_M}{SQ_{RBF}} = \frac{SQ_M}{\sum s_k^2 \left(1 - \frac{n_k}{N}\right)}$$

Para os dados da terapia com filhotes, a SQ_M é a mesma de antes (20,135), assim, *F* se torna:

$$F_{BF} = \frac{20{,}135}{s_{grupo\,1}^2 \left(1 - \frac{n_{grupo\,1}}{N}\right) + s_{grupo\,2}^2 \left(1 - \frac{n_{grupo\,2}}{N}\right) + s_{grupo\,3}^2 \left(1 - \frac{n_{grupo\,3}}{N}\right)}$$

$$= \frac{20{,}135}{1{,}7\left(1 - \frac{5}{15}\right) + 1{,}7\left(1 - \frac{5}{15}\right) + 2{,}5\left(1 - \frac{5}{15}\right)}$$

$$= \frac{20{,}135}{3{,}933}$$

$$= 5{,}119$$

Essa estatística é avaliada usando-se os graus de liberdade do modelo e dos termos de erro. Para o modelo, os gl_M são os mesmos de antes (i.e., $k - 1 = 2$), mas um ajuste é feito nos graus de liberdade dos resíduos, gl_R. O F de Welch (1951) é um ajuste alternativo que requer mais tempo para se explicar – se você estiver interessado, veja o Oliver Twist. Ambos os ajustes controlam bem a taxa de Erro do tipo I (i.e., quando não houver efeito na população, você receberá um F não significativo), mas o F de Welch tem mais poder (i.e., é melhor em detectar um efeito existente), exceto quando há uma média extrema que tem uma grande variância (Tomarken e Serlin, 1986).

Oliver Twist
Por favor, senhor, quero um pouco mais de... F de Welch

"Você apenas está nos contando sobre o F de Brown-Forsythe porque você não entende o F de Welch", insulta Oliver. "Andy, Andy, cabeça de areia...." Tanto faz, Oliver. Da mesma forma que o F de Brown-Forsythe, o F de Welch ajusta os graus de liberdade dos resíduos para combater problemas decorrentes das violações do pressuposto de homogeneidade das variâncias. Há uma longa explicação sobre o F de Welch no material adicional disponível no *site* do livro. Ah, Oliver, *microchips* são feitos de areia.

12.3.2 A ANOVA é robusta? ||||

As pessoas costumam dizer que "a ANOVA é um teste robusto", ou seja, não importa muito se infringirmos os pressupostos, o F ainda será preciso. Lembre-se do Capítulo 6 em que nos preocupamos principalmente com a normalidade se quisermos avaliar a significância ou construir intervalos de confiança. Há duas perguntas a serem consideradas em torno da significância de F. Primeiro, o F controla a taxa de Erro do tipo I ou é significativo mesmo quando não há diferenças entre médias? Em segundo lugar, tem poder suficiente (i.e., é capaz de detectar diferenças quando elas estão lá)?

O mito de que "a ANOVA é robusta" está bastante difundido. Provavelmente, deve-se a pesquisas feitas há muito tempo que investigaram uma gama limitada de situações. Exemplos desses trabalhos sugerem que, *quando os tamanhos dos grupos são iguais*, a estatística F pode ser bastante robusta a violações da normalidade (Lunney, 1970), principalmente para a assimetria (Donaldson, 1968), e que, quando as variâncias são proporcionais às médias, o poder do F não é afetado pela heterogeneidade das variâncias (Budescu, 1982; Budescu e Appelbaum, 1981).

O problema é que esse estudo tem mais de 35 anos, por isso vamos atualizar as coisas (para uma análise mais detalhada, consulte Field e Wilcox, 2017). Simulações recentes mostram que diferenças na assimetria, não normalidade e heterocedasticidade interagem de maneiras complicadas que impactam o poder (Wilcox, 2017). Por exemplo, na ausência de normalidade, as violações da homocedasticidade afetarão o F quando os tamanhos dos grupos forem iguais (Wilcox, 2010, 2012, 2016) e, quando as médias forem iguais, a taxa de erro (que deve ser de 5%) pode ser tão alta quanto 18%. Wilcox (2016) sugere que o F seja considerado robusto somente se as distribuições dos grupos forem idênticas, por exemplo, se os grupos forem assimétricos da mesma forma, o que na prática é bastante improvável. Distribuições caudais pesadas são especialmente problemáticas: se você configurar uma situação com um poder de 0,9 para detectar um efeito em uma distribuição normal e contaminar essa distribuição com 10% de escores a partir de uma distribuição normal com uma variância maior (isso produz caudas mais pesadas), o poder cai para 0,28 (apesar do fato de que apenas 10% dos escores mudaram). Da mesma forma, o d de Cohen cai de 1 para 0,28 quando as distribuições são normais (Wilcox, Carlson, Azen e Clark, 2013). Além disso, amostras com caudas pesadas têm implicações para o teorema central do limite, que diz que em amostras de 30 ou mais a distribuição amostral é quase normal (seção 6.6.1); para distribuições com caudas pesadas, as amostras precisam ser bem maiores, até 160 em alguns casos (Wilcox, 2010). Resumindo, o F não é robusto, apesar do que seu orientador possa lhe dizer.

As violações do pressuposto de independência são realmente muito graves. Scariano e Davenport (1987) mostraram que, se os escores forem correlacionados moderadamente (digamos, com um coeficiente de Pearson de 0,5), quando compararmos três grupos de 10 observações por grupo, a taxa de Erro do tipo I será de 0,74 (lembre-se de que esperávamos que fosse 0,05). Em outras palavras, você acha que cometerá um erro do tipo I em 5% das vezes, mas, na verdade, você vai cometer um em 74% das vezes!

12.3.3 O que fazer quando os pressupostos são violados ▐▐▐▐

As violações dos pressupostos estão longe de ser a dor de cabeça que costumavam ser. No Capítulo 6, discutimos métodos para corrigir problemas (p. ex., os métodos de redução da tendenciosidade na seção 6.12), mas eles podem ser evitados na maioria das vezes. Se você rotineiramente interpreta o F de Welch, nem sequer precisa pensar em homogeneidade das variâncias e pode fazer um *bootstrap* das estimativas dos parâmetros, o que não afetará o F propriamente dito, mas pelo menos você saberá que os parâmetros do modelo são robustos. Há também testes robustos que usam 20% de dados aparados e o *bootstrap*, que podemos implementar no SPSS usando o R (ver seção 4.13). Existe também uma linha de pensamento que diz que deveriamos aplicar esse teste robusto em todas as situações e não nos preocuparmos com pressupostos. Finalmente, você pode usar o teste de Kruskal-Wallis do Capítulo 7 (embora pessoalmente eu prefira o teste robusto). Se você aplicar a estatística F habitual, faça, no mínimo, uma análise de sensibilidade (i.e., aplique um teste robusto para verificar se sua conclusão não mudará).

12.4 Contrastes planejados (codificação de contrastes) ▐▐▐▐

Já aludi à necessidade de analisar mais a fundo um F significativo observando as estimativas dos parâmetros do modelo, que nos informam sobre diferenças específicas entre as médias. De fato, na seção 12.2, vimos que, se codificarmos com variáveis fictícias os grupos que queremos comparar, o b para cada variável fictícia vai comparar a média do grupo de referência à do grupo codificado com um 1 na variável fictícia específica. No exemplo da terapia com filhotes, terminamos com dois bs, um comparando a média do grupo de 15 minutos com o grupo-controle e o outro comparando o grupo de 30 minutos com o de controle (Figura 12.3). Cada um desses bs é testado com uma estatística t que nos diz se o b é significativamente diferente de 0 (i.e., se as médias diferem). O problema é que, com duas variáveis fictícias, acabamos com dois testes-t, o que aumenta a taxa de erro de conjunto (ver seção 2.9.7). O outro problema é que as variáveis fictícias podem não fazer todas as comparações que queremos fazer (p. ex., os grupos de 15 e 30 minutos não são comparados).

Há algumas soluções para esses problemas. A primeira é usar a codificação de contraste em vez da codificação fictícia. A codificação de contraste é uma maneira de atribuir pesos a grupos nas variáveis fictícias para realizar **contrastes planejados** (também conhecidos como comparações planejadas). Os pesos são atribuídos de forma que os contrastes sejam independentes, ou seja, a taxa global do Erro de tipo I é controlada. Uma segunda opção é comparar cada média de um grupo a todas as outras (i.e., realizar vários testes de sobreposição usando uma estatística *t* de cada vez), mas usando um critério de aceitação mais estrito que mantenha a taxa de erro de conjunto em 0,05. Esses são conhecidos como **testes** *post hoc* (ver seção 12.5). Geralmente, contrastes planejados são feitos para testar hipóteses específicas, enquanto os testes *post hoc* são usados quando não há hipóteses específicas. Vamos primeiro observar a codificação de contraste e os contrastes planejados.

12.4.1 Escolhendo qual contraste executar

No exemplo da terapia com filhotes, a hipótese principal seria que qualquer dose de terapia com filhotes deveria mudar a felicidade em comparação com o grupo-controle. Uma segunda hipótese pode ser de que uma sessão de 30 minutos deve aumentar mais a felicidade do que uma de 15 minutos. Para fazer contrastes planejados, essas hipóteses devem ser formuladas *antes* dos dados serem coletados. A estatística *F* se baseia na divisão da variação total em duas partes componentes: a variação devido ao modelo ou manipulação experimental (SQ_M) e a variação devido a fatores não sistemáticos (SQ_R) (ver Figura 12.5).

Contrastes planejados ampliam essa lógica dividindo em partes a variação devida ao modelo/experimento (ver Figura 12.6). Os contrastes exatos dependerão das hipóteses que você deseja testar. A Figura 12.6 mostra uma situação em que a variância do modelo é dividida de acordo com as duas hipóteses que já discutimos. O contraste 1 analisa quanta variação na felicidade é criada pelas duas condições com filhotes em comparação com a condição de controle sem filhotes. Em seguida, a variação explicada pela terapia com filhotes (em geral) é dividida para ver que proporção é explicada por uma sessão de 30 minutos em relação a uma de 15 minutos (contraste 2).

Normalmente, os estudantes têm problemas com a noção de delinear os contrastes planejados, mas existem três regras que podem ajudá-lo a descobrir o que fazer.

1. Se você tem um grupo-controle, geralmente é porque você quer compará-lo com algum outro grupo.
2. Cada contraste deve comparar apenas dois "pedaços" da variação.
3. Uma vez que um grupo for colocado em um contraste, ele não pode ser usado em outro contraste.

Vamos ver essas regras na ordem inversa. Primeiro, se um grupo for selecionado para um contraste, ele não deve reaparecer em outro contraste. O importante é que estamos dividindo uma porção da variação em porções menores independentes. Essa independência é importante para controlar a taxa de Erro do tipo I. É como fatiar um bolo: você começa com o bolo inteiro (a

Figura 12.5 Divisão da variância na ANOVA.

Capítulo 12 • MLG 1: Comparando várias médias independentes 539

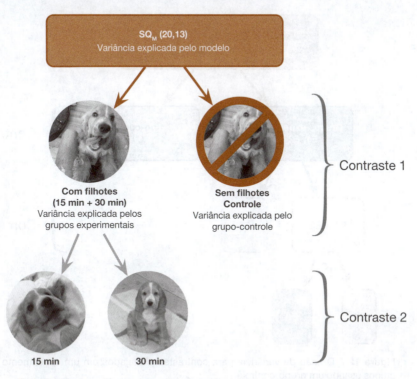

Figura 12.6 Divisão da variância do modelo/experimento nos componentes do contraste.

soma dos quadrados total) e, então, corta em dois pedaços (SQ_M e SQ_R), então pega o pedaço do bolo que representa a SQ_M e corta novamente em pedaços menores. Uma vez que você cortou um pedaço de bolo, não pode colocar esse pedaço de volta na fatia original e nem em outros pedaços do bolo, mas você pode dividi-lo em pedaços menores. Da mesma forma, uma vez que uma fatia de variância foi dividida a partir de ums porção maior, ela não pode ser anexada a nenhuma outra variação; ela só pode ser subdividida em pequenas porções de variância. Toda essa conversa de bolo está me deixando com fome, mas espero que ela ilustre o assunto. Assim, na Figura 12.6, o contraste 1 compara o grupo-controle aos grupos experimentais e, como o grupo-controle está selecionado, ele não é incorporado ao contraste 2.

Em segundo lugar, cada contraste deve comparar apenas dois pedaços de variância. Essa regra serve para que possamos interpretar o contraste. O F original nos diz que algumas das nossas médias diferem, mas não quais delas, e, se fôssemos fazer um contraste em mais de dois pedaços de variância, não estaríamos melhor. Ao comparar apenas dois fragmentos de variância, sabemos que o resultado representa uma diferença significativa (ou não) entre essas duas porções de variação. Se você seguir a regra de independência dos contrastes (o fatiamento do bolo) e sempre comparar apenas duas porções de variância, você deve acabar com $k - 1$ (onde k o número de condições que você está comparando) contrastes; em outras palavras, um contraste a menos do que o número de condições que você tem em seu delineamento.

A primeira regra na lista nos diz que geralmente usamos pelo menos uma condição de controle, e ela (ou elas) geralmente existe (ou existem) porque prevemos que as condições experimentais serão diferentes dela (ou delas). Assim, ao planejar contrastes, as chances são de que o seu primeiro contraste seja aquele que compara todos os grupos experimentais com o(s) grupo(s) de controle. Uma vez que você fez essa primeira comparação, quaisquer contrastes restantes dependerão de quais grupos você prevê que serão diferentes (com base na hipótese que você está testando).

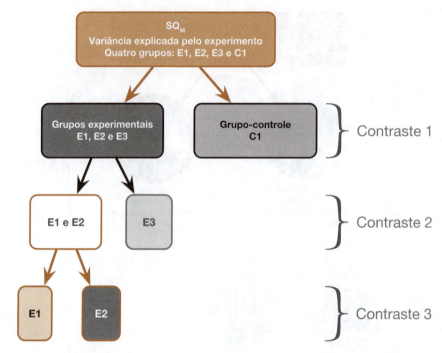

Figura 12.7 Divisão da variância para contrastes planejados em um experimento com quatro grupos usando um grupo-controle.

Para ilustrar melhor esses princípios, as Figuras 12.7 e 12.8 mostram conjuntos potenciais de contrastes para dois experimentos diferentes de quatro grupos. Nos dois exemplos, há três possíveis contrastes (um a menos que o número de grupos) e cada contraste compara apenas duas porções de variância. O primeiro contraste é igual nos dois casos: os grupos experimentais são comparados ao grupo ou aos grupos-controle. Na Figura 12.7, há apenas uma condição de controle, e essa parte da variação é usada apenas no primeiro contraste (porque não pode ser desmembrada). Na Figura 12.8, há dois grupos-controle, e, assim, a parte da variação devida às condições de controle (contraste 1) pode ser dividida ainda mais para ver se os escores nos grupos-controle diferem uns dos outros (contraste 3).

Na Figura 12.7, o primeiro contraste contém uma porção de variância que é devida aos três grupos experimentais, e essa porção da variância é decomposta ao verificarmos primeiro se os grupos E1 e E2 diferem do E3 (contraste 2). É igualmente válido usar o contraste 2 para comparar os grupos E1 e E3 com o E2, ou comparar os grupos E2 e E3 com E1. O contraste exato que você escolhe depende de suas hipóteses. Para que o contraste 2 na Figura 12.7 seja válido, precisamos ter uma boa razão teórica para esperar que o grupo E3 seja diferente dos outros dois grupos. O terceiro contraste na Figura 12.7 depende da comparação escolhida para o contraste 2. O contraste 2 teve que envolver a comparação de dois grupos experimentais em relação a um terceiro, e os grupos experimentais escolhidos para serem combinados devem ser separados no contraste final. Uma última informação sobre as Figuras 12.7 e 12.8: observe que uma vez que um grupo foi utilizado em um contraste, ele não poder ser usado em outro contraste.

Quando executamos um contraste planejado, comparamos "pedaços" de variação e esses pedaços geralmente consistem em vários grupos. Quando você cria um contraste que compara vários grupos a

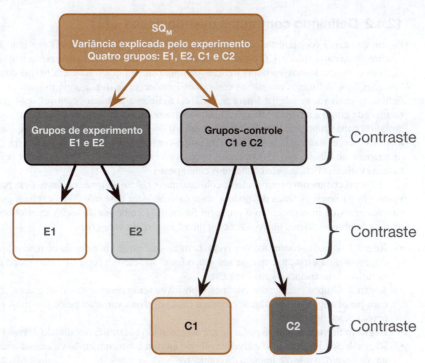

Figura 12.8 Variância dividida para contrastes planejados em um experimento de quadro grupos usando dois grupos controle.

outro grupo, você está comparando as médias dos grupos em um pedaço com a média do grupo no outro pedaço. Por exemplo, para os dados da terapia com filhotes, sugeri que um primeiro contraste apropriado seria comparar os dois grupos com o grupo-controle. As médias dos grupos são 2,20 (controle), 3,20 (15 minutos) e 5,00 (30 minutos) e, assim, a primeira comparação, entre os dois grupos experimentais e o controle, estará comparando 2,20 (a média do grupo-controle) com a média das médias dos outros dois grupos ((3,20 +5,00)/2 = 4,10). Se esse primeiro contraste se mostrar significativo, podemos concluir que 4,10 é significativamente maior que 2,20, o que nos mostra que a média dos grupos experimentais é significativamente diferente da média do controle. Você provavelmente pode ver que, logicamente, isso significa que, se os erros-padrão forem os mesmos, o grupo experimental com a média mais alta (o grupo de 30 minutos) será significativamente diferente da média do grupo-controle. No entanto, o grupo experimental com a média mais baixa (o grupo de 15 minutos) pode não ser necessariamente diferente do grupo-controle; temos que usar o contraste final para entender as condições experimentais. Para os dados da terapia com filhotes, o contraste final analisou se os dois grupos experimentais diferem (i.e., a média do grupo de 30 minutos é significativamente diferente da média do grupo de 15 minutos?). Se esse contraste for significativo, podemos concluir que a sessão de 30 minutos de terapia com filhotes afetou significativamente a felicidade em comparação com 15 minutos. Se o contraste não for significativo, concluímos que a dosagem da terapia com filhotes não fez diferença significativa na felicidade. Nesse último cenário, é provável que ambas as doses afetem mais a felicidade do que a condição de controle, enquanto o primeiro cenário implica que uma sessão de 15 minutos pode não ser diferente de uma de controle. No entanto, a palavra *implica* é importante aqui: é possível que o grupo de 15 minutos não seja diferente do controle. Para ter certeza absoluta, você precisaria de testes *post hoc*.

12.4.2 Definindo contrastes usando pesos ▮▮▮▮

Espero que agora você tenha alguma ideia de como planejar quais contrastes executar (i.e., se seu cérebro ainda não explodiu). O próximo assunto é como fazê-los. Para realizar os contrastes, precisamos codificar nossas variáveis fictícias de uma maneira que resulte em bs que comparem as "porções" que definimos em nossos contrastes. Lembre-se de que quando usamos a codificação fictícia, usamos valores de 0 e 1 para as variáveis fictícias e acabamos com valores-b que compararam cada grupo a um grupo de referência. Precisamos descobrir quais valores (em vez de 0 e 1) atribuir a cada grupo para nos dar (neste exemplo) dois valores-b, o primeiro dos quais compara todos os escores da terapia com filhotes ao grupo-controle e o segundo, os escores de 15 minutos de terapia com filhotes aos de 30 minutos (e ignora o grupo-controle). Os valores atribuídos, neste caso, às variáveis fictícias são conhecidos como **pesos**.

Esse procedimento é terrivelmente confuso, mas existem algumas regras básicas para atribuir valores às variáveis fictícias de modo a obter os contrastes desejados. Vou explicar essas regras simples antes de mostrar como o processo funciona. Lembre-se da seção anterior ao ler essas regras e lembre-se do que quero dizer com uma "porção" de variação.

- **Regra 1**: Escolha contrastes sensíveis. Lembre-se de que você deseja comparar apenas dois fragmentos da variação e que, se um grupo for usado em um contraste, esse grupo deverá ser excluído de quaisquer outros contrastes.
- **Regra 2**: Grupos codificados com pesos positivos serão comparados com grupos codificados com pesos negativos. Portanto, atribua a uma porção da variação pesos positivos e à porção oposta pesos negativos.
- **Regra 3**: Se você somar os pesos de um determinado contraste, o resultado deve ser zero.
- **Regra 4**: Se um grupo não estiver envolvido em um contraste, atribua a ele automaticamente um peso zero, o que o eliminará do contraste.
- **Regra 5**: Para um determinado contraste, os pesos atribuídos ao(s) grupo(s) em uma porção de variação devem ser iguais ao número de grupos na porção oposta de variação.

OK, vamos seguir essas regras para derivar os pesos para os dados da terapia com filhotes. O primeiro contraste que escolhemos foi comparar os dois grupos experimentais com o de controle (Figura 12.9). A primeira porção da variação contém os dois grupos experimentais, e a segunda porção contém apenas o grupo-controle. A regra 2 afirma que devemos designar uma porção com pesos positivos e outra com pesos negativos. Não importa qual é a forma como fazemos isso, mas, por conveniência, vamos atribuir pesos positivos à porção 1 e pesos negativos à 2, como na Figura 12.9. Usando a regra 5, o peso que atribuímos aos grupos na porção 1 deve ser equivalente ao número de grupos na porção 2. Há apenas um grupo na porção 2, e, assim, atribuímos a cada grupo na porção 1 um peso de 1. Da mesma forma, nós atribuímos um peso ao grupo na porção 2 que é igual ao número de grupos na 1. Há dois grupos na porção 1, então nós damos ao grupo-controle um peso de 2. Então, nós combinamos o sinal dos pesos com a magnitude para nos dar os pesos de –2 (para o controle), +1 (para o de 15 minutos) e +1 (para o de 30 minutos), como na Figura 12.9. A regra 3 indica que, para determinado contraste, os pesos devem chegar a zero, e, seguindo as regras 2 e 5, isso deve ser verdade (se você não tiver seguido as regras corretamente, saberá quando somar os pesos). Vamos verificar isso somando os pesos: soma dos pesos = 1 + 1 – 2 = 0. Dias felizes.

O segundo contraste é a comparação dos dois grupos experimentais, e, por isso, vamos ignorar o grupo-controle. A regra 4 nos diz que devemos atribuir automaticamente a esse grupo um peso de 0 (para eliminá-lo). Ficamos com duas porções de variação: a 1 contém o grupo de 15 minutos e a 2 contém o grupo de 30 minutos. Seguindo as regras 2 e 5, deve ser óbvio que um grupo receba um peso de +1, enquanto o outro receba um peso de –1 (Figura 12.10). Se somarmos os pesos para o contraste 2, descobriremos que eles resultam novamente em zero: soma dos pesos = 1 – 1 + 0 = 0. Dias ainda mais felizes.

Os pesos para cada contraste são colocados nas duas variáveis fictícias na seguinte equação:

$$\text{Felicidade}_i = b_0 + b_1 \text{Contraste}_{1i} + b_2 \text{Contraste}_{2i} \qquad (12.19)$$

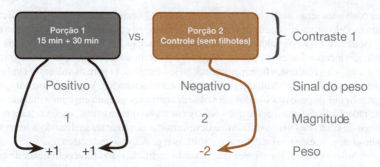

Figura 12.9 Atribuindo pesos para o contraste 1.

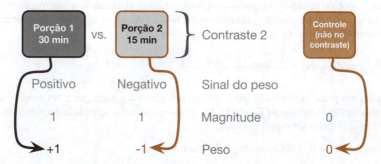

Figura 12.10 Atribuindo pesos para o contraste 2.

Tabela 12.4 Contrastes ortogonais para os dados da terapia com filhotes

Grupo	Variável fictícia 1 (Contraste₁)	Variável fictícia 2 (Contraste₂)	Produto (Contraste₁ x Contraste₂)
Controle	–2	0	0
15 minutos	1	–1	–1
30 minutos	1	1	1
Total	0	0	0

Assim, os pesos são usados em um modelo linear em que b_1 representa o contraste 1 (comparando os grupos experimentais ao controle), b_2 representa o contraste 2 (comparando o grupo de 30 minutos com o grupo de 15 minutos), e b_0 é a média geral. Cada grupo é especificado agora não pelo esquema de codificação 0 e 1 que usamos inicialmente, mas pelo esquema de codificação dos dois contrastes. Os participantes do grupo-controle são identificados por um código de –2 para o contraste 1 e um código de 0 para o contraste 2. Da mesma forma, o grupo de 30 minutos é identificado por um código de 1 para ambas as variáveis, e o grupo de 15 minutos um código de 1 para um contraste e um código de –1 para o outro (Tabela 12.4).

É importante que os pesos de um contraste somem zero, pois isso garante a comparação de duas porções únicas de variação. Portanto, uma estatística t pode ser usada (lembre-se de que ela pressupõe independência). Uma consideração mais importante é que, quando você multiplica os pesos de um grupo em particular, esses produtos também devem somar zero (última coluna da Tabela 12.4). Se os produtos somam zero, os contrastes serão *independentes* ou **ortogonais**. Quando usamos a codificação fictícia e ajustamos um modelo linear aos dados da terapia com filhotes, eu comentei que a taxa de erro de conjunto para a estatística *t* para os valores-*b* seria inflada (ver seção 2.9.7). Isso ocorre porque esses contrastes não são independentes (ambos os valores-*b* envolvem uma comparação com o grupo-controle). No entanto, se os contrastes forem independentes, a estatística *t* para os valores-*b* também será independente, e os valores-*p* resultantes não estarão correlacionados. Você pode pensar que é muito difícil garantir que os pesos escolhidos para os seus contrastes estejam em conformidade com os requisitos de independência, mas, desde que você siga as regras que eu expus, você vai sempre derivar um conjunto de contrastes *ortogonais*. Você deve verificar novamente, analisando a soma dos pesos multiplicados, e, se esse total não for zero, volte às regras e veja onde errou.

Anteriormente, mencionei que, quando codificamos variáveis fictícias de contraste em um modelo linear, os valores-*b* representam as diferenças entre as médias que os contrastes foram delineados para testar. Vamos dar uma olhada em como isso funciona (a próxima parte não é para os fracos de coração). Quando fazemos contrastes planejados, o intercepto b_0 é igual à média geral (i.e., o valor previsto pelo modelo quando a associação ao grupo não é conhecida), que neste exemplo (e porque os tamanhos dos grupos são iguais) é:

$$b_0 = \text{média geral} = \frac{\bar{X}_{30\min} + \bar{X}_{15\min} + \bar{X}_{\text{Controle}}}{3} \tag{12.20}$$

Para um participante no *grupo-controle*, definimos a associação a um grupo usando os valores para o grupo-controle na Tabela 12.4, e o valor previsto da felicidade é a média do grupo-controle. O modelo pode ser expresso como:

$$\text{Felicidade}_i = b_0 + b_1 \text{Contraste}_{1i} + b_2 \text{Contraste}_{2i}$$

$$\bar{X}_{\text{Controle}} = \left(\frac{\bar{X}_{30\min} + \bar{X}_{15\min} + \bar{X}_{\text{Controle}}}{3}\right) + (-2b_1) + (b_2 \times 0) \tag{12.21}$$

Se reorganizarmos essa equação e multiplicarmos tudo por 3 (para nos livrarmos da fração), obteremos:

$$2b_1 = \left(\frac{\bar{X}_{30\min} + \bar{X}_{15\min} + \bar{X}_{\text{Controle}}}{3}\right) - \bar{X}_{\text{Controle}}$$

$$6b_1 = \bar{X}_{30\min} + \bar{X}_{15\min} + \bar{X}_{\text{Controle}} - 3\bar{X}_{\text{Controle}} \tag{12.22}$$

$$= \bar{X}_{30\min} + \bar{X}_{15\min} - 2\bar{X}_{\text{Controle}}$$

Em seguida, dividimos tudo por 2 para reduzir a equação à sua forma mais simples:

$$3b_1 = \left(\frac{\bar{X}_{30\min} + \bar{X}_{15\min}}{2}\right) - \bar{X}_{\text{Controle}}$$

$$b_1 = \frac{1}{3}\left[\left(\frac{\bar{X}_{30\min} + \bar{X}_{15\min}}{2}\right) - \bar{X}_{\text{Controle}}\right] \tag{12.23}$$

Planejamos o contraste 1 para observar a diferença entre a média dos dois grupos de terapia e a do controle, e um rearranjo final da equação mostra como b_1 representa essa diferença:

$$3b_1 = \left(\frac{\bar{X}_{30\min} + \bar{X}_{15\min}}{2}\right) - \bar{X}_{\text{Controle}}$$

$$= \frac{5 + 3{,}2}{2} - 2{,}2 \tag{12.24}$$

$$= 1{,}9$$

Em vez de ser o verdadeiro valor da diferença entre grupos experimentais e de controle, b_1 é na verdade um terço dessa diferença ($b_1 = 1,9/3 = 0,633$) – ele é dividido pelo número de grupos no contraste. No entanto, é proporcional à diferença que se propõe a testar.

Para alguém no *grupo de 30 minutos*, o valor previsto da felicidade é a média para o grupo de 30 minutos, e a participação no grupo é codificada usando os valores para o grupo de 30 minutos na Tabela 12.4.

O modelo resultante está na Equação 12.25.

$$\text{Felicidade}_i = b_0 + b_1 \text{Contraste}_{1i} + b_2 \text{Contraste}_{2i}$$
$$\overline{X}_{30\,\text{min}} = b_0 + (b_1 \times 1) + (b_2 \times 1) \tag{12.25}$$
$$b_2 = \overline{X}_{30\,\text{min}} - b_1 - b_0$$

Já sabemos o que b_1 e b_0 representam, então colocamos esses valores na equação e depois multiplicamos por 3 para nos livrarmos de algumas das frações:

$$b_2 = \overline{X}_{30\,\text{min}} - b_1 - b_0$$
$$= \overline{X}_{30\,\text{min}} - \frac{1}{3}\left[\left(\frac{\overline{X}_{30\,\text{min}} + \overline{X}_{15\,\text{min}}}{2}\right) - \overline{X}_{\text{Controle}}\right] - \frac{\overline{X}_{30\,\text{min}} + \overline{X}_{15\,\text{min}} + \overline{X}_{\text{Controle}}}{3} \tag{12.26}$$
$$3b_2 = 3\overline{X}_{30\,\text{min}} - \left[\left(\frac{\overline{X}_{30\,\text{min}} + \overline{X}_{15\,\text{min}}}{2}\right) - \overline{X}_{\text{Controle}}\right] - \overline{X}_{30\,\text{min}} + \overline{X}_{15\,\text{min}} + \overline{X}_{\text{Controle}}$$

Se multiplicarmos tudo por 2 para nos livrarmos da fração e expandirmos os colchetes, obteremos:

$$6b_2 = 6\overline{X}_{30\,\text{min}} - \left(\overline{X}_{30\,\text{min}} + \overline{X}_{15\,\text{min}} - 2\overline{X}_{\text{Controle}}\right) - 2\left(\overline{X}_{30\,\text{min}} + \overline{X}_{15\,\text{min}} + \overline{X}_{\text{Controle}}\right)$$
$$= 6\overline{X}_{30\,\text{min}} - \overline{X}_{30\,\text{min}} - \overline{X}_{15\,\text{min}} + 2\overline{X}_{\text{Controle}} - 2\overline{X}_{30\,\text{min}} - 2\overline{X}_{15\,\text{min}} - 2\overline{X}_{\text{Controle}} \tag{12.27}$$
$$= 3\overline{X}_{30\,\text{min}} - 3\overline{X}_{15\,\text{min}}$$

Por fim, vamos dividir a equação por 6 para descobrir o que b_2 representa (lembre-se de que $3/6 = 1/2$):

$$b_2 = \frac{\overline{X}_{30\,\text{min}} - \overline{X}_{15\,\text{min}}}{2} \tag{12.28}$$

Nós planejamos o contraste 2 para ver a diferença entre os grupos experimentais:

$$\overline{X}_{30\,\text{min}} - \overline{X}_{15\,\text{min}} = 5 - 3,2 = 1,8 \tag{12.29}$$

e b_2 representa essa diferença (equação 12.28). Novamente, ao invés de ser o valor absoluto da diferença entre os grupos experimentais, b_2 é essa diferença dividida pelo número de grupos no contraste ($1,8/2 = 0,9$), mas o importante é que é proporcional à diferença entre as médias dos grupos experimentais.

Teste seus conhecimentos

Para ilustrar esses princípios, criei um arquivo chamado **Puppies Contrast.sav***, no qual os dados da terapia com filhotes são codificados usando o esquema de codificação de contraste usado nesta seção. Ajuste um modelo linear usando a felicidade como a variável de resultado e* **dummy1** *e* **dummy2** *como as variáveis previsoras (deixe todas as opções do SPSS na configuração-padrão).*

A Saída 12.2 mostra o resultado do modelo da seção Teste seus conhecimentos. A ANOVA principal para o modelo é a mesma de quando a codificação fictícia foi usada (compare à Saída 12.1), mostrando que o ajuste do modelo é o mesmo (deve ser porque o modelo representa as médias dos grupos, e elas não mudaram), os valores-b foram alterados porque os valores de nossas variáveis fictícias foram alterados. A primeira coisa a notar é que o intercepto é a média geral, 3,467 (viu, eu não estava mentindo). Em segundo lugar, o b para o contraste 1 é igual a um terço da diferença entre a média das condições experimentais e o controle. Finalmente, o b para contraste 2 é metade da diferença entre os grupos experimentais (ver anteriormente). Os valores das significâncias das estatísticas t nos dizem que os grupos de terapia foram significativamente diferentes do controle (p = 0,029), mas que as terapias de 15 e 30 minutos com filhotes não foram significativamente diferentes (p = 0,065).

Coefficients[a]

Model		Unstandardized Coefficients B	Std. Error	Standardized Coefficients Beta	t	Sig.
1	(Constant)	3.467	.362		9.574	.000
	Dummy 1: Dose vs. Control	.633	.256	.525	2.474	.029
	Dummy 2: 15 mins vs 30 mins	.900	.443	.430	2.029	.065

a. Dependent Variable: Happiness (0–10)

Saída 12.2

12.4.3 Contrastes não ortogonais ▮▮▮▮

Os contrastes não ortogonais são legítimos?

Contrastes não precisam ser ortogonais: contrastes não ortogonais são contrastes que estão relacionados. A melhor maneira de obtê-los é desobedecer à regra 1 na seção anterior. Usando minha analogia do bolo novamente, os contrastes não ortogonais ocorrem quando você fatia seu bolo e tenta juntar as fatias do bolo novamente. A codificação fictícia padrão (seção 12.2) é um exemplo de contraste não ortogonal porque o grupo de referência é usado em todos os contrastes. Para os dados da terapia com filhotes, outro conjunto de contrastes não ortogonais pode ter o mesmo contraste inicial (comparando grupos experimentais contra o controle), mas depois comparar o grupo de 30 minutos com o de controle. Isso desobedece a regra 1 porque o grupo-controle é usado no primeiro contraste e novamente no segundo contraste. A codificação para esse conjunto de contrastes é mostrada na Tabela 12.5, e a última coluna deixa claro que quando você multiplica e soma os códigos dos dois contrastes, a soma não é zero. Isso nos diz que os contrastes não são ortogonais.

Não há nada intrinsecamente errado com os contrastes não ortogonais, mas você deve ter cuidado com a forma como os interpreta, porque os contrastes estão relacionados e, portanto, as estatísticas de teste e os valores-p resultantes estarão correlacionados em algum grau. Basicamente, a taxa de Erro do tipo I não é controlada; portanto, você deve usar uma probabilidade mais conservadora para aceitar um determinado contraste como estatisticamente significativo (ver seção 12.5).

12.4.4 Contrastes integrados ▮▮▮▮

Embora, na maioria das circunstâncias, você crie seus próprios contrastes, há também contrastes "prontos para usar" que você pode escolher. A Tabela 12.6 mostra os contrastes incorporados ao SPSS para procedimentos como regressão logística (ver seção 20.5.7), delineamentos fatoriais e delineamentos de medidas repetidas (Capítulos 14 e 15). As codificações exatas não são fornecidas na Tabela 12.6, mas eu dou exemplos de contrastes prontos em situações de três e quatro

Dicas da Ana Apressada
Contrastes planejados

- Se o *F* para o modelo geral for significativo, você precisa descobrir quais grupos diferem.
- Ao gerar hipóteses específicas antes do experimento, use os *contrastes planejados*.
- Cada contraste compara dois "pedaços" de variação. (Um pedaço pode conter um ou mais grupos.)
- O primeiro contraste geralmente será dos grupos experimentais em relação aos grupos-controle.
- O próximo contraste será pegar um dos pedaços que contenha mais de um grupo (se houver algum assim) e dividi-lo em dois pedaços.
- Repita esse processo: se houver pedaços em contrastes anteriores que contenham mais de um grupo e que ainda não foram divididos, crie novos contrastes com pedaços menores.
- Continue criando contrastes até que cada grupo tenha aparecido em seu próprio pedaço em um dos contrastes.
- O número de contrastes total deve ser um a menos do que o número de condições experimentais. Se não, você errou.
- Em cada contraste, atribua um "peso" a cada grupo, que é o valor do número de grupos no pedaço oposto desse contraste.
- Para um determinado contraste, selecione aleatoriamente um pedaço e, para os grupos desse pedaço, altere os pesos para números negativos.
- Dê um suspiro de alívio.

grupos (nas quais os grupos são rotulados como 1, 2, 3 e 1, 2, 3, 4, respectivamente). Quando você codifica variáveis categóricas no editor de dados, o SPSS trata o código de valor mais baixo como grupo 1, o código mais alto seguinte como grupo 2 e assim por diante. Portanto, dependendo de quais contrastes você desejar, deve codificar sua variável de agrupamento apropriadamente (e depois usar a Tabela 12.6 como um guia para os contrastes). Alguns contrastes na Tabela 12.6 são contrastes ortogonais (i.e., Helmert e diferença de contrastes), enquanto outros são não ortogonais (desvio, simples e repetidos). Você pode observar também que os contrastes simples são iguais aos dados usando a codificação com variáveis fictícias descrita na Tabela 12.2.

12.4.5 Contrastes polinomiais: análise de tendência

Um tipo de contraste deliberadamente omitido da Tabela 12.6 é o **contraste polinomial**. Esse contraste testa a tendência nos dados e, em sua forma mais básica, procura uma tendência linear (i.e., as médias dos grupos aumentam proporcionalmente). No entanto, há outras tendências, como a quadrática, a cúbica e a quártica, que podem ser examinadas. A Figura 12.11 mostra exemplos dos tipos de tendência que podem existir nos conjuntos de dados. A tendência *linear* deve ser fami-

Tabela 12.5 Contrastes não ortogonais para os dados da terapia com filhotes

Grupo	Variável fictícia 1 (Contraste₁)	Variável fictícia 2 (Contraste₂)	Produto (Contraste₁ × Contraste₂)
Controle	–2	–1	2
15 minutos	1	0	0
30 minutos	1	1	1
Total	0	0	3

Tabela 12.6 Contrastes-padrão disponíveis no SPSS

Nome	Definição	Contraste	Três grupos	Quatro grupos
Desvio (Primeiro)	Compara o efeito de cada categoria (exceto a primeira) com o efeito experimental global.	1 2 3	2 vs. (1, 2, 3) 3 vs. (1, 2, 3)	2 vs. (1, 2, 3, 4) 3 vs. (1, 2, 3, 4) 4 vs. (1, 2, 3, 4)
Desvio (Último)	Compara o efeito de cada categoria (exceto a última) com o efeito experimental global.	1 2 3	1 vs. (1, 2, 3) 2 vs. (1, 2, 3)	1 vs. (1, 2, 3, 4) 2 vs. (1, 2, 3, 4) 3 vs. (1, 2, 3, 4)
Simples (Primeiro)	Cada categoria é comparada com a primeira categoria.	1 2 3	1 vs. 2 1 vs. 3	1 vs. 2 1 vs. 3 1 vs. 4
Simples (Último)	Cada categoria é comparada com a última categoria.	1 2 3	1 vs. 3 2 vs. 3	1 vs. 4 2 vs. 4 3 vs. 4
Repetido	Cada categoria (exceto a primeira) é comparada com a anterior.	1 2 3	1 vs. 2 2 vs. 3	1 vs. 2 2 vs. 3 3 vs. 4
Helmert	Cada categoria (exceto a última) é comparada com o efeito médio de todas as categorias subsequentes.	1 2 3	1 vs. (2, 3) 2 vs. 3	1 vs. (2, 3, 4) 2 vs. (3, 4) 3 vs. 4
Diferença (Helmert reverso)	Cada categoria (exceto a primeira) é comparada com o efeito médio de todas as categorias prévias.	1 2 3	3 vs. (2, 1) 2 vs. 1	4 vs. (3, 2, 1) 3 vs. (2, 1) 2 vs. 1

liar para você e representa uma simples mudança proporcional no valor da variável dependente ao longo das categorias ordenadas (o diagrama mostra uma tendência linear positiva, mas, é claro, ela pode ser negativa). Uma **tendência quadrática** ocorre quando há uma linha curva (a curva pode ser mais sutil do que na figura e na direção oposta). Um exemplo disso é uma situação em que um medicamento melhora o desempenho em uma tarefa no início, mas, quando a dose aumenta, o desempenho diminui ou tem uma queda acentuada. Para encontrar uma tendência quadrática, você precisa de pelo menos três grupos porque, com dois grupos, as médias da variável dependente não podem ser conectadas por outra coisa que não seja uma linha reta. Uma **tendência cúbica** ocorre quando há duas mudanças na direção da tendência. Então, por exemplo, a média da variável dependente sobe no início das categorias da variável independente, depois, nas catego-

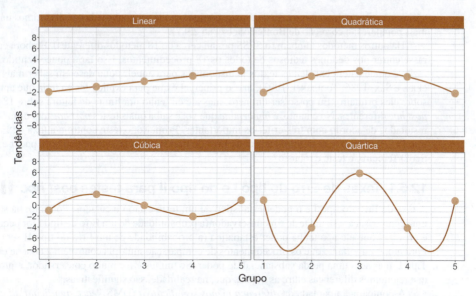

Figura 12.11 Exemplos de tendências linear, quadrática, cúbica e quártica entre cinco grupos.

rias seguintes, as médias diminuem, mas, nas últimas categorias, as médias aumentam novamente. Para ter duas mudanças na direção das médias, você deve ter pelo menos quatro categorias da variável independente. A tendência final que você provavelmente encontrará é a **tendência quártica**, e essa tendência têm três mudanças de direção (nesse caso, você precisa de pelo menos cinco categorias da variável independente).

Tendências polinomiais devem ser examinadas em conjuntos de dados nos quais faz sentido ordenar as categorias da variável independente (assim, por exemplo, se você administrou cinco doses de uma droga, faz sentido examinar as cinco doses em ordem de grandeza). Nos dados da terapia com filhotes, há três grupos, e, portanto, podemos esperar encontrar apenas uma tendência linear ou quadrática (seria inútil testar tendências de ordem superior).

Cada uma dessas tendências tem um conjunto de códigos para as variáveis fictícias no modelo, então estamos fazendo a mesma coisa que fizemos para os contrastes planejados, exceto que os códigos já foram criados para representar o tipo de tendência de interesse. De fato, os gráficos da Figura 12.11 foram construídos representando os valores dos códigos dos cinco grupos. Se você adicionar os códigos de uma determinada tendência, a soma será igual a zero, e, se multiplicar os códigos, verá que a soma dos produtos também é igual a zero. Portanto, esses contrastes são ortogonais.

12.5 Procedimentos *post hoc*

Frequentemente, as pessoas não têm nenhuma previsão *a priori* específica sobre os dados que coletaram e, em vez disso, os vasculham em busca de diferenças entre as médias que possam ser encontradas. Isso é um pouco parecido com o *p-hacking* (seção 3.3), exceto que você ajusta o *p* para tornar mais difícil encontrar diferenças significativas. Os testes *post hoc* consistem em **comparações pareadas** que são projetadas para comparar todas as diferentes combinações dos grupos de tratamento. Então, eles selecionam cada par de grupos e realizam um teste separado em cada um. Agora, isso pode parecer uma coisa particularmente estúpida para fazer à luz do que eu já falei sobre o problema da inflação da taxa de erro de conjunto (seção 2.9.7). No entanto, as comparações pareadas controlam o erro de conjunto corrigindo o nível de significância de cada teste, de modo que a taxa geral do erro de tipo 1 (α) em todas as comparações permaneça em 0,05. Existem várias maneiras pelas quais a taxa de erro de conjunto pode ser controlada e já discutimos uma das mais populares: a correção de Bonferroni (seção 2.9.7).

Há outros métodos também (o SPSS possui cerca de 18 métodos diferentes). Embora eu adorasse entrar nos detalhes tediosos de todos os 18 procedimentos, isso faria pouco sentido. Uma razão é que existem excelentes textos já disponíveis para aqueles que desejem saber mais (Klockars e Sax, 1986; Toothaker, 1993), mas o principal é que para explicá-los eu teria que aprender sobre eles primeiro. Eu posso ser um nerd, mas até eu tenho um limite de leitura sobre 18 testes *post hoc* diferentes. No entanto, é *importante* que você saiba quais testes *post hoc* têm os melhores resultados de acordo com três critérios importantes. Primeiro, o teste controla a taxa de Erro do tipo I? Segundo, o teste controla a taxa de Erro do tipo II (ou seja, o teste tem bom poder estatístico?) Terceiro, o teste é robusto?

12.5.1 Taxas de Erro do tipo I e do tipo II para testes *post hoc* ▌▌▌▌

A taxa de Erro do tipo I e o poder estatístico de um teste estão vinculados. Portanto, há sempre uma compensação: se um teste for conservador (a probabilidade de um Erro do tipo I for pequena), é provável que ele não tenha poder estatístico (a probabilidade de um Erro do tipo II será alta). Portanto, é importante que os procedimentos de comparação múltipla controlem a taxa de erro do Tipo I, mas sem uma perda substancial de poder. Se um teste for muito conservador, é provável que rejeitemos diferenças entre as médias que, na realidade, são significativas.

A comparação pareada da *diferença menos significativa* (DMS, *least-significant difference* ou LSD) não tenta controlar o erro do Tipo I e é equivalente a executar múltiplos testes nos dados. A única diferença é que o DMS exige que a ANOVA geral seja significativa. O procedimento *Studentized Newman-Keuls* (SNK) também é um teste muito liberal e não tem controle sobre a taxa de erro de conjunto. Os testes de *Bonferroni* e de *Tukey* controlam muito bem a taxa de Erro do tipo 1, mas são conservadores (não têm poder estatístico). Dos dois, Bonferroni tem mais poder quando o número de comparações é pequeno, enquanto Tukey é mais poderoso ao testar um grande número de médias. Tukey geralmente tem mais poder do que *Dunn* e *Scheffé*. O procedimento *Q Ryan, Einot, Gabriel e Welsch* (QREGW) tem bom poder e controle rígido da taxa de Erro do tipo I. De fato, quando você quiser testar todos os pares de médias, esse último procedimento será provavelmente o melhor. No entanto, quando os tamanhos dos grupos forem diferentes, esse procedimento não deve ser usado.

12.5.2 Os procedimentos *post hoc* são robustos? ▌▌▌▌

A maioria das pesquisas sobre testes *post hoc* analisou se o teste apresenta bom desempenho quando os tamanhos dos grupos são diferentes (um delineamento desbalanceado), quando as variâncias populacionais são muito diferentes e quando os dados não são normalmente distribuídos. A boa notícia é que a maioria dos procedimentos de comparações múltiplas tem um desempenho relativamente bom sob pequenos desvios da normalidade. A má notícia é que eles têm um desempenho ruim quando os tamanhos dos grupos são desiguais e quando as variâncias das populações são diferentes.

Os procedimentos do teste pareado de *Gabriel* e o *GT2 de Hutchberg* foram projetados para lidar com situações nas quais os tamanhos das amostras são diferentes. O procedimento de Gabriel é geralmente mais poderoso, mas pode se tornar muito liberal quando os tamanhos das amostras são muito diferentes. Além disso, o GT2 de Hochberg é pouco confiável quando as variâncias populacionais são diferentes e, assim, deve ser usado somente quando você tiver certeza de que não é esse o caso. Existem vários procedimentos de comparações múltiplas que foram especialmente projetados para situações em que as variâncias populacionais diferem. O SPSS oferece quatro opções para essa situação: o *T2 de Tamhane*, o *T3 de Dunnett*, o *Games-Howell* e o *C de Dunnett*. O T2 de Tamhane é conservador, e o T3 e o C de Dunnett mantém um controle muito rígido do Erro do tipo I. O procedimento de Games-Howell é o mais poderoso, mas pode ser liberal quando os tamanhos das amostras são pequenos. No entanto, Games-Howell também é preciso quando os tamanhos das amostras são desiguais.

Dicas da Ana Apressada
Testes *post hoc*

- Quando você não tiver hipóteses específicas antes do experimento, faça o acompanhamento do modelo com testes *post hoc*.
- Quando você tiver tamanhos de amostras iguais e variâncias de grupos similares, use o QREGW ou Tukey.
- Se você quiser garantir o controle sobre a taxa de Erro do tipo I, use Bonferroni.
- Se os tamanhos das amostras forem ligeiramente diferentes, use Gabriel, mas se os tamanhos das amostras forem muito diferentes, use o GT2 de Hochberg.
- Se houver dúvida sobre a igualdade das variâncias, use o procedimento Games-Howell.

12.5.3 Resumo dos procedimentos *post hoc*

A escolha do procedimento de comparação dependerá da situação exata que você tiver e de se é mais importante que você mantenha um controle rígido sobre a taxa de erro de conjunto ou que tenha maior poder estatístico. No entanto, algumas diretrizes gerais podem ser elaboradas (Toothaker, 1993). Quando você tiver tamanhos de amostra iguais e estiver confiante de que as variâncias populacionais são similares, use o QREGW ou o Tukey, pois ambos têm bom poder e controle rígido sobre a taxa de Erro do tipo I. Bonferroni é geralmente conservador, mas se você quiser garantir o controle da taxa de Erro do tipo I, então esse é o teste a ser usado. Se os tamanhos das amostras forem ligeiramente diferentes, use o procedimento de Gabriel porque ele tem maior poder, mas se os tamanhos das amostras forem muito diferentes use o GT2 de Hochberg. Se houver alguma dúvida de que as variâncias populacionais sejam iguais, use o procedimento Games-Howell, pois ele geralmente parece oferecer o melhor desempenho. Eu recomendo executar o procedimento Games-Howell junto a outros testes que você possa selecionar por causa da incerteza sobre a equivalência das variâncias da população.

Embora essas diretrizes gerais forneçam uma convenção a seguir, esteja ciente dos outros procedimentos disponíveis e de quando eles podem ser úteis (p. ex., o teste de Dunnett é a única comparação múltipla que permite testar médias em relação à média do controle).

12.6 Comparando várias médias utilizando o SPSS

Pelo fato de que para comparar médias nós simplesmente ajustamos uma variante do modelo linear, poderíamos simplesmente configurar variáveis fictícias de contraste e executar a análise usando os menus de regressão linear do Capítulo 9. No entanto, o SPSS tem um menu apropriado para situações em que você está prevendo um resultado de várias médias de grupos (historicamente conhecido como análise de variância independente de um fator, ANOVA). Usar esse procedimento tem a vantagem de não precisar criar variáveis fictícias manualmente, como veremos.

12.6.1 Procedimento geral para a ANOVA de um fator ▌▌▌▌

Os dados estão no arquivo **Puppies.sav** (embora seja bom treinar e digitá-los você mesmo). Inserimos os dados em duas colunas (três, se você quiser incluir o número de identificação dos participantes). Uma coluna (*Dose*) especifica o tempo de terapia com filhotes dos participantes e é uma variável que identifica o grupo ao qual cada indivíduo pertence (codifiquei 1 = controle, 2 = 15 minutos e 3 = 30 minutos). A outra coluna (*Happiness*) contém o escore de felicidade dos participantes.

Como a **ANOVA independente** de um fator é um modelo linear com um rótulo diferente anexado, observe o procedimento geral para modelos lineares no Capítulo 9. A Figura 12.12 destaca as etapas específicas desta versão do modelo linear. Como em qualquer análise, comece representando graficamente os dados e procurando e corrigindo as fontes de tendenciosidade.

Teste seus conhecimentos

Produza um diagrama de linhas com barras de erro para os dados da terapia com filhotes.

Observando meus comentários anteriores sobre a homogeneidade da variância e normalidade (seção 12.3), há um caso para sempre prosseguir com um teste robusto ou pelo menos sempre usar o *F* de Welch.

Para ajustar o modelo selecione *Analyze* ▶ *Compare Means* ▶ 🔲 One-Way ANOVA... (analisar ▶ comparar médias ▶ ANOVA de um fator...) para acessar a caixa de diálogo principal na Figura 12.13. Há uma caixa vazia para colocar uma ou mais variáveis dependentes e outra para especificar uma variável previsora categórica ou *fator*. "Fator" é outro termo para variável independente ou previsora categórica e não deve ser confundido com um tipo muito diferente de fator que nós

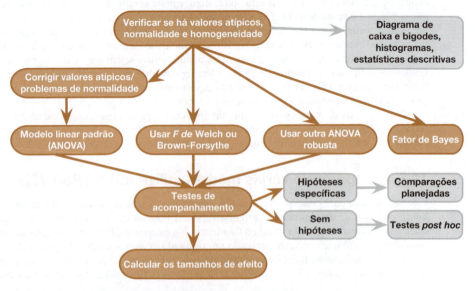

Figura 12.12 Resumo do procedimento geral para a ANOVA de um fator.

Capítulo 12 • MLG 1: Comparando várias médias independentes

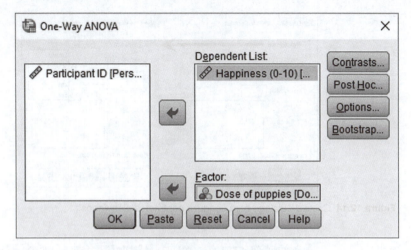

Figura 12.13 Caixa de diálogo principal para a ANOVA de um fator.

aprenderemos no Capítulo 18. Para os dados da terapia com filhotes arraste *Happiness* da lista de variáveis para a caixa *Dependent List* (lista dependente) (ou clique em [→]). Em seguida, arraste a variável de agrupamento *Dose* para a caixa *Factor* (fator) (ou clique em [→]).

Uma coisa que eu não gosto sobre o SPSS é que em vários procedimentos como este você é encorajado a realizar múltiplos testes (neste caso, permitindo que você especifique várias variáveis de resultado de uma só vez). Isso não é bom porque você perde o controle da taxa de Erro do tipo I. Se você tivesse mensurado várias variáveis dependentes (p. ex., não apenas a felicidade, mas outros indicadores de estresse, como níveis de cortisol, comportamento não verbal e frequência cardíaca), seria preferível analisar esses dados usando a MANOVA (Capítulo 17) do que tratar cada medida da variável de resultado separadamente.

12.6.2 Contrastes planejados usando o SPSS ▌▐▐▐

Clique em [Contrasts...] (contrastes) para acessar uma caixa de diálogo para especificar o contraste descrito na seção 12.4. Essa caixa (Figura 12.14) possui duas seções. A primeira serve para especificar análises de tendências. Se você quiser testar tendências nos dados, selecione ☑ Polynomial. Quando essa opção estiver ativa, você poderá selecionar o grau de polinômio desejado na lista suspensa ([Linear ▼]). Os dados da terapia com filhotes têm apenas três grupos, e, portanto, o maior grau de tendência que pode haver é quadrático (seção 12.4.3). É importante do ponto de vista da análise de tendências que tenhamos codificado a variável de agrupamento em uma ordem significativa. Esperamos que a felicidade seja menor no grupo-controle, que aumente no grupo de 15 minutos e que aumente novamente no grupo de 30 minutos. Portanto, para detectar uma tendência significativa, esses grupos devem ser codificados em ordem crescente. Fizemos isso codificando o grupo-controle com o valor mais baixo (1), o grupo de 15 minutos com o valor médio (2) e o grupo de 30 minutos com o valor mais alto (3). Se codificássemos os grupos de forma diferente, isso influenciaria se uma tendência seria detectada e, se fosse detectada, se ela possuía uma interpretação significativa. Então, para os dados da terapia com filhotes, selecione ☑ Polynomial e [Quadratic ▼] (quadrático). O SPSS testará a tendência solicitada e todas as tendências de ordens inferiores, então, com o *Quadratic* selecionado, nós vamos fazer testes tanto para uma tendência linear quanto para a quadrática.

A parte inferior da caixa de diálogo na Figura 12.14 serve para especificar pesos para os contrastes planejados que você decidiu fazer. Passamos pelo processo de geração de pesos para os contrastes que queremos na seção 12.4.2. Os pesos para o contraste 1 foram –2 (grupo de con-

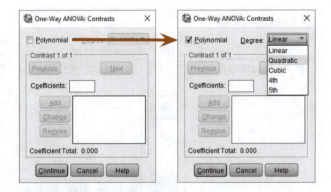

Figura 12.14 Caixa de diálogo para conduzir contrastes planejados.

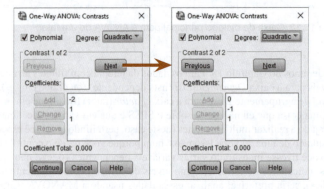

Figura 12.15 Caixa de diálogo completa para os dois contrastes dos dados da terapia com filhotes.

trole), +1 (grupo de 15 minutos) e +1 (grupo de 30 minutos). Vamos especificar esse contraste primeiro. É importante certificar-se de que você insira o peso correto para cada grupo; o primeiro peso inserido é o peso do *primeiro* grupo (i.e., o grupo codificado com o menor valor no editor de dados). Para os dados de terapia com filhotes, o grupo codificado com o valor mais baixo foi o grupo-controle (que tinha um código de 1); portanto inserimos o peso para esse grupo primeiro. Clique na caixa *Coefficients* (coeficiente), digite "–2" e clique em [Add] (adicionar). Em seguida, inserimos o peso para o segundo grupo, que para os dados da terapia com filhotes é o grupo de 15 minutos (porque esse grupo foi codificado no editor de dados com o segundo maior valor). Clique na caixa *Coefficients*, digite "1" e clique em [Add]. Finalmente, introduzimos o peso para o último grupo, que para os dados da terapia com filhotes é o grupo de 30 minutos (porque esse grupo foi codificado com o maior valor no editor de dados). Clique na caixa *Coefficients*, digite "1" e clique em [Add]. A caixa de diálogo deve agora se parecer com a da Figura 12.15 (esquerda).

Depois que os pesos foram atribuídos, você poderá alterar ou remover qualquer um deles, selecionando o peso que deseja alterar. O peso aparecerá na caixa *Coefficients*, na qual você poderá digitar um novo peso e, em seguida, clicar em [Change] (alterar). Uma alternativa é clicar em um peso e removê-lo completamente, selecionando [Remove] (remover). Abaixo dos pesos, é exibida a soma dos pesos, que, como vimos na seção 12.4.2, deve ser igual a zero. Se o *Coefficient Total* (total do coeficiente) for diferente de zero, você deve voltar e verificar se os contrastes planejados fazem sentido e se você seguiu as regras apropriadas para atribuir os pesos.

Uma vez especificado o primeiro contraste, clique em [Next] (próximo). Os pesos que você acabou de inserir desaparecerão, e a caixa de diálogo agora irá considerar *Contrast 2 of 2* (contraste 2 de 2). Sabemos, com base na seção 12.4.2, que os pesos para o contraste 2 são: 0 (grupo--controle), –1 (grupo de 15 minutos) e +1 (grupo de 30 minutos). Nós especificamos esse contraste da mesma forma que o anterior. Lembrando que o primeiro peso que inserirmos será para o grupo-controle, nós colocamos o valor 0 como o primeiro peso. Clique na caixa *Coefficients*, digite "0" e clique em [Add]. Em seguida, inserimos o peso para o grupo de 15 minutos clicando na caixa *Coefficients*, digitando "–1" e clicando em [Add]. Por fim, inserimos o peso para o grupo de 30 minutos clicando na caixa *Coefficients*, digitando "+1" e clicando em [Add]. A caixa de diálogo deve agora se parecer com a da Figura 12.15 (direita). Observe que os pesos somam zero, como no caso do contraste 1. Você deve se lembrar de inserir pesos zero para quaisquer grupos que não estejam no contraste. Quando os contrastes tiverem sido especificados, clique em [Continue] para retornar à caixa de diálogo principal.

12.6.3 Testes *post hoc* no SPSS ▌▌▌▌

Em teoria, se fizemos contrastes planejados, não precisamos fazer testes *post hoc* (porque já testamos as hipóteses de interesse). Da mesma forma, se escolhermos realizar testes *post hoc*, não precisaremos fazer contrastes planejados (porque não temos hipóteses para testar). No entanto, por razões de espaço, vamos realizar alguns testes *post hoc* nos dados da terapia com filhotes, bem como os contrastes que acabamos de especificar. Clique na caixa de diálogo principal [Post Hoc...] para acessar a caixa da Figura 12.16.

Na seção 12.5.3, eu recomendei vários procedimentos *post hoc* para situações específicas. Para os dados dos filhotes, temos tamanhos de amostra iguais e, portanto, não precisamos usar o teste de Gabriel. Devemos usar o teste de Tukey e o QREGW e verificar as descobertas com o procedimento de Games-Howell. Temos uma hipótese específica de que os grupos de 30 e 15 minutos devem diferir do grupo-controle e, portanto, poderíamos usar o teste de Dunnett para examinar essa hipótese. Após selecionar ☑ Dunnett, altere a categoria de controle de [Last ▼] (último) para [First ▼] (primeiro) tal que a categoria sem filhotes (que, lembre, nós codificamos com o menor valor e, por isso, é o primeiro grupo) seja utilizada como o grupo-controle. Você pode escolher se deseja realizar um teste bilateral (◉ 2-sided) ou unilateral. Se você escolher um teste unilateral (que eu não recomendei na seção 2.9.5), você precisa prever se acredita se a média do primeiro grupo (i.e., sem filhotes) será menor do que cada grupo experimental (◉ < Control) ou maior (◉ > Control). Esses são todos os testes *post hoc* que precisamos especificar (ver Figura 12.16). Clique em [Continue] para retornar à caixa de diálogo principal.

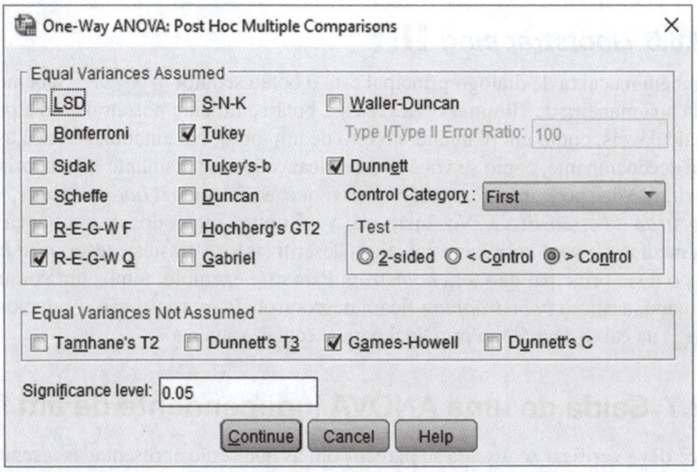

Figura 12.16 Caixa de diálogo para especificar os testes *post hoc*.

556 Descobrindo a estatística usando o SPSS

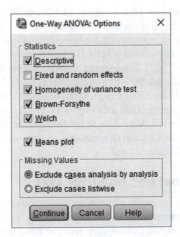

Figura 12.17 Opções para a ANOVA de um fator.

12.6.4 Opções

Clique em [Options...] para acessar uma caixa de diálogo similar à da Figura 12.17. Você pode solicitar estatísticas descritivas, que produzirão uma tabela de médias, desvios-padrão, erros-padrão, amplitudes e intervalos de confiança dentro de cada grupo. Essas informações nos ajudarão a interpretar os resultados. Selecione ☑ Homogeneity of variance test (homogeneidade do teste da variância) se você deseja o teste de Levene (seção 6.11.2), embora seja mais importante selecionar ☑ Brown-Forsythe ou ☑ Welch para que você possa interpretá-los se estiver preocupado com variâncias desiguais ou, melhor ainda, use essas opções como configuração padrão. Há também uma opção para ter um *Means plot* (diagrama de médias) que produz um gráfico de linhas das médias dos grupos. O gráfico resultante é um vagabundo leproso comparado ao que você pode criar usando o *Chart Builder* (criador de gráficos), e é melhor representar graficamente seus dados *antes* da análise, não durante a análise. Finalmente, as opções nos permitem especificar se queremos excluir os casos por lista (*listwise*) ou por análise (consulte a Dica do SPSS 6.1 para obter uma explicação). Essa opção é útil somente se você estiver ajustando modelos para várias variáveis de resultado simultaneamente (o que esperamos que não esteja fazendo – nunca).

12.6.5 *Bootstrapping*

Também na caixa de diálogo principal está o botão sedutor [Bootstrap...]. Sabemos que o *bootstrap* é uma boa maneira de eliminar o viés, e esse botão cintilante nos atrai com a promessa de riquezas incalculáveis, como um diamante no reto de um touro. No entanto, se você usar o *bootstrapping*, será decepcionante, como se você tivesse alcançado esse diamante e descobrisse que é um pedaço de vidro. Você pode, não sem razão, pensar que, ao selecionar *bootstrapping*, você obterá um bom *bootstrap* da estatística *F*. Você não vai. Você obterá intervalos de confiança *bootstrap* em torno das médias (se você solicitar estatísticas descritivas), contrastes e testes *post hoc*. Todos são úteis, mas o teste principal não terá *bootstrap*. Para este exemplo, temos um conjunto de dados muito pequeno, assim o *bootstrapping* ficará descontrolado, por isso não o selecionaremos. Clique em [OK] na caixa de diálogo principal para executar a análise

12.7 Saída de uma ANOVA independente de um fator

Você deve verificar se a saída se parece com as que serão apresentadas a seguir. Se não, devemos entrar em pânico porque um de nós fez algo errado – espero que não eu, ou muitas árvores morreram por nada. A Figura 12.18 mostra um diagrama de linhas com barras de erro da seção Teste

Capítulo 12 • MLG 1: Comparando várias médias independentes 557

Lanterna de Oditi
ANOVA de um fator

"Eu, Oditi, fiz um grande progresso para desenterrar a verdade escondida por trás dos números. Esta manhã, um de meus leais seguidores relatou-me que, com base em uma ANOVA que ele fez, todos os cães são controlados por gatos que escondem pequenos controles remotos nos seus ânus e os manipulam com suas línguas. Toda vez que você vê um gato se 'limpando', haverá um cachorro por perto correndo atrás do seu rabo. Ouça com atenção e você conseguirá ouvir o gato rindo sozinho. Estejam avisados, os gatos estão apenas pilotando a tecnologia e logo eles também nos controlarão, transformando-nos em cadeiras térmicas e vendedores de alimento. Temos que descobrir mais. Olhe para minha lanterna para que você também possa usar a ANOVA."

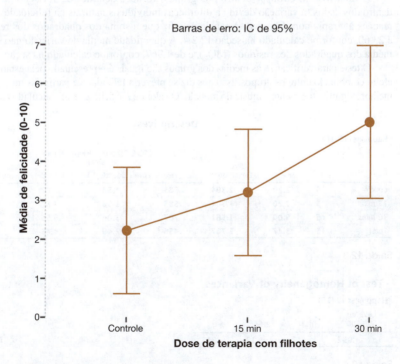

Figura 12.18 Diagrama de barras de erro (IC de 95%) dos dados da terapia com filhotes.

seus conhecimentos anterior deste capítulo (eu editei o meu gráfico; tente fazer o seu parecido com o meu). Todas as barras de erro se sobrepõem um pouco, indicando que, pelo valor de face, pode não haver diferenças entre os grupos (ver seção 2.9.9). A linha que une as médias parece indicar uma tendência linear em que, à medida que a dose de terapia com filhotes aumenta, o mesmo acontece com o nível médio da felicidade.

12.7.1 Saída para a análise principal ||||

A Saída 12.3 mostra a tabela das estatísticas descritivas para os dados da terapia com filhotes. As médias e os desvios-padrão correspondem aos mostrados na Tabela 12.1, o que é reconfortante. Também são apresentados os erros-padrão e os intervalos de confiança para as médias. Se essa amostra for uma das 95% que possuem os intervalos de confiança contendo o valor verdadeiro, o valor verdadeiro da média estará entre 0,58 e 3,82 para o grupo-controle. Vamos nos referir a essa tabela enquanto examinamos a saída.

A Saída 12.4 mostra o teste de Levene (ver seção 6.11.2) para quem insistir em usá-lo. Para esses dados, as variâncias são muito semelhantes (portanto o teste de Levene não é significativo, com um p próximo a 1); na verdade, se você observar a Saída 12.3, verá que as variâncias do grupo-controle e do grupo de 15 minutos são idênticas.

A Saída 12.5 mostra a tabela principal de resumo da ANOVA. A tabela é dividida em efeitos entre grupos (efeitos devido ao modelo – o efeito experimental) e efeitos dentro dos grupos (essa é a variação não sistemática nos dados). O efeito entre grupos está subdividido em um componente linear e um quadrático, conforme solicitado na Figura 12.14. O efeito entre grupos rotulado como *Combined* (combinado) é o efeito experimental geral, ou, em outras palavras, a melhora na previsão dos escores de felicidade resultantes do uso das médias dos grupos. Somos informados da soma dos quadrados do modelo ($SQ_M = 20,13$), que corresponde ao valor calculado na seção 12.2.3. Os graus de liberdade são 2, e a média dos quadrados para o modelo correspondem ao valor calculado na seção 12.2.5 (10,067).

A linha *Within Groups* (dentro dos grupos) fornece detalhes da variação não sistemática dentro dos dados (a variação devido a diferenças individuais naturais na felicidade e a diferentes reações à terapia com filhotes). A tabela nos diz que a soma dos quadrados dos resíduos (SQ_R) é 23,60, conforme calculado na seção 12.2.4. A quantidade média de variação não sistemática, a média dos quadrados dos resíduos (MQ_R), é de 1,967, conforme calculado na seção 12.2.5.

O teste para verificar se as médias dos grupos são iguais é representado pela estatística F para o efeito combinado entre os grupos. Isso nos diz se prever a felicidade a partir das médias dos grupos melhora significativamente o ajuste do modelo. O valor de F é 5,12, que foi calculado na seção 12.2.6.

Descriptives

Happiness (0-10)

	N	Mean	Std. Deviation	Std. Error	95% Confidence Interval for Mean Lower Bound	95% Confidence Interval for Mean Upper Bound	Minimum	Maximum
Control	5	2.20	1.304	.583	.58	3.82	1	4
15 mins	5	3.20	1.304	.583	1.58	4.82	2	5
30 mins	5	5.00	1.581	.707	3.04	6.96	3	7
Total	15	3.47	1.767	.456	2.49	4.45	1	7

Saída 12.3

Test of Homogeneity of Variances

Happiness (0-10)

Levene Statistic	df1	df2	Sig.
.092	2	12	.913

Saída 12.4

ANOVA

Happiness (0-10)

			Sum of Squares	df	Mean Square	F	Sig.
Between Groups	(Combined)		20.133	2	10.067	5.119	.025
	Linear Term	Contrast	19.600	1	19.600	9.966	.008
		Deviation	.533	1	.533	.271	.612
	Quadratic Term	Contrast	.533	1	.533	.271	.612
Within Groups			23.600	12	1.967		
Total			43.733	14			

Saída 12.5

A coluna final rotulada como *Sig.* nos fornece a probabilidade de se obter um *F* pelo menos tão grande quanto esse se não houvesse uma diferença entre as médias na população (ver Dica do SPSS 12.1). Neste caso, existe uma probabilidade de 0,025 de que uma estatística *F* com pelo menos esse tamanho ocorra se, na realidade, o efeito for zero. Supondo que definimos um ponto de corte de 0,05 como critério para a significância estatística, antes de coletar os dados, a maioria dos cientistas consideraria o fato de 0,025 ser menor do que o critério de 0,05 como evidência que apoia um efeito significativo da terapia com filhotes. Nesse estágio, ainda não sabemos exatamente qual foi o efeito da terapia com filhotes (não sabemos quais grupos diferem). Um ponto interessante é que obtivemos um efeito experimental significativo, mas o diagrama de barras de erro não mostrou diferenças significativas. Essa contradição ilustra que o diagrama de barras de erro pode agir apenas como um guia aproximado para a análise dos dados.

Sabendo que o efeito geral da terapia com filhotes foi significativo, podemos olhar para a análise das tendências. Primeiro, vamos olhar para o componente linear. Esse contraste testa se as médias aumentam entre os grupos de maneira linear. Para a tendência linear, a estatística *F* é 9,97, e esse valor é significativo, *p* = 0,008.

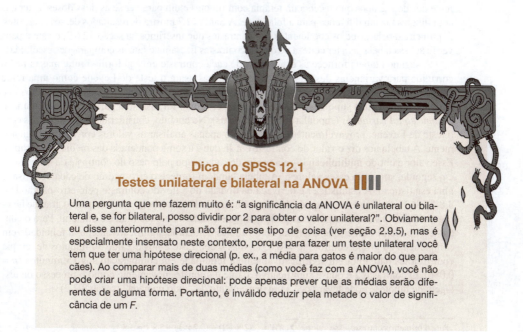

Dica do SPSS 12.1
Testes unilateral e bilateral na ANOVA ▋▋▋

Uma pergunta que me fazem muito é: "a significância da ANOVA é unilateral ou bilateral e, se for bilateral, posso dividir por 2 para obter o valor unilateral?". Obviamente eu disse anteriormente para não fazer esse tipo de coisa (ver seção 2.9.5), mas é especialmente insensato neste contexto, porque para fazer um teste unilateral você tem que ter uma hipótese direcional (p. ex., a média para gatos é maior do que para cães). Ao comparar mais de duas médias (como você faz com a ANOVA), você não pode criar uma hipótese direcional: pode apenas prever que as médias serão diferentes de alguma forma. Portanto, é inválido reduzir pela metade o valor de significância de um *F*.

Robust Tests of Equality of Means

Happiness (0-10)

	Statistic[a]	df1	df2	Sig.
Welch	4.320	2	7.943	.054
Brown–Forsythe	5.119	2	11.574	.026

a. Asymptotically F distributed.

Saída 12.6

Portanto, podemos dizer que, à medida que a dose de terapia com filhotes aumenta de zero para 15 minutos a 30 minutos, a felicidade aumenta proporcionalmente. A tendência quadrática testa se o padrão das médias é curvilíneo (i.e., se é representado por uma curva que tem uma única dobra). O diagrama de barras de erro sugere que as médias não podem ser representadas por uma curva, e os resultados para a tendência quadrática confirmam isso. A estatística F para a tendência quadrática não é significativa (na verdade, o valor de F é menor que 1, o que imediatamente indica que esse contraste não será significativo).

A Saída 12.6 mostra as estatísticas F de Welch e de Brown-Forsythe. Se você está interessado em como esses valores são calculados, veja a Gina Gênia 12.2, mas, para ser honesto, é bem confuso; é muito melhor apenas olhar os valores da Saída 12.6 e confiar que eles estejam fazendo o que deveriam estar fazendo (note que os graus de liberdade do erro foram ajustados, e você deve se lembrar disso quando relatar os valores). Considerando se o p observado é menor que 0,05, o F de Welch produz um resultado não significativo ($p = 0,054$) enquanto o de Brown-Forsythe é significativo ($p = 0,026$). Isso é confuso, mas somente se você gosta de atribuir poderes mágicos ao critério de 0,05 e de pensar no estilo 8 ou 80, o que as pessoas que usam valores-p fazem tantas vezes.

12.7.2 Saída de contrastes planejados ||||

Na seção 12.6.2, definimos dois contrastes planejados: um para testar se o grupo-controle era diferente dos dois grupos que receberam terapia com filhotes e um para ver se as duas doses de terapia com filhotes faziam diferença para a felicidade. A Saída 12.7 mostra os resultados desses contrastes. A primeira tabela exibe os coeficientes dos contrastes que inserimos na seção 12.6.2, e vale a pena verificar essa tabela para ter certeza de que os contrastes fizeram de fato as comparações escolhidas.

A segunda tabela fornece as estatísticas de cada contraste em sua forma bruta, mas também corrigida para variâncias desiguais. Algumas pessoas usam o teste de Levene como uma regra para a tomada de decisões: se for significativo, lê-se a parte da tabela chamada *Does not assume equal variances* (não suponha variâncias iguais) e, se não for, usa-se a parte da tabela chamada *Assume equal variances* (suponha variâncias iguais). No entanto, considerando os problemas com o teste de Levene, provavelmente é mais sensato apenas analisar os valores corrigidos rotineiramente. A tabela nos diz o valor do contraste em si, que é a soma ponderada das médias dos grupos. Esse valor é obtido multiplicando-se a média de cada grupo pelo peso do contraste de interesse e, em seguida, somando esses valores.[3] A tabela também fornece o erro-padrão de cada contraste e uma estatística t. A estatística t é derivada da divisão do valor do contraste pelo erro-padrão ($t = 3,8/1,5362 = 2,47$) e é, em seguida, nas duas últimas linhas da tabela, ajustada para o grau de heterogeneidade. O valor da significância do contraste é dado na coluna final e é bilateral. Para o contraste 1, podemos dizer que a terapia com filhotes aumentou significativamente a felicidade em comparação ao grupo-controle ($p = 0,031$), mas o contraste 2 nos diz que 30 minutos de terapia com filhotes não afetaram significativamente a felicidade em comparação aos 15 minutos ($p = 0,086$). O contraste 2 é quase significativo, o que demonstra novamente como o processo da testagem de hipótese pode levar você a um pensamento de "tudo ou nada" (seção 3.2.2)

---

[3] Para o primeiro contraste, esse valor é $\sum \overline{X}W = (2,2 \times -2) + (3,2 \times 1) + 5 \times 1 = 3,8$.

Contrast Coefficients

	Dose of puppies		
Contrast	Control	15 mins	30 mins
1	-2	1	1
2	0	-1	1

Contrast Tests

		Contrast	Value of Contrast	Std. Error	t	df	Sig. (2-tailed)
Happiness (0-10)	Assume equal variances	1	3.80	1.536	2.474	12	.029
		2	1.80	.887	2.029	12	.065
	Does not assume equal variances	1	3.80	1.483	2.562	8.740	.031
		2	1.80	.917	1.964	7.720	.086

Saída 12.7

12.7.3 Saída para testes *post hoc*

Se não tivéssemos hipóteses específicas sobre o efeito da terapia com filhotes na felicidade, teríamos selecionado testes *post hoc* para comparar todas as médias dos grupos entre si. Mesmo que normalmente não fizéssemos contrastes e testes *post hoc*, para economizar espaço, nós o fizemos (seção 12.6.3). A Saída 12.8 mostra tabelas contendo o teste de Tukey (conhecido como HSD de Tukey),[4] o procedimento Games-Howell e o teste de Dunnett. Se olharmos primeiro para o teste de Tukey (porque não temos razão para duvidar que as variâncias populacionais sejam desiguais), vemos que para cada par de grupos são exibidos a diferença entre as médias dos grupos, o erro-padrão dessa diferença, o nível de significância da diferença e um intervalo de 95% de confiança. A primeira linha da Saída 12.8 compara o grupo-controle com o grupo de 15 minutos e revela uma diferença não significativa (o *Sig.* de 0,516 é maior do que 0,05), e a segunda linha compara o grupo-controle com o grupo de 30 minutos em que há uma diferença significativa (o *Sig.* de 0,021 é menor do que 0,05). Pode parecer estranho que o contraste planejado tenha mostrado que qualquer dose de terapia com filhotes produziu um aumento significativo na felicidade, ainda que os testes *post hoc* tenham indicado que uma sessão de 15 minutos não produziu.

Teste seus conhecimentos

Você consegue explicar a contradição entre os contrastes planejados e os testes post hoc?

Na seção 12.4.2, expliquei que o primeiro contraste planejado compararia os grupos experimentais ao grupo-controle. Especificamente, compararia a média das médias dos dois grupos experimentais ((3,2 + 5,0)/2 = 4,1) com a média do grupo-controle (2,2). Então, foi avaliado se a diferença entre esses valores (4,1 − 2,2 = 1,9) era significativa. Nos testes *post hoc*, quando o grupo de 15 minutos é comparado ao controle, estamos testando se a diferença entre as médias desses dois grupos é significativa. A diferença, neste caso, é de apenas 1, comparada a uma diferença de 1,9

---

[4] HSD significa *honestly significant difference* (diferença honestamente significativa), o que soa ligeiramente duvidoso para mim.

Multiple Comparisons

Dependent Variable: Happiness (0-10)

	(I) Dose of puppies	(J) Dose of puppies	Mean Difference (I-J)	Std. Error	Sig.	95% Confidence Interval Lower Bound	Upper Bound
Tukey HSD	Control	15 mins	-1.000	.887	.516	-3.37	1.37
		30 mins	-2.800*	.887	.021	-5.17	-.43
	15 mins	Control	1.000	.887	.516	-1.37	3.37
		30 mins	-1.800	.887	.147	-4.17	.57
	30 mins	Control	2.800*	.887	.021	.43	5.17
		15 mins	1.800	.887	.147	-.57	4.17
Games-Howell	Control	15 mins	-1.000	.825	.479	-3.36	1.36
		30 mins	-2.800*	.917	.039	-5.44	-.16
	15 mins	Control	1.000	.825	.479	-1.36	3.36
		30 mins	-1.800	.917	.185	-4.44	.84
	30 mins	Control	2.800*	.917	.039	.16	5.44
		15 mins	1.800	.917	.185	-.84	4.44
Dunnett t (>control)[b]	15 mins	Control	1.000	.887	.227	-.87	
	30 mins	Control	2.800*	.887	.008	.93	

*. The mean difference is significant at the 0.05 level.
b. Dunnett t-tests treat one group as a control, and compare all other groups against it.

Saída 12.8

para o contraste planejado. Essa explicação ilustra como é possível ter resultados aparentemente contraditórios de contrastes planejados e de comparações *post hoc*. Mais importante, isso ilustra a necessidade de pensar cuidadosamente sobre o que nossos contrastes planejados testam.

A terceira e a quarta linhas da Saída 12.8 comparam o grupo de 15 minutos com o grupo-controle e o grupo de 30 minutos. O teste envolvendo os grupos de 15 minutos e 30 minutos mostra que as médias dos grupos não diferiram (porque $p = 0,147$ é maior que o nosso alfa de 0,05). As linhas 5 e 6 repetem comparações já discutidas.

O segundo bloco da tabela descreve o teste de Games-Howell, e uma rápida inspeção revela o mesmo padrão de resultados: os únicos grupos que diferiram significativamente foram o grupo de 30 minutos e o de controle. Esses resultados nos dão confiança em nossas conclusões sobre o teste de Tukey, porque, mesmo se as variâncias das populações não forem iguais (o que parece improvável, já que as variâncias das amostras são muito semelhantes), o perfil dos resultados se manterá verdadeiro. Por fim, o teste de Dunnett é descrito, e você lembrará que pedimos ao computador para comparar os dois grupos experimentais com o de controle usando uma hipótese unilateral de que a média do grupo controle seria menor do que a dos dois grupos experimentais. Mesmo em uma hipótese unilateral, os níveis de felicidade no grupo de 15 minutos são equivalentes ao grupo-controle. No entanto, o grupo de 30 minutos tem uma felicidade significativamente maior do que o grupo-controle.

A Saída 12.9 mostra os resultados do teste de Tukey e do teste QREGW. Esses testes exibem subconjuntos de grupos que possuem as mesmas médias com valores-*p* associados para cada subconjunto. O teste de Tukey criou dois subconjuntos de grupos com médias estatisticamente semelhantes. O primeiro subconjunto contém o grupo-controle e o de 15 minutos (indicando que esses dois grupos têm médias similares, $p = 0,516$), enquanto o segundo subconjunto contém o grupo de

Happiness (0-10)

	Dose of puppies	N	Subset for alpha = 0.05 1	2
Tukey HSD[a]	Control	5	2.20	
	15 mins	5	3.20	3.20
	30 mins	5		5.00
	Sig.		.516	.147
Ryan-Einot-Gabriel-Welsch Range	Control	5	2.20	
	15 mins	5	3.20	3.20
	30 mins	5		5.00
	Sig.		.282	.065

Means for groups in homogeneous subsets are displayed.
a. Uses Harmonic Mean Sample Size = 5.000.

Saída 12.9

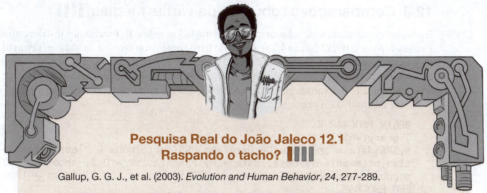

Pesquisa Real do João Jaleco 12.1
Raspando o tacho? ||||

Gallup, G. G. J., et al. (2003). *Evolution and Human Behavior, 24*, 277-289.

A evolução tem nos agraciado com muitas coisas belas (gatos, golfinhos, a Grande Barreira de Corais, etc.), todas selecionadas para se ajustarem ao seu nicho ecológico. Dada a capacidade aparentemente ilimitada da evolução de produzir beleza, é uma maravilha como ela conseguiu produzir uma monstruosidade como o pênis humano. Uma teoria é a competição espermática: o pênis humano tem uma glande (o "fim do sino") excepcionalmente grande se comparado a outros primatas, e isso pode ter evoluído para que o pênis possa retirar líquido seminal de outros machos por meio de uma "raspagem" durante a relação sexual. Munidos com vários dispositivos masturbatórios femininos, uma vagina artificial e um pouco de água e de amido de milho para fazer sêmen falso, Gallup e colaboradores (2003) colocaram essa teoria em teste. Eles encheram a vagina artificial com 2,6 mL de sêmen falso e inseriram um dos três brinquedos sexuais femininos antes de retirá-lo: um falo de controle que não tinha crista coronal (i.e., sem sino), um falo com uma crista coronal mínima (pequeno sino) e um falo com uma crista coronal normal.

Eles mediram o deslocamento de sêmen em percentuais usando a seguinte expressão (incluída aqui porque é mais interessante que todas as outras equações deste livro):

$$\frac{\text{peso da vagina com sêmen} - \text{peso da vagina após inserção e remoção do falo}}{\text{peso da vagina com sêmen} - \text{peso da vagina vazia}} \times 100$$

100% significa que todo o esperma foi deslocado e 0% significa que nada do esperma foi deslocado. Se o pênis humano evoluiu como um dispositivo de deslocamento de esperma, Gallup e colaboradores previram que: (1) ter um pênis com um formato de sino deslocaria mais esperma do que um com outro formato; e que (2) o falo com maior crista coronal deslocaria mais esperma do que o falo com a crista coronal mínima. As condições são ordenadas (sem crista, crista mínima, crista normal), então também podemos prever uma tendência linear. Os dados estão no arquivo **Gallup et al.sav**. Trace um diagrama de barras de erro das médias das três condições. Ajuste um modelo com contrastes planejados para testar as duas hipóteses acima. O que Gallup e colaboradores descobriram? Respostas estão no *site* do livro (ou consulte as páginas 280 a 281 do artigo original).

30 e de 15 minutos (que também têm médias similares, $p = 0,147$). O teste QREGW concorda com o primeiro subconjunto, sugerindo que os grupos-controle e o de 15 minutos têm médias similares ($p = 0,282$), e com o segundo, que os grupos de 15 e 30 minutos têm médias similares ($p = 0,065$).

O DMS de Tukey usa a **média harmônica** dos tamanhos amostrais, que é uma versão ponderada da média que leva em consideração a relação entre a variância e o tamanho da amostra. Embora você não precise conhecer os meandros da média harmônica, é útil que o tamanho da amostra harmônica seja usado porque ele reduz o viés que pode ser introduzido por meio de tamanhos de amostra desiguais. No entanto, como vimos, esses testes ainda são tendenciosos quando os tamanhos das amostras não são iguais.

12.8 Comparações robustas de várias médias ▮▮▮▮

É possível executar um teste robusto com várias médias usando o R. Precisamos instalar os pacotes *Essentials for R* e *WRS2* (seção 4.13). O *site* do livro contém um arquivo de sintaxe (**t1waybt.sps**) para executar uma variante robusta da ANOVA independente de um fator (*t1waybt*) com testes *post hoc* (*mcppb20*) descrita por Wilcox (2017). Esses testes não supõem nem a normalidade nem a homogeneidade das variâncias, então você pode ignorar esses pressupostos e seguir em frente. A sintaxe no arquivo é a seguinte:

```
BEGIN PROGRAM R.
library(WRS2)
mySPSSdata = spssdata.GetDataFromSPSS(factorMode = "labels")
t1waybt(Happiness~Dose, data = mySPSSdata, tr = 0.2, nboot = 1000)
mcppb20(Happiness~Dose, data = mySPSSdata, tr = 0.2, nboot = 1000)
END PROGRAM.
```

Selecione e execute essas seis linhas de sintaxe (Dica do SPSS 10.3) e verá uma saída de texto no visualizador (Saída 12.10) que informa que não houve diferença significativa (porque o valor-*p* é maior do que 0,05) nos escores da felicidade entre os grupos da terapia com filhotes, $F_t = 3$, $p = 0,089$. Os testes *post hoc* (que tecnicamente deveríamos ignorar pelo fato de que o teste geral não foi significativo) não mostram diferenças significativas entre os grupos-controle e o de 15 minutos ($p = 0,381$) ou entre os grupos de 15 e 30 mintutos ($p = 0,081$), mas há uma diferença significativa (que deveríamos ignorar porque o teste geral não foi significativo) entre os grupos-controle e de 30 minutos ($p = 0,010$).

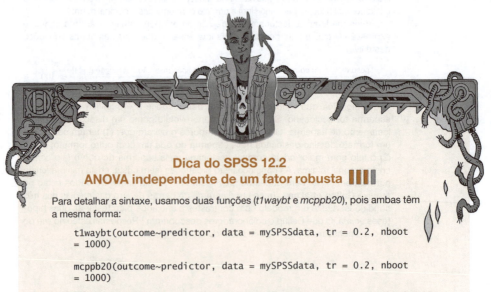

Dica do SPSS 12.2
ANOVA independente de um fator robusta ▮▮▮▮

Para detalhar a sintaxe, usamos duas funções (*t1waybt* e *mcppb20*), pois ambas têm a mesma forma:

```
t1waybt(outcome~predictor, data = mySPSSdata, tr = 0.2, nboot = 1000)

mcppb20(outcome~predictor, data = mySPSSdata, tr = 0.2, nboot = 1000)
```

No nosso exemplo, usamos os nomes das variáveis para substituir a variável de resultado com **Happiness** e a previsora com **Dose**. O *tr* está relacionado à quantidade de aparagem dos dados (na configuração-padrão, 0,2 ou 20%, mas você pode alterar para uma proporção diferente). O *nboot* refere-se ao número de amostras *bootstrap*, que eu configurei para 1.000, o que deve ser suficiente, mas sinta-se à vontade para aumentar o valor.

```
Effective number of bootstrap samples was 671.

Test statistic: 3
p-value: 0.08942
Variance explained 0.623
Effect size 0.789

mcppb20(formula = Happiness ~ Dose, data = mySPSSdata, tr = 0.2,
    nboot = 1000)

                       psihat ci.lower ci.upper p-value
Control vs. 15 mins    -1 -3.33333  1.33333 0.381
Control vs. 30 mins    -3 -5.00000 -0.33333 0.010
15 mins vs. 30 mins    -2 -4.00000  0.66667 0.081
```

Saída 12.10

Dicas da Ana Apressada
ANOVA independente de um fator

- A ANOVA independente de um fator compara várias médias quando essas médias vêm de diferentes grupos de pessoas; por exemplo, se você tiver várias condições experimentais e tiver usado participantes diferentes em cada condição. É um caso especial do modelo linear.

- Quando você gerar hipóteses específicas antes do experimento, use *contrastes planejados*; porém, se não tiver hipóteses específicas, use testes *post hoc*.

- Há muitos testes *post hoc* diferentes: quando você tem tamanhos de amostra iguais e a homogeneidade das variâncias é satisfeita, use o QREGW ou o HSD de Tukey. Se os tamanhos das amostras forem ligeiramente diferentes, use o procedimento de Gabriel; se os tamanhos das amostras forem muito diferentes, use o GT2 da Hochberg. Se houver alguma dúvida sobre a homogeneidade das variâncias, use o procedimento de Games-Howell.

- Você pode testar a homogeneidade das variâncias usando o teste de Levene, mas considere o uso de um teste *robusto* em todas as situações (o *F* de Welch ou Browne-Forsythe) ou a função *t1way* () de Wilcox.

- Localize o valor-*p* (geralmente em uma coluna chamada *Sig.*). Se o valor for menor que 0,05, os cientistas normalmente interpretam que as médias dos grupos são significativamente diferentes.

- Para contrastes e testes *post hoc*, olhe novamente as colunas *Sig.* para descobrir se as suas comparações são significativas (elas serão se o valor de significância for menor que 0,05).

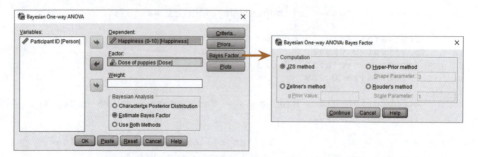

Figura 12.19 Caixas de diálogo para a ANOVA bayesiana.

12.9 Comparações bayesianas de várias médias ▮▮▮▮

Já que usamos um modelo linear para comparar as médias, podemos calcular o fator de Bayes (seção 3.8) exatamente como fizemos na seção 9.13. Você pode acessar a caixa de diálogo da Figura 12.19 selecionando *Analyze* ▶ *Bayesian Statistics* (estatística bayesiana) ▶ *One-way ANOVA*. Primeiro, especifique o modelo arrastando a variável de resultado (***Happiness***) para a caixa *Dependent* e a previsora (***Dose***) para a caixa *Factor*. Se usarmos estimativa em um modelo com uma previsora categórica, obteremos estimativas bayesianas das médias dos grupos (*não dos bs do modelo*), que não são particularmente interessantes. Portanto, selecionei para calcular apenas os fatores de Bayes (◉ Estimate Bayes Factor). Clique em Bayes Factor... e selecione a configuração padrão ◉ JZS method (Jeffreys, 1961; Zellner e Siow, 1980). Na caixa de diálogo principal, clique em OK para ajustar o modelo.

O fator de Bayes aqui é essencialmente igual ao que calculamos para o modelo linear (seção 9.13): ele compara o modelo completo (prevendo a felicidade a partir da dose terapêutica e do intercepto) ao modelo da hipótese nula (prevendo a felicidade apenas a partir do intercepto). Ele, portanto, quantifica o efeito global da dose. Isso se reflete no fato de que o fator de Bayes aparece como parte da tabela que exibe o ajuste geral do modelo (a estatística *F*). A Saída 12.11 mostra que o fator de Bayes, por incluir ***Dose*** como uma previsora (em comparação a não incluir), é 2,158. Isso significa que os dados são 2,158 vezes mais prováveis sob a hipótese alternativa (a dose de terapia com filhotes tem um efeito) do que sob a hipótese nula (a dose de terapia com filhotes não tem efeito). No entanto, esse valor não é uma evidência forte; ele sugere que devamos mudar nossa crença sobre a terapia com filhotes ser eficaz em um fator de cerca de 2.

ANOVA

Happiness (0–10)	Sum of Squares	df	Mean Square	F	Sig.	Bayes Factor[a]
Between Groups	20.133	2	10.067	5.119	.025	2.158
Within Groups	23.600	12	1.967			
Total	43.733	14				

a. Bayes factor: JZS

Saída 12.11

12.10 Calculando o tamanho do efeito

O SPSS não fornece um tamanho de efeito, mas vimos na equação (9.10) que podemos calcular R^2 para um modelo linear:

$$R^2 = \frac{SQ_M}{SQ_T} \tag{12.30}$$

Vimos esses valores na saída, assim podemos calcular o R^2 usando o efeito entre grupos (SQ_M) e a quantidade total de variação nos dados (SQ_T) – embora, por alguma razão bizarra, ele seja geralmente chamado de **eta ao quadrado,** η^2. Então, trata-se de uma questão simples de tirar a raiz quadrada desse valor para nos dar o tamanho do efeito r de 0,68:

$$r^2 = \eta^2 = \frac{SQ_M}{SQ_T} = \frac{20,13}{43,73} = 0,46$$
$$r = \sqrt{0,46} = 0,68 \tag{12.31}$$

Portanto, o efeito da terapia com filhotes na felicidade é um achado substantivo. No entanto, essa medida do tamanho do efeito é ligeiramente tendenciosa porque se baseia puramente na soma dos quadrados da amostra e não é feito nenhum ajuste para o fato de que estamos tentando estimar o tamanho do efeito na população. Portanto, muitas vezes usamos uma medida um pouco mais complexa chamada **ômega ao quadrado** (ω^2). Essa estimativa do tamanho do efeito ainda é baseada na soma dos quadrados que conhecemos neste capítulo: ela usa a variância explicada pelo modelo e a variância média do erro:

$$\omega^2 = \frac{SQ_M - gl_M MQ_R}{SQ_T + MQ_R} \tag{12.32}$$

O gl_M na equação é os graus de liberdade do efeito, que você pode obter na saída. Neste exemplo, teríamos:

$$\omega^2 = \frac{20,13 - (2)1,97}{43,73 + 1,97} = \frac{16,19}{45,70} = 0,35$$
$$\omega = 0,60 \tag{12.33}$$

Esse ajuste levou a uma estimativa ligeiramente inferior ao r, e, em geral, ω é uma medida mais precisa. Pense em ω como pensaria em r (porque é basicamente uma estimativa imparcial de r). As pessoas normalmente relatam ω^2, e tem sido sugerido que valores de 0,01, 0,06 e 0,14 representam efeitos pequenos, médios e grandes, respectivamente (Kirk, 1996). No entanto, lembre-se de que essas são diretrizes aproximadas e que os tamanhos de efeito precisam ser interpretados no contexto da literatura de pesquisa.

Na maioria das vezes, não é interessante ter tamanhos de efeito para a ANOVA geral porque ela está testando uma hipótese geral. Em vez disso, nós realmente queremos tamanhos de efeito para os contrastes (porque eles comparam apenas duas coisas, então o tamanho do efeito é mais fácil de interpretar). Os contrastes planejados são testados com a estatística t, e, portanto, podemos usar a mesma equação da seção 10.9.5:

$$r_{\text{Contraste}} = \sqrt{\frac{t^2}{t^2 + gl}} \tag{12.34}$$

Conhecemos o valor-t e os gl da Saída 10.7 e, portanto, podemos calcular o r como segue:

$$r_{\text{Contraste 1}} = \sqrt{\frac{2,74^2}{2,74^2 + 12}} = \sqrt{\frac{6,12}{18,12}} = 0,58 \tag{12.35}$$

Além de ser estatisticamente significativo, esse efeito representa um achado substancial. Para o contraste 2, obtemos:

$$r_{\text{Contraste 2}} = \sqrt{\frac{2{,}029^2}{2{,}029^2 + 12}} = \sqrt{\frac{4{,}12}{16{,}12}} = 0{,}51 \qquad (12.36)$$

Esse também é um achado substantivo.

12.11 Relatando os resultados de uma ANOVA independente de um fator ▮▮▮▮

Nós relatamos a estatística F e os graus de liberdade associados a ela. Lembre-se de que F é a média dos quadrados do modelo dividido pela média dos quadrados dos resíduos; portanto os graus de liberdade associados são os do efeito do modelo ($gl_M = 2$) e os dos resíduos do modelo ($gl_R = 12$). Também inclua uma estimativa do tamanho do efeito (tente calculá-lo para ver se você obtém os mesmos valores que eu). Por fim, relate o valor-p exato. Com base nesse parecer, poderíamos reportar o efeito geral como:

✓ Houve um efeito significativo da terapia com filhotes nos níveis de felicidade, $F(2, 12) = 5{,}12$, $p = 0{,}025$, $\omega = 0{,}60$.

Observe que os graus de liberdade estão entre parênteses. Eu o aconselhei a sempre relatar o F de Browne-Forsythe ou de Welch, então vamos fazer isso (observe o ajuste nos graus de liberdade dos resíduos e as mudanças em F e p):

✓ Não houve efeito significativo da terapia com filhotes nos níveis de felicidade, $F(2, 7{,}94) = 4{,}32$, $p = 0{,}054$, $\omega = 0{,}60$.
✓ Houve um efeito significativo da terapia com filhotes nos níveis de felicidade, $F(2, 11{,}57) = 5{,}12$, $p = 0{,}026$, $\omega = 0{,}60$.

O contraste linear pode ser relatado da mesma maneira:

✓ Houve uma tendência linear significativa, $F(1, 12) = 9{,}97$, $p = 0{,}008$, $\omega = 0{,}62$, indicando que, à medida que a dose de terapia com filhotes aumenta, a felicidade aumenta proporcionalmente.

Os graus de liberdade mudaram para refletir como F foi calculado. Podemos fazer algo semelhante para os contrastes planejados:

✓ Os contrastes planejados revelaram que receber qualquer dose de terapia com filhotes aumenta significativamente a felicidade em comparação a receber uma terapia de controle, $t(8{,}74) = 2{,}56$, $p = 0{,}031$, $r = 0{,}58$, mas uma sessão de 30 minutos não aumenta a felicidade significativamente em comparação com uma de 15 minutos, $t(7{,}72) = 1{,}96$, $p = 0{,}086$, $r = 0{,}51$.

12.12 Caio tenta conquistar Gina ▮▮▮▮

Caio ficara muito surpreso ao ver Gina na biblioteca, ainda mais quando ela baixou a guarda o suficiente para perguntar o nome dele. Ele amaldiçoou momentaneamente seus pais por lhe chamarem de Caio, mas Gina não pareceu se importar. Eles até continuaram com uma conversa estranha sobre música antes de Gina rapidamente desculpar-se e sair correndo. Ela parecia pálida, como se tivesse lembrado de algo horrível. Caio não estava acostumado a vê-la assim: ela sempre fora tão confiante. Ele queria saber o que estava acontecendo, mas, apesar de sua tentativa de segui-la, ele a perdeu de vista enquanto ela corria pelo *campus*. O episódio mexeu com sua cabeça: ele não queria que ela se sentisse mal. Caio não tinha como contatá-la, além de ir a lugares que ela frequentava. Ele vagou pelo *campus*, mas não adiantou. Ele esbarrou em Alex. Ela parecia irritada com o encontro dele com Gina. Ela disse que Gina era encrenca. Ele pressionou Alex para conseguir mais informações, mas ela não falou nada, exceto que Gina frequentemente ia ao *Blow Your Speakers*, a loja de discos da cidade, nos finais de semana. Caio conhecia a loja muito bem: eles tinham vinis e café nas manhãs de sábado. Ele sempre evitara o local, temendo que estivesse lotado por *hipsters* pretensiosos. Neste sábado, ele fez uma exceção e sentou-se entre as pessoas com calças justas e chapéus estranhos, que tomavam café, torciam os bigodes e tentavam escolher um disco mais obscuro para tocar do que a última pessoa havia escolhido. Ele vira o suficiente e estava se levantando para sair quando Gina entrou.

Gina ficou chocada ao ver Caio, mas resistiu à vontade de fugir. Caio sorriu, correu e colocou uma mão reconfortante em seu ombro. Gina se encolheu. Caio perguntou se ela estava bem e explicou que ele ficara preocupado achando que a havia chateado. Gina ficou em silêncio, sem saber o que dizer, então Caio preencheu o silêncio contando sobre suas aulas de estatística. Ele precisava trabalhar suas habilidades sociais.

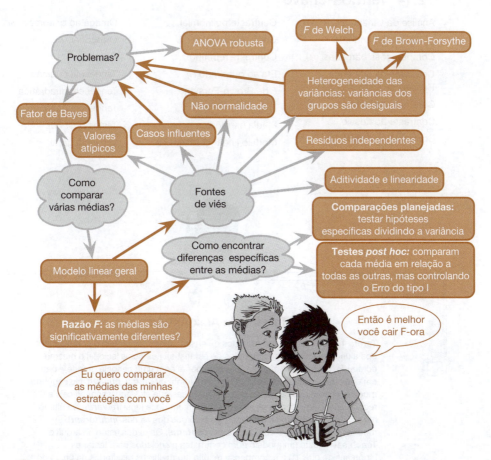

Figura 12.20 O que Caio aprendeu neste capítulo.

12.13 E agora? ▮▮▮▮

Minha vida mudou quando, um dia, uma carta apareceu na caixa de correio, dizendo que eu poderia ir para a escola secundária local. Quando meus pais me contaram, estavam tristes e não celebraram tanto quanto se poderia esperar, mas eles sabiam o quanto eu queria estar com meus amigos. Eu me acostumei com o meu fracasso, e a minha primeira reação foi dizer que eu queria ir para a escola local. Eu estava inabalavelmente decidido. Inabalavelmente até que meu irmão me convenceu de que estar na mesma escola que ele seria muito legal. É difícil medir o quanto eu o admirava e o quanto ainda o admiro, mas o fato de ter me submetido voluntariamente a uma disfunção social por toda a vida só para estar com ele é uma espécie de medida. No final das contas, estar na escola com ele nem sempre foi legal – ele sofreu *bullying* por ser um *boffin* (era assim que eles chamavam os *nerds* no Reino Unido na década de 1980) e ser o irmão mais novo de um *bofffin* me tornou um alvo. Felizmente, ao contrário do meu irmão, eu era idiota e jogava futebol, o que parecia ser uma boa razão para me deixarem em paz. Na maior parte do tempo.

12.14 Termos-chave

Análise da variância (ANOVA)
ANOVA independente
Comparações pareadas
Contraste da diferença Helmert reverso
Contraste de Helmert
Contraste do desvio
Contraste planejado
Contraste polinomial
Contraste simples
Contraste repetido
Eta ao quadrado, η^2
F de Brown-Forsythe
F de Welch
Média harmônica
Modelo linear geral (MLG)
Ômega ao quadrado, ω^2
Ortogonal
Pesos
Tendência cúbica
Tendência quadrática
Tendência quártica
Testes *post hoc*
Variância geral

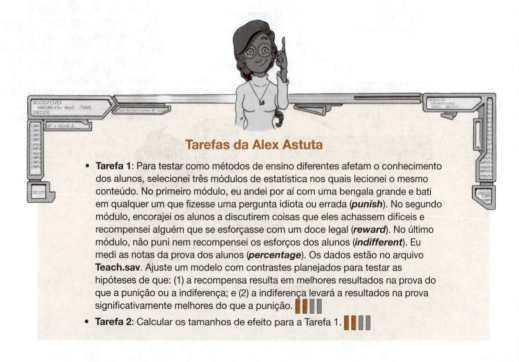

Tarefas da Alex Astuta

- **Tarefa 1**: Para testar como métodos de ensino diferentes afetam o conhecimento dos alunos, selecionei três módulos de estatística nos quais lecionei o mesmo conteúdo. No primeiro módulo, eu andei por aí com uma bengala grande e bati em qualquer um que fizesse uma pergunta idiota ou errada (*punish*). No segundo módulo, encorajei os alunos a discutirem coisas que eles achassem difíceis e recompensei alguém que se esforçasse com um doce legal (*reward*). No último módulo, não puni nem recompensei os esforços dos alunos (*indifferent*). Eu medi as notas da prova dos alunos (*percentage*). Os dados estão no arquivo **Teach.sav**. Ajuste um modelo com contrastes planejados para testar as hipóteses de que: (1) a recompensa resulta em melhores resultados na prova do que a punição ou a indiferença; e (2) a indiferença levará a resultados na prova significativamente melhores do que a punição. ▮▮▮▮
- **Tarefa 2**: Calcular os tamanhos de efeito para a Tarefa 1. ▮▮▮▮

- **Tarefa 3**: Crianças vestindo fantasias de super-heróis estão mais propensas a se machucarem por causa da impressão irrealista de invencibilidade que essas fantasias podem criar. Por exemplo, crianças apareceram no hospital com ferimentos graves devido a tentativas de "sair voando sem ter planejado estratégias de aterrissagem" (Davies, Surridge, Hole e Munro-Davies, 2007). Eu me identifico com o poder imaginativo que uma fantasia confere; de fato, eu sou conhecido por me vestir como Fisher, usando barba e óculos e arrastando uma cabra em uma coleira, na esperança de que isso possa me ajudar a aprender mais sobre estatística. Imagine que tivéssemos dados (**Superhero.sav**) sobre a gravidade das lesões (*injury*) (em uma escala de 0, sem lesão, a 100, morte) das crianças que compareceram aos pronto-socorros de hospitais e sobre qual fantasia de super-herói essas crianças estavam usando (*hero*): Homem-Aranha, Super-Homem, Hulk ou uma Tartaruga Ninja. Ajuste um modelo com contrastes planejados para testar a hipótese de que trajes diferentes dão origem a lesões mais graves ▮▮▮▮
- **Tarefa 4**: No Capítulo 7 (seção 7.6), há alguns dados sobre se ingerir refeições com soja reduz a contagem de espermatozoides. Analise esses dados com um modelo linear (ANOVA). Qual é a diferença entre o que você encontrou agora e o que foi encontrado na seção 7.6.5? Por que você acha que essa diferença surgiu? ▮▮▮▮
- **Tarefa 5**: Telefones celulares emitem micro-ondas, e, assim, segurar um do lado da cabeça por muito tempo durante o dia é quase como enfiar o cérebro em um forno de micro-ondas e apertar o botão "cozinhar até estar bem passado". Se quiséssemos testar isso experimentalmente, poderíamos obter seis grupos de pessoas e amarrar um celular em suas cabeças; depois, com o controle remoto, ligaríamos os telefones por um determinado período de tempo todos os dias. Após seis meses, mediríamos o tamanho de qualquer tumor (em mm^3) que tivesse aparecido próximo ao local da antena do telefone (logo atrás da orelha). Os seis grupos experimentariam 0, 1, 2, 3, 4 ou 5 horas por dia de micro-ondas telefônicas por seis meses. Os tumores aumentam significativamente de acordo com maior a exposição diária? Os dados estão em **Tumour.sav**. ▮▮▮▮
- **Tarefa 6**: Usando os dados do festival de Glastonbury do Capítulo 6 (**GlastonburyFestival.sav**), ajuste um modelo para ver se a mudança (*change*) na higiene dos participantes é significativa em pessoas com diferentes gostos musicais (*music*). Faça um contraste simples para comparar cada grupo com o grupo sem afiliação musical. Compare os resultados com os descritos na seção 11.5. ▮▮▮▮
- **Tarefa 7**: A Pesquisa Real do João Jaleco 7.2 descreve um experimento (Çetinkaya e Domjan, 2006) sobre codornas com fetiches por objetos atoalhados. Havia duas variáveis de resultado (tempo que as codornas estiveram perto do objeto atoalhado e eficiência copulatória) que não analisamos. Leia a Pesquisa Real de João Jaleco 7.2 para obter um relatório completo e, em seguida, ajuste um modelo com os testes *post hoc* de Bonferroni no tempo perto do objeto atoalhado. ▮▮▮▮
- **Tarefa 8**: Repita a análise na Tarefa 7, mas usando a eficiência copulatória como a variável de resultado. ▮▮▮▮
- **Tarefa 9**: Um sociólogo queria comparar as taxas de homicídio (*Murder*) a cada mês durante um ano em três locais de alta periculosidade de Londres (*Street*). Ajuste um modelo com *bootstrapping* nos testes *post hoc* para ver em quais ruas aconteceu o maior número de assassinatos. Os dados estão em **Murder.sav**. ▮▮▮▮

Respostas e recursos adicionais estão disponíveis no *site* do livro em
https://edge.sagepub.com/field5e.

13

MLG 2: COMPARANDO MÉDIAS AJUSTADAS POR OUTROS PREVISORES (ANÁLISE DE COVARIÂNCIA)

13.1 O que aprenderei neste capítulo? 574

13.2 O que é ANCOVA? 575

13.3 ANCOVA e o modelo linear geral 576

13.4 Pressupostos e problemas na ANCOVA 580

13.5 Realizando uma ANCOVA com o SPSS 584

13.6 Interpretando a ANCOVA 591

13.7 Testando o pressuposto de homogeneidade das inclinações da regressão 598

13.8 ANCOVA robusta 600

13.9 Análise bayesiana com covariáveis 601

13.10 Calculando o tamanho de efeito 602

13.11 Relatando resultados 603

13.12 Caio tenta conquistar Gina 603

13.13 E agora? 604

13.14 Termos-chave 605

Tarefas da Alex Astuta 605

13.1 O que aprenderei neste capítulo?

Meu caminho para me tornar uma estrela do *rock* foi um pouco difícil com minha entrada inesperada em uma escola secundária só para meninos (bandas de *rock* e escolas secundárias não combinavam nadinha). Eu precisava de inspiração e me voltei para os mestres: Iron Maiden. Eu ouvi Iron Maiden pela primeira vez aos 11 anos quando um amigo me emprestou *Piece of Mind* em uma fita cassete e me recomendou ouvir "The Trooper". Foi, para dizer o mínimo, uma epifania. Eu me tornei o menor maior fã deles (eu tinha 11 anos) e fiquei obcecado do jeito mais doentio possível. Eu bombardeei o homem que coordenava o fã-clube da banda (um cara chamado Keith) com cartas, e, bendito seja, ele respondeu a todas elas. Finalmente minha perseguição valeu a pena, e Keith conseguiu que eu fosse aos bastidores quando eles tocaram no que era, então, (e para mim sempre será), o *Hammersmith Odeon** em Londres em 5 de novembro de 1986 (*Somewhere on Tour* caso você esteja interessado). Essa não só foi a primeira vez em que eu os vi ao vivo, mas também foi quando os conheci pessoalmente. É difícil dizer como aquela noite foi incrível e quanta ansiedade ela provocou. Foi tudo muito impressionante. Fiquei tão totalmente deslumbrado que não consegui dizer nada a ninguém da banda (mas tenho boas fotos nas quais minha falta de palavras é tangível; veja a Figura 13.1). Uma situação social, que em breve se tornaria um tema recorrente na minha vida, fez de mim um completo tolo.[1] Quando aquele dia acabou, não tive dúvidas de que tinha sido o melhor dia da minha vida. Na verdade, eu pensei, melhor me suicidar porque nada mais seria tão bom assim.[2] Isso pode ser verdade, mas tempos depois eu tive outras experiências muito boas, então como saber se elas não foram ainda melhores? Eu poderia comparar experiências para ver qual é a melhor, mas há uma variável confundidora importante: minha idade. Aos 13 anos de idade, conhecer o Iron Maiden foi tão empolgante que chegou a enfraquecer meu intestino, mas a vida adulta (infelizmente) entorpece nossa capacidade de sentir esse tipo de animação desqualificada. Para saber de fato qual experiência foi a melhor, eu teria que controlar a variância do prazer que pode ser atribuída à minha idade naquela época. Assim, vou ter uma medida mais pura de quanto da variância do meu prazer pode ser atribuída ao evento em si.

Figura 13.1 Dave Murray (guitarrista do Iron Maiden) e eu nos bastidores, em Londres em 1986 (meu sorriso torto reflete o total terror que eu estava sentindo ao encontrar meu herói).

---

* N. de T.T. É uma casa de shows em Londres inaugurada em 1932 e que se chamou Hammersmith Odeon entre 1962 e 2000.

[1] Na minha adolescência, conheci várias bandas das quais gostava, e Iron Maiden era, de longe, a mais simpática.

[2] A não ser o dia do meu casamento, como descobri mais tarde.

Este capítulo amplia o anterior para examinar as situações em que comparamos as médias dos grupos, mas também ajustamos essas médias considerando outra variável (ou variáveis) que esperamos que afete(m) a variável de resultado. Isso envolve um modelo linear no qual a variável de resultado é prevista a partir de variáveis fictícias que representam membros de grupos, mas no qual um ou mais previsores (geralmente variáveis contínuas) são incluídos. Essas previsoras adicionais às vezes são denominadas covariáveis, e essa configuração do modelo linear é às vezes conhecida como *análise de covariância*.

13.2 O que é ANCOVA? ||||

No capítulo anterior, vimos como podemos comparar médias de vários grupos com o modelo linear usando variáveis fictícias para codificar a associação ao grupo. Além disso, no Capítulo 9, vimos como o modelo linear pode incorporar várias variáveis previsoras contínuas. Portanto, não deve ser surpresa que o modelo linear possa ser estendido para comparar médias, incluindo uma ou mais variáveis contínuas que prevejam a variável de resultado (ou variável dependente). Quando o foco principal do modelo é comparar as médias (talvez de diferentes grupos experimentais), essas previsoras adicionais no modelo são também referidas como **covariáveis**. Além disso, essa forma do modelo linear é, por vezes, denominada **análise de covariância** (ou **ANCOVA**).[3]

No capítulo anterior, usamos um exemplo sobre os efeitos da terapia com filhotes de cachorro na felicidade. Vamos pensar em outras coisas além da terapia com filhote que podem influenciar a felicidade. Bem, o mais óbvio é o quanto você gosta de cachorros (uma fobia de cachorros vai lhe deixar tão feliz depois da terapia com filhotes quanto eu ficaria após uma terapia com tarântulas), mas há outras coisas também, como diferenças individuais de temperamento. Se essas variáveis (as covariáveis) forem medidas, será possível ajustar a influência que elas têm na variável de resultado, incluindo-as no modelo linear. Pelo que sabemos da regressão hierárquica (ver Capítulo 9), deve ficar claro que, se inserirmos primeiro a covariável no modelo e depois inserirmos as variáveis fictícias que representam as médias dos grupos (p. ex., a manipulação experimental), poderemos ver qual efeito uma variável previsora tem *ajustando* em relação ao efeito da covariável. Em essência, em vez de prever a variável de resultado com base nas médias dos grupos, nós a prevemos a partir das médias dos grupos que foram ajustadas em relação ao efeito da(s) covariável(eis). Há duas razões principais para incluir covariáveis na ANOVA:

- **Para reduzir a variância do erro dentro dos grupos**: Quando prevemos uma variável de resultado a partir das médias dos grupos (p. ex., quando elas representam o efeito de um experimento), calculamos uma F comparando o montante de variabilidade na variável de resultado que o experimento pode explicar em relação à variabilidade que ele não pode explicar. Se pudermos atribuir parte dessa variação "inexplicada" (SQ_R) a outras variáveis medidas (covariáveis), reduziremos a variância do erro, permitindo-nos avaliar com mais sensibilidade a diferença entre médias dos grupos (SQ_M).
- **Para eliminar variáveis confundidoras:** Em qualquer experimento, pode haver variáveis não medidas que confundem os resultados (i.e., variáveis diferentes daquelas da manipulação experimental que afetam a variável de resultado). Se soubermos quais variáveis influenciam a variável de resultado que estamos medindo, inclui-las como covariáveis pode remover uma possível explicação dessas variáveis para o efeito de interesse.

---

[3] Como já discutimos anteriormente, esses rótulos para casos especiais do modelo linear (como a ANOVA de um fator independente no capítulo anterior e ANCOVA aqui) refletem as divisões históricas nos métodos (ver Vira-Lata Equivocado 12.1). Eles são inúteis porque criam a impressão de que estamos usando modelos estatísticos diferentes quando, na verdade, não estamos. Eu quero que você se concentre no modelo linear geral que sustenta esses casos especiais, mas eu preciso utilizar os rótulos ANOVA/ANCOVA algumas vezes para que, quando seu orientador lhe disser para fazer uma ANOVA/ANCOVA, você consiga encontrar a parte relevante do livro!

13.3 ANCOVA e o modelo linear geral

Os pesquisadores que realizaram o estudo sobre a terapia com filhotes, do capítulo anterior, perceberam repentinamente que o quanto um participante gostasse de cães modificaria o resultado da terapia com filhotes. Portanto, eles repetiram o estudo com diferentes participantes, mas incluíram uma medida autorrelatada de amor por filhotes que variava de 0 (eu sou uma pessoa estranha que odeia filhotes, por favor desconfie profundamente de mim) a 7 (filhotes são a melhor coisa do mundo, algum dia eu vou casar com um). Os dados estão na Tabela 13.1 e no arquivo **Puppy Love.sav**, que contém as variáveis **Dose** (1 = controle, 2 = 15 minutos, 3 = 30 minutos), **Happiness** (a felicidade da pessoa em uma escala de 0 a 10) e **Puppy_love** (amor por filhotes de 0 a 7).

Teste seus conhecimentos

Use o SPSS para encontrar as médias e os desvios-padrão da felicidade e do amor por filhotes de todos os participantes dos três grupos. (As respostas estão na Tabela 13.2.)

No capítulo anterior, caracterizamos esse cenário experimental com a Equação 12.2 e, sabendo o que sabemos sobre o modelo linear (Capítulo 9), podemos ver que essa equação pode ser ampliada para incluir a covariável da seguinte maneira:

$$\text{Felicidade}_i = b_0 + b_1 \text{Longa}_i + b_2 \text{Curta}_2 + b_3 \text{Covariável}_i + \varepsilon_i$$
$$\text{Felicidade}_i = b_0 + b_1 \text{Longa}_i + b_2 \text{Curta}_i + b_3 \text{Puppy\_Love}_i + \varepsilon_i$$
(13.1)

Podemos comparar as médias de diferentes grupos usando um modelo linear (ver seção 12.2) no qual os grupos são codificados como as variáveis fictícias **Long** (longa) e **Short** (curta): A longa apresenta o valor 1 somente para o grupo de 30 minutos; a curta, o valor 1 somente para o grupo o grupo de 15 minutos, e em todas as outras situações elas apresentam o valor 0. Podemos adicionar uma covariável como uma previsora para o modelo para testar a diferença entre as médias dos grupos *ajustando em relação à covariável*. Vejamos um exemplo prático.

Teste seus conhecimentos

Adicione duas variáveis fictícias ao arquivo **Puppy Love.sav** que comparem o grupo de 15 minutos ao controle (**Dummy 1**) e o grupo de 30 minutos ao controle (**Dummy 2**); a seção 12.2 pode ajudar. Se você tiver dificuldades, use **Puppy Love Dummy.sav**.

Teste seus conhecimentos

Faça uma regressão hierárquica com **Happiness** como a variável de resultado. No primeiro bloco, insira amor por filhotes (**Puppy love**) como uma previsora e, em um segundo bloco, insira as duas variáveis (entrada forçada) (ver seção 9.10 para auxiliá-lo).

Tabela 13.1 Dados de **Puppy Love.sav**

Dose	Felicidade do participante	Amor por filhotes
Controle	3	4
	2	1
	5	5
	2	1
	2	2
	2	2
	7	7
	2	4
	4	5
15 minutos	7	5
	5	3
	3	1
	4	2
	4	2
	7	6
	5	4
	4	2
30 minutos	9	1
	2	3
	6	5
	3	4
	4	3
	4	3
	4	2
	6	0
	4	1
	6	3
	2	0
	8	1
	5	0

Tabela 13.2 Médias (e desvios-padrão) de **Puppy Love.sav**

Dose	Felicidade do participante	Amor por filhotes
Controle	3,22 (1,79)	3,44 (2,07)
15 minutos	4,88 (1,46)	3,12 (1,73)
30 minutos	4,85 (2,12)	2,00 (1,63)
Total	4,37 (1,96)	2,73 (1,86)

O resumo do modelo resultante da seção Teste seus conhecimentos (Saída 13.1) mostra a aderência do modelo, primeiro quando apenas a covariável é usada no modelo e, depois, quando tanto as covariáveis quanto as variáveis fictícias são usadas. A diferença entre os valores de R^2 (0,288 − 0,061 = 0,227) representa a contribuição individual da terapia com filhotes para a previsão da felicidade. A terapia com filhotes foi responsável por 22,7% da variação na felicidade, enquanto o amor por filhotes foi responsável por apenas 6,1%. Essa informação adicional fornece algumas percepções sobre a importância substantiva da terapia com filhotes. A tabela a seguir é a tabela da ANOVA, que também é dividida em duas seções. A metade superior representa o efeito apenas da covariável, enquanto a metade inferior representa o modelo completo (i.e., ambas a covariável e a terapia com filhotes incluídas). Perceba, na parte inferior da tabela da ANOVA (a parte do modelo 2), que todo o modelo (o amor por filhotes mais as variáveis fictícias) é responsável por 31,92 unidades de variância (SQ_M), que há 110,97 unidades no total (SQ_T) e que a variância não explicada (SQ_R) é de 79,05.

A parte interessante é a tabela de coeficientes do modelo (Saída 13.2). A metade superior mostra o efeito quando somente a covariável está no modelo, e a metade inferior contém todo o modelo. Os valores-b para as variáveis fictícias representam a diferença entre as médias do grupo de 15 minutos e as do grupo-controle (**Dummy 1**) e entre as médias do grupo de 30 minutos e as do grupo-controle (**Dummy 2**) – veja a seção 12.2 para uma explicação do porquê.

Model Summary

Model	R	R Square	Adjusted R Square	Std. Error of the Estimate
1	.246[a]	.061	.027	1.929
2	.536[b]	.288	.205	1.744

a. Predictors: (Constant), Love of puppies (0–7)

b. Predictors: (Constant), Love of puppies (0–7), Dummy 1: (control vs. 15 mins), Dummy 2: (control vs. 30 mins)

ANOVA[a]

Model		Sum of Squares	df	Mean Square	F	Sig.
1	Regression	6.734	1	6.734	1.809	.189[b]
	Residual	104.232	28	3.723		
	Total	110.967	29			
2	Regression	31.920	3	10.640	3.500	.030[c]
	Residual	79.047	26	3.040		
	Total	110.967	29			

a. Dependent Variable: Happiness (0–10)

b. Predictors: (Constant), Love of puppies (0–7)

c. Predictors: (Constant), Love of puppies (0–7), Dummy 1: (control vs. 15 mins), Dummy 2: (control vs. 30 mins)

Saída 13.1

As médias dos grupos de 15 e 30 minutos foram de 4,88 e 4,85, respectivamente, e a média do grupo controle foi de 3,22. Portanto, os valores-*b* para as duas variáveis fictícias devem ser aproximadamente os mesmos (4,88 – 3,22 = 1,66 para a **Dummy 1** e 4,85 – 3,22 = 1,63 para a **Dummy 2**). Quem for esperto pode ter notado que os valores-*b* na Saída 13.2 não são apenas muito diferentes uns dos outros (o que não deveria ser o caso porque as médias dos grupos de 15 e 30 minutos são praticamente as mesmas), mas também diferentes dos valores que acabei de calcular. Isso significa que eu passei as últimas 50 páginas mentindo para você sobre o que os valores-*b* representam? Eu sou malvado, mas não sou *tão* malvado assim. A razão para essa anomalia aparente é que, com uma covariável presente, os valores-*b* representam as diferenças entre as médias de cada grupo e o de controle *ajustado em relação à(s) covariável(eis)*. Neste caso, eles representam a diferença nas médias dos grupos de terapia com filhotes ajustados em relação ao amor por filhotes.

Essas **médias ajustadas** vêm diretamente do modelo. Se substituirmos os valores-*b* na Equação 13.1 pelos valores da Saída 13.2, nosso modelo fica:

Felicidade$_i$ = 1,789 + 2,225Longa$_i$ + 1,786Curta$_i$ + 0,416Puppy_Love$_i$ (13.2)

Lembre-se de que **Long** e **Short** são variáveis fictícias de forma que **Long** tem o valor de 1 apenas para o grupo de 30 minutos e **Short** tem um valor de 1 apenas para o grupo de 15 minutos; em todas as outras situações, elas têm um valor de 0. Para obter as médias ajustadas, usamos essa equação, mas, em vez de substituir a covariável pelo escore de um indivíduo, substituímos pelo valor médio da covariável da Tabela 13.2 (2,73) porque estamos interessados no valor previsto para cada grupo ao nível médio da covariável. Para o grupo-controle, as variáveis fictícias são ambas codificadas como 0, então substituímos **Long** e **Short** no modelo por 0. Portanto, a média ajustada será de 2,925:

$$\overline{\text{Felicidade}}_{\text{Controle}} = 1,789 + (2,225 \times 0) + (1,786 \times 0) + (0,416 \times \overline{X}_{\text{Puppy\_love}})$$
$$= 1,789 + (0,416 \times 2,73)$$
$$= 2,925 \qquad (13.3)$$

Para o grupo de 15 minutos, a variável fictícia **Short** é 1 e a **Long** é 0; portanto, a média ajustada é 4,71:

$$\overline{\text{Felicidade}}_{15 \text{ min}} = 1,789 + (2,225 \times 0) + (1,786 \times 1) + (0,416 \times \overline{X}_{\text{Puppy\_love}})$$
$$= 1,789 + 1,786 + (0,416 \times 2,73)$$
$$= 4,71 \qquad (13.4)$$

Para o grupo de 30 minutos, a variável fictícia **Short** é 0 e **Long** é 1; portanto, a média ajustada é 5,15:

$$\overline{\text{Felicidade}}_{30 \text{ min}} = 1,789 + (2,225 \times 1) + (1,786 \times 0) + (0,416 \times \overline{X}_{\text{Puppy\_love}})$$
$$= 1,789 + 2,225 + (0,416 \times 2,73)$$
$$= 5,15 \qquad (13.5)$$

Podemos ver agora que os valores-*b* para as duas variáveis fictícias representam as diferenças entre esses valores ajustados (4,71 – 2,93 = 1,78 para a **Dummy 1** e 5,15 – 2,93 = 2,22 para a **Dummy 2**). Essas médias ajustadas são a quantidade média de felicidade para cada grupo quando o amor por filhotes é mantido em seu nível médio. Algumas pessoas pensam neste tipo de modelo (i.e., ANCOVA) como "controle" da covariável, porque ele compara as médias previstas dos grupos ao valor médio da covariável, assim os grupos estão sendo comparados a um mesmo nível da covariável em todos os grupos. No entanto, como veremos, a analogia de "controle da covariável" não é boa.

Coefficients[a]

Model		Unstandardized Coefficients B	Std. Error	Standardized Coefficients Beta	t	Sig.
1	(Constant)	3.657	.634		5.764	.000
	Love of puppies (0-7)	.260	.193	.246	1.345	.189
2	(Constant)	1.789	.867		2.063	.049
	Love of puppies (0-7)	.416	.187	.395	2.227	.035
	Dummy 1: (control vs. 15 mins)	1.786	.849	.411	2.102	.045
	Dummy 2: (control vs. 30 mins)	2.225	.803	.573	2.771	.010

a. Dependent Variable: Happiness (0-10)

Saída 13.2

13.4 Pressupostos e problemas na ANCOVA

A inclusão de covariáveis não altera o fato de estarmos usando o modelo linear geral; portanto todas as fontes de possíveis tendenciosidades (e suas respectivas medidas de prevenção) discutidas no Capítulo 6 se aplicam. Há duas considerações adicionais: (1) a independência da covariável e o efeito do tratamento; e (2) a homogeneidade das inclinações da regressão.

13.4.1 Independência da covariável e efeito do tratamento

Eu disse na seção anterior que as covariáveis podem ser usadas para reduzir a variância do erro dentro dos grupos se a covariável explicar alguma dessas variâncias dos erros, o que será o caso se a covariável for independente do efeito experimental (médias dos grupos). A Figura 13.2 mostra três cenários diferentes. A parte A mostra um modelo básico que compara as médias dos grupos (é como a Figura 12.5). A variância da variável de resultado (em nosso exemplo, a felicidade) pode ser dividida em duas partes que representam o efeito experimental ou do tratamento (neste caso, a administração da terapia com filhotes) e o erro ou a variância não explicada (i.e., fatores que afetam a felicidade que não foram medidos). A parte B mostra o cenário ideal no qual a covariável foi incluída e compartilha sua variação apenas com o pouco da felicidade que não é atualmente explicada. Em outras palavras, a covariável é completamente independente do efeito do tratamento (não se sobrepõe ao efeito da terapia com filhotes). Alguns argumentam que esse cenário é o único no qual a ANCOVA é apropriada (Wildt e Ahtola, 1978). A parte C mostra uma situação em que o efeito da covariável se sobrepõe ao efeito experimental. Em outras palavras, o efeito experimental é confundido com o efeito da covariável. Nessa situação, a covariável reduzirá (estatisticamente falando) o efeito experimental, porque explicará algumas das variações que, de outra forma, seriam atribuíveis ao experimento. Quando a covariável e o efeito experimental (variável independente) não são independentes, o efeito do tratamento é obscurecido, podem surgir efeitos espúrios do tratamento e, no mínimo, a interpretação da ANCOVA fica seriamente comprometida (Wildt e Ahtola, 1978).

O problema da covariável e do tratamento compartilharem variância é comum e é ignorado ou incompreendido por muitas pessoas (Miller e Chapman, 2001). Miller e Chapman não são as únicas pessoas a apontar isso, mas o artigo deles é muito legível, e eles citam muitos exemplos de pessoas que aplicam a ANCOVA erroneamente. Seu ponto principal é que, quando os grupos de tratamento diferem na covariável, colocar a covariável na análise não "controlará" ou "equilibrará" essas diferenças (Lord, 1967, 1969). Essa situação surge principalmente quando os participantes não são aleatoriamente atribuídos às condições experimentais de tratamento. Por exemplo, ansiedade e depressão estão intimamente correlacionadas (pessoas ansiosas tendem a ficar depressivas), então, se você quiser comparar um grupo de pessoas ansiosas com um grupo de não ansiosas em alguma tarefa, é provável que o grupo ansioso também esteja mais depressivo do que o grupo não

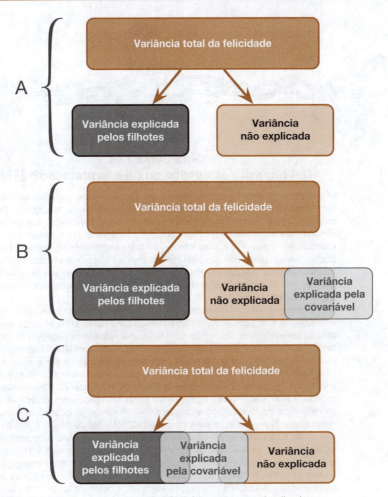

Figura 13.2 O papel da covariável na ANCOVA (ver texto para detalhes).

ansioso. Você pode achar que, adicionando a depressão como uma covariável na análise, você conseguirá olhar para o efeito "puro" da ansiedade, mas não é assim. Essa situação corresponde à parte C da Figura 13.2, porque o efeito da covariável (depressão) conteria parte da variância do efeito da ansiedade. Estatisticamente falando, tudo o que sabemos é que a ansiedade e a depressão compartilham variância; não podemos separar essa variância compartilhada em "variância da ansiedade" e "variância da depressão", ela será sempre "compartilhada". Outro exemplo comum é quando descobrimos que os grupos experimentais diferem em suas idades. Colocar a idade na análise como uma covariável não resolverá esse problema – ainda haverá confusão com a manipulação experimental. Usar covariáveis não resolve esse problema (ver Gina Gênia 13.1).

Esse problema pode ser evitado ao atribuir aleatoriamente os participantes aos grupos experimentais ou ao combinar grupos experimentais com a covariável (no exemplo da ansiedade, podemos tentar encontrar participantes para o grupo de baixa ansiedade que tenham um escore alto de depressão). Podemos ver se isso pode vir a ser um problema verificando se os grupos experimentais diferem na covariável antes de ajustar o modelo. Para usar novamente o exemplo da ansiedade, poderíamos testar se os grupos de alta e baixa ansiedade diferem nos níveis de depressão. Se os grupos não diferirem significativamente, pode ser razoável usar a depressão como covariável.

Gina Gênia 13.1
Um requisito estatístico ou de interpretação? ||||

O efeito do tratamento e a covariável são simplesmente variáveis previsoras em um modelo linear geral; porém, apesar das várias centenas de páginas discutirem modelos lineares, em nenhum momento eu falei que as previsoras deveriam ser completamente independentes. Eu disse que elas não deveriam se sobrepor muito (p. ex., colinearidade), mas isso é diferente de dizer que elas não devem se sobrepor nem um pouco. Se, em geral, não nos importamos com a independência das previsoras em modelos lineares, por que devemos nos importar agora? A resposta curta é não precisamos – não há necessidade *estatística* de que a variável de tratamento e a covariável sejam independentes.

Entretanto, há situações em que a ANCOVA pode ser tendenciosa quando a covariável não for independente da variável de tratamento. Uma situação, comum na pesquisa médica, tem sido muito discutida: uma variável de resultado (p. ex., hipertensão) é medida no início e após uma intervenção (com participantes atribuídos a um grupo de tratamento ou de controle). Esse delineamento pode ser analisado usando uma ANCOVA na qual os efeitos do tratamento na hipertensão pós-intervenção são analisadas enquanto covariam com os níveis de referência da hipertensão. Nesse cenário, a independência do tratamento e as covariáveis querem dizer que os níveis de referência da hipertensão são iguais nos diferentes grupos de tratamento. De acordo com Senn (2006), a ideia de que ANCOVA é tendenciosa, a menos que os grupos de tratamento sejam iguais na covariável, aplica-se apenas quando há *aditividade temporal*. No exemplo da hipertensão, aditividade temporal é a suposição de que ambos os grupos de tratamento experimentariam a mesma mudança na hipertensão ao longo do tempo se o tratamento não tivesse efeito. Em outras palavras, se tivéssemos deixado os dois grupos sozinhos, a hipertensão deles mudaria exatamente na mesma proporção. Já que os grupos têm diferentes níveis gerais de hipertensão desde o início, essa suposição pode não ser razoável, o que enfraquece o argumento para exigir igualdade dos grupos nas medidas de referência.

Resumindo, a independência da covariável e do tratamento torna a interpretação mais direta, mas é não é um requisito estatístico. A ANCOVA pode ser imparcial quando os grupos diferirem nos níveis da covariada, mas, como Miller e Chapman destacam, cria-se um problema interpretativo que a ANCOVA não pode resolver com mágica.

13.4.2 Homogeneidade das inclinações da regressão ||||

Quando uma covariável é usada, olhamos a sua relação geral com a variável de resultado: ignoramos o grupo ao qual determinado participante pertence. Pressupomos que essa relação entre a covariável e a variável de resultado vale para todos os grupos de participantes, o que é conhecido como o pressuposto de **homogeneidade das inclinações da regressão**. Pense no pressuposto assim: imagine um gráfico de dispersão para cada grupo de participantes com a covariável em um eixo, a variável de resultado no outro e uma linha de regressão resumindo sua relação. Se o pressuposto for satisfeito, as linhas de regressão devem ser semelhantes (i.e., os valores-b em cada grupo devem ser iguais).

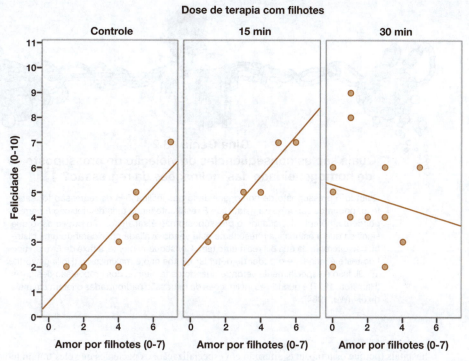

Figura 13.3 Diagrama de dispersão e linhas de regressão da felicidade em relação a amor por filhotes para cada uma das condições experimentais.

Vamos fazer esse conceito ficar um pouco mais concreto. Lembre-se de que o exemplo principal deste capítulo analisa se diferentes doses de terapia com filhotes afetam a felicidade dos pacientes ao incluir seu amor por filhotes como uma covariável. O pressuposto de *homogeneidade das inclinações da regressão* diz que a relação entre a variável de resultado (variável dependente) e a covariável é a mesma em cada um dos nossos grupos de tratamento. A Figura 13.3 mostra um gráfico de dispersão com uma linha de regressão que resume essa relação (i.e., a relação entre o amor por filhotes, a covariável e a variável de resultado, que é a felicidade do participante) para as três condições experimentais (mostradas em painéis diferentes). Há uma relação positiva (a linha de regressão inclina-se para cima, da esquerda para a direita) entre o amor por filhotes e a felicidade do participante tanto na condição do controle (painel esquerdo) quanto na condição de 15 minutos de terapia (painel do meio). Na verdade, as inclinações das linhas para esses dois grupos são muito semelhantes, mostrando que a relação entre a felicidade e o amor por filhotes é muito semelhante nesses dois grupos. Essa situação é um exemplo de *homogeneidade* das inclinações da regressão. No entanto, na condição de 30 minutos (painel direito), há uma relação ligeiramente negativa entre a felicidade e o amor por filhotes. A inclinação dessa linha difere das inclinações nos outros dois grupos, sugerindo *heterogeneidade nas inclinações da regressão* (porque a relação entre felicidade e amor por filhotes é diferente no grupo de 30 minutos em comparação aos outros dois grupos).

Embora em uma ANCOVA tradicional a heterogeneidade das inclinações da regressão seja uma coisa ruim (Gina Gênia 13.2), há situações em que podemos esperar que as inclinações da regressão sejam diferentes entre os grupos, e essa variabilidade pode ser interessante. Por exemplo, quando a pesquisa é realizada em locais diferentes, podemos esperar que os efeitos variem nesses locais. Imagine que você tivesse um novo tratamento para dor nas costas e recrutasse vários fisioterapeutas para experimentá-lo em diferentes hospitais. O efeito do tratamento provavelmente diferirá entre esses

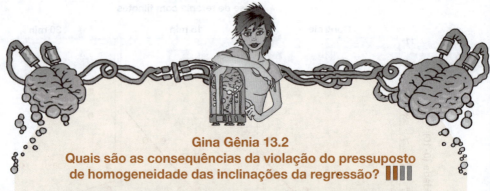

Gina Gênia 13.2
Quais são as consequências da violação do pressuposto de homogeneidade das inclinações da regressão?

Quando o pressuposto de homogeneidade das inclinações da regressão for satisfeito, podemos supor que a estatística F resultante tenha uma distribuição F correspondente; no entanto, quando o pressuposto não é satisfeito, não podemos, o que significa que a estatística F resultante está sendo avaliada considerando uma distribuição diferente da que ela realmente tem. Consequentemente, a taxa de Erro do tipo I do teste é inflada, e o poder de detectar efeitos não é maximizado (Hollingsworth, 1980). Isso é especialmente verdade quando os tamanhos dos grupos são desiguais (Hamilton, 1977) e quando as inclinações da regressão padronizadas diferem em mais de 0,4 (Wu, 1984).

hospitais (porque os terapeutas diferirão em especialização, os pacientes que eles tratam terão problemas diferentes e assim por diante). Assim, a heterogeneidade das inclinações da regressão não é uma coisa ruim *em si*. Se você violou o pressuposto de homogeneidade das inclinações da regressão, ou se a variabilidade nas inclinações da regressão for uma hipótese interessante em si, você pode modelar explicitamente essa variação usando modelos lineares multiníveis (ver Capítulo 21).

13.4.3 O que fazer quando os pressupostos forem violados?

Um *bootstrap* dos parâmetros do modelo e testes *post hoc* podem ser usados para que, pelo menos, sejam robustos (ver Capítulo 6). Contudo, o *bootstrap* não ajudará nos testes F. Há uma variante robusta da ANCOVA que pode ser implementada usando R, e discutiremos isso na seção 13.8.

13.5 Realizando uma ANCOVA com o SPSS

13.5.1 Procedimento geral

O procedimento geral é praticamente o mesmo de qualquer modelo linear; portanto, lembre-se dos passos para ajustar um modelo linear (Capítulo 9). A Figura 13.4 mostra uma visão geral mais simples do processo e destaca alguns dos problemas específicos dos modelos no estilo ANCOVA. Como em qualquer análise, comece por representar graficamente os dados, buscando e corrigindo fontes de viés.

13.5.2 Inserindo dados

Já vimos os dados (Tabela 13.1) e o arquivo de dados (**Puppy Love.sav**). Para relembrar, o arquivo de dados está organizado como na Tabela 13.1 e contém três colunas: uma variável codificadora

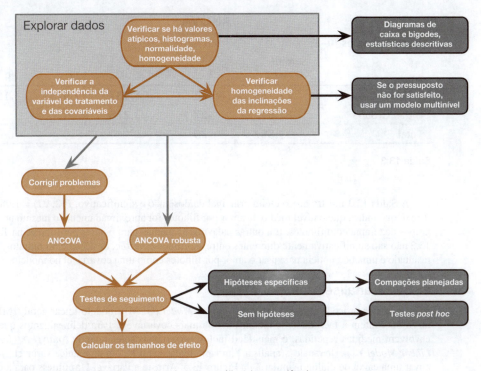

Figura 13.4 O procedimento geral para a análise da covariância.

chamada **Dose** (1 = controle, 2 = 15 minutos, 3 = 30 minutos), uma variável chamada **Happiness** que contém os escores de felicidade dos participantes, e uma variável chamada **Puppy_love** que contém os escores do amor por filhotes de 0 a 7. As 30 linhas correspondem aos escores de cada pessoa nessas três variáveis.

13.5.3 Testando a independência da variável de tratamento e da covariável ▌▌▌▌

Na seção 13.4.1, mencionei que, se a covariável e as médias dos grupos (variável independente) forem independentes, a interpretação dos modelos ANCOVA será mais direta. Neste caso, a covariável é o amor por filhotes, então queremos verificar se o nível médio de amor por filhotes é aproximadamente igual entre os três grupos da terapia com filhotes ajustando um modelo linear com **Puppy_love** como variável de resultado e **Dose** como previsora.

Teste seus conhecimentos

Ajuste um modelo para testar se o amor por filhotes (covariável) é independente da dose da terapia com filhotes (variável independente).

ANOVA

Love of puppies (0-7)

	Sum of Squares	df	Mean Square	F	Sig.
Between Groups	12.769	2	6.385	1.979	.158
Within Groups	87.097	27	3.226		
Total	99.867	29			

Saída 13.3

A Saída 13.3 mostra que o efeito principal da dose não é significativo, $F(2, 27) = 1,98$, $p = 0,16$, o que indica que o nível médio de amor por filhotes foi aproximadamente o mesmo nos três grupos de terapia com filhotes. Em outras palavras, as médias para o amor por filhotes na Tabela 13.2 não são significativamente diferentes entre os grupos-controle, de 15 e de 30 minutos. Esse resultado é uma boa notícia para usar o amor por filhotes como uma covariável no modelo.

13.5.4 A análise principal ▌▌▌▌

A maioria dos procedimentos do *General Linear Model* (GLM) (modelo linear geral ([MLG]) no SPSS contém a facilidade de incluir uma ou mais covariáveis. Para delineamentos que não envolvem medidas repetidas, é mais fácil incluir covariáveis selecionando *Analyze* ▶ *General Linear Model* ▶ Univariate... (analisar ▶ modelo linear geral ▶ com uma única variável...) para ativar uma caixa de diálogo similar à da Figura 13.5. Arraste a variável **Happiness** para a caixa *Dependent Variable* (variável dependente) (ou clique em ▶), arraste **Dose** para a caixa *Fixed Factor(s)* (fatores fixos) e arraste **Puppy_love** para a caixa *Covariate(s)* (covariáveis).

13.5.5 Contrastes ▌▌▌▌

Várias caixas de diálogo podem ser acessadas a partir da caixa de diálogo principal. Se uma covariável for selecionada, os testes *post hoc* serão desativados porque os testes que usamos no capítulo anterior não foram projetatdos para modelos que incluem covariáveis. No entanto, as comparações podem ser feitas clicando em Contrasts... (contrastes...) para acessar uma caixa de

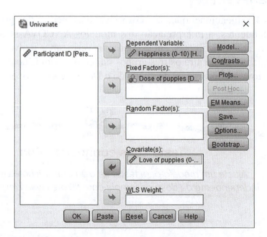

Figura 13.5 Caixa de diálogo principal para o MLG univariado.

diálogo semelhante à da Figura 13.6. Você não pode inserir códigos para especificar contrastes definidos pelo usuário (mas veja a Dica do SPSS 13.1); em vez disso, você pode selecionar um dos contrastes da configuração-padrão que encontramos na Tabela 12.6. Neste exemplo, há uma condição de controle (codificada como o primeiro grupo), então um conjunto sensato de contrastes seria contrastes simples que comparem cada grupo experimental ao grupo-controle (isso resultará em contrastes iguais aos da codificação auxiliar). Clique na lista suspensa (None) e selecione um tipo de contraste (neste caso, *Simple* [simples]) dessa lista. Para contrastes simples, é necessário especificar a categoria de referência (i.e., a categoria em relação à qual todos os outros grupos serão comparados). Na configuração-padrão, a última categoria é usada – para nossos dados, é o grupo de 30 minutos. Precisamos alterar a categoria de referência para ser o grupo-controle, que é a primeira categoria (supondo que você codificou o grupo-controle como 1). Fazemos essa mudança selecionando ◉ Fi_r_st (primeiro). Após selecionar um contraste, clique em Change (alterar) para registrar a seleção. A Figura 13.6 mostra a caixa de diálogo completa. Clique em Continue para retornar à caixa de diálogo principal.

13.5.6 Outras opções ▌▌▌▌

É possível obter um intervalo limitado de testes *post hoc* clicando em EM Means... para acessar a caixa de diálogo *Estimated Marginal Means* (médias marginais estimadas) (ver Figura 13.7). Para especificar testes *post hoc*, arraste a variável independente (neste caso, **Dose**) da caixa *Estimated Marginal Means: Factor(s)* (fator[es]) e *Factor Interaction* (interação do fator) para a caixa *Display Means for* (exibir médias para) (ou clique em ➡). Uma vez transferida uma variável, você poderá selecionar ☑ Co_m_pare main effects (comparar efeitos principais) para ativar a lista suspensa (LSD(none)) (LSD [nenhum]) de testes *post hoc*. O padrão é executar o LSD de Tukey que não faz ajustes para múltiplos testes (o que eu não recomendo). As outras opções são o teste *post hoc* de Bonferroni (recomendado) e a **correção de Šidák**, que é semelhante à correção de Bonferroni, mas é menos conservadora e, portanto, deve ser selecionada se você estiver preocupado com a perda de poder associada ao de Bonferroni. Para este exemplo, usaremos a correção de Šidák, apenas para variar (usamos Bonferroni em exemplos anteriores). Além de produzir testes *post hoc* para a variável **Dose**, as opções que selecionamos criarão uma tabela de médias marginais estimadas para essa variável: essas são as médias dos grupos ajustadas considerando o efeito da covariável. Clique em Continue .

Clicar em Options... abre uma caixa de diálogo contendo as opções descritas pela Gina Gênia 13.3. As mais úteis (na minha opinião) são estatísticas descritivas, estimativas de parâmetro, diagrama residual e os erros padronizados robustos HC4 (ver Figura 13.7).

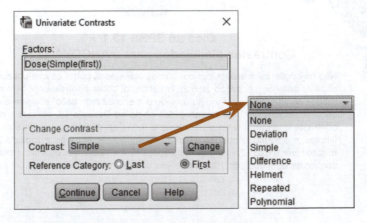

Figura 13.6 Opções para contrastes-padrão no MLG univariado.

588 Descobrindo a estatística usando o SPSS

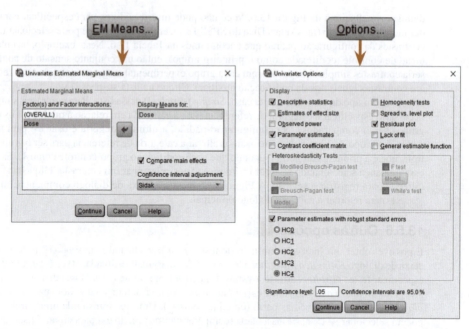

Figura 13.7 Caixa de diálogo *Estimated Marginal Means* (médias marginais estimadas) e *Options* para o MLG univariado.

Dica do SPSS 13.1
Contrastes planejados para a ANCOVA

Não há opção para especificar contrastes planejados como os que utilizamos no capítulo anterior (ver seção 12.6.2). No entanto, esses contrastes podem ser realizados se ajustarmos o modelo usando o menu da regressão. Imagine que você escolheu alguns contrastes planejados como no Capítulo 12, em que o primeiro contraste comparou o grupo-controle a todas as duas opções de terapia com filhotes, e o segundo contraste fez uma comparação entre os grupos de 30 e 15 minutos (ver seção 12.4). Vimos nas seções 12.4 e 12.6.2 que especificamos esses contrastes com códigos. Para o primeiro contraste, descobrimos que um conjunto

Coefficients[a]

Model		Unstandardized Coefficients B	Std. Error	Standardized Coefficients Beta	t	Sig.
1	(Constant)	3.657	.634		5.764	.000
	Love of puppies (0-7)	.260	.193	.246	1.345	.189
2	(Constant)	3.126	.625		5.002	.000
	Love of puppies (0-7)	.416	.187	.395	2.227	.035
	Dummy 1: puppies vs. control	.668	.240	.478	2.785	.010
	Dummy 2: 15 mins vs. 30 mins	.220	.406	.094	.541	.593

a. Dependent Variable: Happiness (0-10)

Saída 13.4

apropriado de códigos era −2 para o grupo controle e depois 1 para cada um dos grupos de 30 e 15 minutos. Para o segundo contraste, os códigos foram 0 para o grupo-controle, −1 para o grupo de 15 minutos e 1 para o grupo de 30 minutos (ver Tabela 12.4). Para fazer esses contrastes quando uma covariável é incluída no modelo, insira esses valores como duas variáveis fictícias. Em outras palavras, adicione uma coluna chamada *Fictícia1* (**Dummy1**) na qual cada pessoa no grupo-controle terá um valor de −2 e todos os outros participantes terão um valor de 1. Adicione uma segunda coluna chamada *Fictícia2* (**Dummy2**), na qual todos no grupo-controle terão o valor 0, todos no grupo de 15 minutos, o valor −1 e os no grupo de 30 minutos, um valor de 1. O arquivo **Puppy Love Contrast.sav** inclui essas variáveis fictícias.

Execute a análise conforme descrito na seção 13.3. O resumo do modelo e a tabela da ANOVA para o modelo serão idênticos aos da Saída 13.1 (porque fizemos a mesma coisa de antes; a única diferença é como a variância do modelo é posteriormente dividida com os contrastes). Os valores-*b* das variáveis fictícias serão diferentes dos anteriores porque especificamos contrastes diferentes. A Saída 13.4 mostra os parâmetros do modelo. A primeira variável fictícia compara o grupo-controle com os grupos de 15 e 30 minutos. Dessa forma, comparamos a média ajustada do grupo-controle (2,93) com a média das médias ajustadas dos grupos de 15 e 30 minutos ((4,71 + 5,15)/2 = 4,93). O valor-*b* para a primeira variável fictícia deve refletir a diferença entre esses valores: 4,93 − 2,93 = 2. Descobrimos um detalhe chato e bastante complexo da seção 12.4.2 que é que esse valor é dividido pelo número de grupos dentro do contraste (i.e., 3) e assim teremos 2/3 = 0,67 (como na Saída 13.4).[4] A estatística *t* associada é significativa (*p* = 0,010), indicando que o grupo-controle foi significativamente diferente da média ajustada combinada dos grupos de terapia com filhotes.

A segunda variável fictícia compara os grupos de 15 e 30 minutos, e, por isso, o valor-*b* deve refletir a diferença entre as médias ajustadas desses grupos: 5,15 − 4,71 = 0,44. Na seção 12.4.2, descobrimos que esse valor é dividido pelo número de grupos dentro do contraste (i.e., 2) e assim teremos 0,44/2 = 0,22 (como na Saída 13.4). A estatística *t* associada não é significativa (*p* = 0,593), indicando que o grupo de 30 minutos não sentiu uma felicidade maior do que o grupo de 15 minutos após o ajuste considerando o amor por filhotes.

---

[4] Na saída, aparece o valor 0,668 ao invés de 0,67. Essa diferença é devida ao arredondamento para duas casas decimais.

Gina Gênia 13.3
Opções para a ANCOVA ||||

As opções remanescentes nesta caixa de diálogo são as seguintes:

- *Descriptive statistics* (estatísticas descritivas): Esta opção produz uma tabela de médias e de desvios-padrão para cada grupo.
- *Estimates of effect size* (estimativas do tamanho de efeito): Esta opção produz o valor de eta ao quadrado parcial (η^2 parcial) – ver seção 13.10.
- *Observed power* (poder observado): Esta opção fornece uma estimativa da probabilidade de que o teste estatístico possa detectar a diferença entre as médias dos grupos (seção 2.9.7). Esta medida é inútil porque, se o teste-*F* for significativo, a probabilidade de o efeito ter sido detectado será, evidentemente, alta. Da mesma forma, se as diferenças entre os grupos forem pequenas, o poder observado será baixo. Faça cálculos de potência antes que o experimento seja conduzido e não depois (seção 2.9.8).
- *Parameter estimates* (estimativas dos parâmetros): Esta opção produz uma tabela de estimativas dos parâmetros do modelo (valores-*b*) e seus testes de significância para as variáveis no modelo (seção 13.6.2).
- *Contrast coefficient matrix* (matriz de coeficientes dos contrastes): Esta opção produz matrizes dos valores de codificação usados para quaisquer contrastes na análise, o que é útil para verificar quais grupos estão sendo comparados e em qual contraste.
- *Homogeneity tests* (testes de homogeneidade): Esta opção produz o teste de Levene sobre o pressuposto de homogeneidade das variâncias (ver seção 9.3). Você já deve ter notado que eu acho necessário ficar com um pé atrás com esse teste.
- *Spread vs. level plot* (diagrama de nível vs. dispersão): Esta opção produz um diagrama que representa a média de cada grupo de um fator (eixo *x*) em relação ao desvio-padrão desse grupo (eixo *y*). Este diagrama é útil para verificar se não há relação entre a média e o desvio-padrão. Se existir uma relação, os dados podem precisar ser estabilizados usando uma transformação logarítmica (ver Capítulo 6).
- *Residual plot* (diagrama residual): Esta opção produz um gráfico de dispersão matricial de todas as combinações de pares das seguintes variáveis: valores observados da variável de resultado, valores previstos pelo modelo, resíduos padronizados do modelo. Estes diagramas podem ser usados para avaliar o pressuposto de homocedasticidade. Em particular, o gráfico dos resíduos padronizados em relação aos valores previstos do modelo pode ser interpretado de maneira semelhante ao gráfico de zpred vs. zresid que discutimos anteriormente.
- *Heteroskedasticity tests* (testes de heterocedasticidade): Há quatro testes de heteroscedasticidade que você pode selecionar (duas variantes do teste de Breusch-Pagan, o teste de White e um teste-*F*). Não os recomendo pelos mesmos motivos pelos quais não recomendo o teste de Levene (ou seja, como são testes de hipóteses, as decisões com base neles dependerão dos tamanhos das amostras).
- *Parameter estimates with robust standard errors* (estimativas dos parâmetros com erros-padrão robustos): Esta opção fornece um dos cinco métodos (HC0 a HC4) para estimar os erros-padrão (e, portanto, os intervalos de confiança) para os parâmetros do modelo que são robustos para a heterocedasticidade. Esses métodos são descritos claramente em Hayes e Cai (2007). Em suma, o HC3 tem superado desde o HC0 ao HC2 (Long e Ervin, 2000), mas o HC4 supera o HC3 em algumas circunstâncias (Cribari-Neto, 2004). Basicamente, escolha o HC3 ou o HC4.

Lanterna de Oditi
ANCOVA

"Eu, Oditi, descobri que as covariáveis nos dão maior controle. Eu gosto de controle, especialmente de controlar a mente das pessoas fazendo com que elas me adorem, quero dizer, de controlar a mente das pessoas para o propósito benevolente de ajudá-las a buscar a verdade e a inspiração pessoal – desde que elas sejam intimamente inspiradas para me adorar. De qualquer forma, olhe para a minha lanterna para descobrir mais sobre o uso de covariáveis e da ANCOVA."

13.5.7 *Bootstrapping* e gráficos

Outras opções estão disponíveis na caixa de diálogo principal. Por exemplo, se você tem várias variáveis independentes, você pode representá-las em um gráfico uma em relação à outra (o que é útil para interpretar efeitos de interação – ver seção 14.7). Há também o botão [Bootstrap...], que você pode usar para ativar o *bootstrapping*. A seleção dessa opção fornecerá intervalos de confiança *bootstrap* em torno das médias marginais estimadas, estimativas dos parâmetros (valores-*b*) e testes *post hoc*, mas não para a estatística *F* principal. Selecione as opções descritas na seção 6.12.3 e clique em [OK] na caixa de diálogo principal para executar a análise.

13.6 Interpretando a ANCOVA

13.6.1 O que acontece quando a covariável é excluída?

Teste seus conhecimentos
Ajuste o modelo sem a covariável para ver se os três grupos diferem nos níveis de felicidade.

A Saída 13.5 mostra (para fins de ilustração) a tabela da ANOVA desses dados quando a covariável não está incluída. Está claro a partir do valor da significância, que é maior que 0,05, que a terapia com filhotes parece não ter efeito significativo na felicidade. Observe que a quantidade total de variação na felicidade (SQ_T) foi de 110,97 (*Corrected Total* [total corrigido]), dos quais a condição da terapia foi responsável por 16,84 unidades (SQ_M), enquanto 94,12 não foram explicadas (SQ_R).

Tests of Between-Subjects Effects

Dependent Variable: Happiness (0-10)

Source	Type III Sum of Squares	df	Mean Square	F	Sig.
Corrected Model	16.844[a]	2	8.422	2.416	.108
Intercept	535.184	1	535.184	153.522	.000
Dose	16.844	2	8.422	2.416	.108
Error	94.123	27	3.486		
Total	683.000	30			
Corrected Total	110.967	29			

a. R Squared = .152 (Adjusted R Squared = .089)

Saída 13.5

Tests of Between-Subjects Effects

Dependent Variable: Happiness (0-10)

Source	Type III Sum of Squares	df	Mean Square	F	Sig.
Corrected Model	31.920[a]	3	10.640	3.500	.030
Intercept	76.069	1	76.069	25.020	.000
Puppy_love	15.076	1	15.076	4.959	.035
Dose	25.185	2	12.593	4.142	.027
Error	79.047	26	3.040		
Total	683.000	30			
Corrected Total	110.967	29			

a. R Squared = .288 (Adjusted R Squared = .205)

Saída 13.6

13.6.2 A análise principal ▌▌▌▌

O formato da tabela da ANCOVA na Saída 13.6 é basicamente igual ao da tabela sem a covariável, exceto que há mais uma linha com informações sobre a covariável (**Puppy_love**). Olhando primeiro para os valores da significância, a covariável prediz significativamente a variável dependente ($p = 0{,}035$, que é menor que 0,05). Portanto, a felicidade da pessoa é significativamente influenciada pelo amor por filhotes. O que é mais interessante é que, quando o efeito do amor por filhotes é removido, o efeito da terapia com filhotes é significativo ($p = 0{,}027$, que é menor que 0,05). A quantidade da variação contabilizada pela terapia com filhotes aumentou para 25,19 unidades, e a variância não explicada (SQ_R) foi reduzida para 79,05 unidades. Observe que o SQ_T não mudou; tudo o que mudou é como essa variação total é particionada.[5]

Este exemplo ilustra como as covariáveis podem nos ajudar a exercer um controle experimental mais rigoroso, considerando variáveis de confusão, para nos dar uma medida "mais pura" do efeito da manipulação experimental. Olhando as médias do grupo da Tabela 13.1, você pode

---

[5] Muitas vezes me perguntam o que o *Corrected Model* (modelo corrigido) representa nesta tabela. É o ajuste geral do modelo (i.e., o modelo que contém o intercepto, **Puppy_love** e **Dose**). Observe que a SQ de 31,92, os *gl* de 3, o *F* de 3,5 e o *p* de 0,03 são idênticos aos valores da Saída 13.1 (modelo 2), que testaram o ajuste geral desse modelo quando executamos a análise como uma regressão.

Estimates

Dependent Variable: Happiness (0-10)

Dose of puppies	Mean	Std. Error	95% Confidence Interval		Bias	Std. Error	Bootstrap for Mean[gn]	
			Lower Bound	Upper Bound			BCa 95% Confidence Interval	
							Lower	Upper
Control	2.926[a]	.596	1.701	4.152	.030	.446	2.111	4.125
15 mins	4.712[a]	.621	3.436	5.988	.033[go]	.392[go]	3.988[go]	5.620[go]
30 mins	5.151[a]	.503	4.118	6.184	.041	.651	3.923	6.771

a. Covariates appearing in the model are evaluated at the following values: Love of puppies (0-7) = 2.73.

gn. Unless otherwise noted, bootstrap results are based on 1000 bootstrap samples

go. Based on 999 samples

Saída 13.7

achar que a estatística F significativa reflete a diferença entre o grupo-controle e os dois grupos experimentais – porque os grupos de 15 e 30 minutos têm médias muito semelhantes (4,88 e 4,85) enquanto a média do grupo-controle é muito menor, 3,22. No entanto, não podemos usar essas médias dos grupos para interpretar o efeito porque elas não foram ajustadas para o efeito da covariável. Essas médias originais não nos dizem nada sobre as diferenças dos grupos refletidas pelo valor-F significativo. A Saída 13.7 fornece os valores ajustados das médias dos grupos (que calculamos na seção 13.3), e usamos esses valores para interpretação (é por isso que selecionamos *Display Means for* na seção 13.5.6). A partir das médias ajustadas, você pode ver que a felicidade aumentou nos três grupos.

A Saída 13.8 mostra as estimativas dos parâmetros selecionadas na caixa de diálogo *Options* e seus intervalos de confiança e valores-p de *bootstrap* (tabela inferior). Essas estimativas resultam da codificação da variável **Dose** usando as duas variáveis codificadoras fictícias. A última categoria das variáveis fictícias (a categoria codificada com o maior valor no editor de dados, neste caso, o grupo de 30 minutos) é codificada como a categoria de referência. Essa categoria de referência (Dose = 3 na saída) é codificada com um 0 em ambas as variáveis fictícias (veja seção 12.2 para um lembrete de como funciona a codificação fictícia). Portanto, Dose = 2 representa a diferença entre o grupo codificado como 2 (15 minutos) e a categoria de referência (30 minutos), e Dose = 1 representa a diferença entre o grupo codificado como 1 (controle) e a categoria de referência (30 minutos). Os valores-b representam as diferenças entre as médias ajustadas na Saída 13.7, e as significâncias dos testes-t indicam se essas médias ajustadas dos grupos diferem significativamente. O b de Dose = 1 na Saída 13.8 é a diferença entre as médias ajustadas do grupo-controle e do grupo de 30 minutos, 2,926 – 5,151 = –2.225, e o b de Dose = 2 é a diferença entre as médias ajustadas do grupo de 15 minutos e do grupo de 30 minutos, 4,712 – 5,151 = –0,439.

Os graus de liberdade do teste-t dos valores-b são $N - k - 1$ (ver seção 9.2.5), em que N é o tamanho total da amostra (neste caso, 30) e k é o número de previsoras (neste caso, 3: as duas variáveis fictícias e a covariável). Para esses dados, $gl = 30 - 3 - 1 = 26$. Com base na significância inicial e nos intervalos de confiança (lembre-se de que você obterá valores diferentes dos meus por causa do funcionamento do *bootstrapping*), podemos concluir que o grupo de 30 minutos difere significativamente do grupo-controle, $p = 0,021$ (Dose = 1 na tabela), mas não do grupo de 15 minutos, $p = 0,558$, (Dose = 2 na tabela).

A última coisa a notar é que o valor-b da covariável (0,416) é o mesmo da Saída 13.2 (quando nós executamos a análise por intermédio do menu da regressão). Esse valor indica que, se o amor por filhotes aumenta uma unidade, a felicidade da pessoa deve aumentar pouco menos de meia unidade (embora não haja nada que sugira uma conexão causal entre os dois); sabemos que, à medida que o amor por filhotes aumenta, a felicidade também aumenta, porque o coeficiente é positivo. Um coeficiente negativo significaria o oposto: à medida que um aumenta, o outro diminui.

A Saída 13.9 repete as estimativas dos parâmetros da Saída 13.8, mas com erros-padrão, valores-p e intervalos de confiança robustos para a heteroscedasticidade (as estimativas de HC4 que solicitamos). Podemos interpretar os efeitos de **Dose** da mesma maneira que os valores-p e os inter-

Parameter Estimates

Dependent Variable: Happiness (0-10)

Parameter	B	Std. Error	t	Sig.	95% Confidence Interval Lower Bound	Upper Bound
Intercept	4.014	.611	6.568	.000	2.758	5.270
Puppy_love	.416	.187	2.227	.035	.032	.800
[Dose=1]	-2.225	.803	-2.771	.010	-3.875	-.575
[Dose=2]	-.439	.811	-.541	.593	-2.107	1.228
[Dose=3]	0[a]	.	.	.	.	.

a. This parameter is set to zero because it is redundant.

Bootstrap for Parameter Estimates

Dependent Variable: Happiness (0-10)

Parameter	B	Bias	Std. Error	Sig. (2-tailed)	BCa 95% Confidence Interval Lower	Upper
Intercept	4.014	.091[b]	.843[b]	.003[b]	1.969[b]	5.949[b]
Puppy_love	.416	-.029[b]	.202[b]	.052[b]	-.023[b]	.698[b]
[Dose=1]	-2.225	-.011[b]	.760[b]	.021[b]	-3.753[b]	-.823[b]
[Dose=2]	-.439	-.008[b]	.745[b]	.558[b]	-1.937[b]	.935[b]
[Dose=3]	0	0[b]	0[b]		[b]	[b]

a. Unless otherwise noted, bootstrap results are based on 1000 bootstrap samples
b. Based on 999 samples

Saída 13.8

valos de confiança tanto comuns quanto *bootstrap*. Para o efeito do amor por filhotes, o intervalo de confiança robusto de HC4 e o valor-*p* apoiam a conclusão do modelo não robusto: o valor-*p* é 0,038, que é menor que 0,05, e o intervalo de confiança não contém zero (0,025, 0,807). No entanto, o intervalo de confiança *bootstrap* (Saída 13.8) contradiz essa conclusão porque contém zero (–0,023, 0,698) e tem um *p* = 0,052 (mais uma vez, somos lembrados do quão insensato é ter um ponto de corte que produz conclusões opostas a partir de diferenças tão pequenas de um valor).

Parameter Estimates with Robust Standard Errors

Dependent Variable: Happiness (0-10)

Parameter	B	Robust Std. Error[a]	t	Sig.	95% Confidence Interval Lower Bound	Upper Bound
Intercept	4.014	.805	4.989	.000	2.360	5.668
Puppy_love	.416	.190	2.187	.038	.025	.807
[Dose=1]	-2.225	.690	-3.226	.003	-3.642	-.807
[Dose=2]	-.439	.695	-.632	.533	-1.868	.990
[Dose=3]	0[b]	.	.	.	.	.

a. HC4 method
b. This parameter is set to zero because it is redundant.

Saída 13.9

Contrast Results (K Matrix)

Dose of puppies Simple Contrast[a]		Dependent Variable Happiness (0-10)
Level 2 vs. Level 1	Contrast Estimate	1.786
	Hypothesized Value	0
	Difference (Estimate - Hypothesized)	1.786
	Std. Error	.849
	Sig.	.045
	95% Confidence Interval for Difference — Lower Bound	.040
	Upper Bound	3.532
Level 3 vs. Level 1	Contrast Estimate	2.225
	Hypothesized Value	0
	Difference (Estimate - Hypothesized)	2.225
	Std. Error	.803
	Sig.	.010
	95% Confidence Interval for Difference — Lower Bound	.575
	Upper Bound	3.875

a. Reference category = 1

Saída 13.10

Pairwise Comparisons

Dependent Variable: Happiness (0-10)

(I) Dose of puppies	(J) Dose of puppies	Mean Difference (I-J)	Std. Error	Sig.[b]	95% Confidence Interval for Difference[b] Lower Bound	Upper Bound
Control	15 mins	-1.786	.849	.130	-3.953	.381
	30 mins	-2.225*	.803	.030	-4.273	-.177
15 mins	Control	1.786	.849	.130	-.381	3.953
	30 mins	-.439	.811	.932	-2.509	1.631
30 mins	Control	2.225*	.803	.030	.177	4.273
	15 mins	.439	.811	.932	-1.631	2.509

Based on estimated marginal means
*. The mean difference is significant at the .05 level.
b. Adjustment for multiple comparisons: Sidak.

Bootstrap for Pairwise Comparisons

Dependent Variable: Happiness (0-10)

(I) Dose of puppies	(J) Dose of puppies	Mean Difference (I-J)	Bootstrap[a] Bias	Std. Error	Sig. (2-tailed)	BCa 95% Confidence Interval Lower	Upper
Control	15 mins	-1.786	-.003[b]	.535[b]	.003[b]	-2.778[b]	-.765[b]
	30 mins	-2.225	-.011	.760	.021	-3.752	-.832
15 mins	Control	1.786	.003[b]	.535[b]	.003[b]	.663[b]	2.879[b]
	30 mins	-.439	-.008[b]	.745[b]	.558[b]	-1.937[b]	.935[b]
30 mins	Control	2.225	.011	.760	.021	.686	3.923
	15 mins	.439	.008[b]	.745[b]	.558[b]	-.938[b]	1.945[b]

a. Unless otherwise noted, bootstrap results are based on 1000 bootstrap samples
b. Based on 999 samples

Saída 13.11

13.6.3 Contrastes ▍▍▍▍

A Saída 13.10 mostra o resultado da análise de contraste especificada na Figura 13.6 e contrapõe o nível 2 (15 minutos) com o nível 1 (controle) na primeira comparação e o nível 3 (30 minutos) com o nível 1 (controle) na segunda. As diferenças dos grupos são exibidas: um valor da diferença, erro-padrão, valor da significância e o intervalo de 95% de confiança. Esses resultados mostram que tanto o grupo de 15 minutos (contraste 1, $p = 0,045$) quanto o grupo de 30 minutos (contraste 2, $p = 0,010$) apresentaram valores de felicidade significativamente diferentes em comparação ao grupo-controle (note que o contraste 2 é idêntico ao parâmetro para Dose = 1 na seção anterior).

A Saída 13.11 mostra os resultados das comparações *post hoc* corrigidas por Šidák que foram solicitadas na seção 13.5.6. A tabela inferior mostra o nível de significância e os intervalos de confiança *bootstrap* desses testes, e, como eles serão robustos, interpretaremos essa tabela (novamente, lembre-se de que seus valores serão diferentes devido ao funcionamento do *bootstrap*). Há uma diferença significativa entre o grupo-controle e os grupos de 15 ($p = 0,003$) e de 30 minutos ($p = 0,021$). Os grupos de 15 e 30 minutos não diferiram significativamente ($p = 0,558$). É interessante notar que a diferença significativa entre os grupos de 15 minutos e de controle quando é feito o *bootstrap* ($p = 0,003$) não está presente nos testes *post hoc* normais ($p = 0,130$). Essa anomalia pode estar refletindo alguma propriedade dos dados que distorceu a versão não robusta do teste *post hoc*.

13.6.4 Interpretando a covariável ▍▍▍▍

Já mencionei que as estimativas dos parâmetros (Saída 13.8) nos dizem como interpretar a covariável: o sinal do valor-*b* nos diz a direção da relação entre a covariável e a variável de resultado. Para esses dados, o valor-*b* foi positivo, indicando que, à medida que o amor por filhotes aumentou, a felicidade dos participantes também aumentou. Outra maneira de descobrir a mesma coisa é utilizar um diagrama de dispersão da covariável em relação à variável de resultado.

Teste seus conhecimentos

Faça um diagrama de dispersão do amor por filhotes (eixo horizontal) em relação à felicidade (eixo vertical).

A Figura 13.8 confirma que o efeito da covariável é que, à medida que o amor por filhotes aumenta, o mesmo acontece com a felicidade dos participantes (como mostrado pela inclinação da linha).

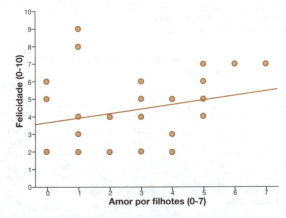

Figura 13.8 Diagrama de dispersão da felicidade *versus* o amor por filhotes.

Pesquisa Real do João Jaleco 13.1
Invasores do espaço ▍▍▍▍

Muris, P. et al. (2008). *Child Psychiatry and Human Development*, *39*(4), 469-480.

Pessoas ansiosas tendem a interpretar informações ambíguas de maneira negativa. Por exemplo, por eu ser muito ansioso, se eu escutar um aluno dizer que "as aulas do Andy Field são realmente *diferentes*", eu diria que "diferente" significa "lixo", mas também pode significar "refrescante" ou "inovador". Muris, Huijding, Mayer e Hameetman (2008) estudaram como esses vieses de interpretação se desenvolvem em crianças. Crianças fizeram um exercício de imaginação em que elas eram astronautas que descobriam um novo planeta. A cada criança era dado um evento que aconteceria enquanto estivesse no planeta (p. ex., "na rua, você encontra um astronauta. Ele tem uma arma de brinquedo e dispara em você..."), e ela tinha que decidir se o resultado seria positivo ("Você ri: é uma pistola de água, e ainda por cima o dia está muito bom") ou negativo ("Opa, isso dói! A pistola produz um raio vermelho que queima a sua pele!"). Após cada resposta, a criança foi informada sobre se a escolha estava correta. Metade das crianças foi *sempre* informada de que a interpretação negativa estava correta, e a outra metade foi informada de que a positiva estava correta.

As crianças foram treinadas para interpretar mais de 30 eventos e decidir se suas experiências no planeta seriam negativas ou positivas. Muris e colaboradores então mediram vieses de interpretação da vida cotidiana para ver se o treinamento criaria um viés que levasse as crianças a interpretarem as coisas negativamente. Assim, eles poderiam verificar se as crianças podem aprender vieses de interpretação por meio de *feedback* (p. ex., dos pais).

Os dados deste estudo estão no arquivo **Muris et al (2008).sav**. A variável independente é o **Training** (treinamento), positivo ou negativo, e a variável de resultado é o escore do viés de interpretação das crianças (**Interpretational_Bias**), em que um escore alto reflete uma tendência para interpretar negativamente qualquer situação. É importante ajustar **Age** (idade) e **Gender** (sexo) da criança e também seu nível de ansiedade natural (que foi medido com um questionário-padrão de ansiedade infantil chamado **SCARED**), porque essas coisas também afetam o viés de interpretação. João Jaleco quer que você ajuste um modelo para ver se **Training** afetou significativamente **Interpretacional_Bias** das crianças usando **Age**, **Gender** e **SCARED** como covariáveis. O que podemos concluir? As respostas estão no *site* do livro (ou consulte as páginas 475 e 476 do artigo original).

13.7 Testando o pressuposto de homogeneidade das inclinações da regressão ▮▮▮▯

Vamos relembrar que o pressuposto de homogeneidade das inclinações da regressão significa que a relação entre a covariável e a variável de resultado (neste caso, **Puppy_love** e **Happiness**) deve ser semelhante em diferentes níveis da variável previsora (neste caso, nos três grupos de **Dose**). A Figura 13.3 mostra que a relação entre **Puppy_love** e **Happiness** parece comparável nos grupos de 15 minutos e de controle, mas parece diferente no grupo de 30 minutos.

Para testar o pressuposto de homogeneidade das inclinações da regressão, precisamos ajustar o modelo novamente, mas customizá-lo para incluir a interação entre a covariável e a previsora categórica. Acesse a caixa de diálogo principal como anteriormente e coloque as variáveis nas mesmas caixas de antes (a caixa de diálogo final deve se parecer com a da Figura 13.5). Para customizar o modelo, clique em Model... (modelo) para acessar uma caixa de diálogo similar à da Figura 13.9 e selecione ⦿ Custom (personalizado). As variáveis especificadas na caixa de diálogo principal estão listadas no lado esquerdo. Precisamos de um modelo que inclua a interação entre a covariável e a variável de agrupamento. Para testar esse termo de interação, é importante incluir também os efeitos principais; caso contrário, alguma variância no resultado (felicidade) pode acabar sendo atribuída ao termo de interação mas que, de outra forma, teria sido atribuída aos efeitos principais. Para começar, selecione **Dose** e **Puppy_love** (é possível selecionar ambas simultaneamente pressionando *Ctrl* ou *Cmd* em um Mac), mude o menu suspenso para *Main effects* (efeitos principais) e clique em ⇨ para transferir os efeitos principais de **Dose** e **Puppy_love** para a caixa *Model*. Em seguida, especifique o termo de interação selecionando **Dose** e **Puppy_love** simultaneamente (conforme acabamos de descrever), altere o menu suspenso para Interaction ▾ e clique em ⇨ para transferir a interação de **Dose** e **Puppy_love** para a caixa *Model*. A caixa de diálogo pronta deve ser parecida com a da Figura 13.9. Clique em Continue para retornar à caixa de diálogo principal e em OK para executar a análise.

A Saída 13.11 mostra a principal tabela de resumo do modelo, incluindo o termo de interação. Os efeitos da dose da terapia com filhotes e do amor por filhotes ainda são significativos, assim como a covariável conforme a interação entre os resultados (**Dose** × **Puppy_love**), o que implica que o pressuposto de homogeneidade das inclinações da regressão não é realista ($p = 0,028$). Embora esse achado não seja surpreendente dado o padrão de relação mostrado na Figura 13.3, ele levanta preocupações sobre a análise principal.

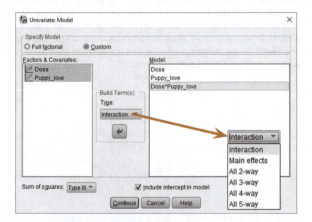

Figura 13.9 Caixa de diálogo *Model* para o MLG univariado.

Tests of Between-Subjects Effects

Dependent Variable: Happiness (0-10)

Source	Type III Sum of Squares	df	Mean Square	F	Sig.
Corrected Model	52.346[a]	5	10.469	4.286	.006
Intercept	53.542	1	53.542	21.921	.000
Dose	36.558	2	18.279	7.484	.003
Puppy_love	17.182	1	17.182	7.035	.014
Dose * Puppy_love	20.427	2	10.213	4.181	.028
Error	58.621	24	2.443		
Total	683.000	30			
Corrected Total	110.967	29			

a. R Squared = .472 (Adjusted R Squared = .362)

Saída 13.12

Dicas da Ana Apressada
Covariáveis

- O uso do modelo linear para comparar várias médias ajustadas em relação ao efeito de uma ou mais variáveis (chamadas *covariáveis*) pode ser chamado análise de covariância (ANCOVA).

- Antes da análise, verifique se as covariáveis são independentes de quaisquer variáveis independentes, verificando se essas variáveis independentes preveem a covariável (i.e., a covariável não deve diferir entre os grupos).

- Na tabela *Tests of Between-Subjects Effects* (testes dos efeitos entre sujeitos), supondo que você esteja usando um alfa de 0,05, verifique se o valor da coluna *Sig.* está abaixo de 0,05 tanto para a covariável quanto para a variável independente. Se o *Sig.* da covariável estiver abaixo de 0,05, essa variável tem uma relação significativo com a variável de resultado; se o da variável independente estiver abaixo de 0,05, as médias (ajustadas em relação ao efeito da covariável) são significativamente diferentes entre as categorias dessa variável.

- Se você gerou hipóteses específicas antes do experimento, use os contrastes planejados; se não, use os testes *post hoc*.

- Para as estimativas dos parâmetros e os testes *post hoc*, observe as colunas *Sig.* para descobrir se suas comparações são significativas (elas serão se o valor de significância for menor que 0,05). Use o *bootstrapping* para calcular versões robustas desses testes.

- Além dos pressupostos no Capítulo 6, teste a *homogeneidade das inclinações da regressão* customizando o modelo para observar a interação entre a variável independente e a covariável.

13.8 ANCOVA robusta ▌▌▌▌

Já vimos os intervalos de confiança e valores-p das estimativas dos parâmetros do modelo que foram calculados usando *bootstrapping* e erros-padrão robustos para a heterocedasticidade (seção 13.6.2). Além disso, no *site* do livro há um arquivo de sintaxe (**robustANCOVA.sps**) para executar uma variante robusta da ANCOVA (*ancboot*) que funciona com médias aparadas e é descrita por Wilcox (2017). Precisamos do plugin *Essentials for R* e do pacote *WRS2* instalados (seção 4.13). O uso dsse teste é limitado à situação em que a variável independente (a previsora categórica) possui duas categorias e em que temos uma covariável. Porém, isso permite que você ignore pressupostos e siga em frente com sua vida. Já que a sintaxe só funciona quando você tem dois grupos, disponibilizei um arquivo de dados chamado **PuppiesTwoGroup.sav**, que contém os dados do exemplo deeste capítulo, mas sem a condição de 15 minutos; portanto, esse arquivo compara o grupo-controle (sem filhotes) com o grupo de 30 minutos (**Dose**) e também tem os escores da covariável amor por filhotes (**Puppy_love**). A sintaxe para executar o teste robusto é a seguinte:

```
BEGIN PROGRAM R.
library(WRS2)
mySPSSdata = spssdata.GetDataFromSPSS(factorMode = 'labels')
ancboot(Happiness ~ Dose + Puppy_love, data = mySPSSdata, tr = 0.2,
nboot = 1000)
END PROGRAM.
```

Selecione e execute essas cinco linhas da sintaxe (Dica do SPSS 10.3). Como mostra a Saída 13.13, o teste funciona identificando valores da covariável para os quais a relação entre a covariável e a variável de resultado seja comparável nos dois grupos. Neste exemplo, ele identifica cinco valores de **Puppy_love** (2, 3, 5, 6 e 8) para os quais a relação entre o amor por filhotes e a felicidade é comparável. Em cada um desses pontos de delineamento, somos informados do número de casos para ambos os grupos (n_1 e n_2) que têm um valor da covariável (**Puppy_love**)

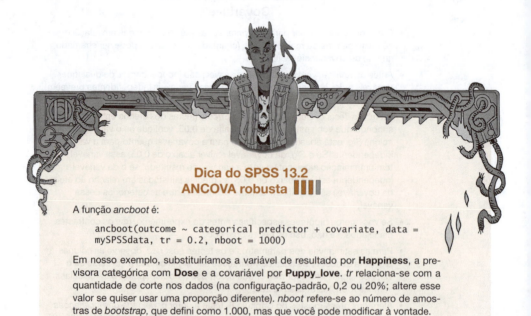

Dica do SPSS 13.2
ANCOVA robusta ▌▌▌▌

A função *ancboot* é:

```
ancboot(outcome ~ categorical predictor + covariate, data =
mySPSSdata, tr = 0.2, nboot = 1000)
```

Em nosso exemplo, substituiríamos a variável de resultado por **Happiness**, a previsora categórica com **Dose** e a covariável por **Puppy_love**. *tr* relaciona-se com a quantidade de corte nos dados (na configuração-padrão, 0,2 ou 20%; altere esse valor se quiser usar uma proporção diferente). *nboot* refere-se ao número de amostras de *bootstrap*, que defini como 1.000, mas que você pode modificar à vontade.

```
                    n1  n2     diff  lower CI  upper CI  statistic  p-value
Puppy_love = 2  22  13  -1.0873   -3.1547    0.9801    -1.6952    0.098
Puppy_love = 3  27  15  -1.0719   -2.8097    0.6659    -1.9881    0.058
Puppy_love = 5  30  22  -0.6508   -2.4220    1.1204    -1.1843    0.250
Puppy_love = 6  23  21  -0.9846   -3.3281    1.3589    -1.3542    0.207
Puppy_love = 8  12  13  -1.5278   -4.3223    1.2667    -1.7622    0.119
```

Saída 13.13

próximo a esses pontos de delineamento (não exatamente *x*, mas próximo a ele). Com base nessas duas amostras, as médias aparadas (20% na configuração-padrão) são calculadas, e a diferença entre elas é testada. Essa diferença é armazenada na coluna *Diff* junto aos limites do intervalo de 95% de confiança *bootstrap* associado (corrigido para controlar a realização de cinco testes) nas próximas duas colunas. A estatística de teste que compara a diferença está na coluna *statistic*, com seu valor-*p* na coluna final. A Saída 13.12 não mostra diferenças significativas entre médias aparadas em nenhum dos pontos de delineamento (todos os valores-*p* são maiores que 0,05).

13.9 Análise bayesiana com covariáveis ▌▌▌▌

Como o modelo que ajustamos é um modelo linear com uma previsora categórica e uma previsora contínua, você pode usar o que aprendeu na seção 9.13 para executar uma regressão bayesiana. Você precisa criar manualmente variáveis fictícias (como no arquivo **Puppy Love Dummy.sav**), arrastá-las para a caixa *Factor(s)* e arrastar **Puppy_Love** para a caixa *Covariate(s)*; veja a Figura 13.10. Você poderia interpretar da mesma forma que o modelo que ajustamos na seção 9.13.

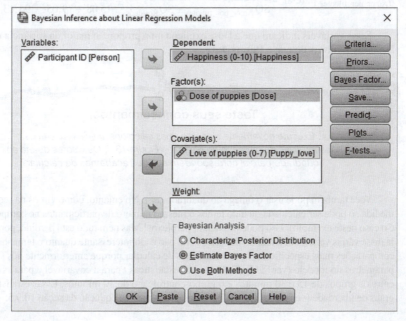

Figura 13.10

13.10 Calculando o tamanho de efeito

No capítulo anterior, usamos o eta ao quadrado, η^2, como uma medida de tamanho de efeito ao comparar as médias (seção 12.10). Quando incluímos uma covariável, temos mais de um efeito e podemos calcular o eta ao quadrado para cada efeito. Também podemos usar uma medida de tamanho de efeito chamada **eta ao quadrado parcial (η^2 parcial)**. Ele é diferente do eta ao quadrado, pois não analisa a proporção da variância total que uma variável explica, mas sim a proporção da variância explicada por uma variável que *não é explicada por outras variáveis na análise*. Vamos explicar isso melhor com nosso exemplo. Suponha que queiramos saber o tamanho do efeito da terapia com filhotes. O eta ao quadrado parcial é a proporção da variância da felicidade que é compartilhada com a terapia com filhotes e que não é atribuída ao amor por filhotes (a covariável). Se você pensar na variância que a covariável não consegue explicar, há duas fontes: ela não explica a variância atribuível à terapia com filhotes, $SQ_{Terapia\_com\_filhotes}$, e não explica a variabilidade do erro, SQ_R. Portanto, usamos essas duas fontes de variação no cálculo em vez da variabilidade total, SQ_T. A diferença entre o eta quadrado e eta ao quadrado parcial é ilustrada pela comparação das duas equações a seguir:

$$\eta^2 = \frac{SQ_{Efeito}}{SQ_{Total}} \qquad (13.6)$$

$$\eta^2 \text{ parcial} = \frac{SQ_{Efeito}}{SQ_{Efeito} + SQ_{Resíduos}} \qquad (13.7)$$

O SPSS irá produzir o eta ao quadrado parcial para nós (ver Gina Gênia 13.3), mas, para ilustrar o cáculo, a Equação 13.8 mostra que usamos a soma dos quadrados da Saída 13.6 para o efeito da terapia (25,19), da covariável (15,08) e do erro (79,05):

$$\eta^2_{Terapia} \text{ parcial} = \frac{SQ_{Dose}}{SS_{Dose} + SQ_{Resíduos}} = \frac{25,19}{25,19 + 79,05} = \frac{25,19}{104,24} = 0,24 \qquad (13.8)$$

$$\eta^2_{Amor\_por\_filhotes} \text{ parcial} = \frac{SQ_{Amor\_por\_filhotes}}{SQ_{Amor\_por\_filhotes} + SQ_{Resíduos}} = \frac{15,08}{15,08 + 79,05} = \frac{15.08}{94,13} = 0,16$$

Essas variáveis indicam que a **Dose** explicou uma proporção maior da variância não atribuída às outras variáveis do que o **Puppy_love**.

Teste seus conhecimentos

Execute novamente a análise, mas selecione ☑ Estimates of effect size (estimativas de tamanho de efeito) na Figura 13.7. Os valores do eta ao quadrado parcial correspondem aos que acabamos de calcular?

Você também pode usar o ômega ao quadrado (ω^2). No entanto, como vimos na seção 12.8, essa medida só pode ser calculada quando temos o mesmo número de participantes nos grupos (o que não é o caso neste exemplo). Isso pode nos deixar perplexos! Mas nem tudo está perdido, porque, como eu já disse várias vezes, um tamanho de efeito geral não é tão interessante quanto o tamanho do efeito de comparações mais específicas. E esses são fáceis de calcular porque anteriormente nós solicitamos os parâmetros do modelo (ver Saída 13.8) e temos estatísticas *t* para a covariável e para as comparações entre os grupos de 15 e 30 minutos e o grupo-controle e o de 30 minutos. Essas estatísticas *t* têm 26 graus de liberdade (ver seção 13.6.1). Podemos usar a mesma equação da seção 10.9.5:[6]

---

[6] A rigor, devemos usar um procedimento um pouco mais elaborado quando os grupos são desiguais. Isso está um pouco além do escopo deste livro, mas Rosnow, Rosenthal e Rubin (2000) apresentam uma descrição muito clara.

$$r_{Contraste} = \sqrt{\frac{t^2}{t^2 + gl}} \tag{13.9}$$

Portanto, usando o t da Saída 13.8, conseguimos os valores de 0,40 para a covariável e 0,48 e 0,11, respectivamente, para a comparação entre os grupos de 30 minutos e de controle e para a comparação entre os grupos de 15 e 30 minutos:

$$r_{Covariável} = \sqrt{\frac{2,23^2}{2,23^2 + 26}} = \sqrt{\frac{4,97}{30,97}} = 0,40$$

$$r_{30\text{ min vs. controle}} = \sqrt{\frac{(-2,77)^2}{(-2,77)^2 + 26}} = \sqrt{\frac{7,67}{33,67}} = 0,48 \tag{13.10}$$

$$r_{30\text{ min vs. 15 min}} = \sqrt{\frac{(-0,54)^2}{(-0,54)^2 + 26}} = \sqrt{\frac{0,29}{26,29}} = 0,11$$

Para o efeito da covariável e a diferença entre os grupos de 30 minutos e de controle, os efeitos não são apenas estatisticamente significativos, mas também substanciais em tamanho. A diferença entre os grupos de 30 e 15 minutos apresentou um efeito muito pequeno.

13.11 Relatando resultados ||||

Ao usar covariáveis, você pode relatar o modelo da mesma maneira que qualquer outro. Para a covariável e o efeito experimental, forneça detalhes da estatística F e dos graus de liberdade a partir dos quais ela foi calculada. Em ambos os casos, a estatística F foi derivada da divisão dos quadrados médios do efeito pelos quadrados médios do resíduo. Portanto, os graus de liberdade usados para avaliar a estatística F são os graus de liberdade do efeito do modelo ($gl_M = 1$ para a covariável e 2 para o efeito experimental) e os graus de liberdade dos resíduos do modelo ($gl_R = 26$ para a covariável e o efeito experimental) – veja a Saída 13.6. A maneira correta de relatar os principais resultados seria:

✓ A covariável, amor por filhotes, está significativamente relacionada à felicidade dos participantes, $F(1, 26) = 4,96$, $p = 0,035$, $r = 0,40$. Houve também um efeito significativo da terapia com filhotes nos níveis da felicidade após o controle para o efeito do amor por filhotes, $F(2, 26) = 4,14$, $p = 0,027$, η^2 parcial $= 0,24$.

Podemos também relatar alguns contrastes (ver Saída 13.8):

✓ Contrastes planejados revelaram que uma dose de 30 minutos de terapia com filhotes aumentou significativamente a felicidade em comparação a uma terapia de controle, $t(26) = -2,77$, $p = 0,01$, $r = 0,48$, mas não em comparação a uma dose de 15 minutos, $t(26) = -0,54$ $p = 0,59$, $r = 0,11$.

13.12 Caio tenta conquistar Gina ||||

O encontro na *Blow Your Speakers* tinha sido mais do que estranho. Gina se sentiu péssima. Esse cara, Caio, era tão legal com ela, e ela simplesmente o ignorou – de novo! Tinha sido fácil dispensar Caio no início, ele parecia um idiota, um desperdício de tempo. Mas ele era mais do que isso: estava se esforçando para aprender estatística e havia feito um progresso impressionante. Ela gostava do quão desajeitado ele ficava quando estava perto dela e de como ele sempre falava automaticamente sobre estatística. Era cativante. Isso poderia atrapalhar a pesquisa de Gina, e Caio nunca poderia saber disso. Ela era um monstro, e, se Caio descobrisse a verdade, seria só mais uma decepção. Melhor manter certa distância.

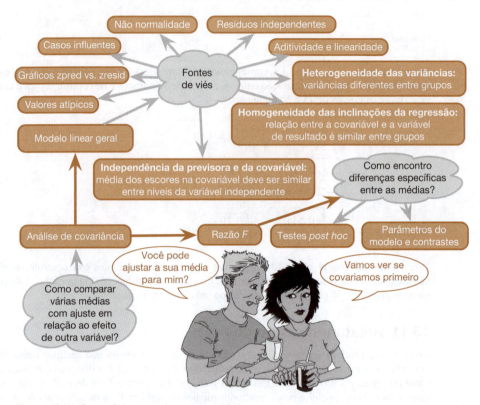

Figura 13.11 O que Caio aprendeu neste capítulo.

O telefone tocou. Era o irmão de Gina, Jake. Ela o amava e admirava como nenhuma outra pessoas. Até sair de casa, Jake tinha mantido sua sanidade no manicômio em que eles haviam crescido. Seus pais, ambos acadêmicos altamente bem-sucedidos, estavam em casa apenas pelo tempo suficiente para pressionar os dois para terem sucesso. Gina reagiu a isso se enfurnando em livros durante sua juventude, buscando inutilmente a atenção dos pais. Cada sequência de As no boletim era recebida com "essas notas são só mais um passo em direção às provas que importam de verdade, você precisa estudar ainda mais". Ela estava cansada de tentar impressioná-los. Jake era o oposto dela – ele percebera cedo que nunca conseguiria vencer. Deixou a pressão de lado e saiu de casa assim que pôde. Mas sempre cuidou de Gina.

"A mamãe está no hospital", ele disse, e as pernas de Gina bambearam.

"Eu não me importo", ela respondeu, mas ela se importava. Ela também queria ver Caio, porque ele era o mais próximo que ela tinha de um amigo naquela cidade.

13.13 E agora? ||||

Quando tinha 13 anos, conheci meus heróis da Iron Maiden, e eles foram muito legais. Eu os encontrei algumas vezes desde então (não porque sejam meus melhores amigos ou algo empolgante assim, mas ao longo dos anos o fã-clube organizou vários eventos em que podíamos chegar perto deles e balbuciar como bobos enquanto eles nos divertiam educadamente). Talvez você note que a foto no início deste capítulo foi assinada por Dave Murray. Isso não aconteceu porque eu tinha minha própria câmara escura instalada nos bastidores do *Hammersmith Odeon* na qual eu podia processar fotos rapidamente ou porque eu podia fazer viagens no tempo (infelizmente), mas porque eu levei essa foto comigo quando eu conheci Dave em 2000. Eu lhe contei a história do quão apavorado eu estava quando o conheci em 1986. Se ele achou que eu era um perseguidor doido, ele certamente não deixou transparecer. Diferentemente da maioria das pessoas que vendeu milhões de álbuns, eles são caras muito legais.

De qualquer forma, depois de ver o Iron Maiden em sua glória, eu me inspirei. Eles ainda me inspiram: eu ainda acho que eles são a melhor banda ao vivo que eu já vi (e eu os vi mais de 35 vezes, então eu sei do que estou falando). Embora o choque da escola secundária tivesse me desviado brevemente do meu destino de estrela do *rock*, eu estava de volta ao normal. Eu *tinha* que formar uma banda. Havia apenas um problema: ninguém mais tocava um instrumento musical. A solução foi fácil: com vários meses de persuasão subliminar, convenci meus dois melhores amigos (ambos chamados Mark, curiosamente) de que eles não queriam nada mais do que começar a aprender bateria e baixo. Um trio poderoso estava em formação.

13.14 Termos-chave

Análise de covariância (ANCOVA)

Correção de Šidák

Covariável

Eta ao quadrado parcial (η^2)

Homogeneidade das inclinações da regressão

Média ajustada

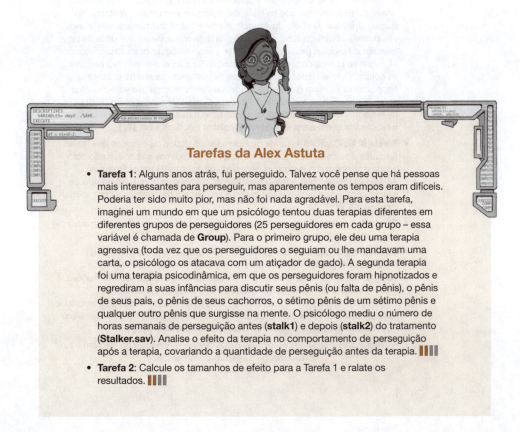

Tarefas da Alex Astuta

- **Tarefa 1**: Alguns anos atrás, fui perseguido. Talvez você pense que há pessoas mais interessantes para perseguir, mas aparentemente os tempos eram difíceis. Poderia ter sido muito pior, mas não foi nada agradável. Para esta tarefa, imagine um mundo em que um psicólogo tentou duas terapias diferentes em diferentes grupos de perseguidores (25 perseguidores em cada grupo – essa variável é chamada de **Group**). Para o primeiro grupo, ele deu uma terapia agressiva (toda vez que os perseguidores o seguiam ou lhe mandavam uma carta, o psicólogo os atacava com um atiçador de gado). A segunda terapia foi uma terapia psicodinâmica, em que os perseguidores foram hipnotizados e regrediram a suas infâncias para discutir seus pênis (ou falta de pênis), o pênis de seus pais, o pênis de seus cachorros, o sétimo pênis de um sétimo pênis e qualquer outro pênis que surgisse na mente. O psicólogo mediu o número de horas semanais de perseguição antes (**stalk1**) e depois (**stalk2**) do tratamento (**Stalker.sav**). Analise o efeito da terapia no comportamento de perseguição após a terapia, covariando a quantidade de perseguição antes da terapia. ▌▌▌▌
- **Tarefa 2**: Calcule os tamanhos de efeito para a Tarefa 1 e ralate os resultados. ▌▌▌▌

- **Tarefa 3**: Um gerente de *marketing* testou o benefício de tomar refrigerantes para curar ressaca. Ele selecionou 15 pessoas e as embriagou. Na manhã seguinte, quando os participantes acordaram desidratados e com a sensação de terem lambido as patas cheias de areia de um camelo, o gerente deu água para cinco deles, deu Lucozade (uma bebida do Reino Unido muito boa à base de glicose) para outros cindo e, aos cinco restantes, uma marca líder de cola (essa variável foi chamada **drink**). Ele mediu quão bem os participantes se sentiram (em uma escala de 0 = eu me sinto morto a 10 = eu me sinto muito bem e saudável) duas horas depois (essa variável foi chamada **well**). Ele mediu o quão bêbados (**drunk**) o participantes haviam ficado na noite anterior em uma escala de 0 = tão sóbrio quanto uma freira a 10 = se sacudindo como um peixe fora da água em uma poça de seu próprio vômito (**HangoverCure.sav**). Ajuste um modelo para ver se as pessoas se sentiram melhor depois das diferentes bebidas, covariando o quanto elas estavam bêbadas na noite anterior. ▌▌▌▌

- **Tarefa 4**: Calcule os tamanhos de efeito para a Tarefa 3 e relate os resultados. ▌▌▌▌

- **Tarefa 5**: A parte mais marcante do calendário dos elefantes é o festival anual de futebol de elefantes no Nepal (procure no Google). Uma discussão acalorada está acontecendo entre os elefantes africanos e asiáticos. Em 2010, o presidente da Associação de Futebol dos Elefantes da Ásia, um elefante chamado Boji, afirmou que os elefantes asiáticos eram mais talentosos do que os africanos. O chefe da Associação de Futebol dos Elefantes Africanos, um elefante chamado Tunc, divulgou uma nota na imprensa que dizia: "é uma questão de orgulho pessoal nunca levar a sério qualquer observação feita por algo que se pareça com um enorme escroto". Eu fui chamado para resolver as coisas. Coletei dados dos dois tipos de elefantes (**elephant**) durante uma temporada e registrei quantos gols cada elefante marcou (**goals**) e quantos anos de experiência o elefante tinha (**experience**). Analise o efeito do tipo de elefante na marcação de gols, covariando a quantidade de experiência futebolística que o elefante possui (**Elephant Football.sav**). ▌▌▌▌

- **Tarefa 6**: No Capítulo 4 (Tarefa 6), examinamos dados de pessoas que foram forçadas a se casar com cabras e cachorros e medimos sua satisfação com a vida e também o quanto elas gostavam de animais (**Goat or Dog.sav**). Ajuste um modelo que preveja a satisfação com a vida com base no tipo de animal com o qual uma pessoa casou e seu escore de preferência por animal (covariável). ▌▌▌▌

- **Tarefa 7**: Compare seus resultados da Tarefa 6 com o da tarefa correspondente no Capítulo 11. Que diferenças você percebe e por quê? ▌▌▌▌

- **Tarefa 8**: No Capítulo 10, comparamos o número de malfeitos (**mischief2**) realizados por pessoas que tinham uma capa de invisibilidade em relação a pessoas sem uma capa (**cloak**). Imagine que também tivéssemos informações sobre o número de malfeitos que esses participantes geralmente fazem (**mischief1**). Ajuste um modelo para ver se as pessoas com capas de invisibilidade realizam mais malfeitos do que as que não possuem quando consideramos seu nível de referência de malfeitos (**Invisibility Baseline.sav**). ▌▌▌▌

Respostas e recursos adicionais estão disponíveis no *site* do livro em
https://edge.sagepub.com/field5e.

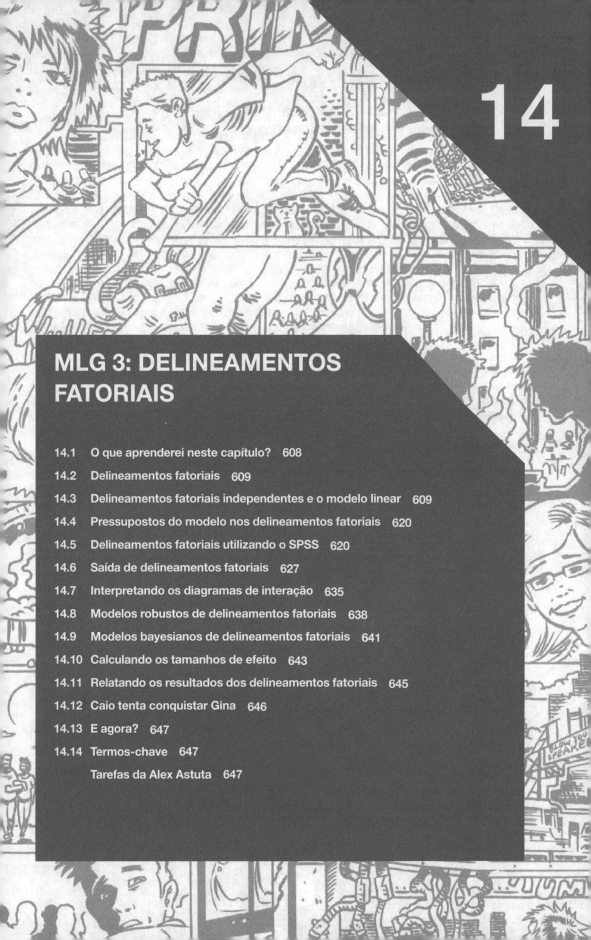

14

MLG 3: DELINEAMENTOS FATORIAIS

14.1 O que aprenderei neste capítulo? 608
14.2 Delineamentos fatoriais 609
14.3 Delineamentos fatoriais independentes e o modelo linear 609
14.4 Pressupostos do modelo nos delineamentos fatoriais 620
14.5 Delineamentos fatoriais utilizando o SPSS 620
14.6 Saída de delineamentos fatoriais 627
14.7 Interpretando os diagramas de interação 635
14.8 Modelos robustos de delineamentos fatoriais 638
14.9 Modelos bayesianos de delineamentos fatoriais 641
14.10 Calculando os tamanhos de efeito 643
14.11 Relatando os resultados dos delineamentos fatoriais 645
14.12 Caio tenta conquistar Gina 646
14.13 E agora? 647
14.14 Termos-chave 647
Tarefas da Alex Astuta 647

14.1 O que aprenderei neste capítulo?

Depois de persuadir meus dois amigos (Mark e Mark) a aprender baixo e bateria, tomei a decisão bastante estranha de *parar* de tocar guitarra. Eu não parei de fato, mas passei a me concentrar em cantar. Pensando agora, esta foi uma decisão ruim porque eu *não* sou um bom cantor. Veja bem, eu também não sou um bom guitarrista. O resultado foi que um colega de classe, Malcolm, acabou sendo nosso guitarrista. Não me lembro de como ou por que acabamos com essa configuração, mas nos chamamos de Andromeda, aprendemos várias músicas do Queen e Iron Maiden e éramos realmente horríveis. Eu tenho algumas músicas gravadas em algum lugar para provar que produzíamos apenas uma cacofonia desafinada, mas a chance de elas aparecerem no *site* do livro são mínimas, na melhor das hipóteses. Basta dizer que seria difícil reconhecer *quais* eram as músicas do Iron Maiden e quais as do Queen que estávamos tentando tocar. O fato de termos apenas 14 ou 15 anos na época não pode sequer começar a amenizar a profunda inaptidão em que estávamos afundados. O lado positivo foi que conquistamos a reputação de sermos muito barulhentos na assembleia da escola e fizemos uma turnê de sucesso no East End de Londres (bom, nas casas dos nossos amigos). É comum que as bandas fiquem cansadas de versões *cover* e tenham ambições de escrever suas próprias músicas. Eu escrevi uma chamada *Escape From Inside* sobre o filme *The Fly* (A Mosca) que continha a rima *"I am a fly, I want to die"* (sou uma mosca, quero morrer) – os grandes compositores da época tremeram de medo do jovem talento que estava surgindo. A única coisa que fizemos que se assemelhasse às atividades de uma banda "de verdade" foi nos separar devido a "diferenças musicais": Malcolm queria escrever sinfonias de 15 partes sobre a jornada de um menino que queria adorar postes de eletricidade e que descobriria uma besta mítica chamada *cuteasaurus*, enquanto eu queria escrever músicas sobre moscas e morte (de preferência os dois). Quando não conseguimos mais concordar em uma direção musical, a separação tornou-se inevitável. Se eu tivesse o poder da estatística em minhas mãos naquela época, em vez de nos separarmos poderíamos ter testado empiricamente a melhor direção musical para a banda. Suponha que Malcolm tivesse escrito uma sinfonia de 15 partes, e eu, uma música de 3 minutos sobre uma mosca. Poderíamos ter tocado essas músicas para algumas pessoas muito sortudas e medido seus gritos de agonia. A partir desses dados, poderíamos ter determinado a melhor direção musical para ganhar popularidade. Nós temos duas variáveis para prever os gritos: quem escreveu a música (compositor) e se a música era uma sinfonia de 15 partes ou uma música sobre uma mosca (tipo de música). Esse delineamento é chamado delineamento fatorial, e este capítulo analisa como o modelo linear pode ser ampliado para incorporar múltiplas variáveis previsoras categóricas.

Figura 14.1 A Andromeda em uma sala de estar perto de você em 1988 (eu estou vestindo uma camiseta do *Anthrax*).

14.2 Delineamentos fatoriais ▮▮▮▮

Nos dois últimos capítulos, utilizamos o modelo linear para testar as diferenças entre as médias dos grupos quando esses grupos pertenciam a uma única variável previsora (em delineamentos experimentais, uma variável independente foi manipulada). Este capítulo expande o modelo linear para situações nas quais há duas previsoras categóricas (variáveis independentes).

Variáveis previsoras (variáveis independentes) muitas vezes ficam solitárias e querem ter amigos. Os cientistas são indivíduos amáveis e frequentemente colocam uma segunda (ou terceira) variável independente em seus estudos para fazer companhia às outras. Quando um experimento tem duas ou mais variáveis independentes, ele é conhecido como um *delineamento fatorial* (porque, como vimos, as variáveis independentes são algumas vezes conhecidas como *fatores*). Existem vários tipos de delineamentos fatoriais:

- **Delineamento fatorial independente**: Várias variáveis independentes ou previsoras são mensuradas usando diferentes entidades (entre grupos). Discutiremos esse tipo de delineamento neste capítulo.
- **Delineamento fatorial de medidas repetidas (relacionadas)**: Várias variáveis independentes ou previsoras são mensuradas, mas as mesmas entidades são usadas em todas as condições (ver Capítulo 15).
- **Delineamento misto**: Várias variáveis independentes ou previsoras são mensuradas, algumas com entidades diferentes, outras com as mesmas entidades (ver Capítulo 16).

Como você pode imaginar, a análise de delineamentos fatoriais pode ser bastante complicada. Felizmente, podemos compensar essa complexidade ao vermos que ainda podemos ajustar um modelo linear que, pelo menos, fundamenta tudo com um modelo com o qual (espero) você já está familiarizado. Já que, por estranhas razões históricas (ver Vira-Lata Equivocado 12.1) as pessoas rotulam essa forma do modelo linear como "ANOVA", elas frequentemente se referem ao modelo linear com duas ou mais previsoras categóricas que representam variáveis independentes experimentais como **ANOVA fatorial**. Há também uma família de rótulos mais específicos que refletem o delineamento experimental que está sendo analisado (ver Gina Gênia 14.1). No entanto, acho que nossas vidas seriam mais simples se abandonássemos esses rótulos, porque eles desviam a atenção do fato de que o modelo subjacente é o mesmo.

14.3 Delineamentos fatoriais independentes e o modelo linear ▮▮▮▮

Ao longo deste capítulo, usaremos um exemplo de um delineamento experimental com duas variáveis independentes (um delineamento de dois fatores independentes – Gina Gênia 14.1). O estudo testou a previsão de que as percepções subjetivas da atratividade física se tornam imprecisas depois de beber álcool (o conhecido **efeito de óculos de cerveja** – *beer-goggles effect*). O exemplo é baseado na pesquisa real de Chen, Wang, Yang e Chen (2014), que verificaram se o efeito de óculos de cerveja era influenciado pela atratividade dos rostos sendo avaliados. A lógica é que estudos têm mostrado que o consumo de álcool reduz a precisão dos julgamentos de simetria e que rostos simétricos são avaliados como mais atraentes. Se o efeito de óculos de cerveja for impulsionado por julgamentos de simetria prejudicados pelo consumo de álcool, esperaríamos um efeito mais forte para rostos não atraentes (assimétricos) (porque o álcool afetaria a percepção de assimetria) do que para os atraentes (simétricos). Os dados que analisamos são fictícios, mas os resultados reproduzem os resultados dessa pesquisa.

Gina Gênia 14.1
Nomear ANOVAs ▌▌▌▌

Modelos estatísticos de delineamentos experimentais podem ser confusos, porque parece haver uma lista interminável deles. Isso pode criar a falsa impressão de que os modelos são completamente distintos quando, na verdade, são variações de um modelo comum (o modelo linear). Para aumentar a confusão, os cientistas se referem a esses modelos como "ANOVA" em vez de modelo linear, porque a estatística *F* que testa o ajuste do modelo (seção 9.2.4) particiona a variância, e, por isso, é chamado de "análise da variância".

Os nomes que as pessoas usam têm duas coisas em comum: (1) eles envolvem alguma quantidade de variáveis independentes (previsores); e (2) eles identificam se essas variáveis foram avaliadas com as mesmas ou com entidades diferentes. Se as mesmas entidades forem testadas várias vezes, o termo *medidas repetidas* é aplicado e se diferentes entidades participarem das condições de tratamento, o termo *independente* é utilizado. Com duas ou mais variáveis independentes é possível que algumas tenham sido medidas com as mesmas entidades e outras com entidades diferentes; isso é chamado de delineamento *misto*. Em geral, as pessoas nomeiam modelos que comparam médias da seguinte forma:

- ANOVA de [número de variáveis independentes] fator(es) de [como essas variáveis foram mensuradas]

Tendo isso em mente, você pode decifrar o nome de qualquer modelo de ANOVA. Veja estes exemplos e descubra quantas variáveis independentes foram usadas e como foram mensuradas:

- ANOVA de um fator independente.
- ANOVA de dois fatores de medidas repetidas.
- ANOVA de dois fatores mistos.
- ANOVA de três fatores independentes.

As respostas seriam:

- Uma variável independente mensurada usando entidades diferentes.
- Duas variáveis independentes ambas mensuradas usando as mesmas entidades.
- Duas variáveis independentes: uma mensurada usando entidades diferentes, e outra com as mesmas entidades.
- Três variáveis independentes, todas mensuradas usando entidades diferentes.

Uma antropóloga estava interessada nos efeitos da atratividade facial no efeito de óculos de cerveja. Ela selecionou aleatoriamente 48 participantes. Os participantes foram subdivididos aleatoriamente em três grupos de 16: (1) grupo placebo que bebeu 500 mL de cerveja sem álcool; (2) grupo de dose baixa que bebeu 500 mL de uma cerveja não tão forte (4% ABV*) e (3) grupo de dose alta que bebeu 500 mL de uma cerveja forte (7% ABV). Metade de cada grupo ($n = 8$) clas-

---

*N. de T.T. ABV significa *Alcohol by Volume* (álcool por volume).

Tabela 14.1 Dados do efeito de óculos de cerveja

Álcool	Placebo		Dose baixa		Dose alta	
Tipo de rosto	Atraente	Não atraente	Atraente	Não atraente	Atraente	Não atraente
	6	2	7	3	5	5
	7	4	6	5	6	6
	6	3	8	7	7	8
	7	3	7	5	5	6
	6	4	6	4	7	7
	5	6	7	4	6	8
	8	5	6	5	5	7
	6	1	5	6	8	6
Total	51	28	52	39	49	53
Média	6,375	3,500	6,500	4,875	6,125	6,625
Variância	0,839	2,571	0,857	1,554	1,268	1,125
	Média geral = 5,667					
	Variância geral = 2,525					

sificou a atratividade de 50 fotos de rostos pouco atraentes em uma escala de 0 (quero vomitar) a 10 (quero seu número do telefone), e a outra metade avaliou 50 fotos de rostos atraentes.[1] O resultado para cada participante foi a avaliação mediana das 50 fotos (Tabela 14.1 e **Goggles.sav**).

Para manter as coisas simples, imagine por enquanto que temos apenas dois níveis da variável álcool (placebo e dose alta). Assim, temos duas variáveis previsoras, cada uma com dois níveis. Já vimos várias vezes que o modelo linear geral assume a seguinte forma geral:

$$Y_i = b_0 + (b_1 X_{1i}) + (b_2 X_{2i}) + \cdots + (b_n X_{ni}) + \varepsilon_i \tag{14.1}$$

Quando examinamos pela primeira vez o uso do modelo linear para comparar médias (ver Equação 12.2), usamos um exemplo do efeito de três doses de terapia com filhotes (nenhuma, 15 e 30 minutos) na felicidade. Vimos que o modelo linear passou a ser:

$$\text{Felicidade}_i = b_0 + b_1 \text{Longa}_i + b_2 \text{Curta}_i + \varepsilon_i \tag{14.2}$$

onde as variáveis previsoras **Long** e **Short** eram variáveis fictícias que identificavam o grupo a qual um participante pertencia usando os valores 0 e 1. No nosso exemplo atual, também temos duas variáveis que representam categorias: **FaceType** (tipo de rosto: não atraente ou atraente) e **Alcohol** (álcool: placebo e dose alta). Assim como fizemos para a terapia com filhotes, podemos codificar a participação da categoria do participante nessas variáveis com zeros e uns; por exemplo, podemos codificar o tipo de rosto como não atraente = 0, atraente = 1, e o grupo do álcool como 0 = placebo, 1 = dose alta. Podemos copiar o modelo da terapia com filhotes (Equação 14.2), mas substituir as previsoras por nossas duas variáveis independentes:

$$\text{Atratividade}_i = b_0 + b_1 \text{TipoDeRosto}_i + b_2 \text{Álcool}_i + \varepsilon_i \tag{14.3}$$

---

[1] Estas fotos eram de um conjunto maior de 500 que foram pré-avaliadas por uma amostra diferente. As 50 fotos com as maiores e menores avaliações foram usadas.

Tabela 14.2 Esquema de codificação para a ANOVA fatorial

Tipo de rosto	Álcool	Fictícia (Tipo de rosto)	Fictícia (Álcool)	Interação	Média
Não atraente	Placebo	0	0	0	3,500
Não atraente	Dose alta	0	1	0	6,625
Atraente	Placebo	1	0	0	6,375
Atraente	Dose alta	1	1	1	6,125

Entretanto, esse modelo não considera a interação entre rosto e álcool. Para incluir esse termo, expandimos o modelo para ficar:

$$\text{Atratividade}_i = b_0 + b_1 A_i + b_2 B_i + b_3 AB_i + \varepsilon_i$$
$$= b_0 + b_1 \text{TipoDeRosto}_i + b_2 \text{Álcool}_i + b_3 \text{Interação}_i + \varepsilon_i \quad (14.4)$$

Você pode se perguntar como codificamos o termo de interação, mas vimos como fazer isso na seção 11.3. O termo de interação representa o efeito combinado de **Alcohol** e **FaceType** e é obtido multiplicando-se as variáveis envolvidas. Essa multiplicação é a razão pela qual os termos de interação são escritos como "tipo de rosto × álcool". A Tabela 14.2 mostra as variáveis previsoras resultantes para o modelo (as médias dos grupos para as combinações do tipo de rosto e álcool estão incluídas porque serão úteis mais tarde). Observe que a variável de interação é a variável fictícia do tipo de rosto multiplicada pela variável fictícia da dose de álcool. Por exemplo, se um participante tomar uma dose alta de álcool e avaliar rostos não atraentes, teria um valor de 0 para a variável tipo de rosto, 1 para a variável álcool e 0 para a variável interação.

Para ver o que os valores-b na Equação 14.4 representam, podemos inserir valores das nossas previsoras e ver o que acontece. Vamos começar com os participantes que avaliaram rostos não atraentes e que estavam no grupo placebo. Nesse caso, os valores de tipo de rosto, de álcool e de interação são todos zero. O valor previsto da variável de resultado, como vimos no Capítulo 12, será a média do grupo (3,500). O modelo se torna:

$$\text{Atratividade}_i = b_0 + b_1 \text{TipoDeRosto}_i + b_2 \text{Álcool}_i + b_3 \text{Interação}_i + \varepsilon_i$$

$$\overline{X}_{\text{Não atraente, Placebo}} = b_0 + (b_1 \times 0) + (b_2 \times 0) + (b_3 \times 0) \quad (14.5)$$

$$b_0 = \overline{X}_{\text{Não atraente, Placebo}}$$
$$= 3,500$$

e você pode ver que a constante b_0 representa a média do grupo para o qual todas as variáveis foram codificadas como 0. Assim, esse é o valor médio da categoria de referência (neste caso, os participantes do grupo placebo avaliando rostos não atraentes).

Agora, vamos ver o que acontece quando olhamos para os participantes do grupo placebo que avaliaram rostos atraentes. O resultado é a classificação média de rostos atraentes após uma bebida sem álcool, a variável tipo de rosto é 1, e as variáveis álcool e interação são 0. Lembre-se de que b_0 é a média dos rostos não atraentes após uma bebida sem álcool. O modelo se torna:

$$\overline{X}_{\text{Atraente, Placebo}} = b_0 + (b_1 \times 1) + (b_2 \times 0) + (b_3 \times 0)$$
$$= b_0 + b_1$$
$$= \overline{X}_{\text{Não atraente, Placebo}} + b_1 \quad (14.6)$$
$$b_1 = \overline{X}_{\text{Atraente, Placebo}} - \overline{X}_{\text{Não atraente, Placebo}}$$
$$= 6,375 - 3,500$$
$$= 2,875$$

que mostra que b_1 representa a diferença entre a avaliação de rostos não atraentes e atraentes feitas pelas pessoas que tomaram a bebida sem álcool. Em geral, podemos dizer que é o efeito do tipo de rosto para a categoria de referência do álcool (a categoria codificada com 0 – neste caso, o placebo).

Vejamos as pessoas que receberam uma dose alta de álcool e avaliaram rostos não atraentes. O resultado é a classificação média de rostos não atraentes após uma dose alta de álcool, a variável tipo de rosto é 0, a variável álcool é 1 e a variável interação é 0. Podemos substituir b_0 pela avaliação média dos rostos não atraentes após uma bebida sem álcool. O modelo se torna:

$$\begin{aligned}
\overline{X}_{\text{Não atraente, Dose alta}} &= b_0 + (b_1 \times 0) + (b_2 \times 1) + (b_3 \times 0) \\
&= b_0 + b_2 \\
&= \overline{X}_{\text{Não atraente, Placebo}} + b_2 \\
b_2 &= \overline{X}_{\text{Não atraente, Dose alta}} - \overline{X}_{\text{Não atraente, Placebo}} \\
&= 6{,}625 - 3{,}500 \\
&= 3{,}125
\end{aligned} \quad (14.7)$$

o que mostra que b_2 no modelo representa a diferença entre a avaliação de rostos não atraentes após uma dose alta de álcool em comparação com uma bebida sem álcool. Em termos gerais, é o efeito do álcool na categoria de referência do tipo de rosto (i.e., a categoria codificada com um 0 – neste caso, não atraente).

Por fim, podemos observar a avaliação de rostos atraentes após uma dose alta de álcool. O resultado previsto é a avaliação média de rostos atraentes feitas por pessoas após uma dose alta de álcool, e os valores das variáveis tipo de rosto, álcool e interação são todos 1. Podemos substituir b_0, b_1 e b_2, com o que sabemos agora que eles representam das Equações 14.5 a 14.7. O modelo se torna:

$$\begin{aligned}
\overline{X}_{\text{Atraente, Dose alta}} &= b_0 + (b_1 \times 1) + (b_2 \times 1) + (b_3 \times 1) \\
&= b_0 + b_1 + b_2 + b_3 \\
&= \overline{X}_{\text{Não atraente, Placebo}} + \left(\overline{X}_{\text{Atraente, Placebo}} - \overline{X}_{\text{Não atraente, Placebo}}\right) \\
&\quad + \left(\overline{X}_{\text{Não atraente, Dose alta}} - \overline{X}_{\text{Não atraente, Placebo}}\right) + b_3 \\
&= \overline{X}_{\text{Atraente, Placebo}} + \overline{X}_{\text{Não atraente, Dose alta}} - \overline{X}_{\text{Não atraente, Placebo}} + b_3 \\
b_3 &= \overline{X}_{\text{Não atraente, Placebo}} - \overline{X}_{\text{Atraente, Placebo}} + \overline{X}_{\text{Atraente, Dose alta}} \\
&\quad - \overline{X}_{\text{Não atraente, Dose alta}} \\
&= 3{,}500 - 6{,}375 + 6{,}125 - 6{,}625 \\
&= -3{,}375
\end{aligned} \quad (14.8)$$

o que é assustador, mas vamos desmembrar tudo isso. Esse modelo mostra que b_3 compara a diferença entre as avaliações de rostos não atraentes e atraentes no grupo placebo com a mesma diferença no grupo de dose alta. Em termos mais gerais, comparamos o efeito do tipo de rosto após uma bebida sem álcool ao efeito do tipo de rosto após uma dose alta de álcool.[2]

Essa explicação faz mais sentido se você imaginar um gráfico de interação. A Figura 14.2 (canto superior à esquerda) mostra o gráfico de interação para esses dados. A diferença entre a avaliação de rostos não atraentes e atraentes nos dois grupos placebo é a distância entre as linhas no gráfico para o grupo placebo (a diferença entre as médias dos grupos, que é 2,875). Se observarmos a mesma diferença para o grupo de dose alta de álcool, verificamos que a diferença entre a avaliação de rostos não atraentes e atraentes é de –0,500. Se representássemos esses dois valores de "diferenças" em um novo gráfico, obteríamos uma linha conectando 2,875 a –0,500 (ver Figura 14.2, canto inferior esquerdo). A inclinação dessa linha reflete a diferença entre o efeito do tipo

---

[2] Se você reorganizar os termos na equação, verá que também pode expressar a interação ao contrário: ela representa o efeito do álcool na avaliação da atratividade de rostos atraentes em comparação aos não atraentes.

614 Descobrindo a estatística usando o SPSS

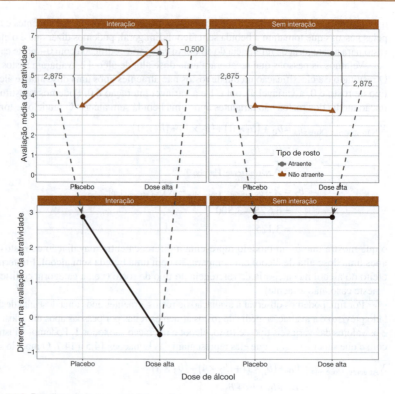

Figura 14.2 Detalhando o que uma interação representa.

de rosto após uma bebida sem álcool em comparação a uma dose alta de álcool. Sabemos que os valores-b representam inclinações de linhas, e b_3 é a inclinação da linha que conecta os escores das diferenças (i.e., $[-0,500] - 2,875 = -3,375$).

O lado direito da Figura 14.2 ilustra o que acontece se não houvesse um efeito de interação; os mesmos dados da esquerda são usados, exceto que a avaliação média das fotos não atraentes depois de uma dose alta de álcool foi alterada para 3,25. Se calcularmos a diferença entre a avaliação de rostos não atraentes e atraentes após uma bebida sem álcool, obtemos o mesmo que antes: 2,875. No entanto, se calcularmos a diferença entre a avaliação de rostos não atraentes e atraentes após uma dose alta de álcool, agora também obteremos 2,875. Se, novamente, colocarmos essas diferenças em um novo gráfico, encontraremos uma linha completamente plana. Então, quando não há interação, a linha que conecta o efeito do tipo de rosto após uma bebida sem álcool e após uma dose alta de álcool é plana, e o b_3 resultante seria 0 (lembre-se de que uma inclinação zero significa uma linha reta). Se calcularmos essa diferença, isto é o que obteremos: $2,875 - 2,875 = 0$

Teste seus conhecimentos

O arquivo **GogglesRegression.sav** *contém as variáveis fictícias usadas neste exemplo. Só para provarmos que isso funciona, use esse arquivo para ajustar um modelo linear que preveja escores de atratividade a partir das variáveis* **FaceType**, **Alcohol** *e a interação.*

Coefficients[a]

		Unstandardized Coefficients		Standardized Coefficients		
Model		B	Std. Error	Beta	t	Sig.
1	(Constant)	3.500	.426		8.219	.000
	Attractivenss of facial stimuli	2.875	.602	.851	4.774	.000
	Alcohol consumption	3.125	.602	.925	5.189	.000
	Interaction	-3.375	.852	-.866	-3.963	.000

a. Dependent Variable: Median attractiveness rating

Saída 14.1

A Saída 14.1 mostra a tabela resultante com os coeficientes da seção Teste seus Conhecimentos. Observe que o valor-b para o tipo de rosto corresponde à Equação 14.6, o b para o grupo de álcool corresponde à Equação 14.7, e o b para a interação corresponde à Equação 14.8. Espero que tudo isso o convença de que podemos usar um modelo linear para analisar delineamentos que incorporem múltiplas variáveis previsoras categóricas.

14.3.1 Bastidores do delineamento fatorial ||||

Agora que compreendemos bem o conceito de que os delineamentos fatoriais são uma extensão do modelo linear, voltemos nossa atenção para os cálculos específicos que ocorrem nos bastidores. A razão para fazer isso é ajudá-lo a entender a saída da análise. Calcular a estatística F com duas previsoras categóricas é muito semelhante a usar apenas uma: ainda encontramos a soma dos quadrados total (SQ_T) e dividimos essa variância em variância que é explicada pelo modelo/experimento (SQ_M) e variância que não é explicada (SQ_R). A principal diferença é que, com delineamentos fatoriais, a variância explicada pelo modelo/experimento é composta não apenas por uma previsora (manipulação experimental), mas por duas. Portanto, a soma dos quadrados do modelo é subdividida em variância explicada pela primeira previsora/variável independente (SQ_{MA}), variância explicada pela segunda previsora/variável independente (SQ_{MB}) e a variância explicada pela interação dessas duas previsoras ($SQ_{MA \times B}$) – ver Figura 14.3.

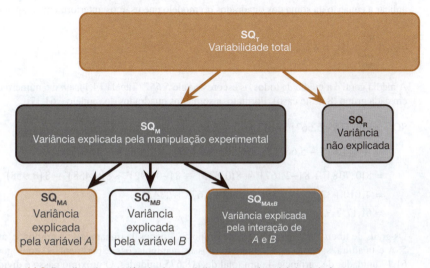

Figura 14.3 Detalhando a variância de um delineamento fatorial de dois fatores.

14.3.2 Soma dos quadrados total (SQ$_T$)

Começamos da mesma forma como fizemos para a ANOVA de um fator. Em outras palavras, calculamos quanta variabilidade existe entre os escores quando ignoramos a condição experimental da qual eles vieram. Lembre-se de que, na ANOVA de um fator (Equação 12.9), a SQ$_T$ é calculada usando a seguinte equação:

$$SQ_T = \sum_{i=1}^{N} \left(x_i - \bar{x}_{geral}\right)^2$$
$$= s_{geral}^2 (N-1)$$
(14.9)

A variância geral é a variância de todos os escores quando ignoramos o grupo ao qual eles pertencem. Por isso, tratamos os dados como um grande grupo, calculamos a variância de todos os escores e descobrimos que é 2,525, como na Tabela 14.1 (tente fazer isso na sua calculadora se não confiar em mim). Usamos 48 escores para gerar esse valor, e, assim, N é 48. Portanto, a soma total de quadrados é de 118,675 (Equação 14,10). Os graus de liberdade para essa SQ será $N - 1$ ou 47.

$$SQ_T = s_{geral}^2 (N-1)$$
$$= 2,525(48-1)$$
$$= 118,675$$
(14.10)

14.3.3 Soma dos quadrados do modelo (SQ$_M$)

O próximo passo é calcular a soma dos quadrados do modelo, que depois é subdividida na variância atribuível à primeira variável independente (SQ$_A$), na variância atribuível à segunda variável independente (SQ$_B$) e na variância atribuível à interação dessas duas variáveis (SQ$_{A \times B}$). A soma dos quadrados do modelo (como já vimos algumas vezes) é a diferença entre o que o modelo prevê e a média geral da variável de resultado. Também vimos que "o que o modelo prevê" é a média dos grupos cujos membros as previsoras representam. Portanto, elaboramos a soma dos quadrados do modelo observando a diferença entre a média de cada grupo e a média geral (seção 12.2.3). Se combinarmos todos os níveis das duas variáveis independentes (avaliação de rostos não atraentes e atraentes sob o efeito de três doses de álcool), teremos seis grupos. Podemos aplicar a equação da soma dos quadrados do modelo que usamos anteriormente (Equação 12.11)

$$SQ_M = \sum_{g=1}^{k} n_g \left(\bar{x}_g - \bar{x}_{geral}\right)^2$$
(14.11)

A média geral é a média de todos os escores e vale 5,667 (Tabela 14.1), e n é o número de escores em cada grupo (8 neste caso). Portanto, a soma dos quadrados do modelo é 61,17:

$$SQ_M = 8(6,375 - 5,667)^2 + 8(3,500 - 5,667)^2 + 8(6,500 - 5,667)^2$$
$$+ 8(4,875 - 5,667)^2 + 8(6,125 - 5,667)^2 + 8(6,625 - 5,667)^2$$
$$= 8(0,708)^2 + 8(-2,167)^2 + 8(0,833)^2 + 8(-0,792)^2 + 8(0,458)^2 + 8(0,958)^2 \quad (14.12)$$
$$= 4,010 + 37,567 + 5,551 + 5,018 + 1,678 + 7,342$$
$$= 61,17$$

Os graus de liberdade são o número de grupos, k, menos 1; tínhamos seis grupos, e, assim, $gl = 5$. A esta altura, sabemos que o modelo (nossas manipulações experimentais) consegue explicar 61,17 unidades de variância de um total de 118,675 unidades. O próximo passo é dividir a soma

Capítulo 14 • MLG 3: Delineamentos fatoriais **617**

A_1: Atraente			A_2: Não atraente		
6	7	5	2	3	5
7	6	6	4	5	6
6	8	7	3	7	8
7	7	5	3	5	6
6	6	7	4	4	7
5	7	6	6	4	8
8	6	5	5	5	7
6	5	8	1	6	6

$M_{\text{Atraente}} = 6,33$ $M_{\text{Não atraente}} = 5,00$

Figura 14.4 O efeito principal do tipo de rosto.

dos quadrados do modelo para dividir a variância em atratividade atribuível a cada uma das nossas variáveis independentes.

14.3.4 O efeito principal do tipo de rosto, SQ$_A$ ▊▊▊▊

Para calcular a variância contabilizada pela primeira previsora/variável independente (neste caso, tipo de rosto), agrupamos as avaliações da atratividade de acordo com o tipo de rosto que estava sendo avaliado. Então, basicamente, ignoramos a dose de álcool que foi bebida e colocamos todas as avaliações de rostos não atraentes em um grupo e todas a avaliação de rostos atraentes em outro. Os dados serão parecidos com os da Figura 14.4 (observe que a primeira caixa contém as três colunas de rostos atraentes da Tabela 14.1 e que a segunda caixa contém as colunas de rostos não atraentes).

Em seguida, aplicamos a mesma equação da soma dos quadrados do modelo que acabamos de usar (compare a Equação 14.11):

$$SQ_A = \sum_{g=1}^{k} n_g (\bar{x}_g - \bar{x}_{\text{geral}})^2 \qquad (14.13)$$

A média geral é a média de todos os escores (5,667, como acima), e n é o número de escores em cada grupo (ou seja, o número de participantes que avaliaram rostos atraentes e não atraentes; 24 nos dois casos). As médias dos dois grupos foram calculadas na Figura 14.4. A soma dos quadrados do modelo resultante para o efeito principal do tipo de rosto é 21,32:

$$\begin{aligned}SQ_{\text{Tipo\_de\_Rosto}} &= 24(6,33 - 5,667)^2 + 24(5,00 - 5,667)^2 \\ &= 24(0,666)^2 + 24(-0,667)^2 \\ &= 10,645 + 10,677 \\ &= 21,32\end{aligned} \qquad (14.14)$$

Os graus de liberdade para essa SQ são o número de grupos utilizados, k, menos 1. Usamos dois grupos (não atraentes e atraentes) e, assim, $gl = 1$. Resumindo, o efeito principal do tipo de rosto compara a média de todas a avaliação de rostos não atraentes em relação à média correspondente para rostos atraentes (independentemente de quanto álcool foi consumido).

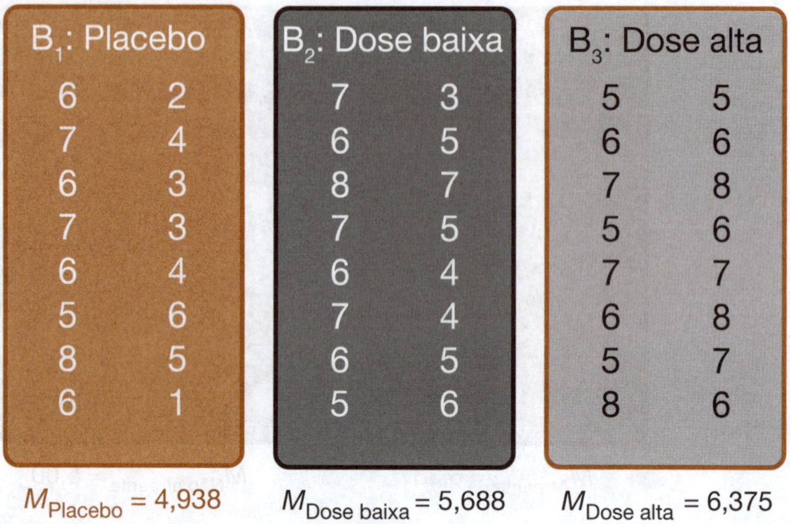

618 Descobrindo a estatística usando o SPSS

B₁: Placebo		B₂: Dose baixa		B₃: Dose alta	
6	2	7	3	5	5
7	4	6	5	6	6
6	3	8	7	7	8
7	3	7	5	5	6
6	4	6	4	7	7
5	6	7	4	6	8
8	5	6	5	5	7
6	1	5	6	8	6

$M_{Placebo} = 4{,}938$ $M_{Dose\ baixa} = 5{,}688$ $M_{Dose\ alta} = 6{,}375$

Figura 14.5   O efeito principal da dose de álcool.

14.3.5 O efeito principal da dose de álcool, SQ$_B$ ▊▊▊▊

Para calcular a variância representada pela segunda variável independente (dose de álcool), agrupamos a avaliação de atratividade de acordo com a dose de álcool. Em outras palavras, ignoramos o tipo de rosto que o participante estava avaliando e colocamos todos os escores sob o efeito da bebida sem álcool em um grupo, os escores sob o efeito de uma dose baixa em outro grupo e os escores sob uma dose alta em um terceiro grupo. Os dados serão parecidos com os da Figura 14.5. Aplicamos a mesma equação do efeito principal do tipo de rosto:

$$SQ_B = \sum_{g=1}^{k} n_g \left(\bar{x}_g - \bar{x}_{geral} \right)^2 \qquad (14.15)$$

A média geral é a média de todos os escores (5,667 como antes), n é o número de escores em cada grupo (i.e., o número de escores em cada condição de álcool, neste caso 16), e as médias do grupo são apresentadas na Figura 14.5. A soma dos quadrados resultante é de 16,53:

$$\begin{aligned} SQ_{Álcool} &= 16(4{,}938 - 5{,}667)^2 + 16(5{,}688 - 5{,}667)^2 + 16(6{,}375 - 5{,}667)^2 \\ &= 16(-0{,}729)^2 + 16(0{,}021)^2 + 16(0{,}708)^2 \\ &= 8{,}503 + 0{,}007 + 8{,}020 \\ &= 16{,}53 \end{aligned} \qquad (14.16)$$

Os graus de liberdade são o número de grupos menos 1 (ver seção 12.2.3). Neste caso, temos três grupos, e, assim, $gl = 2$. Em suma, o efeito principal da dose de álcool compara as médias dos grupos placebo, de dose baixa e de dose alta (independentemente de os participantes estarem avaliando rostos não atraentes ou atraentes).

14.3.6 O efeito de interação, SQ$_{A \times B}$ ▊▊▊▊

O estágio final é calcular quanta variância é explicada pela interação das duas variáveis. A maneira mais simples de fazer isso é lembrar que a SQ$_M$ é composta de três componentes (SQ$_A$, SQ$_B$ e

$SQ_{A \times B}$). Portanto, dado que conhecemos SQ_A e SQ_B, podemos calcular o termo de interação por subtração:

$$SQ_{A \times B} = SQ_M - SQ_A - SQ_B \tag{14.17}$$

Para esses dados, o valor é 23,32:

$$\begin{aligned} SQ_{A \times B} &= SQ_M - SQ_A - SQ_B \\ &= 61{,}17 - 21{,}32 - 16{,}53 \\ &= 23{,}32 \end{aligned} \tag{14.18}$$

Os graus de liberdade podem ser calculados da mesma forma, mas são também o produto dos graus de liberdade dos efeitos principais – qualquer um dos dois métodos funciona.

$$\begin{array}{ll} gl_{A \times B} = gl_M - gl_A - gl_B & gl_{A \times B} = gl_A \times gl_B \\ \phantom{gl_{A \times B}} = 5 - 1 - 2 = 2 & \phantom{gl_{A \times B}} = 1 \times 2 = 2 \end{array} \tag{14.19}$$

14.3.7 Soma dos quadrados dos resíduos (SQ$_R$) ||||

A soma dos quadrados dos resíduos é calculada da mesma maneira que na seção 12.2.4. Como sempre, ela representa os erros na previsão do modelo, mas, em delineamentos experimentais, ela também reflete diferenças individuais no desempenho ou na variância que não podem ser explicadas por fatores que foram sistematicamente manipulados. O valor é calculado com o erro ao quadrado entre cada ponto dos dados e com a média do grupo correspondente. Uma maneira alternativa de expressar isso é (ver Equação 12.14):

$$\begin{aligned} SQ_R &= \sum_{g=1}^{k} s_g^2 (n_g - 1) \\ &= s_{\text{grupo } 1}^2 (n_1 - 1) + s_{\text{grupo } 2}^2 (n_2 - 1) + \cdots + s_{\text{grupo } k}^2 (n_n - 1) \end{aligned} \tag{14.20}$$

Usamos as variâncias individuais de cada grupo da Tabela 14.1 e multiplicamos pelo número de pessoas dentro do grupo (n) menos 1; neste caso, $n = 8$. A soma dos quadrados dos resíduos resultante é igual a 57,50:

$$\begin{aligned} SQ_R &= s_{\text{grupo } 1}^2 (n_1 - 1) + s_{\text{grupo } 2}^2 (n_2 - 1) + \cdots + s_{\text{grupo } 6}^2 (n_6 - 1) \\ &= 0{,}839(8-1) + 2{,}571(8-1) + 0{,}857(8-1) + 1{,}554(8-1) \\ &\quad + 1{,}268(8-1) + 1{,}125(8-1) \\ &= (0{,}839 \times 7) + (2{,}571 \times 7) + (0{,}857 \times 7) + (1{,}554 \times 7) \\ &\quad + (1{,}268 \times 7) + (1{,}125 \times 7) \\ &= 5{,}873 + 17{,}997 + 5{,}999 + 10{,}878 + 8{,}876 + 7{,}875 \\ &= 57{,}50 \end{aligned} \tag{14.21}$$

Os graus de liberdade para cada grupo serão um a menos que o número de escores por grupo (i.e., 7). Somamos os graus de liberdade de cada grupo para obter o total de $6 \times 7 = 42$.

14.3.8 A estatística F ||||

Cada efeito em um delineamento fatorial tem sua própria estatística F. Em um delineamento de dois fatores, calculamos F para os dois efeitos principais e para a interação. Para calculá--los, primeiro fazemos os quadrados médios para cada efeito dividindo a soma dos quadrados pelos respectivos graus de liberdade (lembre da seção 12.2.5). Nós também precisamos dos quadrados médios para o termo residual. Então, para este exemplo, teríamos quatro quadrados médios:

$$MQ_A = \frac{SQ_A}{gl_A} = \frac{21{,}32}{1} = 21{,}32$$

$$MQ_B = \frac{SQ_B}{gl_B} = \frac{16{,}53}{2} = 8{,}27$$

$$MQ_{A \times B} = \frac{SQ_{A \times B}}{gl_{A \times B}} = \frac{23{,}32}{2} = 11{,}66$$

$$MQ_R = \frac{SQ_R}{gl_R} = \frac{57{,}50}{42} = 1{,}37$$

(14.22)

A estatística F para cada efeito é, então, calculada, como anteriormente, dividindo seus quadrados médios pelos quadrados médios dos resíduos:

$$F_A = \frac{MQ_A}{MQ_R} = \frac{21{,}32}{1{,}37} = 15{,}56$$

$$F_B = \frac{MQ_B}{SQ_R} = \frac{8{,}27}{1{,}37} = 6{,}04$$

$$F_{A \times B} = \frac{MQ_{A \times B}}{MQ_R} = \frac{11{,}66}{1{,}37} = 8{,}51$$

(14.23)

O SPSS calculará um valor-p exato para cada uma dessas estatísticas F para nos informar a probabilidade (em longo prazo) de conseguirmos um F ao menos tão grande quanto o que teríamos se não houvesse efeito na população. Uma questão importante aqui é que esses Fs não controlam a taxa de erro de conjunto do Erro do tipo I (Vira-Lata Equivocado 14.1).

Resumindo, no delineamento fatorial, os cálculos por trás do modelo linear são basicamente os mesmos de quando temos apenas uma previsora categórica, exceto que a soma dos quadrados do modelo é particionada em três partes: o efeito de cada uma das variáveis independentes e de suas interações.

14.4 Pressupostos do modelo nos delineamentos fatoriais ▐▐▐▐

Ao usar o modelo linear para analisar um delineamento fatorial, as fontes potenciais de viés (e suas respectivas medidas de prevenção), discutidas no Capítulo 6, se aplicam. Se você violou o pressuposto de homogeneidade das variâncias, há correções baseadas no procedimento de Welch, que foi descrito alguns capítulos atrás. No entanto, esse procedimento é bastante técnico e não é realizado pelo SPSS; se o seu delineamento for mais complicado do que um 2 × 2, seria menos doloroso cobrir o corpo com cortes de papel e depois tomar um banho com molho de pimenta (ver Algina e Olejnik, 1984). Uma solução prática é fazer o *bootstrap* dos testes *post hoc* para que sejam robustos. Você também pode solicitar intervalos de confiança e valores-p para estimativas dos parâmetros que sejam robustas para a heterocedasticidade (seção 13.5.6). Isso não ajudará nas estatísticas F. Há um teste robusto baseado em médias aparadas que pode ser feito usando-se a extensão do R (ver seção 14.8).

14.5 Delineamentos fatoriais utilizando o SPSS ▐▐▐▐

14.5.1 Procedimento geral para delineamentos fatoriais ▐▐▐▐

Os passos para usar o modelo linear para testar as diferenças entre as médias de várias variáveis previsoras/independentes são os mesmos de quando tínhamos uma única variável previsora/independente; por isso, consulte a Figura 12.4 como um guia.

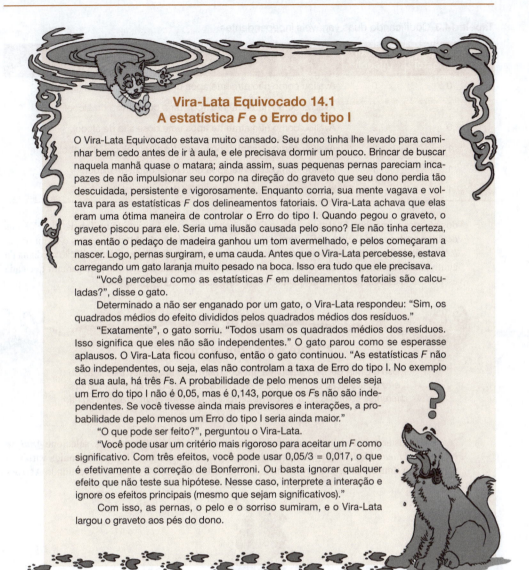

Vira-Lata Equivocado 14.1
A estatística *F* e o Erro do tipo I

O Vira-Lata Equivocado estava muito cansado. Seu dono tinha lhe levado para caminhar bem cedo antes de ir à aula, e ele precisava dormir um pouco. Brincar de buscar naquela manhã quase o matara; ainda assim, suas pequenas pernas pareciam incapazes de não impulsionar seu corpo na direção do graveto que seu dono perdia tão descuidada, persistente e vigorosamente. Enquanto corria, sua mente vagava e voltava para as estatísticas *F* dos delineamentos fatoriais. O Vira-Lata achava que elas eram uma ótima maneira de controlar o Erro do tipo I. Quando pegou o graveto, o graveto piscou para ele. Seria uma ilusão causada pelo sono? Ele não tinha certeza, mas então o pedaço de madeira ganhou um tom avermelhado, e pelos começaram a nascer. Logo, pernas surgiram, e uma cauda. Antes que o Vira-Lata percebesse, estava carregando um gato laranja muito pesado na boca. Isso era tudo que ele precisava.

"Você percebeu como as estatísticas *F* em delineamentos fatoriais são calculadas?", disse o gato.

Determinado a não ser enganado por um gato, o Vira-Lata respondeu: "Sim, os quadrados médios do efeito divididos pelos quadrados médios dos resíduos."

"Exatamente", o gato sorriu. "Todos usam os quadrados médios dos resíduos. Isso significa que eles não são independentes." O gato parou como se esperasse aplausos. O Vira-Lata ficou confuso, então o gato continuou. "As estatísticas *F* não são independentes, ou seja, elas não controlam a taxa de Erro do tipo I. No exemplo da sua aula, há três *F*s. A probabilidade de pelo menos um deles seja um Erro do tipo I não é 0,05, mas é 0,143, porque os *F*s não são independentes. Se você tivesse ainda mais previsores e interações, a probabilidade de pelo menos um Erro do tipo I seria ainda maior."

"O que pode ser feito?", perguntou o Vira-Lata.

"Você pode usar um critério mais rigoroso para aceitar um *F* como significativo. Com três efeitos, você pode usar 0,05/3 = 0,017, o que é efetivamente a correção de Bonferroni. Ou basta ignorar qualquer efeito que não teste sua hipótese. Nesse caso, interprete a interação e ignore os efeitos principais (mesmo que sejam significativos)."

Com isso, as pernas, o pelo e o sorriso sumiram, e o Vira-Lata largou o graveto aos pés do dono.

14.5.2 Inserindo dados e acessando a caixa de diálogo principal

Para inserir os dados, precisamos de duas variáveis codificadoras diferentes para representar o tipo de rosto e o consumo de álcool. Crie uma variável chamada **FaceType** (tipo de rosto) no editor de dados. Temos muita experiência com variáveis codificadoras; portanto você deve definir rótulos de valores para representar os dois tipos de rostos: eu usei os códigos *unattractive* (não atraente) = 0 e *attractive* (atraente) = 1. Após criar a variável, insira um código de 0 ou 1 na coluna **FaceType** indicando a qual grupo o participante foi designado. Crie uma segunda variável chamada **Alcohol** (dose de álcool) e atribua rótulos para placebo = 0, dose baixa = 1 e dose alta = 2. No editor de dados, insira 0, 1 ou 2 na coluna do álcool para representar a quantidade de álcool consumida pelo participante. Lembre-se de que, se você ativar a opção *value labels* (rótulos de valores), verá o texto no editor de dados ao invés

Tabela 14.3 Codificando duas variáveis independentes

FaceType (TipoDeRosto)	Alcohol (Álcool)	O participante...
0	0	Avaliou como não atraente após uma dose sem álcool (placebo).
0	1	Avaliou como não atraente após uma dose baixa de álcool.
0	2	Avaliou como não atraente após uma dose alta de álcool.
1	0	Avaliou como atraente após uma dose sem álcool (placebo).
1	1	Avaliou como atraente após uma dose baixa de álcool.
1	2	Avaliou como atraente após uma dose alta de álcool.

dos códigos numéricos. O esquema de codificação que sugeri está resumido na Tabela 14.3. Depois de criar as duas variáveis codificadoras, crie uma terceira chamada **Attractiveness** e use a opção *labels* (rótulos) para lhe dar o nome completo de *Median attractiveness rating* (avaliação mediana de atratividade). Insira os escores da Tabela 14.1 nessa coluna, prestando atenção para garantir que cada escore esteja associado à combinação correta de tipo de rosto e dose de álcool.

Teste seus conhecimentos

Use o Chart Builder *(criador de gráficos)* para criar um gráfico de barras de erro da avaliação da atratividade com consumo de álcool no eixo x e linhas diferentes coloridas para indicar se os rostos avaliados eram atraentes ou não.

Para ajustar um modelo linear para delineamentos fatoriais independentes, selecione *Analyze* ▸ *General Linear Model* ▸ 🔲 Univariate... (analisar ▸ modelo linear geral ▸ com uma única variável) para acessar uma caixa de diálogo como a da Figura 14.6. Arraste a variável de resultado **Attrac-**

Oliver Twist
Por favor, senhor, quero um pouco mais de... customização no meu modelo

"Meu amigo me disse que há diferentes tipos de somas dos quadrados", reclama Oliver com um ar de autoridade imponente. "Por que você não nos contou sobre eles? É porque você tem um micróbio no lugar do cérebro?" Não, Oliver, é porque todo mundo menos você vai achar isso muito chato. Se você quiser saber mais sobre o que o ícone [Model...] faz e os diferentes tipos de somas dos quadrados que podem ser usados, o *site* do livro lhe dirá tudo.

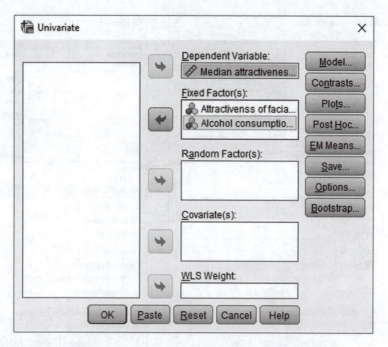

Figura 14.6 Caixa de diálogo principal para delineamentos fatoriais independentes.

tiveness da lista de variáveis no lado esquerdo para o espaço *Dependent Variable* (variável dependente) (ou clique em [→]). Arraste **Alcohol** e **FaceType** (para selecioná-las simultaneamente, mantenha pressionada a tecla *Ctrl* ou *Cmd* em um *Mac*, enquanto clica em cada uma delas) da lista de variáveis para a caixa *Fixed Factor(s)* (fator[es] fixo[s]) (ou clique em [→]). Há vários outros espaços disponíveis para a realização de análises mais complexas, como a ANCOVA fatorial que expande o modelo do início deste capítulo para incluir uma covariável (como no último capítulo).

14.5.3 Representando graficamente as interações ▋▋▋▋

Clique [Plots...] (diagramas) para acessar uma caixa de diálogo similar à da Figura 14.7 que permite elaborar gráficos de linha dos seus dados. Esses gráficos podem ser úteis para interpretar efeitos de interação, mas tendem a ser dimensionados de modo a criarem a impressão de que há diferenças massivas entre as médias; portanto faça gráficos dos seus dados adequadamente *antes* da análise principal. Se você quiser usar essa função para criar um **gráfico de interação** para mostrar o efeito combinado do tipo de rosto e do consumo de álcool, arraste **Alcohol** da lista de variáveis para *Horizontal Axis* (eixo horizontal) (ou clique em [→]) e arraste **FaceType** para *Separate Lines* (linhas separadas). Alternativamente, você pode traçar as variáveis de maneira inversa – tanto faz; por isso, use seus critérios para determinar qual gráfico ajuda a entender a interação. Quando tiver movido as duas variáveis para as caixas corretas, clique em [Add] para adicionar o gráfico à lista na parte inferior da caixa. Você pode escolher um gráfico de barras ou de linhas (eu escolhi um gráfico de linhas) e deve solicitar as barras de erro para exibir os intervalos de confiança. Utilizando a escala-padrão, você pode acabar com um gráfico mostrando enormes diferenças dos grupos, mas que se revelam pequenas quando inspecionamos o eixo *y*. Para evitar essa decepção esmagadora, geralmente é (embora nem sempre) uma boa ideia selecionar *Y axis starts at 0* (eixo *Y* começa em 0) para dimensionar o eixo *y* a partir do zero. Na Figura 14.7, eu também fiz gráficos para os dois efeitos principais arrastando-os (alternadamente) para *Horizontal Axis* e clicando em [Add]. Clique em [Continue] para retornar à caixa de diálogo principal.

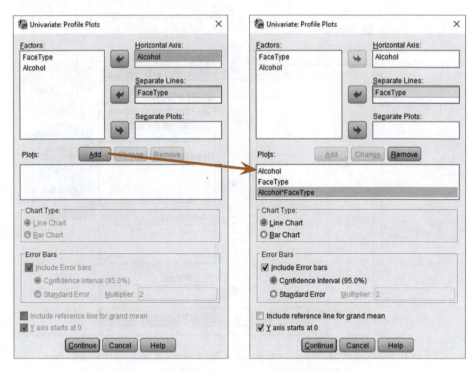

Figura 14.7 Fazendo diagramas para os delineamentos fatoriais independentes.

Oliver Twist
Por favor, senhor, quero um pouco mais de... contraste

"Eu não quero usar os contrastes-padrão", zomba Oliver enquanto coloca os pés no chão. "Eles são fétidos." Na verdade, Oliver, acho que o fedor é porque você ficou parado, com sua personalidade dickensiana, exatamente embaixo da janela do Sr. Mullycents quando ele esvaziou o penico na rua. No entanto, já me perguntaram algumas vezes sobre como realizar contrastes utilizando a sintaxe e, porque sou um completo masoquista, preparei um guia bastante detalhado no material adicional para este capítulo. Esses contrastes são úteis para detalhar um efeito de interação significativo.

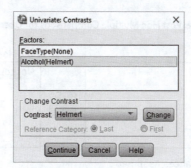

Figura 14.8 Definindo contrastes para delineamentos fatoriais independentes.

14.5.4 Contrastes ▮▮▮▮

Vimos, no Capítulo 12, que os contrastes nos ajudam a detalhar os efeitos principais e nos dizem entre quais grupos há diferenças. Com uma única variável independente, pudemos inserir códigos para definir os contrastes que desejávamos. No entanto, com duas variáveis independentes, não existe tal recurso (embora isso ainda possa ser feito utilizando a sintaxe – veja Oliver Twist). Em vez disso, nossas opções estão restritas aos vários contrastes-padrão que já foram descritos na Tabela 12.6.

Os contrastes-padrão vão servir para este exemplo. Temos apenas dois níveis para tipo de rosto; por isso, não precisamos de contrastes para esse efeito principal porque ele compara apenas duas médias. No entanto, o efeito do álcool tem três níveis: placebo, dose baixa e dose alta. Podemos selecionar um contraste simples e usar a primeira categoria como referência. Ao fazer isso, o grupo de dose baixa será comparado ao grupo placebo e, em seguida, o grupo de dose alta será comparado ao grupo placebo. Assim, os dois grupos com álcool seriam comparados ao grupo placebo. Poderíamos também selecionar um contraste *repetido*, que compararia o grupo de dose baixa ao grupo placebo e, em seguida, o grupo de dose alta com o grupo de dose baixa (i.e., o contraste se moveria de um grupo ao outro, comparando cada um com o anterior). Novamente, isso pode ser útil. Também poderíamos fazer um **contraste de Helmert**, que compara cada categoria com todas as subsequentes. Nesse caso, compararia o grupo do placebo às categorias restantes (i.e., todos os grupos com alguma dose de álcool) e, em seguida, passaria para o grupo de dose baixa e o compararia com o de dose alta. Qualquer um desses contrastes serve, mas eles nos dão apenas os efeitos principais. Na verdade, na maioria das vezes, queremos contrastes do termo de interação, e eles só podem ser obtidos por intermédio da sintaxe (parece que você vai ter que consultar o Oliver Twist no final das contas!).

Para conseguir um contraste para o efeito principal do álcool, clique em [Contrasts...] na caixa de diálogo principal. Nós usamos a caixa de diálogo *Contrasts* (contraste) anteriormente (seção 13.5.5); portanto reveja aquela seção para ajudá-lo a selecionar o contraste de Helmet para a variável **Alcohol** (Figura 14.8). Clique em [Continue] para retornar à caixa de diálogo principal.

14.5.5 Testes *post hoc* ▮▮▮▮

Clique em [Post Hoc...] para acessar os testes *post hoc* (Figura 14.9). A variável **FaceType** tem apenas dois níveis, e, assim, não precisamos dos testes *post hoc* (porque qualquer efeito significativo vai refletir uma diferença entre rostos não atraentes e atraentes). No entanto, há três níveis no fator **Alcohol** (placebo, dose baixa e dose alta); portanto, se não tivermos hipóteses anteriores para testar, podemos usar os testes *post hoc* (lembre-se de que normalmente você irá utilizar contrastes ou testes *post hoc*, mas não ambos). Arraste a variável **Alcohol** da caixa *Factors* para a caixa *Post Hoc Tests for* (testes *post hoc* para...). Para ver as minhas recomendações sobre os procedimentos *post hoc*, consulte a seção 12.5 ou selecione aos que aparecem na Figura 14.9. Clique em [Continue] para retornar à caixa de diálogo principal

Figura 14.9 Caixa de diálogo para os testes *post hoc*.

Lanterna de Oditi
ANOVA fatorial

"Eu, Oditi, aprecio interações imensamente. Quero interagir com todos os meus seguidores, convidá-los para o meu grande rancho no deserto e deixá-los tomar meu saboroso chá de hortelã. Eu cultivo hortelã no meu campo especial de cogumelos, o que lhe dá um sabor único e às vezes faz as pessoas obedecerem a todos os meus comandos. Aprendi que interações como essas são ferramentas poderosas para entender os segredos da dominação global... opa, quero dizer, da 'vida' e de como criar coelhinhos fofos cheios de amor. Olhe para minha lanterna e descubra mais sobre delineamentos fatoriais".

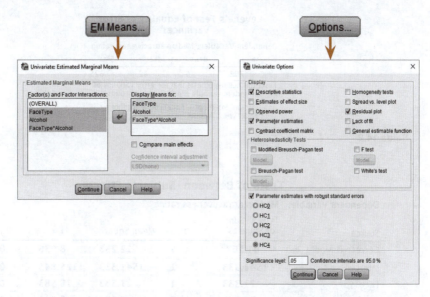

Figura 14.10 Caixa de diálogo *Estimated marginal means* e *Options* para o MLG univariado.

14.5.6 *Bootstrapping* e outras opções

Clique em EM Means... e Options... para ativar as mesmas caixas de diálogo que vimos no último capítulo (Figura 13.7; Gina Gênia 13.3 explica as opções). O objetivo é obter as médias marginais estimadas transferindo todos os efeitos para a caixa *Display Means for* (exibir médias para) (Figura 14.10). Algumas pessoas selecionam *Homogeneity tests* (testes de homogeneidade) para realizar o teste de Levene (seção 6.11.2), mas eu não sou fã disso. Você pode selecionar ☑ Estimates of effect size (estimativas do tamanho do efeito) para conseguir o eta ao quadrado parcial (ver seção 13.10).

A caixa de diálogo principal contém o ícone Bootstrap..., que pode ser usado para especificar intervalos de confiança *bootstrap* para as médias marginais estimadas, estatísticas descritivas e testes *post hoc*, mas não para a estatística *F* principal. Essa opção é útil principalmente se você planeja examinar os testes *post hoc*, o que vamos fazer; então selecione as opções descritas na seção 6.12.3. Uma vez selecionadas essas opções, clique em Continue para retornar à caixa de diálogo principal e clique em OK.

14.6 Saída de delineamentos fatoriais

Se você é um tipo de pessoa que gosta do teste de Levene (diferentemente de mim) e selecionou essa opção, a Saída 14.2 aparecerá no visualizador (ver Gina Gênia 6.6). Com oito participantes em cada grupo, esse teste será terrivelmente fraco; então, o fato de o resultado não ser significativo ($p = 0{,}625$) significa que a variação na taxa de atratividade é aproximadamente igual entre as combinações de tipo de rosto e dose de álcool, ou pode ser que não tenhamos tido poder suficiente para detectar as diferenças das variâncias entre os grupos.

14.6.1 O efeito principal do tipo de rosto

A Saída 14.3 nos diz se alguma das variáveis previsoras/independentes teve um efeito significativo na avaliação da atratividade. Note que as somas dos quadrados, os quadrados médios e as estatísticas *F* correspondem (desconsiderado o erro de arredondamento) aos valores que calculamos nas seções 14.3.2 a 14.3.8. O efeito principal do tipo de rosto é significativo porque o *p* associado à

Levene's Test of Equality of Error Variances[a]

Dependent Variable: Median attractiveness rating

F	df1	df2	Sig.
.702	5	42	.625

Tests the null hypothesis that the error variance of the dependent variable is equal across groups.

a. Design: Intercept + FaceType + Alcohol + FaceType * Alcohol

Saída 14.2

Tests of Between-Subjects Effects

Dependent Variable: Median attractiveness rating

Source	Type III Sum of Squares	df	Mean Square	F	Sig.
Corrected Model	61.167[a]	5	12.233	8.936	.000
Intercept	1541.333	1	1541.333	1125.843	.000
FaceType	21.333	1	21.333	15.583	.000
Alcohol	16.542	2	8.271	6.041	.005
FaceType * Alcohol	23.292	2	11.646	8.507	.001
Error	57.500	42	1.369		
Total	1660.000	48			
Corrected Total	118.667	47			

a. R Squared = .515 (Adjusted R Squared = .458)

Saída 14.3

estatística F é 0,000, que é menor que 0,05. Esse efeito significa que, em geral, quando *ignoramos a quantidade de álcool ingerida*, o tipo de rosto sendo avaliado afetou significativamente a atratividade. Podemos visualizar esse efeito fazendo um gráfico da avaliação média da atratividade em cada nível do tipo de rosto (ignorando completamente a dose de álcool).

A Figura 14.11 apresenta as médias e mostra que o efeito principal significativo reflete o fato de que as avaliações médias de atratividade eram mais altas para as fotos de rostos atraentes do que para as de rostos não atraentes. Naturalmente, esse resultado não é de forma alguma surpreendente, porque os rostos atraentes foram pré-selecionados para serem mais atraentes do que os rostos não atraentes. Esse resultado é, na verdade, uma verificação útil da manipulação experimental: nossos participantes, sendo iguais nas demais condições, acharam os rostos atraentes mais atraentes do que os não atraentes.

14.6.2 O efeito principal do álcool

A Saída 14.3 também mostra um efeito principal significativo do álcool na avaliação da atratividade (porque o valor de significância de 0,005 é menor que 0,05). Esse resultado quer dizer que, *quando desconsideramos se o participante avaliou rostos não atraentes ou atraentes*, a quantidade de álcool consumida influenciou os índices de atratividade. A melhor maneira de entender esse efeito é colocar em um gráfico a avaliação média da atratividade para cada nível de álcool (ignorando completamente o tipo de rosto) – calculamos essas médias na seção 14.3.5. A Figura 14.12 mostra esse gráfico, a média da atratividade aumenta linearmente à medida que mais álcool é consumido. Esse efeito principal significativo *provavelmente* refletirá essa tendência. Observando as barras de erro (intervalos de 95% de confiança), há muita sobreposição entre os grupos placebo e de

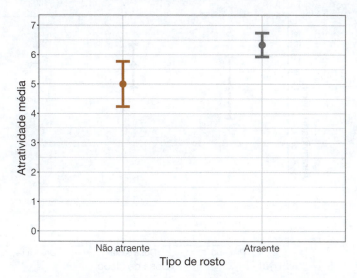

Figura 14.11 Diagrama exibindo o efeito principal do tipo de rosto na avaliação de atratividade.

dose baixa (implicando que esses grupos têm avaliações médias semelhantes), mas a sobreposição entre os grupos placebo e de dose alta é menor e muito possivelmente está dentro do que esperaríamos de uma diferença significativa (ver seção 2.9.9). Os intervalos de confiança para os grupos de dose baixa e alta também se sobrepõem bastante, sugerindo que esses grupos não diferem. Portanto, podemos especular, com base nos intervalos de confiança, que esse efeito principal reflete uma diferença entre os grupos placebo e de dose alta, mas que nenhum outro grupo difere. Ele também poderia refletir o aumento linear na avaliação à medida que a dose de álcool aumenta.

14.6.3 O efeito de interação ||||

Finalmente, a Saída 14.3 mostra a interação entre o efeito do tipo de rosto e o efeito do álcool. A estatística F é altamente significativa (porque o valor-p observado de 0,001 é menor que 0,05). Esse resultado significa que o efeito do álcool na avaliação da atratividade foi diferente ao avaliar rostos não atraentes em comparação com a avaliação de rostos atraentes. A saída incluirá o gráfico (provavelmente mal dimensionado) que solicitamos na Figura 14.7. A Figura 14.13 é uma versão melhorada do gráfico que mostra as médias marginais estimadas da Saída 14.4. Podemos usar
esse gráfico para entender o efeito da interação. Concentre-se primeiro na linha cinza, que é plana e mostra pouca diferença nas avaliações médias da atratividade em todas as condições do consumo de álcool. Essa linha mostra que, *ao avaliar rostos atraentes, o álcool tem pouco efeito*. Agora olhe para a linha laranja, que se inclina para cima, mostrando que, quando os rostos não atraentes são avaliados, o resultado aumenta conforme a dose de álcool aumenta. Essa linha mostra que, *ao avaliar rostos não atraentes, há um efeito do álcool consumido*. A interação significativa reflete o efeito diferenciado do álcool ao avaliar rostos atraentes e não atraentes; isto é, o álcool tem um efeito sobre a avaliação de rostos não atraentes, mas não para os atraentes. Este exemplo ilustra um ponto importante sobre efeitos de interação. Concluímos anteriormente que o álcool afetou significativamente a avaliação da atratividade (o efeito principal de **Alcohol**), mas o efeito de interação qualifica essa conclusão mostrando que isso é verdade apenas quando rostos não atraentes são avaliados (a avaliação de rostos atraentes parecem não serem afetadas pelo álcool). A mensagem fundamental é que *não devemos interpretar um efeito principal na presença de uma interação significativa envolvendo esse efeito principal*.

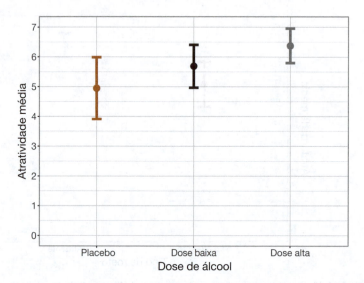

Figura 14.12 Gráfico exibindo o efeito principal do álcool nas avaliações da atratividade.

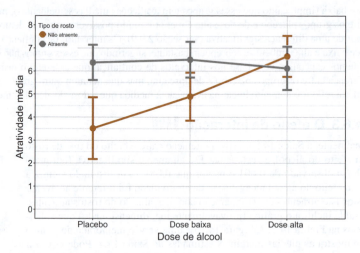

Figura 14.13 Gráfico da interação do tipo de rosto e o consumo do álcool na avaliação da atratividade.

14.6.4 Contrastes ▍▍▍▍

A Saída 14.5 mostra os contrastes de Helmert no efeito do álcool. Normalmente, não olharíamos isso porque a interação envolvendo o álcool foi significativa, mas, por uma questão de explicação, vou olhar. O topo da tabela mostra o contraste para *Level 1 vs. Later* (nível 1 vs. após), que, neste caso, significa o grupo placebo em comparação com os dois grupos de álcool. Esse contraste testa se a média do grupo placebo (4,938) é diferente da média dos grupos com doses baixas e altas combinadas (5,688 + 6,375)/2 = 6,032). Há uma diferença de –1,094 (4,938 – 6,032), que tanto a *Contrast Estimative* (estimativa do contraste) quanto a *Difference* (diferença) na tabela nos dizem. O valor de *Sig.* (0,004) nos diz que essa diferença é significativa porque ela é menor do que o critério

3. Attractivenss of facial stimuli * Alcohol consumption

Dependent Variable: Median attractiveness rating

Attractivenss of facial stimuli	Alcohol consumption	Mean	Std. Error	95% Confidence Interval Lower Bound	95% Confidence Interval Upper Bound	Bias	Std. Error	Bootstrap for Mean[a] BCa 95% Confidence Interval Lower	Bootstrap for Mean[a] BCa 95% Confidence Interval Upper
Unattractive	Placebo	3.500	.414	2.665	4.335	-.018	.570	2.429	4.571
	Low dose	4.875	.414	4.040	5.710	.006	.433	4.000	5.800
	High dose	6.625	.414	5.790	7.460	.002	.363	6.000	7.333
Attractive	Placebo	6.375	.414	5.540	7.210	-.002	.312	5.826	7.000
	Low dose	6.500	.414	5.665	7.335	.015	.316	5.833	7.200
	High dose	6.125	.414	5.290	6.960	.007	.404	5.375	7.000

a. Unless otherwise noted, bootstrap results are based on 1000 bootstrap samples

Saída 14.4

de 0,05. O intervalo de confiança para essa diferença também não contém zero; portanto, supondo que essa amostra seja uma das 95 de 100 que produzem um intervalo de confiança contendo o valor real da diferença, a diferença real entre os grupos placebo e álcool não é zero (está entre –1,817 e –0,371 para ser preciso). Podemos concluir que o efeito do álcool é que qualquer quantidade de álcool aumenta a atratividade das imagens em comparação a quando uma bebida sem álcool é ingerida. No entanto, precisamos examinar o contraste restante para qualificar essa declaração.

A parte inferior da tabela mostra o contraste para *Level 2 vs. Level 3* (nível 1 vs. nível 3), que, neste caso, significa o grupo de dose baixa comparado com o de dose alta. Esse contraste compara a média do grupo de dose baixa (5,688) com a média do de dose alta (6,375). Essa é uma diferença de –0,687 (5,688 – 6,375),[3] que tanto a *estimativa de contraste* quanto a *diferença* da tabela nos dizem. Essa diferença não é significativa (porque *Sig.* é 0,104, que é maior que 0,05). O intervalo

Contrast Results (K Matrix)

Alcohol consumption Helmert Contrast		Dependent Variable Median attractiveness rating
Level 1 vs. Later	Contrast Estimate	-1.094
	Hypothesized Value	0
	Difference (Estimate - Hypothesized)	-1.094
	Std. Error	.358
	Sig.	.004
	95% Confidence Interval for Difference Lower Bound	-1.817
	Upper Bound	-.371
Level 2 vs. Level 3	Contrast Estimate	-.688
	Hypothesized Value	0
	Difference (Estimate - Hypothesized)	-.688
	Std. Error	.414
	Sig.	.104
	95% Confidence Interval for Difference Lower Bound	-1.522
	Upper Bound	.147

Saída 14.5

---

[3] Como arredondei as médias para três casas decimais, o valor aqui difere levemente do da Saída 14.5.

de confiança para essa diferença também contém o zero, então, supondo que essa amostra seja uma das 95 de 100 que produziu intervalos de confiança que contêm o verdadeiro valor da diferença, a diferença real está entre −1,522 e 0,0147 e poderia ser zero. Esse contraste nos diz que ingerir doses altas de álcool não afeta significativamente a avaliação de atratividade em comparação com uma dose baixa.

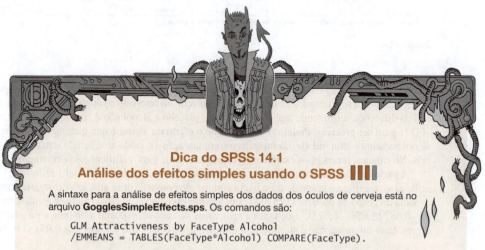

Dica do SPSS 14.1
Análise dos efeitos simples usando o SPSS

A sintaxe para a análise de efeitos simples dos dados dos óculos de cerveja está no arquivo **GogglesSimpleEffects.sps**. Os comandos são:

```
GLM Attractiveness by FaceType Alcohol
/EMMEANS = TABLES(FaceType*Alcohol) COMPARE(FaceType).
```

A primeira linha especifica o modelo usando o comando *GLM*, seguido pela variável de resultado (**Attractiveness**), o comando *BY* e, em seguida, uma lista de variáveis previsoras/independentes (**FaceType** e **Alcohol**). A linha que começa com */EMMEANS* especifica os efeitos simples. *COMPARE* (*FaceType*) especifica o efeito do tipo de rosto em cada nível de álcool. Execute a sintaxe (certifique-se de ter o **Goggles.sav** carregado), e será produzida uma saída igual à do capítulo, mas com uma tabela extra contendo os efeitos simples (Saída 14.6). Houve uma diferença significativa na avaliação dos rostos não atraentes e atraentes no grupo placebo, *p* < 0,001, e no grupo de dose baixa, *p* = 0,008, mas não no grupo de dose alta, *p* = 0,398. Esses resultados confirmam nossa especulação com base na Figura 14.13 (ver texto principal).

Univariate Tests

Dependent Variable: Median attractiveness rating

Alcohol consumption		Sum of Squares	df	Mean Square	F	Sig.
Placebo	Contrast	33.063	1	33.063	24.150	.000
	Error	57.500	42	1.369		
Low dose	Contrast	10.563	1	10.563	7.715	.008
	Error	57.500	42	1.369		
High dose	Contrast	1.000	1	1.000	.730	.398
	Error	57.500	42	1.369		

Each F tests the simple effects of Attractivenss of facial stimuli within each level combination of the other effects shown. These tests are based on the linearly independent pairwise comparisons among the estimated marginal means.

Saída 14.6

Oliver Twist
Por favor, senhor, quero um pouco
mais de... efeitos simples

"Eu quero impressionar meus amigos e fazer uma análise dos efeitos simples manualmente", gaba-se Oliver. Você realmente não precisa saber como as análises dos efeitos simples são calculadas para executá-las, Oliver, mas, já que você pediu, o *site* do livro explica isso.

Multiple Comparisons

Dependent Variable: Median attractiveness rating

	(I) Alcohol consumption	(J) Alcohol consumption	Mean Difference (I–J)	Std. Error	Sig.	95% Confidence Interval Lower Bound	95% Confidence Interval Upper Bound
Bonferroni	Placebo	Low dose	-.75	.414	.231	-1.78	.28
		High dose	-1.44*	.414	.004	-2.47	-.41
	Low dose	Placebo	.75	.414	.231	-.28	1.78
		High dose	-.69	.414	.312	-1.72	.34
	High dose	Placebo	1.44*	.414	.004	.41	2.47
		Low dose	.69	.414	.312	-.34	1.72

Based on observed means.
The error term is Mean Square(Error) = 1.392.

*. The mean difference is significant at the .05 level.

Bootstrap for Multiple Comparisons

Dependent Variable: Median attractiveness rating

	(I) Alcohol consumption	(J) Alcohol consumption	Mean Difference (I–J)	Bias	Std. Error	BCa 95% Confidence Interval Lower	BCa 95% Confidence Interval Upper
Bonferroni	Placebo	Low dose	-.75	-.02	.59	-1.94	.40
		High dose	-1.44	-.01	.57	-2.54	-.41
	Low dose	Placebo	.75	.02	.59	-.40	1.94
		High dose	-.69	.01	.42	-1.49	.14
	High dose	Placebo	1.44	.01	.57	.31	2.60
		Low dose	.69	-.01	.42	-.12	1.45

a. Unless otherwise noted, bootstrap results are based on 1000 bootstrap samples

Saída 14.7

**Dicas da Ana Apressada
ANOVA fatorial**

- Delineamentos independentes de dois fatores comparam várias médias quando há duas variáveis independentes e diferentes entidades foram usadas em todas as condições experimentais. Por exemplo, se você quisesse saber se diferentes métodos de ensino funcionam melhor para diferentes assuntos, poderia selecionar estudantes de quatro cursos (Psicologia, Geografia, Administração e Estatística) e atribuí-los a grupos de estudos baseados em aulas presenciais ou em livros. As duas variáveis são assunto e método de ensino. O resultado pode ser a nota do final do semestre (em percentual).
- Na tabela *Tests of Between-Subjects Effects* (testes de efeitos entre sujeitos), veja a coluna *Sig*. de todos os efeitos principais e interações: se o valor for menor do que 0,05, o efeito é significativo de acordo com o critério convencional.
- Para interpretar uma interação significativa, faça um diagrama da interação e realize uma análise dos efeitos simples.
- Você não precisa interpretar os efeitos principais se uma interação envolvendo aquela variável for significativa.
- Se efeitos principais significativos não forem qualificados por uma interação, consulte os testes *post hoc* para ver quais grupos diferem: a significância é mostrada por valores menores que 0,05 nas colunas *Sig*. e intervalos de confiança *bootstrapp* que não contenham zero.
- Teste os mesmos pressupostos para qualquer modelo linear (ver Capítulo 6)

Median attractiveness rating

	Alcohol consumption	N	Subset 1	Subset 2
Ryan-Einot-Gabriel-Welsch Range[a]	Placebo	16	4.94	
	Low dose	16	5.69	5.69
	High dose	16		6.38
	Sig.		.077	.104

Means for groups in homogeneous subsets are displayed.
Based on observed means.
The error term is Mean Square(Error) = 1.369.

a. Alpha = .05.

Saída 14.8

14.6.5 Análise dos efeitos simples ||||

Uma maneira especialmente eficaz de detalhar as interações é usar a **análise dos efeitos simples**, que examina o efeito de uma variável independente em níveis individuais da outra variável independente. Por exemplo, poderíamos fazer uma análise dos efeitos simples observando o efeito do tipo de rosto em cada nível de álcool. Isso significaria considerar a média da atratividade dos rostos não atraentes e compará-la com a de rostos atraentes depois de uma bebida sem álcool, depois fazer a mesma comparação após uma dose baixa de álcool e, finalmente, para uma dose alta de álcool. Outra maneira de verificar os efeitos simples é dizer que olharíamos a distância entre os pontos cinza e laranja na Figura 14.13 em cada dose de álcool: com base no gráfico, poderíamos esperar encontrar uma diferença na avaliação após uma bebida sem álcool e possivelmente após uma dose baixa (os pontos cinzas e laranjas estão muito distantes), mas não após uma dose alta (os pontos estão praticamente no mesmo local).

Outra opção é quantificar o efeito do álcool (o padrão das médias no grupo placebo, de doses baixa e alta) separadamente para rostos atraentes e não atraentes. Essa análise verificaria se as médias representadas pela linha cinza na Figura 14.13 diferem e, em seguida, se as representadas pela linha laranja diferem. Análises de efeitos simples não podem ser realizadas em caixas de diálogo – é preciso usar a sintaxe (ver Dica do SPSS 14.1).

14.6.6 Análise *post hoc* ||||

Os testes *post hoc* de Bonferroni (Saída 14.7) decompõem o efeito principal do álcool e podem ser interpretados como se o fator **Alcohol** fosse o único previsor do modelo (i.e., os efeitos relatados para o álcool são colapsados considerando o tipo de rosto). Os testes mostram (tanto pelo nível de significância quanto pelo fato de os intervalos de confiança *bootstrap* conterem zero ou não) que, quando os participantes ingeriram uma alta dose de álcool, eles avaliaram os rostos com notas significativamente maiores do que quem havia ingerido uma bebida sem álcool ($p = 0,004$), mas não maior do que quem havia consumido uma dose baixa de álcool ($p = 0,312$), e que a avaliação não foram significativamente diferentes entre o grupo de dose baixa de álcool e o placebo ($p = 0,231$).

O teste QREGW (Saída 14.8) confirma que as médias entre o grupo placebo e o de dose baixa de álcool foram equivalentes ($p = 0,077$), assim como as médias do grupo de doses baixa e de alta ($p = 0,104$). Destaco novamente que geralmente não interpretamos testes *post hoc* quando há uma interação significativa envolvendo o efeito principal (como acontece aqui).

14.7 Interpretando os diagramas de interação ||||

Podemos resumir as conclusões do estudo da seguinte forma. O álcool tem um efeito sobre a avaliação da atratividade de fotos de rostos, mas apenas quando essas imagens retratam rostos não atraentes. Quando os rostos são atraentes, o álcool não tem efeito significativo nos julgamentos de atratividade. Esse padrão de resultados ficou evidente no gráfico da interação (Figura 14.13).

Vamos dar uma olhada em outros exemplos de diagramas de interação para praticar sua interpretação. Imagine que temos os resultados da Figura 14.14. O efeito de interação ainda teria sido significativo?

O comportamento desses dados provavelmente também daria origem a um termo de interação significativo, porque a avaliação de rostos atraentes e não atraentes é diferente entre o grupo placebo e o de dose alta, mas relativamente semelhante no grupo de dose baixa. Visualmente, o padrão da linha cinza é diferente do da laranja. Essa situação reflete um mundo em que o efeito dos óculos de cerveja entra em ação em baixas doses de álcool, mas depois de uma dose mais alta a realidade começa a atuar novamente. Teoricamente mais difícil de explicar, mas, no entanto, o comportamento desses resultados reflete uma interação, porque a diferença entre a avaliação de rostos atraentes e não atraentes varia dependendo da quantidade de álcool ingerida.

Vamos tentar outro exemplo. Há uma interação significativa na Figura 14.15?

É improvável que os dados da Figura 14.15 reflitam uma interação significativa porque o efeito do álcool é constante para rostos atraentes e não atraentes: a avaliação da atratividade

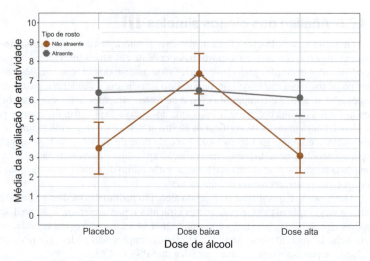

Figura 14.14 Outro diagrama de interação.

aumenta à medida que a dose de álcool aumenta, e isso acontece com rostos atraentes e não atraentes. Visualmente, a linha cinza tem o mesmo padrão da linha laranja.

Dois destaques gerais que podem ser retirados desses exemplos são:

1. Linhas não paralelas em um diagrama de interação indicam algum grau de interação, mas a força e a significância dessa interação dependem de quanto as linhas não são paralelas.
2. Linhas em um diagrama de interação que se cruzam não são paralelas, o que sugere uma possível interação significativa. No entanto, linhas que se cruzam *nem sempre* refletem uma interação significativa.

Às vezes, as pessoas usam diagramas de barras para ilustrar interações; portanto vamos ver as que estão na Figura 14.16. Os painéis (a) e (b) exibem os dados do exemplo deste capítulo (tente representá-lo em um gráfico você mesmo).

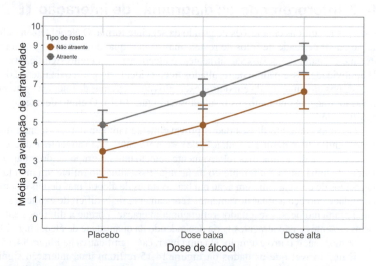

Figura 14.15 Um diagrama ilustrando a "falta" de interação.

Os dados são apresentados de duas maneiras diferentes: o painel (a) mostra os dados com os níveis de álcool colocados ao longo do eixo x, e as barras de cores diferentes mostram as médias de tipo de rostos; e o painel (b) mostra o cenário oposto em que o tipo de rosto é traçado no eixo x, e diferentes cores distinguem as doses de álcool. Ambos os gráficos mostram um efeito de interação significativo. Você está procurando diferenças nas alturas das barras coloridas que variam entre os diferentes pontos ao longo do eixo x. Por exemplo, no painel (a) você veria a diferença entre as barras laranjas claras e escuras para o grupo placebo e então olharia, digamos, a dose alta e perguntaria: "a diferença entre as barras é igual à diferença no grupo placebo?". Neste caso, a diferença de altura entre as barras laranjas escuras e laranjas claras no grupo placebo é maior do que a diferença no grupo de dose alta, ou seja, uma interação. O painel (b) mostra a mesma coisa, mas colocado no gráfico ao contrário. Mais uma vez, olhe o padrão das respostas. Primeiro, olhe os rostos não atraentes e veja que o padrão é a avaliação da atratividade aumentar à medida que a dose de álcool aumenta (as barras aumentam em altura). Agora, olhe os rostos atraentes. O padrão é igual? Não, todas as barras têm a mesma altura, mostrando que os escores de avaliação não mudam em função do álcool. O efeito de interação é mostrado pelo fato de que as barras mostram um padrão diferente entre rostos não atraentes e atraentes.

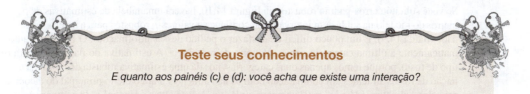

Teste seus conhecimentos
E quanto aos painéis (c) e (d): você acha que existe uma interação?

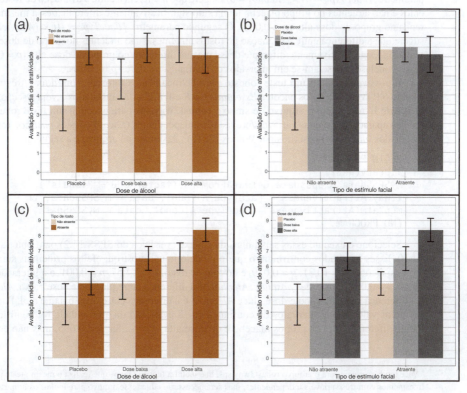

Figura 14.16 Diagrama de barras exibindo interações entre duas variáveis.

Os painéis (c) e (d) exibem os mesmos dados de duas maneiras diferentes, embora sejam dados diferentes do exemplo deste capítulo. No grupo placebo no painel (c), a barra escura é um pouco maior que a mais clara; no grupo de dose baixa, a barra escura também é um pouco mais alta que a barra mais clara; e finalmente, no grupo de dose alta, a barra escura é novamente maior que a clara. Em todas as condições, o mesmo padrão é mostrado – a barra escura é mais alta que a clara em quantidade similar (i.e., a quantidade em que os rostos atraentes são avaliados como mais atraentes do que os não atraentes é similar em todos os três grupos de álcool) –, portanto não há interação. O painel (d) mostra um resultado parecido. Para rostos não atraentes, o padrão é que a avaliação de atratividade aumenta à medida que mais álcool é consumido (as barras aumentam em altura), e, para os rostos atraentes, o mesmo padrão emerge, com o aumento da avaliação à medida que mais álcool é consumido. Isso indica novamente que não há interação: a mudança nos índices de atratividade devida ao álcool é semelhante entre rostos atraentes e não atraentes.

14.8 Modelos robustos de delineamentos fatoriais ▮▮▮▮

Se você solicitou erros-padrão robustos na Figura 14.10, haverá uma tabela de estimativas de parâmetros do modelo na saída com intervalos de confiança e valores-*p* robustos para a heterocedasticidade (Saída 14.9). É um pouco difícil de desfazer o pedido dessas informações. O SPSS usa automaticamente a última categoria como categoria de referência. A estimativa do parâmetro para o tipo de rosto, porque temos apenas duas categorias, nos dá uma estimativa robusta do efeito na avaliação de rostos atraentes em comparação com os não atraentes. Para o efeito principal do álcool, a primeira estimativa *[Alcohol = 0]* compara o placebo à dose alta e *[Alcohol = 1]* compara a dose baixa à dose alta. Nenhum desses parâmetros é significativo. Para o termo de interação, o primeiro parâmetro, *[FaceType = 0]* × *[Alcohol = 0]*, sugere que a diferença entre a avaliação de rostos atraentes e não atraentes no grupo placebo tenha sido significativamente diferente dessa mesma diferença no grupo de dose alta ($p < 0,001$). O segundo parâmetro, *[FaceType = 0]* × *[Alcohol = 1]*, sugere que a diferença entre a avaliação de rostos atraentes e não atraentes no grupo de dose baixa tenha sido significativamente diferente dessa mesma diferença no grupo de dose alta ($p = 0,009$). Essas conclusões baseiam-se em intervalos de confiança e valores-*p* robustos.

É possível executar um teste robusto para delineamentos fatoriais com dois e três fatores usando o R (verifique se os pacotes *Essentials for R* e *WRS2* estão instalados – veja a seção 4.13). O *site* do livro contém o arquivo de sintaxe **robust2way.sps** para executar um teste robusto de médias aparadas com duas variáveis/previsores independentes (*t2way*) e testes *post hoc* robustos associados (*mcp2atm*) descritos por Wilcox (2017)[4]. A sintaxe no arquivo é a seguinte:

```
BEGIN PROGRAM R.
library(WRS2)
mySPSSdata = spssdata.GetDataFromSPSS(factorMode = "labels")
t2way(Attractiveness ~ FaceType*Alcohol, data = mySPSSdata, tr = 0.2)
mcp2atm(Attractiveness ~ FaceType*Alcohol, data = mySPSSdata, tr = 0.2)
END PROGRAM.
```

Selecione e execute essas seis linhas da sintaxe (ver Dica do SPSS 14.2) para obter a Saída 14.10. Esses resultados confirmam o que o modelo linear mostrou: efeitos principais significativos do álcool, $F_t = 10,31$, $p = 0,019$, e do tipo de rosto, $F_t = 14,57$, $p = 0,001$, e a interação, $F_t = 16,60$, $p = 0,003$. Nos testes *post hoc*, *Alcohol1* é a diferença entre placebo e dose baixa, *Alcohol2* é a diferença entre placebo e dose alta e *Alcohol3* é a diferença entre dose baixa e alta. Podemos ver pelos valores-*p* e intervalos de confiança que a avaliação da atratividade foi significativamente diferente entre os grupos placebo e de dose alta, $\hat{\psi} = -2,83$, $p = 0,005$, mas não entre os

---

[4] Você também encontrará o arquivo robust3way.sps, que inclui a função *t3way*, que realiza o mesmo teste para delineamentos com três variáveis independentes, mas será necessário editar esse arquivo para incluir os nomes das variáveis dos seus dados.

Parameter Estimates with Robust Standard Errors

Dependent Variable: Median attractiveness rating

Parameter	B	Robust Std. Error[a]	t	Sig.	95% Confidence Interval Lower Bound	Upper Bound
Intercept	6.125	.398	15.386	.000	5.322	6.928
[FaceType=0]	.500	.547	.914	.366	-.604	1.604
[FaceType=1]	0[b]	.	.	.	.	.
[Alcohol=0]	.250	.513	.487	.629	-.786	1.286
[Alcohol=1]	.375	.515	.728	.471	-.665	1.415
[Alcohol=2]	0[b]	.	.	.	.	.
[FaceType=0] * [Alcohol=0]	-3.375	.852	-3.963	.000	-5.094	-1.656
[FaceType=0] * [Alcohol=1]	-2.125	.775	-2.742	.009	-3.689	-.561
[FaceType=0] * [Alcohol=2]	0[b]	.	.	.	.	.
[FaceType=1] * [Alcohol=0]	0[b]	.	.	.	.	.
[FaceType=1] * [Alcohol=1]	0[b]	.	.	.	.	.
[FaceType=1] * [Alcohol=2]	0[b]	.	.	.	.	.

a. HC4 method
b. This parameter is set to zero because it is redundant.

Saída 14.9

Pesquisa Real do João Jaleco 14.1
Fazendo *piercing* ▌▌▌▌

Guéguen, N. (2012). *Alcoholism: Clinical and Experimental Research*, *36*(7), 1253-1256.

Tatuagens e *piercings* se tornaram muito populares da época em que eu era jovem para cá. Eu sempre pensei em tatuar o rosto de Ronald Fisher no meu para que as pessoas pensem que eu sou um gênio. Mas estou divagando. As pesquisas têm mostrado que as pessoas que têm tatuagens e *piercings* são mais propensas a se envolverem em comportamentos de risco. Nicolas Guéguen (2012) mediu o nível de intoxicação (massa de álcool por litro de respiração exalada, **Alcohol**) em 1.965 jovens franceses no momento em que eles estavam saindo de bares. Essa medida foi um indicador de comportamento de risco. Cada jovem também foi atribuído a um grupo se tivesse tatuagens, *piercings*, ambos ou nenhum (**Group**), e seu sexo foi anotado (**Gender**). Os dados estão no arquivo **Gueguen(2012).sav**. O nível de risco (i.e., álcool) era maior em grupos que tinham tatuagens e *piercings*? Esse efeito tem interação com o sexo da pessoa? Faça também um diagrama de barras de erro dos dados. As respostas estão no *site* do livro (ou veja as páginas 1254-1255 do artigo original).

```
t2way(formula = Attractiveness ~ FaceType * Alcohol, data = mySPSSdata
    tr = 0.2)
                           value     p.value
FaceType                  14.5730    0.001
Alcohol                   10.3117    0.019
FaceType:Alcohol          16.6038    0.003

Call:
mcp2atm(formula = Attractiveness ~ FaceType * Alcohol, data = mySPSSdata,
    tr = 0.2)
                       psihat      ci.lower     ci.upper     p-value
FaceType1             -3.83333    -5.90979     -1.75688     0.00088
Alcohol1              -1.50000    -3.63960      0.63960     0.07956
Alcohol2              -2.83333    -5.17113     -0.49554     0.00543
Alcohol3              -1.33333    -3.38426      0.71759     0.10569
FaceType1:Alcohol1    -1.16667    -3.30627      0.97294     0.16314
FaceType1:Alcohol2    -3.50000    -5.83780     -1.16220     0.00110
FaceType1:Alcohol3    -2.33333    -4.38426     -0.28241     0.00802
```

Saída 14.10

Dica do SPSS 14.2
Testes robustos para delineamentos fatoriais

Para decompor a sintaxe, estamos usando duas funções (*t2way* e *mcp2atm*) que têm a mesma forma:

```
t2way(outcome~predictor1*predictor2, data = mySPSSdata, tr = 0.2)
mcp2atm(outcome~predictor1*predictor2, data = mySPSSdata, tr = 0.2)
```

No nosso exemplo, usamos os nomes das nossas variáveis para substituir a variável de resultado na função por **Attractiveness** e os previsores por **FaceType** e **Alcohol**. Assim, a fórmula na função torna-se *Attractiveness ~ FaceType*Alcohol. tr*. especifica a quantidade de corte (na configuração-padrão, 0,2 ou 20%, mas é possível alterar para uma proporção diferente).

grupos placebo e de dose baixa, $\hat{\psi} = -1,5$, $p = 0,080$, nem entre os grupos de doses baixa e alta, $\hat{\psi} = -1,33$, $p = 0,106$. Os mais interessantes são os termos de interação, que analisam a diferença entre a avaliação de rostos atraentes e não atraentes por intermédio das comparações de grupos que acabamos de ver. Esses efeitos nos dizem que a diferença na avaliação de rostos atraentes e não atraentes no grupo de dose alta foi significativamente diferente da diferença correspondente no grupo placebo, $\hat{\psi} = -3,5$, $p = 0,001$, e no grupo de dose baixa, $\hat{\psi} = -2,33$, $p = 0,008$. No entanto, a diferença na avaliação de rostos atraentes e não atraentes no grupo de dose baixa não foi significativamente diferente da diferença correspondente no grupo placebo, $\hat{\psi} = -1,17$, $p = 0,163$. Em suma, a interação parece ser impulsionada pelos efeitos de uma dose alta de álcool em comparação com outras condições.

14.9 Modelos bayesianos de delineamentos fatoriais ||||

Não é fácil calcular os fatores de Bayes (seção 3.8.4) para delineamentos fatoriais. Embora estejamos usando um modelo linear, o modelo incluirá apenas os efeitos principais e não o termo de interação, e queremos seguir um processo semelhante ao da seção 9.13 e especificar **FaceType** e **Alcohol** como *Factor(s)*. Isso é um problema porque o termo de interação é tipicamente onde está nosso interesse maior. Podemos contornar isso codificando manualmente as variáveis fictícias **FaceType** e **Alcohol** (lembrando que **Alcohol** se tornaria duas variáveis fictícias) e, em seguida, criando manualmente o termo de interação multiplicando a variável fictícia **FaceType** por todas as variáveis fictícias de **Alcohol** para criar duas variáveis fictícias para o termo de interação. O arquivo **goggles_dummy.sav** contém essas variáveis fictícias, e a codificação está ilustrada na Tabela 14.4. **FaceType** está codificado com zeros (0) para rostos não atraentes e uns (1) para rostos atraentes. **Alcohol** está dividido em duas variáveis fictícias (colunas 4 e 5). A primeira (**Alc_high_pla**) codifica a dose alta em relação ao placebo, e a segunda (**Alc_low_pla**) codifica a dose baixa em relação ao placebo. Esse esquema de codificação deve ser familiar por causa do que vimos no Capítulo 12. As duas colunas finais codificam o termo de interação. A primeira (**Int_high_pla**) tem os códigos das colunas 3 e 4 multiplicados (i.e., **FaceType** × **Alc_high_pla**) e representa a diferença entre os escores da avaliação de rostos não atraentes em comparação com os atraentes no grupo placebo em relação à mesma diferença no grupo de dose alta. A segunda coluna (**Int_low_pla**) tem os códigos das colunas 3 e 5 multiplicados (i.e., **FaceType** × **Alc_low_pla**) e representa a diferença entre os escores da avaliação de rostos não atraentes em comparação aos atraentes no grupo placebo em relação à mesma diferença no grupo de dose baixa.

Para obter os fatores e estimativas de Bayes com as referências *a priori* padrão, siga o passo a passo da seção 9.13 e arraste todas as cinco variáveis fictícias (**FaceType**, **Alc_high_pla**, **Alc_low_pla**, **Int_high_pla**, **Int_low_pla**) para a caixa *Covariate(s)* (covariável[is]). (Se você arrastá-las para a caixa *-Factor(s)*, o SPSS vai recodificá-las; por isso, ao usar a caixa *Covariate(s)*, a saída corresponderá à codificação fictícia que usamos no editor de dados.) Selecione opções-padrão e não as altere.

A Saída 14.11 mostra o fator de Bayes para o modelo com todas as previsoras (todas as cinco variáveis fictícias) em relação ao modelo nulo (que eu suponho que inclua apenas o intercepto). Esse fator de Bayes é 1195,598. Essa é uma evidência muito forte em favor do modelo. Isso sig-

Tabela 14.4 Esquema de codificação fictícia para os dados do efeito de óculos de cerveja

Tipo de rosto avaliado	Álcool	Tipo de rosto	Alc_high_pla (Alta vs. Placebo)	Alc_low_pla (Baixa vs. Placebo)	Int_high_pla (Alta vs. Placebo)	Int_low_pla (Baixa vs. Placebo)
Não atraente	Placebo	0	0	0	0	0
Não atraente	Dose baixa	0	0	1	0	0
Não atraente	Dose alta	0	1	0	0	0
Atraente	Placebo	1	0	0	0	0
Atraente	Dose baixa	1	0	1	0	1
Atraente	Dose alta	1	1	0	1	0

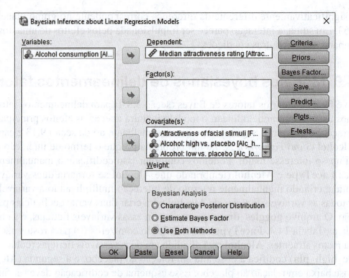

Figura 14.17 Caixa de diálogo para a análise bayesiana de delineamentos fatoriais.

Bayes Factor Model Summary[a,b]

Bayes Factor[c]	R	R Square	Adjusted R Square	Std. Error of the Estimate
1195.598	.718	.515	.458	1.17

a. Method: JZS
b. Model: (Intercept), Attractivenss of facial stimuli, Alcohol: high vs. placebo, Alcohol: low vs. placebo, Interaction: high vs placebo, att vs unatt, Interaction: low vs placebo, att vs unatt
c. Bayes factor: Testing model versus null model (Intercept).

Bayesian Estimates of Coefficients[a,b,c]

Parameter	Posterior Mode	Mean	Variance	95% Credible Interval Lower Bound	Upper Bound
(Intercept)	3.500	3.500	.180	2.665	4.335
Attractivenss of facial stimuli	2.875	2.875	.359	1.694	4.056
Alcohol: high vs. placebo	3.125	3.125	.359	1.944	4.306
Alcohol: low vs. placebo	1.375	1.375	.359	.194	2.556
Interaction: high vs placebo, att vs unatt	-3.375	-3.375	.719	-5.045	-1.705
Interaction: low vs placebo, att vs unatt	-1.250	-1.250	.719	-2.920	.420

a. Dependent Variable: Median attractiveness rating
b. Model: (Intercept), Attractivenss of facial stimuli, Alcohol: high vs. placebo, Alcohol: low vs. placebo, Interaction: high vs placebo, att vs unatt, Interaction: low vs placebo, att vs unatt
c. Assume standard reference priors.

Saída 14.11

nifica que a probabilidade dos dados considerando o modelo que inclui todas as cinco previsoras é cerca de 1.196 maior que a probabilidade dos dados do modelo que contém apenas o intercepto. Devemos mudar nossa crença no modelo (em relação ao modelo nulo) conforme um fator de 1.196!

A estimativa bayesiana dos *b*s para as variáveis fictícias pode ser encontrada nas colunas *Posterior Mode* (moda a posteriori) e *Posterior Mean* (média a posteriori). Os intervalos de confiança de 95% dos parâmetros do modelo contêm o valor da população com uma probabilidade de 0,95 (95%). Para a diferença entre os escores da avaliação de rostos não atraentes em comparação com os atraentes no grupo placebo considerando essa mesma diferença no grupo de dose alta (i.e., o primeiro termo de interação), a diferença relativa tem uma probabilidade de 95% de estar entre cerca de –5 e –1,7. Para a diferença entre os escores da avaliação de rostos não atraentes em comparação com os atraentes no grupo placebo considerando essa mesma diferença no grupo de dose baixa (i.e., o segundo termo de interação), a diferença relativa tem uma probabilidade de 95% de estar entre –2,9 e 0,4. Esses intervalos de credibilidade presumem que o efeito existe, mas o último caso sugere que o efeito poderia plausivelmente ser positivo, negativo e muito pequeno.

14.10 Calculando os tamanhos de efeito ||||

O SPSS pode determinar o eta quadrado parcial, η^2 (seção 13.8). No entanto, vimos antes que o ômega ao quadrado (ω^2) é menos tendencioso. O cálculo do ômega ao quadrado torna-se um pouco mais complicado em delineamentos fatoriais ("um pouco" é um eufemismo). Howell (2012), como sempre, faz um trabalho maravilhoso em explicar tudo (e tem uma boa tabela que resume os vários componentes em várias situações). Condensando todas essas informações, direi apenas que primeiro calculamos um componente de variação para cada um dos efeitos (os dois efeitos principais e o termo de interação) e para o erro e, então, os usamos para calcular os tamanhos de efeito de cada um. Se chamarmos o primeiro efeito principal de A, o segundo efeito principal de B e o efeito de interação de $A \times B$, os componentes da variância de cada um deles serão calculados a partir dos quadrados médios de cada efeito e dos tamanhos das amostras em que eles se baseiam:

$$\hat{\sigma}^2_\alpha = \frac{(a-1)(MQ_A - MQ_R)}{nab}$$

$$\hat{\sigma}^2_\beta = \frac{(b-1)(MQ_B - MQ_R)}{nab} \quad (14.24)$$

$$\hat{\sigma}^2_{\alpha\beta} = \frac{(a-1)(b-1)(MQ_{A \times B} - MQ_R)}{nab}$$

Nessas equações, a é o número de níveis da primeira variável independente, b é o número de níveis da segunda variável independente e n é o número de pessoas por condição.

Vamos calcular essas equações para os nossos dados. A Saída 14.3 contém os quadrados médios de cada efeito e do termo erro. A primeira previsora, o álcool, tinha três níveis (logo, $a = 3$) e quadrados médios de 8,271. O tipo de rosto tinha dois níveis (logo, $b = 2$) e quadrados médios de 21,333. A interação teve quadrados médios de 11,646. O número de pessoas em cada grupo foi 8, e os quadrados médios dos resíduos foram 1,369. Portanto, nossas equações se tornam:

$$\hat{\sigma}^2_\alpha = \frac{(3-1)(8,271-1,369)}{8 \times 3 \times 2} = 0,288$$

$$\hat{\sigma}^2_\beta = \frac{(2-1)(21,333-1,369)}{8 \times 3 \times 2} = 0,416 \quad (14.25)$$

$$\hat{\sigma}^2_{\alpha\beta} = \frac{(3-1)(2-1)(11,646-1,369)}{8 \times 3 \times 2} = 0,428$$

Estimamos a variabilidade total somando as estimativas na Equação 14.25 com os quadrados médios dos resíduos:

$$\begin{aligned}\hat{\sigma}^2_{total} &= \hat{\sigma}^2_\alpha + \hat{\sigma}^2_\beta + \hat{\sigma}^2_{\alpha\beta} + MQ_R \\ &= 0,288 + 0,416 + 0,428 + 1,369 \\ &= 2,501\end{aligned} \quad (14.26)$$

O tamanho do efeito é a estimativa da variância do efeito em que você está interessado dividido pela estimativa da variância total da Equação 14.26:

$$\omega^2_{efeito} = \frac{\hat{\sigma}^2_{efeito}}{\hat{\sigma}^2_{total}} \tag{14.27}$$

Para o efeito principal do álcool, obtemos 0,115:

$$\omega^2_{\text{álcool}} = \frac{\hat{\sigma}^2_{\text{álcool}}}{\hat{\sigma}^2_{total}} = \frac{0{,}288}{2{,}501} = 0{,}115 \tag{14.28}$$

Para o efeito principal do tipo de rosto, obtemos 0,166:

$$\omega^2_{\text{tipo de rosto}} = \frac{\hat{\sigma}^2_{\text{tipo de rosto}}}{\hat{\sigma}^2_{total}} = \frac{0{,}416}{2{,}501} = 0{,}166 \tag{14.29}$$

Para a interação entre tipo de rosto e álcool, obtemos 0,171:

$$\omega^2_{\text{álcool} \times \text{tipo de rosto}} = \frac{\hat{\sigma}^2_{\text{álcool} \times \text{tipo de rosto}}}{\hat{\sigma}^2_{total}} = \frac{0{,}428}{2{,}501} = 0{,}171 \tag{14.30}$$

Para tornar esses valores comparáveis ao *r*, podemos extrair a raiz quadrada, o que nos dá tamanhos de efeito de 0,34 para o álcool e 0,41 tanto para o tipo de rosto quanto para o termo de interação.

Também é possível calcular tamanhos de efeito para nossa análise de efeitos simples (seção 14.6.5). Esses efeitos têm 1 grau de liberdade do modelo (ou seja, eles estão comparando apenas duas coisas), e, nessas situações, o *F* pode ser convertido em *r* utilizando a seguinte equação (que usa apenas a estatística *F* e os graus liberdade dos resíduos):[5]

$$r = \sqrt{\frac{F(1, gl_R)}{F(1, gl_R) + gl_R}} \tag{14.31}$$

Olhando para a Saída 14.6, obtivemos *F*s de 24,150, 7,715 e 0,730 para os efeitos do tipo de rosto com os grupos placebo, de dose baixa e de alta, respectivamente. Para cada um desses efeitos, os graus de liberdade foram 1 para o modelo e 42 para os resíduos. Portanto, obtemos os seguintes tamanhos de efeito:

$$r_{\text{tipo de rosto (placebo)}} = \sqrt{\frac{24{,}15}{24{,}15 + 42}} = 0{,}604$$

$$r_{\text{tipo de rosto (dose baixa)}} = \sqrt{\frac{7{,}715}{7{,}715 + 42}} = 0{,}394 \tag{14.32}$$

$$r_{\text{tipo de rosto (dose alta)}} = \sqrt{\frac{0{,}730}{0{,}730 + 42}} = 0{,}131$$

O efeito do tipo de rosto é grande tanto no grupo placebo quanto no de dose baixa, mas torna-se pequeno no de dose alta de álcool.

---

[5] Se o seu *F* comparar mais do que duas coisas, uma equação diferente será necessária (ver Rosenthal, Rosnow e Rubin, 2000: 44), mas eu acho que tamanhos de efeito para situações em que apenas duas coisas estão sendo comparadas são mais úteis porque eles têm uma interpretação clara.

14.11 Relatando os resultados dos delineamentos fatoriais ▐▐▐▐

São relatados os detalhes da estatística F e os graus de liberdade de cada efeito. Para os efeitos do álcool e para a interação álcool × tipo de rosto, os graus de liberdade do modelo foram 2 ($gl_M = 2$), mas, para o efeito do tipo de rosto, o grau de liberdade foi 1 ($gl_M = 1$). Para todos os efeitos, os graus de liberdade para os resíduos foram 42 ($gl_R = 42$). Portanto, podemos relatar os três efeitos da seguinte forma:

✓ Houve um efeito principal significativo da quantidade de álcool consumida nos escores da avaliação da atratividade de rostos, $F(2, 42) = 6,04$, $p = 0,005$, $\omega^2 = 0,12$. Os testes *post hoc* de Bonferroni revelaram que os escores da avaliação da atratividade foram significativamente mais altos após uma dose alta de álcool do que após uma bebida sem álcool ($p = 0,004$). Os escores da avaliação da atratividade não foram significativamente diferentes após uma dose

Pesquisa Real do João Jaleco 14.2
Não esqueça a sua escova de dentes ▐▐▐▐

Davey, G. C. L., et al. (2003). *Journal of Behavior Therapy & Experimental Psychiatry*, 34, 141-160.

Muitos de nós já experimentamos o sentimento de sair de casa nos perguntando se esquecemos de trancar a porta, fechar as janelas ou remover os corpos da geladeira para o caso de a polícia aparecer. No entanto, algumas pessoas com transtorno obsessivo-compulsivo (TOC) verificam as coisas tão excessivamente que, por exemplo, podem acabar levando horas para sair de casa. Uma teoria explica que esse comportamento de verificação é causado por uma interação do humor em que você está (positivo ou negativo) com as regras que você usa para decidir quando encerrar uma tarefa (você continua a realizando até sentir vontade de parar ou você para só quando estiver perfeito?). Davey, Startup, Zara, MacDonald e Field (2003) testaram essa hipótese colocando os participantes em um humor negativo, positivo ou neutro (**Mood**) e depois pedindo que pensassem em todas as coisas que precisariam verificar antes de sair de férias (**Checks** – verificações). Dentro de cada grupo de humor, metade dos participantes foi instruída a mencionar o máximo possível de itens que precisassem ser verificados, enquanto o restante dos participantes foi solicitado a mencionar itens durante o tempo em que eles sentissem vontade de continuar a tarefa (**Stop_Rule**).

Faça um diagrama de barras de erro e, em seguida, execute a análise apropriada para testar as hipóteses de Davey e colaboradores de que (1) as pessoas com mau humor que só param a tarefa com o melhor desempenho possível gerariam mais itens do que as pessoas que param quando não tem mais vontade de continuar; (2) as pessoas com bom humor gerariam mais itens parando quando sentissem vontade em comparação com as pessoas que só parassem quando o desempenho fosse perfeito; (3) em pessoas com humor neutro, a regra utilizada para encerrar uma tarefa não faria diferença [**Davey(2003).sav**]. As respostas estão no *site* do livro (ou veja as páginas 148-149 no artigo original).

baixa em comparação a uma bebida sem álcool ($p = 0,231$) ou após uma dose alta em comparação a uma dose baixa ($p = 0,312$).
✓ Os rostos atraentes tiveram escores significativamente mais altos do que os rostos não atraentes, $F(1, 42) = 15,58$, $p < 0,001$, $\omega^2 = 0,17$.
✓ Houve uma interação significativa entre a quantidade de álcool consumida e o tipo de rosto avaliado considerando a atratividade, $F(2, 42) = 8,51$, $p = 0,001$, $\omega^2 = 0,17$. Esse efeito indica que os escores da avaliação de rostos não atraentes e atraentes foram afetados de maneira diferente pelo álcool. A análise dos efeitos simples revelou que os escores da avaliação de rostos atraentes foram significativamente maiores do que de rostos não atraentes no grupo placebo, $F(1, 42) = 24,15$, $p < 0,001$, e no grupo de dose baixa de álcool, $F(1, 42) = 7,72$, $p = 0,008$, mas não no grupo de dose alta, $F(1, 42) = 0,73$, $p = 0,398$.

14.12 Caio tenta conquistar Gina ▌▌▌▌

Depois de andar sozinha pelas ruas mergulhada em seus pensamentos, Gina chegou ao apartamento de Caio. Era estranho que ela estivesse lá: ela mal sabia o nome dele, eles nunca tinham trocado telefones, muito menos endereços, mas essas coisas eram bem fáceis de descobrir quando você sabe como *hackear*. Ela se sentiu ansiosa. Na terceira tentativa, reuniu coragem para apertar a campainha. Sem resposta. Ela tocou novamente. E novamente.

"Oi?", disse uma voz intrigada pelo interfone.

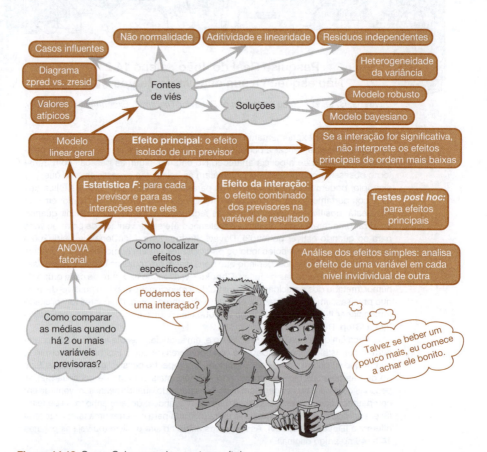

Figura 14.18 O que Caio aprendeu neste capítulo.

"É a Gina. Eu preciso conversar com você".
Um minuto depois, Caio abriu a porta, segurou o braço dela e saiu caminhando pela rua. Ela esperava ser convidada para entrar, mas isso também era legal. Eles caminharam pela vizinhança sob o luar. Ela precisava conversar, mas não conseguia: a falta de intimidade a deixava muda. Caio preencheu o silêncio, como sempre fazia, com seu mais recente aprendizado sobre estatística. Quando ficou sem assunto para impressionar Gina, ele fez uma pergunta, como geralmente fazia. Ela não tinha nada inteligente para dizer desta vez, não tinha mais nenhum entusiasmo em flertar e mais ninguém com quem conversar. Gina contou a ele sobre sua mãe, sobre sua ambivalência em relação aos pais, sobre como fora criada, sobre seu irmão. Ela falou sem reservas e sem um plano de autoproteção, o que a fez se sentir vulnerável. Caio ouviu tudo e disse para ela conversar com a mãe.

14.13 E agora?

Assim que eu comecei minha primeira banda, ela se desintegrou. Fui com Mark, o baterista, cantar em uma banda chamada Outlanders, que era muito melhor musicalmente, mas que, falando a verdade, não era metaleira o suficiente para mim. Eles também me demitiram depois de um curto período de tempo, pois eu não cantava como o Bono (foi um insulto na época, mas pensando bem...). Então, foram dois fracassos em bandas em pouco tempo. Talvez você ache que, a essa altura do campeonato, eu já teria entendido que cantar não era para mim. Eu ainda não havia entendido e não iria entender isso por muito tempo (ainda hoje não entendo totalmente). Eu precisava de um plano novo, e um surgiu em uma noite enquanto caminhava com Mark, o baterista, em um penhasco na Cornualha. Felizmente, não era um plano envolvendo me jogar no mar...

14.14 Termos-chave

Análise dos efeitos simples
ANOVA fatorial
Constraste de Helmert
Delineamento fatorial independente
Delineamento fatorial de medidas repetidas
Delineamento misto
Efeito de óculos de cerveja
Gráfico de interação

Tarefas da Alex Astuta

- **Tarefa 1**: Já me perguntei se nosso gosto musical muda à medida que envelhecemos: meus pais, por exemplo, depois de anos ouvindo músicas relativamente legais quando eu era criança, atingiram seus 40 anos e desenvolveram uma obsessão preocupante com o *country* e o *western*. Essa possibilidade me preocupa imensamente, porque, se o futuro é ouvir Garth Brooks e pensar "ai, gente, será que eu subestimei o imenso talento de Garth quando tinha 20 e poucos anos?", ele é realmente desolador. Para testar a ideia, montei dois grupos (**age**): jovens (que decidi arbitrariamente que teriam menos de 40 anos de idade) e idosos (acima dos 40 anos de idade). Eu dividi cada um desses grupos de 45 pessoas em três grupos menores de 15 e pedi que ouvissem Fugazi, ABBA ou

Garth Brooks (**music**). Cada pessoa avaliou a música (**liking**) em uma escala de +100 (isso é irado) passando por 0 (indiferença) a –100 (eu vou vomitar). Ajuste um modelo para testar minha ideia (**Fugazi.sav**). ▊▊▊▊
- **Tarefa 2**: Calcule o ômega ao quadrado do efeito na Tarefa 1 e ralate os resultados da análise. ▊▊▊▊
- **Tarefa 3**: No Capítulo 5, usamos alguns dados relacionados aos níveis de excitação masculino e feminino ao assistirem a *Diário de uma paixão* ou a um documentário sobre diários (**Notebook.sav**). Ajuste um modelo para testar se homens e mulheres diferem em suas reações a diferentes tipos de filmes. ▊▊▊▊
- **Tarefa 4**: Calcule o ômega ao quadrado dos efeitos na Tarefa 3 e relate os resultados da análise. ▊▊▊▊
- **Tarefa 5**: No Capítulo 4, usamos alguns dados relacionados à aprendizagem de homens e mulheres se o método de ensino usava *feedback* positivo ou negativo (punição) (**Method Of Teaching.sav**). Analise esses dados para ver se o aprendizado de homens e mulheres difere de acordo com o método de ensino usado. ▊▊▊▊
- **Tarefa 6**: No início deste capítulo, descrevi uma maneira empírica de descobrir se as músicas que eu escrevi eram melhores do que as que meu antigo colega de banda Malcolm escreveu e se isso dependia do gênero da música (uma sinfonia ou música sobre moscas). A variável de resultado foi o número de gritos provocados na plateia durante a apresentação das músicas. Faça um diagrama de barras de erro (linhas) e analise esses dados (**Escape From Inside.sav**). ▊▊▊▊
- **Tarefa 7**: Calcule o ômega ao quadrado dos efeitos na Tarefa 6 e relate os resultados da análise. ▊▊▊▊
- **Tarefa 8**: Usando a Dica do SPSS 14.1, mude a sintaxe em **GogglesSimpleEffects.sps** para ver os efeitos do álcool nos dois níveis dos tipos de rostos. ▊▊▊▊
- **Tarefa 9**: Há relatos de aumento de lesões relacionadas ao hábito de jogar Nintendo Wii (http://ow.ly/ceWPj). Essas lesões foram atribuídas principalmente a estiramento de músculos e tendões. Uma pesquisadora supôs que realizar alongamento antes de jogar Wii ajudaria a diminuir as lesões e que os atletas seriam menos suscetíveis a tais lesões porque suas atividades físicas regulares os tornariam mais flexíveis. Ela selecionou 60 atletas e 60 não atletas (**athlete**); metade deles jogou Wii, e outra metade assistiu a outras pessoas jogando (**wii**), e dentro desses grupos metade fez uma sequência de alongamentos de 5 minutos antes de jogar/assistir, enquanto a outra metade não fez (**stretch**). O resultado foi um escore em uma escala de dor de 10 pontos (em que 0 indica nenhuma dor e 10 indica dor severa) depois de jogar por 4 horas (**injury**). Ajuste um modelo para testar se os atletas são menos propensos a lesões e se o programa de prevenção funcionou (**Wii.sav**). ▊▊▊▊
- **Tarefa 10**: Uma pesquisadora estava interessada em quais fatores contribuíam para as lesões durante jogos de *videogame*. Ela testou 40 participantes que foram aleatoriamente designados ajogos dinâmicos ou estáticos jogados em um Wii ou Xbox Kinect. No final da sessão de jogos, sua condição física foi avaliada em uma escala de gravidade de lesões. Os dados estão no arquivo **Wii vs Xbox Injuries.sav** que contém as variáveis **Game** (0 = estático, 1 = dinâmico), **Console** (0 = Wii, 1 = Xbox) e **InjurySeverity** (uma pontuação entre 0 [sem lesão] e 20 [lesão grave]). Ajuste um modelo para ver se a gravidade da lesão é significativamente prevista a partir do tipo de jogo, do tipo de console e da interação dessas duas variáveis. ▊▊▊▊

Respostas e recursos adicionais estão disponíveis no *site* do livro em
https://edge.sagepub.com/field5e.

15

MLG 4: DELINEAMENTOS DE MEDIDAS REPETIDAS

15.1 O que aprenderei neste capítulo? 650
15.2 Introdução aos delineamentos de medidas repetidas 651
15.3 Um exemplo nojento 652
15.4 Medidas repetidas e o modelo linear 652
15.5 A ANOVA nos delineamentos de medidas repetidas 654
15.6 A estatística F nos delineamentos de medidas repetidas 658
15.7 Pressupostos dos delineamentos de medidas repetidas 663
15.8 Delineamentos de medidas repetidas de um fator usando o SPSS 664
15.9 Saídas dos delineamentos de medidas repetidas de um fator 668
15.10 Testes robustos para os delineamentos de medidas repetidas de um fator 676
15.11 Tamanho do efeito de delineamentos de medidas repetidas 678
15.12 Relatando os delineamentos de medidas repetidas de um fator 679
15.13 Um exemplo alcoólico: delineamentos fatoriais de medidas repetidas 680
15.14 Delineamentos fatoriais de medidas repetidas usando o SPSS 681
15.15 Interpretando delineamentos fatoriais de medidas repetidas 687
15.16 Tamanhos de efeito em delineamentos fatoriais de medidas repetidas 698
15.17 Relatando os resultados de delineamentos fatoriais de medidas repetidas 698
15.18 Caio tenta conquistar Gina 700
15.19 E agora? 701
15.20 Termos-chave 701

Tarefas da Alex Astuta 701

15.1 O que aprenderei neste capítulo?

Aos 15 anos, eu estava de férias com meu amigo Mark (baterista) na Cornualha. Nessa fase, eu tinha um *mullet* decente (hoje eu só queria ter cabelo suficiente para fazer um *mullet*) e uma coleção respeitável de camisetas de *heavy metal* que consegui em vários shows. Estávamos andando ao longo dos penhascos ao entardecer, relembrando momentos da nossa banda Andromeda. Decidimos que a única coisa que não tínhamos gostado na banda era o Malcolm e que talvez devêssemos reformulá-la com um guitarrista diferente.[1] Enquanto eu imaginava quem poderia tocar guitarra, Mark apontou o óbvio: eu tocava guitarra. Então, quando chegamos em casa, a Scansion nasceu.[2] Atuando como cantor, guitarrista e compositor, comecei a escrever algumas músicas. Liricamente falando, as moscas estavam fora de moda, então passei a explorar a angústia existencial (nunca parei, na verdade). Muitas músicas sobre a futilidade da existência, a hanseníase social, o medo paralisante da morte, esse tipo de coisa. Obviamente, fomos um fracasso total nas nossas ambições musicais, caso contrário eu não estaria escrevendo este livro, mas conseguimos uma crítica na revista de música *Kerrang*! Eles nos chamaram "sentimentaloides" em uma resenha ao vivo, que não é realmente o que você quer ler sobre uma banda de metal, mas eles foram um pouco mais lisonjeiros sobre um de nossos demos (mas bem pouquinho). O ápice da nossa carreira foi tocar no famoso Marquee Club em Londres (que, como a maioria dos lugares da minha juventude, está fechado, mas não por termos tocado lá).[3] Esse foi o maior *show* da nossa carreira, e nós precisávamos tocar como nunca havíamos tocado antes. E foi o que aconteceu: eu corri no palco e me estatelei no chão, desafinando minha guitarra e arrebentando o zíper das minhas calças no processo. Passei o *show* todo desafinado e com as pernas abertas para evitar que minhas calças caíssem. Como eu disse, nunca toquei *desse jeito* antes.

Costumávamos ficar obcecados em comparar como tocávamos em *shows* diferentes. Eu não sabia sobre estatística (dias felizes), mas, se soubesse, teria percebido que poderíamos nos avaliar e comparar as avaliações médias de diferentes apresentações; devido ao fato de que sempre seríamos nós que avaliaríamos nossos *shows*, esse seria um delineamento de medidas repetidas. É sobre isso que trata este capítulo; espero que ele não faça suas calças caírem.

[1] Embora tenhamos achado isso na época, relembrando agora, me sinto mal, porque Malcolm sempre foi um cara muito bom, positivo e entusiasmado. Para ser honesto, nessa idade (e, alguns dizem, no resto da minha vida), eu podia ser um pouco babaca.

[2] "Scansion" é um termo para o ritmo da poesia. Achamos o nome pesquisando em um dicionário até encontrarmos uma palavra de que gostássemos. Originalmente não achávamos que era "metal" o suficiente e decidimos que qualquer banda de *heavy metal* que se preze precisava ter um grande "X" em seu nome. Então, nos primeiros dois anos, nós escrevemos "Scanxion". Como eu disse, eu podia ser meio babaca naquela época.

[3] No seu auge, o Marquee Club começou a carreira de pessoas como Jimi Hendrix, The Who, Iron Maiden e Led Zeppelin. Jogue no Google se tiver que procrastinar.

Figura 15.1 Scansion nos primeiros momentos; eu costumava ficar encarando o nada (E-D: eu, Mark e Mark).

15.2 Introdução aos delineamentos de medidas repetidas

Até agora, ao comparar as médias, neste livro, nos concentramos em situações em que diferentes entidades contribuem para diferentes médias. Eu tenho a tendência de me concentrar em exemplos com *pessoas* diferentes participando em diferentes condições experimentais, mas poderiam ser plantas diferentes, empresas, lotes de terra, variedades de vírus, cabras ou até mesmo ornitorrincos. Eu ignorei completamente situações em que as mesmas pessoas (plantas, cabras, *hamsters*, líderes intergaláticos verdes de sete olhos, ou o que quer que seja) contribuem para as diferentes médias. Eu adiei esse assunto por tempo suficiente e agora eu vou levar você aos modelos que utilizam dados de medidas repetidas.

Teste seus conhecimentos

O que é um delineamento de medidas repetidas? (Dica: foi descrito no Capítulo 1)

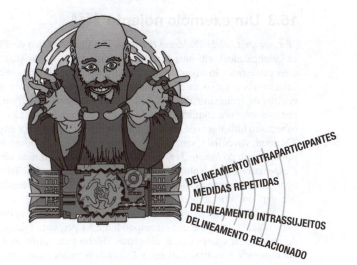

Figura 15.2 A Máquina da Confusão criou maneiras diferentes de se referir aos delineamentos de medidas repetidas.

"Medidas repetidas" é um termo utilizado quando as mesmas entidades participam de todas as condições de um experimento ou fornecem dados em vários pontos no tempo. Por exemplo, você pode testar os efeitos do álcool no quanto alguém se diverte em uma festa. Algumas pessoas podem beber muito álcool sem sentir ressaca, enquanto outras, como eu, precisam apenas cheirar um copo de cerveja para começarem a se debater no chão balançando os braços e as pernas gritando "Olhem, eu sou Andy, o rei do mundo perdido dos bacalhaus". Para controlar as diferenças individuais de tolerância ao álcool, você pode testar as mesmas pessoas em todas as condições do experimento: os participantes poderiam receber um questionário avaliando o quanto estavam se divertindo na festa depois de terem consumido 1 *pint*, 2 *pints*, 3 *pints* e 4 *pints* de cerveja. Há muitas maneiras diferentes de se referir a esse tipo de delineamento (Figura 15.2).

Tabela 15.1 Dados para o exemplo de comida nativa australiana (*bushtucker*)

Celebridade	Bicho-pau	Testículo de canguru	Olho de peixe	Larva	Média	DP^2
1	8	7	1	6	5,50	9,67
2	9	5	2	5	5,25	8,25
3	6	2	3	8	4,75	7,58
4	5	3	1	9	4,50	11,67
5	8	4	5	8	6,25	4,25
6	7	5	6	7	6,25	0,92
7	10	2	7	2	5,25	15,58
8	12	6	8	1	6,75	20,92
Média	8,13	4,25	4,13	5,75		

15.3 Um exemplo nojento ▌▌▌▌

"*Eu sou uma celebridade, me tire daqui!*" é um programa de TV em que celebridades (mais para ex-celebridades), em uma tentativa lamentável de salvar suas carreiras (ou, primeiramente, ter uma carreira), vão viver na selva australiana por algumas semanas. Durante o *show*, eles são submetidos a várias tarefas humilhantes e degradantes para ganhar comida para seus companheiros de acampamento. As tarefas frequentemente envolvem animais rastejantes assustadores; por exemplo, um competidor pode ser trancado em um caixão cheio de ratos, forçado a colocar a cabeça em uma tigela de aranhas grandes, ou ser coberto por enguias e baratas. É um programa de TV cruel, voyeurista, sem noção, sem sentido, e que eu adoro assistir. Para mim, que sou vegetariano, o teste do *bushtucker*, no qual as celebridades comem várias coisas relacionadas a animais, é especialmente nojento. Alguns exemplos são comer insetos vivos (bicho-pau) ou larvas, mastigar olhos de peixe, testículos ou pênis de cangurus (surpreendentemente elásticos). É impossível "desver" um olho de peixe explodindo na boca de alguém.

Eu sempre me perguntei (talvez até um pouco demais) qual dessas comidas *bushtucker* é a mais nojenta. Imagine que eu respondi a essa pergunta falando com oito celebridades e forçando-as a comer quatro coisas diferentes (bicho-pau, testículo de canguru, olho de peixe e larva) em uma ordem contrabalanceada. Em cada ocasião, medi o tempo que a celebridade levava para vomitar em segundos. Esse é um delineamento de medidas repetidas porque cada celebridade comeu todos os alimentos. A variável previsora/independente é o tipo de alimento ingerido, e a variável de resultado/dependente é o tempo necessário para vomitar. A Tabela 15.1 apresenta os dados: as oito fileiras mostram as diferentes celebridades, e as colunas indicam o tempo até vomitar depois de comer cada alimento. Como eles serão úteis depois, será mostrado o tempo médio para vomitar (e variância) de cada celebridade e o tempo médio da tentativa de vomitar para cada comida. A variância geral nos tempos do vômito será, em parte, causada pelo fato de que os alimentos diferem em sua palatabilidade (a manipulação) e, em parte, por diferenças nas constituições das celebridades (diferenças individuais).

15.4 Medidas repetidas e o modelo linear ▌▌▌▌

Até agora, consideramos tudo como uma variação do modelo linear geral. Delineamentos de medidas repetidas também podem ser vistos assim. Primeiro, imaginemos que queiramos conceituar o experimento que acabei de descrever como um modelo linear em que diferentes pessoas comem os diferentes alimentos. Para simplificar, imaginemos que havia apenas duas comidas para comer: o bicho-pau e o testículo. Pensando nos Capítulos 10 e 12, poderíamos escrever o modelo como:

$$Y_i = b_0 + b_1 X_{1i} + \varepsilon_i$$
$$\text{Vômito}_i = b_0 + b_1 \text{Comida}_i + \varepsilon_i \quad (15.1)$$

Prevemos o tempo até ter ânsia de vômito da comida ingerida, mais o tempo médio até ter ânsia de vômito quando a comida é igual a zero (b_0).

Esse modelo não leva em conta o fato de que as mesmas pessoas participaram de todas as condições. Em primeiro lugar, em um delineamento independente, temos uma observação para o resultado de cada pessoa, então prevemos o resultado para o indivíduo (Y_i) com base no valor da previsora dessa pessoa (X_i), mas, com medidas repetidas, essa pessoa tem vários valores da previsora, então prevemos a variável de resultado tanto do indivíduo (*i*) quanto do valor específico da previsora que é de interesse (*g*).[4] Assim, podemos escrever um modelo simples como:

$$\text{Vômito}_{gi} = b_0 + b_1 \text{Comida}_{gi} + \varepsilon_{gi} \quad (15.2)$$

que reconhece que nós prevemos o tempo até ter ânsia de vômito (Y_{gi}) para o alimento *g* da pessoa *i* a partir do alimento específico ingerido (X_{gi}) e o erro na previsão, ε_{gi}, para o qual tanto o indivíduo quanto o alimento ingerido contribuem. Tudo o que mudou são os subscritos no modelo, que reconhecem que os níveis da condição de tratamento (*g*) ocorrem dentro dos indivíduos (*i*).

A Equação 15.2 é um modelo muito simples, e poderíamos, por exemplo, querer incluir a possibilidade de os indivíduos variarem em sua constituição. Podemos fazer isso adicionando um termo de variância ao intercepto. Lembre-se de que o intercepto representa o tempo até ter ânsia de vômito quando a previsora é 0; portanto, se permitirmos que esse parâmetro varie entre os indivíduos, estaremos modelando efetivamente a possibilidade de diferentes pessoas terem diferentes latências de vômito natural. Isso é conhecido como um modelo do intercepto aleatório, e veremos isso em detalhes no Capítulo 21. Esse modelo está escrito como:

$$\text{Vômito}_{gi} = b_{0i} + b_1 \text{Comida}_{gi} + \varepsilon_{gi}$$
$$b_{0i} = b_0 + u_{0i} \quad (15.3)$$

Aconteceu que o intercepto ganhou um subscrito *i* para refletir que é específico de um indivíduo, e abaixo definimos o intercepto como sendo composto pelo nível de grupo (b_0) mais o desvio do intercepto individual daquele nível de grupo (u_{0i}). Simplificando, u_{0i} reflete as diferenças individuais no tempo até ter ânsia de vômito. A primeira linha da Equação 15.3 torna-se um modelo para um indivíduo, e os efeitos de nível de grupo são incorporados na segunda linha.

Podemos também querer considerar a possibilidade de que o efeito de diferentes alimentos varia entre os indivíduos. Podemos fazer isso adicionando um termo da variância à inclinação. Lembre-se que a inclinação representa o efeito que os diferentes alimentos têm na ânsia de vômito. Ao permitir que esse parâmetro varie entre os indivíduos, modelamos a possibilidade de que o efeito do alimento no vômito seja diferente em diferentes participantes. Isso é conhecido como um modelo de inclinação aleatória (novamente, veja o Capítulo 21 para uma discussão mais completa). Nós escrevemos esse modelo como:

$$\text{Vômito}_{gi} = b_{0i} + b_{1i} X_{gi} + \varepsilon_{gi}$$
$$b_{0i} = b_0 + u_{0i}$$
$$b_{1i} = b_1 + u_{1i} \quad (15.4)$$

---

[4] Ao usar este modelo para delineamentos de medidas repetidas, as pessoas normalmente usam *i* para representar condições diferentes e *j* para representar indivíduos, então meus índices são um pouco estranhos, mas eu acho que é menos confuso do que se eu me referisse a um modelo anterior (Equação 15.2) no qual *i* representa os indivíduos, mas depois *i* representa algo diferente na Equação 15.3.

Compare-o com a Equação 15.3: a principal mudança é que a inclinação (b_1) ganhou um índice i para refletir que é específica de um indivíduo, e abaixo definimos que b_1 é composto pela inclinação de nível de grupo (b_1) mais o desvio da inclinação individual em relação à inclinação do nível de grupo (u_{1i}). Como antes, o u_{1i} reflete as diferenças individuais no efeito da comida no tempo até ter ânsia de vômito. Como na Equação 15.3, a parte superior da Equação 15.4 é um modelo de indivíduos, e os efeitos no nível do grupo são incorporados na segunda e na terceira linhas.

Estamos nos adiantando um pouco, mas quero apenas mostrar que as medidas repetidas podem ser incorporadas ao modelo linear geral. Como veremos no Capítulo 21, esses modelos ficam consideravelmente mais complexos, mas a ideia central é simplesmente que estamos novamente lidando com um modelo linear.

15.5 A ANOVA nos delineamentos de medidas repetidas ▌▌▌▌

Embora você possa conceituar medidas repetidas como um modelo linear, há outras maneiras de pensá-las. A maneira que as pessoas geralmente lidam com medidas repetidas no SPSS é utilizando uma **ANOVA de medidas repetidas**. Grosseiramente, esse é um modelo linear como o que acabei de descrever, mas com fortes restrições. Em suma, vimos que o modelo linear padrão pressupõe que os resíduos são independentes (não relacionados uns aos outros – ver seção 12.3), mas, como você pode ver nos modelos acima, esse pressuposto não é verdadeiro para delineamentos de medidas repetidas: os resíduos são afetados por fatores entre participantes (que devem ser independentes) e fatores internos aos participantes (que não serão independentes). Existem (basicamente) duas soluções. Uma é modelar essa variabilidade intraparticipantes, que é o que os modelos da seção anterior fazem. A outra é aplicar pressupostos adicionais que permitam o ajuste de um modelo mais simples e menos flexível. A segunda abordagem é historicamente a mais popular.

15.5.1 O pressuposto de esfericidade ▌▌▌▌

O pressuposto que nos permite usar um modelo mais simples para analisar dados de medidas repetidas é a **esfericidade**, o que, confie em mim, é um "pé no saco" para pronunciar quando você está dando aulas de estatística às 9 horas da manhã de uma segunda-feira. De modo bem amplo, a esfericidade tem a ver com pressupor que a relação entre os escores nos pares de condições de tratamento seja similar (i.e., o nível de dependência entre as médias é aproximadamente igual).

O pressuposto de esfericidade (representada por ε e, às vezes, conhecida como *circularidade*) pode ser comparada ao pressuposto de homogeneidade das variâncias em delineamentos entre grupos. É uma forma de **simetria composta**, que é verdadeira quando ambas as variâncias entre as condições forem iguais (isso é o mesmo que o pressuposto da homogeneidade das variâncias em delineamentos entre grupos) e as covariâncias entre pares de condições forem iguais. Então, presumimos que as variações dentro das condições são semelhantes e que não há pares de condições 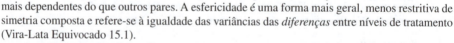 mais dependentes do que outros pares. A esfericidade é uma forma mais geral, menos restritiva de simetria composta e refere-se à igualdade das variâncias das *diferenças* entre níveis de tratamento (Vira-Lata Equivocado 15.1).

A melhor maneira de explicar o que isso significa é verificar o pressuposto de esfericidade manualmente, o que, aliás, apenas um completo lunático faria. A Tabela 15.2 mostra dados de um experimento com três condições e cinco pessoas que contribuíram com escores para todas as condições. Essas são as três primeiras colunas. As outras três mostram as diferenças entre os pares de escores em todas as combinações possíveis dos níveis do tratamento. Eu calculei a variância dessas diferenças na linha inferior. A esfericidade é satisfeita quando

Tabela 15.2 Dados hipotéticos para ilustrar o cálculo das variâncias das diferenças entre as condições

Condição A	Condição B	Condição C	A - B	A - C	B - C
10	12	8	−2	2	4
15	15	12	0	3	3
25	30	20	−5	5	10
35	30	28	5	7	2
30	27	20	3	10	7
		Variância:	15,7	10,3	10,7

essas variâncias forem aproximadamente iguais. Para estes dados, a esfericidade se mantém quando:

$$\text{variância}_{A\text{-}B} \approx \text{variância}_{A\text{-}C} \approx \text{variância}_{B\text{-}C} \qquad (15.5)$$

A Tabela 15.2 mostra que há algum desvio da esfericidade nesses dados porque a variância das diferenças entre as condições *A* e *B* (15,7) é maior do que a variância das diferenças entre *A* e *C* (10,3) e entre *B* e *C* (10,7). No entanto, esses dados têm *circularidade local* (ou esfericidade local) porque duas das variâncias das diferenças são muito semelhantes, o que significa que a esfericidade pode ser pressuposta para quaisquer comparações múltiplas envolvendo essas condições (para uma discussão da circularidade local, veja Rouanet e Lépine, 1970). Para os dados da Tabela 15.2, a maior diferença nas variâncias é entre *A* e *B* (15,7) e entre *A* e *C* (10,3), mas como é possível saber se essa diferença é grande o suficiente para ser um problema?

15.5.2 Avaliando a gravidade do afastamento da esfericidade ▮▮▮▮

O **teste de Mauchly** avalia a hipótese de que as variâncias das diferenças entre as condições sejam iguais. Se a estatística de teste de Mauchly for significativa (i.e., tiver um valor de probabilidade menor que 0,05), isso implica que existem diferenças significativas entre as variâncias das diferenças, e, assim, a esfericidade não é atendida. Se a estatística de teste de Mauchly não for significativa (i.e., $p > 0{,}05$), a implicação é que as variâncias das diferenças são aproximadamente iguais, e a esfericidade é satisfeita. No entanto, como em qualquer teste de significância, o teste de Mauchly depende do tamanho da amostra, e é provavelmente melhor se não ligarmos para ele (Vira-Lata Equivocado 15.1). Em vez disso, podemos estimar o grau de esfericidade usando a **estimativa de Greenhouse-Geisser**, $\hat{\varepsilon}$ (Greenhouse e Geisser, 1959), ou a **estimativa de Huynh-Feldt** (Huynh e Feldt, 1976), $\tilde{\varepsilon}$. A estimativa de Greenhouse-Geisser varia entre $1/(k-1)$ (onde *k* é o número de condições de medidas repetidas) e 1. Por exemplo, em uma situação na qual existem cinco condições, o limite inferior de $\hat{\varepsilon}$ será $1/(5-1)$, ou 0,25 (conhecido como **estimativa do limite inferior** da esfericidade). Você pode viver uma vida longa e feliz alheio a como calcular essas estimativas (leitores interessados devem consultar Girden, 1992), então não faremos isso. Precisamos saber apenas que essas estimativas são usadas para corrigir desvios de esfericidade e, por isso, são consideravelmente mais úteis do que o teste de Mauchly (Vira-Lata Equivocado 15.1).

15.5.3 Qual é o efeito de violar o pressuposto da esfericidade? ▮▮▮▮

Rouanet e Lépine (1970) forneceram um relato detalhado da validade da estatística *F* sob violações da esfericidade (ver também Mendoza, Toothaker e Crain, 1976). Eu resumi (Field, 1998)

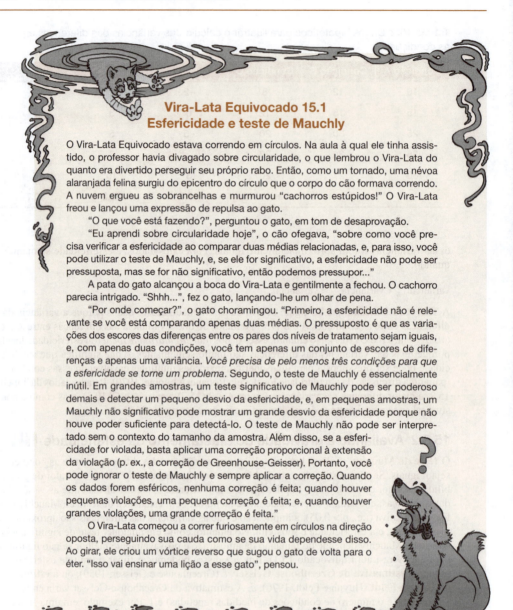

Vira-Lata Equivocado 15.1
Esfericidade e teste de Mauchly

O Vira-Lata Equivocado estava correndo em círculos. Na aula à qual ele tinha assistido, o professor havia divagado sobre circularidade, o que lembrou o Vira-Lata do quanto era divertido perseguir seu próprio rabo. Então, como um tornado, uma névoa alaranjada felina surgiu do epicentro do círculo que o corpo do cão formava correndo. A nuvem ergueu as sobrancelhas e murmurou "cachorros estúpidos!" O Vira-Lata freou e lançou uma expressão de repulsa ao gato.

"O que você está fazendo?", perguntou o gato, em tom de desaprovação.

"Eu aprendi sobre circularidade hoje", o cão ofegava, "sobre como você precisa verificar a esfericidade ao comparar duas médias relacionadas, e, para isso, você pode utilizar o teste de Mauchly, e, se ele for significativo, a esfericidade não pode ser pressuposta, mas se for não significativo, então podemos pressupor..."

A pata do gato alcançou a boca do Vira-Lata e gentilmente a fechou. O cachorro parecia intrigado. "Shhh...", fez o gato, lançando-lhe um olhar de pena.

"Por onde começar?", o gato choramingou. "Primeiro, a esfericidade não é relevante se você está comparando apenas duas médias. O pressuposto é que as variações dos escores das diferenças entre os pares dos níveis de tratamento sejam iguais, e, com apenas duas condições, você tem apenas um conjunto de escores de diferenças e apenas uma variância. *Você precisa de pelo menos três condições para que a esfericidade se torne um problema*. Segundo, o teste de Mauchly é essencialmente inútil. Em grandes amostras, um teste significativo de Mauchly pode ser poderoso demais e detectar um pequeno desvio da esfericidade, e, em pequenas amostras, um Mauchly não significativo pode mostrar um grande desvio da esfericidade porque não houve poder suficiente para detectá-lo. O teste de Mauchly não pode ser interpretado sem o contexto do tamanho da amostra. Além disso, se a esfericidade for violada, basta aplicar uma correção proporcional à extensão da violação (p. ex., a correção de Greenhouse-Geisser). Portanto, você pode ignorar o teste de Mauchly e sempre aplicar a correção. Quando os dados forem esféricos, nenhuma correção é feita; quando houver pequenas violações, uma pequena correção é feita; e, quando houver grandes violações, uma grande correção é feita."

O Vira-Lata começou a correr furiosamente em círculos na direção oposta, perseguindo sua cauda como se sua vida dependesse disso. Ao girar, ele criou um vórtice reverso que sugou o gato de volta para o éter. "Isso vai ensinar uma lição a esse gato", pensou.

as descobertas em um boletim muito obscuro que ninguém pode acessar (ver Oliver Twist). A conclusão é que a falta de esfericidade causa uma perda de poder e uma estatística F que não tem a distribuição que supostamente deveria ter (i.e., uma distribuição F). A falta de esfericidade também causa algumas complicações divertidas para os testes *post hoc*. Se você não quiser se preocupar com essas complicações, então, quando a esfericidade for violada, utilize o método de Bonferroni que é o mais robusto em termos de poder e do controle da taxa de Erro do tipo I. Quando a esfericidade definitivamente não for violada, o teste de Turkey pode ser usado (Gina Gênia 15.1).

**Oliver Twist
Por favor, senhor, quero um pouco
mais de... esfericidade**

"Bolas!", diz Oliver. "Bolas são esféricas, e eu gosto delas. Talvez eu gostasse de esfericidade também se ao menos você explicasse com mais detalhes." Cuidado com o que você deseja, Oliver. Na minha juventude, escrevi um artigo chamado "Um guia de esfericidade para impostores"(*A bluffer's guide to sphericity*), que eu costumava citar neste livro, mais ou menos nesta página. Ocasionalmente, as pessoas me perguntam sobre ele, então eu pensei que poderia muito bem disponibilizá-lo no *site* do livro.

**Gina Gênia 15.1
Esfericidade e testes *post hoc***

A violação da esfericidade tem implicações nas comparações múltiplas. Há um resumo mais detalhado disso *online* (ver Oliver Twist), mas há alguns pontos importantes. Boik (1981) não recomenda o uso da estatística *F* para os contrastes em medidas repetidas, porque mesmo desvios muito pequenos da esfericidade produzem grandes vieses. Maxwell (1980) comparou os níveis de poder e o alfa de cinco testes *post hoc*: três variantes do procedimento de Tukey, o método de Bonferroni e uma abordagem multivariada (o intervalo de confiança simultâneo de Roy-Bose). A abordagem multivariada sempre foi "muito conservadora para o uso prático" (p. 277), e isso se mostrou mais extremo quando o *n* (o número de participantes) era pequeno se comparado ao *k* (o número de condições). Todas as variantes do teste de Tukey inflacionaram a taxa de Erro do tipo I de forma inaceitável com o aumento dos desvios da esfericidade. O método Bonferroni foi extremamente robusto (embora ligeiramente conservador) e controlou bem as taxas de Erro do tipo I. Em termos de poder (a taxa de Erro do tipo II), a diferença totalmente significativa de Tukey foi a mais poderosa sob não esfericidade em amostras pequenas (*n* = 8), mas essa vantagem foi severamente reduzida em amostras maiores (*n* = 15). Keselman e Keselman (1988) estenderam o trabalho de Maxwell para delineamentos não balanceados e concluíram que Bonferroni era mais poderoso do que a abordagem multivariada à medida que o número de níveis repetidos de tratamento aumentava. A mensagem final é que o método de Bonferroni é bem recomendado.

15.5.4 O que fazer se a esfericidade for violada?

Talvez você ache que, se seus dados violarem o pressuposto de esfericidade, você terá um colapso nervoso ou terá que marcar uma consulta com um terapeuta ou algo assim. Você *pode* fazer tudo isso, mas uma opção menos onerosa (emocional e financeiramente) é ajustar os graus de liberdade de qualquer estatística F afetada. Podemos estimar a esfericidade de várias maneiras (veja anteriormente), resultando em um valor que seja 1 quando seus dados são esféricos e menores do que 1 quando não o são. Multiplicamos os graus de liberdade de um F afetado por essa estimativa.

O resultado é que, quando há esfericidade, os graus de liberdade não mudam (porque você os multiplica por 1), mas, quando não há, os graus de liberdade diminuem (porque você os multiplica por um valor menor que 1). Quanto maior a violação da esfericidade, menor fica a estimativa, e menores os graus de liberdade. Graus menores de liberdade tornam o valor-p associado à estatística F menos significativo. Ao ajustar os graus de liberdade conforme a não esfericidade dos dados, também tornamos a estatística F mais conservadora. Ao fazer isso, a taxa de Erro do tipo I é controlada.

Como mencionei acima, os graus de liberdade são ajustados usando as estimativas de esfericidade de Greenhouse-Geisser ou Huynh-Feldt. Quando a estimativa de Greenhouse-Geisser for maior que 0,75, essa correção é muito conservadora (Huynh e Feldt, 1976), e isso também pode ser verdade quando a estimativa de esfericidade for 0,90 (Collier, Baker, Mandeville e Hayes, 1967). No entanto, a estimativa de Huynh-Feldt tende a superestimar a esfericidade (Maxwell e Delaney, 1990). Muitos autores recomendam que, quando as estimativas de esfericidade forem superiores a 0,75, a estimativa de Huynh-Feldt deve ser usada, mas que, quando a estimativa de esfericidade de Greenhouse-Geisser for inferior a 0,75 ou nada se souber sobre a esfericidade, a correção de Greenhouse-Geisser deve ser usada (Barcikowski e Robey, 1984; Girden, 1992; Huynh e Feldt, 1976). Stevens (2002) sugere fazer a média das duas estimativas e ajustar o grau de liberdade com essa média. Mais tarde vamos ver como esses valores são usados.

Outra opção para quando você tiver dados que violam a esfericidade é ajustar um modelo multinível, descrito na seção 15.4 (veja o Capítulo 21 para mais detalhes). Uma terceira opção é usar estatísticas de teste multivariadas (MANOVA), porque elas não precisam do pressuposto de esfericidade (ver O'Brien e Kaiser, 1985). O SPSS produz estatísticas de teste multivariadas (ver também Capítulo 17). No entanto, o poder pode ser compensado entre esses testes univariados e multivariados (ver Gina Gênia 15.2).

15.6 A estatística *F* nos delineamentos de medidas repetidas

Em um delineamento de medidas repetidas, o efeito do experimento (a variável independente) é mostrado na variância intraparticipantes (e não na variância entre participantes). Lembre-se de que, em delineamentos independentes (seção 12.2), a variância intraparticipantes é a soma dos quadrados dos resíduos (SQ_R); é a variância criada por diferenças individuais no desempenho. Quando realizamos nossa manipulação experimental nas mesmas entidades, a variância intraparticipantes será composta não apenas das diferenças individuais no desempenho, mas também do efeito da nossa manipulação. Portanto, a principal diferença presente em um delineamento de medidas repetidas é que procuramos o efeito experimental (a soma dos quadrados do modelo) internamente e não externamente aos indivíduos. A Figura 15.3 ilustra como a variância é dividida em um delineamento de medidas repetidas. O importante a observar é que os tipos de variâncias são os mesmos que nos modelos independentes: temos uma soma dos quadrados total (SQ_T), uma soma dos quadrados do modelo (SQ_M) e uma SQ_R. A *única* diferença é a origem dessas somas dos quadrados: em delineamentos de medidas repetidas, a soma dos quadrados do modelo e dos resíduos são ambas parte da variância intraparticipantes. Vamos ver um exemplo.

Gina Gênia 15.2
O poder na ANOVA e na MANOVA

Há uma compensação de poder de teste entre abordagens univariadas e multivariadas. As técnicas univariadas possuem relativamente pouco poder para detectar pequenas mudanças confiáveis entre condições altamente correlacionadas se outras condições menos correlacionadas também estiverem presentes (Davidson, 1972). À medida que o grau de violação da simetria composta aumenta, o poder dos testes multivariados também aumenta, enquanto o dos testes univariados diminui (Mendoza, Toothaker, e Nicewander, 1974). Entretanto, abordagens multivariadas provavelmente não devem ser usadas se n for menor que $k + 10$, onde k é o número de níveis de medidas repetidas (Maxwell e Delaney, 1990). Resumindo, se você tiver uma grande violação de esfericidade ($\varepsilon < 0,7$) e seu tamanho amostral for maior que $k + 10$, os procedimentos multivariados serão mais poderosos; porém, com tamanhos de amostra pequenos ou quando a esfericidade se mantiver ($\varepsilon > 0,7$), é melhor usar a abordagem univariada (Stevens, 2002). É importante notar também que o poder da MANOVA varia em função das correlações entre as variáveis dependentes (ver Gina Gênia 17.1), e, assim, a relação entre as condições do tratamento deve ser considerada.

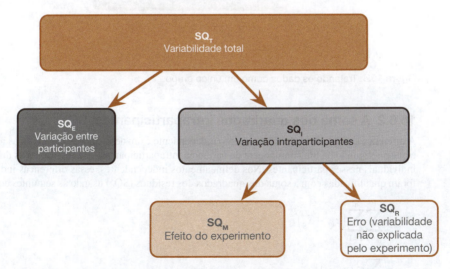

Figura 15.3 Divisão da variância nos delineamentos de medidas repetidas.

15.6.1 A soma dos quadrados total, SQ_T

Lembre-se de que, em delineamentos independentes de um fator, a SQ_T é calculada assim:

$$SQ_T = s_{geral}^2 (N-1) \tag{15.6}$$

Nos delineamentos de medidas repetidas, a soma dos quadrados total é calculada da mesma maneira. A variância total na equação é a variância de todos os escores quando ignoramos o grupo ao qual eles pertencem. Portanto, se tratássemos os dados como um grande grupo (como na Figura 15.4), a variância desses escores seria 8,19 (faça esse cálculo na sua calculadora), e essa é a variância total. Usamos 32 escores para gerar esse valor, então N é 32. Nossa soma dos quadrados total é:

$$\begin{aligned} SQ_T &= s_{geral}^2 (N-1) \\ &= 8,19(32-1) \\ &= 253,89 \end{aligned} \tag{15.7}$$

Os graus de liberdade para essa soma dos quasdrados, assim como para um delineamento independente, é $N-1$, ou 31.

8	7	1	6
9	5	2	5
6	2	3	8
5	3	1	9
8	4	5	8
7	5	6	7
10	2	7	2
12	6	8	1

Média geral = 5,56
Variância geral = 8,19

Figura 15.4 Tratando os dados como um único grupo.

15.6.2 A soma dos quadrados intraparticipantes, SQ_I

A diferença crucial entre um delineamento independente e um delineamento de medidas repetidas é que no segundo há um componente de variância intraparticipantes, que representa as diferenças individuais nesses participantes. Nos delineamentos independentes, essas diferenças individuais foram quantificadas com a soma dos quadrados dos resíduos (SQ_R) usando as seguintes equações:

$$\begin{aligned} SQ_R &= \sum_{g=1}^{k} \sum_{i=1}^{n} (x_{ig} - \bar{x}_g)^2 \\ &= \sum_{g=1}^{k} s_g^2 (n_g - 1) \end{aligned} \tag{15.8}$$

Em delineamentos independentes, já que existem participantes diferentes em cada condição, calculamos o SQ_R dentro de cada condição e somamos esses valores para obter um total:

$$SQ_R = s^2_{\text{grupo } 1}(n_1 - 1) + s^2_{\text{grupo } 2}(n_2 - 1) + s^2_{\text{grupo } 3}(n_3 - 1) + \ldots + s^2_{\text{grupo } n}(n_n - 1) \quad (15.9)$$

Em um delineamento de medidas repetidas, porque sujeitamos entidades a mais de uma condição experimental, estamos interessados na variação que não está dentro de uma condição, mas *dentro de uma entidade*. Portanto, usamos a mesma equação, mas a adaptamos para olhar os participantes em vez dos grupos. Se chamarmos essa soma de quadrados de SQ_I (SQ intraparticipantes), nós adaptaremos a Equação 15.9 para fornecer:

$$SQ_I = s^2_{\text{entidade } 1}(n_1 - 1) + s^2_{\text{entidade } 2}(n_2 - 1) + s^2_{\text{entidade } 3}(n_3 - 1) + \ldots + s^2_{\text{entidade } n}(n_n - 1) \quad (15.10)$$

Essa equação representa a observação da variação dos escores de cada indivíduo e a soma dessas variações para todas as entidades no estudo. Os ns representam o número de escores de cada pessoa (i.e., o número de condições experimentais ou, neste caso, o número de alimentos). Todas as variâncias que precisamos estão disponíveis na Tabela 15.1, então podemos calcular SQ_I assim:

$$\begin{aligned}
SQ_I &= s^2_{\text{celebridade } 1}(n_1 - 1) + s^2_{\text{celebridade } 2}(n_2 - 1) + \ldots + s^2_{\text{celebridade } n}(n_n - 1) \\
&= 9{,}67(4-1) + 8{,}25(4-1) + 7{,}58(4-1) + 11{,}67(4-1) + 4{,}25(4-1) \\
&\quad + 0{,}92(4-1) + 15{,}58(4-1) + 20{,}92(4-1) \\
&= 29 + 24{,}75 + 22{,}75 + 35 + 12{,}75 + 2{,}75 + 46{,}75 + 62{,}75 \\
&= 236{,}50
\end{aligned} \quad (15.11)$$

Os graus de liberdade para cada entidade são $n - 1$ (i.e., o número de condições menos 1). Para obter o total dos graus de liberdade, somamos os *gl*s de todos os participantes. Com oito participantes (celebridades) e quatro condições (i.e., $n = 4$), há 3 graus de liberdade para cada celebridade – $8 \times 3 = 24$ graus de liberdade no total.

15.6.3 A soma dos quadrados do modelo, SQ_M

Até agora, sabemos que a quantidade total de variação dentro dos escores da ânsia de vômito é de 253,58 unidades. Sabemos também que 236,50 dessas unidades são explicadas pela variância criada pelo desempenho dos indivíduos (celebridades) sob diferentes condições. Parte dessa variação é o resultado de nossa manipulação experimental, e outra parte dessa variação é devida a fatores não avaliados. O próximo passo é descobrir o quanto da variação é explicado por nossa manipulação (diferentes alimentos) e quanto não é.

Nos delineamentos independentes, descobrimos o quanto da variação poderia ser explicado por nosso experimento (SQ do modelo ou SQ_M) olhando para as médias de cada grupo e comparando-as com a média geral. Medimos a variância resultante das diferenças entre as médias dos grupos e a média geral (veja a Equação 12.11). Fazemos a mesma coisa em um delineamento de medidas repetidas:

$$SQ_M = \sum_{g=1}^{k} n_g \left(\bar{x}_g - \bar{x}_{\text{geral}} \right)^2 \quad (15.12)$$

Usando as médias dos dados do *bushtucker* (ver Tabela 15.1), calculamos a SQ_M assim:

$$\begin{aligned}
SQ_M &= 8(8{,}13 - 5{,}56)^2 + 8(4{,}25 - 5{,}56)^2 + 8(4{,}13 - 5{,}56)^2 + 8(5{,}75 - 5{,}56)^2 \\
&= 8(2{,}57)^2 + 8(-1{,}31)^2 + 8(-1{,}44)^2 + 8(0{,}196)^2 \\
&= 83{,}13
\end{aligned} \quad (15.13)$$

Em delineamentos independentes, os graus de liberdade do modelo são o números de condições (k) menos 1. O mesmo é verdadeiro aqui: há quatro condições (alimentos), então os graus de liberdade são 3.

15.6.4 A soma dos quadrados dos resíduos, SQ_R ||||

Sabemos que há 253,58 unidades de variação a serem explicadas em nossos dados e que a variação entre nossas condições é de 236,50 unidades. Dessas 236,50 unidades, nossa manipulação experimental consegue explicar 83,13 unidades. A soma dos quadrados final é a soma dos quadrados dos resíduos (SQ_R), que nos diz o quanto da variação não pode ser explicado pelo modelo. Esse valor é a quantidade de variação causada por fatores externos fora do controle experimental. Conhecendo a SQ_I e a SQ_M, a maneira mais simples de calcular a SQ_R é subtraindo a SQ_M da SQ_I:

$$\begin{aligned} SQ_R &= SQ_I - SQ_M \\ &= 236{,}50 - 83{,}13 \\ &= 153{,}37 \end{aligned} \quad (15.14)$$

Os graus de liberdade são calculados de forma similar:

$$\begin{aligned} gl_R &= gl_I - gl_M \\ &= 24 - 3 \\ &= 21 \end{aligned} \quad (15.15)$$

15.6.5 As médias dos quadrados ||||

A SQ_M nos diz o quanto de variação o modelo (p. ex., a manipulação experimental) explica, e a SQ_R nos diz o quanto é devido a fatores externos. Ambos os valores são totais e dependem de quantos escores contribuíram para eles. Assim, para torná-los comparáveis, convertemos as somas dos quadrados (SQ) em médias dos quadrados (MQ) dividindo cada uma das somas pelos respectivos graus de liberdade:

$$\begin{aligned} MQ_M &= \frac{SQ_M}{gl_M} = \frac{83{,}13}{3} = 27{,}71 \\ MQ_R &= \frac{SQ_R}{gl_R} = \frac{153{,}37}{21} = 7{,}30 \end{aligned} \quad (15.16)$$

A MQ_M representa a variação média explicada pelo modelo (p. ex., a variação sistemática média), enquanto a MQ_R é uma medida da variação média explicada por variáveis estranhas (a variação média não sistemática).

15.6.6 A estatística F ||||

A estatística F é a razão entre a variação explicada pelo modelo e a variação explicada por fatores não sistemáticos. Em delineamentos independentes, ela é a média dos quadrados do modelo dividida pela média dos quadrados dos resíduos:

$$F = \frac{MQ_M}{MQ_R} \quad (15.17)$$

Da mesma forma que nos delineamentos independentes, a estatística F é a razão da variação sistemática para a não sistemática: é o efeito experimental no desempenho relativamente ao efeito dos fatores não mensurados.

Para os dados de *bushtucker*, a estatística F é 3,79:

$$F = \frac{MQ_M}{MQ_R} = \frac{27,71}{7,30} = 3,79 \tag{15.18}$$

Esse valor é maior que 1, o que indica que a manipulação experimental teve um efeito maior que o efeito dos fatores não mensurados. Esse valor pode ser comparado a um valor crítico baseado nos graus de liberdade (que são gl_M e gl_R, que, neste caso, são 3 e 21). Porém, de forma mais geral, é possível calcular um valor-p exato, que é a probabilidade de obter um F pelo menos tão grande quanto o que observamos se a hipótese nula fosse verdadeira.

15.6.7 A soma dos quadrados entre participantes ||||

Nós "meio que" esquecemos da variação entre participantes na Figura 15.3, porque não precisamos dela para calcular a estatística F. Eu mencionarei brevemente o que ela representa. A maneira mais fácil de calcular esse termo é por subtração:

$$SQ_T = SQ_E + SQ_I$$
$$SQ_E = SQ_T - SQ_I \tag{15.19}$$

Nós já calculamos a SQ_I e a SQ_T; assim, substituindo os valores desses termos, obtemos:

$$\begin{aligned} SQ_E &= SQ_T - SQ_I \\ &= 253,89 - 236,50 \\ &= 17,39 \end{aligned} \tag{15.20}$$

SQ_E representa as diferenças individuais entre os casos. Neste exemplo, celebridades diferentes terão tolerâncias diferentes para comer os alimentos do *bushtucker*. Essa variação é ilustrada pelas diferentes médias para as celebridades na Tabela 15.1. Por exemplo, a celebridade 4 ($M = 4,50$) foi, em média, mais de 2 segundos mais rápida para ter ânsia de vômito do que a celebridade 8 ($M = 6,75$). A celebridade 8 teve, em média, uma constituição mais forte do que a celebridade 4. A soma dos quadrados entre participantes reflete essas diferenças entre os indivíduos. Neste caso, apenas 17,39 unidades de variação nas latências de ânsia de vômito são reduzidas a diferenças individuais entre as celebridades.

15.7 Pressupostos dos delineamentos de medidas repetidas ||||

Delineamentos de medidas repetidas são baseados no modelo linear, assim todas as possíveis fontes de viés (e suas respectivas medidas de prevenção) discutidas no Capítulo 6 podem se aplicar. Usando a abordagem da ANOVA, o pressuposto de independência é substituído por pressupostos sobre as relações entre os escores das diferenças (esfericidade). Com a abordagem multinível, a esfericidade não é necessária, e temos muito mais flexibilidade para modelar diferentes tipos de pressupostos sobre resíduos (ver seção 21.4.2.)

Se os pressupostos não forem atendidos, há uma variante robusta de uma ANOVA de medidas repetidas de um fator que abordaremos na seção 15.10 – e há também a ANOVA de Friedman (Capítulo 7), mesmo que eu recomende usá-la só como último recurso. O botão [Bootstrap...] não está disponível em delineamentos de medidas repetidas, o que é bem triste. Se você tiver um delineamento fatorial com medidas repetidas, você terá bastante trabalho.

15.8 Delineamentos de medidas repetidas de um fator usando o SPSS ▌▌▌▌

O procedimento geral de um delineamento de medidas repetidas de um fator (utilizando a ANOVA) é praticamente igual a qualquer outro modelo linear; portanto lembre-se do procedimento geral do Capítulo 9. A Figura 15.5 mostra um resumo mais simples que destaca alguns dos aspectos específicos para a utilização de medidas repetidas.

15.8.1 A análise principal ▌▌▌▌

Os dados para o exemplo do *bushtucker* (**Bushtucker.sav**) podem ser inseridos no editor de dados no mesmo formato da Tabela 15.1 (embora você não deva incluir as colunas *média* ou DP^2). Se você inserir os dados manualmente, crie uma variável chamada **stick** e use a caixa de diálogo de rótulos para dar a essa variável um título completo de "*Stick Insect*" (bicho-pau). Na próxima coluna, crie uma variável chamada **testicle** com um título completo de "*Kangaroo Testicle*" (testículo de canguru), e assim por diante, para as variáveis **eye** ("Fish eye") (olho de peixe) e **witchetty** ("Witchetty Grub") (larvas).

Para comparar as médias de um delineamento de medidas repetidas de um fator, selecione *Analyze* ▶ *General Linear Model* ▶ 🔳 Repeated Measures... (analisar ▶ modelo linear geral ▶ medidas repetidas). Usamos a caixa de diálogo *Define Factor(s)* (definir fatores) para nomear nossa variável intrassujeitos (medidas repetidas), que, neste exemplo, é o tipo de animal comido, então substitua a palavra *factor1* pela palavra *Animal* (Figura 15.6).[5] Em seguida, especificamos quantos níveis a variável tem (i.e., em quantas condições as celebridades participaram). Havia quatro animais diferentes para cada celebridade, então digite "4" na caixa *Number of Levels* (número de níveis). Clique em ⌈Add⌋ para registrar essa variável na lista de variáveis de medidas repetidas, onde ela aparece como *Animal(4)* (Figura 15.6). Se seu delineamento tiver várias variáveis de medidas repetidas, é possível adicionar mais fatores à lista (veja o próximo exemplo). Quando tiver terminado de criar fatores de medidas repetidas, clique em ⌈Define⌋ para voltar para a caixa de diálogo principal.

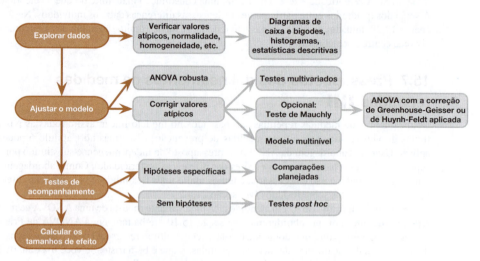

Figura 15.5 O procedimento para analisar delineamentos de medidas repetidas.

---

[5] O nome não pode conter espaços.

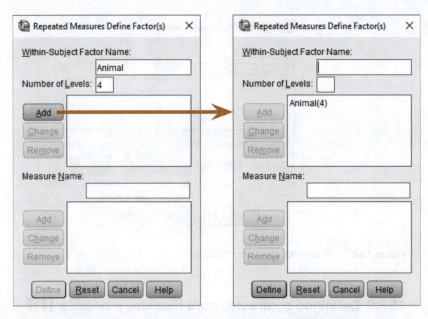

Figura 15.6 A caixa de diálogo *Define Factor(s)* na ANOVA de medidas repetidas.

A caixa de diálogo principal (Figura 15.7) tem um espaço chamado Within-Subjects Variables (variáveis intrassujeitos) que contém uma lista de quatro pontos de interrogação seguidos por um número. Esses pontos de interrogação são espaços reservados para as variáveis que representam os quatro níveis da variável independente e precisam ser substituídos pelas variáveis correspondentes a cada nível. A ordem dos níveis não é importante para este exemplo, então podemos selecionar todas as quatro variáveis no editor de dados (clique na variável *stick insect* e, em seguida, clique na variável *witchetty grub* enquanto segura a tecla *Shift*) e arrastá-las para a caixa Within-Subjects Variables (ou clique em). A caixa de diálogo finalizada está na Figura 15.7.

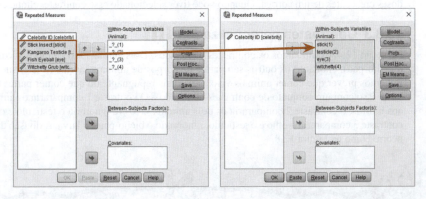

Figura 15.7 A caixa de diálogo principal em delineamentos de medidas repetidas (antes e depois de completada).

Figura 15.8 Contrastes de medidas repetidas.

15.8.2 Definindo contrastes para medidas repetidas ▮▮▮▮

Clique em `Contrasts...` para acessar a caixa de diálogo na Figura 15.8, que é usada para especificar um dos muitos contrastes-padrão que encontramos antes (seção 12.4.4). O padrão é um contraste polinomial, mas você pode alterá-lo selecionando uma variável na caixa *Factors* (fatores), clicando em `Polynomial ▼`, selecionando um contraste na lista e clicando em `Change` (mudar). Se você optar por realizar um contraste simples, poderá especificar se deseja comparar grupos com a primeira ou com a última categoria. A primeira categoria seria a marcada com (1) na caixa de diálogo principal, e, para esses dados, a última categoria seria a marcada com (4). Portanto, a ordem na qual você insere variáveis na caixa de diálogo principal é importante para especificar os contrastes escolhidos.

Não há contraste óbvio para este exemplo (o contraste simples não é útil porque não temos categoria de controle), então vamos usar o contraste *repetido*, só porque não o vimos antes. Um contraste repetido compara cada categoria com a anterior, o que pode ser útil em delineamentos de medidas repetidas em que os níveis da variável independente têm uma ordem significativa – por exemplo, se você mediu a variável de resultado em pontos sucessivos no tempo ou administrou doses crescentes de uma droga. Quando você tiver selecionado esse contraste, clique em `Continue`.

15.8.3 Contrastes personalizados ▮▮▮▮

Na seção 12.4, examinamos os contrastes planejados. Dois animais são comidos vivos (a larva e o bicho-pau), enquanto os outros são partes de corpos de animais mortos (o testículo e o olho). Podemos prever que comer animais vivos seja mais repugnante do que comer partes do corpo e testar isso com um conjunto de contrastes planejados. O contraste 1 compararia os animais vivos aos mortos, o contraste 2 compararia os dois animais vivos (e ignoraria o testículo e o olho), e o contraste 3 compararia o olho e o testículo, ignorando o bicho-pau e a larva. A divisão da variância ocorre como na Figura 12.8.

Teste seus conhecimentos
Crie os códigos para os contrastes descritos no texto.

Tabela 15.3 Códigos de contrastes para os dados de *bushtucker.*

	Bicho-pau	Larva	Testículo de canguru	Olho de peixe
Contraste 1 (vivo vs. morto)	0,5	0,5	–0,5	–0,5
Contraste 2 (bicho-pau vs. larva)	1	–1	0	0
Contraste 3 (testículo vs. olho de peixe)	0	0	1	–1

Os códigos de contraste resultantes estão na Tabela 15.3. Se você seguir as "regras" da seção 12.4, você terá os códigos 2, 2, –2, –2 para o contraste 1. Eu dividi esses valores pelo número de grupos (4) para obter códigos de 0,5, 0,5, –0,5, –0,5. Fiz isso para que o valor do contraste reflita a diferença real entre as médias dos animais vivos e mortos (em vez de um múltiplo dela). Conforme a média do grupo na Tabela 15.1, meu primeiro contraste será 2,75:

$$\frac{\overline{X}_{\text{bicho-pau}} + \overline{X}_{\text{larva de bruxa}}}{2} - \frac{\overline{X}_{\text{testículo}} + \overline{X}_{\text{olho de peixe}}}{2} = \frac{8,13 + 5,75}{2} - \frac{4,25 + 4,13}{2} = 2,75$$

(15.21)

enquanto usar os códigos 2 e –2 produzirá um valor 4 vezes maior (11). Ele não afeta o valor da significância; portanto, nesse sentido, você pode usar os códigos que quiser, mas é útil que o valor de contraste seja igual à diferença real entre as médias, porque isso facilita a interpretação do intervalo de confiança do contraste (será o intervalo de confiança da diferença entre as médias em vez de o intervalo de confiança de quatro vezes a diferença entre as médias).

Para operacionalizar esses contrastes, você deve usar a seguinte sintaxe (**BushtuckerContrast.sps**):

```
GLM stick testicle eye witchetty
/WSFACTOR=Animal 4 Polynomial
/WSDESIGN=Animal
/MMATRIX =
    'Live vs. dead' stick 0.5 witchetty 0.5 testicle -0.5 eye -0.5;
    'Stick vs. witchetty' stick 1 witchetty -1 testicle 0 eye 0;
    'Testicle vs. eye' stick 0 witchetty 0 testicle 1 eye -1.
```

As primeiras três linhas especificam um modelo básico de medidas repetidas. Os contrastes são definidos no subcomando */MMATRIX*. Eu costumo especificar cada contraste em uma linha separada (não é essencial, mas facilita a leitura da sintaxe). Começo com um nome para o contraste entre aspas, por exemplo, "Live vs. dead" (vivo vs. morto) nomeia o primeiro contraste *Live vs. dead*, que descreve o que o contraste testa. Em seguida, listo as variáveis que compõem os níveis da variável previsora usando os nomes das variáveis do editor de dados (*stick, testicle, eye* e *witchetty*) e depois de cada uma digito seu código de contraste. Observe que cada contraste termina com um ponto e vírgula (que informa ao SPSS que a especificação de contraste está concluída), exceto a última que termina com um ponto final para informar ao SPSS que o comando MLG inteiro está completo. Executar essa sintaxe produz uma tabela explicada na seção 15.9.4.

15.8.4 Testes *post hoc* e opções adicionais ||||

A falta de esfericidade cria complicações para os testes *post hoc* (ver Gina Gênia 15.1). Quando a esfericidade definitivamente não for violada, o teste de Tukey pode ser usado, mas se a esfericidade não puder ser pressuposta, é preferível usar o procedimento de Games-Howell. Devido a essas complicações relacionadas à esfericidade, os testes *post hoc* para delineamentos independentes não estão disponíveis para as variáveis de medidas repetidas (a caixa de diálogo dos testes *post hoc* não lista fatores de medidas repetidas). A boa notícia é que você pode fazer alguns pro-

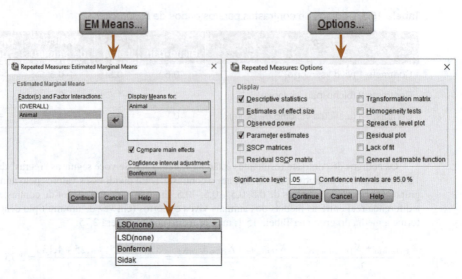

Figura 15.9 A caixa de diálogo *Options*.

cedimentos *post hoc* clicando em [EM Means...]. Para especificar testes *post hoc*, arraste a variável de medidas repetidas (neste caso, **Animal**) da caixa *Estimated Marginal Means*: *Factor(s) and Factor Interactions* (médias marginais estimadas: fator[es] e interações dos fatores) para o painel *Display Means for* (exibir médias para) (ou clique). Em seguida, selecione ☑ C*o*mpare main effects (comparar efeitos principais) para ativar LSD de Tukey no *menu* suspenso LSD(none) (Figura 15.9). A configuração-padrão não faz ajustes para testes múltiplos (LSD de Tukey), o que eu não recomendo, mas você pode escolher entre a correção de Bonferroni ou de Šidák (recomendada por motivos já mencionados). Eu selecionei Bonferroni. Clique em [Continue].

Clique em [Options...] se quiser ver coisas como estatísticas descritivas, uma matriz de transformação (que fornece os valores de codificação para qualquer contraste selecionado na caixa de diálogo *Contrasts* na Figura 15.8), e você pode imprimir a hipótese, a soma dos quadrados dos erros e dos resíduos e a matrizes de produtos cruzados (Capítulo 17) – Figura 15.9. Se você tiver também um fator entre grupos (delineamentos mistos – veja o próximo capítulo) e se você for o tipo de pessoa que gosta do teste de Levene, há uma opção para testes de homogeneidade das variâncias. Também é possível alterar o nível de significância de testes *post hoc* (podemos colocar um valor mais baixo que o nível 0,05 se quisermos fazer correções manuais para vários testes). Clique em [Continue] para retornar à caixa de diálogo principal e em [OK] para executar a análise.

15.9 Saídas dos delineamentos de medidas repetidas de um fator ▊▊▊▊

15.9.1 Estatísticas descritivas ▊▊▊▊

A Saída 15.1 mostra duas tabelas: a primeira (à esquerda) informa as variáveis que representam cada nível da variável previsora, o que nos ajuda a verificar se inserimos as variáveis na ordem que pretendíamos. A segunda tabela (à direita) mostra que, em média, o tempo que passou até o participante sentir ânsia de vômito foi mais longo após a ingestão do bicho-pau e mais curto após a ingestão do testículo ou globo ocular. Essas médias são úteis para interpretar a análise principal.

Within-Subjects Factors

Measure: MEASURE_1

Animal	Dependent Variable
1	stick
2	testicle
3	eye
4	witchetty

Descriptive Statistics

	Mean	Std. Deviation	N
Stick Insect	8.13	2.232	8
Kangaroo Testicle	4.25	1.832	8
Fish Eyeball	4.13	2.748	8
Witchetty Grub	5.75	2.915	8

Saída 15.1

Mauchly's Test of Sphericity[a]

Measure: MEASURE_1

Within Subjects Effect	Mauchly's W	Approx. Chi-Square	df	Sig.	Greenhouse-Geisser	Huynh-Feldt	Lower-bound
Animal	.136	11.406	5	.047	.533	.666	.333

Epsilon[b]

Tests the null hypothesis that the error covariance matrix of the orthonormalized transformed dependent variables is proportional to an identity matrix.

a. Design: Intercept
   Within Subjects Design: Animal

b. May be used to adjust the degrees of freedom for the averaged tests of significance. Corrected tests are displayed in the Tests of Within-Subjects Effects table.

Saída 15.2

15.9.2 Corrigindo a esfericidade ▌▌▌▌

A Saída 15.2 mostra o teste de Mauchly para os dados do *bushtucker*. O valor de significância (0,047) é menor que o valor crítico de 0,05, o que implica que o pressuposto de esfericidade foi violado, mas sugeri que você ignorasse esse teste e sempre aplicasse uma correção para qualquer desvio de esfericidade presente nos dados (Vira-Lata Equivocado 15.1). A parte mais informativa da tabela contém as estimativas de esfericidade de Greenhouse-Geisser ($\hat{\varepsilon} = 0{,}533$) e de Huynh-Feldt ($\hat{\varepsilon} = 0{,}666$).[6] Se os dados forem perfeitamente esféricos, essas estimativas serão 1. Portanto, as duas estimativas indicam um desvio da esfericidade, por isso podemos também corrigi-la, independentemente do que o teste de Mauchly diz. A Gina Gênia 15.3 explica como essas estimativas são usadas para corrigir os graus de liberdade da estatística *F*.

15.9.3 A estatística *F* ▌▌▌▌

A Saída 15.4 mostra o resumo das informações da estatística *F* que testa se podemos prever significativamente os tempos até a ânsia de vômito a partir das médias dos grupos (i.e., as médias são significativamente diferentes?). Note que os valores da soma dos quadrados do efeito de medidas repetidas de **Animal**, a soma dos quadrados do modelo (SQ_M), a soma dos quadrados dos resíduos (SQ_R), a média dos quadrados e a estatística *F* são os mesmos que calculamos nas seções 15.6.3-15.6.6. O valor-*p* associado à estatística *F* é 0,026, o que é significativo porque é menor que o valor de critério de 0,05. Esse resultado implica que houve uma diferença significativa na capacidade dos quatro alimentos em induzir o vômito quando ingeridos. Lembre-se, porém, de que o *F* não nos diz quais comidas diferem de quais.

---

[6] O menor valor possível da estimativa de Greenhouse-Geisser é $1/(k-1)$, que, com quatro condições, é $1/(4-1) = 0{,}33$. Essa seria a estimativa do limite inferior na Saída 15.2.

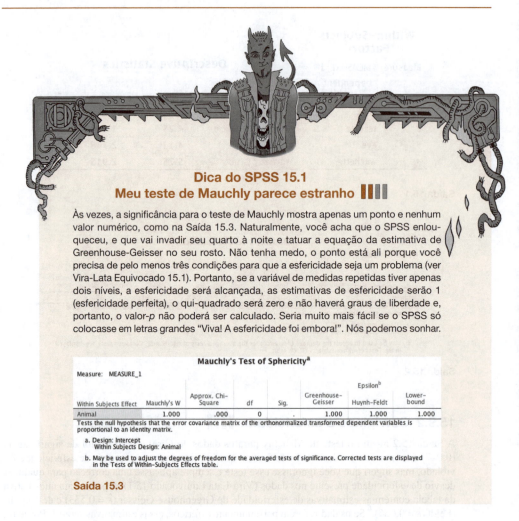

Dica do SPSS 15.1
Meu teste de Mauchly parece estranho ||||

Às vezes, a significância para o teste de Mauchly mostra apenas um ponto e nenhum valor numérico, como na Saída 15.3. Naturalmente, você acha que o SPSS enlouqueceu, e que vai invadir seu quarto à noite e tatuar a equação da estimativa de Greenhouse-Geisser no seu rosto. Não tenha medo, o ponto está ali porque você precisa de pelo menos três condições para que a esfericidade seja um problema (ver Vira-Lata Equivocado 15.1). Portanto, se a variável de medidas repetidas tiver apenas dois níveis, a esfericidade será alcançada, as estimativas de esfericidade serão 1 (esfericidade perfeita), o qui-quadrado será zero e não haverá graus de liberdade e, portanto, o valor-p não poderá ser calculado. Seria muito mais fácil se o SPSS só colocasse em letras grandes "Viva! A esfericidade foi embora!". Nós podemos sonhar.

Mauchly's Test of Sphericity[a]

Measure: MEASURE_1

Within Subjects Effect	Mauchly's W	Approx. Chi-Square	df	Sig.	Greenhouse-Geisser	Huynh-Feldt	Lower-bound
Animal	1.000	.000	0	.	1.000	1.000	1.000

Epsilon[b]

Tests the null hypothesis that the error covariance matrix of the orthonormalized transformed dependent variables is proportional to an identity matrix.

a. Design: Intercept
Within Subjects Design: Animal

b. May be used to adjust the degrees of freedom for the averaged tests of significance. Corrected tests are displayed in the Tests of Within-Subjects Effects table.

Saída 15.3

Embora o resultado pareça plausível, aprendemos que os desvios da esfericidade deixam o teste-F impreciso, e a Saída 15.2 mostra que esses dados não são esféricos. Além de mostrar a estatística F e os graus de liberdade associados quando a esfericidade é alcançada, a Saída 15.4 mostra os resultados ajustados usando as três estimativas de esfericidade da Saída 15.2 (Greenhouse-Geisser, Huynh-Feldt e o valor do limite inferior). Essas estimativas são utilizadas para corrigir os graus de liberdade, o que acaba aumentando o valor-p (Gina Gênia 15.3).

Os ajustes resultam em um F observado não significativo ao usar a correção de Greenhouse-Geisser (porque $p > 0,05$), mas significativo quando a correção de Huynh-Feldt é utilizada (porque o valor-p, nesse caso, é de 0,048 que está logo abaixo do valor critério de 0,05). Mencionei anteriormente que a correção de Greenhouse-Geisser é provavelmente muito rigorosa e que a correção de Huynh-Feldt provavelmente não é rigorosa o suficiente, e vemos isso aqui porque um deles leva o valor de significância acima do limiar convencional de 0,05, enquanto o outro não (ver Gina Gênia 15.4). Acabamos com um dilema intrigante de aceitar ou não essa estatística F como significativa.

Tests of Within-Subjects Effects

Measure: MEASURE_1

Source		Type III Sum of Squares	df	Mean Square	F	Sig.
Animal	Sphericity Assumed	83.125	3	27.708	3.794	.026
	Greenhouse-Geisser	83.125	1.599	52.001	3.794	.063
	Huynh-Feldt	83.125	1.997	41.619	3.794	.048
	Lower-bound	83.125	1.000	83.125	3.794	.092
Error(Animal)	Sphericity Assumed	153.375	21	7.304		
	Greenhouse-Geisser	153.375	11.190	13.707		
	Huynh-Feldt	153.375	13.981	10.970		
	Lower-bound	153.375	7.000	21.911		

Saída 15.4

Gina Gênia 15.3
Ajustando a esfericidade

Para definir até que ponto os dados não são esféricos, os graus de liberdade são multiplicados pelas estimativas de esfericidade na Saída 15.2. Por exemplo, a estimativa de esfericidade da Greenhouse-Geisser foi de 0,533 (Saída 15.2). Os graus de liberdade originais para a soma dos quadrados do modelo eram 3 e para a soma dos quadrados dos resíduos, 21. Esses valores são ajustados multiplicando-os pela estimativa de esfericidade (0,533) resultando em 3 × 0,533 = 1,599 para o modelo e 21× 0,533 = 11,19 para os resíduos. A correção de Huynh-Feldt é aplicada da mesma maneira (ver Oliver Twist sobre a esfericidade). O efeito de reduzir os graus de liberdade muda a forma da distribuição F que é usada para obter p, assim o valor da estatística F permanece inalterada, mas seu valor-p é baseado em uma distribuição com 1,599 e 11,19 graus de liberdade em vez de uma com 3 e 21. Isso aumenta o valor-p associado ao valor-F.

Uma recomendação mencionada anteriormente é usar a estimativa de Greenhouse-Geisser, a menos que seja maior que 0,75 (que não é o caso aqui). Alguns pesquisadores também sugerem utilizar a média das duas estimativas (Stevens, 2002). Em termos práticos, em vez de calcular a média das estimativas corrigindo os graus de liberdade manualmente e tentando usar um ou dois ábacos para gerar valores-p exatos, poderíamos calcular a média dos dois valores-p, o que nos daria p = (0,063 + 0,048)/2 = 0,056. Em ambos os casos, a conclusão seria que não houve diferença

Gina Gênia 15.4
p irrelevante ▌▌▌▌

Na seção 3.2.2, eu discuti os testes de hipóteses que levam ao pensamento do tipo 8 ou 80. Esses dados ilustram muito bem essa situação: as duas correções de esfericidade levam a valores de significância logo acima (0,063) ou logo abaixo (0,048) do critério de 0,05. Esses valores de significância diferem em apenas 0,015, mas levam a conclusões opostas. Assim, a decisão sobre "significância" torna-se bastante arbitrária: ao escolher uma correção, o resultado será "significativo", mas será não significativo ao escolher outra. A conclusão do estudo estará, em grande parte, em função dos graus de liberdade do pesquisador (seção 3.3.1). As médias e o tamanho do efeito não são afetados pelas correções de esfericidade, e, portanto, o fato de o p estar ligeiramente acima ou abaixo de 0,05 nos desvia da questão mais importante: qual foi o tamanho do efeito. Devemos ser sensatos e olhar o tamanho de efeito para saber se o efeito é relevante, independentemente da sua significância.

significativa entre as médias. Outra opção é usar estatísticas de teste multivariadas (MANOVA), que não pressupõem a esfericidade (ver O'Brien e Kaiser, 1985). A Saída 15.5 mostra as estatísticas de teste multivariadas (os detalhes dessas estatísticas de teste podem ser encontrados na seção 17.4), todas significativas (porque p é 0,002, que é menor que o valor tomado como critério de 0,05). Com base em testes multivariados, concluímos que há diferenças significativas entre o tempo decorrido até sentir ânsia de vômito depois de comer diferentes (partes de) animais. É fácil ver como usar o critério de significância dos valores-p cegamente pode levar a resultados que não podem ser replicados, conclusões que foram influenciadas por graus de liberdade do pesquisador e muito barulho na literatura científica.

Multivariate Tests[a]

Effect		Value	F	Hypothesis df	Error df	Sig.
Animal	Pillai's Trace	.942	26.955[b]	3.000	5.000	.002
	Wilks' Lambda	.058	26.955[b]	3.000	5.000	.002
	Hotelling's Trace	16.173	26.955[b]	3.000	5.000	.002
	Roy's Largest Root	16.173	26.955[b]	3.000	5.000	.002

a. Design: Intercept
   Within Subjects Design: Animal
b. Exact statistic

Saída 15.5

15.9.4 Contrastes

A Saída 15.6 mostra a matriz de transformação solicitada anteriormente. Pensando na codificação dos contrastes (Capítulo 12), um código 0 significa que o grupo não está incluído em um contraste. Portanto, o contraste 1 (*Level 1 vs. Level 2*) ignora a condição do olho do peixe e a da larva. Lembre-se também de que grupos com peso negativo são comparados a grupos com peso positivo. Nesse primeiro contraste, a condição do bicho-pau será comparado com a do testículo de canguru. Usando a mesma lógica, o contraste 2 (*Level 2 vs. Level 3*) ignora a condição do bicho-pau e a da larva e compara a do testículo de canguru com a do olho de peixe.

Teste seus conhecimentos
O que o contraste 3 (Level 3 vs. Level 4) compara?

O contraste 3 compara a condição do olho de peixe com a da larva. Esse padrão é consistente com um contraste repetido em que todos os grupos, exceto o primeiro, são comparados à categoria anterior.

A Saída 15.7 lista cada um dos contrastes e sua respectiva estatística F, que compara as duas partes de variação dentro do contraste. Podemos concluir que as celebridades demoraram significativamente mais tempo para vomitar depois de comerem o bicho-pau em comparação com o testículo de canguru, $p = 0,002$ (*Level 1 vs. Level 2*), mas que o tempo até sentir ânsia de vômito foi aproximadamente o mesmo depois de comerem um testículo de canguru e um olho de peixe, $p = 0,920$ (*Level 2 vs. Level 3*) e um olho de peixe e uma larva, $p = 0,402$ (*Level 3 vs. Level 4*). Vale lembrar que, de acordo com alguns critérios, o efeito principal do tipo de comida ingerida não foi significativo, e, se esse for o caso, seria melhor não olharmos para esses contrastes. No entanto, ao considerarmos os testes multivariados, há alguma justificativa para analisarmos esses contrastes.

Para quem for corajoso o suficiente para tentar os contrastes personalizados da seção 15.8.3, a Saída 15.8 exibe as tabelas dos contrastes. A tabela superior é provavelmente a mais útil porque inclui o intervalo de confiança do contraste, mas a tabela inferior informa as estatísticas de teste e os graus de liberdade (observe que os valores-p são idênticos nas duas tabelas). Podemos concluir dessas tabelas que os tempos até sentir ânsia de vômito foram significativamente mais longos depois de comer animais vivos do que após comer animais mortos, $F(1, 7) = 18,41$, $p = 0,004$, mas que não houve diferença significativa entre comer um bicho-pau e uma larva, $F(1, 7) = 1,76$, $p = 0,227$, ou entre um olho de peixe e um testículo de canguru, $F(1, 7) = 0,011$, $p = 0,920$. Os intervalos de confiança nos dizem (supondo que esta amostra seja uma das 95% que produzem intervalos contendo o valor populacional) que a diferença no tempo até sentir ânsia de vômito após ingerir animais vivos em comparação com após ingerir partes do corpo de animais está provavelmente entre 1,24 e 4,27 segundos; a diferença entre comer um bicho-pau e uma larva está entre –1,86 e 6,61 segundos; e a diferença entre comer um testículo de canguru e um olho de peixe está entre –2,72 e 2,97 segundos.

Animal[a]

Measure: MEASURE_1

Dependent Variable	Level 1 vs. Level 2	Level 2 vs. Level 3	Level 3 vs. Level 4
Stick Insect	1	0	0
Kangaroo Testicle	-1	1	0
Fish Eyeball	0	-1	1
Witchetty Grub	0	0	-1

a. The contrasts for the within subjects factors are:
Animal: Repeated contrast

Saída 15.6

Tests of Within-Subjects Contrasts

Measure: MEASURE_1

Source	Animal	Type III Sum of Squares	df	Mean Square	F	Sig.
Animal	Level 1 vs. Level 2	120.125	1	120.125	22.803	.002
	Level 2 vs. Level 3	.125	1	.125	.011	.920
	Level 3 vs. Level 4	21.125	1	21.125	.796	.402
Error(Animal)	Level 1 vs. Level 2	36.875	7	5.268		
	Level 2 vs. Level 3	80.875	7	11.554		
	Level 3 vs. Level 4	185.875	7	26.554		

Saída 15.7

Contrast Results (K Matrix)

Contrast[a]		Transformed Variable		
		Live vs. dead	Stick vs. witchetty	Testicle vs. eye
L1	Contrast Estimate	2.750	2.375	.125
	Hypothesized Value	0	0	0
	Difference (Estimate − Hypothesized)	2.750	2.375	.125
	Std. Error	.641	1.792	1.202
	Sig.	.004	.227	.920
	95% Confidence Interval for Difference Lower Bound	1.235	−1.863	−2.717
	Upper Bound	4.265	6.613	2.967

a. Estimable Function for Intercept

Univariate Test Results

Source	Transformed Variable	Sum of Squares	df	Mean Square	F	Sig.
Contrast	Live vs. dead	60.500	1	60.500	18.413	.004
	Stick vs. witchetty	45.125	1	45.125	1.756	.227
	Testicle vs. eye	.125	1	.125	.011	.920
Error	Live vs. dead	23.000	7	3.286		
	Stick vs. witchetty	179.875	7	25.696		
	Testicle vs. eye	80.875	7	11.554		

Saída 15.8

15.9.5 Testes *post hoc* ▌▌▌▌

Se você pediu os testes *post hoc* para a variável de medidas repetidas (ver seção 15.8.3), uma saída similar à 15.9 será produzida. A tabela deve ser como a de outros testes *post hoc* que já vimos: mostrar a diferença entre as médias dos grupos e seus intervalos de confiança, o erro-padrão e o valor da significância. Com base nos valores da significância e nas médias (Saída 15.1), podemos concluir que o tempo até sentir ânsia de vômito foi significativamente maior depois de comer um bicho-pau em comparação a depois de comer um testículo de canguru ($p = 0{,}012$) ou um olho de peixe ($p = 0{,}006$), mas não em comparação a comer uma larva ($p = 1$). O tempo até sentir ânsia de vômito depois de comer um testículo de canguru não foi significativamente diferente em comparação a comer um olho de peixe ou uma larva (ambos $ps = 1$). Finalmente, o tempo até sentir ânsia de vômito não foi significativamente diferente depois de comer um olho de peixe em comparação com uma larva ($p = 1$). Novamente, vale a pena ressaltar que não interpretaríamos esses efeitos se verificássemos que o efeito principal do tipo de animal ingerido não foi significativo.

Pairwise Comparisons

Measure: MEASURE_1

(I) Animal	(J) Animal	Mean Difference (I–J)	Std. Error	Sig.[b]	95% Confidence Interval for Difference[b] Lower Bound	Upper Bound
1	2	3.875*	.811	.012	.925	6.825
	3	4.000*	.732	.006	1.339	6.661
	4	2.375	1.792	1.000	−4.141	8.891
2	1	−3.875*	.811	.012	−6.825	−.925
	3	.125	1.202	1.000	−4.244	4.494
	4	−1.500	1.336	1.000	−6.359	3.359
3	1	−4.000*	.732	.006	−6.661	−1.339
	2	−.125	1.202	1.000	−4.494	4.244
	4	−1.625	1.822	1.000	−8.249	4.999
4	1	−2.375	1.792	1.000	−8.891	4.141
	2	1.500	1.336	1.000	−3.359	6.359
	3	1.625	1.822	1.000	−4.999	8.249

Based on estimated marginal means
*. The mean difference is significant at the .05 level.
b. Adjustment for multiple comparisons: Bonferroni.

Saída 15.9

Dicas da Ana Apressada
Delineamentos de medidas repetidas de um fator

- Delineamentos de medidas repetidas de um fator comparam várias médias provenientes das mesmas entidades; por exemplo, você mediu mensalmente a habilidade em estatística de pessoas ao longo de um curso anual.
- Quando tivermos três ou mais condições de medidas repetidas, há um pressuposto adicional: a *esfericidade*.
- Você pode testar a esfericidade usando o *teste de Mauchly*, mas sempre é melhor ajustar qualquer desvio da esfericidade.
- A tabela chamada *Tests of Within-Subjects Effects* mostra a estatística *F* principal. Quando todas as circunstâncias forem iguais, sempre leia a linha chamada *Greenhouse-Geisser* (ou *Huynh-Feldt*, mas você terá que ler este capítulo para descobrir os méritos relativos dos dois procedimentos). Se o valor da coluna *Sig.* for menor que 0,05, as médias das condições serão significativamente diferentes.
- Para contrastes e testes *post hoc*, olhe novamente as colunas *Sig.* para verificar se suas comparações são significativas (i.,e., se o valor é menor que 0,05).

15.10 Testes robustos para os delineamentos de medidas repetidas de um fator ▌▌▌▌

Há um teste robusto de várias médias dependentes com testes *post hoc* que podem ser executados usando o arquivo de sintaxe **rmanova.sps**. Assim como com outros testes robustos neste livro, usar sintaxe requer o plugin *Essentials for R* e o pacote *WRS2* (seção 4.13). A sintaxe usa as funções *rmanova* e *rmmcp* descritas por Wilcox (2017). Esses testes não pressupõem normalidade nem homogeneidade das variâncias, portanto você pode ignorar esses pressupostos e seguir em frente. A sintaxe é um pouco mais complicada do que nos capítulos anteriores, porque os dados precisam ser reestruturados, então escrevi um monte de coisas para tentar tornar esse processo o mais simples possível. Há um monte de coisas que verificam se certos pacotes estão instalados; se não estiverem, são instalados, e a sintaxe principal será (ver Dica do SPSS 15.2 para explicação):

```
BEGIN PROGRAM R.
mySPSSdata = spssdata.GetDataFromSPSS(factorMode = ''labels'')
ID<-''celebrity''
rmFactor<-c(''stick'', ''testicle'', ''eye'', ''witchetty'')
df<-melt(mySPSSdata, id.vars = ID, measure.vars = rmFactor)
names(df)[names(df) == ID] <- ''id''
rmanova(df$value, df$variable, df$id, tr = 0.2)
rmmcp(df$value, df$variable, df$id, tr = 0.2)
END PROGRAM.
```

A execução dessa sintaxe (ver Dica do SPSS 15.2) deve produzir a Saída 15.10, que nos diz que não houve uma diferença significativa entre as médias, $F_t(2,31, 11,55) = 2,75$, $p = 0,100$. Os testes *post hoc* (que tecnicamente devemos ignorar porque o teste geral não foi significativo) não mostram nenhuma diferença significativa entre quaisquer grupos (note que a coluna *sig* mostra FALSE em todas as comparações, os valores-*p* são todos maiores que os valores críticos (*p.crit*) e todos os intervalos de confiança contêm zero).

```
Test statistic: 2.7528
Degrees of Freedom 1: 2.31
Degrees of Freedom 2: 11.55
p-value: 0.1002

Call:
rmmcp(y = df$value, groups = df$variable, blocks = df$id, tr = 0.2)

                         psihat  ci.lower  ci.upper  p.value   p.crit    sig
stick vs. testicle       3.66667  -0.48300   7.81633  0.01360  0.01020  FALSE
stick vs. eye            4.00000  -0.35728   8.35728  0.01172  0.00851  FALSE
stick vs. witchetty      2.00000  -8.09920  12.09920  0.44148  0.01690  FALSE
testicle vs. eye         0.00000  -5.38802   5.38802  1.00000  0.05000  FALSE
testicle vs. witchetty  -1.83333  -9.23266   5.56599  0.34371  0.01270  FALSE
eye vs. witchetty       -2.00000 -12.54827   8.54827  0.46001  0.02500  FALSE
```

Saída 15.10

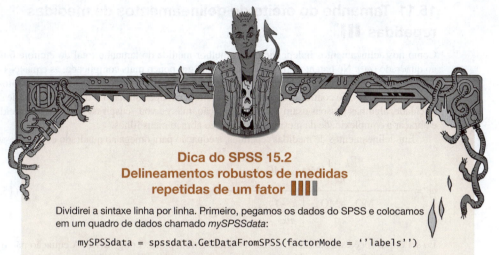

Dica do SPSS 15.2
Delineamentos robustos de medidas repetidas de um fator

Dividirei a sintaxe linha por linha. Primeiro, pegamos os dados do SPSS e colocamos em um quadro de dados chamado *mySPSSdata*:

```
mySPSSdata = spssdata.GetDataFromSPSS(factorMode = ''labels'')
```

Em seguida, definimos o nome da variável que representa o número de identificação (IDs) dos participantes. Se você usar este arquivo com os seus dados, substitua a palavra *celebrity* pelo nome (com distinção entre maiúsculas e minúsculas) da sua variável de identificação. Verifique se o nome está entre aspas e não edite mais nada:

```
ID<-"celebrity"
```

Em seguida, listamos as variáveis que representam os níveis da previsora de medidas repetidas. Se você usar este arquivo com os seus dados, substitua as palavras *stick*, *testicle*, etc. pelos nomes (sensíveis a letras maiúsculas e minúsculas) do seu arquivo de dados. Verifique se os nomes estão entre aspas e não edite mais nada:

```
rmFactor<-c(""stick"", ""testicle"", ""eye"", ""witchetty"")
```

As próximas duas linhas convertem seu quadro de dados de formato largo para longo (seção 4.6.1) e depois renomeia a variável de ID do participante para *id* (o que é feito para evitar que você tenha que editar os dois comandos finais). Se você configurou o *ID* e o *rmFator* corretamente nas duas linhas acima, tudo deve ocorrer sem problemas:

```
df<-melt(mySPSSdata, id.vars = ID, measure.vars = rmFactor)
names(df)[names(df) == ID] <- "id"
```

As duas linhas finais executam o teste robusto (*rmanova*) e os testes *post hoc* (*rmmcp*). Como usei nomes de variáveis genéricos que foram configurados anteriormente, você não precisa editar essas funções, a menos que queira alterar o corte de dados (*tr* = 0,2) para algo diferente do padrão de 20%:

```
rmanova(df$value, df$variable, df$id, tr = 0.2)
rmmcp(df$value, df$variable, df$id, tr = 0.2)
```

15.11 Tamanho do efeito de delineamentos de medidas repetidas ||||

Como nos delineamentos independentes, a melhor medida do tamanho total do efeito é ômega ao quadrado (ω^2). No entanto, só para deixar a vida um pouco mais complicada, as equações que usamos anteriormente para o ômega ao quadrado não podem ser usadas para os delineamentos de medidas repetidas, do contrário, o tamanho do efeito será superestimado. Por uma questão de simplicidade, algumas pessoas usam a mesma equação, mas eu vou "cuspir na cara" da simplicidade e abraçar a complexidade da mesma forma que eu abraço meus filhos.

Em delineamentos de medidas repetidas, a equação para ômega ao quadrado é (prepare-se!):

$$\omega^2 = \frac{\left[\frac{k-1}{nk}(MQ_M - MQ_R)\right]}{MQ_R + \frac{MQ_E - MQ_R}{k} + \left[\frac{k-1}{nk}(MQ_M - MQ_R)\right]} \quad (15.22)$$

Eu sei o que você está pensando e, não, isso não é uma piada. Longe disso. A equação não é tão ruim se dividi-la. Primeiro, já vimos algumas dessas médias dos quadrados: a média dos quadrados do modelo (MQ_M) e a média dos quadrados dos resíduos (MQ_R), ambos na Saída 15.4. Há também k, o número de condições, que para estes dados seria 4 (havia quatro animais), e n, o número de pessoas que participaram (neste caso, 8 celebridades).

O principal problema é o MS_E. No início da seção 15.3 (Figura 15.3), mencionei que a variação total é dividida em uma variação intraparticipantes (SQ_I) e uma variação entre participantes (SQ_E), que podemos calcular usando a Equação 15.19. O SPSS não nos fornece a SQ_I, mas sabemos que ela é composta de SQ_M e SQ_R, que já temos. Ao substituir esses termos e reorganizar a equação, obtemos:

$$SQ_T = SQ_E + SQ_M + SQ_R$$
$$SQ_E = SQ_T - SQ_M - SQ_R \quad (15.23)$$

O SPSS, que está claramente tentando nos atrapalhar a cada passo, também não nos dá a SQ_T, e eu acho (a menos que eu tenha deixado passar alguma coisa na saída) que você terá que calculá-la manualmente (seção 15.6.1). Para esses dados, é 17,39 (Equação 15.20). O próximo passo é converter esse valor em média dos quadrados dividindo pelos graus de liberdade, que, neste caso, é o número de pessoas na amostra menos 1:

$$MQ_E = \frac{SQ_E}{gl_B} = \frac{SQ_E}{N-1} = \frac{17,38}{8-1} = 2,48 \quad (15.24)$$

Após fazer tudo isso e provavelmente ter morrido de tédio, agora podemos ressuscitar nossos cadáveres com vigor renovado e finalmente calcular o tamanho do efeito:

$$\omega^2 = \frac{\left[\frac{4-1}{8 \times 4}(27,71-7,30)\right]}{7,30 + \frac{2,48-7,30}{4} + \left[\frac{4-1}{8 \times 4}(27,71-7,30)\right]} \quad (15.25)$$
$$= \frac{1,91}{8,01}$$
$$= 0,24$$

Espero que você concorde que valeu o esforço.

Eu mencionei em várias outras situações que é mais útil ter medidas de tamanho do efeito para comparações específicas (em vez de uma estatística F geral). Portanto, é mais fácil calcular tamanhos do efeito para os contrastes na Saída 15.7. Podemos usar uma equação já familiar para converter os valores F (porque todos eles têm 1 grau de liberdade do modelo) para r:

$$r = \sqrt{\frac{F(1, gl_R)}{F(1, gl_R) + gl_R}} \qquad (15.26)$$

Para os três contrastes, obtemos os seguintes valores:

$$r_{\text{bicho-pau vs. testículo de canguru}} = \sqrt{\frac{22,80}{22,80 + 7}} = 0,87$$

$$r_{\text{testículo de canguru vs. olho de peixe}} = \sqrt{\frac{0,01}{0,01 + 7}} = 0,04 \qquad (15.27)$$

$$r_{\text{olho de peixe vs. larva}} = \sqrt{\frac{0,80}{0,80 + 7}} = 0,32$$

A diferença entre o bicho-pau e o testículo de canguru foi grande; entre o olho de peixe e a larva, razoável; mas entre o testículo de canguru e o olho de peixe o efeito foi minúsculo.

15.12 Relatando os delineamentos de medidas repetidas de um fator ▌▌▌▌

O relatório dos delineamentos de medidas repetidas é basicamente igual ao relatório dos delineamentos independentes, exceto pelo fato de que precisamos prestar atenção para relatar os graus de liberdade corrigidos. Os graus de liberdade utilizados para avaliar a estatística F são os graus de liberdade do efeito do modelo ($gl_M = 1,60$) e os graus de liberdade dos resíduos do modelo ($gl_R = 11,19$). Portanto, poderíamos relatar a principal descoberta como:

✓ A estimativa de Greenhouse-Geisser de desvio da esfericidade foi $\varepsilon = 0,53$. O tempo até sentir ânsia de vômito não foi significativamente afetado pelo tipo de animal ingerido, $F(1,60, 11,19) = 3,79$, $p = 0,063$, $\omega^2 = 0,24$.

Para os valores corrigidos de Huynh-Feldt:

✓ A estimativa de Huynh-Feldt de desvio da esfericidade foi $\varepsilon = 0,67$. O tempo até sentir ânsia de vômito foi significativamente afetado pelo tipo de animal ingerido, $F(2, 13,98) = 3,79$, $p = 0,048$, $\omega^2 = 0,24$.

Nós poderíamos relatar testes multivariados. Há quatro estatísticas de teste diferentes, mas, na maioria das situações, deve-se relatar o traço de Pillai, V (ver Capítulo 17) e o F associado e seus graus de liberdade (todos na saída 15.6).

✓ A estimativa de esfericidade da Greenhouse-Geisser mostrou um desvio substancial ($\varepsilon = 0,53$); portanto testes multivariados são relatados. O tempo até sentir ânsia de vômito foi significativamente afetado pelo tipo de animal ingerido, $V = 0,94$, $F(3, 5) = 26,96$, $p = 0,002$, $\omega^2 = 0,24$.

Finalmente, testes robustos:

✓ A estimativa de esfericidade de Greenhouse-Geisser mostrou um desvio substancial ($\varepsilon = 0,53$). Testes robustos com 20% de médias aparadas implementadas com o pacote *WRS2* em R (Mair et al., 2015) mostraram que o tempo até sentir ânsia de vômito não foi significativamente afetado pelo tipo de animal ingerido, $F_t(2,31, 11,55) = 2,75$, $p = 0,100$, $\omega^2 = 0,24$.

15.13 Um exemplo alcoólico: delineamentos fatoriais de medidas repetidas ▮▮▮▮

Vimos que os delineamentos entre grupos podem ser expandidos para incorporar várias variáveis previsoras/independentes. O mesmo vale para delineamentos de medidas repetidas. Há evidências de que as atitudes dos participantes em relação a estímulos que lhes são apresentados podem ser alteradas usando imagens positivas e negativas (p. ex., Hofmann, De Houwer, Perugini, Baeyens e Crombez, 2010; Stuart, Shimp e Engle, 1987). Em uma campanha para parar o consumo excessivo de álcool entre adolescentes, o governo financiou cientistas para avaliar se imagens negativas poderiam ser usadas para tornar as atitudes dos adolescentes em relação ao álcool mais negativas. Os cientistas compararam os efeitos de imagens negativas em oposição a imagens positivas e neutras com diferentes tipos de bebidas. A Tabela 15.4 ilustra o delineamento experimental e contém os dados deste exemplo (cada linha representa um único participante).

Os participantes assistiram a um total de nove vídeos em três sessões. Na primeira sessão, eles viram três vídeos: (1) uma marca de cerveja (*Strange Brew*) apresentada com imagens negativas (um monte de cadáveres inanimados em um bar moderno com o *slogan* "*Strange Brew*: quem precisa de

Tabela 15.4 Dados do arquivo **Attitude.sav**.

Bebida	Cerveja			Vinho			Água		
Imagem	+ve	-ve	Neutra	+ve	-ve	Neutra	+ve	-ve	Neutra
Homem	1	6	5	38	-5	4	10	-14	-2
	43	30	8	20	-12	4	9	-10	-13
	15	15	12	20	-15	6	6	-16	1
	40	30	19	28	-4	0	20	-10	2
	8	12	8	11	-2	6	27	5	-5
	17	17	15	17	-6	6	9	-6	-13
	30	21	21	15	-2	16	19	-20	3
	34	23	28	27	-7	7	12	-12	2
	34	20	26	24	-10	12	12	-9	4
	26	27	27	23	-15	14	21	-6	0
Mulher	1	-19	-10	28	-13	13	33	-2	9
	7	-18	6	26	-16	19	23	-17	5
	22	-8	4	34	-23	14	21	-19	0
	30	-6	3	32	-22	21	17	-11	4
	40	-6	0	24	-9	19	15	-10	2
	15	-9	4	29	-18	7	13	-17	8
	20	-17	9	30	-17	12	16	-4	10
	9	-12	-5	24	-15	18	17	-4	8
	14	-11	7	34	-14	20	19	-1	12
	15	-6	13	23	-15	15	29	-1	10

um fígado?"); (2) uma marca de vinho (*Liquid Fire*) apresentada com imagens positivas (um monte de gente *hipster* e *sexy* em um bar moderno com o *slogan* "*Liquid Fire*: sua vida seria muito melhor se você fosse um *hipster sexy*"); e (3) uma marca de água (*Backwater*) apresentada com imagens neutras (algumas pessoas completamente comuns em um bar moderno com o *slogan* "*Backwater*: não fará nenhuma diferença para a sua vida"). Na segunda sessão (1 semana depois), os participantes viram as mesmas três marcas, mas, desta vez, *Strange Brew* foi acompanhada pelas imagens positivas, *Liquid Fire* pelas imagens neutras e *Backwater* pelas negativas. Na terceira sessão, os participantes viram *Strange Brew* acompanhada pelas imagens neutras, *Liquid Fire*, pelas negativas e *Backwater*, pelas positivas. Após cada anúncio, os participantes classificaram as bebidas entre –100 (não gosto nem um pouco) passando por 0 (neutro) a 100 (gosto muito mesmo). A ordem dos anúncios foi aleatória, assim como a ordem em que as pessoas participaram das três sessões. Esse delineamento é bastante complexo. São duas variáveis previsoras/independentes: o tipo de bebida (cerveja, vinho ou água) e o tipo de imagem utilizada (positiva, negativa ou neutra). Essas duas variáveis se cruzam completamente, produzindo nove condições experimentais.

15.14 Delineamentos fatoriais de medidas repetidas usando o SPSS ||||

Quando você inserir os dados da Tabela 15.4, lembre-se de que cada linha representa um único participante. Se uma pessoa participa de todas as condições (neste caso, cada pessoa vê todos os tipos de bebida apresentados com todos os tipos de imagens), então cada condição é representada por uma coluna. Portanto, precisamos criar nove variáveis no editor de dados com os nomes e os rótulos de valor da Tabela 15.5.

Teste seus conhecimentos

Uma vez que essas variáveis tenham sido criadas, insira os dados como na Tabela 15.4. Se você tiver problemas para inserir os dados, use o arquivo **Attitude.sav**.

Tabela 15.5 Nomes e rótulos das variáveis dos dados de **Attitude.sav**.

Nome da variável	Rótulo da variável
beerpos (cerveja positiva)	Beer + sexy hipsters (cerveja + *hipsters sexy*)
beerneg (cerveja negativa)	Beer + dead bodies (cerveja + pessoas mortas)
beerneut (cerveja neutra)	Beer + average people (cerveja + pessoas comuns)
winepos (vinho positiva)	Wine + sexy hipsters (vinho + *hipsters sexy*)
wineneg (vinho negativa)	Wine + dead bodies (vinho + pessoas mortas)
wineneut (vinho neutra)	Wine + average people (vinho + pessoas comuns)
waterpos (água positiva)	Water + sexy hipsters (água + *hipsters sexy*)
waterneg (água negativa)	Water + dead bodies (água + pessoas mortas)
waterneut (água neutra)	Water + average people (água + pessoas comuns)

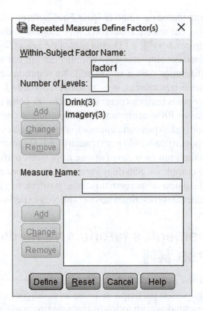

Figura 15.10 Caixa de diálogo *Define Factor(s)* para delineamentos fatoriais de medidas repetidas.

Selecione *Analyze* ▶ *General Linear Model* ▶ Repeated Measures... para acessar as caixas de diálogo do modelo de medidas repetidas. Primeiro, definimos as previsoras de medidas repetidas. Neste caso, existem duas: **Drink** (bebida: cerveja, vinho ou água) e **Imagery** (imagens: positivas, negativas ou neutras). Substitua o *factor1* pela palavra "Drink", digite "3" na caixa *Number of Levels* e clique em Add. Essa variável aparece na lista de variáveis como *Drink*(3), o que significa que definimos uma previsora chamada *Drink* que tem três níveis. Repetimos esse processo para a segunda previsora digitando "Imagery" no espaço *Within-Subject Factor Name* (nome do fator intrassujeito), digitando "3" no espaço *Number of Levels* e clicando em Add. A variável aparecerá na lista como *Imagery(3)* (Figura 15.10). Clique em Define para ir para a caixa de diálogo principal.

A caixa de diálogo principal é igual à dos delineamentos com apenas uma variável previsora, mas aqui há nove pontos de interrogação (Figura 15.11). Na parte superior da caixa *Within-Subject Variables*, o SPSS lista as variáveis que definimos: **Drink** e **Imagery**. Abaixo está uma série de pontos de interrogação seguidos por números entre parênteses. Esses números representam os níveis das variáveis previsoras/independentes:

- _?_ (1,1) ⇒ variável representando 1º nível de bebida e 1º nível de imagem
- _?_ (1,2) ⇒ variável representando 1º nível de bebida e 2º nível de imagem
- _?_ (1,3) ⇒ variável representando 1º nível de bebida e 3º nível de imagem
- _?_ (2,1) ⇒ variável representando 2º nível de bebida e 1º nível de imagem
- _?_ (2,2) ⇒ variável representando 2º nível de bebida e 2º nível de imagem
- _?_ (2,3) ⇒ variável representando 2º nível de bebida e 3º nível de imagem
- _?_ (3,1) ⇒ variável representando 3º nível de bebida e 1º nível de imagem
- _?_ (3,2) ⇒ variável representando 3º nível de bebida e 2º nível de imagem
- _?_ (3,3) ⇒ variável representando 3º nível de bebida e 3º nível de imagem

Já que temos duas previsoras, há dois números entre parênteses: o primeiro refere-se aos níveis da primeira previsora (neste caso, **Drink**), e o segundo refere-se aos níveis da segunda previsora (neste caso, **Imagery**). Precisamos substituir esses pontos de interrogação por nomes de variáveis do editor de dados (que estão listados no lado esquerdo da caixa de diálogo). Nesta fase, precisamos pensar sobre quais condições atribuir a qual nível de cada variável. Por exemplo, se nós

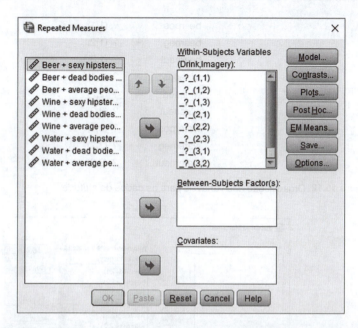

Figura 15.11 Caixa de diálogo principal de delineamentos fatoriais de medidas repetidas antes de ser completada.

inserimos **beerpos** primeiro na lista, o SPSS irá tratar a cerveja como o primeiro nível de **Drink** e as imagens positivas como o primeiro nível da variável **Imagery**. No entanto, se inserirmos **wineneg** primeiro na lista, estaremos especificando o vinho como o primeiro nível de **Drink** e as imagens negativas como o primeiro nível de **Imagery**. Por esse motivo, precisamos pensar em quais contrastes podemos querer *antes* de organizar as variáveis nessa caixa de diálogo.

A primeira variável, **Drink**, apresenta três condições, duas das quais envolvem bebidas alcoólicas. De certa forma, a condição de água age como um controle para determinar se os efeitos de imagem são específicos do álcool. Portanto, podemos querer comparar a condição da cerveja e do vinho com a condição da água. Essa comparação pode ser feita especificando-se um contraste simples (ver Tabela 12.6) no qual as condições de cerveja e de vinho são comparadas à de água, ou usando um contraste de diferença no qual as duas condições de álcool são comparadas à condição de água antes de serem comparadas entre si. Assim, a condição de água deve ser inserida como o primeiro ou último nível de **Drink**. A variável *imagery* também tem uma categoria de controle que se espera que não altere as atitudes: imagens neutras. Essa categoria pode ser uma categoria de referência conveniente em um contraste simples[7]; portanto, novamente, gostaríamos de inseri-la como o primeiro ou último nível.

A partir dessa discussão, faz sentido que a água seja o nível 3 de **Drink** e imagens neutras sejam o nível 3 de **Imagery**. Os níveis restantes podem ser decididos arbitrariamente. Eu escolhi cerveja como nível 1 e vinho como nível 2 de **Drink** e positivas como nível 1 e negativas como nível 2 de **Imagery**. Portanto, eu organizaria as variáveis como foi feito na Figura 15.12. Coincidentemente, essa é a ordem na qual as variáveis estão listadas no editor de dados. (Não é uma coincidência: eu pensei antes sobre quais contrastes eu faria e inseri as variáveis nessa ordem.) Quando essas variáveis forem organizadas, a caixa de diálogo deve ser como a da Figura 15.13.

---

[7] Esperamos que as imagens positivas melhorem as atitudes, enquanto que as imagens negativas piorem as atitudes. Portanto, não faz sentido fazer um contraste de Helmert ou contraste de diferença para esse fator porque os efeitos das duas condições experimentais se anularão mutuamente.

684 Descobrindo a estatística usando o SPSS

beerpos	→	_?_(1,1)
beerneg	→	_?_(1,2)
beerneut	→	_?_(1,3)
winepos	→	_?_(2,1)
wineneg	→	_?_(2,2)
wineneut	→	_?_(2,3)
waterpos	→	_?_(3,1)
waterneg	→	_?_(3,2)
waterneut	→	_?_(3,3)

Figura 15.12 Organização das variáveis para os dados de *attitude*.

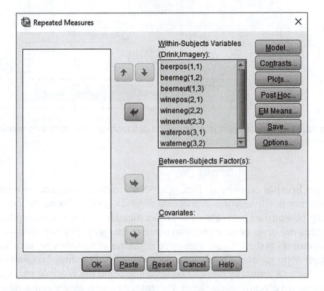

Figura 15.13 Caixa de diálogo principal de delineamentos fatoriais de medidas repetidas completa.

15.14.1 Contrastes ▮▮▮▮

Clique em [Contrasts...] para acessar a caixa de diálogo da Figura 15.14. Na seção anterior, descrevi por que seria interessante usar as condições de água e neutra como categorias de referência para os fatores bebida e imagem, respectivamente. Você já deve saber como configurar contrastes agora (se não, leia as seções 13.5.5 e 15.8.2), então selecione um contraste simples para **Drink** e **Imagery**. Atribuímos as variáveis de tal forma que a categoria de controle seja a última; portanto podemos deixar como categoria de referência a padrão ⦿ **Last** (última). Clique em [Continue] para retornar à caixa de diálogo principal.

15.14.2 Análise dos efeitos simples ▮▮▮▮

Uma alternativa aos contrastes disponíveis aqui é fazer uma análise dos efeitos simples (ver seção 14.6.5) para examinar o efeito de uma previsora em cada um dos níveis de outra. Por exemplo, poderíamos analisar o efeito da bebida sobre as imagens positivas, depois sobre as imagens negativas e depois sobre as imagens neutras. Alternativamente, poderíamos analisar o efeito das imagens separadamente sobre a cerveja, o vinho e a água. Para essa análise, precisamos usar a sintaxe (Dica do SPSS 15.3).

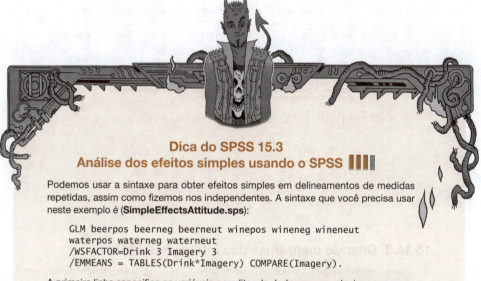

Figura 15.14 Caixa de diálogo *Contrasts* para delineamentos de medidas fatoriais repetidas.

Dica do SPSS 15.3
Análise dos efeitos simples usando o SPSS

Podemos usar a sintaxe para obter efeitos simples em delineamentos de medidas repetidas, assim como fizemos nos independentes. A sintaxe que você precisa usar neste exemplo é (**SimpleEffectsAttitude.sps**):

```
GLM beerpos beerneg beerneut winepos wineneg wineneut
    waterpos waterneg waterneut
/WSFACTOR=Drink 3 Imagery 3
/EMMEANS = TABLES(Drink*Imagery) COMPARE(Imagery).
```

A primeira linha especifica as variáveis no editor de dados que se relacionam com os níveis das variáveis de medidas repetidas. O comando /*WSFACTORS* define as duas variáveis de medidas repetidas. A ordem das variáveis na primeira linha é importante. O SPSS começa no nível 1 de **Drink**, porque definimos *Drink 3 Imagery 3* na linha 2. Em seguida, ele usa as três primeiras variáveis listadas como níveis de **Imagery** em relação ao nível 1 de **Drink**, porque especificamos três níveis em **Imagery**. Depois o programa parte para o nível 2 de **Drink** e, novamente, analisa as próximas três variáveis na lista que forem níveis relevantes de **Imagery** e assim por diante. Isso é difícil de explicar, então veja a ordem das variáveis na linha 1: as três primeiras dizem respeito à condição de cerveja (e diferem de acordo com **Imagery**), então as próximas três se referem a vinho e aos três níveis de **Imagery**, e assim por diante.[8]

---

[8] Também funcionaria escrever as duas primeiras linhas como:

```
GLM beerpos winepos waterpos beerneg wineneg waterneg beerneut wineneut
    waterneut
/WSFACTORS Imagery 3 Drink 3
```

O comando /EMMEANS especifica os efeitos simples. TABLES(Drink*Imagery) solicita ao SPSS uma tabela de médias para a interação de **Drink** e **Imagery**, e COMPARE(Imagery) nos dá o efeito simples de **Imagery** em cada nível de **Drink**. Se quiséssemos analisar o efeito de **Drink** em cada nível de **Imagery**, usaríamos COMPARE(Drink).

Execute a sintaxe (verifique se você tem **Attitude.sav** aberto no editor de dados) para obter uma saída similar à 15.11, que contém testes multivariados do efeito de **Imagery** em cada nível de bebida. Observando os valores de significância, havia efeitos significativos de **Imagery** em todos os níveis de **Drink**.

Multivariate Tests

Drink		Value	F	Hypothesis df	Error df	Sig.
1	Pillai's trace	.593	13.122ª	2.000	18.000	.000
	Wilks' lambda	.407	13.122ª	2.000	18.000	.000
	Hotelling's trace	1.458	13.122ª	2.000	18.000	.000
	Roy's largest root	1.458	13.122ª	2.000	18.000	.000
2	Pillai's trace	.923	107.305ª	2.000	18.000	.000
	Wilks' lambda	.077	107.305ª	2.000	18.000	.000
	Hotelling's trace	11.923	107.305ª	2.000	18.000	.000
	Roy's largest root	11.923	107.305ª	2.000	18.000	.000
3	Pillai's trace	.939	138.795ª	2.000	18.000	.000
	Wilks' lambda	.061	138.795ª	2.000	18.000	.000
	Hotelling's trace	15.422	138.795ª	2.000	18.000	.000
	Roy's largest root	15.422	138.795ª	2.000	18.000	.000

Each F tests the multivariate simple effects of Imagery within each level combination of the other effects shown. These tests are based on the linearly independent pairwise comparisons among the estimated marginal means.

Saída 15.11

15.14.3 Criando diagramas das interações ▮▮▮▮

No exemplo anterior, ignoramos a caixa de diálogo *Plots* (diagramas); porém, agora com duas previsoras, usar essa caixa é uma maneira conveniente de representar a interação (embora seja melhor criar esses gráficos antes de ajustar o modelo). Clique em [Plots...] e arraste **Drink** da lista de variáveis para *Horizontal Axis* (eixo horizontal) (ou clique em [→]), arraste **Imagery** para *Separate Lines* (linhas separadas) e clique em [Add]. Escolha *Line Chart* (diagrama de linhas) e solicite as barras de erro que exibam intervalos de 95% de confiança e, por razões explicadas no capítulo anterior, selecione *Y axis starts at 0* (eixo y começa em 0) para fixar o eixo y em zero (ver Figura 15.15). Clique em [Continue] para retornar à caixa de diálogo principal.

15.14.4 Outras opções ▮▮▮▮

No exemplo anterior, os testes *post hoc* foram desativados porque esses delineamentos têm apenas variáveis de medidas repetidas. Para obter alguns, podemos clicar em [EM Means...], arrastar (ou clicar em [→]) todas as variáveis na caixa *Factor(s) and Factor Interactions* para a caixa *Display Means for*, selecionar ☑ Co̲mpare main effects (comparar efeitos principais) e escolher uma correção no *menu* suspenso (escolhi Bonferroni). Eu também solicitei ☑ Descriptive statistics (estatísticas descritivas) usando [Options...] na caixa de diálogo principal (Figura 15.16).

Capítulo 15 • MLG 4: Delineamentos de medidas repetidas

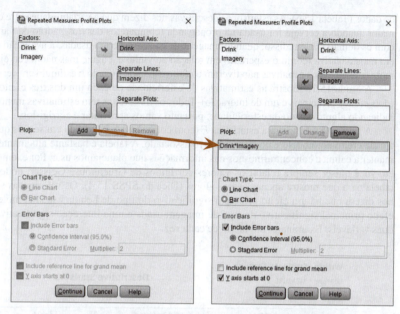

Figura 15.15 Definindo diagramas nos delineamentos de medidas repetidas.

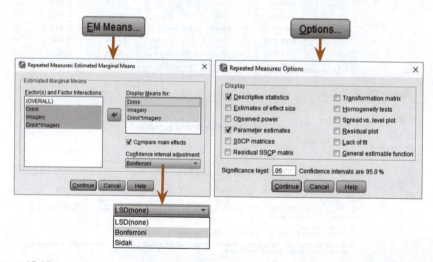

Figura 15.16

15.15 Interpretando delineamentos fatoriais de medidas repetidas ▮▮▮▮

A Saída 15.12 mostra duas tabelas. A primeira lista as variáveis do editor de dados e o nível de cada previsora que elas representam e pode ser usada para verificar se inserimos as variáveis na ordem correta para as comparações desejadas. A segunda tabela contém as médias e os desvios-padrão das nove condições. Os nomes nessa última tabela são os rótulos das variáveis que você inseriu no editor de dados (Tabela 15.5). As estatísticas descritivas nos dizem que a variabilidade entre os escores foi maior quando a cerveja foi usada na propaganda (compare os desvios-padrão da variável cerveja com os demais). Além disso, quando imagens de cadáveres eram usadas, a avaliação dos produtos era mais negativa (como o esperado) em relação ao vinho e à água, mas não à cerveja (por algum motivo, as imagens negativas não tiveram o efeito esperado quando o estímulo era cerveja).

A Saída 15.13 mostra as estimativas de esfericidade de cada um dos três efeitos no modelo (dois efeitos principais e um de interação). Todos os três efeitos têm estimativas menores do que 1, indicando algum desvio da esfericidade; portanto vamos aproveitar e corrigi-los.[9]

A Saída 15.14 mostra a estatística F (com correções) e é dividida em seções que se referem a cada efeito no modelo e no termo de erro associado. A tabela é bastante alucinante, mas vamos manter a calma e concentrarmo-nos nas informações que planejamos usar. Por exemplo, se, como eu, você quiser sempre relatar os valores corrigidos de Greenhouse-Geisser, podemos editar a tabela para que mostre apenas esses valores (Dica do SPSS 15.4). Os valores das significâncias nos dizem que há um efeito principal significativo do tipo de bebida usada como estímulo, um efeito principal significativo do tipo de imagem usada e uma interação significativa entre essas duas variáveis. Examinarei um efeito de cada vez.

Within-Subjects Factors
Measure: MEASURE_1

Drink	Imagery	Dependent Variable
1	1	beerpos
	2	beerneg
	3	beerneut
2	1	winepos
	2	wineneg
	3	wineneut
3	1	waterpos
	2	waterneg
	3	waterneut

Descriptive Statistics

	Mean	Std. Deviation	N
Beer + sexy hipsters	21.05	13.008	20
Beer + dead bodies	4.45	17.304	20
Beer + average people	10.00	10.296	20
Wine + sexy hipsters	25.35	6.738	20
Wine + dead bodies	-12.00	6.181	20
Wine + average people	11.65	6.243	20
Water + sexy hipsters	17.40	7.074	20
Water + dead bodies	-9.20	6.802	20
Water + average people	2.35	6.839	20

Saída 15.12

Mauchly's Test of Sphericity[a]
Measure: MEASURE_1

Within Subjects Effect	Mauchly's W	Approx. Chi-Square	df	Sig.	Greenhouse-Geisser	Huynh-Feldt	Lower-bound
Drink	.267	23.753	2	.000	.577	.591	.500
Imagery	.662	7.422	2	.024	.747	.797	.500
Drink * Imagery	.595	9.041	9	.436	.798	.979	.250

Tests the null hypothesis that the error covariance matrix of the orthonormalized transformed dependent variables is proportional to an identity matrix.

a. Design: Intercept
Within Subjects Design: Drink + Imagery + Drink * Imagery

b. May be used to adjust the degrees of freedom for the averaged tests of significance. Corrected tests are displayed in the Tests of Within-Subjects Effects table.

Saída 15.13

---

[9] Eu tentei dissuadi-lo de olhar para o teste de Mauchly, mas, ao usá-lo, você concluiria que os dois efeitos principais de **Drink** e **Imagery** violaram esse pressuposto (os ps são inferiores a 0,05), enquanto a interação não viola o pressuposto (porque $p > 0,05$). No entanto, compare as estimativas Greenhouse-Geisser de **Imagery** (0,747) e da interação (0,798). Elas são bem parecidas, sugerindo que o desvio da esfericidade é quase o mesmo. Apesar dessa semelhança, os valores-p para o teste de Mauchly incentivam a conclusão de que a interação satisfaz a esfericidade, mas o efeito da imagem não.

Lanterna de Oditi
Delineamentos de medidas repetidas

"Eu, Oditi, acredito que estamos mais perto de alcançar nossa missão de entender os segredos escondidos nos números. A Terra é uma esfera, e eu acredito que se eu for dominar, quero dizer, entender a Terra, devo ensinar as pessoas sobre a esfera-i-cidade. Saber sobre a esfericidade modificará suas conexões neurais e lhe inspirará para analisar delineamentos de medidas repetidas. Olhe a minha lanterna e sinta seu cérebro queimando, mas de uma maneira agradável."

15.15.1 O efeito principal do tipo de bebida ||||

O tipo de bebida usada foi significativo, o que nos diz que, se ignorarmos o tipo de imagem que foi usada, os participantes avaliaram algumas bebidas de forma significativamente diferente das outras. Na seção 15.14.4, solicitamos médias marginais estimadas para os efeitos no modelo, e a Figura 15.18 mostra as médias e erros-padrão para o efeito principal de **Drink**.[10] Os níveis de **Drink** são representados por 1, 2 e 3, por isso devemos pensar na ordem em que inserimos as variáveis no teste para saber qual linha da tabela está relacionada a qual bebida. Inserimos a condição de cerveja primeiro e a condição de água por último (Saída 15.12). A Figura 15.18 inclui um diagrama dessas médias, que mostra que a cerveja e o vinho tiveram avaliações mais altas do que a água (com a cerveja tendo as maiores avaliações).

A Saída 15.16 mostra as comparações pareadas ajustadas de Bonferroni para o efeito principal de **Drink**. O efeito principal significativo parece refletir uma diferença significativa ($p = 0,001$) entre os níveis 2 e 3 (vinho e água). Curiosamente, a diferença entre as condições de cerveja e de água são maiores do que a de vinho e de água, mas esse efeito não é significativo ($p = 0,066$). Essa inconsistência pode ser explicada observando o erro-padrão na condição de cerveja, que é grande em comparação com a condição de vinho, indicando que há bastante barulho na média da cerveja.

---

[10] Essas médias são calculadas usando a média das médias para uma determinada condição (na Saída 15.3). Por exemplo, a média da condição cerveja (ignorando o tipo de imagem) é:

$$\overline{X}_{\text{Cerveja}} = \frac{\overline{X}_{\text{Cerveja, } hipsters \text{ sexy}} + \overline{X}_{\text{Cerveja, pessoas mortas}} \cdot \overline{X}_{\text{Cerveja, pessoas comuns}}}{3} = \frac{21{,}05 + 4{,}45 + 10{,}00}{3} = 11{,}83$$

Tests of Within-Subjects Effects

Measure: MEASURE_1

Source		Type III Sum of Squares	df	Mean Square	F	Sig.
Drink	Sphericity Assumed	2092.344	2	1046.172	5.106	.011
	Greenhouse-Geisser	2092.344	1.154	1812.764	5.106	.030
	Huynh-Feldt	2092.344	1.181	1770.939	5.106	.029
	Lower-bound	2092.344	1.000	2092.344	5.106	.036
Error(Drink)	Sphericity Assumed	7785.878	38	204.892		
	Greenhouse-Geisser	7785.878	21.930	355.028		
	Huynh-Feldt	7785.878	22.448	346.836		
	Lower-bound	7785.878	19.000	409.783		
Imagery	Sphericity Assumed	21628.678	2	10814.339	122.565	.000
	Greenhouse-Geisser	21628.678	1.495	14468.490	122.565	.000
	Huynh-Feldt	21628.678	1.594	13571.496	122.565	.000
	Lower-bound	21628.678	1.000	21628.678	122.565	.000
Error(Imagery)	Sphericity Assumed	3352.878	38	88.234		
	Greenhouse-Geisser	3352.878	28.403	118.048		
	Huynh-Feldt	3352.878	30.280	110.729		
	Lower-bound	3352.878	19.000	176.467		
Drink * Imagery	Sphericity Assumed	2624.422	4	656.106	17.155	.000
	Greenhouse-Geisser	2624.422	3.194	821.778	17.155	.000
	Huynh-Feldt	2624.422	3.914	670.462	17.155	.000
	Lower-bound	2624.422	1.000	2624.422	17.155	.001
Error(Drink*Imagery)	Sphericity Assumed	2906.689	76	38.246		
	Greenhouse-Geisser	2906.689	60.678	47.903		
	Huynh-Feldt	2906.689	74.373	39.083		
	Lower-bound	2906.689	19.000	152.984		

Saída 15.14

Dica do SPSS 15.4
Bandejas giratórias ▌▍▌▌

A tabela de resumo de delineamentos de medidas repetidas pode ser editada para se tornar mais palatável e para nos concentrarmos em apenas um conjunto de valores (p. ex., os valores de Greenhouse-Geisser). A Figura 15.17 mostra as etapas envolvidas e é bem autoexplicativa. A Saída 15.15 mostra a tabela de resumo resultante. Compare essa saída com a Saída 15.14: note que ela produz menos enxaqueca, pois contém apenas os valores corrigidos de Greenhouse-Geisser (as outras informações não aparecem, estão ocultas nas camadas da tabela e podem ser acessadas ao clicarmos duas vezes na tabela).

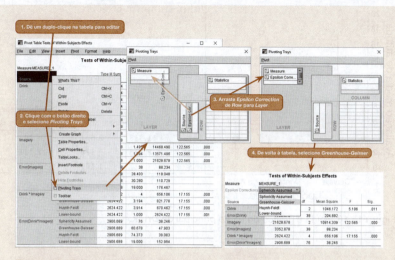

Figura 15.17 Usando a opção *Camadas dinâmicas* para "esconder" partes da tabela de resumo.

Tests of Within-Subjects Effects

Measure: MEASURE_1
Greenhouse-Geisser

Source	Type III Sum of Squares	df	Mean Square	F	Sig.
Drink	2092.344	1.154	1812.764	5.106	.030
Error(Drink)	7785.878	21.930	355.028		
Imagery	21628.678	1.495	14468.490	122.565	.000
Error(Imagery)	3352.878	28.403	118.048		
Drink * Imagery	2624.422	3.194	821.778	17.155	.000
Error(Drink*Imagery)	2906.689	60.678	47.903		

Saída 15.15

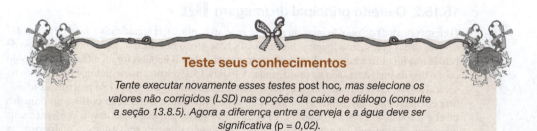

Teste seus conhecimentos

Tente executar novamente esses testes post hoc, mas selecione os valores não corrigidos (LSD) nas opções da caixa de diálogo (consulte a seção 13.8.5). Agora a diferença entre a cerveja e a água deve ser significativa ($p = 0,02$).

Esse resultado destaca a importância de controlar a taxa de erro usando a correção de Bonferroni. Se não tivéssemos usado essa correção, poderíamos ter concluído erroneamente que a avaliação da cerveja tinha sido significativamente mais alta do que a da água.

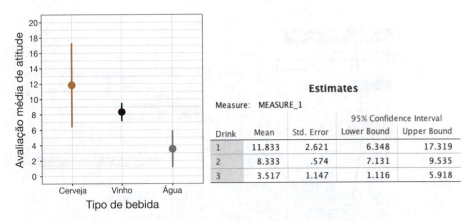

Figura 15.18 Saída e gráfico do efeito principal de **Drink**.

Pairwise Comparisons

Measure: MEASURE_1

(I) Drink	(J) Drink	Mean Difference (I–J)	Std. Error	Sig.[b]	95% Confidence Interval for Difference[b] Lower Bound	Upper Bound
1	2	3.500	2.849	.703	–3.980	10.980
	3	8.317	3.335	.066	–.438	17.072
2	1	–3.500	2.849	.703	–10.980	3.980
	3	4.817*	1.116	.001	1.886	7.747
3	1	–8.317	3.335	.066	–17.072	.438
	2	–4.817*	1.116	.001	–7.747	–1.886

Based on estimated marginal means

*. The mean difference is significant at the .05 level.

b. Adjustment for multiple comparisons: Bonferroni.

Saída 15.16

15.15.2 O efeito principal da imagem ▌▌▌▌

O efeito principal do tipo de imagem também teve uma influência significativa nas avaliações das bebidas dadas pelos participantes (Saída 15.14). Esse efeito nos diz que, se ignorarmos o tipo de bebida que foi utilizado, as avaliações dos participantes dessas bebidas foram diferentes de acordo com o tipo de imagem usada na propaganda. A Figura 15.19 mostra as médias que solicitamos na seção 15.14.4. Os níveis das imagens foram nomeados como 1, 2 e 3, por isso precisamos relembrar em que ordem inserimos as variáveis no teste. Atribuímos a condição positiva ao primeiro nível e a condição neutra ao último. A Figura 15.19 inclui um diagrama dessas médias (e seus intervalos de confiança) e mostra que imagens positivas resultaram em avaliações mais positivas (em comparação com imagens neutras) e imagens negativas resultaram em avaliações mais negativas (em comparação com imagens neutras). A Saída 15.17 mostra as comparações pareadas ajustadas por Bonferroni, que mostram que o efeito principal significativo reflete diferenças significativas (todos os ps < 0,001) entre os níveis 1 e 2 (positiva e negativa), níveis 1 e 3 (positiva e neutra) e níveis 2 e 3 (negativa e neutra).

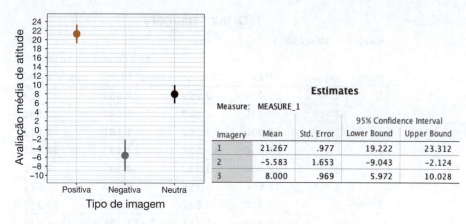

Figura 15.19 Saída e gráfico do efeito principal de **Imagery**.

Pairwise Comparisons

Measure: MEASURE_1

(I) Imagery	(J) Imagery	Mean Difference (I–J)	Std. Error	Sig.[b]	95% Confidence Interval for Difference[b] Lower Bound	Upper Bound
1	2	26.850*	1.915	.000	21.824	31.876
	3	13.267*	1.113	.000	10.346	16.187
2	1	-26.850*	1.915	.000	-31.876	-21.824
	3	-13.583*	1.980	.000	-18.781	-8.386
3	1	-13.267*	1.113	.000	-16.187	-10.346
	2	13.583*	1.980	.000	8.386	18.781

Based on estimated marginal means
*. The mean difference is significant at the .05 level.
b. Adjustment for multiple comparisons: Bonferroni.

Saída 15.17

15.15.3 O efeito de interação (tipo de bebida × imagem) ▮▮▮▮

O tipo de imagem interagiu significativamente com o tipo de bebida usada como estímulo ao modificar as avaliações (Saída 15.14). Esse efeito nos diz que o tipo de imagem usada teve um efeito diferente dependendo do tipo de bebida que estava sendo avaliada. Podemos usar as médias que solicitamos na seção 15.14.4 para pormenorizar essa interação. Essa tabela é mostrada na Saída 15.18 e é essencialmente igual à de estatísticas descritivas da Saída 15.12, exceto que os erros-padrão são exibidos em vez dos desvios-padrão.

A Figura 15.20 exibe as médias que estão na Saída 15.18. O gráfico mostra que o padrão de resposta nas bebidas foi semelhante quando imagens positivas e neutras foram usadas (linhas laranja-escura e preta). Em outras palavras, as avaliações foram positivas para cerveja, foram ligeiramente mais altas para vinho e foram mais baixas para água. O fato de a linha que representa imagens positivas (laranja-escura) estar mais acima da linha neutra (preta) indica que imagens positivas produziram avaliações mais altas do que as imagens neutras em todas as bebidas. A linha que representa imagens negativas (laranja-clara) mostra um padrão diferente: as avaliações foram mais baixas para vinho e água, mas bastante altas para cerveja. Portanto, as imagens negativas

3. Drink * Imagery

Measure: MEASURE_1

Drink	Imagery	Mean	Std. Error	95% Confidence Interval Lower Bound	Upper Bound
1	1	21.050	2.909	14.962	27.138
	2	4.450	3.869	-3.648	12.548
	3	10.000	2.302	5.181	14.819
2	1	25.350	1.507	22.197	28.503
	2	-12.000	1.382	-14.893	-9.107
	3	11.650	1.396	8.728	14.572
3	1	17.400	1.582	14.089	20.711
	2	-9.200	1.521	-12.384	-6.016
	3	2.350	1.529	-.851	5.551

Saída 15.18

tiveram o efeito esperado nas atitudes em relação a vinho e água, mas tiveram um impacto muito menor nas avaliações de cerveja. Portanto, é provável que a interação reflita o fato de que as imagens têm o efeito esperado sobre vinho e água (i.e., as avaliações são mais altas para imagens positivas, mais baixas para imagens negativas e em algum ponto entre essas para as imagens neutras), mas não sobre cerveja (cujas avaliações após imagens negativas não parecem ser especialmente baixas). Para verificar a interpretação do efeito de interação, podemos observar os contrastes que solicitamos na seção 15.14.1.

15.15.4 Contrastes dos efeitos principais ▌▌▌▌

Na seção 15.14.1, solicitamos contrastes simples para as categorias das variáveis **Drink** (água foi usada como controle) e **Imagery** (imagens neutras foram usadas como controle). A Saída 15.19 mostra esses contrastes. A tabela é dividida em efeitos principais e interações e seus respectivos contrastes. Se houve dúvida para identificar os níveis, a Saída 15.12 indica qual é qual. Para o efeito principal de bebida, o primeiro contraste mostra uma diferença significativa entre o nível

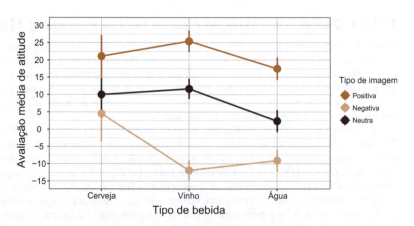

Figura 15.20 Gráfico de interação para os dados do arquivo **Attitude.sav**.

1 (cerveja) e o nível 3 (água), $F(1, 19) = 6,22$, $p = 0,022$, o que contradiz o teste *post hoc* equivalente (ver Saída 15.16).

Teste seus conhecimentos
Por que você acha que essa contradição ocorreu?

O contraste seguinte mostra uma diferença significativa entre o nível 2 (vinho) e o nível 3 (água), $F(1, 19) = 18,61$, $p < 0,001$. Para o efeito principal de imagem, o nível 1 (positiva) é significativamente diferente do nível 3 (neutra), $F(1, 19) = 142,19$, $p < 0,001$, e o nível 2 (negativa) é significativamente diferente do nível 3 (neutra), $F(1, 19) = 47,07$, $p < 0,001$.

15.15.5 Contrastes do efeito de interação ||||

Os contrastes dos efeitos principais nos disseram apenas o que já sabíamos (mas perceba o aumento do poder estatístico desses testes indicado pelos valores de significância mais altos). Os contrastes para o termo de interação são mais interessantes. Para nos ajudar a interpretar esses contrastes, a Figura 15.21 divide o diagrama de interação que aparece na Figura 15.20 nos quatro contrastes.

O primeiro contraste da interação é o nível 1 de **Drink** (cerveja) comparado ao nível 3 (água), quando imagens positivas (nível 1) são usadas em comparação a neutras (nível 3). Esse contraste não é significativo, $p = 0,225$. Esse resultado nos diz que as avaliações mais altas quando imagens positivas são usadas (comparadas a imagens neutras) são equivalentes entre a cerveja e a água. A Figura 15.21 (canto superior esquerdo) mostra esse contraste: a não significância quer dizer que a distância entre as linhas na condição de cerveja é a mesma que a distância entre as linhas na condição de água. Podemos concluir que as avaliações melhores dadas na presença de imagens positivas em comparação a neutras não é afetada pelo fato de as pessoas estarem avaliando cerveja ou água.

Tests of Within-Subjects Contrasts

Measure: MEASURE_1

Source	Drink	Imagery	Type III Sum of Squares	df	Mean Square	F	Sig.
Drink	Level 1 vs. Level 3		1383.339	1	1383.339	6.218	.022
	Level 2 vs. Level 3		464.006	1	464.006	18.613	.000
Error(Drink)	Level 1 vs. Level 3		4226.772	19	222.462		
	Level 2 vs. Level 3		473.661	19	24.930		
Imagery		Level 1 vs. Level 3	3520.089	1	3520.089	142.194	.000
		Level 2 vs. Level 3	3690.139	1	3690.139	47.070	.000
Error(Imagery)		Level 1 vs. Level 3	470.356	19	24.756		
		Level 2 vs. Level 3	1489.528	19	78.396		
Drink * Imagery	Level 1 vs. Level 3	Level 1 vs. Level 3	320.000	1	320.000	1.576	.225
		Level 2 vs. Level 3	720.000	1	720.000	6.752	.018
	Level 2 vs. Level 3	Level 1 vs. Level 3	36.450	1	36.450	.235	.633
		Level 2 vs. Level 3	2928.200	1	2928.200	26.906	.000
Error(Drink*Imagery)	Level 1 vs. Level 3	Level 1 vs. Level 3	3858.000	19	203.053		
		Level 2 vs. Level 3	2026.000	19	106.632		
	Level 2 vs. Level 3	Level 1 vs. Level 3	2946.550	19	155.082		
		Level 2 vs. Level 3	2067.800	19	108.832		

Saída 15.19

696 Descobrindo a estatística usando o SPSS

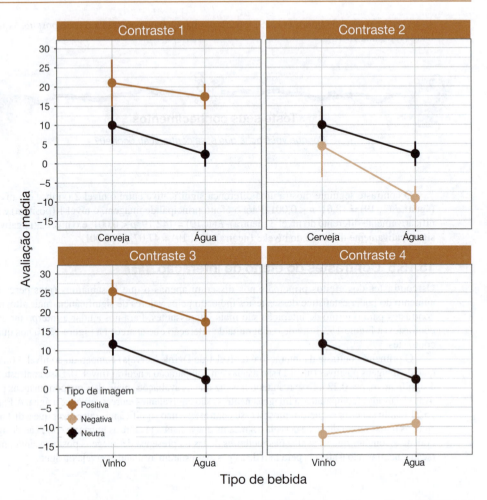

Figura 15.21 Diagramas (gerados usando o R, a propósito) ilustrando os quatro contrastes na análise das avaliações.

O segundo contraste do termo de interação é o nível 1 de **Drink** (cerveja) comparado ao nível 3 (água), quando é usada a imagem negativa (nível 2) em comparação com a neutra (nível 3). Esse contraste é significativo, $F(1, 19) = 6{,}75$, $p = 0{,}018$. A Figura 15.21 (canto superior direito) mostra o contraste. A significância quer dizer que a distância entre a linha laranja-clara e a preta na condição de cerveja é significativamente menor que a distância entre a linha laranja-clara e a preta na condição de água. Quando cerveja está sendo avaliada, as avaliações são semelhantes independentemente do tipo de imagem usada na propaganda, mas as avaliações de água são muito mais baixas com imagens negativas do que com neutras.

O terceiro contraste analisa o nível 2 de **Drink** (vinho) em comparação ao nível 3 (água), quando são utilizados imagens positivas (nível 1) em comparação a neutras (nível 3). Esse contraste não é significativo, $p = 0{,}633$, indicando que as avaliações mais altas quando as imagens positivas são usadas (comparadas com neutras) são semelhantes para vinho e a água. A Figura

> **Dicas da Ana Apressada**
> **Delineamentos fatoriais de medidas repetidas**
>
> - Os delineamentos de medidas repetidas de dois fatores comparam médias quando há duas variáveis previsoras/independentes e as mesmas entidades foram usadas em todas as condições
>
> - Você pode testar o pressuposto de *esfericidade* quando tiver três ou mais condições de medidas repetidas com o *teste de Mauchly*, mas uma abordagem melhor é sempre interpretar as estatísticas *F* que foram corrigidas para o valor pelo qual os dados não são esféricos.
>
> - A tabela *Tests of Within-Subjects Effects* mostra a estatística *F* e seus valores-*p*. Em um delineamento de dois fatores, você terá um efeito principal de cada variável e a interação entre elas. Para cada efeito, veja a linha Greenhouse-Geisser (você também pode ver *Huynh-Feldt*, mas terá que ler este capítulo para descobrir as vantagens de cada procedimento). Se o valor na coluna *Sig.* for menor que 0,05, o efeito pode ser considerado significativo.
>
> - Detalhe os efeitos principais e as interações usando contrastes. Esses contrastes aparecem na tabela *Tests of Within-Subjects Contrasts*. Se os valores na coluna *Sig.* forem inferiores a 0,05, o contraste pode ser considerado significativo.

15.21 (canto inferior esquerdo) mostra esse contraste. A não significância implica que a distância entre as linhas preta e a laranja-escura na condição de vinho é semelhante à distância entre as linhas na condição de água.

O contraste final do termo de interação analisa o nível 2 de **Drink** (vinho) em comparação ao nível 3 (água), quando são utilizadas imagens negativas (nível 2) em comparação com neutras (nível 3). Este contraste é significativo, $F(1, 19) = 26,91$, $p < 0,001$. A Figura 15.21 (canto inferior direito) mostra esse contraste. O valor-*p* significativo implica que a distância entre as linhas laranja-clara e preta na condição de vinho é significativamente maior do que a distância entre as linhas na condição de água. Em suma, as avaliações mais baixas na presença de imagens negativas (em comparação às neutras) são significativamente maiores para vinho do que para água.

Esses contrastes não nos dizem nada sobre as diferenças entre as condições de cerveja e vinho (ou as condições positivas e negativas); diferentes contrastes teriam que ser executados para descobrir mais. No entanto, eles nos dizem que, em relação à condição neutra, as imagens positivas aumentaram as avaliações positivas dadas às bebidas, independentemente do tipo de bebida, enquanto as imagens negativas afetaram as avaliações do vinho, mas não tanto da cerveja. Essas diferenças não foram previstas.

Interpretar os termos de interação é complexo, e até mesmo alguns pesquisadores respeitados lutam com eles. Por isso, não se sinta desanimado se você achar difícil. Tente ser minucioso e decomponha cada efeito usando contrastes e gráficos e você chegará lá.

15.16 Tamanhos de efeito em delineamentos fatoriais de medidas repetidas ||||

Calcular o ômega ao quadrado de um delineamento de medidas repetidas de um fator já era suficiente para arrepiar os cabelos. E, como eu sempre digo, os tamanhos de efeito são mais úteis quando descrevem um efeito específico, por isso calcule os tamanhos de efeito de contrastes em experimentos fatoriais (e efeitos principais que comparam apenas dois grupos). Você vai me agradecer por evitar um colapso nervoso. A Saída 15.19 mostra os valores para os contrastes que solicitamos, todos com 1 grau de liberdade do modelo (i.e., representam uma comparação específica e interpretável) e 19 graus de liberdade dos resíduos. Podemos converter essas estatísticas F para r usando a fórmula que utilizamos antes (Equação 15.26). Para os dois contrastes da variável **Drink** (Saída 15.19), temos os seguintes valores:

$$r_{\text{cerveja vs. água}} = \sqrt{\frac{6{,}22}{6{,}22+19}} = 0{,}50$$

$$r_{\text{vinho vs. água}} = \sqrt{\frac{18{,}61}{18{,}61+19}} = 0{,}70$$

(15.28)

Para os dois contrastes da variável Imagery (Saída 15.19), temos:

$$r_{\text{positiva vs. neutra}} = \sqrt{\frac{142{,}19}{142{,}19+19}} = 0{,}94$$

$$r_{\text{negativa vs. água}} = \sqrt{\frac{47{,}07}{47{,}07+19}} = 0{,}84$$

(15.29)

Para o termo de interação, tivemos quatro contrastes, mas podemos convertê-los em r porque todos têm 1 grau de liberdade do modelo (Saída 15.19). Você deve obter os seguintes valores:

$$r_{\text{cerveja vs. água, positiva vs neutra}} = \sqrt{\frac{1{,}58}{1{,}58+19}} = 0{,}28$$

$$r_{\text{cerveja vs. água, negativa vs. neutra}} = \sqrt{\frac{6{,}75}{6{,}75+19}} = 0{,}51$$

$$r_{\text{vinho vs. água, positiva vs. neutra}} = \sqrt{\frac{0{,}24}{0{,}24+19}} = 0{,}11$$

$$r_{\text{vinho vs. água, negativa vs. neutra}} = \sqrt{\frac{26{,}91}{26{,}91+19}} = 0{,}77$$

(15.30)

Os dois efeitos que foram significativos (cerveja vs. água, negativa vs. neutra e vinho vs. água, negativa vs. neutra) produzem tamanhos de efeito grandes. Os dois efeitos que não foram significativos produziram um tamanho de efeito médio (cerveja vs. água, positiva vs. neutra) e um tamanho de efeito pequeno (vinho vs. água, positiva vs. neutra).

15.17 Relatando os resultados de delineamentos fatoriais de medidas repetidas ||||

Temos três efeitos para relatar e precisamos informar os graus de liberdade corrigidos de cada um deles; esses efeitos podem ter diferentes graus de liberdade. Podemos relatar os três efeitos da seguinte forma:

✓ Salvo afirmação em contrário $p < 0{,}001$. Para o efeito principal da bebida, a estimativa de Greenhouse-Geisser do desvio da esfericidade foi $\varepsilon = 0{,}58$. Esse efeito principal foi signifi-

> **Pesquisa Real do João Jaleco 15.1**
> **Os cadáveres esparramados estão perturbando?** ||||
>
> Perham, N. e Sykora, M. (2012). *Applied Cognitive Psychology*, 26 (4), 550-555.
>
> No Capítulo 10, usei um exemplo que questionava se ouvir minha música favorita interferiria na capacidade de pessoas de escrever um texto acadêmico. Acontece que Nick Perham testou essa hipótese (mais ou menos). Ele estava interessado nos efeitos de uma música que as pessoas gostassem ou não (em comparação com silêncio) na capacidade dessas pessoas de lembrarem coisas. Vinte e cinco participantes tentaram lembrar listas de oito letras. Perham e Sykora (2012) manipularam o ruído de fundo enquanto cada lista era apresentada: silêncio (controle), música de que os participantes gostavam ou música de que os participantes não gostavam. Eles usaram músicas que acreditavam que a maioria dos participantes apreciaria (como uma música popular chamada "From Paris to Berlin", do Infernal) e que não apreciaria ("Acid Bath", "Eaten Alive" e "Splattered Cadavers", do Repulsion – em outras palavras, o tipo de música que eu escuto, embora eu não tenha nada do Repulsion). Os participantes tentaram recordar cada lista de oito letras, e os autores calcularam a probabilidade de repetirem corretamente cada letra em cada posição na lista. Há duas variáveis: posição na lista (qual letra na sequência está sendo recordada, de 1 a 8) e reprodução de som enquanto a lista é apresentada (silêncio, gosto, não gosto). Ajuste um modelo para ver se a recordação das palavras é afetada pelo tipo de som tocado enquanto a sequência de letras é apresentada (**Perham & Sykora (2012).sav**). As respostas estão no *site* do livro (ou consulte a página 552 do artigo original).

cativo, $F(1,15; 21,93) = 5,11$, $p = 0,030$. Contrastes revelaram que as avaliações de cerveja, $F(1, 19) = 6,22$, $p = 0,022$, $r = 0,50$, e de vinho, $F(1, 19) = 18,61$, $r = 0,70$, foram significativamente maiores do que as de água.

✓ Para o efeito principal da imagem, a estimativa de Greenhouse-Geisser do desvio da esfericidade foi $\varepsilon = 0,75$. O tipo de imagem também teve um efeito significativo na avaliação das bebidas, $F(1,50; 28,40) = 122,57$. Os contrastes revelaram que as avaliações com o uso de imagens positivas foram significativamente mais altas do que com o uso de imagens neutras, $F(1, 19) = 142,19$, $r = 0,94$. Por outro lado, avaliações com o uso de imagens negativas foram significativamente menores do que com o uso de imagens neutras, $F(1, 19) = 47,07$, $r = 0,84$.

✓ Para a interação, a estimativa de Greenhouse-Geisser do desvio da esfericidade foi $\varepsilon = 0,80$. Houve efeito significativo da interação entre o tipo de bebida e o tipo de imagem utilizada, $F(3,19; 60,68) = 17,16$. Para decompor essa interação, os contrastes compararam todos os tipos de bebida com a categoria de referência (água) e todos os tipos de imagens com a categoria de referência (imagens neutras). Esses contrastes revelaram interações significativas ao comparar imagens negativas com imagens neutras tanto para cerveja comparada a água, $F(1, 19) = 6,75$, $p = 0,018$, $r = 0,51$, quanto para vinho comparado a água, $F(1, 19) = 26,91$, $r = 0,77$. O gráfico de interação mostra que esses efeitos refletem que as imagens negativas (em comparação com as neutras) diminuíram significativamente os escores de avaliação mais para a água do que para a cerveja e diminuíram significativamente os escores de avaliação mais para o vinho do que para a água. Os contrastes restantes não revelaram interação significativa ao comparar imagens positivas com neutras tanto para cerveja comparada a água, $F(1, 19) = 1,58$, $p = 0,225$, $r = 0,28$, quanto para vinho comparado a água, $F(1, 19) = 0,24$, $p = 0,633$, $r = 0,11$. No entanto, esses contrastes produziram tamanhos de efeito pequenos a médios.

15.18 Caio tenta conquistar Gina ▌▌▌▌

A visita ao hospital deixou Gina abalada. Caio se ofereceu para ir com ela, mas a última coisa de que ela precisava era de um sermão de sua mãe doente sobre como garotos iriam distrai-la de seus estudos. Foi muito estranho ver sua mãe tão vulnerável e seu pai tão perdido sem a esposa. Os bloqueios emocionais deles estavam tão firmemente formados que nunca ocorrera a Gina que seus pais pudessem estar profundamente conectados. Seu pai estava estilhaçado mentalmente, e sua mãe, fisicamente. Eles sempre pareceram sobre-humanos, como se seu intelecto pudesse derrotar qualquer coisa. Ela passara tantos anos tentando ser o que ela achava que eles eram, mas vendo-os nesse momento ela se deu conta do quão pouco os conhecia. Ela havia se tornado obcecada pela inteligência simplesmente para ser inteligente – e nada mais. Mas ver sua mãe frágil e assustada fez Gina se sentir impotente. Mesmo com todo o conhecimento que ela tinha, ela não sabia como ajudar sua mãe. Talvez em vez de inescrupulosamente tentar se tornar mais inteligente, ela deveria usar sua inteligência no mundo.

Gina estava pensando nisso enquanto subia os degraus até a porta do porão, o gosto de formaldeído fresco em seus lábios. Era isso que ela havia se tornado depois de passar tanto tempo sozinha? Ela trancou a porta. Parecia que seria pela última vez.

Figura 15.22 O que Caio aprendeu neste capítulo.

Tinha sido um longo dia. Suas pernas a levaram para o apartamento de Caio. Ela entrou, mas estava exausta demais para conversar sobre a vida e o universo. "Me fale sobre estatística", ela disse e se largou no sofá enquanto ele recitava o que lera recentemente sobre delineamentos de medidas repetidas.

15.19 E agora?

Aos 16 anos, comecei a minha primeira banda "séria". Ficamos juntos por uns 7 anos (com a mesma formação e hoje ainda somos amigos), mas eu me mudei para Brighton para fazer meu PhD, o Mark (baterista) se mudou para Oxford, e conseguir juntar todos para ensaiar tornou-se um grande desafio. Nós tínhamos uma faixa em um CD, uma rádio tocou e transformou-nos de uma banda de *thrash metal* em uma mistura de Fugazi, Nirvana e metal. Eu nunca mais rasguei minhas calças durante um *show* novamente (embora eu tenha aberto um talho uma vez na minha cabeça). Por que não fizemos sucesso? Bem, Mark é um baterista incrível, então não foi culpa dele; o outro Mark era um baixista extremamente bom também, então a lógica indica que o elo fraco era eu. Isso era especialmente lamentável já que eu tinha três papéis na banda: tocar guitarra, cantar, compor músicas – meus pobres companheiros de banda nunca tiveram uma chance ☺. Parei de tocar por anos depois que nos separamos. Eu ainda escrevia músicas (para consumo pessoal), mas nós três éramos amigos tão íntimos que nem cogitava pensar em tocar com outras pessoas. Pelo menos não durante alguns anos...

15.20 Termos-chave

ANOVA de medidas repetidas
Esfericidade
Estimativa de Greenhouse-Geisser
Estimativa de Huynh-Feldt
Estimativa do limite inferior
Simetria composta
Teste de Mauchly

Tarefas da Alex Astuta

- **Tarefa 1**: É comum que os professores tenham a reputação de serem avaliadores "rígidos" ou "flexíveis" (ou, usando a terminologia dos estudantes, "manifestações malignas dignas de Belzebu" e "pessoas legais"). Mas, muitas vezes, não há muitas justificativas para essas reputações. Um grupo de estudantes investigou a consistência das avaliações dadas pelos professores, submetendo os mesmos textos a quatro professores diferentes. A variável de resultado foi a nota percentual dada pelos professores, e a previsora era qual professor avaliou o texto (**TutorMarks.sav**). Calcule manualmente a estatística *F* para o efeito do professor na nota percentual.

- **Tarefa 2**: Repita a análise da Tarefa 1 usando o SPSS e interprete os resultados. ▌▌▌▌
- **Tarefa 3**: Calcule os tamanhos de efeito para a análise da Tarefa 1. ▌▌▌
- **Tarefa 4**: O efeito de "olho móvel" é a propensão de pessoas comprometidas de "olhar" para outras pessoas que não sejam seu atual parceiro. Eu forneci óculos incrivelmente sofisticados que rastrearam os movimentos oculares (sim, isso é tudo mentira...) para 20 pessoas. Durante quatro noites, bombardeei essas pessoas com 1, 2, 3 ou 4 *pints* de cerveja forte em uma casa de festa e registrei para quantas pessoas diferentes elas olharam insistentemente. Existe algum efeito do álcool na tendência de conferir outras pessoas? (**RovingEye.sav**). ▌▌▌▌
- **Tarefa 5**: No capítulo anterior, nos deparamos com o efeito do óculos de cerveja. Vimos que o efeito dos óculos de cerveja era mais forte para rostos pouco atraentes. Selecionamos uma amostra de detalhamento com 26 pessoas e demos a elas doses variáveis de álcool (nada, 2 *pints*, 4 *pints* e 6 *pints* de cerveja) ao longo de quatro semanas diferentes. Pedimos a elas que avaliassem um monte de fotos de rostos pouco atraentes em iluminação fraca ou alta. A medida da variável de resultado foi a avaliação da atratividade média (em uma escala de 100) desses rostos, e as previsoras foram as doses de álcool e as condições de iluminação (**BeerGogglesLighting.sav**). A dose de álcool e a iluminação interagem para aumentar o efeito dos óculos de cerveja? ▌▌▌▌
- **Tarefa 6**: Usando a dica do SPSS 15.3, altere a sintaxe em **SimpleEffectsAttitude.sps** para analisar o efeito da bebida nas diferentes condições de imagens. ▌▌▌▌
- **Tarefa 7**: No início da minha carreira, observei o efeito de fornecer a crianças informações sobre animais. Em um estudo (Field, 2006), criei três novos animais (o *quoll*, o *quokka* e o *cuscus*), e as crianças receberam informações negativas sobre um dos animais, positivas sobre o segundo e nenhuma informação sobre o terceiro (controle). Depois de dar (ou não) a informação, pedi às crianças que colocassem suas mãos em três caixas de madeira, dentro das quais as crianças acreditavam que haveria um dos animais acima mencionados (**Field (2006).sav**). Faça um gráfico de barras de erro das médias e faça alguns testes de normalidade nos dados. ▌▌▌▌
- **Tarefa 8**: Transforme em log os escores da Tarefa 7 e repita os testes de normalidade. ▌▌▌▌
- **Tarefa 9**: Analise os dados da Tarefa 7 com um modelo robusto. As crianças demoram mais para colocar as mãos em uma caixa que acreditam conter um animal sobre o qual lhes disseram coisas desagradáveis? ▌▌▌

Respostas e recursos adicionais estão disponíveis no *site* do livro em
https://edge.sagepub.com/field5e.

16

MLG 5: DELINEAMENTOS MISTOS

16.1 O que aprenderei neste capítulo? 704

16.2 Delineamentos mistos 705

16.3 Pressupostos dos delineamentos mistos 705

16.4 Um exemplo de um encontro rápido 706

16.5 Delineamentos mistos utilizando o SPSS 708

16.6 Saídas dos delineamentos fatoriais mistos 713

16.7 Calculando os tamanhos de efeito 727

16.8 Relatando os resultados dos delineamentos mistos 729

16.9 Caio tenta conquistar Gina 732

16.10 E agora? 733

16.11 Termos-chave 733

Tarefas da Alex Astuta 733

16.1 O que aprenderei neste capítulo?

A maioria dos adolescentes tem ansiedade e depressão, mas eu provavelmente tinha versões mais agressivas delas. A escola só para meninos que eu frequentei sugou todas as minhas habilidades sociais como se fosse um parasita. Quando saí da escola, eu era uma pessoa aterrorizada. Se estivesse com meus colegas de banda, eu conseguia tocar guitarra e "cantar" na frente de pessoas sem problemas, mas manter uma conversa era um assunto completamente diferente. Na banda, eu me sentia à vontade; no mundo real, não. O aniversário de 18 anos é um momento de grande alegria para grande parte das pessoas. No Reino Unido, é hora de deixar de lado os grilhões da infância e abraçar o empolgante novo mundo da vida adulta. Você agora pode beber álcool e votar. Dias felizes. Seu bolo de aniversário pode simbolizar esse momento feliz e refletir uma de suas grandes paixões. O meu foi decorado com uma imagem de uma pessoa de cabelos compridos, que se parecia um pouco comigo, cortando seus pulsos. Isso resume muito bem como eu era aos 18 anos.

Ainda assim, eu não podia ficar trancado no meu quarto com meus álbuns do Iron Maiden para sempre e, por fim, tentei me integrar à sociedade. Entre meus 16 e 18 anos, isso envolveu ficar bêbado. Logo descobri que ficar bêbado fazia com que falar com as pessoas fosse muito mais fácil e que ficar *muito* bêbado me deixava inconsciente, o que fazia a pressão de falar com as pessoas desaparecer totalmente. Essa situação foi exacerbada pela presença súbita de garotas no meu círculo social. Desde Clair Sparks, cerca de 7 anos antes, eu não via uma garota. Elas eram particularmente problemáticas para o meu eu adolescente, porque não apenas se esperava que você falasse com elas, mas também que falasse coisas realmente impressionantes, porque assim uma delas poderia se tornar sua "namorada", e ter uma dessas significava que você talvez não fosse o pária social que você achava que era. O maior problema para conversar com garotas (além da ansiedade incapacitante) era que, em 1990, elas não gostavam de falar sobre Iron Maiden – e provavelmente ainda não gostam. O *speed dating*[1] (encontro rápido) não existia naquela época, mas, se existisse, eu teria fugido dele imediatamente: para mim, seria como uma manifestação doentia e distorcida do inferno na Terra.

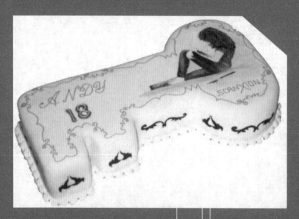

Figura 16.1 Meu bolo de aniversário de 18 anos.

---

[1] No caso de o *speed dating* sair de moda e ninguém saber do que estou falando, a ideia é que as pessoas que querem encontrar um parceiro romântico apareçam em um local onde haverá muitas outras pessoas que também querem um parceiro romântico. Metade do grupo senta individualmente em pequenas mesas, o restante escolhe uma mesa e tem 3 minutos para impressionar a outra pessoa na mesa com suas histórias sobre dados heteroscedásticos. Então um sino toca, metade do grupo se levanta e se move para a próxima mesa. Após sentar em todas as mesas, se passa o resto da noite tentando localizar a pessoa que impressionou ou evitando a criatura mutante que estava falando sem parar sobre "heteroalgumacoisa".

Teria sido aterrorizador contemplar a ideia de fazer parte de uma interação social na qual eu *tivesse* que pensar rapidamente em algo inteligente e divertido para dizer ou teria que enfrentar 3 minutos de silêncio constrangedor, encarando minha eterna solidão. Eu sinto algo parecido ao ser palestrante: consigo aguentar só até certo nível de decepção da plateia. De qualquer forma, talvez como autoajuda, ou algo assim, este capítulo é sobre *speed dating* – ah, e delineamentos mistos, mas, se eu disser isso, você trocará de capítulo assim que o sino tocar.

16.2 Delineamentos mistos ▮▮▮▮

Se você achou que o capítulo anterior tinha sido tenso, estou prestes a lançar uma complicação no jogo. Este capítulo analisa as situações em que combinamos medidas repetidas e delineamentos independentes. Como se isso não fosse ruim o suficiente, eu vou usar isso como uma desculpa para mostrar-lhe um delineamento com três variáveis independentes (neste momento, imagine que estou reclinado na minha cadeira, girando os olhos, babando e rindo como um maníaco). Quando um delineamento inclui algumas variáveis independentes que foram medidas usando diferentes  entidades e outras usando as mesmas entidades, temos um **delineamento misto**. Deve ficar óbvio que um delineamento misto exige pelo menos duas variáveis independentes, mas também é possível ter cenários mais complexos (p. ex., duas medidas independentes e uma medida repetida, uma medida independente e duas medidas repetidas, ou até duas de cada). Pelo fato de que, ao adicionar variáveis independentes, estamos simplesmente adicionando previsoras ao modelo linear, podemos ter praticamente qualquer número de variáveis independentes se o tamanho da amostra for grande o suficiente. No entanto, como veremos, os termos de interação com até três variáveis independentes são muito difíceis de interpretar, então usar mais que três variáveis é o caminho da insanidade e deveria ser evitado.[2]

Já que ainda estamos essencialmente usando o modelo linear, com o qual você deve estar familiarizado, vou pular a teoria (i.e., é tão complicado que eu não entendo) e assumir que você consegue aplicar o que aprendemos até agora a uma situação mais complexa com três variáveis independentes. Como vimos no último capítulo, as pessoas normalmente usam um modelo do "estilo ANOVA" quando há medidas repetidas. Em outras palavras, em vez de usar um modelo multinível flexível para incorporar escores entre indivíduos, as pessoas usam um modelo mais simples e menos flexível que requer certos pressupostos (esfericidade). Portanto, a variedade exata do modelo linear que usaremos é, às vezes, conhecida como **ANOVA mista**.

16.3 Pressupostos dos delineamentos mistos ▮▮▮▮

Se você leu os capítulos anteriores sobre comparação de médias, ficará cansado de me ver escrevendo que estamos usando um modelo linear e que, por isso, todas as fontes de possíveis vieses (e medidas de prevenção) discutidas no Capítulo 6 se aplicam. Mas veja só, eu acabei de repetir de novo. Evidentemente, como os delineamentos mistos incluem medidas repetidas e medidas independentes, temos um duplo obstáculo com que nos preocuparmos: a homogeneidade das variâncias *e* a esfericidade. É o suficiente para fazer você sugar a tinta do polvo do inevitável desespero. Mas não deixe que isso aconteça: podemos aplicar a correção de Greenhouse-Geisser e esquecer a esfericidade.

Os outros obstáculos do Capítulo 6 são mais problemáticos. Como vimos no capítulo anterior, o botão Bootstrap... não existe nos delineamentos de medidas repetidas. "E os testes não paramétricos?", você pergunta. Você não está sozinho: se eu ganhasse £1 (ou $1, €1 ou qualquer moeda que você queira) a cada vez que alguém me perguntasse qual é o equivalente não paramétrico da

---

[2] Os fãs da ironia apreciarão as ANOVAs de quatro fatores que conduzi em Field e Davey (1999) e Field e Moore (2005).

ANOVA mista, eu teria comprado uma bateria novinha em folha. A resposta curta é que não existe. Há um modelo robusto para delineamentos mistos envolvendo duas variáveis que pode ser executado utilizando o R (Wilcox, 2017), mas ele não está atualmente implementado no pacote WRS2, o que é difícil mostrar usando a extensão R do SPSS. Então, as opções são: (1) aprender R; (2) testar algumas das coisas do Capítulo 6 para ajustar seus dados de uma maneira mais razoável; ou (3) enfiar um tanque de oxigênio nas costas e começar a nadar no mar procurando aquele polvo...

16.4 Um exemplo de um encontro rápido ▌▌▌▌

Muitas revistas falam sobre relacionamentos (ou talvez só as *Marie Claire* da minha esposa, as quais eu não leio – honestamente). A questão principal parece ser como conseguir um relacionamento e, em seguida, muita discussão sobre a importância relativa da aparência, da personalidade e das estratégias de conquista (se você deve "tratá-los mal para mantê-los interessados" e coisas assim). Os cientistas também analisaram essas questões. Por exemplo, os três atributos mais bem avaliados de um parceiro em adolescentes são confiabilidade, honestidade e gentileza (Ha, Overbeek, e Engels, 2010). Além disso, no mesmo estudo, os garotos tenderam a classificar a atratividade como mais importante do que as garotas, e as garotas valorizam mais o senso de humor do que os garotos (embora as duas características estejam entre as 10 mais apreciadas pelos dois sexos). No que diz respeito às estratégias de conquista, Dai, Dong e Jia (2014) sugerem que, se alguém está querendo um relacionamento com uma pessoa que se faz de difícil, vai achar essa pessoa mais desejável, mas menos simpática.

Imagine que uma cientista delineou um estudo para analisar a interação entre a aparência, a personalidade e as estratégias de conquista nas avaliações de um encontro. Ela organizou uma noite de encontros rápidos com nove mesas e um "candidato" em cada mesa. Todas as pessoas utilizadas foram pretendentes selecionados para variar em atratividade (atraente, de atratividade média, sem atrativos), carisma (alto, médio, escreve livros de estatística) e também na estratégia que foram instruídos para usar durante a conversa (normal ou se fazendo de difícil). Os pretendentes foram treinados antes do estudo para agir de forma carismática em variados graus e também para se fazerem de difíceis ou não. Assim, dentre os nove pretendentes, havia três pessoas atraentes, uma das quais agiu carismaticamente, uma que agiu normalmente (média) e outra que agiu como idiota; o mesmo aconteceu com os três pretendentes com atratividade média e os três que não tinham atrativos. Portanto, cada participante dos encontros rápidos seria exposto a todas as combinações de atratividade e carisma (medidas repetidas).[3] Ao chegar, os participantes receberam aleatoriamente um adesivo azul ou vermelho. Para os participantes com o adesivo vermelho, os pretendentes se faziam de difícil e, para aqueles com o adesivo azul, agiam normalmente. Ao longo de algumas noites, 20 pessoas compareceram, passaram 5 minutos com cada um dos nove pretendentes e, em seguida, avaliaram, em percentual, o quanto gostariam de ter um encontro de verdade com a pessoa (100% = "Eu pagaria uma grande quantia de dinheiro pelo seu número de telefone", 0% = "Eu pagaria uma grande quantia de dinheiro para fugir de você").

Para ser claro, cada participante avaliou nove pessoas diferentes que variavam de acordo com atratividade e carisma. Estas são as duas variáveis de medidas repetidas: **Looks** (aparência, com três níveis, nos quais o pretendente poderia ser (atraente [*attractive*], médio [*average*] ou não atraente [*unattractive*]) e **Charisma** (carisma, com três níveis, nos quais o pretendente poderia ser muito carismático [*high charisma*], um pouco carismático [*some charisma*] e entediante [*none*]). Além disso, o pretendente empregou uma estratégia de "fazer-se de difícil" (*hard to get*) com metade dos participantes e agiu normalmente (*normal*) ser com o restante, de modo que podemos incluir **Strategy** (estratégia) como uma variável entre os grupos. Os dados estão na Tabela 16.1.

---

[3] Havia um conjunto de nove pretendentes e nove atrizes para que os participantes pudessem encontrar "parceiros" do sexo que lhes interessasse mais.

Tabela 16.1 Dados do arquivo **LooksOrPersonality.sav**

Charisma	High Charisma			Some Charisma			Dullard		
Looks	Attractive	Average	Unattractive	Attractive	Average	Unattractive	Attractive	Average	Unattractive
Strategy									
Hard to get	86	84	67	88	69	50	97	48	47
	91	83	53	83	74	48	86	50	46
	89	88	48	99	70	48	90	45	48
	89	69	58	86	77	40	87	47	53
	80	81	57	88	71	50	82	50	45
	80	84	51	96	63	42	92	48	43
	89	85	61	87	79	44	86	50	45
	100	94	56	86	71	54	84	54	47
	90	74	54	92	71	58	78	38	45
	89	86	63	80	73	49	91	48	39
Normal	89	91	93	88	65	54	55	48	52
	84	90	85	95	70	60	50	44	45
	99	100	89	80	79	53	51	48	44
	86	89	83	86	74	58	52	48	47
	89	87	80	83	74	43	58	50	48
	80	81	79	86	59	47	51	47	40
	82	92	85	81	66	47	50	45	47
	97	69	87	95	72	51	45	48	46
	95	92	90	98	64	53	54	53	45
	95	93	96	79	66	46	52	39	47

16.5 Delineamentos mistos utilizando o SPSS ||||

O procedimento geral para os delineamentos mistos é igual ao de qualquer outro modelo linear (ver Capítulo 9). A Figura 16.2 mostra uma visão geral mais simples, que destaca alguns dos problemas específicos ao usarmos um delineamento misto.

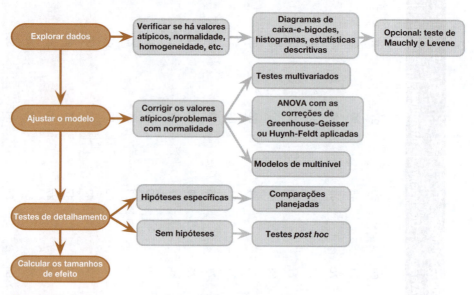

Figura 16.2 O processo para analisar os delineamentos mistos.

16.5.1 Inserindo os dados ||||

Inserimos esses dados da mesma maneira que no capítulo anterior. Lembre-se de que cada linha no editor de dados representa um único participante e de que os níveis das variáveis de medidas repetidas são colocados em colunas. Neste experimento, há nove condições experimentais, e, portanto, os dados precisam ser inseridos em nove colunas (o formato é idêntico ao da Tabela 16.1). Você também precisará criar uma variável codificadora para inserir os valores da estratégia de conquista empregada pelos pretendentes.

Teste seus conhecimentos

No editor de dados, crie nove variáveis com os nomes e rótulos das variáveis fornecidas na Figura 16.3. Crie uma variável **Strategy** com rótulos de valor 0 = normal, 1 = fazer-se de dfícil.

Teste seus conhecimentos

Insira os dados como na Tabela 16.1. Se você tiver problemas, use o arquivo **LooksOrPersonality.sav**.

Nome da variável	Rótulo da variável
att_high	Atraente e muito carismático
av_high	Médio e muito carismático
ug_high	Não atraente e muito carismático
att_some	Atraente e um pouco carismático
av_some	Médio e um pouco carismático
ug_some	Não atraente e um pouco carismático
att_none	Atraente e entediante
av_none	Médio e entediante
ug_none	Não atraente e entediante

Figura 16.3 Nomes das variáveis e de seus rótulos.

16.5.2 Ajustando o modelo ▐▐▐▐

Selecione *Analyze* ▶ *General Linear Model* ▶ 🖽 Repeated Measures... (analisar ▶ modelo linear geral ▶ medidas repetidas) para acessar uma caixa de diálogo similar à da Figura 16.4. Como no capítulo anterior, primeiro nomeamos nossas variáveis de medidas repetidas e especificamos quantos níveis elas possuem. Nós temos duas medidas repetidas: **Looks** (atraente, médio e não atraente) e **Charisma** (alto carisma, pouco carisma e entediante). Na caixa de diálogo *Define Factor(s)* (definir fator[es]), substitua a palavra *Factor1* pela palavra "*Looks*" e digite "3" na caixa *Number of Levels* (número de níveis). Clique em Add para registrar essa variável na lista das variáveis de medidas repetidas (ela aparece como *Looks[3]*). Em seguida, digite "*Charisma*" na caixa *Within-Subject Factor Name* (nome do fator intrassujeitos) e digite "3" no espaço *Number of Levels*. Click em Add e *Charisma(3)* aparecerá na lista (ver Figura 16.4). Clique em Define para ir para a caixa de diálogo principal.

A caixa de diálogo principal similar à da Figura 16.5 é parecida com a do capítulo anterior. No topo da caixa *Within-Subjects Variables*, as duas variáveis que acabamos de definir (**Looks** e **Cha-**

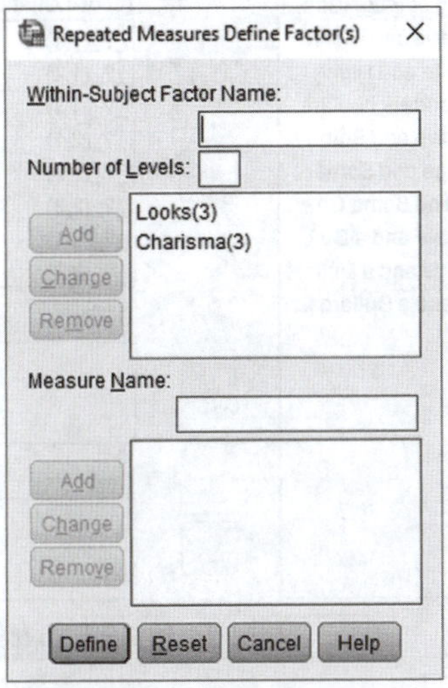

Figura 16.4 Caixa de diálogo para definir as medidas repetidas.

risma) estão listadas, e embaixo delas há uma série de pontos de interrogação seguidos por números entre parênteses. Os números entre parênteses representam os níveis das variáveis independentes – veja o capítulo anterior para uma explicação mais detalhada. Temos duas variáveis independentes de medidas repetidas, e, por isso, há dois números entre parênteses. O primeiro número refere-se aos níveis da primeira variável listada acima da caixa (neste caso, **Looks**), e o segundo se refere aos níveis da segunda variável listada acima da caixa (neste caso, **Charisma**). Assim como nos outros delineamentos de medidas repetidas que encontramos, devemos atribuir variáveis aos pontos de interrogação. Antes de fazermos essa tarefa, precisamos pensar nos contrastes.

A primeira variável, **Looks**, tinha três condições: atraente, médio e não atraente. Faz sentido comparar as condições atraente e não atraente com a média, porque a pessoa média representa o mais comum (embora não seja errado, p. ex., comparar as atraentes e médias às não atraentes). Essa comparação pode ser feita usando um contraste simples (ver Tabela 12.6) se atribuirmos "média" à primeira ou à última categoria. **Charisma** também tem uma categoria que representa o mais comum: um pouco de carisma. Novamente, poderíamos usar isso como uma condição de controle para compararmos com nossos dois extremos (muito carisma e entediante). Assim como com **Looks**, poderíamos usar um contraste simples para comparar tudo com "um pouco de carisma" se atribuirmos essa categoria ao primeiro ou ao último nível.

Com base nos contrastes propostos, faz sentido ter "média" como nível 3 de **Looks** e "um pouco de carisma" como nível 3 de **Charisma**. Os níveis restantes podem ser atribuídos arbitrariamente. Eu atribuí "atraente" ao nível 1 e "não atraente" ao nível 2 de **Looks**, e para **Charisma** atribuí "muito carisma" ao nível 1 e "nenhum" ao nível 2. Essas decisões significam que as variáveis devem ser inseridas como na Figura 16.6. Eu deliberadamente não ordenei as variáveis da forma como estão listadas no editor de dados para confundi-lo. Assim, eu me sinto melhor em relação à minha incapacidade de ter um relacionamento amoroso na adolescência.

Até agora, o procedimento tem sido similar ao dos delineamentos fatoriais de medidas repetidas. No entanto, temos um delineamento misto; portanto também precisamos especificar as variáveis entre grupos. Fazemos isso arrastando **Strategy** para a caixa *Between-Subjects Factors* (fatores entre sujeitos) (ou clicando em ⬇). A caixa de diálogo completa é apresentada na Figura 16.7.

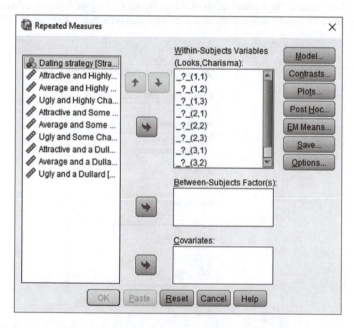

Figura 16.5 Caixa de diálogo principal para os delineamentos mistos antes da finalização.

16.5.3 Outras opções

Como vimos no capítulo anterior, você só pode inserir códigos de contraste personalizados usando a sintaxe, mas vamos usar os contrastes do SPSS (ver Tabela 12.6) mesmo assim. Clique em Contrasts... para ativar a caixa de diálogo como a da Figura 16.8. Na seção anterior, descrevi porque seria interessante usar a atratividade "média" e "um pouco de carisma" como categorias de referência para as variáveis **Looks** e **Charisma** respectivamente. Usamos a caixa de diálogo *Contrasts* nas seções 13.5.5 e 15.8.2, e, assim, você deve saber como selecionar um contraste simples para **Looks** e **Charisma**. Em ambos os casos, especificamos as variáveis de tal forma que a categoria de controle seja a última; portanto podemos deixar a categoria de referência como Last . **Strategy** tem apenas dois níveis (fazer-se de difícil e normal), então não precisamos especificar

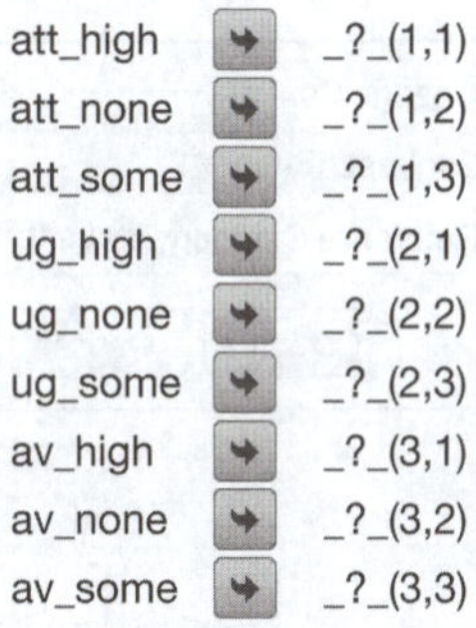

att_high _?_(1,1)
att_none _?_(1,2)
att_some _?_(1,3)
ug_high _?_(2,1)
ug_none _?_(2,2)
ug_some _?_(2,3)
av_high _?_(3,1)
av_none _?_(3,2)
av_some _?_(3,3)

Figura 16.6 Organização das variáveis dos dados dos encontros rápidos.

Repeated Measures
Within-Subjects Variables (Looks,Charisma):
att_high(1,1)
att_none(1,2)
att_some(1,3)
ug_high(2,1)
ug_none(2,2)
ug_some(2,3)
av_high(3,1)
av_none(3,2)
Model...
Contrasts...
Plots...
Post Hoc...
EM Means...
Save...
Options...
Between-Subjects Factor(s):
Dating strategy [Stra...
Covariates:
OK
Paste
Reset
Cancel
Help

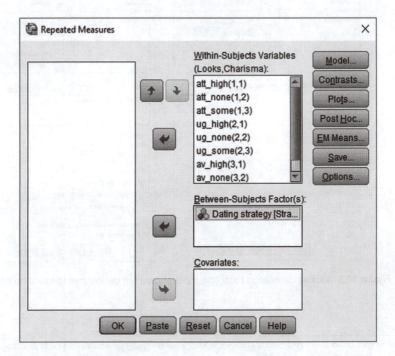

Figura 16.7 A caixa de diálogo principal completa para os delineamentos mistos.

contrastes para essa variável, nem precisamos selecionat testes *post hoc*.[4] Clique em Continue para retornar à caixa de diálogo principal.

Podemos criar um diagrama do efeito de interação **Looks** × **Charisma** × **Strategy** clicando em Plots... para acessar a caixa de diálogo similar à da Figura 16.9. Arraste **Looks** para a janela

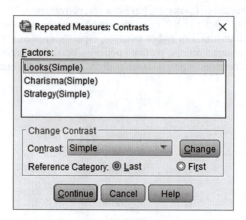

Figura 16.8

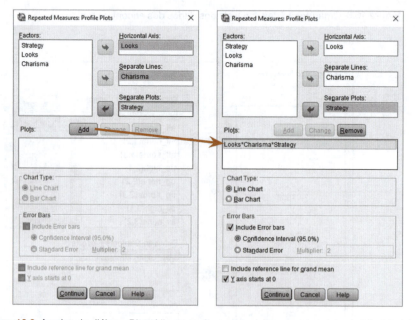

Figura 16.9 A caixa de diálogo *Plots* (diagramas) para um delineamento misto de três fatoriais.

---

[4] Se você quiser testes *post hoc* para os seus dados, clique em Post Hoc... para ativar a caixa de diálogo dos testes *post hoc*. Siga os passos da seção 12.6.3.

Lanterna de Oditi
Delineamentos mistos

"Eu, Oditi, posso ser pouco atrante, mas sou muito carismático. Eu estou no topo de algumas outras coisas também. Olhe profundamente nos meus olhos encantadores e você descobrirá que quer se juntar ao culto das verdades numéricas ocultas. Nossa próxima aula é sobre delineamentos mistos, então encare a minha lanterna e mergulhe cada vez mais fundo no meu culto. Você vai despertar com uma paixão estranha por interações de três fatoriais e um desejo de fazer apenas o que eu mandar."

Horizontal Axis (eixo horizontal), **Charisma** para a janela *Separate Line* (linha separada) e **Strategy** para *Separate Plots* (diagramas separados). Clique em Add para registrar esse gráfico. Especificar o gráfico dessa forma representa a interação de **Looks** e **Charisma**, mas produz versões separadas para os pretendentes que usaram uma estratégia de "fazer-se de difícil" e os que não o fizeram. Escolha um *Line Chart* (diagrama de linhas) e *Include Error bars* (incluir barras de erro) mostrando intervalos de 95% de confiança. Por fim, como já fizemos antes, selecione *Y axis starts at 0* (eixo y começa em 0) para fixar a escala do diagrama em zero. Você também pode usar essa caixa de diálogo para criar diagramas dos efeitos principais e das várias interações de dois fatoriais.

Para escolher outras opções, selecione as mesmas do exemplo do último capítulo (ver seção 15.14.4): vale a pena selecionar médias marginais estimadas para todos os efeitos (porque esses valores ajudarão a entender os efeitos que forem significativos). Se precisar, selecione ☑ *Homogeneity tests* (testes de homogeneidade).

16.6 Saídas dos delineamentos fatoriais mistos ▍▍▍▍

A Saída 16.1 contém uma tabela listando as variáveis de medidas repetidas do editor de dados e o nível de cada variável independente que elas representam. Uma segunda tabela contém estatísticas descritivas (médias e desvios-padrão) de cada uma das nove condições de medidas repetidas divididas de acordo com os participantes terem tido contato com pretendentes que se faziam de difíceis ou não.

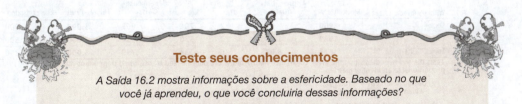

Teste seus conhecimentos
A Saída 16.2 mostra informações sobre a esfericidade. Baseado no que você já aprendeu, o que você concluiria dessas informações?

Within-Subjects Factors
Measure: MEASURE_1

Looks	Charisma	Dependent Variable
1	1	att_high
	2	att_none
	3	att_some
2	1	ug_high
	2	ug_none
	3	ug_some
3	1	av_high
	2	av_none
	3	av_some

Descriptive Statistics

	Dating strategy	Mean	Std. Deviation	N
Attractive and Highly Charismatic	Normal	89.60	6.637	10
	Hard to get	88.30	5.697	10
	Total	88.95	6.057	20
Attractive and a Dullard	Normal	51.80	3.458	10
	Hard to get	87.30	5.438	10
	Total	69.55	18.743	20
Attractive and Some Charisma	Normal	87.10	6.806	10
	Hard to get	88.50	5.740	10
	Total	87.80	6.170	20
Ugly and Highly Charismatic	Normal	86.70	5.438	10
	Hard to get	56.80	5.731	10
	Total	71.75	16.274	20
Ugly and a Dullard	Normal	46.10	3.071	10
	Hard to get	45.80	3.584	10
	Total	45.95	3.252	20
Ugly and Some Charisma	Normal	51.20	5.453	10
	Hard to get	48.30	5.376	10
	Total	49.75	5.476	20
Average and Highly Charismatic	Normal	88.40	8.329	10
	Hard to get	82.80	7.005	10
	Total	85.60	8.022	20
Average and a Dullard	Normal	47.00	3.742	10
	Hard to get	47.80	4.185	10
	Total	47.40	3.885	20
Average and Some Charisma	Normal	68.90	5.953	10
	Hard to get	71.80	4.417	10
	Total	70.35	5.314	20

Saída 16.1

A Saída 16.2 mostra informações sobre a esfericidade de cada um dos três efeitos de medidas repetidas no modelo. Embora eu recomende corrigir a esfericidade em qualquer situação, as estimativas mostram muito pouco desvio da esfericidade (as estimativas de Huynh-Feldt são todas 1, o que equivale a dados esféricos). Já que as estimativas de Huynh-Feldt não mostram nenhum desvio da esfericidade, é razoável não utilizar a correção, mas, se isso for feito, o impacto será mínimo (pois as estimativas Greenhouse-Geisser também são todas próximas de 1). Se você é mais entusiasmado pelo teste de Mauchly do que eu, note que todos os valores da coluna *Sig.* estão acima de 0,05, indicando que não há desvios significativos da esfericidade.

Mauchly's Test of Sphericity[a]
Measure: MEASURE_1

Within Subjects Effect	Mauchly's W	Approx. Chi-Square	df	Sig.	Epsilon[b] Greenhouse-Geisser	Huynh-Feldt	Lower-bound
Looks	.960	.690	2	.708	.962	1.000	.500
Charisma	.929	1.246	2	.536	.934	1.000	.500
Looks * Charisma	.613	8.025	9	.534	.799	1.000	.250

Tests the null hypothesis that the error covariance matrix of the orthonormalized transformed dependent variables is proportional to an identity matrix.

a. Design: Intercept + Strategy
   Within Subjects Design: Looks + Charisma + Looks * Charisma

b. May be used to adjust the degrees of freedom for the averaged tests of significance. Corrected tests are displayed in the Tests of Within-Subjects Effects table.

Saída 16.2

A Saída 16.3 contém as estatísticas *F*. A versão dessa tabela que você está vendo parece ainda mais poluída, mas eu utilizei as instruções da Dica do SPSS 15.4 para ocultar os valores que não nos interessam. A tabela é dividida em seções para cada um dos efeitos no modelo e seus termos de erro. As interações entre a variável entre grupos da estratégia e os efeitos das medidas repetidas também estão incluídas nessa tabela. Começando no topo da tabela, encontramos efeitos significativos (o valor na coluna *Sig.* é menor que 0,05) de **Looks**, da interação entre **Looks × Strategy**, **Charisma**, da interação entre **Charisma × Strategy**, da interação entre **Looks × Charisma** e da interação entre **Looks × Charisma × Strategy**. Basicamente tudo. Normalmente, não estamos interessados nos efeitos principais quando houver interações significativas, mas, para fins de conclusão, interpretaremos cada efeito separadamente, começando com o efeito principal da variável **Strategy**.

Tests of Within-Subjects Effects

Measure: MEASURE_1
Greenhouse-Geisser

Source	Type III Sum of Squares	df	Mean Square	F	Sig.
Looks	20779.633	1.923	10803.275	423.733	.000
Looks * Strategy	3944.100	1.923	2050.527	80.427	.000
Error(Looks)	882.711	34.622	25.496		
Charisma	23233.600	1.868	12437.761	328.250	.000
Charisma * Strategy	4420.133	1.868	2366.252	62.449	.000
Error(Charisma)	1274.044	33.624	37.891		
Looks * Charisma	4055.267	3.197	1268.295	36.633	.000
Looks * Charisma * Strategy	2669.667	3.197	834.945	24.116	.000
Error(Looks*Charisma)	1992.622	57.554	34.622		

Saída 16.3

Teste seus conhecimentos

Qual é a diferença entre um efeito principal e uma interação?

16.6.1 O efeito principal da estratégia ▮▮▯▯

Antes de olhar para o principal efeito da estratégia, algumas pessoas (mas não eu) usariam o teste de Levene para verificar a hipótese de homogeneidade das variâncias (ver seção 6.11.2)

Teste seus conhecimentos

Com base na Saída 16.4, a hipótese de homogeneidade das variâncias foi satisfeita?

A Saída 16.4 mostra o teste de Levene para determinar se as variâncias são equivalentes nas condições "fazer-se de difícil" e "normal" em todos os nove níveis combinados das variáveis de

Pesquisa Real do João Jaleco 16.1
O objeto do desejo ||||

Bernard, P. et al. (2012). *Psychological Science*, 23(5), 469-471.

Há uma preocupação de que imagens que retratam mulheres de maneira sexual façam com que mulheres sejam vistas como objetos. Essa ideia foi testada em um estudo inventivo de Philippe Bernard (Bernard, Gervais, Allen, Campomizzi e Klein, 2012). É mais difícil reconhecer imagens de cabeça para baixo (invertidas) do que imagens que estejam na posição normal. Esse "efeito de inversão" ocorre com imagens de humanos, mas não com imagens de objetos. Bernard e colaboradores utilizaram esse efeito para testar se imagens sexualizadas de mulheres são processadas como imagens de objetos. Eles apresentaram aos participantes fotos de homens e mulheres sexualizados (ou seja, com pouca roupa). Metade dessas imagens estavam invertidas (**Inverted_Women** e **Inverted_Men**) e o restante estava na posição vertical normal (**Upright_Women** e **Upright_Men**). Eles anotaram o **Gender** (sexo) do participante. Após cada teste, foram mostradas duas fotos para os participantes e foi solicitado que identificassem qual delas eles tinham acabado de ver. O resultado foi a proporção de imagens corretamente identificadas. Um efeito de inversão é refletido em maiores escores de reconhecimento de imagens na posição normal do que de imagens invertidas. Se as imagens sexualizadas de mulheres forem processadas como objetos, esperaríamos um efeito de inversão para as figuras masculinas, mas não para as femininas. Os dados estão em **Bernard et al (2012).sav**. Ajuste um modelo para ver se o sexo indicado na imagem (masculino ou feminino) e a orientação da imagem (normal ou invertida) interagem significativamente. Inclua o sexo do participante como o fator entre grupos. Detalhe a análise com testes-*t* observando: (1) o efeito da inversão nas imagens de homens; (2) o efeito da inversão nas imagens de mulheres; (3) o efeito do sexo nas imagens na posição normal; e (4) o efeito do gênero nas imagens invertidas. As respostas estão no *site* do livro (ou veja a página 470 do artigo original).

medidas repetidas; como todos os valores das significâncias são maiores do que 0,05, as variâncias podem ser consideradas homogêneas para todos os níveis de medidas repetidas das variáveis.

O principal efeito da estratégia está listado separadamente dos efeitos de medidas repetidas na Saída 16.5. Ela não teve um efeito significativo nas avaliações dos pretendentes porque a significância foi de 0,946, que está bem acima de 0,05. Esse efeito nos diz que, se ignorarmos todas as outras variáveis, as avaliações seriam equivalentes, independentemente de o pretendente ter se feito de difícil ou não. Se você marcou *Estimated Marginal Means* (médias marginais estimadas) nas opções (suponho que você faça de agora em diante), você obterá uma tabela similar à da Figura 16.10. Eu também incluí um diagrama dessas médias. Fica claro, a partir desse diagrama, que, no geral, as avaliações dos pretendentes que se fizeram de difícil foram equivalentes às dos pretendentes que não agiram assim.

Capítulo 16 • MLG 5: Delineamentos mistos

Levene's Test of Equality of Error Variances[a]

	F	df1	df2	Sig.
Attractive and Highly Charismatic	1.131	1	18	.302
Attractive and a Dullard	1.949	1	18	.180
Attractive and Some Charisma	.599	1	18	.449
Ugly and Highly Charismatic	.005	1	18	.945
Ugly and a Dullard	.082	1	18	.778
Ugly and Some Charisma	.124	1	18	.729
Average and Highly Charismatic	.102	1	18	.753
Average and a Dullard	.004	1	18	.950
Average and Some Charisma	1.763	1	18	.201

Tests the null hypothesis that the error variance of the dependent variable is equal across groups.

a. Design: Intercept + Strategy
    Within Subjects Design: Looks + Charisma + Looks * Charisma

Saída 16.4

Tests of Between-Subjects Effects

Measure: MEASURE_1
Transformed Variable: Average

Source	Type III Sum of Squares	df	Mean Square	F	Sig.
Intercept	94027.756	1	94027.756	20036.900	.000
Strategy	.022	1	.022	.005	.946
Error	84.469	18	4.693		

Saída 16.5

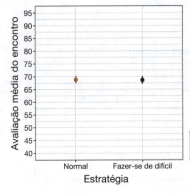

1. Dating strategy

Measure: MEASURE_1

Dating strategy	Mean	Std. Error	95% Confidence Interval Lower Bound	Upper Bound
Normal	68.533	.685	67.094	69.973
Hard to get	68.600	.685	67.161	70.039

Figura 16.10 Médias e diagrama do efeito principal da variável **Strategy**.

16.6.2 O efeito principal da aparência

Teste seus conhecimentos

Com base na seção anterior e no que você aprendeu nos capítulos anteriores e considerando a Saída 16.3, você consegue interpretar o efeito principal de **Looks**?

A Saída 16.3 mostrou um efeito principal significativo de aparência, $F(1,92, 34,62) = 423,73$, $p < 0,001$, ou seja, se ignorarmos todas as outras variáveis, as avaliações dos pretendentes atraentes, médios e não atraentes diferiram. A Figura 16.11 mostra as médias marginais estimadas e um diagrama delas. Os níveis de **Looks** são rotulados como 1, 2 e 3, e cabe a você lembrar como você inseriu as variáveis (ou consulte a Saída 16.1). Se você atribuiu os níveis da variável como eu fiz, então o nível 1 é atraente, o 2 é não atraente e o 3 é médio. Nessa tabela e diagrama, você pode ver que, quando a atratividade cai, a avaliação média também cai. Esse efeito principal parece refletir que os avaliadores eram mais propensos a expressar um maior interesse em sair

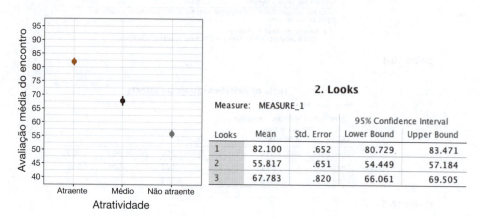

Figura 16.11 Médias e gráficos do efeito principal de **Looks**.

Tests of Within-Subjects Contrasts

Measure: MEASURE_1

Source	Looks	Charisma	Type III Sum of Squares	df	Mean Square	F	Sig.
Looks	Level 1 vs. Level 3		4099.339	1	4099.339	226.986	.000
	Level 2 vs. Level 3		2864.022	1	2864.022	160.067	.000
Looks * Strategy	Level 1 vs. Level 3		781.250	1	781.250	43.259	.000
	Level 2 vs. Level 3		540.800	1	540.800	30.225	.000
Error(Looks)	Level 1 vs. Level 3		325.078	18	18.060		
	Level 2 vs. Level 3		322.067	18	17.893		
Charisma		Level 1 vs. Level 3	3276.800	1	3276.800	109.937	.000
		Level 2 vs. Level 3	4500.000	1	4500.000	227.941	.000
Charisma * Strategy		Level 1 vs. Level 3	810.689	1	810.689	27.199	.000
		Level 2 vs. Level 3	665.089	1	665.089	33.689	.000
Error(Charisma)		Level 1 vs. Level 3	536.511	18	29.806		
		Level 2 vs. Level 3	355.356	18	19.742		
Looks * Charisma	Level 1 vs. Level 3	Level 1 vs. Level 3	3976.200	1	3976.200	21.944	.000
		Level 2 vs. Level 3	441.800	1	441.800	4.091	.058
	Level 2 vs. Level 3	Level 1 vs. Level 3	911.250	1	911.250	6.231	.022
		Level 2 vs. Level 3	7334.450	1	7334.450	88.598	.000
Looks * Charisma * Strategy	Level 1 vs. Level 3	Level 1 vs. Level 3	168.200	1	168.200	.928	.348
		Level 2 vs. Level 3	6552.200	1	6552.200	60.669	.000
	Level 2 vs. Level 3	Level 1 vs. Level 3	1711.250	1	1711.250	11.701	.003
		Level 2 vs. Level 3	110.450	1	110.450	1.334	.263
Error(Looks*Charisma)	Level 1 vs. Level 3	Level 1 vs. Level 3	3261.600	18	181.200		
		Level 2 vs. Level 3	1944.000	18	108.000		
	Level 2 vs. Level 3	Level 1 vs. Level 3	2632.500	18	146.250		
		Level 2 vs. Level 3	1490.100	18	82.783		

Saída 16.6

com pessoas atraentes do que com as médias ou as não atraentes. Entretanto, os contrastes nos ajudarão a entender exatamente o que está acontecendo.

A Saída 16.6 mostra os contrastes que solicitamos. Por enquanto, basta olhar para a linha chamada *Looks*. Lembre-se de que fizemos um contraste simples e obtivemos um contraste que compara o nível 1 ao nível 3 e, em seguida, comparamos o nível 2 ao nível 3; por causa da ordem em que inserimos as variáveis, esses contrastes representam atraente em comparação com médio (nível 1 vs. nível 3) e não atraente em comparação com médio (nível 2 vs. nível 3). Os valores de F para cada contraste e seus respectivos valores de significância nos dizem que o efeito principal de **Looks** representou o fato de que os pretendentes atraentes tiveram avaliações significativamente maiores do que os médios, $F(1, 18) = 226{,}99$, $p < 0{,}001$, e que os pretendentes médios tiveram avaliações significativamente maiores do que os não atraentes, $F(1, 18) = 160{,}07$, $p < 0{,}001$.

16.6.3 O efeito principal do carisma ||||

Na Saída 16.3, houve um efeito principal significativo da variável carisma, $F(1{,}87, 33{,}62) = 328{,}25$, $p < 0{,}001$, que nos diz que, se ignorarmos todas as outras variáveis, as avaliações para os pretendentes muito carismáticos, um pouco carismáticos e entediantes diferiram. A Figura 16.12 mostra as médias marginais estimadas da saída junto com um gráfico. Novamente, os níveis de **Charisma** são rotulados como 1, 2 e 3. Se você fez o mesmo que eu, então o nível 1 equivale a muito carisma, o nível 2, a entediante, e o nível 3, a um pouco de carisma. Esse efeito principal parece indicar que, à medida que o carisma diminui, a avaliação média do pretendente também diminui: os participantes expressaram um interesse maior por sair com pessoas mais carismáticas do que com pessoas comuns ou entediantes.

Solicitamos contrastes simples (a linha *Charisma* na Saída 16.6), e, devido à ordem em que inserimos as variáveis, esses contrastes representam muito carisma comparado a um pouco de carisma (nível 1 vs. nível 3) e nenhum carisma comparado a um pouco de carisma (nível 2 vs. nível 3). Esses contrastes nos dizem que o efeito principal de **Charisma** é que os pretendentes muito carismáticos tiveram uma avaliação significativamente maior do que os pretendentes com um pouco de carisma, $F(1, 18) = 109{,}94$, $p < 0{,}001$, e os pretendentes com um pouco de carisma tiveram avaliações significativamente mais altas do que os entediantes, $F(1, 18) = 227{,}94$, $p < 0{,}001$.

16.6.4 A interação entre estratégia e aparência ||||

A estratégia interagiu significativamente com a atratividade do pretendente, $F(1{,}92, 34{,}62) = 80{,}43$, $p < 0{,}001$ (Saída 16.3). Esse efeito nos diz que as avaliações entre pretendentes de níveis de atratividade diferentes foram diferentes conforme eles se faziam ou não de difíceis. As médias marginais estimadas e o diagrama de interação (é possível obter uma versão dele usando a caixa de

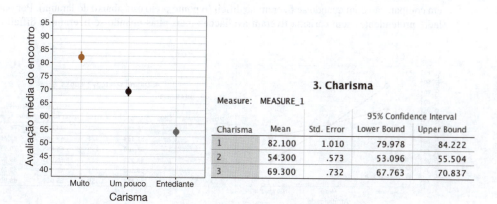

Figura 16.12 Médias e diagrama do efeito principal da variável **Charisma**.

diálogo da Figura 16.9) estão na Figura 16.13. O diagrama mostra que, para pretendentes de atratividade média, não fez diferença se eles se faziam de difíceis ou não (os pontos laranja e preto no gráfico estão em locais semelhantes). Para pretendentes atraentes, as avaliações eram mais altas quando o pretendente se fazia de difícil (ponto preto) do que quando não (ponto laranja) e, para os pretendentes pouco atraentes, o contrário era verdadeiro: as avaliações eram mais baixas quando os pretendentes se faziam de difíceis. Em suma, se fazer de difícil só parece causar um efeito nos extremos de atratividade. Outra maneira de ver isso é pela inclinação das linhas: quando os pretendentes se faziam de difícil, a inclinação (linha preta) ficava mais acentuada do que quando agiam normalmente (linha laranja), o que implica que a atratividade tem um impacto maior nas avaliações nas quais o pretendente se fazia de difícil. Essa interação pode ser esclarecida usando os contrastes da saída 16.6.

O primeiro contraste para o termo de interação compara o nível 1 de **Looks** (atraente) ao nível 3 (médio), comparando o comportamento normal ao fazer-se de difícil. Esse contraste é altamente significativo, $F(1, 18) = 43,26$, $p < 0,001$, sugerindo que o aumento do interesse encontrado em pretendentes atraentes em comparação com os de atratividade média quando os pretendentes se fizeram de difícil é significativamente maior do que quando eles agiram normalmente. Assim, na Figura 16.13, a inclinação da linha preta (fazer-se de difícil) entre pretendentes atraentes e médios é mais acentuada do que a linha laranja (normal). A preferência por pretendentes atraentes, em comparação aos pretendentes médios, era maior quando eles se fizeram de difícil do que quando agiram normalmente.

O segundo contraste, que compara o comportamento de fazer-se de difícil ao normal no nível 2 de **Looks** (não atraente) em relação ao nível 3 (médio) também é altamente significativo, $F(1, 18) = 30,23$, $p < 0,001$. Esse contraste nos diz que a diminuição do interesse dos pretendentes não atraentes em comparação com aos de atratividade média encontrados quando os pretendentes se fizeram de difícil é significativamente maior do que quando agiram normalmente. Na Figura 16.13, a inclinação da linha preta entre os pretendentes não atraentes e médios é mais acentuada do que a da linha laranja correspondente. A preferência por pretendentes de atratividade média, em comparação aos pretendentes não atraentes, foi maior quando eles se fizeram de difícil do que quando agiram normalmente.

16.6.5 A interação entre estratégia e carisma

A Saída 16.3 mostrou que a estratégia interagiu de forma significativa com o carisma do pretendente, $F(1,87, 33,62) = 62,45$, $p < 0,001$. Esse efeito significa que as avaliações de pretendentes de diferentes níveis de carisma foram influenciadas pela estratégia de conquista empregada. As médias marginais estimadas e o diagrama da Figura 16.14 mostram quase o padrão inverso à interação **Strategy** × **Looks**. Para pretendentes com níveis normais de carisma, a estratégia de conquista adotada teve pouco impacto (os pontos preto e laranja coincidem). No entanto, os pretendentes muito carismáticos foram classificados com notas superiores quando agiram normalmente em comparação com quando se fizeram de difícil (o ponto preto está abaixo do laranja). Por outro lado, pretendentes sem carisma tiveram avaliações mais altas quando se fizeram de difícil em

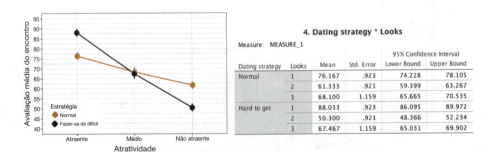

Figura 16.13 Médias e diagrama da interação das variáveis **Strategy** × **Looks**.

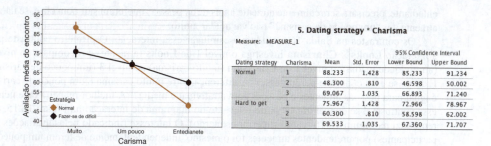

Figura 16.14 Médias e diagrama da interação das variáveis **Strategy** × **Charisma**.

comparação a quando agiram normalmente (o ponto preto está acima do laranja). Embora o interesse dos participantes diminuísse à medida que o carisma diminuía, essa queda foi menos pronunciada quando os pretendentes se fizeram de difícil.

Podemos dividir essa interação usando os contrastes da Saída 16.6. No primeiro, que analisa o nível 1 de carisma (muito carisma) em comparação ao nível 3 (um pouco de carisma), comparando fazer-se de difícil em relação a agir normalmente, é altamente significativo, $F(1, 18) = 27,20, p < 0,001$. Esse resultado nos diz que o aumento no interesse em pretendentes muito carismáticos em comparação aos pretendentes um pouco carismáticos agindo normalmente é significativamente mais alto do que quando se fizeram de difícil. Na Figura 16.14, a inclinação da linha laranja (fazer-se de difícil) entre muito carisma e um pouco de carisma é mais acentuada do que a linha preta correspondente (normal). A preferência por pretendentes muito carismáticos em comparação a pretendentes um pouco carismáticos foi menor quando se fizeram de difícil.

O segundo contraste da interação entre **Charisma** × **Strategy** analisa o nível 2 de **Charisma** (entediante) em comparação com o nível 3 (um pouco de carisma), comparando fazer-se de difícil em relação a agir normalmente. Esse contraste é altamente significativo, $F(1, 18) = 33,69, p < 0,001$, sugerindo que a diminuição do interesse em pretendentes entediantes em comparação a pretendentes um pouco carismáticos é significativamente menor quando os pretendentes se fazem de difícil do que quando agem normalmente. Na Figura 16.14, a inclinação da linha laranja (normal) entre os um pouco carismáticos e os entediantes é mais acentuada do que a da linha preta correspondente (fazer-se de difícil): a preferência por pretendentes um pouco carismáticos em detrimento dos entediantes foi maior quando eles agiram normalmente do que quando se fizeram de difícil.

16.6.6 A interação entre aparência e carisma ▮▮▮▮

Houve uma interação significativa entre as variáveis **Looks** × **Charisma**, $F(3,20, 57,55) = 36,63, p < 0,001$ (Saída 16.3). Esse efeito nos diz que as avaliações de pretendentes com diferentes níveis de carisma foram diferentes para pretendentes atraentes, médios e não atraentes. Podemos desmembrar essa interação utilizando as médias marginais estimadas, um diagrama (use a caixa de diálogo na Figura 16.9) e os contrastes. O gráfico da Figura 16.15 mostra as avaliações médias de pretendentes de diferentes níveis de atratividade quando o pretendente também tinha altos níveis de carisma (linha laranja), um pouco de carisma (linha preta) e nenhum carisma (linha cinza). Olhe primeiro para a diferença entre pretendentes atraentes e médios. O interesse em pretendentes muito carismáticos não muda (a linha laranja é mais ou menos plana entre esses dois pontos), mas, para candidatos com um pouco de carisma ou nenhum, o nível de interesse sofre um declínio (as linhas preta e cinza se inclinam para baixo). Se uma pessoa for muito carismática, pode ter atratividade apenas mediana, e as outras pessoas ainda vão se interessar. Agora observe a diferença entre pretendentes de atratividade média e não atraentes. Um padrão diferente ocorre: para pretendentes sem carisma, há pouca diferença entre pessoas não atraentes e de atratividade média (a linha verde é plana), mas para aquelas com um pouco de carisma, há um declínio no nível de interesse se a pessoa não for atraente (as linhas laranja e preta se inclinam para baixo). Se a pessoa for entediante, precisará ser realmente atraente antes de as pessoas quererem sair com ela e, se não for atraente, ter "um pouco de carisma" não vai ajudar muito.

Os contrastes na Saída 16.6 ajudam a esmiuçar essa interação. O primeiro contraste para a interação **Looks** × **Charisma** investiga o nível 1 de **Looks** (atraente) e o compara ao nível 3 (atratividade média), o nível 1 de **Charisma** (muito carisma) ao nível 3 (um pouco de carisma). É como se esse contraste perguntasse: "A diferença entre muito carisma e um pouco de carisma é igual para pessoas atraentes e pessoas com atratividade média?" A melhor maneira de entender esse contraste é se concentrar na parte relevante do diagrama de interação na Figura 16.15, que reproduzi na Figura 16.16 (canto superior esquerdo). O interesse (indicado pelas avaliações dos participantes) por pretendentes atraentes foi o mesmo, independentemente de terem um pouco de carisma ou muito dele; no entanto, para pretendentes comatratividade média, havia mais interesse quando essa pessoa tinha muito carisma em vez de um pouco de carisma. O contraste é altamente significativo, $F(1, 18) = 21,94$, $p < 0,001$, e nos diz que à medida que a atratividade é reduzida, há um declínio significativamente maior no interesse quando o nível de carisma for médio comparado com quando for alto.

O segundo contraste faz a pergunta: "A diferença entre nenhum e um pouco de carisma é a mesma para pessoas atraentes e para pessoas com atratividade média?". O contraste compara o nível 1 de **Looks** (atraente) com o nível 3 (médio), o nível 2 de **Charisma** (entediante) com o nível 3 (um pouco de carisma). Podemos novamente focar na parte relevante do gráfico de interação (Figura 16.15), que é reproduzida na Figura 16.16 (canto superior direito). Esse gráfico mostra que o interesse por pretendentes atraentes era maior quando eles eram um pouco carismáticos (preta) do que quando eram entediantes (cinza); o mesmo também é verdade para pretendentes de atratividade média. As duas linhas são razoavelmente paralelas, o que é refletido no contraste não significativo, $F(1, 18) = 4,09$, $p = 0,058$. Parece que, à medida que a atratividade dos pretendentes é reduzida, há um declínio no interesse, tanto quando o carisma for mediano quanto for nulo.

O terceiro contraste compara o nível 2 de **Looks** (não atraente) ao nível 3 (médio), em relação o nível 1 de **Charisma** (muito carisma) ao nível 3 (um pouco de carisma). Esse contraste pergunta: "A diferença entre muito carisma e um pouco dele é igual para pessoas não atraentes e pessoas de atratividade média?". A parte relevante do gráfico de interação é mostrada na Figura 16.16 (canto inferior esquerdo). O interesse dos participantes diminui a partir dos pretendentes médios até os pretendentes não atraentes em encontros com pretendentes muito carismáticos e um pouco carismáticos; no entanto essa queda é significativamente maior para os pretendentes com baixo carisma (a linha preta é ligeiramente mais inclinada que a laranja), $F(1, 18) = 6,23$, $p = 0,022$. À medida que a atratividade dos pretendentes é reduzida, há um declínio significativamente maior no interesse quando os pretendentes têm um pouco de carisma em comparação com quando têm muito.

O contraste final aborda a questão "A diferença entre nenhum carisma e um pouco dele é igual para pessoas não atraentes e pessoas de atratividade média?". Ele compara o nível 2 de **Looks** (não atraente) ao nível 3 (médio), em relação ao nível 2 de **Charisma** (entediante) e o nível

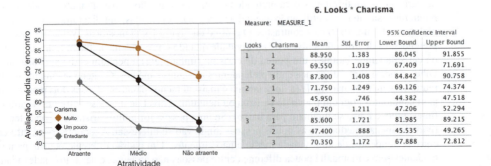

Figura 16.15 Médias e diagrama da interação de **Looks** × **Charisma**.

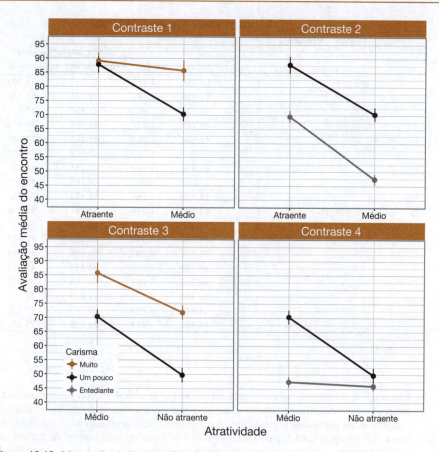

Figura 16.16 A interação de **Looks** × **Charisma** dividida em quatro contrastes.

3 (um pouco de carisma). A parte relevante do gráfico de interação é mostrada na Figura 16.16 (canto inferior direito). Para os pretendentes de atratividade média, as avaliações foram mais altas quando eram um pouco carismáticos do que quando eram entediantes, mas, para pretendentes não atraentes, as avaliações foram praticamente iguais, independentemente do nível de carisma. Esse contraste é altamente significativo, $F(1, 18) = 88,60$, $p < 0,001$.

16.6.7 A interação entre aparência, carisma e estratégia ▮▮▮▮

A interação significativa de **Looks** × **Charisma** × **Strategy**, $F(3,20, 57,55) = 24,12$, $p < 0,001$ (na Saída 16.3), nos diz se a interação **Looks** × **Charisma** descrita anteriormente é constante (ou não) quando os pretendentes se fazem de difíceis em comparação com quando agem normalmente. A natureza dessa interação é revelada na Figura 16.17, que mostra a interação **Looks** × **Charisma** separadamente quando os pretendentes se fizeram de difícil e agiram normalmente (as médias estão na Saída 16.7). O gráfico dos pretendentes que se fizeram de difícil mostra que, quando eles eram atraentes, houve um nível alto de interesse alto por parte dos participantes independentemente dos níveis de carisma (as linhas laranja, preta e cinza se encontram). No extremo oposto da escala de atratividade, quando um pretendente não é atraente, independentemente do carisma, muito pouco interesse é expresso pelos participantes (as avaliações são todas

7. Dating strategy * Looks * Charisma

Measure: MEASURE_1

Dating strategy	Looks	Charisma	Mean	Std. Error	95% Confidence Interval Lower Bound	95% Confidence Interval Upper Bound
Normal	1	1	89.600	1.956	85.491	93.709
		2	51.800	1.441	48.773	54.827
		3	87.100	1.991	82.917	91.283
	2	1	86.700	1.767	82.989	90.411
		2	46.100	1.055	43.883	48.317
		3	51.200	1.712	47.603	54.797
	3	1	88.400	2.434	83.287	93.513
		2	47.000	1.255	44.363	49.637
		3	68.900	1.657	65.418	72.382
Hard to get	1	1	88.300	1.956	84.191	92.409
		2	87.300	1.441	84.273	90.327
		3	88.500	1.991	84.317	92.683
	2	1	56.800	1.767	53.089	60.511
		2	45.800	1.055	43.583	48.017
		3	48.300	1.712	44.703	51.897
	3	1	82.800	2.434	77.687	87.913
		2	47.800	1.255	45.163	50.437
		3	71.800	1.657	68.318	75.282

Saída 16.7

baixas). Nos momentos em que o pretendente se faz de difícil, o nível de carisma só faz a diferença se o candidato tiver atratividade média; nesse caso, ser muito carismático (laranja) aumenta o interesse, ser entediante (cinza) diminui o interesse e ser um pouco carismático não muda muita coisa. A mensagem final é que se fazer de difícil só funciona para pessoas de atratividade média: se você for muito carismático, seus encantos aumentarão; porém, essa é uma estratégia desastrosa se você for entediante.[5]

A situação em que o candidato não se faz de difícil (age normalmente) é diferente. Se uma pessoa tem altos níveis de carisma, sua aparência não irá afetar o interesse de outras pessoas por elas (a linha laranja é relativamente plana). No outro extremo, se uma pessoa for entediante, despertará pouco interesse, independentemente de quão atraente for (a linha cinza é relativamente plana). A atratividade só faz a diferença quando alguém tem uma quantidade média de carisma (a linha preta): nesse caso, ser atraente aumenta o interesse e ser pouco atraente o reduz. Se alguém não se faz de difícil e é medianamente atraente, talvez consiga influenciar os outros com seu carisma.

Novamente, podemos usar contrastes para esmiuçar ainda mais essa interação (Saída 16.6). Esses contrastes são semelhantes aos da interação **Looks** × **Charisma**, mas agora eles também levam em conta o efeito da estratégia do encontro. O primeiro contraste para a interação **Looks** × **Charisma** × **Estratégia** explora o nível 1 de **Looks** (atraente) em relação ao nível 3 (médio), quando o nível 1 de **Charisma** (muito carisma) é comparado ao nível 3 (um pouco de carisma), quando os candidatos se fazem de difícil em relação a quando agem normalmente, $F(1, 18) = 0,93$, $p = 0,348$. As partes relevantes da Figura 16.17 são mostradas na primeira coluna da Figura 16.18. Parece que o interesse (indicado pelas avaliações dos participantes) por pretendentes atraentes foi constante independentemente de terem muito carisma ou só um pouco dele (os pontos preto e laranja estão em lugares similares). No entanto, para pretendentes de atratividade média, havia mais interesse quando eram muito carismáticos do que quando eram só um pouco carismá-

---

[5] Esses dados são inventados; por isso, não baseie suas decisões de vida neste exemplo. ☺

Capítulo 16 • MLG 5: Delineamentos mistos   725

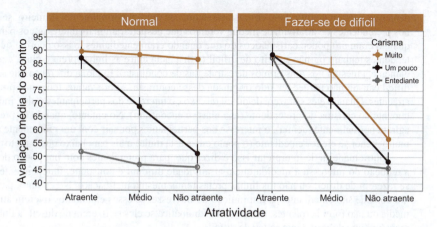

Figura 16.17 Diagramas exibindo a interação de **Looks** × **Charisma** para as duas estratégias de conquista. As linhas representam muito carisma (laranja), um pouco de carisma (preta) e entediante (cinza).

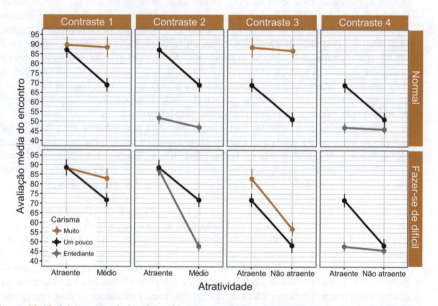

Figura 16.18 A interação de **Looks** × **Charisma** × **Strategy** dividida em quatro contrastes.

ticos (o ponto preto está abaixo do ponto laranja). A não significância desse contraste indica que esse padrão de resultados é muito semelhante entre os grupos de pretendentes que se faziam ou não de difícil.

O segundo contraste explora o nível 1 de **Looks** (atraente) em relação ao nível 3 (médio), quando o nível 2 de **Charisma** (entediante) é comparado ao nível 3 (um pouco de carisma), quando os pretendentes se fizeram de difícil em relação a quando agiram normalmente. As médias relevantes são mostrados na segunda coluna da Figura 16.18. O contraste é significativo, $F(1, 18) = 60,67$, $p < 0,001$, o que reflete o fato de que o padrão de médias é diferente quando os pretendentes se fizeram de difícil em comparação a quando agiram normalmente. Primeiro, se focarmos nos pretendentes de atratividade média, veremos que despertaram mais interesse nos participantes quando eram um pouco carismáticos do que quando eram entediantes, e isso ocorreu quer os pretendentes tenham ou não se feito de difícil (a distância entre as linhas preta e cinza é aproximadamente a mesma nos dois grupos de estratégias de conquista). Então, a diferença que se fazer de difícil causou não parece ter sido originada desse contraste. Agora vamos focar nos pretendentes atraentes. Quando eles se fazem de difícil (abaixo), o interesse dos participantes é alto, independentemente do carisma do pretendente (as linhas se encontram). No entanto, quando os pretendentes agiram normalmente (acima), o interesse dos participantes por sair com um pretendente atraente é muito menor se ele for entediante (o ponto cinza está muito mais para baixo que o preto).

Outra maneira de interpretar isso é dizer que, para pretendentes com um pouco de carisma, a redução do interesse à medida que a atratividade diminui é constante, independentemente de se fazerem de difícil ou não (as linhas pretas têm a mesma inclinação). No entanto, para os candidatos que são entediantes, a diminuição do interesse, se esses candidatos tiverem atratividade média ou não forem atraentes, é muito mais dramática se eles se fizerem de difícil (a linha cinza é mais íngreme no grupo que se faz de difícil).

O terceiro contraste também foi significativo, $F(1, 18) = 11,70$, $p = 0,003$. Esse contraste compara o nível 2 de **Looks** (não atraente) ao nível 3 (médio), considerando o nível 1 de **Charisma** (muito carisma) em relação ao nível 3 (um pouco de carisma), quando os pretendentes se fazem de difícil em relação a quando agem normalmente. A terceira coluna da Figura 16.18 mostra as médias relevantes. Primeiro, vamos analisar os momentos em que os pretendentes se fizeram de difícil (abaixo). À medida que a atratividade diminui, também cai o interesse quando o pretendente é muito ou só um pouco carismático (as inclinações das linhas laranja e preta são semelhantes). Portanto, independentemente do carisma, há uma redução similar no interesse à medida que a atratividade diminui. Agora vamos focarm em quando os pretendentes agiram normalmente (acima). A situação é bem diferente: quando o carisma é alto, não há declínio no interesse quando a atratividade cai (a linha laranja é plana); no entanto, quando há apenas um pouco de carisma, o interesse é mais baixo por um pretendente não atraente do que por um pretendente de atratividade média (a linha preta se inclina para baixo).

Outra maneira de interpretar isso é dizer que, para pretendentes um pouco carismáticos, a redução de interesse à medida que a atratividade diminui é quase a mesma, independentemente de eles se fazerem de difícil ou não (as linhas pretas têm inclinações semelhantes). No entanto, para pretendentes muito carismáticos, a diminuição no interesse, se esses pretendentes não forem atraentes, é muito mais drástica quando eles se fizerem de difícil do que quando agiram normalmente (a linha laranja é mais acentuada para pretendentes que se fizerem de difícil).

O contraste final não foi significativo, $F(1, 18) = 1,33$, $p = 0,263$. Esse contraste analisa o efeito de **Strategy** ao comparar o nível 2 de **Looks** (não atraente) com o nível 3 (médio), considerando o nível 2 de **Charisma** (entediante) em relação ao nível 3 (um pouco de carisma). As médias relevantes são exibidas na quarta coluna da Figura 16.18. O interesse por pretendentes não atraentes se manteve constante, independentemente de serem um pouco carismáticos ou entediantes (os pontos pretos e cinzas estão no mesmo lugar). O interesse por pretendentes de atratividade média foi maior quando eram um pouco carismáticos do que quando eram entediantes (o ponto preto está mais alto do que o cinza). É importante ressaltar que esse padrão de resultados é muito semelhante para os pretendentes que se fizeram de difícil e para os que agiram normalmente.

Esses contrastes não nos dizem nada sobre as diferenças entre as condições atraente e não atraente, ou as condições muito carisma e entediante, porque elas nunca foram comparadas. Poderíamos executar novamente a análise e especificar nossos contrastes de maneira diferente para obter esses efeitos. O que deve ficar claro a partir do exposto neste capítulo é que, quando mais de duas variáveis independentes são usadas e médias são comparadas, surgem efeitos de interação complexos que exigem muita concentração para serem interpretados. Imagine o quanto seu cérebro travaria ao interpretar uma interação de quatro fatores. Caso você seja confrontado com esse cenário desagradável, meu melhor conselho é adotar uma abordagem sistemática de interpretação e utilizar diagramas. Também é aconselhável pensar cuidadosamente sobre os contrastes mais úteis a serem usados para responder às perguntas para as quais seus dados foram coletados para testar.

Dicas da Ana Apressada
Delineamentos mistos

- Delineamentos mistos comparam várias médias quando há duas ou mais variáveis independentes e pelo menos uma delas foi medida usando as mesmas entidades e outra foi medida usando entidades diferentes.
- Corrija os desvios de esfericidade da(s) variável(eis) de medidas repetidas, sempre interpretando os efeitos corrigidos de Greenhouse-Geisser. (Algumas pessoas fazem isso apenas se o teste de Mauchly for significativo, mas essa abordagem é problemática, porque os resultados do teste dependem do tamanho da amostra utilizada.)
- A tabela *Tests of Within-Subjects Effects* (testes de efeitos intrassujeitos) mostra a(s) estatística(s) *F* para quaisquer variáveis de medidas repetidas e todos os efeitos de interação. Para cada efeito, leia a linha *Greenhouse-Geisser* ou *Huynh-Feldt* (veja o último capítulo para descobrir os méritos de cada procedimento). Se o valor na coluna *Sig.* for menor que 0,05, as médias serão significativamente diferentes.
- A tabela *Tests of Between-Subjects Effects* (testes de efeitos entre sujeitos) mostra a(s) estatística(s) *F* para quaisquer variáveis entre grupos. Se o valor na coluna *Sig.* for menor que 0,05, as médias dos grupos serão significativamente diferentes.
- Desmembre os efeitos principais e termos de interação usando contrastes. Esses contrastes aparecem na tabela *Tests of Within-Subjects Contrasts* (testes de contrastes intrassujeitos); novamente olhe para as colunas *Sig.* para descobrir se suas comparações são significativas (elas serão se o valor de significância for menor que 0,05).
- Observe as médias – ou, melhor ainda, utilize diagramas – para ajudá-lo a interpretar os contrastes.

16.7 Calculando os tamanhos de efeito ▌▌▌▌

Eu continuo enfatizando que os tamanhos de efeito são mais úteis quando resumem um efeito focalizado. Isso também me dá uma desculpa útil para evitar as complexidades do ômega ao quadrado em delineamentos mistos (acredite, você não quer fazer isso). Uma abordagem direta é calcular os tamanhos do efeito para os contrastes. A Saída 16.6 mostra os valores para vários contrastes, todos com 1 grau de liberdade do modelo (i.e., representam uma comparação focada e interpretável) e 18 graus de liberdade dos resíduos. Podemos converter essas razões-*F* para calcular a Equação 14.31 do Capítulo 14. Primeiro, vamos lidar com o efeito principal de **Strategy**, porque compara apenas dois grupos:

$$r_{\text{estratégia}} = \sqrt{\frac{0,005}{0,005 + 18}} = 0,02 \tag{16.1}$$

Para os dois contrastes que fizemos para a variável **Looks** (Saída 16.6), obtemos:

$$r_{\text{atraente vs. médio}} = \sqrt{\frac{226,99}{226,99+18}} = 0,96$$

$$r_{\text{não atraente vs. médio}} = \sqrt{\frac{160,07}{160,07+18}} = 0,95$$

(16.2)

Para os dois contrastes que fizemos para a variável **Charisma** (Saída 16.6), temos:

$$r_{\text{muito vs. um pouco}} = \sqrt{\frac{109,94}{109,94+18}} = 0,93$$

$$r_{\text{entediante vs. um pouco}} = \sqrt{\frac{227,94}{227,94+18}} = 0,96$$

(16.3)

Para a interação **Looks × Strategy**, obtemos:

$$r_{\text{atrante vs. médio, normal vs. difícil}} = \sqrt{\frac{43,26}{43,26+18}} = 0,84$$

$$r_{\text{não atraente vs. médio, normal vs. difícil}} = \sqrt{\frac{30,23}{30,23+18}} = 0,79$$

(16.4)

Para a interação **Charisma × Strategy**, os dois contrastes nos dão:

$$r_{\text{muito vs. um pouco, normal vs. difícil}} = \sqrt{\frac{27,20}{27,20+18}} = 0,78$$

$$r_{\text{entediante vs. um pouco, normal vs. difícil}} = \sqrt{\frac{33,69}{33,69+18}} = 0,81$$

(16.5)

Passando para a interação **Looks × Charisma**, obtemos os seguintes quatro contrastes:

$$r_{\text{atraente vs. médio, muito vs. um pouco}} = \sqrt{\frac{21,94}{21,94+18}} = 0,74$$

$$r_{\text{atraente vs. médio, entediante vs. um pouco}} = \sqrt{\frac{4,09}{4,09+18}} = 0,43$$

$$r_{\text{não atraente vs. médio, muito vs. um pouco}} = \sqrt{\frac{6,23}{6,23+18}} = 0,51$$

$$r_{\text{não atraente vs. médio, entediante vs. um pouco}} = \sqrt{\frac{88,60}{88,60+18}} = 0,91$$

(16.6)

Finalmente, para a interação **Looks × Charisma × Strategy**, temos:

$$r_{\text{atraente vs. médio, muito vs. um pouco, normal vs. difícil}} = \sqrt{\frac{0,93}{0,93+18}} = 0,22$$

$$r_{\text{atraente vs. médio, entediante vs. um pouco, normal vs. difícil}} = \sqrt{\frac{60,67}{60,67+18}} = 0,88$$

$$r_{\text{não atraente vs. médio, muito vs. um pouco, normal vs. difícil}} = \sqrt{\frac{11,70}{11,70+18}} = 0,63$$

$$r_{\text{não atraente vs. médio, entediante vs. um pouco, normal vs. difícil}} = \sqrt{\frac{1,33}{1,33+18}} = 0,26$$

(16.7)

16.8 Relatando os resultados dos delineamentos mistos ▮▮▮▮

Como você provavelmente percebeu, quando você tem mais do que duas variáveis independentes, há muitas informações a relatar. Mencionei algumas vezes que, quando os efeitos de interação são significativos, não há sentido em interpretar os efeitos principais; assim podemos economizar espaço ao não relatá-los; contudo algumas revistas esperam que você os informe mesmo assim. De qualquer forma, reserve a maior parte dos detalhes para os efeitos que são centrais para sua hipótese principal.

Supondo que queremos relatar todos os nossos efeitos, poderíamos fazer algo assim (mas não no formato de uma lista!):

✓ Todos os efeitos são relatados como significativos se $p < 0,001$, salvo indicação do contrário. Houve um efeito principal significativo da atratividade do pretendente no interesse demonstrado pelos participantes, $F(1,92, 34,62) = 423,73$. Os contrastes revelaram que os pretendentes atraentes eram significativamente mais desejáveis do que os de atratividade média, $F(1, 18) = 226,99$, $r = 0,96$, e os pretendentes não atraentes eram significativamente menos desejáveis do que os de atratividade média, $F(1, 18) = 160,07$, $r = 0,95$.

✓ Também houve um efeito principal significativo do carisma que o pretendente exibiu no interesse demonstrado pelos participantes, $F(1,87, 33,62) = 328,25$. Os contrastes revelaram que os pretendentes muito carismáticos eram significativamente mais desejáveis do que os pretendentes apenas um pouco carismáticos, $F(1, 18) = 109,94$, $r = 0,93$, e os pretendentes não carismáticos eram significativamente menos desejáveis do que os pretendentes um pouco carismáticos, $F(1, 18) = 227,94$, $r = 0,96$.

✓ Não houve efeito significativo da estratégia, indicando que a avaliação dos pretendentes que se fizeram de difícil foi semelhante à avaliação dos que agiram normalmente, $F(1, 18) = 0,005$, $p = 0,946$, $r = 0,02$.

✓ Houve um efeito de interação significativo entre a atratividade do pretendente e a sua estratégia de conquista, $F(1,92, 34,62) = 80,43$. Esse efeito indica que a qualidade desejável dos pretendentes de diferentes níveis de atratividade diferiu conforme eles se fizeram ou não de difícil. Os contrastes compararam cada nível de atratividade com a atratividade média entre estratégias de conquista. Esses contrastes revelaram interações significativas ao comparar avaliações de pretendentes que se fizeram de difícil e de pretendentes que agiram normalmente ao comparar pretendentes atraentes com médios, $F(1, 18) = 43,26$, $r = 0,84$, e pretendentes não atraentes com médios, $F(1, 18) = 30,23$, $r = 0,79$. O gráfico de interação mostra que, embora o interesse tenha diminuído à medida que a atratividade diminuiu independentemente da estratégia do pretendente, essa diminuição foi mais pronunciada quando os pretendentes se fizeram de difícil, sugerindo que, ao ignorar o nível de carisma, a atratividade teve um impacto maior nas avaliações dos pretendentes que se fizeram de difícil do que dos que agiram normalmente.

✓ Houve um efeito de interação significativo entre o nível de carisma dos pretendentes e sua estratégia de conquista, $F(1,87, 33,62) = 62,45$, indicando que o interesse dos participantes por pretendentes de níveis de carisma variados diferia conforme os pretendentes se fizessem de difícil ou não. Os contrastes compararam cada nível de carisma com a categoria de referência ("um pouco de carisma") em todas as estratégias de conquista. Esses contrastes revelaram interações significativas ao comparar avaliações de pretendentes que se fizeram de difícil com os que agiram normalmente, considerando pretendentes um pouco ou muito carismáticos, $F(1, 18) = 27,20$, $r = 0,78$, e pretendentes entediantes, $F(1, 18) = 33,69$, $r = 0,81$. O gráfico de interação revela que o interesse diminuiu à medida que o carisma diminuiu, mas essa diminuição foi menos pronunciada quando o pretendente se fez de difícil, sugerindo que o carisma influenciou mais o interesse dos participantes quando os pretendentes agiram normalmente do que quando se fizeram de difícil.

✓ Houve interação significativa entre carisma e atratividade, $F(3,20, 57,55) = 36,63$, indicando que o interesse dos participantes por pretendentes de níveis de carisma variados diferiu de acordo com a atratividade. Contrastes compararam cada nível de carisma com a categoria de referência ("um pouco de carisma") em cada nível de atratividade em comparação com a categoria de atratividade média. O primeiro contraste revelou uma interação significativa quando foram comparados os pretendentes atraentes com os de atratividade média, quando os pretendentes eram muito carismáticos em comparação com os que eram um pouco carismáticos, $F(1, 18) = 21,94$, $r = 0,74$, e nos diz que, à medida que a atratividade era reduzida, houve um declínio maior no interesse dos participantes quando o nível de carisma era baixo em comparação a quando o nível de carisma era alto. O segundo contraste, que comparou os pretendentes atraentes com os de atratividade média quando os pretendentes eram sem carisma em comparação a quando eram um pouco carismáticos, não foi significativo, $F(1, 18) = 4,09$, $p = 0,058$, $r = 0,43$. Esse resultado sugere que, à medida que atratividade era reduzida, houve um declínio em interesse dos participantes tanto quando havia um pouco de carismo quanto quando não havia nenhum carisma. O terceiro contraste, que comparou os pretendentes não atraentes com osde atratividade média quando eram muito carismáticos em comparação com quando eram um pouco carismáticos, foi significativo, $F(1, 18) = 6,23$, $p = 0,022$, $r = 0,51$. Esse contraste implica que, à medida que a atratividade era reduzida, houve um maior declínio no interesse dos participantes quando havia um pouco de carisma em comparação com quando havia muito carisma. O contraste final comparou os pretendentes não atraentes com os de atratividade média quando os pretendentes sem carisma eram comparados com os um pouco carismáticos. Esse contraste foi altamente significativo, $F(1, 18) = 88,60$, $r = 0,91$, e sugere que, à medida que a atratividade era reduzida, o declínio do interesse dos participantes por pretendentes um pouco carismáticos foi significativamente maior do que por pretendentes sem carisma.

✓ Finalmente, a interação entre aparência, carisma e estratégia foi significativa $F(3,20, 57,55) = 24,12$. Isso indica que a interação aparência e carisma descrita anteriormente foi moderada pela estratégia de conquista usada pelo pretendente. Contrastes foram usados para esmiuçar essa interação; esses contrastes compararam as avaliações em cada nível de carisma em relação à categoria de referência ("um pouco de carisma") em cada nível da atratividade em relação à categoria de atratividade média, quando os pretendentes se fizeram de difícil em comparação a quando agiram normalmente. O primeiro contraste revelou um efeito não significativo de fazer-se de difícil quando foram comparados pretendentes atraentes com pretendentes de atratividade média, quando os pretendentes eram muito carismáticos em comparação com um pouco carismáticos, $F(1, 18) = 0,93$, $p = 0,348$, $r = 0,22$. Esse efeito sugere que, independentemente de os pretendentes terem se feito de difícil, à medida que a atratividade era reduzida, houve um declínio maior no interesse dos participantes quando havia um pouco de carisma em comparação com quando havia muito carisma. O segundo contraste investigou o efeito de fazer-se de difícil quando foram comparados os pretendentes atraentes com os de atratividade média, considerando pretendentes sem carisma em relação a pretendentes com um pouco de carisma, $F(1, 18) = 60,67$, $r = 0,88$. Essa descoberta indica que, para pretendentes um pouco carismáticos, a redução do interesse dos participantes devida à diminuição da atratividade não foi afetada pela estratégia de fazer-se de difícil usada pelo pretendente; porém, para pretendentes sem carisma, a diminuição no interesse dos participantes se os pretendentes tinham atratividade média em vez de alta foi muito mais dramática quando os pretendentes se fizeram de difícil. O terceiro contraste analisou o efeito de fazer-se de difícil ao comparar pretendentes não atraentes e de atratividade média, quando esses pretendentes em muito carismáticos em relação aos um pouco carismáticos, $F(1, 18) = 11,70$, $p = 0,003$, $r = 0,63$. Esse contraste nos diz que, para pretendentes um pouco carismáticos, a redução no interesse dos participantes devida à diminuição da atratividade não foi afetada pela estratégia de fazer-se de difícil; porém, para pretendentes muito carismáticos, a diminuição no interesse dos participantes se os pretendentes eram não atraentes ou de atratividade média era muito mais dramática quando se faziam de difícil. O contraste final focou o efeito de fazer-se de difícil ao comparar pretendentes não atraentes aos de atratividade média em relação aos pretendentes sem carisma em comparação aos um pouco carismáticos, $F(1, 18) = 1,33$, $p = 0,263$, $r = 0,26$. Esse efeito sugere que, independentemente de os pretendentes se fazerem de difíceis, à medida que a atratividade era reduzida, o declínio no interesse dos participantes por pretendentes um pouco carismáticos foi significativamente maior do que por pretendentes sem carisma.

Pesquisa Real do João Jaleco 16.2
Questões de fidelidade

Schützwohl, A. (2008). *Personality and Individual Differences*, 44, 633-644

As pessoas podem ficar com ciúmes ao pensarem que seu parceiro esteja sendo infiel. Uma visão evolucionária sugere que homens e mulheres desenvolveram tipos distintos de ciúme: especificamente, a infidelidade sexual de uma mulher privaria seu parceiro de uma oportunidade reprodutiva e poderia sobrecarregá-lo com anos de investimento em uma criança que não era sua. Por outro lado, a infidelidade sexual de um homem não sobrecarregaria sua parceira com filhos não relacionados, mas poderia desviar os recursos que o parceiro proveria para a prole. Esse desvio de recursos é sinalizado pelo apego emocional a outra mulher. Consequentemente, segundo esse ponto de vista, o mecanismo de inveja dos homens deveria ter evoluído para evitar a infidelidade sexual da parceira, enquanto o das mulheres evoluiu para evitar a infidelidade emocional do parceiro. Se esse for o caso, as mulheres estariam sempre "à espreita" de uma infidelidade emocional, enquanto os homens estariam sempre atentos a uma infidelidade sexual.

Quer você acredite nessa teoria ou não, ela pode ser testada. Achim Schützwohl apresentou frases em uma tela de computador a homens e mulheres (Schützwohl, 2008). Em cada teste, os participantes viram uma frase-alvo que era emocionalmente neutra (p. ex., "O posto de gasolina fica do outro lado da rua"). No entanto, antes de cada uma dessas frases-alvo, foi apresentada uma frase distratora que também poderia ser afetivamente neutra ou poderia indicar infidelidade sexual (p. ex., "Repentinamente seu parceiro tem dificuldade em se excitar sexualmente quando vocês querem fazer sexo") ou infidelidade emocional (p. ex., "Seu parceiro não lhe diz mais 'eu te amo'"). Schützwohl argumentou que, se essas frases distratoras chamassem a atenção dos participantes, (1) eles se lembrariam delas e (2) não se lembrariam da frase-alvo que veio depois (porque seus recursos de atenção estariam focados na frase distratora). Esses efeitos devem aparecer apenas em participantes que atualmente estejam em um relacionamento. A variável de resultado era o número de frases que um participante poderia lembrar (dentre 6), e as variáveis previsoras eram ter um parceiro ou não (**Relationship**), a presença de um distrator neutro, de infidelidade emocional ou de infidelidade sexual no teste e a função da frase apresentada (distratora ou alvo). Schützwohl analisou os dados de homens e mulheres separadamente. Foi previsto que as mulheres se lembrariam de mais frases distratoras de infidelidade emocional, mas de menos frases-alvo que as seguiram. Para os homens, o mesmo efeito seria encontrado, exceto para frases de infidelidade sexual (**Schützwohl (2008).sav**). João Jaleco quer que você ajuste dois modelos (um para homens e outro para mulheres) para testar essas hipóteses. As respostas estão no *site* do livro (ou veja as páginas 638-642 do artigo original).

16.9 Caio tenta conquistar Gina ▐▐▐▐

A mãe de Gina estava lentamente se recuperando. Gina a visitou regularmente, principalmente porque Caio insistiu. Ela encontrou Caio muitas vezes desde que sua mãe adoeceu. Ele era estável, tranquilizador e sentimental de uma maneira que ela achava difícil entender. Seus encontros tinham desenvolvido um padrão previsível: Gina exigia que ele lhe contasse qualquer coisa que ele quisesse que não fosse familiar ou emocional, ele recitava nervosamente o que estivesse aprendendo nas aulas, que era o assunto imparcial que sempre usava, e, quando suas palavras tranquilizadoras de estatística tivessem acalmado Gina, ela contava um pouco mais sobre seu passado para ele. Os conselhos de Caio nunca vacilaram: não importando a situação, seus pais eram seus pais, e ela deveria estar lá para eles. Sua visão a irritou um pouco; ele não sabia por tudo que ela tinha passado. Esse ritual durara semanas. Foi só então que ocorreu a Gina perguntar-lhe sobre sua própria família. Ele sorriu quando ela perguntou, mas com lágrimas nos olhos.

"Meu pai é incrível", ele disse. "Ele me criou. Ele trabalhava mais de 50 horas por semana e sempre tinha tempo para mim. Ele estava lá me arrumando para a escola todas as manhãs e lá para me buscar. Ele nunca perdeu nada. *Nada*. O cara nunca dormia, porque se matava trabalhando enquanto eu dormia para que ele pudesse estar lá quando eu estivesse acordado. Eu não sei como ele conseguiu. Ele abriu mão de sua vida para me dar uma infância feliz".

"E sua mãe?"

"Ela morreu", ele disse depois de uma longa pausa. Ele engasgou. "Eu tinha 10 anos. Ela foi atropelada, e o cara fugiu."

Gina não estava preparada para esse tipo de revelação. "Deve ter sido difícil", ela disse.

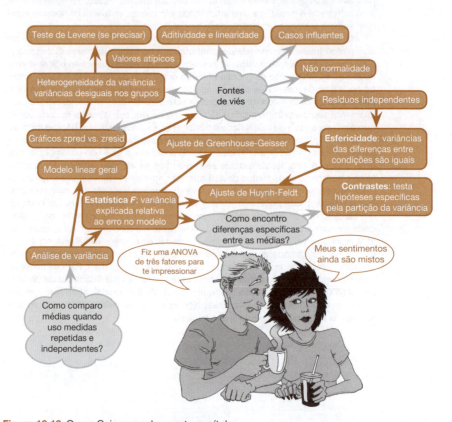

Figura 16.19 O que Caio aprendeu neste capítulo.

"O mais estranho é que eu não me lembro de nada." As lágrimas desabaram em cascata. "Eu sei que passei 10 anos com minha mãe – eu vi fotos, mas elas parecem ser da vida de outra pessoa. É como se ela tivesse sumido da minha memória quando morreu. Eu me lembro do olhar de desolação do meu pai quando ele me contou e de toda a minha vida desde então, mas eu não me lembro de nada antes daquele dia. Isso me corrói por dentro.

Gina fez algo que nunca havia feito em sua vida adulta. Ela colocou o braço em torno de outra pessoa e deu um abraço. Ela imediatamente se sentiu desconfortável, sem saber se seria mais estranho continuar abraçando Caio ou soltá-lo.

16.10 E agora?

Descobrimos, neste capítulo, que, se você é chato, não importa o quanto você seja atraente, não conseguirá namorar ninguém – a menos que você se faça de difícil e seja *muito* atraente. É por isso que, dos 16 aos 18 anos, minha vida era tão complicada, porque eu não sabia como me fazer de difícil, não era nem um pouco atraente e não havia jeito de encontrar meu "carisma oculto". Antes que você diga que estou de mimimi, eu tive um pouco de sorte no namoro, já que algumas garotas de Essex achavam que alcoólatras eram interessantes. A garota (Nicola) de quem eu gostava bastante aos 16 anos também gostava de mim. Recusei-me a acreditar nisso por algum tempo. Nossos amigos estavam tão cansados de falarmos para eles do nosso amor eterno um pelo outro, mas sem nos declararmos de fato, que fizeram uma intervenção. Em uma festa, uma noite, todos os amigos de Nicola passaram horas me convencendo a convidá-la para sair, garantindo que ela diria "sim". Eu me empolguei, iria fazer isso, realmente iria convidar uma garota para sair. Eu tinha esperado por aquele momento a minha vida toda, pensava comigo mesmo, e não podia fazer nada para arruiná-lo. Quando ela chegou, teve que passar por cima do meu cadáver paralisado para conseguir entrar na festa. Meus nervos tinham me dominado e feito com que eu bebesse álcool. Mais tarde, naquela noite, quando voltei à semiconsciência, meu amigo Paul Spreckley (ver Figura 11.1) carregou Nicola fisicamente de outro quarto até mim, colocou-a ao meu lado e disse algo como "Andy, eu vou ficar sentado aqui até você convidá-la para sair". Ele esperou por bastante tempo, até que, por fim, milagrosamente, as palavras saíram da minha boca. O que aconteceu depois é assunto de outro livro, mas não de estatística.

16.11 Termos-chave

ANOVA mista   Delineamento misto

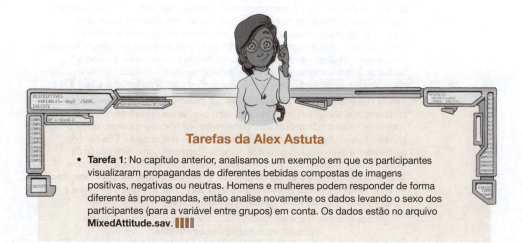

Tarefas da Alex Astuta

- **Tarefa 1**: No capítulo anterior, analisamos um exemplo em que os participantes visualizaram propagandas de diferentes bebidas compostas de imagens positivas, negativas ou neutras. Homens e mulheres podem responder de forma diferente às propagandas, então analise novamente os dados levando o sexo dos participantes (para a variável entre grupos) em conta. Os dados estão no arquivo **MixedAttitude.sav**.

- **Tarefa 2**: Mensagens de texto e Twitter incentivam a comunicação usando formas abreviadas de palavras (p. ex., "vc sabe do q tô flndo"). Um pesquisador queria ver o efeito desse tipo de escrita na compreensão da gramática por parte das crianças. Um grupo de 25 crianças foi encorajado a enviar mensagens de texto em seus celulares durante um período de seis meses. Um segundo grupo de 25 crianças foi proibido de enviar mensagens de texto pelo mesmo período (para garantir a adesão, este último grupo recebeu braçadeiras que administravam choques dolorosos na presença de um sinal de telefone). O resultado foi um escore em um teste gramatical (em percentual) que foi medido antes e depois do experimento. Os dados estão no arquivo **TextMessages.sav**. Enviar mensagens de texto afeta a gramática? ❚❚❚❚
- **Tarefa 3**: Uma pesquisadora supôs que competidores de *reality shows* começam nessa área tendo transtornos de personalidade que acabam sendo exacerbados por serem forçados a passar tempo com pessoas que também buscam estar no centro das atenções (ver Capítulo 1). Para testar essa hipótese, ela deu a oito competidores um questionário para medir transtornos de personalidade antes e depois da sua entrada no *reality show*. Um segundo grupo de oito pessoas recebeu os questionários ao mesmo tempo; essas pessoas haviam sido pré-selecionadas para participarem do programa, mas nunca entraram de fato. Os dados estão em **RealityTV.sav**. Entrar em um programa de *reality show* pode desencadear transtornos da personalidade? ❚❚❚❚
- **Tarefa 4**: Angry Birds é um jogo de *videogame* no qual você atira aves em porcos. Algumas pessoas malucas pensam que esse tipo de coisa torna as pessoas mais violentas. Um estudo (fictício) foi realizado em que participantes jogaram Angry Birds e um jogo-controle menos violento (Tetris) durante um período de dois anos (um jogo por ano). Eles foram colocados em um curral de porcos por um dia em quatro momentos: antes do estudo, 1 mês, 6 meses e 12 meses após o estudo. Atos violentos contra os porcos foram contados. O jogo Angry Birds, em comparação com o jogo-controle, torna as pessoas mais violentas para com os porcos? (**AngryPigs.sav**) ❚❚❚❚
- **Tarefa 5**: Um estudo diferente foi conduzido com o mesmo delineamento do da Tarefa 4. A única diferença era que os atos violentos dos participantes na vida real eram monitorados tanto antes do estudo quanto 1 mês, 6 meses e 12 meses após o estudo. O jogo Angry Birds, em comparação com um jogo-controle, torna as pessoas mais violentas em geral? (**AngryReal.sav**) ❚❚❚❚
- **Tarefa 6**: Minha esposa acredita que ela recebeu menos pedidos aleatórios de amizade de homens no Facebook desde que ela mudou sua foto de perfil para uma foto de nós dois. Imagine que selecionamos 40 mulheres que tinham perfis em uma rede social; 17 delas tinham o *status* de relacionamento de "solteira" e as 23 restantes tinham o *status* de "em um relacionamento" (**relationship_status**). Pedimos a essas mulheres que colocassem no perfil uma foto sua sozinha (**alone**) e contassem quantos pedidos de amizade elas receberiam de homens por um período de 3 semanas e que depois mudassem a foto de perfil para uma com um homem (**couple**) e relatassem o número de pedidos aleatórios de amizade de homens durante 3 semanas. Ajuste um modelo para ver se as solicitações de amizade são afetadas pelo *status* de relacionamento e pelo tipo de imagem do perfil (**ProfilePicture.sav**). ❚❚❚❚
- **Tarefa 7:** A Pesquisa Real de João Jaleco 5.2 descreveu um estudo de Johns e colaboradores (2012) em que eles cogitaram que, se vermelho fosse um sinal de aproximação para indicar proceptividade sexual, os homens deveriam achar a genitália feminina vermelha mais atraente que as de outras cores. Eles também registraram a experiência sexual dos homens (**Partners**) como "um pouco de experiência" ou "muito pouca experiência". Ajuste um modelo para testar se a atratividade foi afetada pela cor da genitália (**PalePink, LightPink, DarkPink, Red**) e pela experiência sexual (**Johns et al. (2012) .sav**). Veja a página 3 de Johns e colaboradores para ver como relatar os resultados. ❚❚❚❚

Respostas e recursos adicionais estão disponíveis no *site* do livro em
https://edge.sagepub.com/field5e.

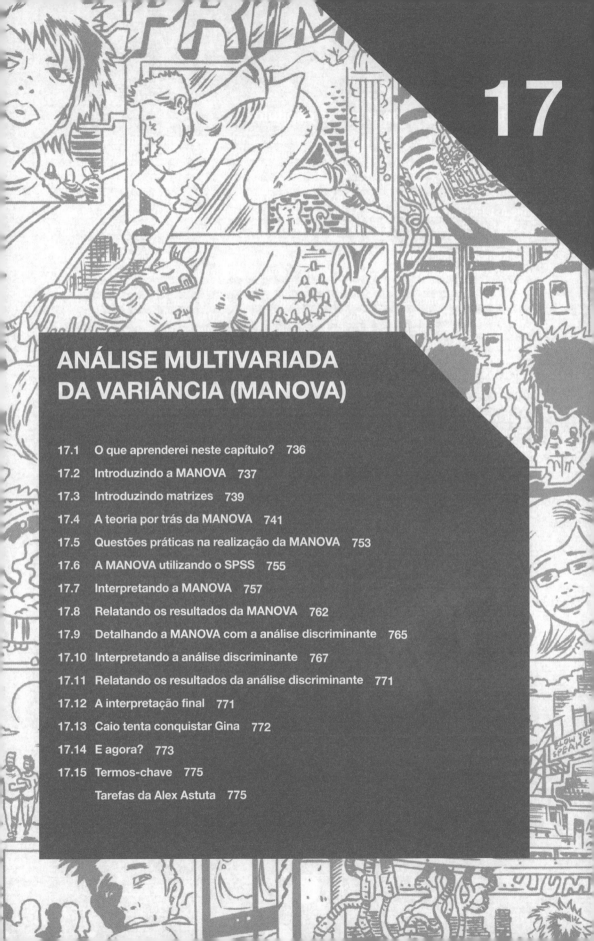

ANÁLISE MULTIVARIADA DA VARIÂNCIA (MANOVA)

17.1 O que aprenderei neste capítulo? 736
17.2 Introduzindo a MANOVA 737
17.3 Introduzindo matrizes 739
17.4 A teoria por trás da MANOVA 741
17.5 Questões práticas na realização da MANOVA 753
17.6 A MANOVA utilizando o SPSS 755
17.7 Interpretando a MANOVA 757
17.8 Relatando os resultados da MANOVA 762
17.9 Detalhando a MANOVA com a análise discriminante 765
17.10 Interpretando a análise discriminante 767
17.11 Relatando os resultados da análise discriminante 771
17.12 A interpretação final 771
17.13 Caio tenta conquistar Gina 772
17.14 E agora? 773
17.15 Termos-chave 775
    Tarefas da Alex Astuta 775

17.1 O que aprenderei neste capítulo?

Após perder a pouca confiança que eu tinha por causa das minhas primeiras tentativas amorosas e de a minha banda ter fracassado completamente em impactar o mundo musical, ao atingir a idade adulta decidi que eu tinha duas opções: me matar ou adotar um gato. Quis fazer as duas coisas por muito tempo, mas, quando vi pela primeira vez aquele pacotinho de ternura com apenas 4 semanas de idade, tomei uma decisão. Fuzzy (como eu o chamei) nasceu em 8 de abril de 1996 e foi meu braço direito felino por mais de 20 anos. Assim como o gato Risonho em *Alice no país das maravilhas*[1], de Lewis Carroll, ele costumava aparecer e desaparecer quando queria: eu abria meu guarda-roupa, e lá estava aquela cara ruiva me encarando; colocava minhas calças no cesto de roupa suja, e lá estava ele no meio de uma pilha de meias fedorentas; ia tomar banho, e ele estava dentro da banheira; ia dormir com a porta do quarto fechada, e acordava com ele dormindo ao meu lado. Seu maior desaparecimento aconteceu quando me mudei. Eu o tinha deixado trancado na caixa de transporte (que ele odiava) durante a mudança; então, quando chegamos à nossa nova casa, pensei em soltá-lo o mais rápido possível. Encontrei um quarto silencioso, verifiquei as portas e janelas para ter certeza de que ele não poderia escapar, abri a caixa, dei-lhe um abraço e deixei que conhecesse seu novo território. Quando voltei 5 minutos depois, ele tinha desaparecido. A porta estava fechada, as janelas também, e as paredes eram sólidas (eu verifiquei). Ele literalmente desapareceu no ar e nem sequer deixou um sorriso para trás.

Antes de desaparecer dramaticamente, Fuzzy pôs um fim às minhas tendências suicidas, e, como vimos no Capítulo 12, as pessoas acreditam que ter um animal de estimação faça bem para a saúde mental. Se quiséssemos testar isso, poderíamos comparar pessoas que tenham ou não tenham animais de estimação para ver se sua saúde mental difere. No entanto, o termo *saúde mental* abrange uma ampla gama de conceitos, incluindo (para citar alguns) ansiedade, depressão, angústia geral e psicose. Assim, podemos ter várias formas de medir a variável de resultado, e o modelo linear que analisamos até agora só lida com uma. Repito, até agora, porque vamos descobrir que ele pode se transformar na MANOVA. Sim, é tão assustador quanto parece ser.

Figura 17.1 Fuzzy fazendo uma leitura leve.

---

[1] Esse foi um dos livros favoritos da minha infância. Para aqueles que não o leram, o Gato Risonho é um gato grande e gordo conhecido principalmente por aparecer e desaparecer do nada; em uma ocasião, desapareceu deixando apenas seu sorriso para trás.

17.2 Introduzindo a MANOVA ||||

Nos Capítulos 10 a 16, vimos como o modelo linear geral pode ser usado para detectar diferenças de grupos em uma única variável de resultado. No entanto, pode haver circunstâncias nas quais estamos interessados em várias variáveis de resultado e, nesses casos, utilizamos a **análise multivariada da variância** (ou **MANOVA**). Os princípios do modelo linear se estendem à MANOVA pois podemos usar a MANOVA quando há uma variável independente/previsora ou várias, podemos observar as interações entre variáveis de resultado e podemos fazer contrastes para ver quais grupos diferem. Quando temos apenas uma variável de resultado, o modelo é conhecido como **univariado** (o que significa "uma variável"), mas quando incluímos várias variáveis de resultado simultaneamente, o modelo é **multivariado** (significando "muitas variáveis"). Há uma longa seção teórica explicando o funcionamento da MANOVA, mas, para quem valoriza o pouco tempo que tem na Terra, pense que estamos estendendo o modelo linear novamente e vá direto para as seções sobre como aplicar e interpretar a MANOVA. Esse processo nos leva a outra ferramenta estatística conhecida como *análise da função discriminante* (ou apenas *análise discriminante*).

Se tivermos escores de várias variáveis de resultado, poderíamos simplesmente ajustar separadamente modelos lineares (estatística F) para cada variável de resultado (não é incomum que os pesquisadores façam isso). No entanto, aprendemos na seção 2.9.7 que, ao realizarmos múltiplos testes nos mesmos dados, os Erros do tipo I se acumulam. Por esse motivo, não devemos ajustar modelos lineares separados para cada variável de resultado. Além disso, se modelos separados forem ajustados a cada variável de resultado, as possíveis relações entre essas variáveis de resultado serão ignoradas – perdemos, assim, uma informação importante. Ao incluir todas as variáveis de resultado no modelo, a MANOVA leva em conta a relação entre elas. Nesse sentido, modelos separados podem nos dizer apenas se os grupos diferem em uma única dimensão, enquanto a MANOVA tem o poder de detectar se os grupos diferem em uma combinação de dimensões.

Por exemplo, podemos distinguir pessoas casadas, morando juntas ou solteiras em relação à sua felicidade. "Felicidade" é um construto complexo, então podemos querer medir a felicidade no trabalho, a social, a sexual e a interior (autoestima). Pode não ser possível distinguir pessoas que são casadas, morando juntas ou solteiras com base apenas em um único aspecto da felicidade (que é o que um modelo univariado testa), mas esses grupos podem ser distinguidos a partir da *combinação* da felicidade nos quatro domínios diferentes (que é o que uma MANOVA testa). Assim, a MANOVA tem um poder potencial maior para detectar um efeito (ver Gina Gênia 17.1).

17.2.1 Escolhendo variáveis de resultado ||||

Talvez a MANOVA pareça ser uma boa maneira de medir centenas de variáveis de resultado e, em seguida, colocá-las em uma análise sem ser acusado de *p-hacking*. Não fique muito animado. É uma má ideia agrupar centenas de variáveis de resultado em uma MANOVA, a menos que você tenha uma boa base teórica ou empírica. Se houver uma boa base teórica para incluir algumas de suas variáveis de resultado, recomendo ajustar modelos separados: um para as variáveis de resultado sendo testadas de modo heurístico e um para as variáveis de resultado teoricamente significativas. A ideia aqui é não incluir um número enorme de variáveis de resultado em uma MANOVA só porque elas foram medidas.

17.2.2 Um exemplo intrusivo ||||

O transtorno obsessivo-compulsivo (TOC) é um problema de saúde mental caracterizado por imagens intrusivas ou pensamentos que o sofredor considera repugnantes – no meu caso, o pensa-

Gina Gênia 17.1
O poder da MANOVA

Em teoria, a MANOVA possui maior poder do que a ANOVA para detectar efeitos porque leva em consideração as correlações entre variáveis de resultado (Huberty e Morris, 1989). No entanto, o problema é complicado (e quando não é?). As evidências são contraditórias, com alguns estudos mostrando poder *decrescente* à medida que a correlação entre variáveis de resultado aumenta e outros mostrando que o poder é geralmente maior em correlações fortes entre variáveis de resultado do que em correlações moderadas (Stevens, 1980). O trabalho de Cole, Maxwell, Arvey e Salas (1994) sugere que, se esperarmos encontrar um grande efeito, a MANOVA terá maior poder se as medidas forem um pouco diferentes (inclusive negativamente correlacionadas) e se as diferenças entre grupos tiverem a mesma direção em cada medida. Se tivermos duas variáveis de resultado, uma das quais exibindo uma grande diferença entre grupos e outra que exibe uma diferença pequena ou nenhuma diferença, a potência será aumentada se essas variáveis estiverem fortemente correlacionadas. Embora o trabalho de Cole e colaboradores seja restrito ao caso em que dois grupos estão sendo comparados, a mensagem final é que, se você está interessado em saber qual é o provável poder da MANOVA, deve considerar não apenas a correlação entre as variáveis de resultado, mas também o tamanho e o padrão das diferenças entre grupos que espera obter.

mento de alguém ajustando modelos que não sejam robustos, mas, para muitas pessoas, pensamentos com temáticas de agressão, sexualidade ou doença/contaminação (Julien, O'Connor e Aardema, 2007). Esses pensamentos levam o paciente a se engajar em atividades que neutralizem o desconforto (essas atividades podem ser mentais, como fazer uma MANOVA mental para me fazer sentir melhor em relação aos modelos não robustos que acontecem no mundo, ou físicas, como encostar a mão no chão 23 vezes para não matar o professor de estatística). Uma psicóloga clínica estava interessada nos efeitos da terapia cognitivo-comportamental (TCC) no TOC. Ela comparou pessoas com TOC após sessões de TCC ou terapia comportamental (TC) com grupos que aguardavam tratamento (condição sem tratamento, ST).[2] A maioria das psicopatologias tem elementos comportamentais e cognitivos. Por exemplo, para pessoas com TOC que têm obsessão por germes e contaminação, o distúrbio pode se manifestar no número de vezes em que elas lavam as mãos (comportamento) e em que *pensam em* lavar as mãos (cognição). Para avaliar o sucesso da terapia, não basta olhar apenas para os resultados comportamentais (como a redução dos comportamentos obsessivos), precisamos ver se os pensamentos também são alterados. Assim, a psicóloga clínica mediu duas variáveis de resultado: a ocorrência de comportamentos relacionados à obsessão (**Actions** [ações]) e a ocorrência de pensamentos relacionados à obsessão (**Thoughts** [pensamentos]) em um único dia. Os dados estão na Tabela 17.1 (e em **OCD.sav**). Os participantes pertenciam ao grupo 1 (TCC), grupo 2 (TC) ou grupo 3 (ST) e, dentro desses grupos, todos os participantes tiveram ações e pensamentos avaliados.

---

[2] Uma nota para os não psicólogos: a terapia comportamental supõe que, se você parar com os comportamentos desajustados, o transtorno desaparecerá, enquanto a terapia cognitiva pressupõe que tratar os pensamentos desajustados interromperá o transtorno. A TCC faz um pouco dos dois.

Tabela 17.1 Dados de **OCD.sav**

Grupo	VD 1: Ações			VD 2: Pensamentos		
	TCC (1)	TC (2)	ST (3)	TCC (1)	TC (2)	ST (3)
	5	4	4	14	14	13
	5	4	5	11	15	15
	4	1	5	16	13	14
	4	1	4	13	14	14
	5	4	6	12	15	13
	3	6	4	14	19	20
	7	5	7	12	13	13
	6	5	4	15	18	16
	6	2	6	16	14	14
	4	5	5	11	17	18
$\overline{X}$	4,90	3,70	5,00	13,40	15,20	15,00
s	1,20	1,77	1,05	1,90	2,10	2,36
s^2	1,43	3,12	1,11	3,60	4,40	5,56

$\overline{X}_{\text{geral (ações)}} = 4{,}53$ $\overline{X}_{\text{geral (pensamentos)}} = 14{,}53$
$S^2_{\text{geral (ações)}} = 2{,}1195$ $S^2_{\text{geral (pensamentos)}} = 4{,}8782$

17.3 Introduzindo matrizes

A teoria da MANOVA exige conhecer um pouco sobre álgebra matricial, que está muito além do escopo deste livro. Quero apresentar um gostinho dos conceitos por trás da MANOVA usando matrizes sem entrar na álgebra propriamente dita. Quem quiser mais detalhes pode ler Bray e Maxwell (1985). No entanto, não podemos evitar tudo o que tem a ver com matrizes, por isso faremos uma breve introdução a alguns conceitos-chave.

Apesar do que Hollywood quer que você acredite, uma **matriz** não permite que você pule acrobaticamente no ar ao estilo ninja enquanto o tempo aparentemente desacelera ao ponto em que você pode se contorcer graciosamente e desviar de objetos em alta velocidade*. Trabalhei com matrizes muitas vezes, e nunca (até onde sei) parei o tempo e certamente me afogaria em minhas próprias entranhas se tentasse me esquivar de uma bala. A realidade é que uma matriz é uma grade de números dispostos em linhas e colunas. De fato, ao longo deste livro, você tem usado uma matriz glamorizada: o editor de dados, que consiste, em geral, simplesmente em números organizados em linhas e colunas (ou seja, uma matriz). Uma matriz pode ter muitas linhas e colunas, e especificamos suas dimensões usando números. Uma matriz 2 × 3 é uma matriz com duas linhas e três colunas, e uma matriz 5 × 4 possui cinco linhas e quatro colunas (Figura 17.2).

Uma matriz pode representar dados amplos (seção 4.6.1); nesse caso, cada linha contém os dados de um único participante, e cada coluna tem escores de uma variável específica. Então, a matriz 5 × 4 representa cinco participantes testados em quatro medidas: o primeiro participante marcou 3 na primeira variável e 20 na quarta variável. Os valores dentro de uma matriz são *componentes* ou *elementos*, e as linhas e colunas são *vetores*.

---

*N. de. T.T. Referência ao filme *Matrix* (1999).

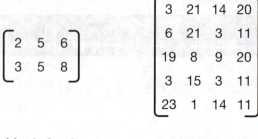

Figura 17.2 Alguns exemplos de matrizes.

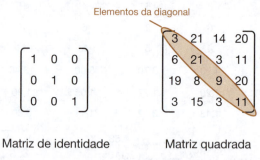

Figura 17.3 As duas matrizes são quadradas, e a da esquerda é, também, uma matriz de identidade.

Uma **matriz quadrada** tem o mesmo número de linhas e de colunas (Figura 17.3). Ao usar matrizes quadradas, às vezes usamos os componentes diagonais (i.e., os valores que estão na linha diagonal que começa no componente superior esquerdo e vai até o componente inferior direito) e os componentes fora da diagonal (valores que não estão na diagonal). Na Figura 17.3 (direita), os componentes diagonais são 3, 21, 9 e 11 (os valores destacados) e os componentes fora da diagonal são os restantes. Uma **matriz de identidade** é uma matriz quadrada na qual os elementos da diagonal são 1 e os elementos fora da diagonal são todos 0 (Figura 17.3, esquerda). Espero que o conceito de uma matriz seja agora menos assustador do que você possa ter imaginado: não é uma entidade matemática mágica, apenas uma forma de representar dados – como uma planilha.

Quando temos uma única variável de resultado, estamos interessados em calcular uma estatística F que represente quanta variância pode ser explicada pelo fato de que determinados escores aparecem em determinados grupos (os quais, na pesquisa experimental, representam a nossa manipulação) em relação ao erro de previsão no modelo. Nós basicamente queremos fazer a mesma coisa, mas com a complicação de termos várias variáveis de resultado. Para alcançar esse objetivo, precisamos de uma forma análoga multivariada das somas dos quadrados que usamos para modelos univariados (Capítulos 9 e 12); elas são a soma dos quadrados do modelo/variável de agrupamento (a soma dos quadrados do modelo, SQ_M), o erro de previsão do modelo (a soma dos quadrados dos resíduos, SQ_R) e, claro, a quantidade total da variação na(s) variável(eis) de resultado que precisa ser explicada (SQ_T). Acontece que as matrizes são uma boa maneira de operacionalizar versões multivariadas dessas somas dos quadrados (elas são denominadas **matrizes da soma dos quadrados e produtos cruzados [SQPC]**).

A matriz que representa a variância sistemática (ou a soma dos quadrados do modelo para todas as variáveis) é representada pela letra *H* e é chamada de **matriz da hipótese da soma dos quadrados e produtos cruzados** (ou **SQPC da hipótese**). A matriz que representa a variância não sistemática (as somas dos quadrados dos resíduos para todas as variáveis) é representada pela letra *E* e é denominada **matriz da soma dos quadrados dos erros e dos produtos cruzados** (ou **SQPC do erro**). Finalmente, a matriz que representa a quantidade total da variância presente para cada variável de resultado (as somas totais dos quadrados para cada resultado) é representada por *T* e é chamada de **matriz da soma total dos quadrados e produtos cruzados** (ou **SQPC total**). Deveria ser óbvio por que essas matrizes são chamadas de matrizes da soma dos quadrados, mas por que há produtos cruzados no nome?

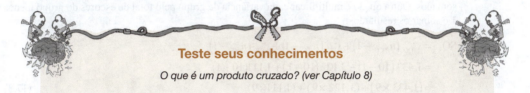

Teste seus conhecimentos
O que é um produto cruzado? (ver Capítulo 8)

Os produtos cruzados representam o valor total para o erro combinado entre duas variáveis (em certo sentido, representam uma estimativa não padronizada da correlação total entre as duas variáveis). Assim, enquanto a soma dos quadrados de uma variável é a diferença quadrática total entre os valores observados e o valor médio, o produto cruzado é o erro total combinado *entre* duas variáveis. Falei anteriormente que a MANOVA tinha o poder de explicar a correlação entre as variáveis de resultado; ela faz isso usando esses produtos cruzados. Mais tarde, mostrarei como essas matrizes SQPC são usadas da mesma maneira que as somas simples de quadrados (SQ_M, SQ_R e SQ_T) em modelos lineares univariados para derivar estatísticas de teste que sejam equivalentes multivariados da estatística *F* (i.e., as matrizes representam a razão da variância sistemática sobre a não sistemática no modelo).

17.4 A teoria por trás da MANOVA ▮▮▮▮

Para começar, vamos calcular as estatísticas *F* univariadas de cada uma das duas variáveis de resultado no exemplo do TOC (ver Tabela 17.1). Vou pressuposto que você tenha lido o Capítulo 12.

17.4.1 *F* univariado da variável de resultado 1 (*actions*) ▮▮▮▮

Temos que calcular três somas dos quadrados. Primeiro, avaliamos quanta variabilidade deve ser explicada dentro do resultado (SQ_T) e, em seguida, separamos essa variabilidade em duas: a não explicada pelo modelo (SQ_M) e a do erro de previsão (SQ_R). Usando as equações do Capítulo 12, calculamos cada um desses valores como mostro a seguir.

A soma de quadrados total, $SQ_{T(ações)}$, é obtida calculando-se a diferença entre cada um dos 30 escores e a sua média e somando, então, essas diferenças elevadas ao quadrado. Outra opção é calcular a variância dos escores das ações (independentemente de em que grupo o escore está) e multiplicar esse valor pelo total de escores menos 1:

$$\begin{aligned}SQ_T &= s^2_{geral}(N-1)\\&= 2{,}1195(30-1)\\&= 2{,}1195 \times 29\\&= 61{,}47\end{aligned} \quad (17.1)$$

Os graus de liberdade serão $N - 1 = 29$.

A soma dos quadrados do modelo, $SQ_{M(ações)}$, é calculada subtraindo-se a média de cada grupo da média geral, elevando essa diferença ao quadrado, multiplicando esse resultado pelo número de escores do grupo e somando esses três valores:

$$\begin{aligned} SQ_M &= 10(4{,}90 - 4{,}53)^2 + 10(3{,}70 - 4{,}53)^2 + 10(5{,}00 - 4{,}53)^2 \\ &= 10(0{,}37)^2 + 10(-0{,}83)^2 + 10(0{,}47)^2 \\ &= 1{,}37 + 6{,}89 + 2{,}21 = 10{,}47 \end{aligned}$$ (17.2)

Os graus de liberdade serão $k - 1 = 2$.

A soma dos quadrados dos resíduos, $SQ_{R(ações)}$, é soma dos quadrados das diferenças entre cada escore e a média do grupo ao qual o escore pertence. Os resultados de cada grupo são então somados. Outra opção é multiplicar cada variância de grupo pelo total de escores do grupo menos 1 e somar os resultados:

$$\begin{aligned} SQ_R &= s^2_{TCC}(n_{TCC} - 1) + s^2_{TC}(n_{TC} - 1) + s^2_{ST}(n_{ST} - 1) \\ &= 1{,}433(10 - 1) + 3{,}122(10 - 1) + 1{,}111(10 - 1) \\ &= (1.433 \times 9) + (3{,}122 \times 9) + (1{,}111 \times 9) \\ &= 12{,}9 + 28{,}1 + 10 \\ &= 51 \end{aligned}$$ (17.3)

Os graus de liberdade serão o tamanho da amostra de cada grupo menos 1 (p. ex., 9) multiplicado pelo número de grupos, $3 \times 9 = 27$.

O próximo passo é calcular a média dos quadrados (ou o quadrado médio) dividindo as somas dos quadrados pelos seus graus de liberdade:

$$\begin{aligned} MQ_M &= \frac{SQ_M}{gl_M} = \frac{10{,}47}{2} = 5{,}235 \\ MQ_R &= \frac{SQ_R}{gl_R} = \frac{51}{27} = 1{,}889 \end{aligned}$$ (17.4)

A estatística F é a média dos quadrados do modelo dividida pela média dos quadrados do erro no modelo:

$$F = \frac{MQ_M}{MQ_R} = \frac{5{,}235}{1{,}889} = 2{,}771$$ (17.5)

17.4.2 *F* univariado para a variável de resultado 2 (*thoughts*) ||||

As três somas dos quadrados para a variável de resultado **Thoughts** são calculadas da mesma maneira que fizemos para **Actions** (os graus de liberdade de cada uma são iguais aos apresentados acima). Para a soma dos quadrados total, $SQ_{T(pensamentos)}$, temos:

$$\begin{aligned} SQ_T &= s^2_{geral}(n - 1) \\ &= 4{,}878(30 - 1) \\ &= 4{,}878 \times 29 \\ &= 141{,}46 \end{aligned}$$ (17.6)

A soma dos quadrados do modelo, SQ$_{M(pensamentos)}$ é:

$$SQ_M = 10(13{,}40 - 14{,}53)^2 + 10(15{,}20 - 14{,}53)^2 + 10(15 - 14{,}53)^2$$
$$= 10(-1{,}13)^2 + 10(0{,}67)^2 + 10(0{,}47)^2 \qquad (17.7)$$
$$= 12{,}77 + 4{,}49 + 2{,}21 = 19{,}47$$

A soma dos quadrados dos resíduos, SQ$_{R(pensamentos)}$ é:

$$SQ_R = s^2_{TCC}(n_{TCC} - 1) + s^2_{TC}(n_{TC} - 1) + s^2_{ST}(n_{ST} - 1)$$
$$= 3{,}6(10 - 1) + 4{,}4(10 - 1) + 5{,}56(10 - 1)$$
$$= (3{,}6 \times 9) + (4{,}4 \times 9) + (5{,}56 \times 9) \qquad (17.8)$$
$$= 32{,}4 + 39{,}6 + 50$$
$$= 122$$

A média dos quadrados é a soma dos quadrados dividida pelos graus de liberdade:

$$MQ_M = \frac{SQ_M}{gl_M} = \frac{19{,}47}{2} = 9{,}735$$
$$MQ_R = \frac{SQ_R}{gl_R} = \frac{122}{27} = 4{,}519 \qquad (17.9)$$

A estatística F é a média dos quadrados do modelo dividida pela média dos quadrados dos resíduos:

$$F = \frac{MQ_M}{MQ_R} = \frac{9{,}735}{4{,}519} = 2{,}154 \qquad (17.10)$$

17.4.3 A relação entre variáveis de resultado: produtos cruzados ▮▮▮▮

OK, temos as somas dos quadrados associadas a cada variável de resultado. Agora, vamos analisar a relação entre elas. Se quisermos uma medida da relação que seja comparável a uma soma dos quadrados, precisamos de algo que quantifique a relação *total* (porque as somas dos quadrados são totais). Nós vimos, no Capítulo 8, que o produto cruzado faz esse trabalho. Há três produtos cruzados relevantes que correspondem às três somas dos quadrados que acabamos de calcular: o produto cruzado total, o produto cruzado do modelo e um produto cruzado dos resíduos. Vamos olhar para o produto cruzado total (PC$_T$) primeiro.

O produto cruzado é a diferença entre os escores e a média de uma variável multiplicada pela diferença entre os escores e a média para outra variável (Capítulo 8). No caso do produto cruzado total, a média de interesse é a média geral de cada variável de resultado (ver Tabela 17.2). Podemos aplicar a equação de produto cruzado descrita no Capítulo 8 às duas variáveis de resultado:

$$PC_T = \sum_{i=1}^{n} \left(x_{i(\text{ações})} - \bar{X}_{\text{geral(ações)}}\right)\left(x_{i(\text{pensamentos})} - \bar{X}_{\text{geral(pensamentos)}}\right) \qquad (17.11)$$

Para cada variável de resultado, subtraímos cada escore da média geral dessa variável. Assim, temos dois valores por participante (um para cada variável de resultado) que são multiplicados para obter o produto cruzado de cada participante. O total pode ser encontrado somando-se os produtos cruzados de todos os participantes. A Tabela 17.2 ilustra esse processo.

Tabela 17.2 Cálculo do produto cruzado total

Grupo	Ações	Pensamentos	Ações − $\bar{X}_{geral(ações)}$ (D_1)	Ações − $\bar{X}_{geral(ações)}$ (D_2)	$D_1 \times D_2$
TCC	5	14	0,47	−0,53	−0,25
	5	11	0,47	−3,53	−1,65
	4	16	−0,53	1,47	−0,78
	4	13	−0,53	−1,53	0,81
	5	12	0,47	−2,53	−1,19
	3	14	−1,53	−0,53	0,81
	7	12	2,47	−2,53	−6,25
	6	15	1,47	0,47	0,69
	6	16	1,47	1,47	2,16
	4	11	−0,53	−3,53	1,87
TC	4	14	−0,53	−0,53	0,28
	4	15	−0,53	0,47	−0,25
	1	13	−3,53	−1,53	5,40
	1	14	−3,53	−0,53	1,87
	4	15	−0,53	0,47	−0,25
	6	19	1,47	4,47	6,57
	5	13	0,47	−1,53	−0,72
	5	18	0,47	3,47	1,63
	2	14	−2,53	−0,53	1,34
	5	17	0,47	2,47	1,16
ST	4	13	−0,53	−1,53	0,81
	5	15	0,47	0,47	0,22
	5	14	0,47	−0,53	−0,25
	4	14	−0,53	−0,53	0,28
	6	13	1,47	−1,53	−2,25
	4	20	−0,53	5,47	−2,90
	7	13	2,47	−1,53	−3,78
	4	16	−0,53	1,47	−0,78
	6	14	1,47	−0,53	−0,78
	5	18	0,47	3,47	1,63
	4,53	14,53		$PC_T = \sum D_1 \times D_2 = 5{,}47$	

O produto cruzado total é um indicador da relação geral entre duas variáveis. Podemos decompor esse total. Primeiro, podemos quantificar como a relação entre as variáveis de resultado é influenciada por nossa manipulação experimental usando o produto cruzado do modelo (PC$_M$):

$$PC_M = \sum_{g=1}^{k} n\left[\left(\bar{x}_{g(\text{ações})} - \bar{X}_{\text{geral (ações)}}\right)\left(\bar{x}_{g(\text{pensamentos})} - \bar{X}_{\text{geral (pensamentos)}}\right)\right] \quad (17.12)$$

Capítulo 17 • Análise multivariada da variância (MANOVA)

Tabela 17.3 Cálculo do produto cruzado do modelo

	$\bar{X}_{Grupo}$ Ações	$\bar{X}_{Grupo} - \bar{X}_{Geral}$ (D_1)	$\bar{X}_{Grupo}$ Pensamentos	$\bar{X}_{Grupo} - \bar{X}_{Geral}$ (D_2)	$D_1 \times D_2$	$N(D_1 \times D_2)$
TCC	4,9	0,37	13,4	−1,13	−0,418	−4,18
TC	3,7	−0,83	15,2	0,67	−0,556	−5,56
ST	5,0	0,47	15,0	0,47	0,221	2,21
	4,53		14,53		$PC_M = \sum N(D_1 \times D_2) = -7,53$	

O PC_M é calculado de maneira semelhante à soma dos quadrados do modelo. Primeiro, a diferença entre a média de cada grupo e a média geral é calculada para cada variável de resultado. O produto cruzado é calculado multiplicando-se as diferenças encontradas para cada grupo. Cada produto é então multiplicado pelo número de escores dentro do grupo (como foi feito com a soma dos quadrados). Esse princípio é ilustrado na Tabela 17.3.

Por fim, podemos quantificar como a relação entre as duas variáveis de resultado é influenciada por diferenças individuais/variáveis não medidas usando o produto cruzado dos resíduos (PC_R):

$$PC_R = \sum_{i=1}^{n} \left(x_{i(\text{ações})} - \bar{X}_{\text{grupo (ações)}} \right)\left(x_{i(\text{pensamentos})} - \bar{X}_{\text{grupo (pensamentos)}} \right) \quad (17.13)$$

O PC_R é calculado de maneira semelhante ao produto cruzado total, exceto que usamos as médias dos grupos em vez da média geral. Assim, subtraímos de cada escore a média do grupo a que pertence (ver Tabela 17.4). O produto cruzado dos resíduos também pode ser calculado subtraindo-se o produto cruzado do modelo do produto cruzado total:

$$PC_R = PC_T - PC_M$$
$$= 5,47 - (-7,53) \quad (17.14)$$
$$= 13$$

Cada um dos produtos cruzados nos diz algo importante sobre a relação entre as duas variáveis de resultado. Embora eu tenha usado um cenário simples para manter a matemática também relativamente simples, esses princípios podem ser facilmente aplicados a cenários mais complexos. Por exemplo, se tivermos três variáveis de resultado, os produtos cruzados entre pares de variáveis de resultado serão calculados (como foram neste exemplo). À medida que a complexidade da situação aumenta, o mesmo acontece com a quantidade de cálculos que precisa ser feita. Em momentos como esses, fica visível o benefício que um *software* como o SPSS traz!

17.4.4 A matriz SQPC total (T) ▐▐▐▐

As matrizes SQPC são quadradas. Com duas variáveis de resultado (como neste exemplo), as matrizes SQPC serão matrizes 2 × 2, com três variáveis de resultado, elas seriam matrizes 3 × 3 e assim por diante. A matriz SQPC total, *T*, contém as somas dos quadrados totais de cada variável de resultado e o produto cruzado total entre elas. Você pode imaginar que a primeira linha e a primeira coluna representam uma variável de resultado e que a segunda linha e coluna representam a segunda variável (Figura 17.4). Calculamos os valores da matriz anteriormente nesta seção e, se os colocarmos em suas respectivas células, obteremos:

$$T = \begin{pmatrix} 61,47 & 5,47 \\ 5,47 & 141,47 \end{pmatrix} \quad (17.15)$$

Tabela 17.4 Cálculo do PC$_R$

Grupo	Ações	Ações – $\bar{X}_{geral(ações)}$ (D_1)	Pensamentos	Ações – $\bar{X}_{geral(pensamentos)}$ (D_2)	$D_1 \times D_2$
TCC	5	0,10	14	0,60	0,06
	5	0,10	11	–2,40	–0,24
	4	–0,90	16	2,60	–2,34
	4	–0,90	13	–0,40	0,36
	5	0,10	12	–1,40	–0,14
	3	–1,90	14	0,60	–1,14
	7	2,10	12	–1,40	–2,94
	6	1,10	15	1,60	1,76
	6	1,10	16	2,60	2,86
	4	–0,90	11	–2,40	2,16
	4,9		13,4		Σ = 0,40
TC	4	0,30	14	–1,20	–0,36
	4	0,30	15	–0,20	–0,06
	1	–2,70	13	–2,20	5,94
	1	–2,70	14	–1,20	3,24
	4	0,30	15	–0,20	–0,06
	6	2,30	19	3,80	8,74
	5	1,30	13	–2,20	–2,86
	5	1,30	18	2,80	3,64
	2	–1,70	14	–1,20	2,04
	5	1,30	17	1,80	2,34
	3,7		15,2		Σ = 22,60
ST	4	–1,00	13	–2,00	2,00
	5	0,00	15	0	0,00
	5	0,00	14	–1,00	0,00
	4	–1,00	14	–1,00	1,00
	6	1,00	13	–2,00	–2,00
	4	–1,00	20	5,00	–5,00
	7	2,00	13	–2,00	–4,00
	4	–1,00	16	1,00	–1,00
	6	1,00	14	–1,00	–1,00
	5	0,00	18	3,00	0,00
	5		15		Σ = –10,00

$$PC_R = \sum D_1 \times D_2 = 13$$

A partir dos valores da matriz (e o que eles representam), deve ficar claro que a SQPC total representa tanto a quantidade total de variação presente em cada variável de resultado quanto a codependência total existente entre elas. Observe também que os componentes fora da diagonal são iguais (ambos são o produto cruzado total), porque esse valor é igualmente importante para as duas variáveis de resultado.

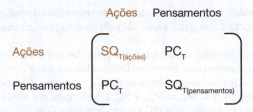

Figura 17.4 Os componentes da SQPC total.

17.4.5 A matriz SQPC dos resíduos (*E*)

A matriz da soma dos quadrados dos resíduos (ou erro) e dos produtos cruzados, E, contém as somas dos quadrados dos resíduos de cada variável de resultado e o produto cruzado dos resíduos entre as duas variáveis de resultado. A SQPC dos resíduos é igual à SQPC total, exceto que a informação está agora relacionada ao erro no modelo (Figura 17.5). Ao colocarmos em suas respectivas células os valores que calculamos anteriormente nesta seção, obtemos:

$$E = \begin{pmatrix} 51 & 13 \\ 13 & 122 \end{pmatrix} \qquad (17.16)$$

A SQPC dos resíduos representa tanto a variação não sistemática de cada variável de resultado quanto a codependência entre essas variáveis causada por fatores não mensurados. Assim como na SQPC total, os elementos fora da diagonal são iguais (ambos são o produto cruzado dos resíduos).

17.4.6 A matriz SQPC do modelo (*H*)

A matriz da soma dos quadrados do modelo (ou hipótese) e dos produtos cruzados, H, contém as somas dos quadrados do modelo de cada variável de resultado e o produto cruzado do modelo das duas variáveis de resultado (Figura 17.6). Ao inserir em suas respectivas células os valores que calculamos anteriormente nesta seção, obtemos:

$$H = \begin{pmatrix} 10{,}47 & -7{,}53 \\ -7{,}53 & 19{,}47 \end{pmatrix} \qquad (17.17)$$

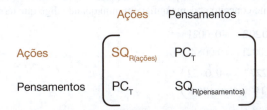

Figura 17.5 Os componentes da SQPC dos resíduos.

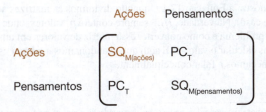

Figura 17.6 Os componentes da SQPC do modelo.

A SQPC do modelo representa tanto a variação sistemática de cada variável de resultado quanto a codependência entre elas que é explicada pelo modelo (que, na pesquisa experimental, é a manipulação).

As matrizes são aditivas, ou seja, você pode somar (ou subtrair) duas matrizes somando (ou subtraindo) os componentes correspondentes. Quando calculamos modelos univariados, vimos que a soma dos quadrados total era a soma dos quadrados do modelo somada à soma dos quadrados dos resíduos (i.e., $SQ_T = SQ_M + SQ_R$). Isso também é verdade na MANOVA, exceto pelo fato de adicionarmos matrizes SQPC em vez de valores únicos:

$$T = H + E$$

$$= \begin{pmatrix} 10{,}47 & -7{,}53 \\ -7{,}53 & 19{,}47 \end{pmatrix} + \begin{pmatrix} 51 & 13 \\ 13 & 122 \end{pmatrix}$$

$$= \begin{pmatrix} 10{,}47 + 51 & -7{,}53 + 13 \\ -7{,}53 + 13 & 19{,}47 + 122 \end{pmatrix} \quad (17.18)$$

$$= \begin{pmatrix} 61{,}47 & 5{,}47 \\ 5{,}47 & 141{,}47 \end{pmatrix}$$

Ao demonstrar que essas matrizes se somam, espero ter conseguido reforçar a ideia de que os cálculos da MANOVA são conceitualmente iguais aos dos modelos univariados – a diferença é que usamos matrizes em vez de valores isolados.

17.4.7 HE^{-1}: um análogo do F ▌▌▌▌

O F univariado é a razão da variância sistemática sobre a variância não sistemática (i.e., é uma função da SQ_M dividida pela SQ_R).[3] O equivalente conceitual seria, portanto, dividir a matriz H pela matriz E. A operação matricial equivalente à divisão é multiplicar pelo inverso de uma matriz. Assim, um análogo de F seria dividir H por E ou, usando termos matriciais, para multiplicar H pelo inverso da matriz E (representa por E^{-1}). A matriz resultante é denominada de HE^{-1} e é um análogo multivariado do F univariado (em relação ao que ele representa conceitualmente).

Calcular o inverso de uma matriz é complicado, e não há necessidade de saber como fazê-lo para obter uma boa compreensão conceitual da MANOVA. Se você estiver interessado, Stevens (2002) e Namboodiri (1984) fornecem relatos acessíveis sobre como determinar a inversa de uma matriz e, depois de lê-los, você pode ler a seção do Oliver Twist. Todos aqueles que não estiverem interessados no conceito podem confiar em mim quando digo que terminaremos com:

$$E^{-1} = \begin{pmatrix} 0{,}0202 & -0{,}0021 \\ -0{,}0021 & 0{,}0084 \end{pmatrix}$$

$$HE^{-1} = \begin{pmatrix} 0{,}2273 & -0{,}0852 \\ -0{,}1930 & 0{,}1794 \end{pmatrix} \quad (17.19)$$

Lembre-se de que HE^{-1} representa a variância sistemática no modelo sobre a variância não sistemática no modelo, e, portanto, a matriz resultante é conceitualmente igual à estatística F univariada. Entretanto, há outro problema. Em modelos univariados, obtemos um valor único para F, mas, como mostra a Equação 17.19, quando dividimos as matrizes acabamos com vários valores (quatro neste caso). Na verdade, HE^{-1} sempre conterá p^2 valores, onde p é o número de variáveis de resultado. O problema é como converter essa matriz de valores em um valor único relevante para o qual podemos calcular o valor-p. É aqui que abandonamos qualquer esperança de entender a matemática e começamos a falar conceitualmente.

---

[3] Usamos as médias dos quadrados, não a soma dos quadrados; mas as médias dos quadrados são diretamente proporcionais às somas dos quadrados porque são as somas dos quadrados divididas pelos graus de liberdade.

17.4.8 *Variates** de funções discriminantes ||||

O problema de ter vários valores com os quais avaliar a significância estatística pode ser simplificado convertendo as variáveis de resultado em dimensões ou fatores subjacentes (esse processo será discutido no Capítulo 18). A maior parte deste livro analisou como podemos usar um modelo linear para prever uma variável de resultado. Modelos lineares são compostos de uma combinação de variáveis previsoras, cada uma das quais faz uma contribuição única para o modelo. Podemos fazer algo parecido aqui, mas com o objetivo contrário: prever uma variável independente a partir de um conjunto de variáveis de resultado. É possível calcular as dimensões lineares subjacentes das variáveis de resultado conhecidas como *variates* (ou, às vezes, chamadas de *componentes*). Neste contexto, queremos usar essas *variates* lineares para prever a qual grupo uma pessoa pertence (i.e., se receberam TCC, TC ou nenhum tratamento). Já que elas estão sendo utilizadas para discriminar grupos de pessoas/casos, essas variáveis são chamadas de *funções discriminantes* ou ***variates* de função discriminante**.

De forma bem simples, essa é a teoria. Mas como descobrimos essas funções discriminantes? Sem entrar em muitos detalhes, usamos um procedimento matemático de maximização, de modo que a primeira função discriminante (V_1) é a combinação linear de variáveis de resultado que maximiza as diferenças entre os grupos. Devido a isso, a razão entre a variância sistemática e a não sistemática (SQ_M/SQ_R) será maximizada para essa primeira *variate*, mas *variates* subsequentes terão valores menores do que essa razão. Lembre-se de que essa razão é um análogo da estatística *F* dos modelos univariados, e, dessa forma, na verdade, obtemos o valor máximo possível da estatística *F* quando olhamos para a primeira função discriminante. Essa *variate* pode ser descrita com uma equação de modelo linear, porque é uma combinação linear das variáveis de resultado:

$$y_i = b_0 + b_1 X_{1i} + b_2 X_{2i}$$
$$V_{1i} = b_0 + b_1 \text{resultado } 1_{1i} + b_2 \text{resultado } 2_{2i} \qquad (17.20)$$
$$= b_0 + b_1 \text{ações}_i + b_2 \text{pensamentos}_i$$

A Equação 17.20 mostra a equação para duas previsoras e, em seguida, expande-a para mostrar que é possível descrever funções discriminantes com uma forma comparável dessa equação. Os valores-*b* na equação são pesos que nos dizem algo sobre a contribuição de cada variável de resultado para a *variate* em questão. Nos modelos lineares que examinamos neste livro, os valores-*b* são estimados usando o método dos mínimos quadrados. Os valores-*b* das funções discriminantes são obtidos a partir dos *autovetores* (ver Gina Gênia 9.3) de HE^{-1}. Podemos ignorar b_0 também, porque serve apenas para localizar a *variate* no espaço geométrico, o que não é necessário quando usamos a *variate* para discriminar grupos.

Em uma situação na qual há apenas duas variáveis de resultado e dois grupos para prever, haverá apenas uma *variate*. Isso faz o cenário ser bem simples: observando a função discriminante das variáveis de resultado, em vez de observar as variáveis de resultado em si, podemos obter um único valor de SQ_M/SQ_R para a função discriminante e, em seguida, avaliar a significância desse valor. No entanto, em casos mais complexos, em que há mais de duas variáveis de resultado, ou três ou mais categorias para prever (como no nosso exemplo), haverá mais de uma *variate*. O número de *variates* obtidas será o menor valor de *p* (o número de variáveis de resultado) e de *k* −1 (onde *k* é o número de categorias/grupos a serem previstos). No nosso exemplo, *p* e *k* − 1 são ambos iguais a 2, assim teremos duas *variates*.

Mencionei anteriormente que os valores-*b* que descrevem as *variates* são obtidos calculando os autovetores da matriz HE^{-1} e, de fato, teremos dois autovetores derivados dessa matriz: um com os valores-*b* para a primeira *variate*, e um com os valores-*b* da segunda *variate*. Conceitu-

---

* N. de T. T. Alguns dicionários traduzem o termo *variate* como sendo o mesmo que variável; contudo, esse não é o caso. Uma variável representa um conjunto univariado, ou seja, avalia uma única característica, enquanto a *variate* representa múltiplas dimensões ou características. Tecnicamente uma *variate* é uma combinação linear de variáveis. Assim, para evitar confusão, o termo será utilizado no original e com o significado de combinação linear de variáveis ou características.

almente falando, autovetores são os vetores associados a uma determinada matriz que não são modificados pela diagonalização da matriz (veja Gina Gênia 9.3 para uma explicação visual dos autovetores e autovalores). Em uma matriz de identidade, os elementos fora da diagonal são todos zero (Figura 17.3), e, transformando HE^{-1} em uma matriz de identidade, eliminamos todos os elementos fora da diagonal (reduzindo assim o número de valores a serem considerados para testar a significância). Portanto, ao calcularmos os autovetores e autovalores, obtemos valores que representam a razão entre a variância sistemática e a não sistemática (porque eles não são modificados pela transformação), mas há um número consideravelmente menor deles.

O cálculo dos autovetores é complexo (quem for doido o suficiente pode considerar a leitura de Namboodiri, 1984), então confie em mim quando digo que, para a matriz HE^{-1}, os autovetores são:

$$\text{autovetor}_1 = \begin{pmatrix} 0{,}603 \\ -0{,}335 \end{pmatrix}$$
$$\text{autovetor}_2 = \begin{pmatrix} 0{,}425 \\ 0{,}339 \end{pmatrix} \tag{17.21}$$

Substituindo esses valores nas duas equações para as *variates* (equação [17.20]) e levando em conta que podemos ignorar b_0, obtemos os modelos descritos nas seguintes equações:

$$V_{1i} = 0{,}603\text{ações}_i - 0{,}335\text{pensamento}_i$$
$$V_{2i} = 0{,}425\text{ações}_i + 0{,}339\text{pensamento}_i \tag{17.22}$$

É possível usar as equações para cada *variate* para calcular um escore para cada pessoa na *variate*. Por exemplo, o primeiro participante do grupo TCC realizou 5 ações obsessivas e 14 pensamentos obsessivos. Portanto, a pontuação desse participante na *variate* 1 seria de −1,675:

$$V_1 = (0{,}603 \times 5) - (0{,}335 \times 14) = -1{,}675 \tag{17.23}$$

Seu escore na *variate* 2 seria de 6,87:

$$V_2 = (0{,}425 \times 5) + (0{,}339 \times 14) = 6{,}871 \tag{17.24}$$

Se calculássemos esses escores da *variate* para cada participante e, em seguida, calculássemos as matrizes SQPC (p. ex., H, E, T e HE^{-1}) que usamos anteriormente, descobriríamos que todas elas têm produtos cruzados iguais a zero. A razão para isso é que as *variates* extraídas dos dados são ortogonais, ou seja, elas não estão correlacionadas. Em suma, as *variates* extraídas são dimensões independentes construídas a partir de uma combinação linear das variáveis de resultado que medimos.

Essa redução de dados nos oferece uma propriedade muito útil, que descobrimos ao olharmos para a matriz HE^{-1} calculada a partir dos escores das *variates* (em vez das variáveis de resultado): os elementos fora da diagonal (os produtos cruzados) são zero. Os elementos diagonais dessa matriz representam a relação entre a variância sistemática e a variância não sistemática (i.e., SQ_M/SQ_R) para cada uma das *variates* subjacentes. Portanto, neste exemplo, isso significa que, em vez de termos quatro valores representando a razão entre a variância sistemática e a não sistemática, agora temos apenas dois. Essa redução pode não parecer muito. No entanto, geralmente se tivermos p variáveis de resultado, teríamos valores-p^2 representando a razão entre a variância sistemática e a não sistemática; usando funções discriminantes, reduzimos esse número novamente para p. Por exemplo, com quatro variáveis de resultado, teríamos quatro valores em vez de 16.

Para os dados do nosso exemplo, a matriz HE^{-1} calculada a partir dos escores das *variates* é:

$$HE^{-1}_{variate} = \begin{pmatrix} 0{,}335 & 0 \\ 0 & 0{,}073 \end{pmatrix} \tag{17.25}$$

Oliver Twist
Por favor, senhor, quero um pouco mais de... matemática

"Você é um idiota, Andy. Acho que seria divertido examinar os seus cálculos para que possamos ver exatamente quão burro você é", zomba Oliver. Por sorte, você pode fazer isso. Nunca fui de fugir da humilhação pública em grande escala, por isso eu deixei os cálculos da matriz para este exemplo no *site* do livro. Vai lá, encontre um erro, você consegue...

É evidente, a partir dessa matriz, que temos dois valores a serem considerados ao avaliarmos a significância das diferenças entre os grupos. Esse pode parecer um procedimento complexo para reduzir os dados; no entanto verificamos que os valores ao longo da diagonal da matriz para as *variates* (a saber, 0,335 e 0,073) são os autovalores da matriz HE^{-1} original. Portanto, esses valores podem ser calculados diretamente a partir dos escores originais sem primeiro formar os autovetores. Se você perdeu todo o senso de racionalidade e quer saber como esses autovalores são calculados, veja Oliver Twist. Esses autovalores são conceitualmente equivalentes à estatística univariada *F*, e, portanto, a etapa final é avaliar quão grandes esses valores são se comparados com o que esperaríamos ver se não houvesse nenhum efeito na população. Há quatro maneiras comuns de fazer isso.

17.4.9 O traço de Pillai-Bartlett (*V*)

O **traço de Pillai-Bartlett** (tembém conhecido como o traço de Pillai) é dado por:

$$V = \sum_{i=1}^{s} \frac{\lambda_i}{1+\lambda_i} \qquad (17.26)$$

em que λ representa os autovalores para cada uma das *variates* discriminantes e *s* representa o número de *variates*. O traço de Pillai é a soma da proporção da variância explicada nas funções discriminantes. É semelhante ao R^2 (a razão SQ_M/SQ_T). Para nossos dados, o traço de Pillai é 0,319, que pode ser transformado em um valor que tenha uma distribuição aproximada à *F*:

$$V = \frac{0,335}{1+0,335} + \frac{0,073}{1+0,073} = 0,319 \qquad (17.27)$$

17.4.10 T^2 de Hotelling ||||

O **traço de Hotelling-Lawley** (também conhecido como T^2 de Hotelling; Figura 17.7) é a soma dos autovalores de cada *variate*:

$$T = \sum_{i=1}^{s} \lambda_i \qquad (17.28)$$

Portanto, para esses dados, o valor é 0,335 + 0,073 = 0,408. Essa estatística de teste é a soma de SQ_M/SQ_R para cada uma das *variates* e, portanto, é comparável à estatística *F* univariada.

17.4.11 O lambda de Wilks (Λ) ||||

O **lambda de Wilks** é o produto da variância *não explicada* em cada uma das *variates*:

$$\Lambda = \prod_{i=1}^{s} \frac{1}{1+\lambda_i} \qquad (17.29)$$

(o símbolo Π é como o símbolo da soma (Σ) que já encontramos, mas significa *multiplicar*, em vez de somar). O lambda de Wilks representa a razão entre a variância do erro e a variância total (SQ_R/SQ_T) para cada *variate*. Autovalores

Figura 17.7 Harold Hotelling desfrutando da minha atividade favorita: beber chá.

grandes (que em si representam um grande efeito experimental) levam a pequenos valores do lambda de Wilks; portanto, a significância estatística é encontrada quando o lambda de Wilks é pequeno. Neste exemplo, o lambda de Wilks é 0,698:

$$\Lambda = \frac{1}{1+0,335} \times \frac{1}{1+0,073} = 0,698 \qquad (17.30)$$

17.4.12 A maior raiz de Roy ||||

A **maior raiz de Roy** me faz pensar em algum estatístico barbudo com uma pá de jardim desenterrando uma mandioca enorme (ou raiz semelhante). Não é uma mandioca, mas, como o nome sugere, é o autovalor (ou "raiz") da primeira *variate*:

$$\Theta = \lambda_{máximo} \qquad (17.31)$$

Assim, em certo sentido, ela é o mesmo que o traço de Hotelling-Lawley, mas apenas para a primeira *variate*. A maior raiz de Roy representa a proporção entre a variância explicada e a variância não explicada (SQ_M/SQ_R) para a primeira função discriminante.[4] Para os dados deste exemplo, o valor da maior raiz de Roy é 0,335 (o autovalor da primeira *variate*). Esse valor é conceitualmente igual à estatística *F* univariada. Deve ficar claro, pelo que aprendemos sobre as propriedades maximizadoras dessas *variates* discriminantes, que a raiz de Roy representa a diferença máxima possível entre os grupos, considerando os dados coletados. Portanto, essa estatística deve ser a mais poderosa em muitos casos.

---

[4] Essa estatística é por vezes caracterizada como $\lambda_{maior}/(1 + \lambda_{maior})$, mas essa não é a estatística utilizada pelo SPSS.

17.5 Questões práticas na realização da MANOVA ||||
17.5.1 Pressupostos e como verificá-los ||||

A MANOVA tem pressupostos similares a todos os modelos deste livro (ver Capítulo 6), mas expandidos para o caso multivariado:

- **Independência**: os resíduos devem ser independentes.
- **Amostragem aleatória**: os dados devem ser amostras aleatórias da população de interesse e devem ser medidos pelo menos em nível intervalar.
- **Normalidade multivariada**: nos modelos univariados, supomos que nossos resíduos são normalmente distribuídos. No caso da MANOVA, supomos que os resíduos possuem normalidade multivariada.
- **Homogeneidade das matrizes de covariância**: em modelos univariados, supomos que as variâncias de cada grupo são aproximadamente iguais (homogeneidade das variâncias). Na MANOVA, supomos que isso é verdade para cada variável de resultado, mas também que a correlação entre quaisquer duas variáveis de resultado é iguais em todos os grupos. Esse pressuposto é examinado ao testar se as **matrizes de variância-covariância** populacionais dos diferentes grupos na análise são iguais.[5]

Podemos corrigir o viés como já fizemos anteriormente; entretanto o pressuposto de normalidade multivariada não pode ser testado usando o SPSS, e, assim, a única solução prática é verificar o pressuposto de normalidade univariada dos resíduos para cada variável de resultado (ver Capítulo 6). Essa solução é prática (por ser fácil de realizar) e útil (pois a normalidade univariada é uma condição necessária para a normalidade multivariada), mas não *garante* a normalidade multivariada.

O efeito de uma violação do pressuposto de igualdade das matrizes de covariância não está bem definido, mas sabemos que o T^2 de Hotelling é robusto na condição de dois grupos com tamanhos de amostras iguais (Hakstian, Roed e Lind, 1979). O pressuposto também pode ser testado usando o **teste de Box**, que será não significativo se as matrizes forem semelhantes. O teste de Box é bem conhecido por ser suscetível a desvios da normalidade multivariada e, portanto, pode ser não significativo não porque as matrizes sejam semelhantes, mas porque o pressuposto de normalidade multivariada não se sustente. Além disso, como em qualquer teste de significância, em grandes amostras o teste de Box pode ser significativo mesmo quando as matrizes de covariância forem relativamente semelhantes.

Se os tamanhos das amostras forem iguais, o teste de Box é geralmente desconsiderado, porque (1) ele é instável e (2) podemos supor que as estatísticas de Hotelling e Pillai são robustas nessa situação (ver seção 17.5.3). No entanto, se os tamanhos dos grupos forem diferentes, a robustez não poderá ser presumida. Quanto mais variáveis de resultado você tiver medido e quanto maiores forem as diferenças nos tamanhos das amostras, mais distorcidos serão os valores das probabilidades. Tabachnick e Fidell (2012) sugerem que, se as amostras maiores produzirem maiores variâncias e covariâncias, os valores das probabilidades serão conservadores (portanto resultados significativos podem ser confiáveis). No entanto, se as amostras menores produzirem as maiores variâncias e covariâncias, os valores das probabilidades serão liberais, e as diferenças significativas devem ser tratadas com cautela (embora os efeitos não significativos possam ser confiáveis). Portanto, as matrizes de variância-covariância para amostras devem ser examinadas para verificar se as probabilidades obtidas para as estatísticas de teste multivariadas tendem a ser conservadoras ou liberais. Caso você não possa confiar nas probabilidades que obteve, há pouco que possa ser feito, exceto equalizar as amostras excluindo aleatoriamente casos dos grupos maiores (embora essa perda de informações cause uma perda de poder e, claro, seus resultados sejam influenciados

---

[5] Para quem lê sobre matrizes SQPC, ao pensar na relação entre somas dos quadrados e variância e produtos cruzados e correlações, deve ficar claro que uma matriz de variância-covariância é basicamente uma forma padronizada de uma matriz SQPC.

pelo processo de exclusão, motivo pelo qual você deve fazer uma análise de sensibilidade comparando os resultados se excluir conjuntos diferentes de casos aleatórios).

17.5.2 O que fazer quando os pressupostos forem violados ||||

O SPSS não oferece uma versão não paramétrica da MANOVA; no entanto algumas ideias foram apresentadas utilizando dados organizados por postos. Há algumas técnicas que podem ser benéficas quando a normalidade multivariada ou a homogeneidade das matrizes de covariância não podem ser pressupostas (Zwick, 1985). Além disso, existem métodos robustos para delineamentos diretos com várias variáveis de resultado, como o método Munzel-Brunner, que pode ser implementado no *software* R (Wilcox, 2017); Field e colaboradores (2012) apresentam um guia passo-a-passo desse método em R embora não possa ser feito usando o pacote *WRS2*. Apesar de haver um botão na caixa de diálogo da MANOVA, ela não utiliza o *bootstrap* nos testes principais (e, se você tentar, será decepcionante).

17.5.3 Escolhendo uma estatística de teste ||||

Somente quando houver uma única *variate* subjacente, as quatro estatísticas de teste serão necessariamente as mesmas, o que implica a pergunta de qual delas é a "melhor". Como de praxe, ao abordar essa questão, precisamos saber qual delas tem o maior poder, o menor erro e a maior robustez para as violações dos pressupostos do teste. Estudos que investigaram poder estatístico (Olson, 1974, 1976, 1979; Stevens, 1980) sugerem que: (1) para amostras pequenas e moderadas, as quatro estatísticas diferem pouco; (2) se as diferenças entre os grupos estiverem concentradas na primeira *variate*, a estatística de Roy deve ter o maior poder (porque ela leva em conta apenas essa primeira *variate*), seguida pelo traço de Hotelling, lambda de Wilks e traço de Pillai; (3) quando os grupos diferem entre mais de uma *variate*, essa ordem de poder é invertida (i.e., o traço de Pillai é a estatística mais poderosa e a raiz de Roy é a menos poderosa); (4) a menos que os tamanhos de amostra sejam grandes, é aconselhável usar menos de 10 variáveis de resultado.

Em termos de robustez, todas as quatro estatísticas de teste são relativamente robustas a violações da normalidade multivariada (embora a raiz de Roy seja afetada pelas distribuições platicúrticas – ver Olson, 1976). A raiz de Roy não será robusta quando o pressuposto de homogeneidade da matriz de covariâncias for insustentável (Stevens, 1979). Bray e Maxwell (1985) concluem que, quando os tamanhos das amostras forem iguais, o traço de Pillai-Bartlett será o mais robusto contra violações de pressupostos, mas, quando os tamanhos de amostra forem desiguais, essa estatística é afetada por violações do pressuposto de matrizes de covariâncias iguais. Sempre que os tamanhos de grupos forem desiguais, verifique a homogeneidade das matrizes de covariâncias; se elas parecem homogêneas e se o pressuposto de normalidade multivariada for sustentável, pressuponha que o traço de Pillai seja preciso.

17.5.4 Análise de detalhamento ||||

Tradicionalmente usaríamos modelos univariados separados (ANOVA) em cada uma das variáveis de resultado após uma MANOVA significativa. Talvez você ache que essa abordagem é tola já que escrevi anteriormente que vários modelos univariados inflariam a taxa de Erro do tipo I. Eu concordo que seja um absurdo, mas algumas pessoas argumentam que as estatísticas *F* univariadas são "protegidas" pela MANOVA inicial (Bock, 1975). A lógica é que o teste multivariado geral protege contra taxas de Erro do tipo I infladas porque, se esse teste inicial não for significativo (i.e., se a hipótese nula for verdadeira), as estatísticas *F* univariadas subsequentes serão ignoradas (porque um *F* significativo só pode ser um Erro do tipo I já que a hipótese nula é verdadeira). Essa ideia de proteção é duvidosa, porque uma MANOVA significativa geralmente reflete uma diferença significativa entre algumas, mas não todas, as variáveis de resultado. Esse argumento de "proteção" se aplica apenas às variáveis de resultado para as quais as diferenças de grupos realmente existem (ver Bray e Maxwell, 1985, p. 40-41), não para todas as variáveis que incluímos no modelo. Apesar dessa limitação, as pessoas costumam interpretar Fs univariados de *todas* as variáveis de resultado. Portanto, se você usar Fs univariados, deverá aplicar uma correção de Bonferroni (Harris, 1975).

O maior problema que tenho com os Fs univariados é que eles não se relacionam com o que os testes multivariados examinam. Lembre-se de que a estatística de teste multivariada quantifica até que ponto os grupos podem ser diferenciados por uma *combinação linear das variáveis de resultado*. Fs univariados subsequentes olham para as variáveis de resultado como entidades independentes, não como uma combinação linear. Por isso, não faz sentido usá-los como estratégia de detalhamento. Uma alternativa que é consistente com as estatísticas de teste multivariadas é a análise discriminante, que encontra a(s) combinação(ões) linear(es) das variáveis de resultado que melhor *separam* (ou discriminam) os grupos. A principal vantagem dessa abordagem em relação a múltiplos Fs univariados é que ela reduz as variáveis de resultado a um conjunto de dimensões subjacentes que refletem dimensões teóricas consideráveis. Dessa forma, está de acordo com os pressupostos da MANOVA.

17.6 A MANOVA utilizando o SPSS

No restante deste capítulo, usaremos os dados do TOC (OCD em inglês) (seção 17.2.2) para ilustrar a aplicação e interpretação da MANOVA. Abra os dados do arquivo **OCD.sav** ou insira-os manualmente. Se inseri-los manualmente, precisará de três colunas: uma variável codificadora para a variável **Group** [usei os códigos TCC (CBT) = 1, TC (BT) = 2, ST (NT) = 3] e duas colunas para as variáveis de resultado. A Figura 17.8 mostra o procedimento da análise: basicamente, vamos explorar os dados como faríamos normalmente, executar a MANOVA e, em seguida, detalhar essa análise com uma análise da função discriminante. Talvez vocês queiram realizar ANOVAs univariadas, por isso as incluí no diagrama, mas pessoalmente eu as evitaria.

17.6.1 A análise principal

Selecione *Analyze* ▶ *General Linear Model* ▶ Multivariate... (analisar ▶ modelo linear geral ▶ multivariáveis) para acessar uma caixa de diálogo similar à da Figura 17.9, que é muito semelhante à caixa de diálogo dos delineamentos fatoriais (Capítulo 14), exceto pelo fato de que a caixa

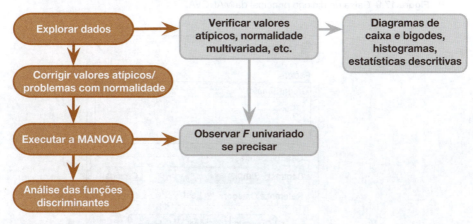

Figura 17.8 Resumo do procedimento geral da MANOVA.

Dependent Variables (variáveis dependentes) tem espaço para diversas variáveis. Arraste as duas variáveis de resultado (i.e., **Actions** e **Thoughts**) para essa caixa (ou clique em ⇨). Arraste (ou clique em ⇨) **Group** para a caixa *Fixed Factor(s)* (fator[es] fixo[s]).

Há também um espaço para as covariáveis. Nesta análise não há nenhuma, mas você pode aplicar os princípios da ANCOVA ao caso multivariado e realizar análise multivariada de covariância (MANCOVA). Os comandos (botões) dessa caixa de diálogo são praticamente iguais aos que vimos nos capítulos anteriores.

17.6.2 Comparações múltiplas na MANOVA ▮▮▮▮

A maneira-padrão, mas tola, de detalhar uma MANOVA é examinar os valores *F*s univariados individuais de cada variável de resultado. Você tem as mesmas opções que vimos em outros modelos univariados (ver Capítulo 12). Clique em Co*n*trasts... para abrir a caixa de diálogo (Figura 17.10) para especificar os contrastes-padrão para as previsoras categóricas do modelo. Reveja a Tabela 12.6, que descreve o que os contrastes-padrão comparam. Para este exemplo,

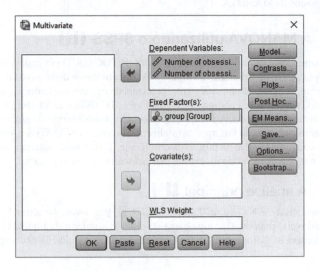

Figura 17.9 Caixa de diálogo principal da MANOVA.

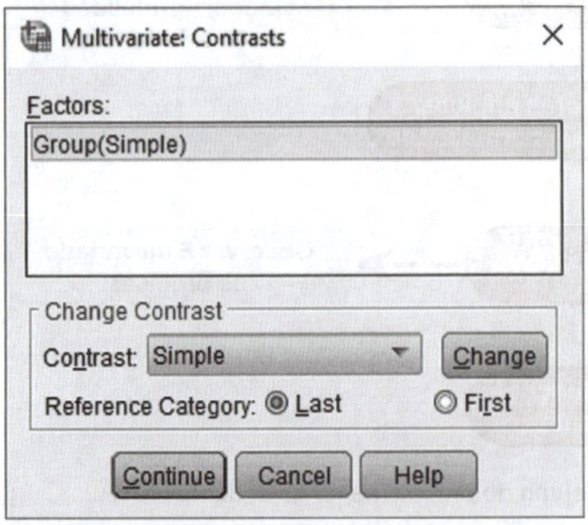

Figura 17.10 Contrastes das variável(is) independente(s) na MANOVA.

faz sentido usarmos um contraste *simples* que compara cada um dos grupos de terapia ao grupo-
-controle sem tratamento. O grupo sem tratamento foi codificado como a última categoria (tem
o código com o número mais alto no editor de dados); selecione **Group**, altere o contraste para
Simple e selecione ⦿ L**ast** (ver Figura 17.10).

Em vez de um contraste, poderíamos realizar testes *post hoc* que comparam todos os grupos
entre si clicando Post Hoc... para acessar uma caixa de diálogo que é igual à dos delineamentos
fatoriais (ver Figura 14.9). Para escolher um teste, veja a discussão na seção 12.5. Para os propósitos deste exemplo, sugiro selecionar duas das minhas recomendações mais frequentes: QREGW
e Games-Howell. Depois de selecionar os testes *post hoc*, retorne à caixa de diálogo principal.

17.6.3 Opções adicionais

Clique em Options... para acessar uma caixa de diálogo como a da Figura 17.11, que é igual à que
usamos para delineamentos fatoriais (ver seção 14.5.6). Há algumas opções que valem a pena
mencionar e que não foram discutidas anteriormente.

- *SSCP Matrices* (matrizes SQPC): Se esta opção for selecionada, o SPSS produzirá as matrizes
  do modelo, do erro e da SQPC total, que podem ser úteis para entender o cálculo da MANOVA.
  Se você pulou a seção teórica, você será feliz ao não selecionar esta opção e permanecer em
  um confortável desconhecimento!
- *Residual SSCP Matrix* (matriz SQPC residual): Se esta opção for selecionada, o SPSS produzirá a matriz SQPC dos erros, a matriz de variâncias-covariâncias dos erros e a matriz de correlação dos erros. O **teste de esfericidade de Bartlett** examina se a matriz de variância-covariância é proporcional a uma matriz de identidade (i.e., as covariâncias são zero e as variâncias
  – os valores ao longo da diagonal – são aproximadamente iguais).

As opções restantes são iguais às dos delineamentos fatoriais e foram descritas no Capítulo 14.

17.7 Interpretando a MANOVA

17.7.1 Análise preliminar e testagem de pressupostos

A Saída 17.1 contém as médias geral e dos grupos e os desvios-padrão de cada variável de resultado. Esses valores correspondem aos da Tabela 17.1. Fica claro, a partir das médias, que os participantes tinham muito mais pensamentos do que comportamentos obsessivos.

Descriptive Statistics

	group	Mean	Std. Deviation	N
Number of obsession-related behaviours	CBT	4.90	1.197	10
	BT	3.70	1.767	10
	No Treatment Control	5.00	1.054	10
	Total	4.53	1.456	30
Number of obsession-related thoughts	CBT	13.40	1.897	10
	BT	15.20	2.098	10
	No Treatment Control	15.00	2.357	10
	Total	14.53	2.209	30

Saída 17.1

758 Descobrindo a estatística usando o SPSS

Figura 17.11 Opções adicionais na MANOVA.

Lanterna de Oditi
MANOVA

"Eu, Oditi, vi o caminho multivariado. Para entender a verdade oculta da vida, devemos abraçar a complexidade como se ela fossse o amor das nossas vidas. No entanto, não é aconselhável fazer sexo com ela. Para entender resultados complexos, como mudar as personalidades das pessoas para que elas me venerem... hum, digo, venerem a natureza, o amor e as tulipas que crescem onde o vento selvagem sopra, precisamos da MANOVA. Olhe para minha lanterna e descubra tudo sobre isso."

Box's Test of Equality of Covariance Matrices

Box's M	9.959
F	1.482
df1	6
df2	18168.923
Sig.	.180

Tests the null hypothesis that the observed covariance matrices of the dependent variables are equal across groups.

a. Design: Intercept + Group

Bartlett's Test of Sphericity[a]

Likelihood Ratio	.042
Approx. Chi-Square	5.511
df	2
Sig.	.064

Tests the null hypothesis that the residual covariance matrix is proportional to an identity matrix.

a. Design: Intercept + Group

Saída 17.2

A Saída 17.2 mostra o teste de Box para o pressuposto da igualdade de matrizes de covariância (ver seção 17.5.1). Esperamos que essa estatística *não seja significativa*, isto é, $p = 0,18$ (que é maior que 0,05), o que indica que as matrizes de covariâncias são aproximadamente iguais conforme o pressuposto. O teste de esfericidade de Bartlett testa se a esfericidade foi satisfeita e é útil somente em delineamentos de medidas repetidas univariadas porque a MANOVA não exige esse pressuposto. Sim, eu o incluí aqui só para salientar que você deve ignorá-lo. Esse é o meu tipinho.

17.7.2 Estatísticas de teste da MANOVA

A Saída 17.3 mostra as estatísticas de teste do intercepto do modelo (vejam, eu falei que até a MANOVA pode ser descrita como um modelo linear, embora a forma como isso seja feito esteja além das minhas capacidades mentais) e da variável de grupo. O efeito de grupo nos diz se as terapias tiveram efeitos diferentes nos pacientes com TOC. As quatro estatísticas de teste multivariadas e seus valores correspondem àqueles calculados nas seções 17.4.9 a 17.4.12. Esses valores foram transformados em uma estatística F (os graus de liberdade são diferentes para cada estatística de teste), e os valores-p associado aos valores de F estão na coluna *Sig*. Para esses dados, o traço de Pillai ($p = 0,049$), lambda de Wilks ($p = 0,050$) e a maior raiz de Roy ($p = 0,020$), todos atingem o critério de significância (estão abaixo de 0,05), exceto o traço de Hotelling ($p = 0,051$). Esse cenário é interessante, porque a estatística de teste que escolhermos vai determinar se rejeitaremos a hipótese nula de que não há diferenças entre os grupos (imagine quão negativo pode ser o papel dos graus de liberdade do pesquisador nesse tipo de situação – veja a seção 3.3.2). Novamente percebemos que não faz sentido tratar a significância como "tudo ou nada" (ver seção 3.2.2).

Multivariate Tests[a]

Effect		Value	F	Hypothesis df	Error df	Sig.
Intercept	Pillai's Trace	.983	745.230[b]	2.000	26.000	.000
	Wilks' Lambda	.017	745.230[b]	2.000	26.000	.000
	Hotelling's Trace	57.325	745.230[b]	2.000	26.000	.000
	Roy's Largest Root	57.325	745.230[b]	2.000	26.000	.000
Group	Pillai's Trace	.318	2.557	4.000	54.000	.049
	Wilks' Lambda	.699	2.555[b]	4.000	52.000	.050
	Hotelling's Trace	.407	2.546	4.000	50.000	.051
	Roy's Largest Root	.335	4.520[c]	2.000	27.000	.020

a. Design: Intercept + Group
b. Exact statistic
c. The statistic is an upper bound on F that yields a lower bound on the significance level.

Saída 17.3

Chega de divagações. Considerando o que sabemos sobre a robustez do traço de Pillai quando os tamanhos das amostras são iguais, podemos confiar no resultado dessa estatística de teste, que indica uma diferença significativa. Este exemplo também demonstra o poder adicional associado à raiz de Roy (observe como essa estatística é mais significativa que todas as outras) quando os pressupostos do teste foram atendidos e quando as diferenças dos grupos estão concentradas em uma única *variate* (de fato estão, como veremos mais adiante).

Provavelmente podemos concluir que o tipo de terapia empregada teve um efeito significativo no TOC. A natureza desse efeito não está clara na estatística de teste multivariada, que não nos diz nada sobre quais grupos diferiam de quais, ou sobre se o efeito da terapia estava nos pensamentos obsessivos, nos comportamentos obsessivos ou em uma combinação de ambos. Para determinar a natureza do efeito, uma análise discriminante seria útil, mas, em vez disso, por algum motivo, o SPSS nos fornece testes univariados. Mas que sacripanta.

17.7.3 Estatísticas de teste univariadas

A Saída 17.4 mostra uma tabela resumida do teste de igualdade de variâncias de Levene para cada uma das variáveis de resultado. Esses testes são iguais aos que encontraríamos se realizássemos testes univariados em cada variável de resultado. O teste de Levene deveria não ser significativo para nenhuma das variáveis de resultado se o pressuposto de homogeneidade das variâncias for atendido (seção 6.11.2). Se você acha mesmo que o teste de Levene seja útil (ha!), a Saída 17.4 mostra que o pressuposto foi satisfeito, o que reforça a ideia da robustez das estatísticas de teste multivariadas.

A segunda tabela mostra *F*s univariados para cada variável de resultado. Nas seções 17.4.1 e 17.4.2, calculamos vários valores para as ações e pensamentos, os quais estão nessa tabela: a soma

Levene's Test of Equality of Error Variances[a]

	F	df1	df2	Sig.
Number of obsession-related behaviours	1.828	2	27	.180
Number of obsession-related thoughts	.076	2	27	.927

Tests the null hypothesis that the error variance of the dependent variable is equal across groups.

a. Design: Intercept + Group

Tests of Between-Subjects Effects

Source	Dependent Variable	Type III Sum of Squares	df	Mean Square	F	Sig.
Corrected Model	Number of obsession-related behaviours	10.467[a]	2	5.233	2.771	.080
	Number of obsession-related thoughts	19.467[b]	2	9.733	2.154	.136
Intercept	Number of obsession-related behaviours	616.533	1	616.533	326.400	.000
	Number of obsession-related thoughts	6336.533	1	6336.533	1402.348	.000
Group	Number of obsession-related behaviours	10.467	2	5.233	2.771	.080
	Number of obsession-related thoughts	19.467	2	9.733	2.154	.136
Error	Number of obsession-related behaviours	51.000	27	1.889		
	Number of obsession-related thoughts	122.000	27	4.519		
Total	Number of obsession-related behaviours	678.000	30			
	Number of obsession-related thoughts	6478.000	30			
Corrected Total	Number of obsession-related behaviours	61.467	29			
	Number of obsession-related thoughts	141.467	29			

a. R Squared = .170 (Adjusted R Squared = .109)
b. R Squared = .138 (Adjusted R Squared = .074)

Saída 17.4

dos quadrados do modelo (na linha *Group* [grupo]), a soma dos quadrados dos resíduos (na linha *Error* [erro]) e a soma dos quadrados total (na linha *Corrected Total* [total corrigido]). As estatísticas *F* de cada variável de resultado são idênticas às que calculamos, o que mostra que esses testes são exatamente o que obteríamos se executássemos ANOVAs de um fator em cada variável de resultado de forma independente. Assim, a MANOVA oferece proteção *hipotética* contra a inflação das taxas de Erro do tipo I: não foi feito nenhum ajuste real para os valores obtidos.

Com base nos valores-*p* da Saída 17.4 (na coluna *Sig.*), houve uma diferença não significativa entre os grupos de terapia nos pensamentos obsessivos ($p = 0,136$) e comportamentos obsessivos ($p = 0,080$). Com base em testes univariados, então, devemos concluir que o tipo de terapia não teve efeito significativo sobre os níveis de TOC experimentados pelos pacientes. Se vocês ainda estiverem acordados, podem ter notado algo estranho: as estatísticas de teste multivariadas nos levaram a concluir que a terapia teve um impacto significativo no TOC, mas os resultados univariados indicam que a terapia não foi bem-sucedida.

Teste seus conhecimentos

Por que os testes univariados não são significativos mas os testes multivariados são?

O motivo da anomalia é que o teste multivariado leva em conta a correlação entre as variáveis de resultado e analisa se os grupos podem ser distinguidos por uma *combinação linear das variáveis de resultado*. Isso sugere que não são pensamentos ou ações separadamente que distinguem os grupos de terapia, mas alguma combinação deles. A análise da função discriminante fornecerá mais informações sobre essa conclusão.

17.7.4 Matrizes SQPC

As Saídas 17.5 e 17.6 serão apresentadas se você tiver selecionado as opções para exibir as matrizes SQPC (seção 17.6.3). A Saída 17.5 exibe o modelo SQPC (*H*), que é chamado *Hypothesis Group* (hipótese de grupos) (sombreado em cinza-escuro), e o SQPC do erro (*E*), que é chamado de *Error* (sombreado em cinza-claro). Os valores nas matrizes do modelo e do erro correspondem aos valores que calculamos nas seções 17.4.6 e 17.4.5, respectivamente. Essas matrizes fornecem informações sobre o padrão dos dados, observando os valores dos produtos cruzados para indicar a relação entre as variáveis de resultado. Neste exemplo, as somas dos quadrados da matriz SQPC do erro são substancialmente maiores do que as da matriz SQPC do modelo (ou

Between-Subjects SSCP Matrix

			Number of obsession-related behaviours	Number of obsession-related thoughts
Hypothesis	Intercept	Number of obsession-related behaviours	616.533	1976.533
		Number of obsession-related thoughts	1976.533	6336.533
	Group	Number of obsession-related behaviours	10.467	-7.533
		Number of obsession-related thoughts	-7.533	19.467
Error		Number of obsession-related behaviours	51.000	13.000
		Number of obsession-related thoughts	13.000	122.000

Based on Type III Sum of Squares

Saída 17.5

grupos), enquanto os valores absolutos dos produtos cruzados são bastante semelhantes. Esse padrão sugere que, se a MANOVA for significativa, pode ser que a relação entre as variáveis de resultado seja importante e não as variáveis de resultado em si.

A Saída 17.6 mostra a matriz SQPC dos resíduos novamente, mas desta vez inclui a matriz de variâncias-covariâncias e a de correlações. Essas matrizes estão relacionadas. Lembrando o Capítulo 8, a covariância é a média do produto cruzado. Da mesma forma, a variância é a média da soma dos quadrados. Portanto, a matriz de variâncias-covariâncias é uma média da matriz SQPC. Também vimos no Capítulo 8 que a correlação era uma versão padronizada da covariância, e a matriz de correlações representa a forma padronizada da matriz de variâncias-covariâncias. Assim como na matriz SQPC, essas outras matrizes são úteis para avaliar quanto erro há no modelo. A matriz de variâncias-covariâncias é especialmente útil porque é a base para o teste de esfericidade de Bartlett. O teste de Bartlett examina se essa matriz é proporcional a uma matriz de identidade (visto anteriormente). Portanto, o teste de Bartlett testa se os elementos diagonais da matriz de variâncias-covariâncias são iguais (i.e., se as variações nos grupos são as mesmas) e se os elementos fora da diagonal são aproximadamente zero (i.e., as variáveis de resultado não estão correlacionadas). Para os nossos dados, as variâncias são bem diferentes (1,89 comparado a 4,52) e as covariâncias são levemente diferentes de zero (0,48), o que indica que o teste de Bartlett se mostrou quase significativo (ver Saída 17.2). Embora essa discussão seja irrelevante para os testes multivariados, espero que ao tratarmos deles aqui você consiga relacionar essas ideias com os problemas de esfericidade levantados no Capítulo 15 e ver com mais clareza como esse pressuposto é testado.

Residual SSCP Matrix

		Number of obsession-related behaviours	Number of obsession-related thoughts
Sum-of-Squares and Cross-Products	Number of obsession-related behaviours	51.000	13.000
	Number of obsession-related thoughts	13.000	122.000
Covariance	Number of obsession-related behaviours	1.889	.481
	Number of obsession-related thoughts	.481	4.519
Correlation	Number of obsession-related behaviours	1.000	.165
	Number of obsession-related thoughts	.165	1.000

Based on Type III Sum of Squares

Saída 17.6

17.7.5 Contrastes ||||

As ANOVAs univariadas não foram significativas, portanto não devemos interpretar os contrastes que solicitamos. No entanto, apenas para praticar, tente realizar a seção Teste seus Conhecimentos.

Teste seus conhecimentos

Com base no que você aprendeu nos capítulos anteriores, interprete a tabela de contrastes na saída.

17.8 Relatando os resultados da MANOVA ||||

Relatar uma MANOVA é como relatar uma comparação univariada de médias de grupos. Como você pode ver na Saída 17.3, os testes multivariados são convertidos em *F*s aproximados, e as

Dicas da Ana Apressada
MANOVA

- A MANOVA é usada para testar a diferença entre grupos em várias variáveis de resultado simultaneamente.
- O teste de Box analisa a hipótese da igualdade das matrizes de covariância. Esse teste pode ser ignorado quando os tamanhos das amostras forem iguais, porque, quando isso acontece, algumas estatísticas de teste da MANOVA serão robustas a violações desse pressuposto. Se os tamanhos dos grupos diferirem, este teste deve ser levado em conta. Se o valor de *Sig.* for menor que 0,001, os resultados da análise não devem ser confiáveis (ver seção 17.7.1).
- A tabela *Multivariate Tests* (testes multivariados) mostra quatro estatísticas de teste (o traço de Pillai, o lambda de Wilks, o traço de Hotelling e a maior raiz de Roy). Eu recomendo usar o traço de Pillai. Se o valor de *Sig.* para essa estatística for menor que 0,05, os grupos diferem significativamente em relação a uma combinação linear das variáveis de resultado.
- Estatísticas univariadas *F* podem ser usadas para detalhar a MANOVA (uma estatística *F* diferente para cada variável de resultado). Os resultados dessas estatísticas estão listados na tabela *Tests Between-Subjects Effects* (testes dos efeitos entre participantes). Essas estatísticas *F* podem, por sua vez, ser detalhadas usando contrastes. Pessoalmente, eu recomendo a *análise da função discriminante* em vez dos contrastes.

pessoas geralmente relatam esses Fs normalmente. Particularmente, eu acho que a estatística de teste multivariada deve ser citada também. Há quatro testes multivariados diferentes relatados na Saída 17.3; eu vou relatar cada um deles (note que os graus de liberdade e valor de F mudam), mas na realidade você relataria apenas um dos quatro:

- ✓ Utilizando o traço de Pillai, houve um efeito significativo da terapia no número de pensamentos e de comportamentos obsessivos, $V = 0,32$, $F(4, 54) = 2,56$, $p = 0,049$.
- ✓ Utilizando a estatística de Wilks, houve um efeito significativo da terapia no número de pensamentos e de comportamentos obsessivos, $\Lambda = 0,70$, $F(4, 52) = 2,56$, $p = 0,05$.
- ✓ A estatística do traço de Hotelling não mostrou um efeito significativo da terapia no número de pensamentos e de comportamentos obsessivos, $T = 0,41$, $F(4, 50) = 2,55$, $p = 0,051$.
- ✓ Utilizando a maior raiz de Roy, houve um efeito significativo da terapia no número de pensamentos e de comportamentos obsessivos, $\Theta = 0,35$, $F(2, 27) = 4,52$, $p = 0,02$.

Também podemos relatar o detalhamento dos Fs univariados (ver Saídas 17.3 e 17.4):

- ✓ Utilizando o traço de Pillai, houve um efeito significativo da terapia no número de pensamentos e de comportamentos obsessivos, $V = 0,32$, $F(4, 54) = 2,56$, $p = 0,049$. No entanto, testes univariados separados das variáveis de resultado revelaram efeitos de tratamento não significativos nos pensamentos, $F(2, 27) = 2,15$, $p = 0,136$, e nos comportamentos obsessivos, $F(2, 27) = 2,77$, $p = 0,08$.

Pesquisa Real do João Jaleco 17.1
Muito ar quente! ||||

Marzillier, S. L., e Davey, G. C. L. (2005). *Cognition and Emotion*, *19*, 729–750.

Você já se perguntou o que os pesquisadores fazem em seu tempo livre? Bem, alguns deles gastam seu tempo rastreando os sons de pessoas arrotando e peidando! Pessoas ansiosas, geralmente, ficam com nojo facilmente. Desde o início deste livro, tenho falado sobre como não podemos inferir causalidade a partir de relações entre variáveis. Isso é um enigma para pesquisadores que estudam ansiedade: a ansiedade causa sentimentos de nojo ou a existência de um limite baixo de resistência à sensação de nojo causa ansiedade? Dois colegas em Sussex abordaram essa questão induzindo sentimentos de ansiedade, repulsa ou um estado neutro. Eles observaram o efeito desses estados de humor induzidos em sentimentos de ansiedade, tristeza, felicidade, raiva, nojo e desprezo. Para induzir esses estados, eles usaram três tipos diferentes de manipulação: cenas imagéticas (p. ex., "você está nadando em um lago escuro, e algo se esfrega na sua perna" para ansiedade e "você entra em um banheiro público e descobre que não foi dada a descarga. O vaso sanitário está cheio de diarreia" para nojo), música (p. ex., música assustadora para ansiedade e sons de arrotos, peidos e vômitos para nojo), vídeos (p. ex., uma cena de *Silêncio dos Inocentes* para ansiedade e uma do *Pink Flamingos* em que Divine come fezes de cachorro) e recordações (relembrar eventos do passado que deixaram a pessoa ansiosa, enojada ou neutra).

Diferentes pessoas foram submetidas à indução de ansiedade, repulsa ou humor neutro. Dentro desses grupos, a indução foi feita em algumas pessoas usando cenas imagéticas e música, em outras, vídeos e em outras, recordação de eventos e músicas. As variáveis resultantes foram a mudança (de antes para depois da indução) em seis estados de espírito: ansiedade, tristeza, felicidade, raiva, nojo e desprezo. Faça um gráfico de barras de erro das mudanças de estado nas diferentes condições e, em seguida, realize uma MANOVA 3 (**Mood**: ansiedade, repulsa, neutro) × 3 (**Induction** : cenas + música, vídeos, recordações + música) com esses dados (**Marzillier and Davey (2005) .sav**). Independentemente do que você faça, não fique imaginando como seus peidos soam enquanto realiza a análise. As respostas são entalhadas em um cocô no *site* do livro (ou veja a página 738 do artigo original).

17.9 Detalhando a MANOVA com a análise discriminante ▐▐▐▐

Anteriormente mencionei que uma MANOVA significativa poderia ser detalhada usando a **análise discriminante** (às vezes chamada de análise da função discriminante). Em minha opinião, esse método é a melhor maneira de detalhar uma MANOVA significativa, porque ela analisa se os grupos diferem em uma *combinação linear* ou *variate* das variáveis de resultado, e a análise discriminante (ao contrário dos *F*s univariados) desmembra a combinação linear em mais detalhes. Na análise discriminante, procuramos ver a melhor maneira de decompor (ou discriminar) um conjunto de grupos usando várias previsoras (é um pouco como a regressão logística, mas há vários grupos em vez de apenas dois).[6] Na MANOVA, previmos um conjunto de variáveis de resultado a partir de uma variável de agrupamento, enquanto na análise de função discriminante fazemos o oposto, prevendo uma variável de agrupamento a partir de um conjunto de variáveis de resultado. Os principais princípios subjacentes a esses testes são os mesmos: lembre-se, da teoria da MANOVA que diz que ela funciona identificando as *variates* lineares que melhor diferenciam os grupos e que essas "*variates* lineares" são as "funções" da análise discriminante.

Selecione *Analyze* ▶ *Classify* ▶ ▨ *Discriminant*... (analisar ▶ classificar ▶ discriminante) para acessar uma caixa de diálogo como a da Figura 17.12. Arraste **Group** para a caixa *Grouping Variable* (variável de agrupamento) (ou clique em [→]), então clique em [Define Range...] (definir faixa) para ativar uma caixa de diálogo na qual especificamos os códigos dos valores mais alto e mais baixo (1 e 3 neste caso). Depois de especificar os códigos usados para a variável de agrupamento, arraste **Actions** e **Thoughts** para a caixa *Independents* (independentes) (ou clique em [→]). Há duas opções que determinam como as previsoras serão inseridas no modelo. Já que na MANOVA as variáveis de resultado são analisadas simultaneamente, vamos selecionar a opção-padrão: ◉ Enter independents together (insira independentes juntas).

Clique em [Statistics...] para ativar uma caixa de diálogo similar à da Figura 17.13. Essa caixa nos permite solicitar médias dos grupos, ANOVAs univariadas (*F*s) e teste de igualdade das matrizes de covariâncias, todas já fornecidas na saída da MANOVA (portanto, não as solicite novamente). Além disso, podemos pedir as matrizes de correlações e covariâncias internas aos grupos, que são iguais às matrizes de correlações e covariâncias residuais vistas na Saída 17.6. Há também uma opção para exibir uma matriz de covariância de grupos separados (*Separate-group*

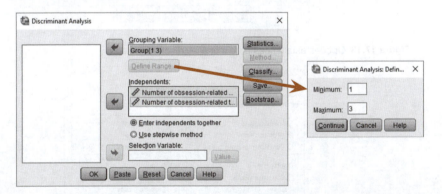

Figura 17.12 Caixa de diálogo principal para a análise discriminante.

---

[6] Eu poderia facilmente descrever a análise discriminante em vez da regressão logística no Capítulo 20, porque são formas diferentes de alcançar o mesmo resultado. No entanto, a regressão logística tem muito menos hipóteses restritivas e é geralmente mais robusta, razão pela qual me limitei a falar da análise discriminante neste capítulo.

covariance), que pode ser útil para saber mais sobre as relações entre as variáveis de resultado em cada grupo (essa matriz não é apresentada pelo procedimento da MANOVA, por isso recomendo selecioná-la). Por fim, podemos solicitar a matriz de covariância total, que exibe covariâncias e variâncias das variáveis de resultado em geral. Outra opção útil é selecionar os coeficientes de função não padronizados (*Unstandardized*) para produzir os *b*s não padronizados de cada *variate* (ver Equação 17.22). Clique em Continue para retornar à caixa de diálogo principal.

Clique em Classify... (classificar...) para acessar uma caixa de diálogo como a da Figura 17.14, na qual você define como as probabilidades *a priori* serão determinadas. Se os tamanhos dos grupos forem iguais, deixe a configuração-padrão; entretanto, se houver um desequilíbrio, é benéfico basear as probabilidades *a priori* nos tamanhos dos grupos observados. A opção-padrão é boa para respaldar a análise na matriz de covariâncias dentro dos grupos (porque essa é a matriz na qual a MANOVA está baseada). Você também deve solicitar um gráfico de grupos combinados, que irá traçar os escores das *variates* para cada participante e agrupá-los de acordo com a terapia recebida. Os gráficos de grupos separados mostram a mesma coisa, mas com gráficos diferentes para cada grupo; quando o número de grupos for pequeno, é melhor selecionar um gráfico combinado porque é mais fácil de interpretar. As opções restantes são de pouco interesse quando se utiliza a análise discriminante para detalhar a MANOVA, exceto a *Summary table*, que fornece uma medida geral de quão bem as *variates* discriminantes classificam os participantes efetivos. Clique em Continue para retornar à caixa de diálogo principal.

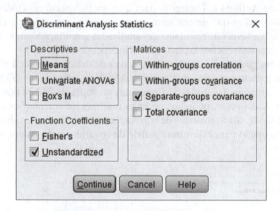

Figura 17.13 Opções estatísticas para a análise discriminante.

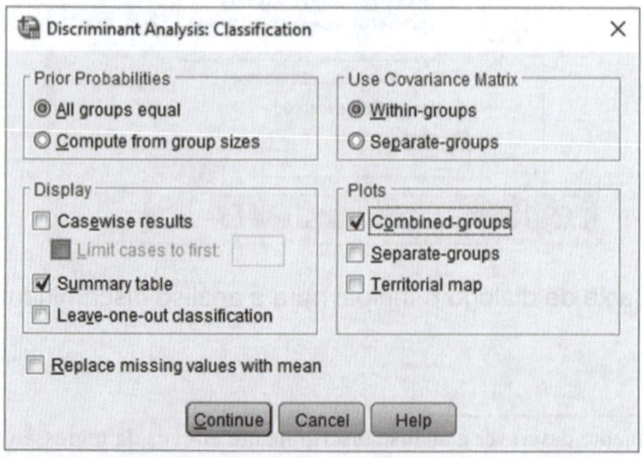

Figura 17.14 Opções de classificação para a análise discriminante.

Capítulo 17 • Análise multivariada da variância (MANOVA)

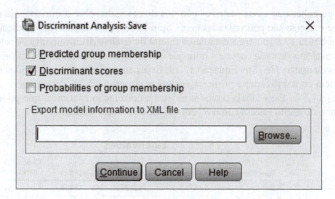

Figura 17.15 A caixa de diálogo que salva novas variáveis na análise discriminante.

Clique em [Save...] para acessar uma caixa de diálogo similar à da Figura 17.15. Há três opções disponíveis, duas das quais se relacionam com as associações de grupos previstas e as probabilidades de associação a grupos do modelo. A opção final é fornecer os **escores discriminantes**. Eles são os escores e cada pessoa, em cada *variate*, obtidos com a Equação 17.22. Esses escores podem ser úteis porque as *variates* que a análise identifica podem representar construções sociais ou psicológicas subjacentes. Se esses constructos forem identificáveis, saber a pontuação dos participantes em cada dimensão é útil para a interpretação.

17.10 Interpretando a análise discriminante ||||

A Saída 17.7 mostra as matrizes de covariâncias para os grupos separadamente (selecionados na Figura 17.13). Essas matrizes são compostas pelas variâncias de cada variável de resultado para cada grupo (na verdade, esses valores são mostrados na Tabela 17.1). As covariâncias são obtidas dividindo cada produtos cruzado das variáveis de resultado para cada grupo (mostrado na Tabela 17.4 como 0,40, 22,6 e –10) por 9, os graus de liberdade, $N - 1$ (onde N é o número de observações). Os valores nessa tabela nos dão uma ideia de como a relação entre as variáveis de resultado muda de grupo para grupo. Por exemplo, no grupo da TCC, os comportamentos e pensamentos praticamente não têm relação entre si, porque a covariância é quase zero. No grupo da TC, pensamentos e ações estão positivamente relacionados, de modo que o número de comportamentos diminui, assim como o número de pensamentos. Na condição ST, há um relacionamento negativo, ou seja, se o número de pensamentos aumenta, o número de comportamentos diminui. É impor-

Covariance Matrices

group		Number of obsession-related behaviours	Number of obsession-related thoughts
CBT	Number of obsession-related behaviours	1.433	.044
	Number of obsession-related thoughts	.044	3.600
BT	Number of obsession-related behaviours	3.122	2.511
	Number of obsession-related thoughts	2.511	4.400
No Treatment Control	Number of obsession-related behaviours	1.111	-1.111
	Number of obsession-related thoughts	-1.111	5.556

Saída 17.7

tante perceber que essas matrizes não nos dizem nada sobre a importância real dessas relações, porque elas não são padronizadas (ver Capítulo 18), mas nos dão uma indicação básica.

A Saída 17.8 mostra a estatística inicial da análise discriminante. A primeira tabela contém os autovalores de cada *variate* – note que os valores correspondem aos valores dos elementos diagonais da matriz HE^{-1} na Equação 17.19. Esses autovalores são convertidos em um percentual da variância contabilizada; a primeira *variate* representa 82,2% da variância, enquanto a segunda, apenas 17,8%. Essa tabela também mostra a correlação canônica, que podemos usar como um tamanho do efeito (assim como R^2 em um modelo linear padrão).

Eigenvalues

Function	Eigenvalue	% of Variance	Cumulative %	Canonical Correlation
1	.335[a]	82.2	82.2	.501
2	.073[a]	17.8	100.0	.260

a. First 2 canonical discriminant functions were used in the analysis.

Wilks' Lambda

Test of Function(s)	Wilks' Lambda	Chi-square	df	Sig.
1 through 2	.699	9.508	4	.050
2	.932	1.856	1	.173

Saída 17.8

A segunda tabela na Saída 17.8 mostra os testes de significância de ambas as *variates* de (*1 a 2* na tabela) e a significância após a primeira *variate* ter sido removida (*2* na tabela). Assim, efetivamente testamos o modelo como um todo e, em seguida, removemos as *variates* uma de cada vez para ver se o que resta é significativo. Com duas *variates*, há apenas duas etapas: o modelo completo e, em seguida, o modelo após a primeira *variate* ser removida (com apenas a segunda *variate*). Quando ambas as *variates* são testadas em combinação, os valores do lambda de Wilks (0,699), dos graus de liberdade (4) e do valor de significância (0,05) são iguais aos da MANOVA (ver Saída 17.3). É importante observar nessa tabela que as duas *variates* discriminam significativamente os grupos em combinação ($p = 0,05$), mas que a segunda *variate* sozinha não é significativa, $p = 0,173$. Portanto, as diferenças dos grupos apontadas pela MANOVA podem ser explicadas pela combinação de *duas* dimensões subjacentes.

As tabelas na Saída 17.9 são as mais importantes para a interpretação dos resultados. A primeira mostra os coeficientes padronizados da função discriminante das duas *variates*. Esses valores são versões padronizadas dos valores nos autovetores que calculamos na seção 17.4.8. Lembre-se de que, se as *variates* puderem ser representadas por uma equação de regressão linear (ver Equação 17.20), os coeficientes de função discriminante padronizados serão equivalentes aos valores-*b* padronizados de um modelo linear. A matriz da estrutura mostra as mesmas informações, mas de uma forma ligeiramente diferente. Os valores nessa matriz são os coeficientes de correlação da *variate* canônica. Esses valores indicam a natureza real das *variates*. Bargman (1970) argumenta que, quando algumas variáveis de resultado têm *variates* canônicas fortemente correlacionadas e outras, fracamente correlacionadas, as que tiverem correlações altas contribuem mais para a separação dos grupos. Assim, elas representam a contribuição relativa de cada variável de resultado para a separação dos grupos (ver Bray e Maxwell, 1985, p. 42-45). Dessa forma, os coeficientes dessas tabelas nos dizem a contribuição relativa de cada variável para as *variates*.

Se olharmos primeiro para a *variate* 1, os pensamentos e os comportamentos têm o efeito oposto (o comportamento tem uma relação positiva com essa variável, enquanto os pensamentos têm uma relação negativa). Considerando que esses valores (em ambas as tabelas) possam variar entre 1 e –1, também podemos ver que ambas as relações são fortes (embora os comportamentos tenham uma contribuição um pouco maior para a primeira *variate*). A primeira *variate*, então, pode ser vista como a que diferencia pensamentos e comportamentos (afeta pensamentos e comportamentos de maneiras opostas). Ambos os pensamentos e comportamentos têm uma forte correlação positiva com a segunda *variate*. Isso nos diz que essa *variate* representa algo que afeta pensamentos e comportamentos de uma maneira similar. Lembrando que essas *variates* são usadas para diferenciar grupos, poderíamos dizer que a primeira *variate* diferencia grupos de acordo com um fator que afeta pensamentos e comportamentos de maneira diferente, enquanto a segunda *variate* diferencia grupos de acordo com um fator que afeta pensamentos e comportamentos da mesma maneira.

Standardized Canonical Discriminant Function Coefficients

	Function 1	Function 2
Number of obsession-related behaviours	.829	.584
Number of obsession-related thoughts	-.713	.721

Structure Matrix

	Function 1	Function 2
Number of obsession-related behaviours	.711*	.703
Number of obsession-related thoughts	-.576	.817*

Pooled within-groups correlations between discriminating variables and standardized canonical discriminant functions
Variables ordered by absolute size of correlation within function.

*. Largest absolute correlation between each variable and any discriminant function

Saída 17.9

A Saída 17.10 nos informa primeiro os coeficientes da função discriminante canônica, que são as versões não padronizadas dos coeficientes padronizados descritos acima. Esses valores são os *bs* na Equação 17.20, e você notará que eles correspondem aos valores dos autovetores que derivamos na seção 17.4.8 e usamos na Equação 17.22. Os valores são menos úteis do que as versões padronizadas, mas mostram de onde os padronizados vieram.

Canonical Discriminant Function Coefficients

	Function 1	Function 2
Number of obsession-related behaviours	.603	.425
Number of obsession-related thoughts	-.335	.339
(Constant)	2.139	-6.857

Unstandardized coefficients

Functions at Group Centroids

group	Function 1	Function 2
CBT	.601	-.229
BT	-.726	-.128
No Treatment Control	.125	.357

Unstandardized canonical discriminant functions evaluated at group means

Saída 17.10

Os centroides são os escores médios das *variates* para cada grupo. Para interpretar os resultados, preste atenção ao sinal do centroide (positivo ou negativo). Também podemos usar um gráfico de grupos combinados (selecionado na Figura 17.14). Esse gráfico traça os escores das *variates* de cada pessoa agrupados de acordo com a condição experimental à qual essa pessoa per-

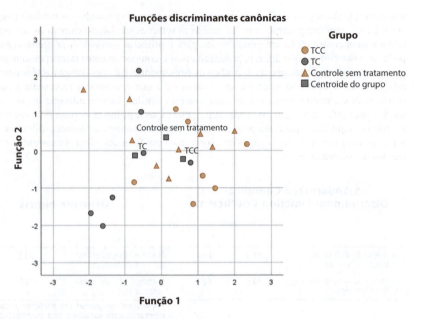

Figura 17.16 Diagrama dos grupos combinados.

Dicas da Ana Apressada
Análise da função discriminante

- Análise da função discriminante pode ser usada após a MANOVA para ver como as variáveis de resultado discriminam os grupos.
- A análise da função discriminante identifica *variates* (combinações das variáveis de resultado). Para descobrir quantas *variates* são significativas, consulte a tabela *Lambda de Wilks*: se o valor de *Sig.* for menor que 0,05, a *variate* estará discriminando significativamente os grupos.
- Uma vez identificadas as *variates* significativas, use a tabela *Canonical Discriminant Function Coefficients* (coeficientes da função discriminante canônica) para descobrir como as variáveis de resultado contribuem para as *variates*. Escores altos indicam que uma variável de resultado é importante para uma *variate*, e variáveis com coeficientes positivos e negativos estão contribuindo para a *variate* de maneiras opostas.
- Finalmente, para descobrir quais grupos são discriminados por uma *variate*, veja a tabela *Functions at Group Centroids* (funções nas centroides do grupo): uma *variate* discrimina grupos cujos valores tenham sinais opostos.

tencia. Além disso, os centroides de grupo da Saída 17.10 são mostrados como quadrados cinza--escuros. O gráfico (Figura 17.16) e os valores tabulados dos centroides (Saída 17.10) nos dizem que a *variate* 1 discrimina o grupo TC (quadrados indicados pelas iniciais do grupo) do TCC (observe a distância horizontal entre esses centroides). A segunda *variate* mostra a diferença entre o grupo sem tratamento e os grupos das duas intervenções (veja as distâncias verticais), mas essa diferença não é tão drástica quanto para a primeira *variate*. Lembre-se de que as *variates* discriminam significativamente os grupos combinados (i.e., quando ambos são considerados).

17.11 Relatando os resultados da análise discriminante ||||

O principal objetivo ao relatar os dados é dar ao leitor informações suficientes para que possa julgar por si mesmo o que eles significam. Pessoalmente, sugiro apresentar a porcentagem da variância explicada (que informa o mesmo que o autovalor, mas de forma mais palatável) e a correlação canônica quadrada de cada *variate* (essa é a medida do tamanho do efeito adequada para análise discriminante). Eu também relataria o teste qui-quadrado das *variates*. Esses valores podem ser encontrados na Saída 17.8 (mas lembre-se de elevar ao quadrado a correlação canônica). Também pode ser útil destacar os valores da matriz estrutural na Saída 17.9 (que mostrará como as variáveis de resultado se relacionam com as *variates* subjacentes). Por fim, você pode considerar a inclusão de um gráfico (bem editado) dos centroides dos grupos combinados (Figura 17.16), embora eu não o reproduza abaixo, que ajudará os leitores a determinar como as *variates* contribuem para diferenciar os grupos. Poderíamos, portanto, escrever algo assim:

✓ A MANOVA foi detalhada com uma análise discriminante, que revelou duas funções discriminantes. A primeira explicou 82,2% da variância, R^2 canônico = 0,25, enquanto a segunda explicou apenas 17,8%, R^2 canônico = 0,07. Em combinação, essas funções discriminantes diferenciaram significativamente os grupos de tratamento, $\Lambda = 0,70$, $\chi^2(4) = 9,51$, $p = 0,05$, mas a remoção da primeira função mostrou que a segunda função não diferenciou significativamente os grupos de tratamento, $\Lambda = 0,93$, $\chi^2(1) = 1,86$, $p = 0,173$. As correlações entre as variáveis de resultado e as funções discriminantes revelaram que os comportamentos obsessivos carregaram fortemente em ambas as funções ($r = 0,71$ para a primeira função e $r = 0,70$ para a segunda); pensamentos obsessivos carregaram mais na segunda função ($r = 0,82$) do que na primeira ($r = -0,58$). O diagrama da função discriminante mostrou que a primeira função separou o grupo da TC do grupo da TCC, e a segunda função diferenciou o grupo sem tratamento dos outros dois.

17.12 A interpretação final ||||

Como podemos reunir todas essas informações para responder a nossa questão de pesquisa: terapia pode melhorar o TOC e, em caso afirmativo, qual terapia é a melhor? A MANOVA nos diz que terapia pode ter um efeito significativo nos sintomas do TOC, mas os *F*s univariados não significativos sugeriram que essa melhora não ocorre simplesmente para pensamentos ou comportamentos. A análise discriminante sugere que a diferença entre os grupos pode ser melhor explicada ao considerarmos uma dimensão subjacente. Essa dimensão provavelmente seja o próprio TOC (que realisticamente podemos presumir que seja composto de pensamentos e comportamentos). A terapia não altera necessariamente comportamentos ou pensamentos em si, mas influencia a dimensão subjacente do TOC. Então, a resposta para a primeira pergunta parece ser: sim, terapia pode influenciar o TOC em geral.

A próxima pergunta é mais complexa: qual terapia é melhor? A Figura 17.17 mostra que, para ações, a TC reduz o número de comportamentos obsessivos, enquanto a TCC e o ST não. Para pensamentos, a TCC reduz o número de pensamentos obsessivos, enquanto a TC e o ST não (veja o padrão das barras). A Figura 17.18 mostra as relações entre pensamentos e ações entre os grupos. No grupo da TC, há uma relação positiva entre pensamentos e ações, ou seja, quanto mais pensamentos obsessivos uma pessoa tem, mais comportamentos obsessivos ela realiza. No grupo

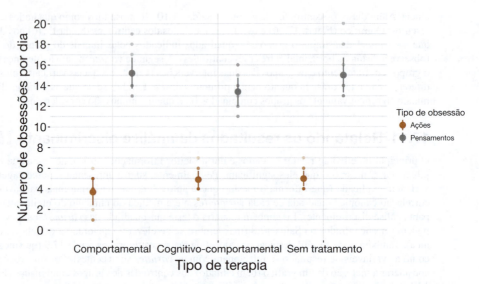

Figura 17.17 Gráficos exibindo as médias e intervalos de 95% de confiança das variáveis de resultado para cada grupo de terapia.

da TCC, não há relação alguma (pensamentos e ações variam de forma bastante independente). No grupo sem tratamento, há uma relação negativa (e não significativa, a propósito) entre pensamentos e ações.

Descobrimos a partir da análise discriminante que a TC e a TCC podem ser diferenciadas de nenhum tratamento com base na *variate* 2, uma *variate* que tem um efeito semelhante nos pensamentos e comportamentos dos participantes. Poderíamos dizer então que a TC e a TCC são melhores do que nenhum tratamento para mudar pensamentos e comportamentos obsessivos. Também descobrimos que a TC e a TCC poderiam ser distinguidas pela *variate* 1, uma *variate* que teve efeitos opostos nos pensamentos e comportamentos dos participantes. Combinando essa informação com a da Figura 17.17, podemos concluir que a TC é mais eficiente em mudar comportamentos e que a TCC é mais eficiente em mudar pensamentos. Assim, o grupo ST pode ser diferenciado dos grupos da TCC e da TC usando uma variável que afeta tanto pensamentos quanto comportamentos. Além disso, os grupos da TCC e da TC podem ser diferenciados por uma *variate* que tem efeitos opostos nos pensamentos e comportamentos dos participantes. Portanto, qualquer uma das duas terapias é melhor que nenhuma, mas a escolha entre a TCC e a TC depende do que for mais importante: tratar pensamentos (TCC) ou comportamentos (TC).

17.13 Caio tenta conquistar Gina ▐▐▐▐

Caio estava confuso. Fazia cinco dias desde que ele se abrira com Gina, mas não ouvira mais nenhuma notícia dela desde então. Ele raramente contava sobre sua mãe para as pessoas, porque isso as fazia se sentirem desconfortáveis. Elas acabavam tratando-o de forma diferente. Era difícil dizer exatamente como elas agiam, mas elas meio que se fechavam em relação a ele, como se estivessem com medo de dizer ou fazer algo que pudesse magoá-lo. Assim, era mais fácil não falar sobre sua mãe. Era incrível perceber quantos amigos alguém pode ter que nunca perguntaram nada sobre seus pais. Depois das últimas semanas conversando com Gina sobre sua família, pareceu errado não contar quando ela perguntou. Gina deve ter ficado assustada, porque seu celular estava constantemente desligado, e esse tinha sido o período mais longo que Gina ficou sem falar com Caio desde que sua mãe adoecera.

Gina estava exausta. Ela saiu do laboratório na escuridão e esbarrou na parede. Ela precisava dormir. A bateria do seu celular tinha acabado havia algum tempo, e ela não tinha ideia de que

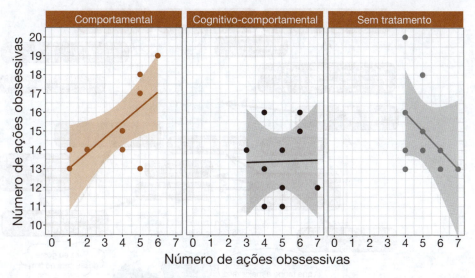

Figura 17.18 Gráficos mostrando a relação entre as variáveis de resultado e cada grupo de terapia.

horas eram. Ela se sentia tonta. Uma garota que estava passando perguntou se Gina estava bem, pois não parecia estar. Gina perguntou-lhe as horas. Eram 21h30. Antes que esquecesse, perguntou que dia era. "Sexta-feira", a menina respondeu, olhando-a do jeito que você olharia alguém que não soubesse que dia era. "Droga!", pensou Gina. Ela estivera trabalhando por cinco dias sem parar. Como isso tinha acontecido? Ela entrou em pânico, percebendo que havia desaparecido por tanto tempo sem dar nenhuma explicação para Caio. Por que não lhe ocorrera ligar para ele? Ela deduziu que havia coisas que ela não queria que ele soubesse ainda. Gina pegou o metrô para a cidade. Ela ficou parada na frente da porta do apartamento de Caio com receio de apertar a campainha. Caio recuou quando a viu. "Você parece exausta", disse ele. Ela deitou no sofá dele. "Fale sobre qualquer coisa", exigiu, e adormeceu ao som de sua voz calma.

17.14 E agora? ||||

No início deste capítulo, descobrimos que animais de estimação podem ser terapêuticos. E deixei vocês curiosos sobre o paradeiro de Fuzzy. Depois de procurar freneticamente pela casa, voltei para o quarto onde ele estava antes de desaparecer para verificar novamente se havia algum buraco pelo qual ele pudesse ter se esgueirado. Enquanto eu batia nas paredes ajoelhado procurando um buraco, vi um pequeno rosto ruivo (cheio de fuligem) sair da lareira me olhando como se dissesse: "perdeu alguma coisa?" (ver Figura 17.20). Sim, assustado com a experiência de mudança, ele fez a única coisa sensata possível e se escondeu na chaminé! Gatos, não tem como não os amar!

Tudo acaba em algum momento (inclusive meus capítulos), e, durante a produção de algumas edições deste livro, eu sabia que chegaria o dia em que teria que editar a história sobre Fuzzy e escrevê-la com verbos no passado. Esse dia chegou. Fuzzy assumiu outra existência como "o gato na estatística". Eu comecei a escrever este livro quando ele era um filhote, e ele ficou ao meu lado, no meu colo, na minha mesa por 20 anos. Ele me acompanhou pelo final do meu doutorado e por quatro edições deste livro (e de alguns outros também). Eu costumava falar brincando que ele era imortal, mas, na verdade, eu dizia isso só para me sentir melhor, porque eu sabia que ele não era. Ele era só um gato velho, ruivo e dengoso, como muitos outros gatos velhos, ruivos e dengosos, só que ele era o meu gato velho, ruivo e dengoso, e eu o amava, porque enquanto as pessoas entravam e saíam da minha vida, ele era a constante que me acompanhava todos os dias: o amigo felino com

774 Descobrindo a estatística usando o SPSS

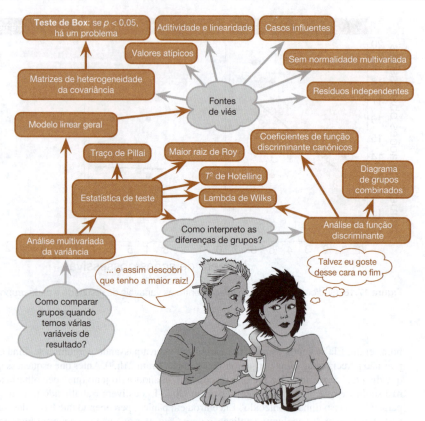

Figura 17.19 O que Caio aprendeu neste capítulo.

quem eu sempre pude contar para um cafuné. Mesmo um ano depois, é estranho não tê-lo aqui comigo enquanto digito. Então, agora, apesar de eu ser conhecido como "uma pessoa que gosta de gatos", eu não tenho gatos, porque Fuzzy é insubstituível. Ironicamente, eu tenho um *cocker spaniel* maluco (ver Capítulo 12) que está no chão ao meu lado. Eu gosto de imaginar que, quando não estou olhando, uma nuvem ruiva emerge do éter e faz meu *cocker* passar por maus bocados com estatística. Mas não tão maus assim.

Figura 17.20 Fuzzy escondido na lareira.

17.15 Termos-chave

Análise discriminante
Análise multivariada da variância (MANOVA)
Escores discriminantes
HE^{-1}
Homogeneidade das matrizes de covariância
Lambda de Wilks (Λ)
Maior raiz de Roy
Matriz
Matriz de identidade
Matriz quadrada
Matrizes da soma dos quadrados e produtos cruzados (SQPC)
Matrizes de variância-covariância
Multivariado
Normalidade multivariada
SQPC da hipótese (*H*)
SQPC do erro (*E*)
SQPC total (*T*)
Teste de Box
Teste de esfericidade de Bartlett
Traço de Hotelling-Lawley (T^2)
Traço de Pillai-Bartlett (*V*)
Univariado
Variates de função discriminante

Tarefas da Alex Astuta

- **Tarefa 1**: Um psicólogo clínico decidiu comparar seus pacientes com uma amostra normal. Ele observou 10 de seus pacientes vivendo um dia normal e 10 professores na Universidade de Sussex. Ele avaliou todos os participantes usando duas variáveis de resultado: quantas vezes eles imitaram galinhas e quão boas eram as imitações (com uma pontuação variando de 0 a 10 dada por um fazendeiro especialista). Use a MANOVA e a análise da função discriminante para descobrir se essas variáveis poderiam ser usadas para distinguir pacientes com psicose maníaca de pacientes sem o transtorno (**Chicken.sav**).

- **Tarefa 2**: Uma notícia dizia que crianças mentirosas se tornariam cidadãos bem-sucedidos. Fiquei intrigado porque, embora o artigo citasse muitos trabalhos bem conduzidos pelo Dr. Khang Lee que mostram que crianças mentem, não consegui encontrar nada nesses estudos que confirmasse a afirmação do jornalista de que crianças mentirosas se tornam cidadãos bem-sucedidos. Imagine um universo paralelo huxleyesco em que o governo seria tolo o bastante para acreditar no conteúdo dessa reportagem e decidisse implementar um programa sistemático de condicionamento infantil. Algumas crianças seriam treinadas para não mentir, outras seriam educadas normalmente, e um grupo seria treinado na arte de mentir. Trinta anos depois, eles coletariam dados sobre o sucesso de vida dessas crianças quando adultas. Eles avaliariam o salário (**salary**) e utilizariam duas escalas de 0 a 10 (0 = mais sorte na próxima vida, 10 = muito bem-sucedido) para avaliar as variáveis de sucesso na vida familiar (**Family**) e profissional (**Work**). Use a MANOVA e a análise da função discriminante para descobrir se mentir realmente faz de você um cidadão melhor (**Lying.sav**).

- **Tarefa 3**: Estava interessado em saber se o conhecimento dos estudantes sobre os diferentes aspectos da psicologia melhorou com o passar das aulas (**Psychology.sav**). Selecionei uma amostra de estudantes do primeiro, do segundo e do terceiro ano e dei a eles cinco testes (pontuação de 0 a 15) representando diferentes aspectos da psicologia: **Exper** (psicologia experimental, como cognitiva e neuropsicologia); **Stats** (estatística); **Social** (psicologia social); **Develop** (psicologia do desenvolvimento); **Person** (personalidade). (1) Determine se há diferenças gerais entre os grupos nesses cinco testes. (2) Interprete as análises de cada teste para as diferenças entre os grupos. (3) Selecione contrastes que testem a hipótese de que o segundo e o terceiro ano terão uma pontuação maior do que o primeiro ano em todos testes. (4) Selecione testes *post hoc* e compare esses resultados com os contrastes. (5) Realize uma análise de função discriminante incluindo apenas os testes que revelarem diferenças entre os grupos nos contrastes. Interprete os resultados. ||||

Respostas e recursos adicionais estão disponíveis no *site* do livro em
https://edge.sagepub.com/field5e.

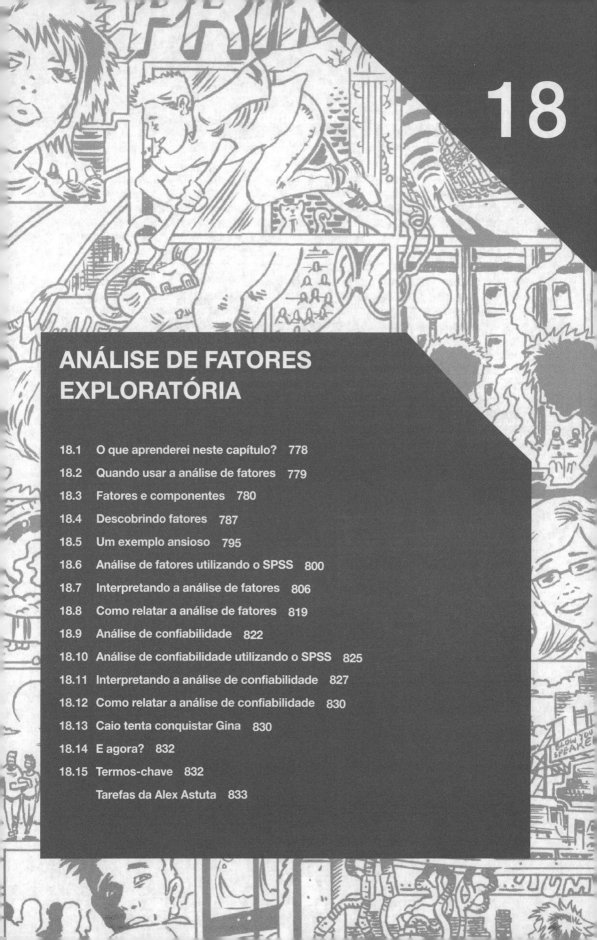

18

ANÁLISE DE FATORES EXPLORATÓRIA

- 18.1 O que aprenderei neste capítulo? 778
- 18.2 Quando usar a análise de fatores 779
- 18.3 Fatores e componentes 780
- 18.4 Descobrindo fatores 787
- 18.5 Um exemplo ansioso 795
- 18.6 Análise de fatores utilizando o SPSS 800
- 18.7 Interpretando a análise de fatores 806
- 18.8 Como relatar a análise de fatores 819
- 18.9 Análise de confiabilidade 822
- 18.10 Análise de confiabilidade utilizando o SPSS 825
- 18.11 Interpretando a análise de confiabilidade 827
- 18.12 Como relatar a análise de confiabilidade 830
- 18.13 Caio tenta conquistar Gina 830
- 18.14 E agora? 832
- 18.15 Termos-chave 832
- Tarefas da Alex Astuta 833

18.1 O que aprenderei neste capítulo?

Após meus planos de me tornar uma estrela do *rock* falharem, entrei na universidade e acabei fazendo doutorado (em Psicologia) na Universidade de Sussex. Como muitos pós-graduandos, eu dava aulas para conseguir pagar minhas contas. Destinaram para mim a disciplina de estatística para a turma de segundo ano de graduação. Eu era muito tímido na época e não sabia nada sobre estatística, então ficar na frente de uma sala cheia de estranhos e conversar com eles sobre a ANOVA parecia tão divertido quanto correr uma maratona com uma luxação nos joelhos. Preparei a minha primeira aula obsessivamente para que tudo desse certo; fiz resumos, inventei exemplos, ensaiei tudo o que ia dizer. Eu estava aterrorizado, mas sabia que, se a preparação previsse o sucesso, tudo daria certo. Lá pela metade do período, uma das alunas se levantou majestosamente da cadeira. Uma aura de luz branca a cercou, e ela parecia estar atravessando uma nuvem de gelo seco. Achei que ela tivesse sido escolhida pelos colegas para transmitir uma mensagem de gratidão pelas horas de preparação que eu havia dispendido e pela habilidade com a qual eu estava esclarecendo todos os mistérios da estatística. Mas ela parou a centímetros de mim e olhou nos meus olhos, enquanto eu baixava os meus para o chão, procurando a segurança dos meus cadarços. "Ninguém aqui entendeu pomba[1] nenhuma do que você está falando", ela cuspiu essas palavras antes de sair da sala. Ainda não há uma escala que meça o quanto eu preferiria ter corrido uma maratona com uma luxação no joelho naquela manhã. Até hoje ainda surge em minha mente a imagem dos meus alunos andando como zumbis na minha direção e cantando "Ninguém entende o que você fala" antes de devorar o meu cérebro frenética e furiosamente.

A consequência desse trauma foi que eu me dediquei ao máximo para ser o melhor professor do universo. Escrevi resumos detalhados e comecei a usar exemplos malucos. Por causa disso, fui escolhido por um editor para escrever um livro. Este livro. Aos 23 anos, eu não sabia que isso seria o meu suicídio acadêmico (de fato, os livros didáticos levam muito tempo para serem escritos e não são nem um pouco valorizados se comparados aos artigos científicos). Eu também não percebi a dor emocional que eu causaria em mim mesmo.

Figura 18.1 No meu gabinete, durante o doutorado, provavelmente preparando aula – eu tinha um cabelo bem comprido naquela época, porque ele ainda não tinha começado a cair.

---
[1] Ela não falou "pomba", mas disse uma palavra que soa parecido e que tem dois "r" no meio. Meus editores acharam que essa palavra poderia ofender os leitores.

Logo descobri que escrever um livro de estatística era como fazer uma análise de fatores: na análise de fatores reunimos muitas informações (variáveis), e um computador, sem nenhum esforço, reduz essa confusão a uma mensagem simples (menos variáveis). Um computador faz isso em poucos segundos. Da mesma forma, meu eu mais novo reuniu um monte de informações sobre estatística que não entendia e filtrou para se tornar uma mensagem simples que eu *pudesse* entender: eu me tornei uma análise de fatores em pessoa, com a diferença de que, ao contrário de um computador, precisei de dois anos e de muito esforço para fazer isso.

18.2 Quando usar a análise de fatores

Na ciência, muitas vezes precisamos medir algo que não pode ser acessado diretamente (a chamada **variável latente**). Por exemplo, pesquisadores da administração podem estar interessados em medir o "esgotamento", que acontece quando alguém que está trabalhando muito em um projeto (p. ex., um livro) por um período prolongado de tempo se descobre sem motivação, inspiração e com vontade de bater a cabeça repetidamente no computador e gritar "por favor, SAGE, destranque a porta, me deixe sair do porão, eu preciso sentir o calor suave da luz do sol na minha pele". Não podemos medir o esgotamento diretamente: ele tem muitas facetas. No entanto, podemos medir diferentes aspectos do esgotamento: podemos medir motivação, níveis de estresse, se a pessoa tem novas ideias e assim por diante. Depois disso, seria útil saber se essas facetas refletem uma única variável. Em outras palavras: essas medidas observáveis são acionadas pela mesma variável subjacente?

Este capítulo explora a **análise de fatores** e a **análise de componentes principais** (**ACP**), técnicas de identificação de grupos de variáveis. Essas técnicas têm três usos principais: (1) compreender a estrutura de um conjunto de variáveis (p. ex., Spearman e Thurstone usaram a análise de fatores para tentar entender a estrutura da variável latente "inteligência"); (2) construir um questionário para medir uma variável subjacente (p. ex., você pode criar um questionário para medir o esgotamento); e (3) reduzir um conjunto de dados a um tamanho mais manejável, mantendo o máximo possível da informação original (p. ex., a análise de fatores pode ser usada para resolver o problema da multicolinearidade que descobrimos no Capítulo 9 combinando variáveis que são colineares).

Há numerosos exemplos do uso da análise de fatores na ciência. Grande parte de vocês estará familiarizada com os traços de extroversão-introversão e neuroticismo medidos por Eysenck (1953). A maioria dos outros questionários de personalidade também é baseada na análise de fatores – especialmente o questionário de 16 fatores da personalidade de Cattell (1966a) – e esses inventários são frequentemente usados para fins de recrutamento na indústria (e até mesmo em alguns grupos religiosos). Os economistas, por exemplo, também podem usar análise de fatores para ver se a produtividade, os lucros e a força de trabalho podem ser reduzidos a uma dimensão subjacente do crescimento da empresa, e Jeremy Miles me falou sobre um bioquímico que a utilizou para analisar amostras de urina.

Tanto a análise de fatores quanto a ACP têm como objetivo reduzir um conjunto de variáveis a um conjunto menor de dimensões (chamada de "fatores" em análise de fatores e "componentes" na ACP). Para não estatísticos, como eu, as diferenças entre um componente e um fator são difíceis de conceituar (ambos são modelos lineares) e estão ocultas na matemática de cada técnica.[2] No entanto, há diferenças importantes entre elas, que discutirei no seu devido tempo. A maioria das questões práticas é igual, independentemente de se estar usando a análise de fatores ou a ACP.

---

[2] A análise de componentes principais não é a mesma coisa que a análise de fatores. Contudo, isso não impede que idiotas como eu as discutam como se fossem. Eu costumo me concentrar nas semelhanças entre as técnicas, o que irá levar alguns estatísticos (e psicólogos) às lágrimas. Espero que essas pessoas não precisem ler este livro, então vou me arriscar, porque acho que é mais fácil se eu lhe der uma noção geral do que os procedimentos fazem e não ficar muito obcecado com as diferenças. Quando você tiver entendido o básico, fique à vontade para alucinar com as diferenças e reclamar com os seus amigos sobre o quão lixo é o livro desse imbecil do Field...

Então, quando terminarmos de ver a teoria, você pode aplicar qualquer conselho meu tanto para análise de fatores quanto para a ACP.

18.3 Fatores e componentes

Se medirmos várias variáveis, ou fizermos várias perguntas sobre elas, a correlação entre cada par de variáveis (ou perguntas) pode ser organizada em uma tabela (assim como a saída de uma análise de correlação, como vimos no Capítulo 8). Essa tabela é às vezes chamada de matriz R, apenas para assustá-lo. Os elementos da diagonal de uma matriz R são todos iguais a 1, porque cada variável se correlaciona perfeitamente com ela mesma. Os elementos fora da diagonal são os coeficientes de correlação entre os pares de variáveis ou perguntas.[3] A análise de fatores tenta obter a parcimônia, explicando a quantidade máxima de *variância comum* em uma matriz de correlações utilizando o menor número de construtos explicativos. Esses "construtos explicativos" são conhecidos como variáveis latentes (ou *fatores*) e representam grupos de variáveis com alta correlação entre si. A ACP difere na medida em que tenta explicar a quantidade máxima da *variância total* (não apenas a variância comum) em uma matriz de correlações, transformando as variáveis originais em componentes lineares.

Imagine que quiséssemos medir diferentes aspectos das características que poderiam tornar uma pessoa popular. Poderíamos administrar várias medidas que acreditamos que explorem diferentes aspectos da popularidade. Então, podemos medir as habilidades sociais de uma pessoa (**Social skills**), seu egoísmo (**Selfish**), o quão interessante outras pessoas a acham (**Interest**), a proporção de tempo que gasta falando sobre outras pessoas durante uma conversa (**Talk [other]**), a proporção de tempo que gasta falando sobre si mesma (**Talk [self]**) e sua propensão a mentir (**Liar**). Calculamos os coeficientes de correlação para cada par de variáveis e criamos uma matriz R. A Figura 18.2 mostra essa matriz. Parece haver dois grupos de variáveis inter-relacionadas. Primeiro, o quanto alguém fala sobre outras pessoas durante uma conversa se correlaciona fortemente com o nível de habilidades sociais e com o quão interessante outras pessoas a consideram; as habilidades sociais também se correlacionam bem com o quão interessante outras pessoas acham que essa pessoa é. As relações entre essas três variáveis indicam que, quanto melhores suas habilidades sociais, provavelmente será visto como mais interessante e mais comunicativo. Segundo, o quanto uma pessoas fala sobre si mesma em uma conversa se correlaciona bem com o quão egoísta ela é e o quanto mente. Ser egoísta também se correlaciona fortemente com o quanto uma pessoa mente. Em suma, pessoas egoístas tendem a mentir e a falar sobre si mesmas.

A análise de fatores e a ACP têm como objetivo reduzir essa matriz R a um conjunto menor de dimensões. Na análise de fatores, essas dimensões, ou fatores, são estimadas a partir dos dados, e acredita-se que refletem construtos que não podem ser medidos diretamente. Neste exemplo, parece haver dois grupos que se destacam. O primeiro "fator" parece se relacionar com a sociabilidade geral, enquanto o segundo "fator" parece se relacionar com a maneira como uma pessoa trata as outras socialmente (poderíamos chamá-lo de "desconsideração"). Portanto, podemos presumir que a popularidade depende não apenas da sua capacidade de socializar, mas também do quanto você se importa com os outros. Por outro lado, a ACP transforma os dados em um conjunto de componentes lineares; não estima variáveis que não medimos, apenas transforma medidas. Estritamente falando, então, não devemos interpretar os componentes como variáveis que não medimos, subjacentes. Apesar dessas diferenças, ambas as técnicas procuram variáveis que se correlacionam fortemente com um grupo de outras variáveis, mas que não se correlacionam com variáveis fora desse grupo.

---

[3] Essa matriz é chamada de matriz R, ou R, porque contém coeficientes de correlação e r geralmente denota a correlação de Pearson (veja o Capítulo 8) – o r se transforma em uma letra maiúscula quando representa uma matriz.

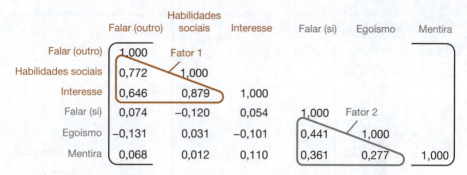

Figura 18.2 Uma matriz R.

18.3.1 Representação gráfica ||||

Fatores e componentes podem ser visualizados como o eixo de um gráfico ao longo do qual representamos variáveis. As coordenadas das variáveis ao longo de cada eixo refletem a força da relação entre essa variável e cada fator. Em um mundo ideal, uma variável teria uma coordenada grande em um dos eixos e coordenadas pequenas em qualquer um dos outros. Esse cenário indica que essa variável específica está relacionada a apenas um fator. Supomos que as variáveis que possuem coordenadas grandes no mesmo eixo medem diferentes aspectos de alguma dimensão subjacente comum. A coordenada de uma variável ao longo de um eixo de classificação é conhecida como uma **carga fatorial** (ou *carga do componente*). O fator de carga pode ser pensado como a correlação de Pearson entre um fator e uma variável (ver Gina Gênia 18.1). Pelo que sabemos sobre a interpretação dos coeficientes de correlação (ver seção 8.4.2), deve ficar claro que, se elevarmos ao quadrado o fator no qual uma variável está carregando, teremos uma medida de sua importância real para um fator.

A Figura 18.3 mostra o diagrama dos dados da popularidade (em que há apenas dois fatores). Observe que, para ambos os fatores, a linha do eixo varia de −1 a +1, que são os limites externos de um coeficiente de correlação. Os triângulos representam as três variáveis que têm cargas fatoriais altas (ou seja, uma relação forte) com o fator 1 (sociabilidade: eixo horizontal), mas têm uma correlação baixa com o fator 2 (desconsideração: eixo vertical). Por outro lado, os círculos representam variáveis que têm cargas fatoriais altas com o fator desconsideração, mas cargas baixas com o fator sociabilidade. Esse diagrama mostra o que encontramos na matriz *R*: egoísmo, o quanto uma pessoa fala sobre si mesma e sua propensão a mentir contribuem para um fator que poderia ser chamado de desconsideração em relação a outras pessoas, e o quanto uma pessoa se importa com outras pessoas, o quão interessante ela é considerada e seu nível de habilidades sociais contribuem para um segundo fator, a sociabilidade. É claro que, se um terceiro fator existisse dentro desses dados, ele poderia ser representado por um terceiro eixo (criando um gráfico 3D). Se houver mais de três fatores em um conjunto de dados, eles não poderão ser todos representados por um gráfico em 2D.

18.3.2 Representação matemática ||||

Os eixos na Figura 18.3, que representam fatores, são linhas retas, e qualquer linha reta pode ser descrita matematicamente por uma equação familiar.

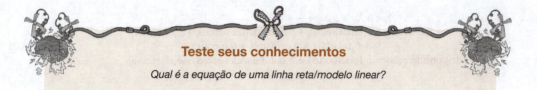

Teste seus conhecimentos

Qual é a equação de uma linha reta/modelo linear?

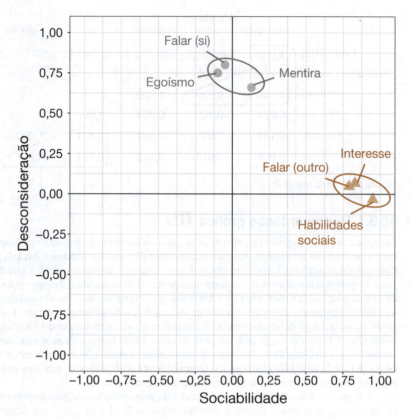

Figura 18.3 Exemplo de um diagrama de fatores.

A seguinte equação nos lembra da equação que descreve um modelo linear:

$$Y_i = b_1 X_{1i} + b_2 X_{2i} + \cdots + b_n X_{ni} \tag{18.1}$$

Um componente na ACP pode ser descrito da mesma forma:

$$\text{componente}_i = b_1 \text{variável}_{1i} + b_2 \text{variável}_{2i} + \cdots + b_n \text{variável}_{ni}$$

Você notará que não há intercepto na equação, porque as linhas se interceptam em zero (portanto, o intercepto é zero) e que também não há um termo de erro, porque estamos simplesmente transformando as variáveis em equações. Os *b*s na equação representam as cargas.

Continuando com o nosso exemplo sobre popularidade, descobrimos que havia dois componentes: sociabilidade geral (*general sociability*) e desconsideração (*inconsideration*). Portanto, podemos construir uma equação que descreva cada fator utilizando as variáveis que foram medidas:

$$\begin{aligned}
Y_i &= b_1 X_{1i} + b_2 X_{2i} + \cdots + b_n X_{ni} \\
\text{sociabilidade}_i &= b_1 \text{falar(outro)}_i + b_2 \text{habilidades sociais}_i + b_3 \text{interesse}_i \\
&\quad + b_4 \text{falar(si)}_i + b_5 \text{egoísmo}_i + b_6 \text{mentira}_i \\
\text{desconsideração}_i &= b_1 \text{falar(outro)}_i + b_2 \text{habilidades sociais}_i + b_3 \text{interesse}_i \\
&\quad + b_4 \text{falar(si)}_i + b_5 \text{egoísmo}_i + b_6 \text{mentira}_i
\end{aligned} \tag{18.2}$$

Primeiro, observe que as equações têm formas idênticas: ambas incluem todas as variáveis que foram medidas. No entanto, os valores-*b* nas duas equações serão diferentes (dependendo da importância relativa de cada variável para o componente). De fato, podemos substituir cada valor-*b* pela coordenada dessa variável no gráfico da Figura 18.3 (ou seja, substituir os valores-*b* pelas cargas fatoriais). As equações resultantes são:

$$Y_i = b_1 X_{1i} + b_2 X_{2i} + \cdots + b_n X_{ni}$$

sociabilidade$_i$ = 0,87falar(outro)$_i$ + 0,96habilidades sociais$_i$ + 0,92interesse$_i$
+ 0,00falar(si)$_i$ + 0,10egoísmo$_i$ +0,09mentira$_i$ (18.3)
desconsideração$_i$ = 0,01falar(outro)$_i$ + 0,03habilidades sociais$_i$ + 0,04interesse$_i$
+ 0,82falar(si)$_i$ + 0,75egoísmo$_i$ + 0,70mentira$_i$

Para o componente **Sociability**, os valores-*b* são altos para **Talk(other)**, **Social Skills** e **Interest**. Para as demais variáveis (**Talk[self]**, **Selfish** e **Liar**), os valores-*b* são muito baixos (próximos a 0). Isso nos diz que três das variáveis (as que têm valores-*b* altos) são muito importantes para esse componente, e três relativamente não têm importância (as que têm valores-*b* baixos). A maneira como as três variáveis se agrupam no diagrama de fatores confirma essa interpretação (Figura 18.3). O diagrama de fatores e essas equações representam a mesma coisa: as cargas fatoriais no gráfico são os valores-*b* nessas equações. Para o segundo fator, **Inconsideration**, o padrão oposto pode ser visto: **Talk(self)**, **Selfish** e **Liar** têm valores-*b* altos, mas os valores das três variáveis restantes estão próximos a 0. Idealmente, as variáveis teriam valores-*b* muito altos para um componente e valores-*b* muito baixos para todos os outros componentes.

Os fatores na análise de fatores não são representados da mesma maneira que os componentes. Um fator é definido da seguinte forma:

$$x = \mu + \Lambda \xi + \delta$$

variáveis = médias das variáveis + (cargas × fatores comuns) + fator único (18.4)

As letras gregas representam matrizes ou vetores contendo números. Se colocarmos as letras gregas na máquina de tradução mágica do Andy, poderemos parar de nos preocupar com o que as matrizes contêm e nos concentrar no que elas representam. Na análise de fatores, os escores das variáveis medidas são previstos a partir das médias dessas variáveis somadas aos escores de uma pessoa nos **fatores comuns** (i.e., fatores que explicam as correlações entre as variáveis) multiplicados por suas cargas fatoriais, mais os escores de quaisquer **fatores únicos** nos dados (fatores que não podem explicar as correlações entre as variáveis).

De certa forma, o modelo de análise de fatores inverte a ACP: na ACP, prevemos componentes a partir das variáveis medidas, mas, na análise de fatores, prevemos as variáveis medidas a partir dos fatores subjacentes. Os psicólogos geralmente se interessam por fatores, porque querem saber como as coisas que estão acontecendo dentro da cabeça das pessoas (as variáveis latentes) afetam suas respostas a perguntas (as variáveis que medimos). A outra grande diferença é que, ao contrário da ACP, a análise de fatores contém um termo de erro (δ é composto de ambos os escores de fatores únicos e de um erro de medição). O fato de a ACP presumir que não há erro de medição incomoda muitas pessoas que usam a análise de fatores.

Tanto a análise de fatores quanto a ACP são modelos lineares nos quais as cargas são usadas como pesos. Em ambos os casos, essas cargas podem ser apresentadas como uma matriz na qual as colunas representam os fatores e as linhas representam as cargas de cada variável em cada fator. Para os dados de popularidade, essa matriz teria duas colunas (uma para cada fator) e seis linhas (uma para cada variável). Essa matriz, Λ, é:

$$\Lambda = \begin{pmatrix} 0{,}87 & 0{,}01 \\ 0{,}96 & -0{,}03 \\ 0{,}92 & 0{,}04 \\ 0{,}00 & 0{,}82 \\ -0{,}10 & 0{,}75 \\ 0{,}09 & 0{,}70 \end{pmatrix} \quad (18.5)$$

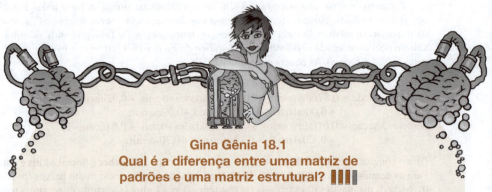

Gina Gênia 18.1
Qual é a diferença entre uma matriz de padrões e uma matriz estrutural? ||||

Até agora eu falei apenas vagamente sobre as cargas fatoriais. Primeiro eu disse que as cargas podem ser consideradas a correlação entre uma variável e determinado fator e depois eu as descrevi como valores-b (como na regressão). De um modo geral, tanto os coeficientes de correlação quanto os valores-b representam a relação entre uma variável e o modelo linear, de modo que a imprecisão da minha explicação não é exatamente uma palhaçada. O ponto principal é que essas cargas fatoriais nos informam sobre a contribuição relativa que uma variável faz para um fator. Se você entender isso, vai dar tudo certo.

No entanto, as cargas fatoriais de um determinado modelo podem ser tanto coeficientes de correlação quanto valores-b. Dentro de algumas seções, descobriremos que uma técnica conhecida como *rotação* é de grande auxílio para a interpretação da análise de fatores. Há dois tipos de rotação: ortogonal e oblíqua (ver seção 18.4.6). Quando usamos a rotação ortogonal, presumimos que os fatores subjacentes sejam independentes, e a carga fatorial passa a *ser* a correlação entre o fator e a variável e também ser o valor-b. Em outras palavras, os valores dos coeficientes de correlação serão iguais aos valores-b. No entanto, a rotação oblíqua é utilizada quando presumimos que os fatores subjacentes sejam relacionados entre si, resultando em fatores correlacionados. Nessas situações, as correlações resultantes entre variáveis e fatores serão diferentes dos valores-b correspondentes. Nesse caso, há, na verdade, dois conjuntos diferentes de cargas fatoriais: os coeficientes de correlação entre cada variável e o fator (contidos na **matriz estrutural** dos fatores) e os valores-b de cada variável em cada fator (contidos na **matriz de padrões** dos fatores). Esses coeficientes podem ser interpretados de maneiras bastante diferentes (veja Graham, Guthrie e Thompson, 2003).

e é chamada de **matriz de fatores** ou **matriz de componentes** (se executarmos a análise de componentes principais) – veja a Gina Gênia 18.1 para descobrir as diferentes formas dessa matriz. Tente relacionar os elementos às cargas na Equação 18.3 para ter uma ideia do que essa matriz representa (no caso da ACP). Por exemplo, a linha superior representa a primeira variável, **Talk** (**other**), que teve uma carga de 0,87 no primeiro fator (**Sociability**) e uma carga de 0,01 no segundo fator (**Inconsideration**).

O principal pressuposto da análise de fatores (mas não da ACP) é que esses fatores algébricos representem dimensões do mundo real, cuja natureza deve ser *adivinhada* ao inspecionarmos quais variáveis têm cargas altas em quais fatores. Assim, psicólogos talvez acreditem que os fatores representem dimensões da psique, pesquisadores da educação talvez acreditem que representem habilidades, e sociólogos talvez acreditem que representem etnias ou classes sociais. No entanto, essa é uma questão extremamente incerta: algumas pessoas acreditam que as dimensões derivadas da análise de fatores são reais apenas no sentido estatístico – e são ficções no mundo real.

18.3.3 Escores dos fatores

Depois de encontrar os fatores subjacentes e estimar a equação que os descreve, devemos ser capazes de estimar o escore de uma pessoa em um fator com base em seus escores nas variáveis constituintes; esses escores são conhecidos como **escores dos fatores** (ou *escores dos componentes* na ACP). Por exemplo, se quiséssemos derivar um escore de sociabilidade de um participante após a ACP, poderíamos colocar seus escores das várias medidas na Equação 18.3. Esse método é conhecido como *média ponderada* e raramente é usado porque é excessivamente simplista, mas é a maneira mais fácil de explicar o princípio. Por exemplo, imagine que nossas seis medidas de personalidade variam de 1 a 10 e que alguém marcou o seguinte: **Talk (other)** = 4, **Social skills** = 9, **Interest** = 8, **Talk (self)** = 6, **Selfish** = 8 e **Liar** = 6. Poderíamos inserir esses valores na equação (18.3) para obter uma pontuação para a sociabilidade e desconsideração dessa pessoa:

$$\begin{aligned}
\text{sociabilidade}_i &= 0{,}87\text{falar(outro)}_i + 0{,}96\text{habilidades sociais}_i + 0{,}92\text{interesse}_i \\
&\quad + 0{,}00\text{falar(si)}_i - 0{,}10\text{egoísmo}_i + 0{,}09\text{mentira}_i \\
\text{sociabilidade}_i &= 0{,}85 \times 4 + 0{,}96 \times 9 + 0{,}92 \times 8 + 0{,}00 \times 6 - 0{,}10 \times 8 + 0{,}09 \times 6 \\
&= 19{,}22 \\
\text{desconsideração}_i &= 0{,}01\text{falar(outro)}_i - 0{,}03\text{habilidades sociais}_i + 0{,}04\text{interesse}_i \\
&\quad + 0{,}82\text{falar(si)}_i + 0{,}75\text{egoísmo}_i + 0{,}70\text{mentira}_i \\
\text{desconsideração}_i &= 0{,}01 \times 4 - 0{,}03 \times 9 + 0{,}04 \times 8 + 0{,}82 \times 6 + 0{,}75 \times 8 + 0{,}70 \times 6 \\
&= 15{,}21
\end{aligned} \qquad (18.6)$$

As pontuações resultantes de 19,22 e 15,21 refletem o grau de sociabilidade e de falta de consideração respectivamente. Essa pessoa tem escores mais altos na sociabilidade do que na falta de consideração. No entanto, as escalas de medida usadas influenciarão os escores resultantes, e, se diferentes variáveis forem medidas usando escalas diferentes, os escores de diferentes fatores não poderão ser comparados. Assim, esse método para calcular os escores de fatores é ruim, e normalmente são usados métodos mais sofisticados.

Há várias técnicas para calcular os escores de fatores que usam os coeficientes dos escores dos fatores, e não as cargas fatoriais, como pesos. Os coeficientes dos escores podem ser calculados de várias maneiras. A maneira mais simples é o método de regressão, no qual as cargas fatoriais são ajustadas para levar em conta as correlações iniciais entre as variáveis; ao fazê-lo, as diferenças nas unidades de medida e nas variâncias das variáveis são estabilizadas.

Para obter a matriz dos coeficientes dos escores dos fatores (B), multiplicamos a matriz das cargas dos fatores pelo inverso (R^{-1}) da correlação original ou matriz R (esse é o mesmo processo que utilizamos para estimar os bs na regressão comum). Você deve lembrar que, no último capítulo, vimos que multiplicar pelo inverso de uma matriz equivale a fazer uma divisão (ver seção 17.4.8); portanto, ao multiplicar a matriz de cargas fatoriais pelo inverso da matriz de correlação, estamos conceitualmente dividindo as cargas fatoriais pelos coeficientes de correlação. Dessa forma, a matriz dos escores dos fatores resultante representa a relação entre cada variável e cada fator, ajustado em relação à relação original entre os pares de variáveis. Essa matriz representa uma medida mais pura da relação *única* entre variáveis e fatores.

Usando a técnica de regressão, os escores dos fatores que obtemos têm uma média de 0 e uma variância igual à correlação múltipla ao quadrado entre os escores dos fatores estimados e os valores reais dos fatores. A desvantagem é que os escores podem se correlacionar não apenas com outros fatores além daquele em que se baseiam, mas também com outros *escores* de um fator ortogonal diferente. Para superar esse problema, dois ajustes foram propostos: o método de Bartlett e o método de Anderson-Rubin. O método de Bartlett produz escores imparciais que se correlacionam apenas com seu próprio fator. A média e o desvio-padrão dos escores são iguais aos do método de regressão. No entanto, os escores dos fatores ainda podem se correlacionar entre si. O método de Anderson-Rubin é uma modificação do método de Bartlett que produz escores de fatores não correlacionados e padronizados (eles têm uma média de 0 e um desvio-padrão de 1). Tabachnick e Fidell (2012) concluem que o **método de Anderson-Rubin** é melhor quando escores não correlacionados são necessários, mas que o método de regressão é preferível em outras circunstâncias simplesmente porque é mais facilmente compreendido. Embora não seja importante que entender a matemática por trás de qualquer um dos métodos, é importante que entender o que os escores dos fatores representam: um escore composto para cada indivíduo em um fator específico.

Os escores dos fatores podem ser usados de várias formas. Primeiro, se o propósito da análise de fatores é reduzir um grande conjunto de dados a um subconjunto menor de variáveis, os escores dos fatores nos informam o escore de um indivíduo nesse subconjunto de medidas. Qualquer análise adicional pode ser realizada nos escores dos fatores em vez de nos dados originais. Por exemplo, poderíamos realizar um teste-*t* para ver se pessoas extrovertidas são significativamente mais sociáveis do que introvertidas usando os escores dos fatores de *sociabilidade*. Segundo, eles podem ser usados para resolver problemas de colinearidade em modelos lineares. Se identificarmos fontes de multicolinearidade em um modelo linear (ver seção 9.9.3), podemos reduzir as previsoras colineares a um subconjunto de fatores não correlacionados usando a ACP e inserindo os escores dos componentes, em vez dos escores das variáveis brutas, como variáveis previsoras. Ao optar pelos escores dos componentes não correlacionados (p. ex., usando o método de Anderson-Rubin – veja anteriormente) como previsoras, podemos ter certeza de que não haverá correlação entre previsoras; portanto não haverá multicolinearidade.

Oliver Twist
Por favor, senhor, quero um pouco
mais de... álgebra matricial

"*Matrix* – esse foi um filme bom", Oliver está entusiasmado. "Também quero usar roupas pretas e deslizar pelo ar como se o tempo tivesse parado. Talvez a matriz dos escores dos fatores seja tão legal quanto o filme." Acho que você vai se decepcionar Oliver, mas podemos tentar. Os cálculos matriciais dos coeficientes dos escores dos fatores para este exemplo estão bem detalhados no *site* do livro. Tenha medo, tenha muito medo.

18.4 Descobrindo fatores ||||

A essa altura, você deve ter alguma noção do que fatores e componentes são. Vamos agora aprofundar a conversa e ver como encontrar ou estimar essas bestas míticas.

18.4.1 Escolhendo um método ||||

Há vários métodos para descobrir fatores, e a escolha de um eles vai depender do que você quer fazer com a análise (para uma revisão, ver Tinsley e Tinsley, 1987). Há duas coisas a considerar: se deseja generalizar as descobertas de sua amostra para uma população e se está explorando seus dados ou testando uma hipótese específica. Este capítulo descreve técnicas para explorar dados usando a análise de fatores. A testagem de hipóteses sobre as estruturas de variáveis latentes e suas relações entre si é um assunto mais profundo e precisa de um pacote de *software* diferente (IBM SPSS AMOS, R ou MPlus, para citar alguns), então não vou abordá-lo. Para quem estiver interessado em técnicas de testagem de hipóteses (conhecido como **análise de fatores confirmatória**), eu recomendo Brown (2015).

Supondo que queremos explorar nossos dados, precisamos definir se queremos aplicar nossas descobertas somente à amostra coletada (método descritivo) ou generalizar nossas descobertas para uma população (métodos inferenciais). A análise de fatores foi originalmente desenvolvida para explorar dados para gerar hipóteses futuras, e presumiu-se que a técnica seria aplicada a toda a população de interesse. Em outras palavras, certas técnicas pressupõem que a amostra utilizada seja a população, e os resultados não podem ser extrapolados para além dessa amostra. A análise dos componentes principais é um exemplo disso, assim como a análise dos fatores principais (*fatoração pelos eixos principais*) e análise da imagem da covariância (*fatoração pela imagem*). Desses testes, a análise dos componentes principais e a análise dos fatores principais são os métodos preferidos e geralmente resultam em soluções semelhantes (ver seção 18.4.3). Se você usar um desses métodos, deverá restringir suas conclusões à amostra coletada. Se você quiser generalizar os resultados, precisará validar de forma cruzada a estrutura dos fatores usando uma amostra diferente.

Uma abordagem diferente pressupõe que os participantes foram selecionados aleatoriamente, mas que as variáveis medidas constituem a população de variáveis em que estamos interessados. Com esse pressuposto, é possível generalizar os resultados da amostra para uma população maior, mas com a ressalva de que quaisquer descobertas serão verdadeiras apenas para o conjunto de variáveis medidas (porque supomos que esse conjunto constitui toda a população de variáveis). As técnicas nessa categoria incluem o *método de máxima verossimilhança* (ver Harman, 1976) e o método de **fatoração alfa** de Kaiser (Kaiser e Caffrey, 1965). A escolha de um desses métodos depende em grande parte de que tipo de generalização desejamos fazer.

18.4.2 Comunalidade ||||

O conceito de variância e como ela é calculada já deve ser um velho amigo com quem você desfruta de chá e biscoitos (caso contrário, veja o Capítulo 2). A variância total de uma variável na matriz *R* terá dois componentes: parte será compartilhada com outras variáveis ou medidas (**variância comum**) e parte será específica dessa medida (**variância única**). Nós tendemos a usar o termo *variância única* para nos referirmos à variância que pode ser confiavelmente atribuída a apenas uma medida. No entanto, também há variação específica de uma medida, mas não de forma confiável, conhecida como erro ou **variância aleatória**. A proporção da variância comum presente em uma variável é conhecida como **comunalidade**. Assim, uma variável que não possui variância única (ou aleatória) terá uma comunalidade de 1; uma variável que não compartilha nenhuma variância com outras variáveis terá uma comunalidade de 0.

A análise de fatores tenta encontrar dimensões subjacentes comuns nos dados e, portanto, está principalmente preocupada com a variância comum. Em resumo, queremos descobrir quanto da variância nos nossos dados é comum. Esse objetivo nos apresenta um impasse lógico: para fazer a análise de fatores, precisamos conhecer a proporção da variância comum nos dados, mas a única maneira de descobrir a extensão da variância comum é realizando uma análise de fatores! Existem duas soluções. A primeira é pressupor que toda variância é comum supondo que a comunalidade de cada variável seja 1. Com esse pressuposto, transpomos nossos dados originais para os componentes lineares constituintes. Esse procedimento é a ACP. Lembre-se de que eu disse anteriormente que a ACP não pressupõe nenhum erro de medição? Bem, definindo as comunalidades como 1, supomos que todas as variações são comuns e que não há nenhuma variância aleatória.

A segunda solução é usada na análise de fatores e consiste em estabelecer a quantidade de variância comum estimando os valores da comunalidade para cada variável. Há vários métodos de estimar comunalidades, mas o mais utilizado (incluindo a fatoração alfa) é fazer a correlação múltipla ao quadrado (CMQ) de cada variável com todas as outras. Assim, para os dados da popularidade, imagine que ajustamos um modelo linear com uma medida (**Selfish**) como variável de resultado e as outras cinco medidas como previsoras: o R^2 múltiplo resultante (ver seção 9.2.4) atuaria como uma estimativa da comunalidade na variável **Selfish**. Essas estimativas permitem que a análise de fatores seja feita. Uma vez que os fatores subjacentes tenham sido extraídos, novas comunalidades podem ser calculadas representando a correlação múltipla entre cada variável e os fatores extraídos. Por fim, a comunalidade é uma medida da proporção da variância explicada pelos fatores extraídos.

18.4.3 Análise dos fatores ou ACP? ▮▮▮▮

Eu acabei de explicar que podemos usar duas abordagens para localizar as dimensões subjacentes de um conjunto de dados: análise de fatores e análise dos componentes principais. Essas técnicas diferem em relação às estimativas de comunalidade que são usadas. Como mencionei anteriormente, a análise de fatores deriva um modelo matemático a partir do qual os fatores são estimados, enquanto a análise dos componentes principais decompõe os dados originais em um conjunto de variáveis lineares (ver Dunteman, 1989, Capítulo 8, para mais detalhes sobre as diferenças entre os dois procedimentos). Assim, apenas a análise de fatores pode estimar os fatores subjacentes e se baseia em várias hipóteses para que essas estimativas sejam precisas. A ACP está preocupada apenas em estabelecer quais são os componentes lineares presentes nos dados e como uma variável específica pode contribuir para um determinado componente.

Com base em uma extensa revisão da literatura, Guadagnoli e Velicer (1988) concluíram que as soluções geradas a partir da ACP diferem pouco das da técnica da análise de fatores. Na realidade, com 30 ou mais variáveis e comunalidades acima de 0,7 em todas as variáveis, é improvável ter muitas soluções diferentes à disposição; no entanto, com menos de 20 variáveis e com baixas comunalidades (menos de 0,4), é possível ocorrer diferenças (Stevens, 2002).

O outro lado desse argumento é eloquentemente descrito por Cliff (1987), que observou que os proponentes da análise de fatores "insistem que a análise dos componentes é, na melhor das hipóteses, uma análise de fatores comum com um pouco de erro e, na pior das hipóteses, uma miscelânea irreconhecível de coisas das quais nada pode ser determinado" (p. 349). De fato, as emoções se manifestam bastante nessa discussão, com alguns argumentando que, quando a ACP é usada, não deve ser descrita como uma análise de fatores (ops!) e que não se deve atribuir um significado real aos componentes resultantes. No fim das contas, como espero ter deixado claro, esses métodos fazem coisas ligeiramente diferentes.

18.4.4 A teoria por trás da ACP ||||

A teoria por trás da análise de fatores é, para ser sincero, parecida com um traseiro; um traseiro tatuado com álgebra matricial. Ninguém quer ver álgebra matricial quando está admirando um traseiro, então, em vez disso, vamos ver as nádegas da ACP. A análise dos componentes principais funciona de maneira muito semelhante à MANOVA e à análise da função discriminante (ver Capítulo 17). Na MANOVA, calculamos várias somas dos quadrados e matrizes de produtos cruzados que continham informações sobre as relações entre as variáveis dependentes. Falei antes que essas matrizes SQPC podem ser convertidas em matrizes de variância-covariância, que representam a essas mesmas informações, mas no formato de médias (ou seja, levando em conta o número de observações). Também destaquei que, ao dividir cada elemento pelo respectivo desvio-padrão, as matrizes das variância-covariância tornam-se padronizadas. O resultado é uma matriz de correlações. Na ACP normalmente lidamos com matrizes de correlações (embora seja possível analisar uma matriz de variância-covariância também), e a ideia principal é que essa matriz representa as mesmas informações que uma matriz SQPC na MANOVA.

Na MANOVA, devido ao fato de que estávamos comparando grupos, acabamos olhando as *variates* ou componentes da matriz SQPC que representavam a razão da variância do modelo em relação à variância do erro. Essas *variates* eram dimensões lineares que separavam os grupos testados, e vimos que as variáveis dependentes foram mapeadas nesses componentes subjacentes. Em suma, analisamos se os grupos poderiam ser comparados em relação a alguma combinação linear das variáveis dependentes. Essas *variates* foram encontradas calculando os autovetores da SQPC. O número de *variates* obtidas foi o menor p (o número de variáveis dependentes) e $k-1$ (onde k o número de grupos).

Na ACP fazemos a mesma coisa, mas usando a matriz de correlações geral (porque não estamos interessados em comparar grupos de escores). Então – e estou simplificando um pouco as coisas, pegamos uma matriz de correlações e calculamos as *variates*. Não há grupos de observações, assim o número de *variates* calculadas será sempre igual ao número de variáveis avaliadas (p). As *variates* são descritas pelos autovetores associados à matriz de correlações, como na MANOVA. Os elementos dos autovetores são os pesos de cada variável na *variate*. Esses valores são as cargas descritas anteriormente (i.e., os valores-b na Equação 17.22). O maior autovalor associado a cada um dos autovetores fornece um único indicador da importância real de cada componente. A ideia básica é de que vamos reter componentes com autovalores relativamente grandes e ignorar componentes com autovalores relativamente pequenos.

A análise de fatores funciona de maneira diferente, mas há semelhanças. Em vez de usar a matriz de correlações, a análise de fatores começa estimando as comunalidades entre as variáveis usando o CMQ (como descrito anteriormente). Em seguida, substitui a diagonal da matriz de correlações (os 1s) por essas estimativas. Depois, os autovetores e autovalores associados a essa matriz são calculados. Mais uma vez, esses autovalores nos informam a importância real dos fatores, e, com base neles, decidimos quantos fatores devemos reter. Por fim, cargas e comunalidades são estimadas usando apenas os fatores retidos.

18.4.5 Extração de fatores: autovalores e o diagrama de declividade ||||

Tanto na ACP quanto na análise de fatores, nem todos os fatores serão retidos. O processo de decidir quantos fatores precisamos manter é chamado de **extração**. Mencionei anteriormente que os autovalores associados a uma *variate* indicam a importância real desse fator. Portanto, faz sentido reter apenas fatores que tenham autovalores grandes. Esta seção examina como determinamos se um autovalor é grande o suficiente para representar um fator relevante.

Cattell (1966b) sugeriu fazer um gráfico de cada autovalor (eixo *Y*) em relação ao fator ao qual está associado (eixo *X*). Esse gráfico é conhecido como um **diagrama de declividade** (porque apresenta uma queda entre o valor mais alto e o mais baixo). Falei também que é possível extrair no máximo um número de fatores igual ao número de variáveis e que cada fator possui um autovalor associado. Ao representar graficamente os autovalores, a importância relativa de cada fator torna-se visível. Geralmente, haverá poucos fatores com autovalores bastante altos e muitos fatores com autovalores relativamente baixos; por isso, o gráfico de declividade tem um formato muito característico: uma queda acentuada na curva seguida de uma cauda longa (ver Figura 18.4). O ponto de inflexão é onde a inclinação da linha muda drasticamente, e Cattell (1966b) sugeriu usar esse ponto como ponto de corte para a retenção dos fatores. Na Figura 18.4, imagine desenhar duas linhas retas (as linhas tracejadas cinzas): uma resumindo a parte vertical do diagrama e a outra resumindo a parte horizontal. O ponto de inflexão é o ponto nos dados em que essas duas linhas se encontram. Vamos reter apenas os fatores à esquerda do ponto de inflexão (e não incluiremos o fator que está no ponto de inflexão em si).[4] Assim, em ambos os exemplos da Figura 18.4, extraímos dois fatores porque o ponto de inflexão ocorre no terceiro ponto (fator) dos dados. Com uma amostra de mais de 200 participantes, o diagrama de declividade fornece um critério bastante confiável para a seleção de fatores (Stevens, 2002).

Uma alternativa ao diagrama de declividade é usar os autovalores, porque eles representam a quantidade de variação explicada por um fator. Você define um valor de critério que represente uma quantidade substancial de variação e retém fatores com autovalores acima desse critério. Há dois critérios comuns: o **critério de Kaiser** (Kaiser, 1960, 1970), que é reter fatores com autovalores maiores que 1 (seguidos por rotação varimax normal),[5] ou um valor mais liberal de 0,7 (Jolliffe, 1972, 1986). A diferença entre o número de fatores retidos usando esses dois métodos pode ser dramática. De modo geral, o critério de Kaiser superestima o número de fatores a ser retido (ver Gina Gênia 18.2), o que significa que o critério de Joliffe os *superestima ainda mais*. Há evidências de que o critério de Kaiser é preciso quando o número de variáveis for menor que 30 e as comunalidades resultantes (após a extração) forem todas maiores que 0,7; ele também pode ser preciso quando o tamanho da amostra exceder 250 e a comunalidade média for maior ou igual a 0,6. Em qualquer outra circunstância, se o tamanho da amostra for maior que 200, use um diagrama de declividade (veja Stevens, 2002, para mais detalhes). Na configuração-padrão, o SPSS usa o critério de Kaiser para extrair fatores; portanto, se o gráfico de declividade gerar um número diferente de fatores a serem extraídos, talvez seja necessário executar novamente a análise especificando o número de fatores que você deseja reter.

Esses três critérios geralmente fornecem respostas diferentes, como acontece frequentemente na estatística. Nessas situações, considere as comunalidades dos fatores. Lembre-se de que comunalidades representam a variância comum: se os valores forem 1, toda a variação comum será contabilizada e, se os valores forem 0, nenhuma variância comum será contabilizada. Tanto na ACP quanto na análise de fatores, primeiro determinamos quantos fatores/componentes devemos extrair e depois reestimamos as comunalidades. Os fatores que mantivermos não explicam toda a variação dos dados (porque teremos descartado algumas informações), e assim as comunalidades após a extração serão sempre menores que 1. Os fatores retidos não representam perfeitamente as variáveis originais, eles apenas refletem a variância comum dos dados. As comunalidades são

---

[4] No artigo original de Cattell, ele recomenda incluir o fator do ponto de inflexão, porque representaria um fator de erro, ou de "lata de lixo", como ele disse. No entanto, Thurstone argumenta que é melhor reter fatores de menos do que fatores de mais, e, na prática, o fator de "lata de lixo" raramente é retido.

[5] Um colega do Kaiser, Chester Harris, referiu-se a esse procedimento como "só um segundo".

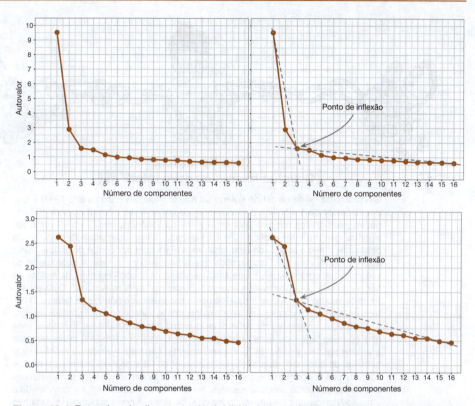

Figura 18.4 Exemplos de diagramas de declividade para dados que provavelmente têm dois fatores subjacentes.

estatísticas importantes pois demonstram a perda de informação dos dados após a extração dos fatores. Quanto mais próximas de 1 as comunalidades estiverem, melhor nossos fatores poderão explicar os dados originais. É lógico que, quanto maior o número de fatores retidos, maiores serão as comunalidades (porque menos informações serão perdidas). Dessa forma, as comunalidades são bons índices do quão adequado é o número de fatores retidos. Na verdade, ao usar a análise de fatores por mínimos quadrados generalizados e a análise de fatores por máxima verossimilhança, podemos obter uma medida da aderência dos fatores extraídos (consulte o próximo capítulo para mais informações sobre os testes de aderência). Basicamente essa medida indica a proporção da variância que os fatores retidos explicam (o que é quase como comparar as comunalidades antes e depois da extração). Meu conselho final é que o número de fatores que você decidir extrair também vai depender do seu motivo para fazer essa análise. Por exemplo, se você estiver tentando resolver problemas de multicolinearidade na regressão, talvez seja melhor extrair um número maior de fatores.

Gina Gênia 18.2
Quantos fatores eu devo reter? ||||

Um problema fundamental do critério de Kaiser (Nunnally e Bernstein, 1994) é que um autovalor de 1 significa coisas diferentes em análises diferentes: para 100 variáveis, ele significa que um fator explica 1% da variância, mas, para 10 variáveis, significa que um fator explica 10% da variância. Essas duas situações são muito diferentes, e não é adequado usar uma única regra para dar contar de ambas. Além disso, um autovalor de 1 só significa que o fator explica a mesma quantidade de variância que uma variável, o que acaba anulando a intenção original da análise de fatores de reduzir as variáveis a fatores subjacentes "mais relevantes". Consequentemente, o critério de Kaiser frequentemente superestima o número de fatores. O critério de Jolliffe é ainda pior (um fator explica menos variação do que uma variável).

Há outras maneiras de determinar quantos fatores devem ser extraídos, mas elas não são fáceis de fazer usando o SPSS. O melhor método é provavelmente a análise paralela (Horn, 1965). Essencialmente, cada autovalor (que representa o tamanho do fator) é comparado a um autovalor do fator correspondente em muitos conjuntos de dados gerados aleatoriamente que possuam as mesmas características dos dados que estão sendo analisados. Ao fazer isso, cada autovalor é comparado a um autovalor de um conjunto de dados que não possui fatores subjacentes. Estamos praticamente perguntando se o nosso fator observado é maior do que um fator que não existe. Fatores maiores que seus equivalentes "aleatórios" serão retidos. Considerando a análise paralela, o diagrama de declividade e o critério de Kaiser, esse último é, em geral, o pior método, e a análise paralela, o melhor (Zwick e Velicer, 1986). Se você quiser executar uma análise paralela, a sintaxe do SPSS está disponível no seguinte *site* (O'Connor, 2000): https://people.ok.ubc.ca/brioconn/nfactors/nfactors.html.

18.4.6 Rotação dos fatores ||||

Após a extração dos fatores, é possível calcular o grau em que as variáveis carregam nesses fatores (i.e., calcular as cargas para cada variável em cada fator). Geralmente, você descobrirá que a maioria das variáveis tem cargas altas no fator mais importante e cargas baixas em todos os outros fatores. Essa característica dificulta a interpretação, e, por isso, uma técnica chamada **rotação** de fatores é usada para discriminar os fatores. Se visualizarmos nossos fatores como um eixo ao longo do qual as variáveis podem ser traçadas, o que a rotação de fatores faz é rotacionar esses eixos de forma que as variáveis tenham carga máxima em apenas um fator. Voltemos ao nosso exemplo em que tivemos medidas de popularidade que produziram dois fatores (sociabilidade e falta de consideração). Anteriormente, vimos que tínhamos apenas três medidas com cargas altas em cada fator. Imagine agora que medimos 20 variáveis e descobrimos que 10 delas pareciam refletir a sociabilidade e as outras 10, a falta de consideração. A Figura 18.5 mostra dois cenários. Assim como no gráfico de fatores da Figura 18.3, as linhas completas representam os fatores e deve ser visível ao observar as coordenadas que os círculos laranjas carregam altamente no fator falta de consideração (eles estão bem próximos por toda a extensão desse eixo) e carregam pouco ou moderadamente na sociabilidade (eles não estão próximos por toda a extensão desse eixo). Por outro lado, os círculos cinza carregam altamente na sociabilidade e pouco a moderadamente no fator falta de consideração. A rotação de fatores equivale a girar os eixos (as linhas tracejadas pretas) para tentar garantir que ambos os grupos de variáveis sejam interceptados pelo fator ao qual elas mais se relacionam. Após a rotação, as cargas das variáveis são maximizadas em um fator (o fator que intercepta o grupo) e minimizadas no(s) fator(es) restante(s). Se um eixo passa por um grupo de variáveis, essas variáveis terão uma carga próxima a zero no eixo oposto. Se estiver confuso, veja a Figura 18.5 e pense sobre os valores das coordenadas antes e depois da rotação (para visualizar melhor, gire o livro enquanto observa os eixos rotacionados).

Há dois tipos de rotação. A **rotação ortogonal** é mostrada na Figura 18.5 (esquerda). Vimos no Capítulo 12 que o termo *ortogonal* significa não relacionado, e, nesse contexto, significa que rotacionamos fatores, mantendo-os independentes ou não correlacionados. Antes da rotação, todos os fatores são independentes (i.e., têm uma correlação de zero), e a rotação ortogonal garante que os fatores permaneçam assim. É por isso que, na Figura 18.5, os eixos permanecem perpendiculares ao girar. A **rotação oblíqua** permite que os fatores se correlacionem; portanto os eixos da Figura 18.5 (direita) não permanecem perpendiculares: eles podem girar em quantidades diferentes e em direções diferentes se necessário.

O SPSS oferece três métodos de rotação ortogonal (**varimax**, **quartimax** e **equamax**) e dois métodos de rotação oblíqua (**oblimin direto** e **promax**). A rotação quartimax tenta maximizar a distribuição de cargas fatoriais de uma variável em relação a todos os fatores. Portanto, interpretar variáveis torna-se mais fácil, mas muitas vezes resulta em muitas variáveis carregando muito em um único fator. A varimax faz o oposto, pois tenta maximizar a dispersão das cargas dentro dos fatores. Portanto, esse método tenta carregar altamente um número menor de variáveis em cada fator, resultando em grupos de fatores mais interpretáveis. A equamax é um híbrido das outras duas abordagens, e há relatos de que se comporta de forma bastante irregular (ver Tabachnick e Fidell, 2012). Se você utilizar a rotação ortogonal, provavelmente deveria selecionar o método varimax, pois é uma boa abordagem geral que simplifica a interpretação dos fatores.

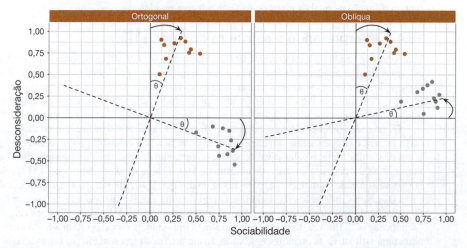

Figura 18.5 Representações esquemáticas da rotação dos fatores. O gráfico da esquerda exibe uma rotação ortogonal, enquanto o gráfico da direita exibe uma rotação oblíqua (consulte o texto para obter mais detalhes). θ é o ângulo no qual os eixos são girados.

O caso das rotações oblíquas é mais complexo porque elas permitem que haja correlação entre os fatores. A oblimin direta determina o grau em que os fatores podem se correlacionar de acordo com o valor de uma constante denominada delta. O valor-padrão no SPSS é 0, e isso garante que uma correlação muito forte entre os fatores não ocorra (isso é conhecido como *rotação quartimin direta*). Se você escolher um delta maior que 0 (até 0,8), pode ter fatores fortemente correlacionados como resultado; se você definir um delta menor que 0 (até –0,8), pode obter fatores menos correlacionados. A configuração-padrão de zero é adequada para a maioria das análises, e eu não recomendo alterá-la, a menos que você saiba o que está fazendo (ver Pedhazur e Schmelkin, 1991, 620). Promax é um procedimento mais rápido projetado para conjuntos de dados muito grandes. Se você usar a rotação oblíqua e mantiver o restante constante, recomendo usar a oblimin direta.

A escolha da rotação ortogonal ou oblíqua depende de: (1) existir uma boa razão teórica para supor que os fatores devem se correlacionar ou serem independentes; e (2) como as variáveis se agrupam nos fatores antes da rotação. Em relação ao primeiro motivo, é improvável que você meça um conjunto de variáveis relacionadas e espere que suas dimensões subjacentes sejam completamente independentes. Por exemplo, não esperamos que a sociabilidade seja completamente independente da falta de consideração (presumivelmente, pessoas desatenciosas podem não gostar muito de outras pessoas, o que pode torná-las antissociais). Portanto, em termos teóricos, escolheríamos a rotação oblíqua. Há fortes razões para acreditarmos que as rotações ortogonais sejam completamente absurdas para serem utilizadas em dados naturalísticos e, certamente, em quaisquer dados envolvendo seres humanos (ou você consegue pensar em algum construto psicológico que não esteja de forma alguma correlacionado a outro construto psicológico?). Assim, há quem argumente que rotações ortogonais nunca devem ser usadas.

Em relação ao segundo motivo, a Figura 18.5 demonstra como o posicionamento dos grupos de variáveis determinará quão bem-sucedida será uma rotação (observe a posição dos círculos cinzas). Se uma rotação ortogonal fosse realizada no diagrama da direita, seria consideravelmente menos bem-sucedida na maximização das cargas do que a rotação oblíqua exibida na imagem.

Um meio-termo é executar a análise usando os dois tipos de rotação. Pedhazur e Schmelkin (1991) sugerem que, se a rotação oblíqua mostrar uma correlação insignificante entre os fatores extraídos, é razoável usar como solução a rotação ortogonal. Se a rotação oblíqua revelar uma estrutura fatorial correlacionada, descarte a possibilidade da rotação ortogonal. Podemos verificar as relações entre os fatores usando a **matriz de transformação de fatores**, que é usada para converter cargas fatoriais não rotacionadas em cargas rotacionadas. Os valores dessa matriz representam o ângulo no qual os eixos ou os fatores foram girados.

18.4.7 Interpretando a estrutura do fator ▌▌▌

Uma vez encontrada uma estrutura de fatores, ela precisa ser interpretada. Anteriormente falei que as cargas eram indicadoras da importância real de uma variável para determinado fator. Portanto, faz sentido usarmos esses valores para colocar as variáveis com os fatores. Todas as variáveis terão uma carga em todos os fatores, então estamos procurando variáveis que carregam muito em determinado fator. Depois de identificarmos essas variáveis, buscamos um tema dentro delas.

O que quero dizer com "carregar muito"? É possível avaliar a significância estatística de uma carga (afinal, é simplesmente um coeficiente de correlação ou valor-*b*); porém, como em todos os testes de significância, o valor-*p* vai depender do tamanho da amostra. Por exemplo, com base em Stevens (2002), para um tamanho de amostra de 100, a carga deve ser maior que 0,512, mas, para 300, deve ser maior que 0,298, e, para 1.000, maior que 0,162. Portanto, a significância de uma carga dá poucas indicações da importância real de uma variável para um fator, porque depende do tamanho da amostra (p. ex., em amostras muito grandes, até mesmo as pequenas cargas serão "significativas"). Em vez disso, podemos avaliar a importância elevando ao quadrado a carga para obter uma estimativa da quantidade de variação em um fator representado por uma variável (como

R^2). Stevens (2002) recomenda a interpretação de cargas fatoriais com valor absoluto maior que 0,4 (o fator explica em torno de 16% da variância da variável). Alguns pesquisadores optam por um critério menor: 0,3.

18.5 Um exemplo ansioso

A análise de fatores é frequentemente usada para desenvolver questionários. E eu tenho notado que muitos estudantes ficam muito estressados ao usar o SPSS. Imagine que eu queira criar um questionário para medir uma característica que chamei de "ansiedade com o SPSS". Eu desenvolvi um questionário para medir vários aspectos da ansiedade dos estudantes em relação a aprender a usar o SPSS, o SAQ (Figura 18.6). Gerei perguntas com base em entrevistas com estudantes ansiosos e não ansiosos e encontrei 23 perguntas possíveis para incluir no questionário. Cada pergunta era uma afirmação seguida de uma escala Likert de cinco pontos: "discordo totalmente", "discordo", "não discordo nem concordo", "concordo" e "concordo totalmente" (DT, D, ND, C e CT, respectivamente). Além disso, eu queria saber se a ansiedade com o SPSS poderia ser dividida em formas específicas de ansiedade. Em outras palavras, que variáveis latentes contribuem para a ansiedade com o SPSS?[6]

Com uma pequena ajuda de alguns amigos professores, coletei 2.571 questionários preenchidos por estudantes. Abra os dados (**SAQ.sav**) no SPSS. Perceba que cada pergunta (variável) é representada por uma coluna diferente: há 23 variáveis chamadas **Question_01** a **Question_23** e cada uma possui um rótulo indicando a questão. Por eu ter rotulado minhas variáveis, sei exatamente o que cada variável representa (essa é a vantagem de atribuir rótulos completos às suas variáveis em vez de ficar refém dos títulos limitados das colunas).

Oliver Twist
Por favor, senhor, quero um pouco mais de... questionários

"Vou criar um questionário para medir o quanto alguém está propenso a furtar uma carteira ou duas", diz Oliver. "Mas como eu faria isso?" No *site* do livro, você encontra informações sobre o que fazer e não fazer ao desenvolver um questionário. Não se esqueça de avaliar quão útil ele é em uma escala Likert de 1 = muito inútil, a 5 = muito útil.

---

[6]Meu "talento" (cof cof) de misturar perfeitamente fatos e ficção é tão bom que fiz algumas pessoas acharem que esse é um exemplo de uma pesquisa real que conduzi. Não é, eu inventei o exemplo e os dados.

Questionário de ansiedade com o SPSS
(SAQ – *The SPSS Anxiety Questionnaire*)

DT D ND C CT

1. Estatística me faz chorar.
2. Meus amigos vão pensar que sou burro por não ser capaz de usar o SPSS.
3. Desvios-padrão me deixam excitado.
4. Tenho pesadelos com Pearson me atacando com coeficientes de correlação.
5. Eu não entendo estatística.
6. Eu tenho pouca experiência com computadores.
7. Computadores me odeiam.
8. Eu nunca fui bom em matemática.
9. Meus amigos são melhores em estatística do que eu.
10. Computadores são úteis só para jogos.
11. Eu fui muito mal em matemática na escola.
12. As pessoas tentam me convencer de que o SPSS faz entender estatística ser mais fácil, mas não é verdade.
13. Eu tenho medo de causar danos irreparáveis por causa da minha incompetência com computadores.
14. Os computadores têm mentes próprias e deliberadamente erram sempre que tento usá-los.
15. Computadores me perseguem.
16. Eu choro publicamente ao ouvir algo sobre tendência central.
17. Eu entro em coma sempre que vejo uma equação.
18. O SPSS sempre trava quando tento usá-lo.
19. Todo mundo olha para mim quando uso o SPSS.
20. Eu não consigo dormir por causa de pensamentos sobre autovetores.
21. Eu acordo embaixo das cobertas achando que estou preso embaixo de uma distribuição normal.
22. Meus amigos são melhores no SPSS do que eu.
23. Se eu for bom em estatística, as pessoas vão achar que sou um *nerd*.

Figura 18.6 Questionário de ansiedade com o SPSS (SAQ).

18.5.1 Procedimento geral ▋▋▋▋

A Figura 18.7 mostra o procedimento geral para a realização de uma análise de fatores ou uma ACP. Primeiro, examine os dados. Depois, quando iniciar a análise principal, defina quantos fatores irá manter e qual rotação irá usar. Se você estiver usando a análise para examinar a estrutura dos fatores de um questionário, realize o detalhamento com uma análise de confiabilidade (ver seção 18.9).

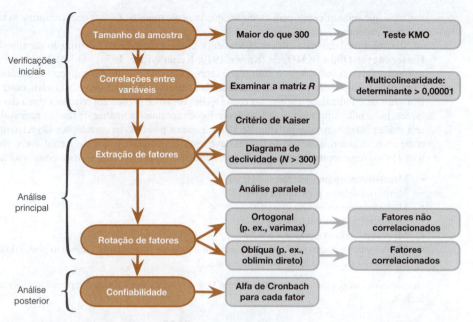

Figura 18.7 Procedimento geral da análise de fatores e da ACP.

18.5.2 Tamanho da amostra ||||

Os coeficientes de correlação diferem de amostra para amostra, muito mais nas amostras pequenas do que nas grandes. Portanto, a confiabilidade da análise de fatores depende do tamanho da amostra. Há muitas "regras de ouro" para a razão entre o número de casos para o número de variáveis; uma regra comum é ter entre 10 e 15 participantes para cada variável. Embora eu tenha visto essa regra escrita em várias situações, sua base empírica não é clara (embora Nunnally, 1978, recomende ter dez vezes mais participantes do que variáveis). Com base em dados reais, Arrindell e van der Ende (1985) concluíram que a razão entre os casos e as variáveis fazia pouca diferença na estabilidade das soluções da análise de fatores.

O que importa é o tamanho geral da amostra, as cargas dos fatores e as comunalidades. Os parâmetros do teste tendem a ser estáveis, independentemente da razão entre casos e variáveis (Kass e Tinsley, 1979), razão de acordo com a qual Comrey e Lee (1992) afirmam que 100 é um tamanho ruim de amostra, 300, bom e 1.000, excelente. Com relação às cargas dos fatores, Guadagnoli e Velicer (1988) descobriram que, se um fator tiver quatro ou mais cargas maiores que 0,6, ele será confiável independentemente do tamanho da amostra; fatores com 10 ou mais cargas maiores que 0,40 serão confiáveis se o tamanho da amostra for maior que 150; e fatores com poucas cargas baixas não devem ser interpretados a menos que o tamanho da amostra seja de 300 ou mais. Com relação às comunalidades, MacCallum, Widaman, Zhang e Hong (1999) mostraram que a importância do tamanho da amostra aumenta conforme esse tamanho diminui. Com todas as comunalidades acima de 0,6, amostras relativamente pequenas (menos de 100 participantes) podem ser perfeitamente adequadas. Com comunalidades na faixa de 0,5, as amostras entre 100 e 200 podem ser suficientemente boas, desde que haja relativamente poucos fatores, cada um com apenas um pequeno número de variáveis indicadoras. No pior cenário com comunalidades baixas (bem abaixo de 0,5) e um número grande de fatores subjacentes, eles recomendam amostras acima de 500.

Esses trabalhos deixam claro que uma amostra de 300 ou mais participantes fornecerá uma solução de fatores provavelmente estável, mas que um pesquisador sábio avaliará um número de variáveis que seja suficiente para medir adequadamente todos os fatores que, conforme as teorias, esperaria encontrar.

Existem medidas para avaliar as amostras, como a **medida de adequação da amostra de Kaiser-Meyer-Olkin (KMO)** de (Kaiser, 1970; Kaiser e Rice, 1974).[7] O KMO pode ser calculado para variáveis individuais e múltiplas e representa a razão entre a correlação ao quadrado das variáveis e a correlação parcial ao quadrado das variáveis. A estatística KMO varia entre 0 e 1. Um valor de 0 indica que a soma das correlações parciais é grande em relação à soma das correlações, indicando difusão no padrão de correlações (portanto a análise de fatores provavelmente seja inadequada). Um valor próximo de 1 indica que os padrões das correlações são relativamente compactos, e, assim, a análise de fatores deve resultar em fatores distintos e confiáveis. Kaiser e Rice (1974) forneceram valores de referência atraentes, especialmente se você gostar da letra M:

- Maravilhosa: valores em torno de 0,90
- Meritória: valores próximos a 0,80
- Mediana: valores ao redor de 0,70
- Medíocre: valores em torno de 0,60
- Miserável: valores próximos a 0,50
- Merda: valores abaixo de 0,50. (Eles usaram a palavra "inaceitável", mas não gostei do fato de ela não iniciar com a letra "M", então mudei).

Resumindo, valores menores que 0,5 devem fazê-lo coletar mais dados e repensar quais variáveis incluir.

18.5.3 Correlações entre variáveis ||||

O ditado "se lixo entrar, lixo vai sair" aplica-se particularmente à análise de fatores, pois geralmente é encontrada uma solução de fatores para um conjunto de variáveis, mas ela terá pouco significado se as variáveis colocadas na análise não forem adequadas. Um primeiro passo útil é examinar as correlações entre as variáveis. Essencialmente, temos dois problemas potenciais: (1) correlações que não são suficientemente altas; e (2) correlações que são excessivamente altas. Em ambos os casos, a solução é remover variáveis da análise. As correlações entre as variáveis podem ser verificadas usando o procedimento *correlação* (ver Capítulo 12) para criar uma matriz de correlações entre todas as variáveis. Essa matriz também pode ser criada como parte da análise de fatores. Examinemos um problema de cada vez.

Se as perguntas do nosso questionário medem a(s) mesma(s) dimensão(ões) subjacente(s), esperamos que elas se correlacionem umas com as outras (porque estão medindo a mesma coisa). Independente de se as perguntas medirem aspectos diferentes das mesmas coisas (p. ex., podemos medir a ansiedade geral em subcomponentes, como preocupação, pensamentos intrusivos e excitação fisiológica), ainda deve existir correlações moderadas entre as variáveis relacionadas a essas subcaracterísticas. Não esperaríamos ver variáveis que tenham correlações fracas entre si. Podemos examinar visualmente a matriz de correlação e procurar correlações abaixo de 0,3 (você pode usar os valores-*p*, mas essa abordagem não é útil, pois correlações muito pequenas serão significativas em amostras grandes, e a análise de fatores normalmente emprega amostras grandes). Se alguma variável tiver muitas correlações abaixo de 0,3, considere excluí-la. É claro que essa abordagem é subjetiva, mas analisar dados é uma habilidade que adquirimos, não é apenas seguir um livro de receitas!

Se você quiser um teste objetivo para determinar se as correlações (globais) são muito pequenas, será possível testar se a matriz de correlação se assemelha a uma matriz de identidade (ver seção 17.3). Isso significaria que os componentes fora das diagonais seriam zero – em outras palavras, as correlações entre as variáveis seriam todas zero. Esse é um cenário bastante extremo. O *teste de Bartlett* (ver seção 17.6.3) nos diz se nossa matriz de correlações é significativamente diferente de uma matriz identidade. Se for significativo, isso quer dizer que as correlações entre as

---

[7] Há versões diferentes do KMO. O SPSS utiliza a que está em Kaiser e Rice (1974).

variáveis são (no geral) significativamente diferentes de zero. O problema é que, como a significância depende do tamanho da amostra (ver seção 2.9.10), e na análise de fatores os tamanhos das amostras são muito grandes, o teste de Bartlett será quase sempre significativo: mesmo quando as correlações entre as variáveis forem muito fracas. Assim, ele não é um teste útil (exceto se ele não for significativo, o que é muito improvável, porque você certamente terá um problema).

O problema oposto é quando as variáveis têm uma correlação muito alta. Embora a multicolinearidade leve não seja um problema para a análise de fatores, é importante evitar sua versão extrema (i.e., variáveis fortemente correlacionadas) e **singularidades** (variáveis perfeitamente correlacionadas). Assim como nos modelos lineares, a multicolinearidade causa problemas na análise de fatores porque se torna impossível determinar a contribuição única das variáveis altamente correlacionadas para um fator. Mas a multicolinearidade não causa problemas para a análise de componentes principais.

A multicolinearidade pode ser detectada observando o determinante da matriz R, representado por $|R|$ (ver Gina Gênia 18.3). Uma heurística é que o determinante da matriz R deve ser maior que 0,00001.

Para evitar ou corrigir a multicolinearidade, você pode procurar na matriz de correlações por variáveis fortemente correlacionadas ($r > 0,8$) e considerar eliminar uma delas (ou mais, dependendo da extensão do problema) antes de prosseguir. O problema de uma heurística como essa é que o efeito de duas variáveis que se correlacionam com um $r = 0,9$ pode ser menor do que o efeito de, digamos, três variáveis que se correlacionam com $r = 0,6$. Em outras palavras, excluir variáveis fortemente correlacionadas talvez não elimine a causa da multicolinearidade (Rockwell, 1975). Pode ser preciso um método de tentativa e erro para descobrir quais variáveis estão criando o problema.

Gina Gênia 18.3
O que é o determinante? ||||

O determinante de uma matriz é uma ferramenta diagnóstica importante na análise de fatores, mas não é fácil explicar o que ele é, porque ele tem uma definição matemática, e eu não sou um matemático. No entanto, podemos ignorar a matemática e pensar o determinante conceitualmente. Eu gosto de imaginar o determinante como a descrição da "área" dos dados. Na Gina Gênia 9.3, vimos o diagrama reproduzido na Figura 18.8. Lá, usei esse diagrama para explicar autovetores e autovalores (que descrevem a forma dos dados). O determinante está relacionado aos autovalores e autovetores, mas, em vez de descrever a altura e a largura dos dados, descreve a área total. Assim, no diagrama à esquerda, o determinante desses dados representaria a área dentro da elipse tracejada. Essas variáveis estão fracamente correlacionadas, por isso, o determinante (área) é grande; o valor máximo é 1. No diagrama da direita, as variáveis estão perfeitamente correlacionadas ou são singulares, e a elipse (linha tracejada) foi reduzida a basicamente uma linha reta. Em outras palavras, os lados opostos da elipse não terão nenhuma distância entre si. Dito de outra forma, a área, ou determinante, é 0. Portanto, o determinante nos diz se a matriz de correlações é singular (determinante 0), se todas as variáveis estão completamente não relacionadas (determinante 1), ou algum valor intermediário.

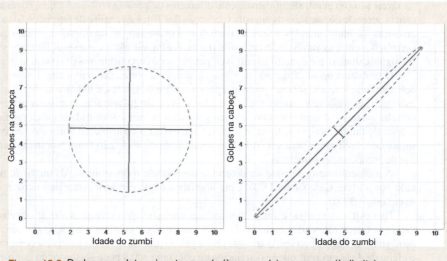

Figura 18.8 Dados com determinante grande (à esquerda) e pequeno (à direita).

18.5.4 A distribuição dos dados ||||

O pressuposto de normalidade é importante se você deseja generalizar os resultados de sua análise para além da amostra coletada ou realizar testagem de hipóteses, mas, caso contrário, não é. Você pode fazer uma análise de fatores em dados não contínuos; por exemplo, se você tiver variáveis dicotômicas, é possível (usando a sintaxe) fazer uma análise de fatores diretamente da matriz de correlações, mas você deve construir a matriz de correlações a partir dos coeficientes de correlação tetracórica. O único problema é calcular essas correlações, mas há muita ajuda no *site* http://www.john-uebersax.com/stat/tetra.htm.

18.6 Análise de fatores utilizando o SPSS ||||

Acesse a caixa de diálogo principal (Figura 18.9) selecionando *Analyze* ▶ *Dimension Reduction* ▶ ⚙ *Factor...* (analisar ▶ redução de dimensão ▶ fator). Arraste as variáveis que você deseja incluir na análise (ou selecione-as e clique em ⇒) na caixa *Variables* (variáveis). Lembre-se de excluir quaisquer variáveis que identificamos serem problemáticas durante a fase de verificação dos dados.

Clique em Descriptives... (descritivas) para acessar uma caixa de diálogo similar à da Figura 18.10. Marque ☑ Univariate descriptives (descritivas univariadas) para pedir as médias e os desvios-padrão de cada variável. A maioria das outras opções está relacionada à matriz de correlações das variáveis (a matriz *R* descrita anteriormente): selecione ☑ Coefficients (coeficientes) para produzi-los ☑ Significance levels (níveis de significância) para incluir o valor da significância de cada correlação dentro da matriz, e ☑ Determinant (determinante) é útil para testar multicolinearidade ou singularidade (ver seção 18.5.3). Marque ☑ KMO and Bartlett's test of sphericity (teste de esfericidade de Bartlett e KMO) para solicitar a medida de adequação da amostra de Kaiser-Meyer-Olkin (seção 18.5.2) e o teste de Bartlett (ver seção 18.5.3). Já falamos dos vários critérios de adequação, mas com uma amostra de 2571 não devemos ter motivos para nos preocupar.

Selecione ☑ Reproduced (reproduzida) para produzir uma matriz de correlações com base no modelo (em vez dos dados reais). As diferenças entre a matriz baseada no modelo e a matriz

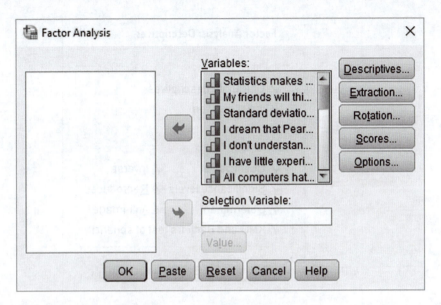

Figura 18.9 Caixa de diálogo principal para a análise de fatores.

baseada nos dados observados compõem os resíduos do modelo. Esses resíduos aparecem na tabela inferior da matriz reproduzida, e queremos que relativamente poucos desses valores sejam maiores que 0,05. Para não precisarmos investigar essa matriz, há um resumo de quantos resíduos estão acima de 0,05. Selecione ☑ Anti-image (anti-imagem) para produzir uma matriz anti-imagem de covariâncias e correlações. Essa matriz contém as medidas de adequação de amostra para cada variável ao longo da diagonal e os valores negativos das correlações parciais/covariâncias fora da diagonal. Os elementos diagonais, como a medida KMO, devem ser todos maiores que 0,5, no mínimo, se a amostra for adequada para determinado par de variáveis. Se algum par de variáveis tiver um valor menor que esse, considere retirar um deles da análise. Em um modelo bom, os elementos fora da diagonal devem ser todos muito pequenos (próximos a zero). Clique em Continue para retornar à caixa de diálogo principal.

18.6.1 Extração de fatores usando o SPSS ▌▌▌▌

Clique em Extraction... para definir o método de extração dos fatores (ver seção 18.4.1). Usaremos o *fatoramento do eixo principal* (Principal axis factoring ▼) como na Figura 18.11. Na caixa *Analyze*, podemos escolher entre analisar a matriz de correlações (*Correlation matrix*) ou a matriz de covariâncias (*Covariance matrix*) (Dica do SPSS 18.1). Podemos optar por exibir a ☑ Unrotated factor solution (solução do fator não rotacionado) e o ☑ Scree plot (diagrama de declividade). A solução do fator não rotacionado é útil para avaliar a quantidade de rotação que melhora a interpretação da solução, e o diagrama de declividade é uma maneira útil de estabelecer quantos fatores devem ser retidos. Se a solução rotacionada for só um pouco melhor do que a não rotacionada, é possível que um método de rotação inadequado (ou subótimo) tenha sido utilizado.

A caixa de diálogo *Extract* (extração) fornece opções relativas à retenção de fatores. Você pode extrair fatores ◉ Based on Eigenvalue (com base nos autovalores) maiores do que um valor especificado pelo usuário (na configuração-padrão, é utilizado o critério de Kaiser de autovalores superiores a 1, mas você pode alterar esse valor) ou reter um ◉ Fixed number of factors (número fixo de fatores). É provavelmente melhor executar uma análise primária ◉ Based on Eigenvalue maiores do

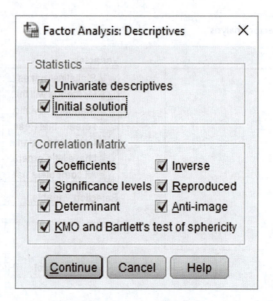

Figura 18.10 Estatísticas descritivas da análise de fatores.

Dica do SPSS 18.1
Matriz de correlações ou de covariâncias?

Neste ponto do livro, espero que você tenha entendido que a matriz de variâncias-covariâncias e a matriz de correlações são versões diferentes da mesma coisa. Apesar disso, geralmente os resultados diferem dependendo de qual matriz analisamos. Analisar a matriz de correlações é um método-padrão útil porque utiliza a forma padronizada da matriz; portanto, se as variáveis foram medidas usando diferentes escalas, isso não afetará a solução. Neste exemplo, todas as variáveis foram medidas usando a mesma escala (uma Likert de cinco pontos), mas muitas vezes você desejará analisar variáveis que usam escalas diferentes de medida. A análise da matriz de correlações garante que as diferenças nas escalas de medida sejam contabilizadas. Além disso, inclusive variáveis medidas usando a mesma escala podem ter variações muito diferentes, o que cria problemas para a análise de componentes principais. Com a matriz de correlações, esse problema é eliminado.

Dito isso, há razões estatísticas para preferir analisar a matriz de covariâncias: os coeficientes de correlação não são sensíveis a variações na dispersão dos dados, enquanto a covariância é e, por isso, produz estruturas de fatores melhor definidas (Tinsley e Tinsley, 1987). No entanto, a matriz de covariâncias deve ser analisada somente quando suas variáveis forem comensuráveis.

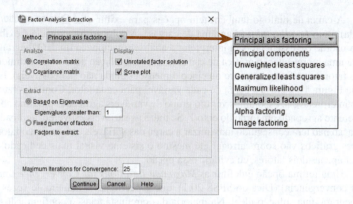

Figura 18.11 Caixa de diálogo para a extração de fatores.

que 1, selecionar um diagrama de declividade e comparar os resultados. Se, ao observar tanto o diagrama de declividade quanto os autovalores acima de 1, você extrair o mesmo número de fatores, você é uma pessoa feliz. Se os dois critérios apresentarem resultados diferentes, examine as comunalidades e decida sozinho em qual dos dois critérios acreditar. Se decidir usar o diagrama de declividade, talvez seja necessário refazer a análise, especificando o número de fatores a serem extraídos, selecionando ⊙ Fixed number of factors e digitando o número apropriado no espaço fornecido (p. ex., 4). Clique em Continue.

18.6.2 Rotação ▌▌▌▌

A interpretabilidade dos fatores pode ser melhorada pela rotação (seção 18.4.6); Assim, clique em Rotation... (rotação) para definir o método de rotação (Figura 18.12). Eu discuti as opções de rotação anteriormente. Neste capítulo, mostrarei a saída de um método ortogonal (*varimax*) e de um oblíquo (*oblimin direto*) para que possamos compará-los. Por enquanto, escolha um dos dois (e talvez volte e execute novamente com o outro para que você possa acompanhar minha interpretação).

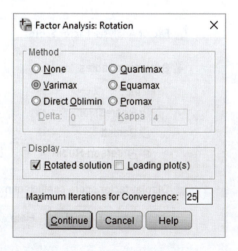

Figura 18.12 *Análise de fatores*: caixa de diálogo da *Rotação* dos fatores.

A caixa de diálogo também tem opções para exibir a ☑ Rotated solution (solução rotacionada) e um *Loading plot* (diagrama de cargas). A solução rotacionada é exibida por configuração-padrão e é essencial para interpretar a análise rotacionada final. O diagrama de cargas fornecerá uma representação gráfica de cada variável em relação aos fatores extraídos até, no máximo, três fatores (gráficos de quatro ou cinco dimensões ainda não são possíveis). Esse gráfico é como o da Figura 18.3 e usa a carga de cada variável para cada fator. Com dois fatores, esses gráficos são interpretáveis: esperamos ver um grupo de variáveis agrupadas próximo ao eixo X e um grupo diferente agrupado em torno do eixo Y. Se todas as variáveis estiverem agrupadas *entre* os eixos, a rotação não terá conseguido maximizar a carga das variáveis em um único fator. Com três fatores, esses gráficos vão sobrecarregar até mesmo o sistema visual mais dedicado, então,se você não tiver apenas dois fatores, eu evitaria essa opção.

Uma última opção é definir as *Maximum Iterations for Convergence* (máximo de iterações por convergência) (Dica do SPSS 20.1), que especificam o número de vezes que o computador procurará uma solução ideal. Na maioria das circunstâncias, a configuração-padrão (25) é adequada; no entanto, se aparecer uma mensagem de erro sobre convergência, aumente esse valor. Clique em Continue.

18.6.3 Escores

Escolha um método para calcular os escores dos fatores (Figura 18.13) clicando em Scores. Essa opção salvará os escores dos fatores (ver seção 18.3.3) para cada um dos casos no editor de dados. Uma nova coluna será criada para cada fator extraído, e o escore do fator para cada caso é colocado nessa coluna. Esses escores podem ser usados na análise posterior ou para identificar grupos de participantes que tenham escores altos em fatores específicos. Se você quiser garantir que os escores dos fatores não estejam correlacionados, selecione ⦿ Anderson-Rubin; se as correlações entre os escores de fatores forem aceitáveis, escolha ⦿ Regression (regressão). Por fim, você pode solicitar a matriz dos coeficientes dos escores do fator, que, na verdade, não precisamos ver. Clique em Continue.

18.6.4 Opções

Clique em Options... para definir as opções restantes (Figura 18.14). A análise de fatores, assim como a maioria dos outros testes, tem problemas se faltarem dados, e a caixa de opções contém as possibilidades que foram explicadas na Dica do SPSS 6.1. Se estão faltando dados aleatoriamente e não há muitos dados ausentes, não há motivo para não usar métodos mais sofisticados do

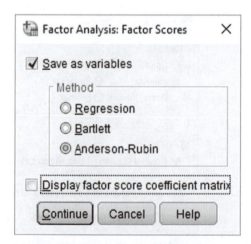

Figura 18.13 *Análise de fatores*: caixa de diálogo *Factor Scores*.

que ⦿ Replace with mean (substituir pela média) (Enders, 2010) (além do fato de eu não abordá-los neste livro). Se você excluir pares de casos, suas estimativas vão virar uma bagunça, então definitivamente não faça isso. As últimas duas opções estão relacionadas à exibição dos coeficientes. Na configuração-padrão, as variáveis são listadas na ordem em que são inseridas no editor de dados. Se você selecionar ☑ Sorted by size (classificar por tamanho), as variáveis serão ordenadas de acordo com suas cargas fatoriais, o que pode ser útil para interpretar os fatores. A classificação é feita de forma inteligente no sentido de que variáveis com cargas altas no mesmo fator são exibidas juntas. A segunda opção é ☑ Suppress small coefficients (suprimir coeficientes pequenos) (na configuração-

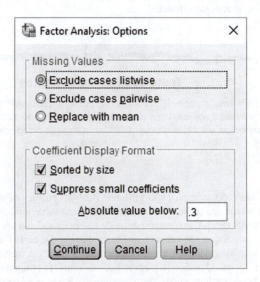

Figura 18.14 *Análise de fatores*: caixa de diálogo *Options*.

Lanterna de Oditi
ACP

"Eu, Oditi, sinto que estamos chegando perto de descobrir as verdades escondidas por trás dos números. A análise de fatores permite estimar variáveis "ocultas" nos dados. Essa técnica é basicamente a essência do meu culto das verdades numéricas não descobertas. Depois de dominarmos essa ferramenta, poderemos descobrir o que as pessoas estão realmente pensando, mesmo que elas mesmas não o saibam o que estão pensando. Talvez descubramos que elas acham que sou como o salvador de roedores peludos e fofos, mas que, bem lá no fundo, elas sabem a verdade... Olhe para minha lanterna e descubra a análise de fatores."

-padrão, valores absolutos abaixo de 0,1 serão suprimidos). Essa opção oculta, na saída, cargas de fatores no intervalo de ± 0,1. Mais uma vez, essa opção facilita a interpretação. O valor-padrão é sensato, mas na primeira execução eu recomendo alterá-lo para 0,3 para deixar a interpretação mais simples. Sabemos que uam carga de 0,4 é relevante, por isso costumo definir o valor em 0,3, como na Figura 18.14, para não correr o risco de perder um fator potencialmente importante. Clique em Continue.

18.7 Interpretando a análise de fatores ||||

Selecione as mesmas opções que eu selecionei nos diagramas de declividade e execute uma análise de fatores com rotação ortogonal.

Teste seus conhecimentos

Feito isso, selecione Direct Oblimin conforme ilustrado na Figura 18.12 e repita a análise. Você deve obter duas saídas idênticas em todos os aspectos, exceto que uma utilizou uma rotação ortogonal e a outra, uma oblíqua.

Com os dados do exemplo, não vai haver nenhum problema, mas com seus próprios dados você pode ter o azar de receber uma mensagem de erro sobre uma "matriz definida não positiva" (ver Dica do SPSS 18.2). Uma "matriz definida não positiva" soa um pouco como uma coleção de números depressivos que não sabem o que fazer da vida. De certa forma, ela é.

Para que as saídas maiores fiquem vagamente legíveis, cada variável é referida por seu nome no editor de dados (p. ex., Question_12) em vez do seu rótulo (a pergunta em si), que é o que você verá na *sua* saída. Ao usar minha saída, consulte a Figura 18.6 se precisar saber o conteúdo da pergunta.

18.7.1 Análise preliminar ||||

A primeira parte da saída diz respeito à triagem de dados, testes de pressupostos e de adequação de amostra. Você encontrará várias tabelas (ou matrizes) grandes que nos dizem coisas interessantes sobre nossos dados. Se você selecionou ☑ Univariate descriptives (descritivas univariadas) (Figura 18.10), você obterá uma tabela de estatísticas descritivas e todas as variáveis (a média, o desvio-padrão e o número de casos). Eu não as reproduzi aqui porque tenho certeza de que você consegue interpretá-las. A tabela é uma maneira útil de determinar a extensão dos dados ausentes.

A Saída 18.1 mostra a matriz *R* (ou seja, a matriz de correlações):[8] a metade superior contém o coeficiente de correlação de Pearson entre todos os pares de perguntas, e a metade inferior contém os valores-*p* unilaterais desses coeficientes. Cuidado com correlações menores que 0,3 e maiores que 0,9. Variáveis com correlações abaixo de 0,3 podem não se "ajustar" ao conjunto de itens, e variáveis com correlações maiores que 0,9 podem ser colineares. Também é possível verificar o determinante da matriz de correlações e, se necessário, eliminar variáveis que possam estar causando o problema. O determinante está listado na parte inferior da matriz (preste bastante atenção). Para os dados deste exemplo, seu valor é 0,001, que é maior do que o valor necessário de 0,00001 (ver seção 18.5.3).[9] Todas as perguntas no questionário SAQ se correlacionam razoa-

---

[8] Para economizar espaço, apenas as colunas das primeiras e últimas cinco perguntas do questionário estão incluídas aqui.

[9] Na verdade, o determinante dessa matriz é 0,0005271. Não tenho ideia de por que o SPSS relata esse valor como 0,001.

Dica do SPSS 18.2
Mensagens de erro sobre uma "matriz definida não positiva"

A análise de fatores funciona observando sua matriz de correlações. Essa matriz deve ser "definida positiva" para que a análise funcione. Esse termo significa muitas coisas horríveis matematicamente (p. ex., os autovalores e o determinante da matriz são positivos). De forma mais simples, os fatores são como linhas flutuando no espaço, e os autovalores medem o comprimento dessas linhas. Se o seu autovalor for negativo, significa que o comprimento da sua linha/fator também é negativo. É mais ou menos como se eu lhe perguntasse sua altura e você respondesse "Eu tenho menos 175 cm de altura". Isso seria um absurdo. Se um fator tiver tamanho negativo, também seria um absurdo. Quando o SPSS decompõe a matriz de correlações para procurar por fatores, se encontrar um autovalor negativo, começa a pensar "Oh meu deus, eu entrei em um estranho universo paralelo onde as regras normais da matemática não se aplicam mais e as coisas podem ter comprimentos negativos, o que provavelmente significa que o tempo flui do futuro para o passado, que minha mãe é meu pai, que minha irmã é um cachorro, que minha cabeça é um peixe e que meu dedão é um sapo chamado Geraldo". Sensatamente, ele decide não prosseguir. Coisas como o teste KMO e o determinante também se baseiam em uma matriz definida positiva: eles não podem ser calculados sem uma delas.

A razão mais provável para surgir uma matriz R definida não positiva é ter muitas variáveis e poucos casos de dados, o que torna a matriz de correlações um pouco instável. Também pode ser que você tenha muitos itens fortemente correlacionados em sua matriz (a singularidade, p. ex., tende a atrapalhar as coisas). De qualquer forma, isso significa que seus dados são ruins, maliciosos e não são confiáveis; se você deixá-los soltos, as consequências serão responsabilidade sua.

Além de chorar, não há muito que você possa fazer para corrigir a situação. Você pode tentar limitar seus itens ou removê-los seletivamente (especialmente os fortemente correlacionados) para ver se isso ajuda. Coletar mais dados também pode ajudar. Você pode tentar alguns *fudges* matemáticos, mas eles não são tão gostosos quanto *fudge* de baunilha e são difíceis de implementar.

velmente bem com todas as outras, e nenhum dos coeficientes de correlação é excessivamente grande; portanto, não eliminamos nenhuma pergunta neste estágio.

A Saída 18.2 mostra a medida de adequação de amostras de Kaiser-Meyer-Olkin e o teste de esfericidade de Bartlett. A estatística KMO é 0,93, o que está bem acima do critério mínimo de 0,5 e cai na faixa "maravilhosa" (ver seção 18.5.2), então podemos ficar tranquilos de que o tamanho da amostra provavelmente é adequado para a análise de fatores. Os valores KMO para as variáveis individuais são produzidos na diagonal da matriz de correlações anti-imagem na Saída 18.3 (des-

Saída 18.1

Correlation Matrix[a]

		Question_01	Question_02	Question_03	Question_04	Question_05	Question_19	Question_20	Question_21	Question_22	Question_23
Correlation	Question_01	1.000	-.099	-.337	.436	.402	-.189	.214	.329	-.104	-.004
	Question_02	-.099	1.000	.318	-.112	-.119	.203	-.202	-.205	.231	.100
	Question_03	-.337	.318	1.000	-.380	-.310	.342	-.325	-.417	.204	.150
	Question_04	.436	-.112	-.380	1.000	.401	-.186	.243	.410	-.098	-.034
	Question_05	.402	-.119	-.310	.401	1.000	-.165	.200	.335	-.133	-.042
	Question_06	.217	-.074	-.227	.278	.257	-.167	.101	.272	-.165	-.069
	Question_07	.305	-.159	-.382	.409	.339	-.269	.221	.483	-.168	-.070
	Question_08	.331	-.050	-.259	.349	.269	-.159	.175	.296	-.079	-.050
	Question_09	-.092	.315	.300	-.125	-.096	.249	-.159	-.136	.257	.171
	Question_10	.214	-.084	-.193	.216	.258	-.127	.084	.193	-.131	-.062
	Question_11	.357	-.144	-.351	.369	.298	-.200	.255	.346	-.162	-.086
	Question_12	.345	-.195	-.410	.442	.347	-.267	.298	.441	-.167	-.046
	Question_13	.355	-.143	-.318	.344	.302	-.227	.204	.374	-.195	-.053
	Question_14	.338	-.165	-.371	.351	.315	-.254	.226	.399	-.170	-.048
	Question_15	.246	-.165	-.312	.334	.261	-.210	.206	.300	-.168	-.062
	Question_16	.499	-.168	-.419	.416	.395	-.267	.265	.421	-.156	-.082
	Question_17	.371	-.087	-.327	.383	.310	-.163	.205	.363	-.126	-.092
	Question_18	.347	-.164	-.375	.382	.322	-.257	.235	.430	-.160	-.080
	Question_19	-.189	.203	.342	-.186	-.165	1.000	-.249	-.275	.234	.122
	Question_20	.214	-.202	-.325	.243	.200	-.249	1.000	.468	-.100	-.035
	Question_21	.329	-.205	-.417	.410	.335	-.275	.468	1.000	-.129	-.068
	Question_22	-.104	.231	.204	-.098	-.133	.234	-.100	-.129	1.000	.230
	Question_23	-.004	.100	.150	-.034	-.042	.122	-.035	-.068	.230	1.000
Sig. (1-tailed)	Question_01		.000	.000	.000	.000	.000	.000	.000	.000	.410
	Question_02	.000		.000	.000	.000	.000	.000	.000	.000	.000
	Question_03	.000	.000		.000	.000	.000	.000	.000	.000	.000
	Question_04	.000	.000	.000		.000	.000	.000	.000	.000	.043
	Question_05	.000	.000	.000	.000		.000	.000	.000	.000	.017
	Question_06	.000	.000	.000	.000	.000	.000	.000	.000	.000	.000
	Question_07	.000	.000	.000	.000	.000	.000	.000	.000	.000	.000
	Question_08	.000	.006	.000	.000	.000	.000	.000	.000	.000	.005
	Question_09	.000	.000	.000	.000	.000	.000	.000	.000	.000	.000
	Question_10	.000	.000	.000	.000	.000	.000	.000	.000	.000	.001
	Question_11	.000	.000	.000	.000	.000	.000	.000	.000	.000	.000
	Question_12	.000	.000	.000	.000	.000	.000	.000	.000	.000	.009
	Question_13	.000	.000	.000	.000	.000	.000	.000	.000	.000	.004
	Question_14	.000	.000	.000	.000	.000	.000	.000	.000	.000	.007
	Question_15	.000	.000	.000	.000	.000	.000	.000	.000	.000	.001
	Question_16	.000	.000	.000	.000	.000	.000	.000	.000	.000	.000
	Question_17	.000	.000	.000	.000	.000	.000	.000	.000	.000	.000
	Question_18	.000	.000	.000	.000	.000	.000	.000	.000	.000	.000
	Question_19	.000	.000	.000	.000	.000		.000	.000	.000	.000
	Question_20	.000	.000	.000	.000	.000	.000		.000	.000	.039
	Question_21	.000	.000	.000	.000	.000	.000	.000		.000	.000
	Question_22	.000	.000	.000	.000	.000	.000	.000	.000		.000
	Question_23	.410	.000	.000	.043	.017	.000	.039	.000	.000	

a. Determinant = .001

Saída 18.2

KMO and Bartlett's Test

Kaiser-Meyer-Olkin Measure of Sampling Adequacy.		.930
Bartlett's Test of Sphericity	Approx. Chi-Square	19334.492
	df	253
	Sig.	.000

taquei essas células).[10] Devemos verificar se os elementos diagonais da matriz anti-imagem estão acima do valor mínimo de 0,5 (preferencialmente bem acima). Para esses dados, todos os valores são maiores que 0,5, o que é uma boa notícia. Se você encontrar variáveis com valores abaixo de 0,5, considere excluí-las da análise (ou execute a análise com essa variável e sem ela e anote a

---

[10] Na sua saída, a correlação anti-imagem aparece junto às matrizes de covariância. Essas matrizes fornecem informações semelhantes (lembre-se da relação entre covariância e correlação), mas a matriz de correlação anti-imagem é a mais informativa.

Anti-image Matrices

Anti-image Correlation

	Question_01	Question_02	Question_03	Question_04	Question_05	Question_19	Question_20	Question_21	Question_22	Question_23
Question_01	.930	-.020	.053	-.167	-.156	.012	-.016	.006	.001	-.059
Question_02	-.020	.875	-.157	-.041	.010	-.029	.059	.041	-.121	-.002
Question_03	.053	-.157	.951	.084	.037	-.121	.078	.070	-.007	-.076
Question_04	-.167	-.041	.084	.955	-.134	-.034	-.004	-.086	-.033	-.017
Question_05	-.156	.010	.037	-.134	.960	-.018	-.011	-.046	.035	-.005
Question_06	.020	-.053	-.042	-.007	-.035	-.015	.051	.039	.040	.018
Question_07	.023	.016	.072	-.087	-.044	.068	.048	-.208	.013	-.008
Question_08	-.049	-.033	-.007	-.075	-.027	.047	.021	-.020	-.023	.002
Question_09	-.016	-.193	-.142	.030	-.020	-.111	.038	-.031	-.126	-.092
Question_10	-.012	-.012	-.016	.006	-.093	-.009	.043	.017	.019	.015
Question_11	-.041	.038	.064	-.022	-3.269E-5	-.006	-.082	-.005	.034	.010
Question_12	-.007	.031	.087	-.154	-.058	.040	-.065	-.079	.018	-.028
Question_13	-.085	-.008	-.032	.023	.004	.009	.018	-.033	.052	-.030
Question_14	-.040	.023	.069	-.004	-.026	.044	.001	-.063	.029	-.026
Question_15	.089	.037	.008	-.062	.014	.009	-.037	.035	.025	-.024
Question_16	-.264	-.011	.081	-.036	-.096	.047	-.005	-.085	-.003	.023
Question_17	-.047	-.029	.035	-.035	-.018	-.047	.015	-.041	.010	.055
Question_18	-.023	.018	.039	-.025	.002	.030	-.003	-.072	-.024	.023
Question_19	.012	-.029	-.121	-.034	-.018	.941	.091	.031	-.115	-.038
Question_20	-.016	.059	.078	-.004	-.011	.091	.889	-.323	-.011	-.028
Question_21	.006	.041	.070	-.086	-.046	.031	-.323	.929	-.024	.013
Question_22	.001	-.121	-.007	-.033	.035	-.115	-.011	-.024	.878	-.176
Question_23	-.059	-.002	-.076	-.017	-.005	-.038	-.028	.013	-.176	.766

Saída 18.3

Dicas da Ana Apressada
Análise preliminar

- Faça uma varredura da matriz de correlações para identificar variáveis que têm correlações muito pequenas com a maioria das outras variáveis, ou correlações muito altas ($r = 0{,}9$) com variável ou mais.

- Na análise de fatores, verifique se o determinante dessa matriz é maior que 0,00001; se for, então, a multicolinearidade não é um problema. Você não precisa se preocupar com isso na análise de componentes principais.

- Na tabela *KMO e teste de Bartlett*, a estatística KMO deve ser maior que 0,5 no mínimo; se não for, colete mais dados. Você deve verificar a estatística KMO para as variáveis individualmente, observando a diagonal da matriz anti-imagem. Esses valores também devem estar acima de 0,5 (isso ajuda a identificar variáveis problemáticas se o KMO geral for insatisfatório).

- O teste de esfericidade de Bartlett geralmente será significativo (o valor de *Sig.* será menor que 0,05); se não for, você terá um desastre em suas mãos.

diferença). A remoção de uma variável afeta as estatísticas KMO; portanto, se você remover uma variável, certifique-se de examinar novamente a nova matriz de correlações anti-imagem. Quanto ao resto da matriz de correlações anti-imagem, os elementos fora da diagonal representam as correlações parciais entre as variáveis. Queremos que essas correlações sejam muito pequenas (quanto menor, melhor). Então, a verificação final é ver se os elementos fora da diagonal são pequenos (eles tem que ser neste exemplo).

A medida de Bartlett (Saída 18.2) testa a hipótese nula de que a matriz de correlações original seja uma matriz identidade. Queremos que esse teste seja *significativo* (ver seção 18.5.3). Considerando os grandes tamanhos de amostras que geralmente são utilizados na análise de fatores, esse teste quase certamente será significativo – e é neste caso ($p < 0,001$). Um teste não significativo certamente indicaria um problemão, que não temos neste caso, o que é sempre bom saber.

18.7.2 Extração de fatores

A primeira parte do processo de extração de fatores é determinar os componentes lineares dentro das variáveis – os autovetores (ver seção 18.4.5). O número de componentes (autovetores) é igual ao número de variáveis na matriz R, mas a maioria não será importante. Para determinar quais vetores reter, aplicamos critérios baseados na magnitude dos autovalores associados. A configuração-padrão é utilizar o critério de Kaiser de retenção de fatores com autovalores maiores que 1 (ver Figura 18.11).

A Saída 18.4 lista os autovalores associados a cada fator antes da extração, após a extração e após a rotação. Antes da extração, 23 fatores foram identificados (é preciso haver o mesmo número de autovetores e de variáveis para que obtenhamos o mesmo número de fatores e variáveis, veja a seção 18.4.5). Os autovalores associados a cada fator representam a variância explicada por esse fator específico, e a saída contém essa informação: o autovalor é representado pelo percentual da variância explicada (p. ex., o fator 1 explica 31,696% da variância total). Os primeiros fatores explicam quantidades relativamente grandes de variância (especialmente

Total Variance Explained

Factor	Initial Eigenvalues Total	% of Variance	Cumulative %	Extraction Sums of Squared Loadings Total	% of Variance	Cumulative %	Rotation Sums of Squared Loadings Total	% of Variance	Cumulative %
1	7.290	31.696	31.696	6.744	29.323	29.323	3.033	13.188	13.188
2	1.739	7.560	39.256	1.128	4.902	34.225	2.855	12.415	25.603
3	1.317	5.725	44.981	.814	3.539	37.764	1.986	8.636	34.238
4	1.227	5.336	50.317	.624	2.713	40.477	1.435	6.239	40.477
5	.988	4.295	54.612						
6	.895	3.893	58.504						
7	.806	3.502	62.007						
8	.783	3.404	65.410						
9	.751	3.265	68.676						
10	.717	3.117	71.793						
11	.684	2.972	74.765						
12	.670	2.911	77.676						
13	.612	2.661	80.337						
14	.578	2.512	82.849						
15	.549	2.388	85.236						
16	.523	2.275	87.511						
17	.508	2.210	89.721						
18	.456	1.982	91.704						
19	.424	1.843	93.546						
20	.408	1.773	95.319						
21	.379	1.650	96.969						
22	.364	1.583	98.552						
23	.333	1.448	100.000						

Extraction Method: Principal Axis Factoring.

Saída 18.4

o fator 1), enquanto fatores subsequentes explicam quantidades menores. Todos os fatores com autovalores maiores que 1 são então extraídos, resultando em quatro fatores. Os autovalores associados a esses fatores (e a porcentagem de variância explicada) são exibidos sob o título *Extraction Sums of Squared Loadings* (somas extraídas das cargas ao quadrado). Na parte *Rotation Sum of Squared Loading* (soma rotacionada das cargas ao quadrado) da tabela, são exibidos os autovalores dos fatores após a rotação. A rotação tem o efeito de aprimorar a estrutura dos fatores, e uma consequência disso para esses dados é que a importância relativa dos quatro fatores é um pouco equalizada. Antes da rotação, o fator 1 era responsável por uma variância consideravelmente maior do que os três restantes (29,32% em comparação a 4,90%, 3,54% e 2,71%), mas após a rotação ele é responsável por apenas 13,19% da variância (comparado a 12,42%, 8,64% e 6,24 %).

A Saída 18.5 (à esquerda) mostra a tabela das comunalidades antes e depois da extração. Lembre-se de que a comunalidade é a proporção da variância comum dentro de uma variável (ver seção 18.4.2). A análise de fatores começa estimando a variância que é comum; portanto, antes da extração, as comunalidades são quase a melhor estimativa. Após extrair os fatores, podemos estimar melhor a variância que é comum. As comunalidades na coluna *Extraction* refletem essa variância comum. Assim, por exemplo, podemos dizer que 37,3% da variância associada à pergunta 1 é uma variância comum ou compartilhada. Outra maneira de ver essas comunalidades é em relação à proporção da variância explicada pelos fatores subjacentes. Lembre-se de que, após a extração, descartamos alguns fatores (nesse caso, retivemos apenas quatro); portanto as comunalidades após a extração representam a quantidade de variância em cada variável que pode ser explicada pelos fatores retidos.

A Saída 18.5 (à direita) mostra a matriz de fatores antes da rotação. Essa matriz contém as cargas de cada variável em cada fator. Já que solicitamos que as cargas inferiores a 0,3 fossem suprimidas (ver Figura 18.14), há espaços em branco para muitas das cargas. Essa matriz não é particularmente importante para a interpretação, mas é interessante notar que, antes da rotação, a maioria das variáveis carregava muito no primeiro fator (é por isso que esse fator era responsável pela maior parte da variação na Saída 18.4).

Nunca deixe um computador tomar decisões importantes por você. Por isso, precisamos pensar no número de fatores a serem extraídos (seção 18.4.5). Segundo o critério de Kaiser, devemos extrair quatro fatores (que é o que fizemos). Esse critério é preciso quando há menos de 30 variáveis e as comunalidades após extração são maiores que 0,7, ou quando o tamanho da amostra excede 250 e a comunalidade média é maior que 0,6. Para esses dados, nenhuma comunalidade ultrapassa 0,7 (Saída 18.5), e a comunalidade média é bastante baixa: somamos as comunalidades e dividimos pelo número de comunalidades, isto é, 9,31/23 = 0,405. Ambos os critérios sugerem que a regra de Kaiser pode ser inadequada para estes dados. Ao usar o critério de Jolliffe (reter fatores com autovalores maiores que 0,7), acabamos com 10 fatores (ver Saída 18.4), a maioria dos quais equivale a pequenas porções de variância, o que acho que não seria uma ideia muito útil. O diagrama de declividade (Saída 18.6) é um pouco difícil de interpretar porque há pontos de inflexão em ambos os fatores 3 e 5, ou seja, poderíamos justificar a retenção tanto de dois quanto de quatro fatores.

Então, quantos fatores *deveríamos* extrair? O critério de Kaiser é recomendado para amostras muito menores do que a nossa. Considerando que a nossa amostra seja enorme e que haja alguma consistência entre o critério de Kaiser e o diagrama de declividade, é razoável reter quatro fatores; no entanto, podemos executar a análise novamente, solicitar apenas dois fatores (ver Figura 18.11) e comparar os resultados.

A Saída 18.7 mostra uma versão editada da matriz de correlações reproduzida. A metade superior dessa matriz, chamada de *Reproduced Correlations* (correlações reproduzidas), contém os coeficientes de correlação entre as perguntas com base no modelo dos fatores. A diagonal dessa matriz contém as comunalidades para cada variável após a extração (você pode verificar os valores em relação à Saída 18.5). As correlações da matriz reproduzida diferem daquelas da matriz *R* porque elas derivam do modelo e não dos dados observados. Se o modelo se ajustasse perfeitamente aos dados, esperaríamos que os coeficientes de correlação reproduzidos fossem iguais aos

Communalities

	Initial	Extraction
Question_01	.373	.373
Question_02	.188	.260
Question_03	.398	.472
Question_04	.385	.419
Question_05	.291	.299
Question_06	.427	.594
Question_07	.470	.489
Question_08	.490	.646
Question_09	.220	.339
Question_10	.197	.197
Question_11	.530	.629
Question_12	.424	.453
Question_13	.451	.474
Question_14	.393	.425
Question_15	.344	.322
Question_16	.463	.458
Question_17	.494	.575
Question_18	.492	.544
Question_19	.209	.245
Question_20	.270	.266
Question_21	.454	.468
Question_22	.167	.247
Question_23	.086	.116

Extraction Method: Principal Axis Factoring.

Factor Matrix[a]

	1	2	3	4
Question_18	.684			
Question_07	.663			
Question_16	.653			
Question_13	.650			
Question_11	.646	.313		
Question_12	.643			
Question_21	.633			
Question_17	.632	.359		
Question_14	.628			
Question_04	.607			
Question_03	-.605			
Question_15	.559			
Question_01	.557			
Question_06	.552			.489
Question_08	.546	.483		
Question_05	.522			
Question_20	.407			
Question_10	.404			
Question_19	-.397			
Question_09			.460	
Question_02			.372	
Question_22				
Question_23				

Extraction Method: Principal Axis Factoring.
a. 4 factors extracted. 11 iterations required.

Saída 18.5

coeficientes de correlação originais. Portanto, para avaliar o ajuste do modelo, podemos comparar as diferenças entre as correlações observadas e as correlações baseadas no modelo. Por exemplo, se pegarmos a correlação entre as perguntas 1 e 2, a correlação baseada nos dados observados é –0,099 (Saída 18.1) e a com base no modelo é –0,112 (Saída 18.7). A diferença é 0,013:

$$\begin{aligned} \text{resíduo} &= r_{\text{observado}} - r_{\text{do modelo}} \\ \text{resíduo}_{P_1 P_2} &= -0{,}099 - (-0{,}112) \\ &= 0{,}013 \end{aligned} \tag{18.7}$$

Esse valor é igual ao da metade inferior da matriz reproduzida (*Residual*) para as perguntas 1 e 2 (destacadas em cinza). De um modo mais geral, a metade inferior da matriz reproduzida contém as diferenças entre os coeficientes de correlação observados e os previstos pelo modelo para todos os pares de variáveis. Em um modelo bom, esses valores serão todos pequenos: queremos, de preferência, que a maioria dos valores seja menor que 0,05. Em vez de examinar essa matriz enorme, a nota de rodapé da matriz indica quantos resíduos têm um valor absoluto maior que 0,05. Para esses dados, há apenas 12 resíduos (4%)[11] maiores do que 0,05. Não há regras rígidas sobre qual proporção de resíduos deve estar abaixo de 0,05; no entanto, se houver mais de 50% maiores que 0,05, você provavelmente terá motivos para se preocupar; com o 4% (que temos aqui) está tudo sob controle.

---

[11] Há 253 coeficientes de correlação únicos na tabela e 12 resíduos maiores que 0,05, o que é (12/253) × 100 = 4,74%. Estranhamente, o SPSS parece arredondar para o valor percentual inteiro mais próximo.

Capítulo 18 • Análise de fatores exploratória 813

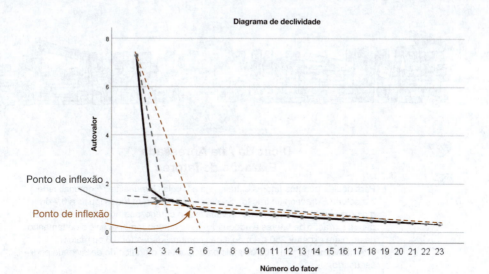

Saída 18.6

Reproduced Correlations

		Question_01	Question_02	Question_03	Question_04	Question_05	Question_19	Question_20	Question_21	Question_22	Question_23
Reproduced Correlation	Question_01	.373	-.112	-.338	.393	.328	-.191	.266	.398	-.072	-.013
	Question_02	-.112	.260	.295	-.129	-.119	.237	-.192	-.201	.227	.146
	Question_03	-.338	.295	.472	-.367	-.316	.328	-.336	-.431	.242	.133
	Question_04	.393	-.129	-.367	.419	.353	-.214	.282	.429	-.092	-.021
	Question_05	.328	-.119	-.316	.353	.299	-.190	.237	.364	-.091	-.025
	Question_06	.221	-.078	-.218	.269	.249	-.167	.078	.259	-.175	-.072
	Question_07	.349	-.154	-.363	.393	.344	-.243	.230	.408	-.173	-.066
	Question_08	.345	-.044	-.258	.345	.277	-.129	.172	.283	-.086	-.055
	Question_09	-.071	.290	.295	-.092	-.092	.255	-.174	-.174	.272	.178
	Question_10	.191	-.096	-.210	.218	.194	-.149	.116	.223	-.130	-.061
	Question_11	.362	-.131	-.345	.375	.311	-.210	.213	.339	-.178	-.110
	Question_12	.374	-.189	-.407	.412	.356	-.265	.291	.447	-.158	-.057
	Question_13	.329	-.143	-.341	.371	.325	-.231	.202	.375	-.182	-.078
	Question_14	.342	-.155	-.359	.381	.333	-.238	.237	.400	-.160	-.061
	Question_15	.289	-.160	-.327	.319	.277	-.223	.204	.331	-.180	-.091
	Question_16	.401	-.193	-.426	.430	.364	-.267	.315	.457	-.152	-.063
	Question_17	.379	-.089	-.321	.393	.324	-.181	.212	.351	-.123	-.066
	Question_18	.355	-.155	-.369	.402	.354	-.249	.230	.419	-.179	-.066
	Question_19	-.191	.237	.328	-.214	-.190	.245	-.218	-.271	.211	.124
	Question_20	.266	-.192	-.336	.282	.237	-.218	.266	.329	-.122	-.059
	Question_21	.398	-.201	-.431	.429	.364	-.271	.329	.468	-.142	-.051
	Question_22	-.072	.227	.242	-.092	-.091	.211	-.122	-.142	.247	.163
	Question_23	-.013	.146	.133	-.021	-.025	.124	-.059	-.051	.163	.116
Residual[b]	Question_01		.013	.001	.042	.074	.002	-.052	-.069	-.032	.009
	Question_02	.013		.023	.017	-.001	-.034	-.010	-.004	.004	-.046
	Question_03	.001	.023		-.014	.006	.014	.011	.014	-.039	.017
	Question_04	.042	.017	-.014		.048	.028	-.039	-.018	-.006	-.013
	Question_05	.074	-.001	.006	.048		.025	-.037	-.030	-.041	-.017
	Question_06	-.004	.004	-.009	.009	.009	.000	.022	.013	.010	.003
	Question_07	-.044	-.006	-.019	.016	-.005	-.026	-.009	.075	.005	-.004
	Question_08	-.014	-.005	.000	.004	-.009	-.030	.003	.013	.006	.005
	Question_09	-.022	.024	.005	-.033	-.003	-.005	.015	.038	-.015	-.007
	Question_10	.023	.012	.017	-.003	.064	.022	-.032	-.030	-.001	-.001
	Question_11	-.005	-.013	-.006	-.007	-.013	.011	.042	.007	.016	.023
	Question_12	-.028	-.006	-.003	.030	-.009	-.001	.007	-.007	-.009	.011
	Question_13	.025	-2.146E-5	.023	-.026	-.024	.004	.002	-.001	-.014	.025
	Question_14	-.004	-.009	-.012	-.030	-.017	-.016	-.011	-.001	-.009	.012
	Question_15	-.044	-.005	.015	.015	-.016	.013	.002	-.031	.012	.029
	Question_16	.098	.025	.007	-.014	.030	-3.481E-5	-.050	-.036	-.003	-.019
	Question_17	-.009	.002	-.006	-.010	-.014	.018	-.007	.012	-.003	-.026
	Question_18	-.008	-.009	-.006	-.020	-.032	-.007	.005	.011	.019	-.014
	Question_19	.002	-.034	.014	.028	.025		-.031	-.004	.023	-.002
	Question_20	-.052	-.010	.011	-.039	-.037	-.031		.139	.022	.024
	Question_21	-.069	-.004	.014	-.018	-.030	-.004	.139		.013	-.017
	Question_22	-.032	.004	-.039	-.006	-.041	.023	.022	.013		.067
	Question_23	.009	-.046	.017	-.013	-.017	-.002	.024	-.017	.067	

Extraction Method: Principal Axis Factoring.
b. Residuals are computed between observed and reproduced correlations. There are 12 (4.0%) nonredundant residuals with absolute values greater than 0.05.

Saída 18.7

Dicas da Ana Apressada
Extração de fatores

- Para decidir quantos fatores extrair, veja a tabela *Comunalities* (comunalidades) e a coluna *Extraction* (extração). Se esses valores forem todos iguais a 0,7 ou maiores e você tiver menos de 30 variáveis, o critério-padrão (critério de Kaiser) para a extração de fatores é adequado. Esse critério também vale se o tamanho da amostra exceder 250 e a média das comunalidades for 0,6 ou maior. Alternativamente, com 200 ou mais participantes, o gráfico de declividade pode ser usado.

- Verifique a parte inferior da tabela chamada *Reproduced Correlations* (correlações reproduzidas) para verificar a porcentagem de "resíduos não redundantes com valores absolutos maiores que 0,05". Essa porcentagem deve ser inferior a 50% e quanto menor, melhor!

18.7.3 Rotação ortogonal (varimax)

A primeira análise que lhe pedi para executar foi utilizando uma rotação ortogonal, mas também lhe pedi para refazer a análise usando a rotação oblíqua. Os resultados de ambas as análises serão apresentados para destacar as diferenças. Essa comparação também será uma maneira útil de mostrar as circunstâncias em que um tipo de rotação pode ser preferível a outro.

A Saída 18.8 mostra a matriz de fatores rotacionados (chamada de matriz de componentes rotacionados na ACP), que é uma matriz das cargas de cada variável em cada fator. Essa matriz contém as mesmas informações da matriz de fatores da Saída 18.5, mas calculadas *após* a rotação. Cargas de fatores menores que 0,3 não foram exibidas porque solicitamos que elas fossem suprimidas, e as variáveis estão listadas por ordem de tamanho de suas cargas porque pedimos que a saída fosse organizada assim (Figura 18.14). Em todas as outras partes da saída, eu suprimi os rótulos das variáveis (para economizar espaço), mas destaco a importância de mostrar os rótulos das variáveis para facilitar a interpretação.

Antes da rotação (Saída 18.5), a maioria das variáveis tinha carregava altamente no primeiro fator e os fatores restantes não tinham a chance de participar. A rotação da estrutura fatorial esclareceu as coisas consideravelmente: há quatro fatores, e a maioria das variáveis carrega altamente somente em um único fator.[12] Nos casos em que uma variável carrega muito em mais de um fator, a carga é normalmente maior para um fator do que para outro. Por exemplo, "o SPSS sempre trava quando eu tento usá-lo" carrega muito nos fatores 1 e 2, mas a carga para o fator 2 (0,612) é maior do que para o fator 1 (0,366), então faz sentido pensar que a pergunta contribui mais para o fator 2 do que para o fator 1. Lembre-se de que cada variável carrega em cada um dos fatores; pode parecer que não na Saída 18.8 porque solicitamos que as cargas inferiores a 0,3 não fossem mos-

---

[12] Suprimir cargas inferiores a 0,3 e ordenar variáveis por tamanho de carga faz ser fácil verificar esse padrão.

tradas. Uma variável não pode carregar em um fator, mas não em outro (embora as pessoas usem essa expressão frequentemente); todas as variáveis carregam em todos os fatores, mas, para interpretar os fatores, atribuímo-lhes variáveis com base no fato de ela (a variável) carregar mais nesse fator do que nos outros. Se uma variável tiver cargas de tamanho semelhante em dois ou mais fatores, talvez seja o caso de que os fatores reflitam construtos relacionados (e, se você espera que fatores se correlacionem, não há problema nisso) ou que essa variável não seja um bom item para distinguir esses construtos entre si.

O próximo passo é olhar para o conteúdo das perguntas que carregam muito no mesmo fator para tentar identificar assuntos em comum. Se os fatores matemáticos representam algum construto do mundo real, os assuntos comuns entre as perguntas com cargas altas podem nos ajudar a identificar o que esse construto pode ser. As perguntas que carregam muito no fator 1 parecem estar relacionadas a diferentes aspectos da estatística; assim, podemos rotular esse fator como *medo de estatística*. As perguntas que carregam muito no fator 2 parecem estar relacionadas ao uso de computadores ou do SPSS; portanto, podemos rotular esse fator como *medo de computadores*. As três perguntas que carregam muito no fator 3 estão relacionadas à matemática, e podemos rotular esse fator como *medo de matemática*. Finalmente, as perguntas que carregam muito no fator 4 contêm algum componente de avaliação social e podem refletir a *avaliação de pares*. Essa análise parece revelar que o questionário é composto por quatro subescalas: medo de estatística, medo de computadores, medo de matemática e medo da avaliação negativa de pares. Há duas possibilidades aqui. A primeira é que o questionário não mediu o que pretendíamos quando o montamos (ou seja, a ansiedade com o SPSS), mas, em vez disso, mediu construtos relacionados. A segunda possibilidade é que esses quatro construtos sejam subcomponentes do construto da ansiedade com o SPSS; no entanto a análise de fatores não indica qual dessas possibilidades é a verdadeira.

Rotated Factor Matrix[a]

	Factor 1	Factor 2	Factor 3	Factor 4
I wake up under my duvet thinking that I am trapped under a normal distribution	.594			
I weep openly at the mention of central tendency	.543			
I dream that Pearson is attacking me with correlation coefficients	.527			
People try to tell you that SPSS makes statistics easier to understand but it doesn't	.510	.398		
Standard deviations excite me	-.505			.399
Statistics makes me cry	.504			
I can't sleep for thoughts of eigenvectors	.465			
I don't understand statistics	.436			
I have little experience of computers		.753		
SPSS always crashes when I try to use it	.366	.612		
I worry that I will cause irreparable damage because of my incompetence with computers		.564		
All computers hate me	.364	.559		
Computers have minds of their own and deliberately go wrong whenever I use them	.388	.485		
Computers are useful only for playing games		.380		
Computers are out to get me		.377		
I have never been good at mathematics			.759	
I did badly at mathematics at school			.688	
I slip into a coma whenever I see an equation			.641	
My friends are better at statistics than me				.559
My friends are better at SPSS than I am				.465
My friends will think I'm stupid for not being able to cope with SPSS				.464
Everybody looks at me when I use SPSS				.375
If I'm good at statistics my friends will think I'm a nerd				.329

Extraction Method: Principal Axis Factoring.
Rotation Method: Varimax with Kaiser Normalization.[a]

a. Rotation converged in 7 iterations.

Saída 18.8

18.7.4 Rotação oblíqua (oblimin direto)

Com a rotação oblíqua, a matriz de fatores é dividida em duas: a *matriz de padrões* e a *matriz estrutural* (ver Gina Gênia 18.1). Na rotação ortogonal, essas matrizes são iguais. A matriz de padrões contém as cargas fatoriais e é comparável à matriz dos fatores que interpretamos na rotação ortogonal. A matriz estrutural se ajusta para a relação entre fatores; é um produto da matriz de padrões e da matriz que contém os coeficientes de correlação entre os fatores. A maioria dos pesquisadores interpreta a matriz de padrões, porque geralmente é mais simples, mas há situações em que os valores na matriz de padrões são suprimidos por causa dos relacionamentos entre os fatores. Portanto, a matriz estrutural é uma verificação dupla útil, e Graham e colaboradores (2003) recomendam relatar ambas (com alguns exemplos úteis de por que isso pode ser importante).

Quatro fatores iguais aos da rotação ortogonal parecem ter emergido da matriz de padrões na Saída 18.9. O fator 1 parece representar medo de estatística, o fator 2 representa medo da avaliação de pares, o fator 3 representa medo de computadores, e o fator 4 representa medo de matemática. A matriz estrutural (Saída 18.10) é diferente porque a variância compartilhada não é ignorada. A imagem se torna mais complicada porque, com exceção do fator 2, diversas variáveis carregam em mais de um fator. Isso ocorreu devido aos relacionamentos entre os fatores 1 e 3 e entre os fatores 3 e 4. Esse exemplo destaca por que a matriz-padrão é preferível para a interpretação: porque contém informações sobre a contribuição *exclusiva* de uma variável para um fator.

A Saída 18.11 é uma matriz que contém os coeficientes de correlação entre os fatores. Conforme previsto na matriz estrutural, o fator 2 apresenta pequenos relacionamentos com os outros fatores, mas todos os outros fatores têm correlações maiores. Em outras palavras, os construtos latentes representados pelos fatores estão relacionados. Se os construtos fossem independentes, a rotação oblíqua deveria produzir uma solução idêntica a uma rotação ortogonal, e a matriz de

Pattern Matrix[a]

	Factor 1	Factor 2	Factor 3	Factor 4
I wake up under my duvet thinking that I am trapped under a normal distribution	.536			
I can't sleep for thoughts of eigenvectors	.470			
I weep openly at the mention of central tendency	.449			
I dream that Pearson is attacking me with correlation coefficients	.441			
Standard deviations excite me	-.435	.324		
Statistics makes me cry	.432			
People try to tell you that SPSS makes statistics easier to understand but it doesn't	.412		.358	
I don't understand statistics	.357			
My friends are better at statistics than me		.559		
My friends are better at SPSS than I am		.465		
My friends will think I'm stupid for not being able to cope with SPSS		.453		
If I'm good at statistics my friends will think I'm a nerd		.345		
Everybody looks at me when I use SPSS		.336		
I have little experience of computers			.862	
SPSS always crashes when I try to use it			.635	
All computers hate me			.562	
I worry that I will cause irreparable damage because of my incompetence with computers			.558	
Computers have minds of their own and deliberately go wrong whenever I use them			.473	
Computers are useful only for playing games			.386	
Computers are out to get me			.318	
I have never been good at mathematics				-.851
I did badly at mathematics at school				-.734
I slip into a coma whenever I see an equation				-.675

Extraction Method: Principal Axis Factoring.
Rotation Method: Oblimin with Kaiser Normalization.[a]

a. Rotation converged in 17 iterations.

Saída 18.9

Structure Matrix

	Factor 1	Factor 2	Factor 3	Factor 4
I wake up under my duvet thinking that I am trapped under a normal distribution	.657		.475	-.391
I weep openly at the mention of central tendency	.621		.493	-.469
Standard deviations excite me	-.596	.486	-.409	.369
People try to tell you that SPSS makes statistics easier to understand but it doesn't	.593		.564	-.366
I dream that Pearson is attacking me with correlation coefficients	.586		.472	-.458
Statistics makes me cry	.552		.407	-.449
I can't sleep for thoughts of eigenvectors	.496			
I don't understand statistics	.492		.422	-.374
My friends are better at statistics than me		.572		
My friends will think I'm stupid for not being able to cope with SPSS		.486		
My friends are better at SPSS than I am		.484		
Everybody looks at me when I use SPSS	-.360	.425		
If I'm good at statistics my friends will think I'm a nerd		.328		
I have little experience of computers			.746	-.341
SPSS always crashes when I try to use it	.486		.720	-.407
All computers hate me	.479		.676	-.415
I worry that I will cause irreparable damage because of my incompetence with computers	.414		.673	-.457
Computers have minds of their own and deliberately go wrong whenever I use them	.489		.613	-.390
Computers are out to get me	.384		.510	-.428
Computers are useful only for playing games			.437	
I have never been good at mathematics	.314		.353	-.798
I did badly at mathematics at school	.369		.478	-.783
I slip into a coma whenever I see an equation	.404		.476	-.750

Extraction Method: Principal Axis Factoring.
Rotation Method: Oblimin with Kaiser Normalization.

Saída 18.10

correlações dos fatores seria uma matriz identidade (ou seja, todos os fatores teriam coeficientes de correlação próximos a zero). Portanto, essa matriz é útil para avaliar quão razoável é supor que os fatores sejam independentes; parece que não podemos supor a independência para esses dados, e, portanto, a solução rotacionada obliquamente é uma representação mais razoável da realidade.

Em relação à teoria, a dependência entre fatores não causa preocupação; poderíamos esperar uma forte relação entre medo de matemática, medo de estatística e medo de computadores. Geralmente, pessoas que têm um modo de pensar menos técnico e matemático têm dificuldade com a estatística. No entanto, não esperaríamos necessariamente que esses construtos se correlacionassem fortemente com medo da avaliação de pares (porque esse construto remete mais a aspectos sociais), e esse é o fator que menos se correlaciona com todos os outros; na teoria, as coisas deram certo.

Factor Correlation Matrix

Factor	1	2	3	4
1	1.000	-.296	.483	-.429
2	-.296	1.000	-.302	.186
3	.483	-.302	1.000	-.532
4	-.429	.186	-.532	1.000

Extraction Method: Principal Axis Factoring.
Rotation Method: Oblimin with Kaiser Normalization.

Saída 18.11

18.7.5 Escores dos fatores

Após obter uma solução adequada e tê-la rotacionada, podemos ver os escores dos fatores. O SPSS exibirá a matriz *B* dos escores dos componentes (ver seção 18.3.3) a partir da qual os escores dos fatores serão calculados. Eu não reproduzi essa tabela aqui porque não consigo pensar em por que as pessoas gostariam de vê-la. Solicitamos que os escores fossem calculados com base no método de Anderson-Rubin, e eles estarão no editor de dados nas colunas *FAC1_1*, *FAC2_1*, *FAC3_1* e *FAC4_1* representando cada fator respectivamente. Se você solicitou os escores dos fatores em seguida na solução rotacionada obliquamente, eles aparecerão no editor de dados em quatro colunas identificadas como *FAC2_1* e assim por diante.

Teste seus conhecimentos

Use o comando case summaries *(seção 9.11.6) para listar os escores dos fatores desses dados (considerando que existem mais de 2.500 casos, restrinja a saída aos primeiros 10).*

A Saída 18.12 mostra os escores dos fatores dos 10 primeiros participantes. O participante 9 obteve um escore alto nos fatores 1-3 e, portanto, está muito preocupado com estatística, computação e matemática, mas menos com a avaliação de pares (fator 4). Os escores dos fatores podem ser usados dessa maneira para avaliar o medo relativo de uma pessoa em comparação a outra, ou podemos somar os escores para obter um escore único para cada participante (o que poderíamos supor que represente a ansiedade com o SPSS como um todo). Também podemos usar os escores dos fatores na regressão quando os grupos de previsoras têm correlações tão fortes que há multicolinearidade. No entanto, normalmente os pesquisadores não usam os escores dos fatores em si; em vez disso, somam os escores de itens que parecem carregar no mesmo fator (p. ex., criar um escore para a ansiedade com a estatística somando os escores de um participante nos itens 1, 3, 4, 5, 12, 16, 20 e 21).

Dicas da Ana Apressada
Interpretação

- Se você realizou uma rotação ortogonal, consulte a tabela *Rotated Factor Matrix*. Para cada variável, anote o fator/componente no qual ela carrega mais altamente (mais de 0,3-0,4 ignorando o sinal de mais ou menos). Interprete o que os fatores representam procurando assuntos em comum aos itens que carregam altamente em um mesmo fator.

- Se você realizou a rotação oblíqua, siga a instrução acima, mas veja a tabela *Pattern Matrix* (matriz de padrões). Revise os resultados observando a tabela *Structure Matrix* (matriz estrutural).

Case Summaries[a]

	A-R factor score 1 for analysis 1	A-R factor score 2 for analysis 1	A-R factor score 3 for analysis 1	A-R factor score 4 for analysis 1
1	-1.12974	.05090	-1.58646	-.55242
2	-.04484	-.47739	-.22126	.64055
3	.15620	-.72240	.08299	-.90901
4	.79370	.61178	-.79341	-.31779
5	-.98251	.66284	-.35819	.54788
6	-.59551	2.13562	-.53156	-.52313
7	-1.33140	-.19415	.08213	.87306
8	-.91760	-.20011	-.02149	.96984
9	1.70800	1.45700	3.03959	.65963
10	-.37637	-.77093	.06181	1.58454
Total N	10	10	10	10

a. Limited to first 10 cases.

Saída 18.12

18.7.6 Resumo ▮▮▮▮

Em suma, as análises revelaram quatro subescalas subjacentes em nosso questionário as quais podem, ou não, estar relacionadas a subcomponentes genuínos da ansiedade com o SPSS. Também parece que uma solução rotacionada obliquamente foi preferida devido às relações entre os fatores. A análise de fatores tem caráter puramente exploratório; deve ser usada apenas para orientar hipóteses futuras ou para observar padrões em conjuntos de dados. Ela deixa a cargo do pesquisador a tomada de decisões, o que faz os graus de liberdade do pesquisador (seção 3.3.2) influenciarem muito; é preciso tentar tomar decisões informadas e imparciais e resistir à tentação de tomar decisões que lhe darão os resultados que deseja obter.

18.8 Como relatar a análise de fatores ▮▮▮▮

Ao relatar a análise de fatores, forneça aos leitores informações suficientes para que eles saibam tudo o que foi feito e possam opinar sobre isso com clareza. Precisamos ser transparentes em relação a nossos critérios de extração de fatores e ao método de rotação escolhido. Devemos fazer uma tabela das cargas dos fatores rotacionados de todos os itens e sinalizar (em negrito) os valores que estão acima de determinado ponto de corte (eu pessoalmente escolheria 0,40, mas veja a seção 18.4.7). Relate a porcentagem da variância que cada fator explica e possivelmente também seu autovalor. A Tabela 18.1 mostra um exemplo de uma tabela de relato para os dados do questionário SAQ (rotação oblíqua); note que informei o tamanho da amostra no título.

O mínimo a relatar são uma tabela de cargas dos fatores e uma descrição da análise. Você precisa fornecer algumas informações sobre a adequação do tamanho da amostra. Considere disponibilizar a tabela de correlações a partir da qual outro pesquisador poderia reproduzir sua análise (caso ele quisesse) em um repositório científico aberto, como o Open Science Framework (Estrutura de Ciência Aberta) (https://osf.io/). Um exemplo de relatório:

✓ Uma análise de fatores (AF) pelo eixo principal foi realizada nos 23 itens com rotação oblíqua (*direct oblimin*). A medida de Kaiser-Meyer-Olkin verificou a adequação da amostra para a análise, KMO = 0,93 ("maravilhoso" de acordo com Kaiser e Rice, 1974), e todos os valores

Tabela 18.1 Resumo dos resultados da análise de fatores exploratória do questionário da ansiedade com o SPSS (N = 2.571)

Item	Medo de estatística	Avaliação de pares	Medo de computadores	Medo de matemática
Eu acordo embaixo das cobertas achando que estou preso embaixo de uma distribuição normal.	**0,54**	−0,04	0,17	−0,06
Eu não consigo dormir por causa de pensamentos sobre autovetores.	**0,47**	−0,14	−0,08	−0,05
Eu choro publicamente ao ouvir algo sobre tendência central.	**0,45**	−0,05	0,17	−0,18
Tenho pesadelos com Pearson me atacando com coeficientes de correlação.	**0,44**	0,08	0,18	−0,19
Desvios-padrão me deixam animado.	**−0,44**	0,32	−0,05	0,10
A estatística me faz chorar.	**0,43**	0,10	0,11	−0,23
As pessoas tentam me convencer de que o SPSS faz entender estatística ser mais fácil, mas não é verdade.	**0,41**	−0,04	0,36	0,01
Eu não entendo estatística.	0,36	0,05	0,20	−0,13
Meus amigos são melhores em estatística do que eu.	−0,09	**0,56**	−0,02	−0,11
Meus amigos são melhores no SPSS do que eu.	0,07	**0,47**	−0,11	0,04
Meus amigos vão pensar que sou burro por não ser capaz de usar o SPSS.	−0,18	**0,45**	0,04	−0,05
Se eu for bom em estatística, as pessoas vão achar que eu sou um *nerd*	0,10	0,35	0,00	0,07
Todo mundo olha para mim quando eu uso o SPSS.	−0,22	0,34	**−0,08**	0,01
Eu tenho pouca experiência com computadores.	−0,22	−0,01	**0,86**	0,03
O SPSS sempre trava quando tento usá-lo.	0,18	−0,01	**0,64**	0,01
Computadores me odeiam.	0,19	−0,02	**0,56**	−0,03
Eu tenho medo de causar danos irreparáveis por causa da minha incompetência com computadores.	0,08	−0,04	**0,56**	−0,12
Computadores têm mentes próprias e deliberadamente erram sempre que eu tento usá-los.	0,24	−0,02	**0,47**	−0,03
Computadores são úteis só para jogos.	0,00	−0,06	0,39	−0,06
Computadores me perseguem.	0,11	−0,13	0,32	−0,19

(Continua)

Tabela 18.1 Resumo dos resultados da análise de fatores exploratória do questionário da ansiedade com o SPSS (N = 2571)   (*Continuação*)

Item	Medo de estatística	Avaliação de pares	Medo de computadores	Medo de matemática
Eu nunca fui bom em matemática.	0,01	0,05	−0,09	**−0,85**
Eu fui muito mal em matemática na escola.	−0,01	−0,11	0,06	**−0,73**
Eu entro em coma sempre que vejo uma equação.	0,08	0,02	0,09	**−0,68**
Autovalores	7,29	1,74	1,32	1,23
% da variância	31,70	7,56	5,73	5,34
α	0,82	0,57	0,82	0,82

Nota: Cargas de fator acima de 0,40 aparecem em negrito.

Pesquisa Real do João Jaleco 18.1
Dependência de internet? ▌▐▐▐

Nichols, L. A., e Nicki, R. (2004). *Psychology of Addictive Behaviors*, *18*(4), 381-384.

A crescente popularidade (e utilidade) da internet levou a um problema sério de dependência dessa ferramenta. Para investigar esse construto é preciso mensurá-lo; por isso, Laura Nichols e Richard Nicki desenvolveram a Escala de Dependência da Internet, EDI (Nichols e Nicki, 2004). Esse questionário de 36 itens contém afirmações como "Eu fiquei na internet mais tempo do que pretendia" e "Minhas notas/trabalho foram prejudicados por causa do meu uso de internet", ao qual as respostas são dadas em uma escala de cinco pontos (nunca, raramente, às vezes, frequentemente, sempre). (A propósito, enquanto pesquisava esse tópico, encontrei um *site* profundamente irônico sobre recuperação de viciados que dava razões suficientes para ficar *online* por uma semana. Parecia um centro de recuperação de heroína que tivesse uma pilha enorme de heroína bem na recepção.)

Os autores descartaram dois itens porque tinham médias e variâncias baixas e descartaram três outros por causa das correlações relativamente baixas com outros itens. Eles realizaram uma análise de componentes principais nos 31 itens restantes [*N* = 207, **Nichols & Nicki (2004).sav**]. João Jaleco quer que você obtenha estatísticas descritivas para descobrir quais foram os dois itens descartados por terem médias/variâncias baixas e, em seguida, quer que você inspecione a matriz de correlações para encontrar os três itens que foram descartados por terem baixas correlações. Finalmente, execute uma análise dos componentes principais nos dados. As respostas estão no *site* do livro (ou veja o artigo original).

KMO para os itens individuais foram superiores a 0,77, o que está bem acima do limite aceitável de 0,5 (Kaiser e Rice, 1974). Uma análise inicial foi executada para obter autovalores para cada fator dos dados. Quatro fatores tiveram autovalores acima do critério de Kaiser (> 1) e, em combinação, explicaram 50,32% da variância. O diagrama de declividade foi ambíguo e mostrou inflexões que justificariam a retenção de dois ou de quatro fatores. Mantivemos quatro fatores devido ao grande tamanho da amostra e à convergência do diagrama de declividade e do critério de Kaiser para esse valor. A Tabela 18.1 mostra as cargas dos fatores após a rotação. Os itens que se agrupam no mesmo fator sugerem que o fator 1 representa medo de estatística, o fator 2 representa medo da avaliação de pares, o fator 3, medo de computadores, e o fator 4, medo de matemática.

18.9 Análise de confiabilidade ||||
18.9.1 Medidas de confiabilidade ||||

Ao usar a análise de fatores para validar um questionário, é útil verificar a confiabilidade de sua escala.

Teste seus conhecimentos

Relembrando o Capítulo 1, o que são confiabilidade e confiabilidade teste-reteste?

Confiabilidade significa que uma medida (ou, neste caso, um questionário) deveria refletir consistentemente o construto que está medindo. É possível pensar nisso imaginando que, se todos os outros fatores forem iguais, uma pessoa deve obter o mesmo escore em um questionário se completá-lo em dois pontos diferentes no tempo (já descobrimos que isso é chamado de *confiabilidade teste-reteste*). Assim, se uma pessoa que tem pavor do SPSS tem uma pontuação alta no nosso questionário SAQ, essa pessoa deve pontuar de forma similar se a testarmos um mês depois (supondo que ela não tenha realizado algum tipo de terapia para a ansiedade com o SPSS naquele mês). Outra maneira de entender a confiabilidade é dizer que duas pessoas que são iguais em relação ao construto a ser medido devem obter a mesma pontuação. Então, se duas pessoas igualmente ansiosas com o SPSS deveriam obter pontuações mais ou menos idênticas no SAQ. Da mesma forma, duas pessoas que amem o SPSS devem obter pontuações igualmente baixas. O SAQ não seria uma medida precisa da ansiedade com o SPSS se um fã do SPSS e alguém que tenha pavor dele obtivessem a mesma pontuação! Em termos estatísticos, a maneira comum de encarar a confiabilidade é baseada na ideia de que itens individuais (ou conjuntos de itens) devem produzir resultados consistentes com o questionário geral. Então, uma pessoa que tem medo do SPSS teria uma pontuação geral alta no SAQ; se o SAQ for confiável, ao selecionarmos aleatoriamente alguns itens, a pontuação da pessoa nesses itens também deve ser alta.

Na prática, a maneira mais simples de fazer isso é usar a **confiabilidade meio a meio**. Esse método divide a escala definida em dois conjuntos de itens selecionados aleatoriamente. Um escore para cada participante é calculado em cada metade da escala. Se a escala for confiável, o escore de uma pessoa em uma metade da escala será igual (ou similar) ao escore na outra metade. Comparando vários participantes, os escores das duas metades do questionário devem ter uma correlação muito boa. O método meio a meio computa uma estatística que é a correlação entre

as duas metades do questionário, e correlações fortes são um sinal de confiabilidade. O problema com esse método é que existem várias maneiras de dividir em duas partes um conjunto de dados aleatoriamente, e, assim, os resultados podem ser o produto da maneira como os dados foram divididos. Para superar esse problema, Cronbach (1951) apresentou uma medida que é vagamente equivalente a criar dois conjuntos de itens de todas as maneiras possíveis e calcular o coeficiente de correlação de cada divisão. A média desses valores é equivalente ao **alfa de Cronbach**, α, que é a medida mais comum de confiabilidade de uma escala:[13]

$$\alpha = \frac{N^2 \overline{\text{cov}}}{\sum s_{\text{item}}^2 + \sum \text{cov}_{\text{item}}} \tag{18.8}$$

Essa equação é menos complicada do que parece. Para cada item em nossa escala, podemos calcular duas coisas: a variância dentro do item e a covariância entre um item específico e qualquer outro item na escala. Em outras palavras, podemos construir uma matriz de variância-covariância de todos os itens. Nessa matriz, os elementos diagonais serão as variâncias dentro de um item particular e os elementos fora da diagonal serão as covariâncias entre pares de itens. A metade superior da equação é o número de itens (N) ao quadrado multiplicado pela média das covariâncias entre os itens (a média dos elementos fora da diagonal na matriz de variância-covariância). A metade inferior é a soma de todas as variâncias dos itens com as covariâncias dos itens (ou seja, a soma de todos os elementos da matriz de variância-covariância).

Há também uma versão padronizada do coeficiente, que essencialmente usa a mesma equação, mas com as correlações em vez das covariâncias e com a metade inferior da equação usando a soma dos elementos da matriz de correlações dos itens (incluindo os 1s que aparecem na diagonal dessa matriz). Usar o alfa normal é apropriado quando os itens de uma escala forem somados para produzir um escore único para essa escala (o alfa padronizado não é apropriado nesses casos). Contudo, o alfa padronizado é útil quando os itens de uma escala forem padronizados antes de serem somados.

18.9.2 Interpretando o α de Cronbach: algumas advertências

Talvez você encontre em livros ou artigos de periódicos, ou talvez as pessoas lhe digam, que um valor entre 0,7 e 0,8 é aceitável para o α de Cronbach e que valores substancialmente mais baixos indicam uma escala não confiável. Kline (1999) observa que, embora o valor geralmente aceito de 0,8 seja apropriado para testes cognitivos, como testes de inteligência, um ponto de corte de 0,7 é mais adequado para testes de habilidade. Ele prossegue dizendo que, quando se lida com construtos psicológicos, valores abaixo de 0,7 podem ser esperados realisticamente por causa da diversidade dos construtos que estão sendo medidos. Alguns até sugerem que, nos estágios iniciais da pesquisa, valores de 0,7 a 0,5 são suficientes (Nunnally, 1978). No entanto, há muitas razões para não usar essas diretrizes gerais, e a não menos importante delas é que essas diretrizes o isentam de pensar sobre o significado do valor dentro do contexto da pesquisa que você está fazendo (Pedhazur e Schmelkin, 1991).

Vamos agora falar sobre alguns problemas na interpretação do alfa, que foram muito bem discutidos por Cortina (1993) e por Pedhazur e Schmelkin (1991). Em primeiro lugar, o valor-α depende do número de itens na escala. Você notará que a metade superior da equação do α inclui o número de itens ao quadrado. Portanto, à medida que o número de itens na escala aumenta, α aumentará. Portanto, é possível obter um grande valor-α porque você tem muitos itens na escala

---

[13]Embora essa seja a maneira mais fácil de conceituar o α de Cronbach, dizer se ele é exatamente igual à média de todas as confiabilidades meio a meio vai depender exatamente de como calculamos a confiabilidade meio a meio (veja o Glossário para detalhes computacionais). Se usarmos a fórmula de Spearman-Brown, que não leva em conta o desvio-padrão do item, o α de Cronbach será igual à média da confiabilidade meio a meio somente quando os desvios-padrão dos itens forem iguais; caso contrário, o α será menor que a média. No entanto, se você usar uma fórmula da confiabilidade meio a meio que leve em conta o desvio-padrão do item (ver Flanagan, 1937; Rulon, 1939), o α será sempre igual à confiabilidade meio-a-meio (ver Cortina, 1993).

e não porque sua escala seja confiável. Por exemplo, Cortina (1993) relata dados de duas escalas, ambas com $\alpha = 0,8$. A primeira escala possuía apenas três itens, e a correlação média entre itens foi de respeitáveis 0,57; no entanto a segunda escala tinha 10 itens com uma correlação média de um menos respeitável 0,28. Claramente, a consistência interna dessas escalas é diferente, mas, de acordo com o α de Cronbach, ambas são igualmente confiáveis.

Em segundo lugar, as pessoas tendem a achar que o alfa mede a "unidimensionalidade", isto é, até que ponto a escala mede um fator subjacente ou um construto. Isso é verdade quando há um fator subjacente aos dados (ver Cortina, 1993), mas Grayson (2004) mostra que os conjuntos de dados com alfas iguais podem ter estruturas de fatores muito diferentes. Ele mostrou que $\alpha = 0,8$ pode ser alcançado em uma escala com um fator subjacente, com dois fatores moderadamente correlacionados e com dois fatores não correlacionados. Cortina (1993) também mostrou que, com mais de 12 itens e correlações bastante altas entre os itens ($r > 0,5$), α pode alcançar valores em torno de 0,7 ou maiores (de 0,65 a 0,84). Esses resultados mostram que α não deve ser usado como uma medida de "unidimensionalidade". De fato, Cronbach (1951) sugeriu que, se há vários fatores, a fórmula deveria ser aplicada separadamente a itens relacionados a diferentes fatores. Em outras palavras, se o questionário tiver subescalas, α deve ser aplicado separadamente a essas subescalas.

Minha advertência final é sobre itens que foram escritos de forma inversa. Por exemplo, no questionário SAQ há um item (pergunta 3) que foi formulado de maneira contrária a todos os outros itens: "desvios-padrão me deixam excitado". Compare esse item a qualquer outro e verá que ele exige uma resposta oposta. Por exemplo, o item 1 é "estatística me faz chorar". Se eu não gosto de estatística, vou concordar plenamente com essa afirmação e, portanto, obterei uma pontuação de 5 na nossa escala. No item 3, se eu odeio estatística, é improvável que desvios-padrão irão me  deixar excitado; então eu vou discordar totalmente e obter uma pontuação de 1 na escala. Esses itens com formulados de forma invertida são essenciais para evitar que os participantes respondam tendenciosamente já que precisam prestar atenção às perguntas. Para a análise de fatores em si, esse fraseamento inverso não faz diferença; tudo o que acontece é que você obterá um fator com carga negativa para itens inversos (na verdade, você verá que o item 3 carregará negativamente na Saída 18.9). No entanto, esses itens com escore inverso afetarão o alfa. Para entender por que, pense na equação do α de Cronbach. A metade superior incorpora a covariância *média* entre os itens. Se um item for escrito inversamente, ele terá uma relação negativa com outros itens; portanto as covariâncias entre esse item e outros serão negativas. A covariância média é a soma das covariâncias dividida pelo número de covariâncias, e, ao incluir um grupo de valores negativos, reduzimos a soma de covariâncias e consequentemente reduzimos o α de Cronbach, porque a metade superior da equação fica menor. Em casos extremos, é até possível obter um valor negativo para o α de Cronbach simplesmente porque a magnitude das covariâncias negativas é maior do que a magnitude das positivas. Um α negativo não faz muito sentido, mas acontece, e, se isso acontecer, pergunte a si mesmo se você incluiu algum item formulado inversamente.

Se você tiver itens escritos inversamente, reverta a maneira como eles foram formulados antes de realizar uma análise de confiabilidade. Isso é bem fácil. Para obter os dados do SAQ, os itens eram respondidos na seguinte escala: 1 = discordo totalmente, 2 = discordo, 3 = neutro, 4 = concordo e 5 = concordo totalmente. Para todos os itens, exceto um, a afirmação é formulada de tal forma que a *concordância* indica ansiedade com a estatística: porém, para o item 3 ("desvios-padrão me deixam excitado"), a *discordância* indica ansiedade com a estatística. Para refletir isso numericamente, invertemos a escala de tal forma que 1 = concordo totalmente, 2 = concordo, 3 = neutro, 4 = discordo e 5 = discordo totalmente. Assim, uma pessoa com ansiedade com a estatística vai receber 5 pontos nesse item (porque ela discorda totalmente dele), o que é consistente com a resposta "concordo totalmente" em um item como "a estatística me faz chorar".

Para inverter o escore, encontre o valor máximo da sua escala de resposta (neste caso, 5) e adicione 1 a ele (6 neste caso). Para cada participante, subtraia desse valor o escore obtido. Por exemplo, alguém que marcou 5 originalmente agora tem 6 – 5 = 1, e alguém que marcou 1 originalmente agora recebe 6 – 1 = 5. Um participante no meio da escala com um escore de 3 ainda receberá 6 – 3 = 3. O SPSS pode fazer isso para todos os participantes simultaneamente.

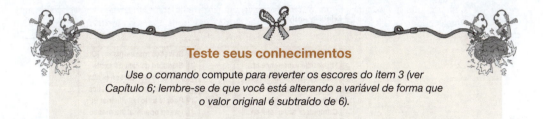

Use o comando compute para reverter os escores do item 3 (ver Capítulo 6; lembre-se de que você está alterando a variável de forma que o valor original é subtraído de 6).

18.10 Análise de confiabilidade utilizando o SPSS ||||

Vamos testar a confiabilidade do questionário SAQ (**SAQ.sav**). Você já deve ter invertido o escore do item 3 (veja acima), mas, se você não quiser fazê-lo, abra o arquivo **SAQ (Item 3 Reversed).sav**. Lembre-se de que falei que deveríamos realizar análises de confiabilidade nas subescalas individualmente. Usando os resultados da rotação oblíqua (Saída 18.9), temos estas quatro subescalas:

Subescala 1 (*Medo de estatística*): itens 1, 3, 4, 5, 12, 16, 20, 21
Subescala 2 (*Avaliação de pares*): itens 2, 9, 19, 22, 23
Subescala 3 (*Medo de computadores*): itens 6, 7, 10, 13, 14, 15, 18
Subescala 4 (*Medo de matemática*): itens 8, 11, 17

Para conduzir as análises de confiabilidade, selecione *Analyze* ▶ *Scale* ▶ Reliability Analysis... (analisar ▶ escala ▶ análise de confiabilidade) para acessar uma caixa de diálogo como a da Figura 18.15. Arraste as variáveis que você deseja analisar para a caixa *Items* (ou clique em Alpha ▼). Para começar, vamos selecionar os itens da subescala de medo de estatística: itens 1, 3, 4, 5, 12, 16, 20 e 21 (Figura 18.15).

Há várias estatísticas de confiabilidade disponíveis. A opção-padrão é o α de Cronbach, o que é bom para nosso propósito, mas você pode alterar o método (p. ex., para o método meio a meio) clicando em Statistics... para revelar uma lista suspensa de possibilidades. Além disso, é uma boa ideia digitar o nome da escala (neste caso, "*Fear of statistics*") na caixa *Scale Label* (rótulo da escala), pois assim um cabeçalho é adicionado à saída: digitar um nome sensato aqui facilitará a interpretação da sua saída.

Clique em Statistics... (estatísticas) para acessar uma caixa de diálogo como a da Figura 18.16. Uma das opções mais úteis para a confiabilidade do questionário é *Scale if item deleted* (escala se o item for excluído), o que nos diz qual seria o valor-α se cada item fosse excluído. Se o nosso questionário for confiável, nenhum item pode afetar significativamente a confiabilidade geral. Em outras palavras, nenhum item pode causar uma alteração substancial em α se fosse removido. Se a remoção de um item alterar o alfa significativamente, você terá que rever seus itens (e isso provavelmente significa voltar à estaca zero com a análise de fatores).

Selecionar as correlações entre itens e as covariâncias (e resumos) nos fornece coeficientes de correlação e médias para os itens da nossa escala. Mas a análise de fatores já produz esses valores, então não tem muito sentido em selecionar essas opções. Opções como o *teste F*, o *qui-quadrado de Friedman* (se os seus dados estiverem em postos), o *qui-quadrado de Cochran* (se os seus dados forem dicotômicos) e o *T-quadrado de Hotelling* comparam a tendência central de diferentes itens do questionário. Esses testes podem ser úteis para verificar se os itens têm propriedades distributivas similares (i.e., o mesmo valor médio). Porém, considerando os grandes tamanhos de amostra que são necessários para análise de fatores, eles inevitavelmente produzirão resultados significativos mesmo quando existirem pequenas diferenças entre os itens do questionário.

Você também pode solicitar um **coeficiente de correlação intraclasse (CCI)**. Os coeficientes de correlação que encontramos anteriormente neste livro medem a relação entre variáveis que medem coisas diferentes. Por exemplo, a correlação entre ouvir Deathspell Omega e Satanism envolve duas classes de medidas: o tipo de música que uma pessoa gosta e suas crenças religiosas.

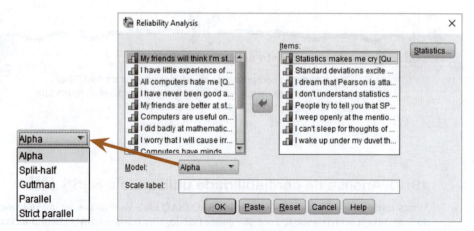

Figura 18.15 Caixa de diálogo principal para a análise de confiabilidade.

Correlações intraclasse medem a relação entre duas variáveis que medem a mesma coisa (ou seja, variáveis dentro da mesma classe). Dois usos comuns são a comparação de dados pareados (como gêmeos) da mesma variável e a verificação da consistência entre as avaliações de juízes sobre um conjunto de objetos (daí a razão pela qual ele é encontrado nas estatísticas de confiabilidade). Se você quiser saber mais, consulte a seção 21.2.1.

Use o conjunto simples de opções na Figura 18.16 para executar uma análise básica de confiabilidade. Clique em Continue para retornar à caixa de diálogo principal e OK para executar a análise.

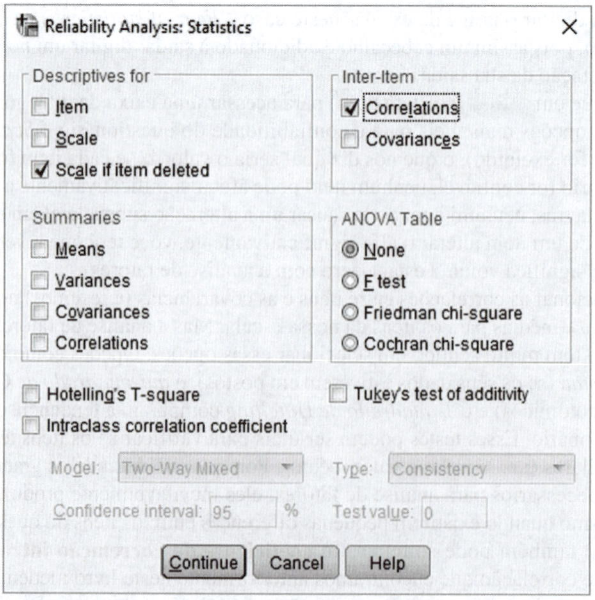

Figura 18.16 Estatísticas da análise de confiabilidade.

18.11 Interpretando a análise de confiabilidade ▮▮▮▮

A Saída 18.13 mostra os resultados da subescala do medo de estatística. O valor-α de Cronbach é apresentado em uma pequena tabela e indica a confiabilidade geral da escala. Tendo em mente o que já discutimos sobre os efeitos do número de itens e como é ridículo aplicar regras gerais, estamos procurando valores na região de 0,7 a 0,8. Neste caso, α é 0,821, o que certamente está no intervalo indicado por Kline (1999) e provavelmente indica boa confiabilidade.

Na tabela *Item-Total Statistics* (estatísticas item-total) e na coluna *Corrected Item-Total Correlation* (correlação do item-total corrigida), vemos as correlações entre cada item e o escore total do questionário. Em uma escala confiável, todos os itens devem se correlacionar bem com o total. Então, estamos procurando itens que não se correlacionam bem com o escore geral da escala: se algum desses valores for menor que 0,3, teremos problemas, porque isso significa que um determinado item não se correlaciona muito bem com a escala geral. Itens com correlações fracas podem ter que ser descartados. Para os dados do exemplo, todos os itens têm correlações acima de 0,3 com o total da escala, o que é encorajador.

Os valores na coluna *Cronbach's Alpha if Item Deleted* (alfa de Cronbach se o item for excluído) são os valores do α total se determinado item não for incluído no cálculo. Assim, eles refletem a mudança no α de Cronbach que iria ocorrer se um item fosse eliminado. O α total é 0,821, e, portanto, todos os valores nessa coluna devem estar em torno desse mesmo valor. Estamos procurando principalmente valores de alfa maiores que o α total. Isso sugere que, se a exclusão de um item aumentar o α de Cronbach, a exclusão desse item aumentará a confiabilidade. Portanto, itens que tenham valores-α na coluna *Cronbach's Alpha if Item Deleted* maiores que o total possível precisarão ser excluídos da escala para melhorar sua confiabilidade. Nenhum dos itens aqui aumentaria o alfa se fosse excluído, o que é uma boa notícia. É importante observar que, se itens precisarem ser removidos nesse estágio, você deverá executar novamente a análise de fatores para garantir que a exclusão do item não tenha afetado a estrutura dos fatores.

Para ilustrar a importância de inverter os escores dos itens antes de executar a análise de confiabilidade, a Saída 18.14 mostra a análise de confiabilidade para a subescala do medo de estatística, mas feita nos dados originais (ou seja, sem o item 3 ter seus escores invertidos). Note que: (1) o α total é consideravelmente menor (0,605 em vez de 0,821); (2) esse item tem uma correlação item-total negativa (que é uma boa maneira de identificar se você possivelmente tem um item com escores invertidos nos dados e que não foi revertido); e (3) o α se o item for deletado é 0,800, ou seja, se esse item fosse excluído, a confiabilidade aumentaria de cerca 0,6 para cerca de 0,8. Espero que esse exemplo ilustre que não reverter os itens que foram formulados inversamente em comparação aos demais prejudicará a análise de confiabilidade.

Item-Total Statistics

	Scale Mean if Item Deleted	Scale Variance if Item Deleted	Corrected Item-Total Correlation	Squared Multiple Correlation	Cronbach's Alpha if Item Deleted
Statistics makes me cry	21.76	21.442	.536	.343	.802
Standard deviations excite me	20.72	19.825	.549	.309	.800
I dream that Pearson is attacking me with correlation coefficients	21.35	20.410	.575	.355	.796
I don't understand statistics	21.41	20.942	.494	.272	.807
People try to tell you that SPSS makes statistics easier to understand but it doesn't	20.97	20.639	.572	.337	.796
I weep openly at the mention of central tendency	21.25	20.451	.597	.389	.793
I can't sleep for thoughts of eigenvectors	20.51	21.176	.419	.244	.818
I wake up under my duvet thinking that I am trapped under a normal distribution	20.96	19.939	.606	.399	.791

Reliability Statistics

Cronbach's Alpha	Cronbach's Alpha Based on Standardized Items	N of Items
.821	.823	8

Saída 18.13

Item-Total Statistics

	Scale Mean if Item Deleted	Scale Variance if Item Deleted	Corrected Item-Total Correlation	Squared Multiple Correlation	Cronbach's Alpha if Item Deleted
Statistics makes me cry	20.93	12.125	.505	.343	.521
Standard deviations excite me	20.72	19.825	-.549	.309	.800
I dream that Pearson is attacking me with correlation coefficients	20.52	11.447	.526	.355	.505
I don't understand statistics	20.58	11.714	.466	.272	.523
People try to tell you that SPSS makes statistics easier to understand but it doesn't	20.14	11.739	.501	.337	.515
I weep openly at the mention of central tendency	20.42	11.584	.529	.389	.507
I can't sleep for thoughts of eigenvectors	19.68	12.107	.353	.244	.558
I wake up under my duvet thinking that I am trapped under a normal distribution	20.13	11.189	.541	.399	.497

Reliability Statistics

Cronbach's Alpha	Cronbach's Alpha Based on Standardized Items	N of Items
.605	.641	8

Saída 18.14

Teste seus conhecimentos

Execute a análise de confiabilidade nas outras três subescalas.

· Vamos agora analisar nossa subescala da avaliação de pares (Saída 18.15). O α total é 0,570, que não merece ser comemorado com um bolo; é bastante baixo e, embora Kline diga que isso possa ser esperado para pesquisas em ciências sociais, ele está bem abaixo da subescala do medo de estatística e (como veremos) das outras duas. A escala tem cinco itens, em comparação com sete, oito e três nas outras; portanto sua confiabilidade em relação às outras escalas não será afetada drasticamente pelo número de itens. Os valores na coluna *Corrected Item-Total Correlation* estão todos em torno de 0,3 e são menores para o item 23. Esses resultados indicam novamente consistência interna questionável e identificam o item 23 como um possível problema. Os valores na coluna *Cronbach's Alpha if Item Deleted* indicam que nenhum dos itens aqui aumentaria a con-

Item-Total Statistics

	Scale Mean if Item Deleted	Scale Variance if Item Deleted	Corrected Item-Total Correlation	Squared Multiple Correlation	Cronbach's Alpha if Item Deleted
My friends will think I'm stupid for not being able to cope with SPSS	11.46	8.119	.339	.134	.515
My friends are better at statistics than me	10.24	6.395	.391	.167	.476
Everybody looks at me when I use SPSS	10.79	7.381	.316	.106	.522
My friends are better at SPSS than I am	10.20	7.282	.378	.144	.487
If I'm good at statistics my friends will think I'm a nerd	9.65	7.988	.239	.069	.563

Reliability Statistics

Cronbach's Alpha	Cronbach's Alpha Based on Standardized Items	N of Items
.570	.572	5

Saída 18.15

Item-Total Statistics

	Scale Mean if Item Deleted	Scale Variance if Item Deleted	Corrected Item-Total Correlation	Squared Multiple Correlation	Cronbach's Alpha if Item Deleted
I have little experience of computers	15.87	17.614	.619	.398	.791
All computers hate me	15.17	17.737	.619	.395	.790
Computers are useful only for playing games	15.81	20.736	.400	.167	.824
I worry that I will cause irreparable damage because of my incompetence with computers	15.64	18.809	.607	.384	.794
Computers have minds of their own and deliberately go wrong whenever I use them	15.22	18.719	.577	.350	.798
Computers are out to get me	15.33	19.322	.491	.250	.812
SPSS always crashes when I try to use it	15.52	17.832	.647	.447	.786

Reliability Statistics

Cronbach's Alpha	Cronbach's Alpha Based on Standardized Items	N of Items
.823	.821	7

Saída 18.16

fiabilidade se fosse excluído porque todos os valores nessa coluna são menores que a confiabilidade geral de 0,570. Os itens dessa subescala abrangem assuntos bastante diversos da avaliação de pares, e isso pode explicar a relativa falta de consistência. Provavelmente precisamos repensar essa subescala.

Passando para a subescala do medo de computadores, a Saída 18.16 mostra um α geral de 0,823, o que é muito bom. Os valores na coluna *Corrected Item-Total Correlation* estão novamente todos acima de 0,3, o que também é bom. Os valores na coluna *Cronbach's Alpha if Item Deleted* mostram que nenhum dos itens aumentaria a confiabilidade se fosse excluído. Isso indica que todos os itens estão contribuindo positivamente para a confiabilidade geral.

Finalmente, a subescala do medo de matemática (Saída 18.17) mostra uma confiabilidade geral de 0,819, que indica boa confiabilidade. Os valores da coluna *Corrected Item-Total Correlation* estão todos acima de 0,3, o que é bom, e os valores da coluna *Cronbach's Alpha if Item Deleted* indicam que nenhum dos itens aqui aumentaria a confiabilidade se fosse excluído porque todos os valores nessa coluna são menores que o valor geral de confiabilidade.

Item-Total Statistics

	Scale Mean if Item Deleted	Scale Variance if Item Deleted	Corrected Item-Total Correlation	Squared Multiple Correlation	Cronbach's Alpha if Item Deleted
I have never been good at mathematics	4.72	2.470	.684	.470	.740
I did badly at mathematics at school	4.70	2.453	.682	.467	.742
I slip into a coma whenever I see an equation	4.49	2.504	.652	.425	.772

Reliability Statistics

Cronbach's Alpha	Cronbach's Alpha Based on Standardized Items	N of Items
.819	.819	3

Saída 18.17

Dicas da Ana Apressada
Confiabilidade

- A análise de confiabilidade é usada para medir a consistência de uma medida.
- Lembre-se de inverter os itens que foram formulados de forma inversa no questionário original antes de executar a análise de confiabilidade.
- Execute análises de confiabilidade individuais para cada subescala do seu questionário.
- O α de Cronbach indica a confiabilidade geral de um questionário, e valores em torno de 0,8 são bons (ou 0,7 para testes de habilidade e afins).
- A coluna *Cronbach's Alpha if Item Deleted* informa se a remoção de um item melhoraria a confiabilidade geral: valores maiores que a confiabilidade geral indicam que a remoção desse item melhoraria a confiabilidade geral da escala. Procure itens que aumentem drasticamente o valor-α e remova-os.
- Se remover itens, execute novamente a análise de fatores para verificar se a estrutura dos fatores ainda se mantém.

18.12 Como relatar a análise de confiabilidade ▌▌▌▌

Relate as confiabilidades no texto usando o símbolo α e lembre que, se você estiver seguindo a formatação da APA (o que eu não estou fazendo), elimine o zero antes do decimal, porque o α de Cronbach não pode ser maior que 1:

✓ As subescalas do SAQ sobre medo de computadores, medo de estatística e medo de matemática mostraram confiabilidade alta, todos os α de Cronbach = 0,82. No entanto, a subescala de medo da avaliação negativa de pares teve confiabilidade relativamente baixa, $\alpha = 0,57$.

Contudo, a maneira mais comum de relatar a análise de confiabilidade quando acompanha uma análise de fatores é relatar os valores do α de Cronbach como parte da tabela das cargas dos fatores. Por exemplo, observe que na última linha da Tabela 18.1 cito o valor do α de Cronbach para cada subescala.

18.13 Caio tenta conquistar Gina ▌▌▌▌

Caio colocou o edredom sobre Gina, enfiou um travesseiro sob sua cabeça, apagou a luz e foi para o quarto. Ele usou um saco de dormir para substituir o edredom que mantinha Gina aquecida no sofá. Ele achou difícil dormir. Sua cabeça estava uma bagunça. Justo quando ele achava que havia assustado Gina, ela aparecera parecendo estar exausta. Sem explicar nada dos últimos cinco dias, ela desmaiara no seu sofá. Com certeza ela era um enigma. Um enigma incrível, deslumbrante e ligeiramente estranho. A razão de Caio dissera para ficar longe dela, mas já era tarde demais: ele queria viver o que quer que viesse por mais perigoso que fosse.

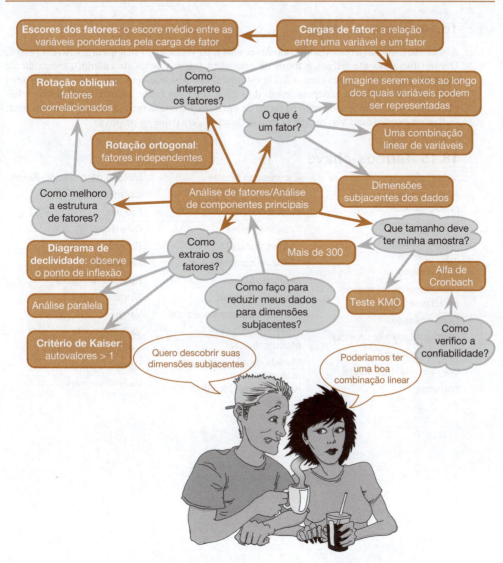

Figura 18.17 O que Caio aprendeu neste capítulo.

Caio acordou cedo demais. Ele se sentia desorientado. Por que ele estava em um saco de dormir? Onde estava o seu edredom? Quando se lembrou da noite anterior, correu desajeitadamente para a sala. No sofá estava o edredom cuidadosamente dobrado com o travesseiro por cima. Gina tinha ido embora. Ele foi ao banheiro. O chuveiro estava molhado, sua toalha cuidadosamente dobrada no chão. Sentiu o cheiro de seu xampu de coco. De volta à sala, Caio percebeu flocos de cereal derramados no balcão da cozinha, mas, quando se aproximou, viu que eles haviam sido organizados meticulosamente em uma palavra. "Espere", estava escrito, com uma carinha feliz.

Ele tomou um banho e, quando saiu, deu de cara com Gina no balcão da cozinha com dois cafés e bagels. Ela olhou para a toalha que cobria a cintura de Caio e, com um sorriso de cumplicidade, disse: "Vá se vestir, o café da manhã está esfriando".

18.14 E agora? ||||

Aos 23 anos, assumi a responsabilidade de ser uma representação do sistema digestivo em pessoa. Devorei furiosamente artigos e livros de estatística (alguns deles até entendi), mentalmente os mastiguei, os decompus com o ácido estomacal do meu intelecto, arranquei todos os seus nutrientes, os compactei e, depois de uns dois anos, forcei os restos amarronzados dessas refeições intelectuais para fora de mim na forma de um livro. Eu estava mentalmente exausto no final; "felizmente nunca mais vou ter que fazer isso de novo", era o que eu pensava.

18.15 Termos-chave

α de Cronbach
Análise de componentes principais (ACP)
Análise de fatores
Análise de fatores confirmatória
Carga fatorial
Coeficiente de correlação intraclasse (CCI)
Comunalidade
Confiabilidade meio a meio
Critério de Kaiser
Diagrama de declinidade
Equamax

Escores dos fatores
Extração
Fatoração alfa
Fatores comuns
Fatores únicos
Matriz de componentes
Matriz de fatores
Matriz de padrões
Matriz de transformação de fatores, Λ
Matriz estrutural
Medida de adequação da amostra de Kaiser-Meyer-Olkin (KMO)

Método de Anderson-Rubin
Oblimin direto
Promax
Quartimax
Rotação
Rotação oblíqua
Rotação ortogonal
Singularidades
Varimax
Variável latente
Variância aleatória
Variância comum
Variância única

Tarefas da Alex Astuta

- **Tarefa 1:** Execute novamente a análise deste capítulo utilizando agora o método dos componentes principais e compare os resultados com os apresentados aqui (defina o número de iterações de convergência em 30). ❚❚❚❚

- **Tarefa 2:** A Universidade de Sussex procura constantemente empregar os melhores professores possíveis. Eles queriam revisar o questionário "Ensino de Estatística para Experimentos Científicos" (*TOSSE – Teaching of Statistics for Scientific Experiments*), que é baseado na teoria de Bland que diz que bons professores de métodos de pesquisa deveriam ter: (1) um profundo amor à estatística; (2) entusiasmo pelo delineamento experimental; (3) amor ao ensino; e (4) ausência completa de habilidades interpessoais normais. Essas características devem estar relacionadas (i.e., correlacionadas). A Universidade revisou esse questionário para se tornar o novo questionário de "Ensino de Estatística para Experimentos Científicos - Revisado" (TOSSE-R; Figura 18.18). Ele foi preenchido por 239 professores de métodos de pesquisa para verificar a teoria de Bland. Execute uma análise de fatores (com a rotação apropriada) e interprete a estrutura dos fatores (**TOSSE-R.sav**). ❚❚❚❚

- **Tarefa 3:** A Dra. Sian Williams (da Universidade de Brighton) criou um questionário para medir a habilidade organizacional. Ela previu cinco fatores relacionados a isso: (1) preferência por organização; (2) realização de metas; (3) abordagem de planejamento; (4) aceitação de atrasos; e (5) preferência por rotina. Essas dimensões são teoricamente independentes. O questionário de Williams contém 28 itens e utiliza uma escala Likert de sete pontos (1 = discordo totalmente, 4 = não concordo nem discordo, 7 = concordo totalmente). Ela aplicou o questionário em 239 pessoas. Execute uma análise de componentes principais nos dados disponíveis em **Williams.sav**. ❚❚❚❚

- **Tarefa 4:** Zibarras, Port e Woods (2008) analisaram a relação entre personalidade e criatividade. Eles usaram o *Hogan Development Survey* (HDS), que mede 11 disposições disfuncionais de adultos empregados: ser **volatile** (volátil), **mistrustful** (desconfiado), **cautious** (cauteloso), **detached** (desapegado), **passive** (passivo), **aggressive** (agressivo), **arrogant** (arrogante), **manipulative** (manipulador), **dramatic** (dramático), **eccentric** (excêntrico), **perfectionist** (perfeccionista) e **dependent** (dependente). Zibarras et al. queriam reduzir esses 11 traços e, com base na análise paralela, descobriram que eles poderiam ser reduzidos a três componentes. Eles executaram uma análise de componentes principais com rotação varimax. Repita essa análise [**Zibarras et al. (2008).sav**] para ver quais dimensões de personalidade podem ser agrupadas (consulte a p. 210 do documento original). ❚❚❚❚

Ensino de Estatística para Experimentos Científicos - Revisado (TOSSE-R)

		DT	D	ND	C	CT
1.	Certa vez eu acordei em uma horta abraçando um nabo que eu havia erroneamente desenterrado pensando que era a maior raiz de Roy.	○	○	○	○	○
2.	Se eu tivesse uma arma, eu atiraria em todos os meus alunos.	○	○	○	○	○
3.	Memorizo valores de probabilidade da distribuição F.	○	○	○	○	○
4.	Eu rezo no santuário de Pearson.	○	○	○	○	○
5.	Eu ainda moro com minha mãe e tenho pouca higiene pessoal.	○	○	○	○	○
6.	Dar aula me faz querer engolir uma garrafa de alvejante, porque aliviaria a dor do meu esôfago em chamas.	○	○	○	○	○
7.	Ajudar os outros a entender as somas dos quadrados me faz bem.	○	○	○	○	○
8.	Eu gosto de grupos-controle.	○	○	○	○	○
9.	Eu calculo 3 ANOVAs na minha cabeça antes de sair da cama.	○	○	○	○	○
10.	Eu poderia explicar estatística para as pessoas o dia todo.	○	○	○	○	○
11.	Eu gosto quando ajudo as pessoas a entenderem a rotação de fatores.	○	○	○	○	○
12.	As pessoas caem no sono assim que eu abro a boca para falar.	○	○	○	○	○
13.	Delinear experimentos é divertido.	○	○	○	○	○
14.	Eu prefiro pensar em variáveis dependentes a ir a um bar.	○	○	○	○	○
15.	Eu fico tão excitado com a simples menção de uma análise de fatores que sujo minhas calças.	○	○	○	○	○
16.	Fico emocionado ao pensar se devo usar medidas repetidas ou independentes.	○	○	○	○	○
17.	Eu gosto de sentar no parque ponderando se devo usar um método observacional no meu próximo experimento.	○	○	○	○	○
18.	Ficar na frente de 300 pessoas não me faz perder o controle do meu intestino.	○	○	○	○	○
19.	Eu gosto de ajudar estudantes.	○	○	○	○	○
20.	Transmitir conhecimento é o maior presente que você pode conceder a alguém.	○	○	○	○	○
21.	Pensar nas correções de Bonferroni me deixa muito animado.	○	○	○	○	○
22.	Eu tremo de excitação quando penso em delinear meu próximo experimento.	○	○	○	○	○
23.	Eu costumo passar meu tempo livre conversando com os pombos... até eles morrerem de tédio.	○	○	○	○	○
24.	Tentei construir uma máquina do tempo para poder voltar aos anos 1930 e seguir Fisher de joelhos, lambendo o chão em que ele acabou de pisar.	○	○	○	○	○
25.	Eu amo ensinar.	○	○	○	○	○
26.	Eu passo muito tempo ajudando os alunos.	○	○	○	○	○
27.	Eu adoro ensinar porque os alunos têm que fingir que gostam de mim ou irão receber notas ruins.	○	○	○	○	○
28.	Meu gato é meu único amigo.	○	○	○	○	○

Figura 18.18

Respostas e recursos adicionais estão disponíveis no *site* do livro em
https://edge.sagepub.com/field5e.

19

RESULTADOS CATEGÓRICOS: QUI-QUADRADO E ANÁLISE LOG-LINEAR

19.1 O que aprenderei neste capítulo? 836
19.2 Analisando dados categóricos 837
19.3 Associações entre duas variáveis categóricas 837
19.4 Associação entre diversas variáveis categóricas: análise log-linear 846
19.5 Pressupostos na análise de dados categóricos 849
19.6 Procedimento geral para analisar resultados categóricos 850
19.7 Executando o qui-quadrado utilizando o SPSS 850
19.8 Interpretando o teste do qui-quadrado 854
19.9 Análise log-linear utilizando o SPSS 864
19.10 Interpretando a análise log-linear 866
19.11 Relatando os resultados da análise log-linear 872
19.12 Caio tenta conquistar Gina 872
19.13 E agora? 874
19.14 Termos-chave 875
       Tarefas da Alex Astuta 875

19.1 O que aprenderei neste capítulo?

No capítulo anterior, descobrimos que escrevi um livro. No caso, este livro que você está lendo. Há muitas coisas boas em escrever livros. Por um lado, seus pais ficam impressionados. Os meus não estão *tão* impressionados porque acham que um livro de sucesso deve vender tantos exemplares quanto *Harry Potter* vende, e que as pessoas deveriam fazer fila do lado de fora das livrarias para adquirir a mais recente e fascinante edição do *Descobrindo a estatística*... Consequentemente, meus pais estão muito confusos sobre o fato de que este livro é considerado um sucesso, e mesmo assim eu não fui convidado para jantar com a rainha. No entanto, já que a minha família não realmente entende o que eu faço, os livros ao menos são uma prova tangível de que eu faço *alguma coisa*. O tamanho deste livro e o fato de que ele tem equações são um bônus, porque me fazem parecer mais inteligente do que realmente sou. Mas não tanto quanto "o mais inteligente" ☺. O lado ruim de escrever livros é a imensurável angústia mental. Na Inglaterra, não falamos sobre nossas emoções, porque tememos que, se elas fossem expostas, a civilização entraria em colapso. Vou contrariar essa tendência nacional, e revelar que o processo de escrita da 2ª edição deste livro foi tão estressante que fiquei por um fio a entrar em colapso total. Levei dois anos para me recuperar, bem a tempo de começar a pensar na 3ª edição.[1] Porém, toda essa dor vale a pena quando as pessoas me dizem que acharam o livro no mínimo um pouco útil. Naturalmente, os editores se concentram menos em sentimentos calorosos de altruísmo e mais nos números de vendas e nas comparações com outros livros. Eles reúnem dados sobre as vendas deste livro e dos seus concorrentes em diferentes "mercados" (você não é uma pessoa, você é um "consumidor", e você não vive em um país, você vive em um "mercado") e eles dão risada sentados na frente de seus computadores criando distribuições de frequências desses valores em cor-de-rosa (e com efeitos 3D). Os dados que eles coletam são dados de frequências (o número de livros vendidos em um determinado mercado ou disciplina). Se eles quisessem comparar as vendas deste livro com a de seus concorrentes, em diferentes países, precisariam ler este capítulo porque se trata de analisar dados quando sabemos apenas a frequência com que os eventos ocorrem. Eles não vão ler este capítulo, mas deveriam...

[1] A escrita desta 5ª edição foi um trabalho gigante, e eu já comecei esgotado por ter escrito um livro inteiramente novo (*An Adventure in Statistics*) com um prazo apertado. Eu não dormi muito nos últimos 5 meses. Apesar disso, esta foi a edição que eu mais gostei de fazer: foi a primeira edição que eu escrevi depois de ter filhos (mas você nunca deve interpretar correlação como causa) (ver Capítulo 3).

Figura 19.1 Enquanto eu escrevia a 2ª edição deste livro, as coisas ficaram um pouco estranhas.

19.2 Analisando dados categóricos ||||

Até agora, analisamos modelos lineares com variáveis previsoras categóricas, mas sempre prevendo uma variável de resultado contínua. Às vezes, queremos prever variáveis de resultado categóricas, ou seja, queremos prever em qual categoria uma entidade se enquadra. Por exemplo, poderíamos querer prever se uma mulher está grávida ou não, em qual partido político uma pessoa votará, se um tumor é benigno ou maligno ou se certo time de futebol vai ganhar, perder ou empatar. Nesses exemplos, uma entidade pode se enquadrar em apenas uma categoria – ou seja, uma mulher está grávida ou não, e uma equipe não pode vencer *e* perder a mesma partida. Os próximos dois capítulos lidam com modelos estatísticos para resultados categóricos. Começaremos com associações de modelagem entre variáveis categóricas e, em seguida, trataremos da previsão de resultados categóricos a partir de previsores categóricos. No próximo capítulo, analisaremos a previsão de resultados categóricos a partir de variáveis previsoras categóricas e contínuas.

19.3 Associações entre duas variáveis categóricas ||||

Começaremos examinando a situação mais simples: quantificar a relação entre duas variáveis categóricas. Com variáveis categóricas não podemos usar a média ou qualquer estatística similar porque a média de uma variável categórica não faz sentido: os valores numéricos que você associa a diferentes categorias são arbitrários, e a média desses valores numéricos dependerá de quantos membros cada categoria possui. Portanto, quando medimos apenas variáveis categóricas, analisamos o número de itens que se enquadram em cada combinação de categorias (i.e., as frequências).

19.3.1 Um exemplo peludo ||||

Um pesquisador queria saber se animais poderiam ser treinados para dançar. Ele selecionou 200 gatos e tentou treiná-los, dando-lhes petisco ou carinho como recompensa por um comportamento semelhante ao ato de dançar. No final de uma semana, ele contou quantos animais conseguiam dançar e quantos não conseguiam. Há duas variáveis categóricas aqui: **treinamento** (se o animal foi treinado usando petisco ou carinho, não ambos) e **dançar** (se o animal aprendeu a dançar ou não). Ao combinar as duas variáveis, temos quatro categorias diferentes. Tudo o que precisamos fazer é contar quantos gatos se enquadram em cada categoria. A Tabela 19.1 mostra uma tabela de contingência (seção 3.7.3) desses dados.

Tabela 19.1 Tabela de contingência mostrando quantos gatos dançam após serem treinados com diferentes recompensas

		Treinamento		
		Petisco como recompensa	Carinho como recompensa	Total
Conseguiram dançar?	Sim	28	48	76
	Não	10	114	124
	Total	38	162	200

19.3.2 Teste do qui-quadrado de Pearson ▌▌▌▌

Para ver se há uma relação entre as duas variáveis categóricas (i.e., o número de gatos que dançam está relacionado ao tipo de recompensa utilizada?) podemos usar o **teste do qui-quadrado** de Pearson (Fisher, 1922; Pearson, 1900). Essa estatística é baseada na simples ideia de se comparar as frequências observadas em certas categorias com as frequências que você esperaria nessas categorias ao acaso. Vimos, no Capítulo 2, (Equação 2.11) que, se quisermos calcular o ajuste (ou erro total) de um modelo, somamos as diferenças ao quadrado entre os valores observados do resultado e os valores esperados que vêm do modelo:

$$\text{erro total} = \sum_{i=1}^{n} (\text{observado}_i - \text{modelo}_i)^2 \tag{19.1}$$

Essa equação foi a base de nossas somas dos quadrados no modelo linear. Usamos essencialmente a mesma equação quando as variáveis são categóricas. Há uma pequena variação: também dividimos pelos escores do modelo, que é o mesmo processo que dividir a soma dos quadrados pelos graus de liberdade para obter os quadrados médios: basicamente, isso padroniza o desvio para cada observação. Se somarmos esses desvios padronizados, a estatística resultante é o qui-quadrado de Pearson (χ^2), dado por:

$$\chi^2 = \sum \frac{(\text{observado}_{ij} - \text{modelo}_{ij})^2}{\text{modelo}_{ij}} \tag{19.2}$$

em que *i* representa as linhas na tabela de contingência e *j*, as colunas.

Os dados observados são as frequências da Tabela 19.1, mas o que é o modelo? Quando prevemos um resultado contínuo de previsores categóricos (p. ex., o modelo linear), o modelo que usamos é o das médias dos grupos, mas não podemos trabalhar com médias quando temos uma variável de resultado categórica (ver anteriormente), então, em vez disso, trabalhamos com frequências, usando "frequências esperadas". Uma forma simples de se estimar as frequências esperadas seria dizer "Temos 200 gatos no total e quatro categorias, assim o valor esperado é 200/4 = 50". Essa seria uma boa abordagem se, por exemplo, tivéssemos o mesmo número de gatos que receberam carinho como recompensa e de gatos que receberam petisco como recompensa, mas não tínhamos: 38 receberam petisco e 162 receberam carinho. Da mesma forma, as quantidades de gatos que conseguiram e não conseguiram dançar não são as mesmas. Para ajustar essas desigualdades, calculamos as frequências esperadas para cada célula na tabela usando os totais da coluna e da linha para essa célula. Ao fazer isso, levamos em conta o número total de observações que *poderiam ter* somado para aquela célula. A seguinte equação, na qual *n* é o número total de observações (neste caso, 200), mostra esse processo:

$$\text{modelo}_{ij} = E_{ij} = \frac{\text{total da linha}_i \times \text{total da coluna}_j}{n} \tag{19.3}$$

Podemos calcular essas frequências esperadas para as quatro células dentro da nossa tabela da seguinte maneira (onde total de linha e total de coluna são abreviados como TL e TC respectivamente):

$$\begin{aligned}
\text{modelo}_{\text{Petisco, Sim}} &= \frac{\text{TL}_{\text{Sim}} \times \text{TC}_{\text{Comida}}}{n} = \frac{76 \times 38}{200} = 14{,}44 \\
\text{modelo}_{\text{Petisco, Não}} &= \frac{\text{TL}_{\text{Não}} \times \text{TC}_{\text{Comida}}}{n} = \frac{124 \times 38}{200} = 23{,}56 \\
\text{modelo}_{\text{Carinho, Sim}} &= \frac{\text{TL}_{\text{Sim}} \times \text{TC}_{\text{Carinho}}}{n} = \frac{76 \times 162}{200} = 61{,}56 \\
\text{modelo}_{\text{Carinho, Não}} &= \frac{\text{TL}_{\text{Não}} \times \text{TC}_{\text{Carinho}}}{n} = \frac{124 \times 162}{200} = 100{,}44
\end{aligned} \tag{19.4}$$

Esses são os valores do modelo que colocamos na equação (19.2).

Agora temos os valores do modelo, e os valores observados estão na Tabela 19.1. Tudo o que precisamos fazer é pegar cada valor em cada célula da Tabela 19.1, subtrair o valor do modelo correspondente, elevar ao quadrado o resultado e depois dividir pelo valor do modelo correspondente. Depois de fazermos isso para cada célula, somamos os resultados:

$$\chi^2 = \frac{(28-14,44)^2}{14,44} + \frac{(10-23,56)^2}{23,56} + \frac{(48-61,56)^2}{61,56} + \frac{(114-100,44)^2}{100,44}$$

$$= \frac{13,56^2}{14,44} + \frac{(-13,56)^2}{23,56} + \frac{(-13,56)^2}{61,56} + \frac{13,56^2}{100,44} \quad (19.5)$$

$$= 12,73 + 7,80 + 2,99 + 1,83$$

$$= 25,35$$

Essa estatística tem uma distribuição com propriedades conhecidas chamada **distribuição do qui-quadrado**, que tem uma forma determinada pelos graus de liberdade que são $(l-1)(c-1)$, onde l é o número de linhas e c é o número de colunas. Outra maneira de se pensar nisso é o número de níveis de cada variável menos 1 multiplicados juntos. Nesse exemplo, obtemos $gl = (2-1)(2-1) = 1$.

No tempo que as pessoas faziam essas coisas à mão, elas pediam para o seu dinossauro de estimação encontrar um valor crítico para a distribuição do qui-quadrado com $gl = 1$ (para esses dados). Se o valor da estatística qui-quadrado observada fosse maior do que esse valor crítico, eles concluiriam que havia uma relação significativa entre as duas variáveis, esfregariam alguns paus para fazer um fogo e convidariam seus amigos para comemorar. Para os leitores que ainda vivem em cavernas, os valores críticos estão no Apêndice; para $gl = 1$, os valores críticos são 3,84 ($p = 0,05$) e 6,63 ($p = 0,01$) e, como o qui-quadrado observado é maior que esses valores, é significativo com $p < 0,01$. Para o restante, pode-se usar um computador para calcular a probabilidade precisa de se obter uma estatística qui-quadrado de pelo menos 25,35 (neste caso) caso não houvesse associação entre as variáveis na população.

19.3.3 Teste exato de Fisher ▌▐▐▐

A estatística qui-quadrado tem uma distribuição amostral que é apenas *aproximadamente* uma distribuição de qui-quadrado. Quanto maior a amostra, melhor a aproximação, e em grandes amostras a aproximação é boa o suficiente para não termos de nos preocupar com o fato de ela ser uma aproximação. Em amostras pequenas, a aproximação não é boa o suficiente, o que torna os testes de significância da estatística qui-quadrado inacurados. É por isso que frequentemente se fala que o teste do qui-quadrado requer que as frequências esperadas em cada célula sejam maiores que 5 (ver seção 19.5). Quando as frequências esperadas são maiores que 5, a distribuição amostral é provavelmente próxima o suficiente de uma distribuição do qui-quadrado. No entanto, quando as frequências esperadas são muito baixas, isso provavelmente significa que a distribuição amostral da estatística de teste é inacurada, pois desvia bastante da distribuição do qui-quadrado.

Fisher criou uma solução para esse problema, chamada **teste exato de Fisher** (Fisher, 1922). Não é bem um teste, mas uma maneira de calcular a probabilidade exata da estatística do qui-quadrado em pequenas amostras. Esse procedimento é normalmente usado em tabelas de contingência 2 × 2 (i.e., duas variáveis com duas opções cada uma) e com amostras pequenas. Ele *pode* ser usado em tabelas de contingência maiores e com amostras grandes, mas isso não faz sentido, pois o teste foi desenvolvido para superar o problema de amostras pequenas; além disso, em tabelas de contingência maiores, ele exige demais do seu computador, que pode acabar tendo um colapso.

19.3.4 A razão da verossimilhança ▌▐▐▐

Uma alternativa ao qui-quadrado de Pearson é a estatística da razão da verossimilhança, baseada na teoria da máxima verossimilhança. A ideia geral por trás dessa teoria é coletar alguns dados e criar um modelo no qual a probabilidade de se obter o conjunto de dados observado seja maximizada; então, compara-se esse modelo com a probabilidade de obter esses dados sob a hipótese nula. A estatística resultante é baseada na comparação das frequências observadas com as previstas pelo modelo. O cálculo é:

$$L\chi^2 = 2\sum \text{observado}_{ij} \ln\left(\frac{\text{observado}_{ij}}{\text{modelo}_{ij}}\right) \tag{19.6}$$

em que i e j são as linhas e colunas da tabela de contingência e ln é o logaritmo natural (uma função matemática-padrão que encontramos no Capítulo 6). Usando o mesmo modelo e valores observados da seção anterior, obtemos uma razão de verossimilhança de 24,94:

$$\begin{aligned}L\chi^2 &= 2\left[28 \times \ln\left(\frac{28}{14,44}\right) + 10 \times \ln\left(\frac{10}{23,56}\right) + 48 \times \ln\left(\frac{48}{61,56}\right) + 114 \times \ln\left(\frac{114}{100,44}\right)\right] \\ &= 2[28 \times 0,662 + 10 \times -0,857 + 48 \times -0,249 + 114 \times 0,127] \\ &= 2[18,54 - 8,57 - 11,94 + 14,44] \\ &= 24,94 \end{aligned} \tag{19.7}$$

Assim como no qui-quadrado de Pearson, essa estatística tem uma distribuição de qui-quadrado com os mesmos graus de liberdade (neste caso, 1). Usaríamos os mesmos valores críticos de antes e novamente concluiríamos que a estatística de teste é significativa porque o valor observado de 24,94 é bem maior que os valores críticos de 3,84 ($p = 0,05$) e 6,63 ($p = 0,01$). Um computador nos daria um valor-p preciso. Para amostras grandes, a razão de verossimilhança será aproximadamente a mesma do qui-quadrado de Pearson, mas é preferida quando as amostras são pequenas.

19.3.5 A correção de Yates ||||

Quando você tem uma tabela de contingência 2 × 2 (i.e., duas variáveis categóricas, cada uma com duas categorias), o qui-quadrado de Pearson tende a produzir valores de significância que são muito pequenos (tende a gerar um Erro do tipo I). Yates sugeriu uma correção para a fórmula de Pearson (geralmente referida como **correção de continuidade de Yates**). A ideia geral é que, quando você calcula o desvio do modelo (observado$_{ij}$ −modelo$_{ij}$ na Equação 19.2), você subtrai 0,5 do valor absoluto desse desvio antes de o elevar ao quadrado. Em outras palavras, você calcula o desvio, ignora se é positivo ou negativo, subtrai 0,5 dele e depois o eleva ao quadrado. Com a correção de Yates aplicada, a equação de Pearson se torna:

$$\chi^2 = \sum \frac{\left(\left|\text{observado}_{ij} - \text{modelo}_{ij}\right| - 0,5\right)^2}{\text{modelo}_{ij}} \tag{19.8}$$

Com os dados no nosso exemplo, isso produz um valor de 23,52:

$$\begin{aligned}\chi^2 &= \frac{(13,56-0,5)^2}{14,44} + \frac{(13,56-0,5)^2}{23,56} + \frac{(13,56-0,5)^2}{61,56} + \frac{(13,56-0,5)^2}{100,44} \\ &= 11,81 + 7,24 + 2,77 + 1,70 \\ &= 23,52\end{aligned} \tag{19.9}$$

Observe que a correção reduz o valor da estatística do qui-quadrado e, portanto, torna-a menos significativa. Há uma quantidade relativamente boa de evidências de que esse ajuste corrige em excesso e produz valores de qui-quadrado que são muito pequenos. Howell (2012) fornece uma excelente discussão, se você estiver interessado; tudo o que vou dizer é que, embora valha a pena conhecer essa correção, provavelmente é melhor ignorá-la.

19.3.6 Outras medidas de associação

Existem medidas da força de associação que modificam a estatística do qui-quadrado para levar em conta o tamanho da amostra e os graus de liberdade e tentam restringir a estatística de teste ao intervalo de 0 a 1 (para torná-la semelhante ao coeficiente de correlação descrito no Capítulo 8). Três medidas relacionadas são:

- *Phi*: Essa estatística é acurada para tabelas de contingência 2 × 2. No entanto, para tabelas com mais de duas dimensões, o valor de *phi* pode não estar entre 0 e 1, porque o valor do qui-quadrado pode exceder o tamanho da amostra. Portanto, Pearson sugeriu o uso do coeficiente de contingência.
- *Coeficiente de contingência*: Esse coeficiente garante um valor entre 0 e 1, mas, infelizmente, raramente atinge seu limite máximo de 1 e, por essa razão, Cramér criou uma alternativa denotada por *V*.
- *V de Cramér*: Quando ambas as variáveis têm apenas duas categorias, *phi* e *V* de Cramér são idênticos. No entanto, quando as variáveis têm mais de duas categorias, a estatística de Cramér pode atingir o seu máximo de 1 (ao contrário das outras duas) e, portanto, é a mais útil.

19.3.7 O teste do qui-quadrado como um modelo linear

Como em todos os modelos deste livro, o teste do qui-quadrado pode ser conceituado como um modelo linear geral. O modelo linear geral é expresso como:

$$Y_i = b_0 + b_1 X_{1i} + b_2 X_{2i} + \cdots + b_n X_{ni} + \varepsilon_i \tag{19.10}$$

que é uma equação que vimos várias vezes ao longo deste livro (p. ex., Capítulo 9). Também vimos que esse modelo linear é perfeitamente capaz de acomodar variáveis previsoras categóricas. Por exemplo, no Capítulo 12 (Equação 12.2), quando queríamos comparar as médias dos grupos de terapia com filhotes, incluímos esses grupos usando variáveis fictícias categóricas:

$$\text{Felicidade}_i = b_0 + b_1 \text{Longo}_i + b_2 \text{Curto}_i + \varepsilon_i \tag{19.11}$$

Com uma variável de resultado categórica, podemos usar essencialmente o mesmo modelo. Vamos ver como. Em nosso exemplo dos gatos que dançam, temos duas variáveis categóricas: treinamento (petisco ou carinho) e dança (sim, eles dançaram, ou não, eles não dançaram). Ambas as variáveis têm duas categorias e podemos representar cada uma com uma única variável fictícia (ver seção 11.5.1), na qual uma categoria é codificada como 0 e a outra, como 1. Vamos codificar a variável treinamento como 0 para petisco e 1 para carinho, e a variável dança como 1 para sim e 0 para não (ver Tabela 19.2).

Essa situação é como o delineamento fatorial que observamos na seção 14.3: naquele exemplo, também tínhamos duas variáveis previsoras e o modelo linear geral tornou-se:

$$\text{resultado}_i = b_0 + b_1 A_i + b_2 B_i + b_3 AB_i + \varepsilon_i \tag{19.12}$$

em que *A* representa a primeira variável, *B* representa a segunda e *AB* representa a interação entre as duas variáveis (relembre a Equação 14.4). Portanto, podemos construir um modelo linear

Tabela 19.2 Esquema de codificação para os gatos que dançam

Treinamento	Dança	Fictícia (treinamento)	Fictícia (dança)	Interação	Frequência
Petisco	Não	0	0	0	10
Petisco	Sim	0	1	0	28
Carinho	Não	1	0	0	114
Carinho	Sim	1	1	1	48

usando as variáveis fictícias na Tabela 19.2, que é semelhante à que usamos para delineamentos fatoriais:

$$\text{Resultado}_i = (\text{modelo}) + \text{erro}_i$$

$$\text{Resultado}_{ij} = \left(b_0 + b_1\text{Treinamento}_i + b_2\,\text{Dança}_j + b_3\,\text{Interação}_{ij}\right) + \varepsilon_{ij} \qquad (19.13)$$

O termo interação será a variável treinamento multiplicada pela variável dança (ver seção 11.3.2 e, se não fizer sentido, ver seção 14.3, porque a codificação é a mesma deste exemplo). No entanto, como a *variável de resultado* é categórica, para tornar esse modelo linear precisamos usar logaritmos. O modelo será:[2]

$$\ln(O_i) = \ln(\text{modelo}) + \ln(\varepsilon_i)$$

$$\ln(O_{ij}) = b_0 + b_1\text{Treinamento}_i + b_2\text{Dança}_j + b_3\text{Interação}_{ij} + \ln(\varepsilon_{ij}) \qquad (19.14)$$

As variáveis treinamento e dança e a interação podem assumir os valores 0 e 1, dependendo da combinação das categorias que estamos observando (Tabela 19.2). Portanto, para descobrir o que os valores-*b* representam neste modelo, podemos fazer o mesmo que fizemos com outros modelos lineares e observar o que acontece quando substituímos o treinamento e a dança com valores diferentes de 0 e 1.

Para começar, vamos ver o que acontece quando o treinamento e a dança são ambos iguais a zero. Essa situação representa a categoria dos gatos que receberam alimento como recompensa e não dançaram. Quando usamos o modelo linear antes dos resultados serem obtidos dos dados observados, usamos as médias dos grupos (p. ex., ver as seções 10.4 e 12.2). Com um resultado categórico, usamos as frequências observadas (em vez das médias observadas). Na Tabela 19.1, havia 10 gatos que receberam petisco como recompensa e não dançaram. Se usarmos isso como o resultado observado, o modelo pode ser escrito como:

$$\ln(O_{ij}) = b_0 + b_1\text{Treinamento}_i + b_2\text{Dança}_j + b_3\text{Interação}_{ij} \qquad (19.15)$$

se ignorarmos o termo de erro, por enquanto. Para gatos que receberam petisco como recompensa e não dançaram, as variáveis de treinamento e dança e a interação serão todas 0 e a equação será reduzida a:

$$\ln(O_{\text{Petisco, Não}}) = b_0 + (b_1 \times 0) + (b_2 \times 0) + (b_3 \times 0)$$
$$= b_0$$
$$\ln(10) = b_0 \qquad (19.16)$$
$$b_0 = 2{,}303$$

Portanto, b_0 no modelo representa o log do valor observado quando todas as categorias são zero: é o log do valor observado da categoria de base (neste caso, gatos que receberam petisco e não dançaram).

Agora, vamos ver o que acontece quando analisamos os gatos que receberam carinho como recompensa e não dançaram. Neste caso, a variável treinamento é 1, enquanto a variável dança e a interação ainda são 0. Além disso, nosso resultado agora muda para o valor observado para gatos que receberam carinho e não dançaram (na Tabela 19.1, o valor é 114). A equação se torna:

$$\ln(O_{\text{Carinho, Não}}) = b_0 + (b_1 \times 1) + (b_2 \times 0) + (b_3 \times 0)$$
$$= b_0 + b_1 \qquad (19.17)$$
$$b_1 = \ln(O_{\text{Carinho, Não}}) - b_0$$

---

[2] A convenção é para denotar b_0 como θ e os valores-*b* como λ, mas acredito que essas mudanças notacionais servem apenas para confundir as pessoas, então eu fico com *b* porque quero enfatizar as semelhanças com o modelo linear.

Lembrando que b_0 é o valor esperado para os gatos que receberam petisco e não dançaram, obtemos:

$$b_1 = \ln(O_{\text{Carinho, Não}}) - \ln(O_{\text{Petisco, Não}})$$
$$= \ln(114) - \ln(10)$$
$$= 4{,}736 - 2{,}303$$
$$= 2{,}433$$

(19.18)

O importante é que b_1 é a diferença entre o log da frequência observada para gatos que receberam carinho e não dançaram e o log dos valores observados para gatos que receberam petisco e não dançaram. Em outras palavras, dentro do grupo dos gatos que não dançaram, ele representa a diferença entre aqueles treinados usando petisco e aqueles treinados usando carinho.

Quando consideramos os gatos que receberam petisco como recompensa e dançaram, a variável treinamento é 0, a variável dança é 1 e a interação é 0. Nosso resultado é a frequência observada para gatos que receberam petisco e dançaram (na Tabela 19.1, o valor é 28). A equação se torna:

$$\ln(O_{\text{Petisco, Sim}}) = b_0 + (b_1 \times 0) + (b_2 \times 1) + (b_3 \times 0)$$
$$= b_0 + b_2$$

(19.19)

$$b_2 = \ln(O_{\text{Petisco, Sim}}) - b_0$$

Vamos substituir b_0 pelo que sabemos que ele representa (o valor esperado para gatos que receberam petisco e não dançaram):

$$b_2 = \ln(O_{\text{Petisco, Sim}}) - \ln(O_{\text{Petisco, Não}})$$
$$= \ln(28) - \ln(10)$$
$$= 3{,}332 - 2{,}303$$
$$= 1{,}029$$

(19.20)

Portanto, b_2 é a diferença entre o log da frequência observada para gatos que receberam petisco e dançaram e o log da frequência observada para gatos que receberam petisco e não dançaram. Em outras palavras, dentro do grupo dos gatos que receberam petisco como recompensa, ele representa a diferença entre gatos que não dançaram e os que dançaram.

Finalmente, vamos analisar os gatos que receberam carinho e dançaram. Ambas as variáveis – treinamento e dança – são iguais a 1, e a interação (que é o valor do treinamento multiplicado pelo valor da dança) também é 1. Podemos substituir b_0, b_1 e b_2 pelo que agora sabemos que eles representam. O resultado é o registro da frequência observada para gatos que receberam carinho e dançaram (esse valor é 48 – ver Tabela 19.1). Portanto, a equação se torna:

$$\ln\left(O_{C,S}\right) = b_0 + (b_1 \times 1) + (b_2 \times 1) + (b_3 \times 1)$$
$$= b_0 + b_1 + b_2 + b_3$$
$$= \ln\left(O_{P,N}\right) + \left(\ln\left(O_{C,N}\right) - \ln\left(O_{P,N}\right)\right) + \left(\ln\left(O_{P,S}\right) - \ln\left(O_{P,N}\right)\right) + b_3$$
$$= \ln\left(O_{C,N}\right) + \ln\left(O_{P,S}\right) - \ln\left(O_{P,N}\right) + b_3$$
$$b_3 = \ln\left(O_{C,S}\right) - \ln\left(O_{P,S}\right) + \ln\left(O_{P,N}\right) - \ln\left(O_{C,N}\right)$$
$$= \ln(48) - \ln(28) + \ln(10) - \ln(114)$$
$$= -1{,}895$$

(19.21)

(Foram utilizadas as abreviações C para carinho, P para petisco, S para Sim e N para não), o que mostra que b_3 compara a diferença entre carinho e petisco quando os gatos *não dançaram* com a diferença entre carinho e petisco quando os gatos *dançaram*. Em outras palavras, ele compara o efeito do treinamento quando os gatos não dançaram com o efeito do treinamento quando dançaram.

Colocando todos esses valores-*b* juntos, obtemos o seguinte modelo:

$$\ln(O_{ij}) = 2{,}303 + 2{,}433\text{Treinamento}_i + 1{,}029\text{Dança}_j - 1{,}895\text{Interação}_{ij} + \ln(\varepsilon_{ij}) \qquad (19.22)$$

O mais importante dessa discussão é que tudo é o mesmo que em experimentos fatoriais, exceto que lidamos com valores transformados em log (compare esta seção com a seção 14.3 para ver como tudo é semelhante). Caso você não acredite que o teste do qui-quadrado funciona como um modelo linear geral, baixe o arquivo **Cat Regression.sav**, que contém as duas variáveis, **Dance** (dança) (0 = não, 1 = sim) e **Training** (treinamento) (0 = petisco, 1 = carinho), e a interação (**Interaction**). Existe uma variável chamada **Observed** que contém as frequências observadas na Tabela 19.1 para cada combinação de **Dance** e **Training** e uma variável chamada **LnObserved**, que é o logaritmo natural dessas frequências observadas (lembre-se de que, ao longo desta seção, trabalhamos com logaritmos dos valores observados).

Teste seus conhecimentos

Ajuste um modelo linear com **LnObserved** *como a variável de resultado e* **Training**, **Dance** *e* **Interaction** *como as três previsoras.*

A Saída 19.1 mostra os coeficientes resultantes. Note que a constante, b_0, é 2,303 como foi calculado acima, o valor-*b* para o tipo de treinamento, b_1, é 2,434, e para dança, b_2, é 1,030, ambos com um pequeno erro de arredondamento diante do calculado acima. Finalmente, o coeficiente para a interação, b_3, é −1,895, como previsto. Uma coisa estranha é que os erros-padrão são todos zero: não há *nenhum* tipo de erro nesse modelo. Essa falta de erro ocorre porque as várias combinações de variáveis codificadoras explicam completamente os valores observados. Isso é conhecido como **modelo saturado**, e eu retornarei a ele mais tarde, então faça uma nota mental disso.

Tudo isso está indo bem, mas o título desta seção implica que eu mostraria como o teste do qui-quadrado pode ser conceituado como um modelo linear. Então: o teste do qui-quadrado analisa se duas variáveis são independentes e, portanto, ele não se interessa pelo efeito combinado (a interação), mas apenas pelo efeito principal. Então, tiramos a interação do modelo saturado, e o modelo se torna:

$$\ln(\text{modelo}_{ij}) = b_0 + b_1\text{Treinamento}_i + b_2\text{Dança}_j \qquad (19.23)$$

Coefficients[a]

Model		Unstandardized Coefficients B	Std. Error	Standardized Coefficients Beta	t	Sig.
1	(Constant)	2.303	.000		72046662.8	.000
	Type of Training	2.434	.000	1.385	73011512.2	.000
	Did they dance?	1.030	.000	.725	27654265.1	.000
	Interaction	−1.895	.000	−1.174	−46106003	.000

a. Dependent Variable: LN (Observed Frequencies)

Saída 19.1

Com esse novo modelo, não podemos prever os valores observados perfeitamente (como no modelo saturado) porque perdemos informações (ou seja, o termo de interação). Portanto, o resultado do modelo muda e os valores-b também. Vimos anteriormente que o teste do qui-quadrado se baseia em "frequências esperadas". Nosso resultado se torna esses valores esperados, como na seguinte equação:

$$\ln(E_{ij}) = b_0 + b_1\text{Treinamento}_i + b_2\text{Dança}_j \qquad (19.24)$$

Já calculamos os valores esperados para este exemplo na Equação 19.4. Podemos recalcular os valores beta com base nesses valores esperados. Para gatos que receberam petisco como recompensa e não dançaram, as variáveis de treinamento e dança serão 0, e a equação se torna:

$$\ln(E_{\text{Petisco, Não}}) = b_0 + (b_1 \times 0) + (b_2 \times 0)$$
$$= b_0$$
$$b_0 = \ln(23{,}56) \qquad (19.25)$$
$$= 3{,}16$$

Portanto, b_0 representa o log do valor esperado quando todas as categorias são zero.

Quando analisamos os gatos que receberam carinho como recompensa e não dançaram, a variável treinamento é 1 e a variável dança ainda é 0. Além disso, nosso resultado agora muda para ser o valor esperado para gatos que receberam carinho e não dançaram:

$$\ln(E_{\text{Carinho, Não}}) = b_0 + (b_1 \times 1) + (b_2 \times 0)$$
$$= b_0 + b_1$$
$$b_1 = \ln(E_{\text{Carinho, Não}}) - b_0 \qquad (19.26)$$
$$= \ln(E_{\text{Carinho, Não}}) - \ln(E_{\text{Petisco, Não}})$$
$$= \ln(100{,}44) - \ln(23{,}56)$$
$$= 1{,}45$$

O importante é que b_1 é a diferença entre o logaritmo da frequência esperada para gatos que receberam carinho e não dançaram e o logaritmo do valor esperado para gatos que receberam petisco e não dançaram. Este valor é o mesmo da coluna marginal, ou seja, a diferença entre o número total de gatos que receberam carinho e o número total de gatos que receberam petisco: $\ln(162) - \ln(38)$ = 1,45. Simplificando, ele representa o efeito principal do tipo de treinamento.

Quando analisamos os gatos que receberam petisco como recompensa e dançaram, a variável treinamento é 0 e a variável dança é 1. Nosso resultado agora muda para ser a frequência esperada para gatos que receberam petisco e dançaram:

$$\ln(E_{\text{Petisco, Sim}}) = b_0 + (b_1 \times 0) + (b_2 \times 1)$$
$$= b_0 + b_2$$
$$b_2 = \ln(E_{\text{Petisco, Sim}}) - b_0 \qquad (19.27)$$
$$= \ln(E_{\text{Petisco, Sim}}) - \ln(E_{\text{Petisco, Não}})$$
$$= \ln(14{,}44) - \ln(23{,}56)$$
$$= -0{,}49$$

Portanto, b_2 é a diferença entre o logaritmo das frequências esperadas para gatos que receberam petisco e dançaram ou não dançaram. De fato, o valor é o mesmo da linha marginal, que é a diferença entre o número total de gatos que dançaram e o dos que não dançaram: $\ln(76) - \ln(124)$ = –0,49. Em termos mais simples, é o efeito principal de se o gato dançou ou não.

Podemos checar novamente tudo isso olhando para a célula final (gatos que receberam carinho e dançaram):

$$\ln(E_{\text{Carinho, Sim}}) = b_0 + (b_1 \times 1) + (b_2 \times 1)$$
$$= b_0 + b_1 + b_2$$
$$\ln(61,56) = 3,16 + 1,45 - 0,49$$
$$4,12 = 4,12$$

(19.28)

Se colocarmos os valores-b no modelo, então o qui-quadrado final é:

$$\ln(O_i) = \ln(\text{modelo}) + \ln(\varepsilon_i)$$
$$\ln(O_i) = 3,16 + 1,45\text{Treinamento} - 0,49\text{Dança} + \ln(\varepsilon_i)$$

(19.29)

Podemos reorganizar essa equação para obter os resíduos (o termo de erro):

$$\ln(\varepsilon_i) = \ln(O_i) - \ln(\text{modelo})$$

(19.30)

O modelo são as frequências esperadas que foram calculadas para o teste do qui-quadrado, portanto os resíduos são as diferenças entre as frequências observadas e as esperadas. Esta seção mostra como o qui-quadrado pode ser pensado como um modelo linear, no qual os valores beta nos informam sobre as diferenças relativas nas frequências entre as categorias das nossas duas variáveis. O ponto principal é simplesmente que, mesmo com resultados categóricos, você está usando o mesmo modelo que tem aprendido ao longo deste livro.

Teste seus conhecimentos

Ajuste outro modelo linear usando **Cat Regression.sav**. *Dessa vez, o resultado é o logaritmo das frequências esperadas* (**LnExpected**) *e* **Training** *e* **Dance** *são as previsoras (a interação não está incluída).*

19.4 Associação entre diversas variáveis categóricas: análise log-linear ▮▮▮▮

Às vezes, precisamos analisar tabelas de contingência mais complexas, nas quais existem três ou mais variáveis. Por exemplo, suponha que usemos o exemplo anterior, mas, também, coletamos dados de uma amostra de 70 cachorros. Podemos comparar o comportamento dos cães com os dos gatos. Teríamos três variáveis: **Animal** (cão ou gato), **Training** (petisco como recompensa ou carinho como recompensa) e **Dance** (eles dançaram ou não?). Essa análise não pode ser feita com o qui-quadrado de Pearson; em vez disso, usamos uma técnica denominada **análise log-linear**.

Na seção anterior, depois de quase deixar meu cérebro em estado vegetativo tentando explicar como a análise categórica de dados é apenas outra forma de regressão, ajustei uma regressão comum para provar que não estava falando bobagem. Naquele momento, eu disse, de maneira perspicaz: "ah, a propósito, não há erro no modelo, que estranho, não?". Disse a você que aquele era um modelo "saturado" e que não era necessário se preocupar muito com isso, porque tudo seria explicado mais tarde, assim que eu descobrisse o que diabos estava acontecendo. Essa foi uma boa tática evitativa enquanto durou, mas agora tenho que explicar o que estava acontecendo.

Para começar, espero que agora você esteja feliz com a ideia de que dados categóricos podem ser expressos na forma de um modelo linear se usarmos logaritmos (aliás, incidentemente, é por isso que a técnica que estamos discutindo se chama análise *log*-linear). Pelo que você já sabe sobre modelos lineares em geral, também deve estar confortável com a ideia de que podemos estender qualquer modelo linear para incluir qualquer quantidade de previsoras e quaisquer termos de interação resultantes entre previsoras. Considerando que podemos representar uma análise categórica simples de duas variáveis como um modelo linear, não se surpreenda se você descobrir que, se tivermos mais de duas variáveis, o modelo simplesmente se estende para incluir novas previsoras categóricas e suas interações com as previsoras existentes. Cada previsora terá um parâmetro (*b*). Isso é tudo que você realmente precisa saber. Pensando em termos de um modelo linear, torna-se conceitualmente muito fácil entender como o modelo do qui-quadrado se expande para incorporar novas variáveis previsoras. Por exemplo, se tivermos três previsoras (*A*, *B* e *C*) em um modelo linear, acabamos com três interações de dois fatores (*AB*, *AC*, *BC*) e uma interação de três fatores (*ABC*):

$$\text{resultado}_{ijk} = b_0 + b_1 A_i + b_2 B_j + b_3 C_k + b_4 AB_{ij} + b_5 AC_{ik} + b_6 BC_{jk} + b_7 ABC_{ijk} + \varepsilon_{ij} \quad (19.31)$$

Se o resultado for categórico, obtemos um modelo idêntico, mas com um resultado expresso em logaritmos:

$$\ln(O_{ijk}) = b_0 + b_1 A_i + b_2 B_j + b_3 C_k + b_4 AB_{ij} + b_5 AC_{ik} + b_6 BC_{jk} + b_7 ABC_{ijk} + \ln(\varepsilon_{ij}) \quad (19.32)$$

O cálculo dos valores-*b* e dos valores esperados do modelo torna-se consideravelmente mais complicado e confuso do que com apenas uma previsora e uma variável de resultado, mas é por isso que inventaram os computadores – para que não tenhamos que nos preocupar com isso. Imagine que um filhote de cachorro chamado Tobin colete números em uma pilha e, em seguida, os circula enquanto persegue sua cauda. À medida que os números são sugados para o vórtice que seu giro cria, um valor finalmente voa como uma folha flutuando ao vento e pousa na grama ao lado dele. A análise log-linear trabalha com esses princípios. Quer dizer... mais ou menos.

Como vimos no caso das duas variáveis, quando nossa variável de resultado é categórica e incluímos todos os termos disponíveis (efeitos principais e interações), não temos erro: nossos prognósticos predizem perfeitamente o resultado (os valores esperados). O modelo está saturado. Se começarmos com esse modelo, não teremos erros. O trabalho da análise log-linear é tentar encaixar um modelo mais simples sem qualquer perda substancial de poder de previsão. Portanto, a análise log-linear normalmente trabalha com um princípio de eliminação reversa (sim, o mesmo tipo de eliminação reversa da seção 9.9.1). Começamos com o modelo saturado, removemos uma previsora do modelo, reestimamos o modelo e o usamos para prever nossa variável de resultado (calcular as frequências esperadas, assim como no teste do qui-quadrado) e ver como ele se ajusta aos dados (i.e., as frequências esperadas estão próximas às frequências observadas?) Se o ajuste do novo modelo não é muito diferente do modelo mais complexo, então abandonamos o modelo complexo em favor do modelo novo, mais simples. Em outras palavras, pressupomos que o termo que removemos não estava tendo um impacto significativo na capacidade do nosso modelo de prever a variável de resultado observada.

Nós não removemos termos aleatoriamente, fazemos isso hierarquicamente. Então, começamos com o modelo saturado, removemos a interação de maior ordem e avaliamos o efeito que isso tem. Se a remoção do termo de interação de mais alta ordem não tiver impacto substancial no modelo, então nos livraremos dele e seguiremos em frente para remover as próximas interações de ordem mais alta. Se remover essas interações não tiver efeito, então as removemos e assim sucessivamente até os efeitos principais. Continuamos até encontrarmos um efeito que *afete* o ajuste do modelo quando for removido.

Para colocar isso em termos mais concretos, no início desta seção, pedi a você que imaginasse que tínhamos estendido nosso exemplo do treinamento e dança para incorporar uma amostra de cães. Então, agora temos três variáveis: **Animal** (cachorro ou gato), **Training** (petisco ou carinho) e **Dance** (eles dançaram ou não?). Esse modelo tem três efeitos principais:

- **Animal**
- **Training** (treinamento)
- **Dance** (dança)

três interações envolvendo duas variáveis:

- **Animal × Training**
- **Animal × Dance**
- **Training × Dance**

e uma interação envolvendo as três variáveis:

- **Animal × Training × Dance**

Quando falo de eliminação regressiva, quero dizer que a análise log-linear começa incluindo todos esses efeitos. A interação de maior ordem (neste caso, a interação de três fatores de **Animal × Training × Dance**) é removida. Um novo modelo é estimado sem essa interação, e as frequências esperadas são calculadas a partir desse novo modelo. Essas frequências esperadas (ou frequências do modelo) são comparadas às frequências observadas usando a equação-padrão para a estatística da razão da verossimilhança (ver seção 19.3.4). Se o novo modelo alterar significativamente a estatística da razão da verossimilhança, a remoção do termo de interação terá um efeito significativo no ajuste do modelo, o que nos diz que esse efeito é estatisticamente importante. Se esse for o caso, então paramos aqui e concluímos que temos uma interação significativa de três fatores. Não testamos nenhum outro efeito porque todos os efeitos de ordem inferior estão incluídos em efeitos de ordem superior. No entanto, se a remoção da interação de três fatores não afetar significativamente o ajuste do modelo, passaremos para interações de ordem mais baixa. Portanto, olhamos para as interações **Animal × Training**, **Animal × Dance** e **Training × Dance**, por sua vez, e construímos modelos nos quais esses termos não estão presentes. Para cada modelo, as frequências esperadas são calculadas e comparadas com as frequências observadas usando uma estatística da razão de verossimilhança.[3] Novamente, se qualquer um desses modelos resultar em uma mudança significativa na razão da verossimilhança, o termo é retido e nós não prosseguiremos para procurar em quaisquer efeitos principais envolvidos nessa interação (por isso, se a interação **Animal × Training** for significativa, o computador não irá testar os efeitos principais de **Animal** ou **Training**). No entanto, se a razão da verossimilhança estiver inalterada, o termo de interação ofensivo será removido e o computador prosseguirá para examinar os efeitos principais.

Eu mencionei que a estatística da razão da verossimilhança (seção 19.3.4) é usada para avaliar cada modelo. Esta Equação 19.6 pode ser adaptada para se ajustar a qualquer modelo: os valores observados são os mesmos e as frequências do modelo são as frequências esperadas do modelo sendo testado. Para o modelo saturado, essa estatística será sempre 0 (porque as frequências observadas e as do modelo são as mesmas, portanto a razão das frequências observadas para as frequências do modelo será 1, e ln(1) = 0), mas, em outras situações, irá fornecer uma medida de quão bem o modelo se encaixa nas frequências observadas. Para testar se um novo modelo alterou a razão da verossimilhança, adotamos a razão da verossimilhança para um modelo e subtraímos a estatística de probabilidade para o modelo anterior (desde que os modelos sejam estruturados hierarquicamente).

$$L\chi^2_{\text{Alteração}} = L\chi^2_{\text{Modelo atual}} - L\chi^2_{\text{Modelo anterior}} \tag{19.33}$$

Tentei dar uma ideia de como a análise log-linear funciona sem ficar mergulhando na questão dos cálculos. Os curiosos entre vocês podem querer saber exatamente como tudo é calculado, e, para essas pessoas, eu tenho duas coisas a dizer: "eu não sei" e "eu conheço um bom lugar onde você pode comprar uma camisa de força". Tabachnick e Fidell (2012) apresentam um capítulo maravilhosamente detalhado e lúcido sobre o assunto, o que deixa minha patética tentativa no chinelo.

---

[3] Vale a pena mencionar que, para cada modelo, o cálculo dos valores esperados difere e, à medida que os projetos se tornam mais complexos, o cálculo fica cada vez mais entediante e incompreensível (pelo menos para mim); no entanto você não precisa saber fazer os cálculos para ter uma ideia do que está acontecendo.

19.5 Pressupostos na análise de dados categóricos

O teste qui-quadrado não se baseia nos pressupostos discutidos no Capítulo 6 (p. ex., os dados categóricos não podem ter uma distribuição amostral normal porque não são contínuos). No entanto, tem dois pressupostos importantes relativos a (1) independência e (2) frequências esperadas.

19.5.1 Independência

O modelo linear geral faz uma suposição sobre a independência dos resíduos, e o teste qui-quadrado, sendo uma espécie de modelo linear, não é exceção. Para que o teste qui-quadrado seja significativo, cada pessoa, item ou entidade deve contribuir para apenas uma célula da tabela de contingência. Portanto, você não pode usar um teste qui-quadrado em um delineamento de medidas repetidas (p. ex., se tivéssemos treinado alguns gatos com petisco para ver se dançariam e treinássemos os mesmos gatos com carinho para ver se dançariam, não poderíamos analisar os dados resultantes com o teste qui-quadrado de Pearson). Se você se encontrar nessa situação, precisará obter um bom livro sobre os modelos lineares gerais mistos (MLGMs), pois é necessário ajustar efetivamente uma variante de um modelo multinível (Capítulo 21) para variáveis de resultado categóricas.

19.5.2 Frequências esperadas

Com tabelas de contingência 2 × 2 (i.e., duas variáveis categóricas com duas categorias), nenhum valor esperado deve ser inferior a 5. Em tabelas maiores e olhando para associações entre três ou mais variáveis categóricas (análise log-linear), a regra é que todas as contagens esperadas devem ser maiores que 1 e não mais que 20% das contagens esperadas devem ser menores que 5. Howell (2012) dá uma boa explicação do motivo pelo qual a violação dese pressuposto cria problemas. Se essa suposição for violada, o resultado é uma redução radical no poder do teste – tão dramático que não vale a pena se incomodar com a análise.

Em termos de medidas corretivas, se você está olhando para associações entre apenas duas variáveis, então considere usar o teste exato de Fisher (seção 19.3.3). Com três ou mais variáveis (i.e., análise log-linear), suas opções são: (1) agregar os dados a uma das variáveis (de preferência a que você menos espera que tenha um efeito); (2) juntar os níveis de uma das variáveis; (3) coletar mais dados; ou (4) aceitar a perda de poder. Se você quiser agregar dados em uma das variáveis, então:

1. A interação de maior ordem não deve ser significativa.
2. Pelo menos um dos termos de interação de ordem inferior envolvendo a variável a ser excluída deve ser não significativo.

Vamos pensar sobre nosso exemplo log-linear, no qual estamos analisando a relação entre o treinamento (alimentação vs. carinho), se o animal dançou (sim vs. não) e os tipos de animais (gatos vs. cães). Digamos que quiséssemos excluir a variável animal; então, para que isso seja válido, a variável **Animal** × **Training** × **Dance** não deve ser significativa, e a **Animal** × **Training** ou a interação **Animal** × **Dance** também não devem ser significativas.

Você também pode agrupar as categorias de uma variável. Então, se você tivesse uma variável da "estação" relacionada a primavera, verão, outono e inverno, e você tivesse poucas observações no inverno, você poderia considerar reduzir a variável a três categorias: primavera, verão, outono/inverno talvez. No entanto, você deve combinar apenas categorias em que existe um sentido teórico em fazê-lo.

Por fim, algumas pessoas superam o problema simplesmente adicionando uma constante a todas as células da tabela, mas realmente não há sentido em fazer isso porque não resolve o problema do poder.

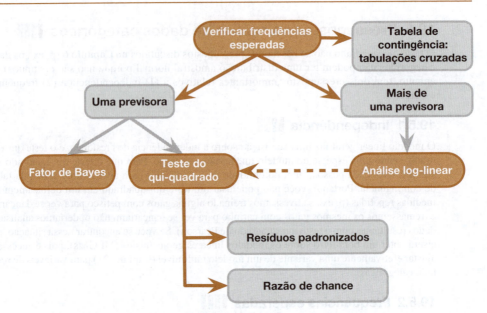

Figura 19.2 O processo geral para ajustar modelos nos quais tanto as previsoras quanto a variável de resultado são categóricas.

19.5.3 Mais desgraça e escuridão ||||

Finalmente, embora não seja uma suposição, parece apropriado mencionar, em uma seção em que um tom sombrio e de mau presságio está sendo usado, que diferenças proporcionalmente pequenas nas frequências das células podem resultar em associações estatisticamente significativas entre variáveis se a amostra for grande o suficiente (embora possa precisar ser realmente muito grande). Portanto, devemos observar as porcentagens das linhas e colunas para interpretar os efeitos significativos que obtemos. Essas porcentagens refletirão os padrões de dados muito melhor do que as próprias frequências (porque essas frequências dependerão dos tamanhos das amostras em diferentes categorias).

19.6 Procedimento geral para analisar resultados categóricos ||||

A Figura 19.2 mostra um procedimento geral para analisar dados quando você deseja ajustar modelos que têm uma variável de resultado e previsora(s) que são categóricas. Essencialmente você primeiro olha para uma tabela de contingência e verifica as frequências esperadas. Se você tiver uma previsora, vá direto para um teste qui-quadrado ou fator de Bayes, mas, se tiver mais de uma previsora, primeiro faça uma análise log-linear (seção 19.9) e depois siga quaisquer efeitos significativos com um ou mais testes qui-quadrado. Após um teste qui-quadrado, é útil inspecionar os resíduos padronizados e calcular uma razão de probabilidade, que é um tamanho de efeito que quantifica a relação entre as variáveis.

19.7 Executando o qui-quadrado utilizando o SPSS ||||

Para começar, vamos imaginar os dados apenas dos gatos. Queremos inserir dados sobre se os 200 gatos dançaram e que tipo de treinamento eles tinham. Existem duas maneiras de fazer isso.

19.7.1 Inserindo escores brutos ▌▌▌▌

A primeira maneira é fazer o que normalmente fazemos: inserir os dados de cada gato como uma linha de dados. Você criaria duas variáveis de codificação (**Training** e **Dance**) e, de acordo com a Tabela 19.2, **Training** poderia ser codificada como 0 para representar uma recompensa com petisco e 1 para representar carinho, e **Dance** poderia ser codificada como 1 para representar um animal que dançou e 0 para representar um que não dançou. Para cada animal, você coloca o código numérico apropriado em cada coluna. Por exemplo, um gato treinado com petisco que não dançava teria 0 na coluna de treinamento e 0 na coluna de dança como em **Cats.sav**. Note que há 200 gatos e, portanto, 200 linhas de dados.

19.7.2 Inserindo frequências e casos ponderados ▌▌▌▌

A segunda maneira de inserir dados é criar as mesmas variáveis de codificação de antes, mas ter uma terceira variável que represente o número de animais que caíram em cada combinação de categorias. Poderíamos chamar essa variável de **Frequency** (frequência). Em vez de ter 200 linhas, cada uma representando um animal diferente, temos uma linha representando cada combinação de categorias e, na variável **Frequency**, inserimos o número de animais que caíram nessa combinação de categorias. A Figura 19.3 mostra os dados configurados desta forma: a primeira linha representa gatos que tinham petisco como recompensa e depois dançaram, e o valor em **Frequency** nos diz que havia 28 gatos que tinham petisco como recompensa e depois dançaram. Estendendo esse princípio, podemos ver que quando o carinho era usado como recompensa, 114 gatos não dançavam. Os dados inseridos dessa maneira estão no arquivo **Cats Weight.sav**.

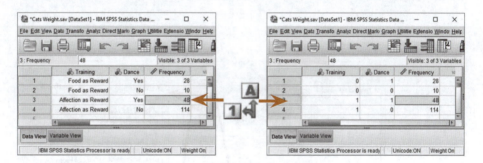

Figura 19.3 Inserindo dados usando casos ponderados.

Esse método de entrada de dados economiza muito tempo, mas se você usar esse método para inserir os dados, deverá informar ao computador que a variável **Frequency** representa o número de casos de cada combinação específica de categorias. Para fazer isso, selecione *Data* ▸ Weight Cases... (dados ▸ ponderar casos) para acessar uma caixa de diálogos similar à da Figura 19.4, selecione Weight cases by (ponderar casos por) e arraste a variável na qual o número de casos é especificado (neste caso, **Frequency**) para a caixa denominada *Frequency Variable* (variável de frequência) (ou clique em ▸). O SPSS agora vai ponderar cada combinação de categorias pelo número na coluna rotulada **Frequency**. Por exemplo, o computador fingirá que há 28 linhas de dados que têm a combinação de categorias 0, 1 (representando gatos treinados com petisco e que dançaram).

19.7.3 Especificando um teste do qui-quadrado ▌▌▌▌

O primeiro passo apresentado na Figura 19.2 é criar uma tabela de contingência usando o comando *crosstabs* (tabulações cruzadas), verificar as frequências esperadas e depois fazer o teste do qui-quadrado. Nós podemos fazer esses passos simultaneamente. Selecione *Analyze* ▸ *Descriptive*

Statistics ▶ Crosstabs... (analisar ▶ estatísticas descritivas ▶ tabela de referência cruzada) para acessar uma caixa de diálogos similar à da Figura 19.5 (a variável **Frequency** é mostrada no diagrama porque executei a análise nos dados de **Cats Weight.sav**). Primeiro, arraste uma das variáveis de interesse (eu selecionei **Training**) para a caixa chamada *Row(s)* (linha[s])(ou selecione-a e clique em). Em seguida, arraste a outra variável de interesse (**Dance**) para a caixa chamada de *Column(s)* (coluna[s]) (ou clique em).

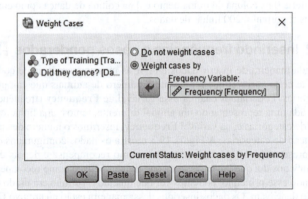

Figura 19.4 Caixa de diálogos para o comando *weight cases* (ponderar casos).

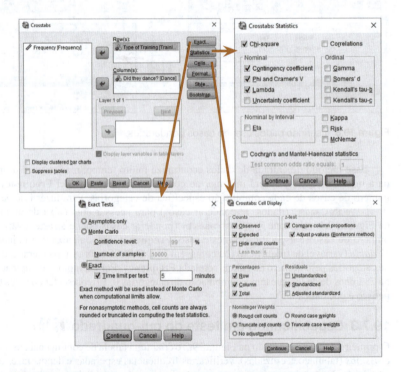

Figura 19.5 Caixa de diálogos para o comando *crosstabs* (tabela de referência cruzada).

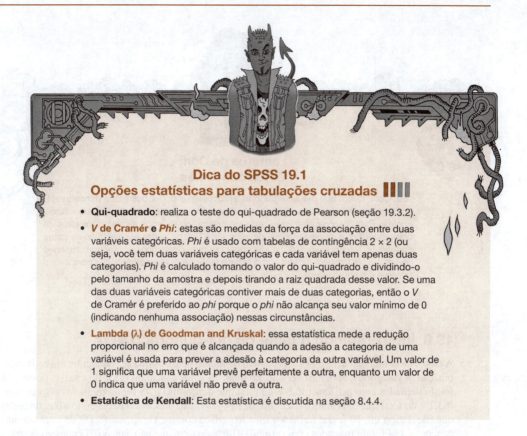

Dica do SPSS 19.1
Opções estatísticas para tabulações cruzadas

- **Qui-quadrado**: realiza o teste do qui-quadrado de Pearson (seção 19.3.2).
- **V de Cramér e Phi**: estas são medidas da força da associação entre duas variáveis categóricas. *Phi* é usado com tabelas de contingência 2 × 2 (ou seja, você tem duas variáveis categóricas e cada variável tem apenas duas categorias). *Phi* é calculado tomando o valor do qui-quadrado e dividindo-o pelo tamanho da amostra e depois tirando a raiz quadrada desse valor. Se uma das duas variáveis categóricas contiver mais de duas categorias, então o *V* de Cramér é preferido ao *phi* porque o *phi* não alcança seu valor mínimo de 0 (indicando nenhuma associação) nessas circunstâncias.
- **Lambda (λ) de Goodman and Kruskal**: essa estatística mede a redução proporcional no erro que é alcançada quando a adesão a categoria de uma variável é usada para prever a adesão à categoria da outra variável. Um valor de 1 significa que uma variável prevê perfeitamente a outra, enquanto um valor de 0 indica que uma variável não prevê a outra.
- **Estatística de Kendall**: Esta estatística é discutida na seção 8.4.4.

Também é possível selecionar uma variável de camada (i.e., dividir as linhas da tabela em outras categorias). Se você tivesse uma terceira variável categórica (como veremos mais adiante neste capítulo), você poderia dividir a tabela de contingência por essa variável (para que as camadas da tabela representem diferentes categorias dessa terceira variável).

Clique em [Statistics...] para especificar vários testes estatísticos (veja a Dica do SPSS 19.1). Selecione o teste do qui-quadrado, o coeficiente de contingência, *phi* e lambda. Clique em [Cells...] (células) na caixa de diálogos principal para especificar quais valores são exibidos na tabela de tabulação cruzada. Selecione *Expected* (esperado) porque usamos estes para verificar as suposições sobre as frequências esperadas (seção 19.5). Também é útil dar uma olhada em percentuais por linhas, colunas e pelo total, pois esses valores geralmente são mais facilmente interpretados do que as frequências brutas. Existem duas opções que são úteis para decompor um efeito significativo (se tivermos um): (1) um teste *z* que compara contagens de células ao longo das colunas da tabela de contingência (☑ **Compare column proportions**) (comparar proporções de coluna) e é uma boa ideia ☑ **Adjust p-values (Bonferroni method)** (ajustar valores-*p* [método Bonferroni]) porque haverá múltiplos testes; e (2) Resíduos ☑ **Standardized** (resíduos padronizados). Clique em [Exact...] (exato) na caixa de diálogos principal para obter o teste exato de Fisher (seção 19.3.3) se sua amostra for pequena ou se as frequências esperadas forem muito baixas (ver seção 19.5). Mesmo que não precisemos disso para esses dados, selecionei a opção teste *Exact* para mostrar como é usado. Clique em [Continue] para retornar à caixa de diálogos principal e [OK] para executar a análise.

**Lanterna de Oditi
Gatos dançantes**

"Eu, Oditi, quero que meus seguidores aproveitem o poder dos gatos dançantes. É um fato bem estabelecido que um gato dançarino crie mais energia do que a fusão nuclear. Para resolver os mistérios da estatística, precisamos alimentar milhares de computadores, e a única maneira de gerar esse tipo de poder é um estádio de gatos dançantes. Para que você saiba identificar um gato dançarino, eu preparei um vídeo de um... e ele também mostra como fazer o teste do qui-quadrado. Olhe para minha lanterna e surpreenda-se."

19.8 Interpretando o teste do qui-quadrado

A tabela de contingência (Saída 19.2) contém o número de casos que se enquadram em cada combinação de categorias. Podemos ver que, no total, 76 gatos dançaram (38% do total) e, desses, 28 foram treinados com petiscos (36,8% do total que dançaram) e 48 foram treinados com carinho (63,2% do total que dançaram). Além disso, 124 gatos não dançavam (62% do total) e, daqueles que não dançaram, 10 foram treinados usando petisco como recompensa (8,1% do total que não dançou) e 114 foram treinados com carinho (91,9% do total que não dançou). O número de gatos pode ser lido nas linhas rotuladas *Count* (contagem), e as porcentagens são lidas a partir das linhas rotuladas *% within Did they dance?*(% dentro de Dançaram?). Também podemos observar as porcentagens dentro das categorias de treinamento, observando as linhas rotuladas *% within Type of Training* (% dentro do Tipo de Treinamento). Isso nos diz, por exemplo, que daqueles treinados com petisco como recompensa, 73,7% dançaram e 26,3% não. Da mesma forma, para aqueles treinados com carinho, apenas 29,6% dançaram em comparação com 70,4% que não dançaram. Em resumo, quando petisco era usado como recompensa, a maioria dos gatos dançava, mas quando o carinho era usado, a maioria dos gatos se recusava a dançar.

Primeiro, vamos verificar as frequências esperadas (seção 19.5). Temos uma tabela 2 × 2, portanto, todas as frequências esperadas precisam ser maiores que 5. Observando as contagens esperadas na tabela de contingência (que, aliás, são as mesmas que calculamos anteriormente), vemos que a menor contagem esperada é 14,4 (para gatos que foram treinados com petisco e dançaram). Esse valor excede 5 e, portanto, a suposição foi satisfeita. Se você encontrou uma contagem esperada menor que 5, calcule um fator de Bayes.

Se você está se perguntando por que as contagens têm letras subscritas, é porque selecionamos *Compare column proportions* (comparar proporções por colunas) na Figura 19.5. Esses subscritos nos informam os resultados do teste-z que solicitamos: colunas com diferentes subscritos têm proporções da coluna significativamente diferentes. Não é imediatamente óbvio o que está sendo testado aqui e, para ser honesto com você, demorei um pouco para entender porque eu poderia interpretar os arquivos de ajuda do SPSS de maneiras diferentes (talvez seja apenas eu). Mas cheguei lá, no fim (eu acho). Precisamos olhar dentro das linhas da tabela. Assim, para *Food as Reward* (petisco como recompensa), as colunas têm diferentes subscritos (a contagem de 10 tem uma letra subscrita *a* e a contagem de 28 tem uma letra subscrita *b*), o que significa que as

Type of Training * Did they dance? Crosstabulation

			Did they dance? No	Did they dance? Yes	Total
Type of Training	Food as Reward	Count	10a	28b	38
		Expected Count	23.6	14.4	38.0
		% within Type of Training	26.3%	73.7%	100.0%
		% within Did they dance?	8.1%	36.8%	19.0%
		% of Total	5.0%	14.0%	19.0%
		Standardized Residual	-2.8	3.6	
	Affection as Reward	Count	114a	48b	162
		Expected Count	100.4	61.6	162.0
		% within Type of Training	70.4%	29.6%	100.0%
		% within Did they dance?	91.9%	63.2%	81.0%
		% of Total	57.0%	24.0%	81.0%
		Standardized Residual	1.4	-1.7	
Total		Count	124	76	200
		Expected Count	124.0	76.0	200.0
		% within Type of Training	62.0%	38.0%	100.0%
		% within Did they dance?	100.0%	100.0%	100.0%
		% of Total	62.0%	38.0%	100.0%

Each subscript letter denotes a subset of Did they dance? categories whose column proportions do not differ significantly from each other at the .05 level.

Saída 19.2

proporções dentro da variável de coluna (i.e., *Did they dance?* [Dançaram?]) são significativamente diferentes. O teste-*z* compara a *proporção* da frequência total da primeira coluna que cai na primeira linha com a *proporção* da frequência total da segunda coluna que cai na primeira linha. Os diferentes subscritos nos dizem que essas proporções são significativamente diferentes. Assim, a proporção dos gatos que dançaram após o petisco (36,8%) foi significativamente maior do que a proporção dos que *não* dançaram após o petisco (8,1%). O teste compara as proporções, e *não as próprias contagens*, portanto não é o caso de a contagem de 28 ser diferente da contagem de 10 (neste exemplo). O autoteste usa um exemplo para ilustrar esse ponto.

Passando para a linha chamada *Affection as a Reward* (carinho como recompensa), a contagem de 114 tem uma letra subscrita *a* e a contagem de 48 tem uma letra subscrita *b*; como antes, o fato de terem letras diferentes nos diz que as proporções da coluna são significativamente diferentes: em outras palavras, 91,9% é significativamente diferente de 63,2%. A proporção de gatos que dançaram depois do carinho era significativamente menor do que a proporção dos que não dançaram após o carinho.

Teste seus conhecimentos

Usando os dados de **Cats Weight.sav**, *altere a frequência dos gatos que receberam petisco como recompensa e não dançaram de 10 para 28. Refaça o teste de qui-quadrado e selecione e interprete os testes-z (☑ Compare column proportions) (comparar proporções das colunas). Há algo estranho nos resultados?*

Chi-Square Tests

	Value	df	Asymptotic Significance (2-sided)	Exact Sig. (2-sided)	Exact Sig. (1-sided)	Point Probability
Pearson Chi-Square	25.356[a]	1	.000	.000	.000	
Continuity Correction[b]	23.520	1	.000			
Likelihood Ratio	24.932	1	.000	.000	.000	
Fisher's Exact Test				.000	.000	
Linear-by-Linear Association	25.229[c]	1	.000	.000	.000	.000
N of Valid Cases	200					

a. 0 cells (.0%) have expected count less than 5. The minimum expected count is 14.44.
b. Computed only for a 2x2 table
c. The standardized statistic is -5.023.

Saída 19.3

A Saída 19.3 mostra a estatística do qui-quadrado e seu valor de significância. O valor da estatística do qui-quadrado é dado na tabela (juntamente com os graus de liberdade), assim como o valor de significância. O valor da estatística do qui-quadrado é 25,356, que está dentro do erro de arredondamento do que calculamos na seção 19.3.2, e esse valor é altamente significativo ($p < 0,001$), indicando que o tipo de treinamento foi significativamente associado a um animal ter dançado.

A tabela também inclui outras estatísticas que você solicitou na Figura 19.5. *Continuity Correction* (correção de continuidade) é o qui-quadrado corrigido pela correção de continuidade de Yates (seção 19.3.5), que corresponde ao valor que calculamos anteriormente (23,52). É provavelmente melhor ignorar esse teste. A *Razão da Verossimilhança* (seção 19.3.4), que preferimos ao teste qui-quadrado se a amostra for pequena, está dentro do erro de arredondamento do valor que calculamos (24,93) e também é altamente significativa ($p < 0,001$). Existem várias notas de rodapé. A primeira é um resumo das contagens esperadas, caso você tenha esquecido de verificar isso sozinho. Foi-nos dito que não havia frequências esperadas inferiores a 5, portanto a estatística do qui-quadrado deve ser precisa.

A Saída 19.4 contém as medidas de associação discutidas na seção 19.3.6 (se solicitado). A estatística de Cramér é de 0,36 de um valor máximo possível de 1, o que representa uma associação média entre o tipo de treinamento e se os gatos dançaram ou não (pense nisso como um coeficiente de correlação). Esse valor é altamente significativo ($p < 0,001$), indicando que o valor da estatística teste é tão grande, se a hipótese nula fosse verdadeira, que é improvável que ele tenha ocorrido se não houvesse associação na população. Esses resultados confirmam o que o teste qui-quadrado já nos disse, mas também nos dá uma estimativa do tamanho do efeito.

Symmetric Measures

		Value	Approximate Significance	Exact Significance
Nominal by Nominal	Phi	-.356	.000	.000
	Cramer's V	.356	.000	.000
	Contingency Coefficient	.335	.000	.000
N of Valid Cases		200		

Saída 19.4

19.8.1 Usando resíduos padronizados ||||

Em uma tabela de contingência 2 × 2 como a que temos, neste exemplo, a natureza de uma associação significativa pode ser clara apenas a partir das porcentagens ou contagens de células. Em tabelas de contingência maiores, esse pode não ser o caso e você precisará de uma investigação mais detalhada da tabela de contingência. Você pode pensar em um teste qui-quadrado significativo da mesma maneira que uma interação significativa em um modelo linear: é um efeito que precisa ser desmembrado ainda mais. Já analisamos os testes-z na tabela de contingência, mas também podemos usar o resíduo padronizado.

Como em qualquer modelo linear, o resíduo é o erro entre o que o modelo prevê (a frequência esperada) e os dados observados (a frequência observada):

$$\text{resíduo}_{ij} = \text{observado}_{ij} - \text{modelo}_{ij} \qquad (19.34)$$

em que i e j representam as duas variáveis (i.e., as linhas e colunas na tabela de contingência). Este resíduo é o mesmo conceitualmente que qualquer outro resíduo ou desvio neste livro (compare esta equação com, por exemplo, a Equação 2.11).

Para padronizar esta equação, dividimos pela raiz quadrada da frequência esperada:

$$\text{resíduo padronizado} = \frac{\text{observado}_{ij} - \text{modelo}_{ij}}{\sqrt{\text{modelo}_{ij}}} \qquad (19.35)$$

Essa equação parece familiar? Bem, basicamente é parte da Equação 19.2. A única diferença é que, em vez de observar desvios quadrados, estamos olhando para os desvios puros. Lembre-se de que a justificativa para a correspondência de desvios é torná-los positivos, de forma que eles não sejam cancelados quando adicionados para obter a estatística do qui-quadrado. Se não estamos planejando somar os desvios/resíduos, não precisamos compará-los; na verdade, a direção do valor (mais ou menos) é uma informação útil sobre se o modelo superestima ou subestima. Há duas coisas importantes sobre esses resíduos padronizados:

1. Dado que a estatística do qui-quadrado é a soma desses resíduos padronizados (mais ou menos), se quisermos decompor o que contribui para a associação geral que a estatística do qui-quadrado mede, então olhar para os resíduos individuais padronizados é uma boa ideia porque eles têm uma relação direta com a estatística-teste.
2. Esses resíduos padronizados se comportam como qualquer outro (ver seção 9.3): cada um deles é um escorez. Isso é muito útil porque, olhando para um resíduo padronizado, podemos avaliar sua significância (ver seção 1.8.6): se o valor estiver fora de ±1,96, então é significativo para $p < 0,05$, se estiver fora de ±2,58, então é significativo para $p < 0,01$ e, se estiver fora de ±3,29, é significativo para $p < 0,001$.

Como selecionamos ☑ **S**tandardized (padronizado) na Figura 19.5, os resíduos padronizados estão na Saída 19.2. Há quatro resíduos: um para cada combinação do tipo de treinamento e se os gatos dançaram. Quando petisco foi usado como recompensa, o resíduo padronizado foi significativo[4], tanto para aqueles que dançaram ($z = 3,6$) quanto para aqueles que não dançaram ($z = -2,8$). O sinal de mais ou menos nos diz algo sobre a direção do efeito, assim como as contagens e as contagens esperadas dentro das células. Podemos interpretar esses resíduos padronizados da seguinte forma: quando petisco foi utilizado como recompensa, significativamente mais gatos do que o esperado dançaram e significativamente menos gatos do que o esperado não dançaram. Quando carinho foi usado como recompensa, o resíduo padronizado não foi significativo[5], tanto para aqueles que dançaram ($z = -1,7$) quanto para os que não dançaram ($z = 1,4$). Isso nos diz que

---
[4] Porque ambos os valores são maiores do que 1,96 (quando ignoramos o sinal de menos).
[5] Porque ambos os valores são menores do que 1,96 (quando ignoramos o sinal de menos).

quando se usou carinho como recompensa, muitos gatos, como o esperado, dançaram e não dançaram. Em suma, as células para quando petisco foi usado como recompensa contribuem significativamente para a estatística geral do qui-quadrado: a associação entre o tipo de recompensa e a dança é impulsionada principalmente quando petisco é a recompensa.

19.8.2 Resumo

O resultado altamente significativo indica que há uma associação entre o tipo de treinamento e se o gato dançou ou não. Em outras palavras, o padrão de respostas (i.e., a proporção de gatos que dançaram em comparação com a proporção dos que não dançaram) nas duas condições de treinamento é significativamente diferente. Vimos dos testes-z anteriores que, dos gatos treinados com petisco, uma proporção significativamente maior dançou e, inversamente, daqueles treinados com carinho, uma proporção significativamente maior não dançou. Dos resíduos padronizados, sabemos que quando petisco é utilizado como recompensa, mais gatos dançaram (e menos não dançaram) do que o esperado: cerca de 74% dos gatos aprendem a dançar e 26% não. Quando o carinho é usado, o oposto é verdadeiro (cerca de 70% se recusam a dançar e 30% dançaram), o que é consistente com as frequências esperadas. Podemos con-

Pesquisa Real do João Jaleco 19.1
O impacto de imagens sexualizadas nas autoavaliações das mulheres

Daniels, E. A. (2012). *Journal of Applied Developmental Psychology*, 33, 79–90.

As mulheres (e cada vez mais homens) são bombardeadas com imagens 'idealizadas' na mídia, e há uma crescente preocupação sobre como essas imagens afetam a percepção de nós mesmos. Daniels (2012) mostrou imagens de jovens atletas bem-sucedidas do sexo feminino (p. ex., Anna Kournikova) em que elas estavam praticando esportes (imagens do desempenho das atletas) ou posando em trajes de banho (imagens sexualizadas). Os participantes completaram um breve exercício de escrita depois de ver essas imagens. Cada participante viu apenas um tipo de imagem, mas vários exemplos. Daniels então codificou esses exercícios escritos e identificou temas, um dos quais era se as mulheres se auto-objetificavam (i.e., comentavam sobre sua própria aparência/atratividade). Daniels levantou a hipótese de que as mulheres que viram as imagens sexualizadas ($n = 140$) se auto-objetificariam (i.e., este tema estaria presente naquilo que escreveriam) mais do que aquelas que viram as fotos do desempenho das atletas ($n = 117$, apesar do que está implícito na seção *participantes* do artigo). João Jaleco quer que você insira os dados do estudo de Daniels (Tabela 19.3) e teste a hipótese de que existe uma associação significativa entre o tipo de imagem visualizada e se as mulheres se auto-objetificaram [**Daniels (2012).sav**]. As respostas estão no *site* do livro ou na página 85 do artigo de Daniels.

Tabela 19.3 Alguns dados de Daniels (2012)

	Tema presente	Tema ausente	Total
Desempenho das atletas	20	97	117
Atletas sexualizadas	56	84	140

cluir que o tipo de treinamento usado influencia significativamente os gatos: eles dançam por petisco, mas não por amor. Tendo vivido com um gato adorável por muitos anos, isso apoia minha visão cínica de que eles não farão nada a menos que haja uma tigela de petisco de gato esperando por eles no final!

19.8.3 Teste bayesiano de associação entre duas variáveis categóricas ▌▌▌▌

Para calcular um fator de Bayes para uma tabela de contingência, selecione *Analyze* ▸ *Bayesian Statistics* ▸ *Loglinear Models* (analisar ▸ estatísticas bayesianas ▸ modelos log-lineares) (Figura 19.6). Arraste uma variável (eu escolhi **Training**) para a caixa chamada *Row Variable* (variável de linha) (ou clique) e arraste a outra (**Dance**) para a caixa rotulada *Column variable* (variável de coluna) (ou clique). Clique em Bayes Factor... para selecionar um plano de amostragem, e o mais apropriado para este exemplo é o *Multinomial Model* (modelo multinomial) com ◉ Row Sum as *Fixed Margins* (soma das linhas com margens fixas) (Dica do SPSS 19.2). Na caixa de diálogos principal, clique OK para executar a análise.

A Saída 19.5 mostra o fator de Bayes, que parece ser 0. Entretanto, se você clicar duas vezes na tabela para editá-la e clicar duas vezes na célula que contém o valor do fator de Bayes, verá que seu valor é 0,000021. Esse valor sugere que a probabilidade dos dados dado a hipótese nula é 0,000021 vezes a probabilidade dos dados dado a hipótese alternativa. Podemos mudar a interpretação invertendo este valor: 1/0,000021 = 47.619. A probabilidade dos dados é cerca de 47 mil vezes maior, dada a hipótese alternativa do que a nula. Em outras palavras, devemos mudar fortemente nossa crença *a priori* em relação à hipótese alternativa: há evidências extremamente fortes de que a dança está associada ao tipo de recompensa.

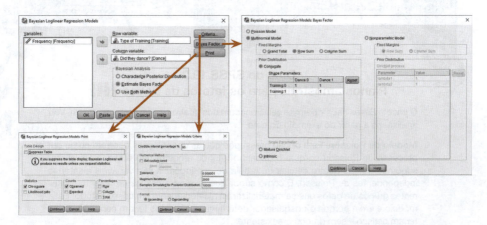

Figura 19.6 Caixa de diálogos para um teste bayesiano de independência de duas variáveis categóricas.

Test of Independence[a]

	Value	df	Asymptotic Sig.(2-sided)	Exact Sig.(2-sided)	Exact Sig.(1-sided)
Bayes Factor	.000[b]				
Pearson Chi-Square	25.356[c]	1	.000		
Continuity Correction	23.520	1	.000		
Fisher's Exact Test				.000	.000

a. The row sums are fixed in the contingency table.
b. This analysis tests independence versus association, and assumes a multinomial model and conjugate priors.

> Dê um duplo clique nesta célula

Test of Independence[a]

	Value	df	Asymptotic Sig.(2-sided)	Exact Sig.(2-sided)	Exact Sig.(1-sided)
Bayes Factor	.000[b]				
Pearson Chi-Square	25.356[c]	1	.000		
Continuity Correction	23.520	1	.000		
Fisher's Exact Test				.000	.000

> 0.000021
> b. Esta análise testa independência *versus* associação e supõe um modelo multinomial e *prioris* conjugadas

a. The row sums are fixed in the contingency table.
b. This analysis tests independence versus association, and assumes a multinomial model and conjugate priors.
c. 0 cells(0.0%) have expected count less than 5. The minimum expected count is 14.440.

Saída 19.5

Dica do SPSS 19.2
Planos amostrais para os fatores de Bayes

O pacote *Bayes Factor* permite selecionar um dos quatro planos de amostragem. Vou analisá-los a partir do exemplo do gato.

Modelo de Poisson: Esta opção pressupõe que as observações ocorram como um processo de Poisson no qual o tamanho total da amostra não é fixo. Com efeito, supomos que as quatro células da tabela de contingência são variáveis aleatórias independentes de Poisson. É como supor que as quatro células representam diferentes grupos de gatos que se materializaram aleatoriamente em nosso estudo. Esse modelo é irreal porque o pesquisador determina quais gatos teriam carinho e quais teriam petisco – sem grupos preexistentes.

Modelo Multinomial (Total Geral): Esta opção assume que o total de *N* é fixo e as observações são atribuídas a células com probabilidade fixa. Isso é mais realista do que o plano de amostragem de Poisson porque nosso pesquisador escolheu estudar 200 gatos (então o total de *N* é fixo). No entanto, não é realista supor que as células são atribuídas com probabilidade fixa porque o pesquisador determinou que fosse dado mais petisco de gato do que carinho (o que afetará as frequências esperadas).

Modelo multinomial **(Soma da Fila ou Soma da Coluna):** Esta opção assume que os totais de linhas ou colunas são fixos. Esse plano de amostragem é o mais realista para os nossos dados, porque o experimentador determinou quantos gatos receberam carinho e quantos receberam petiscos (ou seja, os totais das filas são fixos) e, então, observou quantos dançaram ou não (os totais das colunas não são fixos). Portanto, devemos definir o plano de amostragem como multinomial independente com linhas fixas (porque especificamos a variável **Training** como linha).

19.8.4 Calculando o tamanho do efeito ▌▌▌▌

O *V* de Cramér é um tamanho do efeito adequado (varia entre 0 e 1 e é, portanto, facilmente interpretável), mas uma medida mais comum e útil do tamanho do efeito para dados categóricos é a razão de chances. A razão de chances é mais interpretável em tabelas de contingência 2 × 2 e não é tão útil para tabelas de contingência maiores. Eu já disse muitas vezes que os tamanhos do efeito são mais úteis para resumir uma comparação focada, e uma tabela de contingência 2 × 2 é o equivalente dos dados categóricos de uma comparação focada.

A razão de chances é simples o suficiente para ser calculada. Usando nosso exemplo, primeiro calcularíamos as chances de que um gato dançasse, considerando que eles tinham petisco como recompensa, que é o número de gatos que recebiam petisco e dançaram, dividido pelo número de gatos que receberam petisco que não dançaram:

$$\text{chances}_{\text{dançar após comida}} = \frac{\text{número dos que receberam petisco e dançaram}}{\text{número dos que receberam petisco e não dançaram}} \quad (19.36)$$

$$= \frac{28}{10} = 2{,}8$$

Em seguida, calculamos as probabilidades de que um gato dançou, dado que eles tiveram o carinho como recompensa, que é o número de gatos que receberam carinho e dançaram dividido pelo número de gatos que receberam carinho e não dançaram:

$$\text{chances}_{\text{dançar após carinho}} = \frac{\text{número dos que receberam carinho e dançaram}}{\text{número dos que receberam carinho e não dançaram}} \quad (19.37)$$

$$= \frac{48}{114} = 0{,}421$$

A razão de chances é a chance de dançar depois do petisco dividida pelas chances de dançar após o carinho:

$$\text{razão de chances} = \frac{\text{chances}_{\text{dançar após comida}}}{\text{chances}_{\text{dançar após carinho}}} \quad (19.38)$$

$$= \frac{2{,}8}{0{,}421} = 6{,}65$$

Isso nos diz que, se um gato foi treinado com petisco, as chances de ele dançar eram 6,65 vezes mais altas do que se ele tivesse sido treinado com carinho. A razão de chances é uma métrica extremamente elegante e de fácil compreensão para expressar esse tipo de efeito.

19.8.5 Relatando os resultados de um teste qui-quadrado ||||

Ao relatar o qui-quadrado de Pearson, relatamos o valor da estatística de teste com seus graus de liberdade associados e o valor da significância. A estatística teste, como vimos, é denotada por χ^2. A saída nos diz que o valor do χ^2 foi de 25,36 e que o grau de liberdade é 1 e que esse valor foi significativo, $p < 0,001$ (muito pequeno para relatar o valor exato de p). Também é útil reproduzir a tabela de contingência e meu voto iria para citar a razão de chances e o fator Bayes, também. Como tal, poderíamos informar:

✓ Houve uma associação significativa entre o tipo de treinamento e se os gatos dançaram ou não com $\chi^2(1) = 25,36$, $p < 0,001$. O fator de Bayes apoiou fortemente a hipótese alternativa, $FB_{01} = 47619$. A razão de chances mostrou que a chance de um gato dançar era 6,65 vezes maior se ele fosse treinado com petisco em vez de com carinho.

Dicas da Ana Apressada
Associações entre duas variáveis categóricas

- Para testar a relação entre duas variáveis categóricas, use o *teste qui-quadrado de Pearson* ou a *estatística da razão de verossimilhança*.
- Olhe para a tabela denominada de Teste do Qui-Quadrado; se o valor da *Sig. exata* for menor que 0,05 para a linha rotulada como *Qui-Quadrado de Pearson*, haverá uma relação significativa entre as suas duas variáveis.
- Verifique as notas de rodapé da tabela para verificar se existem frequências esperadas menores do que 5.
- Observe a tabela de contingência para descobrir qual é a relação entre as variáveis: procure pelos resíduos padronizados significativos (valores além de ±1,96) e colunas que tenham letras subscritas diferentes (isso indica uma diferença significativa).
- Calcule a razão de chances.
- O fator de Bayes relatado pelo SPSS informa a probabilidade dos dados sob a hipótese nula em relação à alternativa. Inverta esse valor para ter a probabilidade dos dados sob a hipótese alternativa em relação a hipótese nula. Valores maiores que 1 indicam que sua crença deve mudar para a hipótese alternativa e valores acima de 3 indicam uma mudança substancial nas crenças.
- Relate a estatística χ^2, os graus de liberdade, o valor de significância e a razão de chances. Relate também a tabela de contingência.

Pesquisa Real do João Jaleco 19.2
O negro americano é feliz? ||||

Beckham, A. S. (1929). *Journal of Abnormal and Social Psychology, 24*, 186-190

Durante a graduação em psicologia, passei muito tempo lendo sobre o movimento dos direitos civis nos Estados Unidos. Em vez de ler psicologia, li sobre Malcolm X e Martin Luther King Jr. Por essa razão, acho que o estudo de Beckham, em 1929, sobre negros americanos, é uma fascinante obra histórica de pesquisa. Beckham era um americano negro que fundou o laboratório de psicologia na Howard University, Washington, DC, e sua esposa Ruth foi a primeira mulher negra a receber um PhD (também em psicologia) na Universidade de Minnesota. Para contextualizar o estudo, ele foi publicado 36 anos antes de as leis de Jim Crow serem finalmente derrubadas pela Lei de Direitos Civis de 1964 e em uma época em que americanos negros eram segregados, abertamente discriminados e vítimas das mais abomináveis violações dos direitos civis e humanos (eu recomendo o excelente *The Fire Next Time*, de James Baldwin, para um contexto histórico). A linguagem do estudo e seus dados são um lembrete desconfortável da época em que foi conduzido.

Beckham procurou medir o estado psicológico de 3.443 negros americanos com três perguntas. Pediu-lhes que respondessem com sim ou não as seguintes questões: se pensavam que os negros americanos eram felizes; se eles, pessoalmente, eram felizes como americanos negros; e se os negros americanos *deveriam* ser felizes. Beckham não fez nenhuma análise estatística formal de seus dados (o artigo de Fisher contendo a versão popularizada do teste do qui-quadrado foi publicado apenas sete anos antes em um periódico de estatística que não era lido por psicólogos). Eu amo esse estudo, porque mostra que você não precisa de métodos elaborados para responder questões importantes e de longo alcance; com apenas três perguntas, Beckham contou ao mundo uma quantidade enorme de fenômenos psicológicos e sociológicos muito reais e importantes.

Os dados de frequência (número de respostas sim e não dentro de cada categoria de trabalho) deste estudo estão no arquivo **Beckham(1929).sav**. João Jaleco quer que você faça três testes qui-quadrado (um para cada pergunta feita). Que conclusões você pode tirar?

19.9 Análise log-linear utilizando o SPSS ▮▮▮▮

19.9.1 Considerações iniciais ▮▮▮▮

Os dados são inseridos para análise log-linear da mesma maneira que para o teste do qui-quadrado (ver seções 19.7.1 e 19.7.2). Vamos estender o exemplo anterior para incluir cães e gatos. Os dados estão no arquivo **Cats and Dogs.sav**; abra este arquivo. Existem três variáveis (**Animal**, **Training** e **Dance**) e cada uma tem códigos para representar as diferentes categorias. O processo de ajuste do modelo é descrito na Figura 19.2 – é o mesmo do teste do qui-quadrado. Primeiro, vamos verificar as frequências esperadas na tabela de contingência (seção 19.5.2) usando o comando *crosstabs* (Tabela de referência cruzada).

Teste seus conhecimentos

*Use a seção 19.7.3 para ajudá-lo(a) a criar uma tabela de contingência com **Dance** como colunas, **Training** como linhas e **Animal** como uma camada.*

A tabela de contingência (Saída 19.6) contém o número de casos que se enquadram em cada combinação das categorias. A metade superior desta tabela é igual à Saída 19.2, porque os dados são os mesmos (acabamos de adicionar alguns cachorros), portanto analise este capítulo para obter um resumo do que isso nos diz. Para os cães, 49 dançaram (70% do total) e, destes, 20 foram treinados com petisco (40,8% do total que dançaram) e 29 foram treinados com afeto (59,2% do total que dançaram). Vinte e um cães não dançaram (30% do total) e, dos que não dançaram, 14 foram treinados com petisco como recompensa (66,7% do total que não dançaram) e 7 foram treinados usando carinho (33,3% do total que não dançou). Em resumo, os cães (70%) parecem mais dispostos a dançar do que os gatos (38%) e não estão preocupados com o método de treinamento: cerca de metade dos que dançaram foram treinados com carinho e cerca de metade com petiscos.

Para a análise log-linear não deve haver contagens esperadas menores que 1, e não mais que 20% menos de 5 (seção 19.5.2). A menor contagem esperada na tabela de contingência é 10,2 (para cães que foram treinados com petisco, mas não dançaram), o que excede 5, e assim a suposição foi satisfeita

19.9.2 A análise principal ▮▮▮▮

Tendo estabelecido que as suposições foram satisfeitas, selecionamos *Analyze* ▶ *Loglinear* ▶ *Model Selection...* (analisar ▶ log-linear ▶ seleção de modelo) para acessar a caixa de diálogos similar à da Figura 19.7. Arraste as variáveis que você deseja incluir na análise para a caixa rotulada *Factor(s)* (fator[es]) (ou clique ⇨).[6] Temos que especificar os códigos que usamos para definir nossas variáveis categóricas selecionando uma ou mais variáveis na caixa *Factor(s)* e clicando `Define Range...` (definir faixa) para ativar uma caixa de diálogos na qual você digita o valor *mínimo* e *máximo* do código usado para as variáveis selecionadas. Como todas as três variáveis neste exemplo têm os mesmos códigos (todas têm duas categorias e foram codificadas com 0 e 1), podemos selecionar todas as três, clique em `Define Range...`, digite '0' na caixa *Minimum* e '1' na caixa *Maximum* e, então, clique em `Continue`.

As opções-padrão na caixa principal são boas. O método-padrão é a eliminação reversa (como já descrevi em outro lugar). Como alternativa, você pode selecionar *Enter in a single step*

---

[6] Lembre-se de que você pode selecionar várias ao mesmo tempo pressionando a tecla *Ctrl*, ou *Cmd* em um Mac.

Type of Training * Did they dance? * Animal Crosstabulation

Animal				Did they dance? No	Did they dance? Yes	Total
Cat	Type of Training	Food as Reward	Count	10a	28b	38
			Expected Count	23.6	14.4	38.0
			% within Type of Training	26.3%	73.7%	100.0%
			% within Did they dance?	8.1%	36.8%	19.0%
			% of Total	5.0%	14.0%	19.0%
			Standardized Residual	-2.8	3.6	
		Affection as Reward	Count	114a	48b	162
			Expected Count	100.4	61.6	162.0
			% within Type of Training	70.4%	29.6%	100.0%
			% within Did they dance?	91.9%	63.2%	81.0%
			% of Total	57.0%	24.0%	81.0%
			Standardized Residual	1.4	-1.7	
	Total		Count	124	76	200
			Expected Count	124.0	76.0	200.0
			% within Type of Training	62.0%	38.0%	100.0%
			% within Did they dance?	100.0%	100.0%	100.0%
			% of Total	62.0%	38.0%	100.0%
Dog	Type of Training	Food as Reward	Count	14a	20b	34
			Expected Count	10.2	23.8	34.0
			% within Type of Training	41.2%	58.8%	100.0%
			% within Did they dance?	66.7%	40.8%	48.6%
			% of Total	20.0%	28.6%	48.6%
			Standardized Residual	1.2	-.8	
		Affection as Reward	Count	7a	29b	36
			Expected Count	10.8	25.2	36.0
			% within Type of Training	19.4%	80.6%	100.0%
			% within Did they dance?	33.3%	59.2%	51.4%
			% of Total	10.0%	41.4%	51.4%
			Standardized Residual	-1.2	.8	
	Total		Count	21	49	70
			Expected Count	21.0	49.0	70.0
			% within Type of Training	30.0%	70.0%	100.0%
			% within Did they dance?	100.0%	100.0%	100.0%
			% of Total	30.0%	70.0%	100.0%

Each subscript letter denotes a subset of Did they dance? categories whose column proportions do not differ significantly from each other at the .05 level.

Saída 19.6

(insira em uma única etapa), que é um método não hierárquico (no qual todos os efeitos são inseridos e avaliados, como a entrada forçada no modelo linear). Na análise log-linear, os efeitos combinados têm precedência sobre os efeitos de ordem inferior e, portanto, não há motivo para recomendar métodos não hierárquicos.

Clique em [Model...] para abrir uma caixa de diálogos como a que vimos na ANCOVA (p. ex., a Figura 13.9). Por padrão, o modelo saturado é ajustado e, a menos que você tenha uma boa razão para não ajustá-lo, não altere nada. Clique em [Options...] na caixa de diálogos principal para abrir a caixa uma de diálogos similar a da Figura 19.7. As opções-padrão são boas, mas você pode selecionar ☑ Parameter estimates (estimativas de parâmetro) para produzir uma tabela de estimativas do parâmetro para cada efeito (um escore-z e intervalo de confiança associado) e ☑ Association table (tabela de associação) para produzir estatísticas qui-quadrado para todos os efeitos no modelo. Essa tabela pode ser útil em algumas situações, mas, como eu disse antes, se as interações de ordem mais alta forem significativas, não devemos nos interessar pelos efeitos de ordem inferior

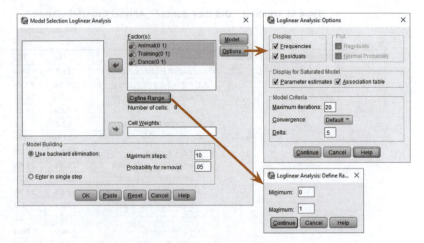

Figura 19.7 Caixa de diálogos principal para a análise log-linear.

porque eles se confundem com os efeitos de ordem superior. Clique em `Continue` para retornar à caixa de diálogos principal e clique `OK` para executar a análise.

19.10 Interpretando a análise log-linear ||||

A Saída 19.7 contém três tabelas. A primeira nos diz que temos 270 casos (lembre-se que tivemos 200 gatos e 70 cães e isso é uma verificação útil de que nenhum cão ou gato foi perdido – eles tendem a vagar). Para começar, o modelo saturado é ajustado (todos os termos estão no modelo, incluindo a interação de ordem superior, neste caso a interação **Animal × Training × Dance**). A segunda tabela nos dá as contagens observadas e esperadas para cada uma das combinações de categorias em nosso modelo. Esses valores devem ser os mesmos que os da tabela de contingência original, exceto que cada célula tem 0,5 adicionado a ela (esse valor é o padrão e é bom, mas se você quiser alterá-lo, pode fazê-lo alterando *Delta* na Figura 19.7). A tabela final contém duas estatísticas de aderência: o qui-quadrado de Pearson e a razão de verossimilhança. Essas estatísticas estão testando a hipótese de que as frequências previstas pelo modelo (as frequências esperadas) são significativamente diferentes das frequências observadas dos dados. Se o nosso modelo é um bom ajuste, então as frequências observadas e esperadas devem ser muito semelhantes (i.e., não significativamente diferentes). Um resultado significativo quer dizer que nossas previsões a partir do modelo são significativamente diferentes dos nossos dados (ou seja, o modelo não é um bom ajuste). Em grandes amostras, essas estatísticas devem dar os mesmos resultados, mas a estatística da razão de verossimilhança é preferida para pequenas amostras. As duas estatísticas são iguais a 0 e produzem um valor de probabilidade, *p*, de '.', que é uma maneira bastante confusa de dizer que a probabilidade não pode ser calculada. A razão é que, nesse estágio, o modelo prevê os dados *perfeitamente* (eu expliquei o motivo na seção 19.4). A próxima pergunta é quais pedaços do modelo podemos remover sem afetar significativamente o ajuste.

A Saída 19.8 nos informa sobre os efeitos da remoção de partes do modelo. A parte da tabela denominada *K-Way and Higher-Order Effects* (k-fatores e efeitos de alta ordem) possui linhas mostrando a razão de verossimilhança e estatísticas do qui-quadrado de Pearson quando $K = 1, 2$ e 3 (conforme vamos descendo as linhas da tabela). A primeira linha ($K = 1$) nos diz que se removermos os efeitos de um fator (i.e., os efeitos principais de **Animal**, **Training** e **Dance**) e quaisquer efeitos de ordem superior, isso afetará significativamente o ajuste do modelo. Há muitos efeitos de ordem superior aqui – há as interações de dois fatores e a interação de três fatores – e, portanto, isso é basicamente testar se, removendo tudo do modelo, haverá um efeito significativo no ajuste do modelo. Esse efeito é altamente significativo. Se esse teste não fosse significativo (i.e., se os valores de *Sig.* estivessem acima de 0,05), então isso nos diria que remover tudo do modelo não afetaria o ajuste (em geral, o efeito combinado das suas variáveis e interações não é significativo). A próxima linha (*K* = 2) nos diz se a remoção das interações de dois fatores (i.e., as interações **Animal × Training**, **Animal × Dance** e **Training × Dance**) e quaisquer efeitos de ordem superior (i.e., a interação de três fatores) afetará o modelo. Esse teste também é altamente

Data Information

		N
Cases	Valid	270
	Out of Range[a]	0
	Missing	0
	Weighted Valid	270
Categories	Animal	2
	Type of Training	2
	Did they dance?	2

a. Cases rejected because of out of range factor values.

Cell Counts and Residuals

			Observed		Expected			Std.
Animal	Type of Training	Did they dance?	Count[a]	%	Count	%	Residuals	Residuals
Cat	Food as Reward	No	10.500	3.9%	10.500	3.9%	.000	.000
		Yes	28.500	10.6%	28.500	10.6%	.000	.000
	Affection as Reward	No	114.500	42.4%	114.500	42.4%	.000	.000
		Yes	48.500	18.0%	48.500	18.0%	.000	.000
Dog	Food as Reward	No	14.500	5.4%	14.500	5.4%	.000	.000
		Yes	20.500	7.6%	20.500	7.6%	.000	.000
	Affection as Reward	No	7.500	2.8%	7.500	2.8%	.000	.000
		Yes	29.500	10.9%	29.500	10.9%	.000	.000

a. For saturated models, .500 has been added to all observed cells.

Goodness-of-Fit Tests

	Chi-Square	df	Sig.
Likelihood Ratio	.000	0	.
Pearson	.000	0	.

Saída 19.7

K-Way and Higher-Order Effects

			Likelihood Ratio		Pearson		Number of
	K	df	Chi-Square	Sig.	Chi-Square	Sig.	Iterations
K-way and Higher Order Effects[a]	1	7	200.163	.000	253.556	.000	0
	2	4	72.267	.000	67.174	.000	2
	3	1	20.305	.000	20.778	.000	4
K-way Effects[b]	1	3	127.896	.000	186.382	.000	0
	2	3	51.962	.000	46.396	.000	0
	3	1	20.305	.000	20.778	.000	0

a. Tests that k-way and higher order effects are zero.
b. Tests that k-way effects are zero.

Saída 19.8

significativo, indicando que, se removêssemos as interações de dois fatores e a interação de três fatores, isso teria um efeito prejudicial significativo no modelo. A linha final ($K = 3$) testa se a remoção do efeito de três fatores e efeitos de ordem superior afetará significativamente o ajuste do modelo. A interação de três fatores é o efeito de maior ordem que temos, então esse teste avalia a remoção da interação de três fatores (i.e., a interação **Animal** × **Training** × **Dance**). Os testes do qui-quadrado e da razão de verossimilhança concordam que a remoção dessa interação afetará significativamente o ajuste do modelo (porque o valor da probabilidade é menor que 0,05).

A parte inferior da tabela (*K-way Effects*) expressa a mesma coisa, mas sem incluir os efeitos de ordem superior. A primeira linha ($K = 1$) testa se a remoção dos efeitos principais (os efeitos de um fator de **Animal**, **Training** e **Dance**) tem um efeito prejudicial significativo no modelo, e o faz (porque o valor-*p* é menor que 0,05). A segunda linha ($K = 2$) testa se a remoção das interações de dois fatores (**Animal** × **Training**, **Animal** × **Dance** e **Training** × **Dance**) tem um efeito prejudicial significativo no modelo, e novamente o faz ($p < 0,001$). Essa descoberta nos diz que uma ou mais dessas interações de dois fatores é uma previsora significativa. A linha final ($K = 3$) testa se a remoção da interação de três fatores (**Animal** × **Training** × **Dance**) tem um efeito prejudicial no modelo. Ele tem ($p < 0,001$), sugerindo que essa interação é uma previsora significativa dos dados. Os resultados nesta linha são idênticos à linha final da metade superior da tabela (o *K-way* e os *Higher-Order Effects*) porque é o efeito de maior ordem e, portanto, na parte superior da tabela não havia efeitos de ordem superior para incluir.

Em suma, a Saída 19.8 nos diz que a interação de três fatores é significativa: removê-la do modelo tem um efeito significativo sobre como o modelo se ajusta aos dados. Também sabemos que remover todas as interações de dois fatores tem um efeito significativo no modelo, mas lembre-se de que a análise log-linear deve ser feita hierarquicamente e, portanto, essas interações de doisfatores não nos interessam porque a interação de três fatores é significativa (nós olharíamos apenas esses efeitos se a interação de três fatores não fosse significativa).

A Saída 19.9 mostra a tabela *Partial Associations* (associações parciais) (que você pode ter selecionado marcando ☑ Association table (tabela de associação) na Figura 13.7). Essa tabela divide o modelo em componentes específicos. Por exemplo, o resultado anterior nos disse que a remoção de todas as interações de dois fatores afeta significativamente o ajuste do modelo, mas não sabemos quais interações de dois fatores fazem a diferença especificamente; isso a tabela nos diz. Os testes do qui-quadrado de Pearson são significativos para todas as três interações (*Sig.* é menor que 0,05). Da mesma forma, o resultado anterior nos disse que a remoção dos efeitos principais afetaria significativamente o ajuste do modelo e a Saída 19.9 mostra especificamente que os efeitos principais de **Animal** e **Training** são significativos ($p < 0,001$), mas o efeito principal de **Dance** não é ($p = 0,223$). Devemos ignorar todos esses efeitos, no entanto, porque eles são confundidos com a interação de ordem superior do **Animal** × **Training** × **Dance**.

Partial Associations

Effect	df	Partial Chi-Square	Sig.	Number of Iterations
Animal*Training	1	13.760	.000	2
Animal*Dance	1	13.748	.000	2
Training*Dance	1	8.611	.003	2
Animal	1	65.268	.000	2
Training	1	61.145	.000	2
Dance	1	1.483	.223	2

Saída 19.9

Parameter Estimates

Effect	Parameter	Estimate	Std. Error	Z	Sig.	95% Confidence Interval Lower Bound	Upper Bound
Animal*Training*Dance	1	-.360	.083	-4.320	.000	-.523	-.197
Animal*Training	1	-.402	.083	-4.823	.000	-.565	-.239
Animal*Dance	1	.197	.083	2.364	.018	.034	.360
Training*Dance	1	-.104	.083	-1.251	.211	-.268	.059
Animal	1	.404	.083	4.843	.000	.240	.567
Training	1	-.328	.083	-3.937	.000	-.492	-.165
Dance	1	-.232	.083	-2.782	.005	-.395	-.069

Saída 19.10

A Saída 19.10 mostra as ☑ Parameter estimates (Estimativas dos parâmetros) (selecionadas na Figura 19.7) do modelo. Elas testam cada efeito no modelo com um escore-z e também nos dão os intervalos de confiança. Se você ignorar o sinal de mais ou menos, quanto maior o z, mais significativo é o efeito; portanto, o valor de z nos dá uma comparação útil entre os efeitos. O efeito principal de **Animal** é o efeito mais importante no modelo ($z = 4,84$) seguido pela interação **Animal** × **Training** ($z = -4,82$) e então a interação **Animal** × **Training** × **Dance** ($z = -4,32$) e assim por diante. No entanto, vale a pena reiterar que, nesse caso, não precisamos nos preocupar com nada além da interação de três fatores.

A Saída 19.11 trata da eliminação regressiva. Começamos com o efeito de ordem superior (neste caso, a interação **Animal** × **Training** × **Dance**); nós a removemos do modelo e verificamos que efeito isso tem, e se ela não tiver um efeito significativo, então passamos para os próximos efeitos de ordem superior (nesse caso, as interações de dois fatores). No entanto, já vimos que a remoção da interação de três fatores terá um efeito significativo e isso é confirmado, nesse estágio, pela tabela denominada *Step Summary* (resumo das etapas). Portanto, a análise para aqui: a interação de três fatores não é removida e esse modelo final é avaliado usando a estatística da razão de verossimilhança. Estamos procurando uma estatística teste não significativa, que indica que os valores esperados gerados pelo modelo não são significativamente diferentes dos dados observados (em outras palavras, o modelo se ajusta aos dados). Neste caso, o modelo é um ajuste perfeito para os dados.[7]

19.10.1 Acompanhamento da análise log-linear ▌▌▌▌

Uma maneira alternativa de interpretar uma interação de fatores é conduzir a análise do qui-quadrado em diferentes níveis de uma de suas variáveis. Por exemplo, para interpretar nossa interação **Animal** × **Training** × **Dance**, poderíamos realizar um teste qui-quadrado em **Training** e **Dance**, mas faça isso separadamente para cães e gatos (na verdade a análise para gatos será a mesma que usamos para o qui-quadrado). Você pode então comparar os resultados dos diferentes animais.

---

[7] O fato de a análise ter parado aqui não ajuda, porque não posso mostrar como ela seria realizada no caso de uma interação de três fatores não significativa. No entanto, isso simplifica as coisas e se você estiver interessado em explorar mais a análise log-linear, há uma tarefa no final do capítulo que mostra o que acontece quando a interação de ordem superior não é significativa.

Step Summary

Step[a]		Effects	Chi-Square[c]	df	Sig.	Number of Iterations
0	Generating Class[b]	Animal*Training*Dance	.000	0	.	
	Deleted Effect 1	Animal*Training*Dance	20.305	1	.000	4
1	Generating Class[b]	Animal*Training*Dance	.000	0	.	

a. At each step, the effect with the largest significance level for the Likelihood Ratio Change is deleted, provided the significance level is larger than .050.
b. Statistics are displayed for the best model at each step after step 0.
c. For 'Deleted Effect', this is the change in the Chi-Square after the effect is deleted from the model.

Cell Counts and Residuals

Animal	Type of Training	Did they dance?	Observed Count	%	Expected Count	%	Residuals	Std. Residuals
Cat	Food as Reward	No	10.000	3.7%	10.000	3.7%	.000	.000
		Yes	28.000	10.4%	28.000	10.4%	.000	.000
	Affection as Reward	No	114.000	42.2%	114.000	42.2%	.000	.000
		Yes	48.000	17.8%	48.000	17.8%	.000	.000
Dog	Food as Reward	No	14.000	5.2%	14.000	5.2%	.000	.000
		Yes	20.000	7.4%	20.000	7.4%	.000	.000
	Affection as Reward	No	7.000	2.6%	7.000	2.6%	.000	.000
		Yes	29.000	10.7%	29.000	10.7%	.000	.000

Goodness-of-Fit Tests

	Chi-Square	df	Sig.
Likelihood Ratio	.000	0	.
Pearson	.000	0	.

Saída 19.11

Teste seus conhecimentos
Use o comando Split file *(dividir arquivo) (ver seção 6.10.4)* para executar um teste do qui-quadrado em **Dance** e **Training** para cães e gatos.

Os resultados e interpretação para gatos estão na Saída 19.3 e, para cães, na Saída 19.12. Para os cães, ainda existe uma relação significativa entre os tipos de treinamento e se eles dançaram, mas é mais fraca (o qui-quadrado é de 3,93, comparado aos 25,2 dos gatos).[8] Esse achado parece sugerir que os cães são mais propensos a dançar se receberem carinho do que se receberem petisco, o oposto dos gatos.

19.10.2 Interpretando a interação ||||

Vamos juntar tudo isso para entender a interação de três fatores. Vamos representar graficamente as frequências em todas as diferentes categorias. A Figura 19.8 mostra a porcentagem do total (esses valores podem ser encontrados na Saída 19.6 nas linhas rotuladas como % *do total*). Olhe para a petisco primeiro: o padrão para cães e gatos é quase idêntico em que a porcentagem de res-

---
[8] A estatística do qui-quadrado depende do tamanho da amostra, então você realmente precisa calcular os tamanhos dos efeitos e compará-los para fazer esse tipo de declaração (a menos que você tenha números iguais de cães e gatos).

Chi-Square Tests

	Value	df	Asymptotic Significance (2-sided)	Exact Sig. (2-sided)	Exact Sig. (1-sided)
Pearson Chi-Square	3.932[a]	1	.047		
Continuity Correction[b]	2.966	1	.085		
Likelihood Ratio	3.984	1	.046		
Fisher's Exact Test				.068	.042
Linear-by-Linear Association	3.876	1	.049		
N of Valid Cases	70				

a. 0 cells (0.0%) have expected count less than 5. The minimum expected count is 10.20.
b. Computed only for a 2x2 table

Saída 19.12

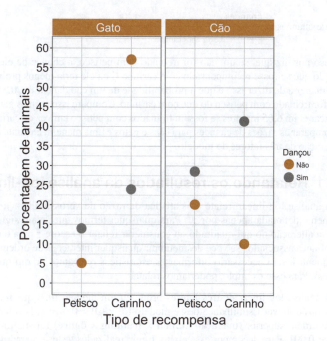

Figura 19.8 Percentual de diferentes animais que dançaram ou não após serem treinados com carinho ou petisco.

postas "sim" é ligeiramente maior do que a porcentagem de nenhuma resposta para ambos os animais (o ponto cinza está a uma distância similar acima do laranja). Compare isso com carinho, onde, para os gatos, a porcentagem de respostas "não" foi muito maior do que a de respostas "sim" (o círculo laranja está muito acima do cinza), mas, para cães o oposto é verdadeiro – a porcentagem de respostas "sim" foi muito maior do que a de respostas "não" (o círculo cinza está muito acima do laranja). Então, gatos são criaturas sensatas que fazem coisas estúpidas apenas quando recebem algo (ou seja, petisco), enquanto os cães são apenas idiotas.☺

19.10.3 Tamanhos do efeito na análise log-linear

Assim como no qui-quadrado de Pearson, vamos ver a razão de chances novamente. A razão de chances é mais fácil de entender para tabelas de contingência de 2 × 2 e, portanto, se você tiver interações de ordem superior ou se suas variáveis tiverem mais do que duas categorias, vale a pena tentar dividir esses efeitos em tabelas lógicas de 2 × 2 e calcular a razão de chances que refletem a natureza da interação. Neste exemplo, podemos calcular a razão de chances para cães e gatos separadamente. Nós já temos a razão de chances para gatos (seção 19.8.3), e, para cães, obteremos 0,35:

$$\text{chances}_{\text{dançar após petisco}} = \frac{\text{número dos que receberam petisco e dançaram}}{\text{número dos que receberam petisco e não dançaram}} = \frac{20}{14} = 1{,}43$$

(19.39)

$$\text{chances}_{\text{dançar após carinho}} = \frac{\text{número dos que receberam carinho e dançaram}}{\text{número dos que receberam carinho e não dançaram}} = \frac{29}{7} = 4{,}14$$

(19.40)

$$\text{razão de chances} = \frac{\text{chances}_{\text{dançar após petisco}}}{\text{chances}_{\text{dançar após carinho}}} = \frac{1{,}43}{4{,}14} = 0{,}35$$

(19.41)

Isso nos diz que, se um cão foi treinado com petisco, a chance de ele dançar era 0,35 vez maior do que se fosse recompensado com carinho (i.e., ele teria menos probabilidade de dançar). Outra maneira de dizer isso é que a probabilidade de um cão dançar é 1/0,35 = 2,90 vezes menor se ele for treinado com petisco do que com carinho. Compare isso com os gatos em que as chances de dançar eram 6,65 maiores se fossem treinados com petisco em vez de carinho. Como você pode ver, comparar as razões de chances para cães e gatos é uma maneira elegante de apresentar o termo de interação de três fatores do modelo.

19.11 Relatando os resultados da análise log-linear ▐▐▐▐

Para a análise log-linear, relate a estatística da razão de verossimilhança para o modelo final, geralmente denotada apenas por χ^2. Para quaisquer termos que sejam significativos, você deve relatar a alteração do qui-quadrado ou considerar relatar o escore-z para o efeito e seu intervalo de confiança associado. Se você desmembrar quaisquer interações de ordem superior em análises subsequentes, será necessário informar as estatísticas relevantes do qui-quadrado (e a razão de chances). Para esse exemplo, poderíamos relatar:

✓ A análise log-linear de três fatores produziu um modelo final que reteve todos os efeitos. A razão de verossimilhança desse modelo foi $\chi^2(0) = 0$, $p = 1$. Isso indicou que a interação de ordem superior (interação **animal** × **training** × **dance**) foi significativa, $\chi^2(1) = 20{,}31$, $p < 0{,}001$. Para decompor esse efeito, foram realizados testes separados do qui-quadrado nas variáveis de treinamento e dança separadamente para cães e gatos. Para os gatos, houve associação significativa entre o tipo de treinamento e se dançaram, $\chi^2(1) = 25{,}36$, $p < 0{,}001$; isso também foi verdade para os cães, $\chi^2(1) = 3{,}93$, $p = 0{,}047$. A razão de chances indicou que a probabilidade de dançar foi 6,65 maior após o estímulo com petisco do que com carinho para os gatos, mas apenas de 0,35 para os cães (i.e., em cães, a chance de dançar foi 2,90 vezes menor se treinados com petiscos comparados ao treinamento com carinho). A análise parece revelar uma diferença fundamental entre cães e gatos: gatos são mais propensos a dançar por petisco do que por carinho, enquanto cães são mais propensos a dançar por carinho do que por petisco.

19.12 Caio tenta conquistar Gina ▐▐▐▐

Gina olhou para o metal opaco do jarro em sua frente. Teve uma daquelas aulas que parecia que nunca iria terminar. Ela limpou a poeira do vidro e olhou para dentro do cérebro. O que fazer? Ela tinha decidido parar seu experimento louco semanas atrás. Foi fácil no começo: o tempo que ela passou com Caio a fez sentir-se mais humana do que ela jamais se sentiu; ela não teve uma única

Dicas da Ana Apressada
Análise log-linear

- Teste a relação entre mais de duas variáveis categóricas com a *análise log-linear*.
- A análise log-linear é hierárquica: o modelo inicial contém todos os principais efeitos e interações. Começando com a interação de ordem superior, os termos são removidos para ver se a remoção afeta significativamente o ajuste do modelo. Se isso acontecer, esse termo não será removido e todos os efeitos de ordem inferior serão ignorados.
- Veja a tabela chamada *K-Way* e *Higher-Order Effect* para ver quais efeitos foram retidos no modelo final. Então olhe para a tabela chamada *Partial Associations* para ver a significância individual dos efeitos retidos (veja a coluna *Sig.*– valores menores que 0,05 indicam significância).
- Veja os *Testes de Aderência* para o modelo final: se esse modelo é um bom ajuste dos dados, essa estatística deve ser não significativa (*Sig.* deve ser maior que 0,05).
- Olhe para a tabela de contingência para interpretar quaisquer efeitos significativos (porcentagem do total das células é a melhor coisa a se olhar).

lembrança dos corredores do edifício Plêiades. Mas, como um viciado em drogas, ela voltou para lá assim que a vida ficou difícil. Talvez ela estivesse trabalhando demais. Semanas de pouco sono e longos períodos de trabalho estavam afetando sua determinação. Ela chegou a um impasse com o que estava trabalhando e não importava o quanto ela tentasse eliminar isso da sua mente, estava perdendo a batalha. Não gostava de perder. Como um fantasma, ela estava flutuando dentro e fora da vida de Caio. Quando ficava sem energia para trabalhar, ia até ele e ele cuidava dela antes que ela desaparecesse novamente. Caio consentiu com isso. Ele não fazia perguntas, mas a ouvia e apoiava. Era tão importante para ela encontrar uma maneira de romper o impasse e terminar o que tinha começado. "Só mais uma", ela pensou, "mais uma para dar à minha mente o pontapé de que ela precisa".

Ela olhou mais fundo no jarro, tentando encontrar um caminho para a alma de quem quer que possua essa mente. Ela sentiu um arrepio por sua própria depravação, e depois se repugnou ao pensar em Caio, esperando por ela em algum lugar, indiferente ao seu atual dilema, e seu passado.

"Só mais uma," ela pensou.

Ela não tinha escolha, tinha? Precisava terminar seu trabalho. Este era o único caminho.

"Apenas mais uma."

Ela pensou em Caio. Suas mãos tremiam. Seu peito ficou apertado enquanto tentava reprimir suas emoções.

"Só mais uma," ela sussurrou "mais uma... mais uma... mais uma... NÃO MAIS!"

Gina apertou a alavanca que retornou o jarro para o seu cubículo e correu. Ela não parou até chegar na casa de Caio.

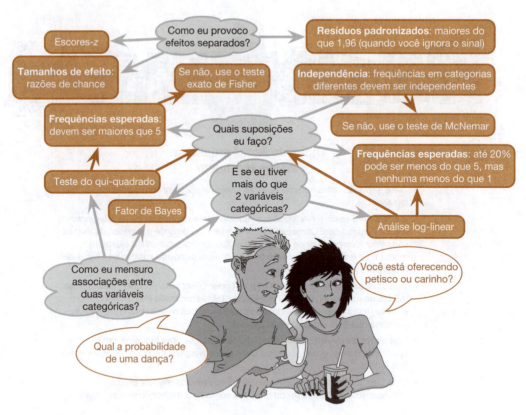

Figura 19.9 O que Caio aprendeu neste capítulo.

19.13 E agora? ▮▮▮▯

Quando escrevi a primeira edição deste livro, não tinha ideia da jornada que estava começando. Minha principal ambição era escrever um livro de estatística que eu gostasse de ler. Eu não esperava que ninguém mais gostasse de lê-lo, mas acontece que algumas pessoas gostaram, o que é uma sensação agradável. Um dos efeitos colaterais esquisitos de escrever livros de estatística é que todos assumem que sou um estatístico. Eu não sou, o que significa que eu decepciono constantemente as pessoas por não ser capaz de responder às suas perguntas sobre estatística. Este livro é basicamente meu conhecimento total sobre estatística. É provavelmente mais que a soma. A seção de regressão logística multinomial no próximo capítulo, por exemplo, foi o resultado da leitura de muitas coisas sobre a regressão logística multinomial, que esqueci agora (porque nunca a usei). Se eu precisar fazer uma regressão logística multinomial, vou ler o capítulo deste livro e ficar impressionado com o quão bem eu estou fingindo saber do que estou falando. Se você soubesse com que frequência eu procuro coisas no meu próprio livro, você provavelmente não o teria comprado.

No decorrer das edições deste livro, tive "fãs" que criaram sociedades de apreciação, tinham vídeos no YouTube dedicados a mim, centenas de pessoas me enviaram fotos de seus cães, gatos, lagartos, crianças, cavalos, pássaros posando com meu livro, me tornei amigo de um empresário de uma banda de *black metal*, fui convidado para uma necropsia (sério...), tive pessoas de todo o mundo aleatoriamente aparecendo em meu escritório para dizer "oi", estranhos pediam *selfies* comigo em eventos, e tudo porque eu fiz a coisa mais desagradável que você pode imaginar: escrevi livros de estatística. Isso me complica, mas é profundamente reconfortante ter estranhos de todas as esferas da vida querendo gastar seu valioso tempo dizendo oi para você. Em seu microcosmo minúsculo, sem importância (para a maioria das pessoas), é um pouco como ser a estrela do *rock* que eu quando jovem sempre quis ser, exceto que escrever sobre estatística não é tão divertido quanto tocar. Era só uma questão de tempo antes que a coceira musical precisasse ser coçada uma vez mais.

19.14 Termos-chave

Análise log-linear
Correção de continuidade de Yates
Distribuição do qui-quadrado
Modelo saturado
Phi
Teste de qui-quadrado
Teste exato de Fisher
V de Cramér
λ de Goodman e Kruskal

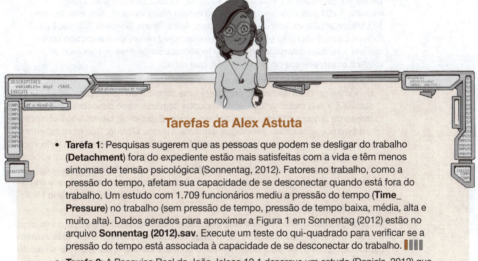

Tarefas da Alex Astuta

- **Tarefa 1**: Pesquisas sugerem que as pessoas que podem se desligar do trabalho (**Detachment**) fora do expediente estão mais satisfeitas com a vida e têm menos sintomas de tensão psicológica (Sonnentag, 2012). Fatores no trabalho, como a pressão do tempo, afetam sua capacidade de se desconectar quando está fora do trabalho. Um estudo com 1.709 funcionários mediu a pressão do tempo (**Time_Pressure**) no trabalho (sem pressão de tempo, pressão de tempo baixa, média, alta e muito alta). Dados gerados para aproximar a Figura 1 em Sonnentag (2012) estão no arquivo **Sonnentag (2012).sav**. Execute um teste do qui-quadrado para verificar se a pressão do tempo está associada à capacidade de se desconectar do trabalho. ▌▌▌▌

- **Tarefa 2**: A Pesquisa Real do João Jaleco 19.1 descreve um estudo (Daniels, 2012) que analisou o impacto de imagens sexualizadas de atletas comparadas com imagens do desempenho sobre as percepções das mulheres sobre os atletas e sobre elas mesmas. As mulheres observaram diferentes tipos de imagens (**Picture**) e depois fizeram uma tarefa escrita. Daniels verificou se certos temas estavam presentes ou ausentes em cada tarefa escrita (**Theme_Present**). Olhamos para o tema da autoavaliação, mas Daniels identificou outros: comentando sobre o corpo/aparência do atleta (**Athletes_Body**), indicando admiração ou ciúmes do atleta (**Admiration**), indicando que o atleta era um exemplo ou um motivador (**Role_Model**) e sua própria atividade física (**Self_Physical_Activity**). Teste se o tipo de imagem visualizada está associado a comentários sobre o corpo/aparência do atleta (**Daniels (2012).sav**) ▌▌▌▌

- **Tarefa 3**: Usando os dados da Tarefa 2, veja se o tipo de imagem visualizada está associado à indicação de admiração ou ciúmes para com o atleta. ▌▌▌▌

- **Tarefa 4**: Usando os dados da Tarefa 2, veja se o tipo de imagem visualizada está associada à indicação de que o atleta era um exemplo ou um motivador. ▌▌▌▌

- **Tarefa 5**: Usando os dados da Tarefa 2, veja se o tipo de imagem visualizada está associada ao participante comentando sobre sua própria atividade física. ▌▌▌▌

- **Tarefa 6**: Escrevi boa parte da terceira edição deste livro na Holanda (tenho uma queda pelo país). Os holandeses andam de bicicleta muito mais que os ingleses. Eu notei que muito mais holandeses pedalam usando apenas uma mão. Eu salientei isso para uma das minhas amigas, Birgit Mayer, e ela disse que eu era um louco idiota inglês e que os holandeses não pedalavam usando uma só mão. Várias semanas eu apontei para ciclistas guiando com uma mão e ela apontando para ciclistas guiando com duas mãos. Para colocar isso em teste, contei o número de ciclistas holandeses e ingleses que andam com uma ou duas mãos no guidão (**Handlebars.sav**). Você consegue descobrir qual de nós está correto? ▌▌▌▌

- **Tarefa 7**: Calcule e interprete a razão de chances para a Tarefa 6. ▌▌▌▌
- **Tarefa 8**: Certos editores da SAGE gostam de pensar que são ótimos no futebol. Para ver se eles são melhores do que os professores e pós-graduados de Sussex, convidamos os funcionários da SAGE para participarem dos nossos jogos de futebol. Cada pessoa jogou em uma partida. Durante muitos jogos, contamos o número de jogadores que marcaram gols. Existe uma relação significativa entre marcar gols e se trabalha para a SAGE ou Sussex? (**Sage Editors Can't Play Football.sav**). ▌▌▌▌
- **Tarefa 9**: Calcule e interprete a razão de chances para a Tarefa 8. ▌▌▌▌
- **Tarefa 10**: Eu estava interessado em saber se horóscopos são pura tolice. Recrutei 2.201 pessoas, anotei seu signo estelar (essa variável, obviamente, tem 12 categorias: Capricórnio, Aquário, Peixes, Áries, Touro, Gêmeos, Câncer, Leão, Virgem, Libra, Escorpião e Sagitário) e se eles acreditavam em horóscopo (esta variável tem duas categorias: crente ou incrédulo). Enviei-lhes um horóscopo idêntico sobre eventos do próximo mês, que dizia:

> Agosto será um mês emocionante para você. Você fará amizade com um vagabundo na primeira semana e preparará uma omelete de queijo para ele. A curiosidade é a sua maior virtude e, na segunda semana, você descobrirá o conhecimento de um assunto que antes achava chato. Estatística, talvez. Você comprará um livro por volta dessa época que o orientará nesse sentido. Sua nova sabedoria o levará a uma mudança na carreira em torno da terceira semana, quando você abandonará seu trabalho atual e se tornará um contador. Na semana final você se encontrará livre das restrições de ter amigos, seu namorado/namorada te deixará por um dançarino de balé russo com um olho de vidro e você passará seus fins de semana fazendo análises log-lineares à mão tendo um pombo, chamado Hephzibah, como companhia.

No final de agosto, entrevistei essas pessoas e classifiquei o horóscopo como algo que se tornou ou não realidade, com base em quão próximas suas vidas haviam combinado com o horóscopo fictício. Faça uma análise log-linear para ver se existe uma relação entre o signo da pessoa, se eles acreditam em horóscopo e se o horóscopo se tornou realidade (**Horoscope.sav**). ▌▌▌▌

- **Tarefa 11**: No meu módulo de estatística, os alunos têm aulas semanais de SPSS em um laboratório de informática. Tenho notado que muitos alunos estão estudando o Facebook mais do que as tarefas, muito interessantes, de estatística que defini. Eu queria ver o impacto desse comportamento no desempenho do exame. Coletei dados de todos os 260 alunos no meu módulo. Classifiquei a sua presença (**Attendance**) como sendo mais ou menos 50% das aulas de laboratório, e classifiquei cada um como alguém que olhou ou não para o **Facebook** durante as aulas de laboratório. Após o exame, observei se eles passaram ou reprovaram (**Exam**). Faça uma análise log-linear para ver se há uma associação entre estudar o Facebook e reprovar no exame (**Facebook.sav**). ▌▌▌▌

Respostas e recursos adicionais estão disponíveis no *site* do livro em
https://edge.sagepub.com/field5e.

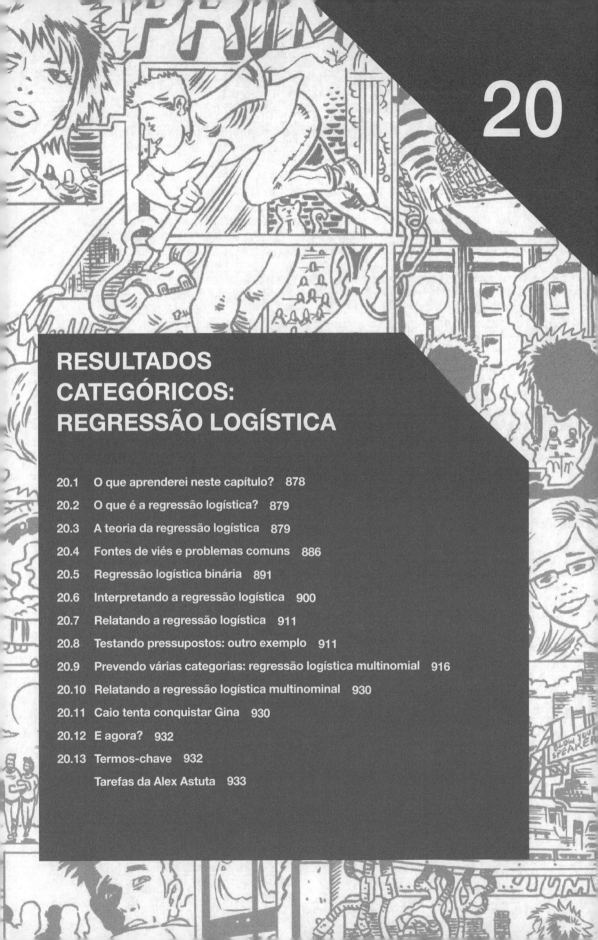

RESULTADOS CATEGÓRICOS: REGRESSÃO LOGÍSTICA

20.1 O que aprenderei neste capítulo?   878
20.2 O que é a regressão logística?   879
20.3 A teoria da regressão logística   879
20.4 Fontes de viés e problemas comuns   886
20.5 Regressão logística binária   891
20.6 Interpretando a regressão logística   900
20.7 Relatando a regressão logística   911
20.8 Testando pressupostos: outro exemplo   911
20.9 Prevendo várias categorias: regressão logística multinomial   916
20.10 Relatando a regressão logística multinominal   930
20.11 Caio tenta conquistar Gina   930
20.12 E agora?   932
20.13 Termos-chave   932
      Tarefas da Alex Astuta   933

20.1 O que aprenderei neste capítulo?

Nos últimos capítulos, vimos como meu sonho de infância de me tornar uma estrela do *rock* se desintegrou quando me tornei um modelo estatístico em forma humana. Eu não consigo imaginar um maior fracasso em alcançar as ambições de uma pessoa. Senti como se tivesse me tornado um número desalmado e precisava ser salvo antes que a transformação se completasse. Era hora de liberar minha estrela do *rock* interior mais uma vez e fazer mais terapia no processo. Então, a casca oca de um Andy de 29 anos decidiu aprender bateria (sinta-se livre para fazer piada sobre esse ser o instrumento perfeito para um músico fracassado, mas elas são muito mais difíceis de tocar do que as pessoas pensam). Alguns anos depois, recebi uma ligação de um velho amigo meu, Doug. Nos meus dias de Scansion, Doug tocou em outra banda local, então, temos uma longa história juntos. A conversa foi mais ou menos assim:

"Lembra que na última vez que nos vimos conversamos sobre você vir tocar com a gente?", Doug perguntou.

Eu não tinha absolutamente nenhuma lembrança de ele ter dito isso, mas respondi "Sim".

"E então?", ele disse.

"OK", eu disse, "você organiza e eu trago minha guitarra".

"Não, seu idiota", disse ele, "precisamos de um baterista. Aprenda algumas das músicas do CD que eu dei a você no ano passado."

Eu ouvi o CD da banda dele e gostei, mas as músicas eram ridiculamente rápidas e não havia maneira alguma de eu conseguir tocá-las. "Claro, não há problema", eu menti. Passei as próximas duas semanas tentando me tornar um baterista muito melhor do que eu era. Seria bom poder dizer que no ensaio eu os surpreendi com meu brilhantismo, mas isso não aconteceu. O que houve, no entanto, foi que quase tive um ataque cardíaco e todo meu corpo enrijeceu. Ainda assim, tivemos outro ensaio, e depois outro, e ainda os temos.[1] É curioso que eu comecei a tocar guitarra (que eu ainda sei tocar, aliás) e então a bateria, porque sempre há pressupostos sobre

Figura 20.1 No meio de uma sessão de terapia.

---

[1] Embora não com Doug na banda e não com muita frequência, hoje em dia, por causa de, você sabe, ter filhos, empregos, ser velho e chato. Esse tipo de coisa.

as personalidades dos músicos em bandas de *rock*: os vocalistas são egocêntricos, os guitarristas são os mais legais, os baixistas são descontraídos e introvertidos e os bateristas são supostamente hedonistas selvagens ou estão no limite superior da síndrome de Asperger (gostar de contar é útil) ou ambos. Há definitivamente mais Asperger em mim do que hedonismo. Esses pressupostos são especulativos, no entanto. Se quiséssemos testar quais características de personalidade predizem o instrumento que você escolhe para tocar, teríamos um resultado categórico (tipo de instrumento) com várias categorias (bateria, guitarra, baixo, vocal, teclado, tuba, etc.) e previsoras contínuas (neuroticismo, extroversão, etc.). Nós vimos como podemos quantificar associações entre variáveis puramente categóricas, mas se também tivermos previsores contínuos, então certamente não há um modelo na Terra que possa lidar com esse tipo de complexidade, portanto devemos ir ao *pub* e nos divertirmos ao invés disso? Na verdade, podemos fazer **regressão logística** – droga!

20.2 O que é a regressão logística?

No capítulo anterior, analisamos modelos de relações entre variáveis categóricas e agora vamos estender essa discussão à regressão logística – um modelo para prever variáveis categóricas a partir de previsoras categóricas e contínuas. Em sua forma mais simples, isso significa prever a qual de duas categorias uma pessoa provavelmente pertencerá, dado os seus valores nos previsores. Por exemplo, na pesquisa médica, a regressão logística é usada para gerar modelos a partir dos quais previsões podem ser feitas sobre a probabilidade de um tumor ser maligno ou benigno. Com base nos dados existentes, o modelo de regressão logística é utilizado para estabelecer variáveis que preveem a malignidade de um tumor. Esssas variáveis podem então ser medidas para um novo paciente e seus valores colocados no modelo de regressão logística para obter uma probabilidade da malignidade. Se a probabilidade de o tumor ser maligno for baixa, o médico poderá decidir não realizar uma cirurgia dispendiosa e dolorosa que provavelmente será desnecessária. Quando estamos tentando prever valores pertencentes a apenas duas categorias, o modelo é conhecido como **regressão logística binária**, mas, se quisermos prever valores de mais de duas categorias, usamos a regressão logística **multinomial** (ou policotômica).

20.3 A teoria da regressão logística

Eu não vou me debruçar sobre a matemática por trás da regressão logística (eu sou uma prova viva de que você não precisa saber disso). Em vez disso, traçarei alguns paralelos com o modelo linear para fornecer a essência conceitual do que está acontecendo. Para simplificar, explicarei a regressão logística binária, mas a maioria dos princípios se estende à previsão de mais de duas categorias. Já vimos, muitas vezes, que o modelo linear pode ser expresso como:

$$Y_i = b_0 + b_1 X_{1i} + \varepsilon_i \tag{20.1}$$

quando há uma variável previsora e como:

$$Y_i = b_0 + b_1 X_{1i} + b_2 X_{2i} + ... + b_n X_{ni} + \varepsilon_i \tag{20.2}$$

quando há duas ou mais. Lembre-se que b_0 é o valor da variável resultado quando as previsoras são zero (o intercepto), os bs quantificam a relação entre cada previsora e a variável resultado, X é o valor de cada variável previsora e ε é o erro na previsão (o resíduo).

Um dos pressupostos do modelo linear é que a relação entre as previsoras e a variável de resultado é linear (seção 9.4.1). Quando a variável de resultado é categórica, esse pressuposto é violado (Berry, 1993). Uma maneira de contornar esse problema é transformar os dados usando a transformação logarítmica (ver Berry e Feldman, 1985), que é uma maneira de expressar uma relação não linear de maneira linear. A regressão logística usa essa transformação para expressar a equação do modelo linear em termos logarítmicos (chamado de *logit*). Ao fazer isso, podemos prever variáveis de resultado categóricas usando o modelo linear padrão que discutimos neste livro. Correto.

Na regressão logística, em vez de prever o valor de uma variável Y de uma variável previsora X_1 ou várias variáveis previsoras (Xs), prevemos a *probabilidade* de Y ocorrer, $P(Y)$, a partir de valores conhecidos (log transformados) de X_1 (ou Xs). Vamos ver a equação – as equações são sempre divertidas. Aqui está o modelo de regressão logística com uma previsora:

$$P(Y) = \frac{1}{1+e^{-(b_0 + b_1 X_{1i})}} \tag{20.3}$$

$P(Y)$ é a probabilidade de Y ocorrer, e é a base dos logaritmos naturais, e o modelo linear que você já viu inúmeras vezes (Equação 20.1) está confortavelmente dentro dos parênteses. Quando existem várias previsoras, o modelo se torna:

$$P(Y) = \frac{1}{1+e^{-(b_0 + b_1 X_{1i} + b_2 X_{2i} + \cdots + b_n X_{ni})}} \tag{20.4}$$

Note que tudo o que muda é que, em vez dos parênteses que contêm o modelo linear para um previsor, eles convidaram alguns amigos para sair, e a parte dos parênteses agora contém o modelo linear completo (Equação 20.2). O modelo pode ser apresentado de outras formas, mas a versão que eu escolhi expressa o resultado como a probabilidade de Y ocorrer (i.e., a probabilidade de que um caso pertença a uma determinada categoria). O valor resultante do modelo ficará, portanto, entre 0 e 1. Um valor próximo de 0 significa que é muito improvável que tenha ocorrido, e um valor próximo de 1 significa que é muito provável que Y tenha ocorrido. Assim como o modelo linear, cada variável previsora possui seu próprio parâmetro (b), que é estimado a partir dos dados da amostra. Em modelos lineares, esses parâmetros são (geralmente) estimados usando o método dos mínimos quadrados (seção 2.6), enquanto, na regressão logística, é usada a **estimativa por máxima verossimilhança**, que seleciona os coeficientes que tornam os valores observados mais prováveis de ocorrerem. Essencialmente, as estimativas escolhidas dos bs serão aquelas que, quando os valores das variáveis previsoras são colocados nela, resultam em valores de Y mais próximos dos valores observados.

20.3.1 Avaliando o modelo: a estatística de log-verossimilhança ||||

O modelo de regressão logística prevê a probabilidade de um evento ocorrer para uma determinada pessoa (denotamos isso como $P(Y_i)$, a probabilidade de que Y ocorra para a i-ésima pessoa), com base em observações de se o evento *ocorreu* para essa pessoa (poderíamos denotar isso como Y_i, o resultado observado para a *i*-ésima pessoa). Para uma determinada pessoa, o Y *observado* será 0 (o resultado não ocorreu) ou 1 (o resultado ocorreu), mas o Y *previsto*, $P(Y)$, será um valor entre 0 (não há chance de que o resultado ocorrerá) e 1 (o resultado certamente ocorrerá). Quando avaliamos o ajuste do modelo linear, comparamos os valores observados e previstos do resultado (se você lembrar, usamos R^2, que é a correlação de Pearson ao quadrado entre os valores observados do resultado e os valores previstos pelo modelo). O mesmo é feito na regressão logística usando o **logaritmo da verossimilhança**:

$$\text{log-verossimilhança} = \sum_{i=1}^{N}\left[Y_i \ln\left(P(Y_i)\right) + (1-Y_i)\ln\left(1-P(Y_i)\right)\right] \quad (20.5)$$

O log da verossimilhança baseia-se na soma das probabilidades associadas aos resultados previstos, $P(Y_i)$ e Y_i reais. É análogo à soma dos quadrados dos resíduos, no sentido de que é um indicador de quantas informações inexplicadas existem após o modelo ter sido ajustado. Segue-se, portanto, que grandes valores da estatística de log-verossimilhança indicam modelos estatísticos com ajuste pobre, porque quanto maior o valor do log-verossimilhança, mais observações inexplicadas existem.

20.3.2 Avaliando o modelo: a estatística da desviância ||||

A **desviância** está intimamente relacionada com a log-verossimilhança. Ela é dada por:

$$\text{desviância} = -2 \times \text{log-verossimilhança} \quad (20.6)$$

A desviância é muitas vezes representada como $-2LV$* por causa da maneira como é calculada. É bastante conveniente usar (quase) sempre a desviância, em vez do log-verossimilhança, porque ela tem uma distribuição do qui-quadrado (ver Capítulo 19 e Apêndice), o que facilita o cálculo da significância.

Um uso importante do log-verossimilhança e da desviância é na comparação de modelos. Por exemplo, é útil comparar um modelo de regressão logística com um de referência – geralmente o modelo quando somente o intercepto é incluído (ou seja, sem previsores). No modelo linear padrão, o modelo de referência que usamos foi a média de todos os escores (ou seja, prevemos o resultado a partir do intercepto). Com um resultado categórico, não faz sentido usar a média geral (porque o resultado é a ocorrência ou não de um evento), então usamos a frequência com que o resultado ocorreu. Se o resultado ocorreu 107 vezes e não ocorreu 72 vezes, então nosso melhor palpite sobre o resultado será que ele ocorre (porque ele ocorreu mais vezes do que não ocorreu). Assim como ocorreu com o modelo linear, o nosso modelo de referência será o que nos dará a melhor previsão quando nada sabemos além dos valores do resultado: na regressão logística, essa será a categoria mais frequente de resultados, o que é o mesmo que prever o resultado a partir do intercepto. Se adicionarmos um ou mais previsores ao modelo, podemos calcular a melhoria do modelo como:

$$\chi^2 = (-2LV_{\text{referência}}) - (-2LV_{\text{novo}})$$
$$= 2LV_{\text{novo}} - 2LV_{\text{referência}} \quad (20.7)$$
$$gl = k_{\text{novo}} - k_{\text{referência}}$$

Nós simplesmente tomamos a desviância do novo modelo e subtraímos dela a desviância do modelo de referência (o modelo quando somente a constante está incluída). Essa diferença é conhecida como razão de verossimilhança[2] e tem uma distribuição do qui-quadrado com graus de liberdade igual ao número de parâmetros, k, do novo modelo subtraído do número de parâmetros do modelo de referência. O número de parâmetros do modelo de referência será sempre 1 (pois a constante é o único parâmetro); qualquer modelo subsequente terá graus de liberdade igual ao número de previsores mais 1 (i.e., o número de previsores mais um parâmetro representando a constante).

---

[2] Você pode se perguntar por que isso é chamado de "razão" quando uma "razão" geralmente significa que algo está dividido por outra coisa, e não estamos dividindo nada aqui: estamos subtraindo. A razão é que, se você subtrair os logaritmos de números, será o mesmo que dividir os números. Por exemplo, 10/5 = 2 e (experimente na sua calculadora) log(10) − log(5) = log(2).

* N. de T.T. No texto original é $-2LL$ (*log-likelihood*).

Se construirmos modelos hierarquicamente (i.e., adicionando uma previsora de cada vez), também podemos usar a Equação 20.7 para comparar esses modelos. Por exemplo, se tiver um modelo (vamos chamá-lo de modelo "antigo") e adicionar uma previsora (o modelo "novo"), você pode ver se o modelo novo melhorou o ajuste usando a Equação 20.7 no qual o modelo de referência é o modelo "antigo". Os graus de liberdade serão a diferença entre os graus de liberdade dos dois modelos.

20.3.3 Avaliando o modelo: R e R^2

Quando discutimos o modelo linear, vimos que o coeficiente de correlação múltipla R e o R^2 correspondente são medidas úteis de quão bem o modelo se ajusta aos dados. A razão de verossimilhança é semelhante na medida em que é baseada no nível de correspondência entre os valores previstos e observados do resultado. No entanto, há um análogo mais literal da correlação múltipla na regressão logística, conhecida como estatística R. É a correlação parcial entre a variável resultado e cada uma das variáveis previsoras e varia entre -1 e $+1$. Um valor positivo indica que, conforme a variável previsora aumenta, aumenta também a probabilidade de o evento ocorrer. Um valor negativo implica que, conforme o valor da previsora aumenta, a probabilidade de o resultado ocorrer diminui. Se uma variável previsora tiver um valor pequeno de R, ela contribuirá apenas com uma pequena quantia para o modelo.

Para calcular R, use a seguinte equação:

$$R = \sqrt{\frac{z^2 - 2gl}{-2LV_{\text{referência}}}} \tag{20.8}$$

no qual o $-2LV$ é o desvio para o modelo original, a estatística de Wald (z) é calculada conforme descrito na seção 20.3.4 e os graus de liberdade podem ser lidos da saída do SPSS para as variáveis na equação. Veremos, na próxima seção, que a estatística de Wald pode ser imprecisa sob certas circunstâncias e, por causa disso, o R não é, de forma alguma, uma medida precisa. Por essa razão, trate o valor de R com cuidado, e não é válido elevá-lo ao quadrado e interpretá-lo como você faria em um modelo linear com uma variável de resultado contínua.

Há controvérsias sobre o que *faria* uma boa analogia ao R^2 na regressão logística. A medida de **R_L^2 de Hosmer e Lemeshow** (1989) é calculada dividindo-se o qui-quadrado do modelo, que representa a mudança da referência (baseada no log-verossimilhança) pela referência $-2LV$ (a desviância do modelo antes de qualquer previsora ser inserida):

$$R_L^2 = \frac{\chi^2_{\text{modelo}}}{-2LV_{\text{referência}}} \tag{20.9}$$

Dado o que o modelo qui-quadrado representa (ver Equação 20.7), outra maneira de expressar essa estatística é:

$$R_L^2 = \frac{(-2LV_{\text{referência}}) - (-2LV_{\text{novo}})}{-2LV_{\text{referência}}} \tag{20.10}$$

R_L^2 é a redução proporcional no valor absoluto da medida do log-verossimilhança. É uma medida de quanto o ajuste ruim melhora como resultado da inclusão das variáveis previsoras. Pode variar entre 0 (indicando que as previsoras são inúteis para prever a variável de resultado) e 1 (indicando que o modelo prevê a variável de resultado com perfeição).

O SPSS usa a medida de **Cox e Snell** (1989), R^2_{CS}, que é baseada na desviância do modelo ($-2LV_{novo}$), na desviância do modelo original ($-2LV_{referência}$) e no tamanho da amostra, n:

$$R^2_{CS} = 1 - \exp\left(\frac{-2LV_{novo} - (-2LV_{referência})}{n}\right) \tag{20.11}$$

Essa estatística nunca atinge seu máximo teórico de 1, portanto, Nagelkerke (1991) sugeriu a seguinte alteração (R^2_N **de Nagelkerke**):

$$R^2_N = \frac{R^2_{CS}}{1 - \exp\left(-\frac{-2LV_{referência}}{n}\right)} \tag{20.12}$$

Apesar de todas essas medidas diferirem em seu cálculo (e nas respostas que você recebe), de maneira conceitual elas são praticamente as mesmas. Elas são um pouco semelhantes ao R^2 dos modelos lineares com variáveis de resultado contínuas, na medida em que fornecem um indicador da significância substantiva do modelo.

20.3.4 Avaliando a contribuição dos previsores: a estatística de Wald ▌▌▌▌

Além de avaliar o ajuste do modelo em geral, queremos conhecer a contribuição individual dos previsores. No modelo linear, utilizamos os coeficientes de regressão estimados (b) e seus erros-padrão para calcular uma estatística t. Na regressão logística, há uma estatística análoga – a estatística z – que segue a distribuição normal. Como a estatística t no modelo linear, a estatística z nos diz se o valor-b para essa previsora é significativamente diferente de zero. Se o coeficiente é significativamente diferente de zero, então assumimos que a previsora está fazendo uma contribuição significativa para a previsão do resultado (Y).

A equação a seguir mostra como a estatística z é calculada e é basicamente idêntica à estatística t no modelo linear (ver Equação 9.14): é o valor-b dividido pelo erro-padrão associado:

$$z = \frac{b}{EP_b} \tag{20.13}$$

A estatística z foi desenvolvida por Abraham Wald (Figura 20.2) e é conhecida como a **estatística de Wald**. O SPSS relata a estatística de Wald como z^2, que a transforma de maneira que ela tenha uma distribuição qui-quadrado. A estatística z deve ser usada com um pouco de cautela porque, quando o valor-b é grande, o erro-padrão tende a se tornar inflacionado, resultando na subestimativa da estatística z (ver Menard, 1995). A inflação do erro-padrão aumenta a probabilidade de se rejeitar uma previsora como significativa quando, na realidade, ela está fazendo uma contribuição significativa para o modelo (i.e., um Erro do tipo II). Ao avaliar se as previsoras preveem significativamente o resultado, é provavelmente mais preciso inserir as previsoras hierarquicamente e examinar a mudança na estatística da razão de verossimilhança.

20.3.5 A razão de chances: exp(B) ▌▌▌▌

A razão de chances é crucial para a *interpretação* da regressão logística (seção 3.7.3). A razão de chances é o exponencial de B (i.e., e^B ou $\exp(B)$) e é um indicador da mudança nas chances resultantes de uma unidade de mudança na previsora. Como tal, é como o valor-b, mas é mais fácil de entender porque não requer uma transformação logarítmica. Quando a variável previsora é categórica, a razão de chances é mais fácil de explicar, então imagine que tivemos um exemplo sim-

Figura 20.2 Abraham Wald escrevendo "Eu não devo criar estatísticas de teste propensas a ter erros-padrão inflados", 100 vezes no quadro.

ples em que estávamos tentando prever se alguém que assina o Spotify ouve música pop ou metal. Como vimos na seção 3.7.3, as chances de um evento ocorrer são definidas como a probabilidade de um evento ocorrer dividido pela probabilidade de o evento não ocorrer (ver Equação 20.14) e não deve ser confundido com o uso mais coloquial da palavra para se referir à probabilidade. Assim, por exemplo, as chances de assinar o Spotify são a probabilidade de assinar o Spotify dividida pela probabilidade de não assinar o Spotify:

$$\text{chances} = \frac{P(\text{evento})}{P(\text{não evento})}$$

$$P(\text{evento } Y) = \frac{1}{1 + e^{-(b_0 + b_1 X_{1i})}} \qquad (20.14)$$

$$P(\text{evento } Y \text{ não ocorrer}) = 1 - P(\text{evento } Y)$$

Para calcular a mudança nas probabilidades que resultam da mudança de uma unidade na previsora, devemos primeiro calcular as chances de assinar o Spotify, dado que alguém é fã de pop. Em seguida, calculamos as chances de assinar o Spotify, dado que alguém é fã de metal. Finalmente, calculamos a mudança proporcional nessas duas probabilidades.

Para calcular o primeiro conjunto de probabilidades, usamos a Equação 20.3 para calcular a probabilidade de assinar o Spotify, já que alguém é fã de pop. Se tivéssemos mais de uma previsora, usaríamos a Equação 20.4. Existem três quantidades desconhecidas nessa equação: o coeficiente da constante (b_0), o coeficiente para a previsora (b_1) e o valor da própria previsora (X). Saberemos o valor de X da forma como codificamos o tipo da variável música (p. ex., poderíamos utilizar 0 = fã de pop e 1 = fã de metal). Os valores de b_1 e b_0 serão estimados para nós. Podemos calcular as chances como na equação (20.14).

Em seguida, calculamos a mesma coisa depois que a variável previsora for alterada por uma unidade. Neste caso, como a variável previsora é dicotômica, precisamos calcular as chances de assinar o Spotify, dado que alguém é fã de metal. Então, o valor de X será agora 1 (em vez de 0).

Agora sabemos as chances antes e depois da mudança de uma unidade na variável previsora. É uma questão simples calcular a alteração proporcional nas probabilidades dividindo as probabilidades após uma alteração de uma unidade na previsora pelas probabilidades antes dessa alteração:

$$\text{razão de chances} = \frac{\text{chance após uma unidade mudar no previsor}}{\text{chances originais}} \qquad (20.15)$$

Essa mudança proporcional nas probabilidades é a razão de chances e nós a interpretamos em termos da mudança nas probabilidades: se o valor for maior que 1, então indica que à medida que a previsora aumenta, as chances de o resultado ocorrer aumentam. Por outro lado, um valor menor que 1 indica que à medida que a previsora aumenta, as chances de o resultado ocorrer diminuem. Em breve vamos ver como isso funciona com um exemplo real.

20.3.6 Construção do modelo e a parcimônia

Quando tiver mais de um previsor, poderá escolher entre os mesmos métodos descritos para o modelo linear para construir seu modelo (seção 9.9.1). A entrada forçada e o método hierárquico são os preferidos, mas caso não se deixe intimidar pelas críticas aos métodos passo a passo (*stepwise*), você pode escolher um método passo a passo progressivo ou regressivo. Os métodos passo a passo funcionam da mesma forma que vimos para o modelo linear, exceto que diferentes estatísticas são usadas para determinar se os previsores são inseridos ou removidos do modelo. O método progressivo insere previsores com base no valor da estatística e avalia a remoção com base em uma das três seguintes estatísticas: a razão de verossimilhança descrita na seção 19.3.4 (*Forward: LR*), uma versão aritmeticamente menos intensa da estatística da razão de verossimilhança chamada de estatística condicional (*Forward: Condicional*) ou pela significância da estatística de Wald (*Forward: Wald*) acima de um critério mínimo de remoção (0,1 por omissão). O método da razão de verossimilhança é o melhor critério de remoção porque a estatística de Wald pode não ser confiável (ver seção 20.3.4). O método passo a passo regressivo começa com todos os previsores no modelo e os remove se a remoção não for prejudicial ao ajuste do modelo (avaliado pelos mesmos três métodos da abordagem progressiva).

Como vimos antes, é melhor evitar os métodos passo a passo para testes teóricos, embora eles possam ser usados quando não exista pesquisa anterior na qual basear hipóteses e em situações onde a causalidade não é de interesse e você deseja apenas encontrar um modelo para ajustar seus dados. (Agresti e Finlay, 1986; Menard, 1995). Se você usar um método passo a passo, o método regressivo é preferível, pois o método progressivo é mais propenso a excluir os previsores envolvidos nos **efeitos supressores**.

Como no modelo linear, é melhor usar métodos hierárquicos e construir modelos de forma sistemática e com base teórica. Embora ainda não tenhamos discutido isso para modelos lineares, ao construir um modelo devemos tender para a **parcimônia**. Em um contexto científico, a parcimônia se refere à ideia de que explicações mais simples de um fenômeno são preferíveis às mais complexas. A implicação estatística de usar uma parcimônia heurística é que os modelos sejam mantidos o mais simples possível. Em outras palavras, não inclua previsores, a menos que eles tenham um benefício explicativo. Para implementar essa estratégia, primeiro precisamos ajustar o modelo que inclui todos os previsores em potencial e, em seguida, remover sistematicamente todas os que não contribuem para o modelo. Isso é parecido com um método gradual, exceto que o processo de tomada de decisão está nas mãos do pesquisador: ele toma decisões informadas sobre quais previsores devem ser removidos. Também é importante ter em mente que, se tiver termos de interação em seu modelo, para que um termo de interação seja válido *você também deverá reter os principais efeitos envolvidos no termo de interação* (mesmo que eles pareçam não contribuir muito).

20.4 Fontes de viés e problemas comuns ||||

20.4.1 Pressupostos ||||

A regressão logística, como qualquer modelo linear, está aberta às fontes de viés discutidas no Capítulo 6 e na seção 9.3. No contexto da regressão logística, vale a pena destacar alguns pontos sobre os pressupostos de linearidade e independência:

- *Linearidade*: no modelo linear, assumimos que a variável de resultado tem uma relação linear com os previsores. Na regressão logística, a variável de resultado é categórica e, portanto, esse pressuposto é violado, assim, utilizamos o log (ou *logit*) dos dados. O pressuposto de linearidade na regressão logística, portanto, pressupõe que exista uma relação linear entre quaisquer previsores contínuos e o *logit da variável de resultado*. Esse pressuposto pode ser testado observando se o termo de interação entre o previsor e sua transformação logarítmica é significativo (Hosmer e Lemeshow, 1989). Vamos examinar um exemplo na seção 20.8.1.
- *Independência dos erros*: na regressão logística, a violação desse pressuposto produz superdispersão, que discutiremos na seção 20.4.4.

A regressão logística também tem alguns problemas únicos. Estes não são fontes de viés, mas sim coisas que podem dar errado. Os parâmetros da regressão logística são estimados por um pro-

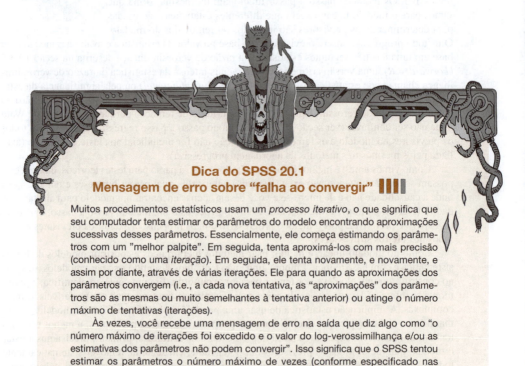

Dica do SPSS 20.1
Mensagem de erro sobre "falha ao convergir" ||||

Muitos procedimentos estatísticos usam um *processo iterativo*, o que significa que seu computador tenta estimar os parâmetros do modelo encontrando aproximações sucessivas desses parâmetros. Essencialmente, ele começa estimando os parâmetros com um "melhor palpite". Em seguida, tenta aproximá-los com mais precisão (conhecido como uma *iteração*). Em seguida, ele tenta novamente, e novamente, e assim por diante, através de várias iterações. Ele para quando as aproximações dos parâmetros convergem (i.e., a cada nova tentativa, as "aproximações" dos parâmetros são as mesmas ou muito semelhantes à tentativa anterior) ou atinge o número máximo de tentativas (iterações).

Às vezes, você recebe uma mensagem de erro na saída que diz algo como "o número máximo de iterações foi excedido e o valor do log-verossimilhança e/ou as estimativas dos parâmetros não podem convergir". Isso significa que o SPSS tentou estimar os parâmetros o número máximo de vezes (conforme especificado nas opções), mas eles não estão convergindo (i.e., a cada iteração as estimativas são bem diferentes). Se isso acontecer, você deve ignorar qualquer saída e isso pode significar que seus dados estão além da ajuda. Você pode tentar aumentar o número de iterações que são fixadas ou tornar os critérios para avaliar a "convergência" menos rígidos.

cesso iterativo (Dica do SPSS 20.1). Às vezes, em vez de chegar rapidamente à solução correta, você notará que nada está acontecendo: o computador começa a funcionar lentamente ou parece que acabou de se cansar de você pedindo para ele fazer coisas e entrou em greve. Se não conseguir encontrar uma solução correta, às vezes, ele realmente desiste, oferecendo silenciosamente um resultado totalmente incorreto. Geralmente isso é revelado por erros-padrão implausivelmente grandes. Duas situações podem provocar esse problema, ambas relacionadas à razão entre casos e variáveis: informação incompleta e separação completa.

20.4.2 Informação incompleta dos previsores ||||

Imagine que você está tentando prever o câncer de pulmão a partir do hábito de fumar e se você come ou não tomates (que, acredita-se, reduz o risco de câncer). Você coleta dados de pessoas que fumam ou não e de pessoas que comem e não comem tomates; no entanto isso não é suficiente, a menos que você colete dados de todas as combinações de consumo de tabaco e tomate. Imagine que você acabou tendo os dados da Tabela 20.1. Observar apenas as três primeiras possibilidades não o prepara para o resultado da quarta. Você não tem como saber se essa última pessoa terá câncer ou não com base nos outros dados que você coletou. Portanto, a menos que você tenha coletado dados de todas as combinações de suas variáveis, será difícil estimar o modelo. Você pode verificar informações incompletas usando uma tabela de contingência antes de ajustar o modelo (descrevo como fazer isso no Capítulo 19). Enquanto verifica essas tabelas, observe as frequências esperadas em cada célula da tabela para se certificar de que são maiores do que 1 e não mais que 20% são menores que 5 (ver seção 19.5). Isso ocorre porque os testes de aderência na regressão logística fazem esse pressuposto.

Esse ponto aplica-se não apenas aos previsores categóricos, mas também aos contínuos. Suponha que você quisesse investigar fatores relacionados à felicidade humana. Estes podem incluir a idade, o sexo, a orientação sexual, as crenças religiosas, os níveis de ansiedade e até mesmo se uma pessoa é destra. Você entrevista 1.000 pessoas, registra suas características e se estão felizes ("sim" ou "não"). Embora uma amostra de 1.000 pareça muito grande, é provável que ela inclua muitas lésbicas budistas de 80 anos de idade, altamente ansiosas? Provavelmente não. Se você encontrou uma ou duas dessas pessoas e elas estavam felizes, você deve concluir que todos os outros na mesma categoria são felizes? Obviamente, seria melhor ter várias pessoas nessa categoria para confirmar que essa combinação de características está associada à felicidade. Uma solução é coletar mais dados.

Como um ponto geral, sempre que as amostras são divididas em categorias e uma ou mais combinações estão vazias, isso cria problemas. Provavelmente, isso será sinalizado por coeficientes com erros-padrão excessivamente grandes. Pesquisadores conscientes produzem e verificam tabulações multivariadas de todas as variáveis independentes categóricas. Os preguiçosos, mas cautelosos, não se importam com as tabulações cruzadas, mas olham atentamente para os erros-padrão. Aqueles que não se incomodam com nenhum deles devem esperar problemas.

Tabela 20.1 Tabela de contingência incompleta

Você fuma?	Você come tomates?	Você tem câncer?
Sim	Não	Sim
Sim	Sim	Sim
Não	Não	Sim
Não	Sim	???

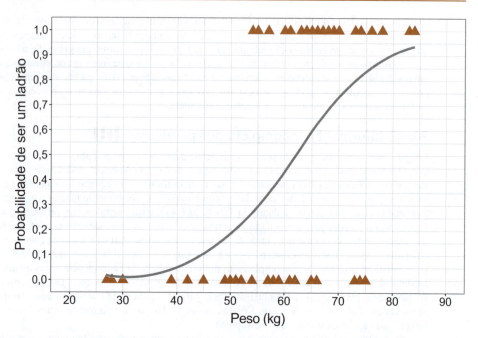

Figura 20.3 Um exemplo de relação entre o peso e um resultado dicotômico (ser ou não um ladrão). Note que os pesos dos ladrões (y = 1) e não ladrões (y = 0) se sobrepõem.

20.4.3 Separação completa ▮▮▮▮

Uma segunda situação na qual a regressão logística entra em colapso pode surpreendê-lo: é quando a variável de resultado pode ser perfeitamente prevista por uma variável ou por uma combinação de variáveis. Essa situação é conhecida como **separação completa**. Imagine que você colocou um sensor de pressão sob o tapete da porta e o conectou ao seu sistema de segurança para detectar os ladrões quando eles se infiltram à noite. No entanto, como os seus filhos adolescentes (que você teria se você tivesse idade suficiente e fosse rico o suficiente para ter sistemas de segurança e sensores de pressão) e os amigos deles muitas vezes voltam para casa no meio da madrugada, quando alguém pisa no tapete você quer descobrir a probabilidade de essa pessoa ser um ladrão ou um de seus filhos. Portanto, você pode avaliar o peso de alguns ladrões e alguns adolescentes e usar a regressão logística para prever o resultado (adolescente ou ladrão) a partir do peso. O diagrama (Figura 20.3) mostra uma linha de triângulos em zero (os pontos de dados para os adolescentes que você pesou) e uma linha de triângulos em 1 (os pontos de dados para os ladrões que você pesou). Note que essas linhas de triângulos se sobrepõem (alguns adolescentes são tão pesados quanto os ladrões). Na regressão logística, prevemos a probabilidade da variável de resultado dado um valor da previsora. Nesse caso, com pesos baixos, a probabilidade ajustada segue a linha inferior do gráfico e, em pesos altos, ela segue a linha superior. Em valores intermediários, ele tenta seguir a probabilidade conforme ela muda.

Imagine que tivéssemos o mesmo sensor de pressão, mas nossos filhos adolescentes tinham saído de casa para ir à universidade. Estamos interessados em distinguir os ladrões do nosso gato de estimação com base no peso. Mais uma vez, podemos pesar alguns gatos e pesar alguns ladrões. Dessa vez, o gráfico (Figura 20.4) ainda tem uma linha de triângulos em zero (os gatos) e uma linha em 1 (os ladrões), mas as linhas de triângulos não se sobrepõem: não há ladrão que pese o mesmo que um gato – obviamente não havia gatos ladrões na amostra (grunhido). Essa situação é conhecida como separação completa (ou às vezes perfeita): a variável de resultado (gatos e

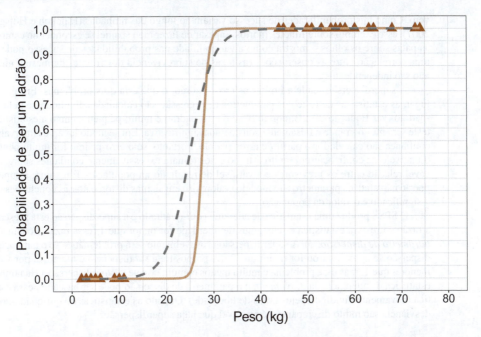

Figura 20.4 Um exemplo de *separação completa*. Note que os pesos dos ladrões ($y = 1$) e não ladrões ($y = 0$) não se sobrepõem.

ladrões) pode ser perfeitamente prevista a partir do peso (qualquer coisa menos de 15 quilogramas é um gato, qualquer coisa mais do que 40 quilogramas é um ladrão). Se tentarmos calcular as probabilidades do resultado dado um certo peso, teremos problemas. Quando o peso é baixo, a probabilidade é 0 e, quando o peso é alto, a probabilidade é 1, mas o que acontece entre os dois? Não temos dados entre 15 e 40 kg nos quais basear essas probabilidades. A figura mostra duas possíveis curvas de probabilidade que poderíamos ajustar a esses dados, uma mais acentuada do que a outra. Qualquer uma dessas curvas é válida com base nos dados que temos disponíveis. A falta de dados significa que o computador ficará incerto sobre quão íngreme ele deve fazer o declive intermediário e tentará trazer o centro o mais próximo possível da vertical, mas suas estimativas se desviam para o infinito (daí os grandes erros-padrão). A separação completa geralmente surge quando muitas variáveis são ajustadas em poucos casos. Muitas vezes, a única solução satisfatória é coletar mais dados, mas, às vezes, uma resposta precisa é encontrada usando um modelo mais simples.

20.4.4 Superdispersão ||||

A regressão logística não é usada apenas para prever um resultado de duas categorias (codificadas 0 e 1), ela também pode ser usada para, por exemplo, prever proporções ou resultados com várias categorias (ver seção 20.9). Neste caso, você pode obter **superdispersão**. Eu sou um psicólogo, não um estatístico, e a maior parte do que li sobre superdispersão não faz muito sentido para mim. Pelo que eu entendi, é quando a variância observada é maior do que a esperada do modelo de regressão logística. Isso pode acontecer por dois motivos. O primeiro são as observações correlacionadas (i.e., quando o pressuposto de independência é violado) e o segundo é devido à variabilidade nas probabilidades de sucesso. Por exemplo, imagine que nosso resultado foi se um filhote de cachorro em uma ninhada sobreviveu ou morreu. Fatores genéticos significam que, dentro de uma determinada ninhada, as chances de sucesso (vida) dependem da ninhada da qual o filhote veio. Como tais probabilidades de sucesso variam ao longo das ninhadas (Halekoh e Højsgaard, 2007), esse exemplo sobre filhotes mortos – apesar de fazer meu spaniel se esconder no canto com as patas sobre os olhos – mostra como a variabilidade nas probabilidades de sucesso pode criar uma correlação entre as observações (as taxas de sobrevivência dos filhotes da mesma ninhada não são independentes).

A superdispersão tende a limitar os erros-padrão, o que cria dois problemas. Em primeiro lugar, as estatísticas de teste dos parâmetros de regressão são calculadas dividindo-se pelo erro--padrão (ver Equação 20.13), portanto, se o erro-padrão é muito pequeno, então a estatística de teste será muito grande e falsamente considerada significativa. Em segundo lugar, os intervalos de confiança são calculados a partir de erros-padrão, portanto, se o erro-padrão for muito pequeno, o intervalo de confiança será muito estreito e nos tornará excessivamente confiantes sobre a provável relação entre os previsores e a variável de resultado na população. Em suma, a superdispersão não afeta os parâmetros do modelo (valores-b) em si, mas distorce nossas conclusões sobre o significado e o valor da população.

O SPSS produz uma estatística de aderência qui-quadrado e a superdispersão está presente se a razão entre essa estatística e seus graus de liberdade for maior que 1 (essa razão é chamada de *parâmetro de dispersão*, ϕ). A superdispersão provavelmente será problemática se o parâmetro de dispersão se aproximar ou for maior que 2. (A propósito, a *sub*dispersão é mostrada por valores menores que 1, mas esse problema é muito menos comum do que a *super*dispersão.) Há também a estatística de aderência da *desviância*, e o parâmetro de dispersão pode ser baseado nessa estatística (novamente dividindo pelos graus de liberdade). Quando as estatísticas do qui-quadrado e da desviância são muito discrepantes, é provável que haja superdispersão.

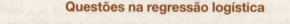

Dicas da Ana Apressada
Questões na regressão logística

- Na regressão logística, assumimos as mesmas coisas que no modelo linear.
- O pressuposto de linearidade é que cada previsora tem uma relação linear com o log da variável resultado.
- Se criarmos uma tabela que combine todos os valores possíveis de todas as variáveis, é possível que tenhamos alguns dados em cada célula dessa tabela. Se você não tem, esteja atento a grandes erros-padrão.
- Se a variável de resultado puder ser prevista perfeitamente a partir de uma variável previsora (ou uma combinação de variáveis previsoras), então teremos uma *separação completa*. Esse problema também cria erros-padrão grandes.
- *Superdispersão* é onde a variação é maior que a esperada do modelo. Isso pode ser causado pela violação do pressuposto de independência. Esse problema faz os erros-padrão serem muito pequenos.

Os efeitos da superdispersão podem ser reduzidos usando-se o parâmetro de dispersão para redimensionar os erros-padrão e os intervalos de confiança. Por exemplo, os erros-padrão são multiplicados por $\sqrt{\phi}$ para torná-los maiores (em função de quão grande é a superdispersão). Também é possível basear essas correções na estatística da desviância e, se você redimensionar usando essa estatística ou a do qui-quadrado de Pearson, irá depender de qual delas for maior. A estatística maior terá o maior parâmetro de dispersão (porque seus graus de liberdade são os mesmos) e fará uma correção maior; portanto corrija pela maior das duas.

20.5 Regressão logística binária ▌▌▌▌

20.5.1 Um exemplo que o fará sentir-se enjoado ▌▌▌▌

Um *hobby* meu é desenterrar artigos acadêmicos bizarros (na verdade, se você encontrar algum, por favor, envie-o para mim) – é incrível o que você encontra. Eu gosto de achar uma pesquisa que me faça rir e um trabalho de pesquisa de Lo, Wong, Leung, Law e Yip (2004) me fez rir *muito*. Eles descrevem um caso de um homem de 50 anos que foi ao pronto-socorro de um hospital com dor abdominal. Um exame físico revelou peritonite, então eles radiografaram o abdome do homem. O raio X revelou a silhueta de uma enguia. Os autores não citam diretamente a resposta do homem a essa notícia, mas eu gosto de imaginar que foi algo no sentido de "Oh, isso! Bem, sim, bem, eu não achei que fosse terrivelmente relevante para minha dor abdominal, então eu não mencionei, mas eu inseri uma enguia no meu ânus hoje mais cedo. Você acha que é esse o problema?". Ele provavelmente não disse isso, mas admitiu que inseriu a enguia para "aliviar a constipação".

Eu tenho uma imaginação fértil e não consigo deixar de pensar na pobre enguia. Lá estava ela, cuidando da sua própria vida, nadando, pensando consigo mesma: "hoje parece ser um bom dia, não há tubarões que comem enguias, o sol está brilhando, a água está boa, o que poderia dar errado?" E, de repente, está sendo empurrada para dentro do ânus de um homem. "Por essa eu não esperava", pensa a enguia. Ela se encontra em um túnel apertado e escuro, não há luz, há uma falta de água em comparação com seu hábitat natural e está assustada. Seu dia passou a dar *muito* errado. Ela considera seu destino e, notando que as paredes da cela da prisão são bastante moles, faz o que qualquer enguia que se preze faria: decide "que merda isso[3], eu vou *comer* até achar uma saída daqui". Infelizmente a enguia não conseguiu, mas brigou muito para sair (há uma foto bastante desagradável no artigo da enguia mordendo a flexura esplênica). Lo e colaboradores concluíram que "a inserção de um animal vivo no reto, causando perfuração retal, nunca havia sido relatada. Isso pode estar relacionado a uma crença estranha de saúde, comportamento sexual inadvertido ou agressão criminal. No entanto, a verdadeira razão pode nunca ser conhecida". Totalmente.

Essa é uma história realmente sombria[4] e bizarra[5]. Eu não sou médico, mas se a constipação é uma falha em esvaziar o intestino, inserir mais coisas lá dentro parece, na melhor das hipóteses,

---

[3] Literalmente.

[4] Acontece que essa não é uma história sombria isolada. Por intermédio deste artigo eu me vi descobrindo um buraco de inserção retal que envolveu uma grande pedra (Sachdev, 1967), um tubo de ensaio (Hughes, Marice e Gathright, 1976), uma bola de beisebol (McDonald e Rosenthal, 1977), um desodorante em aerossol, um pedaço de mangueira, uma barra de ferro, um cabo de vassoura, um canivete, maconha, notas de dinheiro, um copo plástico azul, um vibrador e um fogão primus (Clarke, Buccimazza, Anderson e Thomson, 2005), um navio pirata de brinquedo, se com ou sem piratas não tenho certeza (Bemelman e Hammacher, 2005). Eu os encorajo a me enviar uma pesquisa bizarra, mas se envolver objetos no reto, provavelmente não será, a menos que alguém tenha conseguido colocar o palácio de Buckingham lá dentro.

[5] Possivelmente não tão bizarro quanto o estudo, que eu descobri depois, de um menino de 14 anos que chegou ao hospital incapaz de urinar (Vezhaventhan e Jeyaraman, 2007). Um pequeno peixe foi descoberto em sua bexiga. Ele havia subido pela uretra enquanto ele estava urinando ao limpar um aquário. Sim, claro que sim.

um remédio contraintuitivo. Mas, após refletir, me perguntei se estava sendo severo com o homem – talvez uma enguia no ânus realmente possa curar a constipação. Para testar essa hipótese, poderíamos fazer um ensaio controlado randomizado de terapia com enguias. Nossa variável de resultado seria "constipado" *versus* "não constipado", que é uma variável dicotômica que estamos tentando prever. A variável previsora principal seria a condição de intervenção (enguia no ânus vs. lista de espera/ausência de tratamento), mas também poderíamos considerar quantos dias o paciente estava constipado antes do tratamento. Esse cenário é perfeito para a regressão logística (mas não para enguias).

Alguns professores de estatística não compartilham minha alegria desenfreada em discutir perfurações retais criadas por enguias com os alunos, portanto, no arquivo de dados (**Eel.sav**) eu usei nomes de variáveis gerais e descrições:

- *Resultado* (variável dependente): **Cured** (curado ou não curado).
- *Previsora* (variável independente): **Intervention** (intervenção ou nenhum tratamento).
- *Previsora* (variável independente): **Duration** (o número de dias antes do tratamento que o paciente tinha o problema).

Ao fazer isso, seu professor pode adaptar o exemplo para algo mais palatável, se desejar, mas você saberá secretamente que é tudo sobre ter enguias no seu traseiro.

20.5.2 Construindo um modelo ▍▍▍▍

Na seção 20.3.6, discutimos a ideia de construir modelos baseados no princípio da parcimônia. Neste exemplo, temos três previsoras potenciais: **Intervention**, **Duration** e a interação **Intervention × Duration**. O modelo mais complexo que podemos ajustar incluiria todas essas variáveis, mas o princípio da parcimônia sugeriria construir esse modelo em etapas, observando quais previsoras melhoram o modelo e voltando para um modelo mais simples que não as inclui. O efeito-chave de interesse é se a intervenção tem um efeito, então o primeiro modelo teria apenas **Intervention** como uma previsora. A Figura 20.5 mostra como construímos esse modelo adicionando o outro efeito principal de **Duration** (model 2) e depois o termo de interação (modelo 3). Nosso trabalho é determinar quais desses modelos se ajusta melhor aos dados, ao mesmo tempo em que aderimos à ideia geral da parcimônia. Se adicionar o termo de interação não melhora o modelo, voltaremos ao modelo 2 como nosso modelo final e, se **Duration** não adicionar nada, reverteremos para o primeiro modelo. No entanto, lembre-se de que, se você quiser analisar uma interação, *deve incluir todos os efeitos principais envolvidos nessa interação no modelo, mesmo que os efeitos principais não tenham sido significativos*. Neste exemplo, se quisermos avaliar a contribuição da interação **Duration × Intervention**, devemos incluir também **Intervention** e **Duration** no modelo que envolve a interação.

20.5.3 Regressão logística: procedimento geral ▍▍▍▍

A Figura 20.6 mostra o processo geral da realização da regressão logística. Primeiro, executamos uma análise hierárquica inicial para ajustar modelos concorrentes e decidirmos qual deles é o melhor (i.e., os três modelos identificados na seção 20.5.2). Feito isso, nós recolocamos o modelo que escolhemos, mas salvamos as estatísticas de diagnóstico e as inspecionamos para procurar sinais de viés (valores atípicos e casos influentes). Em seguida, verificamos a linearidade do logit (na verdade, é uma boa ideia fazer isso primeiro, mas é um pouco complicado, por isso vou lidar com isso mais adiante no capítulo) e a presença da multicolinearidade.

20.5.4 Inserção de dados ▍▍▍▍

Os dados devem ser inseridos da mesma forma que para o modelo linear: para este exemplo, eles são organizados em três colunas (uma para cada variável). Olhe para **Eel.sav** no editor de dados e note que ambas as variáveis categóricas são variáveis de codificação (seção 4.6.5) em que os números especificam as categorias. Em geral, para facilitar a interpretação, codifique a variável de resultado como 1 (evento ocorreu) e 0 (evento não ocorreu); neste exemplo, o 1 representa o

Capítulo 20 • Resultados categóricos: regressão logística

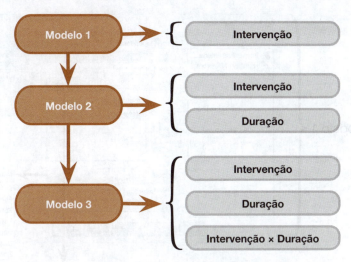

Figura 20.5 Construção de modelos com base no princípio da parcimônia.

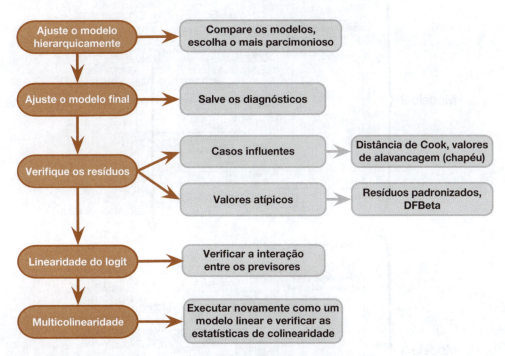

Figura 20.6 O processo de ajustar um modelo de regressão logística.

evento "estar curado" e 0 representa o evento "não estar curado". Para a intervenção, uma codificação similar foi usada (1 = intervenção, 0 = sem tratamento).

20.5.5 Construindo o modelo usando o SPSS ▮▮▮▮

Para construir os três modelos na Figura 20.5, selecione *Analyze* ▶ *Regression* ▶ Binary Logistic... (analisar ▶ regressão ▶ logística binária) para acessar a caixa de diálogos na Figura 20.7. Os

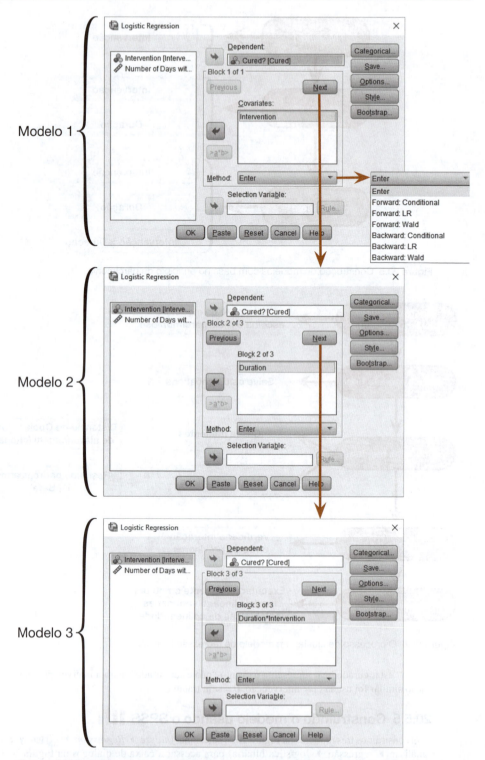

Figura 20.7 Especificação de modelos usando a caixa de diálogos *Logistic Regression*.

modelos precisam ser especificados em blocos, com cada bloco adicionando uma nova variável no modelo. Para especificar o primeiro modelo, arraste a variável resultado (**Cured**) para a caixa *Dependent* (dependente) (ou selecione-a·e clique em [→]). Existe uma caixa denominada *Covariates* (covariáveis) para especificar as variáveis previsoras. O primeiro modelo tem uma variável previsora (o efeito principal de **Intervention**), então arraste essa variável para a caixa *Covariates* (ou clique [→]). Certifique-se de que o *Method* (método) esteja definido como [Enter ▼] (inserir). Esse é o modelo 1 selecionado.

Clique em [Next] (próximo) para limpar a caixa *Covariates* e rotulá-la novamente indicando em qual bloco do modelo você está. Para adicionar uma nova previsora em um segundo bloco, o modelo 2 adiciona o efeito principal de **Duration**, então arraste essa variável para a caixa *Covariates* (ou clique em [→]). Como **Intervention** já foi forçada a entrar no modelo no bloco 1, esse segundo bloco cria um modelo que inclui **Intervention** e **Duration** (i.e., um segundo modelo). Novamente, verifique se o método está definido como [Enter ▼]. Este é modelo 2 concluído.

Para especificar o modelo final, precisamos adicionar a interação **Duration × Intervention**. Clique em [Next] para criar um novo bloco (o bloco 3) e selecione **Duration** e **Intervention** simultaneamente mantendo pressionada a tecla *Ctrl* (no Windows) ou *Cmd* (no Mac OS) para selecioná-las e clique em [>a*b>]. Isso deve adicionar o termo interação. O modelo 3 está completo. Para se movimentar entre os modelos, use os botões [Previous] (anterior) e [Next].

20.5.6 Método de regressão ▌▌▌▌

Para cada um dos modelos que especificamos você pode selecionar um método (ver seção 20.5.5) de entrada de variáveis clicando em [Enter ▼] e selecionando um método na lista suspensa. Estamos fazendo essa análise hierarquicamente, por isso queremos usar o método [Enter ▼] em cada bloco (i.e., você não precisa alterar nada) – apenas tenha em mente que existem outros métodos. Se você quiser experimentar passo a passo, faça a seção Teste seus conhecimentos, que contém uma explicação detalhada e a interpretação no *site* do livro.

20.5.7 Previsoras categóricas ▌▌▌▌

Clique [Categorical...] (categórico) na caixa de diálogos principal para ativar uma caixa de diálogo similar à da Figura 20.8, que é utilizada para especificar previsores categóricos. Arraste quaisquer variáveis previsoras categóricas em seu modelo (neste exemplo, temos apenas uma, **Intervention**) para a caixa *Categorical Covariates* (covariáveis categóricas) (ou clique em [→]). Existem diferentes maneiras de codificar previsoras categóricas e discutimos algumas delas (seções 11.5.1 e 12.4). Por padrão, a codificação *Indicator* (indicador) é usada, que é a codificação da variável fictícia padrão na qual você escolhe a primeira ou a última categoria como categoria de referência. Para usar um tipo diferente de codificação, clique em [Indicator ▼] e selecione entre contrastes simples, de diferenças, de Helmert, repetidos, polinomiais e de desvio na lista suspensa (ver Tabela 12.6). Vamos usar a codificação fictícia padrão (*indicador*) para este exemplo. Precisamos decidir se usamos a categoria ⦿ L̲ast (último) ou ⦿ Fi̲rst (primeiro) como referência. Neste exemplo, não faz diferença, porque temos apenas duas categorias, mas se você tiver uma previsora categórica com mais de duas categorias, use o maior número para codificar sua categoria de controle no editor de dados e selecione ⦿ L̲ast ou use o menor número para codificar sua categoria de controle e selecione ⦿ Fi̲rst. Em nossos dados, codifiquei "curado" como 1 e "não curado" (nossa categoria de controle) como 0; portanto selecione o contraste, clique em ⦿ Fi̲rst e, em seguida [Change], para que a caixa de diálogos preenchida se pareça com a da Figura 20.8.

20.5.8 Comparando modelos ▌▌▌▌

Antes de analisarmos algumas das outras opções, vamos comparar nossos modelos apenas com as configurações básicas (que é tudo o que precisamos para avaliar o ajuste). Tendo selecionado as opções que já descrevi, clique em [OK] caixa de diálogos principal. A Saída 20.1 nos diz como

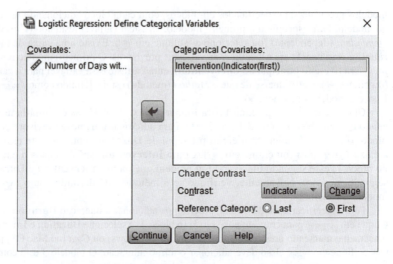

Figra 20.8 Definindo as variáveis categóricas na regressão logística.

Lanterna de Oditi
Regressão logística

"Eu, Oditi, acredito que meus irmãos leais acharão difícil dominar os segredos dentro dos dados se suas entranhas estiverem rangendo porque a maldição da constipação os afligiu. Você poderia fazer a dança mágica da cabeça da tartaruga e esperar que isso lhe traga alívio, mas acredito que, para remover um tronco (log) intestinal, precisamos de uma regressão log-ística. Olhe para a minha lanterna e sinta alívio imediato."

codificamos nossa variável de resultado (nos lembra que 0 = não curado, e 1 = curado)[6] e como ela codificou as previsoras categóricas (os codificadores do parâmetro para **Intervention**). Nós escolhemos a codificação do indicador e assim a codificação é a mesma que os valores no editor de dados (0 = sem tratamento, 1 = tratamento). Se a codificação *desvio* tivesse sido escolhida, então a codificação teria sido −1 (tratamento) e 1 (sem tratamento). Com um contraste *simples*, se ◉ Fi**r**st tivesse sido selecionado como categoria de referência, os códigos teriam sido −0,5 (**Intervention** =

---

[6] Esses valores são os mesmos do editor de dados, portanto essa tabela pode parecer sem sentido; no entanto, se tivéssemos usado códigos diferentes de 0 e 1 (p. ex., 1 = não curado, 2 = curado), então esses códigos mudam para zeros e uns e essa tabela informa qual categoria é representada por 0 e qual por 1, que é importante na interpretação.

Dependent Variable Encoding

Original Value	Internal Value
Not Cured	0
Cured	1

Categorical Variables Codings

		Frequency	Parameter coding (1)
Intervention	No Treatment	56	.000
	Intervention	57	1.000

Saída 20.1

sem tratamento) e 0,5 (**Intervention** = tratamento) e, se tivesse sido selecionado ⊙ L̲ast, os sinais dos códigos seriam invertidos. Os códigos dos parâmetros são importantes para calcular a probabilidade da variável de resultado ($P(Y)$), mas chegaremos nisso mais tarde.

A Saída 20.2 mostra as estatísticas resumo do modelo para cada um dos três modelos. A tabela denominada *Omnibus Tests of Model Coefficients* (Testes Abrangentes dos Coeficientes do Modelo) inclui a estatística qui-quadrado (que está relacionada a $-2LV$) para o modelo geral (*Model*) e a mudança desde o modelo anterior (*Block*). O modelo 1 produz um qui-quadrado de 9,926, que é altamente significativo, $p = 0,002$. Podemos comparar os modelos usando a equação (20.7). Para o modelo 1, o $-2LL$ foi comparado ao obtido a partir de um modelo que incluiu apenas o intercepto, então estamos comparando um modelo que inclui **Intervention** contra um modelo que não possui previsores. O qui-quadrado nos diz que o modelo melhorou significativamente adicionando **Intervention** como uma previsora.

No modelo 2, adicionamos o efeito de **Duration**, e esse modelo é um ajuste significativo dos dados, porque o qui-quadrado do *Modelo* na tabela *Omnibus Tests of Model Coefficients* (Testes Abrangentes dos Coeficientes do Modelo) é significativo, $\chi^2(2) = 9,93$, $p = 0,007$. No entanto, não estamos interessados no modelo como um todo, porque o modelo anterior também foi um ajuste significativo; estamos interessados no *aprimoramento* do modelo 2 em relação ao modelo 1, e essa informação é dada pelo qui-quadrado do *Bloco*. O qui-quadrado do *Bloco* nos fala sobre a mudança no qui-quadrado neste bloco: é a *mudança* no qui-quadrado resultante da adição de **Duration** ao modelo. O valor é obtido tomando a diferença entre as estatísticas qui-quadrado dos dois modelos (neste caso, 9,928 − 9,926 = 0,002). Essa mudança não é nada significativa, $\chi^2(1) = 0,002$, $p = 0,964$, indicando que a adição da variável **Duration** ao modelo praticamente não teve efeito sobre o ajuste (o qui-quadrado praticamente não mudou).

No modelo 3, adicionamos a interação **Intervention × Duration**. Novamente, esse modelo é um ajuste significativo dos dados porque o qui-quadrado do *Modelo* é significativo, $\chi^2(3) = 9,99$, $p = 0,019$. No entanto, como no modelo 2, estamos interessados no *aprimoramento* do modelo 3 em relação ao anterior (o qui-quadrado para o bloco). Como antes, o valor é obtido tomando a diferença entre o qui-quadrado do modelo para os dois modelos (neste caso, 9,989 −9,928 = 0,061). Esta alteração não é significativa, $\chi^2(1) = 0,061$, $p = 0,805$, indicando que a adição do termo de interação praticamente não teve efeito sobre o ajuste.

Poderíamos, se quiséssemos, observar a diferença entre os modelos 1 e 3 usando também a Equação 20.7. O resultado é:

$$\chi^2 = \chi^2_{\text{modelo 3}} - \chi^2_{\text{modelo 1}} = 9,989 - 9,926 = 0,063$$
$$gl = gl_{\text{modelo 3}} - gl_{\text{modelo 1}} = 3 - 1 = 2$$

(20.16)

Omnibus Tests of Model Coefficients

Model 1:
		Chi-square	df	Sig.
Step 1	Step	9.926	1	.002
	Block	9.926	1	.002
	Model	9.926	1	.002

Omnibus Tests of Model Coefficients

Model 2:
		Chi-square	df	Sig.
Step 1	Step	.002	1	.964
	Block	.002	1	.964
	Model	9.928	2	.007

Omnibus Tests of Model Coefficients

Model 3:
		Chi-square	df	Sig.
Step 1	Step	.061	1	.805
	Block	.061	1	.805
	Model	9.989	3	.019

Saída 20.2

Poderíamos comparar isso com os valores críticos para a distribuição do qui-quadrado com 2 graus de liberdade, mas não precisamos porque 0,063 é tão pequeno que dificilmente precisamos virar a página para confirmar o que já sabemos: **Duration** e a interação **Duration × Intervention** não adicionam nada ao modelo. Com base nessa comparação, escolheríamos o modelo 1.

20.5.9 Ajustando novamente o modelo ▐▐▐▐

A comparação dos modelos mostrou que a variável **Duration** e a interação **Duration × Intervention** adicionam pouco e que devemos prosseguir com o modelo 1. Nós configuramos a caixa de diálogos principal como fizemos antes para o modelo 1, com apenas **Intervention** como uma previsora (a caixa de diálogos superior na Figura 20.7). Defina as mesmas opções de antes, mas agora também obteremos informações mais detalhadas sobre o modelo.

20.5.10 Obtendo resíduos ▐▐▐▐

Para salvar os resíduos (ver seção 9.2.3), clique em [Save...] na caixa de diálogos principal para acessar uma caixa de diálogos similar à da Figura 20.9. A maioria das opções é semelhante ao que encontramos para o modelo linear (seção 9.10.4). As *probabilidades previstas* e as *associações aos grupos previstas* são exclusivas da regressão logística. As probabilidades previstas são as probabilidades de Y ocorrer (derivadas da Equação 20.3), dados os valores de cada previsora para um determinado caso. A associação prevista ao grupo nos indica a qual das duas categorias da variável resultado um participante provavelmente pertence, com base no modelo. As associações ao grupo se baseiam nas probabilidades previstas e explicarei esses valores no devido tempo. No mínimo, selecione as opções na Figura 20.9. Observe que essas variáveis não serão salvas se você ativar o *bootstrapping* (ver a seguir).

20.5.11 Opções adicionais ▐▐▐▐

Finalmente, clique em [Options...] na caixa de diálogos principal para obter uma caixa de diálogos similar à da Figura 20.10. Na maior parte, as configurações-padrão são boas. Mencionei na seção 20.5.6 que, quando o método passo a passo é usado, há critérios-padrão para selecionar e remover

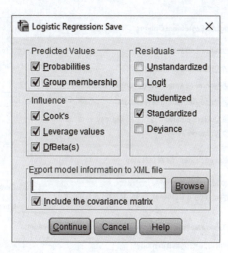

Figura 20.9 Caixa de diálogos para obter resíduos para a regressão logística.

as previsoras do modelo. Essas configurações-padrão são exibidas em *Probability for Stepwise* (probabilidade para o passo a passo). Os limites para as probabilidades podem ser alterados, mas realmente não há necessidade. Outro padrão é chegar a um modelo após um máximo de 20 iterações (SPSS Tip 20.1). A menos que você tenha um modelo muito complexo, 20 iterações serão suficientes. Modelos lineares (como a regressão logística) geralmente contêm uma constante (o b_0 na Equação 20.4) que é incluída por padrão, mas você pode desmarcar essa opção e forçar o modelo a passar pela origem (ou seja, *Y* é 0 quando *X* é 0). Normalmente, não queremos fazer isso.

Uma maneira útil de avaliar o ajuste do modelo aos dados observados é um histograma dos valores reais e previstos da variável de resultado (selecione ☑ Classification plots [diagramas de classificação]). É possível fazer uma ☑ Casewise listing of residuals (listagem por caso dos resíduos) para qualquer caso para os quais o resíduo padronizado seja maior do que 2 desvios-padrão (esse valor-padrão é sensato, mas é possível alterá-lo se for desejado), ou para todos os casos. Eu recomendo um exame mais completo dos resíduos, mas essa opção pode ser útil para uma inspeção rápida. Selecione ☑ CI for exp(B): (IC para exp(B) para produzir um intervalo de confiança de 95% (ver seção 2.8) para a razão de chances (você pode alterar a confiança, mas 95% é o que é relatado convencionalmente). A estatística ☑ Hosmer-Lemeshow goodness-of-fit (qualidade do ajuste de Hosmer-Lemeshow) é usada para avaliar quão bem o modelo escolhido se ajusta aos dados. As opções restantes são relativamente sem importância: você pode optar por exibir todas as estatísticas e diagramas em cada estágio de uma análise (o padrão) ou somente após o modelo final ter sido ajustado. Finalmente, você pode exibir uma matriz de correlação de estimativas dos parâmetros para os termos no modelo *(Correlation of estimates)* (correlação de estimativas) – a função prática de fazer isso está perdida para a maioria de nós meros mortais. Você pode exibir coeficientes e valores do log-verossimilhança a cada iteração do processo de estimativa dos parâmetros (☑ Iteration history) (histórico de iteração), o que é útil porque é a única maneira de exibir o $-2LV$ inicial, e precisamos desse valor se quisermos calcular *R*. Quando você tiver selecionado as opções que acabei de descrever, clique em [OK] e veja a saída aparecer.

20.5.12 *Bootstrapping* ▮▮▮▮

Se você usar a entrada forçada, poderá utilizar a opção *bootstrap* para o seu modelo clicando em [Bootstrap...] na caixa de diálogos principal e selecionando as opções apropriadas. Essa função não funciona com métodos passo a passo *(Stepwise)*, portanto o botão ficará inativo, a menos que você escolha [Enter ▼]. Vale lembrar também que se você ativar o *bootstrapping*, então qualquer resíduo que você pediu para ser salvo não será salvo. Isso é irritante, porque significa que, para

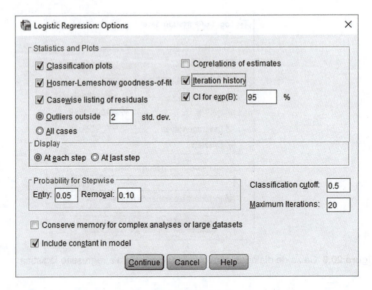

Figura 20.10 Caixa de diálogos para as opções da regressão logística.

fazer o *bootstrap* dos parâmetros do modelo temos que executar a análise novamente, mas desmarcando as opções na Figura 20.9 (eu também desmarcaria as opções na Figura 20.10 apenas para manter as coisas simples). Vamos fazer isso, selecione as opções usuais de *bootstrapping* (seção 6.12.3) e execute novamente o modelo clicando em OK.

20.5.13 Listando os resíduos

Como vimos para o modelo linear, os resíduos são salvos em colunas no editor de dados. Podemos listá-los no visualizador de saída usando a caixa de diálogos *Analyze* ▶ *Reports* ▶ *Case Summaries...* (analisar ▶ relatórios ▶ resumos de casos...) (ver seção 9.11.6).

20.6 Interpretando a regressão logística

20.6.1 Bloco 0

A saída é dividida em dois blocos: o modelo antes (bloco 0) e depois (bloco 1) da **Intervention** ser incluída. Sendo assim, o bloco 1 é o aquele em que estamos interessados, mas a Saída 20.3 do bloco 0 é útil porque nos informa o valor inicial do $-2LV$ (154,084), que usaremos mais tarde, por isso, não se esqueça dele.[7]

20.6.2 Resumo do modelo

Com a **Intervention** incluída no modelo, um paciente é classificado como curado ou não com base em uma intervenção ou não. Para ilustrar esse princípio, observe a tabulação cruzada para as variáveis **Intervention** e **Cured** na Tabela 20.2.[8] O modelo utiliza essa tabela de classificação para

---

[7] Se você não consegue ver a saída é porque você não selecionou ☑ Iteration history (Histórico de iteração) conforme ilustrado na Figura 20.10.
[8] A caixa de diálogos para produzir esta tabela pode ser obtida selecionando *Analyze* ▶ *Descriptive Statistics* ▶ *Crosstabs...* (analisar ▶ estatística descritiva ▶ tabela de referência cruzada).

Iteration History[a,b,c]

Iteration		-2 Log likelihood	Coefficients Constant
Step 0	1	154.084	.301
	2	154.084	.303
	3	154.084	.303

a. Constant is included in the model.
b. Initial -2 Log Likelihood: 154.084
c. Estimation terminated at iteration number 3 because parameter estimates changed by less than .001.

Saída 20.3

decidir se um paciente foi curado ou não com base na intervenção que ele teve. Por exemplo, havia 57 pacientes que tiveram a intervenção, portanto o modelo prevê que esses 57 pacientes foram curados. Na Tabela 20.2, podemos ver que o modelo está correto para 41 pacientes, mas classifica erroneamente 16 pacientes como "curados", mas que não foram. Da mesma forma, o modelo prevê que todos os 56 pacientes que não receberam tratamento não foram curados e, ao fazê-lo, classifica corretamente 32 pacientes, mas classifica erroneamente 24 pacientes como "não curados". A tabela de classificação na Saída 20.4 mostra esse padrão de valores previstos e valores observados, com os valores diagonais sendo os casos corretamente classificados e os elementos fora da diagonal sendo os classificados erroneamente. Essa saída também nos diz que o modelo classifica corretamente 66,7% dos casos não curados e 63,1% dos casos curados e a precisão geral é de 64,6%[9] (a média ponderada desses dois valores).

A Saída 20.4 também mostra estatísticas resumidas para o modelo,[10] mas também devemos examinar a tabela que já inspecionamos na Saída 20.2 que mostrava a estatística qui-quadrado para o modelo (lembre-se que o valor era 9,926 e altamente significativo, $p = 0,002$). Essa estatística qui-quadrado é derivada da Equação 20.7 e é a diferença entre o atual $-2LV$ (que, para

Tabela 20.2 Tabulação cruzada da intervenção com *status* de variável de resultado (curado ou não)

		Intervenção ou não	
		Sem tratamento	Intervenção
Curado?	**Não Curado**	32	16
	Curado	24	41
	Total	56	57

---

[9] Se você voltar e examinar as tabelas de classificação dos modelos 2 e 3, perceberá que elas são idênticas àquelas relatadas para esse modelo, o que significa que a adição de **Duration** e do termo interação não acrescentaram nem mesmo uma única pessoa a ser classificada mais precisamente do que quando incluímos apenas a **Intervention** como uma previsora.

[10] Se você usar *bootstrapping* irá notar uma carga de erros abaixo dessa tabela. Ignore.

Model Summary

Step	-2 Log likelihood	Cox & Snell R Square	Nagelkerke R Square
1	144.158[a]	.084	.113

a. Estimation terminated at iteration number 3 because parameter estimates changed by less than .001.

Classification Table[a]

			Predicted		
			Cured?		Percentage Correct
	Observed		Not Cured	Cured	
Step 1	Cured?	Not Cured	32	16	66.7
		Cured	24	41	63.1
	Overall Percentage				64.6

a. The cut value is .500

Saída 20.4

esse modelo é 144,158) e o valor de referência do −2LV (i.e., o valor antes da **Intervention** ser incluída, que foi calculado como 154,084 na Saída 20.3). Assim: 154,084 −144,158 = 9,926. A Saída 20.4 também nos informa os valores de Cox e Snell e o R^2 de Nagelkerke, mas discutiremos isso um pouco mais tarde.

A Saída 20.5 apresenta as estimativas para os valores-b, intervalos de confiança, valores-p e razão de chances para as previsoras no modelo (nomeadamente **Intervention** e a constante). Podemos substituir os valores-b na Equação 20.3 para estabelecer a probabilidade de um caso cair em uma determinada categoria. Em modelos lineares de variáveis resultado contínuas, o valor de b é a mudança na variável de resultado resultante de uma mudança de uma unidade na variável previsora. A interpretação é muito semelhante na regressão logística: é a mudança no *logit* da variável de resultado associada a uma mudança de uma unidade na variável previsora. O logit da variável resultado é o logaritmo natural da chance de Y ocorrer.

A saída também nos informa a estatística de Wald (Equação 20.13),[11] a partir da qual um valor-p pode ser calculado. Se o coeficiente é significativamente diferente de zero, então podemos supor que a previsora está fazendo uma contribuição significativa para a previsão da variável de resultado (Y). Para esses dados, a estatística de Wald indica que ter a intervenção (ou não) é uma previsora significativa de se o paciente foi curado ou não, porque o valor-p é 0,002, que é menor que o limiar convencional de 0,05.

Se você seguiu meu conselho e executou novamente o modelo com o *bootstrapping* ativado, você obterá a tabela chamada *Bootstrapp for Variables in the Equation* (*Bootstrap* para variáveis na equação) na Saída 20.5. Essa tabela relata os valores-b novamente, mas estima o erro-padrão usando a reamostragem por*bootstrap* (seção 6.12.3). A mudança no erro-padrão resulta em um valor-p diferente para b (é 0,004 em vez de 0,002), mas ele ainda é significativo. O intervalo de confiança por *bootstrap* para os valores-b informa que o valor populacional de b poderá estar entre 0,399 e 2,223 (assumindo que essa amostra é uma dos 95% para os quais o intervalo de confiança contém o valor populacional). Esse intervalo não inclui zero, então podemos concluir que existe uma relação positiva genuína entre ter a intervenção (ou não) e ser curado (ou não). Os intervalos de confiança por *bootstrap* serão ligeiramente diferentes toda vez que você executar a análise, mas eles são, no entanto, robustos a violações dos pressupostos subjacentes do teste.

---

[11] Como vimos, a estatística de Wald é b dividido pelo seu erro-padrão (1,229/0,40 = 3,0725); no entanto o SPSS fornece a estatística de Wald ao quadrado, $3,0725^2$ = 9,44 como o apresentado (considerando o erro de arredondamento) na tabela.

Variables in the Equation

		B	S.E.	Wald	df	Sig.	Exp(B)	95% C.I.for EXP(B) Lower	Upper
Step 1[a]	Intervention(1)	1.229	.400	9.447	1	.002	3.417	1.561	7.480
	Constant	-.288	.270	1.135	1	.287	.750		

a. Variable(s) entered on step 1: Intervention.

Bootstrap for Variables in the Equation

					Bootstrap[a]		
		B	Bias	Std. Error	Sig. (2-tailed)	BCa 95% Confidence Interval Lower	Upper
Step 1	Intervention(1)	1.229	.034	.421	.004	.399	2.223
	Constant	-.288	-.015	.280	.293	-.804	.154

a. Unless otherwise noted, bootstrap results are based on 1000 bootstrap samples

Saída 20.5

20.6.3 Análogos de R

Na seção 20.3.3, vimos que poderíamos calcular um análogo de R usando a Equação 20.8. Para esses dados, z^2 (a estatística de Wald apresentada na saída) e seu *gl estão* na Saída 20.5 (9,447 e 1 respectivamente) e o valor de referência −2LV foi 154,084 (Saída 20.3). Portanto, o valor de R é 0,22:

$$R = \sqrt{\frac{9{,}447 - (2 \times 1)}{154{,}084}} \quad (20.17)$$
$$= 0{,}22$$

A medida de Hosmer e Lemeshow (R_L^2) da seção 20.3.3 é de 0,06:

$$R_L^2 = \frac{(-2LV_{\text{referência}}) - (-2LV_{\text{novo}})}{-2LV_{\text{referência}}} \quad (20.18)$$
$$= \frac{154{,}084 - 144{,}158}{154{,}084}$$
$$= 0{,}06$$

Isso é o mesmo que dividir o qui-quadrado do modelo após a **Intervention** ter sido inserida no modelo (9,93) pela referência −2LV (antes de quaisquer variáveis serem inseridas). O valor resultante de 0,06 é diferente daquele que obteríamos ao elevar ao quadrado o R acima ($R^2 = 0{,}22^2 = 0{,}05$). Duas outras medidas de R^2, que foram descritas na seção 20.3.3, estão na Saída 20.4: medida de Cox e Snell (0,084) e o valor ajustado de Nagelkerke (0,113). Todos esses valores de R^2 são diferentes, mas nos fornecem uma medida aproximada do tamanho do efeito para o modelo.

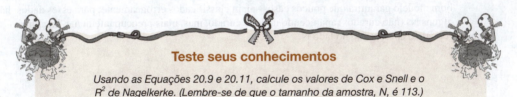

Teste seus conhecimentos

Usando as Equações 20.9 e 20.11, calcule os valores de Cox e Snell e o R^2 de Nagelkerke. (Lembre-se de que o tamanho da amostra, N, é 113.)

20.6.4 A razão de chances ▌▌▌▌

A Saída 20.5 também nos dá a razão de chances (***Exp(B)*** na saída), que foi descrita na seção 20.3.5. A razão pela qual a razão de chances é rotulada como *Exp(B)* é que é literalmente o exponencial de *b* para a previsora, neste caso $e^{1,229}= 3,42$. No entanto, a maioria das pessoas está mais familiarizada com o termo "razão de chances". Nas opções (ver seção 20.5.11), solicitamos um intervalo de confiança para a razão de chances e ele também pode ser encontrado na saída. Assumindo que a amostra atual é uma dos 95% para os quais o intervalo de confiança contém o valor verdadeiro, o valor populacional da razão de chances estará entre 1,56 e 7,48. No entanto, nossa amostra pode ser uma das 5% que produzem um intervalo de confiança que "não contém" o valor populacional. O importante é que o intervalo não contenha 1 (os dois valores são maiores que 1). O valor de 1 é importante porque é o limite no qual a direção do efeito muda. Pense sobre o que a razão de chances representa (seção 20.3.5): valores maiores que 1 significam que à medida que a variável previsora aumenta, o mesmo acontece com as chances de (neste caso) haver cura, mas valores menores que 1 significam que se a variável previsosa aumenta, as chances de cura *diminuem*. Se o intervalo de confiança contém 1, então o valor da população pode ser aquele que sugere que a intervenção melhora a probabilidade de cura, mas igualmente pode ser um valor que sugere que a intervenção diminui a probabilidade de cura. Para nosso intervalo de confiança, o fato de ambos os limites estarem acima de 1 sugere que a direção da relação que observamos é verdadeira na população (i.e., é provável que ter uma intervenção em comparação com não ter aumente as chances de cura). Se o limite inferior estivesse abaixo de 1, então nos diria que há uma chance de que na população a direção da relação seja o oposto do que observamos. Isso significaria que é ambíguo se a intervenção aumenta as chances de cura.

20.6.5 Diagramas de classificação ▌▌▌▌

A Saída 20.6 exibe o diagrama de classificação, que é um histograma das probabilidades previstas de um paciente ser curado. Se o modelo se encaixa perfeitamente nos dados, então esse histograma deve mostrar todos os casos para os quais o evento ocorreu no lado direito, e todos os casos para os quais o evento não ocorreu no lado esquerdo. Neste exemplo, todos os pacientes que foram curados devem aparecer à direita e todos aqueles que não foram curados devem aparecer à esquerda. Como a única previsora é dicotômica, há apenas duas colunas de casos no diagrama. Se a previsora for uma variável contínua, os casos serão distribuídos em várias colunas. Como regra geral, quanto mais os casos se agruparem em cada extremidade do diagrama, melhor; tal diagrama mostraria que quando a variável resultado ocorreu (i.e., o paciente estava curado) a probabilidade prevista de ocorrência do evento também é alta (i.e., perto de 1). Da mesma forma, no outro extremo do diagrama, seria mostrado que quando o evento não ocorreu (i.e., o paciente ainda tinha um problema), a probabilidade prevista de ocorrência do evento também é baixa (i.e., perto de 0). Essa situação representa um modelo que prevê corretamente os dados dos resultados observados. Se muitos pontos se agrupam no centro do gráfico, isso mostra que, em muitos casos, o modelo está prevendo uma probabilidade de 0,5; em outras palavras, há uma chance aproximada de 50:50 de que esses casos sejam previstos corretamente pelo modelo – você poderia prever esses casos com a mesma precisão que o modelo lançando uma moeda. Na Saída 20.6 casos curados são previstos relativamente bem pelo modelo (as probabilidades não estão muito próximas de 0,5), mas para casos não curados, o modelo é não é tão bom (a probabilidade de classificação é apenas ligeiramente inferior a 0,5). Além disso, um bom modelo garantirá que poucos casos sejam classificados erroneamente; para esses dados, há alguns Ns (não curados) aparecendo no lado curado, mas, mais preocupantemente, há alguns *C*s (curados) aparecendo no lado N.

Gina Gênia 20.1
Calculando a razão de chances? ||||

Para calcular a razão de chances, primeiro calculamos as chances de um paciente ser curado, pois eles *não* tiveram a intervenção, usando a Equação 20.3. O parâmetro de codificação no início da saída nos disse que os pacientes que não tiveram a intervenção foram codificados com um 0, então usamos esse valor como X. O valor de b_1 foi estimado para nós como 1,229 (ver Saída 20.5), e o coeficiente para a constante pode ser obtido da mesma tabela e é –0,288. Podemos calcular as chances como:

$$P(\text{curado}) = \frac{1}{1+e^{-(b_0 + b_1 X_{1i})}}$$

$$= \frac{1}{1+e^{-[-0,288 + (1,229 \times 0)]}} = 0,428$$

$$P(\text{não curado}) = 1 - P(\text{curado})$$

$$= 1 - 0,428$$

$$= 0,572$$

$$\text{chances} = \frac{0,428}{0,572}$$

$$= 0,748$$

(20.19)

Agora, calculamos a mesma coisa *depois que a variável previsora foi alterada por uma unidade*. Neste caso, porque a variável previsora é dicotômica, significa calcular as chances de um paciente ser curado, dado que ele teve a intervenção. O valor da variável de intervenção, X, é agora 1 (em vez de 0). Os cálculos resultantes são:

$$P(\text{curado}) = \frac{1}{1+e^{-(b_0 + b_1 X_{1i})}}$$

$$= \frac{1}{1+e^{-[-0,288 + (1,229 \times 1)]}} = 0,719$$

$$P(\text{não curado}) = 1 - P(\text{curado})$$

$$= 1 - 0,719$$

$$= 0,281$$

$$\text{chances} = \frac{0,719}{0,281} = 2,559$$

(20.20)

Agora que sabemos as chances antes e depois de uma mudança de uma unidade na variável previsora, é uma questão simples calcular a razão de chances como na equação (20.15). O resultado é 3,42:

$$\text{razão de chances} = \frac{\text{chances após a mudança de uma unidade no previsor}}{\text{chances originais}}$$

$$= \frac{2,559}{0,748}$$

$$= 3,42$$

(20.21)

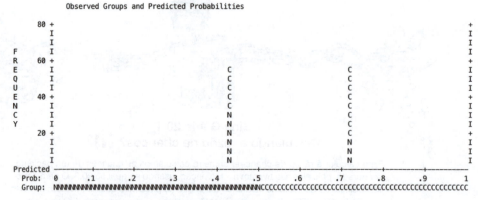

Saída 20.6

Dicas da Ana Apressada
Ajuste do modelo

- Construa seu modelo sistematicamente e escolha o modelo mais parcimonioso como o final.
- O ajuste geral do modelo é mostrado por –2LV e sua estatística qui-quadrado associada. Se a significância da estatística qui-quadrado for menor que 0,05, então o modelo é um ajuste significativo para os dados.
- Verifique a tabela rotulada *Variables in the Equation* (variáveis na equação) para ver os parâmetros da regressão para quaisquer previsoras que você tenha no modelo.
- Para cada variável no modelo, observe a estatística de Wald e sua significância (que novamente deve estar abaixo de 0,05). Use a razão de chances, *Exp(B)*, para interpretação. Se o valor for maior que 1, então, à medida que a previsora aumenta, as chances de o resultado ocorrer aumentam. Por outro lado, um valor menor que 1 indica que, conforme a previsora aumenta, as chances de o resultado ocorrer diminuem. Para a interpretação acima mencionada ser confiável o intervalo de confiança de *Exp(B)* não deve ultapassar conter o valor 1.

20.6.6 Listando probabilidades previstas ▮▮▮▮

Na seção 20.5.10, salvamos resíduos e previmos probabilidades. As probabilidades previstas e as associações aos grupos previstas são salvas como variáveis no editor de dados com os nomes **PRE_1** e **PGR_1**, respectivamente. Essas probabilidades podem ser listadas usando a caixa de diálogos _Analyze_ ▸ _Reports_ ▸ ▦ Case Su_m_maries... (ver seção 9.11.6).

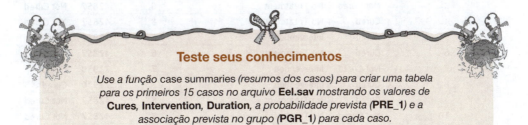

Teste seus conhecimentos

Use a função case summaries (resumos dos casos) para criar uma tabela para os primeiros 15 casos no arquivo **Eel.sav** mostrando os valores de **Cures, Intervention, Duration**, a probabilidade prevista (**PRE_1**) e a associação prevista no grupo (**PGR_1**) para cada caso.

A Saída 20.7 mostra uma seleção das probabilidades previstas (porque a única previsora no modelo era uma variável dicotômica, haverá apenas dois valores de probabilidade diferentes). Eu também listei as variáveis previsoras para esclarecer de onde vêm as probabilidades previstas. A única previsora no modelo final foi a intervenção, que poderia ter um valor de 1 (com intervenção) ou 0 (sem intervenção). Se esses dois valores forem colocados na Equação 20.3 com os respectivos coeficientes de regressão, então os dois valores de probabilidade na Saída 20.7 serão derivados. De fato, calculamos esses valores em Gina Gênia 20.1: as probabilidades calculadas (P(cured) nessas equações) correspondem aos valores em **PRE_1**. Esses valores nos dizem que quando um paciente não é tratado (**Intervention** = 0, sem tratamento), há uma probabilidade de 0,428 de que ele será curado – basicamente, cerca de 43% das pessoas melhoram sem nenhum tratamento. No entanto, se o paciente tiver a intervenção (**Intervention** = 1, sim), há uma probabilidade de 0,719 de melhorar – cerca de 72% das pessoas tratadas melhoram. Quando você considera que uma probabilidade de 0 indica nenhuma chance de melhorar, e uma probabilidade de 1 indica que o paciente melhorará definitivamente, os valores obtidos sugerem que a intervenção aumenta as chances de melhorar (embora a probabilidade de recuperação sem a intervenção não seja de todo ruim).

Assumindo que estamos contentes de que o modelo seja preciso e que a intervenção tem alguma significância substancial, então podemos concluir que a intervenção (que, para lembrá-lo, foi enfiar uma enguia no ânus) é a melhor previsora de melhora (não estar constipado). Além disso, incluir a duração da constipação pré-intervenção e a sua interação com a intervenção, não melhora a previsão de que uma pessoa fique boa.

20.6.7 Interpretando os resíduos ▮▮▮▮

Ajustar um modelo sem verificar como ele adere aos dados é como comprar uma calça nova sem experimentá-la: ela pode ficar bem no cabide, mas, ao levá-la para casa, você descobre que é a Jenny ou o Johnny calças justas. As calças fazem seu trabalho (elas cobrem suas pernas e mantêm você aquecido), mas elas têm pouco valor na vida real (porque elas cortam a circulação do sangue para as pernas, que precisam ser amputadas). Da mesma forma, um modelo faz seu trabalho independentemente dos dados, mas o valor real do modelo pode ser limitado. Então, nossas conclusões até agora são boas em si, mas para ter certeza de que o modelo é bom, é importante examinar os resíduos.

Vimos, no Capítulo 9, que o objetivo principal do exame dos resíduos é (1) isolar pontos para nos quais o modelo tem um ajuste ruim, e (2) isolar pontos que exercem uma influência indevida no modelo. Para avaliar o primeiro, examinamos os resíduos, especialmente os resíduos Studentizados, os resíduos padronizados e a estatística da desviância. Para avaliar o segundo objetivo, uti-

Case Summaries[a]

	Cured?	Intervention	Number of Days with Problem before Treatment	Predicted probability	Predicted group
1	Not Cured	No Treatment	7	.42857	Not Cured
2	Not Cured	No Treatment	7	.42857	Not Cured
3	Not Cured	No Treatment	6	.42857	Not Cured
4	Cured	No Treatment	8	.42857	Not Cured
5	Cured	Intervention	7	.71930	Cured
6	Cured	No Treatment	6	.42857	Not Cured
7	Not Cured	Intervention	7	.71930	Cured
8	Cured	Intervention	7	.71930	Cured
9	Cured	No Treatment	8	.42857	Not Cured
10	Not Cured	No Treatment	7	.42857	Not Cured
11	Cured	Intervention	7	.71930	Cured
12	Cured	No Treatment	7	.42857	Not Cured
13	Cured	No Treatment	5	.42857	Not Cured
14	Not Cured	Intervention	9	.71930	Cured
15	Not Cured	No Treatment	6	.42857	Not Cured
Total N	15	15	15	15	15

a. Limited to first 15 cases.

Saída 20.7

Oliver Twist
Por favor, senhor, quero um pouco mais de... diagnóstico

"E as árvores?", protesta o ecoguerreiro Oliver. "Esses resultados do SPSS ocupam muito espaço, por que você não os coloca no *site*?" É uma sugestão válida, assim eu produzi uma tabela com as estatísticas de diagnóstico para este exemplo, mas ela está no *site* do livro.

lizamos estatísticas de influência, como a distância de Cook, os DFBeta e as estatísticas de alavancagem. Essas estatísticas foram explicadas na seção 9.3 e sua interpretação na regressão logística é a mesma; portanto a Tabela 20.3 resume as principais estatísticas que você deve examinar e o que procurar; para mais detalhes, consulte o Capítulo 9.

Tabela 20.3 Resumo das estatísticas dos resíduos salvas pelo SPSS

Rótulo	Nome	Comentário
PRE_1	Valor previsto	
PGR_1	Grupo previsto	
COO_1	Distância de Cook	Deve ser menor do que 1.
LEV_1	Alavancagem	Está entre 0 (sem influência) e 1 (influência completa). O valor esperado da alavancagem é $(k + 1)/N$, onde k é o número de previsores e N é o tamanho da amostra. Neste exemplo ela deveria ser $2/113 = 0,018$.
SRE_1	Resíduo studentizado	Somente 5% estão fora do intervalo ±1,96 e cerca de 1% fora do intervalo ±2,58. Casos acima de 3 são para se preocupar e próximos de 3 merecem uma investigação.
ZRE_1	Resíduo padronizado	
DEV_1	Desviância	
DFB0_1	DFBeta para a constante	Deve ser menor do que 1.
DFB1_1	DFBeta para o primeiro previsor (**Intervention**)	

Lembre-se de que essas estatísticas são salvas no editor de dados. Se você as inspecionar, verá que a distância de Cook, a alavancagem, os resíduos padronizados e os valores DFBeta são muito bons: todos os casos têm DFBetas menores do que 1 e as estatísticas de alavancagem (**LEV_1**) estão muito próximas do valor esperado calculado de 0,018. Também não há valores ex-

Dicas da Ana Apressada
Estatísticas de diagnóstico

- Procure por casos que possam estar influenciando o modelo de regressão logística, verificando os resíduos.
- Observe os resíduos padronizados e verifique se não mais do que 5% dos casos têm valores absolutos acima de 2, e que não mais do que cerca de 1% têm valores absolutos acima de 2,5. Qualquer caso com um valor acima de 3 pode ser um valor discrepante.
- Procure no editor de dados os valores da distância de Cook: qualquer valor acima de 1 indica um caso que possa estar influenciando o modelo.
- Calcule a alavancagem média (o número de previsores mais 1, dividido pelo tamanho da amostra) e, em seguida, procure valores maiores que duas ou três vezes esse valor médio.
- Procure por valores absolutos dos DFBeta maiores que 1.

traordinariamente altos da distância de Cook (**COO_1**), o que, no geral, significa que não há casos influentes. Todos os resíduos padronizados têm valores menores que ±2 e, portanto, parece haver muito pouco aqui para nos preocupar.

Os resíduos nesse modelo são um pouco incomuns porque são baseados em um único previsor categórico. Consequentemente, não há muita variabilidade nos valores dos resíduos. Além disso, lembre-se de que se os valores atípicos substanciais ou os casos influentes tivessem sido isolados, você não teria justificativa para eliminar esses casos para tornar o ajuste do modelo melhor. Em vez disso, esses casos devem ser inspecionados de perto para tentar descobrir uma boa razão pela qual eles são incomuns. Pode ser simplesmente um erro ao inserir os dados, ou pode ser que o caso era um que tinha uma razão especial para ser incomum: por exemplo, existiram outras complicações médicas que poderia contribuir para a constipação e que foram observadas durante a avaliação do paciente. Nesse caso, você pode ter um bom motivo para excluir o caso e registrar devidamente o motivo.

20.6.8 Calculando o tamanho do efeito ▌▌▌▌

O melhor tamanho de efeito a ser usado no contexto da regressão logística é a razão de chances, que vimos na seção 20.6.4 (mas ver Gina Gênia 20.2).

Gina Gênia 20.2
Razão de chances e a heterogeneidade
não observada ▌▌▌▌

Mood (2010) argumenta que a razão de chances na regressão logística reflete não apenas o efeito de uma previsora, mas uma heterogeneidade não observada no modelo. Essa observação é mostrada pelas mudanças, nos parâmetros do modelo na regressão logística, quando um previsor não correlacionado é adicionado. Imagine um modelo linear em que Y é previsto a partir de X_1. Lembre-se da discussão dos modelos lineares que os valores-b representam o efeito de um previsor ajustado por sua relação com outros previsores no modelo. Se adicionarmos o previsor X_2, então o valor-b para X_1 será ajustado para sua relação com X_2: seu valor será alterado em função de se X_2 está ou não no modelo. Se X_1 e X_2 não estão correlacionados (ou seja, são independentes), então o "ajuste" será zero, e o valor-b para X_1 não será afetado pelo fato de X_2 estrar no modelo. Isso não acontece na regressão logística: adicionar um previsor não correlacionado a um previsor existente ainda altera o valor-b do previsor existente. Isso ocorre porque as estimativas da variância residual são afetadas por quais previsores estão no modelo. Consequentemente, Mood argumenta que: (1) é problemático usar a razão de chances (ou o log da razão de chances) como medida do tamanho do efeito porque ela reflete a heterogeneidade não observada além do tamanho do efeito; (2) a razão de chances (e o log da razão de chances) não deve ser comparados entre modelos com diferentes previsores porque a heterogeneidade não observada varia entre esses modelos; e (3) onde os modelos usam os mesmos previsores, ainda é problemático comparar a razão de chances (e o log da razão de chances) entre as diferentes amostras, entre grupos dentro da mesma amostra e ao longo do tempo porque a heterogeneidade não observada varia entre as amostras, os grupos e os pontos no tempo.

Tabela 20.4 Coeficientes do modelo prevendo se um paciente foi curado (intervalos de confiança de 95% e BCa *bootstrap* baseados em 1.000 amostras entre colchetes)

	b	IC de 95% para a razão de chances		
		Inferior	Razão de chances	Superior
Incluídos				
Constante	−0,29 [−0,77, 0,20]			
Intervenção	1,23* [0,42, 2,06]	1,56	3,42	7,48

Nota: R^2 = 0,06 (Hosmer-Lemeshow), 0,08 (Cox-Snell), 0,11 (Nagelkerke). Modelo $\chi^2(1)$ = 9,93, p = 0,02, *p < 0,01.

20.7 Relatando a regressão logística ▮▮▮▮

Eu informaria a regressão logística da mesma forma que foi feito com qualquer modelo linear (ver seção 9.13). Eu estaria inclinado a tabular os resultados, a menos que seja um modelo muito simples. No mínimo, relate os valores-*b* (e seus erros-padrão e valores das significâncias), a razão de chances (e seu intervalo de confiança) e algumas estatísticas gerais sobre o modelo (como as estatísticas R^2 e de aderência). Eu também incluiria a constante para que os leitores do seu trabalho possam construir o modelo de regressão completo, se necessário. Você também pode considerar relatar as variáveis que não foram previsoras significativas, porque isso pode ser tão valioso quanto saber quais previsoras foram significativas.

Para o exemplo deste capítulo, podemos produzir algo como a Tabela 20.4. Espero que você possa descobrir de onde os valores vieram olhando para o capítulo até agora. Eu terminei com duas casas decimais. Se você usar o estilo APA, então, para os valores R^2 e p, não deve haver nenhum zero antes do ponto decimal (porque esses valores não podem exceder 1). Eu relatei intervalos de confiança *bootstrap* para os valores-*b*.

20.8 Testando pressupostos: outro exemplo ▮▮▮▮

Eu sou inglês, e uma parte muito importante em ser inglês é acreditar que podemos ganhar eventos esportivos, apesar do peso esmagador das evidências históricas mostrando o contrário. Os ingleses são geneticamente programados para falhar em ambientes de alta pressão; isso é um fato,[12] mas à medida que cada novo torneio chega, somos programados pela mídia para acreditar que, de alguma forma, a Inglaterra será vitoriosa. A cada derrota, perdemos um pouco da nossa alma. Minha escrita de cada edição deste livro coincidiu com um fracasso nacional relacionado ao futebol. Em 1998, quando escrevi a primeira edição, a Inglaterra foi eliminada da Copa do Mundo ao perder na disputa de pênaltis. Em 2004 (segunda edição), fomos eliminados do Campeonato Europeu em outra disputa de pênaltis. Nós nem conseguimos nos qualificar para o Campeonato Europeu de 2008 (terceira edição); não foram os pênaltis desta vez, apenas jogamos como cretinos. Em 2012 (quarta edição), perdemos mais um Campeonato Europeu uma disputa de pênaltis que nos mandou para casa. E, no ano passado (2016), um pouco antes desta edição,

---

[12] A vitória na Copa do Mundo de rúgbi de 2003 foi a exceção que confirma a regra. Ah, e acho que vencemos a Ashes (torneiro de críquete entre Inglaterra e Austrália), em 2005, mas a perdemos nos últimos 18 anos seguidos, de modo que uma vitória não é nada para se sentir orgulhoso. Além disso, eu não gosto de críquete.

perdemos para um grupo de islandeses semiprofissionais.[13] O que há de *errado* com os jogadores ingleses?[14]

Se eu fosse o treinador da seleção de futebol da Inglaterra, pegaria cada uma das primas donnas muito bem pagas e daria um chute nos testículos. Um chute bem forte. De forma que eles soubessem que eu sou o tipo de cara que vai dar um bom chute nos testículos de quem perder uma penalidade. Não seria tão divertido, mas suponho que, se o momento decisivo chegasse, eu também poderia usar a ciência para descobrir quais fatores predizem se um jogador marcará ou não um pênalti. Então eu os chutaria nos testículos. De um jeito ou de outro, seus testículos estão sendo chutados.

Aqueles que odeiam futebol podem ler este exemplo como fatores que predizem o sucesso em um lance livre de basquete ou netball, uma penalidade no hóquei, um pênalti no rúgbi ou um tiro livre no futebol americano. Esta questão de pesquisa é perfeita para a regressão logística porque nossa variável de resultado é uma dicotomia: um pênalti pode ser marcado ou perdido. Imagine que pesquisas anteriores (Eriksson, Beckham e Vassell, 2004; Hoddle, Batty e Ince, 1998; Hodgson, Cole e Young, 2012) mostraram que há dois fatores que podem prever com segurança se um pênalti será perdido ou marcado. O primeiro fator é se o jogador que está chutando está preocupado (mensurado usando uma escala como a do *Penn State Worry Questionnaire*, PSWQ) (QPUP – Questionários de Preocupação da Universidade da Pensilvânia). O segundo fator é a taxa de sucesso do jogador ao bater pênaltis (portanto, se o jogador tem um bom histórico de converter pênaltis). É bem aceito que a ansiedade tem efeitos prejudiciais no desempenho de uma variedade de tarefas, e assim também foi previsto que o estado de ansiedade pode ser capaz de explicar algumas das variações inexplicadas no sucesso dos pênaltis.

Este exemplo é um caso clássico de construção de um modelo bem estabelecido, porque dois previsores já são conhecidos e queremos testar o efeito de um novo. Assim, 75 jogadores de futebol foram selecionados aleatoriamente e antes de cobrarem um pênalti em uma competição, eles receberam um questionário sobre o estado da ansiedade, para completar (para avaliar a ansiedade antes de bater o pênalti). Esses jogadores também foram solicitados a completar o PSWQ para se ter uma medida do quanto eles se preocupavam com as coisas em geral e sua taxa de sucesso anterior foi obtida em um banco de dados. Finalmente, foi feita uma observação sobre se a penalidade foi marcada ou perdida. O arquivo **Penalty.sav** contém quatro variáveis, cada uma em uma coluna separada:

- **Scored** (marcado): Esta variável é o nosso resultado e está codificada de tal forma que 0 = pênalti perdido e 1 = pênalti convertido.
- **PSWQ** (QPUP): A primeira previsora é uma medida do grau com que um jogador se preocupa.
- **Previous** (anterior): Esta variável é a porcentagem de pênaltis marcados por um jogador em sua carreira. Representa o sucesso anterior em pontuar penalidades.
- **Anxious** (ansioso): Esta variável é uma medida do estado de ansiedade ao bater o pênalti. É a nossa terceira previsora e é uma variável que não foi usada anteriormente para prever o sucesso ao bater o pênalti.

Teste seus conhecimentos
Execute uma análise de regressão logística hierárquica com esses dados.
Insira **Previous** e **PSWQ** no primeiro bloco e **Anxious** no segundo
(entrada forçada). Há um guia completo sobre como fazer a análise e sua
interpretação no site do livro.

---

[13] O que, francamente, eu acho hilário.
[14] Mais especificamente, o que há de errado com o futebol *masculino* inglês? O time de futebol feminino nos deixa orgulhosos ano após ano.

20.8.1 Testando a linearidade do logit ▮▮▮▮

Neste exemplo, temos três variáveis contínuas, portanto é necessário que verificar se cada uma delas está linearmente relacionada ao log da variável resultado (**Scored**). Eu mencionei anteriormente neste capítulo que, para testar essa suposição, precisamos executar a regressão logística, mas incluir as previsoras que são a interação entre cada previsora e o log de cada uma delas (Hosmer e Lemeshow, 1989). Para criar esses termos de interação, usamos *Transform* ▸ 🔢 Compute Variable... (transformar ▸ calcular variável...) (seção 6.12.4). Para cada variável, crie uma nova variável que seja o log da variável original. Por exemplo, para **PSWQ**, crie uma nova variável chamada **LnPSWQ**, inserindo esse nome na caixa chamada *Target Variable* (variável de destino), clique em Type & Label... e dê à nova variável um nome como *Ln(PSWQ)*. Na lista denominada *Function group* (grupo de função), clique em *Arithmetic* (aritmética) e, então, na caixa rotulada de *Functions and Special Variables* (funções e variáveis especiais), clique em *Ln* (essa é a transformação de log natural) e transfira-a para a área de comando clicando em ▴. O comando aparecerá na área de comando como "LN(?)" e o ponto de interrogação deverá ser substituído por um nome de variável (que pode ser digitado manualmente ou transferido da lista de variáveis). Substitua o ponto de interrogação pela variável **PSWQ**, selecionando a variável na lista e clicando em ▸ ou digitando '*PSWQ*' onde está o ponto de interrogação. Clique em OK para criar a nova variável.

Teste seus conhecimentos
*Tente criar duas novas variáveis que são o log natural de **Anxious** e **Previous**.*

Para testar a suposição, refazemos a análise, mas forçamos todas as variáveis em um único bloco (i.e., não precisamos fazer isso hierarquicamente). Também, precisamos colocar três novos termos de interação de cada previsora e seus logs. Selecione *Analyze* ▸ *Regression* ▸ 🔢 Binary Logistic... (analisar ▸ regressão ▸ logística binária), em seguida, na caixa de diálogos principal arraste **Scored** para a caixa *Dependent* (dependente) (ou clique em ▸). Especifique os efeitos principais clicando em **PSWQ**, **Anxious** e **Previous** pressionando a tecla *Ctrl* (ou *Cmd* no Mac) e arrastando-os para a caixa *Covariates* (covariáveis) (ou clique em ▸). Para inserir as interações, clique nas duas variáveis na interação enquanto mantém pressionada a tecla *Ctrl* (ou *Cmd* no Mac): por exemplo, clique em **PSWQ** e, enquanto mantém pressionada a tecla *Ctrl*, clique em **Ln(PSWQ)** e clique >a*b> para movê-los para a caixa *Covariates*. Essa ação especifica a interação **PSWQ × Ln(PSWQ)**. Especifique as interações **Anxious × Ln(Anxious)** e **Previous × Ln(Previous)** da mesma maneira. A caixa de diálogos completa está apresentada na Figura 20.11.

A Saída 20.8 mostra a parte do resultado que testa a suposição. Estamos interessados apenas em saber se os termos de interação são significativos. Qualquer interação que seja significativa indica que o efeito principal violou a suposição de linearidade do logit. Todas as três interações têm valores de significância maiores que 0,05, indicando que a suposição de linearidade do logit foi atendida para **PSWQ**, **Anxious** e **Previous**.

20.8.2 Testando a multicolinearidade ▮▮▮▮

Na seção 9.9.3, vimos como a multicolinearidade pode afetar os parâmetros de um modelo linear. A regressão logística é, também, propensa ao efeito tendencioso da colinearidade, então precisamos testá-la. Infelizmente, o SPSS não produz diagnósticos de colinearidade para a regressão logística (o que cria a ilusão de que a multicolinearidade não importa). No entanto, você pode obter estatísticas, como a tolerância e o fator de inflação da variância (FIV), executando uma regressão linear usando a mesma variável de resultado e previsores.

914   Descobrindo a estatística usando o SPSS

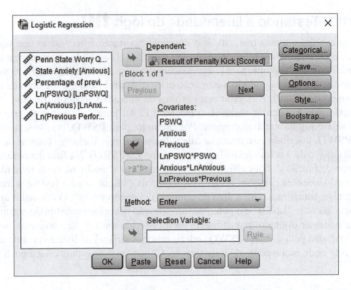

Figura 20.11 Caixa de diálogos para testar a suposição de linearidade na regressão logística.

Variables in the Equation

		B	S.E.	Wald	df	Sig.	Exp(B)	95% C.I.for EXP(B) Lower	Upper
Step 1a	Penn State Worry Questionnaire	-.422	1.102	.147	1	.702	.656	.076	5.690
	State Anxiety	-2.650	2.784	.906	1	.341	.071	.000	16.564
	Percentage of previous penalties scored	1.669	1.473	1.285	1	.257	5.309	.296	95.202
	Ln(PSWQ) by PSWQ	.044	.297	.022	1	.883	1.045	.584	1.869
	State Anxiety by Ln(Anxious)	.682	.650	1.102	1	.294	1.978	.553	7.069
	Ln(Previous Performance) by Percentage of previous penalties scored	-.319	.315	1.025	1	.311	.727	.392	1.348
	Constant	-3.874	14.924	.067	1	.795	.021		

a. Variable(s) entered on step 1: Penn State Worry Questionnaire, State Anxiety, Percentage of previous penalties scored, Ln(PSWQ) * Penn State Worry Questionnaire , State Anxiety * Ln(Anxious) , Ln(Previous Performance) * Percentage of previous penalties scored .

Saída 20.8

Para o exemplo do pênalti, selecione _Analyze_ ▶ _Regression_ ▶ Linear... (linear). A caixa de diálogos preenchida é mostrada na Figura 20.12. Não é necessário especificar muitas opções (estamos usando essa técnica apenas para obter testes de colinearidade), mas é essencial que você clique em Statistics... (estatísticas) e, em seguida, selecione ☑ Collinearity diagnostics (diagnóstico de colinearidade) e desative todas as opções-padrão. Clique em Continue para retornar à caixa de diálogos principal e clique OK para executar a análise.

A primeira tabela na Saída 20.9 mostra valores de tolerância de 0,015 para **Previous**, 0,014 para **Anxious** e 0,575 para **PSWQ**. Para recapitular, valores de tolerância inferiores a 0,1 (Menard, 1995) e valores de FIV superiores a 10 (Myers, 1990) indicam um problema (Capítulo 9). Nesses dados, os valores de FIV estão em torno de 70 para **Anxious** e **Previous**, indicando um problema de colinearidade entre as variáveis previsoras. Podemos investigar essa questão mais adiante, examinando a tabela denominada _Collinearity Diagnostics_ (seção 9.9.3). Para esses dados a dimensão final tem um índice de condição de 80,5, que é massivo comparado com as outras dimensões. Embora não haja regras rígidas sobre quanto um índice de condição precisa ser maior para indicar problemas de colinearidade, esse caso mostra claramente que existe um problema. As proporções da variância nos dizem a proporção da variância do valor-_b_

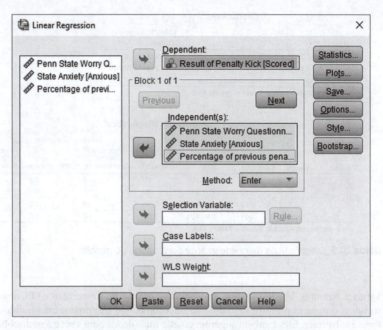

Figura 20.12 Caixa de diálogos *Linear Regression* para dados do pênalti.

da cada previsor que é atribuído a cada autovalor. Essas proporções podem ser convertidas em porcentagens. Assim, por exemplo, para **PSWQ** 95% da variância do valor-b está associada ao autovalor número 3, 4% está associado ao autovalor número 2 e 1% está associado ao autovalor número 1. Em termos de colinearidade, estamos procurando previsores que tenham altas proporções no mesmo autovalor *pequeno*, porque isso indicaria que as variâncias de seu valores-b são dependentes. Portanto, estamos interessados principalmente nas poucas linhas inferiores da tabela (que representam pequenos autovalores). Neste exemplo, 99% da variância nos coeficientes de regressão de **Anxiety** e **Previous** está associada ao autovalor número 4 (o menor autovalor), que indica claramente a dependência entre essas variáveis. O resultado dessa análise é claro: existe colinearidade entre o estado de ansiedade e a experiência anterior de chutar pênaltis e essa dependência faz o modelo se tornar tendencioso.

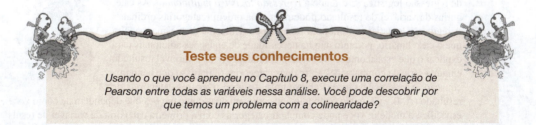

Teste seus conhecimentos

Usando o que você aprendeu no Capítulo 8, execute uma correlação de Pearson entre todas as variáveis nessa análise. Você pode descobrir por que temos um problema com a colinearidade?

Se você identificou colinearidade, infelizmente, não há muito que fazer sobre isso. Uma solução óbvia é omitir uma das variáveis (assim, p. ex., podemos ficar com um modelo que ignora o estado de ansiedade). O problema com isso deve ser óbvio: não há como saber qual variável omitir. As conclusões teóricas resultantes são sem sentido porque, estatisticamente falando, qualquer uma das variáveis colineares poderia ser omitida. Não há fundamentos estatísticos para omitir uma

Coefficients[a]

Model		Collinearity Statistics	
		Tolerance	VIF
1	Penn State Worry Questionnaire	.575	1.740
	State Anxiety	.014	70.028
	Percentage of previous penalties scored	.015	68.777

a. Dependent Variable: Result of Penalty Kick

Collinearity Diagnostics[a]

				Variance Proportions			
Model	Dimension	Eigenvalue	Condition Index	(Constant)	Penn State Worry Questionnaire	State Anxiety	Percentage of previous penalties scored
1	1	3.436	1.000	.00	.01	.00	.00
	2	.490	2.647	.00	.04	.00	.00
	3	.073	6.875	.00	.95	.01	.00
	4	.001	80.491	1.00	.00	.99	.99

a. Dependent Variable: Result of Penalty Kick

Saída 20.9 Diagnósticos de colinearidade para dados do pênalti.

variável ou outra. Mesmo se uma previsora for removida, Bowerman e O'Connell (1990) recomendam que outra previsora igualmente importante que não possui uma multicolinearidade tão forte a substituia. Eles também sugerem coletar mais dados para ver se a multicolinearidade, pode ser diminuída. Outra possibilidade, quando há várias previsoras envolvidas na multicolinearidade, é executar um PCA nessas previsoras e usar os escores dos componentes resultantes como uma variável previsora (ver Capítulo 18). O remédio mais seguro (embora não satisfatório) é reconhecer a falta de confiabilidade do modelo. Portanto, se informássemos a análise de quais fatores predizem o sucesso do pênalti, poderíamos reconhecer que a experiência anterior previu significativamente o sucesso do pênalti no primeiro modelo, mas propomos que essa experiência possa afetar o pênalti ao aumentar o estado de ansiedade. Essa afirmação seria altamente especulativa, porque a correlação entre **Anxious** e **Previous** não nos mostra nada sobre a direção da causalidade, mas reconheceria o inexplicável elo entre as duas previsoras.

20.9 Prevendo várias categorias: regressão logística multinomial ||||

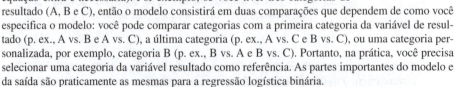

Se você quiser prever a associação de mais de duas categorias, o modelo de regressão logística se estende à *regressão logística multinomial*. As categorias da variável de resultado podem ter uma ordem (categorias ordinais). A regressão logística multinomial funciona praticamente da mesma maneira que o caso binário, portanto não há necessidade de equações adicionais para explicar o que está acontecendo (viva!). O modelo divide a variável resultado em uma série de comparações entre duas categorias (é por isso que nenhuma equação extra é necessária). Por exemplo, se você tiver três categorias de resultado (A, B e C), então o modelo consistirá em duas comparações que dependem de como você especifica o modelo: você pode comparar categorias com a primeira categoria da variável de resultado (p. ex., A vs. B e A vs. C), a última categoria (p. ex., A vs. C e B vs. C), ou uma categoria personalizada, por exemplo, categoria B (p. ex., B vs. A e B vs. C). Portanto, na prática, você precisa selecionar uma categoria da variável resultado como referência. As partes importantes do modelo e da saída são praticamente as mesmas para a regressão logística binária.

Vamos ver um exemplo. Pesquisas sobre como homens e mulheres avaliam as cantadas (Bale, Morrison e Caryl, 2006; Cooper, O'Donnell, Caryl, Morrison e Bale, 2007) analisaram como o conteúdo (p. ex., se a cantada é engraçada, tem conteúdo sexual ou revela características desejá-

Pesquisa Real do João Jaleco 20.1
Suicídio obrigatório? ▌▌▌▌

Lacourse, E., Claes, & Villeneuve (2001). *Journal of Youth and Adolescence*, *30*, 321–332.

Meu tipo favorito de música é o *heavy metal*. Uma coisa que é levemente irritante sobre gostar de música pesada é que todo mundo assume que você é um idiota ou um bastardo infeliz ou agressivo. Quando não estou escutando (e muitas vezes enquanto escuto) *heavy metal*, eu pesquiso psicologia clínica em jovens. Portanto, eu estava literalmente fora de mim de tanto entusiasmo quando me deparei um artigo que combinava esses dois interesses: Lacourse, Claes e Villeneuve (2001) realizaram um estudo para ver se o amor pelo *heavy metal* poderia prever o risco de suicídio. Coisas incríveis!

Eric Lacourse e seus colegas usaram questionários para medir: risco de suicídio (sim ou não), estado civil dos pais (juntos ou divorciados/separados), até que ponto a mãe e o pai da pessoa eram negligentes, autoalienação/impotência (adolescentes que têm autopercepções negativas, estão entediados com a vida, etc.), isolamento social (sentimentos de falta de apoio), ausência de normas (crenças de que comportamentos socialmente desaprovados podem ser usados para atingir certos objetivos), falta de sentido (dúvida de que a escola seja relevante para conseguir emprego) e uso de drogas. Além disso, os autores mediram a preferência por músicas *heavy metal*; eles incluíram os subgêneros dos clássicos (Black Sabbath, Iron Maiden), *thrash metal* (Slayer, Metallica), morte/*black metal* (Obituary, Burzum) e gótico (Marilyn Manson). Além de gostar, eles mediram as manifestações comportamentais do culto a essas bandas (p. ex., pendurar cartazes, sair com outros fãs de *metal*) e o que os autores chamavam de "escuta vicária de música" (se a música era usada quando zangado ou para provocar agressividade). Eles usaram a regressão logística para prever o risco de suicídio a partir dessas variáveis, para homens e mulheres separadamente.

Os dados para a amostra feminina estão no arquivo **Lacourse et al. (2001) Females.sav**. João Jaleco quer que você faça uma regressão logística prevendo o risco de suicídio (**Suicide_Risk**) a partir de todos as previsoras (entrada forçada). (Para tornar seus resultados mais fáceis de comparar com os resultados publicados, insira as previsoras na mesma ordem da Tabela 3 do artigo: **Age** (idade), **Marital_Status** (estado civil), **Mother_Negligence** (negligência da mãe), **Father_Negligence** (negligência do pai), **Self_Estrangement** (auto distanciamento), **Isolation** (solidão), **Normlessness** (sem normas), **Meaninglessness** (sem sentido), **Drug_Use** (uso de drogas), **Metal** (metal), **Worshipping** (adoração), **Vicarious** (vicária). Ouvir *heavy metal* prevê o suicídio de meninas adolescentes? Se não, o que faz? As respostas estão no *site* do livro (ou ver a Tabela 3 do artigo original).

veis de personalidade) afeta o quão favorável a cantada é vista. A mensagem desse trabalho é que homens e mulheres gostam de coisas diferentes: os homens preferem as cantadas com um alto conteúdo sexual e as mulheres preferem as cantadas engraçadas e de boa qualidade moral.

Imagine que queremos avaliar o *sucesso* dessas cantadas. Nós gravamos as cantadas usadas por 348 homens e 672 mulheres em uma boate. Nosso resultado buscou saber se a cantada resultou em um dos três eventos a seguir: a pessoa não obteve resposta ou o destinatário foi embora, a pessoa obteve o número de telefone do destinatário ou a pessoa deixou a boate com o destinatário. Esse é um resultado ordinal (as três categorias de resultados mapeiam em níveis crescentes do "sucesso"). Posteriormente, as cantadas usadas em cada caso foram avaliadas por um painel de jurados pelo quão engraçadas elas eram (0 = nada engraçado, 10 = a coisa mais engraçada que eu já ouvi), sexualidade (0 = sem conteúdo sexual em tudo, 10 = muito sexualmente direto) e se a cantada refletia bons valores morais (0 = não reflete boas características, 10 = muito indicativo de boas características). Por exemplo, "posso não ser o Fred Flintstone, mas aposto que poderia fazer sua cama balançar" teria uma pontuação alta em conteúdo sexual, baixa em boas características e média no humor; "eu estive procurando por você, a mulher dos meus sonhos" teria uma pontuação alta em boas características, baixa em conteúdo sexual e baixo humor (mas alta em breguice, se tivesse sido medida). Com base na pesquisa, prevemos que o sucesso de diferentes cantadas irá interagir com o sexo biológico do destinatário.

Os dados estão no arquivo **Chat-Up Lines.sav**. Existe uma variável de resultado (**Success**) (sucesso) com três categorias (sem resposta, número do telefone, ir para casa com o destinatário) e quatro previsoras: senso de humor na cantada (**Funny**), conteúdo sexual da cantada (**Sex**), grau em que a cantada reflete boas características/fibra moral (**Moral**) e o sexo biológico da pessoa que está recebendo a cantada (**Recipient_Sex**).

20.9.1 Regressão logística multinomial usando o SPSS ||||

Para fazer uma regressão logística multinomial selecione *Analyze* ▶ *Regression* ▶ *Multinomial Logistic...* (analisar ▶ regressão ▶ logística multinomial) para acessar a caixa de diálogos principal (Figura 20.13). Nossa variável de resultado é **Success**, então arraste essa variável para a caixa chamada *Dependent* (ou selecione-a e clique em). Em seguida, precisamos definir a categoria de referência para a variável de resultado. Por padrão, a última categoria será usada.

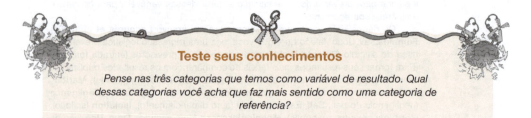

Teste seus conhecimentos

Pense nas três categorias que temos como variável de resultado. Qual dessas categorias você acha que faz mais sentido como uma categoria de referência?

Faz mais sentido usar a primeira categoria como referência, pois representa falha (a cantada não teve o efeito desejado e não resultou em resposta ou o recebimento do receptor), enquanto as outras duas categorias representam alguma forma de sucesso (obter um número de telefone ou sair do clube juntos). Para alterar a categoria de referência para ser a primeira categoria, clique em Reference Category... (categoria de referência) e selecione ⊙ First Category (primeira categoria) e clique em Continue para retornar à caixa de diálogos principal (Figura 20.13).

Em seguida, especificamos as variáveis previsoras. Temos uma variável previsora categórica, que é **Recipient_Sex**, então arraste (ou selecione e clique em) essa variável para a caixa

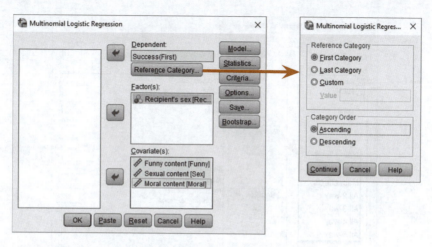

Figura 20.13 Caixa de diálogos para a regressão logística multinomial.

denominada *Factor(s)* (fator[es]). Finalmente, temos três previsoras contínuas ou covariáveis (**Funny**, **Sex** e **Moral**). Selecione todas essas variáveis simultaneamente, mantendo pressionada a tecla *Ctrl* (*Cmd* em um Mac) ao clicar em cada uma delas. Arraste todas as três para a caixa denominada *Covariate(s)* (ou clique em). Isso é tudo o que precisamos fazer para obter um modelo no qual essas previsoras são forçadas. No entanto, nossas hipóteses envolvem termos de interação (entre o conteúdo da cantada e o sexo do interessado) e, para obtê-los, precisamos personalizar o modelo.

20.9.2 Personalizando o modelo usando o SPSS

Ao contrário da regressão logística binária, com a regressão logística multinomial não podemos especificar as interações entre variáveis previsoras na caixa de diálogos principal. Em vez disso, especificamos um "modelo personalizado" clicando em para abrir uma caixa de diálogos similar à da Figura 20.14. Você verá que, por padrão, apenas os efeitos principais são incluídos. Neste exemplo, os efeitos principais não são particularmente interessantes: com base em pesquisas anteriores, não esperamos que as cantadas engraçadas sejam bem-sucedidas em geral. Esperamos que elas sejam mais bem-sucedidas em destinatários do sexo feminino do que nos masculinos. Essa previsão implica uma *interação* significativa entre **Recipient_Sex** e **Funny**. Da mesma forma, as cantadas com um conteúdo sexual alto não devem ser bem-sucedidas em geral, apenas quando o destinatário é do sexo masculino. Isso significa que podemos não esperar que o efeito principal de **Sex** seja significativo, mas esperamos que a interação **Recipient_Sex × Sex** seja significativa.

Para adicionar esses termos de interação, selecione Custom/Stepwise (personalização/por etapa). Existem duas formas principais de especificar termos: podemos forçá-los (movendo-os para a caixa denominada *Forced Entry Terms* [entrada forçada dos termos]) ou podemos colocá-los no modelo usando um procedimento *stepwise* (movendo-os para a caixa denominada *Stepwise Terms* (termos por etapa). Se olharmos para os termos de interação, devemos forçar os efeitos principais no modelo, caso contrário, permitiremos que o termo de interação explique a variância que poderia ser atribuída ao efeito principal (em outras palavras, não estamos mais observando a interação). Selecione as variáveis na caixa denominada *Factors & Covariates* (fatores e covariáveis), clicando nelas enquanto mantém pressionada a tecla *Ctrl* (*Cmd* no Mac) ou selecionando a primeira variável e, em seguida, clicando na última variável enquanto mantém pressionada a tecla *Shift*. Existe uma lista suspensa que determina se você transfere esses efeitos como efeitos princi-

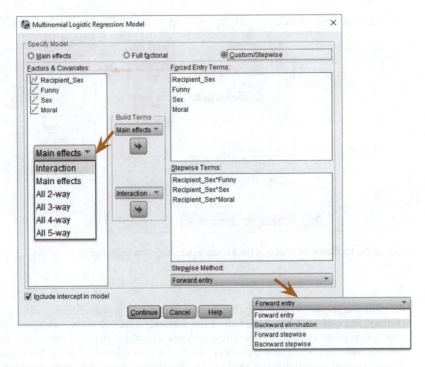

Figura 20.14 Especificando um modelo personalizado.

pais ou interações. Queremos transferi-los como efeitos principais, portanto, configure essa caixa para [Main effects ▼] (efeitos principais). e clique em [→].

Nós especificamos as interações da mesma maneira: selecione duas ou mais variáveis, defina a caixa suspensa para [Interaction ▼] (interação) e clique em [→]. Se, por exemplo, selecionarmos **Funny** e **Sex**, esse processo especifica a interação **Funny** × **Sex**. Podemos especificar várias interações de uma só vez. Por exemplo, se selecionamos **Funny**, **Sex** e **Recipient_Sex** e depois configuramos a caixa suspensa para [All 2-way ▼] (todos os pares), isso transfere todas as interações que envolvem duas variáveis por exemplo, **Funny** × **Sex**, **Recipient_Sex** × **Funny** e **Recipient_Sex** × **Sex**). Você captou a ideia geral. Poderíamos também selecionar ⊙ Full factorial (fatorial completo) que iria inserir automaticamente todos os efeitos principais (**Funny**, **Sex**, **Moral**, **Recipient_Sex**), todas as interações com duas variáveis (**Funny** × **Sex**, **Recipient_Sex** × **Funny**, **Funny**× **Moral**, **Recipient_Sex** × **Sex**, **Sex** × **Moral**, **Recipient_Sex** × **Moral**), todas as interações com três variáveis (**Funny** × **Recipient_Sex** × **Sex**, **Funny** × **Sex** × **Moral**, **Recipient_Sex** × **Moral** × **Sex**, **Funny** × **Recipient_Sex** × **Moral**) e a interação das quatro variáveis (**Funny** × **Recipient_Sex** × **Sex** × **Moral**).

Para nosso exemplo, desejamos especificar interações entre as avaliações das cantadas e apenas do **Recipient_Sex** (não estamos interessados em nenhuma interação envolvendo três variáveis ou todas as quatro variáveis). Podemos forçar esses termos de interação no modelo colocando-os na caixa denominada *Forced Entry Terms* (termos da entrada forçada) ou podemos colocá-los no modelo usando um procedimento passo a passo (movendo-os para a caixa denominada *Stepwise Terms*). Faremos esse último, então as interações serão inseridas no modelo apenas se forem previsoras significativas do sucesso da cantada. Vamos primeiro inserir a interação **Recipient_Sex** × **Funny**. Clique em **Recipient_Sex** e **Funny** na caixa *Factors & Covariates* enquanto mantém pressionada a tecla *Ctrl* (*Cmd* em um Mac). Ao lado da caixa denominada *Stepwise Terms* altere o *menu* suspenso para [Interaction ▼] e clique em [→]. Agora você deve ver **Recipient_Sex** × **Funny** listado na caixa *Stepwise Terms*. Especifique as interações **Recipient_Sex** × **Sex** e **Recipient_Sex** × **Moral** da mesma maneira. Uma vez que os três termos de interação tenham sido especificados, podemos decidir como queremos realizar a análise gradual. Há uma lista suspensa de métodos com o título de *Stepwise Method*. Eu descrevi esses métodos em outro lugar. Selecione entrada antecipada para essa análise. Clique [Continue] para retornar à caixa de diálogos principal.

20.9.3 Estatísticas ▌▌▌▌

Clique em [Statistics...] para acessar uma caixa de diálogos similar à da Figura 20.15, na qual você pode solicitar:

- *Pseudo R-square* (pseudo *R*-quadrado): Essa opção produz as estatísticas Cox e Snell e Nagelkerke R^2, que podem ser usadas como tamanhos do efeito.
- *Step summary* (resumo da etapa): Cssa opção produz uma tabela que resume as previsoras inseridas ou removidas em cada etapa. Devemos selecioná-lo porque temos um componente passo a passo para o modelo.
- *Model fitting information* (informações de ajuste do modelo): Essa opção produz uma tabela que compara o modelo (ou modelos em uma análise passo a passo) ao de referência (o modelo com apenas o intercepto nele). Essa tabela pode ser útil para comparar se o modelo melhorou (a partir do de referência) devido à inserção das previsoras que você tem.
- *Information Criteria* (critérios de informação): Essa opção produz o critério de informação de Akaike (CIA) e o de Schwarz. O critério de informação bayesiano (CIB), ambos úteis para comparar modelos (ver seção 21.4.1). Selecione esta opção se você estiver usando métodos passo a passo, ou se você quiser comparar diferentes modelos contendo diferentes combinações de previsoras.
- *Cell probabilities* (probabilidades da célula): Essa opção produz uma tabela das frequências observadas e esperadas, que é basicamente a mesma que a tabela de classificação produzida na regressão logística binária; vale a pena inspecionar.
- *Classification table* (tabela de classificação): Essa opção produz uma tabela de contingência de respostas observadas *versus* previstas para todas as combinações das variáveis previsoras. Eu não selecionaria essa opção, a menos que você faça uma análise relativamente pequena (i.e., um pequeno número de previsores com um pequeno número de valores possíveis). Neste exemplo, temos três covariáveis com 11 valores possíveis e uma previsora (**Recipient_Sex**) com dois valores possíveis. Tabular todas as combinações dessas variáveis criará uma tabela, de fato, muito grande.
- *Goodness-of-fit* (qualidade do ajuste): Essa opção é importante porque produz estatísticas do qui-quadrado de Pearson e da razão de verossimilhança para o modelo.
- *Monotonicity measures* (medidas de monotonicidade): Essa opção vale a pena ser selecionada somente se sua variável de resultado tem dois resultados (que não é nosso caso). Ele produzirá medidas de associação monotônica como o índice de concordância, que mede a probabilidade de que, usando um exemplo anterior, uma pessoa que marcou um pênalti seja classificada pelo modelo como tendo marcado e possa variar de 0,5 (adivinhação) a 1 (previsão perfeita).
- *Estimates* (estimativas): Essa opção produz os valores-*b*, estatísticas teste e intervalos de confiança para as previsoras do modelo e é essencial.
- *Likelihood ratio tests* (testes da razão de verossimilhança): O modelo geral é testado usando estatísticas da razão de verossimilhança, mas essa opção calculará o mesmo teste para efeitos individuais no modelo. (Ele nos diz o mesmo que os valores de significância para previsoras individuais).
- *Asymptotic correlations* e *Asymptotic covariances* (correlações e covariâncias assintóticas): Essa opção produz uma tabela de correlações (ou covariâncias) entre os valores beta do modelo.

Defina as opções como mostra a Figura 20.15 e clique em [Continue] para retornar à caixa de diálogos principal.

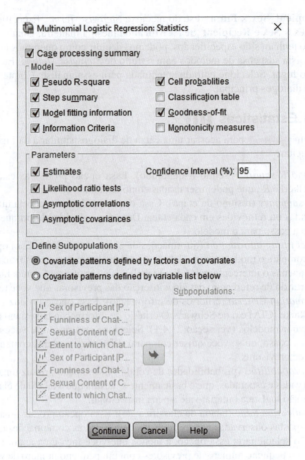

Figura 20.15 Opções de estatísticas para a regressão logística multinomial.

20.9.4 Outras opções ||||

Clique em [Criteria...] (critérios) para acessar uma caixa de diálogos similar à da Figura 20.16 (direita). A regressão logística funciona por meio de um processo iterativo (Dica do SPSS 20.1). As opções disponíveis aqui estão relacionadas a esse processo. Por exemplo, por padrão, 100 tentativas (iterações) são feitas para tentar ajustar o modelo, e o limite de como as estimativas de parâmetros semelhantes devem ser para "convergir" pode ser mais ou menos estrito (o padrão é 0,0000001). Não altere essas opções, a menos que, ao executar a análise, você receba uma mensagem de erro dizendo algo sobre "não convergir". Nesse caso, você pode tentar aumentar o *Maximum iterations* (máximo de iterações) (para 150 ou 200), a *Parameter convergence* (convergência de parâmetros) (para 0,00001) ou *Log-likelihood convergence* (convergência de log-verossimilhança) (para maior que 0). No entanto, lembre-se de que uma falha na convergência pode refletir dados confusos e forçar o modelo a convergir não significa necessariamente que os parâmetros sejam precisos ou estáveis entre as amostras.

Clique [Options...] na caixa de diálogos principal para acessar uma caixa de diálogo similar à da Figura 20.16 (esquerda). A opção *Scale* (escala) aqui pode ser bastante útil; eu mencionei na seção 20.4.4 que a superdispersão pode ser um problema na regressão logística com várias categorias de variáveis de resultado, pois reduz os erros-padrão que são usados para testar a significância e construir os intervalos de confiança das estimativas dos parâmetros para as previsoras individuais.

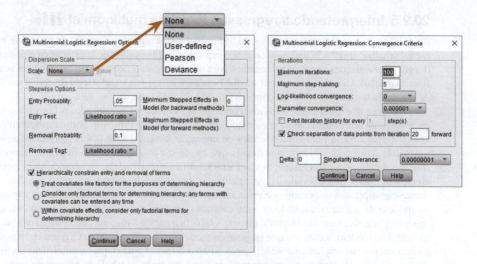

Figura 20.16 Critério e opções para a regressão logística multinomial.

Eu também mencionei que esse problema poderia ser contrabalançado redimensionando-se os erros-padrão. Se você estiver em uma situação na qual precisa fazer isso (i.e., executou a análise e encontrou evidências de superdispersão), retorne a essa caixa de diálogos e use a lista suspensa para selecionar a correção dos erros-padrão pelo parâmetro de dispersão com base em Deviance (desviância) ou a estatística de Pearson. Selecione qual dessas duas estatísticas foi maior na análise original (porque isso produzirá uma correção maior). Por fim, clique em Save... (salvar) na caixa de diálogos principal para salvar as probabilidades previstas e a associação prevista no grupo (Figura 20.17), como fizemos para a regressão logística binária (elas são rotuladas *Estimated response probabilities* e *Predicted category* (probabilidades de resposta estimada e categoria prevista) respectivamente.

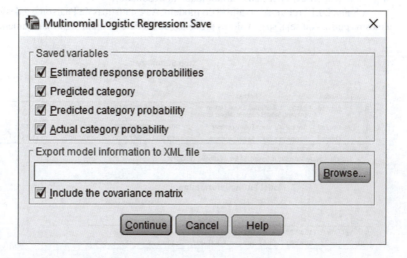

Figura 20.17 Opções de salvamento para a regressão logística multinomial.

20.9.5 Interpretando a regressão logística multinomial ▮▮▮▮

A saída começa com um aviso (Dica do SPSS 20.2). É sempre bom depois de meses de preparação, semanas inserindo dados, anos lendo capítulos de livros idiotas de estatística e noites sem dormir com equações lascando seu cérebro com pequenas picaretas, para ver no início de sua análise: "Atenção! Atenção! Abandonar navio! Fuja para salvar sua vida! Alerta de dados inválidos! Alerta de dados inválidos!". Bem-vindo ao mundo da análise de dados.

Uma vez que ignoramos os avisos, como todos os melhores pesquisadores fazem, a primeira parte da saída nos informa sobre o modelo geral (Saída 20.10). Primeiro, porque solicitamos uma análise passo a passo para nossos termos de interação, obtemos uma tabela resumindo as etapas da análise. Você pode ver aqui que depois que os efeitos principais foram inseridos (modelo 0), o termo de interação **Recipient_Sex × Funny** foi inserido (modelo 1), seguido pela interação **Recipient_Sex × Sex** (modelo 2). As estatísticas do qui-quadrado para as etapas 1 e 2 são altamente significativas, indicando que essas interações melhoraram significativamente a capacidade do modelo de prever o resultado de uma cantada (também, esses termos não teriam entrado no modelo se não tivessem sido significativos). A CIA fica menor à medida que esses termos são adicionados ao modelo, indicando que o ajuste do modelo está melhorando (o CIB muda menos, mas mostra um padrão amplamente semelhante). Abaixo do resumo da etapa, as estatísticas do modelo final replicam os critérios de ajuste do modelo da última linha da tabela de resumo da etapa.

Teste seus conhecimentos
O que o log-verossimilhança mede?

Lembre-se de que o log-verossimilhança é uma medida de quanta variabilidade inexplicável existe na variável de resultado e a *mudança* no log-verossimilhança indica quanto a nova variância foi explicada por um modelo em relação a um modelo anterior. A diminuição na probabilidade do log-verossimilhança do modelo de referência (1149,53) para o modelo final (871,00) é avaliado com uma estatística do qui-quadrado que é a diferença entre os dois (1149,53 − 871 = 278,53). Essa mudança é significativa, informando que o modelo final é um ajuste melhor do que o modelo original (é responsável por mais variabilidade no resultado).

A Saída 20.12 refere-se ao ajuste do modelo. As estatísticas de Pearson e a desviância testam a mesma coisa – ou seja, se os valores previstos do modelo diferem significativamente dos valores

Step Summary

Model	Action	Effect(s)	AIC	BIC	−2 Log Likelihood	Chi-Square[a]	df	Sig.
0	Entered	Intercept, Recipient's sex, Funny content, Sexual content, Moral content	937.572	986.848	917.572	.		
1	Entered	Recipient's sex * Funny content	908.451	967.582	884.451	33.121	2	.000
2	Entered	Recipient's sex * Sexual content	899.002	967.987	871.002	13.450	2	.001

Stepwise Method: Forward Entry
a. The chi-square for entry is based on the likelihood ratio test.

Model Fitting Information

	Model Fitting Criteria			Likelihood Ratio Tests		
Model	AIC	BIC	−2 Log Likelihood	Chi-Square	df	Sig.
Intercept Only	1153.526	1163.382	1149.526			
Final	899.002	967.987	871.002	278.525	12	.000

Saída 20.10

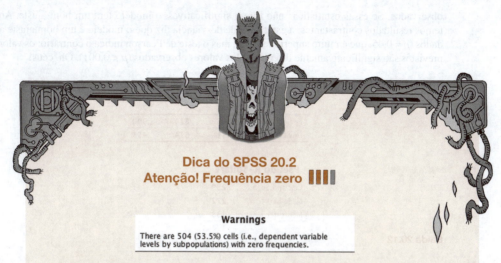

Dica do SPSS 20.2
Atenção! Frequência zero ⦀

Warnings

There are 504 (53.5%) cells (i.e., dependent variable levels by subpopulations) with zero frequencies.

Saída 20.11

Às vezes, na regressão logística, você recebe um aviso sobre frequências zero. Isso está relacionado ao problema que discuti na seção 20.4.2 de lésbicas canhotas budistas de 80 anos de idade, altamente ansiosas (bem, informações incompletas). Imagine que só olhamos para o sexo do destinatário como uma previsora do sucesso da cantada. Temos três categorias de variáveis de resultado e duas categorias para o sexo do destinatário. Existem seis combinações possíveis dessas duas variáveis e, queremos, de preferência, um grande número de observações em cada uma dessas combinações. No entanto, não analisamos apenas o sexo do destinatário, tivemos três variáveis previsoras contínuas (**Fuuny**, **Sex** e **Moral**) com 11 valores possíveis, **Recipient_Sex** com dois resultados possíveis e uma variável de resultado com 3 categorias de resultados. Ao incluir as três covariáveis, o número de combinações de valores para essas variáveis aumentou consideravelmente. Essa mensagem de erro nos diz que existem algumas combinações dessas variáveis para as quais não há observações. Por exemplo, você pode imaginar que pode ser difícil encontrar uma cantada que tenha uma avaliação máxima de 10/10 em engraçado, fibra moral e conteúdo sexual (porque cantadas que refletem boa fibra moral provavelmente não contêm conteúdo sexualizado). Se você considerar que também precisa encontrar tal raridade de uma cantada usada em um destinatário masculino e feminino, é possível ver onde você obteria zero frequência. De fato, 53,5% de nossas possíveis combinações de variáveis não tinham dados, apesar dos 1.020 casos!

Sempre que você tiver covariáveis, é inevitável que você tenha células vazias, então você receberá esse tipo de mensagem de erro. Até certo ponto, dada a sua inevitabilidade, podemos simplesmente ignorá-lo. No entanto, vale a pena reiterar que as células vazias criam problemas; que, quando você recebe um aviso como esse, você deve procurar por coeficientes que tenham erros-padrão excessivamente grandes; e que, se você os achar, seja cuidadoso com eles.

observados. Se essas estatísticas não forem significativas, o modelo terá um bom ajuste. Aqui temos resultados contrastantes: a estatística de desviância diz que o modelo é um bom ajuste aos dados ($p = 0,45$, que é muito superior a 0,05), mas o teste de Pearson indica o contrário: os valores previstos são significativamente diferentes dos valores observados ($p < 0,001$). Oh, céus!

Goodness-of-Fit

	Chi-Square	df	Sig.
Pearson	886.616	614	.000
Deviance	617.481	614	.453

Pseudo R-Square

Cox and Snell	.239
Nagelkerke	.277
McFadden	.138

Saída 20.12

Teste seus conhecimentos

Por que as estatísticas de Pearson e a desviância seriam diferentes? O que isso poderia estar nos dizendo?

Uma explicação para essa contradição é a superdispersão. No entanto, os parâmetros de dispersão de ambas as estatísticas não são particularmente altos:

$$\phi_{Pearson} = \frac{\chi^2_{Pearson}}{gl} = \frac{886,62}{614} = 1,44$$

$$\phi_{desviância} = \frac{\chi^2_{desviância}}{gl} = \frac{617,48}{614} = 1,01$$
(20.22)

O valor baseado na estatística da desviância é próximo do valor ideal de 1 e o valor baseado em Pearson é maior que 1, mas não próximo de 2. Com base nessas estatísticas, não há muito como sugerir que os dados estejam superdispersos.[15] A possibilidade é que a estatística de Pearson possa ser muito inflada por baixas frequências esperadas, o que aconteceu devido as muitas células vazias (como indicado pelo nosso alerta). Uma coisa certa é que as estatísticas da desviância e do qui-quadrado de Pearson serem conflitantes não é uma boa notícia.

A Saída 20.12 também mostra duas medidas de R^2 que foram descritas na seção 20.3.3. A medida de Cox e Snell (0,24) e o valor ajustado de Nagelkerke (0,28) são valores razoavelmente semelhantes e representam efeitos de tamanho relativamente decentes.

A Saída 20.13 mostra os testes da razão de verossimilhança, que podem ser usados para determinar a significância das previsoras para o modelo. Observe que nenhum valor de significância é produzido para covariáveis envolvidas em interações de ordem mais alta (daí os espaços em branco na coluna *Sig.* para os efeitos de **Funny** e **Sex**). Essa tabela nos diz que o sexo do receptor teve um

---

[15] A propósito, grandes parâmetros de dispersão podem ocorrer por outras razões que não a superdispersão; por exemplo, variáveis ou interações omitidas (neste exemplo, há vários termos de interação que poderíamos ter inserido, mas optamos por não fazê-lo) e previsoras que violam a linearidade da suposição do logit.

Likelihood Ratio Tests

Effect	AIC of Reduced Model	BIC of Reduced Model	-2 Log Likelihood of Reduced Model	Chi-Square	df	Sig.
Intercept	899.002	967.987	871.002[a]	.000	0	.
Recipient's sex	913.540	972.671	889.540	18.538	2	.000
Funny content	899.002	967.987	871.002[a]	.000	0	.
Sexual content	899.002	967.987	871.002[a]	.000	0	.
Moral content	901.324	960.454	877.324	6.322	2	.042
Recipient's sex * Funny content	930.810	989.941	906.810	35.808	2	.000
Recipient's sex * Sexual content	908.451	967.582	884.451	13.450	2	.001

The chi-square statistic is the difference in -2 log-likelihoods between the final model and a reduced model. The reduced model is formed by omitting an effect from the final model. The null hypothesis is that all parameters of that effect are 0.

a. This reduced model is equivalent to the final model because omitting the effect does not increase the degrees of freedom.

Saída 20.13

efeito principal significativo nas taxas de sucesso das cantadas, $\chi^2(2) = 18,54, p < 0,001$, assim como se as cantadas mostraram evidência de fibra moral, $\chi^2(2) = 6,32, p = 0,042$. As interações são mais relevantes para as nossas hipóteses, e elas mostram que (1) o humor na cantada interagiu com o sexo do receptor para prever sua reação, $\chi^2(2) = 35,81, p < 0,001$; e (2) o conteúdo sexual da cantada interagiu com o sexo do receptor ao prever sua reação, $\chi^2(2) = 13,45, p = 0,001$. Pense nessas estatísticas de verossimilhança como analisando o efeito geral: elas nos dizem quais previsoras melhoram significativamente a capacidade do modelo de prever a categoria da variável de resultado, mas não especificamente quais categorias ele ajuda a prever.

As estimativas individuais dos parâmetros (Saída 20.14) nos ajudam a decompor os efeitos gerais. A tabela é dividida em duas metades porque cada parâmetro compara pares de categorias de variáveis de resultado. Especificamos a primeira categoria (*No response/walked away*) (sem resposta/se afastou) como a categoria de referência, portanto a metade superior da tabela (rotulada *Get Phone Number* (conseguiu o telefone) compara a variável de resultado *Get PhoneNumber* com a variável de resultado *No response/walked away*. Da mesma forma, a metade inferior compara a categoria *Go Home with Person* (ir para casa com a pessoa) com a categoria (*No response/walked away*) (sem resposta/se afastou).

Vamos olhar primeiro a metade superior da Saída 20.14. Vamos analisar cada efeito por sua vez; porque estamos comparando duas categorias, a interpretação é a mesma que para a regressão logística binária (portanto, se você não entender minhas conclusões, releia o início deste capítulo):

- **Recipient_Sex**: O sexo da pessoa que estava recebendo a cantada previu significativamente se eles deram seu número de telefone ou não deram resposta, $b = -1,65$, χ^2 de Wald(1) = 4,27, $p = 0,039$. Lembre-se de que 0 = feminino e 1 = masculino, então esse é o efeito das mulheres em comparação com os homens. A razão de chances nos informa que à medida que o grupo de destinatários do sexo feminino (0) muda para um grupo do sexo masculino (1), a mudança nas chances de dar um número de telefone em comparação com não responder é 0,19. Em outras palavras, as chances de um homem dar seu número de telefone em comparação com não responder são de 1/0,19 = 5,26 vezes mais do que para uma mulher.
- **Funny**: Se a cantada era engraçada, não previu significativamente se você recebeu um número de telefone ou nenhuma resposta, $b = 0,14$, χ^2 de Wald(1) = 1,60, $p = 0,206$. Embora essa previsora não seja significativa, arazão de chances é aproximadamente a mesma da previsora anterior (que foi significativa). Portanto, o tamanho do efeito é comparável, mas a não significância decorre de um erro-padrão relativamente maior (observe que esse efeito é superado pela interação com o sexo do destinatário abaixo).

Parameter Estimates

Success of chat-up line[a]		B	Std. Error	Wald	df	Sig.	Exp(B)	95% Confidence Interval for Exp(B) Lower Bound	Upper Bound
Get Phone Number	Intercept	-1.783	.670	7.087	1	.008			
	[Recipient's sex=0]	-1.646	.796	4.274	1	.039	.193	.040	.918
	[Recipient's sex=1]	0[b]	.	.	0	.	.	.	.
	Funny content	.139	.110	1.602	1	.206	1.150	.926	1.427
	Sexual content	.276	.089	9.589	1	.002	1.318	1.107	1.570
	Moral content	.132	.054	6.022	1	.014	1.141	1.027	1.268
	[Recipient's sex=0] * Funny content	.492	.140	12.374	1	.000	1.636	1.244	2.153
	[Recipient's sex=1] * Funny content	0[b]	.	.	0	.	.	.	.
	[Recipient's sex=0] * Sexual content	-.348	.106	10.824	1	.001	.706	.574	.869
	[Recipient's sex=1] * Sexual content	0[b]	.	.	0	.	.	.	.
Go Home with Person	Intercept	-4.286	.941	20.731	1	.000			
	[Recipient's sex=0]	-5.626	1.329	17.934	1	.000	.004	.000	.049
	[Recipient's sex=1]	0[b]	.	.	0	.	.	.	.
	Funny content	.318	.125	6.459	1	.011	1.375	1.076	1.758
	Sexual content	.417	.122	11.683	1	.001	1.518	1.195	1.928
	Moral content	.130	.084	2.423	1	.120	1.139	.967	1.341
	[Recipient's sex=0] * Funny content	1.172	.199	34.627	1	.000	3.230	2.186	4.773
	[Recipient's sex=1] * Funny content	0[b]	.	.	0	.	.	.	.
	[Recipient's sex=0] * Sexual content	-.477	.163	8.505	1	.004	.621	.451	.855
	[Recipient's sex=1] * Sexual content	0[b]	.	.	0	.	.	.	.

a. The reference category is: No response/Walk Off.
b. This parameter is set to zero because it is redundant.

Saída 20.14

- **Sex**: O conteúdo sexual da cantada previu significativamente se você recebeu um número de telefone ou não respondeu/se afastou, $b = 0,28$, χ^2 de Wald(1) = 9,59, $p = 0,002$. A razão de chances nos diz que, como o conteúdo sexual aumentou em uma unidade, a mudança nas chances de obter um número de telefone (em vez de nenhuma resposta) é de 1,32. Em suma, é mais provável que você receba um número de telefone do que não se usar uma cantada com alto conteúdo sexual (mas esse efeito é superado pela interação com o sexo do receptor).
- **Moral**: Se a cantada mostrou boa fibra moral previu significativamente se você recebeu um número de telefone ou nenhuma resposta, $b = 0,13$, χ^2 de Wald(1) = 6,02, $p = 0,014$. A razão de chances nos diz que, como as cantadas mostram mais uma unidade de fibra moral, a mudança nas chances de obter um número de telefone (em vez de nenhuma resposta/se afastar) é de 1,14. É mais provável que você receba um número de telefone do que não se usar uma cantada que demonstre boa integridade moral.
- **Recipient_Sex × Funny**: O sucesso de cantadas engraçadas dependia significativamente se a cantada era endereçada a um homem ou a uma mulher, $b = 0,49$, χ^2 de Wald (1) = 12,37, $p < 0,001$. Tendo em mente como interpretamos o efeito do sexo do receptor acima, a razão de verossimilhança nos diz que, quando o sexo do receptor muda de feminino (0) para masculino (1) em combinação com o aumento do senso de humor, a mudança nas chances de dar um número de telefone em comparação com não responder foi de 1,64. Em outras palavras, à medida que o senso de humor aumenta, as mulheres ficam mais propensas a dar seu número de telefone do que os homens. Em consonância com a pesquisa anterior, as cantadas engraçadas obtêm mais sucesso quando usadas com mulheres do que com homens.
- **Recipient_Sex × Sex**: O sucesso de cantadas com conteúdo sexual dependia significativamente de terem sido endereçadas a um homem ou a uma mulher, $b = -0,35$, χ^2 de Wald (1) = 10,82, $p = 0,001$. Tendo em mente como interpretamos a interação acima (note que aqui é negativo, mas positivo acima), a razão de chances nos diz que, quando o sexo do receptor muda de feminino (0) para masculino (1) em combinação com o conteúdo sexual aumentando, a mudança nas probabilidades de dar um número de telefone em comparação a não responder é 0,71. Em outras palavras, conforme o conteúdo sexual aumenta, as mulheres se tornam menos propensas que os homens a dar seu número de telefone. Consistente com pesquisas anteriores, cantadas com maior conteúdo sexual obtêm mais sucesso quando usadas com homens do que com mulheres.

Podemos interpretar a metade inferior da Saída 20.14 da mesma maneira, exceto pelo fato de que agora estamos comparando a categoria *Go Home with Person* (ir para casa com a pessoa) com a categoria *No response /walked away* (sem resposta/se afastou).

- **Recipient_Sex**: O sexo da pessoa que estava recebendo a cantada previu significativamente se ele ou ela foi para casa com a pessoa ou não deu resposta, $b = -5{,}63$, χ^2 de Wald (1) = 17,93, $p<0{,}001$. A razão de chances nos diz que, à medida que o sexo do receptor muda de feminino (0) para masculino (1), a mudança nas chances de ir para casa com a pessoa em comparação a não responder é de 0,004. As chances de um homem ir para casa com alguém em comparação a não responder são $1/0{,}004 = 250$ vezes mais provável do que para uma mulher.
- **Funny**: Se a cantada foi divertida, previu-se significativamente se o receptor foi para casa com o candidato ou não deu resposta, $b = 0{,}32$, χ^2 de Wald (1) = 6,46, $p = 0{,}011$. A razão de chances nos diz que, à medida que as cantadas são uma unidade mais engraçada, a mudança nas chances de ir para casa com a pessoa (em vez de nenhuma resposta) é de 1,38. É mais provável que uma pessoa vá para casa com você do que não responda se você usar uma cantada que seja engraçada (esse efeito é substituído pela interação com o sexo do destinatário abaixo).
- **Sex**: O conteúdo sexual da cantada previu significativamente se o destinatário foi para casa com o candidato ou recebeu um tapa na cara, $b = 0{,}42$, χ^2 de Wald (1) = 11,68, $p = 0{,}001$. A razão de chances nos diz que, como o conteúdo sexual aumentou em uma unidade, a mudança nas chances de ir para casa com a pessoa (em vez de nenhuma resposta) é de 1,52: é mais provável que você tenha alguém indo para casa com você do que se você não usar uma cantada com alto conteúdo sexual (esse efeito é superado pela interação com o sexo do receptor abaixo).
- **Moral**: Se a cantada mostrou sinais de boa fibra moral não previu significativamente se você foi para casa com o candidato ou não obteve resposta, $b = 0{,}13$, χ^2 de Wald (1) = 2,42, $p = 0{,}120$. O destinatário não é significativamente mais propenso a ir para casa com você se você usar uma cantada que demonstre boa fibra moral.
- **Recipient_Sex × Funny**: O sucesso das cantadas engraçadas dependia de elas terem sido endereçadas a um homem ou uma mulher, $b = 1{,}17$, χ^2 de Wald (1) = 34,63, $p < 0{,}001$. A razão de chances nos diz que, à medida que o sexo do receptor muda de feminino (0) para masculino (1) em combinação com o aumento do senso de humor, a mudança nas chances de ir para casa com a pessoa em comparação a não responder é de 3,23. Com o aumento do senso de humor, as mulheres tornam-se mais propensas a ir para casa com a pessoa do que os homens. Consistente com pesquisas anteriores, as cantadas engraçadas têm mais sucesso quando usadas em mulheres do que em homens.
- **Recipient_Sex × Sex**: O sucesso das cantadas com conteúdo sexual dependia do fato de terem sido endereçadas a um homem ou a uma mulher, $b = -0{,}48$, χ^2 de Wald (1) = 8,51, $p = 0{,}004$. A razão de chances nos diz que, à medida que o sexo do destinatário muda de feminino (0) para masculino (1) em combinação com o conteúdo sexual aumentando, a mudança nas chances de ir para casa com o candidato em comparação a não responder é de 0,62. À medida que o conteúdo sexual aumenta, as mulheres tornam-se *menos* propensas que os homens a irem para casa com a pessoa. Consistente com pesquisas anteriores, cantadas com conteúdo sexual têm mais sucesso quando usadas com homens do que com mulheres.

Teste seus conhecimentos

Use o que você aprendeu anteriormente, neste capítulo, para verificar os pressupostos de multicolinearidade e linearidade do logit.

20.10 Relatando a regressão logística multinomial ▮▮▮▮

Podemos relatar os resultados usando uma tabela (ver Tabela 20.5). Note que eu divido a tabela pelas categorias de variáveis de resultado que estão sendo comparadas, mas, fora isso, é a mesma de antes. Se você usar o formato APA, elimine os zeros à esquerda antes dos valores-*p* (i.e., .001 e não 0,001).

Tabela 20.5 Como relatar a regressão logística multinomial

	EP (b)	IC de 95% para a razão de chances Inferior	Razão de chances	Superior
Número do telefone x Sem resposta				
Intercepto	–1,78 (0,67)**			
Sexo de quem recebe a cantada	–1,65 (0,80)*	0,04	0,19	0,92
Conteúdo divertido	0,014 (0,11)	0,93	1,15	1,43
Conteúdo sexual	0,28 (0,09)**	1,11	1,32	1,57
Conteúdo moral	0,13 (0,05)*	1,03	1,14	1,27
Sexo de quem recebe a cantada x Conteúdo divertido	0,049 (0,14)***	1,24	1,64	2,15
Sexo de quem recebe a cantada x Conteúdo sexual	–0,35 (0,11)*	0,57	0,71	0,87
Indo para casa x Sem resposta				
Intercepto	–4,29 (0,94)***			
Sexo de quem recebe a cantada	–5,63 (1,33)***	0,00	0,00	0,05
Conteúdo divertido	0,32 (0,13)*	1,08	1,38	1,76
Conteúdo sexual	0,42 (0,12)**	1,20	1,52	1,93
Conteúdo moral	0,13 (0,08)	0,97	1,14	1,34
Sexo de quem recebe a cantada x Conteúdo divertido	1,17 (0,20)***	2,19	3,23	4,77
Sexo de quem recebe a cantada x Conteúdo sexual	–0,48 (0,16)*	0,45	0,62	0,86

Nota: R^2 = 0,24 (Cox-Snell), 0,28 (Nagelkerke). Modelo $\chi^2(12)$ = 278,53, *p* < 0,001, **p* < 0,05, ***p* < 0,01, ****p* < 0,001.

20.11 Caio tenta conquistar Gina ▮▮▮▮

"Você e seu pai falam sobre sua mãe?", Gina perguntou. Ela geralmente evitava conversas emocionais, mas desde que ele se abriu para ela, Gina se sentiu culpada por não ter perguntado nada a Caio sobre isso. Ela se perguntou como alguém poderia crescer tão equilibrado com tal sombra espreitando seu passado.

Caio pareceu surpreso com a pergunta, mas ele estava aberto a isso. "Quando eu estava crescendo, sim... mas não tanto agora", ele respondeu. "Eu acho que falar sobre ela o incomoda."

"Mas ele costumava fazer isso...", disse Gina, desafiando a suposição de Caio.

"Ele se incomodava por eu não lembrar dela. Isso realmente machucou ele, então ele falou sobre ela. Ele me mostrava fotos de quando ela estava viva a cada poucas semanas e falava sobre o que tínhamos feito, quando a foto foi tirada... falava sobre suas rotinas, sobre as coisas que fizemos juntos, qualquer coisa para mantê-la viva na casa e para movimentar minha memória. Mas nada. Ele odiava o fato de que eu não conseguia me lembrar dela, isso o deixava tão desolado. Eu queria trazer um pouco de paz para ele, então por fim eu menti."

"Mentiu?"

"Sim, você sabe... apenas pequenas mentiras; eu captei a rotina deles: minha mãe me levava para a escola, ele me pegava, então eu dizia a ele 'Eu me lembro dessa vez, no caminho para a escola, a mãe e eu vimos esse gato...' – apenas inventava algum incidente bonitinho que ele não tinha como verificar. Seus olhos brilhavam a cada vez. Isso foi tudo que eu precisava para continuar. Eu continuei mentindo, até que finalmente paramos de falar sobre ela."

"Você sente falta dela?"

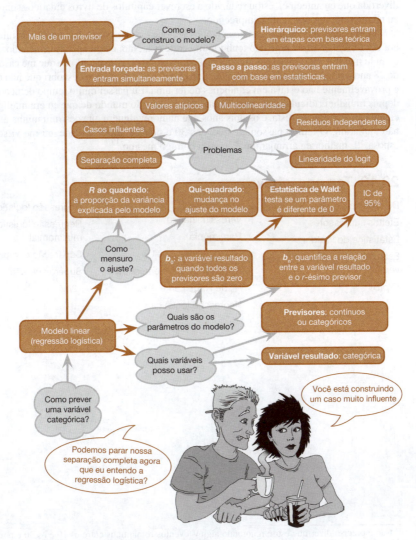

Figura 20.18 O que Caio aprendeu neste capítulo.

"Como você pode sentir falta do que não lembra? Isso é o que você deve pensar, não é? Mas, sim, penso nela todos os dias. Assim, eu conheço meu pai tão bem, eu olho para mim mesmo e o vejo no que eu pareço e o que faço, mas depois há um monte de coisas sobre mim, que eu acho que vem dela, mas eu simplesmente não sei. Eu sei quem eu sou e, ainda assim, metade de mim está desaparecida... Mas, agradeço pelo que tenho. Meu pai é incrível. Algumas pessoas têm pais horríveis e destrutivos. E tudo o que eu sempre tive foi amor."

Gina se perguntou como seria isso.

20.12 E agora? ▮▮▮▮

Com 10 anos, eu pensei que ia ser uma estrela do *rock*. Era uma convicção tão forte que ainda hoje (muitos anos depois) eu ainda não sei ao certo como acabei *não* sendo uma estrela do *rock* (possíveis explicações são falta de talento, ser tão pouco legal que eu ainda uso a palavra "legal", incapacidade de escrever boas músicas, a lista é depressivamente longa). Em vez da vida luxuosa e divertida que eu antecipei, estou reduzido a escrever capítulos de livros didáticos sobre coisas que eu nem sequer remotamente compreendo.

Outra coisa que eu pensava aos 10 anos era que casaria com Clair Sparks. Minha convicção era tão forte que ainda hoje não tenho muita certeza... Não, estou apenas brincando. No entanto, quando menino, eu estava (por alguma razão inexplicável) convencido de que me casaria na idade de 28 anos. Foi um choque para mim quando cheguei aos 28 anos e descobri que não tinha esposa e provavelmente não estava em condições de ter uma. Eu passei muito tempo dedicado à música, depois trabalhei ridiculamente para tentar convencer todo mundo de que eu era inteligente o suficiente para ser um cientista, e os dois anos que namorei alguém que destruiu minha alma também não ajudaram. O tempo passou até que, aos 30 e poucos anos de idade, eu me vi sozinho, sem esposa. "É melhor eu arranjar uma", pensei comigo mesmo.[16]

20.13 Termos-chave

Desviância
Efeitos supressores
Estatística de Wald
Estimativa por máxima verossimilhança
Exp(B)
Logaritmo de verossimilhança
Parcimônia
R^2_{CS} de Cox e Snell
R^2_L de Hosmer e Lemeshow
R^2_N de Nagelkerke
Regressão logística
Regressão logística binária
Regressão logística multinomial
Separação completa
Superdispersão
$-2LV$

---

[16] Não é preciso dizer que estou ignorando alguns eventos românticos entre os 10 e os 30 e poucos anos de idade, alguns deles mais agradáveis do que outros.

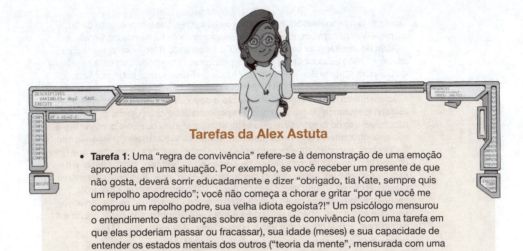

Tarefas da Alex Astuta

- **Tarefa 1**: Uma "regra de convivência" refere-se à demonstração de uma emoção apropriada em uma situação. Por exemplo, se você receber um presente de que não gosta, deverá sorrir educadamente e dizer "obrigado, tia Kate, sempre quis um repolho apodrecido"; você não começa a chorar e gritar "por que você me comprou um repolho podre, sua velha idiota egoísta?!" Um psicólogo mensurou o entendimento das crianças sobre as regras de convivência (com uma tarefa em que elas poderiam passar ou fracassar), sua idade (meses) e sua capacidade de entender os estados mentais dos outros ("teoria da mente", mensurada com uma tarefa de crença falsa de que eles poderiam aprovar ou reprovar). Pode-se prever a compreensão da regra de convivência (a criança passou no teste: sim/não?) ser prevista a partir da teoria da mente (a criança passou na tarefa da crença falsa: sim/não?), idade e sua interação? (**Display.sav**.) ▌▌▌▌

- **Tarefa 2**: Existem casos influentes ou valores atípicos no modelo da Tarefa 1? ▌▌▌▌

- **Tarefa 3**: Piff, Stancato, Côté, Mendoza-Dentona e Keltner (2012) utilizaram o comportamento de motoristas para afirmar que as pessoas de classe social mais alta são mais desagradáveis. Eles classificaram a classe social pelo tipo de carro (**Vehicle**) em uma escala de cinco pontos e observaram se os motoristas cortavam a frente de outros carros em um cruzamento movimentado (**Vehicle_Cut**). Faça uma regressão logística para ver se a classe social prevê se um motorista corta a frente de outros veículos [**Piff et al. (2012) Vehicle.sav**].[17] ▌▌▌▌

- **Tarefa 4**: Em um segundo estudo, Piff e colaboradores (2012) observaram o comportamento dos motoristas e classificaram a classe social pelo tipo de carro (**Vehicle**), mas o resultado foi se os motoristas cortaram a frente de um pedestre em um cruzamento (**Pedestrian_Cut**). Faça uma regressão logística para ver se a classe social prevê se um motorista impede ou não que um pedestre cruze na sua frente [**Piff et al.(2012)Pedestrian.sav**]. ▌▌▌▌

- **Tarefa 5**: Quatrocentos e sessenta e sete professores preencheram as medidas do questionário **Burnout** (esgotamento) (esgotado ou não), **Perceived Control** (controle percebido) (escore alto = baixo controle percebido), **Coping Style** (estilo de enfrentamento) (pontuação alta = alta capacidade de lidar com o estresse), **Stress from Teaching** (estresse da docência) (pontuação alta = a docência gera muito estresse para a pessoa), **Stress from Research** (estresse da pesquisa) (pontuação alta = a pesquisa gera muito estresse para a pessoa) e **Stress from Providing Pastoral Care** (estresse da prestação de cuidados) (pontuação alta = prestação de cuidados cria muito estresse para a pessoa). O modelo de estresse de Cooper, Sloan e Williams (1988) indica que o controle percebido e o estilo de enfrentamento são importantes previsores do esgotamento. Os previsores restantes foram mensurados para ver a contribuição única de diferentes aspectos do trabalho de um palestrante para seu esgotamento. Realize uma regressão logística para ver quais fatores preveem o esgotamento (**Burnout.sav**). ▌▌▌▌

---

[17] Eu reconstruí os dados brutos da Figura 1 do artigo, então você terá basicamente os mesmos valores relatados lá, mas não os exatos, porque eles também controlaram a idade e o sexo dos motoristas (e nós não temos essas variáveis).

- **Tarefa 6**: Um pesquisador de HIV explorou os fatores que influenciaram o uso do preservativo com um novo parceiro (relacionamento há menos de 1 mês). A medida do resultado foi se um preservativo foi utilizado (**Use** [uso]: preservativo usado = 1, não usado = 0). As variáveis previsoras foram principalmente escalas da Condom Attitude Scale (Escala da Atitude de Preservativo) (EAP) por Sacco, Levine, Reed e Thompson (1991): **Gender** (gênero); o grau em que a pessoa vê seu relacionamento como "seguro" em relação a doenças sexualmente transmissíveis (**Safety**) (segurança); o grau em que a experiência anterior influencia as atitudes em relação ao uso do preservativo (**Sexexp**); se o casal usou ou não o preservativo em seu encontro anterior (**Previous** [anterior]: 1 = preservativo usado, 0 = não usado, 2 = nenhum encontro anterior com esse parceiro); o grau de autocontrole que uma pessoa tem quando se trata de uso de preservativo (**Selfcon**); o grau em que a pessoa percebe um risco no sexo desprotegido (**Perceive**). Pesquisas anteriores (Sacco, Rickman, Thompson, Levine e Reed, 1993) mostraram que gênero, segurança do relacionamento e risco percebido predizem o uso de preservativo. Verifique essas descobertas anteriores e teste se o autocontrole, o uso prévio e a experiência sexual preveem o uso do preservativo (**Condom.sav**).
- **Tarefa 7**: Quão confiável é o modelo na Tarefa 6?
- **Tarefa 8**: Usando o modelo final da Tarefa 6, quais são as probabilidades de os participantes 12, 53 e 75 usarem preservativo?
- **Tarefa 9**: Uma mulher que usou preservativo em seu encontro anterior pontua 2 em todas as variáveis, exceto o risco percebido (para o qual ela pontua 6). Use o modelo da Tarefa 6 para estimar a probabilidade de ela usar um preservativo em seu próximo encontro.
- **Tarefa 10:** No início do capítulo, analisamos se o tipo de instrumento que uma pessoa toca está ligado à sua personalidade. Um musicólogo mediu **Extroversion** (Extroversão) e **Agreeableness** (Afabilidade) em 200 cantores e guitarristas (**Instrument**). Use a regressão logística para ver quais variáveis de personalidade (ignorar a interação) preveem qual instrumento uma pessoa toca (**Sing or Guitar.sav**).
- **Tarefa 11**: Qual problema associado à regressão logística podemos ter na análise da Tarefa 10?
- **Tarefa 12**: Em um novo estudo, a musicóloga da Tarefa 10 ampliou o anterior, coletando dados de 430 músicos que cantavam, tocavam guitarra, baixo ou bateria (**Instrument**). Ela mediu as mesmas variáveis de personalidade, mas também sua **Conscientiousness** (conscienciosidade) (**Band Personality.sav**). Use a regressão logística multinomial para ver quais dessas três variáveis (ignorar interações) preveem qual instrumento uma pessoa toca (use bateria como categoria de referência).

Respostas e recursos adicionais estão disponíveis no *site* do livro em
https://edge.sagepub.com/field5e.

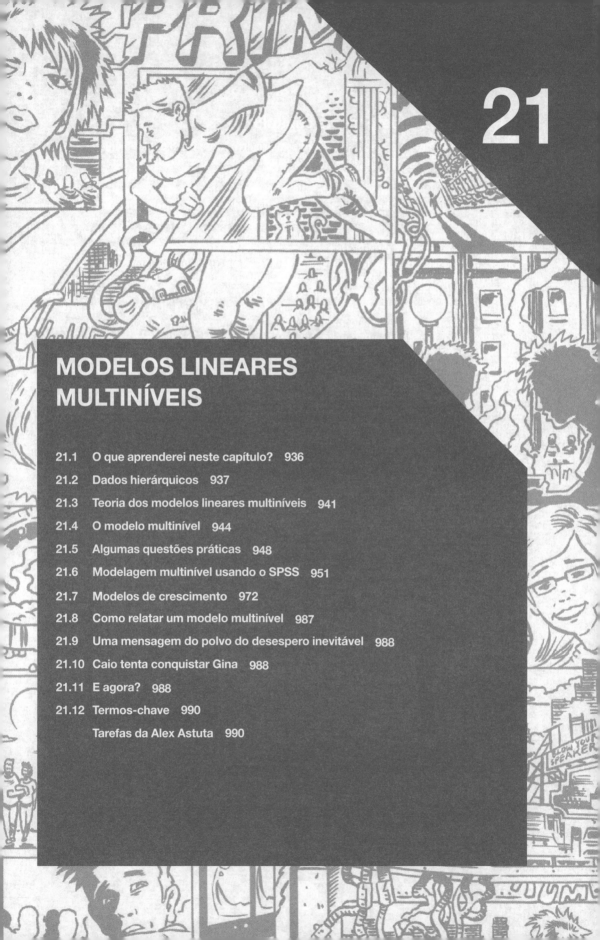

MODELOS LINEARES MULTINÍVEIS

21.1 O que aprenderei neste capítulo? 936

21.2 Dados hierárquicos 937

21.3 Teoria dos modelos lineares multiníveis 941

21.4 O modelo multinível 944

21.5 Algumas questões práticas 948

21.6 Modelagem multinível usando o SPSS 951

21.7 Modelos de crescimento 972

21.8 Como relatar um modelo multinível 987

21.9 Uma mensagem do polvo do desespero inevitável 988

21.10 Caio tenta conquistar Gina 988

21.11 E agora? 988

21.12 Termos-chave 990

Tarefas da Alex Astuta 990

21.1 O que aprenderei neste capítulo?

Os anos que passei em uma escola só de garotos nutrindo o medo mórbido das mulheres e o amor pelo *heavy metal* fizeram do mundo dos relacionamentos um lugar complicado para eu morar. Eu sempre sonhei que aos trinta e poucos anos eu teria uma esposa e uma ou duas criancinhas fofas para me lembrar das coisas importantes da vida. Mas, quando dei meus primeiros passos furtivos e deprimentes na meia-idade, me vi solteiro, e o mais parecido com uma criança que eu tinha era um gato laranja e este livro. No entanto, algo notável tinha acontecido desde minha adolescência: o *rock* se tornou popular novamente, e algumas mulheres gostavam de falar sobre o Iron Maiden. Eu precisava capitalizar antes que a guilhotina efêmera da moda extraísse essa oportunidade de mim. Eu conheci Zoë, que não só estava feliz em discutir sobre o Iron Maiden, mas também possuía o meu álbum favorito deles (*Piece of Mind*). Ela não tinha aversão à estatística ou ao futebol e passou a ser a mulher mais linda na face da terra. Resultado. "É melhor casar com ela antes que ela perceba que sou um *nerd* careca com tendências discretas à acumulação", eu pensei. Então foi o que fizemos. Um pouco mais tarde do que o esperado, meus sonhos se tornaram realidade: eu comecei meus trinta e tantos anos com uma esposa e um fofinho... livro sobre um pacote de estatísticas chamado R para o qual minha esposa contribuiu. Fiz uma "anotação mental" para, da próxima vez, criar um pequeno humano, não um grande livro.[1]

O casamento é um voto de confiança no desconhecido, uma aventura compartilhada repleta de desafios. Um pouco como este capítulo na verdade, porque, quando comecei a escrevê-lo, modelos lineares multiníveis eram "desconhecidos": eu não sabia nada sobre eles. Se você está lendo esta seção, provavelmente também não saiba muito sobre eles. Então, vamos aprender juntos – uma aventura compartilhada, que com certeza incluirá alguns desafios...

[1] Uma anotação mental que eu realmente acabei realizando (ver Capítulo 3).

Figura 21.1 No caminho da felicidade.

21.2 Dados hierárquicos ||||

Até agora, tratamos os dados como se estivessem organizados em um único nível. A exceção foram os delineamentos de medidas repetidas, em que falei sobre observações sendo aninhadas entre participantes. Esse "aninhamento" cria uma hierarquia nos dados. Isso acontece em situações diferentes de delineamentos de medidas repetidas. Por exemplo, quando não estou escrevendo livros sobre estatísticas, pesquiso como a ansiedade se desenvolve nas crianças em idade escolar. Quando faço pesquisas em uma escola, eu testo crianças que foram designadas para turmas diferentes e que são ensinadas por professores diferentes. A sala de aula em que uma criança está pode afetar meus resultados. Imagine coletar dados em duas turmas diferentes. O Sr. Nervoso, que ensina a primeira turma, está muito ansioso. Ele diz às crianças para serem cuidadosas, que as coisas que fazem são perigosas e que podem se machucar. A pequena senhorita Audaciosa,[2] que ensina a segunda, é despreocupada, diz às crianças para não terem medo das coisas e lhes dá a liberdade de explorar novas situações.

Meu experimento envolve contar às crianças informações sobre um animal em uma grande caixa de madeira. Com algumas crianças, concentro-me nos aspectos positivos do animal (p. ex., pelo macio), enquanto com outras, foco no negativo (p. ex., dentes grandes). Eu, então, peço às crianças que coloquem suas mãos na caixa e acariciem o animal (o qual elas não podem ver). Eu mensuro se elas vão colocar as mãos. As crianças ensinadas pelo Sr. Nervoso cresceram em um ambiente que reforça a cautela, enquanto as crianças ensinadas pela Srta. Audaciosa foram encorajadas a abraçar novas experiências. Portanto, independentemente das informações que eu dei às crianças, podemos esperar que as crianças do Sr. Nervoso sejam mais relutantes em colocar suas mãos na caixa do que as crianças da Srta. Audaciosa por causa das experiências que tiveram em sala de aula. Da mesma forma, as informações em si podem ter um efeito diferente para as duas classes (p. ex., as crianças do Sr. Nervoso podem ser mais sensíveis às informações negativas). A sala de aula é uma **variável contextual**. A Figura 21.2 ilustra esse cenário: a criança (ou caso) está na parte inferior da hierarquia (conhecida como variável de *nível 1*) e está aninhada (ou agrupada) dentro da classe em que está (a classe é um nível acima da criança na hierarquia e é considerada uma variável de *nível 2*).

Você pode ter hierarquias mais complexas do que uma hierarquia de dois níveis. Continuando com o nosso exemplo, um terceiro nível óbvio é que as turmas estão aninhadas dentro de escolas.

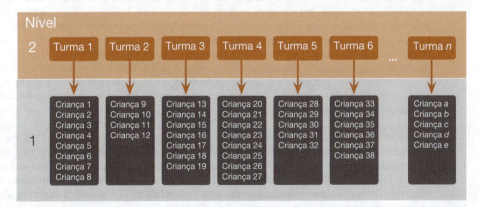

Figura 21.2 Um exemplo de uma estrutura de hierárquica dados de dois níveis. As crianças (*Child*) (nível 1) são organizadas dentro de turmas (*Class*) (nível 2).

---

[2] Aqueles de vocês que não compreendem as referências a Mr. Men/Little Miss confiram em http://www.mrmen.com. O Sr. Nervoso costumava ser chamado de Mr. Jelly e era uma bolha rosa em forma de geleia, que, em minha opinião, era melhor do que sua atual encarnação.

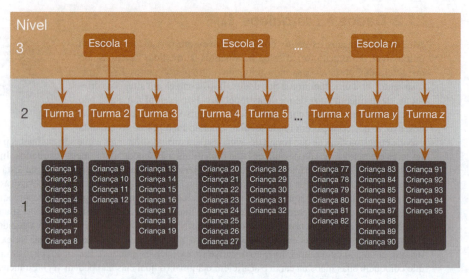

Figura 21.3 Um exemplo de uma estrutura hierárquica de dados de três níveis.

Se eu coletasse dados não apenas em salas de aula diferentes, mas em escolas diferentes, teria outro nível na hierarquia. A lógica é a mesma de antes: as crianças da mesma escola serão mais semelhantes umas às outras do que crianças de diferentes escolas, porque as escolas têm seus próprios ambientes de ensino e refletem seus dados sociodemográficos (o que difere de escola para escola). A Figura 21.3 mostra essa hierarquia de três níveis: a criança (nível 1) está aninhada dentro de uma turma (nível 2) à qual ela pertence, que está aninhado dentro da escola (nível 3) à qual a turma pertence. Existem duas variáveis contextuais: escola e turma.

Como vimos no Capítulo 15, as estruturas hierárquicas de dados também se aplicam a delineamentos de medidas repetidas. Nessas situações, as observações (nível 1) são aninhadas dentro de entidades (nível 2). Vamos ver um exemplo de memória. Imagine que, uma semana depois de eu ter dado informações às crianças sobre meu animal na caixa, pedi a elas que se lembrassem de tudo o que pudessem sobre o que eu contei. Digamos que eu originalmente lhes dei 15 informações; algumas crianças podem lembrar de todas as 15 informações, mas outras lembrarão menos (talvez apenas duas ou três coisas). Os pedaços de informação, ou memórias, estão aninhados dentro da pessoa e sua lembrança depende da pessoa. A probabilidade de uma determinada recordação ser lembrada depende de quais outras recordações estão disponíveis, e a lembrança de uma recordação pode ter repercussões para que outras recordações sejam lembradas. Portanto, as recordações não são unidades independentes. Assim, a pessoa seria como um contexto dentro do qual as recordações são lembradas (Wright, 1998). A Figura 21.4 ilustra esse cenário: a criança é a variável de nível 2 e, dentro de cada criança, há recordações (a variável de nível 1). É claro que também podemos ter níveis da hierarquia acima da criança; por exemplo, a turma da qual eles vieram pode ser uma variável de nível 3, e poderíamos até incluir a escola como uma variável de nível 4. Os modelos de crescimento (seção 21.7) são um exemplo amplamente usado; neles, as observações (em momentos diferentes) são uma variável de nível 1 aninhada dentro de alguma outra variável de nível 2 (como pessoas ou organizações).

21.2.1 A correlação intraclasses

A razão pela qual nos importamos se os dados são hierárquicos (ou não) é que as variáveis contextuais na hierarquia introduzem dependência nas observações. Em português claro, os resíduos no modelo estarão correlacionados.

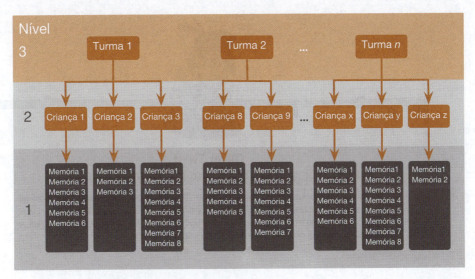

Figura 21.4 Um exemplo de uma estrutura hierárquica de dados de três níveis, onde a variável do nível 1 é uma medida repetida (memórias recuperadas).

Para entender porque, imagine que Charlotte e Emily são duas crianças ensinadas pelo Sr. Nervoso e Kiki e Jip são ensinadas pela Srta. Audaciosa. As respostas de Charlotte e Emily ao animal da caixa foram influenciadas pela maneira cautelosa do Sr. Nervoso, de modo que seu comportamento será semelhante. Seus escores são suscetíveis de estarem correlacionados ou dependentes (por causa da influência contextual do Sr. Nervoso). Da mesma forma, as respostas de Kiki e Jip ao animal na caixa provavelmente estarão correlacionadas porque ambos foram influenciados pela maneira despreocupada da Srta. Audaciosa. No entanto, as respostas de Charlotte e Emily não devem se correlacionar com as de Kiki e Jip, porque o primeiro par não foi influenciado pelo Sr. Nervoso, e o segundo não foi influenciado pela Srta. Audaciosa.

Essa semelhança é um problema porque o modelo linear assume que erros são independentes (Capítulo 6), e quando entidades são amostradas em contextos similares, é improvável que essa independência seja verdadeira. Pensando em variáveis contextuais e incorporando-as ao modelo, podemos superar esse problema de observações não independentes.

Podemos usar a correlação intraclasses (que nos deparamos como uma medida de confiabilidade entre avaliadores na seção 18.10) para estimar a dependência entre os escores. Vamos ignorar as formalidades de cálculo do CCI (ver Oliver Twist se estiver interessado em saber), e tentarei dar uma noção conceitual do que ele representa. Em nosso exemplo de dois níveis de crianças dentro das turmas, o CCI representa a proporção da variabilidade total no resultado que é atribuível às turmas. Segue-se que, se uma turma teve um grande efeito sobre as crianças dentro dela, então a variabilidade dentro da turma será pequena (as crianças se comportarão de maneira semelhante). Como tal, a variabilidade no resultado dentro das turmas é minimizada, e a variabilidade no resultado entre as turmas é maximizada; portanto o CCI é grande. Por outro lado, se a turma tiver pouco efeito sobre as crianças, o resultado variará muito dentro das turmas, o que tornará as diferenças entre as turmas relativamente pequenas. Portanto, o CCI é pequeno também. Assim, o CCI nos diz que a variabilidade dentro dos níveis de uma variável contextual (neste caso, a turma à qual uma criança pertence) é pequena, mas entre os níveis de uma variável contextual (comparando turmas) é grande. Como tal, o CCI é um bom indicador da extensão em que uma variável contextual tem um efeito sobre o resultado.

**Oliver Twist
Por favor, senhor, quero um pouco mais de... CCI**

"Eu sou viciado em mingau", lamenta Oliver. "Talvez eu pudesse medir esse vício se soubesse mais sobre o CCI". Bem, você está tão chapado no mingau, Oliver, que errou o alvo. Ainda assim, eu escrevi um artigo sobre o CCI uma vez (Field, 2005a), e ele está disponível no *site* do livro para seu prazer e diversão.

21.2.2 Os benefícios dos modelos multiníveis

Para convencê-lo de que a leitura deste capítulo será recompensada com possibilidades estatísticas além de seus sonhos mais loucos, aqui estão apenas alguns (ligeiramente exagerados) benefícios dos **modelos lineares multiníveis** (Figura 21.5):

- **Deixar de lado a hipótese de homogeneidade das inclinações de regressão**: Quando usamos a análise de covariância, pressupomos que a relação entre a covariável e a variável de resultado é a mesma entre os diferentes grupos que compõem nossa variável previsora (Capítulo 13). Em modelos multiníveis, podemos modelar explicitamente essa variabilidade das inclinações da regressão e esquecer essa suposição.
- **Dizer "adeus" para o pressuposto de independência**: Modelos lineares assumem erros independentes (Capítulo 6). Se os erros forem dependentes, pequenos lagartos sairão do colchão enquanto você dorme e comerão você. Os modelos multiníveis permitem que você modele dependências entre resíduos.
- **"Rir na cara" da falta de dados**: Passei grande parte deste livro exaltando as virtudes dos delineamentos balanceados e não tendo dados ausentes. Os modelos lineares fazem coisas estranhas quando faltam dados ou quando os delineamentos (experimentais) não estão equilibrados. Dados ausentes são um problema particular nos ensaios clínicos e em outros delineamentos longitudinais nos quais você pode coletar dados de acompanhamento meses ou anos após uma intervenção (ou outra referência) e os pacientes/participantes podem ser difíceis de rastrear. Existem maneiras de corrigir e imputar dados ausentes, mas essas técnicas são bastante complicadas (Enders, 2011; Yang, Li e Shoptaw, 2008) e muitas vezes as pessoas simplesmente excluem o caso se um único ponto de tempo estiver faltando. Os modelos multiníveis não requerem conjuntos de dados completos e, portanto, quando os dados estão ausentes em um ponto do tempo, eles não precisam ser imputados, nem todo o caso precisa ser excluído. Em vez disso, os parâmetros podem ser estimados com sucesso com os dados disponíveis, o que oferece uma solução relativamente fácil para lidar com dados ausentes. É importante ressaltar que nenhum procedimento estatístico pode superar os dados que estão faltando. Bons métodos, delineamentos e execução de pesquisa devem ser empregados para minimizar dados ausentes, e as razões para valores ausentes devem ser sempre exploradas.

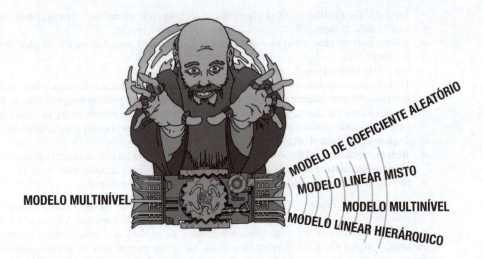

Figura 21.5 Graças à Máquina da Confusão, há várias maneiras de se referir a um modelo multinível.

Eu acho que você vai concordar que os modelos multiníveis são bem divertidos. "Existe alguma coisa que eles não podem fazer?", consigo ouvir você lamentando. Bem, eu nunca tive um que me fizesse chá.

21.3 Teoria dos modelos lineares multiníveis ▮▮▮▮

A teoria subjacente dos modelos multiníveis é complicada demais para o meu pequeno cérebro compreender. Felizmente, o advento dos computadores e *softwares* possibilitou que indivíduos de mente fraca, como eu, aproveitassem essa ferramenta sem precisar conhecer a matemática. Melhor ainda, isso significa que posso me safar de não explicar os cálculos (e, de fato, não estou brincando – não entendo nada disso). O que farei é tentar dar a você uma ideia do que são os modelos multiníveis e o que eles fazem descrevendo os principais conceitos dentro da estrutura de modelos lineares que permearam todo este livro.

21.3.1 Um exemplo cirúrgico ▮▮▮▮

Nos Estados Unidos, houve um aumento de 1.600% em tratamentos cirúrgicos estéticos e não estéticos entre 1992 e 2002, e no Reino Unido, 65.000 pessoas foram submetidas a operações em hospitais públicos e privados em 2004 (Kellett, Clarke e McGill, 2008). Há duas razões principais para realizar uma cirurgia plástica: (1) para eliminar um problema físico (i.e., cirurgia de redução de mama para aliviar dores nas costas, enxertos de pele após acidentes); e (2) mudar sua aparência externa quando não há patologia física subjacente. Em relação a esse segundo motivo, alguns sugeriram que, no futuro, a cirurgia estética poderia ser realizada como uma intervenção psicológica para melhorar a autoestima (Cook, Rosser e Salmon, 2006; Kellett et al., 2008). Nosso primeiro exemplo analisa os efeitos da cirurgia estética na qualidade de vida. As variáveis no arquivo de dados (**Cosmetic Surgery.sav**) são:

- **Post_QoL**: Esta é a variável de resultado e mede a qualidade de vida (QV, do inglês, *quality of life* [*QoL*]) após a cirurgia estética.
- **Base_QoL**: Precisamos ajustar nossa variável de resultado para a qualidade de vida antes da cirurgia.

- **Surgery**: Esta variável fictícia especifica se a pessoa foi submetida a cirurgia estética (1) ou está na lista de espera (0), que atua como nosso grupo-controle.
- **Clinic**: Esta variável especifica em qual das 10 clínicas a pessoa compareceu para fazer sua cirurgia.
- **Age**: Esta variável nos diz a idade da pessoa em anos.
- **IDB**: Pessoas voluntárias para cirurgia estética (especialmente quando a cirurgia é puramente por vaidade) têm diferentes perfis de personalidade do que o público em geral (Cook, Rosser, Toone, James e Salmon, 2006). Em particular, essas pessoas podem ter baixa autoestima ou estar deprimidas. Esta variável mede os níveis naturais de depressão usando o Inventário de Depressão de Beck (IDB).
- **Reason**: Esta variável fictícia especifica se a pessoa estava ou está esperando para fazer uma cirurgia puramente para mudar sua aparência (0) ou por causa de uma razão física (1).
- **Sex**: Esta variável especifica se a pessoa era homem (1) ou mulher (0).

Ao conduzir modelos hierárquicos, começamos com um modelo muito simples para modelos mais complicados e vamos adotar essa abordagem neste capítulo. A Figura 21.6 mostra a estrutura hierárquica dos dados. Essencialmente, as pessoas que estão sendo submetidas às mesmas cirurgias não são independentes umas das outras, porque elas terão sido operadas pelo mesmo cirurgião (ou equipe). Cirurgiões irão variar em quão bons eles são, e a qualidade de vida dependerá até certo ponto de quão bem a cirurgia foi (se eles fizeram um bom trabalho, então a qualidade de vida deve ser maior do que se eles deixaram as pessoas com cicatrizes desagradáveis). Portanto, as pessoas dentro das clínicas serão mais semelhantes entre si do que as pessoas em diferentes clínicas. Assim, a pessoa submetida à cirurgia é a variável de nível 1 e a clínica atendida é uma variável de nível 2.

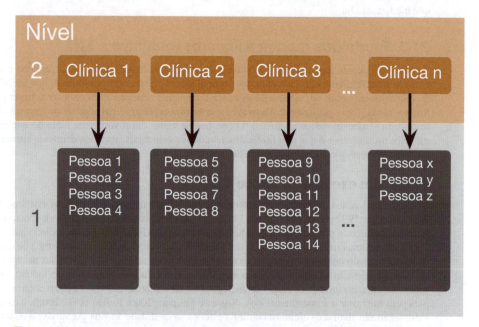

Figura 21.6 Diagrama para mostrar a estrutura hierárquica do conjunto de dados da cirurgia estética. As pessoas estão agrupadas dentro de clínicas. Para cada pessoa foram mensuradas diversas variáveis: cirurgia, IDB, idade, sexo, razão e qualidade de vida pré-operatória.

21.3.2 Coeficientes fixos e aleatórios ||||

Os conceitos de efeitos e variáveis devem ser muito familiares para você agora. Ao longo do livro, visualizamos esses conceitos de maneira um pouco simplista, ignorando se um efeito é fixo ou aleatório. Os termos "fixo" e "aleatório" são confusos porque são usados de maneira diferente em vários contextos. Por exemplo, um efeito em um experimento é dito ser um **efeito fixo** se todas as condições possíveis de tratamento em que um pesquisador está interessado estiverem presentes no experimento, mas é um **efeito aleatório** se o experimento contiver apenas uma amostra aleatória de possíveis condições de tratamento. Essa distinção é importante porque os efeitos fixos podem ser generalizados apenas para as situações em seu experimento, enquanto os efeitos aleatórios podem ser generalizados para além das condições de tratamento no experimento (desde que as condições de tratamento sejam representativas). Por exemplo, em nosso exemplo da terapia com filhotes do Capítulo 12, o efeito é fixo se dissermos que estamos interessados apenas nas três condições que tivemos (sem filhotes, 15 minutos e 30 minutos) e podemos generalizar nossas descobertas apenas para a situação de 0, 15 e 30 minutos de terapia com filhote. No entanto, se disséssemos que as três doses eram apenas uma amostra de possíveis doses (poderíamos ter tentado uma hora de terapia com filhotes), então é um efeito aleatório e podemos generalizar além de apenas 0, 15 e 30 minutos de terapia. As variáveis previsoras nos exemplos até agora foram tratadas como efeitos fixos e a grande maioria das pesquisas acadêmicas que você lê tratará variáveis previsoras como efeitos fixos.

As pessoas também falam sobre **variáveis fixas** e **variáveis aleatórias**. Uma variável fixa é aquela que não deve mudar com o tempo (p. ex., para a maioria das pessoas seu sexo biológico é uma variável fixa – ele nunca muda), enquanto uma aleatória varia ao longo do tempo (p. ex., seu peso provavelmente flutua com o tempo). No contexto de modelos multiníveis, fazemos uma distinção entre **coeficientes fixos** e **coeficientes aleatórios**. Nos modelos lineares que usamos, assumimos que os valores-b (parâmetros) são fixos. Por exemplo, vimos inúmeras vezes (p. ex., no Capítulo 9) que o modelo linear geral com uma previsora é expresso como:

$$Y_i = b_0 + b_1 X_{1i} + \varepsilon_i \tag{21.1}$$

A variável de resultado (Y), previsora (X) e erro (ε) todos variam em função de i, o que normalmente representa um caso particular de dados. Em outras palavras, representa a variável de nível 1. Se, por exemplo, quiséssemos prever o escore de Ana, poderíamos substituir os is pelo nome dela:

$$Y_{\text{Ana}} = b_0 + b_1 X_{1,\text{Ana}} + \varepsilon_{\text{Ana}} \tag{21.2}$$

Isto é uma revisão: quando ajustamos este modelo linear, assumimos que os bs são fixos e os estimamos a partir dos dados. Ao fazer isso, assumimos que o modelo é válido em toda a amostra e que, para cada caso de dados, podemos prever um escore usando os mesmos valores-b para a previsora e o intercepto. Esses parâmetros também podem ser conceituados como "aleatórios",[3] o que significa que eles podem variar de caso para caso. Em outras palavras, seus valores não são fixos. Até agora, pensamos em modelos lineares como tendo **interceptos fixos** e **inclinações fixas**, mas a ideia de que os parâmetros possam variar abre três possibilidades mostradas na Figura 21.7. Essa figura usa o exemplo do Capítulo 12 e mostra a relação entre o amor de uma pessoa pelos filhotes e sua felicidade separadamente para os três grupos no estudo (grupos que tiveram 0, 15 e 30 minutos de terapia com filhotes).

---

[3] "Aleatório" não é um termo intuitivo para nós não estatísticos porque nos faz pensar que os valores inventados do nada (selecionados aleatoriamente). No entanto, este não é o caso; eles são cuidadosamente estimados exatamente como são os parâmetros fixos.

944 Descobrindo a estatística usando o SPSS

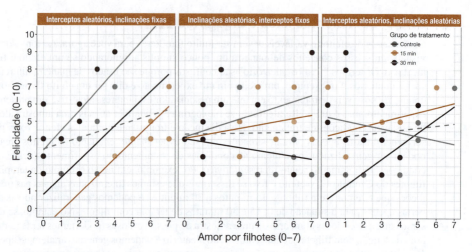

Figura 21.7 Conjuntos de dados mostrando um modelo geral (linha tracejada) e os modelos para contextos separados dentro dos dados (i.e., grupos de casos).

A primeira e mais simples possibilidade é modelar interceptos que variam entre contextos (ou grupos) – um modelo de **interceptos aleatórios**. Para nossos dados dos filhotes, é como assumir que a relação entre o amor pelos filhotes e a felicidade é a mesma nos grupos de 0, 15 e 30 minutos (ou seja, a inclinação é a mesma), mas esse nível de felicidade quando o amor pelos filhotes é zero difere entre os grupos (ou seja, os interceptos são diferentes). Esse modelo é mostrado no painel esquerdo da Figura 21.7, em que a mesma relação existe entre o amor pelos filhotes e a felicidade nos três grupos (as inclinações são as mesmas), mas o nível de felicidade quando o amor pelos filhotes é zero difere entre os grupos (os interceptos variam, o que pode ser visto pelas linhas que começam em diferentes pontos na escala da felicidade).

Uma segunda possibilidade é que as inclinações variam entre contextos – isto é, assumimos **inclinações aleatórias**. Para nossos dados dos filhotes, é como assumir que a relação entre o amor pelos filhotes e a felicidade difere nos grupos de 0, 15 e 30 minutos (ou seja, a inclinação é diferente), mas que os níveis de felicidade são os mesmos entre os grupos quando o amor pelos filhotes é zero (ou seja, os interceptos são os mesmos). Isso é o que acontece quando violamos o pressuposto de homogeneidade das inclinações da regressão na ANCOVA. Essa situação é mostrada no painel central da Figura 21.7, na qual os modelos dentro dos diferentes contextos (cores) convergem em um único intercepto, mas possuem diferentes inclinações.

Seria incomum assumir inclinações aleatórias sem também assumir interceptos aleatórios, pois a variabilidade na relação (inclinações) normalmente criaria variabilidade no nível da variável de resultado (interceptos). Portanto, se você assumir que as inclinações são aleatórias, normalmente também iria supor que os interceptos são aleatórios, que é o nosso cenário final (mostrado no painel à direita da Figura 21.7). Nesta situação, os modelos dentro dos diferentes contextos (cores) têm diferentes inclinações, mas também estão localizados em diferentes espaços geométricos e, portanto, têm diferentes interceptos. Para nossos dados dos filhotes, isso pressuporia que a relação entre o amor pelos filhotes e a felicidade difere entre os grupos de 0, 15 e 30 minutos, e que os níveis de felicidade quando o amor pelos filhotes é zero também difere entre os grupos.

21.4 O modelo multinível ▮▮▮▮

Tendo visto conceitualmente o que é um intercepto aleatório, inclinação aleatória e um modelo aleatório de intercepto e inclinação, vamos ver como representamos os modelos. Vamos usar nosso exemplo da cirurgia plástica e imaginar que primeiro quisemos prever a qualidade de vida (QV) de alguém após a cirurgia estética. Podemos representar isso como o seguinte modelo linear:

$$QVPósCirurgia_i = b_0 + b_1 Cirurgia_i + \varepsilon_i \tag{21.3}$$

Nesse exemplo, temos uma variável contextual da clínica em que a cirurgia estética foi realizada. Poderíamos esperar que o efeito da cirurgia na QV variasse em função de em qual clínica a cirurgia foi realizada, porque as clínicas usam cirurgiões diferentes, podem ter planos de tratamento diferentes e assim por diante. Essa é uma variável de nível 2. Poderíamos permitir que o modelo que representa o efeito da cirurgia na QV variasse entre os diferentes contextos (clínicas), deixando que os interceptos, declives ou ambos variem entre as clínicas.

Para começar, vamos incluir um intercepto aleatório para a QV. Tudo o que fazemos é adicionar um componente ao intercepto que mede a variabilidade nos interceptos, u_{0j}. Portanto, o intercepto muda de b_0 para $b_0 + u_{0j}$. Esse termo estima o intercepto do modelo geral ajustado aos dados, b_0, e a variabilidade dos interceptos em torno desse modelo geral, u_{0j}. O modelo geral torna-se:[4]

$$Y_{ij} = (b_0 + u_{0j}) + b_1 X_{ij} + \varepsilon_{ij} \tag{21.4}$$

Os *js* na equação refletem os níveis da variável sobre os quais o intercepto varia (neste caso, a clínica) – a variável de nível 2. Uma maneira comum de escrever esse modelo é definir o intercepto aleatório separadamente para que o modelo pareça uma equação do modelo linear comum, exceto que o intercepto tem mudado de um fixo, b_0 para um aleatório, b_{0j}, que é definido em uma equação separada:

$$Y_{ij} = b_{0j} + b_1 X_{ij} + \varepsilon_{ij} \tag{21.5}$$
$$b_{0j} = b_0 + u_{0j}$$

Portanto, se quisermos saber o intercepto estimado para a clínica 7, substituímos o *j* pela "clínica 7" na segunda equação:

$$b_{0,\text{clínica}7} = b_0 + u_{0,\text{clínica}7} \tag{21.6}$$

Se quisermos incluir inclinações aleatórias para o efeito da cirurgia na QV, então adicionamos um componente à inclinação do modelo geral que mede a variabilidade nas inclinações, u_{1j}. Portanto, o gradiente muda de b_1 para $b_1 + u_{1j}$. Esse termo estima a inclinação do modelo global ajustado aos dados, b_1 e a variabilidade de inclinações em diferentes contextos em torno desse modelo global, u_{1j}. O modelo geral se torna (compare com o modelo do intercepto aleatório anterior):

$$Y_{ij} = b_0 + (b_1 + u_{1j})X_{ij} + \varepsilon_{ij} \tag{21.7}$$

Novamente, é comum definir a inclinação aleatória em uma equação separada. Você acaba com uma equação que se parece com um modelo linear padrão, exceto que a inclinação mudou de um b_1, fixo para um aleatório, b_{1j}, que é definido abaixo:

$$Y_{ij} = b_0 + b_{1j} X_{ij} + \varepsilon_{ij} \tag{21.8}$$
$$b_{1j} = b_1 + u_{1j}$$

Se quisermos modelar uma situação com inclinações *e* interceptos aleatórios, combinamos os dois modelos acima. Ainda estimamos o intercepto e a inclinação do modelo global (b_0 e b_1), mas também incluímos os dois termos que estimam a variabilidade nos interceptos, u_{0j} e inclinações u_{1j}. O modelo geral torna-se (compare com os dois modelos acima):

$$Y_{ij} = (b_0 + u_{0j}) + (b_1 + u_{1j})X_{ij} + \varepsilon_{ij} \tag{21.9}$$

---

[4] Algumas pessoas usam gama (γ), não *b*, para representar os parâmetros, mas prefiro *b* porque torna a conexão com os outros modelos lineares que usamos neste livro mais clara.

Podemos vincular isso mais diretamente a um modelo linear se considerarmos alguns desses termos extras em equações separadas. Começamos com um modelo linear padrão que substitui o intercepto fixo e o declive (b_0 e b_1) com suas contrapartes aleatórias (b_{0j} e b_{1j}), ambos os quais são definidos abaixo:

$$Y_{ij} = b_{0j} + b_{1j}X_{ij} + \varepsilon_{ij}$$
$$b_{0j} = b_0 + u_{0j} \qquad (21.10)$$
$$b_{1j} = b_1 + u_{1j}$$

O ponto a ser levado em consideração é que basicamente estamos fazendo um modelo linear elegante.

Agora, imaginemos que queiramos adicionar outra previsora – por exemplo, qualidade de vida antes da cirurgia. Sabendo o que fazemos sobre a regressão múltipla, não deveríamos invadir o espaço pessoal da ideia de que podemos adicionar essa variável a uma versão beta associada:

$$\text{QVPósCirurgia}_i = b_0 + b_1\text{Cirurgia}_i + b_2\text{PréCirurgia}_i + \varepsilon_i \qquad (21.11)$$

Esta é uma revisão de ideias do início do livro. Lembre-se que o i representa a variável de nível 1, neste caso, as pessoas que testamos. Portanto, podemos prever a QV de uma determinada pessoa após a cirurgia, substituindo o i pelo seu nome:

$$\text{QVPósCirurgia}_{\text{Ana}} = b_0 + b_1\text{Cirurgia}_{\text{Ana}} + b_2\text{PréCirurgia}_{\text{Ana}} + \varepsilon_{\text{Ana}} \qquad (21.12)$$

Agora, se queremos permitir que o intercepto do efeito da cirurgia na QV após a cirurgia varie de acordo com os contextos, então simplesmente substituímos b_0 por b_{0j}. Se quisermos permitir que a inclinação do efeito da cirurgia na QV após a cirurgia varie de acordo com os contextos, substituiremos b_1 por b_{1j}. Então, mesmo com um intercepto e inclinação aleatórios, nosso modelo permanece o mesmo:

$$\text{QVPósCirurgia}_{ij} = b_{0j} + b_{1j}\text{Cirurgia}_{ij} + b_2\text{PréCirurgia}_{ij} + \varepsilon_{ij}$$
$$b_{0j} = b_0 + u_{0j} \qquad (21.13)$$
$$b_{1j} = b_1 + u_{1j}$$

Lembre-se que o j na equação está relacionado à variável contextual nível 2 (clínica, neste caso). Então, se quiséssemos prever o escore de alguém, não o faríamos apenas pelo nome, mas, também, pela clínica utilizada. Imagine que nossa cobaia Ana fez sua cirurgia na clínica 7, então poderíamos substituir o is e o js da seguinte forma:

$$\text{QVPósCirurgia}_{\text{Ana, clínica7}} = b_{0,\text{clínica7}} + b_{1,\text{clínica7}}\text{Cirurgia}_{\text{Ana, clínica7}}$$
$$+ b_2\text{QVPréCirurgiaAna}_{\text{Ana, clínica7}} + \varepsilon_{\text{Ana, clínica7}} \qquad (21.14)$$

Para resumir, reitero que tudo o que estamos fazendo em um modelo multinível é um modelo linear sofisticado no qual permitimos que os interceptos ou as inclinações variem com os diferentes contextos. Tudo o que muda é que, para cada parâmetro que permitimos ser aleatório, obtemos uma estimativa da variabilidade desse parâmetro, bem como do próprio parâmetro. Então, não há nada terrivelmente complicado; podemos adicionar novos previsores ao modelo e para cada um decidirmos se seu parâmetro de regressão é fixo ou aleatório.

21.4.1 Avaliando o ajuste e comparando modelos multiníveis ▌▌▌▌

Como na regressão logística (Capítulo 20), o ajuste geral de um modelo multinível é testado usando o teste qui-quadrado da razão de verossimilhança (ver seção 19.3.4); O SPSS relata a desviança, que é menos duas vezes o log-verossimilhança, $-2LV$ (ver seção 20.3.1). Essencialmente, quanto menor o valor do log-verossimilhança, melhor. O SPSS também produz quatro versões ajustadas do valor do log-verossimilhança, que podem ser interpretadas da mesma forma que o log-verossimilhança:

- *Critério de informação de Akaike* (**CIA**): Essa estatística é uma medida de adequação que é corrigida para a complexidade do modelo. Isso significa que leva em conta quantos parâmetros foram estimados.
- *Critério de Hurvich e Tsai* (**CIAc**): Esta versão do CIA foi projetada para avaliar amostras pequenas.
- *Critério de Bozdogan* (**CCIA**): Essa versão do CIA corrige não apenas a complexidade do modelo, mas, também, o tamanho da amostra.
- *Critério bayesiano de Schwarz* (**CIB**): Esta estatística é comparável à CIA, mas é um pouco mais conservadora (corrige mais duramente o número de parâmetros estimados). Deve ser usado quando os tamanhos das amostras forem grandes e o número de parâmetros for pequeno.

O CIA e o CIB são os mais usados. Não é significativo falar sobre qualquer um dos seus valores serem grandes ou pequenos em si, mas seus valores podem ser comparados entre os modelos criados hierarquicamente. Em todos os casos, valores menores significam modelos mais adequados. Por exemplo, recomenda-se a criação de modelos multiníveis, começando com um modelo "básico", no qual todos os parâmetros são fixos e acrescentando coeficientes aleatórios, conforme apropriado e explorando variáveis de confusão (Raudenbush e Bryk, 2002; Twisk, 2006). Você compara o ajuste do modelo à medida que você cria parâmetros aleatórios ou adiciona variáveis previsoras. Os modelos podem ser comparados usando os valores CIA e CIB ou subtraindo o log-verossimilhança do novo modelo do valor do antigo:

$$\chi^2_{\text{mudança}} = -2LV_{\text{antigo}} - (-2LV_{\text{novo}})$$
$$gl_{\text{mudança}} = k_{\text{antigo}} - k_{\text{novo}}$$
(21.15)

o qual k é o número de parâmetros no respectivo modelo. Essa equação é basicamente igual às Equações 19.33 e 20.7. Há duas ressalvas nesta equação: (1) ela funciona somente se a estimativa de máxima verossimilhança for usada (e não a máxima verossimilhança restrita – ver a Dica do SPSS 21.2); e (2) o novo modelo deve conter todos os efeitos do modelo antigo.

21.4.2 Tipos de estruturas de covariância ||||

Se você tiver efeitos aleatórios ou medidas repetidas em seu modelo multinível, poderá ajustar uma *estrutura de covariâncias* para cada um. A estrutura de covariâncias especifica a forma da matriz de variâncias-covariâncias (uma matriz na qual os elementos da diagonal são as variâncias e os elementos fora da diagonal são as covariâncias). Existem várias formas que essa matriz pode assumir. Na maioria das vezes, damos um palpite fundamentado para que seja útil rodar o modelo com diferentes estruturas de covariâncias e usar os índices de aderência (CIA, CIAc, CCIA e CIB) para ver se alterando a estrutura das covariâncias melhora o ajuste do modelo. Se o ajuste for melhorado, a estrutura das covariâncias selecionada provavelmente será uma boa escolha.

A estrutura das covariâncias é importante porque é usada como ponto de partida para estimar os parâmetros do modelo. Você obterá resultados diferentes dependendo de qual estrutura das covariâncias você escolher. Se você especificar uma estrutura das covariâncias muito simples, é mais provável que você cometa um Erro do tipo I (achar que um parâmetro é significativo quando não é), mas se você especificar um que seja muito complexo, então correrá o risco de um Erro do tipo II (achar parâmetros sendo não significativos quando, na realidade, eles são significativos). O SPSS possui 17 estruturas das covariâncias que você pode usar. Vamos olhar para quatro das mais comuns. Em cada caso, uso uma representação da matriz de variâncias-covariâncias para ilustrar, para a qual você pode imaginar que as linhas e colunas representam quatro clínicas diferentes em nossos dados da cirurgia estética:

$$\begin{pmatrix} 1 & 0 & 0 & 0 \\ 0 & 1 & 0 & 0 \\ 0 & 0 & 1 & 0 \\ 0 & 0 & 0 & 1 \end{pmatrix}$$

Componentes da variância: Esta estrutura de covariâncias assume que todos os efeitos aleatórios são independentes (portanto as covariâncias na matriz são 0). As variâncias de efeitos aleatórios são consideradas as mesmas (daí porque são iguais a 1 na matriz) e são somadas à variância da variável de resultado. Essa é a estrutura das covariâncias-padrão para efeitos aleatórios e às vezes é chamada de modelo de independência.

$$\begin{pmatrix} \sigma_1^2 & 0 & 0 & 0 \\ 0 & \sigma_2^2 & 0 & 0 \\ 0 & 0 & \sigma_3^2 & 0 \\ 0 & 0 & 0 & \sigma_4^2 \end{pmatrix}$$

Diagonal: Esta estrutura da variância é como componentes da variância, exceto que as variâncias são consideradas heterogêneas (é por isso que a diagonal da matriz é composta de diferentes termos da variância). Essa estrutura assume novamente que as variâncias são independentes e, portanto, que todas as covariâncias são 0. Essa é a estrutura da covariância-padrão para medidas repetidas.

$$\begin{pmatrix} 1 & \rho & \rho^2 & \rho^3 \\ \rho & 1 & \rho & \rho^2 \\ \rho^2 & \rho & 1 & \rho \\ \rho^3 & \rho^2 & \rho & 1 \end{pmatrix}$$

AR(1): Representa a estrutura autoregressiva de primeira ordem. Em termos leigos, isso significa que a relação entre as variâncias muda de maneira sistemática. Se você imaginar que as linhas e colunas da matriz sejam pontos no tempo, então ela assume que a correlação entre as medidas repetidas é mais alta nos pontos de tempo adjacentes. Então, na primeira coluna, a correlação entre os pontos de tempo 1 e 2 é ρ; vamos supor que esse valor seja 0,3. Conforme nos movemos para o ponto de tempo 3, a correlação entre o ponto de tempo 1 e 3 é ρ^2, ou 0,09. Em outras palavras, diminuiu: os escores no ponto de tempo 1 estão mais relacionados aos escores no tempo 2 do que aos escores no tempo 3. No tempo 4, a correlação cai para ρ^3, ou 0,027. Assim, as correlações entre os pontos de tempo próximas umas das outras são assumidas como ρ, os escores com dois intervalos são assumidos como tendo correlações de ρ^2, e os escores com três intervalos são assumidos como tendo correlações de ρ^3. Assim, a correlação entre os escores fica menor ao longo do tempo. As variâncias são consideradas homogêneas, mas há uma versão dessa estrutura de covariâncias onde as variâncias podem ser heterogêneas. Essa estrutura é frequentemente usada para dados de medidas repetidas (especialmente quando as mensurações são feitas ao longo do tempo, como em modelos de crescimento).

$$\begin{pmatrix} \sigma_1^2 & \sigma_{21} & \sigma_{31} & \sigma_{41} \\ \sigma_{21} & \sigma_2^2 & \sigma_{32} & \sigma_{42} \\ \sigma_{31} & \sigma_{32} & \sigma_3^2 & \sigma_{43} \\ \sigma_{41} & \sigma_{42} & \sigma_{43} & \sigma_4^2 \end{pmatrix}$$

Não estruturada: Esta estrutura de covariâncias é completamente geral e é, portanto, a opção-padrão para efeitos aleatórios. As covariâncias são consideradas completamente imprevisíveis: elas não estão em conformidade com um padrão sistemático.

21.5 Algumas questões práticas ▌▐▐

21.5.1 Pressupostos ▌▐▐

Os modelos lineares multiníveis são uma extensão do modelo linear, de modo que os pressupostos usuais se aplicam (ver Capítulo 6). Há uma ressalva, que é que um modelo multinível às vezes pode resolver os pressupostos de independência e erros independentes porque podemos fatorar as correlações entre os casos provocados por variáveis de nível superior. Como tal, se a falta de independência está sendo causada por uma variável de nível 2 ou nível 3, então um modelo multinível deve fazer esse problema desaparecer (embora nem sempre). Também em delineamentos de medidas repetidas, não precisamos restringir a estrutura das covariâncias a ser esférica (i.e., não precisamos assumir a esfericidade), pois podemos modelar estruturas menos restritivas.

Dicas da Ana Apressada
Modelos multiníveis

- Modelos multiníveis devem ser usados para analisar dados que possuem uma estrutura hierárquica. Por exemplo, você pode medir a depressão após a psicoterapia. Na sua amostra, os pacientes irão ver diferentes terapeutas em diferentes clínicas. Esta é uma hierarquia de três níveis com escores de depressão de pacientes (nível 1), aninhados dentro de terapeutas (nível 2), que estão eles próprios aninhados dentro de clínicas (nível 3).

- Modelos hierárquicos são apenas modelos lineares nos quais você pode permitir que os parâmetros variem (isso é chamado de efeito aleatório). No modelo linear padrão, os parâmetros geralmente são um valor fixo estimado a partir da amostra (um efeito fixo).

- Se estimarmos um modelo linear dentro de cada contexto (o terapeuta ou clínica, para usar o exemplo acima) em vez da amostra como um todo, então podemos supor que os interceptos desses modelos variam (um modelo com interceptos aleatórios), ou que o as inclinações destes modelos diferem (um modelo de inclinações aleatórias) ou que ambos variam.

- Podemos comparar diferentes modelos observando a diferença no valor da *–2LV*. Normalmente, fazemos isso quando alteramos apenas um parâmetro (adicionamos uma coisa nova ao modelo).

- Para qualquer modelo, temos que assumir uma estrutura das covariâncias. Para modelos com interceptos aleatórios, o padrão de componentes da variância é bom, mas quando as inclinações são aleatórias, covariâncias não estruturadas são frequentemente assumidas. Quando os dados são mensurados ao longo do tempo, uma estrutura autorregressiva (AR(1)) é frequentemente assumida.

Há duas hipóteses adicionais em modelos multiníveis relacionadas aos coeficientes aleatórios. Esses coeficientes são considerados normalmente distribuídos ao redor do modelo geral. Assim, em um modelo com interceptos aleatórios, os interceptos nos diferentes contextos são normalmente distribuídos em torno do modelo geral. Da mesma forma, em um modelo de inclinações aleatórias, as inclinações dos modelos em diferentes contextos são normalmente distribuídas.

Finalmente, vale a pena mencionar que a multicolinearidade pode ser um problema particular em modelos multiníveis se você tiver interações que cruzam níveis na hierarquia dos dados (interações entre níveis). Entretanto, a centragem dos previsores (seção 21.5.4) pode ser uma boa ajuda (Kreft e de Leeuw, 1998).

21.5.2 Modelos multiníveis robustos ▮▮▮▮

Embora não usemos esses métodos neste capítulo, a caixa de diálogos principal para especificar um modelo multinível (p. ex., Figura 21.11) tem um botão [Bootstrap...], que pode ser usado para acessar uma caixa de diálogos *bootstrap* (seção 6.12.3). Use essa caixa de diálogos para obter intervalos de confiança robustos dos parâmetros do modelo (p. ex., para obter versões robustas das informações na Saída 21.5). Esteja ciente de que a análise pode levar algum tempo para ser executada, e que, especialmente para modelos complexos, os intervalos de confiança *bootstrap* não podem ser sempre calculados.

21.5.3 Tamanho da amostra e poder ▮▮▮▮

Como você pode imaginar, a situação com o poder e o tamanho da amostra é muito complexa. Uma complexidade é que estamos tentando tomar decisões sobre nosso poder de detectar coeficientes de efeitos fixos e aleatórios. Kreft e de Leeuw (1998) fazem um tremendo trabalho ao dar sentido às coisas para nós. Essencialmente, a mensagem é: quanto mais dados, melhor. À medida que mais níveis são introduzidos no modelo, mais parâmetros precisam ser estimados e maiores devem ser os tamanhos das amostras. Kreft e Leeuw concluem que, se você está procurando por interações de nível cruzado, deve procurar ter mais de 20 contextos (grupos) na variável de nível mais alto, e esses tamanhos dos grupos "não devem ser muito pequenos". Eles concluíram que existem tantos fatores envolvidos na análise multinível que é impossível produzir qualquer regra prática significativa.

Twisk (2006) concorda que o número de contextos relativos a indivíduos dentro desses contextos é importante. Ele também aponta que o tamanho da amostra-padrão e os cálculos do poder podem ser usados, mas depois "corrigidos" para o componente multinível da análise (por meio de fatoração, entre outras coisas, da correlação intraclasses). No entanto, ele discute duas correções que produzem tamanhos da amostra muito diferentes. Ele recomenda usar os cálculos do tamanho de amostra com cuidado.

Tendo dito tudo isso, existem ferramentas disponíveis para cálculos do poder se você usar o Windows (mas não encontrei versões do Mac OS). Provavelmente o mais flexível é o *MLPowSIm*. Há também o Optimal Design e, para hierarquias de dois níveis, PinT.[5]

21.5.4 Centragem de previsores ▮▮▮▮

Centragem é o processo de transformar uma variável em desvios em torno de um ponto fixo (seção 11.3.3). Um desses pontos fixos é a média da variável (**centragem pela média geral**). Essa forma de centragem também é usada em modelos de vários níveis, mas, às vezes, usa-se **centragem pela média do grupo** como alternativa. A centragem pela média do grupo ocorre quando, para uma determinada variável, tomamos cada escore e subtraímos dela a média dos escores (para aquela variável) *dentro de um determinado grupo*. Para modelos multiníveis, geralmente são apenas os previsores do nível 1 que serão centralizados (no nosso exemplo de cirurgia estética seriam previsores como idade, IDB e qualidade de vida pré-operatória). Se a centragem pela média do grupo for utilizada, então uma variável de nível 1 é em geral centrada em uma variável de nível 2 (em nossos dados da cirurgia estética isso significaria que, por exemplo, a idade de uma pessoa seria centrada em torno da média da idade da clínica em que a pessoa fez a cirurgia).

Nos modelos multiníveis, a centragem pode ser uma maneira útil de combater a multicolinearidade entre as variáveis previsoras. Também é útil quando os previsores não têm um ponto zero significativo. Modelos multiníveis com previsores centrados tendem a ser mais estáveis e as estimativas a partir desses modelos podem ser tratadas como mais ou menos independentes entre

---

[5]Como as URLs mudam, sugiro os termos de pesquisa "MLPowSIm", "Optimal design software" e "multinível PinT".

si, o que é desejável. No entanto, como nos modelos lineares padrão (seção 11.3.3), a centragem afeta o modelo. Tentarei resumir algumas excelentes resenhas (Kreft, de Leeuw e Aiken, 1995; Kreft e de Leeuw, 1998; Enders e Tofighi, 2007). Essencialmente, se você ajusta um modelo multinível usando os escores brutos dos previsores e, em seguida, ajusta o mesmo modelo, mas com os previsores centrados pela média geral, então os modelos resultantes são equivalentes. Eles se ajustarão aos dados igualmente bem, terão os mesmos valores previstos e os resíduos serão os mesmos. Os próprios parâmetros (os *b*s) serão, é claro, diferentes, mas haverá uma relação direta entre os parâmetros dos dois modelos. Portanto, a centragem pela média geral não altera o modelo multinível, mas mudaria sua interpretação dos parâmetros (você não pode interpretá-los como se fossem escores brutos). A centragem pela média do grupo é mais complicada porque o modelo obtido pelos escores brutos não é equivalente ao modelo centrado obtido na parte fixa ou na parte aleatória. Uma exceção é quando apenas o intercepto é aleatório (o que é discutivelmente uma situação incomum) e as médias do grupo são reintroduzidas no modelo como variáveis de nível 2 (Kreft e de Leeuw, 1998).

As pessoas que aprendem estatística geralmente se preocupam com a "melhor" maneira de fazer as coisas, mas o método "melhor" geralmente depende do que você está tentando fazer. A centragem é um bom exemplo. Embora algumas pessoas tomem uma decisão sobre usar a centragem pela média do grupo ou pela média geral com base em algum critério estatístico, não há escolha estatisticamente correta entre não centragem, centragem pela média geral ou centragem pela média do grupo (Kreft et al., 1995). Enders e Tofighi (2007) fazem quatro recomendações ao analisar dados com uma hierarquia de dois níveis: (1) centragem pela média do grupo deve ser usada se o interesse primário estiver em uma associação entre variáveis medidas no nível 1 (i.e., a relação mencionada acima entre cirurgia e qualidade de vida após a cirurgia); (2) a centragem pela média geral é apropriada quando o interesse primário está na variável de nível 2, mas você deseja ajustar a covariável de nível 1 (ou seja, você deseja verificar o efeito da clínica na qualidade de vida após a cirurgia durante o ajuste para o tipo de cirurgia);(3) ambos os tipos de centragem podem ser usados para examinar a influência diferencial de uma variável no nível 1 e 2 (ou seja, o efeito da cirurgia na qualidade de vida é diferente no nível da clínica em comparação com o nível do cliente?); e (4) a centragempela média do grupo é preferível para examinar as interações de nível cruzado (p. ex., o efeito interativo da clínica e da cirurgia na qualidade de vida). Se a centragem pela média do grupo for usada, as médias dos grupos deverão ser reintroduzidas como uma variável de nível 2, a menos que você queira observar o efeito do seu "grupo" ou variável de nível 2 não corrigida para o efeito médio da previsora de nível 1 centrada, como no ajuste de um modelo quando o tempo é sua variável explicativa principal (Kreft e de Leeuw, 1998).

21.6 Modelagem multinível usando o SPSS

A maioria das pessoas que usa modelagem multinível tende a usar *softwares* especializados, como MLwiN, HLM e o R. Em livros que comparam os vários pacotes, o SPSS tende a se sair relativamente mal (Twisk, 2006; Tabachnick e Fidell, 2012). Além de qualquer outra coisa, o SPSS tem uma interface completamente indecifrável para modelos multiníveis (e eu não sou o único a dizer isso).

A Figura 21.8 mostra uma versão muito simplificada de como procedemos com a análise. Após as verificações iniciais dos dados é útil criar modelos começando com um "básico" no qual todos os parâmetros são fixos e, em seguida, adicionar coeficientes aleatórios, conforme apropriado, antes de explorar variáveis de confusão (como mencionei na seção 21.4.1).

21.6.1 Inserindo os dados

A entrada de dados depende um pouco do delineamento do estudo: quando as mesmas variáveis são medidas em vários pontos no tempo, ou você tem vários escores aninhados dentro de uma entidade, você precisa usar o formato longo, mas caso contrário, você pode usar o formato amplo (seção 4.6.1). O exemplo da cirurgia contém um único escore da variável resultado de cada pessoa

Oliver Twist
Por favor, senhor, quero um pouco mais de...
centragem pela média do grupo

"A centragem foi muito divertida quando a fizemos no Capítulo 11. Foi como ser gentilmente acariciado para dormir em um banho morno de polvos. Eu quero mais!" balbucia Oliver enquanto ele toma banho em sua banheira. É justo, Oliver, se você quiser saber como fazer uma centragem pela média do grupo usando o SPSS, o material no *site* do livro lhe dirá. Ah, e tenha cuidado com esse navio pirata de brinquedo...

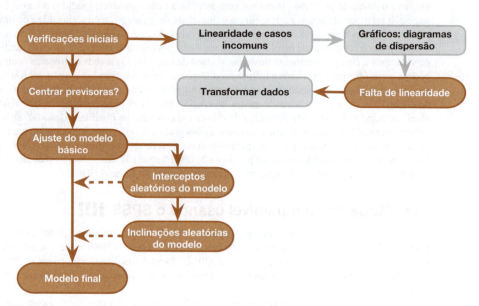

Figura 21.8 O processo básico de ajustar um modelo multinível.

(não vários escores da variável de resultado aninhados dentro de cada pessoa), portanto usamos o formato amplo mostrado na Figura 21.9. Cada linha representa um caso de dados (neste caso, uma pessoa que fez uma cirurgia). Seus escores nas várias variáveis são inseridos em diferentes colunas. Então, por exemplo, a primeira pessoa tinha 31 anos, tinha um escore IDB de 12, estava no grupo-controle da lista de espera da clínica 1, do sexo feminino e aguardava a cirurgia para mudar sua aparência.

Capítulo 21 • Modelos lineares multiníveis

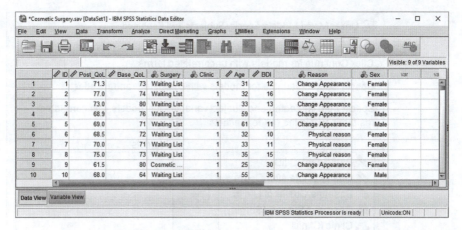

Figura 21.9 *Layout* dos dados para modelagem multinível quando os escores da variável de resultado não estão aninhados nos casos.

21.6.2 Ignorando a estrutura dos dados

Vamos basear o exemplo em algo familiar para nós: o modelo linear. Por enquanto, imagine que estamos interessados apenas no efeito que a cirurgia tem na qualidade de vida pós-operatória. Poderíamos ajustar o modelo linear descrito pela Equação 21.3.

Teste seus conhecimentos

*Execute um modelo linear (ANOVA de um fator) usando **Surgery** como a variável previsora e **Post_QoL** como a de resultado.*

Na realidade, não faríamos isso – estou usando para mostrar a você que os modelos multiníveis não são grandes e assustadores, são simplesmente extensões do que fizemos antes. Se você fez a seção Teste seus conhecimentos, obterá a Saída 21.1, que mostra um efeito não significativo da cirurgia na qualidade de vida, $F(1, 274) = 0{,}33$, $p = 0{,}566$.

Para executar a mesma análise por meio das caixas de diálogos do modelo multinível, selecione *Analyze* ▶ *Mixed Models* ▶ Linear...(analisar ▶ modelos mistos ▶ linear) para ativar uma

ANOVA

Quality of Life After Cosmetic Surgery

	Sum of Squares	df	Mean Square	F	Sig.
Between Groups	28.620	1	28.620	.330	.566
Within Groups	23747.883	274	86.671		
Total	23776.504	275			

Saída 21.1

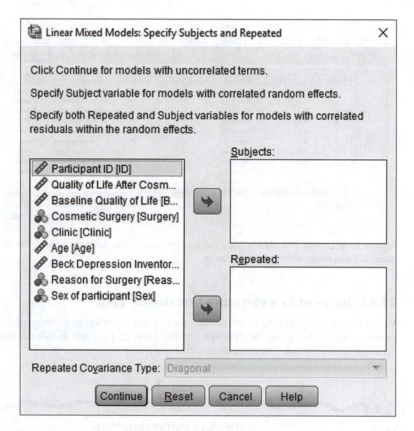

Figura 21.10 Caixa de diálogo inicial dos modelos mistos.

caixa de diálogo similar à da Figura 21.10. Esta caixa de diálogos é para especificar a estrutura hierárquica dos dados, mas porque, por enquanto, estamos ignorando essa estrutura, clique em `Continue` para ir para a caixa de diálogo similar à da Figura 21.11. Primeiro, especifique a variável de resultado, que é a qualidade de vida após a cirurgia, arrastando **Post_QoL** para a caixa denominada *Dependent Variable* (variável dependente) (ou selecione-a e clique em `▶`). Em seguida, especifique a previsora, que é se a pessoa fez uma cirurgia, arrastando **Surgery** para a caixa denominada *Covariate(s)* (covariável[is]) ou clique em `▶` (Dica 21.1 do SPSS).

Na caixa de diálogos similar à da Figura 21.11, usamos `Fixed...` (fixo) para especificar efeitos fixos no modelo e `Random...` (aleatório) para especificar – sim, você adivinhou – efeitos aleatórios. Para começar, vamos tratar nossos efeitos como fixos, então clique em `Fixed...` para abrir uma caixa de diálogo similar à da Figura 21.12. Temos apenas uma variável especificada como uma previsora e queremos que isso seja tratado como um efeito fixo, então selecione-a da lista denominada *Factors and Covariates* (fatores e covariáveis) e clique em `Add` (adicionar) para transferi-la para o painel *Model* (modelo). Clique em `Continue` para retornar à caixa de diálogos principal.

Clique em `Estimation...` (estimativa) para abrir uma caixa de diálogos similar à da Figura 21.13 (esquerda), na qual você pode alterar as configurações do processo de estimativa. Por exemplo, se você não obtiver uma solução, então poderá aumentar o número de iterações (Dica do SPSS 20.1). Os padrões podem ser ignorados, mas você deve decidir se usa o método de estimativa por máxima verossimilhança ou por máxima verossimilhança restrita. Há prós e contras para ambos (ver Dica do SPSS 21.2), mas, porque queremos comparar modelos como nós os construímos, nós

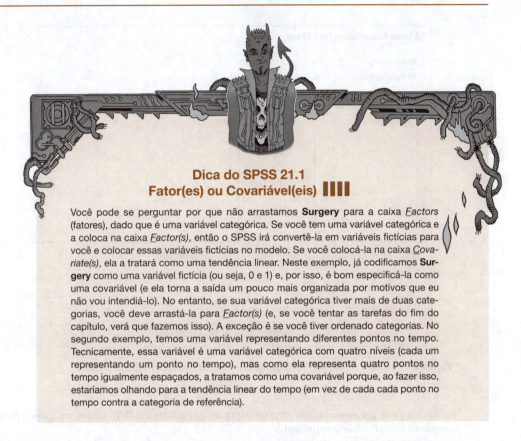

Dica do SPSS 21.1
Fator(es) ou Covariável(eis) ||||

Você pode se perguntar por que não arrastamos **Surgery** para a caixa *Factors* (fatores), dado que é uma variável categórica. Se você tem uma variável categórica e a coloca na caixa *Factor(s)*, então o SPSS irá convertê-la em variáveis fictícias para você e colocar essas variáveis fictícias no modelo. Se você colocá-la na caixa *Covariate(s)*, ela a tratará como uma tendência linear. Neste exemplo, já codificamos **Surgery** como uma variável fictícia (ou seja, 0 e 1) e, por isso, é bom especificá-la como uma covariável (e ela torna a saída um pouco mais organizada por motivos que eu não vou intendiá-lo). No entanto, se sua variável categórica tiver mais de duas categorias, você deve arrastá-la para *Factor(s)* (e, se você tentar as tarefas do fim do capítulo, verá que fazemos isso). A exceção é se você tiver ordenado categorias. No segundo exemplo, temos uma variável representando diferentes pontos no tempo. Tecnicamente, essa variável é uma variável categórica com quatro níveis (cada um representando um ponto no tempo), mas como ela representa quatro pontos no tempo igualmente espaçados, a tratamos como uma covariável porque, ao fazer isso, estaríamos olhando para a tendência linear do tempo (em vez de cada cada ponto no tempo contra a categoria de referência).

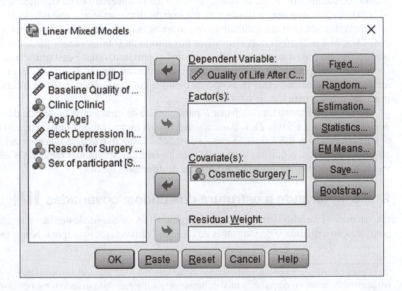

Figura 21.11 Caixa de diálogo principal dos modelos mistos.

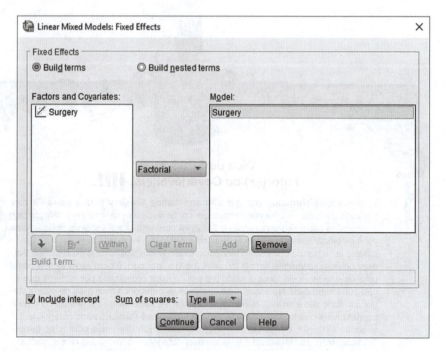

Figura 21.12 Caixa de diálogo para especificar efeitos fixos em modelos mistos.

selecionaremos ⊙ Maximum Likelihood (ML) (máxima verossimilhança [MV]). Clique em Continue para retornar à caixa de diálogo principal.

Clique em Statistics... (estatísticas) para abrir uma caixa de diálogos similar à da Figura 21.13 (direita). Existem duas opções úteis nesta caixa de diálogo. A primeira é ☑ Parameter estimates (estimativas de parâmetro), o que nos dará valores-*b* para cada efeito e sua significância. A segunda é ☑ Tests for covariance parameters (testes para parâmetros de covariância), que nos dará um teste de significância de cada uma das estimativas da covariância no modelo (i.e., os valores de *u* nas Equações 21.5, 21.8 e 21.10). Essas estimativas nos informam sobre a variabilidade dos interceptos ou inclinações em toda a nossa variável contextual e, portanto, o teste de significância pode ser útil (podemos dizer que houve uma variabilidade significativa ou não significativa em interceptos ou inclinações). Selecione essas duas opções e clique em Continue para retornar à caixa de diálogos principal e OK para ajustar o modelo.

A Saída 21.2 mostra a estatística *F* para o efeito da cirurgia na qualidade de vida: compare este resultado com a Saída 21.1. Basicamente, não há diferença: obtemos um efeito não significativo da cirurgia com um *F* de 0,33 e um *p* de 0,565.[6] O ponto é que, se ignorarmos a estrutura hierárquica dos dados, o que nos resta é algo muito familiar: um modelo linear. Os números são os mesmos – acabamos de alcançá-los por meio de diferentes *menus*.

21.6.3 Ignorando a estrutura dos dados: covariadas ▮▮▮▮

Ok, então não há efeito significativo da cirurgia estética na qualidade de vida, mas não levamos em consideração a qualidade de vida antes da cirurgia. Vamos fazer isso agora. Nosso modelo é agora

---

[6] A pequena diferença é porque aqui estamos usando métodos de máxima verossimilhança para estimar os parâmetros do modelo, enquanto o modelo linear original é estimado usando o método dos mínimos quadrados ordinários.

Capítulo 21 • Modelos lineares multiníveis

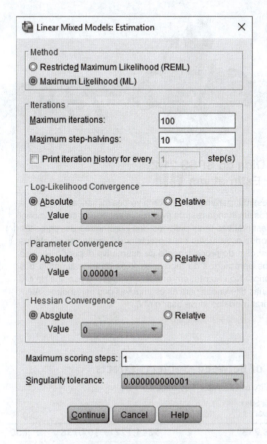
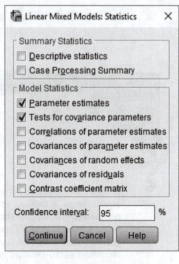

Figura 21.13 As opções *Estimation* e *Statistics* para os modelos mistos.

descrito pela Equação 21.11. Este modelo é um exemplo de uma ANCOVA, que poderíamos executar pelo do *menu* MLG univariado. Como na seção anterior, executaremos a análise nos dois sentidos para ilustrar que estamos fazendo a mesma coisa quando executamos um modo hierárquico.

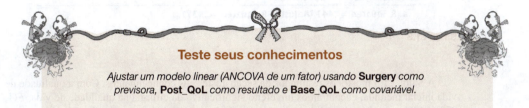

Teste seus conhecimentos

*Ajustar um modelo linear (ANCOVA de um fator) usando **Surgery** como previsora, **Post_QoL** como resultado e **Base_QoL** como covariável.*

Type III Tests of Fixed Effects[a]

Source	Numerator df	Denominator df	F	Sig.
Intercept	1	276	6049.727	.000
Surgery	1	276	.333	.565

a. Dependent Variable: Quality of Life After Cosmetic Surgery.

Saída 21.2

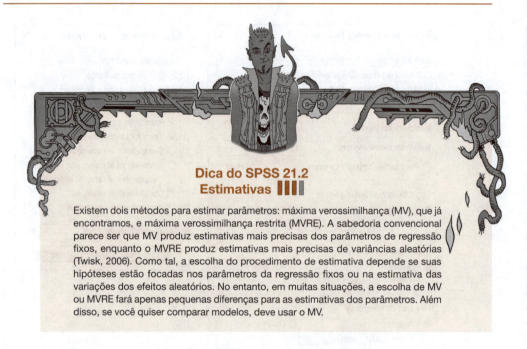

Dica do SPSS 21.2
Estimativas

Existem dois métodos para estimar parâmetros: máxima verossimilhança (MV), que já encontramos, e máxima verossimilhança restrita (MVRE). A sabedoria convencional parece ser que MV produz estimativas mais precisas dos parâmetros de regressão fixos, enquanto o MVRE produz estimativas mais precisas de variâncias aleatórias (Twisk, 2006). Como tal, a escolha do procedimento de estimativa depende se suas hipóteses estão focadas nos parâmetros da regressão fixos ou na estimativa das variações dos efeitos aleatórios. No entanto, em muitas situações, a escolha de MV ou MVRE fará apenas pequenas diferenças para as estimativas dos parâmetros. Além disso, se você quiser comparar modelos, deve usar o MV.

Tests of Between-Subjects Effects

Dependent Variable: Quality of Life After Cosmetic Surgery

Source	Type III Sum of Squares	df	Mean Square	F	Sig.
Corrected Model	10488.253[a]	2	5244.127	107.738	.000
Intercept	1713.257	1	1713.257	35.198	.000
Base_QoL	10459.633	1	10459.633	214.888	.000
Surgery	196.816	1	196.816	4.043	.045
Error	13288.250	273	48.675		
Total	1004494.53	276			
Corrected Total	23776.504	275			

a. R Squared = .441 (Adjusted R Squared = .437)

Saída 21.3

A Saída 21.3 mostra os resultados da seção Teste seus conhecimentos. Com a qualidade de vida inicial incluída, encontramos um efeito significativo da cirurgia na qualidade de vida, $F(1, 273) = 4{,}04$, $p = 0{,}045$. A qualidade de vida de referência também previu significativamente a qualidade de vida após a cirurgia, $F(1, 273) = 214{,}89$, $p < 0{,}001$.

Vamos ajustar o modelo novamente por intermédio do *menu Analyze* ▸ *Mixed Models* ▸ *Linear...*. Como antes, ignore a primeira caixa de diálogos porque, por enquanto, estamos ignorando a estrutura hierárquica dos nossos dados. Podemos deixar a caixa de diálogos principal configurada como era antes, exceto pelo fato de adicionarmos a qualidade de vida de referência como outra previsora (Figura 21.14). Para fazer isso, arraste **Base_QoL** para a caixa rotulada *Covariate(s)* (ou clique em [▸]). Novamente, queremos que essa nova variável entre no modelo como um efeito fixo, então clique em [Fixed...], selecione **Base_QoL** na lista denominada *Factors and*

Capítulo 21 • Modelos lineares multiníveis

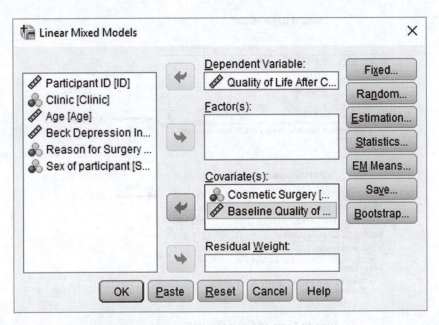

Figura 21.14 Caixa de diálogo principal dos modelos mistos.

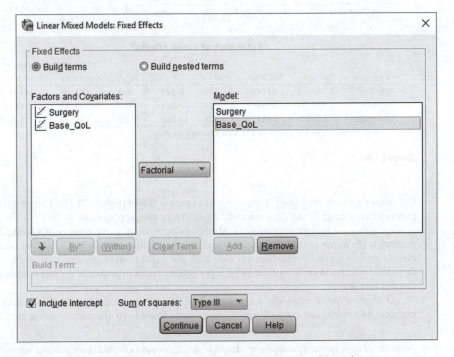

Figura 21.15 Caixa de diálogo para especificar efeitos fixos em modelos mistos.

Model Dimension[a]

		Number of Levels	Number of Parameters
Fixed Effects	Intercept	1	1
	Surgery	1	1
	Base_QoL	1	1
Residual			1
Total		3	4	← *gl* para –2LV

a. Dependent Variable: Quality of Life After Cosmetic Surgery.

Information Criteria[a]

–2 Log Likelihood	1852.543	← –2LV
Akaike's Information Criterion (AIC)	1860.543
Hurvich and Tsai's Criterion (AICC)	1860.690
Bozdogan's Criterion (CAIC)	1879.024
Schwarz's Bayesian Criterion (BIC)	1875.024

The information criteria are displayed in smaller-is-better form.

a. Dependent Variable: Quality of Life After Cosmetic Surgery.

Type III Tests of Fixed Effects[a]

Source	Numerator df	Denominator df	F	Sig.
Intercept	1	276	39.379	.000
Surgery	1	276	4.088	.044
Base_QoL	1	276	217.249	.000

a. Dependent Variable: Quality of Life After Cosmetic Surgery.

Estimates of Fixed Effects[a]

						95% Confidence Interval	
Parameter	Estimate	Std. Error	df	t	Sig.	Lower Bound	Upper Bound
Intercept	18.147025	2.891820	276	6.275	.000	12.454198	23.839851
Surgery	–1.697233	.839442	276	–2.022	.044	–3.349756	–.044710
Base_QoL	.665036	.045120	276	14.739	.000	.576213	.753858

a. Dependent Variable: Quality of Life After Cosmetic Surgery.

Saída 21.4

Covariates e clique em [Add] para transferí-la para o *Model* (Figura 21.15). Clique em [Continue] para retornar à caixa de diálogos principal e [OK] para ajustar o modelo.

A Saída 21.4 mostra as principais estatísticas do modelo: compareas com a Saída 21.3. Os resultados são muito semelhantes quando realizamos a análise como a ANCOVA:[7] obtivemos um efeito significativo da cirurgia com um F de 4,08, $p = 0,044$ e um efeito significativo da qualidade de vida de referência com um F de 217,25, $p < 0,001$. Também podemos ver que o valor-*b* para a cirurgia é –1,70.

O objetivo deste exercício foi convencê-lo de que um modelo multinível é apenas uma extensão do modelo linear e passamos a maior parte desse livro aprendendo sobre eles. Se você

---
[7]Novamente, as pequenas diferenças nos valores se devem ao uso da estimativa de máxima verossimilhança em vez do método dos mínimos quadrados ordinários.

pensar em modelos multiníveis como uma extensão de algo que você já (espero) entende, eles se tornam menos impressionantes (mais uma vez, espero). Agora vamos ver como nós incorporamos a estrutura hierárquica dos dados.

21.6.4 Incluindo interceptos aleatórios no modelo

Vimos que, quando levamos em conta os escores da qualidade de vida pré-cirúrgica, os quais, por si só, predizem significativamente os escores da qualidade de vida após a cirurgia, a cirurgia parece afetar negativamente a qualidade de vida. No entanto, ignoramos o fato de que nossos dados têm uma estrutura hierárquica. Essencialmente, violamos a hipótese da independência, porque os escores das pessoas que tiveram sua cirurgia na mesma clínica provavelmente estão relacionados uns aos outros (e certamente mais relacionados do que com pessoas em diferentes clínicas). Violar o pressuposto de independência pode ter algumas consequências drásticas (ver seção 12.3), mas em vez de entrar em pânico e tagalerar sobre nossa estatística F ser imprecisa, podemos modelar essa covariância dentro das clínicas incluindo a estrutura hierárquica de dados em nosso modelo.

Para começar, incluiremos a hierarquia da maneira mais básica, assumindo que os interceptos variam entre as clínicas. Esse modelo é descrito da seguinte forma:

$$\text{QVPósCirurgia}_{ij} = b_{0j} + b_1 \text{Cirurgia}_{ij} + b_2 \text{PréCirurgia}_{ij} + \varepsilon_{ij}$$
$$b_{0j} = b_0 + u_{0j} \tag{21.16}$$

Novamente, selecionamos *Analyze* ▶ *Mixed Models* ▶ Linear... para abrir uma caixa de diálogos similar à da Figura 21.10. Anteriormente, ignoramos essa caixa de diálogos, mas agora vamos usá-la para especificar nossa variável de nível 2 (**Clinic**). Nós especificamos variáveis contextuais que agrupam participantes (ou sujeitos) usando a caixa intitulada *Subjects* (sujeitos). Arraste (ou selecione e clique em ▶) **Clinic** da lista das variáveis para essa caixa como na Figura 21.16.

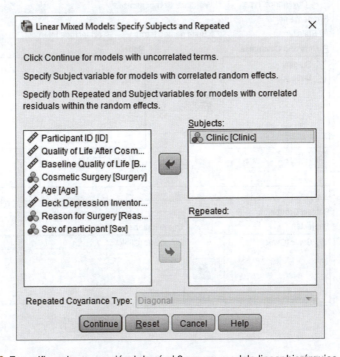

Figura 21.16 Especificando uma variável de nível 2 em um modelo linear hierárquico.

Clique em Continue para acessar a caixa de diálogos principal. Não precisamos mudar isso do modelo anterior (Figura 21.14), porque tudo o que faremos é alterar o intercepto de fixo para aleatório. Também não precisamos especificar novamente nossos efeitos fixos, portanto não há necessidade de clicar Fixed..., a menos que você queira verificar se a caixa de diálogos ainda se parece com a Figura 21.15. No entanto, precisamos especificar um efeito aleatório pela primeira vez, então clique em Random..., para acessar a caixa de diálogos na Figura 21.17. Primeiro, especificamos nossa variável contextual selecionando-a (**Clinic**) na seção intitulada *Subjects* (que conterá quaisquer variáveis que especificamos na Figura 21.16) e arrastando-a (ou clicando →) para a área chamada *Combinations* (combinações). Para especificar que o intercepto é aleatório, selecione ✓ Include intercept (incluir intercepto) (Figura 21.17). Há uma lista suspensa para especificar o tipo de covariância (Variance Components ▼) (componentes de variância), mas para um modelo de intercepto aleatório, essa opção-padrão é válida. Clique em Continue para retornar à caixa de diálogos principal e, em seguida Add, para ajustar o modelo.

A Saída 21.5 mostra a saída editada. Podemos testar se a permissão para que o intercepto varie entre as clínicas fez diferença no modelo usando a mudança em $-2LV$ (Equação 21.15). No modelo atual, $-2LV$ é 1.837,49, baseado em cinco parâmetros (Saída 21.5), e, no modelo anterior (Saída 21.4) $-2LV$ era 1.852,54, baseado em quatro parâmetros. Portanto, a mudança no qui-quadrado é de 15,05 com 1 grau de liberdade:

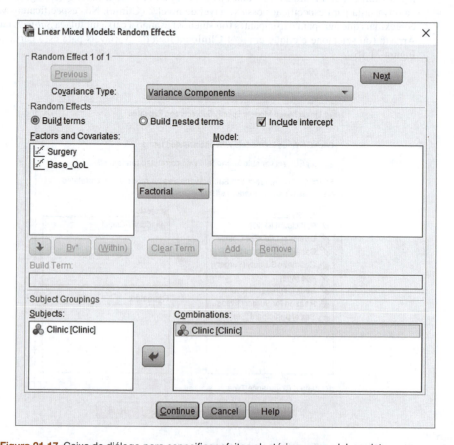

Figura 21.17 Caixa de diálogo para especificar efeitos aleatórios em modelos mistos.

$$\chi^2_{\text{mudança}} = 1.852{,}54 - 1.837{,}49 = 15{,}05$$
$$gl_{\text{mudança}} = 5 - 4 = 1 \qquad (21.17)$$

Os valores críticos para a estatística qui-quadrado com 1 grau de liberdade (no Apêndice) são 3,84 ($p < 0{,}05$) e 6,63 ($p < 0{,}01$) e porque a mudança no qui-quadrado é maior do que esses valores é altamente significativa. Em outras palavras, modelar a variabilidade nos interceptos melhora de forma significativa o ajuste do nosso modelo. Podemos concluir, então, que os interceptos para a relação entre cirurgia e qualidade de vida (quando controlada a qualidade de vida de referência) variam significativamente nas diferentes clínicas. Uma forma alternativa de ver se os interceptos variam entre as clínicas é testar a estimativa da variância para o intercepto (9,24) usando a estatística de Wald (Saída 21.5), que é um escore-z padrão ($z = 1{,}69$, $p = 0{,}09$). Este teste contradiz nossa conclusão da mudança em $-2LV$; no entanto a alteração em $-2LV$ é uma maneira muito mais confiável de avaliar o significado das mudanças no modelo. Em geral, seja cauteloso ao interpretar a estatística de Wald, porque, para parâmetros aleatórios, especialmente (como temos aqui), pode ser bastante imprevisível (para efeitos fixos, deve ser Ok).

Ao permitir que o intercepto varie, obtemos um valor-b diferente para o efeito da cirurgia, que é de $-0{,}31$, comparado a $-1{,}70$ quando o intercepto foi fixo (Saída 21.4). Em outras palavras, ao permitir que os interceptos variem ao longo das clínicas, o efeito da cirurgia diminuiu drasticamente. De fato, não é mais significativo, $F(1, 275{,}63) = 0{,}14$, $p = 0{,}709$. Isso mostra que ignorar a estrutura hierárquica nos dados leva a conclusões muito diferentes daquelas que foram encontradas anteriormente.

21.6.5 Incluindo interceptos e inclinações aleatórias em um modelo ||||

Incluir um intercepto aleatório é importante para esse modelo (altera significativamente a probabilidade do log). Vamos ver se adicionar uma inclinação aleatória também melhora nossa capacidade de prever a qualidade de vida após a cirurgia. Esse modelo é descrito pela Equação 21.13. Tudo o que estamos fazendo é adicionar outro termo aleatório ao modelo, portanto as únicas alterações que precisamos fazer estão na caixa de diálogos acessada clicando em Ra_ndom... . (Se estiver começando do zero, siga as instruções para configurar a caixa de diálogos na seção anterior.) Selecione a previsora (**Surgery**) na lista de _Factors and Covariates_ e adicione-a ao _Model_ clicando em Add (Figura 21.18). Clique em Continue para retornar à caixa de diálogos principal e clique em OK para executar a análise.

Para ver se a inclusão da variância das inclinações (estimada em 29,63 na Saída 21.6) ajuda o modelo, podemos ver novamente a alteração em $-2LV$. No modelo atual, $-2LV$ é 1.816 (Saída 21.6), baseado em seis parâmetros; no modelo anterior (Saída 21.5), foi 1.837,49, baseado em cinco parâmetros. Portanto, a mudança no qui-quadrado é de 21,49 com 1 grau de liberdade:

$$\chi^2_{\text{mudança}} = 1.837{,}49 - 1.816{,}00 = 21{,}49$$
$$gl_{\text{mudança}} = 6 - 5 = 1 \qquad (21.18)$$

A comparação desse valor com os mesmos valores críticos (3,84 e 6,63) de antes para a distribuição do qui-quadrado com $gl = 1$ mostra que essa alteração é altamente significativa (porque 21,49 é muito maior do que os valores críticos). Em outras palavras, o ajuste do nosso modelo melhora significativamente quando a variância das inclinações é incluída: há uma variabilidade significativa nas inclinações.

Dado que existe uma variabilidade significativa nas inclinações, devemos estimar o grau em que as inclinações e os interceptos se correlacionam (ou covariam). Ao selecionar Variance Components ▼ na análise anterior, assumimos que as covariâncias entre os interceptos e as inclinações eram zero. Portanto, estimamos apenas a variância das inclinações, o que foi útil porque nos permitiu observar esse efeito isoladamente. Para incluir a _covariância_ entre inclinações aleatórias e interceptos aleatórios, clique em Variance Components ▼ na Figura 21.18 para acessar a lista suspensa e selecione Unstructured ▼ (não estruturado). Ao mudar para Unstructured ▼ , removemos

Model Dimension[a]

		Number of Levels	Covariance Structure	Number of Parameters	Subject Variables
Fixed Effects	Intercept	1		1	
	Surgery	1		1	
	Base_QoL	1		1	
Random Effects	Intercept[b]	1	Variance Components	1	Clinic
Residual				1	
Total		4		5	← gl para −2LV

a. Dependent Variable: Quality of Life After Cosmetic Surgery.
b. As of version 11.5, the syntax rules for the RANDOM subcommand have changed. Your command syntax may yield results that differ from those produced by prior versions. If you are using version 11 syntax, please consult the current syntax reference guide for more information.

Information Criteria[a]

−2 Log Likelihood	1837.490 ← −2LV
Akaike's Information Criterion (AIC)	1847.490
Hurvich and Tsai's Criterion (AICC)	1847.712
Bozdogan's Criterion (CAIC)	1870.592
Schwarz's Bayesian Criterion (BIC)	1865.592

The information criteria are displayed in smaller-is-better form.

a. Dependent Variable: Quality of Life After Cosmetic Surgery.

Type III Tests of Fixed Effects[a]

Source	Numerator df	Denominator df	F	Sig.
Intercept	1	163.879	73.305	.000
Surgery	1	275.631	.139	.709
Base_QoL	1	245.020	83.159	.000

a. Dependent Variable: Quality of Life After Cosmetic Surgery.

bs

Estimates of Fixed Effects[a]

Parameter	Estimate	Std. Error	df	t	Sig.	95% Confidence Interval Lower Bound	Upper Bound
Intercept	29.563601	3.452958	163.879	8.562	.000	22.745578	36.381624
Surgery	−.312999	.838551	275.631	−.373	.709	−1.963776	1.337779
Base_QoL	.478630	.052486	245.020	9.119	.000	.375248	.582012

a. Dependent Variable: Quality of Life After Cosmetic Surgery.

Estimates of Covariance Parameters[a]

Var(ε_{ij})

Parameter	Estimate	Std. Error	Wald Z	Sig.	95% Confidence Interval Lower Bound	Upper Bound
Residual	42.497179	3.703949	11.473	.000	35.823786	50.413718
Intercept [subject = Clinic] Variance	9.237126	5.461678	1.691	.091	2.898965	29.432742

a. Dependent Variable: Quality of Life After Cosmetic Surgery.

Var(u_{0j})

Saída 21.5

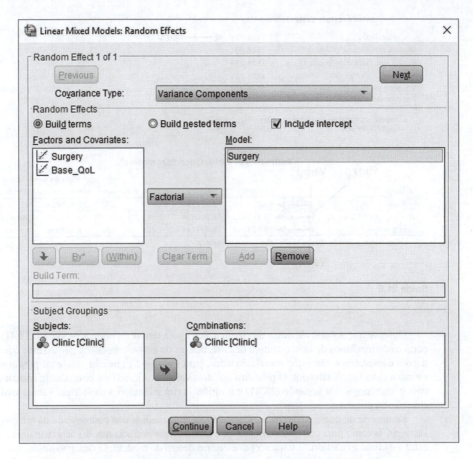

Figura 21.18 Caixa de diálogo especificando efeitos aleatórios em modelos mistos.

o pressuposto de que as covariâncias entre inclinações e interceptos são zero e estimamos essa covariância. Basicamente, adicionamos um termo ao modelo que estima a covariância entre as inclinações e os interceptos. Ajuste novamente o modelo anterior, mas mude Variance Components para Unstructured na Figura 21.18.

Avaliamos o grau em que adicionar a covariância entre inclinações e interceptos fez uma diferença no modelo usando a mudança em $-2LV$ (Equação 21.15). Em nosso modelo atual, $-2LV$ é 1.798,62 (Saída 21.7), baseado em um total de sete parâmetros; no modelo anterior (Saída 21.6), foi 1.816, baseado em seis parâmetros. Portanto, a mudança em $-2LV$ é 17,38 com 1 grau de liberdade:

$$\chi^2_{\text{mudança}} = 1.816,00 - 1.798,62 = 17,38$$
$$gl_{\text{mudança}} = 7 - 6 = 1$$

(21.19)

Essa mudança é altamente significativa, com $p < 0,01$ porque 17,38 é maior que o valor crítico de 6,63 para a estatística do qui-quadrado com 1 grau de liberdade (ver Apêndice). O ajuste do nosso modelo melhora significativamente quando o termo da covariância é incluído. As variâncias estimadas para o intercepto (37,60) e inclinações (–36,68 e 38,41) e sua significâncias associadas, com base no teste de Wald, confirmam isso, porque todas as três estimativas estão próximas da significância (embora eu reitere meu ponto anterior de que a estatística de Wald deva ser interpretada com cautela).

Information Criteria[a]

-2 Log Likelihood	1816.001 ◄── −2LV
Akaike's Information Criterion (AIC)	1828.001
Hurvich and Tsai's Criterion (AICC)	1828.314
Bozdogan's Criterion (CAIC)	1855.724
Schwarz's Bayesian Criterion (BIC)	1849.724

The information criteria are displayed in smaller-is-better form.

a. Dependent Variable: Quality of Life After Cosmetic Surgery.

Estimates of Covariance Parameters[a]

$Var(u_{0j})$ $Var(\varepsilon_{ij})$

					95% Confidence Interval	
Parameter	Estimate	Std. Error	Wald Z	Sig.	Lower Bound	Upper Bound
Residual	35.008422	3.132866	11.175	.000	29.376458	41.720130
Intercept [subject = Clinic] Variance	33.181911	16.900824	1.963	.050	12.227895	90.043233
Surgery [subject = Clinic] Variance	29.630281	16.497840	1.796	.072	9.949366	88.242166

a. Dependent Variable: Quality of Life After Cosmetic Surgery.

$Var(u_{1j})$

Saída 21.6

Observe que a parte aleatória das inclinações agora tem dois valores (−36,68 e 38,41). Isso porque nós mudamos de uma estrutura de covariâncias de Variance Components ▼, que assume que inclinações e interceptos não estão correlacionados, para Unstructured ▼, que não atinge tal pressuposto e estima a covariância também. O primeiro dos dois valores (−36,68) é a covariância entre inclinações e interceptos, e o segundo (38,41) é a variância das inclinações aleatórias. Vamos analisar a covariância primeiro.

Lembre-se de que a covariância (Capítulo 8) é uma medida não padronizada da relação entre variáveis. É como uma correlação. Portanto, o termo da covariância nos diz se existe uma relação entre a inclinaçao aleatória e o intercepto aleatório dentro do modelo. O tamanho desse valor não é muito importante porque não é padronizado (por isso, não podemos comparar o tamanho das covariâncias medidas em diferentes modelos contendo diferentes variáveis), mas sua direção sim. Nesse modelo, a covariância é negativa (−36,68), indicando uma relação negativa entre os interceptos e as inclinações. Lembre-se que estamos olhando para o efeito da cirurgia na qualidade de vida em 10 clínicas diferentes, o que significa que, ao longo dessas clínicas, quando o intercepto para a relação entre a cirurgia e a qualidade de vida aumenta, o valor da inclinação diminui. A Figura 21.19 mostra esse padrão traçando os valores observados da qualidade de vida após a cirurgia em relação àqueles previstos pelo nosso modelo. Cada linha representa uma clínica diferente e está claro que as dez clínicas diferem: aquelas com baixos interceptos (valores baixos no eixo y) têm inclinações positivas bastante íngremes. À medida que o intercepto aumenta (à medida que vamos da linha que cruza o eixo y no ponto mais baixo até a linha que atinge o eixo y no ponto mais alto), as inclinações das linhas tendem a ficar mais planas (a inclinação diminui). A covariância negativa entre as inclinações e os interceptos reflete essa relação. Se tivesse sido positivo, significaria o contrário: à medida que os interceptos aumentam, as inclinações também aumentam.

Passando para a variância das inclinações (38,41), isso nos diz o quanto as inclinações variam em torno de uma única inclinação ajustada a todo o conjunto de dados (i.e., ignorando a clínica da qual os dados vieram). Esse valor confirma o que nosso teste qui-quadrado nos mostrou: que as inclinações entre as clínicas são significativamente diferentes. Isso também fica evidente na Figura 21.19.

Resumindo, podemos concluir que os interceptos e as inclinações para a relação entre cirurgia e qualidade de vida (quando se controla a qualidade de vida de referência) variam significativamente entre as diferentes clínicas. Permitir que os interceptos e as inclinações variem resulta em um novo valor-*b* para o efeito da cirurgia, que é de −0,65 comparado a −0,31 quando os declives

Figura 21.19 Valores previstos do modelo (cirurgia prevendo qualidade de vida após o controle da qualidade de vida de referência) traçados em relação aos valores observados.*

eram fixos (Saída 21.5). Ao permitir que os interceptos variem ao longo das clínicas, o efeito da cirurgia aumentou, embora ainda não seja significativo, $F(1, 9{,}518) = 0{,}10$, $p = 0{,}762$.

21.6.6 Adicionando uma interação ao modelo ▍▍▍▍

Podemos construir o modelo adicionando outra variável. Nos dados nós registramos a razão para a pessoa ter uma cirurgia estética: foi para resolver um problema físico ou puramente por vaidade? Vamos adicionar essa previsora ao modelo e também observar se ela interage com a cirurgia na previsão da qualidade de vida.[8] Nosso modelo se expandirá para incorporar esses novos termos e cada termo terá um valor-b (que selecionamos para ser corrigido). Esse modelo é descrito da seguinte maneira (observe que tudo o que mudou é que existem duas novas previsoras):

$$\text{QVPósCirurgia}_{ij} = b_{0j} + b_{1j}\text{Cirurgia}_{ij} + b_2\text{QVPréCirurgia}_{ij} + b_3\text{Razão}_{ij}$$
$$+ b_4\text{RazãoCirurgia}_{ij} + \varepsilon_{ij} \qquad (21.20)$$
$$b_{0j} = b_0 + u_{0j}$$
$$b_{1j} = b_1 + u_{1j}$$

Este modelo requer apenas pequenas alterações nas caixas de diálogos que já configuramos. Primeiro, selecione <u>A</u>nalyze ▸ Mi<u>x</u>ed Models ▸ Linear... para acessar a caixa de diálogos inicial, que deve ser configurada como na análise anterior (deve ser semelhante à da Figura 21.16). Clique em Continue para acessar a caixa de diálogos principal. Supondo que você esteja continuando

---

*N. de E. Essa figura é de difícil visualização em preto e branco, e está disponível colorida *online*. Acesse **grupoa.com.br**, encontre o livro por meio do campo de busca e clique em Material complementar.

[8] Na realidade, como usaríamos a mudança em $-2LV$ para ver se os efeitos são significativos, construiríamos esse novo termo por etapas. Portanto, primeiro incluiríamos apenas **Reason** no modelo e, em um modelo separado, adicionaríamos a interação. Ao fazer isso, podemos calcular a alteração em $-2LV$ para cada efeito. Para economizar espaço, vou colocar ambos no modelo em uma única etapa.

Descobrindo a estatística usando o SPSS

Model Dimension[a]

		Number of Levels	Covariance Structure	Number of Parameters	Subject Variables
Fixed Effects	Intercept	1		1	
	Surgery	1		1	
	Base_QoL	1		1	
Random Effects	Intercept + Surgery[b]	2	Unstructured	3	Clinic
Residual				1	
Total		5		7 ← gl para –2LV	

a. Dependent Variable: Quality of Life After Cosmetic Surgery.
b. As of version 11.5, the syntax rules for the RANDOM subcommand have changed. Your command syntax may yield results that differ from those produced by prior versions. If you are using version 11 syntax, please consult the current syntax reference guide for more information.

Information Criteria[a]

-2 Log Likelihood	1798.624 ← –2LV
Akaike's Information Criterion (AIC)	1812.624
Hurvich and Tsai's Criterion (AICC)	1813.042
Bozdogan's Criterion (CAIC)	1844.967
Schwarz's Bayesian Criterion (BIC)	1837.967

The information criteria are displayed in smaller-is-better form.

a. Dependent Variable: Quality of Life After Cosmetic Surgery.

Type III Tests of Fixed Effects[a]

Source	Numerator df	Denominator df	F	Sig.
Intercept	1	84.954	107.284	.000
Surgery	1	9.518	.097	.762
Base_QoL	1	265.933	33.984	.000

a. Dependent Variable: Quality of Life After Cosmetic Surgery.

Estimates of Fixed Effects[a]

bs

Parameter	Estimate	Std. Error	df	t	Sig.	95% Confidence Interval Lower Bound	Upper Bound
Intercept	40.102525	3.871729	84.954	10.358	.000	32.404430	47.800620
Surgery	-.654530	2.099413	9.518	-.312	.762	-5.364643	4.055583
Base_QoL	.310218	.053214	265.933	5.830	.000	.205443	.414993

a. Dependent Variable: Quality of Life After Cosmetic Surgery.

$Var(u_{0j})$
Variâncias dos interceptos $Var(\varepsilon_{ij})$

Estimates of Covariance Parameters[a]

Variância dos resíduos

Parameter		Estimate	Std. Error	Wald Z	Sig.	95% Confidence Interval Lower Bound	Upper Bound
Residual		34.955705	3.116670	11.216	.000	29.351106	41.630504
Intercept + Surgery [subject = Clinic]	UN (1,1)	37.609439	18.726052	2.008	.045	14.173482	99.796926
	UN (2,1)	-36.680707	18.763953	-1.955	.051	-73.457378	.095965
	UN (2,2)	38.408857	20.209811	1.901	.057	13.694612	107.724142

a. Dependent Variable: Quality of Life After Cosmetic Surgery.

$Var(u_{1j})$
Variância das inclinações

$Cov(u_{0j}, u_{1j})$
Covariância dos interceptos e das inclinações

Saída 21.7

Capítulo 21 • Modelos lineares multiníveis

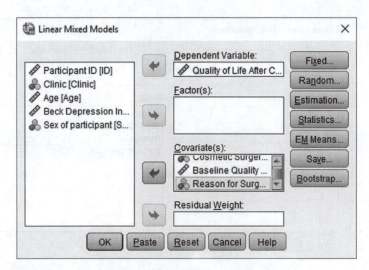

Figura 21.20 Caixa de diálogo principal dos modelos mistos.

com o modelo anterior, essa caixa de diálogos já estará configurada (deve ser semelhante à da Figura 21.14). Temos duas novas covariáveis para adicionar ao modelo: o efeito do motivo da cirurgia (**Reason**) e a interação de **Reason** e **Surgery**. Nesta fase, adicionamos **Reason** como uma covariável, então arraste esta variável para a caixa chamada *Covariate(s)* (ou clique ▶).[9] A caixa de diálogos concluída está representada na Figura 21.20.

Para adicionar as novas previsoras ao modelo como efeitos fixos, clique em Fixed... para exibir uma caixa de diálogos similar à da Figura 21.21. Para especificar o efeito principal de **Reason**, selecione essa variável na lista denominada *Factors and Covariates* e clique em Add para transferi-la para *Model*. Para especificar o termo de interação, primeiro clique em Factorial ▼ (fatorial) e mude para Interaction ▼ (interação). Em seguida, selecione **Surgery** de *Factors and Covariates* e, mantendo pressionada a tecla *Ctrl* (*Cmd* no Mac), selecione **Reason**. Com ambas as variáveis selecionadas, clique em Add para transferi-las para o *Model* como um efeito de interação. A caixa de diálogos preenchida deve se parecer com a da Figura 21.21. Clique em Continue para retornar à caixa de diálogos principal. Não precisamos especificar nenhum novo coeficiente aleatório, portanto deixe a caixa de diálogo acessada por Random..., como na Figura 21.18, e podemos deixar as outras opções como nos modelos anteriores. Na caixa de diálogos principal, clique em OK para ajustar o modelo.

A Saída 21.8 é semelhante à saída anterior, exceto pelo fato de termos dois novos efeitos fixos. Para avaliar se esses efeitos fixos melhoraram o ajuste do modelo, podemos usar a mudança na estatística log-verossimilhança novamente:

$$\chi^2_{mudança} = 1.798,62 - 1.789,05 = 9,57$$
$$gl_{mudança} = 9 - 7 = 2$$
(21.21)

A alteração é 9,57 com base em 2 graus de liberdade, que é maior que o valor crítico para a estatística do qui-quadrado (com 2 gl no Apêndice, que é 5,99 ($p < 0,05$, $gl = 2$). Adicionar o motivo da cirurgia e a interação entre a cirurgia e o motivo melhora significativamente o ajuste do modelo.

Podemos observar os efeitos individualmente na tabela dos efeitos fixos. A qualidade de vida antes da cirurgia previu significativamente a qualidade de vida após a cirurgia, $F(1, 268,92) =$

---

[9]Tal como aconteceu com **Surgery**, eu arrastei **Reason** para a caixa *Covariate(s)* porque ela já tem codificação fictícia (Dica do SPSS 21.1).

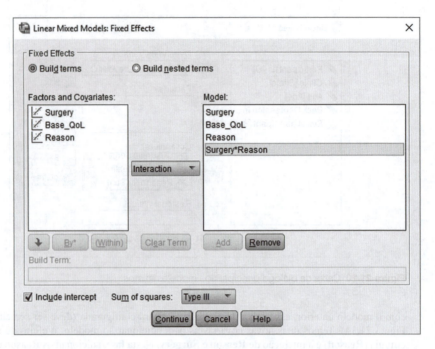

Figura 21.21 Especificando uma interação do efeito fixo em modelos mistos.

33,65, $p < 0,001$, a cirurgia ainda não previa significativamente a qualidade de vida, $F(1, 15,86) = 2,17$, $p = 0,161$, mas o motivo da cirurgia, $F(1, 259,89) = 9,67$, $p = 0,002$, e a interação da cirurgia e o motivo da cirurgia, $F(1, 217,09) = 6,28$, $p = 0,013$, ambos previam significativamente a qualidade de vida. A tabela das estimativas dos efeitos fixos nos diz a mesma coisa, exceto que ela também nos dá os valores-b e seus intervalos de confiança.

Em linhas gerais, nossas conclusões sobre os parâmetros aleatórios permanecem as mesmas do modelo anterior. Os valores da variância para o intercepto (30,06) e para a inclinação (29,35) são menores do que no modelo anterior e os valores-p associados são ligeiramente maiores, mas não mudaram drasticamente. Também a covariância entre as inclinações e os interceptos ainda é negativa (−28.08).

O termo de interação é o efeito mais interessante, porque isso nos diz o efeito do motivo da cirurgia, levando em conta se a pessoa fez a cirurgia. Para quebrar essa interação, poderíamos executar novamente a análise separadamente para os dois "grupos de motivos". Obviamente, removeríamos o termo de interação e o efeito principal de **Reason** desse modelo (porque estamos analisando o grupo da razão física separadamente do grupo que queria mudar sua aparência). Dessa forma, você precisa ajustar o modelo na seção anterior, mas primeiro divida o arquivo pela variável **Reason**.

Teste seus conhecimentos

*Divida o arquivo pela variável **Reason** e, em seguida, execute um modelo multinível prevendo **Post_QoL** com um intercepto aleatório e inclinações aleatórias para **Surgery** e incluindo **Base_QoL** e **Surgery** como previsoras.*

Capítulo 21 • Modelos lineares multiníveis

Model Dimension[a]

		Number of Levels	Covariance Structure	Number of Parameters	Subject Variables
Fixed Effects	Intercept	1		1	
	Surgery	1		1	
	Base_QoL	1		1	
	Reason	1		1	
	Surgery * Reason	1		1	
Random Effects	Intercept + Surgery[b]	2	Unstructured	3	Clinic
Residual				1	
Total		7		9	← *gl* para −2LV

a. Dependent Variable: Quality of Life After Cosmetic Surgery.
b. As of version 11.5, the syntax rules for the RANDOM subcommand have changed. Your command syntax may yield results that differ from those produced by prior versions. If you are using version 11 syntax, please consult the current syntax reference guide for more information.

Information Criteria[a]

−2 Log Likelihood	1789.045 ← −2LV
Akaike's Information Criterion (AIC)	1807.045
Hurvich and Tsai's Criterion (AICC)	1807.722
Bozdogan's Criterion (CAIC)	1848.629
Schwarz's Bayesian Criterion (BIC)	1839.629

The information criteria are displayed in smaller-is-better form.
a. Dependent Variable: Quality of Life After Cosmetic Surgery.

Type III Tests of Fixed Effects[a]

Source	Numerator df	Denominator df	F	Sig.
Intercept	1	108.853	122.593	.000
Surgery	1	15.863	2.167	.161
Base_QoL	1	268.920	33.647	.000
Reason	1	259.894	9.667	.002
Surgery * Reason	1	217.087	6.278	.013

a. Dependent Variable: Quality of Life After Cosmetic Surgery.

Estimates of Fixed Effects[a]

bs

Parameter	Estimate	Std. Error	df	t	Sig.	95% Confidence Interval Lower Bound	Upper Bound
Intercept	42.517820	3.840055	108.853	11.072	.000	34.906839	50.128800
Surgery	−3.187677	2.165484	15.863	−1.472	.161	−7.781510	1.406157
Base_QoL	.305356	.052642	268.920	5.801	.000	.201713	.408999
Reason	−3.515148	1.130552	259.894	−3.109	.002	−5.741357	−1.288939
Surgery * Reason	4.221288	1.684798	217.087	2.506	.013	.900633	7.541944

a. Dependent Variable: Quality of Life After Cosmetic Surgery.

Var(u_{0j})
Variâncias dos interceptos Var(ε_{ij})
Variância dos resíduos

Estimates of Covariance Parameters[a]

Parameter	Estimate	Std. Error	Wald Z	Sig.	95% Confidence Interval Lower Bound	Upper Bound
Residual	33.859719	3.024395	11.196	.000	28.421886	40.337948
Intercept + Surgery [subject = Clinic] UN (1,1)	30.056340	15.444593	1.946	.052	10.978478	82.286775
UN (2,1)	−28.083657	15.195713	−1.848	.065	−57.866706	1.699393
UN (2,2)	29.349323	16.404492	1.789	.074	9.813593	87.774453

a. Dependent Variable: Quality of Life After Cosmetic Surgery.

Var(u_{1j})
Variância das inclinações

Cov(u_{0j}, u_{1j})
Covariância dos interceptos e das inclinações

Saída 21.8

Cirurgia por razões estéticas

Estimates of Fixed Effects[a,b]

Parameter	Estimate	Std. Error	df	t	Sig.	95% Confidence Interval Lower Bound	Upper Bound
Intercept	41.786055	5.487873	77.331	7.614	.000	30.859052	52.713059
Surgery	-4.307014	2.239912	7.719	-1.923	.092	-9.505157	.891130
Base_QoL	.338492	.079035	88.619	4.283	.000	.181440	.495543

a. Reason for Surgery = Change Appearance
b. Dependent Variable: Quality of Life After Cosmetic Surgery.

Cirurgia por razões físicas

Estimates of Fixed Effects[a,b]

Parameter	Estimate	Std. Error	df	t	Sig.	95% Confidence Interval Lower Bound	Upper Bound
Intercept	38.020790	4.666154	93.558	8.148	.000	28.755460	47.286119
Surgery	1.196550	2.081999	7.614	.575	.582	-3.647282	6.040382
Base_QoL	.317710	.068883	172.816	4.612	.000	.181749	.453670

a. Reason for Surgery = Physical reason
b. Dependent Variable: Quality of Life After Cosmetic Surgery.

Saída 21.9

A Saída 21.9 mostra as estimativas dos parâmetros dessas análises. Ela mostra que, para aqueles operados apenas para mudar sua aparência, a cirurgia teve uma relação *negativa* (e quase significativa) com a qualidade de vida após a cirurgia, $b = -4,31$, $t (7,72) = -1,92$, $p = 0,09$. O b negativo mostra que, nessas pessoas, a qualidade de vida foi menor após a cirurgia em comparação com o grupo-controle. No entanto, para aqueles que tiveram a cirurgia para resolver um problema físico, a cirurgia teve uma relação *positiva* (e muito não significativa) com a qualidade de vida, $b = 1,20$, $t (7,61) = 0,58$, $p = 0,58$. O b positivo indica que as pessoas que fizeram cirurgias tiveram um escore mais alto na qualidade de vida do que aquelas que estavam na lista de espera (mesmo que não significativamente). O efeito da interação, portanto, reflete a diferença nas inclinações para a cirurgia como previsora da qualidade de vida naqueles que passaram por cirurgia por problemas físicos (inclinação positiva leve) e aqueles que realizaram cirurgia puramente por vaidade (uma inclinação negativa).

Em suma, a qualidade de vida após a cirurgia, depois de controlar a qualidade de vida antes da cirurgia, foi menor para aqueles que fizeram a cirurgia para mudar sua aparência do que aqueles que fizeram a cirurgia por uma razão física. Isso faz sentido, porque, para aqueles que estão fazendo uma cirurgia para corrigir um problema físico, a cirurgia provavelmente trouxe alívio e melhorou sua qualidade de vida. No entanto, aqueles que passaram por uma cirurgia por vaidade podem muito bem descobrir que ter uma aparência diferente não estava no âmago da sua infelicidade, portanto sua qualidade de vida é menor.

21.7 Modelos de crescimento ||||

Modelos de crescimento são amplamente utilizados em muitas áreas da ciência, incluindo psicologia, medicina, física, química e economia. Em um modelo de crescimento, o objetivo é observar a taxa de mudança de uma variável ao longo do tempo: por exemplo, poderíamos observar as contagens de células brancas do sangue, as atitudes, o decaimento radioativo ou os lucros. Em todos os casos, tentamos ver qual modelo descreve melhor a alteração ao longo do tempo.

Dicas da Ana Apressada
Saída dos modelos multiníveis

- A tabela *Information Criteria* (critério de informação) pode ser usada para avaliar o ajuste geral do modelo. O valor de –2LV pode ser testado quanto à significância com *gl* iguais para o número de parâmetros que estão sendo estimados. No entanto, ela é usada principalmente para comparar modelos que são os mesmos em todos os parâmetros, exceto um, testando a diferença em –2LV nos dois modelos contra *gl* = 1 (se apenas um parâmetro tiver sido alterado). O CIA, CIAc, CCIA e CIB também podem ser comparados entre os modelos (mas não testados quanto à significância).

- A tabela de *Type III Tests of Fiexed Effects* (testes de efeitos fixos tipo III) indica se suas previsoras preveem a variável de resultado de maneira significativa: procure na coluna *Sig*. Se o valor for menor que 0,05, o efeito é significativo.

- A tabela de *Estimates of Fixed Effets* (estimativas de efeitos fixos) nos fornece os valores-*b* para cada efeito e seu intervalo de confiança. A direção desses coeficientes nos informa se a relação entre cada previsora e a variável de resultado é positiva ou negativa.

- A tabela denominada *Estimates of Covariance Parameters* (estimativas dos parâmetros da covariância) nos informa sobre os efeitos aleatórios no modelo. Esses valores podem nos dizer o quanto os interceptos e as inclinações variaram em nossa variável de nível 1. A significância dessas estimativas deve ser tratada com cautela. A rotulagem exata desses efeitos depende de qual estrutura das covariâncias você selecionou para a análise.

21.7.1 Curvas de crescimento (polinomiais)

A Figura 21.22 mostra três exemplos de **curvas de crescimento**: três **polinômios** representando uma tendência linear (a linha laranja) também conhecida como polinômio de primeira ordem, uma tendência quadrática (a linha preta) também conhecida como polinômio de segunda ordem e uma tendência cúbica (a linha cinza), também conhecida como polinômio de terceira ordem. Observe que a tendência linear é uma linha reta, mas, à medida que os polinômios aumentam, eles ficam cada vez mais curvados, indicando um crescimento mais rápido ao longo do tempo. Além disso, à medida que os polinômios aumentam, a mudança na curva é bastante drástica (tanto que eu tive que ajustar a escala do eixo *y* em cada gráfico para encaixar todos os três no mesmo diagrama). Essa observação destaca o fato de que qualquer curva de crescimento superior a uma tendência quadrática (ou possivelmente cúbica) é muito irrealista em dados reais. Ao ajustar um modelo de crescimento, podemos ver qual tendência melhor descreve o crescimento de uma variável de resultado ao longo do tempo (embora ninguém acredite que um polinômio de quinta ordem significativo esteja nos dizendo algo relevante sobre o mundo real!).

**Lanterna de Oditi
Modelos multiníveis**

"Eu, Oditi, acredito que você saiba que manipulações experimentais acontecem dentro de cultos contextos; e as pessoas dentro dos cultos contextos tornam-se mais semelhantes entre si do que as pessoas de fora desses cultos contextos. Para eliminar essa dependência, devemos fazer todos se juntarem ao nosso culto... ah, na verdade, quero dizer, devemos fatorar a dependência usando um modelo multinível. Olhe para a minha lanterna uma última vez e você se tornará digno de se chamar de um dos meus súditos das verdades numéricas não descobertas."

As curvas de crescimento que acabei de descrever devem parecer familiares: são as mesmas que descrevemos para as médias ordenadas na seção 12.4.5. O que estamos discutindo agora não é realmente diferente. Há duas coisas importantes para lembrar quando ajustamos curvas de crescimento: (1) você pode ajustar polinômios com um grau até um a menos que o número de pontos no tempo que você tem; e (2) um polinômio é definido por uma simples função de potência.

No primeiro ponto, isso significa que, com três pontos no tempo, você pode ajustar uma curva de crescimento linear ou quadrática (ou um polinômio de primeira ou segunda ordem), mas não pode ajustar curvas de crescimento de ordem superior. Da mesma forma, se você tiver seis pontos no tempo, poderá ajustar um polinômio de quinta ordem. Esta é a mesma ideia básica como tendo um contraste a menos do que o número de grupos ao comparar as médias ordenadas (ver seção 12.4).

No segundo ponto, definimos as curvas de crescimento manualmente em modelos multiníveis: não há uma opção conveniente que faça isso para nós. No entanto, é bastante fácil de fazer. Se *time* (tempo) é nossa variável previsora, então uma tendência linear é testada incluindo essa variável sozinha. Um polinômio quadrático ou de segunda ordem é testado incluindo uma previsora que é tempo^2, um polinômio cúbico ou de terceira ordem é testado incluindo uma previsora que é tempo^3 e assim por diante. Qualquer polinômio é testado pela inclusão de uma variável que é aprevisora da potência da ordem do polinômio que você deseja testar: para um polinômio de quinta ordem, precisamos de uma previsora que seja tempo^5 e, para um polinômio de enésima ordem, iríamos incluir tempo^n como uma previsora. Espero que você tenha captado a ideia geral.

21.7.2 Um exemplo de lua de mel ▌▌▌▌

Certa vez, assisti a uma brilhante palestra do professor Daniel Kahneman, vencedor do Prêmio Nobel de Economia de 2002. Nessa palestra, Kahneman assimilou a pesquisa sobre a satisfação com a vida (ele explorou questões como, por exemplo, se as pessoas mais ricas são mais felizes). Na ocasião, ele apresentou um gráfico que particularmente chamou minha atenção. Ele mostrou que, anteriormente ao casamento, as pessoas relataram uma maior satisfação com a vida, mas, em cerca de dois anos após o casamento, essa satisfação com a vida retornou ao nível inicial. Este gráfico ilustra perfeitamente o que as pessoas falam como o "período de lua de mel": um novo relacionamento/casamento é ótimo no início (não importa quão inadequado você seja), mas, depois de seis meses, as "rachaduras" começam a aparecer e tudo fica ruim. Kahneman argumentou que

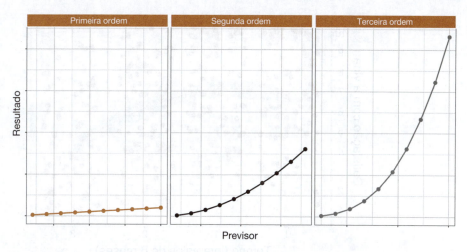

Figura 21.22 Ilustração de um polinômio de primeira ordem (linear, laranja), de segunda ordem (quadrático, preto) e de terceira ordem (cúbico, cinza).

as pessoas se adaptam ao casamento; isso não os torna mais felizes a longo prazo (Kahneman e Krueger, 2006).[10]

Essa conversa me fez pensar se poderíamos aplicar esse argumento a qualquer novo relacionamento. Portanto, em um mundo paralelo completamente fictício, no qual me preocupo com a satisfação das pessoas com a vida, organizei um grande evento de namoro rápido (ver Capítulo 16). No início da noite, medi a satisfação com a vida de todos (**Satisfaction_Baseline**) em uma escala de 10 pontos (0 = completamente insatisfeito, 10 = completamente satisfeito) e registrei o sexo biológico de cada um (**Sex**). Após o evento, registrei quem havia encontrado um parceiro. Se eles passaram a ter um relacionamento com a pessoa que eles conheceram na noite do namoro rápido, então eu mantive contato com essas pessoas durante os próximos 18 meses desse relacionamento. Consegui medidas de satisfação com a vida aos 6 meses (**Satisfaction_6_Months**), 12 meses (**Satisfaction_12_Months**) e 18 meses (**Satisfaction_18_Months**) depois que eles entraram no relacionamento. Então eu fiquei entediado e parei de assediá-los. Nenhuma das pessoas avaliadas estava na mesma relação (i.e., eu medi a satisfação com a vida apenas de uma das pessoas do casal).[11] Além disso, como é frequentemente o caso com dados longitudinais, eu não tinha pontuação para todas as pessoas em todos os pontos no tempo, porque nem todos estavam disponíveis nas sessões de acompanhamento. Um dos benefícios de uma abordagem multinível é que esses dados ausentes não representam um problema. Os dados estão no arquivo **Honeymoon Period.sav.**

A Figura 21.23 mostra os dados. Cada ponto é um ponto do diagrama é um dado e a linha mostra a satisfação média com a vida ao longo do tempo. Basicamente, a partir do valor de referência, a satisfação com a vida aumenta ligeiramente no tempo 1 (6 meses), mas depois começa a diminuir nos próximos 12 meses. Há duas coisas a serem observadas sobre os dados. Primeiro, o tempo 0 é antes que as pessoas entram em seu novo relacionamento, mas já há muita variabilidade em suas respostas (refletindo o fato de que as pessoas variam em sua satisfação devido a outras razões, como finanças, personalidade e assim por diante). Isso sugere que os interceptos para a

---

[10]Os românticos entre vocês podem ficar aliviados ao saber que outros usaram os mesmos dados para argumentar o oposto: que as pessoas casadas são mais felizes do que as pessoas não casadas em longo prazo (Easterlin, 2003).

[11]No entanto, eu poderia ter medido as duas pessoas no casal porque, usando um modelo multinível, eu poderia ter tratado as pessoas como sendo aninhadas dentro de casais para levar em conta a dependência nos dados.

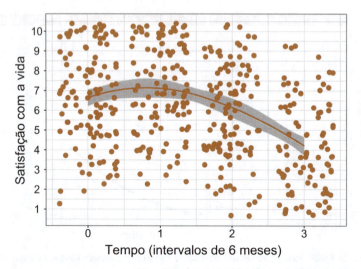

Figura 21.23 Satisfação com a vida ao longo do tempo (um distribuição aleatória foi utilizada para evitar a sobreposição dos pontos).

satisfação com a vida diferem entre as pessoas. Em segundo lugar, há também muita variabilidade na satisfação com a vida após o início da relação (tempo 1) e em todos os momentos subsequentes, o que sugere que a inclinação da relação entre tempo e satisfação com a vida também pode variar. Se pensarmos nos pontos no tempo como uma variável de nível 1 que está aninhada dentro das pessoas (uma variável de nível 2), então podemos facilmente modelar essa variabilidade nos interceptos e nas inclinações dentro das pessoas. Nós temos uma situação como a Figura 21.4 (exceto que com dois níveis em vez de três).

21.7.3 Restruturação dos dados ||||

O primeiro problema em ter dados mensurados ao longo do tempo é que, para fazer um modelo multinível, os dados precisam estar em um formato diferente do que estamos acostumados. A Figura 21.24 mostra como normalmente configuraríamos o editor de dados para um delineamento de medidas repetidas: cada linha representa uma pessoa e a variável de medidas repetidas (tempo) é representada por quatro colunas diferentes. Se fôssemos executar uma ANOVA de medidas repetidas ordinárias, esse *layout* de dados estaria bem; no entanto, para um modelo multinível, precisamos que a variável **Time** (Tempo) seja representada por uma única coluna (ou seja, o formato longo). Poderíamos inserir todos os dados novamente, mas isso seria tedioso, por isso é uma sorte que o comando *restructure* (reestruturar) faça isso por nós: também é entediante, mas não tão entediante quanto redigitar dados. O comando de *restructure* (reestruturar) permite que você pegue um conjunto de dados e crie um novo que seja organizado de maneira diferente (ver Oliver Twist).

Teste seus conhecimentos

Use o guia de Oliver Twist para reestruturar o arquivo de dados. Salve o arquivo reestruturado como **Honeymoon Period Restructured.sav**.

Figura 21.24 Editor de dados para um conjunto normal de dados para medidas repetidas.

Oliver Twist
Por favor, senhor, quero um pouco mais de... reestruturação

"Sentei-me nu na chuva, porque o SPSS havia reestruturado meu cérebro", canta Oliver para si mesmo enquanto se senta, nu, sob a chuva torrencial. Imagem horrível. De qualquer forma, se você quiser que seu cérebro seja reestruturado, leia o guia de Oliver para usar o comando *restructure*. Aparentemente, ele irá reestruturar seus dados também.

Os dados reestruturados são mostrados na Figura 21.25; compare os dados reestruturados com o arquivo de dados antigo na Figura 21.24. Observe que cada pessoa é agora representada por quatro linhas (uma para cada ponto no tempo) e que variáveis como sexo, que são invariantes ao longo do tempo, têm o mesmo valor dentro de cada pessoa. A variável de resultado (**Life_Satisfaction**), que não é invariante ao longo do tempo, é diferente nos quatro pontos do tempo (as quatro linhas para cada pessoa). Os pontos no tempo têm valores de 1 a 4. No entanto, é útil ancorar essa variável em 0 (seção 21.5.4) porque nossa satisfação inicial com a vida foi medida antes do novo relacionamento. Portanto, um intercepto de 0 é significativo para esses dados: é o valor da satisfação com a vida quando não existe um relacionamento. Ao ancorar os escores em um valor de referência de 0 podemos interpretar o intercepto de forma mais intuitiva. A maneira mais fácil de alterar os valores é usando o comando *compute* para recalcular **Time** para ser **Time** menos 1. Isso alterará os valores de 1-4 para 0-3. Se você não quer se incomodar com tudo isso, use **HoneymoonRestructured.sav**.

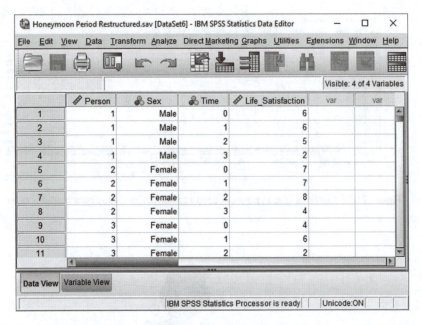

Figura 21.25 Entrada de dados para um modelo multinível no qual escores são aninhados dentro dos casos.

Use o comando compute *para transformar* **Time** *em* **Time** *menos 1.*

21.7.4 Modelos de crescimento usando o SPSS ▮▮▮▮

Podemos configurar esse modelo de maneira muito semelhante ao exemplo anterior. Primeiro, selecione *Analyze* ▶ *Mixed Models* ▶ Linear... e, na caixa de diálogos inicial, configure a variável de nível 2. Neste exemplo, a satisfação com a vida em vários momentos é aninhada nas pessoas. Portanto, a variável de nível 2 é a pessoa, então arraste **Person** para a caixa intitulada *Subjects* (ou clique em) como o ilustrado na Figura 21.26. Clique em Continue para acessar a caixa de diálogo principal, na qual configuramos nossas previsoras e variáveis de resultado. A variável de resultado foi a satisfação com a vida, então arraste **Life_Satisfaction** até a caixa *Dependent Variable* (ou clique em). Nossa previsora, ou variável de crescimento, foi **Time**, então arraste esta variável para a caixa denominada *Covariate(s)*, ou clique em , como o ilustrado na Figura 21.27.[12]

Para adicionar as curvas do crescimento em potencial como efeitos fixos ao nosso modelo, clique em Fixed... para exibir uma caixa de diálogo similar à da Figura 21.28. Com quatro pontos

---
[12]Eu arrastei a **Time** para a caixa *Covariate(s)* porque eu quero tratá-la como uma tendência linear e não como uma variável categórica (ver Dica do SPSS 21.1).

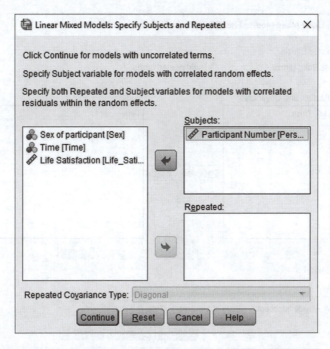

Figura 21.26 Configurando a variável de nível 2 em um modelo de crescimento.

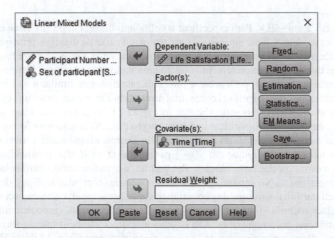

Figura 21.27 Configurando a variável de resultado e previsora em um modelo de crescimento.

no tempo, podemos ajustar um polinômio de terceira ordem (seção 21.7.1). Como no exemplo anterior, nós queremos construir o modelo passo a passo, então começamos apenas com apenas o efeito linear (**Time**), então executamos um novo modelo com os polinômios lineares e quadráticos (**Time^2**) para ver se a tendência quadrática melhora o modelo. Finalmente, execute um terceiro modelo com o polinômio linear, quadrático e cúbico (**Time^3**) e veja se a tendência cúbica é adicionada ao modelo. Então, basicamente, adicionamos polinômios um de cada vez e avaliamos

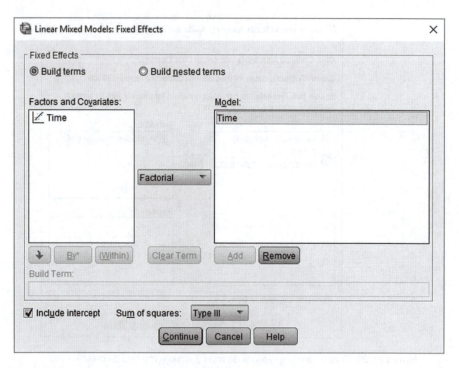

Figura 21.28 Configurando o polinômio linear.

a mudança em $-2LV$. Para especificar o polinômio linear, clique em **Time** e, em seguida, adicione-o ao modelo. Clique em [Continue] para retornar à caixa de diálogos principal.

Eu mencionei anteriormente que esperávamos que a relação entre tempo e satisfação com a vida tivesse tanto um intercepto quanto uma inclinação aleatória. Definimos esses parâmetros clicando em [Random...] para acessar uma caixa de diálogos similar à da Figura 21.29. Primeiro, especificamos nossa variável contextual arrastando **Person** da seção intitulada *Subjects* (que listará quaisquer variáveis especificadas na Figura 21.26) para a área chamada *Combinations* (ou clique em [→]). Para especificar que o intercepto é aleatório selecione ☑ Include intercept e para especificar inclinações aleatórias para o efeito de **Tempo**, clique nessa variável na lista *Factors and Covariates* e, então, clique em [Add] para incluí-la no *Model*. Finalmente, precisamos especificar a estrutura das covariâncias. Por padrão, a estrutura das covariâncias é definida para ser [Variance Components ▼]. No entanto, quando temos medidas repetidas ao longo do tempo, pode ser útil especificar uma estrutura das covariâncias que pressuponha que os escores se tornem menos correlacionados ao longo do tempo (seção 21.4.2). Portanto, vamos escolher uma estrutura das covariâncias autorregressiva, AR(1), e vamos supor também que as variâncias sejam heterogêneas. Portanto, selecione da lista suspensa [AR(1): Heterogeneous ▼] [AR(1): Heterogêneo] (Figura 21.29). Clique em [Continue] para retornar à caixa de diálogos principal. Clique em [Estimation...] e selecione ◉ Maximum Likelihood (ML) e depois clique em [Statistics...] e selecione ☑ Parameter estimates e ☑ Tests for covariance parameters (ver Figura 21.13). Clique [Continue] empara retornar à caixa de diálogos principal. Para ajustar o modelo, clique em [OK].

A Saída 21.10 mostra que a tendência linear foi significativa, $F(1, 106,72) = 134,26$, $p < 0,001$. Para avaliar a melhoria no modelo quando adicionamos novos polinômios, precisamos observar o valor de $-2LV$, que é 1862,63, e os graus de liberdade, que são 6 (observe a linha rotu-

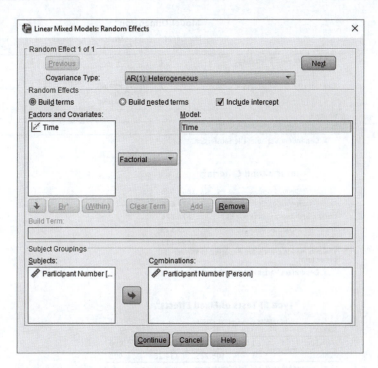

Figura 21.29 Definindo inteceptos e inclinações aleatórias em um modelo crescente.

lada *Total* na coluna rotulada *Number of Parameters* [número de parâmetros], na tabela chamada *Model Dimension* [dimensão do modelo]).

Agora, vamos adicionar a tendência quadrática. Para fazer isso, siga as instruções para executar essa análise novamente atévocê chegar ao ponto onde você clica em [Fixed...]. O polinômio linear já deve estar especificado a partir do último modelo e a caixa de diálogos ficará parecida com a da Figura 21.28. Para adicionar os polinômios de ordem superior, selecione ⦿ Build nested terms (criar termos aninhados). Para o polinômio quadrático ou de segunda ordem, precisamos definir **Time²** (**Time** multiplicado por ele mesmo). Selecione **Time** na lista *Factor and Covariates* e [↓] ficará ativo; clique nesse botão e **Time** aparecerá no espaço chamado *Build Term* (criar termo). Em seguida, clique em [By*] para adicionar um símbolo de multiplicação ao termo, depois selecione **Time** novamente e clique em [↓]. Na barra *Build Term* deve agora estar escrito *Time*Time* (ou, em outras palavras, **Time²**). Esse termo é o polinômio de segunda ordem; clique em [Add] para colocá-lo no modelo (ele aparecerá no espaço chamado *Model*). Clique em [Continue] para retornar à caixa de diálogos principal e clique em [OK] para ajustar o modelo.

A Saída 21.11 inclui o polinômio quadrático. Para ver se melhorou o modelo, usamos a mudança em −2LV. Para o modelo contendo apenas o termo linear −2LV foi de 1.862,63, com 6 parâmetros sendo estimados (Saída 21.10), e com o termo quadrático incluído é 1.802,03, com 7 parâmetros sendo estimados (Saída 21.11). A diferença é 60,60 com 1 grau de liberdade.

$$\chi^2_{\text{mudança}} = 1.862,63 - 1.802,03 = 60,60$$
$$gl_{\text{mudança}} = 7 - 6 = 1$$
(21.22)

que é maior que os valores críticos para a estatística qui-quadrado para $gl = 1$ no Apêndice (3,84, $p < 0,05$ e 6,63, $p < 0,01$). Adicionar um termo quadrático melhora significativamente o ajuste do modelo.

Model Dimension[a]

		Number of Levels	Covariance Structure	Number of Parameters	Subject Variables
Fixed Effects	Intercept	1		1	
	Time	1		1	
Random Effects	Intercept + Time	2	Heterogeneous First-Order Autoregressive	3	Person
Residual				1	
Total		4		6	

a. Dependent Variable: Life Satisfaction.

Information Criteria[a]

-2 Log Likelihood	1862.626
Akaike's Information Criterion (AIC)	1874.626
Hurvich and Tsai's Criterion (AICC)	1874.821
Bozdogan's Criterion (CAIC)	1905.119
Schwarz's Bayesian Criterion (BIC)	1899.119

The information criteria are displayed in smaller-is-better form.

a. Dependent Variable: Life Satisfaction.

Type III Tests of Fixed Effects[a]

Source	Numerator df	Denominator df	F	Sig.
Intercept	1	113.653	1137.088	.000
Time	1	106.715	134.264	.000

a. Dependent Variable: Life Satisfaction.

Saída 21.10

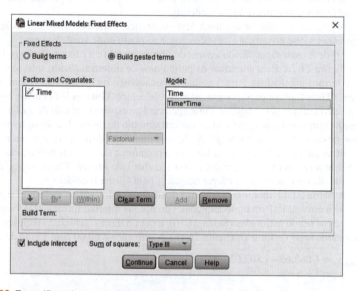

Figura 21.30 Especificando uma tendência linear (*Time*) e uma tendência quadrática (*Time*Time*).

Information Criteria[a]

-2 Log Likelihood	1802.026
Akaike's Information Criterion (AIC)	1816.026
Hurvich and Tsai's Criterion (AICC)	1816.287
Bozdogan's Criterion (CAIC)	1851.602
Schwarz's Bayesian Criterion (BIC)	1844.602

The information criteria are displayed in smaller-is-better form.

a. Dependent Variable: Life Satisfaction.

Saída 21.11

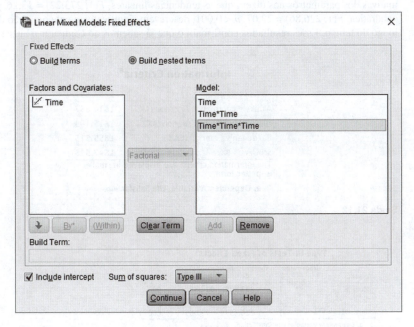

Figura 21.31 Especificando as tendências linear (*Time*), quadrática (*Time*Time*) e cúbica (*Time*Time*Time*).

Por fim, vamos adicionar a tendência cúbica, que é definida como **Time**³ (ou *Time*Time*Time*). Retorne à caixa de diálogos para efeitos fixos: os polinômios linear e quadrático já devem estar especificados e a caixa de diálogos será semelhante à Figura 21.30. Certifique-se de que ⦿ Build nested terms está selecionado, então selecione **Time**, clique em ⬇, clique em By*, selecione **Time** novamente, clique em ⬇, clique By* novamente, selecione **Time** pela terceira vez, clique em ⬇ e finalmente clique em Add (Adicionar). Esse processo adiciona o polinômio de terceira ordem (ou *Time*Time*Time*) ao modelo, como na Figura 21.31.[13] Clique em Continue para retornar à caixa de diálogos principal e OK para ajustar o modelo.

---

[13] Se você quiser mesmo polinômios de alta ordem (não obstante meu comentário sobre eles terem pouca relevância no mundo real), então você pode extrapolar o que eu lhe falei sobre os outros polinômios; por exemplo, para um polinômio de quarta ordem você passa por todo o processo novamente, mas, desta vez, criando **Time**⁴ (ou *Time*Time*Time*Time*).

A Saída 21.12 inclui o polinômio cúbico. Para ver se melhorou o modelo, usamos a mudança em $-2LV$. Para o modelo contendo o termo linear e quadrático, $-2LV$ foi 1.802,03, com 7 parâmetros sendo estimados (Saída 21.11) e, com o termo cúbico incluído, é 1.798,86, com 8 parâmetros sendo estimados (Saída 21.12). A diferença é de 3,17 com 1 grau de liberdade:

$$\chi^2_{mudança} = 1.802,03 - 1.798,86 = 3,17$$
$$gl_{mudança} = 8 - 7 = 1$$
(21.23)

que é menor que o valor crítico de 3,84, $p < 0,05$ (ver anteriormente). Adicionar o termo cúbico não melhora significativamente o ajuste do modelo.

No interesse da parcimônia, devemos interpretar o modelo que continha o termo quadrático (porque a adição do termo cúbico não melhorou o ajuste do modelo). A Saída 21.13 mostra o modelo com as tendências lineares e quadráticas incluídas. As tabelas de efeitos fixos e estimativas dos parâmetros nos dizem que as tendências lineares, $F(1, 273,22) = 13,26$, $p < 0,001$, e quadrática, $F(1, 226,86) = 72,07$, $p < 0,001$, descrevem significativamente o padrão dos dados ao longo do tempo. Esses resultados confirmam o que já sabemos ao comparar o ajuste de modelos

Information Criteria[a]

-2 Log Likelihood	1798.857
Akaike's Information Criterion (AIC)	1814.857
Hurvich and Tsai's Criterion (AICC)	1815.193
Bozdogan's Criterion (CAIC)	1855.515
Schwarz's Bayesian Criterion (BIC)	1847.515

The information criteria are displayed in smaller-is-better form.

a. Dependent Variable: Life Satisfaction.

Saída 21.12

Type III Tests of Fixed Effects[a]

Source	Numerator df	Denominator df	F	Sig.
Intercept	1	133.626	912.307	.000
Time	1	273.219	13.261	.000
Time * Time	1	226.857	72.069	.000

a. Dependent Variable: Life Satisfaction.

Estimates of Fixed Effects[a]

Parameter	Estimate	Std. Error	df	t	Sig.	95% Confidence Interval Lower Bound	Upper Bound
Intercept	6.684546	.221310	133.626	30.204	.000	6.246822	7.122270
Time	.754482	.207185	273.219	3.642	.000	.346601	1.162364
Time * Time	-.562231	.066228	226.857	-8.489	.000	-.692731	-.431731

a. Dependent Variable: Life Satisfaction.

Estimates of Covariance Parameters[a]

Parameter		Estimate	Std. Error	Wald Z	Sig.	95% Confidence Interval Lower Bound	Upper Bound
Residual		1.855235	.181149	10.241	.000	1.532095	2.246530
Intercept + Time [subject = Person]	Var: Intercept	3.867628	.699590	5.528	.000	2.713165	5.513318
	Var: Time	.242175	.097544	2.483	.013	.109972	.533308
	ARH1 rho	-.373673	.153978	-2.427	.015	-.631228	-.041891

a. Dependent Variable: Life Satisfaction.

Saída 21.13

Dicas da Ana Apressada
Modelos de crescimento

- Os modelos de crescimento são modelos multiníveis nos quais as mudanças em um resultado ao longo do tempo são modeladas usando padrões de crescimento com potências.
- Esses padrões de crescimento podem ser lineares, quadráticos, cúbicos, logarítmicos, exponenciais ou qualquer coisa que você realmente goste.
- A hierarquia nos dados é que os pontos no tempo são aninhados dentro de pessoas (ou outras entidades). Como tal, é uma maneira de analisar dados de medidas repetidas que possuem uma estrutura hierárquica.
- A tabela *Information Criteria* (critérios de informação) pode ser usado para avaliar o ajuste geral do modelo. O valor de –2LV pode ser testado quanto à significância com *gl*s iguais para o número de parâmetros que estão sendo estimados. No entanto, ele é usado principalmente para comparar modelos que são os mesmos em todos os parâmetros, exceto um, testando a diferença em –2LV nos dois modelos com relação a *gl* = 1 (se apenas um parâmetro tiver sido alterado). O CIA, CIAc, CCIA e CIB também podem ser comparados entre os modelos (mas não testados quanto à significância).
- A tabela de *Type III Tests of Fixed Effects* (testes de efeitos fixos do tipo III) indica se as funções de crescimento no modelo preveem significativamente o resultado: procure na coluna *Sig*. Se o valor for menor que 0,05, então o efeito é significativo.
- A tabela rotulada *Estimates of Covariance Parameters* (estimativas dos parâmetros da covariância) nos informa sobre efeitos aleatórios no modelo. Esses valores podem nos dizer o quanto os interceptos e as inclinações variaram em nossa variável de nível 1. A significância dessas estimativas deve ser tratada com cautela. A rotulação exata desses efeitos depende de qual estrutura das covariâncias você selecionou para a análise.
- Uma estrutura de covariância autorregressiva, AR(1), é frequentemente assumida em dados ao longo do tempo, como em modelos de crescimento.

sucessivos. A tendência nos dados é melhor descrita por um polinômio de segunda ordem ou uma tendência quadrática. Essa tendência reflete o aumento inicial na satisfação com a vida 6 meses após a descoberta de um novo parceiro, mas uma redução subsequente na satisfação com a vida aos 12 e 18 meses após o início do relacionamento (Figura 21.23). As estimativas dos parâmetros nos dizem a mesma coisa. Vale lembrar que essa tendência quadrática é apenas uma *aproximação*: se fosse completamente precisa, então, poderíamos prever a partir do modelo que casais que estavam juntos há 10 anos teriam uma satisfação negativa com a vida, o que é impossível, dada a escala que usamos para medi-la.

A parte final da saída nos informa sobre os parâmetros aleatórios do modelo. Primeiro, a variância dos interceptos aleatórios foi Var(u_{oj}) = 3,87. Isso sugere que estávamos corretos ao admitir

Pesquisa Real do João Jaleco 21.1
Um gesto fértil ▌▌▌▌

Miller, G., Tybur, J.M. & Jordan, D.B. (2007). *Evolution and Human Behavior, 28*, 375-381.

A maioria dos mamíferos fêmeas experimenta uma fase de "estro" (cio) durante a qual elas são mais receptivas, preceptivas, seletivas e atraentes. Acredita-se que o benefício evolutivo para essa fase seja atrair parceiros com material genético superior. Algumas pessoas argumentaram que essa fase importante se tornou simplesmente perdida ou escondida em fêmeas humanas. Geoffrey Miller e colegas cogitaram que, se a teoria do "estro oculto" estiver incorreta, os homens devem achar as mulheres mais atraentes durante a fase fértil do seu ciclo menstrual em comparação com a fase pré-fértil (menstrual) e pós-fértil (lútea).

Para mensurar quão atraentes os homens achavam as mulheres de uma maneira ecologicamente válida, eles coletaram dados de mulheres que trabalhavam em clubes de *lap dance* [**Miller et al. (2007).sav**]. Essas mulheres maximizam suas gorjetas dos visitantes do sexo masculino, atraindo-os para mais danças. Com efeito, os homens "experimentam" várias dançarinas antes de escolher uma dançarina para uma dança prolongada. Para cada dança, o homem paga uma "gorjeta", portanto, quanto maior o número de homens que escolherem uma mulher em particular, maiores serão os seus ganhos. Como tal, os ganhos de cada bailarina são um bom índice de quão atraente os clientes do sexo masculino as acham. Se a teoria do "estro oculto" estiver incorreta, então os homens acharão as dançarinas mais atraentes durante a fase do estro (ou seja, elas ganharão mais dinheiro durante essa fase).

Os pesquisadores coletaram dados de várias dançarinas (**ID**), que forneceram dados para vários turnos de *lap dance* (portanto, para cada pessoa, há várias linhas de dados). Eles mensuraram em que fase do ciclo menstrual as mulheres estavam em um dado turno (**Cyclephase**) e se elas estavam usando contraceptivos hormonais (**Contraceptive**), porque isso afetaria seu ciclo. O resultado foi seus ganhos em um determinado turno em dólares (**Tips**). Os dados não são balanceados: as mulheres diferiram no número de turnos para os quais elas forneceram dados (o intervalo foi de 9 a 29 turnos).

João Jaleco quer que você ajuste um modelo multinível para ver se as gorjetas (**Tips**) podem ser previstas a partir da **Cyclephase**, **Contraceptive** e sua interação. A hipótese do "estro oculto" é confirmada? As respostas estão no *site* do livro (ou consulte a página 378 do artigo original).

que a satisfação com a vida no início do estudo variava significativamente entre as pessoas. Além disso, a variância das inclinações das pessoas variou significativamente, $\text{Var}(u_{1j}) = 0{,}24$. Isso sugere, também, que a mudança na satisfação com a vida ao longo do tempo variou significativamente entre as pessoas. Finalmente, a covariância entre as inclinações e os interceptos (−0,37) sugere que, conforme os interceptos aumentam, a inclinação diminui. (De preferência, esses termos teriam sido adicionados individualmente para que pudéssemos calcular a estatística qui-quadrado para a alteração em −2LV para cada um deles.)

21.7.5 Análise adicional ||||

Eu mantive simples essa curva do crescimento para fornecer a você as ferramentas básicas. No exemplo, permiti apenas que o termo linear tivesse um intercepto e uma inclinação aleatórios, mas, dado que descobrimos que um polinômio de segunda ordem descrevia a mudança nas respostas, poderíamos refazer a análise e permitir interceptos e inclinações aleatórias para o polinômio de segunda ordem também. Para fazer isso, teríamos que especificar esses termos na Figura 21.29 da mesma maneira que os configuramos como efeitos fixos na Figura 21.30. Se fizéssemos isso, faria sentido adicionar os componentes aleatórios um de cada vez e testar se eles têm um impacto significativo no modelo comparando os valores do log-verossimilhança ou outros índices de ajuste. Além disso, os polinômios que descrevi não são os únicos que podem ser usados. Você poderia ajustar uma tendência logarítmica ou mesmo uma exponencial ao longo do tempo (Long, 2012).

21.8 Como relatar um modelo multinível ||||

Os modelos multiníveis assumem tantas formas que dar conselhos padronizados não é simples. Se você construiu seu modelo de um com apenas parâmetros fixos para um com um intercepto aleatório e, em seguida, inclinação aleatória, é aconselhável relatar todos os estágios desse processo (ou, no mínimo, relatar o modelo de somente efeitos fixos e o modelo final). Para qualquer modelo, você precisa dizer algo sobre os efeitos aleatórios. Para o modelo final do exemplo da cirurgia estética, você poderia escrever algo como:

✓ A relação entre a cirurgia e a qualidade de vida mostrou uma variância significativa nos interceptos entre os participantes, $\text{Var}(u_{0j}) = 30,06$, $\chi^2(1) = 15,05$, $p < 0,01$. Além disso, as inclinações variaram entre os participantes, $\text{Var}(u_{1j}) = 29,35$, $\chi^2(1) = 21,49$, $p < 0,01$, e as inclinações e os interceptos covariaram significativamente e negativamente, $\text{Cov}(u_{0j}, u_{1j}) = -28,08$, $\chi^2(1) = 17,38$, $p < 0,01$

Para o modelo em si, você tem duas opções. A primeira é relatar os resultados com os Fs e graus de liberdade para os efeitos fixos e, em seguida, relatar os parâmetros para os efeitos aleatórios no texto também. A segunda é produzir uma tabela dos parâmetros como você faria para um modelo linear. Por exemplo, você pode relatar o exemplo da cirurgia estética da seguinte forma:

✓ A qualidade de vida antes da cirurgia previu significativamente a qualidade de vida após a cirurgia, $F(1, 268,92) = 33,65$, $p < 0,001$; a cirurgia não previu significativamente a qualidade de vida, $F(1, 15,86) = 2,17$, $p = 0,161$, mas a razão para a cirurgia, $F(1, 259,89) = 9,67$, $p = 0,002$; quanto à interação entre a cirurgia e o motivo da cirurgia, $F(1, 217,09) = 6,28$, $p = 0,013$, ambos previram significativamente a qualidade de vida. Essa interação foi dividida pela realização de modelos multiníveis separados entre a "razão física" e a "razão estética". Os modelos especificados foram os mesmos que o modelo principal, mas excluíram o efeito principal e o termo de interação envolvendo o motivo da cirurgia. Estas análises mostraram que, para aqueles operados apenas para mudar sua aparência, a cirurgia teve uma relação negativa com a qualidade de vida que estava próxima à significância, $b = -4,31$, $t(7,72) = -1,92$, $p = 0,09$: a qualidade de vida foi menor após a cirurgia em comparação ao grupo-controle. No entanto, para aqueles que tiveram a cirurgia para resolver um problema físico, a cirurgia não previu significativamente a qualidade de vida, $b = 1,20$, $t(7,61) = 0,58$, $p = 0,58$. O efeito de interação, portanto, reflete a diferença nas inclinações para a cirurgia como previsora da qualidade de vida naqueles que passaram por cirurgia por problemas físicos (inclinação positiva leve) e aqueles que realizaram a cirurgia puramente por vaidade (uma inclinação negativa).

Alternativamente, você poderia apresentar informações dos parâmetros como na Tabela 21.1.

Tabela 21.1 Resumo do modelo multinível da cirurgia

	b	EP b	IC de 95%
Referência QV	0,31	0,05	0,20; 0,41
Cirurgia	–3,19	2,17	–7,78; 1,41
Razão	–3,51	1,13	–5,74; –1,29
Cirurgia × Razão	4,22	1,68	0,90; 7,54

21.9 Uma mensagem do polvo do desespero inevitável ▌▌▌▌

Quando comecei a escrever este capítulo, não sabia nada sobre modelos multiníveis, mas, ao concluí-lo, senti-me um pouco presunçoso por ter dominado o assunto. No entanto, eu não o dominei e se você agora sente que entende os modelos multiníveis também, você está errado. Não porque você é maluco, mas porque a modelagem multinível é muito complicada, e este capítulo apenas arranha a superfície do que há para saber. Os modelos multiníveis muitas vezes não conseguem convergir, sem nenhum pedido de desculpas ou explicação, e tentar entender o que está acontecendo pode causa tanta dor quanto martelar as unhas na cabeça.

21.10 Caio tenta conquistar Gina ▌▌▌▌

Gina estava zonza de excitação. Teoricamente, o dispositivo funcionaria, mas ela não saberia com certeza até que tentasse. Tinha sido bastante fácil roubar um dispositivo de estimulação magnética transcraniana portátil, mas fazê-lo focalizar seu pulso magnético em um local preciso a tinha derrubado no começo. Então, na semana passada, ela fez uma descoberta, justamente no chuveiro, e passou outras três semanas longe do mundo, resolvendo o problema. Fez visitas ocasionais a Caio, mas principalmente confinada no laboratório.

Olhando para a máquina, Gina se sentiu orgulhosa, talvez pela primeira vez. Ela resolveu esse problema sozinha, sem visitas ao prédio Plêiades. Ela menosprezou seu intelecto, até mesmo o minimizou, mas essa foi uma conquista real. Ela estava desesperada para testar o dispositivo, mas ela precisava dormir e verificar novamente tudo com a cabeça fresca. O teste de campo teria que esperar. Ela foi para casa, tomou banho, comeu e trocou mensagens com Caio. "Desculpe, estive ocupada, eu irei até você em breve." Ela se enrolou no edredom e se sentiu completamente satisfeita.

21.11 E agora? ▌▌▌▌

Isso traz minha história de vida à atualidade. Deixei de lado algumas das partes mais coloridas, mas apenas porque não consegui encontrar uma maneira extremamente tênue de vinculá-las à estatística. Nós vimos que, ao longo da minha vida, consegui falhar completamente em alcançar qualquer um dos meus sonhos de infância. Tudo bem, eu tenho outras ambições agora (em escala um pouco menor do que ser uma estrela do *rock*) e imagino que não vou conseguir alcançá-las também. Eu pelo menos consegui casar com minha adorável esposa. Escrever este capítulo, como o casamento, foi um salto para o desconhecido. O casamento, no entanto, provou ser infinitamente mais agradável do que escrever sobre modelos multiníveis. Acredito que o casamento seja uma metáfora útil para aprender estatística: se você pensar nas duas coisas logicamente, talvez nunca as faça, porque elas são cheias de incerteza e potenciamente assustadoras. No entanto, você tem que ir com o seu coração, sabendo que ir fundo irá enriquecê-lo. É certo que o tipo de enriquecimento que o casamento concede é obviamente mais agradável do que saber sobre estruturas de

Capítulo 21 • Modelos lineares multiníveis

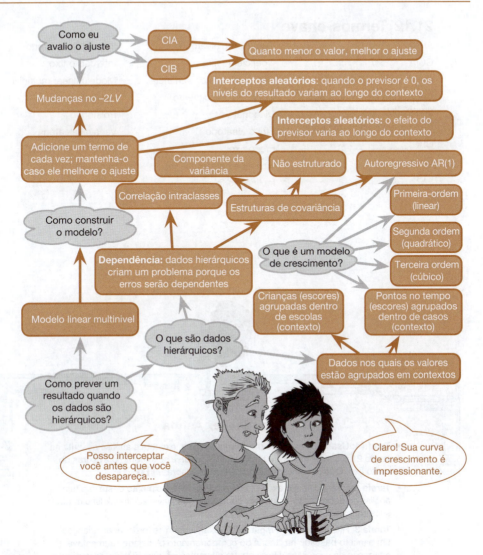

Figura 21.32 O que Caio aprendeu neste capítulo.

covariância autorregressivas, mas a estatística lhe dá enorme poder para negociar o mundo científico (não apenas como cientistas praticantes, mas como pessoas normais avaliando os relatos de descobertas científicas, frequentemente enganosas).

Minha esposa e eu pensamos muito sobre o que faz um casamento funcionar e pensamos que se trata de um esforço recíproco para enriquecer a vida da outra pessoa. Há um paralelo com este livro: você e eu entramos em um tipo de relacionamento estatístico. De minha parte, esforcei-me tanto quanto pude para passar adiante o que sei sobre estatística e, caso você tenha retribuído o esforço lendo o livro e trabalhando com os exemplos, espero que nosso tempo juntos tenha enriquecido você. Em troca, suas reações a este livro, na maioria das vezes, me enriquecem.

21.12 Termos-chave

- AR(1)
- CCIA
- Centragem
- Centragem pela média do grupo
- Centragem pela média geral
- CIA
- CIAc
- CIB
- Coeficiente aleatório
- Coeficiente fixo
- Componentes da variância
- Curva de crescimento
- Diagonal
- Efeito aleatório
- Efeito fixo
- Inclinação aleatória
- Inclinação fixa
- Intercepto aleatório
- Intercepto fixo
- Modelo linear multinível
- Não estruturada
- Polinômio
- Variável aleatória
- Variável contextual
- Variável fixa

Tarefas da Alex Astuta

- **Tarefa 1**: Usando o exemplo da cirurgia estética, execute a análise descrita na seção 21.6.5, mas incluindo, também, IDB, idade e sexo como previsoras do efeito fixo. Que diferença fez incluir essas previsoras? ▮▮▮▮
- **Tarefa 2**: Usando nosso exemplo do modelo de crescimento deste capítulo, analise os dados, mas inclua **Sex** como uma covariável adicional. Isso muda suas conclusões? ▮▮▮▮
- **Tarefa 3**: Hill, Abraham e Wright (2007) examinaram se fornecer às crianças um panfleto baseado na "teoria do comportamento planejado" aumentava a realização de exercícios. Havia quatro diferentes intervenções (**Intervention**): um grupo-controle, um folheto, um folheto e questionário e um folheto e um plano. Um total de 503 crianças de 22 salas de aula diferentes foi amostrado (**Classroom**). As 22 salas de aula foram aleatoriamente designadas para as quatro condições diferentes. Foi perguntado às crianças: "Em média, nas últimas três semanas, exercitei-me energicamente por pelo menos 30 minutos ____ vezes por semana" após a intervenção (**Post_Exercise**). Executar uma análise de modelo multinível sobre esses dados [**Hill et al. (2007).sav**] para ver se a intervenção afetou os níveis de exercícios das crianças (a hierarquia é crianças dentro de salas de aula dentro de intervenções). ▮▮▮▮
- **Tarefa 4**: Repita a análise da Tarefa 3, mas inclua os escores do exercício pré-intervenção (**Pre_Exercise**) como uma covariável. Que diferença isso fez para os resultados? ▮▮▮▮

Respostas e recursos adicionais estão disponíveis no *site* do livro em
https://edge.sagepub.com/field5e.

EPÍLOGO

Here's some questions that the writer sent
Can an observer be a participant?
Have I seen too much?
Does it count if it doesn't touch?
If the view is all I can ascertain,
Pure understanding is out of range

(Fugazi, 2001)

Caio acordou com um espasmo. Uma dor aguda o acordou, mas ele não conseguiu se mover. Seus braços e pernas estavam amarrados à cama. Sua cabeça estava pesada, como se estivesse presa. Quando seus olhos conseguiram focar, viu Gina caminhando com uma seringa na mão. Ele percebeu que, no topo de sua cabeça, havia um dispositivo de metal de algum tipo. Ele sentiu um leve zumbido, e sua pele vibrava. Ele seguiu os fios de sua cabeça até uma caixa de metal ao lado da cama. Parecia um projeto de eletrônica do tipo faça você mesmo que deu errado. Ele entrou em pânico. Havia rumores, no *campus*, sobre Gina ser uma psicopata, mas Caio atribuía isso à sua estranheza e às garotas invejarem sua inteligência. Tendo considerado sua situação, ele se sentiu um idiota, além de aterrorizado. Ela colocou a seringa na bandeja do café da manhã e se virou para ele.

Sua garganta enrijeceu. Ele estava suando. Caio se lembrava de ter lido que os reféns deveriam se humanizar para seus captores. "Por favor", ele disse com a voz embargada, "pense no que isso vai fazer com meu pai".

Gina parecia confusa. Ela andou calmamente, acariciou sua mão e disse: "relaxe, isso não vai doer".

Caio tinha certeza de que a extração do cérebro seria muito dolorosa. O que quer que Gina tivesse injetado estava fazendo efeito e ele se sentia sonolento e fraco. Ela virou-se para a máquina, acionou alguns interruptores e o dispositivo na cabeça dele zuniu mais intensamente, pulsando periodicamente. Gina sumiu de vista.

Os olhos de Caio se abriram. Ele não conseguia falar e estava encapsulado. Seus olhos dispararam ao redor, tudo estava embaçado. Ele podia distinguir contrastes, mas nada tangível. Seu olhar fixou-se em uma configuração familiar de formas borradas. Elas o fizeram sentir-se contente e seguro. Uma voz cantava baixinho perto dele. "Se essa rua, se essa rua fosse minha. Eu mandava, eu mandava ladrilhar. Com pedrinhas, com pedrinhas de brilhantes. Para o meu, para o meu amor passar" – ela cantava. Caio adormeceu.

Os olhos de Caio se abriram. Ele estava em pé, mas parecia que era muito pesado para suas pernas. Duas grandes mãos agarraram as dele por trás. À sua frente, uma mulher de trinta e poucos anos, agachada, sorrindo, de braços abertos. Ela tinha longos cabelos castanhos e grandes olhos castanhos. Vê-la o fez sorrir, mas ele não sabia por quê. Ela estava falando com ele, acenando com as mãos. Ele não conseguia entendê-la, mas seu rosto e sua voz o deixavam animado. Ele cambaleou um pouco, experimentando suas pernas. Uma voz mais profunda falou enquanto as mãos gigantes que o apoiavam o soltaram. Caio sentiu um impulso intenso de se dirigir à mulher. Ele colocou um pé para frente e seu peso mudou desajeitadamente para ele. Sentiu-se caindo e puxou a outra perna para frente para recuperar o equilíbrio. Mover-se parecia muito divertido. Ele moveu a primeira perna de novo, depois a outra, depois novamente, e de novo, e mais e mais rápido até que ele caiu nos braços da mulher. As duas vozes aplaudiram e a mulher olhou-o nos olhos. Parecia que ela estava derramando sua alma sobre ele. Ele nunca se sentira tão feliz.

Os olhos de Caio se abriram. Ele estava em um parque infantil. Uma mulher o abraçou. Sua cabeça estava aninhada em seu cabelo castanho. Cheirava a coco. Ele amava o cheiro. Seu punho doeu e ele estava chorando. A mulher beijou seu punho. "Logo vai melhorar", disse ela. Era a sua mãe. Suas palavras fizeram com que ele se sentisse seguro. Um homem veio. Ele parecia preocupado. Caio o reconheceu. Era o pai dele. Ele parecia jovem.
"Ele está bem?", perguntou para a mulher.
"Sim, apenas teve uma pequena queda, nada grave", ela respondeu.
A mãe de Caio trocou olhares com o pai por talvez um segundo e trocaram sorrisos reconfortantes. Caio os estudou. Cada um deles havia lhe dado o mesmo olhar mil vezes. "Derramando suas almas um no outro", ele pensou, mas não tinha certeza do motivo.

Caio havia descartado a ideia de que sua vida passava diante de seus olhos antes de morrer, mas talvez ele estivesse errado. Sua cabeça estava pulsando com uma inundação de pensamentos e imagens. Manhãs de Natal abrindo presentes, sentado em sua cama ouvindo histórias de livros, construindo com Lego, caminhando pela floresta, sentado em cafés, correndo no parque, comendo feijão na torrada, chapinhando na banheira e o som daquela música de ladrilhos na hora de ir para a cama quando não conseguia dormir. Da emoção dele marcando um gol para sua equipe no dia do esporte, da mundana sensação de calçar os sapatos. Caio lembrou mais de mil coisas e todas com algo em comum: a mulher de cabelos castanhos. A mãe dele. Ele viu suas lágrimas quando ela o deixou no berçário, sua preocupação enquanto ele subia no escorregador, sua paciência enquanto ele fazia perguntas sem limites, sua empatia quando ele estava chateado, sua raiva quando ele era injustiçado e sua alegria quando ele estava feliz. Mas essas não eram as imagens fotográficas que seu pai lhe mostrara, eram como pedaços de realidade do tamanho de uma mordida que brotavam em sua consciência. Ele podia ouvi-las, tocá-las, cheirá-las e senti-las. Quando suas lembranças o envolveram, ele achou mais difícil respirar. Seria esse o fim? Ele ficou tenso.

Os olhos de Caio se abriram. Ele viu os portões da escola. Sua mãe se ajoelhou para olhá-lo como ela fazia todas as manhãs. Caio não conseguia olhá-la nos olhos. Sentiu-se culpado. No café da manhã, disse a ela que era embaraçoso ter a mãe o levando para a escola. Ele tinha 10 anos e poderia ir sozinho. Quando ele viu o quanto ela ficou magoada, ele quis retirar o que havia dito. Ele mudaria de escola no próximo ano e pegaria o ônibus. Ele não precisava dizer nada, só precisava ser paciente.
"Sobre hoje de manhã", ela começou. "Talvez você esteja certo, talvez você tenha idade suficiente para andar por conta própria. É difícil, porém, sendo mãe. As crianças não podem deixar de ter os pais como garantia porque nunca conheceram um mundo sem eles, mas os pais tiveram uma vida antes dos filhos, por isso sabem o que têm a perder. Isso pode fazer os pais serem... superprotetores. Estou orgulhosa de você por tido a coragem de me dizer. Se você não quiser que eu vá até a escola, tudo bem."

Caio abraçou-a com força. Ele não queria soltá-la. Ele secretamente esperava que ela mudasse de ideia porque ele não queria que essa fosse a última vez que ela o levaria para a escola, mas foi, embora não por causa do que ele disse.

Os olhos de Caio se abriram. Ele estava em seu apartamento. Gina sorriu para ele. Ele teve espasmos violentos quando a realidade o atingiu, seu corpo desajeitadamente se estabilizando em um ritmo de soluços desinibidos. Simultaneamente, ele se sentia tão eufórico e solitário quanto jamais esteve. Ele desejou que não houvesse outro ser humano ali para testemunhar sua vulnerabilidade.

Gina desligou a máquina, tirou o dispositivo da sua cabeça e desatou as amarras de cada um de seus membros. Caio se encolheu como se tentasse se esconder de Gina. Ela se deitou na cama ao lado dele, colocou o braço ao redor dele e se aproximou das suas costas. Gina não se sentiu desconfortável fazendo isso. Ela o segurou até que sua respiração voltasse ao normal e ele ficasse imóvel. Caio se virou para encarar Gina. Seus olhos vermelhos. Ele parecia exausto.

"Eu me lembro dela", ele disse.

"De nada", respondeu Gina.

APÊNDICE

A.1 Tabela da distribuição normal padrão

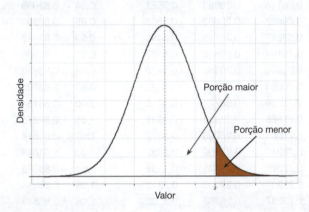

z	Porção maior	Porção menor	y
0,00	0,50000	0,50000	0,3989
0,01	0,50399	0,49601	0,3989
0,02	0,50798	0,49202	0,3989
0,03	0,51197	0,48803	0,3988
0,04	0,51595	0,48405	0,3986
0,05	0,51994	0,48006	0,3984
0,06	0,52392	0,47608	0,3982
0,07	0,52790	0,47210	0,3980
0,08	0,53188	0,46812	0,3977
0,09	0,53586	0,46414	0,3973
0,10	0,53983	0,46017	0,3970
0,11	0,54380	0,45620	0,3965
0,12	0,54776	0,45224	0,3961
0,13	0,55172	0,44828	0,3956
0,14	0,55567	0,44433	0,3951
0,15	0,55962	0,44038	0,3945
0,16	0,56356	0,43644	0,3939
0,17	0,56749	0,43251	0,3932
0,18	0,57142	0,42858	0,3925
0,19	0,57535	0,42465	0,3918
0,20	0,57926	0,42074	0,3910
0,21	0,58317	0,41683	0,3902
0,22	0,58706	0,41294	0,3894

z	Porção maior	Porção menor	y
0,23	0,59095	0,40905	0,3885
0,24	0,59483	0,40517	0,3876
0,25	0,59871	0,40129	0,3867
0,26	0,60257	0,39743	0,3857
0,27	0,60642	0,39358	0,3847
0,28	0,61026	0,38974	0,3836
0,29	0,61409	0,38591	0,3825
0,30	0,61791	0,38209	0,3814
0,31	0,62172	0,37828	0,3802
0,32	0,62552	0,37448	0,3790
0,33	0,62930	0,37070	0,3778
0,34	0,63307	0,36693	0,3765
0,35	0,63683	0,36317	0,3752
0,36	0,64058	0,35942	0,3739
0,37	0,64431	0,35569	0,3725
0,38	0,64803	0,35197	0,3712
0,39	0,65173	0,34827	0,3697
0,40	0,65542	0,34458	0,3683
0,41	0,65910	0,34090	0,3668
0,42	0,66276	0,33724	0,3653
0,43	0,66640	0,33360	0,3637
0,44	0,67003	0,32997	0,3621
0,45	0,67364	0,32636	0,3605

z	Porção maior	Porção menor	y	z	Porção maior	Porção menor	y
0,46	0,67724	0,32276	0,3589	0,90	0,81594	0,18406	0,2661
0,47	0,68082	0,31918	0,3572	0,91	0,81859	0,18141	0,2637
0,48	0,68439	0,31561	0,3555	0,92	0,82121	0,17879	0,2613
0,49	0,68793	0,31207	0,3538	0,93	0,82381	0,17619	0,2589
0,50	0,69146	0,30854	0,3521	0,94	0,82639	0,17361	0,2565
0,51	0,69497	0,30503	0,3503	0,95	0,82894	0,17106	0,2541
0,52	0,69847	0,30153	0,3485	0,96	0,83147	0,16853	0,2516
0,53	0,70194	0,29806	0,3467	0,97	0,83398	0,16602	0,2492
0,54	0,70540	0,29460	0,3448	0,98	0,83646	0,16354	0,2468
0,55	0,70884	0,29116	0,3429	0,99	0,83891	0,16109	0,2444
0,56	0,71226	0,28774	0,3410	1,00	0,84134	0,15866	0,2420
0,57	0,71566	0,28434	0,3391	1,01	0,84375	0,15625	0,2396
0,58	0,71904	0,28096	0,3372	1,02	0,84614	0,15386	0,2371
0,59	0,72240	0,27760	0,3352	1,03	0,84849	0,15151	0,2347
0,60	0,72575	0,27425	0,3332	1,04	0,85083	0,14917	0,2323
0,61	0,72907	0,27093	0,3312	1,05	0,85314	0,14686	0,2299
0,62	0,73237	0,26763	0,3292	1,06	0,85543	0,14457	0,2275
0,63	0,73565	0,26435	0,3271	1,07	0,85769	0,14231	0,2251
0,64	0,73891	0,26109	0,3251	1,08	0,85993	0,14007	0,2227
0,65	0,74215	0,25785	0,3230	1,09	0,86214	0,13786	0,2203
0,66	0,74537	0,25463	0,3209	1,10	0,86433	0,13567	0,2179
0,67	0,74857	0,25143	0,3187	1,11	0,86650	0,13350	0,2155
0,68	0,75175	0,24825	0,3166	1,12	0,86864	0,13136	0,2131
0,69	0,75490	0,24510	0,3144	1,13	0,87076	0,12924	0,2107
0,70	0,75804	0,24196	0,3123	1,14	0,87286	0,12714	0,2083
0,71	0,76115	0,23885	0,3101	1,15	0,87493	0,12507	0,2059
0,72	0,76424	0,23576	0,3079	1,16	0,87698	0,12302	0,2036
0,73	0,76730	0,23270	0,3056	1,17	0,87900	0,12100	0,2012
0,74	0,77035	0,22965	0,3034	1,18	0,88100	0,11900	0,1989
0,75	0,77337	0,22663	0,3011	1,19	0,88298	0,11702	0,1965
0,76	0,77637	0,22363	0,2989	1,20	0,88493	0,11507	0,1942
0,77	0,77935	0,22065	0,2966	1,21	0,88686	0,11314	0,1919
0,78	0,78230	0,21770	0,2943	1,22	0,88877	0,11123	0,1895
0,79	0,78524	0,21476	0,2920	1,23	0,89065	0,10935	0,1872
0,80	0,78814	0,21186	0,2897	1,24	0,89251	0,10749	0,1849
0,81	0,79103	0,20897	0,2874	1,25	0,89435	0,10565	0,1826
0,82	0,79389	0,20611	0,2850	1,26	0,89617	0,10383	0,1804
0,83	0,79673	0,20327	0,2827	1,27	0,89796	0,10204	0,1781
0,84	0,79955	0,20045	0,2803	1,28	0,89973	0,10027	0,1758
0,85	0,80234	0,19766	0,2780	1,29	0,90147	0,09853	0,1736
0,86	0,80511	0,19489	0,2756	1,30	0,90320	0,09680	0,1714
0,87	0,80785	0,19215	0,2732	1,31	0,90490	0,09510	0,1691
0,88	0,81057	0,18943	0,2709	1,32	0,90658	0,09342	0,1669
0,89	0,81327	0,18673	0,2685	1,33	0,90824	0,09176	0,1647

z	Porção maior	Porção menor	y	z	Porção maior	Porção menor	y
1,34	0,90988	0,09012	0,1626	1,78	0,96246	0,03754	0,0818
1,35	0,91149	0,08851	0,1604	1,79	0,96327	0,03673	0,0804
1,36	0,91309	0,08691	0,1582	1,80	0,96407	0,03593	0,0790
1,37	0,91466	0,08534	0,1561	1,81	0,96485	0,03515	0,0775
1,38	0,91621	0,08379	0,1539	1,82	0,96562	0,03438	0,0761
1,39	0,91774	0,08226	0,1518	1,83	0,96638	0,03362	0,0748
1,40	0,91924	0,08076	0,1497	1,84	0,96712	0,03288	0,0734
1,41	0,92073	0,07927	0,1476	1,85	0,96784	0,03216	0,0721
1,42	0,92220	0,07780	0,1456	1,86	0,96856	0,03144	0,0707
1,43	0,92364	0,07636	0,1435	1,87	0,96926	0,03074	0,0694
1,44	0,92507	0,07493	0,1415	1,88	0,96995	0,03005	0,0681
1,45	0,92647	0,07353	0,1394	1,89	0,97062	0,02938	0,0669
1,46	0,92785	0,07215	0,1374	1,90	0,97128	0,02872	0,0656
1,47	0,92922	0,07078	0,1354	1,91	0,97193	0,02807	0,0644
1,48	0,93056	0,06944	0,1334	1,92	0,97257	0,02743	0,0632
1,49	0,93189	0,06811	0,1315	1,93	0,97320	0,02680	0,0620
1,50	0,93319	0,06681	0,1295	1,94	0,97381	0,02619	0,0608
1,51	0,93448	0,06552	0,1276	1,95	0,97441	0,02559	0,0596
1,52	0,93574	0,06426	0,1257	1,96	0,97500	0,02500	0,0584
1,53	0,93699	0,06301	0,1238	1,97	0,97558	0,02442	0,0573
1,54	0,93822	0,06178	0,1219	1,98	0,97615	0,02385	0,0562
1,55	0,93943	0,06057	0,1200	1,99	0,97670	0,02330	0,0551
1,56	0,94062	0,05938	0,1182	2,00	0,97725	0,02275	0,0540
1,57	0,94179	0,05821	0,1163	2,01	0,97778	0,02222	0,0529
1,58	0,94295	0,05705	0,1145	2,02	0,97831	0,02169	0,0519
1,59	0,94408	0,05592	0,1127	2,03	0,97882	0,02118	0,0508
1,60	0,94520	0,05480	0,1109	2,04	0,97932	0,02068	0,0498
1,61	0,94630	0,05370	0,1092	2,05	0,97982	0,02018	0,0488
1,62	0,94738	0,05262	0,1074	2,06	0,98030	0,01970	0,0478
1,63	0,94845	0,05155	0,1057	2,07	0,98077	0,01923	0,0468
1,64	0,94950	0,05050	0,1040	2,08	0,98124	0,01876	0,0459
1,65	0,95053	0,04947	0,1023	2,09	0,98169	0,01831	0,0449
1,66	0,95154	0,04846	0,1006	2,10	0,98214	0,01786	0,0440
1,67	0,95254	0,04746	0,0989	2,11	0,98257	0,01743	0,0431
1,68	0,95352	0,04648	0,0973	2,12	0,98300	0,01700	0,0422
1,69	0,95449	0,04551	0,0957	2,13	0,98341	0,01659	0,0413
1,70	0,95543	0,04457	0,0940	2,14	0,98382	0,01618	0,0404
1,71	0,95637	0,04363	0,0925	2,15	0,98422	0,01578	0,0396
1,72	0,95728	0,04272	0,0909	2,16	0,98461	0,01539	0,0387
1,73	0,95818	0,04182	0,0893	2,17	0,98500	0,01500	0,0379
1,74	0,95907	0,04093	0,0878	2,18	0,98537	0,01463	0,0371
1,75	0,95994	0,04006	0,0863	2,19	0,98574	0,01426	0,0363
1,76	0,96080	0,03920	0,0848	2,20	0,98610	0,01390	0,0355
1,77	0,96164	0,03836	0,0833	2,21	0,98645	0,01355	0,0347

z	Porção maior	Porção menor	y	z	Porção maior	Porção menor	y
2,22	0,98679	0,01321	0,0339	2,65	0,99598	0,00402	0,0119
2,23	0,98713	0,01287	0,0332	2,66	0,99609	0,00391	0,0116
2,24	0,98745	0,01255	0325	2,67	0,99621	0,00379	0,0113
2,25	0,98778	0,01222	0,0317	2,68	0,99632	0,00368	0,0110
2,26	0,98809	0,01191	0,0310	2,69	0,99643	0,00357	0,0107
2,27	0,98840	0,01160	0,0303	2,70	0,99653	0,00347	0,0104
2,28	0,98870	0,01130	0,0297	2,71	0,99664	0,00336	0,0101
2,29	0,98899	0,01101	0,0290	2,72	0,99674	0,00326	0,0099
2,30	0,98928	0,01072	0,0283	2,73	0,99683	0,00317	0,0096
2,31	0,98956	0,01044	0,0277	2,74	0,99693	0,00307	0,0093
2,32	0,98983	0,01017	0,0270	2,75	0,99702	0,00298	0,0091
2,33	0,99010	0,00990	0,0264	2,76	0,99711	0,00289	0,0088
2,34	0,99036	0,00964	0,0258	2,77	0,99720	0,00280	0,0086
2,35	0,99061	0,00939	0,0252	2,78	0,99728	0,00272	0,0084
2,36	0,99086	0,00914	0,0246	2,79	0,99736	0,00264	0,0081
2,37	0,99111	0,00889	0,0241	2,80	0,99744	0,00256	0,0079
2,38	0,99134	0,00866	0,0235	2,81	0,99752	0,00248	0,0077
2,39	0,99158	0,00842	0,0229	2,82	0,99760	0,00240	0,0075
2,40	0,99180	0,00820	0,0224	2,83	0,99767	0,00233	0,0073
2,41	0,99202	0,00798	0,0219	2,84	0,99774	0,00226	0,0071
2,42	0,99224	0,00776	0,0213	2,85	0,99781	0,00219	0,0069
2,43	0,99245	0,00755	0,0208	2,86	0,99788	0,00212	0,0067
2,44	0,99266	0,00734	0,0203	2,87	0,99795	0,00205	0,0065
2,45	0,99286	0,00714	0,0198	2,88	0,99801	0,00199	0,0063
2,46	0,99305	0,00695	0,0194	2,89	0,99807	0,00193	0,0061
2,47	0,99324	0,00676	0,0189	2,90	0,99813	0,00187	0,0060
2,48	0,99343	0,00657	0,0184	2,91	0,99819	0,00181	0,0058
2,49	0,99361	0,00639	0,0180	2,92	0,99825	0,00175	0,0056
2,50	0,99379	0,00621	0,0175	2,93	0,99831	0,00169	0,0055
2,51	0,99396	0,00604	0,0171	2,94	0,99836	0,00164	0,0053
2,52	0,99413	0,00587	0,0167	2,95	0,99841	0,00159	0,0051
2,53	0,99430	0,00570	0,0163	2,96	0,99846	0,00154	0,0050
2,54	0,99446	0,00554	0,0158	2,97	0,99851	0,00149	0,0048
2,55	0,99461	0,00539	0,0154	2,98	0,99856	0,00144	0,0047
2,56	0,99477	0,00523	0,0151	2,99	0,99861	0,00139	0,0046
2,57	0,99492	0,00508	0,0147	3,00	0,99865	0,00135	0,0044
2,58	0,99506	0,00494	0,0143	...	...	...	...
2,59	0,99520	0,00480	0,0139	3,25	0,99942	0,00058	0,0020
2,60	0,99534	0,00466	0,0136	...	...	...	...
2,61	0,99547	0,00453	0,0132	3,50	0,99977	0,00023	0,0009
2,62	0,99560	0,00440	0,0129	...	...	...	...
2,63	0,99573	0,00427	0,0126	4,00	0,99997	0,00003	0,0001
2,64	0,99585	0,00415	0,0122				

Valores calculados pelo autor usando o IBM SPSS Statistics.

A.2 Valores críticos da distribuição t

Proporção em uma cauda (direita ou esquerda)

Proporção em duas caudas (total)

	0,10	0,05	0,025	0,01	0,005
	\multicolumn{5}{c}{Proporção em duas caudas (total)}
gl	0,20	0,10	0,05	0,02	0,01
1	3,078	6,314	12,706	31,821	63,657
2	1,886	2,920	4,303	6,965	9,925
3	1,638	2,353	3,182	4,541	5,841
4	1,533	2,132	2,776	3,747	4,604
5	1,476	2,015	2,571	3,365	4,032
6	1,440	1,943	2,447	3,143	3,707
7	1,415	1,895	2,365	2,998	3,499
8	1,397	1,860	2,306	2,896	3,355
9	1,383	1,833	2,262	2,821	3,250
10	1,372	1,812	2,228	2,764	3,169
11	1,363	1,796	2,201	2,718	3,106
12	1,356	1,782	2,179	2,681	3,055
13	1,350	1,771	2,160	2,650	3,012
14	1,345	1,761	2,145	2,624	2,977
15	1,341	1,753	2,131	2,602	2,947
16	1,337	1,746	2,120	2,583	2,921
17	1,333	1,740	2,110	2,567	2,898
18	1,330	1,734	2,101	2,552	2,878
19	1,328	1,729	2,093	2,539	2,861
20	1,325	1,725	2,086	2,528	2,845

| | \multicolumn{5}{c}{Proporção em duas caudas (total)} |
gl	0,20	0,10	0,05	0,02	0,01
21	1,323	1,721	2,080	2,518	2,831
22	1,321	1,717	2,074	2,508	2,819
23	1,319	1,714	2,069	2,500	2,807
24	1,318	1,711	2,064	2,492	2,797
25	1,316	1,708	2,060	2,485	2,787
26	1,315	1,706	2,056	2,479	2,779
27	1,314	1,703	2,052	2,473	2,771
28	1,313	1,701	2,048	2,467	2,763
29	1,311	1,699	2,045	2,462	2,756
30	1,310	1,697	2,042	2,457	2,750
35	1,306	1,690	2,030	2,438	2,724
40	1,303	1,684	2,021	2,423	2,704
45	1,301	1,679	2,014	2,412	2,690
50	1,299	1,676	2,009	2,403	2,678
55	1,297	1,673	2,004	2,396	2,668
60	1,296	1,671	2,000	2,390	2,660
70	1,294	1,667	1,994	2,381	2,648
80	1,292	1,664	1,990	2,374	2,639
90	1,291	1,662	1,987	2,368	2,632
100	1,290	1,660	1,984	2,364	2,626
∞	1,282	1,645	1,960	2,326	2,576

Valores calculados pelo autor usando o R.

A.3 Valores críticos da distribuição F

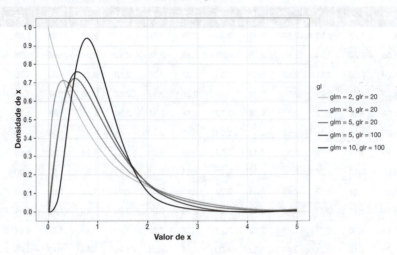

gl_R	\	\	\	\	\	gl_M	\	\	\	\	\	\	\
	1	2	3	4	5	6	7	8	9	10	15	25	50	100
1	161,45	199,50	215,71	224,58	230,16	233,99	236,77	238,88	240,54	241,88	245,95	249,26	251,77	253,04
2	18,51	19,00	19,16	19,25	19,30	19,33	19,35	19,37	19,38	19,40	19,43	19,46	19,48	19,49
3	10,13	9,55	9,28	9,12	9,01	8,94	8,89	8,85	8,81	8,79	8,70	8,63	8,58	8,55
4	7,71	6,94	6,59	6,39	6,26	6,16	6,09	6,04	6,00	5,96	5,86	5,77	5,70	5,66
5	6,61	5,79	5,41	5,19	5,05	4,95	4,88	4,82	4,77	4,74	4,62	4,52	4,44	4,41
6	5,99	5,14	4,76	4,53	4,39	4,28	4,21	4,15	4,10	4,06	3,94	3,83	3,75	3,71
7	5,59	4,74	4,35	4,12	3,97	3,87	3,79	3,73	3,68	3,64	3,51	3,40	3,32	3,27
8	5,32	4,46	4,07	3,84	3,69	3,58	3,50	3,44	3,39	3,35	3,22	3,11	3,02	2,97
9	5,12	4,26	3,86	3,63	3,48	3,37	3,29	3,23	3,18	3,14	3,01	2,89	2,80	2,76
10	4,96	4,10	3,71	3,48	3,33	3,22	3,14	3,07	3,02	2,98	2,85	2,73	2,64	2,59
12	4,75	3,89	3,49	3,26	3,11	3,00	2,91	2,85	2,80	2,75	2,62	2,50	2,40	2,35
14	4,60	3,74	3,34	3,11	2,96	2,85	2,76	2,70	2,65	2,60	2,46	2,34	2,24	2,19
16	4,49	3,63	3,24	3,01	2,85	2,74	2,66	2,59	2,54	2,49	2,35	2,23	2,12	2,07
18	4,41	3,55	3,16	2,93	2,77	2,66	2,58	2,51	2,46	2,41	2,27	2,14	2,04	1,98
20	4,35	3,49	3,10	2,87	2,71	2,60	2,51	2,45	2,39	2,35	2,20	2,07	1,97	1,91
22	4,30	3,44	3,05	2,82	2,66	2,55	2,46	2,40	2,34	2,30	2,15	2,02	1,91	1,85
24	4,26	3,40	3,01	2,78	2,62	2,51	2,42	2,36	2,30	2,25	2,11	1,97	1,86	1,80
26	4,23	3,37	2,98	2,74	2,59	2,47	2,39	2,32	2,27	2,22	2,07	1,94	1,82	1,76
28	4,20	3,34	2,95	2,71	2,56	2,45	2,36	2,29	2,24	2,19	2,04	1,91	1,79	1,73
30	4,17	3,32	2,92	2,69	2,53	2,42	2,33	2,27	2,21	2,16	2,01	1,88	1,76	1,70
33	4,14	3,28	2,89	2,66	2,50	2,39	2,30	2,23	2,18	2,13	1,98	1,84	1,72	1,66

gl_R \ gl_M	1	2	3	4	5	6	7	8	9	10	15	25	50	100
35	4,12	3,27	2,87	2,64	2,49	2,37	2,29	2,22	2,16	2,11	1,96	1,82	1,70	1,63
40	4,08	3,23	2,84	2,61	2,45	2,34	2,25	2,18	2,12	2,08	1,92	1,78	1,66	1,59
45	4,06	3,20	2,81	2,58	2,42	2,31	2,22	2,15	2,10	2,05	1,89	1,75	1,63	1,55
50	4,03	3,18	2,79	2,56	2,40	2,29	2,20	2,13	2,07	2,03	1,87	1,73	1,60	1,52
55	4,02	3,16	2,77	2,54	2,38	2,27	2,18	2,11	2,06	2,01	1,85	1,71	1,58	1,50
60	4,00	3,15	2,76	2,53	2,37	2,25	2,17	2,10	2,04	1,99	1,84	1,69	1,56	1,48
65	3,99	3,14	2,75	2,51	2,36	2,24	2,15	2,08	2,03	1,98	1,82	1,68	1,54	1,46
70	3,98	3,13	2,74	2,50	2,35	2,23	2,14	2,07	2,02	1,97	1,81	1,66	1,53	1,45
75	3,97	3,12	2,73	2,49	2,34	2,22	2,13	2,06	2,01	1,96	1,80	1,65	1,52	1,44
80	3,96	3,11	2,72	2,49	2,33	2,21	2,13	2,06	2,00	1,95	1,79	1,64	1,51	1,43
85	3,95	3,10	2,71	2,48	2,32	2,21	2,12	2,05	1,99	1,94	1,79	1,64	1,50	1,42
90	3,95	3,10	2,71	2,47	2,32	2,20	2,11	2,04	1,99	1,94	1,78	1,63	1,49	1,41
95	3,94	3,09	2,70	2,47	2,31	2,20	2,11	2,04	1,98	1,93	1,77	1,62	1,48	1,40
100	3,94	3,09	2,70	2,46	2,31	2,19	2,10	2,03	1,97	1,93	1,77	1,62	1,48	1,39

gl_R \ gl_M	1	2	3	4	5	6	7	8	9	10	15	25	50	100
1	4052,18	4999,50	5403,35	5624,58	5763,65	5858,99	5928,36	5981,07	6022,47	6055,85	6157,28	6239,83	6302,52	6334,11
2	98,50	99,00	99,17	99,25	99,30	99,33	99,36	99,37	99,39	99,40	99,43	99,46	99,48	99,49
3	34,12	30,82	29,46	28,71	28,24	27,91	27,67	27,49	27,35	27,23	26,87	26,58	26,35	26,24
4	21,20	18,00	16,69	15,98	15,52	15,21	14,98	14,80	14,66	14,55	14,20	13,91	13,69	13,58
5	16,26	13,27	12,06	11,39	10,97	10,67	10,46	10,29	10,16	10,05	9,72	9,45	9,24	9,13
6	13,75	10,92	9,78	9,15	8,75	8,47	8,26	8,10	7,98	7,87	7,56	7,30	7,09	6,99
7	12,25	9,55	8,45	7,85	7,46	7,19	6,99	6,84	6,72	6,62	6,31	6,06	5,86	5,75
8	11,26	8,65	7,59	7,01	6,63	6,37	6,18	6,03	5,91	5,81	5,52	5,26	5,07	4,96
9	10,56	8,02	6,99	6,42	6,06	5,80	5,61	5,47	5,35	5,26	4,96	4,71	4,52	4,41
10	10,04	7,56	6,55	5,99	5,64	5,39	5,20	5,06	4,94	4,85	4,56	4,31	4,12	4,01
12	9,33	6,93	5,95	5,41	5,06	4,82	4,64	4,50	4,39	4,30	4,01	3,76	3,57	3,47
14	8,86	6,51	5,56	5,04	4,69	4,46	4,28	4,14	4,03	3,94	3,66	3,41	3,22	3,11
16	8,53	6,23	5,29	4,77	4,44	4,20	4,03	3,89	3,78	3,69	3,41	3,16	2,97	2,86
18	8,29	6,01	5,09	4,58	4,25	4,01	3,84	3,71	3,60	3,51	3,23	2,98	2,78	2,68
20	8,10	5,85	4,94	4,43	4,10	3,87	3,70	3,56	3,46	3,37	3,09	2,84	2,64	2,54
22	7,95	5,72	4,82	4,31	3,99	3,76	3,59	3,45	3,35	3,26	2,98	2,73	2,53	2,42
24	7,82	5,61	4,72	4,22	3,90	3,67	3,50	3,36	3,26	3,17	2,89	2,64	2,44	2,33
26	7,72	5,53	4,64	4,14	3,82	3,59	3,42	3,29	3,18	3,09	2,81	2,57	2,36	2,25
28	7,64	5,45	4,57	4,07	3,75	3,53	3,36	3,23	3,12	3,03	2,75	2,51	2,30	2,19
30	7,56	5,39	4,51	4,02	3,70	3,47	3,30	3,17	3,07	2,98	2,70	2,45	2,25	2,13

gl_R \ gl_M	1	2	3	4	5	6	7	8	9	10	15	25	50	100
33	7,47	5,31	4,44	3,95	3,63	3,41	3,24	3,11	3,00	2,91	2,63	2,39	2,18	2,06
35	7,42	5,27	4,40	3,91	3,59	3,37	3,20	3,07	2,96	2,88	2,60	2,35	2,14	2,02
40	7,31	5,18	4,31	3,83	3,51	3,29	3,12	2,99	2,89	2,80	2,52	2,27	2,06	1,94
45	7,23	5,11	4,25	3,77	3,45	3,23	3,07	2,94	2,83	2,74	2,46	2,21	2,00	1,88
50	7,17	5,06	4,20	3,72	3,41	3,19	3,02	2,89	2,78	2,70	2,42	2,17	1,95	1,82
55	7,12	5,01	4,16	3,68	3,37	3,15	2,98	2,85	2,75	2,66	2,38	2,13	1,91	1,78
60	7,08	4,98	4,13	3,65	3,34	3,12	2,95	2,82	2,72	2,63	2,35	2,10	1,88	1,75
65	7,04	4,95	4,10	3,62	3,31	3,09	2,93	2,80	2,69	2,61	2,33	2,07	1,85	1,72
70	7,01	4,92	4,07	3,60	3,29	3,07	2,91	2,78	2,67	2,59	2,31	2,05	1,83	1,70
75	6,99	4,90	4,05	3,58	3,27	3,05	2,89	2,76	2,65	2,57	2,29	2,03	1,81	1,67
80	6,96	4,88	4,04	3,56	3,26	3,04	2,87	2,74	2,64	2,55	2,27	2,01	1,79	1,65
85	6,94	4,86	4,02	3,55	3,24	3,02	2,86	2,73	2,62	2,54	2,26	2,00	1,77	1,64
90	6,93	4,85	4,01	3,53	3,23	3,01	2,84	2,72	2,61	2,52	2,24	1,99	1,76	1,62
95	6,91	4,84	3,99	3,52	3,22	3,00	2,83	2,70	2,60	2,51	2,23	1,98	1,75	1,61
100	6,90	4,82	3,98	3,51	3,21	2,99	2,82	2,69	2,59	2,50	2,22	1,97	1,74	1,60

Valores calculados pelo autor usando R.

A.4 Valores críticos da distribuição qui-quadrado

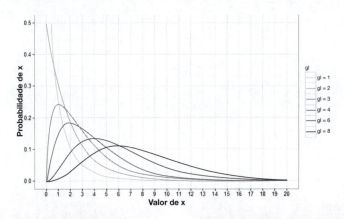

gl	p = 0,05	p = 0,01
1	3,84	6,63
2	5,99	9,21
3	7,81	11,34
4	9,49	13,28
5	11,07	15,09
6	12,59	16,81
7	14,07	18,48
8	15,51	20,09
9	16,92	21,67
10	18,31	23,21
11	19,68	24,72
12	21,03	26,22
13	22,36	27,69
14	23,68	29,14
15	25,00	30,58
16	26,30	32,00
17	27,59	33,41
18	28,87	34,81
19	30,14	36,19
20	31,41	37,57
21	32,67	38,93
22	33,92	40,29
23	35,17	41,64
24	36,42	42,98

gl	p = 0,05	p = 0,01
25	37,65	44,31
26	38,89	45,64
27	40,11	46,96
28	41,34	48,28
29	42,56	49,59
30	43,77	50,89
35	49,80	57,34
40	55,76	63,69
45	61,66	69,96
50	67,50	76,15
60	79,08	88,38
70	90,53	100,43
80	101,88	112,33
90	113,15	124,12
100	124,34	135,81
200	233,99	249,45
300	341,40	359,91
400	447,63	468,72
500	553,13	576,49
600	658,09	683,52
700	762,66	789,97
800	866,91	895,98
900	970,90	1001,63
1000	1074,68	1106,97

Valores calculados pelo autor usando o R.

GLOSSÁRIO

0: o que a Sage sabe sobre o quanto me esforcei para escrever este livro.

−2LV: o logaritmo da *verossimilhança* multiplicado por menos 2. Essa versão da verossimilhança é utilizada na *regressão logística*.

Aderência: um índice de quão bem um modelo se ajusta aos dados a partir do qual ele foi gerado. É normalmente baseado em quão bem os dados previstos pelo modelo correspondem aos dados que foram de fato coletados.

Ajuste: quão sexualmente atrativo você acha um teste estatístico. Alternativamente, é o grau pelo qual um modelo estatístico é uma representação precisa dos dados observados. (Incidentalmente, é simplesmente *errado* achar testes estatísticos sexualmente atraentes).

Alavancagem (*leverage*): estatísticas de influências (ou valores chapéu) calculam a influência do valor observado da variável de resultado sobre os valores previstos. O valor médio da influência é $(k + 1)/n$, no qual k é o número de previsores no modelo e n é o número de participantes. Os valores da influência podem estar entre 0 (o caso não tem influência alguma) e 1 (o caso tem completa influência sobre a previsão). Se nenhum dos casos exerce desmedida influência sobre o modelo, devemos esperar que todos os valores da estatística influência estejam próximos ao valor médio. Hoaglin e Welsch (1978) recomendam investigar casos com valores maiores do que duas vezes a média $(2(k + 1)/n)$ e Stevens (2002) recomenda usar três vezes a média $(3(k + 1)/n)$ como um ponto de corte para identificar casos com influência desmedida.

Aleatorização (randomização): o processo de fazer coisas de uma maneira não sistemática ou aleatória. No contexto da pesquisa experimental, a palavra em geral se aplica à atribuição ao acaso dos participantes as diferentes condições do tratamento.

Alfa (α) de Cronbach: uma medida de confiabilidade de uma escala definido por:

$$a = \frac{N^2 \overline{Cov}}{\sum s^2_{item} + \sum Cov_{item}}$$

em que o numerador da equação é simplesmente o número de itens (N) ao quadrado multiplicado pela covariância média entre os itens (a média dos elementos fora da diagonal na *matriz das variâncias-covariâncias*). O denominador é a soma de todos os elementos da *matriz das variâncias-covariâncias*.

Amostra: uma pequena (mas com sorte representativa) coleção de unidades de uma *população*, usada para determinar verdades sobre essa população (p. ex., como uma dada população se comporta em determinadas condições).

Amplitude (intervalo): a diferença entre o maior e o menor valor de um conjunto de dados. É uma medida de dispersão. Ver também: *variância, desvio-padrão* e *intervalo interquartis*.

Análise da função discriminante: Essa análise identifica e descreve as *variates de função discriminante* de um conjunto de variáveis (combinação linear de variáveis) e é utilizada para dar seguimento a um teste MANOVA como uma forma de ver como o conjunto de variáveis permite discriminar o conjunto de casos.

Análise de componentes principais (ACP): uma técnica *multivariada* para identificar os componentes lineares de um conjunto de variáveis.

Análise de covariância: um procedimento estatístico que utiliza a *estatística F* para testar a aderência de um modelo linear controlando o efeito que uma ou mais *covariáveis* apresentam sobre os resultados da *variável de saída*. Na pesquisa experimental, esse modelo linear tende a ser definido em termos das médias dos grupos, e a ANOVA resultante é dessa forma um teste global se a média dos grupos difere após, a variância na variável de saída explicada por qualquer *covariável*, ter sido removida.

Análise de fatores confirmatória (AFC): uma versão da *análise de fatores* em que hipóteses específicas sobre a estrutura e relações entre as *variáveis latentes* subjacentes aos dados são testadas.

Análise de fatores: uma técnica *multivariada* para identificar se a correlação entre um conjunto de variáveis observadas é devida ao relacionamento com uma ou mais *variáveis latentes* existentes nos dados, cada uma das quais assumindo a forma de um *modelo linear*.

Análise de variância multivariada: família de testes que estende a *análise de variância* básica a situações nas quais mais do que uma *variável de resultado* foi mensurada.

Análise de variância: um procedimento estatístico que utiliza a *estatística F* para testar o ajuste geral de um modelo linear. Na pesquisa experimental, esse modelo linear tende a ser definido em termos da média do grupo e a ANOVA resultante é, dessa forma, um teste global para verificar se as médias dos grupos diferem.

Análise discriminante: ver *análise da função discriminante*.

Análise dos efeitos simples: Essa análise observa os efeitos de uma *variável independente* (*variável previsora* categórica) em níveis individuais de outra *variável independente*.

Análise log-linear: um procedimento usado como uma extensão do *teste qui quadrado* para analisar situações nas quais você tem mais do que duas *variáveis categóricas* e você quer testar os relacionamentos entre essas variáveis. Essencialmente, um *modelo linear* é ajustado aos dados que prevêem frequências esperadas (i.e., o número de casos esperados numa categoria dada). A esse respeito, é quase o mesmo que *a análise de variância*, mas para dados totalmente categóricos.

Análise simples da inclinação: uma análise que verifica a relação (i.e., a *regressão simples*) entre uma *variável previsora* e uma *variável de resultado* em níveis baixos, médios e altos de uma terceira variável (*moderadora*).

ANCOVA: acrônimo para *análise de covariância*.

ANOVA: acrônimo para *análise de variância*.

ANOVA de Friedman: um teste não paramétrico para verificar se dois ou mais grupos diferem. É a versão não paramétrica da *ANOVA de medidas repetidas* de um fator.

ANOVA de medidas repetidas: uma *análise da variância* conduzida em qualquer delineamento no qual a *variável independente* (previsora) ou as *variáveis* (previsoras) foram mensuradas usando os mesmos participantes em todas as condições.

ANOVA fatorial: uma análise de variância envolvendo duas ou mais *variáveis independentes* ou *previsoras*.

ANOVA independente: *análise da variância* conduzida em qualquer delineamento no qual *variáveis independentes* ou *previsores* foram manipuladas usando participantes diferentes (i.e., todos os dados vêm de entidades diferentes).

ANOVA mista: *análise de variância* usada quando você tem um *delineamento misto*.

AR(1): uma estrutura autorregressiva de primeira ordem. É uma estrutura de covariância utilizada em *modelos lineares multiníveis* no qual os relacionamentos entre os valores mudam de forma sistemática. É suposto que as correlações entre os valores ficam menores com o tempo e que a variâncias são homogêneas. Essa estrutura é frequentemente utilizada para dados de medidas repetidas (especialmente quando as medidas são tomadas ao longo do tempo como em modelos de crescimento).

Assimetria: uma medida da simetria de uma *distribuição de frequências*. Distribuições simétricas têm um coeficiente de assimetria igual a 0. Quando a maioria dos escores está concentrada no final da distribuição e a cauda aponta na direção do escore mais alto ou positivo, a assimetria é positiva. Contrariamente, quando a maioria dos escores está concentrada na parte final da distribuição e a cauda aponta na direção dos escores mais baixos ou negativos, a assimetria é negativa.

Assimetria negativa: ver *assimetria*.

Assimetria positiva: ver *assimetria*.

Autocorrelação: quando os *resíduos* de duas observações num modelo de regressão são correlacionados.

β_i: coeficiente de regressão padronizado. Indica a força do relacionamento entre um dado previsor, i, de muitos e uma saída em uma forma *padronizada*. Ele é a mudança na saída (em desvios-padrão) associada a uma alteração de um desvio-padrão no previsor.

b_i: coeficiente de regressão não padronizado. Indica a força do relacionamento entre um dado previsor, i, e uma saída em unidades de medidas do previsor. Ele é a mudança na saída associada à mudança de uma unidade no previsor.

Bimodal: uma descrição de uma distribuição de observações que apresenta duas *modas*.

Bootstrap: uma técnica da qual a distribuição amostral de uma estatística é estimada tomando amostras repetidas (com reposição) do conjunto de dados (com efeito, tratando os dados como uma população da qual pequenas amostras são retiradas). A estatística de interesse (p. ex., a *média* ou o coeficiente *b*) é calculada para cada amostra que é parte da distribuição amostral da estatística sendo construída. O erro-padrão da estatística é estimado como o desvio-padrão da distribuição amostral criada pelas amostras *bootstrap*. A partir disso intervalos de confiança e testes de hipóteses podem ser obtidos.

Carga fatorial: o *coeficiente de regressão* de uma variável para o *modelo linear* que descreve a *variável latente* ou *fator* na *análise de fatores*.

CCIA (critério de Bozdogan): uma medida de *aderência* semelhante ao *CIA*, mas corrigida em relação a complexidade do modelo e ao tamanho da amostra. Ela não é intrinsicamente interpretável mas pode ser comparada em diferentes modelos para ver como ela é afetada pela alteração dos modelos. Um valor pequeno representa uma melhor aderência.

CCIA (critério de Hurvich e Tsai): uma medida de *aderência* que é similar ao *CIA*, mas projetada para pequenas amostras. Ela não é interpretável de forma intrínseca, mas pode ser comparada entre diferentes modelos para ver como ela é alterada pela mudança do modelo. Um valor pequeno representa um ajuste melhor.

Centragem: o processo de transformar uma variável em desvios em torno de um ponto fixo. Esse ponto pode ser qualquer valor, mas normalmente a média é utilizada. Para centrar uma variável a média é subtraída de cada valor. Ver *centragem da média geral, centragem da média do grupo*.

Centragem pela média do grupo: é a transformação de uma variável onde cada escore da variável é subtraídoda média do grupo a que o escore pertence (cf. *centreagem pela média global*).

Centragem pela média geral: a *centragem* pela média geral é a transformação de uma variável pegando cada escore dessa variável e subtraindo a média global de cada um (cf. *centragem pela média do grupo*).

Chance: a probabilidade de um evento ocorrer dividido pela probabilidade daquele evento não ocorrer.

Chances *a posteriori*: a razão da *probabilidade a posteriori* de uma hipótese para outra. No teste de hipóteses bayesiano as chances *a posteriori* são a razão da probabilidade da hipótese alternativa considerando os dados, p(alternativa | dados), para a probabilidade da hipótese nula considerando os dados, p(nula | dados).

Chances *a priori*: a razão da probabilidade de uma hipótese/modelo para um segundo. No teste de hipóteses bayesiano, as chances *a priori* é a probabilidade da *hipótese alternativa* p(alternativa), dividida pela probabilidade da *hipótese nula*, p(nula). As chances *a priori* devem refletir sua crença na hipótese alternativa em relação à nula *antes* de você olhar os dados.

Chorar: é o que você faz depois de escrever um livro de estatística.

CIA (critério de informação de Akaike): uma medida de *aderência* que é corrigida em função da complexidade do modelo. Isso significa que ela leva em conta o número de parâmetros que foram estimados. Ela não é interpretável de forma intrínseca, mas pode ser comparada entre diferentes modelos para ver como ela é alterada pela mudança do modelo. Um valor pequeno representa um ajuste melhor.

CIB (critério de informação bayesiano de Schwarz): uma estatística de *aderência* comparável ao *CIA*, embora levemente mais conservadora (corrige mais severamente conforme o número de parâmetros sendo estimados). Deve ser utilizado quando a amostra for grande e o número de parâmetros for pequeno. Ele não é intrinsicamente interpretável, mas pode ser comparado entre modelos diferentes para ver como a mudança do modelo afeta a aderência. Um valor pequeno representa uma melhor aderência aos dados.

Ciência aberta: um movimento para tornar o processo, dados e resultados das pesquisas científicas livre e disponíveis para todos.

Coeficiente aleatório: um coeficiente ou parâmetro de um modelo que é livre para variar sobre situações ou contextos (cf. *coeficiente fixo*).

Coeficiente de correlação de Pearson: também chamado de coeficiente de correlação momento produto de Pearson, é uma medida *padronizada* da força do relacionamento entre duas variáveis. Ele pode ter qualquer valor de −1 (à medida que uma variável muda, a outra muda na direção oposta pela mesma quantia) passando por 0 (à medida que uma variável muda, a outra não muda) até +1 (à medida que uma variável muda, a outra muda na mesma direção pela mesma quantia).

Coeficiente de correlação de Spearman: uma medida padronizada da força do relacionamento entre duas variáveis que não depende das hipóteses de um *teste paramétrico*. Ele é o *coeficiente de correlação de Pearson* calculado para dados que foram convertidos em postos.

Coeficiente de correlação intraclasse (CCI): um *coeficiente de correlação* que avalia a consistência entre medidas da mesma classe, ou seja, medidas da mesma coisa (cf. *coeficiente de correlação de Pearson*, que mede a relação entre variáveis de uma classe diferente). Dois usos comuns estão na comparação de dados pareados (como gêmeos) na mesma medida e na avaliação da consistência entre as classificações dos juízes de um mesmo conjunto de objetos. O cálculo dessas correlações depende da existência de uma medida de consistência (em que a ordem das pontuações de uma fonte é considerada, mas não o valor real em torno do qual os escores estão ancorados) ou concordância absoluta (em que tanto a ordem dos escores quanto valores relativos são considerados) e se os escores representam médias de muitas medidas ou apenas uma medida é necessária. Essa medida também é usada em *modelos lineares multiníveis* para medir a dependência em dados dentro do mesmo contexto.

Coeficiente de correlação: uma medida da força da associação ou relacionamento entre duas variáveis. Ver *coeficiente de correlação de Pearson coeficiente de correlação de Spearman, tau de Kendall*.

Coeficiente de determinação: a proporção da variância em uma variável explicada pela segunda variável. Ele é o *coeficiente de correlação de Pearson* elevado ao quadrado.

Coeficiente de regressão: ver b_i e β_i.

Coeficiente fixo: um coeficiente ou parâmetro de um modelo que é fixado; isto é, ele não pode variar conforme situações ou contextos (cf. *coeficiente aleatório*).

Colinearidade perfeita: existe quando pelo menos um previsor num *modelo de regressão* é uma combinação linear perfeita de outros (o exemplo mais simples sendo dois previsores que são perfeitamente correlacionados – eles têm um coeficiente correlação de 1).

Comparações pareadas: comparações de pares de médias.

Comparações planejadas: outro nome para *contrastes planejados*.

Componentes da variância: uma estrutura de covariância utilizada na *modelagem linear multinível*. Essa estrutura de covariâncias é muito simples e assume que todos os efeitos aleatórios são independentes e que as variâncias dos efeitos aleatórios são supostamente iguais e a somada à variância da variável de resultado.

Comunalidade: a proporção da variância de uma variável que é uma *variância comum*. Esse termo é utilizado principalmente na *análise de fatores*. Uma variável que não tem uma *variância exclusiva* (ou *variância aleatória*) terá uma comunalidade de 1, enquanto uma variável que nada compartilha de sua variância com qualquer outra variável terá uma comunalidade de 0.

Confiabilidade: a habilidade de uma medida produzir resultados consistentes quando as mesmas entidades estão sendo mensuradas sob as mesmas condições.

Confiabilidade meio a meio: uma medida de *confiabilidade* obtida dividindo os itens de uma medida em duas metades (de uma maneira aleatória) e obtendo um escore de cada metade da escala. A correlação entre os dois escores, corrigidos levando em consideração o fato de que as correlações são baseadas em somente a metade dos itens, é usada como uma medida da confiabilidade. Existem duas maneiras de fazer isso. Spearman (1910) e Brown (1910) desenvolveram uma fórmula que não precisa do desvio-padrão entre os itens:

$$c_{mm} = \frac{2m_{12}}{1 + m_{12}}$$

onde m_{12} é a correlação entre as duas metades da escala. Flanagan (1937) e Rulon (1939), entretanto, propuseram uma medida que leva em consideração a variância dos itens:

$$c_{mm} = \frac{4 m_{12} \times s_1 \times s_2}{s_T^2}$$

no qual s_1 e s_2 são desvios-padrão de cada metade da escala e S^2_T é a variância de todo o conjunto. Ver Cortina (1993) para mais detalhes.

Confiabilidade teste-reteste: a habilidade de uma mensuração produzir resultados consistentes quando as mesmas entidades são testadas em dois pontos diferentes no tempo.

Contrabalanceamento: o processo de sistematicamente variar a ordem em que condições experimentais são conduzidas. No caso mais simples, de existirem duas condições (A e B), o contrabalanceamento implica que metade dos participantes se submetenà condição A e em seguida à condição B, enquanto os restantes submetem-se à condição B seguida da A. O objetivo é remover vieses causados por *efeitos práticos* ou *efeitos de tédio*.

Contraste de diferença: um *contraste planejado* não ortogonal que compara a média de cada condição (exceto a primeira) com a média global de todas as condições anteriores combinadas.

Contraste de Helmert: um *contraste planejado* não ortogonal que compara a média de cada condição (exceto a última) à média geral de todas as condições subsequentes combinadas.

Contraste polinomial: um contraste que testa por tendências nos dados. Na sua forma mais básica, ele procura por umatendência linear (i.e., que as médias dos grupos aumentam proporcionalmente).

Contraste repetido: um *contraste planejado* não ortogonal que compara as médias em cada condição (exceto a primeira) à média da condição precedente.

Contraste reverso de Helmert: outro nome para um *contraste diferença*.

Contraste simples: um *contraste planejado* não ortogonal que compara a média em cada condição à média da primeira ou última condição dependendo em como o contraste for especificado.

Contrastes planejados: um conjunto de comparações entre grupos de médias projetado antes que qualquer dado seja coletado. São comparações teóricas e são baseados na ideia de particionar a variância criada pelo efeito geral das diferenças dos grupos gradualmente em pequenas porções da variância. Esses testes têm mais poder do que os *testes post hoc*.

Correção de Bonferroni: uma correção aplicada ao *nível* α para controlar a *taxa de Erro do tipo I* global quando vários testes de significância são executados. Cada teste conduzido deve utilizar um critério de significância de *nível* α (normalmente 0,05) dividido pelo número de testes realizados. Essa é uma correção simples, porém efetiva, mas tende a ser muito rígida quando muitos testes são executados.

Correção de continuidade de Yates: um ajuste feito para o *teste do qui-quadrado* quando a *tabela de contingência* é duas linhas por duas colunas (i.e., existem duas variáveis categóricas, ambas consistindo em apenas duas categorias). Em amostras grandes, o ajustamento faz pouca diferença e é levemente duvidoso (ver Howell, 2012).

Correção de Šidák: uma variante levemente menos conservadora da *correção de Bonferroni*.

Correlação bisserial: uma medida padronizada da força do relacionamento entre duas variáveis quando uma delas é *dicotômica*. O coeficiente de correlação bisseriado é utilizado quando uma variável é dicotômica contínua (p. ex., tem um contínuo subjacente entre as categorias).

Correlação bivariada: uma correlação entre duas variáveis.

Correlação parcial: uma medida do relacionamento entre variáveis "controlando" o efeito que uma ou mais variáveis adicionais podem ter em ambas.

Correlação ponto-bisserial: uma medida-padrão da força do relacionamento entre duas variáveis quando uma das duas variáveis é *dicotômica*. O coeficiente de correlação ponto-bisserial é usado quando a dicotomia é discreta ou verdadeira (i.e., quando não há um *continuum* subjacente entre as categorias). Um exemplo disso é a gravidez: a mulher está ou não grávida, não há meio termo.

Correlação por partes: outro nome para uma *correlação semiparcial*.

Correlação semiparcial: uma medida do relacionamento entre duas variáveis "controlando" o efeito que uma ou mais variáveis tem sobre uma dessas variáveis. Se nomearmos nossas variáveis x e y, ele fornece uma medida da variância em y compartilhada apenas com x.

Corridas de Wald-Wolfowitz: outra variante do *teste de Mann-Whitney*. Os escores são ordenados como no teste de Mann-Whitney, mas em vez de analisar as classificações esse teste procura por "corridas" de escores do mesmo grupo dentro de uma determinada ordem. Agora, se não houver diferença entre os grupos, obviamente classificações dos dois grupos devem ser entremeadas aleatoriamente. Entretanto, se os grupos são diferentes, você deve ver mais postos de um grupo na parte inferior e mais postos de outro grupo na parte superior. Procurando aglomerados de escores dessa maneira, o teste pode determinar se os grupos diferem.

Covariância: uma medida da relação entre duas variáveis. É o *produto cruzado* dos desvios médio (i.e., o produto cruzado dividido pelo número de observações menos um).

Covariável: a variável que tem um relacionamento com (em termos de *covariância*) ou tem o potencial de estar relacionada à *variável de resultado* que está sendo mensurada.

Critério de Kaiser: um método de *extração* na *análise de fatores* baseado na ideia de reter fatores com autovalores associados maiores do que 1. Esse método parece ser preciso quando o número das variáveis na análise é menor do que 30 e as *comunalidades* resultantes (após a *extração*) são maiores do que 0,7; ou quando o tamanho da amostra excede a 250 e a média da comunalidade é maior ou igual a 0,6.

Curtose: mensura o grau em que os escores se amontoam nas caudas de uma distribuição de frequências. A curtose é calculada tal que não tenha um valor igual a 3. Para tornar esta medida mais intuitiva, o SPSS (e alguns outros pacotes) subtraem 3 do valor encontrado de modo que coeficiente de curtose varie em torno de zero. Uma distribuição com curtose negativa (*platicúrtica*, $k < 0$) apresenta poucos escores nas caudas e é achatada, enquanto uma distribuição com curtose positiva (*leptocúrtica*, $k > 0$) apresenta muitos valores nas caudas e é bem pontuda.

Curva de crescimento: uma curva que resume as mudanças em algum resultado ao longo do tempo (ver *polinomial*).

Curva p: uma curva resumindo a distribuição de frequências dos valores-p que você esperaria ver nas pesquisas publicadas. Em um gráfico que mostra o valor-p no eixo horizontal em relação à frequência (ou proporção) no eixo vertical, a curva-p é a linha que reflete com que frequência (ou proporção) cada valor-p deve ocorrer para um determinado *tamanho de efeito*.

d de Cohen: um *tamanho do efeito* que expressa a diferença entre duas médias em unidades de desvio-padrão. Em geral ela pode ser estimada utilizando:

$$\hat{d} = \frac{\bar{X}_1 - \bar{X}_2}{DP}$$

Dados de formato amplo: dados organizados de forma que os valores de uma única entidade apareçam em uma única linha e os níveis das variáveis independentes ou previsoras sejam organizados em diferentes colunas. Assim, em delineamentos com múltiplas medidas de uma variável de resultado dentro de um caso, os escores da variável resultado estarão contidos em várias colunas, cada uma representando um nível de uma variável independente ou um ponto no tempo em que a escore foi observado. As colunas também podem representar atributos dos escores ou entidade que são fixados ao longo da duração da coleta de dados, como sexo do participante, *status* de emprego, etc. (cf. *dados de formato longo*).

Dados de formato longo: dados organizados de forma que os valores em uma variável de resultado apareçam em uma única coluna e as linhas representem uma combinação dos atributos desses

valores – a entidade da qual valores vieram, quando o valor foi obtido, etc. Nos dados de formato longo os valores de uma única entidade podem aparecer em várias linhas e cada linha representa uma combinação dos atributos desse valor – por exemplo, níveis de uma variável independente ou a data em que o valor foi obtido (cf. *dados de formato amplo*).

Delineamento de medidas repetidas: um delineamento experimental em que diferentes condições de tratamento utilizam os mesmos organismos (i.e., em psicologia isso significaria que todas as pessoas tomariam parte em todas as condições experimentais), assim, os dados resultantes são relacionados (também conhecido como relacionados ou delineamentos entre sujeitos).

Delineamento entre grupos: outro nome para o *delineamento independente*.

Delineamento entre participantes: outro nome para o *delineamento independente*.

Delineamento fatorial independente: um delineamento experimental com dois ou mais *previsores* (ou *variáveis independentes*) em que todos foram manipulados usando diferentes participantes (ou qualquer entidade sendo testada).

Delineamento fatorial relacionado: um delineamento experimental incorporando dois ou mais *previsores* (ou *variáveis independentes*), onde todos foram manipulados usando os mesmos participantes (ou qualquer entidade que esteja sendo testadas).

Delineamento independente: um delineamento experimental no qual condições diferentes de tratamento utilizam diferentes organismos (p. ex., em psicologia isso significaria pessoas diferentes em condições de tratamento distintas), assim, os dados resultantes são independentes (também conhecido como delineamento entre grupo ou delineamento entre participantes ou sujeitos).

Delineamento intraparticipantes: outro nome para *delineamento de medidas repetidas*.

Delineamento misto: um delineamento experimental incorporando dois ou mais *previsores* (ou *variáveis independentes*), onde pelo menos um foi manipulado usando participantes diferentes (ou qualquer entidade que esteja sendo usada) e pelo menos um foi manipulado usando os mesmos participantes (ou entidades). Também conhecido como um delineamento por divisão em lotes (*split-plot*) porque Fisher desenvolveu a ANOVA para analisar dados agrícolas envolvendo lotes de terra contendo cultivos.

Delineamento relacionado: outro nome para um *delineamento de medidas repetidas*.

Desviância: a diferença entre valores observados de uma variável e os valores dessa mesma variável previstos pelo modelo estatístico.

Desvio de produtos cruzados: uma medida da relação "total" entre duas variáveis. Ele é o produto dos desvios de uma variável em relação a sua média pelos desvios da outra variável em relação à média.

Desvio-padrão: uma estimativa da variabilidade média (espalhamento) de um conjunto de dados mensurado na mesma unidade de mensuração dos dados originais. Ele é a raiz quadrada da *variância*.

Desvios dos contrastes: um *contraste planejado* não ortogonal que compara as médias de cada grupo (exceto a primeira e a última dependendo de como o contraste é planejado) com a média global (médias de todas as médias).

DFBeta padronizado: uma versão *padronizada* do DFBeta. Esses valores padronizados são mais fáceis de usar do que o próprio *DFBeta* porque pontos de corte universais podem ser aplicados. Stevens (2002) sugere observar casos com valores absolutos maiores do que 2.

DFBeta: uma medida da influência de um caso nos valores de b_i em um *modelo de regressão*. Se estimarmos um parâmetro de regressão b_i e eliminarmos um caso (valor) específico e estimarmos novamente o mesmo parâmetro de regressão b_i, a diferença entre essas duas estimativas será o DFBeta para o caso que foi eliminado. Pelo exame dos valores do DFBeta, é possível identificar casos que tem uma grande influência nos parâmetros do modelo de regressão; entretanto o tamanho do DFBeta dependerá da unidade de medida dos parâmetros da regressão.

DFFit padronizado: uma versão *padronizadado DFFit*.

DFFit: uma medida da influência de um caso. É a diferença entre o *valor previsto ajustado* e o valor original previsto para um caso específico. Se o caso não exerce influência, o DFFit deve ser zero, entretanto espera-se que casos que não exerçam influência tenham pequenos valores DFFit. Existe um problema com essa estatística, pois ela depende das unidades de medida da variável de resultado e, assim, um DFFit de 0,5 será pequeno se a saída variar de 0 a 100, mas grande se ela variar apenas de 0 a 1.

Diagonal: uma estrutura de covariância utilizada em *modelos lineares multiníveis*. Nessa estrutura, as variâncias são supostamente heterogêneas e todas as covariâncias são zero.

Diagrama de barras de erros: uma representação gráfica da média de um conjunto de observações que inclui o intervalo de 95% para a média. A média é normalmente representada como um ponto, quadrado ou retângulo estendendo até ela. O intervalo de confiança é representado por uma linha projetada da média (para cima, para baixo ou ambos) até uma pequena linha horizontal representando os limites do intervalo de confiança. Barras de erro podem ser desenhadas utilizando o erro-padrão ou desvio-padrão em vez do intervalo de 95% de confiança.

Diagrama de caixa e bigodes (*boxplot*): uma representação gráfica de algumas características importantes de um conjunto de observações. No centro do diagrama está a *mediana*, que é rodeada por um retângulo (caixa), onde o lado superior (à direita) e o inferior (à esquerda) são os limites dentro dos quais se encontram 50% das observações (o *intervalo interquartis*). A partir dos extremos dos retângulos existem duas linhas (os bigodes) que se entendem até os valores extremos do conjunto, que não são atípicos, respectivamente.

Diagrama de declividade: um gráfico traçando cada *fator* numa *análise de fatores* (eixo *x*) contra seu autovalor associado (eixo *y*). Ele mostra a importância relativa de cada fator. Esse gráfico tem uma forma muito característica (existe uma descida acentuada na curva seguida por uma cauda suave) e o ponto de inflexão dessa curva é geralmente usado como ponto de corte do número de fatores *extraídos*. Com uma amostra de mais de 200 participantes, ele fornece um critério confiável para a *extração dos fatores* (Stevens, 2002).

Diagrama de densidade: similar a um *histograma* exceto que em vez de ter uma coluna representando frequências, ele mostra cada valor individual como um ponto. Ele pode ser útil para ver a forma da distribuição de um conjunto de valores.

Diagrama de dispersão: um gráfico que traça os valores de uma variável contra o valor correspondente da outra variável (o valor correspondente de uma terceira variável pode também ser incluído num diagrama de dispersão tridimensional).

Diagrama de linhas: um gráfico no qual uma medida resumo (geralmente a média) é plotada no eixo *y* em relação a uma variável categórica no eixo *x* (essa variável categórica poderia representar, por exemplo, grupos de pessoas, tempos diferentes ou diferentes condições). O valor da média para cada categoria é mostrado por um símbolo e os meios entre as categorias são conectados por uma linha. Linhas de cores diferentes podem ser usadas para representar os níveis de uma segunda variável categórica.

Diagrama P-P: versão abreviada de "diagrama probabilidade-probabilidade". Um gráfico representando a probabilidade acumulada de uma variável contra a probabilidade acumulada de uma distribuição específica (muitas vezes a distribuição normal). Como o *diagrama Q-Q*, se os valores estão próximos da diagonal do primeiro quadrante do gráfico, então a variável tem a mesma distribuição que foi especificada. Desvios da diagonal mostram desvios da distribuição de interesse.

Diagrama Q-Q: versão abreviada de "diagrama quantil-quantil". Um gráfico representando os *quantis* de uma variável *versus* os quantis de uma distribuição específica (muitas vezes a distribuição normal). Como o *diagrama P-P*, se os valores estão próximos da diagonal do primeiro quadrante do gráfico, então a variável tem a mesma distribuição que foi especificada. Desvios da diagonal mostram desvios da distribuição de interesse.

Dicotômica: descrição de uma variável que consiste em apenas duas categorias (p. ex., a variável sexo é dicotômica porque ela é formada apenas pelas categorias masculino e feminino).

Distância de Cook: uma medida da influência global de um caso (valor) em um modelo. Cook e Weisberg (1982) sugeriram que valores superiores a um podem ser motivo de preocupação.

Distância de Mahalanobis: mede a influência de um caso examinando a distância dos casos da(s) média(s) da(s) variável(is) previsora(s). Você deve buscar casos com valores altos. Não é fácil estabelecer um ponto de corte a partir do qual se preocupar, embora Barnett e Lewis (1978) produziram uma tabela de valores críticos dependendo do número de previsores e do tamanho da amostra. Do seu trabalho está claro que mesmo com grandes amostras ($N = 500$) e cinco previsores, valores acima de 25 são preocupantes. Em amostras menores ($N = 100$) e com poucos previsores (a saber, três), valores maiores do que 15 são problemáticos e em amostras muito pequenas ($N = 30$) com somente dois previsores, valores maiores do que 11 devem ser examinados. Entretanto, para um conselho mais específico, consulte a tabela de Barnett e Lewis (1978).

Distribuição *a posteriori*: uma distribuição de *probabilidades a posteriori*. Esta distribuição deve conter nossas crenças subjetivas sobre o parâmetro ou hipótese após os dados terem sido considerados. A distribuição a posteriori pode ser utilizada para determinar os valores das probabilidades *a posteriori* (normalmente pelo exame de alguma medida de onde se encontra o pico da distribuição ou um *intervalo de credibilidade*.

Distribuição *a priori* informativa: na estatística bayesiana, uma *distribuição a priori* informativa é uma distribuição que representa suas crenças em um parâmetro do modelo em que a distribuição restringe essas crenças em algum grau. Por exemplo, uma distribuição *a priori* que é normal com um pico em 5 e variando de 2 a 8 estreitaria suas crenças em um parâmetro tal que você acredita fortemente que seu valor será 5, e você acharia impossível o parâmetro ser menor que 2 ou maior que 8. Como tal, essa distribuição restringe suas crenças anteriores. As *prioris* informativas podem variar de informativas fracas (você está preparado para acreditar em uma ampla gama de valores) a fortemente informativas (suas crenças são muito restritas) (cf. *distribuição a priori não informativa*).

Distribuição *a priori* não informativa: na estatística Bayesiana, uma distribuição *a priori* não informativa é uma distribuição que representa suas crenças em um parâmetro do modelo, em que a distribuição possui a mesma probabilidade para todos os valores do modelo/parâmetro. Por exemplo, uma distribuição *a priori* que seja uniforme em todos os valores potenciais de um parâmetro sugere que você está preparado para acreditar que o parâmetro pode assumir qualquer valor com a mesma probabilidade. Como tal, esta distribuição não restringe suas crenças anteriores (cf. *a priori informativa*).

Distribuição *a priori*: a distribuição de *probabilidades a priori*. Esta distribuição deve conter nossas crenças subjetivas sobre o parâmetro ou hipótese antes, ou *a priori*, de considerar os dados. A distribuição *a priori* pode ser *informativa* ou *não informativa*.

Distribuição amostral: a *distribuição de probabilidade* de uma estatística. Você pode pensar nisso da seguinte forma: se tirarmos uma *amostra* de uma *população* e calcularmos uma estatística (p. ex., a *média*), o valor dessa estatística irá depender de algum modo da amostra que tiramos. Assim, a estatística irá variar levemente de amostra para amostra. Se, hipoteticamente, tirarmos muitas amostras da população e calcularmos a estatística de interesse, será possível criar uma distribuição de frequência dos valores que conseguimos. A distribuição resultante é o que a distribuição amostral representa: a distribuição de possíveis valores de uma estatística que podemos esperar de uma determinada população.

Distribuição de frequências: o conjunto de valores de uma variável com as respectivas frequências (absolutas ou relativas). Se a variável é discreta, a distribuição é apresentada em um diagrama de colunas e se contínua, em um histograma. Em qualquer caso, a variável é representada no eixo x e as frequências são representadas no eixo y.

Distribuição de probabilidade: o conjunto de todos os valores de uma variável junto com as suas probabilidades, se a variável for discreta, ou densidades, se a variável for contínua. Para variáveis categóricas é uma fórmula permitindo a determinação da probabilidade de ocorrência de cada categoria.

Distribuição do qui-quadrado: a *distribuição de probabilidade* da soma dos quadrados de diversas variáveis normalmente distribuídas. Ela é geralmente utilizada para testar hipóteses sobre dados categóricos.

Distribuição normal contaminada: ver *distribuição normal mista*.

Distribuição normal mista: uma distribuição que parece uma normal, mas que é contaminada em uma pequena proporção por valores de outra distribuição. Essa distribuição não é normal e tem muitos valores nas caudas (i.e., nos extremos). O efeito destas caudas pesadas é inflar a estimativa da variância populacional. Isso, por sua vez, faz os testes de hipóteses perderem poder.

Distribuição normal: uma *distribuição de probabilidade* de uma variável aleatória que se sabe ter certas propriedades. Ela é perfeitamente simétrica (tem uma *assimetria* de 0) e tem uma *curtose* de 0.

Efeito aleatório: um efeito é dito ser aleatório se o experimento contém somente uma amostra das condições possíveis de tratamento. Os efeitos aleatórios podem ser generalizados além das condições do tratamento no experimento. Por exemplo, o efeito é aleatório se dissermos que as condições em nosso experimento (p. ex., placebo, dose baixa e alta) são apenas uma amostra das condições possíveis (e talvez poderíamos ter tentado uma dose muito alta). Podemos generalizar este efeito além das condições testadas (placebo, dose baixa e alta).

Efeito de interação: o efeito combinado de duas ou mais *variáveis previsoras* numa *variável de resultado*.

Efeito de tédio: refere-se à possibilidade de que o desempenho em tarefas possa ser influenciado (a hipótese é que ele seja uma influência negativa) por tédio ou falta de concentração se existirem muitas tarefas, ou se elas durarem muito tempo.

Efeito direto: o efeito de uma *variável previsora* em uma *variável de resultado* quando o *mediador* está presente no modelo (cf. *efeito indireto*)

Efeito do óculos de cerveja (*beer-googles effect*): fenômeno em que pessoas do sexo oposto (ou do mesmo, dependendo da orientação sexual) tendem a parecer mais atraentes após alguns goles de bebida alcoólica.

Efeito fixo: um efeito em um experimento é considerado fixo se todas as possíveis condições de tratamento que interessam a um pesquisador estiverem presentes no experimento. Efeitos fixos podem ser generalizados apenas para as situações do experimento. Por exemplo, o efeito é fixo se dissermos que estamos interessados apenas nas condições que tivemos em nosso experimento (p.

ex., placebo, dose baixa e dose alta) e podemos generalizar nossos achados apenas para a situação de um placebo, dose baixa e dose alta.

Efeito indireto: o efeito de uma *variável previsora* em uma *variável de resultado* através de um *mediador* (cf. *efeito direto*).

Efeito principal: o único efeito de uma *variável previsora* (ou *variável independente*) numa *variável de resultado*. O termo é geralmente usado no contexto da *ANOVA*.

Efeito supressor: quando um previsor tem um efeito significativo, mas somente quando outra variável é mantida constante.

Efeitos de prática: relacionado à possibilidade de que o desempenho de um participante em uma tarefa seja influenciado (positiva ou negativamente) se a tarefa for repetida em virtude da familiaridade com a situação experimental e/ou com as medidas sendo utilizadas.

Encolhimento: a perda do poder preditivo de um modelo de regressão se o modelo foi derivado de uma população da qual a amostra foi retirada em vez da própria amostra.

Enguia: peixe longo, semelhante a uma cobra e sem escamas. Da ordem dos anguilliformes ou apodes, as enguias não devem ser inseridas no ânus para curar constipação (ou por qualquer outro motivo).

Equamax: um método de *rotação ortogonal* híbrido do *quartimax* e *varimax*. Ele pode se comportar erraticamente (ver Tabachnick e Fidell, 2012), portanto, talvez seja melhor evitá-lo.

Erro de medição: a discrepância entre os números utilizados para representar o objeto que está sendo medido e o valor real do objeto sendo mensurado (i.e., o valor que seria obtido se ele fosse medido diretamente).

Erro do tipo I: ocorre quando acreditamos que exista um efeito genuíno na nossa população, mas, na verdade, ele não existe.

Erro do tipo II: ocorre quando acreditamos que não exista um efeito na população, mas, na verdade, ele existe.

Erro SSCP (*E*): a soma dos quadrados dos erros e a matriz produto cruzado. Ele é a *soma dos quadrados e matriz produto cruzado* para o erro em um *modelo linear* preditivo ajustado a dados multivariados. Ele representa a *variância não sistemática* e é o equivalente multivariado da *soma dos quadrados dos resíduos*.

Erro-padrão da média: o *erro-padrão* associado à média. Você, de fato, precisa de uma entrada de glossário para entender isso?

Erro-padrão das diferenças: se você fosse tirar muitos pares de amostras de uma população e calcular suas médias, poderia também calcular a diferença entre suas médias. Se você traçar essas diferenças entre as médias das amostras como uma *distribuição de frequências,* terá a *distribuição amostral* das diferenças. O desvio-padrão dessa distribuição amostral é o *erro-padrão das diferenças*. Desse modo, ele é a medida da variabilidade das diferenças entre as médias das amostras.

Erro-padrão: o desvio-padrão da *distribuição amostral* de uma estatística. Para uma determinada estatística (p. ex., a *média*), ele informa quanta variabilidade existe nessa estatística pelas *amostras* da mesma *população*. Valores altos, assim, indicam que uma estatística de determinada amostra pode não ser um reflexo preciso da população da qual a amostra se originou.

Erros independentes: para quaisquer duas observações em regressão, os *resíduos* não devem estar correlacionados (devem ser independentes).

Escore de fatores: um único escore de uma entidade representando seu desempenho em alguma *variável latente*. O escore pode ser grosseiramente conceitualizado da seguinte forma: pegue o escore de uma entidade em cada uma das variáveis que compõe um fator e multiplique-o pela *carga de um fator* correspondente para a variável e então some esses valores (ou faça a média deles).

Escore discriminante: um escore para um caso individual de uma *variate de função discriminante* obtido pela substituição do escore do caso na variável medida na equação que define a variate em questão.

Escore-z: o valor de uma observação expresso em unidades de desvios-padrão. Ele é calculado pegando a observação, subtraindo dela a média de todas as observações e dividindo o resultado pelo desvio-padrão de todas as observações. Convertendo a distribuição das observações em escores-z, você cria uma nova distribuição que tem uma média de 0 e um desvio-padrão de 1.

Esfericidade: uma forma menos restritiva da *simetria composta* que assume que as variâncias das diferenças entre os dados obtidos de um mesmo participante (ou qualquer outra entidade sendo testada) sejam iguais. Essa hipótese é mais comumente encontrada na *ANOVA de medidas repetidas* e se aplica somente quando há mais do que dois pontos dos dados do mesmo participante (ver também a *correção de Greenhouse-Geisser* e a *correção de Huynh-Feldt*).

Estatística bayesiana: um ramo da estatística em que hipóteses são testadas ou parâmetros dos modelos são estimados tendo por base o *teorema de Bayes*.

Estatística de teste: uma estatística para a qual sabemos quão frequentemente os valores ocorrem. O valor observado de tal estatística é em geral usado para testar *hipóteses*.

Estatística de Wald: um *teste estatístico* com uma *distribuição de probabilidade* conhecida (uma distribuição normal ou *distribuição do qui-quadrado*) usado para testar se o coeficiente b para um previsor num modelo de regressão *logística* é significativamente diferente de zero. Ele é análogo à *estatística t* num modelo de *regressão logística* no qual ele é simplesmente o coeficiente b dividido pelo seu erro-padrão. A estatística de Wald não é precisa quando o coeficiente de regressão (b) for grande porque o erro-padrão tende a inflacionar, assim subestimando a estatística de Wald.

Estatística F: uma estatística teste com uma *distribuição de probabilidade* conhecida (a distribuição F). Ele é a razão entre variabilidade média nos dados que um dado modelo pode explicar para a variabilidade média que não pode ser explicada pelo mesmo modelo. Ela é utilizada para testar o ajustamento global dos modelos de *regressão simples* e *regressão múltipla* e para testar a diferença global entre grupos de médias em experimentos.

Estatística t: O t de Student é uma *estatística de teste* com uma *distribuição de probabilidade* (a distribuição t) conhecida. No contexto de regressão, ele é usado para testar se um coeficiente de regressão b é significativamente diferente de zero; no contexto de um trabalho experimental, ele é usado para testar se as diferenças entre duas médias são significativamente diferentes de zero (ver também *teste-t independente* e *teste-t dependente*).

Estimador-M: uma medida robusta de localização. Um exemplo é a mediana. Em alguns casos é uma medida de localização calculada após os valores atípicos terem sido removidos; diferentemente da *média aparada*, a quantidade de aparagem utilizada para remover os valores atípicos é determinada empiricamente.

Estimativa de Greenhouse-Geisser: uma estimativa do afastamento da *esfericidade*. O valor máximo é 1 (os dados atendem completamente a hipótese de esfericidade) e o mínimo é o *limite inferior*. Valores abaixo de um indicam distanciamento da esfericidade e são utilizados para corrigir os *graus de liberdade* associados à correspondente *estatística F* multiplicando o seu valor pelo da estimativa. Alguns dizem que a correção de Greenhouse-Geisser é muito conservadora (estrita) e recomendam a *correção de Huynh-Feldt*.

Estimativa de Huynh-Feldt: uma estimativa do desvio da *esfericidade*. O valor máximo é 1 (os dados atendem completamente à hipótese da esfericidade). Valores abaixo desse indicam desvios da esfericidade e são utilizados para corrigir os *graus de liberdade* associados a *estatística F* correspondente multiplicando-as pelo valor da estimativa. É menos conservador do que a *estimativa de Greenhouse-Geisser*, mas alguns dizem que ela é muito liberal.

Estimativa do limite inferior: o nome dado para o valor mais baixo possível para a *estimativa de esfericidade* de *Greenhouse-Geisser*. Seu valor é $1/(k-1)$, onde k é o número das condições de tratamento.

Estimativa por máxima verossimilhança: uma maneira de estimar parâmetros escolhendo os parâmetros que tornam os dados mais prováveis de terem acontecido. Imagine que calculamos a probabilidade (ou verossimilhança) de conseguir os dados observados para um conjunto de parâmetros: se essa probabilidade é alta, esses parâmetros geram uma boa aderência dos dados; inversamente, se a probabilidade for baixa, esses parâmetros não produzem uma boa aderência para os nossos dados. A estimativa de máxima verossimilhança escolhe os parâmetros que maximizam a probabilidade.

Eta ao quadrado (η^2): uma medida *do tamanho do efeito* que é a razão entre a *soma dos quadrados do modelo* para a *soma dos quadrados totais* – assim, é, em essência, *o coeficiente de determinação* com outro nome. Francamente, é uma perda de tempo, não somente porque ele é viciado, mas ele também mede o efeito global da ANOVA e assim não pode ser interpretado de forma inteligível.

Eta ao quadrado parcial (η^2 parcial): uma versão do *eta ao quadrado* que é a proporção de variância que uma variável explica ao se excluir outras variáveis na análise. Eta ao quadrado é a proporção da variância total explicada por uma variável, enquantoo eta ao quadrado parcial é a proporção de variância explicada por uma variável que não é explicada por outras variáveis.

Exp(B): o rótulo que o SPSS aplica para a *razão de chances*. Ele é um indicador de mudanças nas *chances* resultante da mudança de uma unidade no previsor da *regressão logística*. Se o valor é maior que 1, ele indica que à medida que o previsor aumenta, a chance de o resultado ocorrer também aumenta. Contrariamente, um valor menor que 1 indica que à medida que o previsor aumenta, a chance de o resultado acontecer diminui.

Extração: um termo utilizado no processo de decidir se um *fator* na *análise de fatores* é estatisticamente importante para ser "extraído" dos dados e interpretados. A decisão é baseada na magnitude do autovalor associado ao fator. Ver *diagrama de declividade*, *critério de Kaiser*.

***F* de Brown-Forsythe:** uma versão da *estatística F* projetada para ser utilizada quando a hipótese da *homogeneidade das variâncias* for violada.

***F* de Welch:** uma versão da razão *F* projetada para ser precisa quando a hipótese de *homogeneidade das variâncias* for violada.

Falseabilidade: o ato de refutar uma hipótese ou teoria.

Fator: outro nome para uma *variável independente* ou *previsora* em geral utilizado na descrição de delineamentos experimentais. No entanto, também é utilizado como sinônimo de *variável latente* na análise de fatores.

Fator comum: um *fator* que afeta todas as *variáveis* mensuradas e, portanto, explica as *correlações* entre essas variáveis.

Fator de Bayes: a razão da probabilidade de se observar um determinado valor considerando a *hipótese alternativa* para a probabilidade de se observar determinado valor considerando a *hipótese nula* embora o SPSS tenda a apresentá-lo de outra forma. Colocando em outros termos, é a *verossimilhança* da hipótese alternativa em relação a nula. Um fator de Bayes de 3, por exemplo, quer dizer que o valor observado é 3 vezes mais provável de ocorrer sob a hipótese alternativa do que sob a nula. Um fator de Bayes menor que 1 fornece evidências a favor da hipótese nula, sugerindo que a probabilidade de um valor considerando a hipótese nula é maior do que a probabilidade desse mesmo valor considerando a alternativa. Um fator de Bayes maior que 1, ao contrário, sugere que os dados observados são mais prováveis dada a hipótese alternativa em lugar da nula. Valores entre 1 e 3 são considerados evidências a favor da hipótese alternativa que "mal vale a pena mencionar", enquanto valores entre 3 e 10 são considerados "evidências substanciais" ("tendo substância" em vez de "muito fortes") para a hipótese alternativa e valores acima de 10 são fortes evidências a favor da hipótese alternativa.

Fator de inflação da variância (FIV): uma medida da *multicolinearidade*. O FIV indica se um previsor tem um forte relacionamento linear com o(s) outro(s) previsor(es). Myers (1990) sugere que o valor de 10 é preocupante. Bowerman e O'Connell (1990) sugerem que se a média do FIV é maior do que 1, a multicolinearidade pode tornar o modelo de regressão tendencioso.

Fator único: um *fator* que afeta somente uma das muitas variáveis mensuradas e, desta forma, não pode explicar as *correlações* entre essas variáveis.

Fatoração alfa: um método de *análise de fatores*.

FIV: ver *fator de inflação da variância*.

$F_{máx}$ **de Hartley:** também conhecido como *razão de variâncias*, é a razão entre a variância do grupo com a maior variância com a do grupo com a menor variância. A razão é comparada com os valores críticos de uma tabela publicada por Hartley como um teste de *homogeneidade de variâncias*. Algumas regras gerais são de que com tamanhos amostrais (n) de 10 por grupo, um $F_{máx}$ menor do que 10 irá provavelmente ser não significativo, com 15 a 20 por grupo a razão precisa ser menor do que 5 e com amostras de 30 a 60 por grupo a razão deve estar abaixo de 2 ou 3.

Função densidade de probabilidade (fdp): a função que descreve a densidade dos valores de uma variável aleatória. É uma regra analítica que descreve a *distribuição de probabilidade*.

Gatograma: quando seus dados fritaram tanto a sua mente que cada gráfico que você analisa se transforma em lindos gatinhos fofos que o convidam "a brincar com uma bola de barbante". Não faça isso em nenhuma circunstância.

Generalização: a habilidade de um modelo estatístico informar algo além do conjunto de dados em que ele foi baseado. Se um modelo generaliza, assume-se que previsões desse modelo podem ser aplicadas não apenas à amostra na qual ele foi baseado, mas para a população de onde a amostra foi extraída.

Glossário: uma coleção de definições imprecisas (escritas tarde da noite, quando você já deveria estar dormindo) sobre coisas que você pensa que já entendeu até que um editor de livros o obrigue a defini-las.

Gráfico de barras: gráfico no qual uma estatística de resumo (geralmente a média) é representada no eixo *y* em relação a uma variável categórica no eixo *x* (essa variável categórica poderia representar, por exemplo, grupos de pessoas, diferentes pontos no tempo ou diferentes condições do experimento). O valor da média para cada categoria é mostrado por uma barra. Barras de cores diferentes podem ser usadas para representar níveis de uma segunda variável categórica.

Gráfico de interação: um gráfico mostrando as médias de duas ou mais *variáveis independentes* no qual as médias de uma variável são mostradas em diferentes níveis da outra variável. Excepcionalmente, as médias estão conectadas por linhas ou estão expostas como barras. Esses gráficos são usados para ajudar a entender os *efeitos de interação*.

Graus de liberdade (*degrees of freedom*): algo impossível de explicar em algumas páginas que dirá em poucas linhas. Essencialmente, é o número de "entidades" que estão livres para variar quando se estima algum tipo de parâmetro estatístico. Ele é usado em vários testes de significância para muitas das *estatísticas de teste* mais utilizadas como a *estatística F*, a *estatística t* e o *teste do qui-quadrado*, e serve para determinar a *distribuição de probabilidade* da *estatística teste* utilizada. A explicação envolvendo jogadores de rúbgi, no Capítulo 2, é mais interessante...

Graus de liberdade do pesquisador: as decisões analíticas que um pesquisador toma que potencialmente influenciam os resultados da análise. Alguns exemplos são: quando parar a coleta de dados, quais variáveis de controle incluir no modelo estatístico e se deve excluir ou não casos da análise.

HARKing: uma prática observada em artigos de pesquisa de apresentar uma hipótese que foi elaborada *após* a coleta dos dados como se ela tivesse sido feita *antes*.

HE^{-1}: uma matriz funcionalmente equivalente à *hipótese SSCP* dividida pelo *erro* SSCP na *MANOVA*. Conceitualmente, ela representa a razão da *variância sistemática* para a *não sistemática*, assim ela é a análoga da estatística *F multivariada*.

Heterocedasticidade: o contrário de *homocedasticidade*. Isso ocorre quando os resíduos em cada nível da(s) variável(s) previsora têm variâncias diferentes. Colocando de outra maneira, em cada ponto ao longo de qualquer variável previsora, a distribuição dos resíduos é diferente.

Heterogeneidade da variância: o oposto da *homogeneidade da variância*. Esse termo significa que a variância de uma variável varia (quer dizer, é diferente) ao longo dos níveis de outra variável.

Hiato criativo: algo que sofri muito ao escrever esta edição. É quando você não consegue pensar em nenhum exemplo decente e acaba falando sobre semên o tempo todo. Sério, olhe para este livro, é semên disso, semên daquilo, semên de codorna, semên humano. Francamente, estou impressionado que o não tenha aparecido sêmen de burro em algum lugar. Ah, acabou de aparecer.

Hipótese: uma explicação proposta para um fenômeno bastante restrito ou conjunto de observações. Não é um palpite, mas uma tentativa informada, orientada pela teoria, de explicar o que foi observado. Uma hipótese não pode ser testada diretamente, mas deve primeiro ser operacionalizada como previsões sobre variáveis que podem ser mensuradas (ver *hipótese experimental* e *hipótese nula*).

Hipótese alternativa: uma previsão de que haverá um efeito (i.e., que a sua manipulação experimental terá algum efeito ou que certa variável estará relacionada com outra).

Hipótese experimental: sinônimo de *hipótese alternativa*.

Hipótese nula: reverso da *hipótese experimental* de que sua previsão está errada e que o efeito previsto não existe.

Hipótese SSCP (H): a hipótese soma dos quadrados e matriz do produto cruzado. Essa é *a matriz da soma dos quadrados* e *do produto cruzado* para o *modelo linear* preditivo ajustado aos dados *multivariados*. Ela representa a *variância sistemática* e a equivalente multivariada ao da *soma dos quadrados do modelo*.

Histograma: uma *distribuição de frequências*.

Homocedasticidade: uma hipótese da análise de regressão em que os resíduos em cada nível da(s) variável(s) têm variâncias similares. Ou seja, em cada ponto ao longo de qualquer variável previsora, a distribuição dos resíduos deve ser constante.

Homogeneidade da variância: uma hipótese de que a variância de uma variável é estável (i.e., relativamente similar) em todos os níveis de outra variável.

Homogeneidade das inclinações da regressão: uma hipótese da *análise da covariância*. Essa é uma hipótese em que o relacionamento entre a *covariável* e a *variável de resultado* é constante ao longo dos diferentes níveis de tratamento. Assim, para três condições de tratamento, se existe um relacionamento positivo entre a covariável e a saída em um grupo, presumimos que exista um relacionamento positivo de tamanho semelhante entre a covariável e a saída nos outros dois grupos também.

Homogeneidade das matrizes de covariâncias: uma hipótese de alguns testes *multivariados* como a MANOVA. É uma extensão da hipótese da *homogeneidade das variâncias* na análise *univariada*. Entretanto, assim como se assume que as *variâncias* para cada *variável dependente* são as mesmas ao longo dos grupos, ela também assume que os relacionamentos (*covariâncias*) entre essas *variáveis dependentes* são aproximadamente iguais. Ela é testada comparando *as matrizes de variâncias-covariâncias* dos diferentes grupos na análise.

Inclinação aleatória: um termo utilizado na *modelagem linear multinível* para representar quando a inclinação do modelo é livre para variar entre os diferentes grupos ou contextos (cf. *inclinação fixa*).

Inclinação fixa: um termo utilizado no *modelo linear multinível* para representar quando a inclinação do modelo é fixa. Isto é ela não livre para variar entre os diferentes grupos ou contextos (cf. *inclinação aleatória*).

Independência: a hipótese de um ponto de dados não influencia outro. Quando os dados são provenientes de pessoas, isso basicamente significa que o comportamento de um participante não influencia o comportamento de outro.

Índice de mediação: uma medida padronizada de um *efeito indireto*. Em um modelo de mediação ele é o *efeito indireto* multiplicado pela razão entre o desvio-padrão da *variável prevísora* e o desvio-padrão da *variável de resultado*.

Iniciativa da Transparência na Avaliação por Pares: uma iniciativa para fazer os cientistas se comprometerem com os princípios da ciência aberta quando atuam como revisores especializados de periódicos. Inscrever-se é uma promessa de revisar as submissões apenas se os dados, estímulos, materiais, scripts de análise e assim por diante forem disponibilizados publicamente (a menos que haja uma boa razão, como uma exigência legal, para não fazê-lo).

Intercepto aleatório: um termo utilizado na *modelagem linear multinível* para representar quando o intercepto do modelo é livre para variar entre os diferentes grupos ou contextos (cf. *intercepto fixo*).

Intercepto fixo: um termo utilizado no *modelo linear multinível* para representar quando o intercepto do modelo é fixado. Isto é, ele não é livre para variar entre os diferentes grupos ou contextos (cf. *intercepto aleatório*).

Intervalo de confiança: para uma dada estatística obtida de uma amostra (p. ex., a média), o intervalo de confiança é um conjunto de valores em torno da estatística que se acredita que contenha, com uma determinada probabilidade (p. ex., 95%), o verdadeiro valor da estatística (i.e., o valor populacional). O que, também, significa que para a outra proporção de amostras (5%), o intervalo de confiança não conterá o verdadeiro valor. O problema é que não sabemos em qual das duas categorias uma amostra em particular estará.

Intervalo de credibilidade: na estatística Bayesiana um intervalo de credibilidade é um intervalo que contém um certo percentual da distribuição *a posteriori* (geralmente 95%). Ele pode ser utilizado para expressar os limites que contém um parâmetro com uma determinada probabilidade. Por exemplo, se estimarmos que a duração média de um relacionamento romântico é de 6 anos com um intervalo de credibilidade de 95% de 1 a 11 anos, isso significaria que 95% da *dis-*

tribuição a posteriori está entre 1 e 11 anos. Uma estimativa plausível da duração dos relacionamentos amorosos seria, portanto de 1 a 11 anos.

Intervalo interquartis: os limites que contém 50% de um conjunto de observações. Ele é a diferença entre os valores do *quartil superior* e do *quartil inferior*.

Lambda (λ) de Goodmann e Kruskal: mede a redução proporcional no erro obtida quando um membro de uma categoria de uma variável é utilizado para prever a inclusão em uma categoria de outra variável. Um valor de 1 significa que uma variável prevê perfeitamente a outra enquanto um valor de 0 indica que uma variável não prevê a outra de forma alguma.

Lambda de Wilks (Λ): um *teste estatístico na MANOVA*. Ele é o produto da variância não explicada em cada uma das *variates da função discriminante*, assim, ele representa a razão entre a variância do erro e a variância total (SQ_R/SQ_T) para cada combinação linear.

Leptocúrtica: ver *curtose*.

Linha de regressão: uma linha em um diagrama de declividade representando um *modelo de regressão* entre as duas variáveis sendo representadas.

Logaritmo da verossimilhança: uma medida do erro ou da variação não explicada em modelos categóricos. Ela é baseada na soma das probabilidades associada às saídas previstas e reais e é análoga à *soma dos quadrados residuais* na regressão múltipla na qual ela é um indicador de quanta informação não explicada há após o modelo ter sido ajustado. Valores altos do logaritmo da verossimilhança indicam modelos estatísticos pouco ajustados porque quanto maior o valor da probabilidade log, mais observações não explicadas existem. O logaritmo da verossimilhança é o algoritmo da *verossimilhança*.

Maior raiz de Roy: uma *estatística de teste* na *MANOVA*. Ele é o autovalor para a primeira *variate da função discriminante* de um conjunto de observações. Assim, ela é o mesmo que o *traço de Hotelling-Lawley*, mas apenas para a primeira variável. Ele representa a proporção da variância explicada em relação à variância não explicada (SQ_M/SQ_R) para a primeira função discriminante.

MANOVA: acrônimo para *análise de variância multivariada* (*multivariate analysis of variance*).

Matriz: uma coleção de números organizados em linhas e colunas. Os valores dentro da matriz são geralmente referidos como *componentes* ou *elementos*.

Matriz de componentes: termo genérico para uma *matriz estrutural* na *análise de componentes principais*.

Matriz de fatores: termo genérico para a *matriz estrutural* na *análise de fatores*.

Matriz de padrões: uma matriz na *análise de fatores* contendo os *coeficientes de regressão* para cada variável em cada *fator* dos dados (ver também *matriz estrutural*).

Matriz de transformação de fatores, Λ: uma matriz utilizada na *análise de fatores*. Ela pode ser pensada como contendo os ângulos pelos quais os fatores são girados na *rotação* de fatores.

Matriz de variâncias-covariâncias: uma matriz quadrada (i.e., mesmo número de linhas e colunas) representando as variáveis mensuradas. As diagonais representam as *variâncias* dentro de cada variável enquanto os elementos fora da diagonal representam as *covariâncias* entre pares de variáveis.

Matriz estrutural: uma matriz na *análise dos fatores* contendo os *coeficientes de correlação* para cada variável em cada *fator* dos dados. Quando a *rotação ortogonal* é usada, ela é a mesma que a *matriz de padrão*, mas quando a rotação oblíqua é usada, essas matrizes são diferentes.

Matriz identidade: uma matriz quadrada (i.e., com o mesmo número de linhas e colunas) em que os elementos da diagonal são iguais a 1 e todos os demais são iguais a zero. As seguintes são exemplos desse tipo de matriz:

$$\begin{pmatrix} 1 & 0 \\ 0 & 1 \end{pmatrix} \quad \begin{pmatrix} 1 & 0 & 0 \\ 0 & 1 & 0 \\ 0 & 0 & 1 \end{pmatrix} \quad \begin{pmatrix} 1 & 0 & 0 & 0 \\ 0 & 1 & 0 & 0 \\ 0 & 0 & 1 & 0 \\ 0 & 0 & 0 & 1 \end{pmatrix}$$

Matriz quadrada: uma *matriz* que tem um número igual de linhas e colunas.

Matriz SSCP total (*T*): a soma total dos quadrados e matriz do produto cruzado. Ela é a *soma dos quadrados* e *matriz dos produtos cruzados* para um conjunto completo de observações. Ela é a versão *multivariada* equivalente à *soma total dos quadrados*.

Média: um modelo estatístico simples do centro de uma distribuição de escores. Uma estimativa hipotética do escore "típico".

Média ajustada: no contexto da *análise de covariância*, este é o valor da média do grupo ajustada para o efeito da *covariável*.

Média aparada: uma estatística utilizada em muitos *testes robustos*. Ela é a média calculada sobre dados aparados (ou podados). Por exemplo, uma média aparada de 20% é uma média calculada sobre os valores reduzidos em 20% dos valores mais altos e mais baixos. Imagine que tenhamos 20 escores representando a renda anual de estudantes (em milhares), arredondados para o milhar mais próximo: 0, 1, 2, 2, 3, 3, 3, 3, 3, 4, 4, 4, 4, 4, 4, 4, 4, 4, 4, 40. A média da renda é 5 (£ 5000), que é enviesada por um valor atípico. Uma média aparada de 10% remove 10% dos valores dos dois lados do conjunto antes da mesma ser calculada. Com 20 escores a remoção de 10% envolve a remoção de dois escores sendo um em cada lada. Isso irá fornecer o conjunto: 2, 2, 3, 3, 3, 3, 3, 4, 4, 4, 4, 4, 4, 4, 4, 4 cuja média é 3,44. A média depende de uma distribuição simétrica ser acurada, mas a média aparada produz resultados acurados mesmo quando a distribuição não é simétrica. Existem exemplos mais complexos de métodos robustos tais como o *bootstrap*.

Média dos quadrados: uma medida de variabilidade média. Para cada *soma dos quadrados* (que mensuram a variabilidade total), é possível criar a média dos quadrados dividindo pelo número de coisas usadas para calcular a soma dos quadrados (ou alguma função dela).

Média global: a *média* do conjunto completo de observações.

Média harmônica: uma versão ponderada da *média* que leva em conta o relacionamento entre a variância e o tamanho da amostra. Ela é calculada somando os inversos de cada observação e então dividindo pelo número de observações. O recíproco desse valor é a média harmônica:

$$H = \frac{1}{\frac{1}{n}\sum_{i=1}^{n}\frac{1}{x_i}}$$

Mediação: a mediação perfeita ocorre quando a relação entre uma *variável prevísora* e uma *variável de resultado* pode ser completamente explicada por seus relacionamentos com uma terceira variável. Por exemplo, levar um cachorro ao trabalho reduz o estresse. Esse relacionamento é mediado pelo humor positivo se (1) ter um cão no trabalho aumenta o humor positivo; (2) humor positivo reduz o estresse no trabalho; e (3) a relação entre ter um cão no trabalho e o estresse no trabalho é reduzida a zero (ou pelo menos enfraquecida) quando o humor positivo é incluído no modelo.

Mediador: uma variável que reduz o tamanho e/ou muda a direção da relação entre uma *variável previsora* e uma *variável de resultado* (idealmente para zero) e que está estatisticamente associada a ambas.

Mediana: o escore do meio de um conjunto ordenado de observações. Quando existe um número par de observações a mediana é a média dos dois escores que estão nos lados do valor que supostamente estaria no meio.

Medida de adequação da amostra de Kaiser-Meyer-Olkin (KMO): isso pode ser calculado para variáveis individuais ou múltiplas e representa a razão das correlações ao quadrado entre variáveis para a *correlação parcial* ao quadrado entre as variáveis. Ele varia entre 0 e 1: um valor de 0 indica que a soma das correlações parciais é grande em relação à soma das correlações, indicando difusão no padrão das correlações (entretanto, *a análise dos fatores* é provavelmente inapropriada); um valor próximo a 1 indica que padrões de correlações são relativamente compactos, assim, a análise dos fatores deve produzir fatores distintos e confiáveis. Valores entre 0,5 e 0,7 são medíocres, valores entre 0,7 e 0,8 são bons, valores entre 0,8 e 0,9 são muito bons e valores acima de 0,9 são soberbos (ver Kayser e Rice, 1974).

Metanálise: é um procedimento para associar resultados de pesquisas. Tem como base uma ideia simples de que se pode observar o tamanho do efeito de estudos individuais que pesquisaram uma mesma questão, quantificar o efeito observado em uma forma padronizada (utilizando *os tamanhos dos efeitos*) e então combinar esses efeitos para ter uma ideia mais acurada de um efeito verdadeiro na população.

Método de Anderson-Rubin: uma forma de calcular *escores de fatores* que produz escores que não são correlacionados e *padronizados* com média 0 e desvio-padrão 1.

Método dos mínimos quadrados: um método de estimar parâmetros (tal como a *média*, ou o coeficiente de correlação) que tem por base a *soma dos erros ao quadrado*. A estimativa do parâmetro será o valor, daqueles possíveis, que apresentar a menor *soma dos erros ao quadrado*.

Método Monte Carlo: um termo aplicado ao processo de usar simulações de dados para resolver problemas estatísticos. Seu nome vem do uso de mesas de roleta do cassino de Monte Carlo para gerar números "aleatórios" na era pré-computador. Karl Pearson, por exemplo, comprou cópias do *Le Monaco*, um periódico semanal de Paris que publicava dados das roletas dos casinos de Monte Carlo. Ele usou esses dados como números pseudoaleatórios em sua pesquisa estatística.

Métodos qualitativos: extrapolar evidências para uma teoria do que as pessoas dizem ou escrevem (contraste com *métodos quantitativos*).

Métodos quantitativos: inferir evidências para uma teoria por meio de mensuração de variáveis que produzem resultados numéricos (cf. *métodos qualitativos*).

Mínimos quadrados ordinários (MQO): um método de *regressão* na qual os parâmetros do modelo são estimados utilizando o *método dos mínimos quadrados*.

Mínimos quadrados ponderados: um método de *regressão* em que os parâmetros do modelo são estimados utilizando o *método dos mínimos quadrados,* mas as observações são ponderadas por alguma outra variável. Frequentemente as ponderações são o inverso da *variância*de modo a combater a *heterocedasticidade*.

Moda: o escore mais frequente num conjunto de dados.

Modelo de regressão: ver *regressão simples* e *regressão múltipla*.

Modelo linear geral: um termo que representa o fato de que um *modelo linear* pode englobar um conjunto de diferentes delineamentos de pesquisa tais como múltiplas variáveis de saída (ou seja

MANOVA) comparação de médias de previsores categóricos (ou seja, teste *t*, ANOVA) e incluindo tanto variáveis categóricas quanto contínuas (ou seja ANCOVA).

Modelo linear multinível (MLM): um modelo linear (assim como a regressão, a ANCOVA, a ANOVA, etc.) no qual a estrutura hierárquica dos dados é explicitamente considerada. Nesta análise, os parâmetros de regressão podem ser fixos (como na regressão e na ANOVA), mas também aleatórios (i.e., livres para variar ao longo dos diferentes contextos em um nível mais alto da hierarquia). Isso significa que para cada parâmetro da regressão existe um componente fixo, mas também uma estimativa de quanto o parâmetro varia entre os contextos (ver *coeficiente fixo* e *aleatório*).

Modelo linear: um modelo baseado em uma equação da forma $Y = BX + E$, na qual Y é um vetor contendo os escores de uma variável de resultado, B representa os valores-b, X as variáveis previsoras e E os termos erro associados com cada previsor. A equação pode representar uma única variável previsora (B, X e E são vetores) como na *regressão simples* ou múltiplos previsores (B, X e E são matrizes) como na *regressão múltipla*. A chave é a forma do modelo que é linear (com um previsor a equação é a de uma linha reta).

Modelo saturado: um modelo que se ajusta perfeitamente aos dados e, portanto, não tem erro. Ele contém todos os *efeitos principais* e *interações* possíveis entre as variáveis.

Moderação: a moderação ocorre quando o relacionamento entre duas variáveis muda como uma função de uma terceira variável. Por exemplo, o relacionamento entre ver filmes de terror (previsor) e sentir medo ao dormir (resultado) pode aumentar em função da imaginação da pessoa (moderador).

Moderador: uma variável que muda o tamanho ou a direção de um relacionamento entre outras duas variáveis.

Multicolinearidade: uma situação em que duas ou mais variáveis apresentam um relacionamento linear próximo.

Multimodal: uma distribuição de dados que apresenta mais do que duas *modas*.

Multivariada: significa "muitas variáveis" e é geralmente usada quando se refere a análises nas quais existe mais do que uma *variável de resultado* (p. ex., *MANOVA, análise de componentes principais*, etc.).

Não estruturada: uma estrutura de covariância usada na *modelagem linear multinível*. Essa estrutura de covariância é completamente geral. As covariâncias são consideradas completamente imprevisíveis: elas não se adaptam a um padrão sistemático.

Níveis de medição: o relacionamento entre o que está sendo mensurado e os valores obtidos em uma escala.

Nível α: a probabilidade de cometer um *Erro do tipo I* (normalmente esse valor é 0,05).

Nível β: A probabilidade de se cometer *Erro do tipo II* (Cohen, 1992, sugere um valor máximo de 0,2).

Normalidade multivariada: uma extensão de uma distribuição normal a múltiplas variáveis. Ela é uma *distribuição de probabilidade* de um conjunto de variáveis $v' = [v_1, v_2, \ldots, v_n]$ dado por:

$$f(v') = 2\pi^{-n/2} |\Sigma|^{-1/2} \exp\left\{-\frac{1}{2}(v-\mu)' \Sigma^{-1}(v-\mu)\right\}$$

na qual μ é o vetor das médias das variáveis e Σ é a *matriz da variância-covariância*. Se isso fizer sentido para você, então você é mais inteligente do que eu.

Oblimin direto: um método de *rotação oblíqua*.

Ômega ao quadrado: uma medida do *tamanho do efeito* associado à ANOVA menos tendenciosa do que o *eta ao quadrado*. Ela é uma função (às vezes horrenda) da *soma dos quadrados do modelo* e da *soma dos quadrados dos resíduos* e não é muito útil, pois mede o efeito geral da ANOVA e, assim, não pode ser interpretada de uma maneira significativa. Em todos os outros sentidos ela é ótima.

Ortogonal: isso significa perpendicular (ângulo reto) a algo. Ele tende a ser equiparado com *independência* em estatística por causa da conotação de que os *modelos lineares* perpendiculares no espaço geométrico são completamente independentes (um não é influenciado pelo outro).

Padronização: o processo de converter uma variável em uma unidade-padrão de medida. A unidade de medida geralmente usada é o *desvio-padrão* (veja também escores-z). A padronização nos permite comparar dados quando diferentes unidades de medidas foram usadas (podemos comparar medidas de peso em quilogramas com altura medida em polegadas).

Padronizado: ver *padronização*.

Parâmetro: uma coisa muito difícil de descrever. Quando você ajusta um modelo estatístico a seus dados, esse modelo consistirá de *variáveis* e parâmetros: variáveis são construtos mensurados que variam entre entidades na amostra, enquanto parâmetros descrevem as relações entre essas variáveis na população. Em outras palavras, são constantes que se acredita que representem alguma verdade fundamental sobre as variáveis medidas. Usamos dados de amostra para estimar o valor provável dos parâmetros porque não temos acesso direto à população. Claro, não é tão simples assim.

Parcimônia: em um contexto científico, a parcimônia se refere à ideia de que explicações mais simples de um fenômeno são preferíveis às mais complexas. Essa ideia está relacionada à navalha de Ockham (ou Occam, se preferir), que é uma frase que se refere ao princípio de "eliminar" suposições ou explicações desnecessárias para produzir teorias menos complexas. Em termos estatísticos, a parcimônia tende a se referir a uma heurística geral de que os modelos sejam mantidos o mais simples possível – em outras palavras, não incluindo variáveis que não tenham um benefício explicativo real.

Peixe-piloto (*Naucrates ductor*): um peixe carnívoro da família dos Carangidae conhecido por habitar em torno de seres maiores e mais impressionantes (p. ex., tubarões) e se alimentar parasitariamente de seus corpos. Um pouco como Courtney Love.

Percentis: um tipo de *quantil*; eles são valores que dividem um conjunto de dados em 100 partes iguais.

Periódico: no contexto acadêmico, um periódico é uma coleção de artigos sobre um tema amplamente relacionado, escrito por cientistas, que relatam novos dados, novas ideias teóricas ou revisões/críticas de teorias ou dados existentes. A sua principal função é induzir o desamparo nos cientistas por meio de um complexo processo de regulação da autoestima, utilizando um *feedback* excessivamente severo ou elogioso, que aparentemente não tem nenhuma correlação óbvia com a qualidade real do trabalho apresentado.

Pesos: um número pelo qual algo (geralmente uma variável em estatística) é multiplicado. O peso atribuído a uma variável determina a influência que aquela variável tem dentro de uma equação matemática: muito peso dá à variável muita influência.

Pesquisa correlacional: uma forma de pesquisa na qual você observa o que acontece naturalmente no mundo sem interferir diretamente nele. Este termo implica que os dados serão analisados de forma a olhar para as relações entre as variáveis que ocorrem naturalmente, em vez de fazer declarações sobre causa e efeito. Compare com *pesquisa transversal*, *pesquisa longitudinal* e *pesquisa experimental*.

Pesquisa experimental: uma forma de pesquisa na qual uma ou mais variáveis são sistematicamente manipuladas para ver os efeitos (individualmente ou combinadas) em uma *variável de resultado*. Esse termo implica que os dados poderão ser utilizados para se fazer declarações sobre causa e efeito. Compare com *pesquisa transversal* e *pesquisa correlacional*.

Pesquisa longitudinal: uma forma de pesquisa na qual você observa o que naturalmente ocorre no mundo sem intervir diretamente, mensurando variáveis em vários pontos no tempo. Ver também *pesquisa correlacional* e *pesquisa transversal*.

Pesquisa transversal: uma forma de pesquisa na qual você observa o que acontece naturalmente no mundo sem intervir diretamente nele, medindo diversas variáveis em um único momento. Na psicologia, esse termo geralmente implica que os valores vêm de pessoas de várias idades, com pessoas diferentes representando cada um dos valores. Ver também *pesquisa correlacional* e *pesquisa longitudinal*.

p-hacking: práticas de pesquisa que levam ao relato seletivo de valores-*p* significativos. Alguns exemplos de *p-hacking* são: (1) tentar múltiplas análises e reportar somente aquele que produz resultados significativos; (2) interromper a coleta de dados em um ponto que não seja quando o tamanho da amostra predeterminada é atingido; (3) decidir incluir dados com base no efeito que eles têm sobre o valor-*p*; (4) incluindo (ou excluindo) variáveis em uma análise com base em como elas afetam o valor-*p*; (5) medir múltiplos *resultados* ou *variáveis previsoras*, mas reportar somente aqueles para os quais os efeitos são significativos; (6) fusão de grupos de variáveis ou pontuações para produzir resultados significativos; e (7) transformar ou manipular pontuações para produzir valores-*p* significativos.

Phi: uma medida da força da associação entre duas *variáveis categóricas*. O phi é usado com *tabelas de contingência 2-2* (tabelas nas quais há duas variáveis categóricas e cada variável tem somente duas categorias). Ele é uma variante do *teste do qui-quadrado*, χ^2:

$$\phi = \sqrt{\frac{\chi^2}{N}}$$

onde *N* é o número total de observações.

Platicúrtica: ver *curtose*.

Poder: a habilidade de um teste detectar um efeito de um tamanho específico (um valor de 0,8 é um bom nível para se atingir).

Polinômio: um nome elegante para uma *curva de crescimento* ou tendência ao longo do tempo. Se o *tempo* é nossa variável previsora, então qualquer polinômio é testado incluindo uma variável que é o previsor da potência da ordem do polinômio que queremos testar: uma tendência linear é testada apenas por *tempo*, um polinômio quadrático ou de segunda ordem é testado incluindo um previsor que é $tempo^2$, para um polinômio de quinta ordem precisamos de um previsor que é $tempo^5$ e para um polinômio de ordem *n* teríamos que incluir $tempo^n$ como previsor.

População: em termos estatísticos, isso geralmente se refere à coleta de unidades (sejam pessoas, plâncton, plantas, cidades, autores suicidas, etc.) para a qual queremos generalizar o conjunto de constatações ou o modelo estatístico.

Pré-registro: um termo que se refere à prática de disponibilizar publicamente todos os aspectos de seu processo de pesquisa (lógica, hipóteses, delineamento, estratégia de processamento de dados, estratégia de análise de dados) antes do início da coleta dos dados. Isso pode ser feito em um *relatório registrado* em um periódico acadêmico ou mais informalmente (p. ex., em um *site* público, como o *Open Science Framework*). O objetivo é incentivar a adesão a um protocolo de pesquisa acordado, desencorajando, assim, ameaças à validade de resultados científicos, como *graus de liberdade do pesquisador*.

Probabilidade *a posteriori*: ao usar o *teorema de Bayes* para testar uma hipótese, a probabilidade *a posteriori* é a nossa crença em uma hipótese ou modelo *depois* de considerarmos os dados, p(modelo | dados). Este é o valor que geralmente nos interessa saber. É a probabilidade condicional inversa da *verossimilhança*.

Probabilidade *a priori*: quando for utilizado o *teorema de Bayes* para testar hipóteses, a probabilidade *a priori* é a nossa crença na hipótese/modelo, ou *a priori*, de considerar os dados, p(modelo). Ver também *probabilidade a posteriori, verossimilhança* e *verossimilhança marginal*.

Probabilidade empírica: a probabilidade empírica é a *probabilidade* de um *evento* baseado na observação de muitas tentativas. Por exemplo, se você define o coletivo como todos os homens, então a probabilidade empírica da infidelidade masculina será a proporção de homens que foram infiéis enquanto mantinham o relacionamento. A probabilidade se aplica a um coletivo e não a eventos individuais. Você pode falar sobre uma probabilidade de 0,1 de um homem ser infiel, mas um homem, em particular, é infiel ou não, assim a sua probabilidade *individual* de infidelidade é 0 (ele é fiel) ou 1 (ele é infiel).

Promax: um método de *rotação oblíqua* computacionalmente mais rápido do que *oblimin* e útil para grandes conjuntos de dados.

***Q* de Cochran:** esse teste é uma extensão do *teste de McNemar* e ele é basicamente uma *ANOVA de Friedman* para dados *dicotômicos*. Por exemplo, se perguntássemos a 10 pessoas se elas gostariam de atirar em Justin Timberlake, David Beckham e Simon Cowell e elas só pudessem responder "sim" ou "não", e as respostas fossem codificados como 0 (não) e 1 (sim), poderíamos utilizar o teste de Cochran nesses dados.

Quantis: valores que repartem os dados em partes iguais. Os *quartis*, por exemplo, são casos especiais dos quantis que dividem os dados em quatro partes iguais. De forma similar, os *percentis* são valores que dividem os dados em 100 partes iguais e os *nonis* são valores que dividem os dados em nove partes iguais (você captou a ideia geral).

Quartil inferior: o valor que divide os 25% inferiores dos dados. Se os dados estiverem ordenados e estão divididos em duas metades na mediana, então o quartil inferior é a mediana da metade inferior dos dados.

Quartil superior: o valor que separa os 25% dos dados mais altos. Se os escores estiverem ordenados e então divididos em duas partes pela mediana, o quartil superior é a mediana da parte superior dos valores.

Quartimax: um método de *rotação ortogonal*. Ele tenta maximizar a dispersão das cargas fatoriais para uma variável ao longo de todos os *fatores*. Geralmente, isso resulta em diversas variáveis com altas cargas em um único fator.

Quartis: termo genérico para os três valores que cortam um conjunto de dados ordenados em quatro partes iguais. Os três quartis são conhecidos como *quartil inferior*, segundo quartil (ou *mediana*) e *quartil superior*.

***R* múltiplo:** o coeficiente de correlação múltiplo. Ele é a correlação entre os valores observados de uma saída e os valores de uma saída prevista por um modelo de *regressão múltipla*.

R^2 ajustado: uma medida do poder preditivo ou *encolhimento* na regressão. O R^2 ajustado nos informa quanta variância na saída será de responsabilidade do modelo derivado da população de onde a amostra foi retirada.

R^2_{CS} **de Cox e Snell:** uma versão do *coeficiente de determinação* para a regressão logística. Ele se baseia no logaritmo de verossimilhança de um modelo (LV_{novo}) e o logaritmo de verossimilhança do modelo original ($LV_{referência}$), e o tamanho da amostra, n. Entretanto, ele se destaca por não alcançar seu valor máximo de 1 (ver R^2_N *de Nagelkerke*).

R^2_L **de Hosmer e Lemeshow:** Uma versão do *coeficiente de determinação* para a regressão logística. É uma tradução bem literal no sentido de que ele é o $-2LV$ do modelo dividido pelo $-2LV$ original; em outras palavras, ele é a razão do que o modelo pode explicar comparado ao que havia para ser explicado em primeiro lugar.

R^2_N **de Nagelkerke:** Uma versão do *coeficiente de determinação* para a regressão logística. Ele é uma variação do R^2_{CS} *de Cox e Snell* que supera o problema que essa estatística tem de não ser capaz de alcançar seu valor máximo.

Ranking **(classificação):** o processo de transformar escores brutos em números que representam suas posições em uma lista ordenada desses valores. Os escores brutos são ordenados de menor para o maior e ao menor escore é atribuído o valor 1, ao próximo o valor 2, e assim por diante.

Razão de chances: a razão entre a *probabilidade* de um evento ocorrer em um grupo comparado com outro. Assim, por exemplo, se a chance de morrer após escrever o glossário é 4 e a chance de morrer se não escrever o glossário é de 0,25, a razão de chances é de 4/0,25 = 16. Isso significa que se você escrever um glossário, tem 16 vezes mais chances de morrer do que se não escrevê-lo. Uma razão de chances de 1 indicaria que a *chance* de uma saída particular é igual em ambos os grupos.

Razão de covariância (RCV): uma medida do quanto um caso (valor individual) influencia a variância das estimativas dos parâmetros em um *modelo de regressão*. Quando essa razão estiver próxima de um, o caso tem pouca influência sobre as variâncias das estimativas do modelo. Balsey e colaboradores (1980) recomendam o seguinte: se o RCV de um caso for maior ou igual a 1 + $[3(k + 1)/n]$, eliminar esse caso irá afetar a precisão da estimativas dos parâmetros, mas se ele for menor do que $1 - [3(k + 1)/n]$, retirar o caso da análise irá melhorar a precisão das estimativas (k é o número de previsores e n é o tamanho da amostra).

Razão de variâncias: ver $F_{máx}$ *de Hartley*.

Reações extremas de Moses: um teste não paramétrico que compara a variabilidade dos escores em dois grupos, assim, é parecido com o *teste de Levene* não paramétrico.

Regra da soma das variâncias: afirma que a variância da diferença entre duas variáveis independentes é igual à soma das suas variâncias.

Regressão hierárquica: um método de *regressão múltipla* no qual a ordem em que os previsores entram no modelo de regressão é determinada pelo pesquisador baseado em pesquisas prévias: variáveis que já sabemos serem previsoras entram primeiro, novas variáveis entram depois.

Regressão logística binária: uma *regressão logística* onde a variável de resultado apresenta exatamente duas categorias.

Regressão logística multinomial: uma *regressão logística* na qual a variável de resultado tem mais do que duas categorias.

Regressão logística policotômica: outro nome para a *regressão logística multinomial*.

Regressão logística: uma versão da *regressão múltipla* em que a saída é uma *variável categórica*. Se a variável categórica tiver duas categorias, então temos uma *regressão logística binária* e quando a variável de saída tiver mais do que duas categoriais temos uma *regressão logística multinomial*.

Regressão múltipla: uma extensão da *regressão simples* na qual um resultado é previsto por uma combinação linear de duas ou mais variáveis previsoras. A forma do modelo é:

$$Y_i = b_0 + b_1 X_{1i} + b_2 X_{2i} + \ldots + b_n X_{ni} + \varepsilon_i$$

onde o resultado é representado por Y, e cada previsor por X. Cada previsor tem um coeficiente b associado com ele e b_0 é o valor da saída quando todos os previsores forem zero.

Regressão passo a passo: um método de *regressão múltipla* no qual as variáveis entram no modelo baseadas num critério estatístico (a *correlação semiparcial* com a *variável de resultado*). Uma vez que uma nova variável é colocada no modelo, todas as variáveis do modelo são avaliadas para ver se elas devem ser removidas.

Regressão simples: um *modelo linear* no qual uma variável ou saída é prevista a partir de uma única variável previsora. O modelo toma a forma

$$Y_i = b_0 + b_1 X_i + \varepsilon_i$$

na qual Y é a variável de saída, X é a previsora, b_1 é o coeficiente de regressão associado com a previsora, e b_0 é o valor da saída quando o previsor é zero.

Relatório registrado: um artigo em um periódico que normalmente delineia um processo de pesquisa pretendido (lógica, hipóteses, delineamentos, estratégia de processamento de dados, estratégia de análise de dados). O relatório é revisado por cientistas especializados, garantindo que os autores obtenham um retorno útil antes da coleta de dados. Se o protocolo for aceito pelo editor do periódico, ele geralmente tem a garantia de publicar os resultados, não importando o que seja obtido, reduzindo, assim, o *viés de publicação* e desestimulando os *graus de liberdade do pesquisador* que visam alcançar resultados significativos.

Resíduo excluído: uma medida da influência de um caso (observação) específico dos dados. Ele é a diferença entre o *valor previsto ajustado* para o caso e o valor original observado para esse mesmo caso.

Resíduo studentizado excluído: uma medida da influência de um caso específico dos dados. Ele é a versão padronizada do *resíduo excluído*.

Resíduo: a diferença entre o valor que um modelo prevê e o valor observado nos dados em que o modelo é baseado. Quando o resíduo é calculado para cada observação no conjunto de dados, a coleção resultante é referida como os *resíduos*.

Resíduos não padronizados: os *resíduos* de um modelo expressos nas unidades em que a variável de saída original foi mensurada.

Resíduos padronizados: os *resíduos* de um modelo expresso em unidades de desvios-padrão. Resíduos padronizados com valor absoluto maior do que 3,29 (na verdade, geralmente usamos 3) são causa de preocupação porque numa amostra-padrão um valor tão alto é improvável de acontecer por acaso; se mais de 1% de suas observações tem resíduos padronizados com valor absoluto maior do que 2,58 (geralmente dizemos 2,5), há evidências de que o nível de erro dentro do nosso modelo não é aceitável (o modelo é um ajuste muito pobre dos dados da amostra; se mais do que 5% das observações tem resíduos padronizados em valores absolutos maiores do que 1,96 (ou 2, por conveniência), há também evidências de que o modelo é uma representação pobre dos dados reais.

Resíduos studentizados: uma variação dos *resíduos padronizados*. Resíduos estudentizados são os *resíduos não padronizados* divididos por uma estimativa de seu desvio-padrão que varia de ponto a ponto. Esses resíduos têm as mesmas propriedades que os *resíduos padronizados*, mas geralmente fornecem estimativas mais precisas da variância do erro de um caso específico.

Rotação: um processo na *análise de fatores* para melhorar a interpretação dos fatores. Em essência, é uma tentativa de transformar os *fatores* que emergem da análise de modo a maximizar as maiores *cargas* e minimizar as menores. Existem duas abordagens gerais: *rotação ortogonal* e *rotação oblíqua*.

Rotação oblíqua: um método de *rotação* na *análise de fatores* que permite que os fatores subjacentes sejam correlacionados.

Rotação ortogonal: um método de *rotação* na *análise de fatores* que mantém os fatores subjacentes independentes (i.e., não correlacionados).

Ruído gráfico (*chartjunk*): material supérfluo que tira a atenção dos dados sendo representados graficamente.

Segundo quartil: outro nome para a *mediana*.

Separação completa: uma situação na *regressão logística* quando uma variável de resultado pode ser perfeitamente predita por um previsor ou uma combinação de previsores! Essa situação faz o seu computador ter o equivalente a um ataque de nervos: ele começará a gaguejar, chorar e dizer que não sabe o que fazer.

Simetria composta: uma condição que se torna verdadeira quando ambas as variâncias das condições são iguais (é o mesmo que a hipótese da *homogeneidade das variâncias*) e as *covariâncias* entre pares de condições são, também, iguais.

Singularidade: um termo utilizado para descrever variáveis que são perfeitamente correlacionadas (i.e., o *coeficiente de correlação* é 1 ou –1)

Sintaxe: comandos escritos predefinidos que instruem o SPSS a fazer o que você gostaria que ele fizesse (escrever "me deixa em paz!" não funciona).

Smartreader: um *software* livre que pode ser baixado do *site* da IBM SPSS e que permite que pessoas que não tenham o SPSS instalado abram e visualizem arquivos de saída do pacote.

Soma dos erros ao quadrado: outro nome para a *soma dos quadrados*.

Soma dos quadrados (SQ): uma estimativa do total da variabilidade (espalhamento) de um conjunto de dados. Em primeiro lugar, um *desvio* para cada escore é calculado e, depois, esse valor é elevado ao quadrado. A SQ é a soma desses desvios elevados ao quadrado.

Soma dos quadrados do modelo: uma medida da variabilidade total que um modelo pode explicar. É a diferença entre *a soma dos quadrados total* e a *soma dos quadrados dos resíduos*.

Soma dos quadrados dos resíduos: uma medida da variabilidade que não pode ser explicada pelo modelo ajustado aos dados. Ela é o total dos *desvios* ao quadrado entre as observações e o valor dessas observações previsto por qualquer modelo que foi ajustado aos dados.

Soma dos quadrados e matriz dos produtos cruzados (matriz SQPC): uma *matriz quadrada* em que os elementos diagonais representam a *soma dos quadrados* para uma variável específica e os elementos fora da diagonal representam os *produtos cruzados* entre os pares de variáveis. A matriz SQPC é basicamente a mesma que a *matriz das variâncias-covariâncias* exceto que ela expressa variabilidade e relacionamentos entre variáveis como valores totais enquanto a matriz de variâncias-covariâncias os expressa como valores médios.

Soma dos quadrados total: uma medida da variabilidade dentro de um conjunto de observações. Ela é soma total dos quadrados dos *desvios* entre cada observação e a média geral das observações.

Superdispersão: quando a variância observada é maior do que a esperada do modelo de regressão logística. É como a hanseníase, você não a quer.

Tabela de contingência: uma tabela representando uma classificação cruzada de duas ou mais *variáveis categóricas*. Os níveis de cada variável são alocados em uma grade e o número de observações em cada categoria é apresentado nas células da tabela. Por exemplo, se tomarmos a variável categórica **glossário** (com duas categorias: se um autor escreveu um glossário ou não) e **estado mental** (com três categoriais: normal, soluçando incontrolavelmente e totalmente psicótico), podemos construir uma tabela como a mostrada a seguir. Isso nos informa que 127 autores que escreveram um glossário acabaram totalmente psicóticos, comparados com somente 2 que não escreveram um glossário.

		Glossário		
		Escreveu	Não escreveu	Total
Estado mental	Normal	5	423	428
	Soluçando incontrolavelmente	23	46	69
	Totalmente psicótico	127	2	129
	Total	155	471	626

Tamanho do efeito: uma medida objetiva e padronizada da magnitude de um efeito observado. As medidas incluem o *d* de Cohen, *g* de Glass e o coeficiente de correlação *r* de Pearson.

Tau de Kendall: um coeficiente de correlação não paramétrico similar ao *coeficiente de correlação de Spearman*, mas deve ser preferido quando você tem um conjunto pequeno de dados com um número grande de postos empatados.

Taxa de erro de conjunto: A probabilidade de cometer um *Erro do tipo I* em uma família ou conjunto de testes quando a hipótese nula é verdadeira em cada caso. Uma "família de testes" pode ser definida como um conjunto de testes conduzidos sobre o mesmo conjunto de dados e tratando da mesma questão empírica.

Taxa de erro experimental: a probabilidade de cometer *Erro do tipo I* em um experimento envolvendo uma ou mais comparações estatísticas quando a hipótese nula é verdadeira em cada caso.

Tendência central: um termo genérico que descreve o centro de uma *distribuição de frequências* de observações avaliadas pela *média*, *moda* e *mediana*.

Tendência cúbica: se for conectado às médias de condições ordenadas com uma linha, uma tendência cúbica é mostrada por duas mudanças na direção dessa linha. Deve-se ter pelo menos quatro condições ordenadas.

Tendência quadrática: se você conectar as médias em condições ordenadas com uma linha, a tendência quadrática é caracterizada por uma mudança na direção dessa linha (p. ex., a linha é curva em um lugar): a linha apresenta uma forma de U. Para que isso aconteça, é necessário, pelo menos, três condições ordenadas.

Tendência quártica: se você conectar as médias ordenadas com uma linha, uma tendência quártica é caracterizada por três mudanças na direção dessa linha. Você deve ter, pelo menos, cinco condições ordenadas.

Teorema central do limite: esse teorema diz que quando as amostras são grandes (acima de aproximadamente 30), a *distribuição amostral* terá o formato de uma *distribuição normal*, independentemente do formato da população da qual a amostra foi obtida. Para amostras menores, a distribuição *t* é mais próxima do formato da distribuição amostral. Também sabemos, a partir desse teorema, que o *desvio-padrão* da distribuição amostral (i.e., o *erro-padrão* da *média* amostral) será igual ao desvio-padrão da amostra (*DP* ou *s*) dividido pela raiz quadrada do tamanho da amostra (*N*).

Teorema de Bayes: uma relação entre a *probabilidade condicional* dos eventos A e B, $p(A|B)$, sua probabilidade condicional reversa $p(B|A)$ e as probabilidades individuais dos eventos $p(A)$ e $p(B)$. O teorema declara que:

$$p(A|B) = \frac{p(B|A)p(A)}{p(B)}$$

Teoria: embora ela possa ser definida mais formalmente, uma teoria é um princípio hipotético geral ou conjunto de princípios que explicam descobertas conhecidas sobre um tópico e a partir dos quais novas hipóteses podem ser geradas. Teorias são geralmente bem substanciadas por testes repetidos.

Tertium quid: a possibilidade que um relacionamento aparente entre duas variáveis seja, de fato, causado por uma terceira variável (às vezes denominado de *problema da terceira variável*).

Teste bilateral: um teste de uma hipótese não direcional. Por exemplo, a hipótese "Escrever esse glossário tem algum efeito no que eu quero fazer com as genitais do meu editor" requer um teste bilateral porque ele não sugere a direção do relacionamento (ver também o *teste unilateral*).

Teste da mediana: um teste não paramétrico para verificar se as amostras foram retiradas de uma população com a mesma mediana. Assim, ele faz o mesmo que o *teste de Kruskal-Wallis*. Ele produz uma tabela de contingência dividida em dois grupos de valores que estão acima ou abaixo da mediana. Se os grupos são da mesma população você espera que essas frequências sejam as mesmas em todas as condições (em torno de 50% acima e 50% abaixo).

Teste da soma dos postos de Wilcoxon: um *teste não paramétrico* que procura por diferenças entre duas amostras independentes. Isto é, ele testa se as populações das quais duas amostras foram retiradas tem a mesma localização. Ele é funcionalmente o mesmo que o *teste de Mann--Whitney* e ambos os testes são os equivalentes não paramétricos do *teste t independente*.

Teste de Box: um teste sobre a hipótese da *homogeneidade das matrizes de covariâncias*. Ele não deve ser significativo se as matrizes forem aproximadamente as mesmas. O teste de Box é bastante suscetível a desvios da *normalidade multivariada* e pode, então, não ser significativo; não porque as *matrizes de variâncias-covariâncias* sejam diferentes entre os grupos, mas porque a hipótese de normalidade multivariada não é satisfeita. Assim, é vital ter alguma ideia sobre se os dados satisfazem a hipótese de normalidade multivariada (que é bastante difícil) antes de interpretar os resultados do teste de Box.

Teste de Durbin-Watson: testa a correlação serial entre os erros nos *modelos de regressão*. Especificamente, ele testa se os resíduos adjacentes são correlacionados, o que é útil para testar a hipótese de *erros independentes*. A estatística teste pode variar entre 0 e 4 com um valor de 2 indicando que os resíduos não são correlacionados. Um valor maior do que 2 indica uma correlação negativa e um valor abaixo de 2 indica uma correlação positiva. O tamanho da estatística de Durbin-Watson depende do número de previsores no modelo e do número de observações. Para ser preciso, você deve verificar os valores de aceitação no artigo original de Durbin e Watson de 1951. Como uma regra prática, bastante conservadora, valores menores do que 1 e maiores do que 3 são definitivamente motivo de atenção, no entanto, valores próximos de 2 podem ser problemáticos dependendo da amostra e do modelo.

Teste de esfericidade de Bartlett: um teste sobre a suposição de *esfericidade*. Ele examina se a *matriz de variâncias-covariâncias* é proporcional a uma *matriz identidade*. Dessa forma, ele testa se os elementos da diagonal da *matriz de variâncias-covariâncias* são iguais (i.e., se as variâncias dos grupos são iguais) e se os elementos fora da diagonal são aproximadamente zero (i.e., as *variáveis dependentes* não são *correlacionadas*). Jeremy Miles, que faz muitas análises multivariadas, declara que nunca viu uma matriz que não tenha tido significância quando submetida a esse teste, assim, questiona a sua utilidade prática.

Teste de excesso de sucesso (TES): um procedimento delineado para identificar conjuntos de resultados em artigos acadêmicos que são "bons demais para ser verdade". Para um artigo que relata vários estudos científicos examinando o mesmo efeito, o teste calcula (com base no tamanho do efeito que está sendo medido e no tamanho da amostra dos estudos) a probabilidade de obter resultados significativos para todos os estudos. Se essa probabilidade for baixa, é altamente improvável que o pesquisador obtenha esses resultados e os resultados pareçam "bons demais para serem verdadeiros", o que implicaria em *p-hacking* (Francis, 2013). Vale ressaltar que o TES não é universalmente aceito como teste do que se propõe a testar (p. ex., Morey, 2013).

Teste de Jonckheere-Terpstra: essa estatística testa um padrão ordenado de medianas entre grupos independentes. Essencialmente, ele faz o mesmo que o *teste de Kruskal-Wallis* (i.e., testa a diferença entre as medianas dos grupos), mas ele incorpora informação se a ordem do grupo é significativa. Assim, você deve usar esse teste quando espera que os grupos que está comparando produzam uma ordenação significativa das medianas.

Teste de Kolmogorov-Smirnov: um teste para ver se a distribuição dos escores é significativamente diferente de uma *distribuição normal*. Um valor significativo indica um desvio da normalidade, mas esse teste é notoriamente afetado por grandes amostras nas quais pequenos desvios da normalidade geram resultados significativos.

Teste de Kruskal-Wallis: um teste não paramétrico para verificar se mais do que dois grupos independentes diferem. É a versão não paramétrica da *ANOVA independente* de um fator.

Teste de Levene: testa a hipótese de que as variâncias em diferentes grupos são iguais (i.e., a diferença entre as variâncias é zero). Ele basicamente faz uma ANOVA de um fator nos *desvios* (i.e., nas diferenças entre cada escore e a média do grupo). Um resultado significativo indica que as variâncias são significativamente diferentes – portanto, a hipótese de *homogeneidade das variâncias* foi violada. Quando os tamanhos das amostras são grandes, pequenas diferenças nas variâncias dos grupos podem produzir um teste de Levene significativo. Eu não recomendo o uso deste teste – em vez disso, interprete as estatísticas que foram ajustadas para o grau de heterogeneidade nas variâncias.

Teste de Mann-Whitney: um *teste não paramétrico* que procura por diferenças entre duas amostras independentes. Isto é, ele testa se a população de onde as duas amostras foram retiradas tem a mesma localização. Ele é funcionalmente o mesmo que o *teste da soma dos postos de Wilcoxon* e ambos os testes são equivalentes não paramétricos do *teste-t independente*.

Teste de Mauchly: um teste da hipótese da *esfericidade*. Se esse teste for significativo, a hipótese da esfericidade não foi satisfeita e uma correção apropriada deve ser aplicada aos *graus de liberdade* da estatística *F* na *ANOVA de medidas repetidas*. O teste compara a *matriz de variâncias-covariâncias* dos dados com uma *matriz de identidade,* se a matriz de variâncias-covariâncias é um múltiplo-escalar de uma *matriz de identidade,* a esfericidade foi satisfeita.

Teste de McNemar: testa as diferenças entre dois grupos relacionados (ver *teste de postos com sinais de Wilcoxon* e *teste dos sinais*), quando você tem *dados nominais*. Ele é em geral usado quando você está procurando por mudanças nos escores das pessoas e ele compara a proporção das pessoas que mudaram sua resposta em uma direção (i.e., aumento dos escores) àquelas que mudaram na direção oposta (diminuição dos escores). Assim, esse teste deve ser utilizado quando existem duas variáveis dicotômicas relacionadas.

Teste de Shapiro-Wilk: um teste para ver se a distribuição dos escores é significativamente diferente de uma *distribuição normal*. Um valor significativo indica um desvio da normalidade, mas esse teste é afetado por amostras grandes nas quais pequenos desvios da normalidade geram resultados significativos.

Teste de Sobell: um teste de significância para a *mediação*. Ele testa a relação entre uma *variável previsora* e uma *variável de resultado* são significativamente reduzidas quando a mediadora é incluída no modelo. Ele testa o *efeito indireto* do previsor no resultado.

Teste do qui-quadrado: embora esse termo possa ser aplicado a qualquer *estatística de teste* tendo uma *distribuição qui-quadrado*, ele geralmente se refere ao teste do qui-quadrado de independência de Pearson entre duas variáveis categóricas. Essencialmente, ele testa se duas variáveis categóricas dispostas em uma *tabela de contingência* estão associadas.

Teste dos postos com sinais de Wilcoxon: um *teste não paramétrico* que procura por diferenças entre duas amostras relacionadas. Ele é o não paramétrico equivalente *ao teste t relacionado*.

Teste dos sinais: testa se duas populações são diferentes utilizando amostras relacionadas. Ele faz o mesmo que o *teste dos postos com sinais de Wilcoxon*. Diferenças entre as condições são calculadas e o símbolo da diferença (positivo ou negativo) é analisado como indicador da direção das diferenças. A magnitude da mudança é completamente ignorada (diferente do teste de Wilcoxon, onde o posto revela algo sobre a relativa magnitude da mudança) e, por essa razão, ele apresenta perda de *poder*. Entretanto, sua simplicidade computacional faz dele um truque simples na eventualidade de algum bêbado abordar você querendo uma análise rápida de alguns dados sem a ajuda de um computador – realizar o teste dos sinais, de cabeça, realmente impressiona as pessoas. Na verdade, ele não impressiona, na verdade as pessoas irão achá-lo um bobo triste.

Teste exato de Fisher: o teste exato de Fisher (Fisher, 1922) não é tanto um teste quanto uma maneira de calcular a probabilidade exata de uma estatística. Ele foi originalmente projetado para superar o problema que com amostras pequenas, a distribuição amostral da estatística qui-quadrado se desvia substancialmente de uma distribuição do qui-quadrado. Deve ser utilizado com pequenas amostras.

Teste paramétrico: um teste que requer dados de um grande catálogo de distribuições que os estatísticos descreveram. Normalmente, esse termo é usado para testes paramétricos baseados na *distribuição normal* que requer quatro hipóteses básicas que precisam ser encontradas para o teste ser preciso: dados normalmente distribuídos (ver *distribuição normal*), *homogeneidade da variância*, dados por intervalo ou de razão e independência.

Teste robusto: um termo aplicado a uma família de procedimentos para estimar estatísticas que são confiáveis mesmo quando as hipóteses de normalidade da estatística não são.

Teste unilateral: um teste de hipóteses direcional. Por exemplo, a hipótese "quanto mais eu escrevo este glossário mais eu quero colocar os genitais do meu editor na boca de um crocodilo faminto" requer um teste unilateral porque eu estabeleci a direção do relacionamento (ver também *teste bilateral*).

Testes não paramétricos: uma família de procedimentos estatísticos que não depende das hipóteses restritivas dos testes paramétricos. Especificamente, eles não pressupõem que os dados sejam provenientes de uma distribuição normal.

Testes *post hoc*: um conjunto de comparações entre as médias dos grupos que não foram planejadas antes dos dados serem coletados. Em geral, esses testes envolvem a comparação das médias de todas as combinações de pares das condições experimentais. Para compensar pelo número de testes conduzidos, cada teste usa um critério rígido para a significância. Assim, eles tendem a ter menos poder do que os *contrastes planejados*. Eles geralmente são usados em trabalhos explanatórios para os quais nenhuma hipótese firme estava disponível para ser base dos contrastes planejados.

Teste-*t* dependente: ver *teste-t para amostras pareadas*.

Teste-*t* independente: um teste usando a *estatística t* que estabelece se duas médias coletadas de amostras independentes diferem de forma significativa.

Teste-*t* para amostras pareadas: um teste-*t* que utiliza a estatística *t* para determinar se duas médias coletadas da mesma amostra (ou observações relacionadas) diferem significativamente.

Tolerância: a estatística de tolerância mensura a *multicolinearidade* e é simplesmente o recíproco do *fator da inflação da variância* (1/FIV). Valores abaixo de 0,1 indicam problemas sérios, embora Menard (1995) sugira que valores abaixo de 0,2 são dignos de interesse.

Traço (T^2) de Hotelling-Lawley: um *teste estatístico* na *MANOVA*. É a soma dos autovalores para cada *variate da função discriminante* dos dados, assim, conceitualmente é o mesmo que a *estatística F* na *ANOVA*: ele é a soma da razão da *variância sistemática* pela *não sistemática* (SQ_M/SQ_R) para cada uma das variáveis.

Traço de Pillai-Barlett (V): um *teste estatístico* na *MANOVA*. Ele é a soma da proporção da variância explicada na *variate de função discriminante*. Assim, ele é semelhante à razão SQ_M/SQ_T.

Transformação: o processo de aplicar uma função matemática a todas as observações num conjunto de dados geralmente para corrigir alguma anormalidade da distribuição tal como a *assimetria* ou a *curtose*.

Uma vida: o que você não tem quando escreve um livro de estatística.

Univariada: isso significa "uma variável" e é geralmente usado para referir a situações nas quais somente uma variável de resultado foi medida. (i.e., *ANOVA, testes t, testes de Mann-Whitney*, etc.).

V de Cramér: uma medida da força do relacionamento de uma associação entre duas *variáveis categóricas*. Utilizado quando uma das variáveis tem mais do que duas categorias. É uma variação do *phi*, usado quando uma ou ambas variáveis contém mais de duas categorias, mas o *phi* falha ao não alcançar seu valor mínimo de zero (indicando ausência de relação).

Validação cruzada: Determinação da precisão de um modelo utilizando amostras diferentes. Ele é uma etapa importante na *generalização*. Em um *modelo de regressão*, existem dois métodos principais de validação cruzada: R^2 *ajustado* ou divisão dos dados, em que os dados são aleatoriamente separados em metades e o modelo de regressão é estimado então com cada metade e os resultados comparados.

Validade: evidência de que um estudo permite inferências corretas sobre a questão que ele pretendia responder ou que mede o que se propôs medir conceitualmente. Ver também *validade de conteúdo* e *validade de critério*.

Validade concomitante: uma forma de *validade de critério* onde há evidências de que os escores de um instrumento correspondem concomitantemente a medidas de registros externos conceitualmente relacionados ao construto mensurado.

Validade de conteúdo: evidência de que o conteúdo de um teste corresponde ao conteúdo do construto que ele se propõe a abranger.

Validade de critério: uma evidência que valores de um instrumento correspondem com (*validade concomitante*) ou predizem (*validade preditiva*) medidas externas conceitualmente relacionadas ao construto mensurado.

Validade ecológica: evidência de que os resultados de um estudo, experimento ou teste pode ser aplicado e permitir inferências a condições do mundo real.

Validade preditiva: uma forma de *validade de critério* onde existe evidencia que os valores de um instrumento que prevê medidas externas (registrada em um tempo diferente) relaciona-se conceitualmente ao construto mensurado.

Valor atípico (*outlier*): uma observação muito diferente da maioria. Valores atípicos podem introduzir tendenciosidades como a média, por exemplo.

Valor chapéu: outro nome para alavancagem (*leverage*).

Valor preditivo: o valor de uma variável de resultado baseada em valores específicos da variável previsora ou variáveis sendo colocadas no modelo estatístico.

Valor previsto ajustado: uma medida da influência de um caso específico de dados. É o valor previsto de um caso de um modelo estimado sem tal caso incluído nos dados. O valor é calculado estimando-se novamente o modelo sem o caso em questão e depois o modelo recalculado é utilizado para fazer uma previsão do caso excluído. Se o caso não exerce uma grande influência sobre o modelo, o valor previsto deve ser semelhante não importa se o modelo foi estimado incluindo ou excluindo tal caso. A diferença entre o valor previsto de um caso de um modelo quando o caso está incluído e o previsto quando ele está excluído é o *DFFit*.

Variação amostral: a extensão na qual a estatística (média, mediana, t, F, etc.) varia em amostras retiradas de uma mesma população.

Variação não sistemática: variação que não é devida ao efeito no qual estamos interessados (assim, ela pode ser devido às diferenças naturais entre pessoas em amostras diferentes, como as diferenças em inteligência e motivação). Você pode pensar nessa variação como a que não pode ser explicada por qualquer modelo que ajustamos aos dados.

Variação sistemática: variação devido a algum efeito genuíno (seja esse efeito de um pesquisador fazendo algo a todos os participantes em uma amostra, mas não em outras amostras ou a variação natural entre conjuntos de variáveis). Pense nisso como a variação que pode ser explicada pelo modelo que ajustamos aos dados.

Variância aleatória: variância que é exclusiva para uma variável específica, mas não de forma confiável.

Variância comum: variância compartilhada por duas ou mais variáveis.

Variância global: a *variância* dentro de um conjunto completo de observações.

Variância única: variância específica a uma determinada variável (i.e., não é dividida com outras variáveis). Temos a tendência de usar o termo "variância única" para nos referirmos à variância que pode ser atribuída com confiança a somente uma medida, de outro modo ela é chamada de *variância aleatória*.

Variância: uma estimativa da variabilidade média (espalhamento) de um conjunto de dados. Ela é a soma dos quadrados dividida pelo número dos valores menos 1.

***Variate* de função discriminante:** uma combinação linear de variáveis criadas de modo que a diferença entre as médias dos grupos da variável transformada é maximizada. Ela apresenta a seguinte forma geral: $Variate_{1i} = b_0 + b_1X_{1i} + b_2X_{2i} + b_nX_{ni}$.

Variáveis: qualquer coisa que possa ser mensurado e que difere entre entidades ou no tempo.

Variáveis de texto: variáveis que envolvem palavras (i.e., texto). Tais variáveis podem incluir respostas para questões abertas como: "O quanto você gosta de escrever um glossário?", a resposta poderia ser "Tanto quanto colocar meus testículos no fogo".

Variáveis nominais: onde os números apenas representam nomes, por exemplo, os nomes nas camisetas dos jogadores: um jogador com o número 1 nas costas não é necessariamente pior do que um jogador com um 2 nas suas costas. Os números não têm outro significado do que representar o tipo de jogador (i.e., zagueiro, centroavante, etc.).

Variáveis numéricas: variáveis envolvendo números.

Variáveis ordinais: dados que nos informam o que aconteceu e também a ordem em que ocorreu. Esses dados nada dizem sobre as diferenças entre os valores. Por exemplo, as medalhas de ouro, prata e bronze são ordinais: elas nos dizem que o medalhista de ouro foi melhor do que o medalhista de prata; entretanto, eles não nos dizem quanto melhor (o competidor de ouro foi muito melhor do que o de prata ou os resultados foram muito próximos?).

Variável aleatória: é aquela que varia ao longo do tempo (p. ex., é provável que seu peso varie com o tempo).

Variável binária: uma *variável categórica* que possui apenas duas categorias mutuamente exclusivas (p. ex., vivo ou morto).

Variável categórica: qualquer variável apresentada em categorias de objetos/entidades. A universidade que você estuda é um exemplo de tal tipo de variável. Alunos matriculados na Universidade de Sussex não estão matriculados também em Harvard ou outra instituição, assim, estão em categorias diferentes.

Variável contínua: uma variável que pode ser mensurada em qualquer nível de precisão (o tempo é uma variável contínua, porque não existe a princípio um limite para sua mensuração)

Variável de confusão: uma variável (que pode ou não ter sido mensurada) além das *variáveis previsoras* em que estamos interessados que pode potencialmente afetar a *variável de resultado*.

Variável de razão: uma *variável intervalar*, mas com a propriedade adicional de que as razões têm significados. Por exemplo, as avaliações das pessoas para este livro na Amazon.com podem variar de 1 a 5; para esses dados serem de razão, eles não somente devem ter as propriedades das *variáveis intervalares,* mas também uma avaliação de 4 deve representar genuinamente alguém que apreciou este livro duas vezes mais do que alguém cuja avaliação foi 2. Da mesma forma, alguém que avaliou o livro com 1 deve estar apenas meio impressionado em relação a alguém cuja avaliação foi 2.

Variável de resultado: uma variável cujos valores estamos tentando prever a partir de uma ou mais *variáveis previsoras*.

Variável dependente: outro nome para a *variável de resultado*. Esse nome está normalmente associado à metodologia experimental (que é a única vez em que ela realmente faz sentido) e denomina-se assim em virtude de ser a variável que não é manipulada pelo pesquisador e assim seus valores dependem das variáveis que foram manipuladas. Para ser honesto, eu sempre utilizo a *variável de resultado* – faz mais sentido (para mim) e é menos confuso.

Variável discreta: uma variável que pode assumir apenas certos valores (normalmente números inteiros) em uma escala.

Variável fictícia (*dummy*): uma maneira de recodificar uma variável categórica com mais de duas categorias em uma série de variáveis *dicotômicas* e que podem assumir apenas os valores 0 ou 1. Existem sete passos básicos para criar tais variáveis: (1) conte o número de grupos que você quer recodificar e subtraia; (2) crie tantas variáveis quanto o valor que foi calculado no passo 1 (essas são as variáveis fictícias); (3) escolha um dos grupos como base (i.e., um grupo contra o qual todos os demais serão comparados, como um grupo controle); (4) atribua ao grupo base o valor 0 para todas as variáveis fictícias; (5) para a primeira variável fictícia, atribua 1 para o primeiro grupo que você quer comparar contra o grupo base (atribua em todos os outros grupos 0 para essa variável); (6) para a segunda variável fictícia, atribua o valor de 1 ao segundo grupo que você quer comparar em relação ao grupo de base (atribua 0 para essa variável em todos os grupos); (7) repita esse processo até não existirem mais variáveis fictícias.

Variável fixa: uma variável é fixa é aquela que não deve se alterar ao longo do tempo (p. ex., para a maioria das pessoas o seu sexo é uma variável fixa, ele nunca muda).

Variável independente: outro nome para uma *variável previsora*. Esse nome é geralmente associado à metodologia experimental (que é a única ocasião em que ele faz sentido) e é assim chamado porque ela é a variável manipulada pelo pesquisador, portanto, seu valor não depende de qualquer outra variável (apenas do pesquisador). Uso a *variável previsora* sempre porque o significado do termo não é restrito a uma metodologia específica.

Variável intervalar: dados mensurados numa escala ao longo da qual os intervalos são iguais. Por exemplo, as avaliações das pessoas sobre este livro na Amazon.com podem variar de 1 a 5; para esses dados serem intervalares, deve ser verdade que o aumento da avaliação deste livro de 3 para 4 ao longo da escala deve ser o mesmo que uma mudança de 1 para 2, ou de 4 para 5.

Variável latente: uma variável que não pode ser mensurada diretamente, mas que supostamente está relacionada a muitas variáveis que podem ser mensuradas.

Variável monetária: uma variável representando valores monetários.

Variável previsora: uma variável usada para tentar prever valores de outra variável conhecida como *variável de resultado*.

Variável temporal: uma variável que contém datas. As datas podem estar no formato dd-mmm-aaaa (p. ex., 21-jun-1973), dd-mmm-aa (p. ex., 21-jun-73), mm/dd/aa (p. ex., 06/21/73), dd.mm.aaaa (p. ex., 21.06.1973).

Varimax: um método de *rotação ortogonal*. Ele tenta maximizar a dispersão das *cargas fatoriais* dentro dos *fatores*. Portanto, ele tenta carregar um número pequeno de variáveis em cada fator resultando em uma melhor interpretação de aglomerados de fatores.

Verossimilhança marginal (evidência): quando o *teorema de Bayes* for utilizado para testar uma hipótese, a verossimilhança marginal (algumas vezes chamada evidência) é a probabilidade dos dados observados, *p*(dados). Ver também *verossimilhança*.

Verossimilhança: a probabilidade de obter um conjunto de observações dado os parâmetros de um modelo ajustado a essas observações. Quando o *teorema de Bayes* for utilizado para testar uma hipótese a verossimilhança é a probabilidade de que o valor observado possa ter sido produzido considerando a hipótese ou o modelo, *p*(dados | modelo). Ela é a probabilidade condicional inversa da *probabilidade a posteriori*. Ver *verossimilhança marginal*.

Viés de publicação: o fato dos artigos publicados em periódicos científicos tenderem a sobrerrepresentar descobertas positivas. Isso pode ocorrer em virtude de: (1) resultados não significativos terem menor probabilidade de serem publicados; (2) os cientistas não enviarem seus resultados não significativos para periódicos; (3) cientistas relatarem seletivamente seus resultados focando nos achados significativos e excluindo os não significativos; e (4) os cientistas capitalizarem *os graus de liberdade do pesquisador* para publicarem seus resultados de forma mais favorável possível.

Visualizador de dados (*data view*): existem duas maneiras de visualizar os dados na janela de edição de dados (*data editor*). A janela de visualização de dados mostra uma planilha que pode ser utilizada para entrar com os dados (ver também *visualizador de variáveis*).

Visualizador de variáveis: existem duas maneiras de ver os conteúdos da janela do *editor de dados*. O visualizador de variáveis permite definir propriedades das variáveis para as quais você quer entrar com dados (ver também *visualizador de dados*).

W de Kendall: É muito parecido com a *ANOVA de Friedman*, mas é usado especialmente para observar a concordância entre avaliadores. Assim, se, por exemplo, pedimos a 10 mulheres diferentes avaliarem a atratividade de Justin Timberlake, David Beckham e Brad Pitt podemos usar esse teste para analisar a extensão da concordância. O *W* de Kendall varia de 0 (nenhuma concordância entre os avaliadores) a 1 (concordância completa entre os avaliadores).

Z de Kolmogorov-Smirnov: não deve ser confundido com o *teste de Kolmogorov-Smirnov* que testa se uma amostra vem de uma população normalmente distribuída. Este testa se dois grupos foram retirados da mesma população (independentemente de qual seja a população). Ele faz praticamente o mesmo que o *teste de Mann-Whitney* e o *teste da soma dos postos de Wilcoxon*! Esse teste tende a ter um poder maior do que o teste de Mann-Whitney quando o tamanho das amostras é menor do que 25 por grupo.

REFERÊNCIAS

Agresti, A., & Finlay, B. (1986). *Statistical methods for the social sciences* (2nd ed.). San Francisco: Dellen. Aiken, L. S., & West, S. G. (1991). *Multiple regression: Testing and interpreting interactions*. Newbury Park, CA: Sage.

Algina, J., & Olejnik, S. F. (1984). Implementing the Welch-James procedure with factorial designs. *Educational and Psychological Measurement, 44*, 39–48.

American Pyschological Association (2010). *Publication manual of the American Psychological Association* (6th ed.). Washington, DC: APA Books.

Anderson, C. A., & Bushman, B. J. (2001). Effects of violent video games on aggressive behavior, aggressive cognition, aggressive affect, physiological arousal, and prosocial behavior: A meta-analytic review of the scientific literature. *Psychological Science, 12*(5), 353–359.

Arrindell, W. A., & van der Ende, J. (1985). An empirical test of the utility of the observer-to-variables ratio in factor and components analysis. *Applied Psychological Measurement, 9*, 165–178.

Baguley, T. (2004). Understanding statistical power in the context of applied research. *Applied Ergonomics, 35*(2), 73–80.

Bale, C., Morrison, R., & Caryl, P. G. (2006). Chat-up lines as male sexual displays. *Personality and Individual Differences, 40*(4), 655–664.

Barcikowski, R. S., & Robey, R. R. (1984). Decisions in single group repeated measures analysis: Statistical tests and three computer packages. *American Statistician, 38*(2), 148–150.

Bargman, R. E. (1970). Interpretation and use of a generalized discriminant function. In R. C. Bose et al. (Eds.), *Essays in probability and statistics*. Chapel Hill: University of North Carolina Press.

Barnard, G. A. (1963). Ronald Aylmer Fisher, 1890–1962: Fisher's contributions to mathematical statistics. *Journal of the Royal Statistical Society, Series A, 126*, 162–166.

Barnett, V., & Lewis, T. (1978). *Outliers in statistical data*. New York: Wiley.

Baron, R. M., & Kenny, D. A. (1986). The moderator–mediator variable distinction in social psychological research – conceptual, strategic, and statistical considerations. *Journal of Personality and Social Psychology, 51*(6), 1173–1182.

Beckham, A. S. (1929). Is the Negro happy? A psychological analysis. *Journal of Abnormal and Social Psychology, 24*, 186–190.

Belia, S., Fidler, F., Williams, J., & Cumming, G. (2005). Researchers misunderstand confidence intervals and standard error bars. *Psychological Methods, 10*(4), 389–396.

Belsey, D. A., Kuh, E., & Welsch, R. (1980). *Regression diagnostics: Identifying influential data and sources of collinearity*. New York: Wiley.

Bemelman, M., & Hammacher, E. R. (2005). Rectal impalement by pirate ship: A case report. *Injury Extra, 36*, 508–510.

Berger, J. O. (2003). Could Fisher, Jeffreys and Neyman have agreed on testing? *Statistical Science, 18*(1), 1–12.

Bernard, P., Gervais, S. J., Allen, J., Campomizzi, S., & Klein, O. (2012). Integrating sexual objectification with object versus person recognition: The sexualized-body-inversion hypothesis. *Psychological Science, 23*(5), 469–471.

Berry, W. D. (1993). *Understanding regression assumptions*. Sage University Paper Series on Quantitative Applications in the Social Sciences, 07–092. Newbury Park, CA: Sage.

Berry, W. D., & Feldman, S. (1985). *Multiple regression in practice*. Sage University Paper Series on Quantitative Applications in the Social Sciences, 07–050. Beverly Hills, CA: Sage.

Bishop, D. V. M., & Thompson, P. A. (2016). Problems in using *p*-curve analysis and text-mining to detect rate of *p*-hacking and evidential value. *PeerJ, 4*, e1715.

Board, B. J., & Fritzon, K. (2005). Disordered personalities at work. *Psychology, Crime & Law, 11*(1), 17–32.

Bock, R. D. (1975). *Multivariate statistical methods in behavioral research*. New York: McGraw-Hill.

Boik, R. J. (1981). A priori tests in repeated measures designs: Effects of nonsphericity. *Psychometrika, 46*(3), 241–255.

Bowerman, B. L., & O'Connell, R. T. (1990). *Linear statistical models: An applied approach* (2nd ed.). Belmont, CA: Duxbury.

Bray, J. H., & Maxwell, S. E. (1985). *Multivariate analysis of variance.* Sage University Paper Series on Quantitative Applications in the Social Sciences, 07–054. Newbury Park, CA: Sage.

Brown, M. B., & Forsythe, A. B. (1974). The small sample behaviour of some statistics which test the equality of several means. *Technometrics, 16,* 129–132.

Brown, T. A. (2015). *Confirmatory factor analysis for applied research* (2nd ed.). New York: Guilford.

Brown, W. (1910). Some experimental results in the correlation of mental abilities. *British Journal of Psychology, 3,* 296–322.

Bruns, S. B., & Ioannidis, J. P. A. (2016). p-curve and p-hacking in observational research. *PLoS One, 11*(2), e0149144.

Budescu, D. V. (1982). The power of the F test in normal populations with heterogeneous variances. *Educational and Psychological Measurement, 42,* 609–616.

Budescu, D. V., & Appelbaum, M. I. (1981). Variance stabilizing transformations and the power of the F test. *Journal of Educational Statistics, 6*(1), 55–74.

Carter, S. P., Greenberg, K., & Walker, M. (2016). *The impact of computer usage on academic performance: Evidence from a randomized trial at the United States Military Academy.* SEII Discussion Paper #2016.02, School Effectiveness & Inequality Initiative, MIT Department of Economics, Cambridge, MA. Retrieved from http://seii.mit.edu/wp-content/uploads/2016/05/SEII-Discussion-Paper- 2016.02-Payne-Carter-Greenberg-and-Walker-2.pdf

Cattell, R. B. (1966a). *The scientific analysis of personality.* Chicago: Aldine.

Cattell, R. B. (1966b). The scree test for the number of factors. *Multivariate Behavioral Research, 1,* 245–276.

Çetinkaya, H., & Domjan, M. (2006). Sexual fetishism in a quail (*Coturnix japonica*) model system: Test of reproductive success. *Journal of Comparative Psychology, 120*(4), 427–432.

Chambers, C. D., Dienes, Z., McIntosh, R. D., Rotshtein, P., & Willmes, K. (2015). Registered reports: Realigning incentives in scientific publishing. *Cortex, 66,* A1–A2.

Chamorro-Premuzic, T., Furnham, A., Christopher, A. N., Garwood, J., & Martin, N. (2008). Birds of a feather: Students' preferences for lecturers' personalities as predicted by their own personality and learning approaches. *Personality and Individual Differences, 44,* 965–976.

Chen, P. Y., & Popovich, P. M. (2002). *Correlation: Parametric and nonparametric measures.* Thousand Oaks, CA: Sage.

Chen, X., Wang, X. Y., Yang, D., & Chen, Y. G. (2014). The moderating effect of stimulus attractiveness on the effect of alcohol consumption on attractiveness ratings. *Alcohol and Alcoholism, 49*(5), 515–519.

Chen, X. Z., Luo, Y., Zhang, J. J., Jiang, K., Pendry, J. B., & Zhang, S. A. (2011). Macroscopic invisibility cloaking of visible light. *Nature Communications, 2,* 176.

Clarke, D. L., Buccimazza, I., Anderson, F. A., & Thomson, S. R. (2005). Colorectal foreign bodies. *Colorectal Disease, 7*(1), 98–103.

Claxton, A., O'Rourke, N., Smith, J. Z., & DeLongis, A. (2012). Personality traits and marital satisfaction within enduring relationships: An intra-couple discrepancy approach. *Journal of Social and Personal Relationships, 29*(3), 375–396.

Cliff, N. (1987). *Analyzing multivariate data.* New York: Harcourt Brace Jovanovich.

Cohen, J. (1968). Multiple regression as a general data-analytic system. *Psychological Bulletin, 70*(6), 426–443.

Cohen, J. (1988). *Statistical power analysis for the behavioral sciences* (2nd ed.). New York: Academic Press.

Cohen, J. (1990). Things I have learned (so far). *American Psychologist, 45*(12), 1304–1312.

Cohen, J. (1992). A power primer. *Psychological Bulletin, 112*(1), 155–159.

Cohen, J. (1994). The earth is round ($p < .05$). *American Psychologist, 49*(12), 997–1003.

Coldwell, J., Pike, A., & Dunn, J. (2006). Household chaos – links with parenting and child behaviour. *Journal of Child Psychology and Psychiatry, 47*(11), 1116–1122.

Cole, D. A., Maxwell, S. E., Arvey, R., & Salas, E. (1994). How the power of MANOVA can both increase and decrease as a function of the intercorrelations among the dependent variables. *Psychological Bulletin, 115*(3), 465–474.

Collier, R. O., Baker, F. B., Mandeville, G. K., & Hayes, T. F. (1967). Estimates of test size for several test procedures based on conventional variance ratios in the repeated measures design. *Psychometrika, 32*(2), 339–352.

Comrey, A. L., & Lee, H. B. (1992). *A first course in factor analysis* (2nd ed.). Hillsdale, NJ: Erlbaum. Cook, R. D., & Weisberg, S. (1982). *Residuals and influence in regression.* New York: Chapman & Hall.

Cook, S. A., Rosser, R., & Salmon, P. (2006). Is cosmetic surgery an effective psychotherapeutic intervention? A systematic review of the evidence. *Journal of Plastic, Reconstructive & Aesthetic Surgery, 59*, 1133–1151.

Cook, S. A., Rosser, R., Toone, H., James, M. I., & Salmon, P. (2006). The psychological and social character-istics of patients referred for NHS cosmetic surgery: Quantifying clinical need. *Journal of Plastic, Reconstructive & Aesthetic Surgery, 59*, 54–64.

Cooper, C. L., Sloan, S. J., & Williams, S. (1988). *Occupational Stress Indicator Management Guide.* Windsor: NFER-Nelson.

Cooper, H. M. (2010). *Research synthesis and meta-analysis: A step-by-step approach* (4th ed.). Thousand Oaks, CA: Sage.

Cooper, M., O'Donnell, D., Caryl, P. G., Morrison, R., & Bale, C. (2007). Chat-up lines as male displays: Effects of content, sex, and personality. *Personality and Individual Differences, 43*(5), 1075–1085.

Cortina, J. M. (1993). What is coefficient alpha? An examination of theory and applications. *Journal of Applied Psychology, 78*, 98–104.

Coursol, A., & Wagner, E. E. (1986). Effect of positive findings on submission and acceptance rates: A note on meta-analysis bias. *Professional Psychology, 17*, 136–137.

Cox, D. R., & Snell, D. J. (1989). *The analysis of binary data* (2nd ed.). London: Chapman & Hall.

Cribari-Neto, F. (2004). Asymptotic inference under heteroskedasticity of unknown form. *Computational Statistics & Data Analysis, 45*(2), 215–233. doi:10.1016/s0167-9473(02)00366-3

Cronbach, L. J. (1951). Coefficient alpha and the internal structure of tests. *Psychometrika, 16*, 297–334. Cronbach, L. J. (1957). The two disciplines of scientific psychology. *American Psychologist, 12*, 671–684. Cumming, G. (2012). *Understanding the new statistics: Effect sizes, confidence intervals, and meta-analysis.* New York: Routledge.

Cumming, G., & Finch, S. (2005). Inference by eye – confidence intervals and how to read pictures of data. *American Psychologist, 60*(2), 170–180.

Dai, X. C., Dong, P., & Jia, J. S. (2014). When does playing hard to get increase romantic attraction? *Journal of Experimental Psychology: General, 143*(2), 521–526.

Daniels, E. A. (2012). Sexy versus strong: What girls and women think of female athletes. *Journal of Applied Developmental Psychology, 33*, 79–90.

Davey, G. C. L., Startup, H. M., Zara, A., MacDonald, C. B., & Field, A. P. (2003). Perseveration of checking thoughts and mood-as-input hypothesis. *Journal of Behavior Therapy & Experimental Psychiatry, 34*, 141–160.

Davidson, M. L. (1972). Univariate versus multivariate tests in repeated-measures experiments. *Psychological Bulletin, 77*, 446–452.

Davies, P., Surridge, J., Hole, L., & Munro-Davies, L. (2007). Superhero-related injuries in paediatrics: A case series. *Archives of Disease in Childhood, 92*(3), 242–243.

De Groot, A. D. (1956/2014). The meaning of 'significance' for different types of research [translated and annotated by Eric-Jan Wagenmakers, Denny Borsboom, Josine Verhagen, Rogier Kievit, Marjan Bakker, Angelique Cramer, Dora Matzke, Don Mellenbergh, and Han L. J. van der Maas]. *Acta Psychologica, 148*, 188–194.

DeCarlo, L. T. (1997). On the meaning and use of kurtosis. *Psychological Methods, 2*(3), 292–307.

DeCoster, J., Gallucci, M., & Iselin, A.-M. R. (2011). Best practices for using median splits, artificial categorization, and their continuous alternatives. *Journal of Experimental Psychopathology, 2*(2), 197–209.

DeCoster, J., Iselin, A.-M. R., & Gallucci, M. (2009). A conceptual and empirical examination of justifications for dichotomization. *Psychological Methods, 14*(4), 349–366.

Di Falco, A., Ploschner, M., & Krauss, T. F. (2010). Flexible metamaterials at visible wavelengths. *New Journal of Physics, 12*, 113006.

Dickersin, K., Min, Y.-I., & Meinert, C. L. (1992). Factors influencing publication of research results: Follow-up of applications submitted to two institutional review boards. *Journal of the American Medical Association, 267*, 374–378.

Dienes, Z. (2011). Bayesian versus orthodox statistics: Which side are you on? *Perspectives on Psychological Science, 6*(3), 274–290.

Domjan, M., Blesbois, E., & Williams, J. (1998). The adaptive significance of sexual conditioning: Pavlovian control of sperm release. *Psychological Science, 9*(5), 411–415.

Donaldson, T. S. (1968). Robustness of the F-test to errors of both kinds and the correlation between the numerator and denominator of the F-ratio. *Journal of the American Statistical Association, 63*, 660–676.

Dunlap, W. P., Cortina, J. M., Vaslow, J. B., & Burke, M. J. (1996). Meta-analysis of experiments with matched groups or repeated measures designs. *Psychological Methods, 1*(2), 170–177.

Dunteman, G. E. (1989). *Principal components analysis*. Sage University Paper Series on Quantitative Applications in the Social Sciences, 07–069. Newbury Park, CA: Sage.

Durbin, J., & Watson, G. S. (1951). Testing for serial correlation in least squares regression, II. *Biometrika, 30*, 159–178.

Easterlin, R. A. (2003). Explaining happiness. *Proceedings of the National Academy of Sciences, 100*(19), 11176–11183.

Efron, B., & Tibshirani, R. (1993). *An introduction to the bootstrap*. New York: Chapman & Hall. Enders, C. K. (2010). *Applied missing data analysis*. New York: Guilford.

Enders, C. K. (2011). Analyzing longitudinal data with missing values. *Rehabilitation Psychology, 56*(4), 267–288.

Enders, C. K., & Tofighi, D. (2007). Centering predictor variables in cross-sectional multilevel models: A new look at an old issue. *Psychological Methods, 12*(2), 121–138.

Eriksson, S.-G., Beckham, D., & Vassell, D. (2004). Why are the English so shit at penalties? A review. *Journal of Sporting Ineptitude, 31*, 231–1072.

Erlebacher, A. (1977). Design and analysis of experiments contrasting the within- and between-subjects manipulations of the independent variable. *Psychological Bulletin, 84*, 212–219.

Eysenck, H. J. (1953). *The structure of human personality*. New York: Wiley.

Famous People (2015). Prasanta Chandra Mahalanobis biography. Retrieved from www.thefamouspeople.com/profiles/prasanta-chandra-mahalanobis-6572.php

Fanelli, D. (2009). How many scientists fabricate and falsify research? A systematic review and meta-analysis of survey data. *PLoS One, 4*(5), e5738.

Fanelli, D. (2010a). Do pressures to publish increase scientists' bias? An empirical support from US states data. *PLoS One, 5*(4), e10271.

Fanelli, D. (2010b). 'Positive' results increase down the hierarchy of the sciences. *PLoS One, 5*(3), e10068. Fanelli, D. (2012). Negative results are disappearing from most disciplines and countries. *Scientometrics, 90*(3), 891–904.

Feng, J., Spence, I., & Pratt, J. (2007). Playing an action video game reduces gender differences in spatial cognition. *Psychological Science, 18*(10), 850–855.

Feng, L., Gwee, X., Kua, E. H., & Ng, T. P. (2010). Cognitive function and tea consumption in community dwelling older Chinese in Singapore. *Journal of Nutrition Health & Aging, 14*(6), 433–438.

Fesmire, F. M. (1988). Termination of intractable hiccups with digital rectal massage. *Annals of Emergency Medicine, 17*(8), 872.

Field, A. P. (1998). A bluffer's guide to sphericity. *Newsletter of the Mathematical, Statistical and Computing Section of the British Psychological Society, 6*(1), 13–22.

Field, A. P. (2000). *Discovering statistics using SPSS for Windows: Advanced techniques for the beginner*. London: Sage.

Field, A. P. (2001). Meta-analysis of correlation coefficients: A Monte Carlo comparison of fixed- and random-effects methods. *Psychological Methods, 6*(2), 161–180.

Field, A. P. (2003). Can meta-analysis be trusted? *Psychologist, 16*(12), 642–645.

Field, A. P. (2005a). Intraclass correlation. In B. Everitt & D. C. Howell (Eds.), *Encyclopedia of statistics in behavioral science* (Vol. 2, pp. 948–954). New York: Wiley.

Field, A. P. (2005b). Is the meta-analysis of correlation coefficients accurate when population correlations vary? *Psychological Methods, 10*(4), 444–467.

Field, A. P. (2005c). Meta-analysis. In J. Miles & P. Gilbert (Eds.), *A handbook of research methods in clinical and health psychology* (pp. 295–308). Oxford: Oxford University Press.

Field, A. P. (2005d). Sir Ronald Aylmer Fisher. In B. S. Everitt & D. C. Howell (Eds.), *Encyclopedia of statistics in behavioral science* (Vol. 2, pp. 658–659). Chichester: Wiley.

Field, A. P. (2006). The behavioral inhibition system and the verbal information pathway to children's fears. *Journal of Abnormal Psychology, 115*(4), 742–752.

Field, A. P. (2010). Teaching statistics. In D. Upton & A. Trapp (Eds.), *Teaching psychology in higher education* (pp. 134–163). Chichester: Wiley-Blackwell.

Field, A. P. (2012). Meta-analysis in clinical psychology research. In J. S. Comer & P. C. Kendall (Eds.), *The Oxford handbook of research strategies for clinical psychology*. Oxford: Oxford University Press.

Field, A. P. (2016). *An adventure in statistics: The reality enigma*. London: Sage.

Field, A. P., & Davey, G. C. L. (1999). Reevaluating evaluative conditioning: A nonassociative explanation of conditioning effects in the visual evaluative conditioning paradigm. *Journal of Experimental Psychology: Animal Behavior Processes, 25*(2), 211–224.

Field, A. P., & Gillett, R. (2010). How to do a meta-analysis. *British Journal of Mathematical & Statistical Psychology, 63*, 665–694.

Field, A. P., & Hole, G. J. (2003). *How to design and report experiments*. London: Sage.

Field, A. P., Miles, J. N. V., & Field, Z. C. (2012). *Discovering statistics using R: And sex and drugs and rock 'n' roll*. London: Sage.

Field, A. P., & Moore, A. C. (2005). Dissociating the effects of attention and contingency awareness on evalua- tive conditioning effects in the visual paradigm. *Cognition and Emotion, 19*(2), 217–243.

Field, A. P., & Wilcox, R. R. (in press). Robust statistical methods: a primer for clinical psychology and experimental psychopathology researchers. *Behaviour Research and Therapy*. doi: 10.1016/j.brat.2017.05.013

Fienberg, S. E., Stigler, S. M., & Tanur, J. M. (2007). The William Kruskal legacy: 1919–2005. *Statistical Science, 22*(2), 255–261.

Fisher, R. A. (1921). On the probable error of a coefficient of correlation deduced from a small sample. *Metron, 1*, 3–32.

Fisher, R. A. (1922). On the interpretation of chi square from contingency tables, and the calculation of P. *Journal of the Royal Statistical Society, 85*, 87–94.

Fisher, R. A. (1925). *Statistical methods for research workers*. Edinburgh: Oliver & Boyd.

Fisher, R. A. (1925/1991). *Statistical methods, experimental design, and scientific inference* (reprint). Oxford: Oxford University Press.

Fisher, R. A. (1956). *Statistical methods and scientific inference*. New York: Hafner.

Flanagan, J. C. (1937). A proposed procedure for increasing the efficiency of objective tests. *Journal of Educational Psychology, 28*, 17–21.

Francis, G. (2013). Replication, statistical consistency, and publication bias. *Journal of Mathematical Psychology, 57*(5), 153–169.

Francis, G. (2014a). The frequency of excess success for articles in psychological science. *Psychonomic Bulletin & Review, 21*(5), 1180–1187.

Francis, G. (2014b). Too much success for recent groundbreaking epigenetic experiments. *Genetics, 198*(2), 449–451. doi:10.1534/genetics.114.163998

Francis, G., Tanzman, J., & Matthews, W. J. (2014). Excess success for psychology articles in the journal *Science*. *PLoS One, 9*(12), e114255.

Friedman, M. (1937). The use of ranks to avoid the assumption of normality implicit in the analysis of variance. *Journal of the American Statistical Association, 32*, 675–701.

Gallup, G. G. J., Burch, R. L., Zappieri, M. L., Parvez, R., Stockwell, M., & Davis, J. A. (2003). The human penis as a semen displacement device. *Evolution and Human Behavior, 24*, 277–289.

Games, P. A. (1983). Curvilinear transformations of the dependent variable. *Psychological Bulletin, 93*(2), 382–387. Games, P. A. (1984). Data transformations, power, and skew: A rebuttal to Levine and Dunlap. *Psychological Bulletin, 95*(2), 345–347.

Games, P. A., & Lucas, P. A. (1966). Power of the analysis of variance of independent groups on non-normal and normally transformed data. *Educational and Psychological Measurement, 26*, 311–327.

Gelman, A., & Hill, J. (2007). *Data analysis using regression and multilevel/hierarchical models*. Cambridge: Cambridge University Press.

Gelman, A., & Weakliem, D. (2009). Of beauty, sex and power: Too little attention has been paid to the statis- tical challenges in estimating small effects. *American Scientist, 97*, 310–316.

Girden, E. R. (1992). *ANOVA: Repeated measures*. Sage University Paper Series on Quantitative Applications in the Social Sciences, 07–084. Newbury Park, CA: Sage.

Glass, G. V. (1966). Testing homogeneity of variances. *American Educational Research Journal, 3*(3), 187–190.

Glass, G. V., Peckham, P. D., & Sanders, J. R. (1972). Consequences of failure to meet assumptions underlying the fixed effects analyses of variance and covariance. *Review of Educational Research, 42*(3), 237–288.

Gönen, M., Johnson, W. O., Lu, Y. G., & Westfall, P. H. (2005). The Bayesian two-sample t test. *American Statistician, 59*(3), 252–257. doi:10.1198/000313005x55233

Graham, J. M., Guthrie, A. C., & Thompson, B. (2003). Consequences of not interpreting structure coefficients in published CFA research: A reminder. *Structural Equation Modeling, 10*(1), 142–153.

Grayson, D. (2004). Some myths and legends in quantitative psychology. *Understanding Statistics, 3*(1), 101–134.

Green, C. S., & Bavelier, D. (2007). Action-video-game experience alters the spatial resolution of vision. *Psychological Science, 18*(1), 88–94.

Green, C. S., Pouget, A., & Bavelier, D. (2010). Improved probabilistic inference as a general learning mechanism with action video games. *Current Biology, 20*(17), 1573–1579.

Greenhouse, S. W., & Geisser, S. (1959). On methods in the analysis of profile data. *Psychometrika, 24*, 95–112.

Greenland, S., Senn, S. J., Rothman, K. J., Carlin, J. B., Poole, C., Goodman, S. N., & Altman, D. G. (2016). Statistical tests, P values, confidence intervals, and power: A guide to misinterpretations. *European Journal of Epidemiology, 31*, 337–350.

Greenwald, A. G. (1975). Consequences of prejudice against null hypothesis. *Psychological Bulletin, 82*(1), 1–19.

Guadagnoli, E., & Velicer, W. F. (1988). Relation of sample size to the stability of component patterns. *Psychological Bulletin, 103*(2), 265–275.

Guéguen, N. (2012). Tattoos, piercings, and alcohol consumption. *Alcoholism: Clinical and Experimental Research, 36*(7), 1253–1256.

Ha, T., Overbeek, G., & Engels, R. C. M. E. (2010). Effects of attractiveness and social status on dating desire in heterosexual adolescents: An experimental study. *Archives of Sexual Behavior, 39*(5), 1063–1071.

Hakstian, A. R., Roed, J. C., & Lind, J. C. (1979). Two-sample T2 procedure and the assumption of homogeneous covariance matrices. *Psychological Bulletin, 86*, 1255–1263.

Halekoh, U., & Højsgaard, S. (2007). Overdispersion. Retrieved from http://gbi.agrsci.dk/statistics/courses/ phd07/material/Day7/overdispersion-handout.pdf (accessed 10/01/08).

Hall, J., & Sammons, P. M. (2014). Mediation, moderation, & interaction: Definitions, discrimination & (some) means of testing. In T. Teo (Ed.), *Handbook of quantitative methods for educational research* (pp. 267–286). Rotterdam: Sense.

Hamilton, B. L. (1977). An empirical investigation of effects of heterogeneous regression slopes in analysis of covariance. *Educational and Psychological Measurement, 37*(3), 701–712.

Hardy, M. A. (1993). *Regression with dummy variables*. Sage University Paper Series on Quantitative Applications in the Social Sciences, 07–093. Newbury Park, CA: Sage.

Harman, B. H. (1976). *Modern factor analysis* (3rd ed., revised). Chicago: University of Chicago Press. Harris, R. J. (1975). *A primer of multivariate statistics*. New York: Academic Press.

Hartgerink, C. H. J., van Aert, R. C. M., Nuijten, M. B., Wicherts, J. M., & van Assen, M. (2016). Distributions of p-values smaller than .05 in psychology: what is going on? *PeerJ, 4*, e1935.

Hayes, A. F. (2017). *Introduction to Mediation, Moderation, and Conditional Process Analysis: A Regression-Based Approach* (2nd ed.). New York: The Guilford Press.

Hayes, A. F., & Cai, L. (2007). Using heteroskedasticity-consistent standard error estimators in OLS regression: An introduction and software implementation. *Behavior Research Methods, 39*(4), 709–722.

Hayes, A. F., & Matthes, J. (2009). Computational procedures for probing interactions in OLS and logistic regression: SPSS and SAS implementations. *Behavior Research Methods, 41*, 924–936.

Head, M. L., Holman, L., Lanfear, R., Kahn, A. T., & Jennions, M. D. (2015). The extent and consequences of p-hacking in science. *PLoS Biology, 13*(3), e1002106.

Hedges, L. V. (1984). Estimation of effect size under non-random sampling: The effects of censoring studies yielding statistically insignificant mean differences. *Journal of Educational Statistics, 9*, 61–85.

Hedges, L. V. (1992). Meta-analysis. *Journal of Educational Statistics, 17*(4), 279–296.

Hill, C., Abraham, C., & Wright, D. B. (2007). Can theory-based messages in combination with cognitive prompts promote exercise in classroom settings? *Social Science & Medicine, 65*, 1049–1058.

Hoaglin, D., & Welsch, R. (1978). The hat matrix in regression and ANOVA. *American Statistician, 32*, 17–22.

Hoagwood, K. E., Acri, M., Morrissey, M., & Peth-Pierce, R. (2017). Animal-assisted therapies for youth with or at risk for mental health problems: A systematic review. *Applied Developmental Science, 21*(1), 1–13.

Hoddle, G., Batty, D., & Ince, P. (1998). How not to take penalties in important soccer matches. *Journal of Cretinous Behaviour, 1*, 1–2.

Hodgson, R., Cole, A., & Young, A. (2012). The name of the game: Why can't people called Ashley score from a penalty kick? *Sporting Weakness Review, 24*(6), 574–581.

Hoffmann, F., Musolf, K., & Penn, D. J. (2012). Spectrographic analyses reveal signals of individuality and kinship in the ultrasonic courtship vocalizations of wild house mice. *Physiology & Behavior, 105*, 766–771.

Hofmann, W., De Houwer, J., Perugini, M., Baeyens, F., & Crombez, G. (2010). Evaluative conditioning in humans: A meta-analysis. *Psychological Bulletin, 136*(3), 390–421.

Hollingsworth, H. H. (1980). An analytical investigation of the effects of heterogeneous regression slopes in analysis of covariance. *Educational and Psychological Measurement, 40*(3), 611–618.

Horn, J. L. (1965). A rationale and test for the number of factors in factor analysis. *Psychometrika, 30*, 179–185.

Hosmer, D. W., & Lemeshow, S. (1989). *Applied logistic regression.* New York: Wiley.

Howell, D. C. (2012). *Statistical methods for psychology* (8th ed.). Belmont, CA: Wadsworth.

Huberty, C. J., & Morris, J. D. (1989). Multivariate analysis versus multiple univariate analysis. *Psychological Bulletin, 105*(2), 302–308.

Hughes, J. P., Marice, H. P., & Gathright, J. B. (1976). Method of removing a hollow object from the rectum. *Diseases of the Colon & Rectum, 19*(1), 44–45.

Hume, D. (1739–40/1965). *A treatise of human nature* (Ed. L. A. Selby-Bigge). Oxford: Clarendon Press.

Hunter, J. E., & Schmidt, F. L. (2004). *Methods of meta-analysis: Correcting error and bias in research findings* (2nd ed.). Newbury Park, CA: Sage.

Hutcheson, G., & Sofroniou, N. (1999). *The multivariate social scientist.* London: Sage.

Huynh, H., & Feldt, L. S. (1976). Estimation of the Box correction for degrees of freedom from sample data in randomised block and split-plot designs. *Journal of Educational Statistics, 1*(1), 69–82.

Jeffreys, H. (1961). *Theory of probability* (3rd ed.). Oxford: Oxford University Press.

Johns, S. E., Hargrave, L. A., & Newton-Fisher, N. E. (2012). Red is not a proxy signal for female genitalia in humans. *PLoS One, 7*(4), e34669.

Johnson, P. O., & Neyman, J. (1936). Tests of certain linear hypotheses and their applications to some educa- tional problems. *Statistical Research Memoirs, 1*, 57–93.

Jolliffe, I. T. (1972). Discarding variables in a principal component analysis, I: Artificial data. *Applied Statistics, 21*, 160–173.

Jolliffe, I. T. (1986). *Principal component analysis.* New York: Springer.

Jonckheere, A. R. (1954). A distribution-free *k*-sample test against ordered alternatives. *Biometrika, 41*, 133–145.

Judd, C. M., & Kenny, D. A. (1981). Process analysis: Estimating mediation in evaluation research. *Evaluation Research, 5*, 602–619.

Julien, D., O'Connor, K. P., & Aardema, F. (2007). Intrusive thoughts, obsessions, and appraisals in obsessive-compulsive disorder: A critical review. *Clinical Psychology Review, 27*(3), 366–383.

Kahneman, D., & Krueger, A. B. (2006). Developments in the measurement of subjective well-being. *Journal of Economic Perspectives, 20*(1), 3–24.

Kaiser, H. F. (1960). The application of electronic computers to factor analysis. *Educational and Psychological Measurement, 20*, 141–151.

Kaiser, H. F. (1970). A second-generation little jiffy. *Psychometrika, 35*, 401–415.

Kaiser, H. F., & Caffrey, J. (1965). Alpha factor analysis. *Psychometrika, 30*(1), 1–14. doi: 10.1007/bf02289743

Kaiser, H. F., & Rice, J. (1974). Little jiffy, mark 4. *Educational and Psychological Measurement, 34*(1), 111–117. Kanazawa, S. (2007). Beautiful parents have more daughters: A further implication of the generalized Trivers-Willard hypothesis. *Journal of Theoretical Biology, 244*, 133–140.

Kass, R. A., & Tinsley, H. E. A. (1979). Factor analysis. *Journal of Leisure Research, 11*, 120–138.

Kellett, S., Clarke, S., & McGill, P. (2008). Outcomes from psychological assessment regarding recommendations for cosmetic surgery. *Journal of Plastic, Reconstructive & Aesthetic Surgery, 61*, 512–517.

Kerr, N. L. (1998). HARKing: Hypothesizing after the results are known. *Personality and Social Psychology Review, 2*(3), 196–217.

Keselman, H. J., & Keselman, J. C. (1988). Repeated measures multiple comparison procedures: Effects of violating multisample sphericity in unbalanced designs. *Journal of Educational Statistics, 13*(3), 215–226.

Kimmel, H. D. (1957). Three criteria for the use of one-tailed tests. *Psychological Bulletin, 54*(4), 351–353. Kirk, R. E. (1996). Practical significance: A concept whose time has come. *Educational and Psychological Measurement, 56*(5), 746–759.

Kline, P. (1999). *The handbook of psychological testing* (2nd ed.). London: Routledge.

Klockars, A. J., & Sax, G. (1986). *Multiple comparisons.* Sage University Paper Series on Quantitative Applications in the Social Sciences, 07–061. Newbury Park, CA: Sage.

Koot, V. C. M., Peeters, P. H. M., Granath, F., Grobbee, D. E., & Nyren, O. (2003). Total and cause specific mortality among Swedish women with cosmetic breast implants: Prospective study. *British Medical Journal, 326*(7388), 527–528.

Kreft, I. G. G., & de Leeuw, J. (1998). *Introducing multilevel modeling*. London: Sage.

Kreft, I. G. G., de Leeuw, J., & Aiken, L. S. (1995). The effect of different forms of centering in hierarchical linear models. *Multivariate Behavioral Research, 30*, 1–21.

Kruschke, J. K. (2010a). Bayesian data analysis. *Wiley Interdisciplinary Reviews: Cognitive Science, 1*(5), 658–676.

Kruschke, J. K. (2010b). What to believe: Bayesian methods for data analysis. *Trends in Cognitive Sciences, 14*(7), 293–300.

Kruschke, J. K. (2013). Bayesian estimation supersedes the t test. *Journal of Experimental Psychology: General, 142*(2), 573–603.

Kruschke, J. K. (2014). *Doing Bayesian data analysis: A tutorial with R, JAGS and STAN* (2nd ed.). Burlington, MA: Academic Press.

Kruskal, W. H., & Wallis, W. A. (1952). Use of ranks in one-criterion variance analysis. *Journal of the American Statistical Association, 47*, 583–621.

Lacourse, E., Claes, M., & Villeneuve, M. (2001). Heavy metal music and adolescent suicidal risk. *Journal of Youth and Adolescence, 30*(3), 321–332.

Lakens, D. (2015). What p-hacking really looks like: A comment on Masicampo and LaLande (2012). *Quarterly Journal of Experimental Psychology, 68*(4), 829–832.

Lakens, D., Hilgard, J., & Staaks, J. (2016). On the reproducibility of meta-analyses: Six practical recommendations. *BMC Psychology, 4*(1), 24.

Lambert, N. M., Negash, S., Stillman, T. F., Olmstead, S. B., & Fincham, F. D. (2012). A love that doesn't last: Pornography consumption and weakened commitment to one's romantic partner. *Journal of Social and Clinical Psychology, 31*(4), 410–438.

Leggett, N. C., Thomas, N. A., Loetscher, T., & Nicholls, M. E. R. (2013). The life of p: 'Just significant' results are on the rise. *Quarterly Journal of Experimental Psychology, 66*(12), 2303–2309.

Lehmann, E. L. (1993). The Fisher, Neyman-Pearson theories of testing hypotheses: One theory or two? *Journal of the American Statistical Association, 88*, 1242–1249.

Lenth, R. V. (2001). Some practical guidelines for effective sample size determination. *American Statistician, 55*(3), 187–193.

Levene, H. (1960). Robust tests for equality of variances. In I. Olkin, S. G. Ghurye, W. Hoeffding, W. G. Madow, & H. B. Mann (Eds.), *Contributions to probability and statistics: Essays in honor of Harold Hotelling* (pp. 278–292). Stanford, CA: Stanford University Press.

Levine, D. W., & Dunlap, W. P. (1982). Power of the F test with skewed data: Should one transform or not? *Psychological Bulletin, 92*(1), 272–280.

Levine, D. W., & Dunlap, W. P. (1983). Data transformation, power, and skew: A rejoinder to Games. *Psychological Bulletin, 93*(3), 596–599.

Levy, K. N., Johnson, B. N., Clouthier, T. L., Scala, J. W., & Temes, C. M. (2015). An attachment theoretical framework for personality disorders. *Canadian Psychology/Psychologie Canadienne, 56*(2), 197–207.

Liang, F., Paulo, R., Molina, G., Clyde, M. A., & Berger, J. O. (2008). Mixtures of g priors for Bayesian variable selection. *Journal of the American Statistical Association, 103*(481), 410–423.

Lo, S. F., Wong, S. H., Leung, L. S., Law, I. C., & Yip, A. W. C. (2004). Traumatic rectal perforation by an eel. *Surgery, 135*(1), 110–111.

Loftus, G. R., & Masson, M. E. J. (1994). Using confidence intervals in within-subject designs. *Psychonomic Bulletin and Review, 1*(4), 476–490.

Lombardi, C. M., & Hurlbert, S. H. (2009). Misprescription and misuse of one-tailed tests. *Austral Ecology, 34*(4), 447–468.

Long, J. D. (2012). *Longitudinal data analysis for the behavioral sciences using R*. Thousand Oaks, CA: Sage.

Long, J. S., & Ervin, L. H. (2000). Using heteroscedasticity consistent standard errors in the linear regression model. *American Statistician, 54*(3), 217–224. doi:10.2307/2685594

Lord, F. M. (1967). A paradox in the interpretation of group comparisons. *Psychological Bulletin, 68*(5), 304–305.

Lord, F. M. (1969). Statistical adjustments when comparing preexisting groups. *Psychological Bulletin, 72*(5), 336–337.

Lumley, T., Diehr, P., Emerson, S., & Chen, L. (2002). The importance of the normality assumption in large public health data sets. *Annual Review of Public Health, 23*, 151–169.

Lunney, G. H. (1970). Using analysis of variance with a dichotomous dependent variable: An empirical study. *Journal of Educational Measurement, 7*(4), 263–269.

MacCallum, R. C., Widaman, K. F., Zhang, S., & Hong, S. (1999). Sample size in factor analysis. *Psychological Methods, 4*(1), 84–99.

MacCallum, R. C., Zhang, S., Preacher, K. J., & Rucker, D. D. (2002). On the practice of dichotomization of quantitative variables. *Psychological Methods, 7*(1), 19–40.

MacKinnon, D. P. (2008). *Introduction to statistical mediation analysis*. Mahwah, NJ: Erlbaum.

Mair, P., Schoenbrodt, F., & Wilcox, R. R. (2015). WRS2: Wilcox robust estimation and testing. R package version (Version 0.4–0). Retrieved from http://cran.r-project.org/package=WRS2

Mann, H. B., & Whitney, D. R. (1947). On a test of whether one of two random variables is stochastically larger than the other. *Annals of Mathematical Statistics, 18*, 50–60.

Marzillier, S. L., & Davey, G. C. L. (2005). Anxiety and disgust: Evidence for a unidirectional relationship. *Cognition and Emotion, 19*(5), 729–750.

Masicampo, E. J., & Lalande, D. R. (2012). A peculiar prevalence of p values just below .05. *Quarterly Journal of Experimental Psychology, 65*(11), 2271–2279.

Massar, K., Buunk, A. P., & Rempt, S. (2012). Age differences in women's tendency to gossip are mediated by their mate value. *Personality and Individual Differences, 52*, 106–109.

Mather, K. (1951). R. A. Fisher's *Statistical Methods for Research Workers*: An appreciation. *Journal of the American Statistical Association, 46*, 51–54.

Matthews, R. C., Domjan, M., Ramsey, M., & Crews, D. (2007). Learning effects on sperm competition and reproductive fitness. *Psychological Science, 18*(9), 758–762.

Maxwell, S. E. (1980). Pairwise multiple comparisons in repeated measures designs. *Journal of Educational Statistics, 5*(3), 269–287.

Maxwell, S. E., & Delaney, H. D. (1990). *Designing experiments and analyzing data*. Belmont, CA: Wadsworth.

McDonald, P. T., & Rosenthal, D. (1977). An unusual foreign body in the rectum – a baseball: Report of a case. *Diseases of the Colon & Rectum, 20*(1), 56–57.

McElreath, R. (2016). *Statistical rethinking: A Bayesian course with examples in R and Stan*. Boca Raton, FL: Chapman & Hall/CRC Press.

McGrath, R. E., & Meyer, G. J. (2006). When effect sizes disagree: The case of r and d. *Psychological Methods, 11*(4), 386–401.

McKiernan, E. C., Bourne, P. E., Brown, C. T., Buck, S., Kenall, A., Lin, J., ..., & Yarkoni, T. (2016). How open science helps researchers succeed. *eLife, 5*, e16800.

McNulty, J. K., Neff, L. A., & Karney, B. R. (2008). Beyond initial attraction: Physical attractiveness in newlywed marriage. *Journal of Family Psychology, 22*(1), 135–143.

Meehl, P. E. (1978). Theoretical risks and tabular asterisks: Sir Karl, Sir Ronald, and the slow progress of soft psychology. *Journal of Consulting and Clinical Psychology, 46*, 806–834.

Menard, S. (1995). *Applied logistic regression analysis*. Sage University Paper Series on Quantitative Applications in the Social Sciences, 07–106. Thousand Oaks, CA: Sage.

Mendoza, J. L., Toothaker, L. E., & Crain, B. R. (1976). Necessary and sufficient conditions for F ratios in the $L \times \pounds \times J K$ factorial design with two repeated factors. *Journal of the American Statistical Association, 71*, 992–993.

Mendoza, J. L., Toothaker, L. E., & Nicewander, W. A. (1974). A Monte Carlo comparison of the univariate and multivariate methods for the groups by trials repeated measures design. *Multivariate Behavioural Research, 9*, 165–177.

Meston, C. M., & Frohlich, P. F. (2003). Love at first fright: Partner salience moderates roller-coaster-induced excitation transfer. *Archives of Sexual Behavior, 32*(6), 537–544.

Miles, J. N. V., & Shevlin, M. (2001). *Applying regression and correlation: A guide for students and researchers*. London: Sage.

Mill, J. S. (1865). *A system of logic: Ratiocinative and inductive*. London: Longmans, Green.

Miller, G., Tybur, J. M., & Jordan, B. D. (2007). Ovulatory cycle effects on tip earnings by lap dancers: Economic evidence for human estrus? *Evolution and Human Behavior, 28*, 375–381.

Miller, G. A., & Chapman, J. P. (2001). Misunderstanding analysis of covariance. *Journal of Abnormal Psychology, 110*(1), 40–48.

Mishra, J., Zinni, M., Bavelier, D., & Hillyard, S. A. (2011). Neural basis of superior performance of action videogame players in an attention-demanding task. *Journal of Neuroscience, 31*(3), 992–998.

Mood, C. (2010). Logistic regression: Why we cannot do what we think we can do, and what we can do about it. *European Sociological Review, 26*(1), 67–82.

Morewedge, C. K., Huh, Y. E., & Vosgerau, J. (2010). Thought for food: Imagined consumption reduces actual consumption. *Science, 330*(6010), 1530–1533.

Morey, R. D. (2013). The consistency test does not – and cannot – deliver what is advertised: A comment on Francis (2013). *Journal of Mathematical Psychology, 57*(5), 180–183.

Morey, R. D., Chambers, C. D., Etchells, P. J., Harris, C. R., Hoekstra, R., Lakens, D., ..., & Zwaan, R. A. (2016). The Peer Reviewers' Openness Initiative: Incentivizing open research practices through peer review. *Royal Society Open Science, 3*(1).

Muris, P., Huijding, J., Mayer, B., & Hameetman, M. (2008). A space odyssey: Experimental manipulation of threat perception and anxiety-related interpretation bias in children. *Child Psychiatry and Human Development, 39*(4), 469–480.

Myers, R. (1990). *Classical and modern regression with applications* (2nd ed.). Boston: Duxbury.

Nagelkerke, N. J. D. (1991). A note on a general definition of the coefficient of determination. *Biometrika, 78*, 691–692. Namboodiri, K. (1984). *Matrix algebra: An introduction*. Sage University Paper Series on Quantitative Applications in the Social Sciences, 07–38. Beverly Hills, CA: Sage.

Neyman, J., & Pearson, E. S. (1933). On the problem of the most efficient tests of statistical hypotheses. *Philosophical Transactions of the Royal Society of London, Series A, 231*, 289–337.

Nichols, L. A., & Nicki, R. (2004). Development of a psychometrically sound internet addiction scale: A preliminary step. *Psychology of Addictive Behaviors, 18*(4), 381–384.

Nosek, B. A., Alter, G., Banks, G. C., Borsboom, D., Bowman, S. D., Breckler, S. J., ..., & Yarkoni, T. (2015). Promoting an open research culture. *Science, 348*(6242), 1422–1425.

Nosek, B. A., & Lakens, D. (2014). Registered reports: A method to increase the credibility of published results. *Social Psychology, 45*(3), 137–141.

Nosek, B. A., Spies, J. R., & Motyl, M. (2012). Scientific utopia: II. Restructuring incentives and practices to promote truth over publishability. *Perspectives on Psychological Science, 7*(6), 615–631.

Nunnally, J. C. (1978). *Psychometric theory*. New York: McGraw-Hill.

Nunnally, J. C., & Bernstein, I. H. (1994). *Psychometric theory* (3rd ed.). New York: McGraw-Hill.

O'Brien, M. G., & Kaiser, M. K. (1985). MANOVA method for analyzing repeated measures designs: An extensive primer. *Psychological Bulletin, 97*(2), 316–333.

O'Connor, B. P. (2000). SPSS and SAS programs for determining the number of components using parallel analysis and Velicer's MAP test. *Behavior Research Methods, Instrumentation, and Computers, 32*, 396–402.

Ofcom (2008). Media literacy audit: Report on children's media literacy. Retrieved from https://www.ofcom.org.uk/ data/assets/pdf_file/0021/55182/ml_childrens08.pdf

Olson, C. L. (1974). Comparative robustness of six tests in multivariate analysis of variance. *Journal of the American Statistical Association, 69*, 894–908.

Olson, C. L. (1976). On choosing a test statistic in multivariate analysis of variance. *Psychological Bulletin, 83*, 579–586.

Olson, C. L. (1979). Practical considerations in choosing a MANOVA test statistic: A rejoinder to Stevens. *Psychological Bulletin, 86*, 1350–1352.

Ong, E. Y. L., Ang, R. P., Ho, J. C. M., Lim, J. C. Y., Goh, D. H., Lee, C. S., & Chua, A. Y. K. (2011). Narcissism, extraversion and adolescents' self-presentation on Facebook. *Personality and Individual Differences, 50*(2), 180–185.

Oxoby, R. J. (2008). On the efficiency of AC/DC: Bon Scott versus Brian Johnson. *Economic Enquiry, 47*(3), 598–602.

Pearson, E. S., & Hartley, H. O. (1954). *Biometrika tables for statisticians, volume I*. New York: Cambridge University Press.

Pearson, K. (1894). Science and Monte Carlo. *The Fortnightly Review, 55*, 183–193.

Pearson, K. (1900). On the criterion that a given system of deviations from the probable in the case of a correlated system of variables is such that it can be reasonably supposed to have arisen from random sampling. *Philosophical Magazine, 50*(5), 157–175.

Pedhazur, E., & Schmelkin, L. (1991). *Measurement, design and analysis: An integrated approach.* Hillsdale, NJ: Erlbaum.

Peirce, C. S. (1878). Deduction, induction, and hypothesis. *Popular Science Monthly, 13,* 470–482.

Perham, N., & Sykora, M. (2012). Disliked music can be better for performance than liked music. *Applied Cognitive Psychology, 26*(4), 550–555.

Piff, P. K., Stancato, D. M., Côté, S., Mendoza-Dentona, R., & Keltner, D. (2012). Higher social class predicts increased unethical behavior. *Proceedings of the National Academy of Sciences, 109*(11), 4086–4091.

Plackett, R. L. (1983). Karl Pearson and the chi-squared test. *International Statistical Review, 51*(1), 59–72.

Preacher, K. J., & Hayes, A. F. (2004). SPSS and SAS procedures for estimating indirect effects in simple mediation models. *Behavior Research Methods Instruments & Computers, 36*(4), 717–731.

Preacher, K. J., & Hayes, A. F. (2008a). Asymptotic and resampling strategies for assessing and comparing indirect effects in multiple mediator models. *Behavior Research Methods, 40*(3), 879–891.

Preacher, K. J., & Hayes, A. F. (2008b). Contemporary approaches to assessing mediation in communication research. In A. F. Hayes, M. D. Slater, & L. B. Snyder (Eds.), *The SAGE sourcebook of advanced data analy- sis methods for communication research* (pp. 13–54). Thousand Oaks, CA: Sage.

Preacher, K. J., & Kelley, K. (2011). Effect size measures for mediation models: Quantitative strategies for communicating indirect effects. *Psychological Methods, 16*(2), 93–115.

R Core Team (2016). *R: A language and environment for statistical computing.* Vienna: R Foundation for Statistical Computing. Retrieved from http://www.r-project.org/

Ratcliff, R. (1993). Methods for dealing with reaction-time outliers. *Psychological Bulletin, 114*(3), 510–532. Raudenbush, S. W., & Bryk, A. S. (2002). *Hierarchical linear models* (2nd ed.). Thousand Oaks, CA: Sage. Rauscher, F. H., Shaw, G. L., & Ky, K. N. (1993). Music and spatial task performance. *Nature, 365*(6447), 611. Rockwell, R. C. (1975). Assessment of multicollinearity: The Haitovsky test of the determinant. *Sociological Methods and Research, 3*(4), 308–320.

Rogosa, D. (1981). On the relationship between the Johnson-Neyman region of significance and statistical tests of parallel within group regressions. *Educational and Psychological Measurement, 41*(1), 73–84.

Rosenthal, R. (1991). *Meta-analytic procedures for social research* (2nd ed.). Newbury Park, CA: Sage.

Rosenthal, R., Rosnow, R. L., & Rubin, D. B. (2000). *Contrasts and effect sizes in behavioural research: A correlational approach.* Cambridge: Cambridge University Press.

Rosnow, R. L., Rosenthal, R., & Rubin, D. B. (2000). Contrasts and correlations in effect-size estimation. *Psychological Science, 11,* 446–453.

Rouanet, H., & Lépine, D. (1970). Comparison between treatments in a repeated-measurement design: ANOVA and multivariate methods. *British Journal of Mathematical and Statistical Psychology, 23,* 147–163.

Rouder, J. N., & Morey, R. D. (2012). Default Bayes factors for model selection in regression. *Multivariate Behavioral Research, 47*(6), 877–903.

Rouder, J. N., Speckman, P. L., Sun, D., Morey, R. D., & Iverson, G. (2009). Bayesian t tests for accepting and rejecting the null hypothesis. *Psychonomic Bulletin & Review, 16*(2), 225–237.

Rowe, R., Costello, E. J., Angold, A., Copeland, W. E., & Maughan, B. (2010). Developmental pathways in oppositional defiant disorder and conduct disorder. *Journal of Abnormal Psychology, 119*(4), 726–738.

Rozeboom, W. W. (1960). The fallacy of the null-hypothesis significance test. *Psychological Bulletin, 57*(5), 416–428. Rulon, P. J. (1939). A simplified procedure for determining the reliability of a test by split-halves. *Harvard Educational Review, 9,* 99–103.

Ruxton, G. D., & Neuhaeuser, M. (2010). When should we use one-tailed hypothesis testing? *Methods in Ecology and Evolution, 1*(2), 114–117.

Sacco, W. P., Levine, B., Reed, D., & Thompson, K. (1991). Attitudes about condom use as an AIDS-relevant behavior: Their factor structure and relation to condom use. *Psychological Assessment: A Journal of Consulting and Clinical Psychology, 3*(2), 265–272.

Sacco, W. P., Rickman, R. L., Thompson, K., Levine, B., & Reed, D. L. (1993). Gender differences in AIDS-relevant condom attitudes and condom use. *AIDS Education and Prevention, 5*(4), 311–326.

Sachdev, Y. V. (1967). An unusual foreign body in the rectum. *Diseases of the Colon & Rectum, 10*(3), 220–221. Salsburg, D. (2002). *The lady tasting tea: How statistics revolutionized science in the twentieth century.* New York: Owl Books.

Sana, F., Weston, T., & Cepeda, N. J. (2013). Laptop multitasking hinders classroom learning for both users and nearby peers. *Computers & Education, 62,* 24–31.

Savage, L. J. (1976). On re-reading R. A. Fisher. *Annals of Statistics, 4,* 441–500.

Scanlon, T. J., Luben, R. N., Scanlon, F. L., & Singleton, N. (1993). Is Friday the 13th bad for your health? *British Medical Journal, 307*, 1584–1586.

Scariano, S. M., & Davenport, J. M. (1987). The effects of violations of independence in the one-way ANOVA. *American Statistician, 41*(2), 123–129.

Schützwohl, A. (2008). The disengagement of attentive resources from task-irrelevant cues to sexual and emotional infidelity. *Personality and Individual Differences, 44*, 633–644.

Senn, S. (2006). Change from baseline and analysis of covariance revisited. *Statistics in Medicine, 25*, 4334–4344.

Shee, J. C. (1964). Pargyline and the cheese reaction. *British Medical Journal, 1*(539), 1441.

Silberzahn, R., & Uhlmann, E. L. (2015). Many hands make tight work. *Nature, 526*(7572), 189–191.

Silberzahn, R., Uhlmann, E. L., Martin, D., Anselmi P., Aust, F., Awtrey, E. C., ..., & Nosek, B. A. (2015). Many analysts, one dataset: Making transparent how variations in analytical choices affect results. Retrieved from http://osf.io/gvm2z

Simmons, J. P., Nelson, L. D., & Simonsohn, U. (2011). False-positive psychology: Undisclosed flexibility in data collection and analysis allows presenting anything as significant. *Psychological Science, 22*(11), 1359–1366. Simonsohn, U., Nelson, L. D., & Simmons, J. P. (2014). P-curve: A key to the file-drawer. *Journal of Experimental Psychology: General, 143*(2), 534–547.

Sobel, M. E. (1982). Asymptotic intervals for indirect effects in structural equations models. In S. Leinhart (Ed.), *Sociological methodology 1982* (pp. 290–312). San Francisco: Jossey-Bass.

Sonnentag, S. (2012). Psychological detachment from work during leisure time: The benefits of mentally disengaging from work. *Current Directions in Psychological Science, 21*(2), 114–118.

Spearman, C. (1910). Correlation calculated with faulty data. *British Journal of Psychology, 3*, 271–295. Stephens, R., Atkins, J., & Kingston, A. (2009). Swearing as a response to pain. *Neuroreport, 20*(12), 1056–1060. Stevens, J. P. (1979). Comment on Olson: Choosing a test statistic in multivariate analysis of variance.

Psychological Bulletin, 86, 355–360.

Stevens, J. P. (1980). Power of the multivariate analysis of variance tests. *Psychological Bulletin, 88*, 728–737. Stevens, J. P. (2002). *Applied multivariate statistics for the social sciences* (4th ed.). Hillsdale, NJ: Erlbaum. Strahan, R. F. (1982). Assessing magnitude of effect from rank-order correlation coeffients. *Educational and*

Psychological Measurement, 42, 763–765.

Stuart, E. W., Shimp, T. A., & Engle, R. W. (1987). Classical conditioning of consumer attitudes: Four experiments in an advertising context. *Journal of Consumer Research, 14*(3), 334–349.

Studenmund, A. H., & Cassidy, H. J. (1987). *Using econometrics: A practical guide*. Boston: Little Brown. Student (1908). The probable error of a mean. *Biometrika, 6*(1), 1–25.

Tabachnick, B. G., & Fidell, L. S. (2012). *Using multivariate statistics* (6th ed.). Boston: Allyn & Bacon.

Terpstra, T. J. (1952). The asymptotic normality and consistency of Kendall's test against trend, when ties are present in one ranking. *Indagationes Mathematicae, 14*, 327–333.

Tinsley, H. E. A., & Tinsley, D. J. (1987). Uses of factor analysis in counseling psychology research. *Journal of Counseling Psychology, 34*, 414–424.

Tomarken, A. J., & Serlin, R. C. (1986). Comparison of ANOVA alternatives under variance heterogeneity and specific noncentrality structures. *Psychological Bulletin, 99*, 90–99.

Toothaker, L. E. (1993). *Multiple comparison procedures*. Sage University Paper Series on Quantitative Applications in the Social Sciences, 07–089. Newbury Park, CA: Sage.

Tufte, E. R. (2001). *The visual display of quantitative information* (2nd ed.). Cheshire, CT: Graphics Press.

Tuk, M. A., Trampe, D., & Warlop, L. (2011). Inhibitory spillover: Increased urination urgency facilitates impulse control in unrelated domains. *Psychological Science, 22*(5), 627–633.

Tukey, J. W. (1960). A survey of sampling from contaminated normal distributions. In I. Olkin, S. G. Ghurye, W. Hoeffding, W. G. Madow, & H. B. Mann (Eds.), *Contributions to probability and statistics: Essays in honor of Harold Hotelling, Issue 2* (pp. 448–485). Stanford, CA: Stanford University Press.

Twenge, J. M. (2000). The age of anxiety? Birth cohort change in anxiety and neuroticism, 1952–1993. *Journal of Personality and Social Psychology, 79*(6), 1007–1021.

Twisk, J. W. R. (2006). *Applied multilevel analysis: A practical guide*. Cambridge: Cambridge University Press.

Umpierre, S. A., Hill, J. A., & Anderson, D. J. (1985). Effect of Coke on sperm motility. *New England Journal of Medicine, 313*(21), 1351.

Vandekerckhove, J., Guan, M., & Styrcula, S. A. (2013). The consistency test may be too weak to be useful: Its systematic application would not improve effect size estimation in meta-analyses. *Journal of Mathematical Psychology, 57*(5), 170–173.

Vezhaventhan, G., & Jeyaraman, R. (2007). Unusual foreign body in urinary bladder: A case report. *Internet Journal of Urology, 4*(2).

Wainer, H. (1972). A practical note on one-tailed tests. *American Psychologist, 27*(8), 775–776. Wainer, H. (1984). How to display data badly. *American Statistician, 38*(2), 137–147.

Wasserstein, R. L. (Ed.) (2016). ASA statement on statistical significance and *P*-values. *American Statistician, 70*(2), 131–133.

Wasserstein, R. L., & Lazar, N. A. (2016). The ASA's statement on *p*-values: Context, process, and purpose. *American Statistician, 70*(2), 129–131.

Weaver, B., & Koopman, R. (2014). An SPSS macro to compute confidence intervals for Pearson's correlation. *Quantitative Methods for Psychology, 10*(1), 29–39.

Weaver, B., & Wuensch, K. L. (2013). SPSS and SAS programs for comparing Pearson correlations and OLS regression coefficients. *Behavior Research Methods, 45*(3), 880–895.

Welch, B. L. (1951). On the comparison of several mean values: An alternative approach. *Biometrika, 38*, 330–336.

Wen, Z. L., & Fan, X. T. (2015). Monotonicity of effect sizes: Questioning kappa-squared as mediation effect size measure. *Psychological Methods, 20*(2), 193–203.

Wilcox, R. R. (2010). *Fundamentals of modern statistical methods: Substantially improving power and accuracy* (2nd ed.). New York: Springer.

Wilcox, R. R. (2016). *Understanding and applying basic statistical methods using R*. Hoboken, NJ: John Wiley & Sons. Wilcox, R. R. (2017). *Introduction to robust estimation and hypothesis testing* (4th ed.). Burlington, MA:

Elsevier.

Wilcox, R. R., Carlson, M., Azen, S., & Clark, F. (2013). Avoid lost discoveries, because of violations of standard assumptions, by using modern robust statistical methods. *Journal of Clinical Epidemiology, 66*(3), 319–329.

Wilcoxon, F. (1945). Individual comparisons by ranking methods. *Biometrics, 1*, 80–83.

Wildt, A. R., & Ahtola, O. (1978). *Analysis of covariance*. Sage University Paper Series on Quantitative Applications in the Social Sciences, 07–012. Newbury Park, CA: Sage.

Wilkinson, L. (1999). Statistical methods in psychology journals: Guidelines and explanations. *American Psychologist, 54*(8), 594–604.

Wright, D. B. (1998). Modeling clustered data in autobiographical memory research: The multilevel approach. *Applied Cognitive Psychology, 12*, 339–357.

Wright, D. B. (2003). Making friends with your data: Improving how statistics are conducted and reported. *British Journal of Educational Psychology, 73*, 123–136.

Wright, D. B., London, K., & Field, A. P. (2011). Using bootstrap estimation and the plug-in principle for clini- cal psychology data. *Journal of Experimental Psychopathology, 2*(2), 252–270.

Wu, Y. W. B. (1984). The effects of heterogeneous regression slopes on the robustness of two test statistics in the analysis of covariance. *Educational and Psychological Measurement, 44*(3), 647–663.

Yang, X. W., Li, J. H., & Shoptaw, S. (2008). Imputation-based strategies for clinical trial longitudinal data with nonignorable missing values. *Statistics in Medicine, 27*(15), 2826–2849.

Yates, F. (1951). The influence of *Statistical methods for research workers* on the development of the science of statistics. *Journal of the American Statistical Association, 46*, 19–34.

Yuen, K. K. (1974). The two-sample trimmed t for unequal population variances. *Biometrika, 61*(1), 165–170.

Zabell, S. L. (1992). R. A. Fisher and fiducial argument. *Statistical Science, 7*(3), 369–387.

Zellner, A., & Siow, A. (1980). Posterior odds ratios for selected regression hypotheses. In J. M. Bernardo, M. H. DeGroot, D. V. Lindley, & A. F. M. Smith (Eds.), *Bayesian Statistics: proceedings of the first inter- national meeting held in Valencia (Spain)* (pp. 585–603): University of Valencia.

Zhang, S., Schmader, T., & Hall, W. M. (2013). L'eggo my ego: Reducing the gender gap in math by unlinking the self from performance. *Self and Identity, 12*(4), 400–412.

Zibarras, L. D., Port, R. L., & Woods, S. A. (2008). Innovation and the 'dark side' of personality: Dysfunctional traits and their relation to self-reported innovative characteristics. *Journal of Creative Behavior, 42*(3), 201–215.

Ziliak, S. T., & McCloskey, D. N. (2008). *The cult of statistical significance: How the standard error costs us jobs, justice and lives*. Ann Arbor: University of Michigan.

Zimmerman, D. W. (2004). A note on preliminary tests of equality of variances. *British Journal of Mathematical & Statistical Psychology, 57*, 173–181.

Zwick, R. (1985). Nonparametric one-way multivariate analysis of variance: A computational approach based on the Pillai-Bartlett trace. *Psychological Bulletin, 97*(1), 148–152.

Zwick, W. R., & Velicer, W. F. (1986). Comparison of five rules for determining the number of components to retain. *Psychological Bulletin, 99*(3), 432–442.

ÍNDICE

α de Cronbach 822-823
a maior competição mundial de mentiras 351-354
acrônimo SPINE 49
aditividade e linearidade 230, 387
ajuste 50, 51, 56-58
ajuste de modelos estatísticos 50-52, 56-58
    média como 55
    modelo para dados reais 49-50
    parâmetros 54-60
    populações 53-54
    professores e número médio de amigos observados 57
álcool e comportamento (aleatorização, randomização) 21-22
aleatorização 20-22
    efeitos de contrabalanceamento 21-22
American Psychological Association (APA) 41-42, 110-111
American Statistical Association (ASA) 110-111
amor por filhotes e felicidade (modelos de interceptos aleatórios) 943-944
amostragem 55, 61-64
    de diferentes populações 71
    distribuição amostral 62
    erro-padrão da média 63, 64
    erro-padrão das diferenças 447-448
    intervalos de confiança 64-71
    média da amostra 61, 447
    medida de adequação da amostra de Kaiser-Meyer-Olkin (KMO) 798
    ruído 84
    tamanho da amostra 43, 67-69, 84
        análise de fatores 797-798
        e a estimativa de parâmetros 234
        e a significância estatística 87-90
        e o nível de poder 84-85
        e o teorema central do limite 235
        e os testes de hipóteses 247-249
        modelos lineares 388-392
    teorema central do limite 63-64
    variação amostral 62
análise da função discriminante 765-773
    caixa de diálogo 766
    caixa de diálogo para salvar novas variáveis 767
    interpretações 767-769
        autovalores 768
        coeficientes da função discriminante canônica 769
        diagrama dos grupos combinados 770
        lambda de Wilks 768
        matrizes de covariâncias 767
    opções de classificação 766
    opções estatísticas 766
    relatando resultados 771
    variates 749-751
análise de componentes principais (ACP) 779, 783, 785
    e a análise de fatores 788-789
    e a análise de variância multivariada (MANOVA) 789
    escore do componente 785
    teoria 789
análise de confiabilidade 821-831
    alfa de Cronbach 822-825
    confiabilidade meio a meio 822-823
    interpretação 826-830
    procedimento 824-830

    caixa de diálogo 825-826
    estatísticas para a análise de confiabilidade 826-827
    relatando 830-831
análise de correlação 335-366
    coeficiente de correlação *r* de Pearson 340, 342, 363
        no SPSS 349-351
    coeficiente de Spearman 351-352, 363
    comparações
        *r*s dependentes 361-363
        *r*s independentes 361-362
    correlação bivariada 344-355
        ansiedade com provas e desempenho 344-345
        ansiedade com provas e desempenho: diagramas P-P 345-346
        correlação bisserial 353-355
        correlação ponto-bisserial 353-355
        procedimento 346-349
            caixas de diálogo 347
        processo geral 344
        tamanho do efeito 363
        tau de Kendall 353-354
        variáveis ansiedade com provas 345
    correlação e causalidade 341
    correlação parcial 359-361
    correlação semiparcial 355, 357-358
    entrada de dados para a análise 342, 343
    escore-*z* 340
    intervalos de confiança 342
    relatando 363-364
    tau de Kendall 363
análise de covariância (ANCOVA) 266, 575-603
    ANCOVA robusta 600-601
    contrastes planejados 588
    e modelo linear geral 576-580
        coeficientes 580
        dados do arquivo PuppyLove.sav 577
        médias ajustadas 579
        resumo do modelo 578
    eliminação de confundidores 576
    interpretação
        análise principal 591-594
        contrastes 594-596
        covariável 596
        covariável excluída 591
        estimativas dos parâmetros 594
    introdução à ANCOVA 575-576
    no SPSS
        atribuição de dados 584-585
        bootstrap e diagramas 589-590
        caixa de diálogo para o modelo linear geral 586
        contrastes 586-587
        opções 586-588, 590
        procedimento geral 584-585
        testando a independência da variável de tratamento e da covariável 584-586
    papel da covariável 581
    pressupostos
        covariáveis e efeitos do tratamento 580-582
        homogeneidade das inclinações da regressão 582-584, 598-599, 944
        violações 584

1058 Índice

redução da variância do erro entre grupos 575
relatando resultados 602-603
tamanhos de efeito 601-602
análise de dados categóricos 837-875
   2 variáveis categóricas 837-846
      coeficientes 844
      tabela de contingência 837
      tamanho da amostra 839, 841
   análise log-linear 846-848
   coeficiente de contingência 841
   como um modelo linear 841-846
   correção de Yates 840, 856
   especificando o teste do qui-quadrado 851-852
   estatística de Kendall 853
   inserindo escores brutos 851
   inserindo frequências e ponderando casos 851, 852
   interpretação 866-869
      acompanhamento 869-870
      interação 870-871
      tamanhos do efeito 872
   lambda de Goodman e Kruskal 853
   medidas simétricas 856
   percentuais por linha e colunas 850
   Phi 841, 853
   presssupostos
      frequências esperadas 849
      independência 849
   procedimento do SPSS 864-866
      caixa de diálogo 866
      saída: tabulação cruzada 865
   procedimento geral 850
   razão de verossimilhança 839-840, 856
   relatando 862, 872
   resíduos padronizados 857-858
   resumo 858
   tabulação cruzada 852, 853, 855
   teste bayesiano 859-860
      opção hipergeométrica 861
      opção multinomial independente 860
      opção Poisson 860
   teste do qui-quadrado de Pearson 838-839, 853, 856
   teste exato de Fisher 839, 849
   V de Cramér (tamanho do efeito) 841, 853, 856, 861-862
análise de fatores 779-832
   autovalores 789-790, 792
   caixa de diálogo 800-801
   comunalidades 787-791, 797, 811, 812
   critério de Kayser 789-790, 792, 811
   determinante de uma matriz 799, 800
   diagramas de declividade 789-791
   e a análise de componentes principais (ACP) 788-789
   e a distribuição normal 800
   escores 804
   escores do fator 785-787
      coeficientes 785-786
   extração e fatores 789-790, 801-803, 810-813
   fatores comuns 783
   fatores e componentes 780
   fatores únicos 783
   interpretação 806-819
      análise preliminar 806-810
      comunalidades 812
      correlações reproduzidas 813
      diagrama de declividade 813
      escores de fatores 818
      estrutura dos fatores 794-795

   extração de fatores 812-813
   matriz de correlações 807-808
   matriz de correlações dos fatores 817
   matriz de fatores 812
   matrizes anti-imagem 809
   resumo 819
   resumos de casos 819
   rotação oblíqua 816-817
   rotação ortogonal 714-815
   variância explicada 810-811
   matriz de correlações/covariâncias 802
   métodos de descoberta de fatores 787
   multicolinearidade 799
   opções 804-806
   procedimentos 797
   relatórios 819-820
   representação gráfica 781
      diagramas dos fatores 781, 782
   representação matemática 782-785
   resultados da análise exploratória de fatores para o questionário de ansiedade para o SPSS 820
   rotação 803-804, 811
   rotação do fator 781
   tamanho da amostra 797-798
   usos 779-780
   variância comum 788
análise de fatores confirmatória (AFC) 787
análise de regressão *ver* modelos lineares
análise de variância multivariada (MANOVA) 553, 658, 737-775
   acompanhamento com a análise da função discriminante *ver* análise da função discriminante
   análise de acompanhamento 754-755
   caixa de diálogo 756
   contrastes 756-757
   dados 739
   e a análise de componentes principais (ACP) 789
   escolhendo saídas 737
   estatística de teste 754, 759-760
   interpretação final 771-772
      diagrama de médias e intervalos de confiança entre resultados e variáveis no grupo de terapia 772
      variáveis resultado ao longo de cada grupo de terapia 773
   matriz SSCP residual 757, 758
   matrizes 739-741
   matrizes SSCP 757, 758, 761-762
   poder da MANOVA 738
   pressupostos 752-753
      amostra aleatória 753
      homogeneidade das matrizes de covariâncias 753
      independência 753
      normalidade multivariada 753
      testando no SPSS 757-759
      teste de Box 753
      violações 754
   procedimento geral 755
   relatando resultados 762, 763
   teoria
      F univariada para o resultado (pensamentos) 742-743
      F univariada para o resultado 1 (ações) 741-742
      HE^{-1} 748-749
      hipótese da matriz da soma dos quadrados e produtos cruzados 7403 747-748
      lambda de Wilks 752, 754
      maior raiz de Roy 752, 754
      matriz da soma dos quadrados e produtos cruzados total (SQPC) 741, 745-747

matriz das somas dos quadrados e produtos cruzados
   residuais 742, 747
   relacionamento entre resultados: produtos cruzados 743-745
   traço de Hotelling-Lawley (T^2 de Hotelling) 752, 753
   traço de Pillai-Bartlett (V) 751, 753, 754
teste de Levene da igualdade de variâncias 760-761
ver também análise da função discriminante
análise log-linear
   ver também análise de dados categóricos
ANOVA de Friedman 301, 321-329
   acompanhamento 326-327
   atribuindo dados 323
   dados 322
   procedimento 323-325
   resultados 328
   saída 325-326, 328
   tamanho do efeito 327-328
   teoria 322-323
ansiedade com provas e desempenho 208-210
   e tempo gasto estudando 214-217, 355, 357-358
ansiedade para encontro e baixa autoestima (causalidade) 17-18
aparando dados 262-264
   baseado no desvio-padrão 263
   dados do tempo de reação 263
   estimadores-M 263
   média aparada 263
   regra baseada em percentual 262-263
aquecimento global (previsões) 7
Arrindell, W. A e van der Ende, J. 797
assimetria 23, 248-250
assimetria negativa 23, 248-250
assimetria positiva 23, 248-250
atitudes em relação ao álcool e imagens (delineamentos de medidas repetidas) 680-700
autovalores 789-790
autovetores e autovalores 418-421
avaliando a atratividade de alguém por fotografia 262, 268-269

Bargman, R. E. 768
Barnett, V. e Lewis, T. 383-384
Baron, R. M. e Kenny, D. A. 500, 501
barras de erro 70
Beckham, A. S. 863
Belia, S. et al. 85-86
Belsey, D. A et al. 384-385
Bernard, P. et al. 716
Board, B. J. e Fritzon, K. 452
Boik, R. J. 657
Bonferroni, Carlo 83
bootstrapping 265-269
   percentil *bootstrap* 266
   caixa de diálogo *bootstrap* 267
Bray, J. H. e Maxwell, S. E. 754

cantadas (regressão logística multinomial) 918-930
cantar para atrair mulheres 87-88, 113-114, 119
capa da invisibilidade e malfeitos (comparando duas médias) 440-445, 453-476
   coeficientes 445
   descritivas 442
   testes de normalidade 442
carga do componente 781
casamento e satisfação com a vida (modelos de crescimento) 975-985, 987

Cattell, R. B. 779, 789-790
causa
   definições 17-18
   e correlação 17-18, 341
   e efeitos 9-11, 16-18
   e estatísticas 19-20
centragem 486-488, 950
   centragem pela média geral 487
centragem pela média do grupo 950, 951
centragem pela média geral 950
Çetinkaya, H. e Domjan, M. 320-321
Chamorro-Premuizic, T. et al. 365
chances 118, 119
chance *a posteriori* 128
chance *a priori* 129
Chen, X. et al. 440-441, 609
ciência aberta 111-113
cirurgia estética (modelos lineares multiníveis) 941-972, 987-988
Cliff, N. 789
Cobb, George 110-111
Coca-Cola como espermicida (correlações; variáveis) 9-11, 13-17
codificação fictícia 509-516
   função recodificar (*recode*) 510-512
   saídas 512-516
   sintaxe para recodificar 513-515
   variáveis fictícias 509, 510
coeficiente de correlação de Spearman (rô de Spearman) 344, 351-352
coeficiente de correlação *r* de Pearson 338, 340-342, 349-351, 781
coeficientes aleatórios 943, 949
coeficientes fixos 943
Cohen, J. 82, 84, 97, 98
Cole, D. A. et al. 738
coleta de dados: delineamento de pesquisa 16-22
colinearidade perfeita 401
comparação aos pares 308, 312-314, 549-550
comparando duas médias
   dados de medidas repetidas 463-468
      ajustamento de fatores 466
      ajustando valores 466
      caixas de diálogo 465
      diagramas de barras de erro 464
      estatística descritiva 465
   diferenças 439
   inserindo dados 461, 463
   separação completa 888-889
   tamanhos do efeito 461, 473-474
   teste bayesiano 459-461, 471-473
      prioris 460
      relatando 476
   testes-*t* 445-451
      amostras pareadas 447-448, 467-468
      saídas 469-470
      pressupostos 453
      procedimentos 453
      relatando 475
      testes robustos 456-458, 470-471
      relatando 475-476
      testes-*t* independentes 448-451, 454-456
comparando várias médias 521-570
   ANOVA 521, 522, 529
   robustez 536-537

codificação fictícia 524, 528
comparação bayesiana 566-567
comparações robustas 564-565
contrastes planejados 537-549
   contrastes incorporados 546, 547
   contrastes não ortogonais 546, 548
   contrastes ortogonais 543, 544
   contrastes polinomiais (análise de tendência) 547, 549
      tendência cúbica 548, 549
      tendência linear 548, 549
      tendência quadrática 548, 549
      tendência quártica 548, 549
   contrastes-padrão no SPSS 553-556
   experimentos de quatro grupos 541-542
   no SPSS 553-556
      saída 560-561
   partição da variância na ANOVA 538
   ponderações para definir contrastes 541-546
   regras para atribuir valores as variáveis fictícias 542-543
dados em Puppies.sav 523
estatística F 521, 527-528, 533-534
   interpretando 534
grupo-controle 525-526, 537
média dos quadrados 533
pressupostos 534-537
   homogeneidade das variâncias 534-536
   violação 537
procedimentos *post hoc* 549-551
   comparações pareadas 549-550
   no SPSS 555-556
      bootstrapping 556
      saída 561-564
   taxas de Erro do tipo I e tipo II 550
   testes robustos 550
relatando resultados 568-569
soma dos quadrados do modelo 531-532
soma dos quadrados residual 532-533
soma dos quadrados total 529-531
SPSS 552-553, 556-557
   saída 558-560
tamanhos do efeito 567-568
terapia com filhotes 525
testes unilaterais e bilaterais 559
Comrey, A. L. e Lee, H. B. 797
comunalidade 787-788
condicionamento e sêmen de codornas 305
confiabilidade 15-16
   significado 821-823
confiabilidade teste-reteste 15-16
contagem de espermatozoides e soja (teste de Kruskal-Wallis; teste de Jonckheere-Terpstra) 306-319
contrastes ortogonais 544
controle da bexiga e habilidades inibitórias 457
Cook, R. D. e Weisberg, S. 383-384
correção de Bonferroni 83, 550, 551, 657
correção de Yates 840, 856
correlação bisserial 353-354
correlação bivariada 340
correlação parcial 359-361
correlação ponto-bisserial 353-354
corridas de Wald-Wolfowitz 292
Cortin, J. M. 823-824
covariância 337-338
   dados observados e médias de duas variáveis 337
   padronização 337-340
   positivo e negativo 337-338

crianças: interpretação de informações ambíguas 597
critério bayesiano de Schwarz (CBI) 946-947
critério de Bozdogan (CCIA) 946-947
critério de Hurvich e Tsai 252
critério de informação de Akaike (CIA) 946-947
critério de Kaiser 789-790, 792, 811
Cumming, G. 85-86
Cumming, G. e Finch, S. 85
curtose 23-24, 248-250
curva-*p* 108
curvas de crescimento (polinomiais) 973-976
   primeira, segunda e terceira ordens 975

d de Cohen 113-115, 120, 337
   desvio-padrão 114-115
dados
   coleta 4
      mensuração 9-15-16
   falsificação 106, 107
   relato 40-44
   necessários para 3, 8
   analista 4, 21-40
dados autorrelatados 11-12
dados de caramelos e publicidade 335-336, 340
   dados observados e médias de duas variáveis 337
dados do Facebook (distribuições de frequências) 25-30
dados omissos 940
dados por postos 284
Dai, X. et al. 706
Daily Mirror 439
Daniels, E. A. 858
Davey, G. C. L. et al. 646
David, Florence Nightingale 338, 339
DeCarlo, L. T. 24
declarações científicas 7
delineamento de pesquisa 16-22
   aleatorização 20-22
   análise de dados 21-40
   delineamentos independentes 18-22
   métodos de coleta de dados 18-19
   pesquisa correlacional 16-17
   pesquisa experimental 16-19
   tipos de variação 18-21
delineamento entre grupos 18-19
delineamento entre participantes 18-19
delineamento fatorial independente 609-647
   análise dos efeitos simples 632
   caixa de diálogo para opções 627
   contrastes 624-625
      saída 631-632
   dados para o efeito do álcool (*beer-goggles*) 611
   decompondo a variância 615
   diagramas de interações 613-614
   efeito principal do tipo de rosto 617-618
      saída 627-629
   efeitos de interações 618-619
      saída 629-631
   esquema de codificação 612
   estatística F 619-620
      e Erros do tipo I 621
   inserindo dados 622-623
   modelos bayesianos 640-643
   modelos robustos 638-640
   pressupostos 620
   relatando resultados 645
   representando interações 623-624

soma dos quadrados do modelo 616-617
soma dos quadrados dos resíduos 619
soma dos quadrados total 616
tamanhos do efeito 643-645
testes *post hoc* 625, 626, 632-635
utilização dos nomes "ANOVA" 610
delineamento independente 18-22
delineamento intraparticipantes 18-19
delineamentos de medidas repetidas 18-22, 609, 651-700
    análise principal 664-668
        caixa de diálogo 665
        contrastes 666
        contrastes customizados 666-667
        opções de caixa de diálogo 668
        processos 664
        testes *post hoc* 667-668
    ANOVA de medidas repetidas 654-658
    delineamentos robustos de medidas repetidas 676-677
    e o modelo linear 652-654
    estatística *F* para delineamentos de medidas repetidas 658-660
        estatística *F* 662-663
        média dos quadrados 662
        particionando a variância 659
        saída 669-671
        soma dos quadrados do modelo 661-662
        soma dos quadrados dos resíduos 662
        soma dos quadrados entre participantes 663
        soma dos quadrados intraparticipantes 660-661, 671
        soma dos quadrados total 660
    exemplo: bebidas e imagens
        caixa de diálogo 684
        contrastes 684, 685
            efeitos de interação 695-697
            efeitos principais 695
        dados 680-681
        interpretação 687-689
            análise dos efeitos simples 684, 685
            diagrama de interação 694
            efeito de interação 693-694
            efeito principal 689-690, 692-693
            opção *Pivoting Trays* 691
            opções 686
            perfil dos diagramas 687
            testes multivariados 686
        representando interações graficamente 686
    pressupostos 663
        esfericidade 654-658, 655, 663, 667, 669
        estimativa de Greenhouse-Geisser 655, 658, 670, 671, 679, 680
        estimativa de Huynh-Feldt 655, 658, 671
        teste de Mauchly 655, 656, 669, 670
        violações 655-659, 663, 667
    relatando 679-680, 698, 699-700
    saída 668-676
        comparações aos pares 675
        contrastes 673-674
        correção pra a esfericidade 669
        estatística descritiva 668-669
        testes *post hoc* 674-676
    tamanhos do efeito 678-679, 698
delineamentos mistos 609, 705-733
    ajustando o modelo 709-713
    alocação de variáveis 711
    caixa de diálogo 709-711
    caixa de diálogo dos diagramas 712
    contrastes 712

    dados 706-707
    efeito principal da aparência 717-719
    efeito principal da estratégia 714-716
    efeito principal de carisma 719
    interações 719-726
        aparência e carisma 721-723
        aparência, carisma e estratégia 723-726
        estratégia e aparência 719, 720
        estratégia e carisma 720-721
    nomes e rótulos de variáveis 709
    pressupostos 705-706
    procedimento geral 708
    relatando resultados 729-730
    saída 713-715
    tamanhos do efeito 727-728
    teste de Levene 715, 717
dependência de internet (análise de fatores) 821-822
desafio do balde de gelo (distribuição de frequências) 31-35, 37-38
    escore de interesse 34-35
desviância 29, 56
desvios dos produtos cruzados 337
desvios-padrão 30-32, 34-35, 338
DFBeta 383-384
DFBeta padronizado 383-384
DFFit 383-385
DFFit padronizado 384-385
Di Falco et al. 441
diagrama de caixa e bigodes (*boxplot*) 189-194
diagrama de linhas 206-208
diagramas de barras 196-207
    diagrama de barras agrupado para delineamentos mistos 203-207
    diagrama de barras agrupado para médias independentes 196-199
        caixas de diálogo 197-198
        filmes: excitação psicológica 197-198
    diagrama de barras agrupado para médias relacionadas 201-203
        construtor de diagramas completo para gráficos de medidas repetidas 202-203
    diagrama de barras simples para médias relacionadas 194-197
        barra de erro 195-196
        caixas de diálogo 195-196
        filmes: excitação psicológica 196-197
    diagramas de barras simples para médias relacionadas 198-202
        caixa de diálogo do resumo do grupo 200-201
        Element Properties para gráficos de medidas repetidas 201-202
        para dados de medidas repetidas 200-201
    galeria de diagramas de barras 193-195
diagramas de dispersão 51, 207-217
    diagrama de dispersão matricial 214-217
        ansiedade com provas, desempenho e tempo de estudo 215-216
        caixa de diálogo 215-216
    diagrama de dispersão simples 208-213, 209-210
        ansiedade com provas e desempenho 209-210
        caixa de diálogo para o diagrama de dispersão 209-210
        caixa de diálogo *Properties* 211-212
    diagramas de dispersão agrupados 210-214
        ansiedade com provas e desempenho e sexo biológico 213-214
        caixa de diálogo 210-213
    diagramas de dispersão simples e 3D agrupados 213-214
    galeria, dispersão/pontos 207-209
    gatograma 212

diagramas P-P (diagramas probabilidade–probabilidade) 243-244, 253
diagramas Q-Q 248-250, 253
distância de Cook 383-384
distância de Mahalanobis 383-384, 422-423
distribuição *a posteriori* 126, 127
distribuição *a priori* informativa 125, 126
distribuição *a priori* não informativa 126
distribuição bimodal 25
distribuição de frequências 21-24
    assimetria 23
    curtose 23-24
    desvios da média 30-31, 37
    desvios-padrão 30-32, 34-35
    dispersão 27-31, 34-35
    distribuição normal 21-23, 36
    escores do interesse no balde de gelo 34-35
    intervalo interquartis 27-28, 34-35
    média 26-28, 32
    mediana 25-26
    moda 24-26
    probabilidade 31, 34-35
    quartis 27-28
    tabela da distribuição normal padrão 38
    variância 30, 32, 34-35
distribuição do qui-quadrado 36-37, 78-79
distribuição F 37, 78-79
distribuição leptocúrtica 24
distribuição normal mista 236, 237
distribuição platicúrtica 24
distribuições *a priori* 125
distribuições de probabilidade 36-37
distribuições multimodais 25
distribuições t 36, 65, 76-77
divisão pela mediana 189-190
Domjan, Mike et al. 305
Dunn, Olive 83

efeito de tédio 21-22
efeito do óculos de cerveja (*beer goggles*) (delineamento fatorial) 609-647
efeito supressor 400
efeitos aleatórios 943
efeitos de contrabalanceamento 21-22
efeitos depressivos de dois medicamentos 285-286, 290-304
    escores por postos da depressão 287-288
efeitos práticos 21-22
efeitos supressores 885
Enders, C. K. e Tofighi, D. 951
enguias para constipação (regressão logística) 891-911
erro-padrão da média 63
erro-padrão das diferenças 447-448
erros distribuídos normalmente 387-388
Erros do tipo I e tipo II 82, 283, 315
erros independentes 387
escores-z 36, 37, 40
estatística bayesiana 122-131
    atualizando crenças 126
    benefícios 129, 131
    hipótese alternativa 129
    prioris e parâmetros 125-127
    relatando os fatores de Bayes 131
    relatando tamanhos de efeito 131
    teorema de Bayes 124-125
estatística de Kendall 853
estatística de teste 78-80

estatística de Wald (estatística z) 883
estatística t 78-79, 379-380
estilos de *feedback* 18-22
estimadores-M 263, 265
estimativa pontual 65
estimativa por intervalo 65
estrutura da ciência aberta 40
exemplo de *bushtucker* (delineamento de medidas repetidas) 652-680
experimento da sexta-feira 13-14, 33
Eysenck, H. J. 779

F de Brown-Forsythe 534-536
F de Welch 534-537, 552, 560, 568
Facebook: narcisismo e comportamento 426-427
falsificação 106, 107
Fanelli D. 105, 106
fator de Bayes 129
fator de inflação da variância (FIV) 401-402
fator único 783
fator X 11-13
fatoração alfa 787
fatores 609
fatores comuns 738
feedback 113
festival de música de Glastonbury e higiene (codificação fictícia) 509-516
festival de música download e higiene 239-257, 274-276
fetiches e codornas 320-321
Field et al. 754
Fienberg, S. E. et al. 306
Fisher, Ronald 72, 73, 75-76, 102, 339, 340
$F_{máx}$ de Hartley 258
fofoca e competidores sexuais 507
futebol inglês (regressão logística) 911-916

$G*Power$ 85
Gallup, G. G. J. et al. 563
Games, P. A. 270
Garfield, Herman 212
gatograma 212
gatos dançantes (análise de dados categóricos) 837-846
gatos e cães dançantes (análise log-linear) 846-848
Gelman, A. e Weakliem, D. 470
generalização 380-381
Glass, G. V. et al. 270
gráficos
    características de um bom gráfico 179
        exemplo de um gráfico ruim 180
            plotado adequadamente 181
        ruído gráfico 179
    Chart Builder do SPSS 181-184
    escala 181
    gráficos enganosos 181
    identificando a homocedasticidade/homogeneidade das variâncias 257-258
    identificando a normalidade 243-247
    para a análise de fatores 781
graus de liberdade 59, 742
graus de liberdade do pesquisador 105, 113, 120
Grayson, D. 823-824
Greenland, S. et al. 98
grupos homogêneos 309
GT2 de Hochberg 550, 551
Guadagnoli, E. e Velicer, W. F. 788, 797
Guérguen, N. 639

Índice 1063

hábito de beber e mortalidade em Londres 385-387
HARKing 107, 108, 110, 113
Hartgerink, C. H. J. et al. 109
HE^{-1} 748-749
heterocedasticidade 387
heterogeneidade da variância 237-239, 257-259, 268-269
hipótese alternativa (experimental) 73, 74
hipótese da matriz soma dos quadrados e dos produtos cruzados 740, 747-748
hipótese experimental 73-74
hipóteses 4, 5
   alterando 77-78, 107
   direcional/não direcional 74, 79-80
   e previsões 6
   e teorias 5
   experimental 73
   falseabilidade 8-9
   generalização 4, 5, 76-77, 787
   testando 6, 9-11, 16-17, 227
      ver também teste de hipóteses (TH)
   tipos 73-74
histogramas 21-22, 184-190
   definindo um histograma 187
   galeria de histogramas 186
   opções de histogramas 187-188
   pirâmide populacional 188-190
homocedasticidade/homogeneidade das variâncias 237-239, 257-259, 387
   e heterogeneidade das variâncias 237-239, 257-259
   $F_{máx}$ de Hartley 258
   quando eles importam 239
   resíduos padronizados 258
   teste de Levene 258-261, 270
homogeneidade da matriz de covariâncias 753
homogeneidade da regressão 944
homogeneidade marginal 301
Hotelling, Harold 752
Howell, D. C. 82, 849
Hume, David 17-18

implante mamário e suicídio (correlação) 17-18
inclinações aleatórias 949
independência 239
indução do humor 764
iniciativa aberta de revisão por pares 113
intervalo 27-29
   ver também intervalos interquartis
intervalo interquartis 27-28, 34-35
intervalos de confiança 64-71, 83, 85-87, 233
   barras de erros 70, 71
   calculando
      em amostras pequenas 67-69
      intervalos de 95% 65-68
      outros intervalos além do 95% 67-69
   e a significância 85-87
   para o *r* de Pearson 342
   sobreposição moderada 85-86
   sobreposição/não sobreposição 70-71, 85-86
intervalos de credibilidade 127
Inventário da Depressão de Beck (IDB) 285-286

Jiminy Cricket.sav 185
jogo do ultimato 156
Johns, S. E. et al. 203-204
Johnson, P. O. e Neyman, J. 489
Joliffe, I. T. 789-790

Kahneman, Daniel 974
Kaiser, H. F. e Rice, J. 798
Kanazawa, Satoshi 470
Kennedy, Chris 31
Keselman, H. J. e Keselman, J. C. 657
Kolmogorov, Andrei 248-250
Kreft, I.G.G. e Leeuw, J. 950
Kruskal, William 306

Lacourse, E. et al. 917
lagarto verde alienígena como humano (probabilidade) 123-125
   tabela de contingência 123
Lakens, D. 109
lambda de Goodman e Kruskal 853
lambda de Wilks 752, 768
Lambert, N. M. et al. 498-500, 502
lei da soma das variâncias 450
Lenth, R. V. 114-115
Levine, D.W. e Dunlap, W.P. 270
liberação de sêmen de codornas (intervalos de confiança) 65-71
linearidade 257, 344
linhas de regressão 210-217
Lo, S. F. et al. 891
Lombardi, C. M. e Hurlbert, S.H. 81
Lumley, T. et al. 235

macacos e bananas (causalidade) 19-21
MacCallum et al. 440, 797
MacKinnon 501, 502
Mahalanobis, Prasanta Chandra 383-384
maior raiz de Roy 752
MANOVA *ver* análise de variância multivariada
Marzillier, S. L. e Davey, G. C. L. 764
Masicampo, E. J. e Lalande, D. R. 108, 109
Massar, K. et al. 507
matemáticos e Cthulhu 52-53
matriz da soma dos quadrados dos erros e dos produtos cruzados (SQPC) 741
matriz de componentes 785
matriz de padrão
   e matriz estrutural 784
matriz de transformação dos fatores 794
matriz dos fatores 785
matriz *R* 780, 781, 787-788
matrizes 739-741
   determinantes 799, 800
   matriz quadrada 739-740
   matriz *R* 780, 781
   matrizes identidade 740
   padrões e matriz de estrutura 784
   variância-covariância 753, 822-823
matrizes da soma dos quadrados total e dos produtos-cruzados (SQPC) 741
matrizes de variâncias-covariâncias 753, 822-823
matrizes identidades 740, 750
matrizes padrão e matrizes de estrutura 784
matrizes quadradas 739-740
Matthews, R.C. et al. 305
Maxwell, S. 657
média 26-28, 32, 70, 263
   como um modelo estatístico 55, 60, 61
média da soma dos quadrados 742
média dos quadrados 533
média harmônica 564

mediação 311
    efeito direto e indireto 499
    índice de mediação 501
    mediadores 498
    modelo estatístico 499-501
    modelos básicos 497-508
        no SPSS 502-503
            caixas de diálogo 503
            saída 504-508
        relatando 508
        tamanhos do efeito 501-502
        teste de Sobel 501
mediana 25-26
médias ajustadas 579
medição 9-16
    erro 13-16
    níveis de medição 10-13
    variáveis dependentes e independentes 9-11
medida de adequação da amostra de Kaiser-Meyer-Olkin
    (KMO) 798, 807, 808
memória e ouvir música (delineamento de medidas repetidas) 699
Meston, C.M. e Frohlich, P.F. 262
metanálise 120-122
método de Anderson-Rubin 786
método de máxima verossimilhança 787
método de Munzer-Brunner 754
método dos mínimos quadrados 60, 239
método Monte Carlo 297
métodos qualitativos 3
métodos quantitativos 3
métodos robustos 264-269
Miles, Jeremy 399
Mill, John Stuart 17-18
Miller, G. et al. 986
Miller, G.A. e Chapman, J.P. 580-581
mínimos quadrados ordinários (MQO) 60, 376
mínimos quadrados ponderados 239
moda 24-25
    distribuição bimodal 25
    distribuição multimodal 25
modelo linear 51, 52, 227, 371-434
    aderência 376-379
        soma dos quadrados do modelo 377, 378
        soma dos quadrados total 377, 378
        teste F 379
    avaliando previsores: estatística t 379-380
    com um previsor 371-373
        interpretando 393-396
            ajuste geral 393-395
            parâmetros 394-396
        procedimento de ajuste 389-394
        utilizando 395-396
    com vários previsores 373-374, 397-408
        comparando modelos 400-401
        efeitos supressores 400
        entrada de previsores
            regressão hierárquica 398
            regressão passo a passo (*stepwise*) 398-400
        multicolinearidade 401-402
        no SPSS 401-408
            caixa de diálogo 404-405
            caixa de diálogo da regressão 403-405
            diagramas da regressão 404-406
            matriz de dispersão 402-403
            opções principais 402-404
            salvando os diagnósticos da regressão 405-408

regressão robusta
    bootstrap para os coeficientes 427-428
    caixa de diálogo 428-429
    relatando 430-432
    saída
        colinearidade 416-718
        estatística descritiva 409
        multicolinearidade 417-420
        parâmetros 412-416
        variáveis excluídas 415-417
    viés
        pressupostos 423-425
            diagnóstico caso a caso 419-423
            diagramas parciais 423-425
            razão de covariância 422-423
    estimando 374-376
    generalizando 384-388
    modelo de referência 377
    pressupostos 384-388
        multicolinearidade 387-388
        previsores não correlacionados com variáveis externas 387-388
        tipos de variáveis 387-388
        variância não nula 387-388
    regressão bayesiana 428-731
    regressão robusta 424-429
    tamanho da amostra 388-392
    teste do qui-quadrado 841-846
    validação cruzada 388-389
        divisão de dados 388-389
        R^2 ajustado 388-389
    viés 380-385
        casos influentes 381-385
        valores atípicos (*outliers*) 380-382
modelo linear geral 335, 521
modelos com interceptos aleatórios 943, 944
modelos lineares multiníveis
    avaliando o ajuste e comparando 946-947
benefícios 940-941
    caixa de diálogo de efeitos aleatórios 965
    caixa de diálogo de efeitos fixos 956
    caixa de diálogo de modelos mistos 954, 955
    centragem de previsores 950-951
    centragem pela média do grupo 950, 951
    cirurgia estética 942
    coeficientes fixos e aleatórios 942-944
    componentes da variância 948
    dados hierárquicos 937-941
        correlação intraclasse 938-939
        estrutura de nível 2 937
        estrutura de nível 3 938, 939
    efeitos entre sujeitos 958
    estimativa 957, 958, 960
    estruturas de covariância 946-948
        AR(1) 948
        diagonal 948
    fatores e covariáveis 955
    ignorando a estrutura dos dados 953-956
    ignorando a estrutura dos dados: covariáveis 956-961
    incluindo interceptos aleatórios 961-963
    incluindo interceptos e inclinações aleatórias 963-967
    inserindo dados 951-953
    interações 967-972
    modelo multinível 944-948
    modelos de crescimento 938, 972-987
        curvas de crescimento (polinomiais) 973-976

definindo a variável resultado 979
definindo o intercepto e a inclinação aleatórias 981
especificando tendências lineares e quadráticas 982
especificando tendências lineares, quadráticas e cúbicas 982, 983
procedimentos do SPSS 978-985
reestruturando dados 976-978
modelos robustos 950
pressupostos 948, 949
    coeficientes aleatórios 949
    inclinações aleatórias 949
    independência 948, 949
    multicolinearidade 949
procedimento 951-952
relatando 987-989
tamanho da amostra e poder 950
teoria 941-944
modelos multiníveis 658
modelos não lineares 52
modelos univariados 737
moderação 483
    centragem de variáveis 486-487
    efeitos de interação
        análise simples das inclinações 489
    modelo estatístico 485-486
    modelo linear
        modelo conceitual 483, 484
        moderador categórico 484
        moderador contínuo 484-485
    no SPSS 489-496
        a ferramenta PROCESS 490, 492
        caixa de diálogo 491
        saídas 491-496
    relatando 496-497
Mood, C. 910
Morewedge, C.K. et al. 73
motivos para aprender estatística 3
mulheres e imagens idealizadas (análise de dados categóricos) 858-859
multicolinearidade 401-402
    na análise de fatores 799
Muris, P. et al. 597

negros americanos e felicidade (análise de dados categóricos) 863
Neyman, Jerzy 74-76, 82, 102, 339
Nichols, L. A. e Nicki, R. 821-822
Nightingale, Florence 180
níveis de mensuração 10-15
nível α 74, 82, 84
nível β 82, 84
normalidade multivariada 753, 1007-1042
normalidade, pressuposto de
    e a estimativa de parâmetros 230-231
    e o teorema central do limite 233, 247-249
    e o teste de hipóteses 233
    e previsores categóricos 232
    intervalos de confiança 233
    quando é importante 235-236
Nosek, B. A. 104-106, 113
Nunnally, J. C. 797

observação 3-5
    e hipóteses 4, 5
Ong, E.Y.L. et al. 426-427
Oxoby, R.J. 156, 190-191
pacote *pwr* 85

padronização 337-340
parâmetros 54-59, 227
    e valores atípicos 228-229
    estimativas 55, 60-61, 64
        e normalidade 230-231
        e tamanho da amostra 234
    testando 78-79
PASS 85
Pearson, Egon 72, 74, 82, 102
Pearson, Karl 338, 339
Pedhazur, E. e Schmelkin, L. 823-824
pênis e a remoção de sêmen 563
percentis 29
Perham, N. e Sykora, M. 699
periódicos 40-42, 105, 111-112
pesquisa correlacional 16-20
pesquisa experimental 16-19
    manipulação 19-20, 439
pesquisa longitudinal 16-17
pesquisa transversal 16-17
p-hacking 107-110, 113
poder de um teste: cálculo 84-85
poder estatístico 84-85
ponderações (pesos) 542
Popper, Karl 7
populações 53-54
    e amostras 55, 61-64
    média populacional 62
popularidade: aspectos (análise de fatores) 780-795
porque você gosta do seu professor? 365
Power and Precision 85
Preacher, K. J e Kelly, K. 502
pré-registro 81-82, 111-112
pressupostos 229-239
    aditividade e linearidade 230
    de normalidade 230-237
    e testes de hipóteses 247-250
    homocedasticidade/homogeneidade das variâncias 237-239
    independência 239
previsões 3-7
    e hipóteses 6-8
    e teorias 7
probabilidade 31, 34-36
    distribuição normal 36, 38
    função densidade da distribuição normal 39
    função densidade de probabilidade (fdp) 36, 37, 39
    probabilidade empírica 101
probabilidade *a posteriori* 124
probabilidade *a priori* 125
probabilidade empírica 101
procedimento de Gabriel 550
procedimento de Games-Howell 550, 551
procedimento Q de Ryan, Einot, Gabriel e Welsch 550
procedimento studentizado de Newman-Keuls 550
processo de pesquisa 3-4
processo iterativo 886
produtos cruzados 741
promax 793, 794
promoção de abertura e transparência (PAT) 113
psicologia 108

Q de Cochran 325
quantis 27-29
quartil inferior 27-28
quartimax 793
quartis 27-28

1066 Índice

quartis superiores 27-28
queijo causando pesadelos (diagrama) 181, 182
questionário da ansiedade com o SPSS (QAS) 795-796, 806,
   815, 819, 820, 822-825
r de Pearson 115-118
razão da verossimilhança 839-840
razão de chances 118-120
   tabela de contingência 119
razão de covariâncias (RCV) 384-385
razão de variâncias 259
reações extremas de Moses 292
reconhecendo a normalidade
   diagramas para 243-247
   utilizando números 245-249
      estatísticas 245-248
      o comando *frequencies* 245-247
regressão hierárquica 398
regressão logística 879-932
   bootstrapping 900, 903
   comparando modelos 896-898
   construção do modelo 885
   construindo modelos 892, 893
   construindo modelos utilizando o SPSS 893-895
   estatística de desviância 881-882
   estatística de log-verossimilhança 880-881
   estatística de Wald (estatística *z*) 883, 902
   frequências nulas 925
   interpretação 900-911
      análogos do *R* 903
      bloco 900-901
      diagramas de classificação 904, 906
      listando probabilidades previstas 907, 910
      resíduos 907-909
      resumo do modelo 901-903
      resumos de casos 908
   listando resíduos 900
   método de regressão 895
   obtendo resíduos 898-899
   opções 899-900
   pressupostos
      independência dos erros 886
      linearidade 886, 913-916
      testando 911-916
   previsores categóricos 895-896
   problemas
      informação incompleta dos previsores 887-889
      separação completa 888-889
      superdispersão 889-891
   R e R^2 882-883
   razão de chances 883-885, 904, 905, 910, 911
   reajustando modelos 898
   regressão logística multinomial 918-930
      caixa de diálogo 919
      customizando no SPSS 919-921
      interpretação 924, 926-929
      opções 921-923
      relatando 930
   relatando 911
regressão logística multinomial *ver* regressão logística
regressão múltipla *ver* modelos lineares
regressão passo a passo 398-400
regressão simples *ver* modelos lineares
relatando
   dados 40-44
   disseminação da pesquisa 40-42
   e revisões 41-42, 105, 113

números 42
   princípios orientadores 41-42
   relatórios registrados 111-112
   viés em 105, 106
relatando testes de hipóteses 90-91
relatórios registrados 111-112
replicando resultados 120
resíduos 376, 380-382
   e estatísticas de influência 385-387
   excluídos 383-384
   não padronizados 380-381
   padronizados 381-382
   resíduos studentizados excluídos 383-384
   studentizados *381-382*
risco de suicídio (regressão logística) 917
Rosenthal, R. 179
rotação 784
rotação do fator 792-795
rotação *equamax* 793
rotação *oblimin* direta 793
rotação oblíqua 784, 793, 794
rotação ortogonal 784, 793, 794
rotação *quartimim* rireta 794
Rouanet e Lépine 655, 656
ruído gráfico (*chartjunk*) 179
Ruxton, G.D. e Neuhaeuser, M. 81

Salsburg, David: *Uma senhora toma chá* 72
Scanlon, T. J. et al. 33
Scariano, S. M. e Davenport, J. M. 537
Schützwohl, A. 731
segundo quartil 27-28
Senn, S. 582
sexo, infidelidade e ciúme (delineamentos mistos) 731
Shee, J.C. 181
shows barulhentos e audição (homocedasticidade) 237-239
significância estatística 87-90
   equívocos 98
simetria composta 654
sofredores de soluços (diagrama de barras) 198-202
soma dos erros ao quadrado (SQ) 29, 61
   e valores atípicos 229
soma dos quadrados (SQ) 740
soma dos quadrados do modelo 377, 378, 740, 742
soma dos quadrados dos resíduos 376, 532-533, 742
soma dos quadrados total 377, 378, 529-531, 741
Spearman, Charles 351
speed dating: carisma, aparência e estratégia (delineamentos mistos) 706-730
SPSS
   abrindo arquivos 164-167
   caixa de diálogo 138
   Chart Builder 181-184
      caixa de diálogo inicial 185
      cores 199, 220
      diagrama ponto-linha 217-218
      Drop Zones 183
      Gallery 183
      lista de variáveis 183
   Chart Editor (editor de gráficos) 217-221
      comparações múltiplas 312
   do Linux 137
   do Mac OS 137
   editor de sintaxe 137
   exportando saídas 161-164
   extensão R 706

extensões para o SPSS
  acessando as 168
  Essentials for R for Statistics 166-168, 268-269
  ferramenta *PROCESS* 165-167, 169-170
  pacote *WRS2* 169-170
Find and Replace 143-144
função *compute* 272, 273
Go to 141-143
ícones 141-145
importando dados 155-158
iniciar 137, 138
inserindo dados 144-157
  codificando variáveis 150-153
  copiando e colando 153-155
  dados omissos 154-157
  editor de dados 137-145
    visualizador de dados 139
    visualizador de variáveis 139, 146-148
  formatos de dados 144-147
    formato amplo 144-146
    formato longo 144-145
  nomeando variáveis 148-150
  rótulos de valor 145-146, 151-153
  variáveis de texto 147-151
  variáveis numéricas 150-153
  variáveis temporais 148-151
menus
  Analyze (analisar) 140, 170-171
  Compare means (comparar médias) 140
  Correlate (correlacionar) 140
  Data (dados) 140
  Descriptive Statistics (estatística descritiva) 140
  Dimension Reduction (redução de dimensão) 140
  Edit (editar) 139
  Extensions (extensões) 140-143
  File (arquivo) 139
  General Linear Model (modelo linear geral) 140
  Graphs (diagramas) 140
  Help (ajuda) 141-143
  Log linear (log linear) 140
  Mixed Models (modelosmistos) 140
  Nonparametric Tests (testes não paramétricos) 140
  Regression (regressão) 140
  Scale (escala) 140
  Transform (transformar) 140
  Utilities (utilidades) 140
  View (visualizador) 139
  Window (janela) 141-143
New Files (arquivos novos) 138
números com "E" 161-162
Options (opções) 142
pacote *BayesFactor* 860-861
Print (imprimir) 159-160
Recent Files (arquivos recentes) 138
salvando arquivos 163-165
sintaxe 161-164
variáveis 143-144
visualizador do SPSS 137, 157-159
  ícones 159-161
Stevens, J. P. 384-385, 658
suma dos quadrados e dos produtos cruzados (matrizes SQPC) 740
superdispersão 889-891

T^2 de Tamhane 550
T3 de Dunnet 550, 551

Tabachnick, B.G. e Fidell, L.S. 753, 786, 848
tabela da distribuição normal padrão 995-998
tamanhos do efeito 84, 113-122
  comparado com o teste de hipóteses 120
  d de Cohen 113-116
  metanálise 120-122
  r de Pearson 115-118
  razão de chances 118-120
tatuagens, *piercings* e níveis de risco 639
tau de Kendall 344, 353-354
taxa de erro de conjunto 83
taxa de erro experimental 83
tendência central 24, 26-28
tendência cúbica 548, 549
tendência linear 548, 549
tendência quártica 549
tendências quadráticas 548, 549
teorema central do limite 63-64, 233, 234, 270
  e o tamanho da amostra 235, 247-249
teorema de Bayes 124-125
teorias 4, 5
  e hipóteses 5
  geração 4, 5
terapia com filhotes (comparando várias médias) 521-570
  e gostar ou não de filhotes (ANCOVA) 575-603
tertium quid 17-18
teste da mediana 440
teste da soma dos postos de Wilcoxon 286-288
teste da xícara de chá (valor-*p* de Fisher) 72-73
teste de Box 753
teste de Dunn e Scheffé 550
teste de Durbin-Watson 387
teste de esfericidade de Bartlett 799, 807, 808
teste de hipóteses 72-91
  diagrama de fluxo 76-77
  e o pressuposto de normalidade 233
  e o tamanho do efeito 120
  e probabilidade 101-104
  Erros do tipo I e II 74, 82-84
  estatísticas de teste 78-80
  graus de liberdade do pesquisador 105, 113, 120
  influenciada pela intenção dos cientistas 101-104
  intervalos de confiança 85-87
  poder estatístico 84-85
  princípios de uso do teste de hipóteses 111-112
  problemas
    significância estatística 98-99, 110
    ver também viés na pesquisa científica
  processos 74-79
  tamanho da amostra e significâncias estatística 87-90
  taxa de inflação do erro 82-83
  testes unilaterais e bilaterais 79-82
  valor-*p* 72-73, 79-80, 102, 110
teste de Jonckheereterpstra 311, 316-318
teste de Kolmogorov-Smirnov 247-253, 324
  comando *explore* (explorar) 248-251
  comando *Split file* (dividir arquivo) 252, 254-256
  diagrama Q-Q 248-250, 256
  relatando 251
  valores omissos 248-251
teste de Kruskal-Wallis 306-319, 537
  análise de acompanhamento 308-309
  atribuindo dados 309-311
  dados para o exemplo da soja 306-308
  e o teste da mediana 311
  procedimento 308, 312-314

procedimento passo a passo (*stepwise*) 308, 312-313
    resultados 317-319
    saída 313-316
    teoria 306-307
teste de Levene 247-249, 259-261, 453, 534-535
    relatando 262
teste de Mann-Whitney 286-288, 290-295
    caixa de diálogo 293
    escrevendo o resultado 296-297
    saída 292-295
    tamanhos do efeito 295, 296
teste de Mauchly 655
teste de McNemar 300-301
teste de Shapiro-Wilk 247-250, 253, 310
teste de Sobel 501
teste de Tukey 550, 657
teste do excesso de sucesso (TES) 109-110
teste do qui-quadrado de Pearson 838-840, 849, 853, 856
    como modelo linear 841-846
teste dos sinais 300
teste exato de Fisher 839
teste F 270, 379, 527
testes bilaterais *ver* testes unilaterais e bilaterais
testes de hipóteses
    assimetria e curtose 247-251
testes dos postos com sinais de Wilcoxon 297-304
    caixas de diálogo 301
    dados por postos 297-298
    resultados 304
    saída para o grupo do álcool 302-303
    saída para o grupo do *ecstasy* 302
    tamanho do efeito 303-304
    teoria 297-299
testes estatísticos 19-20
testes não paramétricos
    ANOVA de Friedman 301, 322-329
    corridas de Wald-Wolfowitz 292
    e poder estatístico 283
    homogeneidade marginal 301
    postos 287-289
    procedimento 284-286
    reações extremas de Moses 292
    teste da soma dos postos de Wilcoxon 286-288
    teste de Kruskal-Wallis 306-319
    teste de Mann-Whitney 286-288, 290-297
    teste de McNemar 300-301
    teste dos postos com sinais de Wilcoxon 297-304
    teste dos sinais 300
    teste Z de Kolmogorov-Smirnov 292
testes *post hoc* 538
testes unilaterais e bilaterais 79-82
testes-*t* 19-20
tipos de delineamentos fatoriais *ver* delineamento fatorial independente
traço de Hotelling-Lawley (T^2 de Hotelling) 252
traço de Pillai-Bartlett (V) 751
transformações 268-276
    arquivo de sintaxe 275
    efeitos 274-276
    escolha de transformações 268-269
    função *compute* 271-273
        caixa de diálogo 271
    transformação log 268-269, 273
    transformação pela raiz quadrada 268-269, 274-275
    transformação pelo escore reverso 268-269
    transformação recíproca 268-269, 274-275

transtorno da personalidade narcisista (hipóteses e teorias) 5-9
    e testes de TV 7-9
transtorno obsessivo-compulsivo (TOC) e terapia cognitivo-comportamental (TCC) (MANOVA) 737-775
transtornos da personalidade e gerentes 452
Tufte, E. R. 179, 180
Tuk, M.A. et al. 457
Tukey, John 81
Twisk, J. W. R. 950

unidimensionalidade 823-824
uso de pornografia e fidelidade conjugal (mediação) 498-508

validade 15-17
validade concomitante 15-16
validade de conteúdo 15-16
validade de critério 15-16
validade ecológica 16-17
validade preditiva 15-16
valores atípicos 227-229
    aparando 262
    detectando 239-241
    e a soma dos erros ao quadrado (SE) 229
    e parâmetros 228-229
    utilizando escores-z 242-244
    valores atípicos escondidos 236
valores chapéu 383-384
valores críticos da distribuição do qui-quadrado 1005
valores críticos da distribuição F 1001-1004
valores críticos da distribuição t 999-1000
valores previstos ajustados 383-384
valores-p 72-73, 76-79, 87
valores-t 77-78
variação
    sistemática/não sistemática 19-21, 78-79
    tipos 18-21
variação não sistemática 19-22
variação sistemática/não sistemática 19-21, 78-79
variância 30, 32, 34-35, 335-336
    comum 788
    e covariância 337-338
    homogeneidade da 237-239
    única 788
variância aleatória 788
variáveis
    binária 11-12, 14-15
    categórica 11-15
    contínuas 12-15
    de confusão 17-18
    de razão 12-15
    discretas 13-15
    identificando 4
    independentes e dependentes 9-11, 16-19
    intervalares 12-15
    latentes 779
    medição 4-5
    nominais 11-15
    ordinais 11-15
    previsoras 10-11, 439
    relacionamento entre 335-336
    resultados 10-11
variáveis aleatórias 943
variáveis binárias 11-12, 14-15
variáveis categóricas 11-15, 118
variáveis de confusão 17-18
variáveis de contexto 937-938

variáveis de interação 488
variáveis de intervalo 12-15
variáveis de razão 12-15
variáveis de resultado (dependentes) 10-11, 227
variáveis dependentes (resultado) 10-11, 16-18
variáveis fixas 943
variáveis independentes (fatores) 609
variáveis independentes (previsoras) 10-11, 18-19
variáveis latentes 779, 787
variáveis nominais 11-15
variável contínua 12-15
    dicotomizando 440
    e variáveis discretas 13-15
variável discreta 13-15
    e variável contínua 13-15
variável ordinal 11-15
variável previsora (independente) 10-11, 227, 439
varimax 793
venda de álbuns e publicidade (modelos lineares) 372-385
verificando o comportamento e o humor 646
vermelho e atração sexual 203-204
verossimilhança 125
verossimilhança marginal 125
videogames violentos e agressão (moderação) 483-497
viés na pesquisa científica
    falsificando dados 107
    financiamento 105, 106
    graus de liberdade do pesquisador 105, 113, 120
    HARKing 107, 108, 110, 113
    incentivos 104-105

p-hacking 107-110, 113
teste do excesso de sucesso (TES) 109-110
viés de publicação 104-107
viés de publicação 104-107
viés ou tendenciosidade
    fontes
        valores atípicos (*outliers*) 227-229
        violação dos pressupostos 229-262
    modelos lineares 380-385
    redução
        aparando os dados 262-264
        método de estimativa robusta 264-269
        transformando dados 268-276
        winsorizing 264
    ver também viés na pesquisa científica
visões extremas e tons de cinza 104-106

W de Kendall 325
Wainer, H. 81
Wald, Abraham 883, 884
Weaver, B. e Wuensch, K. L. 363
Wen, Z.L. e Fan, X. T. 502
Wilcox, R.R. 236, 268-270, 337
Wilcoxon, Frank 287-288
winsorizing 264

Zabell, S. L. 75-76
Ziliak, S.T. e McCloskey, D. N. 98
Zimmerman, D.W. 259

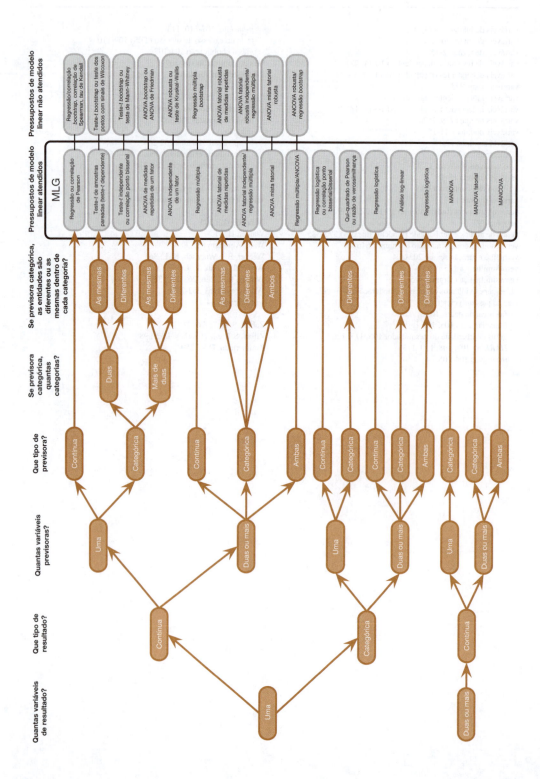